浑河断裂带（密山－敦化断裂辽宁段）活动性、分段性及地震危险性

万波 黄河 赵海卿 齐鑫 等◎著

地震出版社

图书在版编目（CIP）数据

浑河断裂带（密山－敦化断裂辽宁段）活动性、分段
性及地震危险性／万波等著. —北京：地震出版社，
2021. 12
ISBN 978－7－5028－5354－9

Ⅰ. ①浑…　Ⅱ. ①万…　Ⅲ. ①断裂带－研究－辽宁
Ⅳ. ①P548. 231

中国版本图书馆 CIP 数据核字（2021）第 212756 号

地震版　XM4728/P（6155）

浑河断裂带（密山－敦化断裂辽宁段）活动性、分段性及地震危险性
万　波　黄　河　赵海卿　齐　鑫　等◎著
责任编辑：刘素剑
责任校对：凌　樱　郭贵娟

出版发行：地震出版社

　　　　北京市海淀区民族大学南路9号　　　　邮编：100081
　　　　发行部：68423031　68467993　　　　传真：68467991
　　　　总编办：68462709　68423029
　　　　专业部：68467982
　　　　http://seismologicalpress.com
　　　　E-mail: dz_press@163.com
经销：全国各地新华书店
印刷：北京广达印刷有限公司

版（印）次：2021 年 12 月第一版　2021 年 12 月第一次印刷
开本：787×1092　1/16
字数：882 千字
印张：36. 75
书号：ISBN 978－7－5028－5354－9
定价：128. 00 元

前　言

防震减灾是涉及国家公共安全的重要基础性、公益性事业，随着经济的发展和城市规模的扩大，地震所造成的灾害损失也不断增加。如何有效地防御地震灾害从而创造良好的生存和生活环境已经成为社会关注的重大问题。从科学的角度出发；解决地震防御中的科学技术问题则是整个防震减灾科技发展中的一个关键环节。活动断裂与地震活动之间关系密切，活动断裂不仅是产生地震的根源，沿发震断裂导致的地震地表破裂及强地震动变形带也是使地震破坏加剧甚至不可修复的重要原因。开展活动构造的调查和研究，弄清断裂的准确位置、规模、结构、运动性质、活动方式、滑动速率和最新活动时代等要素，分析和判定断裂构造的活动性、分段性和地震危险性，从而确定地震构造发育特征，以此为基础，能够为中长期地震预测预报、防震减灾对策制定及有效减轻未来由活动断层产生的直下型地震破坏等提供科学的依据。

郯庐断裂带是纵贯中国东部地区的巨型断裂构造带，也是强地震活动带。郯庐断裂带（北段）通过渤海、下辽河平原向北延至沈阳西南附近产生了分异，形成 2 条规模巨大、结构复杂的一级主干分支构造即依兰－伊通断裂带（辽宁境内称为辽宁段）和密山－敦化断裂带（辽宁境内称为辽宁段或浑河断裂带）。根据现有认识，依兰－伊通断裂走向北东－北北东，其延至中俄边境的长度约 900km，断裂活动性较强，中强地震较多，揭露有多次 7 级以上的古地震事件；密山－敦化断裂走向北东－北东东，局部近东西，中国境内延伸长度达1200km，断裂活动性明显偏弱，破坏性地震较少。总的来说，郯庐断裂带（北段）及其包含依兰－伊通断裂、密山－敦化断裂等在内的断裂构造是辽宁及邻区活动性和地震危险性最强的地震构造之一。

浑河断裂带隐伏于沈阳市、抚顺市城区，对于沈阳市、抚顺市的城市建设和地质、地震安全具有重要的影响。近些年来，多个相关部门针对浑河断裂带先后开展了大量的基础性和专题性调查研究，积累了丰富的资料，包括：辽宁省地质矿产部门编撰的《辽宁省区域地质志》（1989 版，2017 版），辽宁省、吉林省地质和水文部门完成的区域地质、水文地质和第四纪地质调查成果，抚顺市煤田地质等部门完成的抚顺地区 F1、F1A 断裂（浑河断裂抚顺段）以及抚顺采煤沉陷区的地质调查和探测成果，李衍久等的"浑河断裂活动性与抚顺城市安全性"研究成果，吴戈等的"东北地震史料辑览"研究成果，辽宁省地震部门完成的浑南地区地震小区划、浑南核供热站地震调查项目所包含的浑河断裂（沈阳段）地球物理探测和钻探成果以及"沈阳市（含抚顺）活断层探测与地震危险性评价""辽宁省地震构造环境与强震风险评估""辽宁省主要地震构造精细探测与强震高危区判定"等研究项目中所包含的浑河断裂地震地质发育和活动性、地震危险性研究成果等；此外，1970 年以来积累了完整的、精度较高的地震记录资料，跨浑河断裂（抚顺段）还开展了长期的现今形变观测和活动性研究。

在已有研究工作的基础上，2016 年以来，针对浑河断裂带的活动性、分段性和地震危险性等若干问题，又重点开展了多项专题研究，进一步获得了浑河断裂带比较丰富和系统、完整的认识，确定了浑河断裂带的准确位置和精细结构，鉴定了断裂的活动性，解决了断裂活动性分段划分问题，逐一判定了不同断裂活动段的地震危险性，确定了浑河断裂带的最大潜在地震震级。

1. 郯庐断裂带三维地震构造分段模型与地震预测研究（TYZ20160110）——密山－敦化断裂辽宁段（即浑河断裂）活动性鉴定

其属于"中国大陆主要地震构造带活动断层探察"项目的附属专题，任务由中国地震局地质研究所下达，辽宁省地震局主持承担完成，项目实施时间为 2016 年 1 月—2018 年12 月。

2. 密山－敦化断裂辽宁段（浑河断裂）活动性分段及地震危险性评价（152007000000170013）

其属于中国地震局"城市活断层探测与地震危险性评价"项目的组成部分，任务由中国地震局震害防御司下达，辽宁省地震局主持承担完成，实施时间为 2019 年 1 月—2020 年12 月。浑河断裂带是本项活动断层探测与地震危险性评价的目标断层，调查研究工作在已经完成的"密山－敦化断裂辽宁段（即浑河断裂）活动性鉴定"基础上进行，是对原有工作的进一步深入，以获得断裂活动性分段和地震危险性的认识。

3. 沈抚新区浑河断裂带活动断层探测与地震危险性评价（LNZC2018－0173）

其属于"辽中南城市群地质环境综合调查项目（DD20160266）"附属的沈抚新区城市地质调查专题，任务由中国地质调查局沈阳地质调查中心委托，辽宁省地震局主持承担完成，实施时间为 2019 年 1 月—2020 年 12 月。目标断层为展布于沈抚新区的浑河断裂（沈阳段），由于这一地段的浑河断裂带完全处于隐伏状态，为了完成工作任务、实现工作目标，在已有研究基础上，重点围绕浑河断裂沈阳段开展了浅层人工地震探测和排列式钻孔探测工作，进而确定断裂段的隐伏特征和活动性。

在上述三个专题之下还设置了若干的子专题，以开展针对性的专业化研究工作，更好地实现工作目标。各个专题及其子专题的科研工作按计划、有步骤、分阶段地进行，循序渐进地推进研究工作进展，同时保证各阶段工作之间的合理衔接和整体项目的科学实施。作为总体研究，"浑河断裂带（密山－敦化断裂辽宁段）活动性、分段性及地震危险性"的项目负责人为万波、黄河，主要的参加人员有：齐鑫、贾晓东、赵晓辉、李玉森、钱蕊、索锐、张钟月、戴盈磊、曹凤娟、肖遥、丁浩、任浩林、王超、靳超宇、柯秋实、杨舒程、王辉、曹畅、李卓阳、王喜龙、贾丽华、谷晓曦、常银辉、黄明威、吴明大、李智、铁镰等，赵海卿、刘迎、李玉江、王晓娇等也参加了部分子专题的研究工作。本书的第 1 章由万波、贾晓东编写，第 2 章由黄河、钱蕊、戴盈磊、曹凤娟编写，第 3 章由万波、李玉森、肖遥、任浩林编写，第 4 章由万波、黄河、王超编写，第 5 章由万波、齐鑫、贾晓东、赵晓辉、丁浩编写，第 6 章由万波、索锐、张钟月编写，第 7 章由赵海卿、万波、刘迎、李玉江、王晓娇、齐鑫编写，第 8 章由万波、赵晓辉编写，第 9 章由万波、靳超宇编写，万波统编。

作为第一完成单位，项目所涉及的各个子专题研究工作主要由辽宁省地震局承担完成，同时，中国地质调查局沈阳地质调查中心、东北煤田地质局物探测量队、辽宁工程勘察设计院、中国地质调查局青岛海洋地质研究所、中国地质科学院地质力学研究所和中国地震局地质研究所、中国地震局地震动力学国家重点实验室等单位承担了部分专题工作或提供了相关研究数据和资料，其中 ESR、TL、^{14}C 等年代样品测试工作由中国地质调查局青岛海洋地质研究所、中国地质科学院地质力学研究所和中国地震局地质研究所完成，浑河断裂沈阳段浅层人工地震探测工作由中国地质调查局沈阳地质调查中心、东北煤田地质局物探测量队完成，排列式钻孔探测工作由中国地质调查局沈阳地质调查中心、辽宁工程勘察设计院完成，孢粉样品测试工作由中国地震局地震动力学国家重点实验室完成。此外，辽宁省国土资源厅信息中心、辽宁省地质勘查院、北京大学地球与空间科学学院、中国地震局地球物理勘探中心和辽宁省有色地质一零一队有限责任公司、辽宁省第十地质大队有限责任公司等单位为项目的完成提供了大量研究资料和相关技术支持，在此表示深深的谢意。

目　　录

第1章
绪　　论

浑河断裂带（密山－敦化断裂辽宁段）展布于辽宁中东部地区，断裂起始于沈阳南，经抚顺、清原延至辽宁、吉林两省交界附近的英额门－山城镇一带并被赤峰－开原断裂所分隔，断裂全长约200km，总体走向北东东，局部近东西。断裂展布形态舒缓，具有平行状、斜列状、阶梯状和分支复合结构，次级分支断裂十分发育，局部表现为多条分支断裂构成的冲断带或断陷带。浑河断裂形成和演化的历史十分久远，自早元古代形成以来在古生代、中生代和新生代时期都存在不同程度的活动，尤其在中生代和新生代初期断裂活动十分强烈，并塑造了整体的宏观地貌形态。在不同的地质时期，随着构造应力环境的不断变化，断层的力学性质也相应改变，在新近纪以来比较稳定的现今构造应力场作用下，浑河断裂主要表现为拉张运动，与之前的强烈逆冲形成了鲜明反差。断裂控制、切割了古老结晶基底和中－上元古界、古生界、中生界地层，控制了新生界古近系、新近系乃至第四系地层的分布，局部能够见到断裂对古近系、新近系地层的错切，与此同时，断裂控制了浑河谷地貌形态及中－新生代盆地和第四纪断陷盆地的发育。断裂具有较宽的构造破碎带，最大宽度达上百米，其中见有构造透镜体、角砾岩、挤压片理、扁豆体和碎裂岩、碎粉岩、断层泥以及糜棱岩等多种多样的破碎物形态，它们主要属于断裂形成早期及中生代时期强烈活动的产物，第四纪新活动所产生的脆性破碎物规模一般很小。浑河断裂带是辽东地区一条主要的地震构造，在断裂沿线及附近地区，历史上共记载有3次破坏性地震；现今仪器记录地震分布很不均匀，主要在沈阳、抚顺地区沿浑河断裂形成一定的条带状或集中于北东东向浑河断裂与其他构造体系的交会部位，同时在抚顺地区有较密集的矿震分布。在浑河断裂展布范围内，除了西、东两端的郯庐断裂带和赤峰－开原断裂带以外，还有北东向下哈达断裂、北西－北北西向苏子河断裂等与之交会和切割，交会部位两侧的浑河断裂在展布、规模、结构、活动性以及地貌、第四纪地质发育上往往表现不同，浑河断裂在客观上存在一定的分段活动特征。

1.1　研究目标和任务

"浑河断裂带（密山－敦化断裂辽宁段）活动性、分段性及地震危险性"及其各项专题研究的根本目标是：在现有研究基础上，开展浑河断裂带系统、完整、详细的调查和研究。以探测、调查浑河断裂带地震构造发育特征为出发点，采用多种针对性的研究方法和探测手段，进一步查明断裂的准确位置和规模，确定断裂精细结构和活动特性，划分断裂活动性分段，判定地震危险性。具体地说，即分析浑河断裂带所处的地震构造环境，围绕浑河断裂开展地震活动性分析、高分辨率遥感解译、地质地貌调查、第四系地层对比和划分、地震地质调查、地壳形变观测分析、地球物理探测和钻孔探测、地球物理场差异性分析等多方面的研究工作，确定浑河断裂带在特定地球动力学条件和构造环境下的活动特征，并基于断裂第四纪活动差异性划分活动性分段，给出不同活动性分段的地震危险性评价结果。

作为研究工作的需要，须对浑河断裂带所处研究区的地震构造背景条件以及相关的主要断裂构造（包括郯庐断裂带下辽河段（下辽河平原断裂）、依兰－伊通断裂和赤峰－开原断裂等）进行一定程度的研究，获得浑河断裂带研究区总体地震构造环境的认识。参照《活动断层探测》（GB/T36072—2018）要求并考虑相关断裂构造空间展布和地震构造发育特征，将背景研究区范围确定为：以浑河断裂带为中央基线，向四周进行扩展，各个方向扩展距离一般为75km左右，侧重于关系较为密切的依兰－伊通断裂、赤峰－开原断裂完整性，因此将研究区界定为：北纬40.9°~43.3°、东经122.3°~125.9°。对浑河断裂带展布条带开展精细化的调查和研究，条带（目标区）研究范围界定为：以浑河断裂带及其南、北主干分支为参考基线，向断裂带两侧分别外延1~2km，形成北东－北东东向狭长的不规则近矩形条带。对条带内涉及的主要断裂构造，包括下哈达断裂、苏子河断裂、赤峰－开原断裂（东段延伸段）和密山－敦化断裂吉林段，开展比较系统的断裂活动性和分段性研究，确定它们与浑河断裂的构造关系以及对于浑河断裂活动性的影响和活动段划分的意义。此外，对浑河断裂带附近地震地质、地貌和第四纪地质等发生较大变化的构造交汇区和阶区地段，如下哈达－章党地区、南杂木盆地区及英额门东－草市南地区等，还特别划出专门的研究区域并调查、研究浑河断裂带及其相关构造的展布、规模和结构变化，分析断裂的发育特征和活动性。

通过系统性的研究，以期丰富浑河断裂带的地震地质学、地貌学、第四纪地质学、地球物理学、地球化学和遥感学认识，填补地貌学、第四纪地质学、遥感学和地震地质学等部分研究领域的一些空白；同时，作为郯庐断裂带的重要组成部分，有关浑河断裂带的上述研究成果能够充实郯庐断裂带（特别是郯庐断裂带北段）在地貌和第四纪地质、地震地质、地球物理探测以及断裂活动性和地震危险性等方面的认识，为进一步开展郯庐断裂带北段的潜在震源区划分和地震预测预报研究提供比较系统、完整的数据资料。此外，明确浑河断裂带的地震构造发育特征和精细结构，鉴定其活动性和地震危险性水平，对于沈阳市、抚顺市的国土空间规划、土地利用和重大工程建设布局具有重要的指导价值，能够为制定公共安全和城市防震减灾对策提供依据，促进城市防震减灾工作的进步，而且，随着经济建设发展和城市扩张步伐的不断加快，研究成果所带来的经济效益、社会效益和科技效益也将逐渐体现。

1.2　工作内容和研究方法

在充分吸收和利用已有成果资料的基础上，针对浑河断裂带在地质构造发育、地形地貌、第四系地质、地壳结构、地球物理场和地震活动等方面的不均匀变化，有步骤、分阶段地开展浑河断裂带的地震活动性分析和高分辨率遥感解译、条带状地质地貌和地震地质调查、跨断裂带浅层人工地震和排列式钻孔探测，综合确定浑河断裂带的展布特征和活动性，解决断裂活动性鉴定、活动段落划分和地震危险性评价等若干问题。

1. 已有研究资料的收集、整理和分析

系统检索、收集、整理和分析地质、地震、测绘、石油、煤田和工程勘察等部门在研究区和浑河断裂带展布范围内所完成的区域地质调查、大地构造和新构造、深部构造、地震活动、地球物理和钻孔等方面的成果资料，其中包括比例尺分别为 1∶100 万、1∶50 万、1∶20 万的地质构造图、新构造运动图和局部地区已经完成的 1∶5 万地质构造研究成果及区域稳定性研究成果，以确定浑河断裂带所处的地震构造环境。整理和分析浑河断裂展布的浑河谷地区已经完成的地形地貌、第四纪地质、地层和岩浆岩分布等资料，了解浑河谷第四系发育及其厚度分布；分析跨断层的地球物理和地球化学探测资料、地壳形变观测数据、地震记录数据和已有的地质地貌、地震地质调查等研究成果，确定现今地壳形变特征和构造应力环境，得到浑河断裂展布和活动特征的初步认识。

2. 地图数据数字化处理

为满足"浑河断裂带（密山－敦化断裂辽宁段）活动性、分段性及地震危险性"成果图件和其他附属图件编制以及浑河断裂数字卫星图像解译、地质地貌调查、地震地质调查等研究工作的需要，需要对不同比例尺的地形测绘数据和实际观测剖面进行图件数字化处理。工作内容主要包括：区域 1∶100 万、1∶50 万、1∶20 万地形地貌、地质构造和地球物理场图件的数字化处理，浑河断裂展布地段已经完成的 1∶5 万地质构造和地形测绘图件的数据化处理，浑河断裂重点地段 1∶1 万地形测绘图件的数据化处理；作为成果图件，需要编制研究区 1∶25 万地震构造图、浑河断裂带 1∶5 万地震构造图，编制有关地质地貌、地震地质调查等野外工作所实测的平面图和剖面图，编制浑河断裂可识别段遥感解译等相关图件。编制成果报告所需的其他各类图件。

3. 地震资料及地震活动性分析

研究区和浑河断裂带人文历史较短，历史地震记载资料很不完整。在进一步整理、分析已有的历史地震、仪器记录地震和附近台站地震震相报告的基础上，对与浑河断裂相关的重点破坏性地震进行必要的考证，同时进行地震精定位对比分析，获得地震活动的位置、强度等信息，判定浑河断裂作为发震构造的可能性。分析历史地震、现代地震活动的时间、空间和强度分布特点，确定浑河断裂活动性、分段性与地震活动之间的关系。分析现今构造应力场特征以及现今构造应力作用下浑河断裂的变形特征，判定其第四纪新活动与应力作用之间的配置关系。

应用双差层析成像方法（tomoDD）对研究区 1980—2017 年震相报告的地震活动进行重新定位，通过引入绝对到时数据，并考虑介质速度结构的空间变化，使得定位更加精确，其水平误差在 200～400m，深度误差在 400～800m。

4. 地震构造背景条件分析

收集、整理和分析浑河断裂带及附近地区（研究区）的地震（含现今仪器记录地震、历史地震、古地震）、地质、地貌、第四纪地质、地球物理场、地壳形变及地球物理勘探、钻孔探测等各种资料，分析研究区地球物理场、深部构造和新构造运动特征，分析地球动力学背景条件和构造变形场特征，划分地震构造区，分析浑河断裂与郯庐断裂、赤峰－开原断裂等的构造关系，确定浑河断裂带的地震活动特点和所处地震构造环境。

5. 高分辨率遥感信息处理与解释

高分辨率遥感信息处理与解释着重于浑河断裂带及其相关的下哈达断裂、苏子河断裂、赤峰－开原断裂东段延伸段和密山－敦化断裂吉林段卫星遥感影像的处理。基于 Google earth（分辨率可达到亚米级）并结合 LANDSAT－7 ETM＋卫星影像（分辨率为 15～30m）数据分别进行不同尺度的断裂构造遥感信息处理与解译。运用数字卫星遥感影像处理技术，根据活动断层特有的线性影像纹理、结构特征及色彩变化，结合地形、地貌与地质等相关数据，获取浑河断裂带及相关构造精细的断错地质体或断错地貌面（单元）的平面展布、位移性质和位移量，重视构造阶区、结点等部位的断错地质地貌现象，对于断裂线性影像逐一进行实地验证。通过遥感解译，初步确定浑河断裂带的位置、展布等几何特性，识别断错（微）地貌及其活动断裂特征，初步确定活动断裂的运动学数据。

6. 测年样品采集和测试

断裂破碎物、（钻孔）第四系地层和相关地貌面、地貌单元标志性样品的采集、测试和时代划分是判定断裂活动性的重要依据。年代学方法以 ESR、TL、SEM 和 ^{14}C 等不同测年手段的工作原理为基础，强调其科学性、适用性和综合性。通过不同测年方法的合理使用，能够确定断裂的最新一期（次）活动时代，满足各关键时段地层划分、对比和断代的需要。

浑河断裂带既有山地区的广泛出露，也有盆地区的大量隐伏，构造破碎带发育形态及涉及的第四系覆盖层、地貌面复杂多样。在断裂出露区可采集断裂（探槽）剖面的断层泥、碎粉岩等构造破碎物和原状第四系沉积层、地貌面的样品；在第四系隐伏区可采集钻孔剖面的断裂破碎物和第四系地层的岩芯样品。根据样品性状特征分别进行 ESR、TL、SEM 和 ^{14}C 等方法的实验室测定，注重不同测年方法的综合对比和应用，以确定与断裂活动相关的第四系地层、地貌面和断裂破碎物的年龄，鉴定断裂的第四纪活动性。

7. 地质地貌调查和研究

以浑河断裂带为目标断裂，开展浑河断裂的全部断裂段以及对断裂活动性分段和地震危险性评价有意义的下哈达断裂、苏子河断裂、赤峰－开原断裂东段延伸段和密山－敦化断裂吉林段的系统性地质地貌调查和研究工作。在调查研究范围的划定上，以断裂带及其主干分支为参考基线，向两侧分别外延 1～2km，形成沿断裂走向延伸的狭长状不规则矩形条带。

以已有研究和高分辨率遥感解译结果为基础，基于大比例尺地理底图开展浑河断裂带精细化的地质地貌调查和研究。对于原有认知和由遥感解译得到的浑河断裂带进行实际验证和解析，确定地质地貌形态和岩性介质条件，识别断裂带的宏观地貌变化及其断错（微）地貌现象，分析和判定断裂展布、规模和结构，对于断裂活动性给出一定的鉴定意见。地质地貌调查着眼于断裂通过地段的基岩裸露区和显现出一定断错地质地貌变化的第四系覆盖区，重视构造阶区、交会点、分叉点、拐弯点等断层关键部位，对于具有一定构造影响的第四纪地质体（线）、地貌面（线）及其他地质地貌、第四纪地质变化地段则进一步开展追索式的详细调查、观测和研究，判定其变化特征、形成机理、分布规律及其外延的地质、地貌和第四纪变化趋势。对断裂通过地段的地质体、地貌面（线）以及浑河水系等可能受到断裂活动影响的标志性位移进行实地测量和划定，确定不同时期以来断层活动所产生的水平或垂直位移量。研究断裂在浑河谷第四纪构造盆地发育过程中的控制作用，分析断裂活动与不同类型、不同等级、不同形成时代地貌单元之间的错切关系和错切幅度，划分断裂谷地（槽地）、断层崖、断层陡坎、错动阶地和条带状冲（坡）洪积扇、挤压隆起、拉分盆地等构造地貌现象，分析断裂活动迹线、几何变形和错列阶区等不连续结构，确定断层的空间位置、规模及几何学、运动学特征，并为进行必要的探槽开挖和地震地质调查创造条件。对于断裂通过地段地质地貌、第四纪地质等发生较大变化的重点地区，地质地貌调查还包括确定填图单元、断错地质地貌测绘、地震事件识别、标志性地貌单元和第四系地层年龄样品采集等；同时，需要确定第四纪地层划分对比的原则和标准，选择第四系发育较为完整、具有代表性的地段尝试建立第四纪地层标准剖面等。

活动断层野外地质地貌调查采用追索和穿越相结合的方法进行，野外定位精度小于3m。对于晚更新世－全新世活动断层以及发现的地震地表破裂现象主要使用追索法，地层、岩石等地质界线定位一般以路线穿越法控制，观测点密度视观察对象的重要性及其空间分布变化确定，一般为50~200m，以满足成果精度的要求。

8. 浑河两岸阶地对比和划分

浑河断裂带基本上沿着浑河谷展布，浑河谷实际上就是在浑河断裂控制下形成发育的，因此大部分河段的河床位置与浑河断裂是吻合的，河谷南、北两岸即分别处在浑河断裂带的南、北两盘。已有研究表明，浑河两岸发育有形态特征清楚、相对完整的河流阶地，其分布虽不连续，但仍具有良好的可对比性。根据浑河断裂的这一显著特点，可以开展浑河两岸不同类型、等级和形成时代河流阶地的对比和划分，并作为断裂活动性鉴定的一项重要工作内容。通过两岸阶地形态和高程变化的观测调查，从侧面比较分析浑河断裂南、北两盘的垂直向差异性运动，确定浑河断裂在不同等级河流阶地形成以来的倾滑型活动特征及其活动强度、运动性质。

9. 地震地质调查和研究

以浑河断裂带为目标断裂，开展浑河断裂全部断裂段及下哈达断裂、苏子河断裂、赤峰－开原断裂东段延伸段、密山－敦化断裂吉林段的系统性地震地质调查和研究工作。与地质地貌调查一样，地震地质调查的范围亦以断裂带及其主干分支为参考基线，向两侧分别外延1~2km，形成沿断裂走向延伸的狭长状不规则矩形条带，野外观测点定位精度小于3m。

在地质地貌调查的基础上，对于近地表有出露或位置明确、埋深较浅（第四系覆盖层厚度一般小于2m）的断层构造部位，辅之以必要的探槽开挖，开展详细的、追索式的地震地质剖面观测和调查，确定断裂的地震地质发育特征。关注可能存在的地震地表破裂现象以及活动性较强的中－晚更新世活动断裂，判定浑河断裂的准确位置、空间展布、精细结构以及作为发震构造的可能性。进行详细的断裂破碎带剖面观测分析，研究断层第四纪新活动所产生的断层泥、碎粉岩等构造破碎物的物质结构特性，确定断裂破碎带发育形态、规模、结构、构造和破碎程度等相关参量，判定和划分断层所处的地貌单元、地貌面和第四系地层。采集具有年代界定意义的断层泥、碎粉岩、碎裂岩等断裂破碎物及断层错切或覆盖的标志性第四系地层、地貌单元、地貌面等有效样品进行年龄鉴定，确定断裂破碎物以及断层错切最新第四系地层、地貌面和未错切最古老第四系覆盖层、地貌面的形成时代，厘定断层的第四纪活动时代。分析断裂活动与相关地貌单元、地貌面以及上覆第四系地层的覆盖和错动关系，获取断裂两侧可对比标志性层位的错动量和滑动速率，判定属于古地震等黏滑运动事件的危险性，确定可能存在的古地震以及历史地震事件的错动序列、复发间隔和最新一次地震离逝时间等定量化参数，分析其特征地震活动规律及其地质构造基础、力学条件和破裂习性。开展浑河断裂沿线不同地质剖面和地貌单元的对比调查、观测和分析，判定断裂的产状、规模、结构、性质以及断层位移量、规模较大的阶区（障碍体）等，确定断裂的几何学与运动学要素。调查和研究保留下来的地震裂缝、地震鼓丘、地震陡坎、地震沟槽、同震位移等与发震构造相关的地质地貌现象，分析强地震作用下的地表破裂特征。分析浑河断裂与现代地震活动之间的构造联系，明确断裂现代运动特性和变形特征对于地震活动的控制作用。通过上述综合调查和研究，可以基本确定浑河断裂的最新活动时代、活动程度、运动性质和活动方式，给出断裂的活动性鉴定结果。

10. 浅层人工地震和排列式钻孔的探测和研究

对于第四系覆盖层厚度较大、埋藏较深的断裂隐伏段特别是具有近地表地质地貌活动指示的隐伏断层关键部位开展浅层人工地震探测和排列式钻孔探测工作，确定断裂活动对于第四系地层的断错特征。以钻孔剖面的波速测试和第四系地层划分等为基础，合理设置浅层人工地震探测的系统参数和施工参数，划分和确定剖面上的人工地震波组层位及其相应的第四系地层层序，探明断裂的展布位置、规模、产状、运动性质、上断点埋深和断错幅度，判定断裂的最新活动时代和活动程度。排列式钻孔基于浅层人工地震的探测结果开展目标断层的探测和研究，根据断裂发育及其第四系地层的覆盖特征合理布置钻孔位置和钻探深度。逐一分析断层两侧的第四系地层分布及其产出差异性，区分和判定断裂错切的最新第四系地层及未错切的最老第四系地层，结合具有年代界定意义的（钻孔岩芯）标志性地层测年数据和第四系地层编录划分结果，参照附近的第四系地层标准剖面，建立钻孔剖面的第四系地层层序，判定断裂的第四纪活动性及其对于上覆第四系地层的错动特征。确定断裂的上断点埋深、错动第四系层位和幅度，给出探测目标断裂的最新活动时代、位移量、滑动速率和运动性质等参数，并鉴别古地震事件及其周期性活动规律。

在技术指标设定上，根据沈阳市、抚顺市的第四系沉积和环境噪声条件，浅层人工地震探测的测点间距≤2m，炮点间距为2~8m，覆盖次数为6~12次，有效探测深度范围为5~200m，探测目的层深至第四系沉积层以下。测线剖面上的活动断层定位精度小于5m，探测深度误差（纵向分辨率）小于10%，检波器频率根据实验结果确定。排列式钻孔剖面沿已探明断层的浅层人工地震测线布设，钻孔连线横跨活动断层，孔间距5~45m，终孔深度钻透至第四系底界面。钻孔采用垂直钻进方式，回次进尺1~1.5m，孔深相对误差小于或等于深度的0.2%。详细编录钻孔岩芯，系统采集第四系地层和断裂破碎物样品。进行跨断层钻孔联合剖面的第四系地层对比与分析。

11. 断裂活动性鉴定及其活动性分段

系统分析浑河断裂带（密山－敦化断裂辽宁段）的地质构造基础和深、浅部地质构造环境，分析断裂展布结构及其构造活动对于地球物理场、地壳结构和新构造运动的影响，调查断裂在地质、地貌、第四纪地质和地震活动等方面的表现，确定断裂活动对浑河谷第四纪构造盆地的控制作用。综合采用遥感解译、地震地质、地质地貌、第四纪地质和地震活动性分析等研究方法，结合跨断裂带的浅层人工地震探测、排列式钻孔探测和地壳形变观测分析，比较分析断裂破碎物、断错（或覆盖）第四系标志性地层的测年数据，判定浑河断裂带的几何学与运动学特征，解析现今构造应力场作用下浑河断裂的最新活动时代和活动习性，给出断裂的活动性鉴定结果。

开展断裂活动性分段的研究，综合分析浑河断裂带所处的区域地震构造环境，分析断裂在地质构造基础、新构造运动、地球物理场、深部构造、地震活动和地质地貌、第四纪地质等方面的差异性，分析断裂与其他构造体系之间的关系，调查和研究与浑河断裂相交会的下哈达断裂、苏子河断裂、赤峰－开原断裂东段延伸段以及密山－敦化断裂吉林段等区域性构造的地震地质发育特征，判定断裂活动之间的联系及其对于浑河断裂活动段落划分的意义。在断裂活动性鉴定基础上，分析浑河断裂带空间展布、规模、结构和运动性质、活动方式、最新活动时代、活动程度等诸多参量的差异性，明确开展断裂活动性段落划分的合理性、科学性。基于断裂的第四纪活动性差异，进行浑河断裂带活动段落的划分，并分别确定各个不同活动性分段的规模、结构、最新活动时代和活动程度等。

12. 浑河断裂带不同断裂（段）的地震危险性评价

系统分析浑河断裂带及其不同活动性分段的规模、结构、第四纪活动性和活动程度，分析和判定在特定地球动力学条件和地震构造环境条件下浑河断裂带及其不同活动段的规模条件、构造组合和黏滑结构条件、现今构造变形特征、深部构造和地球物理场特征，分析地震活动时空分布特点及在地震强度分布中所处的位置，解析不同断裂（段）差异性的第四纪活动性（即活动程度）所制约的地震强度、频度分布规律，确定不同活动段与地震特别是中强地震活动之间的关系，判定发震构造。采用发震断层－最大潜在地震经验关系和地震活动类比研究方法判定不同断裂（段）的最大潜在地震震级，对未来一定时段（50～100a）内可能发生的中强地震活动进行一定的预测。

1.3　完成的主要工作

"浑河断裂带（密山－敦化断裂辽宁段）活动性、分段性及地震危险性"研究以系统收集、整理和分析已有的研究成果资料为基础，包括专题报告和论著30余份，科研论文近百篇，在此基础上，先后开展了"密山－敦化断裂辽宁段（即浑河断裂）活动性鉴定""沈抚新区浑河断裂带活动断层探测与地震危险性评价"和"密山－敦化断裂辽宁段（浑河断裂）活动性分段及地震危险性评价"等专题及其子专题的研究工作，获得了大量的数据资料和相关研究成果，对于浑河断裂带的活动性、分段性和地震危险性有了比较系统、完整和深入的认识，同时，编制完成了研究区地震构造图（1:25万）、浑河断裂带条带状精细结构和地震构造图（1:5万）等成果图件，实现预期工作目标。

"浑河断裂带（密山－敦化断裂辽宁段）活动性、分段性及地震危险性"研究项目所完成的主要工作量列于表1.1。

表 1.1　主要工作量

设计专题名称	设计工作量			
	细目		单位	数量
地图数据数字化处理	研究区 1:25 万地震构造图编制		幅	6
	浑河断裂带 1:5 万地震构造图编制		幅	5
地震资料及地震活动性分析	专题研究		项	1
	历史地震考证和矿震研究子专题		项	1
	地震精定位研究子专题		项	1
	现今构造应力场分析子专题		项	1
地震构造背景条件分析	专题研究		项	1
	研究区范围		km²	约 50000
高分辨率遥感信息处理与解释	专题研究		项	1
	Google earth 数据处理与解译子专题断裂构造解译范围	浑河断裂带	km²	约 400
		其他断裂带	km²	约 200
	研究区 ETM + 数据处理子专题重点断裂构造解译范围		km²	约 20000
地质地貌调查和研究	专题研究		项	1
	第四纪地质研究子专题		项	1
	浑河阶地对比和划分子专题		项	1
	断裂构造调查和研究范围	浑河断裂带	km²	约 400
		其他断裂带	km²	约 200
地震地质调查和研究	专题研究		项	1
	新构造运动研究子专题		项	1
	地球物理场研究子专题		项	1
	野外地震地质调查	浑河断裂带	km²	约 400
		其他断裂带	km²	约 200
	典型地震地质剖面	浑河断裂带	个	约 40
		其他断裂带	个	约 60
浑河断裂地球物理和地球化学探测	专题研究		项	1
	浅层人工地震探测分析子专题		项	1
	地球化学探测分析子专题		项	1
	多道直流电法探测资料整理分析	测线剖面数量	条	8
		总长度	km	16
	探地雷达资料整理分析	测线剖面数量	条	26
		总长度	km	37.9

设计专题名称	设计工作量			
	细目		单位	数量
浑河断裂地球物理和地球化学探测	浅层人工地震探测资料整理分析	测线剖面数量	条	49
		总长度	km	40.254
	浅层人工地震探测	测线剖面数量	条	12
		总长度	km	31.57
	地球化学探测	测线剖面数量	条	1
浑河断裂排列式钻孔探测	专题研究		项	1
	收集排列式钻孔探测	剖面数量	条	2
		钻孔数量	个	8
	排列式钻孔探测	剖面数量	条	5
		钻孔数量	个	18
年代学分析	专题研究		项	1
	测年数据资料整理分析		个	约100
	地质地貌、地震地质剖面 TL、ESR 测年数据		个	29
	钻孔剖面 TL、ESR 和 ^{14}C 测年数据		个	22
浑河断裂活动性鉴定	专题研究		项	1
浑河断裂活动性分段	专题研究		项	1
浑河断裂带不同断裂（段）的地震危险性评价	专题研究		项	1

第2章

地震活动性研究

2.1 研究区和浑河断裂附近的地震资料

研究用于分析地震活动特征的地震资料主要包括两大部分：第一部分为1911年以前的历史地震记载和1911年以后的仪器记录地震，其中历史地震记载为震级 $M_S \geqslant 4\frac{3}{4}$ 的地震资料，由于这些地震都是根据史料记载先评定震中烈度，然后按历史地震的震级－烈度关系换算成相应的震级，所以震级精度较差，一般误差为¼级，震中位置也不准确，误差可达十多千米甚至几十千米，1911年以后的仪器记录地震最小震级取4.7级，震级测定精度为0.1级；第二部分为1970年至今辽宁省及附近省、区地震台网建立以后所获得的破坏性地震记录以及 $5.0 \geqslant M_L \geqslant 1.0$ 的地震资料，对于同时具有仪器震中和宏观震中的地震，震中位置以宏观考察的结果为准。

2.1.1 研究区中强地震目录

浑河断裂所处的研究区在历史上发生多次破坏性地震，记录最早的破坏性地震为1318年的彰武5级地震。长期以来，经过我国地震工作者的努力，挖掘和搜集了几千年的地震历史资料，整理、编辑了辽宁省及附近地区多部历史地震资料、地震目录和等震线图集，如吴戈等编著的《东北地震史料辑览》（1992）、《黄海及其沿岸历史地震编目与研究》（2001）、《东北大陆历史地震研究》（1994）等，相关职能部门还编制完成了《辽宁省地震目录》（1995）、《中国历史强震目录》（国家地震局震害防御司，1995）、《中国近代地震目录》（公元1912年至1990年，国家地震局科技发展司，1999）和《中国地震简目》等。据不完全统计，研究区内记有 $M_S \geqslant 4.7$ 地震约12次，其中 $M_S \geqslant 5.0$ 地震7次，4.7～4.9级地震5次，最大地震为1765年沈阳和1775年铁岭的2次5½级地震（表2.1和图2.1）。

表2.1 浑河断裂及其附近区域破坏性地震目录（$M_S \geqslant 4.7$）

序号	地震时间			震中位置		震级 (M_S)	深度/ km	震中烈度	参考地点	精度
	年	月	日	北纬/(°)	东经/(°)					
1	1318	2	21	42.6	122.1	5		Ⅵ	彰武满堂红	Ⅳ
2	1594	10	26	42.6	124.0	4¾			开原金沟子	Ⅰ

续表

序号	地震时间			震中位置		震级 (M_S)	深度/ km	震中烈度	参考地点	精度
	年	月	日	北纬/(°)	东经/(°)					
3	1596	0	0	42.6	124.0	5			开原金沟子	I
4	1599	5	1	41.6	122.7	5			辽中养土堡	IV
5	1765	3	15	41.8	123.4	5½		VII	沈阳	II
6	1775	0	0	42.3	123.9	5½			铁岭熊官屯	II
7	1875	0	0	42.6	124.0	4¾			开原金沟子	II
8	1941	12	15	42.3	124.5	4¾			铁岭东	IV
9	1974	12	22	41.3	123.6	4.8	6	VI	葠窝水库	I
10	1988	2	25	42.3	122.5	4.8	17	VI	辽宁彰武	I
11	2013	01	23	41.5	123.2	5.1	7	VI	辽阳灯塔	I
12	2013	04	22	42.9	122.4	5.3	6	VII	内蒙古甘旗卡	I

精度：I 类误差≤5km；II 类误差≤10km；III 类误差≤20km；IV 类误差≥20km。
精度（历史地震）：I 类误差≤10km；II 类误差≤25km；III 类误差≤50km；IV 类误差≤100km。

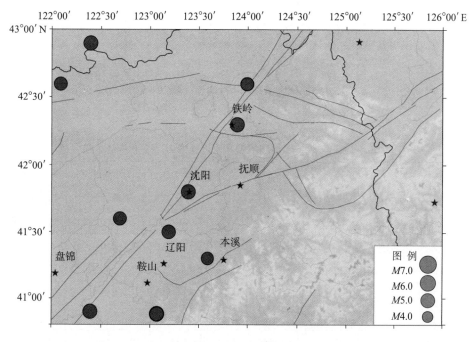

图 2.1　浑河断裂研究区破坏性地震空间分布（$M_S \geqslant 4.7$）

2.1.2 研究区近期小震活动

近期小震活动主要指自 1970 年辽宁省地震台网建立以来 $1.0 \leqslant M_L \leqslant 5.0$ 的地震，资料来源于中国地震台网中心的地震目录。据不完全统计，1970 年以来至 2018 年浑河断裂研究区内共发生小震活动 400 多次（图 2.2），其中 $M_L \geqslant 3.0$ 地震 28 次（表 2.2）。分析表明，小震活动在研究区内的分布具有不均匀性，多数分布在研究区的西部，即大致沿北东向呈一定的条带状分布，构造上与依兰－伊通断裂、金州断裂以及郯庐断裂带下辽河段接近，在辽阳灯塔、沈阳英达和铁法孤山子附近还具有一定的团簇状分布特征；而在浑河断裂所展布的研究区东部小震活动的分布则比较零散，不具有构造指示意义的明显团簇状或条带状分布特征。

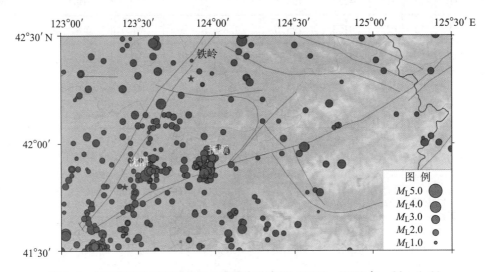

图 2.2 浑河断裂及其附近地区小震震中分布图（1970—2018 年，$M_L \geqslant 1.0$）

表 2.2 1970 年以来浑河断裂及其附近地区 $M_L \geqslant 3.0$ 地震目录

序号	年	月	日	北纬/(°)	东经/(°)	震级（M_L）	参考地点
1	1972	4	4	41.60	123.20	3.5	沈阳王纲堡
2	1979	6	25	41.77	123.48	3.0	沈阳
3	1979	8	9	41.70	123.45	3.0	沈阳白塔堡
4	1982	3	30	42.47	124.17	3.9	开原石家堡子
5	1982	3	30	42.50	124.17	3.0	开原石家堡子
6	1989	9	28	42.33	123.63	3.0	铁岭蔡牛堡
7	1992	1	30	41.58	123.03	3.8	辽中长滩
8	1998	5	2	41.58	123.27	3.0	沈阳红菱
9	1998	9	26	42.18	123.65	3.8	铁岭腰堡

序号	年	月	日	北纬/(°)	东经/(°)	震级（M_L）	参考地点
10	2001	10	18	41.57	125.50	3.4	通化大川
11	2001	11	7	42.13	123.48	3.1	沈阳黄家
12	2003	3	30	41.85	123.55	4.1	沈阳英达
13	2005	4	4	42.03	123.17	3.1	新民新兴
14	2007	9	25	42.45	123.62	3.5	铁法晓明
15	2007	10	7	41.57	123.03	3.5	辽中长滩
16	2008	4	28	41.88	123.60	3.0	沈阳英达
17	2009	5	17	41.78	124.10	3.1	抚顺上马
18	2009	6	1	41.53	125.32	3.4	新宾响水河
19	2009	12	28	41.87	123.57	3.7	沈阳英达
20	2010	3	22	41.50	123.22	3.0	沈阳红菱
21	2011	6	27	41.88	123.80	3.2	抚顺高湾
22	2012	5	3	41.90	124.80	3.2	清原敖家堡
23	2012	6	25	42.42	123.58	3.1	铁法晓明
24	2012	8	9	42.42	123.57	3.2	铁法晓明
25	2012	8	25	41.52	123.22	3.0	沈阳红菱
26	2013	1	23	41.50	123.20	5.1	灯塔前烟台
27	2013	4	22	42.43	123.58	3.0	铁法晓明
28	2013	8	5	41.87	123.68	3.0	沈阳高坎

2.1.3　浑河断裂附近地区矿震活动

抚顺老虎台煤矿位于浑河断裂抚顺段东南约 6km，据李铁等（2003）的研究，老虎台煤矿的开采始于 1907 年，1933 年开采到地面以下 250～300m 时开始感觉到矿震发生，开采到地面以下 500m 时，矿震活动明显增强。抚顺市在 1968 年 12 月开始布设地震台网，用于监测、记录矿震。监测结果表明，1998 年 6 月以后，强矿震活动水平急剧增高，1998 年 6 月 12 日记录到的最大矿震震级已达到 M_L3.6，此外，2001 年 10 月 17 日在老虎台矿区也发生 1 次 M_L3.6 矿震，与 1998 年持平。截止到目前，老虎台煤矿发生的最大矿震震级即为 M_L3.6，矿震的有感范围超过 $100km^2$，老虎台矿井下 780m 处有较大的破坏，轻伤 10 余人（孙文福等，2002）。

矿震活动是区别于构造地震的人为诱发地震，一般随着采矿时间的延续和采矿范围的扩大，矿震活动的频次和强度都随之增长。据中国地震台网中心地震目录库的不完全统计，2009 年以来共发生 $M_L \geq 2.0$ 矿震 84 次，其中 3.0 级以上强度的 42 次，年均发生 2.0 级以上矿震 10.4 次。2014—2015 年矿震较为活跃，仅 2015 年一年就发生 2.0 级以上矿震 30 次左右（图2.3）。常耀广等（2002）的研究认为，抚顺煤田矿震是老虎台矿山开采引起的，是矿山开采的伴生动力现象。矿震类型可划分为断层活动型、顶板活动型和工作面冲击型三种，其中小震级的矿震事件大多属于后两种类型，大震级事件则主要属于断层活动型。矿区内几条大的断层构造（包括浑河断裂带主干及其分支构造）和构造向斜轴是影响矿震发生的关键控制性因素，随着矿山开采的进展，震级强度可能会进一步加大，最大震级有可能达到 $M_L 3.9 \sim 4.2$。

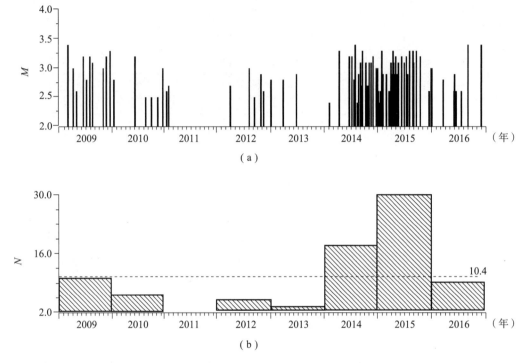

(a)

(b)

图2.3　2009年以来抚顺2.0级以上矿震 $M-T$ 图和频度图

（a）$M-T$ 图；（b）频度图

2.1.4　浑河断裂附近记录的几次主要历史地震

沿浑河断裂在沈阳和抚顺附近曾经发生几次显著的地震事件，尤其是沈阳附近历史地震频次相对较多、强度较大，这里记录过1552年4¾级地震、1765年5½级地震等破坏性地震及1954年3½级地震等，抚顺附近的破坏性地震则只记录有1次1496年东洲堡5级地震，且这次地震的相关资料极其匮乏，其可信度、精度均较低。

通过历史文献资料的细致研究，确定沈阳地区有较多的历史地震记载，其中在1900年以前共有历史地震13次，最早记载的地震是1518年"辽东沈阳等地震"（表2.3和表2.4），多数历史地震记载资料较为简略，从记述内容上很难判断是沈阳本地的还是外区地震对沈阳的影响，唯一能确认发生在沈阳的地震是1765年沈阳的5½级地震，故宫档案对这次地震作了比较详细的记载："……大政殿东西两旁亭子两座，朝房七座，大脊微有张裂，瓦片间有脱落，周围红墙有闪裂歪膨，大政殿石栏杆座台亦有微沉闪裂……""直至闰二月二十八日，每天仍有一、二次震动，但轻微震荡……"从已有的记载中可以认为这次地震发生在沈阳，震中烈度为Ⅶ度，震级5½级，属于主震－余震型。1765 年5½级地震是沈阳附近发生的一次较强的地震活动，根据历史地震资料考证，该次地震的宏观震中确定为北纬41.7°、东经123.5°，震中烈度为Ⅶ度。1552 年11 月在沈阳东南发生的4¾级地震则是浑河断裂附近最早的破坏性记录，但由于人烟稀少，没有留下有关这次地震破坏情况的详细记载，根据已有相关资料确定该次地震的震级为4¾级，震中为北纬41.8°、东经123.4°，烈度为Ⅵ度。对1954 年12 月25 日施家寨3½级地震，据《东北地震史料辑览》记载，震中区施家寨的居民几乎都有感，响声似雷，桌子晃动，吊灯摇摆，顶棚掉土。

表 2.3　沈阳地区历史地震资料简表

时间	地震概况	文献
1518 年 3 月	辽东沈阳等地震	《崇德实录》
1552 年 11 月	沈阳地震	
1638 年 9 月	沈阳地震	
1639 年 1 月	沈阳地震	
1641 年 9 月	沈阳地震	
1641 年 10 月	沈阳地震	
1643 年 4 月	沈阳地震，自西北隅至东南有声	
1643 年 10 月	沈阳地震	
1644 年 4 月	盛京地震	
1644 年 4 月	盛京地震	
1662 年 11 月	盛京地震有声	《满清故宫档案》
1667 年 11 月	奉天府承德县地震有声	
1675 年 3 月	奉天盛京地震，山墙鼓裂倒塌	

表 2.4　沈阳地区历史地震参数简目

发震时间			震中位置			震级（M_S）
年	月	日	北纬/(°)	东经/(°)	地点	
1518	3	24	41.8	123.4	沈阳	4¼
1638	9	14	41.8	123.4	沈阳	3½
1639	1	2	41.8	123.4	沈阳	3½
1641	9	29	41.8	123.4	沈阳	3½
1641	10	1	41.8	123.4	沈阳	3½
1643	4	30	41.8	123.4	沈阳	3½
1643	10	22	41.8	123.4	沈阳	3½
1644	4	14	41.8	123.4	沈阳	3½
1644	4	16	41.8	123.4	沈阳	3½

发震时间			震中位置			震级（M_S）
年	月	日	北纬/(°)	东经/(°)	地点	
1662	11	1	41.8	123.4	沈阳	3½
1667	11	23	41.8	123.4	沈阳	3½
1915	7	9	41.8	123.4	沈阳	3½

查阅已有的资料发现，1900 年以来的地震记载共有 5 条，1915 年 7 月 9 日沈阳地震"……动力颇大，一时睡梦者均被其惊醒，其震动时约八、九秒钟云"；1917 年 5 月 28 日沈阳地震"……震感稍强，房屋动摇……"；1925 年 4 月 10 日奉天地震"住宅突然震动，如大飞机飞腾之声，卧榻餐桌均为之倾摇"；1928 年 7 月 6 日沈阳感有微震，震度微弱，同时带有象放大炮似的声音，稍感上下动，房屋振动；1954 年 12 月 15 日沈阳东陵发生 3.5 级地震，震中位于古城子附近，震中烈度Ⅳ～Ⅴ度。

2003 年 3 月 30 日 19 时，在沈阳市东郊的满堂发生了 1 次有感地震，据辽宁地震台网测定，这次地震的震级为 M_L4.3，震中为北纬41°51′、东经123°33′。对该次地震的震中区满堂乡、英达乡调查后了解到，这里的震感虽然比较强烈，但建、构筑物和地面基本上没有任何破坏。抚顺市通过宏观信息网络开展震情调查，认为抚顺市望花区震感强烈，新抚区、顺城区等地区有感。从沈阳市的震感范围分析，全市普遍有感，但在东陵区满堂、英达和高坎等震中附近乡镇震感比较强烈。由于这次地震没有发生明显的破坏，宏观震中的确定比较困难，抚顺市望花区离沈阳东陵区满堂、英达等乡镇较近，震感明显是正常的，所以从震感强弱的分布上将这次地震的宏观震中确定在满堂乡至英达乡一带。由于这次地震的震级偏小，准确的宏观震中位置难以确定，故确定这次地震的发震构造到底与哪一条断裂构造相关就具有一定的难度。从现有地震地质资料分析，这次地震发生在长白－观音阁断裂附近，该断裂活动性较强并具有一定的规模，可能是满堂4.3级地震的发震构造。

2.2　研究区地震分布特征

统计分析显示，研究区公元 419—1969 年共发生 4¾级以上地震 21 次（图 2.4 中深色地震），1970 年以来共发生 M_L≥4.0 地震 17 次（图 2.4 中浅色地震），地震的空间分布主要集中在辽阳灯塔－内蒙古甘旗卡之间，呈条带状分布，特别是1970 年以来，区域 90% 的 4 级及以上地震发生在该带上或其附近，而在铁岭、开原附近，历史地震则较集中。

从1970 年以来研究区 1 级以上小震空间分布图（图 2.5）来看，中、小地震在灯塔、沈阳、甘旗卡、开原、通化等地区相对集中。而从中、小地震时间分布图（图 2.6）上可以看出，1974—1975 年、2013—2014 年前后小震较为集中，主要是受到 1975 年海城 7.3 级地震和 2013 年灯塔 5.1 级地震的影响，但 1999 年岫岩 5.4 级地震似乎对研究区的小震活动影响不大。

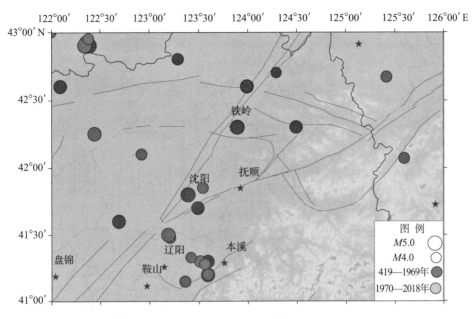

图 2.4　419 年以来研究区 4.0 级以上地震空间分布

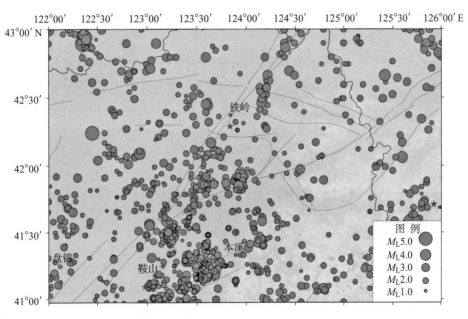

图 2.5　1970 年以来研究区小震空间分布

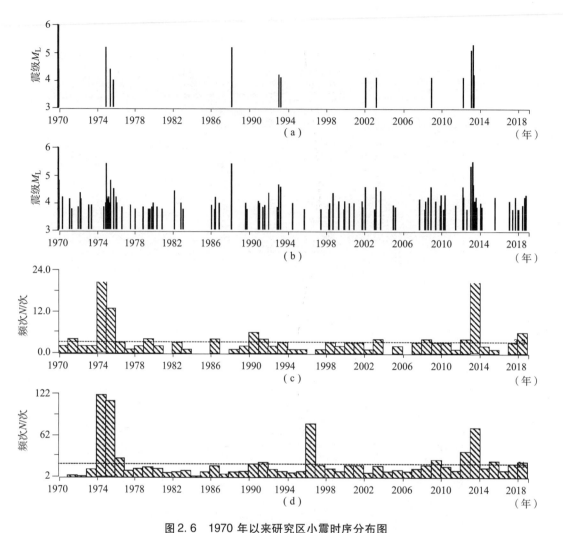

图2.6　1970年以来研究区小震时序分布图

（a）4.0级以上地震 $M-T$ 图；（b）3.0级以上地震 $M-T$ 图；（c）3.0级地震频度；（d）2.0级地震频度

2.3　浑河断裂及其沿线的地震分布

2.3.1　地震空间分布概述

浑河断裂附近419—1969年共发生4¾级以上地震5次（图2.7中深色地震），1970年以来共发生 $M_L \geqslant 4.0$ 地震2次（图2.7中浅色地震），上述地震在空间分布上主要集中在沈阳段附近，其他断裂段沿线地震的分布基本缺失。

1970年以来记录到的浑河断裂沿线小震震中分布图（图2.8）显示，小震活动集中在沈阳段和抚顺段，即章党-永乐一带，在某些地方存在一定的相对密集现象，如永乐镇东南的辽阳、灯塔地区小震主要围绕2013年1月23日灯塔5.1级地震成团簇状分布，形成中小地震震群。另外，在张沙布-章党一带小震基本上沿着浑河断裂呈一定的条带状分布，而断裂东部段落（章党-南杂木段和南杂木-英额门东段）小震活动则较弱，零星分布。

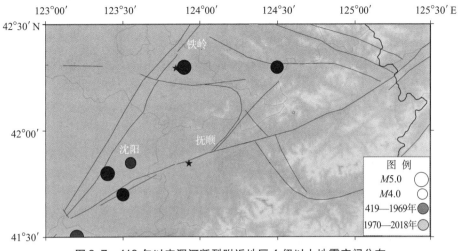

图 2.7 419 年以来浑河断裂附近地区 4 级以上地震空间分布

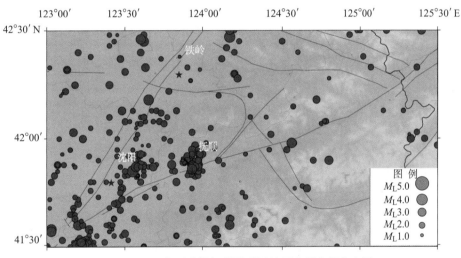

图 2.8 1970 年以来浑河断裂附近地区小震空间分布图

2.3.2 不同段落地震空间分布差异性分析

根据地质构造和地震活动特点,可以对浑河断裂沿线的地震活动进行分析,并进而研究地震活动的空间分布规律性及其与地质构造之间的关系。

从图 2.9 可以看出,浑河断裂沈阳段的地震表现最为活跃,在历史上除了发生过 1518 年 4½级、1552 年 4¾级、1765 年沈阳 5½级、1954 年 3½级和 2003 年满堂 $M_L4.3$ 地震以外,现今小震活动也相对较多,并形成一定的条带状或团簇状分布。分析认为,地震条带的延伸位置和方向与浑河断裂具有一定的拟合性,表明两者之间存在一定的构造关系。

抚顺段只记录发生过 1496 年东洲堡 5 级地震,但由于该次地震的记录资料较为粗略,尚难以获得地震的准确位置等相关资料,因此难以确定它与浑河断裂的构造关系。然而,该段断裂现今小震活动水平相对较高,且排除矿震之后部分地震的震源深度较深。总的来看,小震的空间分布具有北北东向的展布趋势,且位置上与浑河断裂比较接近(图 2.10),可能反映了两者之间存在一定的构造关系。

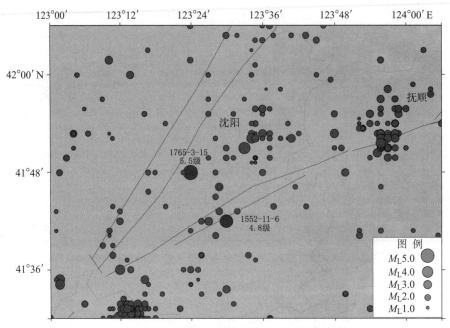

图2.9　浑河断裂沈阳段及附近地区地震空间分布

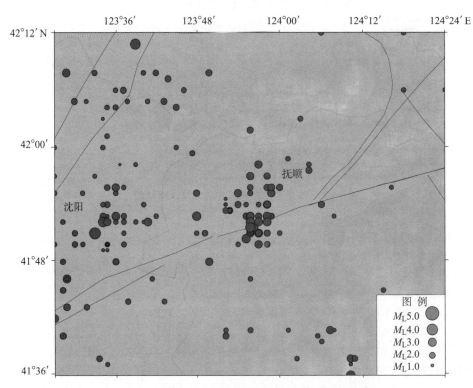

图2.10　浑河断裂抚顺段及附近地区地震空间分布

　　章党－南杂木段的地震活动十分微弱，自1970年有仪器记录以来沿该断裂段只发生过一次 $M_L3.0$ 以上的地震（图2.11），其他的小震分布也很零星。南杂木－英额门东（草市南）段地震活动也较弱，没有记录到 $M_L3.0$ 以上的地震活动（图2.12）。上述两个断裂段的地震活动分布太过稀少，难以总结出地震活动的空间分布规律，因而看不出地震活动与浑河断裂等地质构造之间的联系，只是在南杂木盆地附近小震活动相对集中，在构造解释上，这可能与浑河断裂与苏子河断裂之间的共轭活动相关。

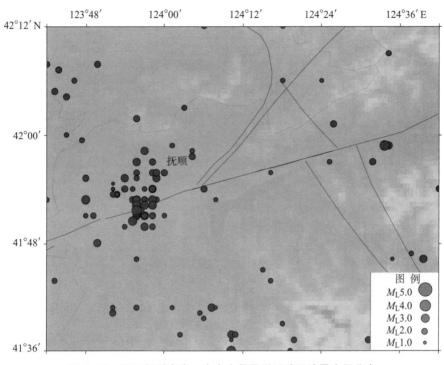

图 2.11　浑河断裂章党－南杂木段及附近地区地震空间分布

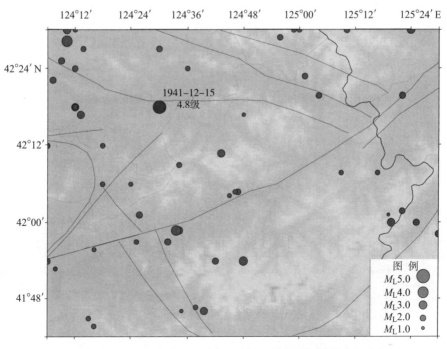

图 2.12　浑河断裂南杂木－英额门东段及附近地区地震空间分布

2.3.3 地震时间分布特征

应用1970年以来浑河断裂两侧约25km范围内的小震资料进行时间序列分析，可以得到相应的小震 $M-T$ 图和频度图（图2.13）。这一范围内2.5级以上的小震活动呈现出平静—活跃—平静—活跃交替的周期规律，时间间隔大约为10年，4个活跃时段大致为1979年、1989—1991年、1995—1997年和2008—2009年，其中2003年和2011—2014年也较活跃，但频次不高。该规律同样可以从1级以上小震的时序图上见到，照上述规律推测，2019年前后，浑河断裂附近的小震将再次进入活跃时段，最大震级约为4.1级（图2.14）。

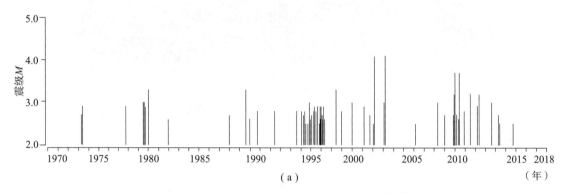

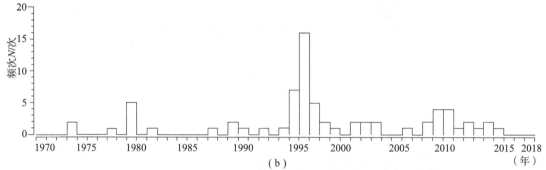

图2.13　浑河断裂2.5级以上小震 $M-T$ 图和频度图

（a） $M-T$ 图；（b） 频度图

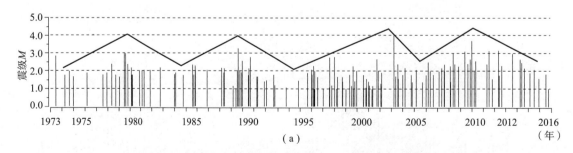

图2.14　浑河断裂1.0级以上小震时序分布及未来最大震级预测

（a） $M-T$ 图

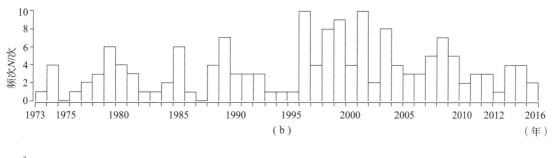

（b）
（年）

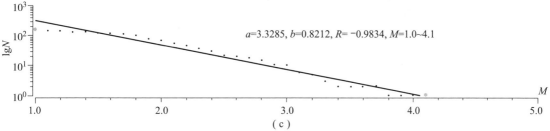

$a=3.3285, b=0.8212, R=-0.9834, M=1.0\sim4.1$

（c）

图2.14 浑河断裂1.0级以上小震时序分布及未来最大震级预测（续）

（b）频度图；（c）预测图

2.3.4 地震精定位研究

为了研究浑河断裂沿线地震活动的空间分布规律，总结地震活动与浑河断裂展布和活动性之间的构造关系，有必要对断裂附近地区的地震事件进行重新定位，提高地震的空间位置精度。精定位研究采用双差层析成像（TomoDD）法，这是由双差定位方法（HypoDD）发展而来，是双差定位方法的推广应用。在双差定位过程中，假定相邻事件到同一台站具有相似的路径，但是当相邻事件之间距离大于速度变化的尺度时，由速度不均匀性引起的路径差异会随震源位置明显变化（王伟平，2016），尽管Waldhauser和Ellsworth（2000）通过引入距离权重因子减小路径偏差造成的定位误差，双差定位结果仍会受到影响。而双差层析成像方法引入绝对到时数据，考虑介质速度结构的空间变化，减小了双差定位中由于假设台站到事件对之间速度恒定引起的误差，对地震对的距离没有要求，因此得到的定位结果更加精确（王长在等，2013）。

在系统分析震相资料质量的基础上，收集、整理了1980—2017年的辽宁地区地震震相报告（辽宁震相报告从1975年开始有记录，但1975—1979年期间的震相报告质量普遍较差，无法开展相关计算），将4个及以上台站记录的地震数据纳入到研究工作中。

通过精定位分析并进行数据资料的前后对比，重新定位后浑河断裂附近的地震分布更为集中，地震主要分布在浑河断裂的沈阳段和抚顺段附近（图2.15）。通过震源深度对比，重新定位前地震发生的震源深度接近0km附近分布较多（主要是由于震相报告的资料不完整所致），定位后的震源深度则在0~16km的深度范围内基本上均有所分布（图2.16），证明了浑河断裂沈阳段、抚顺段的构造活动在深度上可能延展较深。另外，根据定位结果显示，定位的水平误差在200~400m，深度误差在400~800m，基本满足了对这一地区地震精定位研究的需求（图2.17），其对地震事件空间分布的揭示总体上是客观、真实的。

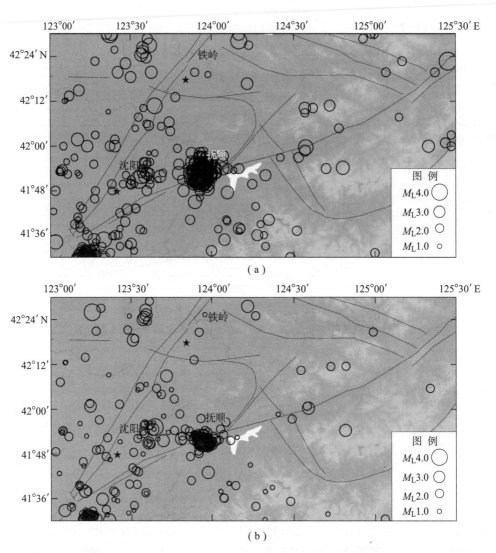

图 2.15　浑河断裂附近地区地震精定位前后空间分布对比分析

（a）定位前；（b）定位后

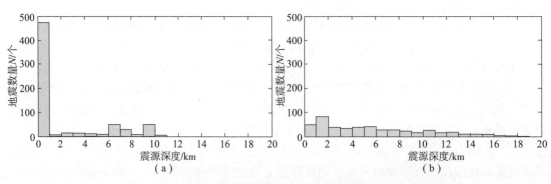

图 2.16　浑河断裂附近地区地震精定位前后震源深度对比

（a）定位前；（b）定位后

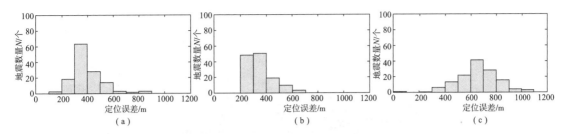

图2.17 浑河断裂附近地区地震精定位各方向误差

(a) 纬度误差；(b) 经度误差；(c) 深度误差

为了进一步确定地震活动的时空关系，将重新定位后不同时段的地震活动分别按照不同的颜色进行标示（图2.18），以判定地震活动在时间分布上的规律性。结果显示，浑河断裂附近地区的地震活动自1980年有准确记录以来比较频繁，断裂附近地区的小震活动在2000年之后相对密集。另外，将不同断裂活动段的地震活动分别统计（图2.19），通过重新定位后发现，沈阳段的地震活动主要集中在断裂的两端，尤以南端与下辽河平原断裂、依兰–伊通断裂相交会地段的地震活动更为集中，而发生在浑河断裂上的地震活动相对较少；抚顺段的地震活动也是较强的，重新定位后的结果显示，该段的地震活动空间展布大致呈北西西向，与北东东向的浑河断裂具有共轭破裂的活动特点；章党–南杂木段和南杂木–英额门东段的地震活动水平已经显著减弱，记录地震数量很少，时间、空间分布零星，这可能是与浑河断裂章党–南杂木段、南杂木–英额门东段的活动程度较弱有关。

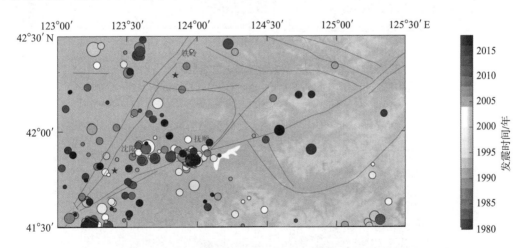

图2.18 浑河断裂附近地区地震重新定位后时空分布图

为了进一步开展浑河断裂带沿线地震活动的深入探讨，对于浑河断裂的不同段落进行地震活动震源深度剖面的综合分析和对比，即沿着浑河断裂带的展布方向对于浑河断裂的沈阳段、抚顺段、章党–南杂木段和南杂木–英额门东段形成一条整体的北东东向贯通性剖面（图2.20，A–A′），分析这一垂向剖面上浑河断裂带沿线的地震震源深度分布特征。结果发现，沿浑河断裂带的地震活动实际上主要集中于沈阳段、抚顺段（图2.21，A–A′），形成垂向剖面上相对集中的条带或团簇，而章党–南杂木段、南杂木–英额门东段的地震分布却

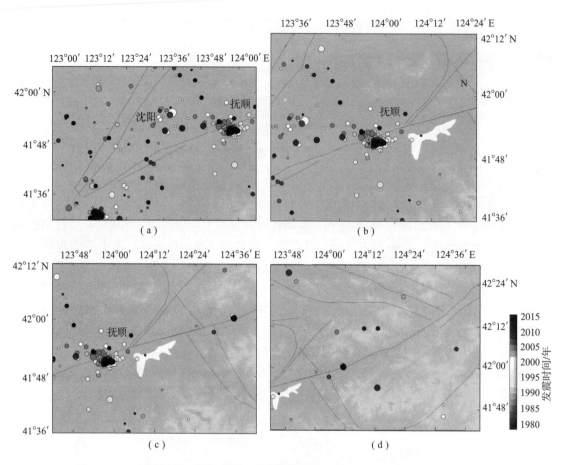

图 2. 19 浑河断裂不同段地震重新定位后时空分布图

（a）沈阳段；（b）抚顺段；（c）章党－南杂木段；（d）南杂木－英额门东段

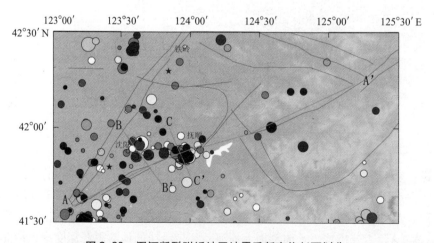

图 2. 20 浑河断裂附近地区地震重新定位剖面划分

十分稀疏，只有 4~5 次零星的独立事件，其间不能建立可识别的组合关系。比较而言，沈阳段不同时段的地震震源深度是具有一定差异性的，早期（2000 年之前）的震源深度相对较浅，后期（2000 年以后）的震源深度则较深，由此反映的断裂倾角约为 70°（图 2.21，B-B′），总体具有南倾的趋势。抚顺段早期的震源深度多在 4~10km 范围内，后期的震源深度却有向浅、深两端各自扩展的情况（4km 以上和 10km 以下），特别是近年来随着矿震活动的影响不断加大，这一断裂段的震源深度分布具有变浅的趋势，根据地震分布特征推测该断裂段可能为垂直型断裂，断裂面总体倾向北，倾角接近于 90°（图 2.21，C-C′）。

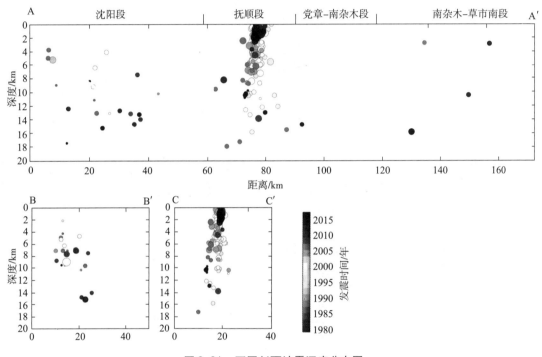

图 2.21　不同剖面地震深度分布图

2.4　研究区现今构造应力场

现今构造应力场是断裂构造活动和地震活动的根本动因，不同的构造应力环境会引起不同类型的断层现代变形特征，导致地震强度也有所不同。一般地，现今地应力场是在古地应力场的基础上逐步演化而来的，为了适应断裂活动性的分析和论证，这里我们主要阐述的是依据相关研究资料所得到的最近几百年至几十年乃至目前正在发生的现今地壳运动构造应力场特征。

2.4.1　利用震源机制解资料得到的研究区构造应力场分布

鉴于研究区内地震资料的局限性，在分析构造应力场环境时对研究区内的地震震级下限尽量进行一定的拓展，力求更为完整、全面地收集、整理研究区的地震数据资料，准确体现研究区的构造应力场特征。张萍（2000）和王岩等（2016）分别分析了 1974—1999 年和 2008—2016 年发生在研究区的一些震相资料比较完备的主要地震活动震源机制解（表 2.5），其中 2～3 级地震 1 次，3～4 级地震 13 次，4～5 级地 2 次，5～6 级地震 3 次，统计表明，区内地震活动资料以中小地震为主，且大多分布在研究区的西南部，但这些地震的发震时间、震级和震中位置都是明确的，完成了相关的震源机制解分析过程，因而所获得的震源机制解结果是准确可信的，据此可以推断现今构造应力场特征。从上述单个地震的震源机制解以及各个地震事件所涉及的主要断裂构造发育情况来看（图 2.22），地震活动与断裂构造特别是活动断裂之间具有很好的关联性，这些断裂主要包括：依兰－伊通断裂、浑河断裂、太子河断裂、郯庐断裂带下辽河段、柳河断裂和赤峰－开原断裂等，它们多呈北东－北北东或北东东向展布，少数呈北西向展布。

表 2.5　研究区及附近 1974—2016 年地震震源机制解

序号	发震时刻 年－月－日 时：分	北纬/(°)	东经/(°)	震级(M_L)	发震地点	节面 A/(°)			节面 B/(°)			P 轴/(°)		T 轴/(°)		N 轴/(°)		矛盾比
						走向	倾向	滑动角	走向	倾向	滑动角	方位	倾角	方位	倾角	方位	倾角	
1	1974－12－22 12：46	41.27	123.6	5.2	本溪	34	70		98	40		84	52	133	18	229	32	
2	1988－2－25 13：59	42.25	122.45	5.2	彰武	22	71		99	58		66	35	330	9	226	52	
3	1998－9－26 16：43	42.18	123.65	3.8	铁岭	82	87		168	37		319	38	201	31	84	37	0.17
4	1999－4－27 15：14	41.12	124.57	2.8	本溪	40	30		125	85		62	41	191	36	304	30	0.15
5	1999－6－3 01：46	41.67	122.25	3.4	盘锦	75	64		164	90		293	25	37	25	164	64	0.19
6	2008－4－28 01：24	41.88	123.60	3.0	沈阳	70	90	180	60	90	0	115	0	25	0	180	90	0.222
7	2008－5－30 08：17	41.10	123.37	3.4	辽阳	75	90	180	165	90	0	120	0	30	0	180	90	0.259
8	2008－12－9 19：36	40.97	123.17	3.5	辽阳	210	77	－161	116	72	－13	73	22	342	3	244	68	0.050
9	2008－12－11 07：51	42.10	122.93	4.1	新民	196	63	－161	97	74	－27	54	31	148	7	249	58	0.111
10	2009－5－19 05：12	40.98	122.38	3.0	海城	23	51	165	123	78	40	248	17	351	36	137	49	0.133
11	2009－8－26 22：28	40.98	123.17	3.1	辽阳	214	64	12	313	73	153	82	6	175	30	342	59	0.227
12	2010－3－27 03：48	41.48	123.21	3.0	灯塔	255	71	－73	35	25	－127	189	61	333	24	70	15	0.167
13	2011－6－27 12：33	41.88	123.80	3.2	抚顺	27	83	－30	293	60	－171	254	26	156	16	39	59	0.182
14	2012－4－4 00：54	41.49	123.21	4.1	灯塔	15	90	180	105	90	0	60	0	330	0	180	90	0.000

续表

序号	发震时刻 年 - 月 - 日 时：分	北纬 /(°)	东经 /(°)	震级 (M_L)	发震 地点	节面 A/(°)			节面 B/(°)			P 轴 /(°)		T 轴 /(°)		N 轴 /(°)		矛盾比
						走向	倾向	滑动角	走向	倾向	滑动角	方位	倾角	方位	倾角	方位	倾角	
15	2012 - 4 - 18 11：44	41.19	123.56	3.6	辽阳	35	90	180	125	90	0	80	0	350	0	180	90	0.238
16	2012 - 8 - 25 23：46	41.51	123.22	3.0	灯塔	252	48	-145	137	66	-47	95	50	198	11	297	38	0.222
17	2013 - 1 - 23 12：18	41.50	123.20	5.1	灯塔	15	90	180	105	90	0	60	0	330	0	180	90	0.000
18	2013 - 8 - 5 08：15	41.87	123.68	3.0	沈阳	20	90	180	110	90	0	65	0	335	0	180	90	0.143
19	2014 - 6 - 20 08：02	41.83	123.92	3.2	抚顺	220	10	0	130	90	100	210	44	50	44	310	10	0.091

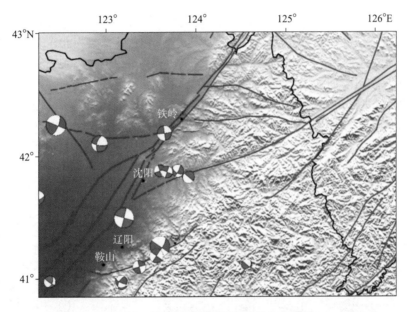

图 2.22　震源机制解和主要断裂分布情况

1. 节面特征

根据全部 19 个震源机制解的节面 A、B 走向，把整个圆周分成 24 等份，即每个间隔为 15°。分别统计节面 A、B 落在每个间隔内的数目，并与所在间隔中点连线作玫瑰图（图 2.23），可以非常清楚地看到，两节面走向空间分布大体一致，节面 A 走向为北东偏北北东向，节面 B 走向为北西偏北西西向，这与研究区主要断裂的展布方向相吻合。通过分析表 2.5 中的数据发现，两个节面 A、B 的走向与倾角无关，此外，倾角大于 60°者分别占各自总数的 79% 和 73%，大于 45°者分别占 89% 和 84%，可见绝大多数断层面接近于陡立。

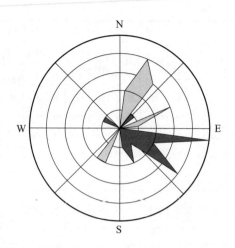

图 2.23　节面 *A*、*B* 走向分布玫瑰图（灰色为节面 *A*，黑色为节面 *B*）

2. 应力轴空间取向特征

将全部 *P* 轴和 *T* 轴都投影到同一张乌尔夫网上（图 2.24），可见大多数点分布较为集中，73% 的 *P* 轴方位分布在 54°～95° 或 254°～293°，呈现优势方向为北东东－南西西向，说明主压应力以北东东向为主。89% 的 *T* 轴方向分布在 148°～201° 或 330°～347°，呈现的优势方向为北北西－南南东向，说明主张应力以北北西方向为主。分析 *P*、*T* 应力轴的倾角发现，小于 45° 者分别占各自总数的 84% 和 100%，这说明研究区断层面主要受水平力作用。同理，将全部 *N* 轴也投影到乌尔夫网上（图 2.25），并对其进行分析发现，*N* 轴倾角大于 45° 者占总数的 68%，这与 *P*、*T* 轴均处于水平方向相对应，说明研究区内的断裂活动以走滑型为主。

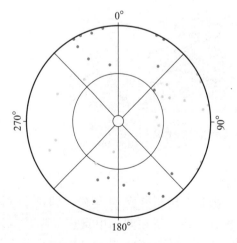

图 2.24　*P*、*T* 轴空间分布
（下半球投影）

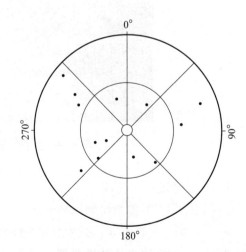

图 2.25　*N* 轴空间分布
（下半球投影）

3. 区域应力场分布特征

经过上述地震震源机制解分析，得到研究区主压应力轴优势方向为北东东向，主张应力

轴优势方向为北北西向，中间轴倾角较大，进一步说明断裂面主要受水平方向的作用力，断裂类型以走滑型为主。因为选用的是过去 34 年的资料，且表现出良好的一致性，由此反映了研究区现今构造应力场比较稳定。

2.4.2 有限元数值模拟的研究区现代构造应力场

地壳运动的构造应力场应该是四维的，壳内应力场的分布除浅部有些直接测量数据外，较深部位只能根据地震波资料的解释，但这些资料或其解释结果得到的都只是某一点上的结果。另外地震波资料的解释还强烈依赖于震源模型的选择，所以很难获得完整的壳内应力场的分布和演化规律的认识。有限单元法即是解决非均匀介质中力学问题的有力工具。由于主要侧重于辽宁地区平面应力场的研究，所以下面引入的是下辽河盆地平面（深度 2.5km）二维有限元数值模拟地应力场的结果。

1. 下辽河盆地地质构造模型

有限元数值模拟中涉及的地壳介质力学参数主要有弹性模量、泊松比和黏滞系数。由于地壳介质的不均匀性，各单元的介质力学参数是不同的，但过细的划分没必要，也不现实，所以通常的作法都是选取地质块体的介质力学参数，不同的单元可能隶属于不同的地质块体。地质块体的划分主要考虑两个地质构造因素：地质体（地层）和断层，不同深度的地质体和断层是有明显差异的，这里引入的主要是 2.5km 深度的地质体和断层。

下辽河盆地及周边约 2.5km 深度的地质体主要有太古宇 - 下元古界、中 - 上元古界、古生界、中生界和古近系四种，这些地质体的分布将作为划分有限单元的依据。前三种地质体的分布范围和界线是由古近纪地质图来确定的，古近系主要分布在盆地的四个凹陷中，其分布范围和界线主要参照下辽河断陷构造单元划分图。下辽河盆地是断裂非常发育的盆地，特别是在古近系地层中，由于郯庐断裂带一组多条断裂的活动，构成堑垒相间的裂谷断块盆地，断裂不但控制了盆地的物质组成，而且还成为各断块间的结合带。这些断裂不但是各断块的边界，而且是盆地中岩体最软弱的地带，成为现今应力场变化和形变最易发生的部位。在地应力场数值模拟中应该考虑此因素。下辽河盆地中断层有三组，其中一些断层的断距小于 1000m，一些断层断距虽在 1000～2000m，但倾角较陡，它们在平面的宽度仍然很小，在平面的有限元分析时很难考虑。综合上述，我们实际上主要考虑了下列断层：台安断层、辽中断层、牛居 - 油燕沟断层，这 3 条断裂属于郯庐断裂带下辽河段的组成部分，此外，还参考了一些小规模的断裂如大民屯断层、韩三家子断层、曹台断层等。这些断层及其力学参数也是有限元应力场数值模拟的重要约束因素之一。

2. 地壳介质力学参数和单元划分

由于辽宁地区拥有地震折射波勘探及其他方法获得的地震纵波速度 V_P 值资料，所以黏性模量（E）的确定采用地震波法中用 V_P 求 E 的方法，而泊松比（σ）的确定由于缺乏地震横波速度 V_S 值资料，故主要采用专家学者提出的岩系中主要岩石泊松比的综合值。最后得到下辽河盆地四个主要地层的介质力学参数（表 2.6），因为是弹性模型，所以黏滞系数不予考虑。

表 2.6　下辽河盆地主要地层的物性参数表

地层	V_P/(m/s)		密度/(g/cm³)		泊松比	$E_动$/(10⁵MPa)	
	范围	中值	范围	中值		范围	中值
太古宇－下元古界	—	6000	2.76	2.76	0.25	—	0.828
中－上元古界及古生界	5025～5900	5463	2.61～2.72	2.66	0.28	0.516～0.724	0.621
中生界	4500～4800	4650	2.53～2.58	2.56	0.25	0.427～0.495	0.461
古近系	2354～4166	3260	2.16～2.49	2.34	0.22	0.114～0.356	0.218

断层破碎带的力学参数与围岩的力学参数有关，因为断层带往往是由错断破碎的围岩组成，借鉴前人经验，一般断层带的弹性模量取周围介质的 1/5～1/3 或 1/10。根据此经验取的力学参数见表 2.7。

表 2.7　断层力学参数

断层名称	弹性模量/(10⁵MPa)	泊松比	断层宽度/km
大民屯断层	0.12	0.21	2
韩三家子断层	0.18	0.21	2
辽中断层	0.08	0.19	2
台安断层北段	0.18	0.21	4
台安断层南段	0.18	0.19	4
牛居－油燕沟断层北段	0.12	0.21	3
牛居－油燕沟断层南段	0.18	0.21	3
曹台断层	0.08	0.19	2

断层带宽度取断层在平面上的投影，而各条断层的断距和倾角是不同的且变化较大，我们在研究应力场时，平面比例尺较小，不能完全按实际情况取断层宽度，只能定性地取断层宽度，分别取 2km、3km、4km。单元划分又叫有限元网络的离散化，主要以平面四边形为主，三角形为次。据此可以将下辽河盆地的沈阳市西部（涉及浑河断裂沈阳段）划分为 228 个单元。

3. 边界条件的确定

国内外的研究表明，由于地学问题的数值模拟往往都是针对有限的局部地区，所以边界条件的选择为结果是否符合实际的关键影响因素。

1）位移边界条件

下辽河盆地属华北坳陷的一部分，构造上称为下辽河断陷，此断陷和其主要断裂——郯庐断裂带向北继续延伸呈窄带状与依兰－伊通断裂和浑河断裂等相连，向南与渤海断陷相连。所以南北方向都没有明显固定的稳定块体作为约束边界，在南、北边界南北方向的位移是自由的、东西方向位移为零，而东、西边界东西方向的位移是自由的、南北方向位移为零。

2）力的边界条件

由前面得到的地应力场可知，研究区最大水平主压应力的优势方向是北东东－南西西，表明工作区处于东西两侧较为均一的远场主压应力作用下。为了使数值模拟时所加远场主压应力方向更加合理，本研究对辽东地区和海城 7.3 级地震的震源机制解、小震综合断层面解、地形变资料，在考虑其方法的准确性、资料精度等方面后进行加权处理，最后得到盆地东边的主压应力方向为 71°（北东东向）。盆地西边因资料太少，数据可靠性太差，考虑到东、西边界的力应是大小相等、方向相反的，所以盆地西侧主压应力方向也应为 71°。

4. 计算结果及分析

下辽河盆地沈阳市西部应力场有限元数值模拟得到的最大主应力方向，其结果既有离散性、又有优势方向。离散性表现在最大主应力方向值主要分散在 58°~130°，优势方向表现在最大主应力方向值集中在 61°~100°，其中 61°~80°的单元数占总数的 41.7%，81°~100°的单元数占总数的 39.5%，平均值为 86°，表现出最大主应力的优势方向为北东 – 北东东向。有限元数值模拟的最大主应力值的结果除新民 – 铁岭一线以北地区值均在 – 100MPa（以"–"值表示最大主应力为压应力）以上，其平均值为 – 158.8MPa 外；铁岭 – 抚顺 – 辽阳 – 黑山 – 新民 – 铁岭所围地区的值多数为 – 30 ~ – 90MPa，其平均值为 – 53.2MPa，最大主应力绝对值西高东低，等值线呈北东向分布，与盆地和断层构造走向一致，除北部和几条断裂上形成局部凹陷变化梯度较大外，一般变化梯度都较小。而沈阳市区是整个地区最大主应力绝对值最低的部位，其值为 – 20 ~ – 30MPa。

对辽宁地区所作的三维构造变化应力的有限元数值模拟结果表明，浑河断裂展布的沈阳、抚顺地区地壳各层位（从 0 ~ 34km 共分地表、上地壳、中地壳和下地壳四层）的最大主应力变化都是相对高值区，由于各层位均为高值，认为其孕震环境不是十分良好。

2.4.3　小震 P 波极性数据揭示的区域构造应力场分布特征

研究区的地震活动以中小震为主（图 2.26 和图 2.27），而许多小地震很难直接求得可靠的震源机制解，为此选用这些小地震的大量 P 波极性数据反演研究区构造应力场。这一方法是由 Aki 首先提出的，优点是可以充分利用大量不能单独确定震源机制解的小震 P 波初动极性数据推断构造应力场分布。

1. 数据资料选取和方法简述

本次工作主要选取了 2008 年 11 月至 2017 年 12 月研究区及附近发生的 504 个天然地震的 4488 个 P 波初动符号，同时也利用了周边的地震观测资料对研究区的贡献，计算数据全部提取自辽宁地震台网正式观测报告（一、二、三类事件）。

应力场计算仿照万永革等（2011）的计算方法，将研究区（40.897°~ 43.000°N，122.265°~ 126.234°E）划分为 0.25°×0.25°的二维网格，根据全省台站观测到的 P 波极性符号，计算每个网格点的应力场。因为每次地震到网格点的震中距是不同的，导致对计算网格点应力场有不同的约束，于是我们针对不同网格点震中距给予计算所选地震的不同的 P 波极性符号计算权重。每个地震的 P 波极性符号权重仿照 Shen 等（1996）的大地测量数据计算应变的方式求取：

$$W = e^{-r^2/D^2} \tag{2-1}$$

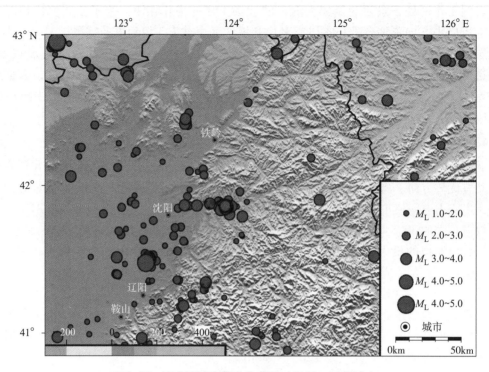

图 2.26　研究区地震震中分布图（2008—2018 年）

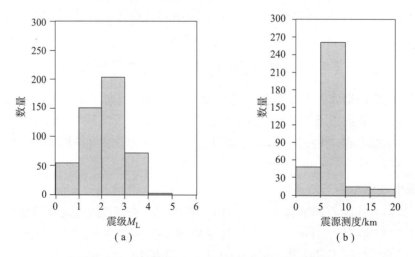

图 2.27　地震震级（a）和深度（b）分布柱状图

式中，r 为折合距离，其值按照式（2-2）计算；D 为距离衰减常数，D 的取值直接决定选用数据的权重，从而影响各网格点应力场的计算结果。同时，D 值还会对计算结果起到一定的平滑作用：如果 D 取值较大，意味着过分考虑网格周边的数据贡献；如果 D 取值较小，意味着仅考虑了单个网格的数据，使得结果过于独立。所以 D 值取大或取小都会对可靠性造成影响。综合考虑以下两个方面：一是对计算结果有一定的平滑作用；二是部分网格点内地震资料比较少，需充分利用周边网格内的地震资料，将 D 的值取为 50km。

$$r = \sqrt{(x - x_0)^2 + (y - y_0)^2 + [10(z - z_0)]^2} \qquad (2-2)$$

式中，x、y、z 分别是地震的经度、纬度和深度，x_0、y_0、z_0 是网格点经度、纬度和深度。根据所选事件的震源深度分布情况（图 2.27），将网格点深度 z_0 取 5.73km，即最后结果为地壳内 5.73km 处的应力场分布特征。应用这种加权方式发现网格点折合距离为 20.8km 的 P 波极性数据有 50% 的权重，网格点折合距离为 35km 的 P 波极性数据只有 12.8% 的权重，而折合距离大于 50km 的数据权重仅有 1.8%。为了加快计算速度，我们选取 r 小于等于 50km 网格点范围内的 P 波极性数据，同时为了保证可靠的反演精度，根据区域内实际地震活动性情况只选取 P 波极性数据大于等于 50 的网格点进行反演计算。因为把网格划分、距离衰减、约束权重等因素考虑进来，这种方法相比于传统的小震震源机制断层面解可以得到更可靠、更精细的应力场分布特征结果。

为了确定与 P 波初动极性数据拟合最好的震源机制解，我们采用 $1° \times 1°$ 的网格搜索法来分析每个网格点的 P、T、N 轴分布情况。计算 P 波离源角和方位角时所用的速度模型参数见表 2.8。

表 2.8 辽宁地区地壳一维速度模型

层顶埋深/km	P 波速度/(km/s)
-1	4.2
0	4.5
4	5.8
13	6.1
24	6.4
33	6.8
35	7.8
71	8.0

2. 应力场计算结果及分析

应用上述资料和方法，对浑河断裂研究区进行了经纬度 $0.25° \times 0.25°$ 的空间扫描，得到了大部分网格区域的最优震源机制解。为了避免 P 波极性符号太少对网格点反演结果可靠性造成的影响，我们舍弃了加权计算后数据量小于 50 的网格点；同样为了避免因地震数目太少而过分依赖周边网格的情况，舍弃了平均权重小于 15% 的网格点。据此得到 P、T 轴空间分布情况、P 波极性符号数量和矛盾比等结果（图 2.28 和图 2.29）。从结果来看，细化的网格分区能更好地体现浑河断裂研究区应力场的分布和变化情况，整体上 P、T 轴空间分布取向一致性较好。P 轴在区域内大部分网格呈北东－北东东向分布，西南局部有零星北西－北北西向分布。在西南部出现较高的矛盾比，这与此处 P 波极性符号数据量大有关，说明这一局部构造背景较复杂，同时也与该地靠近海城河断裂、太子河断裂，处在海城、岫岩老震区因而地震活动性较强有关。T 轴在整个区域内大多呈北西－北北西向分布。此外假定应力相对大小为 0.5，P、T 轴在图上投影越长说明其倾角越小，越短说明其倾角越大，所以全区断层大多受水平力的作用。

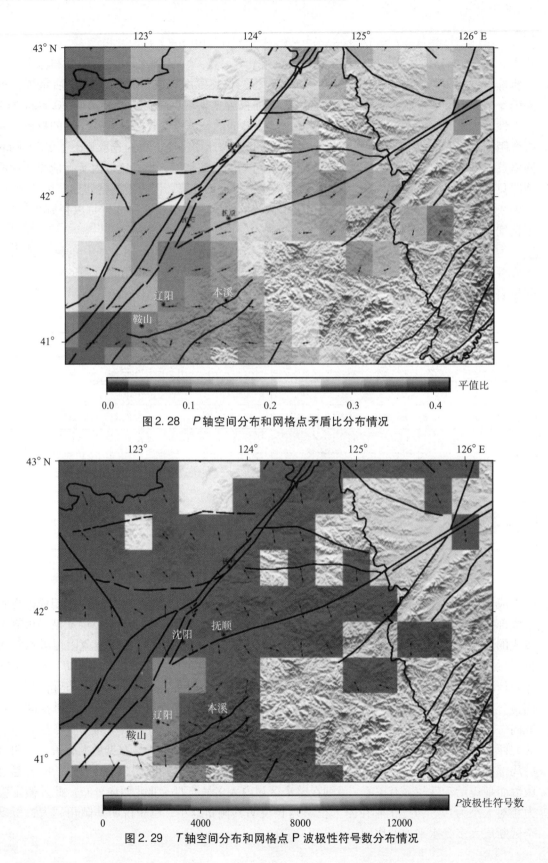

图 2.28　P 轴空间分布和网格点矛盾比分布情况

图 2.29　T 轴空间分布和网格点 P 波极性符号数分布情况

2.4.4　研究区构造应力场特征

分别运用已有震源机制解资料、有限元数值模拟和大量小震 P 波极性数据这 3 种研究方法，对浑河断裂研究区的现今构造应力场空间分布特征进行求解并分析。其中，通过已有震源机制解资料得到的研究区主压应力轴优势方向为北东东向，主张应力轴优势方向为北北西向；P、T 轴倾角小于 45°者分别占总数的 84% 和 100%，同时中间轴倾角大于 45°者占总数的 68%，说明研究区断层面主要受水平力作用，以走滑型为主。

有限元数值模拟的最大主应力方向主要分布于 58°~130°，优势方向集中在 61°~100°，其中 61°~80°的单元数占总数的 41.7%，81°~100°的单元数占总数的 39.5%，平均值为 86°，表现出最大主应力的优势方向为北东 – 北东东向。最大主应力值的结果除新民 – 铁岭一线以北地区值均在 – 100MPa（以 "–" 表示最大主应力为压应力）以上，其平均值为 – 158.8MPa 外，铁岭 – 抚顺 – 辽阳 – 黑山 – 新民 – 铁岭所围地区的值多数为 – 30 ~ – 90MPa，其平均值为 – 53.2MPa，最大主应力绝对值西高东低，等值线呈北东向分布，与盆地和断层构造走向一致，除北部和几条断裂上形成局部凹陷变化梯度较大外，一般变化梯度都较小，而沈阳市区是整个地区最大主应力绝对值最低的部位，其值仅为 – 20 ~ – 30MPa。

根据研究区及周边大量小震 P 波极性数据所揭示，整体上 P、T 轴空间分布取向的一致性较好。P 轴在区域内大部分网格呈北东 – 北东东向分布，西南局部有零星北西 – 北北西向分布，在西南部出现较高的矛盾比，这与此处 P 波极性符号数据量大有关，同时说明这一局部构造背景较复杂，T 轴在整个区域内大多呈北西 – 北北西向分布。假定应力相对大小为 0.5，P、T 轴在图上投影越长说明其倾角越小，越短说明其倾角越大，所以可看出全区断层大多受水平力的作用。

上述 3 种方法得到的浑河断裂研究区现今构造应力场结果完全一致，且各有特点和优势，相互补充完善。震源机制解研究方法相对经典，能给出非常可靠的整体结果；有限元数值模拟的应力场具有很高的精度；P 波极性数据揭示的结果分布特征精细化、呈现直观，可结合局部小范围的地质构造背景和地震活动性做更深入的后续研究工作。

第3章
地震构造背景条件

3.1 研究区地质构造环境

3.1.1 大地构造环境及其构造演化

研究区在地质构造上跨越了两个一级大地构造单元，以赤峰－开原断裂为界，南部为中朝准地台，北部为吉黑褶皱系。中朝准地台所涉及的二级地质构造单元主要是胶辽台隆和华北断坳，吉黑褶皱系所涉及的二级地质构造单元为松辽坳陷和张广才岭优地槽褶皱带（图3.1和表3.1）。

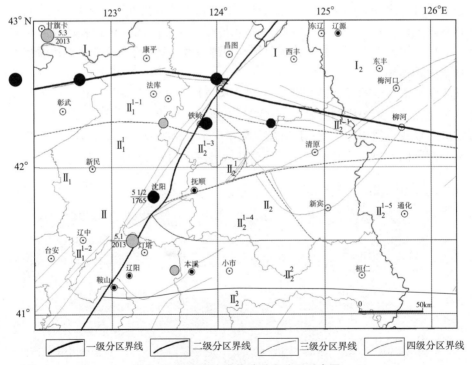

图3.1 研究区大地构造单元分区示意图

I 吉黑褶皱系；I_1 松辽坳陷；I_2 张广才岭优地槽褶皱带；II 中朝准地台；II_1 华北断坳；II_1^1 下辽河断陷；II_1^{1-1} 法库断凸；II_1^{1-2} 辽河断坳；II_2 胶辽台隆；II_2^1 铁岭－靖宇台拱；II_2^{1-1} 李家台断凸；II_2^{1-2} 摩离红凸起；II_2^{1-3} 汎河凹陷；II_2^{1-4} 抚顺凸起；II_2^{1-5} 龙岗断凸；II_2^2 太子河－浑江－利源台陷；II_2^3 营口－宽甸－狼林台拱；⊙ 4.7～4.9级；◯ 5.1～5.9级；● 历史地震

表 3.1　研究区地质构造单元一览表

一级	二级	三级
吉黑褶皱系（I）	松辽拗陷（I_1）	东南隆起（I_1^1）西南隆起（I_1^2）
	张广才岭优地槽褶皱带（I_2）	吉林复向斜（I_2^1）石岭隆起（I_2^2）
中朝准地台（II）	华北断坳（II_1）	下辽河断陷（II_1^1）
	胶辽台隆（II_2）	铁岭 – 靖宇台拱（II_2^1） 太子河 – 浑江 – 利源台陷（II_2^2） 营口 – 宽甸 – 狼林台拱（II_2^3）

　　根据已有研究成果，中朝准地台在地质历史发展过程中经历了褶皱基底形成、盖层发育和大陆边缘活动三个阶段。区内太古宇分布广泛，岩性复杂，为一套受区域变质作用形成的中、深变质岩系，下元古界主要分布在辽东地区，属于浅变质岩系，太古宇、下元古界的变质岩系共同构成了地台结晶基底。太古宙为陆核形成时期，其后古陆核间形成裂谷地槽，堆积了早元古代沉积，早元古代的辽河运动结束了地槽发展，基底固结，地台形成。中元古代 – 中三叠世为盖层发育期，中 – 上元古界属第一盖层，古生界寒武系 – 中奥陶统为第二盖层，第三盖层由中石炭统 – 中三叠统组成。晚三叠世 – 第四纪为大陆边缘活动阶段，晚印支运动时地台进入活化期，原来的沉积盖层强烈褶皱形成台褶带，在此基础上，活动强度更大的燕山运动使台褶带进一步复杂化，产生了一系列北东向的断陷盆地，形成隆坳相间的构造格局。喜马拉雅运动早期，在下辽河地区形成大陆裂谷型断陷盆地，新近纪以来盆地进一步下沉形成坳陷盆地。根据基底性质、沉积建造、岩浆及构造活动等方面的特点，研究区所在的地台部分又可进一步划分为华北断坳、胶辽台隆等二级地质构造单元。华北断坳主体的位置与华北平原基本一致，断坳沿北东方向越过渤海，延伸到下辽河地区，华北断坳是新生代强烈坳陷区，北东向断裂控制着断坳内部的差异和发展。胶辽台隆基底由太古宙 – 早元古代变质岩系和混合花岗岩、混合岩组成，尤其是铁岭 – 靖宇台拱和营口 – 宽甸 – 狼林台拱的结晶基底广泛出露。自中元古代至早古生代，形成隆起、坳陷相间的构造格局，中元古代时除凡河凹陷继续接受沉积外，其余地区均处于隆起状态；晚元古代的主要沉积区分布于太子河 – 浑江 – 利源台陷和南侧相邻的复州台陷；三叠纪时由于印支运动的影响，台隆处于活化阶段，有大面积花岗岩侵入；燕山期时北北东向、北西向、近南北向等一系列断裂活动强烈，形成众多大小不等的断陷盆地，并有中酸性岩侵入；第三纪以来由于浑河断裂较强烈的活动，造成铁岭 – 靖宇台拱中段大规模跌落而形成浑河谷地。

　　吉黑褶皱系的松辽坳陷是一个中 – 新生代的大型坳陷盆地，呈北北东向展布，坳陷基底为前侏罗纪变质岩系，燕山期断裂活动明显。松辽坳陷在中 – 晚侏罗世已具雏形，初期有不连贯的北东向中、小型盆地形成，其后发展并联成一体，早白垩世晚期为盆地发展的全盛时期，形成了巨大的坳陷，沉积厚度最大可达 5000m。晚白垩世以来，盆地东部抬升，沉积中心西移，继续接受第三系沉积。新近纪以后盆地以整体升降为特征，伴有坳陷作用，在断裂构造控制下，具有明显的不均衡性。第三纪末 – 第四纪，盆地周边有强烈断裂活动和多期玄武岩喷发，盆地有所萎缩，表现相对下降，盆地内盖层平缓向斜褶皱发育，并呈现出宽缓的复式向斜。根据坳陷盆地基底构造特征，松辽坳陷在区内又可划分为西南隆起陡坎带、东南隆起缓斜坡带等次级构造单元。张广才岭优地槽褶皱带是早元古代地槽沉积建造的产物，加里东运动并未结束地槽的发展历史，华力西期仍继续发展，至华力西末期地槽回返，最终结束地槽发展历史。回返期岩浆活动强烈，有大面积花岗岩基侵入，致使古生代地层呈孤立的捕房体出现；中生代以后被卷入大陆边缘活动带中，地壳活动强烈，断裂构造发育，早－中白垩世时形成北北东向的断陷带或断坳带，构成断陷盆地。

大地构造环境是区域地质构造发育和地震孕育发生的背景条件。活动断裂及其活动特征与大地构造背景密切相关，反映了不同大地构造区的构造活动性和相对独立性。浑河断裂所在的中朝准地台是一个活化地台，构造活动性相对较高，与稳定的地台相比，该地台的断裂规模、活动程度及地震活动水平等也相对较高。同时，胶辽台隆与华北断陷的界限属于中朝准地台次级构造单元的交接带，这是一个活动构造带，也是地震活动带，郯庐断裂带北段的地震活动主要集中在这个带上，而浑河断裂的西端与该带相接，断裂呈北东东向展布于胶辽台隆的铁岭－靖宇台拱上。

3.1.2　地质构造层的划分

以赤峰－开原断裂为界，研究区可分为南、北两个一级地层区，南区属华北地层区，北区属天山－兴安地层区。两个一级地层区在侏罗纪以前的地层发育、沉积岩相、生物化石群、变质作用和地壳活动性等方面存在明显差异，侏罗纪以后的地层则基本相同。华北地层区的大部分地段奥陶统、志留系、泥盆系、下石炭统和上白垩统缺失，其余地层均有发育；天山－兴安地层区则只出露有奥陶系、志留系、石炭系、二叠系、侏罗系、白垩系、新近系和第四系等。

根据地层的形成时代，可将研究区地层划分为太古宙－元古宙构造层、古生代构造层、中生代构造层和新生代构造层等。

1）太古宙－元古宙构造层

区域结晶基底由太古宙、早元古代两套岩系构成，其岩性复杂，为遭受区域变质作用的中、深变质岩系。太古宙、早元古代构造层主要是一套由海底火山喷发的基性－中酸性火山岩和陆源碎屑岩，经变质后形成各种变质岩，如变粒岩、角闪斜长片麻岩及各种片岩和磁铁石英岩等。

中元古代和晚元古代地层构成沉积盖层，区内发育也较齐全、分布较广。中元古代地层为一套海相陆源碎屑岩和碳酸盐岩建造，晚元古代地层主要是一套海相碎屑岩和碳酸盐岩建造。依兰－伊通断裂总体控制了中－晚元古代地层的分布，它们在断裂以西地区发育很少。区内中元古界长城系和上元古界青白口系、震旦系均有出露，长城系由碎屑岩和碳酸盐岩组成，轻微变质，青白口系和震旦系则以板岩和石英砂岩为主。

2）古生代构造层

古生代地壳运动以大面积振荡运动为主，沉积盆地较为局限，所以古生代构造层分布不如太古宙－元古宙构造层广泛，其与下伏地层之间一般为不整合接触。古生代构造层中，寒武系由海相陆源碎屑岩和内源碳酸盐岩建造组成，岩性有白云岩、页岩、砂岩、含海绿石砂岩、鲕状灰岩和竹叶状灰岩等；奥陶系出露范围基本同于寒武系，但面积缩小，以海相碳酸盐岩建造为主，包括白云质灰岩、页岩和厚层灰岩等；石炭系下统分布较少，中－上统以陆相及海陆交互相碎屑岩建造的砂页岩、黏土岩为主，夹有灰岩、薄层煤及铝土矿；二叠系为陆源碎屑岩建造，下统为砂页岩及铝土矿，上统为页岩、含砾砂岩夹煤及铝土矿。

3）中生代构造层

中生代地层在区内分布较广但岩性复杂，不同地区的厚度变化也很大。研究区中生界主要为侏罗-白垩系。侏罗系为一套陆相碎屑岩及陆相火山岩建造，受到北东-北北东向构造控制，形成一系列中生代构造盆地，以显著的角度不整合覆于前侏罗纪不同的岩层之上，岩性为中基性火山岩、砂砾岩、页岩、凝灰质砂页岩等，夹有煤层。白垩系为陆相火山岩及陆相碎屑岩建造，岩性主要有安山岩、玄武岩、集块岩、凝灰岩及砂页岩、砾岩等，分布零星，岩相及厚度变化较大，不整合于侏罗系之上。

4）新生代构造层

第三系在区内不甚发育，尤其是古近系出露更少，分布零星，不整合在侏罗白垩系之上。岩性主要有砾岩、砂页岩夹煤层和玄武岩。新近系中新统主要由砂砾岩、泥质砂质页岩组成；上新统由玄武岩夹少量砂岩、砾岩、泥岩及煤层组成，不整合在中新统之上。

第四纪时期，研究区仍然保持着差异升降的新构造运动特征，在下辽河沉降区第四系大面积发育，而隆起区除局部盆地外第四系多零星分布于河谷地带。由于依兰-伊通断裂、金州断裂以东地区一直处于间歇性的差异上升状态并长期遭受剥蚀，使得大部分地区第四系层序残缺不全、分布局限。根据成因类型，区内的第四系可划分为冲积、洪积、风积、残坡积、冰水堆积及人工堆积等，冲积层主要分布在下辽河平原及河谷谷地，洪积层主要分布在山麓地带，呈扇裙形态，风积层主要分布在北部沙地，残坡积层主要分布在山顶、坡脚地带，第四系下部的混杂泥砾层多属于冰水堆积层，人工堆积层主要分布在矿山、水库、路基等地及第四系地层的近地表地段。从厚度分布来看，下辽河平原第四系厚度可达到450m，其他地区的第四系厚度一般较小，只在个别第四纪盆地如松嫩平原和抚顺盆地等第四系厚度才分别达到100m和10~30m。从时间轴上看，区内更新统包含三个沉积旋回，下部为冰积泥砾和冰水沉积，中部为砂砾、砂土、粉质黏土等冲积、洪积层，上部为砂砾石、砂土、粉质黏土等坡积层以及少数洞穴沉积，它们不整合于前第四纪地层之上；全新统则主要为冲积、洪积等地层，人类活动区人工堆积层普遍发育。

3.2　地球物理场、深部构造和新构造运动

3.2.1　研究区重力场

研究表明，区域布格重力异常反映了地壳及上地幔的密度不均匀性，与地壳厚度变化和新构造运动有着较密切的对应、依存关系，区域性的重力极低或极高值通常与构造的上升区或下降区相对应。经过分析，确定研究区重力场具有较好的规律性变化特点，并显示随构造分区的不同重力异常形态及幅值也具有明显的差异性。根据布格重力异常变化，研究区主要划分为辽东-张广才岭异常区、松辽-下辽河-辽东湾异常区两个重力场异常区（图3.2），其基本上与新构造运动分区相吻合。密山-敦化断裂在重力场上有比较清楚的反映，在沈阳以南至抚顺一带表现为两条重力梯级带，延至吉林地区，断裂表现为重力负异常梯级带，重力等值线延伸方向呈北东向，在黑龙江境内表现为重力异常带，宽度为10~20km，重力场上为正、负重力异常的交接带。

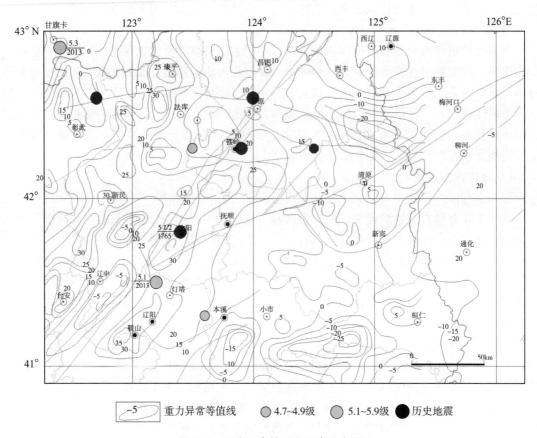

图 3.2　研究区布格重力异常分布图

1. 辽东－张广才岭重力异常区

在空间上，沿研究区以北吉林舒兰－四平一线的依兰－伊通断裂向南经抚顺、营口直至辽东湾构成一重力异常梯级带，该带以东地区统称辽东－张广才岭异常区。这个地区重力场总的特点是负异常强度较大，重力值多为 $(0 \sim 50) \times 10^{-5} m/s^2$，局部地段幅值可达 $-80 \times 10^{-5} m/s^2$。在此背景下，在开原－草市的赤峰－开原断裂即中朝准地台与吉黑褶皱系两大地质构造单元的边界两侧，异常走向存在明显变化。北侧的张广才岭地区局部异常多、形态复杂、梯度变化较大、方向多变，大型圈闭的负异常区多呈北西向或北东向排列，而一些面积不大的正异常区不规则地夹于其间。南侧的辽东地区重力异常带以北东向为主，在研究区内形成北东成带的格局，重力异常等值线密集，起伏较大。

2. 松辽－下辽河－辽东湾重力异常区

该异常区的东、西两侧分别为辽东－张广才岭异常区和辽西异常区，重力场总的特点是重力值较高且变化平稳。在北东方向上，重力场性质单一、强度稳定，而且延伸较远，辽东湾东侧显现一条北北东向的重力梯级带，宽约20km，梯度变化为 $(1.1 \sim 1.7) \times 10^{-5}(m/s^2)/km$，其展布位置大致与郯庐断裂带一致；在北西方向上异常变化较大，正负交替，形成了三高二低的带状异常，重力高带由场强为 $(0 \sim 10) \times 10^{-5} m/s^2$ 呈北北东向延伸的局部正异常组成，成串珠状近平行排列。另外，在研究区外的渤海中部还存在北西向的局部重力异常带，异常变化较大，正负交错，显示出北西向燕山 - 渤海构造带的影响。松辽平原属于重力正值区，最大值达 $20 \times 10^{-5} \mathrm{m/s^2}$，重力变化平缓，在正值背景上存在若干局部的正、负异常交替，该重力异常区范围与松辽盆地基本一致。

3.2.2　研究区磁场

研究区磁场变化特征与重力场一样，也具有明显的分区性。磁场的分区范围与重力场相同，也可划分为辽东 - 张广才岭异常区和松辽 - 下辽河 - 辽东湾异常区（图3.3）。密山 - 敦化断裂在航磁图上也有明显的反映，在沈阳以南至抚顺一带的浑河断裂表现为正、负磁异常的交接带，密山 - 敦化断裂吉林段表现为一条宽 5km 的线性磁异常带，展布方向为60°，断裂在黑龙江境内与重力异常同步，表现为磁异常带，宽度为 10 ~ 20km，在航磁图上表现为线状延伸的负磁异常带，在鸡西、牡丹江一带则显示为两种不同磁场的分界线。

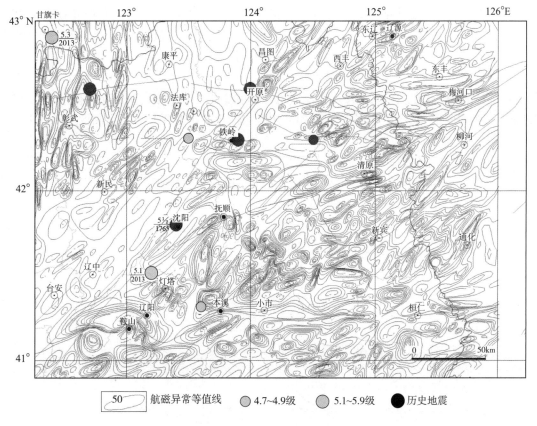

图 3.3　研究区航磁异常分布图

1. 辽东 - 张广才岭异常区

航磁异常的分布与重力场基本一致，异常带总体走向北东，但在中朝准地台与吉黑褶皱系分界线的赤峰 - 开原断裂附近异常带走向发生较大变化，多表现为近东西向，异常幅值在 100 ~ 300nT 变化。分界线以北异常场总体呈北东走向、正负相间不规则分布，磁场强度不大，磁性体变化复杂，表明这里是一个正、负场异常相互交替的变化场；以南则以近东西向的正异常为主，最大幅值达到400nT。

2. 松辽－下辽河－辽东湾异常区

松辽平原区的磁异常等值线分布总体较为稀疏平缓，面状分布特征清楚，磁异常高值、低值分界线或梯度带一般体现了区域性断裂的展布形态，如西拉木伦河断裂在航磁异常图上即表现为磁异常的分界线，异常带宽度为15～20km，而赤峰－开原断裂在库伦南部的通过地段磁异常则显示以高异常为主体紧密线性排列的等值线形态。此外，一些地区的高值异常或正、负异常相间分布还反映了中生代火成岩或含铁较高的基性－超基性岩体的存在。

3.2.3　深部构造环境

1. 地壳厚度特征

研究区地壳厚度分布总体上呈现出由下辽河－辽东湾地区向四周增厚的变化趋势，其中在南东方向上的变化更为明显，厚度等值线相对密集（图3.4）。下辽河平原及辽东湾海域基本上被32km的等厚线所围限，与邻区相比较，这里的地壳厚度是最薄的，成为一个延伸方向为北东－北北东向的上地幔隆起带，其中辽东湾海域的地壳厚度只有29～32km，而研究区内下辽河平原受到北东向深断裂活动的作用，形成若干小范围的上地幔坳陷条带，地壳厚度可以达到34km左右，北部松辽平原区地壳厚度变化十分平缓，在研究区内一般为32～33km。辽东－张广才岭地区地壳厚度从西向东、自南至北由薄变厚，变化幅度值从31km增

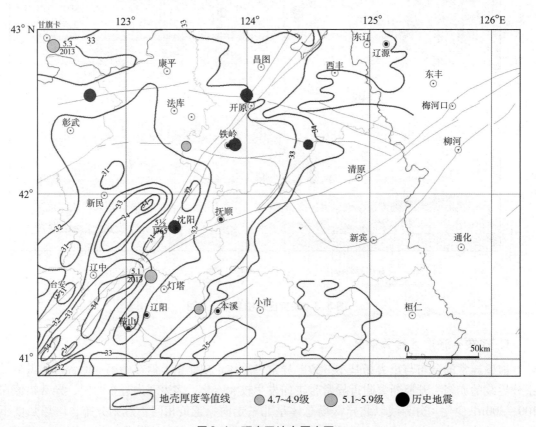

图3.4　研究区地壳厚度图

厚到 37km 以上，等厚线总体呈北东走向。沿抚顺、本溪、海城、盖州一线地壳厚度存在一定梯度变化，梯变化带成为辽东地区地壳厚度分区的界线，其中以东、以北地区厚度大，为 32~37km，以南、以西地区厚度薄，为 31~33km，但在南北方向上厚度变化相对平稳。地壳厚度变化特征总体反映出辽东 - 张广才岭山地为上地幔坳陷区，其中海城、鞍山一带存在上地幔局部凸起带，松辽 - 下辽河 - 辽东湾平原区为上地幔隆起区，两大块体的交接部位基本上以深断裂为界。

2. 岩石层厚度特征

根据人工地震测深、大地电磁测深及大地热流反演等有关资料，研究区的岩石层厚度从下辽河地区向东侧的辽东 - 张广才岭地区具有逐渐增厚的变化趋势，岩石层的厚度变化与构造分区存在较好的对应关系，并与地壳厚度具有基本同步的变化规律。研究认为，在现代构造的隆起区或挤压区，岩石层厚度明显较大，而在构造沉降区和裂陷发育区岩石层厚度相对较薄，如具有隆起特征的中朝准地台北缘岩石层厚度达到 90~120km，辽东山地也具有较大的岩石层厚度，与此形成对比的是，下辽河沉降区岩石层厚度仅有 60~80km。

3. 壳幔结构特征

根据卢造勋等的东乌珠穆沁旗 - 东港地学断面和间阳 - 海城 - 东港深地震测深资料所提供的地壳速度结构特征，研究区及附近地区地壳具有明显的层状结构，可以划分为上层地壳、中层地壳和下层地壳，与之相应的地震活动也具有层状分布特点。上层地壳厚度为 13~15km（包括沉积盖层），速度随深度增大而变大，V_P 变化范围为 2.0~6.3km/s。在中 - 新生代沉降区如下辽河盆地上地壳还可划分为两个亚层，分别为上层厚达数千米至上万米的火山 - 碎屑岩和下层的绿片岩相岩石；辽东地区上地壳双层结构不明显，地震波速 V_P 变化范围为 6.1~6.2km/s，岩石组合为绿片岩 - 角闪岩相岩石和花岗质岩石。中层地壳厚度为 14~16km，底界面埋深 25~32km，其中在研究区西南的海城地区发育有低速层，低速层深度 14~22km，V_P 为 6.1km/s，低速层在垂直方向上对地震活动具有重要的控制作用，是地震多发层。中层地壳下部为正速度梯度层，V_P 变化范围为 6.2~6.5km/s，可能为角闪岩相岩石。下地壳厚度为 5~10km，底界面深度变化在 32~40km 以内，总体由南向北具有增加的趋势，速度值 V_P 为 6.8~7.5km/s，为正速度梯度层，其下的上地幔顶部速度 V_P 为 7.9~8.1km/s。波速较低的下地壳属角闪麻粒岩相岩石，波速较高则是麻粒岩相或辉石麻粒岩相岩石。

为了查明浑河断裂带、依兰 - 伊通断裂带及其他相关地质构造在地壳深部尤其是中上地壳范围内的断层位置、展布结构及其深浅构造关系，分析沈阳 5½ 级地震、抚顺矿震等的发震构造，在沈阳、抚顺之间跨浑河断裂带、依兰 - 伊通断裂带布设了 1 条北西向的深地震反射探测剖面，长度 71.94km。结果显示，在浑河断裂和依兰 - 伊通断裂之间构造部位、上地壳内部深度约 18km 以浅的范围内，依兰 - 伊通断裂作为主干断裂规模最大、切割最深，同样作为主干断裂的浑河断裂在深部表现为 3 条呈 "Y" 字形分布的断裂组，并向下交会到依兰 - 伊通断裂上，两条主干断裂之间则发育有若干条面状或铲状的次级正断裂（图 3.5）。剖面北西侧上地壳上部还可划分出由断裂控制的两个凹陷区和两个基岩隆起区，北部凹陷区深度为 1~2km，可能属于大民屯凹陷的北延，南部凹陷区则而为沈阳凹陷。在下地壳上部深度 18~25km 有岩浆侵入地带，莫霍面及下地壳内部存在上地幔物质上涌、岩浆侵入的通道。同时，布设于沈阳、抚顺之间的这一探测剖面还显示，在地壳和上地幔的分界附近具有反射叠层结构，壳幔界面深度自北西向南东变深，从 29km 增大至 31km，壳幔过渡带厚度为 4~5km。

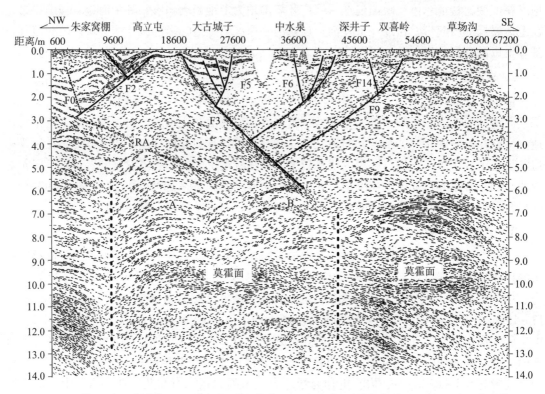

F2、F3：依兰－伊通断裂带；F5：太吉屯－蒲河断裂；F6：长白乡－观音阁断裂；F9、F14：浑河断裂带

图 3.5　沈阳－抚顺北西向深地震反射剖面（据沈阳市活断层探测资料）

3.2.4　研究区新构造运动

1. 研究区地貌及第四纪地质特征

研究区总的地貌格架在燕山期时已形成，新近纪以来继续发展。地貌呈现沿北东－北北东方向延伸的山地、平原相间分布特征，大的地貌单元主要包括长白山地（辽东－张广才岭）、松嫩平原和下辽河平原等。区内山地夷平面发育，夷平面多表现为平坦的脊岭、近似等高的山峰或台地等。阶地比较复杂，包括堆积阶地、基座阶地、侵蚀阶地等多种类型，高度差一般为几米到几十米不等。阶地、夷平面的发育状况显示出新构造运动的差异性、阶段性和间歇性特点。

前已述及，研究区第四系主要分布于西侧松嫩平原南部和下辽河平原区，辽东山地区沟谷及局部发育的小型断陷盆地中也有少量的第四系分布，但下辽河地区、松嫩平原区和辽东山地－沟谷小型断陷盆地中的第四系厚度差异显著，表明下辽河地区、松嫩平原区和辽东山地区具有不同的新构造运动特点，即使是同为下降区的下辽河地区和松嫩平原区其间第四纪以来的沉降幅度也是具有明显的差异。

2. 新构造运动基本特征

新近纪以来的新构造运动继承了早期构造运动的特点，以显著的断块差异升降运动为主要运动形式，即存在继承性和新生性的断裂活动，也有少量主要沿断裂构造分布的岩浆喷溢活动，同时，河道变迁、海平面变化、夷平面或阶地形成、温泉出露和断陷盆地发育等以多种形式的构造运动相继出现。总的来说，研究区新构造运动大体上继承了中生代以来的构造格局，总的趋势是依兰－伊通断裂以东的辽东－张广才岭地区持续间歇性上升，形成有多级夷平面和河流阶地，依兰－伊通断裂以西的松嫩平原、下辽河地区等则不断整体下降，形成了隆凹相间的构造格局。

断裂第四纪以来重新复活的现象普遍，但晚更新世－全新世具有明显活动特征的断裂并不多。研究发现，区内北东－北北东向断裂一般形成较早、规模较大，新构造运动时期活动性较强，对总体地貌格局、断陷盆地发育和地震活动等具有一定的控制作用；北西－北西西向断裂往往与北东－北北东向断裂共轭发育，但规模差异很大，既有区域性的赤峰－开原断裂等级的一级构造单元分区断裂，也见到小规模的断裂束发育。在断裂活动作用下，形成了大小不等的断陷盆地，盆地规模与控制性断裂的规模和活动性相关，如下辽河断陷盆地受到了活动性较强的北东－北北东向郯庐断裂带控制，盆地规模巨大，内部沉积有较厚的新生代及第四系地层，第四纪时期盆地内部及边缘地带地震活动强度、频度较高。抚顺断陷盆地第三系沉积较厚，至第四纪时期盆地断陷幅度极为有限，第四系地层较薄，反映控制盆地发育的浑河断裂第四纪以来的活动性较下辽河地区的郯庐断裂带明显偏弱。岩浆活动比较强烈，在时空分布上又表现为明显的不均匀性，温泉活动较弱。新生代早期，玄武岩喷发活动在下辽河地区普遍而强烈，第四纪时期明显减弱，火山喷发活动已转移到辽东地区的宽甸、清原和吉林东部。火山喷发方式以局部的中心式以及沿浑河断裂为主的裂隙式喷发为主。

新构造运动在不同地区各有特色。根据已有研究资料，辽东－张广才岭及以南的朝鲜北部地区、下辽河以西的燕辽地区虽同属上升区，但活动方式存在一定差异，辽东－张广才岭上升强度先弱后强，燕辽地区先强后弱，朝鲜北部则呈明显的上升运动，而下辽河地区的下降运动则是先期强烈、后期平缓。从1957—1982年的形变观测资料来看，沿新构造运动分区边界形变等值线形成北东方向的密集带，其以东浑河断裂展布的辽东地区上升运动明显，形变梯度明显大于辽西和辽北地区，表明现代构造运动仍具有明显的继承性。

3. 新构造运动分区特征

根据新构造运动特征的差异性特征，研究区主要划分为2个新构造运动分区，即松辽－下辽河－渤海沉降区和辽东－张广才岭上升隆起区（图3.6）。

1）松辽－下辽河－渤海沉降区

根据钻探结果证实，该新构造运动区基底为古生界，由于燕山运动的影响，中生代开始强烈下沉，接受了巨厚的陆相碎屑岩、火山碎屑岩及含油建造。北部的松辽盆地是在古生代结晶基底上形成的中、新生代大型断陷－拗陷盆地，新构造运动时期构造运动强烈，使下白垩统与新近系形成宽缓褶皱，新近系、第四系以近水平产状不整合于古近系和白垩系之上，新构造运动使湖盆继续萎缩。新近纪以后盆地整体抬升，第四系沉积厚度为 $0 \sim 120m$。与此同时，盆地周边发生了多期玄武岩喷溢活动。南部的下辽河－辽东湾沉降区也是中生代形成

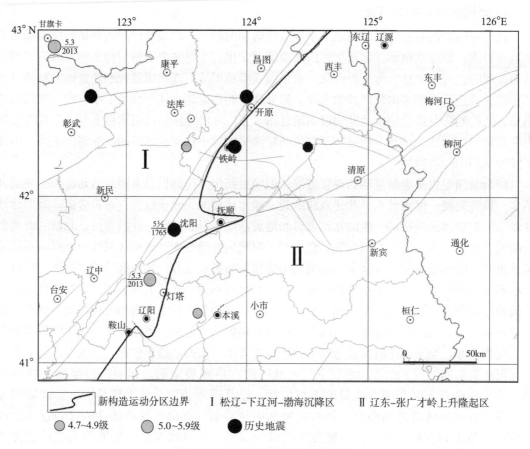

图3.6　研究区新构造运动分区图

的，在古近纪时期断陷大幅度下沉，堆积了巨厚的河湖相碎屑岩，底部为玄武岩。新近纪沉降速率有所减弱，沉积厚度只有1200m，沉降中心在中部。早更新世时期存在两个沉降中心，即在东、西部两个坳陷内；中更新世的沉降中心仅限于东部凹陷；晚更新世的沉降中心迁移到中部隆起附近，范围有所扩大；全新世沉积物分布比较均匀，沉降中心不明显。下辽河－辽东湾沉降区第四系地层自北向南、由西向东有逐渐加厚的趋势，下辽河坳陷全新世以来的下降速率达到0.2～0.37mm/a。下辽河沉降区的第四系厚度可达400m以上。

　　研究区西北部的康平、法库一带，在地质构造上位于赤峰－开原断裂带附近，东、西边界大致是北东向的依兰－伊通断裂和北西向的柳河断裂，这是松辽－下辽河－渤海沉降区内南部的下辽河沉降区与北部的松嫩平原沉降区之间一个长期缓慢上升的断块隆起区。下元古界变质岩系构成最古老的基底，早元古代以后即隆起遭受剥蚀，中生代时受大陆边缘活动带的影响，地壳活动有所增强，早白垩世北东向断裂活动强烈，由于强烈的断陷作用产生了一系列互相平行的白垩纪断陷盆地如铁法盆地、法库盆地及秀水河子北东向断陷盆地等，构成隆凹相间的格局，盆地中形成一系列巨厚的下－中白垩统杂色复陆屑式建造和中酸性为主的火山岩建造岩体分布，总厚度可达5000余米。新近纪时期，该区又重新成为一个缓慢上升的断块隆起区，但上升幅度较小，第四纪时继承性上升，地貌上表现为缓丘地带，标高50～250m，第四系较薄但分布较广泛。因此在新构造上也可划分为次级的康平－法库缓慢上升区。

2）辽东－张广才岭上升隆起区

在地貌上该区属于中低山、丘陵区，广泛出露有前寒武纪地层和吕梁－燕山期花岗岩。燕山运动时期地壳活动强烈，产生了一系列北东－北北东向的断裂构造，并伴随强烈的岩浆活动。新近纪以来整体表现为持续间歇性上升，缺失新近系沉积，第四系则零星分布于河谷中。第四纪时有些老断裂重新复活，沿浑河断裂带等局部有玄武岩浆喷溢。据有关资料分析，从250万年前到近2000年，该区上升速率不断增加，大约从0.2mm/a增加到1.7mm/a。第四纪时期，由于断块差异运动，局部地区发生凹陷，堆积了厚度不大的第四系地层。早更新世时侵蚀作用强烈，沉积作用较弱，下更新统仅在河谷地带有零星分布，厚度为10m左右；中更新世时期差异升降运动略有增强，山麓、山间盆地堆积了较厚的冲洪积、坡洪积地层，最大厚度可达20余米；晚更新世时沉积作用进一步增强、沉积范围增大，地层厚度为5～20m；全新世沉积在河谷和山麓、山间盆地中分布较广，但厚度一般不大。

根据地貌面分析，该隆起区河流普遍发育有一、二、三级阶地，一些规模较大的河流阶地等级可以达到五级。除河流阶地以外，研究区还主要发育有二级夷平面，即广宁寺夷平面（高度120～200m）和平山夷平面（高度300～400m），平山夷平面大约形成于中新世，广宁寺夷平面形成较晚，在上新世－早更新世时期。第四纪期间研究区所在的辽东地区上升速率为0.049～0.12mm/a，平均抬升速率接近为0.06mm/a。新构造运动以持续性的差异升降运动为主，伴随有断裂活动和岩浆喷发。

3.2.5　地球物理场、深部构造、新构造运动与断裂活动的关系

研究表明，构造活动特征与地球物理场、深部构造背景和新构造运动关系密切，重力、磁异常的梯级带以及新构造运动的变化带往往就是断裂构造发育和具有明显活动特征的地带。从地壳厚度的分布来看，与新构造运动分区相对应，辽东－张广才岭地区地壳厚度较大，为上地幔坳陷区，重力异常具有北东成带、南北分区的特点，航磁异常也表现为交变场，无明显的方向性，区内断裂构造虽有发育，但一般密度较低、切割较浅、规模较小、活动性较差，同时其受到其他构造体系的限制作用明显增强；松辽－下辽河－辽东湾地区地壳厚度较薄，为上地幔隆起区，重力异常和航磁异常均表现出显著的北东向展布形态，与之相对应，区内北东向断裂构造亦特别发育，北东向断裂中包含有郯庐断裂带下辽河段，断裂构造具有密度较高、切割较深、规模较大、活动性较强的特点，断裂展布形态连续、完整，并通常控制了区域地质构造的总体格局。在幔隆、幔坳交界处附近，地壳厚度变化趋于明显，而地球物理场、地壳厚度变化较为强烈的梯度带或者幔隆呈陡倾斜的斜坡带通常就是松辽－下辽河－渤海沉降区和辽东－张广才岭上升隆起区这两大新构造运动分区的边界。根据相关研究资料，地球物理场、深部构造和新构造运动的变化带一般是区域性活动深断裂的发育区，且断裂发育程度及其活动性总体上还伴随着地球物理场、深部构造和新构造运动的变化呈现相应的同步规律性变化，即随着地球物理场和深部构造梯度性的增强、新构造差异升降运动幅度的增大则断裂构造的发育及活动程度也不断提高。沿新构造运动分区边界发育的金州断裂和依兰－伊通断裂均具有晚更新世乃至全新世的活动（段），而在下辽河平原区内，沿差异升降运动水平相对较低的变化带或次级重力场、磁场异常梯级带，郯庐断裂带下辽河段则主要在中更新世活动，晚更新世以来虽有活动迹象，但不十分明显。浑河断裂整体处在

辽东－张广才岭上升隆起区内，断裂两侧新构造差异升降运动不明显，地球物理场、深部构造变化也比较平稳，断裂的活动性总体较金州断裂、依兰－伊通断裂及郯庐断裂带下辽河段等要弱得多。

另外，研究区内活动深断裂对地震的控制作用是十分明显的，尤其是金州断裂、依兰－伊通断裂这两条区域性活动断裂基本上控制了研究区及附近地区5级以上的中强地震活动，形成新构造运动松辽－下辽河－渤海沉降区、辽东－张广才岭上升隆起区边界附近沿上述活动深断裂分布的地震条带，浑河断裂虽然也属于具有一定活动特征的深断裂，但断裂活动性相对较差，因而在浑河断裂所处的辽东－张广才岭上升隆起区内，目前尚没有5级以上地震的记录。尽管如此，断裂构造的活动并不是孤立的，在构造应力场作用下，其间具有明显的相互关联性和制约性，只是由于应力条件和地壳介质的差异，断裂构造的活动特征有所不同，具体地表现在地震活动空间分布上，沿断裂构造及其构造交会部位常常会形成地震活动的条带状、网络状和团簇状空间分布图像，这实际上就反映了区域性活动深断裂及其共轭构造之间活动的差异性及其联动特征。

3.3　研究区地球动力学背景和构造变形场特征

3.3.1　地球动力学背景

地球动力学环境是新构造运动及断裂活动、地震破裂的根本原因，研究区地处欧亚板块的东部，主要受到太平洋板块向北西西方向的俯冲。长期以来，在欧亚板块、太平洋板块的相互作用下，研究区的构造环境不断发生演化。受板块飘移运动的影响，各个时期不同板块之间相互运动的方向以及边界条件等不断发生变化，加之新生代后期喜马拉雅运动以来印度板块与亚洲大陆之间的碰撞，造成了研究区中－新生代以来四个重要的演化阶段（环文林等，1982）。

1）早－中侏罗世时期挤压构造阶段

三叠纪末至早－中侏罗世为北北东向大陆边缘滨太平洋系初始形成时期，这个时期由于太平洋内北西向运动的库拉板块向东亚大陆东侧岸带下面消减，使得亚洲岸带受到北西向挤压，在此应力场作用下，研究区主要表现为强烈的褶皱和断裂活动。晚元古代－古生代沉积均发生褶皱和断裂，并伴随有大规模的岩浆活动，出现了一系列规模巨大的与边缘岛弧平行的北东向相间分布大型隆起和坳陷带，即辽东半岛隆起带、下辽河－辽东湾沉降带等，在一些内陆盆地有复陆屑式含煤建造沉积。

2）中侏罗世晚期－白垩世左旋平移运动阶段

中侏罗世晚期－早白垩世是库拉板块快速向北运动的时期，亚洲东部受到了北北西向的挤压，导致研究区北东－北北东向压性兼左旋平移断裂运动，其中以郯庐断裂为主滑动面发生了大规模的左旋平移运动，金州断裂、依兰－伊通断裂等也出现了明显的左旋平移。伴随北东－北北东向断裂的左旋平移，断裂逆冲和推覆体构造也较发育，一些早侏罗世的盆地进一步扩大，盆地内火山岩－火山碎屑岩系发生了北东向中等程度的褶皱，沿走滑断裂带火山活动和以花岗岩为代表的岩浆侵入活动十分强烈。在研究区内，一些大断裂带的左旋逆冲作用使古生代及以前地层超覆于早白垩世地层之上，北东－北北东向断层同时把早期的东西向构造左旋错断。这次运动在晚白垩世逐渐减弱。

3）古近纪张性构造阶段

古近纪时期，随着太平洋板块向北运动，太平洋板块与库拉板块之间的库拉－太平洋洋脊消减于亚洲大陆之下，由于地壳上拱、张裂形成裂谷，区域北东－北北东向构造的变形特征经历了彻底改造，郯庐断裂左旋走滑运动被张性裂谷性质所代替，下辽河－辽东湾海域地幔上涌强烈，形成拉张式构造应力场，裂谷发育。与此同时，郯庐裂谷拉张导致中央隆起和东、西两侧凹陷，两堑夹一垒构造格局完成，凹陷内沉积了厚达 7000 余米的大陆火山岩建造和复陆屑式含煤油页岩建造。

4）新近纪及至第四纪时期北东－北北东向右旋剪切运动阶段

随着库拉－太平洋洋脊的最终消亡，太平洋内的板块运动方向发生了较大变化，由原来库拉板块的北北西向运动转变为现在太平洋板块的北西西向运动。由于边界条件的限制，加之这一时期印度板块碰撞的叠加影响，导致区域受到北东东向的构造挤压，原有北东－北北东向构造的张性活动转变为侧向挤压的右旋剪切并延续至今。该时期构造运动强度已相对减弱，又由于时间较短，因此在地质上留下的变形标志不如前两个时期显著，但仍可以清楚地看出，郯庐断裂带的张性裂谷性质已经消失，下辽河－辽东湾的地堑构造被更大面积的整体拗陷所代替，辽东隆起区则由于日本海下部太平洋岛弧俯冲到东北大陆边缘之下，沿密山－敦化断裂带（浑河断裂）有大陆碱性玄武岩溢流。这一性质的构造运动是研究区断裂活动的动力基础。

3.3.2　现今构造变形场特征

断裂构造变形特征是由构造应力场决定的，根据研究区现今北东东向的构造挤压应力作用，可以确定区内主要断裂构造的现今构造变形特征。

1）以走滑断层活动为主的构造变形特征

从震源机制分析的结果看出，研究区地应力主轴 P 轴和 T 轴都近于水平，表明这样的水平应力场皆为走滑断层型的应力场。而根据单个地震震源机制断层面解数据，研究区几乎所有的地震都是以走滑活动为主要运动特征的断层作为发震构造。

2）不同构造体系的断层运动性质

根据现今构造应力场的分析结果，研究区处在新近纪以来相对稳定的北东东－南西西向水平主压应力场和北北西－南南东向水平主张应力场作用下，在这样的应力环境条件下，北东－北北东向断层应主要发生右旋走滑的运动，北西－北西西向断层可发生左旋走滑的运动，而与主压应力轴方向相近的北东东向断层应以发生张性正倾滑活动为主。以这样的应力场环境和构造体系发育形态能够推导研究区主要断层的变形性质，判定其最新运动特征，而且根据研究区主要断层的最新运动性质，可以基本确定在现今构造应力场作用下断层是否具有新的活动以及断裂的活动程度。实际上，区内的北东－北北东向断裂构造如郯庐断裂带及其主干分支断裂、金州断裂、鸭绿江断裂等新近纪－第四纪以来的运动性质都主要表现为右旋走滑特征为主，倾滑运动分量总体较小，而与北东－北北东向断裂共轭活动的北西－北西西向断裂主要具有左旋走滑运动性质。

3.4　地震构造区的划分

在研究区划分地震构造区的目的是通过不同地震构造区的界定，进而分析和讨论浑河断裂及其所处地震构造区在地质构造发育、地震活动等方面的特异性，从而更好地判定浑河断裂的活动性及其分段特征。

根据相关研究成果，结合本项工作中区域地震构造条件的综合分析，研究区及附近地震构造区的划分重点考虑了以下几个方面的特征：大地构造基础条件明显不同的构造格架区域；地球物理场和深部构造条件具有不同特征的区域；新构造运动特征具有差异性，能够区别出新近纪、第四纪乃至全新世具有显著不同构造史的区域；考虑到现代构造应力场的局部差异能够区别出的不同性质应力场分布区，以及在应力场作用下不同的地质构造发育和活动特征；根据地震活动空间、时间分布差异性区别出具有不同地震活动强度和频度的地理区域。

研究区横跨中朝准地台东北部与吉黑褶皱系，大部分属于华北地震区的郯庐地震带，东北部属于东北地震区。根据大地构造、新构造、深部构造和地震活动、地质构造的不均匀性特征，研究区可以划分出以下的地震构造区：辽东地震构造区、张广才岭地震构造区、下辽河－辽东湾地震构造区和松辽南部地震构造区（表3.2），其中东、西地震构造区之间的界限大致为郯庐断裂带下辽河段和依兰－伊通断裂，南、北地震构造区之间的界限大致为赤峰－开原断裂。浑河断裂两侧地震构造特征差异性总体不明显，并没有划作为地震构造区的界限，而是整体处在辽东地震构造区内。

表 3.2　研究区基本地震构造区划分

地震构造区	辽东地震构造区	张广才岭地震构造区	下辽河－辽东湾地震构造区	松辽南部地震构造区
范围	北侧以赤峰－开原断裂为界，西侧以依兰－伊通断裂为界，以南为地震水平较高的辽东半岛地震构造区	南侧以赤峰－开原断裂为界，西侧以依兰－伊通断裂为界	北侧以赤峰－开原断裂为界，东侧以郯庐断裂带下辽河段东支为界	南侧以赤峰－开原断裂为界，东侧以依兰－伊通断裂为界
大地构造	胶辽台隆	张广才岭优地槽褶皱带石岭隆起	华北断坳下辽河断陷	松辽拗陷
地球物理场	重力场负异常为主，总体走向北东，起伏较大；磁场强度相对较大，近东西向正异常为主	重力场负异常为主，局部异常多，呈北西、北东向排列，夹有正异常；磁场强度不大，正、负场相互交替，磁性体变化复杂	重力值较高且平稳，北北东向梯级带明显；磁异常高值、低值呈北北东向稀疏展布	重力值较高且平稳，变化平缓，正背景上局部正、负异常交替；磁异常近东西向分布，稀疏平缓
地壳厚度	32～36km	32～37km	24～34km	31～35km

续表

地震 构造区	辽东地震 构造区	张广才岭地震 构造区	下辽河 - 辽东湾 地震构造区	松辽南部地震 构造区
新构造分区	辽东 - 张广才岭上 升隆起区	辽东 - 张广才岭上升 隆起区	松辽 - 下辽河 - 渤海 沉降区	松辽 - 下辽河 - 渤海 沉降区
发生地震 最大震级	5¾	无 4¾ 级以上地震	6½	6
近期微震 活动	较为稀疏, 局部较 密集, 形成条带	零星分布, 局部活动 较密集	地震活动较多, 密集 成带和团簇状	零星分布, 局部呈条 带状
地震地质 特征	沿密山 - 敦化断裂 (浑河断裂) 等区域 性构造的断陷谷地 或槽地发育, 形态 清楚, 新近纪以后 整体缓慢隆起, 第 四纪以来构造活动 趋于稳定, 最新断 裂活动时代为晚更 新世, 活动段规模 一般较小, 活动程 度较弱, 活动性质 与应力场吻合性差	沿密山 - 敦化断裂等 区域性构造的断陷谷 地或槽地发育, 但规 模不大, 新近纪以后 整体缓慢隆起, 第四 纪以来构造活动总体 稳定, 最新断裂活动 时代为中 - 晚更新 世, 活动程度较弱	沿郯庐断裂带的大型 断坳盆地发育, 形态 完整, 新近纪以后整 体下沉, 幅度巨大, 第四纪时期构造仍然 活跃, 最新断裂活动 时代为晚更新世 - 全 新世, 活动段规模较 大, 活动程度较强, 断裂活动与应力场配 置较好	沿依兰 - 伊通断裂、 西拉木伦断裂等区域 性断裂的大型断坳盆 地发育, 以坳陷运动 为主, 形态完整, 新 近纪以后整体下沉, 幅度较大, 第四纪以 来构造较为活跃, 最 新断裂活动时代为晚 更新世, 活动段规模 较大, 断裂活动与应 力场配置较好

3.5 主要断裂构造活动性分析

　　研究区地质构造条件复杂, 断裂构造发育。根据断裂的展布特征, 主要将这一地区的断裂划分为近东西 - 北东东向、北东 - 北北东向和北西向三组, 其中以北东 - 北北东向断裂最为发育。从断裂的发育特征来看, 研究区内近东西向 - 北东东向断裂形成最早, 是伴随结晶基底的褶皱回返过程而产生的, 性质多为平行于褶皱轴的压性断裂, 由于受到后期其他走向断裂的错切或岩浆岩的充填, 这组断裂延续的完整性总体上是较差的; 北东 - 北北东向断裂发育较好、延伸稳定, 它们大多形成于早古生代, 对早期沉积盖层的分布有一定控制作用, 中生代时期沿断裂有火山喷发活动和断陷盆地形成, 中生代晚期则遭受强烈的挤压和扭动作用, 形成较宽的挤压破裂带, 多属压扭性, 新近纪以来活动较强, 表现出一定的张性特征; 北西向断裂在区内也有发育, 这组断裂多数规模不大, 与辽东半岛地区北西向构造不同的是, 研究区的北西向断裂发育程度相对较弱, 它们常常与北东 - 北北东向断裂相伴生并受到北东 - 北北东向断裂的控制, 其第四纪活动性一般很弱。

　　据不完全统计, 研究区具有一定规模 (长度一般在 50km 以上)、切割较深、活动性较强的区域性断裂构造约 30 条 (表 3.3), 此外, 尚有一些第四纪活动性较强、对于区域地质构造格局产生一定影响的小规模断裂构造发育。在这些主要断裂构造中, 对地震活动具有明显控制作用的断裂构造有赤峰－开原断裂（东段、东段延伸段）、下辽河平原断裂（亦称为郯庐断裂带下辽河段，包括营口－佟二堡断裂、辽中断裂、台安断裂）、依兰－伊通断裂辽宁段、密山－敦化断裂辽宁段（浑河断裂）、金州断裂、鸭绿江断裂、柳河断裂和太子河断裂等。根据断裂最新活动时代可将断裂构造划分为前第四纪断裂、早－中更新世断裂、晚更新世和全新世断裂等，研究区内计有前第四纪断裂（或断裂段、断裂带主干分支）12 条、早－中更新世断裂（段、主干分支）31 条、晚更新世－全新世断裂（段、主干分支）4 条，晚更新世－全新世断裂为依兰－伊通断裂辽宁段（铁岭－开原北段）、金州断裂、鸭绿江断裂东支和太子河断裂小岭－安平段。

表 3.3 研究区主要断裂构造活动特征

序号	编号	断裂名称	走向	长度 /km	切割深度	特征	最新活动时代
1	F1	赤峰－开原断裂带东段	近东西	约2000	超岩石圈	吉黑褶皱系与中朝准地台的分界线，形成于元古宙，有中生代流纹岩喷发和花岗岩侵入，断裂对两侧地质构造的演化起着明显的控制作用，破碎带宽达 1~2km，糜棱岩化、碎裂岩化及片理化等动力变质现象十分发育，倾向多变，倾角陡立，多处被北东向、北西向等断裂错断，幅度较大，第四纪新活动较弱，沿线地震分布很少	龙潭－彰武段，早－中更新世；其他前第四纪
2	F1-1	赤峰－开原断裂带东段延伸段（嵩山堡－王家小堡断裂）	近东西	80	地壳	由 2~3 条近平行分支组成，地质地貌特征清楚，切割了太古宇鞍山群及下元古界辽河群，控制并切割了侏罗系，沿断裂两侧有花岗岩、辉长岩和闪长岩侵入，局部控制了第四系和单斜盆地发育，破裂带较宽，具有多期活动特征，最新活动显示张性兼扭性，第四纪新活动较弱，活动方式为黏滑兼蠕滑，地震分布较少	早－中更新世
3	F1-2	赤峰－开原断裂东段延伸段（清河断裂）	北西西	70	地壳	大致由 1~2 条主干组成，切割、控制了辽河群和中－上侏罗统分布，控制了平直、狭长的清河河谷地貌形态，形成了串珠状的第四纪构造盆地，山前地带可见断层三角面，破裂带宽窄，具有多期活动特征，最新活动张性兼扭性，与依兰－伊通断裂相互切割，第四纪新活动相对较强，地震分布较少	早－中更新世
4	F1-3	赤峰－开原断裂东段延伸段（马家寨－郭家屯断裂）	北西西	50	地壳	由 1~3 条大致平行小型分支组成，切割了华力西晚期花岗岩、花岗闪长岩，地质地貌发育不明显，局部有构造盆地，第四系发育差，破裂带宽度较小，具有多期活动性，最新逆倾滑兼左旋走滑，第四纪活动很弱，没有地震分布	早－中更新世

续表

序号	编号	断裂名称	走向	长度/km	切割深度	特征	最新活动时代
5	F1-4	赤峰-开原断裂东段延伸段（横道河断裂）	北西-北西西	60	地壳	由1~2条主干组成，切割了华力西期侵入花岗岩，控制了志留-泥盆系变质岩的分布，沿断裂形成了狭长的横道河谷及第四纪断陷盆地，山前可见陡坡、陡坎带，断裂构造破裂清楚，具有多期活动特征，最新活动张性兼扭性，交会断裂不发育，被密山-敦化断裂吉林段截断，第四纪新活动较弱，没有地震分布	早-中更新世
6	F1-5	赤峰-开原断裂东段延伸段（梅河断裂）	北西西	70	地壳	由1~2条主干组成，切割、控制了华力西期、燕山期侵入花岗岩，控制了狭长的梅河河谷地貌形态，形成第四纪断陷盆地，山前可见陡坡、陡坎带，断裂构造破裂较轻，破裂带宽度较小，具有多期活动性，最新活动张性兼扭性，交会断裂不发育，被密山-敦化断裂吉林段截断，第四纪新活动较弱，没有地震分布	早-中更新世
7	F1-6	赤峰-开原断裂东段延伸段（得胜台断裂）	近东西	60	地壳	控制了太古宇、中元古界和中-上侏罗统分布，地貌表现明显，局部有构造盆地，第四系发育差，破裂带宽度中等，具有多期活动性，早期挤压为主，后期主要为张性，与依兰-伊通断裂相互切割，第四纪活动并不强烈	早-中更新世
8	F2-1	下辽河平原断裂（营口-佟二堡断裂）	北北东	134	岩石圈	下辽河平原断裂东支，隐伏状态，是划分东部斜坡和东部凹陷的边界断裂，也是盆地与辽东隆起的边界断裂，穿切第四纪地层中部，有地震分布	中更新世
9	F2-2	下辽河平原断裂（辽中断裂）	北北东	120	岩石圈	下辽河平原断裂中支，隐伏状态，控制了中生代地层的分布，是划分辽东褶皱带与燕山沉降带的界限，中央隆起与东部凹陷的分界线，穿切第四纪地层中下部，有地震分布	早-中更新世
10	F2-3	下辽河平原断裂（台安断裂）	北北东	68	地壳	下辽河盆地内的西支隐伏断裂，也是划分盆地中央隆起和西部凹陷的边界断层，穿切第四纪地层底部	早更新世

序号	编号	断裂名称	走向	长度/km	切割深度	特征	最新活动时代
11	F3	依兰－伊通断裂辽宁段	北东－北北东	约220	超岩石圈	切割了晚白垩世以前的地层和岩体，并严格控制了第三纪沉积，在地表断续出露，由多条大致平行的断裂组成，表现为明显的槽地，因受北西向断裂影响分段性清楚，在沈阳西南与下辽河平原断裂相接，与柳河断裂、浑河断裂等交错，构造格局复杂，在四平以东形成石岭－叶赫地堑，沿断裂地震活动密集、强烈	沈阳－铁岭段早、中更新世；铁岭－开原北段晚更新世；昌图－四平段中更新世
12	F4	金州断裂	北东－北北东	280	岩石圈	北西盘第四系广泛发育，下伏基岩以震旦系为主，南东盘太古宇鞍山群等结晶基底大面积出露，两侧宏观地貌差异明显，断错微地貌陡坡、陡坎发育，线性特征显著，是新构造运动分区的边界，穿切了太古宇、元古宇、古生界、中生界和新生界等地层，控制了中、新生代断陷盆地的发育，分段特征清楚，共轭构造发育，沿断裂地震活动密集、强烈，控制了辽东半岛地区的地震活动	晚更新世－全新世
13	F5	密山－敦化断裂辽宁段（浑河断裂）	北东东至近东西	195	岩石圈	穿切太古宇、白垩系和第三系地层，由一系列近平行的断裂组成，相距1～2km至10～20km，沿断裂表现为断陷带，地貌上为狭长条状沟谷，中生代－新生代初期活动强烈，破碎带宽度数十米至上百米，糜棱岩、千糜岩及挤压片理、挤压扁豆体发育，断面可见斜冲擦痕，第四纪时期断裂活动以张性为主，发育薄层断层泥、碎裂岩等，分段特征清楚，活动程度很弱，地震分布很少	沈阳段、抚顺段、南杂木－英额门东段为早－中更新世，章党－南杂木段晚更新世
14	F6	密山－敦化断裂吉林段	北东－北东东	200多	超岩石圈	与浑河断裂之间被赤峰－开原断裂分隔，由2～3条近平行分支组成，两者结构相似而活动性差异较大，切割了太古宇基底、侏罗－白垩系和华力西期、印支－燕山期侵入岩，控制了古近系、第四系分布，沿断裂有岩浆侵入和喷发活动，控制了宽阔的辉发河谷地貌形态，微地貌陡坎或断层三角面发育，断陷盆地沉积显著，破裂带较宽且形态复杂，具有多期活动特征，第四纪新活动较强，逆倾滑兼走滑，地震分布较多	中更新世

序号	编号	断裂名称	走向	长度/km	切割深度	特征	最新活动时代
15	F7	太子河断裂	北东	120	岩石圈	断裂遥感线性特征明显，两侧色调有明显异常，局部控制水系，控制中生代断陷盆地，切穿中更新统黏土层，沿断裂带有温泉分布，在望宝寨附近形成一向南突出的弧形断裂，倾向不定，倾角56°~85°	中更新世，小岭－安平段晚更新世
16	F8	鸭绿江断裂	北东	300多	岩石圈	控制了鸭绿江河道发育和两侧的新构造运动差异，两侧阶地存在差异，多见断层陡崖、陡坎、线形特征显著，控制一系列串珠状中、新生代盆地发育，破碎带宽度一般可达几十米至百米，由碎裂岩、糜棱岩、挤压扁豆体、断层泥等组成，可见片理、劈理和石墨化现象，新生代时期，断裂南端拉张明显，在新义州、东港等地形成第四纪断陷盆地，分段特征清楚，水丰以南段又可分为东、西两支，其间活动性有差异，沿断裂带地震活跃	松江－临江段、集安－水丰段为早－中更新世，临江－集安段中更新世－晚更新世早期，水丰－东港段及东港以南段西支为中更新世，东支为晚更新世
17	F9	太平哨断裂	北北东	130	基底	线性影像清楚，错切了下元古界辽河群及白垩系地层，切断了东西向、北西向的构造体系，走向较稳定，具反扭性质，破碎带规模较大，挤压片理、扁豆体和断层泥发育，以右旋走滑为主，兼有倾滑，次级断裂发育	早－中更新世
18	F10	石城子－马道岭断裂	北北东	80	一般	断裂特征清楚，切割了印支和燕山期花岗岩，挤压明显，多处见挤压破碎，片理化发育，沿断裂有温泉出露	前第四纪
19	F11	毛甸子断裂	北北东	80	基底	形成于侏罗纪，与褶皱构造相伴生，地貌标志清楚，呈舒缓波状延伸，错断了东西向、北西向构造体系，北段错切了宽甸中更新世玄武岩，南段发育于燕山期花岗岩中，断裂局部见有断层泥，但泥化程度较差，最新活动性质为右旋走滑兼正倾滑	中更新世
20	F12	苏子河断裂	北东转北西	约200	地壳	由多条大致平行的分支组成，平面展布上呈铲状，西段走向北西，延伸舒缓，东段走向北东，延伸平直，与浑河断裂共轭交错，严格控制并切割了前震旦系、侏罗系地层和晚白垩世侵入岩分布，地貌上形成断裂沟谷，但沿断裂第四系发育较差，第四纪活动性较弱	早－中更新世

续表

序号	编号	断裂名称	走向	长度/km	切割深度	特征	最新活动时代
21	F13	柳河断裂	北西	100	基底	断裂形迹清楚，大体控制了柳河河道及其第四系沉积，走向稳定，倾向多变，具有一定的分段性，大致控制了下辽河盆地西北部的第四系分布，错切了第四系底部地层	早－中更新世
22	F14	塔子岭－翁泉沟断裂	北东	80	基底	沿断裂见有鞍山群，辽河群地层逆冲于震旦系地层之上，破碎带内见有糜棱岩、挤压扁豆体、牵引褶曲和擦痕镜面，破碎物胶结较好，断裂对第四纪沉积及地形地貌没有控制作用	前第四纪
23	F15	东洲河断裂	北西	50	基底	由多条分支组成，延伸舒缓，控制了太古宙结晶基底与侏罗系，北段被浑河断裂截断，控制了东洲河谷宏观地貌形态，构造盆地和第四系发育较差，破碎带规模很小，第四纪活动性较弱，与浑河断裂交会处发生过5级左右地震	早－中更新世
24	F16	下哈达断裂	北东向为主	65	基底	由2条主干分支组成，在古老构造基础上演化，产状、性质多变，由压扭性变为张扭性，第四纪断面走向北东，切割、控制了太古宙结晶基底与中元古界，控制了章党河谷地貌形态，构造盆地发育，破裂带发育形态复杂，具多期活动，与浑河断裂具有切割关系并大致被浑河断裂截断，第四纪新活动较弱	早－中更新世
25	F17	太吉屯－蒲河断裂	北东	35	一般	展布于沈阳鼻状凸起的北西翼，由大致平行分支组成，断续发育，将古近系煤系底板错开，位移量0.5~1km，地貌上有显示，断裂穿切了第四系中更新统下部，垂直位错量很小，没有错断上更新统地层，具多期活动，断层泥发育，释光测年集中在中更新世，正倾滑兼右旋走滑性质，有小震分布	中更新世
26	F18	长白－观音阁断裂	北东	45	一般	展布于沈阳鼻状凸起的南东翼，斜列状结构，断续发育，线性特征清楚，排钻剖面上未穿切中更新统上部覆盖层，未错切中更新世晚期－晚更新世早期三级基座阶地，具多期活动，新鲜断层泥发育，释光测年至中更新世晚期，正倾滑兼右旋走滑性质，发生过5½级地震	中更新世

续表

序号	编号	断裂名称	走向	长度/km	切割深度	特征	最新活动时代
27	F19	十里河断裂	北北东	20多	一般	应属于金州断裂北延段，未穿过浑河断裂，错切了太古宙混合花岗岩和上元古界震旦系，控制了下辽河盆地东北部第四系分布，地貌上有显示，线性特征清楚，断裂破碎带规模很小，松散断层泥厚度仅厘米级，未错切上更新统地层，第四纪活动程度较弱	中更新世
28	F20	大民屯断裂	北东－北北东	80	一般	遥感线性特征明显，沿断裂构成断陷带，控制了煤系地层分布，处于隐伏状态，未穿切上部第四系覆盖层，对第四系分布几乎没有影响	前第四纪
29	F21	会元堡断裂	北北东	15	一般	北西盘侏罗系冲覆于太古宇之上，挤压强烈，破碎带宽达几十米，糜棱岩、千糜岩、挤压片理等发育，已胶结	前第四纪
30	F22	曹西断裂	北北东	20	一般	处于隐伏状态，未穿切上部第四系覆盖层，对第四系分布没有影响，被大民屯断裂截断	前第四纪
31	F23	西河山断裂	北北西	15	一般	从太古宙混合花岗岩中穿过，未穿切上部第四系覆盖层，断裂破碎带较窄，仅几厘米，破碎物已胶结，具有逆冲性质	前第四纪
32	F24	石桥子断裂	北北西	25	一般	由多条小型分支断裂组成，扭曲形态，产状多变，控制了太古宙结晶基底与上元古界、古生界地层，沿断裂有燕山期花岗斑岩等侵入，形成时代久远，被北东向构造截断，未穿切第四系覆盖层和地貌单元，破碎物已胶结	前第四纪
33	F25	二户来断裂	北东东	20	一般	错切了太古宙混合花岗岩和元古宇、侏罗统地层，控制了上侏罗统安山岩分布，对第四纪坡洪积扇群和一级、二级阶地没有影响，构造破碎不强烈，糜棱岩、挤压片理等发育，破碎物已胶结成岩，右旋走滑兼逆倾滑	前第四纪
34	F26	砬子大山断裂	北北东	25	一般	伴有北西向扭性转换断层，舒缓波状延伸，错切了上侏罗统地层，挤压片理、糜棱岩等发育，破碎程度较轻，胶结硅化，未错切中－晚更新世坡洪积扇群和一级阶地，断错微地貌陡坎不发育，倾滑兼有走滑	前第四纪

续表

序号	编号	断裂名称	走向	长度/km	切割深度	特征	最新活动时代
35	F27	长岗岭断裂	北东－北北东	20	一般	由近10条大致平行分支组成，舒缓波状延伸，线性影像清楚，显示为长条状中低山，控制、错切了太古宙－中生代的所有岩体，构造角砾岩、挤压片理及构造褶曲等发育，破碎带略有胶结，未错切中－晚更新世坡洪积扇群和一级、二级阶地，断错微地貌陡坎不发育，右旋走滑兼正倾滑	早更新世
36	F28	木盂子断裂	北北东	12	一般	由5~6条近平行分支断裂组成，舒缓波状延伸，错切并局部控制了太古宙－古生代岩体，挤压片理、糜棱岩等发育，已胶结成岩，断面有褐红色氧化膜，未错切中－晚更新世一级、二级阶地，断错微地貌陡坎不发育，逆倾滑	前第四纪
37	F29	铁路子断裂	北东	40	基底	由1条主干和大致平行的次级分支组成，伴有北西向扭性转换断层，舒缓波状延伸，倾向多变，倾角陡立，错切了太古宙－中生代的所有岩体，破碎带规模较大，挤压片理、碎裂岩等发育，局部见泥化较差的断层泥，松散，未错切中更新世玄武岩、中－晚更新世坡洪积扇群和一级、二级阶地，断错微地貌陡坎不发育，右旋走滑兼正倾滑	早更新世
38	F30	西丰断裂	北东东	50	基底	断裂由1~2条近平行分支组成，走向比较稳定，明显控制了寇河河道及第四系沉积，切割、控制了太古宙混合花岗岩、华力西期和印支－燕山期侵入岩、中生代侏罗系地层的分布，与依兰－伊通断裂交会处有北东向第四纪盆地发育，断裂第四纪活动性较弱	早－中更新世
39	F31	辽源－东丰断裂	北西	70	地壳	断裂形迹比较清楚，呈舒缓波状延伸，大体控制了东辽河河道及第四系沉积，切割、控制了辽源中生代盆地以及太古宙混合花岗岩、加里东期和印支－燕山期侵入岩、中生代侏罗系地层的分布，与依兰－伊通断裂交会处有北东向第四纪石岭盆地发育	早更新世
40	F32	德兴－安庆断裂	北北东	60	一般	由4~5条近平行分支组成，错切并局部控制了太古宙混合花岗岩和不同期次侵入岩、中生代侏罗－白垩系地层的分布，与辽源－东丰断裂共轭交错，在地貌上显示为沟谷、山脊，第四纪盆地不发育，断裂第四纪活动性较弱	早更新世
41	F33	伊通－辉南断裂	北西	90	地壳	断裂形迹清楚，走向比较稳定，呈舒缓波状延伸，大体控制了大沙河河道及第四系沉积，错切了太古宙混合花岗岩和印支－燕山期侵入岩，与依兰－伊通断裂交会附近有古新世基性岩浆活动，未错切中更新统地层，小震活动频繁	早更新世

另外，研究区还是第四纪盆地构造相对发育的地区，如下辽河盆地、松嫩盆地和抚顺盆地等，而在南杂木、清原等浑河断裂断陷带内还有局部的小微型构造盆地发育。研究表明，盆地构造一般受到一组或多组断裂控制，长轴方向与区域构造线或断裂走向一致，各盆地的生成和发展与控盆断裂的活动特征密切相关，并与地震活动有着密切的关系。研究区中、新生代断陷盆地具有不同的特点，侏罗纪时主要为继承性盆地，白垩纪时则为上叠式盆地，古近纪为裂谷式盆地。盆地群受到断裂构造的控制，隆凹相间的构造格局特点比较突出，盆缘一侧常发育走滑断层、逆冲断层和推覆体构造等。区内盆地受到了郯庐断裂带下辽河段、浑河断裂及其共轭的北西－北北西向构造的共同控制，也就是说，盆地的发育不仅仅局限于单一的郯庐断裂带下辽河段和浑河断裂，还与北西－北北西向构造的新活动存在明显的关联。研究区第四纪盆地构造规模差异巨大，就下辽河盆地和抚顺盆地来说，下辽河盆地受到郯庐断裂带下辽河段活动制约，长轴总体呈北东向，古近系沉积厚度达 6000m，并伴有玄武岩喷发，后期褶皱上升，新近系厚达 1500m，第四系最厚达 450m，新近纪和第四纪整体下降，即使是位于下辽河盆地的东北边缘，沈阳附近的第四系厚度也达 40～100m；抚顺盆地则主要受到浑河断裂活动控制，第四系厚度仅 10～30m，盆地内局部甚至可见基岩出露，显示其第四纪时期的沉降幅度极为有限。盆地及周围地区地震活动频度相对较高，强度较大，一些 5 级左右的地震多沿这些盆地的内部和边缘分布。

3.5.1 赤峰－开原断裂带

断裂呈近东西向延伸，总长度约 2000km，以该断裂为界，南部地台与北部地槽呈突变式接触关系，在长达 2000km 的范围内不存在过渡带。布格重力异常图上沿断裂有 5～10km 宽的负异常带，航磁 ΔT 图上断裂表现为平行密集的线状异常和串珠状异常。赤峰－开原断裂对两侧地质构造的演变起着明显的控制作用，断裂南北两侧构造发育历史不同，地震活动表现出明显的差异，北侧频度低、强度弱，南侧频度高、强度大。断裂各区段的形成、发展、切割深度、地球物理场背景、活动方式和演变特征等方面都有明显差异，据此可分为西段、中段及东段。断裂西段西起北大山南，东至口子井一带，呈东西向直线状延伸，挤压破碎带宽 1～2km，糜棱岩化、碎裂岩化及片理化等动力变质现象十分发育；中段从狼山北侧通过，向东延伸至川井一带，经白云鄂博北、化德县延入河北省，与康保－围场断裂相接；东段自河北省围场以北，经赤峰、平庄、查尔台等地，向东延入辽宁省，总体呈东西向展布。断裂带中部盆地段以隐伏状态为主，东部则表现为 2～3 条相互平行的近东西向次级断裂，如清河断裂、嵩山堡－王家小堡断裂等。物探资料表明，断裂不同段落的切割深度不同，西段、东段为岩石圈断裂，中段为大断裂性质。断裂形成时代各段也有所不同，西段形成于加里东期，中段在中晚元古代及古生代明显发育，活动强烈，据河北省地质局的资料，东段断裂雏起于太古宙末，元古代起明显发育，断裂主要从侏罗系地层或者侏罗系与太古宙混合岩的接触界限之间穿过。

赤峰－开原断裂东段在地质构造上是中朝准地台与吉黑褶皱系、内蒙古－大兴安岭褶皱系的界线。在近地表则显露为规模巨大的挤压破碎带，破碎带走向呈波状弯曲，倾向多变，时南时北，倾角陡立，一般在 70°～80°。破碎带宽窄不一，从数百米至数千米不等。该断裂段的地球物理场特征反映明显，在区域磁场中，正磁异常延伸总的趋势呈近东西向，它既隐约反映地表所见挤压破碎带的走向，又反映了中、新生界及火山岩覆盖的干扰，经化极延拓20km 及 40km，其深部近东西向展布的磁异常线形排列的特征更得以清楚显示；重力场在康保以东主要显示为近东西向展布的重力低值带。

从现有资料来看，赤峰－开原断裂东段挤压破碎带内片理、片麻理构造发育，沿断裂自太古宙到新生代岩浆活动频繁，碱性－超基性岩体均有分布。赤峰－开原断裂虽然规模较大，但断裂大部分段落第四纪以来活动特征已不明显，最新活动期主要在前第四纪至第四纪早期，局部段落至中更新世时仍表现出一定的活动性。而且沿断裂也较少强震活动，但有零星小震活动，断裂总体上与地震活动关系不明显。断裂主要从侏罗系地层中间或者侏罗系与太古宙混合岩接触界限之间穿过，利用石英颗粒形貌分析法（SEM）和热释光法（TL）对断裂破碎物进行了测试，其结果为 21 万年至新近纪，赤峰－开原断裂总体上与地震活动关系不明显。依兰－伊通断裂以东的赤峰－开原断裂东段亦称为其东段延伸段（包括清河断裂、嵩山堡－王家小堡断裂等），第四纪时期表现出一定的活动特征。

1. 赤峰－开原断裂东段

赤峰－开原断裂东段主要表现为 2～3 条相互平行的近东西向次级断裂，在依兰－伊通断裂以西，赤峰－开原断裂呈一向北突出的弧形或体现为呈近东西向的凹沟，断裂通过地段附近的侏罗系地层中可见近东西走向的节理面发育，反映出断裂在中生代以来有活动。赤峰－开原断裂东段还可以进一步划分为乃林－龙潭段、龙潭－青龙山段、青龙山－彰武段和彰武－开原段等次级段落，其中青龙山－彰武段展布于彰武坳陷以西，新构造单元为燕辽上升隆起区，彰武－开原段展布于彰武坳陷以东，新构造单元为法库缓慢上升隆起区，两段的构造演化和活动特征存在一定的差异。

1）乃林－龙潭段

断裂走向近东西，长度约 80km。断裂段东、西两端分别被北北东向的中三家子断裂和嫩江－八里罕断裂所截断。断裂错切了中生界地层，两侧新构造运动虽有差异但不明显，在断裂与嫩江－八里罕断裂的构造交汇部位有第四纪构造盆地发育，盆地长轴方向平行于嫩江－八里罕断裂。已有研究表明，该段属于前第四纪断裂，第四纪以来没有新的活动。

2）龙潭－青龙山段

其位于乃林－龙潭段以东，走向北东东，长约 100km，断裂延伸呈舒缓波状。断裂段西端被北北东向的中三家子断裂所截断，形成与乃林－龙潭段之间近 10km 的左行错切。断裂错切了太古宇、古生界和中生界等地层，两侧新构造运动差异性已趋于明显，表现为北盘相对下降，南盘相对上升。在内蒙古青龙山南湾子村，断裂带宽度超过 150m，碎裂岩、挤压片理、碎粉岩、扁豆体等发育，带内既有强烈的挤压带，也有以张性为主的破碎带，断裂发育特征表明断裂具有不同的活动期次，其主活动期在第四纪以前，但在第四纪以来（主要是第四纪早期）仍有活动；在阜新西大营子附近，断裂带总宽度为 100～200m 不等，断裂带中不仅岩性多变，构造规模、发育形态和活动特征等也存在差异，断层在第四纪以前的活动相对强烈，形成规模较大的破碎带，但在第四纪以来（主要为第四纪早期）又有新的活动带生成，但其规模较小。总的来看，赤峰－开原断裂龙潭－青龙山段规模巨大，具有多期活动特征，其主要活动期为前第四纪，但第四纪早期仍有新的活动。

3）青龙山－彰武段

其位于龙潭－青龙山段以东，走向近东西，长约 80km。断裂段东、西两端分别被北北

东向的赤峰 – 开原断裂龙潭 – 青龙山段和柳河断裂所截断。断裂错切了太古宇、中生界等地层，两侧新构造运动具有一定的差异性，北盘相对下降，南盘相对上升，另外，在断裂东端与柳河断裂的构造交汇部位有第四纪构造盆地发育，盆地长轴方向平行于柳河断裂。在彰武四堡子，断裂走向 80°左右，近直立，断裂带宽 60m 左右，破碎岩发育不均匀，局部可见原岩结构残留和花岗岩中的硬质石英岩捕房体，显示断裂活动程度并不强烈，除了碎裂岩，可见薄层挤压片理带，断裂带略有胶结。在地貌上，剖面处在山前侵蚀、剥蚀台地，台面比较平整，未见断裂活动影响。在阜新好力营子西，断裂总体走向 80°，倾向南，倾角为 70°左右，断裂可见宽度为 30~40m（图 3.7），碎裂岩、碎粉岩、构造角砾岩相间发育，各构造带宽度一般为 1m 至数米不等，并不发育主导的规模较大的单一构造带。碎裂岩、碎粉岩之间亦呈一定程度的渐变过渡，破碎带中夹有少量薄层原岩透镜体；构造角砾岩胶结致密坚硬，碎裂岩也多略有胶结，碎粉岩则基本未胶结，疏松破碎；角砾岩断面已氧化锈蚀，无擦痕、阶步发育。断裂总体发育特征显示，断裂规模十分巨大，存在多期活动，早期活动形成构造角砾岩，其后构造变动形成碎裂岩、碎粉岩等，最新活动可至第四纪早期，新活动主要表现为张性特征。断裂带上覆厚近 1m 的上更新统坡洪积砂砾石混土层，具粗水平层理，断裂未错动该坡洪积地层。在阜新巴楼子东，断裂走向近东西，倾向南，倾角为 60°~70°，断裂带宽 2~3m，发育构造角砾岩、碎粉岩等，角砾岩具胶结特征，碎粉岩宽约 30cm，基本未胶结。断裂具有张性特征，两侧片麻岩夹片岩围岩平整，显示断裂活动程度较弱。断裂在地貌上处在山前侵蚀、剥蚀台地上，台地表面十分平整，断裂活动没有造成地貌形态变化。综合上述调查分析结果，认为赤峰 – 开原断裂青龙山 – 彰武段规模较大，具有多期活动特征，其活动期应主要在前第四纪，但在第四纪早期有一定程度的活动，活动程度较弱，断裂在晚更新世以来是没有活动的。

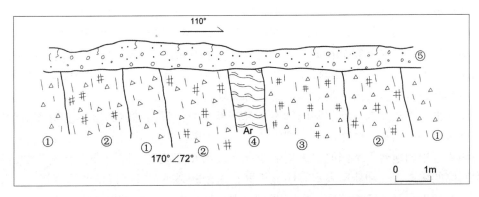

①构造角砾岩；②碎裂岩；③碎粉岩；④太古宇片麻岩；⑤上更新统坡洪积砂砾石混土层

图 3.7　赤峰 – 开原断裂好力营子西剖面（局部）

4）彰武 – 开原段

展布于柳河断裂与依兰 – 伊通断裂之间，走向近东西，略呈向北凸出的弯曲弧状，断续发育，并由 2~3 条分支断裂组成，断裂总长度约 140km。断裂段主要发育在中生界地层中，断裂段发育地段在新构造运动分区上属于松辽 – 下辽河 – 渤海沉降区中下辽河沉降区与松嫩平原沉降区之间长期缓慢上升的断块隆起区——康法缓慢上升区，赤峰 – 开原断裂的活动与该新构造运动分区的形成是密不可分的。在康平城南孙家屯东，断裂走向 285°，倾向北，倾角 40°~45°，断裂由若干条北西西向规模较小的构造破碎带组成，破碎带总宽度约 8m，可见构造角砾岩、碎裂岩等，夹有透镜体，少量挤压片理、角砾岩方向性排列指示断层性质为正倾滑兼左旋走滑，破碎带已胶结但并不致密。因此，赤峰－开原断裂彰武－开原段主要在第四纪以前活动，第四纪以来活动特征不明显。

2. 赤峰－开原断裂东段延伸段

根据现有研究，赤峰－开原断裂东段延伸段分支构造发育，其中规模较大的分支构造主要包括嵩山堡－王家小堡断裂、清河断裂和得胜台断裂等。嵩山堡－王家小堡断裂、清河断裂向东延伸与密山－敦化断裂相交会，对于这两条断裂的地震地质发育特征和活动性将在后面章节中进行详细讨论。

得胜台断裂东起于清原以西，向西一直延至得胜台附近，并隐伏于第四系盖层之下。断裂总体走向近东西，略呈向南凸出的弯曲弧状，全长约 60km。断裂控制了太古宇、中元古界和中晚侏罗世地层的分布，在地貌上有明显的表现，形成山脊、山前陡坡和山体鞍部等，断裂总体倾向南，倾角较陡。断裂挤压破裂带较宽，挤压片理、扁豆体、碎裂岩等发育。在铁岭云盘沟村南，断裂带发育挤压片理、扁豆体及碎裂岩等，夹有构造透镜体，破碎带总宽度为 28m。从断裂地质发育特征分析，断裂存在多期构造活动，早期以挤压特征为主，后期则主要显示为张性运动，最新活动期应为第四纪早期，总体活动程度较弱，断裂上覆的上更新统坡积砂砾石混土层未被断裂错动。因此，得胜台断裂的主要活动期为第四纪早期，晚更新世以来没有活动。

3.5.2　下辽河平原断裂（郯庐断裂带下辽河段）与下辽河盆地

下辽河平原断裂是郯庐断裂带穿过渤海以后在下辽河平原的延伸段，也称为下辽河段。断裂带从研究区中部穿过，处于隐伏状态。断裂在重力场上表现为明显的线性异常带，磁场也有相似特征，沿异常带有串珠状的局部正异常分布。断裂带由三条大致平行的主干断裂组成，其中营口－佟二堡断裂全长 134km，是下辽河盆地和辽东隆起的边界断裂；辽中断裂全长 140km，是下辽河盆地中央隆起和东部凹陷的分界线；台安断裂全长 120km，是下辽河盆地中央隆起和西部凹陷的边界断裂，向南有分叉现象。

下辽河平原三条北东向断裂共同体现了郯庐断裂在下辽河地区的基本发育和活动特征。断裂在该区由一系列平行展布的正断裂组成，三条大断裂形成了二凹夹一凸的构造格局。辽中断裂切割了中朝地台上不同的二级构造单元，成为早期胶辽台隆与燕山台褶带的分界线。该断裂两侧的构造特征和地层发育有明显不同，东侧断裂作左行雁行排列，西侧则为右行雁行排列。始新世是该区断裂的主要发育期，表现有拉张性质，西部断裂发育较早，东部断裂产生较晚，主要活动期在渐新世或更晚一些。断裂的左旋平移特征明显，台安断裂及其分支断裂将 17.8 亿年的太古宙混合花岗岩基底切成若干段并向西左行错开 20~40km，辽中断裂将老的东西向构造线左行错开，并受牵引变成北东向，以致造成西部曙光地区的中、上元古界地层向北东方向偏转。分析下辽河地区的第四系等厚线图可以看出，在早更新世时期有东、西两个沉降中心，分别处在东部坳陷和西部坳陷，表明三条断裂同时有活动，中更新世时期只有东部坳陷为沉降区，说明辽中断裂和营口－佟二堡断裂在中更新世仍有活动，晚更新世以来断裂活动不明显。

下辽河盆地主要形成发育于新生代，古近纪以前只沉积有一些侏罗－白垩系并发育一系列北东向的断裂及岩浆活动，以后有回返上升；古近纪时期，一系列北东向断裂控制了盆地的发育，由于大幅度的拉张断陷和下沉形成了相间排列的隆起和凹陷，凹陷内古近系厚度达6000m以上，并伴随玄武岩喷发，后期挤压褶皱上升，与上覆新近系地层呈角度不整合接触；新近纪以后，盆地整体拗陷下沉，逐层超复沉积，显示缓慢扩张，但沉降厚度越来越小，沉积厚达1500m以上的新近系，盆地整体拗陷最大沉降幅度在东、西两个凹陷内。第四纪以来，下辽河盆地继续发展，第四系地层厚度最大约450m。整个盆地经历了先断陷、后拗陷两个发育阶段，具有双层沉积结构，盆地内主要断裂均切断第三系地层。从下辽河盆地区第四系地层的厚度分布可以看出，在早更新世时期，下辽河平原形成有两个北东向的沉降中心，分别相当于第三纪时的东部凹陷和西部凹陷，说明下辽河平原三条断裂仍在活动（图3.8）；在中更新世，下辽河平原只有一个北东向的沉降中心，相当于东部凹陷的位置，说明北东向的营口－佟二堡断裂、辽中断裂仍在活动，而西侧的台安断裂活动已不明显了；在晚更新世，沉降较均匀，没有形成明显的北东向沉降中心，说明北东向断裂没有明显的活动迹象；在全新世，沉降均匀，看不出明显的沉降中心，说明全新世时期北东向断裂活动不明显。从下辽河盆地的三条断裂垂直断距来看，台安断裂最大，辽中断裂次之，牛居－油燕沟断裂最小，而从形成时期来看，有依次向东变新的趋势。台安断裂是划分中央隆起和西部凹陷的一条边界断裂，是西部凹陷极为重要的一条断裂，为裂陷中心，裂陷深度在古近纪大于5000m。亦位于重力密集带上，是西部凹陷的裂陷中心。

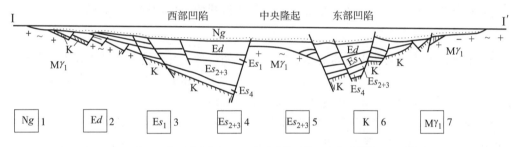

1. 新近系；2. 古近系东营组；3. 古近系沙一段；4. 古近系沙二、三段；
5. 古近系沙四段；6. 白垩系；7. 太古宙变质岩

图 3.8　郯庐断裂（下辽河段）区域地质剖面（据辽宁省地震局，1985）

1. 营口－佟二堡断裂

断裂在遥感影像上主要表现为色调异常界面，两侧色调不同。在 TM432 标准假彩色合成图像上，断裂西侧以较明亮的灰白色为主，东侧为较暗的灰色调，往西南方向形迹逐渐模糊；航片上断裂呈线性灰黑色富水条带，断裂带以东为明亮的浅灰色条带，两条带呈明显的色调差异，显示为下辽河地区的一条主要断裂。

营口－佟二堡断裂一般表现为单条断裂或者 2 条相互平行的断阶带，走向北北东，倾向北西，倾角 70°~80°。钻孔资料证实，该断裂为高角度正断层，垂直断距大于 3km。由于它地处盆地东侧，也称为郯庐断裂的东侧外限断裂。在重力上断裂表现为密集梯度带，梯度值可达 $(3\sim5)\times10^{-5}(m/s^2)/km$。地震剖面上，断裂错断莫霍面及以上深层界面，中生界和古生界顶面反射波连续性全部中断，而且断开的层位很高，至少是新近系底界面已断开。断裂往南被北西向的田庄台－马家坨子断裂所截。断裂为一较新的地壳裂陷带，裂陷深度在古近纪时可达 3000m，其中东营组时期裂陷深度可达 2000 余米。在牛东洼陷和界东洼陷内有东营组沉积，证明断裂主要生成于东营组沉积时期，即渐新世时期。在营口市赏军台东和辛家堡子一带布设的 2 条浅层地震探测结果显示，第四系厚度分别为 340～370m 和 400～450m，营口－佟二堡断裂上断点埋深均为 200m 左右，达到了中更新统底界，断距均为 60m 左右，断裂最新活动时代为中更新世。

2. 辽中断裂

辽中断裂与营口－佟二堡断裂近平行展布，在遥感影像上表现为色调异常界面。该断裂位于下辽河平原中部，是划分东部凹陷和中央隆起的边界断裂。其南部位于重力密集带上，以断裂为界，分为东、西两个截然不同的磁场，东部以近东西向的负异常为主，西部为一系列北北东向正负磁异常交替带。断裂南部位于重力密集带上，与营口－佟二堡断裂组成了一对 "V" 字形断裂。钻孔资料证实，断裂东侧为古生界地层，西侧为太古宙混合花岗岩。断裂形成于营口－佟二堡断裂之前，在中生代晚期既以形成，但主要发育时期为始新世，新近纪继续活动，它在始新世时已使东部凹陷成为一个向东抬升的箕式凹陷，其南端二界沟洼陷的古近系深度达到 7000～8000m，古近纪裂陷深度可达 4000～5000m。

从深地震探测剖面上看，断裂错切了莫霍面及其以上的深层界面，东盘下降，断距约 2km，为正断层。沿断裂有中－新生代玄武岩、安山岩喷溢，并有燕山期花岗岩侵入。断裂两侧地层不同，构造形迹也不一样，东侧次级构造呈左行斜列，西侧为右行雁列。从下辽河地区的基岩分布上看，断裂为太古宇变质岩系与上侏罗统梨树沟砂页岩的界限。

3. 台安断裂

在遥感影像上表现为色调异常界面，向南西延伸影像特征不清楚。断裂是西部凹陷极为重要的一条断裂，为裂陷中心，裂陷深度在古近纪大于 5000m。位于重力密集带上。断裂形成于中生代晚期，主要发育期为始新世，新近纪继续活动。

布置在盘锦双台子河的浅层人工地震探测剖面显示，台安断裂规模较大，断裂倾向北西，视倾角 56°，正断层。断裂上断点深度约 170m，错切了第四系底部地层，但未错动第四系平原组顶界面，经与盘锦地区第四系标准地层剖面对比后，确定断裂错切了下更新统，但未错动中更新统及以上地层，因此断裂最新活动时代为早更新世。

4. 郯庐断裂带下辽河段活动性的综合分析

根据以上分析可以了解到，北东向的营口－佟二堡断裂、辽中断裂和台安断裂在古近纪时期有强烈活动，它们控制了隆起与凹陷的发育，新近纪断裂继续活动。由于三条断裂均处于隐伏状态，还可以采用间接方法对隐伏断裂的活动性进行分析，综合利用区内第四系沉积层的分布及厚度变化、海岸线和水系变迁、地壳形变测量资料、航卫片解释和地震分布等资料对断裂的活动性作定性判别。从沉积层厚度变化来看，营口－佟二堡断裂、辽中断裂和台安断裂早更新世时期断裂继续活动，中更新世末活动已基本停止，断层上部的海侵层未受破坏；水系变迁、地壳形变测量资料、航卫片解释、地震分布和地震探测资料也表明郯庐断裂下辽河段在第四纪早期有活动。

新近系和第四系沉降中心的迁移从另一个侧面反映了断裂的活动状况，下辽河地区第四纪不同时期的等厚线图显示，在早更新世时期下辽河平原形成两个北东向的沉降中心，这两个中心相当于第三纪时期的东部凹陷和西部凹陷，说明这三条断裂在早更新世均有活动，表现在对早更新世沉积有控制作用；中更新世下辽河地区只有一个北东向的沉降中心，处在东部凹陷的位置上，表明东侧的营口 – 佟二堡断裂和辽中断裂这时仍有活动，而西侧台安断裂的活动已经不明显；晚更新世沉积较均匀，没有明显的沉降中心，说明三条断裂已基本停止了活动，当时在营口以南出现了一个北西向的沉降带，说明可能有北西向断裂存在；全新世时期，全区均匀下降，沉积厚度无明显变化。从上述分析可知，营口 – 佟二堡断裂和辽中断裂的最新活动时代为中更新世，台安断裂的最新活动时代为早更新世。

3.5.3　依兰 – 伊通断裂

依兰 – 伊通断裂属于郯庐断裂带的组成部分。郯庐巨型断裂构造带通过渤海、下辽河平原北延至沈阳西南后产生分异，形成了两条规模巨大的分支断裂构造即依兰 – 伊通断裂和密山 – 敦化断裂。西支的依兰 – 伊通断裂在中国境内的延伸长度超过 800km，断裂切割很深，属于超岩石圈深断裂，其活动性较东支的密山 – 敦化断裂为强，断裂总体连续性好，走向稳定。依兰 – 伊通断裂自形成以来经历了复杂的构造变动，同时与其他构造体系相互作用。断裂可划分为若干的段落，如辽宁境内的辽宁段、吉林境内的伊通段、舒兰段以及黑龙江境内的通河段等，各段在介质特征及均匀性、结构变化、活动性、地貌第四纪地质发育形态以及与地震活动关系等方面均具有明显的差异。据已有资料，依兰 – 伊通断裂切割了晚白垩世以前的地层和岩体，并严格控制了第三纪沉积。它可能形成于晚古生代，从晚中生代开始，经历了左旋平移、强烈断陷等不同的发育阶段，断裂控制了侏罗 – 白垩系地层和燕山期二长花岗岩的分布，中、新生代时期仍有活动，使得断裂走向与白垩系褶皱轴向一致。从第四纪沉积层的分布来看，断裂对第四纪地层也有一定的控制作用，第四系等厚线延长方向为北北东向，与断裂走向基本一致。在古近纪裂谷时期，依兰 – 伊通断裂被许多横向转换断层切割成许多小段，每一小段之间往往互相错移，但错移距离很小。新近纪以来，断裂活动强烈，两侧地层差异升降运动显著，断裂构成了不同新构造运动分区的边界。研究区主要涉及依兰 – 伊通断裂辽宁段。

依兰 – 伊通断裂辽宁段南始于沈阳南部，经铁岭、开原延至四平附近的石岭 – 叶赫盆地，该盆地两侧深、浅部构造形态和新构造运动特征表现不同，岩性介质等也存在一定差异，客观上充当了辽宁段与伊通段之间的障碍体。断裂段总体延伸稳定，总体走向 40° 左右，全长约 190 km，由 2~4 条近于平行的次级断裂组成，构成长条形的地堑槽地，地堑中主要沉积有古生界、中生界，沿断裂印支 – 燕山期侵入岩发育。它是西部平原、缓丘与东部低山，丘陵的分界线，在铁岭以南主要被第四纪沉积层覆盖。断裂跨越了不同的地质构造单元，经历了多次构造变动，在新生代初期的裂谷发育时期即被许多横向断层切割成多个不同的段落，各段落的地质构造基础、演化和地震活动特征等在空间上表现出一定的不均匀性。在依兰 – 伊通断裂辽宁段展布地带，区域性的赤峰 – 开原断裂与之交会并相互切割，形成了沿依兰 – 伊通断裂（北东 – 北北东向）成条、沿赤峰 – 开原断裂（近东西 – 北西向）成块的构造格局。依兰 – 伊通断裂辽宁段两侧的新构造差异升降运动是显著的，它是辽东 – 张广才岭上升隆起区与松辽 – 下辽河 – 渤海沉降区的边界断裂，从大的地貌形态上来看，断裂东侧属基岩低山 – 丘陵区，地势较高，地形陡峭；西侧多呈块状分布的平原或低丘，地势较低，地形平坦、开阔，低丘起伏也比较舒缓。此外，断裂对第四系的分布也具有明显的控制作用，第四系地层基本分布于断裂西侧，东侧除了山间沟谷和山前坡洪积扇群地带以外其他地段缺失，显示了依兰－伊通断裂第四纪以来的活动特征。根据区域地震构造环境及其演化、地球物理场和深部构造环境、地块划分及其控制特征差异性以及断层几何学特征、岩性和结构变化、活动性差异、横向断层交会、地震及其破裂状况断裂段的稳定性等因素，将依兰－伊通断裂辽宁段自南西向北东还可以进一步划分为沈阳－铁岭段、铁岭－开原北段和昌图－四平段三个不同的断裂段。

依兰－伊通断裂沈阳－铁岭段基本上被第四系所掩盖，属隐伏断裂，长约70km。大致以近东西向的赤峰－开原断裂南分支即得胜台断裂为界，与以北的铁岭－开原北段分开，而在沈阳西南，分别与下辽河平原断裂、浑河断裂和柳河断裂等相交会。该段断裂走向30°～40°，倾角较陡，倾向多变，多处被北西向横向转换断层切割，互相错移，但错移距离普遍很小，断裂连续性总体较好，走向稳定，斜列状、交叉状结构不明显。断裂主要由王纲堡－新城子断裂、永乐－清水台断裂2条分支断裂组成，构造上形成地堑盆地，地堑宽度为1～2km，其中有中、新生代沉积。在构造基础上总体处在中朝准地台，是辽东台隆与下辽河断陷的分界线，基底为太古宇、中－下元古界。断裂对区域构造格局、重磁特征和地壳厚度起着控制作用，在深部表现为不同性质磁场分界线和北北东向重力异常梯级带，其梯度值为（1.1～1.7）（m/s^2）/km。断裂东侧为长期隆起区，西侧则有中生界地层发育，新构造上断裂东侧为辽东山地，西侧为下辽河平原，第四系发育。与其他段落不同，该段基本上没有火山活动，地震活动也相对较少。通过跨断裂的浅层地震探测和跨断裂排列式钻孔剖面分析，断裂错断了中更新统地层，但没有错断上更新统地层，为正倾滑兼右旋走滑性质。综合分析认为断层最新活动时代为中更新世，晚更新世以来没有活动，断裂活动程度较弱。

铁岭－开原北段南起于铁岭南得胜台附近，北至开原北，该段被赤峰－开原断裂南、北分支断裂所围限，受此影响，该段断裂与其相邻的南、北两段差异明显。该段断裂长约50km，大致由3条分支断裂构成，各分支大致呈右阶斜列式衔接，走向10°～35°，倾向北西，倾角较陡，沿断裂形成明显的线状负地形。断裂破碎带较宽，由几米、十几米至近百米不等，碎裂岩、碎粉岩、断层泥及挤压片理、扁豆体等均有发育，最新运动性质为走滑兼正倾滑。该段处在中朝准地台与吉黑褶皱系的过渡地带，中元古界、中生界等交相分布，其中断裂东侧多中元古界，西侧多中生界，沿断裂还有印支－燕山期侵入岩发育。断裂东侧为辽东山地，西侧为康法丘陵区，断裂控制了开原盆地的发育。断裂东侧东西向构造十分发育，在得胜台附近有晚侏罗世玄武岩、安山岩喷溢。铁岭－开原北段有较多的地质剖面，在大白庙子村断裂发育在侏罗系砂页岩与辽河群片岩、变粒岩之间，破碎带宽约2m，由挤压片理、扁豆体组成，断裂上覆0.6m厚TL年龄（2.01±0.01）万年（由原国家地震局地质研究所测试）的粉砂质黏土层未被错动；在铁岭红光村开挖的实测剖面上（图3.9），两条断面间充填有绿色绿泥片岩和第四纪黄褐色砂砾石土层，断层泥、断面间充填物和断面上方第四系覆盖层TL测年结果分别为（187.7±9.4）ka、（88.9±5.3）ka、（75.6±4.5）ka，断裂错动了晚更新世8.89万年的断面间充填物，但未错动7.56万年的晚更新世覆盖层，表明断裂最新活动时代可能为8.89万年；在平顶堡一带，宽约2m的破碎带由挤压片理、扁豆体及断层泥组成，断层泥石英形貌法（SEM）年代为晚更新世早期，活动方式为黏滑，断层泥TL年龄为（7.4±0.37）万年，也显示在晚更新世时有活动；在清河水库坝西杨木林子，断层泥年代分别为中更新世晚期（SEM，由辽宁省地震局测试）和（10.5±0.52）万年（TL），表明断裂在中更新世晚期－晚更新世有活动。同时，该断裂段地震活动水平较高，历史记载在铁岭和开原有 4¾级以上地震 4 次，最大震级 5½级，近期小震也较频繁。根据上述结果，综合确定铁岭 – 开原北段断裂的最新活动时代为晚更新世。

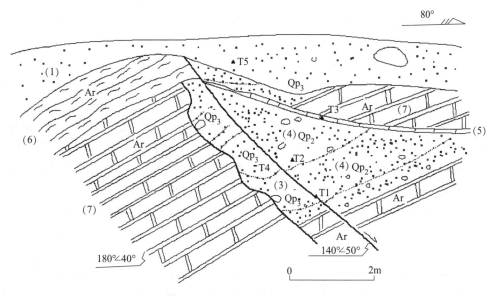

（1）上更新统含砾粉质黏土；（2）断面间充填的上更新统含砾粉质黏土；（3）断面间充填的绿泥片岩；（4）中更新统碎石土层；（5）方解石脉；（6）太古宇泥片岩；（7）太古宇白云大理岩；▲T1 采样点及编号

图 3.9　郯庐断裂铁铃 – 开原北段铁岭红光村剖面

大致以近东西向的清河断裂为界，依兰 – 伊通断裂铁岭 – 开原北段与昌图 – 四平段区别开来，两段之间具有明显的拉张型阶区，阶区沿北东向延伸长度约 20km，宽度与断裂带的宽度相当，10～15km，该阶区实际上充当了两段断裂之间的障碍构造。依兰 – 伊通断裂昌图 – 四平段南起于赤峰 – 开原断裂以北，北延至四平附近，沿长春 – 四平一线呈北北东向展布，总体倾向南东，长约 70km，性质为走滑兼正倾滑。断裂由 3～4 条近平行的断裂组成，展布地段其他走向断裂构造总体上不发育，因而其延伸稳定性好，构造形态较其他两段简单。该段处在吉黑褶皱系，西侧主要为中生界地层，东侧广泛出露华力西期侵入岩，沿断裂带有印支 – 燕山期侵入岩发育。断裂段处在新构造运动辽东 – 张广才岭上升隆起区与松辽沉降区之间的过渡地带，东侧为辽东山地，向西逐渐过渡为松嫩平原，其间丘陵开阔，断裂两侧的新构造运动差异较沈阳 – 铁岭段、铁岭 – 开原北段明显降低，而在地球物理场和深部构造差异变化上，其表现亦较其他两段要弱得多。断裂形成于早白垩世，新生代仍有活动，沿断裂有第三纪团山子玄武岩喷发，断裂带第四系沉积不发育或仅有少量沿北东向的沟谷内发育，但厚度较小，断裂段附近没有构造盆地发育。依兰 – 伊通断裂昌图 – 四平段有较多的地质剖面，在吉林奢岭中学后山，断裂西支宽 7m，未错动近地表黄土层，断层泥 TL 年龄为（34.7±2.71）万年；在吉林莫里西村，张性断裂断层泥 TL 年龄为（41.32±3.02）万年；在吉林火石山子村附近，沿断裂东支有两处上升泉，剖面上花岗岩与下更新统之间以断裂接触。沿断裂地震活动很少，历史上没有破坏性地震记录，综合判定该断裂段在早 – 中更新世有活动。

3.5.4　金州断裂

金州断裂是辽东半岛地区一条重要的区域性断裂构造，断裂南起于大连湾，经金州、大石桥北延至鞍山以北，全长约 280km，走向 15°～30°，倾向北西或南东，倾角存在较大变化。断裂大致由 2～3 条近于平行的分支断裂组成，有众多的派生构造发育。金州断裂是辽东半岛西侧规模最大、切割最深、延伸稳定、活动性强、构造形迹最为清楚的断裂构造，除了控制新构造运动格局以外，还对区域岩浆活动、变质作用、混合岩化以及区域地层分布和其他构造体系的演化和新活动性产生重要影响，其两侧表现为不同的地质单元和岩相带。断裂处在下辽河上地幔隆起东部边缘和重磁异常梯级带上，新构造运动位于辽东上升隆起区内的边缘，断裂两侧的新构造活动存在差异。金州断裂位于郯庐断裂下辽河段和渤海段的东侧，与郯庐断裂近平行展布，黄汲清、任纪舜将其归属为郯庐断裂带的次级构造。

断裂形成于晚元古代，在发育过程中多次活动，燕山期重新复活，沿断裂有小型基性岩脉贯入，其后活动有所减弱。金州断裂第四纪时期表现出明显的活动特征，它切割了所通过地段的所有基岩地层，两侧地层分布、构造走向和地貌形态等差异明显。金州断裂是一条具有斜列状排列和共轭交叉结构的断裂带，它基本上贯通了辽东半岛地区的各条北西向构造带，并与北西向构造之间具有共轭破裂特征，金州断裂运动性质以右旋走滑运动为主，北西向断裂运动性质以左旋走滑运动为主。断裂控制了下辽河盆地、熊岳盆地、普兰店湾盆地、金州盆地、辽阳盆地等第四纪盆地的形成和发展，在断裂与北西向构造带的交会部位第四纪盆地尤其发育。在地貌上，金州断裂东侧多为山区，西侧则多为盆地或低山、丘陵，多条水系通过金州断裂西流入海，但金州断裂影响了水系的流向，河流在断裂附近呈"S"形的展布变化，反映了金州断裂较强的活动性。断裂遥感影像特征极为清晰，主要表现为色调异常线或带，断裂两侧色调明显不一，断裂带本身与两侧色调也不相同，局部地段两侧构造走向不同，有山脊错开现象。金州断裂控制了辽东半岛地区的地震活动，形成了清楚的北东－北北东向地震空间分布图像，与北西向构造带相应，在金州、普兰店、熊岳、海城等地还呈现出北西向的地震空间分布图像。沿金州断裂带附近共记载到 7.3 级地震 1 次，6 级地震 1 次，4～5 级地震多次，1975 年海城 7.3 级地震即位于金州断裂附近。金州断裂带内普遍发育有断层泥，也见有压碎岩、挤压扁豆体、挤压片理、构造角砾岩等。根据断裂地质发育特征及断层泥、第四纪地层的 TL、SEM 样品综合测年数据（原国家地震局地质研究所、北京大学测试）分析，断裂至少错切了中－上更新统地层，在中更新世时活动较强，晚更新世时期仍有活动，北部段落甚至表现出晚更新世－全新世的活动性。断裂运动方式为黏滑兼蠕滑，最新活动性质为右旋走滑兼倾滑。另外，金州地震台 1972—1983 年跨断裂水准测量结果表明东盘上升、西盘下降，两盘相对运动速率为 0.7mm/a。

根据断裂结构、构造组合关系和活动特点，金州断裂自南向北可划分为金州－普兰店段、普兰店－九寨段、九寨－盖州北段和盖州北－鞍山段四个段落，每一断裂段规模不一，一般为 50～100km，并由多条次级断裂斜列组合而成，研究区主要涉及最北的盖州北－鞍山段。

金州断裂盖州北－鞍山段南起于盖州盆地附近，向北东－北北东经大石桥、鞍山延至辽阳首山附近，北端被北西向的太子河断裂所截断，全长约 100km。这是金州断裂最主要的地震活动段，除相关的海城 7.3 级地震外，还在多处发现了沿断裂发育的古地震地表遗迹，如在鞍山于家沟村西南、海城后他山村－前邓家村、盖州虹溪谷北、海城兴隆屯东北等地均观测到大量的断错地貌陡坎、陡坡、直线状延伸冲沟、线性洼地、串珠状水塘等微地貌现象，断裂黏滑活动特征清楚，这表明金州断裂不仅是重要的控震构造，同时也与海城河断裂等北西向构造一样，是一条重要的发震构造。该断裂段规模较大，破碎带较宽，由东、西 2 条主干断裂构成的断裂带总宽度一般为 0.5～1km，最大可超过 2km，在断裂带内及两侧附近还发育大量次生的小规模同向断裂，主干断裂之间可以观测到阶梯状的次生断裂陡坎或陡坡，构成断裂带内阶梯状的地堑状形态。

在大石桥西李家，断面近于直立，破碎带宽 1.5m，发育 3～5cm 厚的灰绿色断层泥，上覆 0.5m 厚的残坡积土，断层泥 SEM 年代显示中更新世有明显活动，晚更新世有活动，活动方式为黏滑；在虎庄东，断裂发育在混合岩中，破碎带宽 6m，擦痕反映断层为正断反扭性质，断层泥 TL 最新年龄为（7.9±0.39）万年，SEM 测定断层在中更新世活动强烈，晚更新世亦有活动，活动方式以黏滑为主；在北大道，断裂倾向北西，倾角 78°，破碎带宽 3m，断层泥厚 5cm，上覆 0.5m 厚的上更新统残坡积层，沿断裂分布有黄铁矿脉；在锅底山东，断裂破碎带宽 3～5m，断层泥宽约 6cm，断面倾向 300°，倾角较陡，断层泥 TL 年龄为（40.5±2.4）万年，SEM 年代为晚更新世有活动；在熊岳烙铁山，太古宇变质岩系地层沿断裂逆冲于上更新统砂砾石层之上，反映了晚更新世的活动性。另外，金州断裂盖州北－鞍山段断错微地貌多发育在山前倾斜平原、山前坡积裙、坡洪积扇群、侵蚀剥蚀丘陵前缘以及冲海积平原上，其中山前倾斜平原属于晚更新世－全新世时的地貌单元，冲海积平原属于全新世时的地貌单元。在断错地貌陡坎、陡坡等微地貌附近（一般为陡坎、陡坡的前缘），近地表常常具有明显的积水现象，形成积水洼地或水塘，即使在地面很不平坦的山前坡积裙、坡洪积扇群上，这一现象也普遍存在，指示了断裂破碎带的发育，沿破碎带形成水汽通道因而在地表积水。跨断错陡坎发现多处横切陡坎的小冲沟，冲沟发育形态一般在陡坎东侧较窄、较浅，西侧变宽、变深。小冲沟在陡坎两侧存在右旋错动现象，错距一般为十多米，这表明了金州断裂具有右旋走滑特征。跨断错地貌陡坎（断裂）两侧差异运动清楚，东盘相对上升、西盘相对下降，运动幅值为数米量级。此外，在该断裂段与北西向海城河断裂的共轭交汇部位附近，野外发现了金州断裂与海城河断裂在坡积裙地貌单元上的断错地貌陡坎相互交错，金州断裂右旋走滑，海城河断裂左旋走滑，但海城河断裂的错切幅度要高于金州断裂。综合分析认为，金州断裂盖州北－鞍山段在第四纪时期的活动具有多期性，活动程度是较强的，断裂段在晚更新世－全新世时期仍存在有活动。

3.5.5　浑河断裂（密山－敦化断裂辽宁段）

浑河断裂（密山－敦化断裂辽宁段）是郯庐断裂巨型构造带通过渤海、下辽河在沈阳西南产生分异后的又一主干分支断裂。在展布上，浑河断裂南始于沈阳南，经抚顺、南杂木、清原延至草市南（英额门东），总体走向 50°～80°，局部近东西，全长约 200km。浑河断裂总的发育特征是由 2～3 条大致平行的压扭性断裂及其次级分支断裂组成，主干断裂带的规模很大，破碎带宽度可达 50～60m，其间相距 1～2km 至 10km 左右不等，断裂西段间距较大，向东段趋于减小，构造上表现为由多条分支断裂构成的断陷带。浑河断裂分支构造发育，尤其在断裂北侧有若干走向北东的分支冲断裂以及北西走向的张性断裂束发育，它们均与浑河断裂主干断裂斜交，但一般不越过主干断裂。分支断裂与浑河断裂主干所夹锐角基本都指向西，指示浑河断裂主干南东盘相对北西盘向南西方向错动，表明浑河断裂总体具有右旋走滑的运动特征。

总的来说，密山－敦化断裂发育历史漫长，其南、北两侧的中－上元古界岩相和厚度截然不同。北侧中－上元古界为凡河型沉积建造，以碳酸盐为主，地层较齐全，长城系、蓟县系发育；南侧属太子河型沉积建造，以碎屑岩为主，青白口系、震旦系发育较全。在苏家屯一带，断裂以南还有石炭系、二叠系煤系，说明断裂控制了中－晚元古代及以后的地史演化。在赤峰－开原断裂以北的吉林段，断裂控制了中－新生代断陷盆地的展布方向、沉积建造及燕山期酸性－碱性侵入岩的分布，断裂控制的最老地层为晚侏罗世沉积岩及火山碎屑岩，主要分布在辉南至敦化一带；此外，沿吉林段及黑龙江段中生代及第三纪、第四纪岩浆侵入－喷发活动频繁，如在吉林桦甸以东直至黑龙江鸡西一带，新生代基性岩浆沿北东方向喷溢，构成了玄武岩台地，鸡西市以北断裂则错切了完达山地槽褶皱带，控制了三叠系－侏罗系沉积。断裂对中－新生代盆地尤其是第三纪煤盆地的形成有明显的控制作用，沿断裂自南而北分别有抚顺、清原、梅河口、桦甸、敦化、平阳镇和虎林等第三纪煤盆地，而这些煤盆地的分布在空间上具有等间距排列特征，它们的形成和发育实际上是密山－敦化断裂及其相关构造共同作用的结果。与早元古代即已形成的浑河断裂（密山－敦化断裂辽宁段）相比，其北东部分包括吉林段和黑龙江段的生成时代相对较晚，但它们在中－新生代时期表现出相对强烈的活动，对中生代断陷盆地和第三纪煤盆地的形成以及酸性－基性岩浆侵入－喷发活动的控制作用更为明显。

已有研究认为，在不同的地质历史时期，断裂的力学性质有所改变，而大规模的平移和牵引构造在早古生代－中生代早期显著，主要表现为左旋走滑性质，如在吉林桦甸一带平移错距达到150km，在黑龙江完达山一带平移距离达到了240km；新生代早期断裂运动又变为拉张性质，槽地显示差异性的不均匀沉降，导致第三纪煤盆地的形成；新生代晚期，断裂受到构造挤压作用，使第三系地层产生了与中生界地层不协调的开阔褶皱构造，并在早期玄武岩中出现了北东向压性断裂。

3.5.6 太子河断裂

太子河断裂展布于研究区西南，是一条与金州断裂具有共轭关系的活动构造。它北起本溪偏岭，向南西经望宝寨后呈北西向转至辽阳附近，形成一向南突出的弧形断裂。断裂全长120km，倾向不定，倾角56°~85°。断裂形成于加里东期，在印支－燕山期和喜山期都有活动，中生代活动强烈，对中生代断陷盆地有控制作用。太子河断裂多沿山体鞍部或沟谷通过，线状构造地貌多见，局部可见断层陡崖，两侧高差显著不同。由于多期次活动，断裂带上逆冲、反扭、走滑等构造痕迹均可见到。断层破碎带由挤压片理、扁豆体、糜棱岩、断层泥和角砾岩组成，宽5~50m。断裂遥感影像特征清楚，线性特征明显，两侧色调有明显异常，局部控制了水系，造成水系异常及河道急转弯或主流、支流直角相交。以望宝寨为分界点，断裂可分为东、西两段。在西段的辽阳兰家村断裂穿切了中更新统黏土层，在东段的多处剖面上则很少有断裂穿切上覆第四系地层的现象。

沿太子河断裂曾发生过1974年葠窝水库4.8级地震，沿断裂小震活动也较为明显，常构成小震群活动，表明断裂对中、小地震活动具有一定的控制作用。通过电子自旋共振（ESR，原国家地震局地质研究所测试）、热释光（TL）等方法不同的断层泥样品进行了测试，年龄测定数据最老的为 67 万年，最新的为 7.5 万年。综合分析认为太子河断裂在中、晚更新世均有活动，晚更新世时期的活动主要集中在西部的小岭－安平段。

3.5.7　鸭绿江断裂

鸭绿江断裂展布于研究区东南部，其北始于吉林省临江，向南西大致沿鸭绿江延伸至东港鸭绿江口附近入海，总体走向 40°~50°，陆地长约 300km。断裂带由东、西两支主干断裂及多条近平行的次级断裂组成，根据相关资料，断裂东盘朝鲜北部地区新构造升降运动较研究区所在的西盘要复杂。断裂规模巨大，无论是东支断裂还是西支断裂，破碎带的宽度均可达几十米至上百米。断裂带内碎裂岩、糜棱岩、挤压扁豆体、断层泥和片理、劈理等发育。断裂控制了鸭绿江的发育，断层陡崖多见，构造线平直，方向稳定。鸭绿江断裂在早元古代时形成雏形，华力西－印支期发育完全，中生代时期强烈活动，至新生代时断裂南端重复性拉张形成新义州、东港等断陷盆地，盆地长轴方向与断裂走向一致，其中东港盆地第四系厚 40~55m，新义州盆地第四系厚约 30m。断裂在第四纪时期仍保持强烈的活动性，尤其是断裂的东港以南段和断裂东支具有晚更新世的活动痕迹，1944 北黄海 6¾ 级地震、1916 年 5.4 级地震和 1917 年 6.1 级地震均可能与该断裂东港以南段或断裂东支的新活动有关。

断裂分段、分支特征清楚，根据断裂活动性差别、几何形态、发育特征和地震活动等指标，鸭绿江断裂可划分为松江－临江段、临江－集安段、集安－水丰段、水丰－东港段和东港以南段，研究区主要涉及集安－水丰段。集安－水丰段断裂长约 100km，主要从太古宙变质岩系和古生代地层中穿过，直线状地貌特征明显，断层陡坎、断层三角面等发育。沿断裂构造盆地不发育，第四系沉积十分有限，但断裂两侧的第四系成因类型和厚度还是存在一定的差别。该段断裂次级构造发育，几乎没有地震活动。集安－水丰段是鸭绿江断裂各段中活动性较差的，根据已有研究成果，该断裂段最新活动时代为早－中更新世，晚更新世以来没有活动。

鸭绿江断裂发育历史长，经历过多次构造运动，第四纪以来仍存在不均匀的活动特征。断裂不同段落的活动性具有显著差异，松江－临江段在早更新世有活动，表现为玄武岩的喷发活动；临江－集安段在晚更新世早期有活动，沿断裂有中等强度地震发生；集安－水丰段在早－中更新世有活动；鸭绿江断裂自水丰往南可分为东、西两支，西支从水丰至北黄海沿岸的陆地部分中更新世有活动，并在东港形成第四纪断陷盆地，但地震活动不频繁，东支断裂则表现了较强的活动性，沿东支断裂形成除新义州第四纪断陷盆地外，还存在较频繁的地震活动，具有晚更新世活动特征。鸭绿江断裂延伸到海域表现出更高的活动性，自鸭绿江口至西朝鲜湾记录有多次 5 级以上地震。

3.5.8　太平哨断裂

太平哨断裂是太平哨构造带的主干断裂，太平哨构造带呈北北东方向斜贯研究区东南部，该带除太平哨断裂规模较大、连续完整以外，还包括 10 多条大致呈 25°~40° 向舒缓延伸的北北东向次级断裂，各次级断裂长度几千米至十几千米，其共同特点是构造带内破裂面密集，岩石破碎，具挤压片理和扁豆体，少数有断层泥或拖曳现象，上述次级断裂实际上可以看作太平哨断裂的次生构造。

太平哨断裂形成于侏罗纪，它北起自通化，往南经太平哨延伸到长甸子，长 130 多千米。断裂切断了东西向、北西向的构造体系，在宽甸以南走向25°，往北在太平哨一带转为40°，到东北端又变为25°，断裂倾向也相应存在变化。在长甸子附近，断裂与鸭绿江断裂有相交汇的趋势；在永甸－沙尖子，断裂错切了下元古界辽河群，沙尖子往北则穿切了下白垩统火山岩系，成为中生代断陷盆地的东缘断裂。在通化－浑江－湾沟一带，断裂由数条次级断裂组成，构造上表现为铁岭－靖宇台拱和太子河－浑江－利源台陷的分界线。断裂地貌标志明显，线性影像十分清楚，控制了局部沟谷形态及河流流向，沿断裂有直线状山脊或水系成直线状展布，断层三角面及陡崖明显，并可见山脊错开现象。它控制了中上元古界和古生代沉积，断裂穿切了太古宇、中上元古界、古生界和中生界地层。断裂地质剖面很多，显示破碎带宽度达十几米至几十米，主要发育挤压片理、扁豆体和断层泥等，但泥化程度很弱，破碎带具有石墨化现象，运动性质以右旋走滑为主，兼有倾滑。断裂上覆上更新统地层普遍未被错动，结合断裂在区域上的构造发育特点和SEM法年代测定结果等，确定太平哨断裂存在多期活动，主要活动期在早－中更新世，活动程度较弱，断裂晚更新世以来没有活动。沿断裂在浑江一带及通化南有多次3~4级地震发生，但没有大于4¾级地震分布。

3.5.9　石城子－马道岭断裂

石城子－马道岭断裂走向北北东，倾向北西或南东，倾角70°左右，总长约110km。断裂由多条分支断裂组成，平面展布上表现为一系列北东向次级的小断裂。断裂在地貌上没有显示，沿线不同高程的层状地貌面分布平稳，未见反映水平或垂直差异活动的构造地貌现象，对第四系的分布也没有控制作用，但沿断裂有温泉出露。断裂北西盘主要为太古宙片麻岩，南东盘则有较多的中生界火山岩分布，断裂穿切了太古宙片麻岩、晚侏罗世侵入岩及上元古界震旦系、下元古界盖县岩组等。前窑沟村、玉皇顶北、团山子村北等地的剖面显示，断裂带宽2~30m，断裂带挤压明显、片理化发育，可见挤压片理、碎裂岩、角砾岩及透镜体等，断层泥不发育。断裂最新活动性质为右旋走滑兼逆倾滑，局部地段为正倾滑。断裂带胶结较好，断层面已风化，断面上有黄褐色氧化膜，不存在新鲜滑动迹象；沿断裂带充填有辉绿岩脉，没有明显的挤压破碎，因此断裂活动程度较低；沿错动面充填有棕黄色黏土层，未见新活动迹象；断裂未错动上覆含碎石砂质黏土层等第四系地层。综合分析认为，石城子－马道岭断裂是一个很古老的构造，第四纪以来没有活动。

3.5.10　毛甸子断裂

毛甸子断裂北起宽甸青椅山，经毛甸子延至铁路子，全长约140km，走向北北东，倾角较陡，为60°~80°，倾向不定，呈舒缓波状延伸。断裂形成于侏罗纪，与褶皱构造相伴生，褶皱有被后期北北东向断裂错断的现象，沿断裂还伴生有北西向的扭性转换断层。断裂带由一条主干断裂和与其大致平行的次级分支断裂组成，错断了东西向、北西向的构造体系，亦错断了太古宙混合花岗岩、下元古界变质岩系及上元古界、上侏罗统等地层，断裂晚侏罗世的活动主要具有左旋走滑性质。在宽甸张家堡子、吴家堡子等地，观测到断裂切入到中更新世玄武岩内部的现象，并局部控制了玄武岩的分布，表明在宽甸中更新世火山岩形成以后，毛甸子断裂仍有新的活动。断裂构造挤压破碎强烈，附近围岩存在顺层滑动并局部形成破碎带，有煌斑岩脉侵入。断裂破碎带宽度一般为10~30m，在不同地段规模和发育程度不一，野外也见到1.5m宽具有胶结特征的破碎带。断裂糜棱岩化强烈，局部绿泥石化、高岭土化，具石墨化现象，有煌斑岩脉充填。破碎带内劈理、擦痕清晰，挤压片理密集成带，具柔皱现象，带内还见有挤压扁豆体、碎裂岩、构造角砾岩等，局部发育的断层泥泥化程度较差，破碎带比较疏松，胶结程度较低。断层面上擦痕、阶步发育，指示断裂最新活动性质为右旋走滑兼正倾滑。断裂线性地貌标志较清楚，受构造控制，山脊多呈北北东向直线状分布，水系亦呈直线状的展布形态。断裂未错切上覆全新统坡积层和上更新统坡洪积层，在地貌上没有明显新活动表现。综合分析认为，毛甸子断裂存在多期活动，早期以左旋走滑、正倾滑为主，形成具有一定程度胶结的碎裂岩、碎粉岩和扁豆体。断裂第四纪的活动最晚至中更新世，晚更新世没有活动，活动程度并不强烈。

3.5.11 柳河断裂

柳河断裂是一条隐伏构造，断裂南起于新民，大致平行于柳河、养息牧河展布，向北延至彰武以北，走向北西，全长约100km。断裂由断续发育、呈平行状的1~2条主干断裂组成，分支断裂发育，断裂带总宽度达1~3km，形成狭长的地堑状构造。柳河断裂是一条至晚形成于燕山期的断裂构造，在燕山构造旋回期有明显的活动，对地貌形态的发育具有明显的控制作用。断裂地貌标志清楚，明显控制了柳河、养息牧河等河流的发育，形成北西向笔直的河道。沿断裂带形成北西向延伸的第四系沉积，在柳河、养息牧河之间，第四系厚度可达60~80m，较两侧明显为大，构成第四纪槽地，表明柳河断裂对第四系沉积具有一定的控制作用。断裂运动性质主要表现为张性。

断裂在高分辨率卫星遥感、航空遥感图像上具有一定的线状显示，沿断裂可见直线状延伸的冲沟、线性洼地等，断裂两侧色调也显著不同。根据沈阳地矿所对断裂的地球物理等调查，柳河断裂错断了第四系下部地层，没有错断中更新统地层，因此可以推断该断裂第四纪以来虽有活动，但其活动期主要在第四纪早期。地质地貌调查结果表明，在柳河断裂通过的一级阶地和山前坡洪积扇群上均没有发现沿断裂发育的地貌陡坎、鼓丘、方向性冲沟、串珠状池塘及水系拐弯、冲沟错断等微地貌变化，断裂两侧柳河河流一级阶地面高度基本相同，而一级阶地的形成时代为全新世，坡洪积扇群的形成时代为晚更新世，因此柳河断裂在晚更新世-全新世以来活动特征是不明显的。柳河断裂彰武以南段的活动性较彰武以北段有所减弱，向南东方向的下辽河盆地区伸展，区域控制构造已逐渐转化为北东向的郯庐断裂下辽河段，柳河断裂已成为次要的断裂构造。柳河断裂的规模、切割深度等要远远弱于郯庐断裂下辽河段，甚至被辽中断裂所切断、尖灭。综合分析认为，柳河断裂在早更新世是存在活动的，中更新世以来活动特征不明显。沿该断裂附近有小震活动，1988年在彰武曾发生过4.8级地震。

3.5.12 塔子岭-翁泉沟断裂

塔子岭-翁泉沟断裂展布于研究区的南部，走向北东，倾向北西，倾角60°~80°，长度约80km，为逆断层。断裂切割了太古宇、辽河群、震旦系等地层。剖面显示，断层破碎带宽5~10m，带内有糜棱岩、挤压扁豆体、牵引褶曲和擦痕镜面等，显示明显的挤压和右旋扭动特征。破碎带物质总体胶结较好，在河栏沟、翁家沟等地可见断裂被中、上更新统冲洪积砂土层平整覆盖，砂土层未被错切，断裂在地形地貌上也没有明显表现，沿断裂少有地震活动，属于前第四纪断裂。

3.5.13 东洲河断裂

东洲河断裂北起于东洲区，沿东洲河向南东方向舒缓波状延伸，断裂由多条分支断裂组成，长度约50km。沿断裂北西向的宏观地貌沟谷或同向的一系列山体鞍部等负地形较为发育，但在微地貌上没有见到断错陡坡、陡坎等，沟谷中第四系较薄且不连续，断裂对第四系分布控制作用不明显，在第四纪特别是第四纪晚期以来的活动性较弱。东洲河断裂形成较早但活动水平很低，断裂在第四纪早期可能存在轻微活动，晚第四纪以来活动不明显。沿东洲河断裂在与浑河断裂交汇处附近1496年在抚顺东洲堡发生过1次5级左右地震，但该次地震参数的精度较低。

在抚顺腰堡水库，东洲河断裂发育在太古宇鞍山群石棚子组混合质黑云斜长片麻岩与侏罗系上统小岭组安山岩的接触边界附近，走向为310°~315°，产状为40°~45°∠75°。断裂带宽5~7m，破碎带由破碎程度较轻的构造角砾岩等组成，夹有碎裂岩、碎粉岩和挤压片理、扁豆体，可见构造透镜体条带。碎裂岩、碎粉岩呈薄层条带状，连续、稳定，其中碎裂岩条带宽10~30cm，略有胶结，沿该带生长有少量植被，碎粉岩则位于断裂带与下盘围岩接触带上，宽度仅2~10cm，松散，没有胶结，沿该带生长植被较多。断层面发育不连续，其上擦痕指示断层运动性质以左旋走滑为主。

3.5.14 太吉屯－蒲河断裂

太吉屯－蒲河断裂南起于太吉屯，往北经南李官堡、省妇幼保健院、市委、大北监狱、直到蒲河，走向30°~55°，多数地段倾向北西，倾角较陡。断裂由若干条大致平行的分支断裂组成，断续发育，全长约35km，主要表现为正倾滑兼右旋走滑性质。在地貌上，沿断裂的八棵树－阎家沟－下王家沟－小东沟一线发育一系列水泡，千佛寺－洋什村北的断裂以西为冲洪积平原，以东为侵蚀、剥蚀低山、丘陵。通过断裂在仲官屯北、洋什村东南、黄泥洼的地质剖面分析，多个断层泥或碎裂岩的TL年龄为（158~258）ka，断层第四系覆盖层的TL年龄为（75.1~107）ka，断裂未错动或扰动第四系覆盖层。在蒲河矿区，太吉屯－蒲河断裂将古近系煤系底板错开，位移量0.5~1km。

布设在榆林堡的跨断裂排列式钻孔剖面中有断层发育，上断点位于中更新统地层下部，没有错切中更新统上部地层，断层泥的测年结果也表明断层活动时代为中更新世。布设于二经街的跨断裂浅层人工地震探测剖面上，断裂错断了第四系底部地层，上断点埋深42m，断距30m，中更新世以来活动不明显；布设于北运河的剖面上，断裂最新只错断了第四系底部，上断点埋深33~43m；布设于太吉屯的剖面上，TQ波组连续，断裂没有错断第四系地层，上断点埋深150m，新近纪TN波组断距9m；布设于光荣街的剖面上，断裂没有错断第四系地层，上断点埋深92m，TN波组断距7m；布设于北湖渔场的剖面上，上断点埋深20~22m，断距4~5m，根据钻孔地层划分结果，20~22m深度位于中更新统，也就是说，断裂错断了中更新统地层，但没有错断上更新统地层；布设于下二洼南的剖面上，上断点埋深30~48m，最上错断了TQ-TN波组，TN波组断距9m，TQ波组断距2m，断裂最新错断了第四系底部，中更新世以来活动不明显。综合上述分析，太吉屯－蒲河断裂主要在中更新世有活动，晚更新世以来没有活动。

3.5.15　长白－观音阁断裂

断裂南起于后漠家堡，经长白、沈阳站、大佛寺、204 医院延至观音阁以东，由几条呈斜列状排列的分支断裂组成，断续发育，总体走向为 45°~65°，倾向南东，倾角较陡，全长超过 45km，主要表现为正倾滑兼右旋走滑性质。在沈阳市区的大部分地段，断裂处于隐伏状态，而在市区东北部有较多出露。在丘陵山地前缘，断裂穿过了水泉沟河水系，未见水系沿断裂的同步拐弯、扭曲和错切现象，水泉沟河在南东盘摆动，河谷展布没有受到断裂控制。在航、卫片影像上，晚更新世山前坡洪积扇平整地覆盖在断裂通过地段，未见断错迹象。在沈阳以东，断裂线性特征比较清楚，经过详细调查，没有发现断裂对阶地、冲洪积扇等晚更新世地貌单元的错动。根据野外调查，在英达砖厂覆盖于长白－观音阁断裂 TL 测年（112 ± 6.7）ka 的上更新统底部沉积物较为平整，未被错动；在下满堂村北沈阳飞腾金属制品有限公司，断裂发育于煌斑岩和太古宇二长石英片岩中，黄褐色断层泥发育，未胶结，上覆厚 1.5m 的黄褐色含碎石粉质黏土和棕褐色碎石土层平整地覆盖在断面上，未见错动，黄褐色含碎石粉质黏土层底部 TL 测年结果为（54.0 ± 3.2）ka；在下满堂村北沈吉高速公路旁，断裂发育于太古宇二长石英片岩中，黄绿色断层泥和糜棱岩带发育，断层泥新鲜，糜棱岩带胶结，地貌上未见断错陡坎，上覆上更新统地层未被错动；在下水泉村北，地貌上位于缓坡前缘，经探槽揭露，断裂发育于太古宇二长石英片岩中，带内见 2~5cm 厚的新鲜黄绿色断层泥，断裂被上更新统棕褐色含碎石坡积土层平整覆盖，未见错动迹象，坡积土层上部为黄褐色含碎石粉质黏土，在断层泥和上覆两套土层底部取 TL 样，测年结果分别为（199.5 ± 11.9）ka、（62.3 ± 3.7）ka 和（36.0 ± 1.8）ka。在下满堂村三级基座阶地西端，阶地第四系地层平整，未见错动迹象，而三级基座阶地形成于中更新世晚期－晚更新世早期。在下满堂村北东探槽剖面上（图 3.10），断裂破碎带宽 8~10m，发育黄绿色断层泥和糜棱岩带，糜棱岩带已胶结，太古宇二长石英片岩附近断面为最新活动面，5~30cm 厚的断层泥被挤压成透镜体状，可见明显的挤压片理和滑动面，滑动面上有垂向擦痕，显示最新一次活动性质为正倾滑，断面被上更新统上部灰褐色碎石土层（测年 38.5ka）和黄褐色含碎石粉质黏土层（35.6ka）平整覆盖，未见错动。根据上述地质、地貌和年代学数据，判定长白－观音阁断裂为中更新世断裂，晚更新世以来没有活动。

另外，布设在沈水湾公园的跨断裂排列式钻孔剖面探测深度范围内未见断层扰动，断裂没有错切中更新统上部，断裂在中更新世晚期以来没有活动。浅层人工地震探测方面，布设于长白的剖面上断层上断点埋深为 18m，错断了第四系下部地层，断距为 7m；小什字街剖面上，上断点埋深 44m，断裂错断了第四系底部地层；文艺路剖面上，断层上断点埋深 12m，断裂错断了第四系下部地层，断距为 2m；沈水湾剖面上，上断点埋深 70m，中更新统上部波组被错断，断距为 4m 左右，没有错断上更新统地层；前进村剖面上，上断点埋深 72m，第四系底部断距为 6m。根据跨断裂浅层地震探测结果，断裂中更新世晚期有活动，晚更新世以来没有活动。分析认为，长白－观音阁断裂在中更新世晚期有活动，晚更新世以来没有活动。

3.5.16　十里河断裂

断裂南起于辽阳盆地以东，经十里河、于家洼子延至莫子山以北，走向为 15°~25°，总

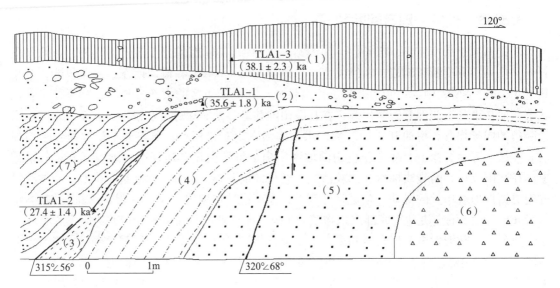

（1）黄褐色含砾石粉质黏土；（2）灰褐色碎石土；（3）黄绿色断层泥；（4）黄绿色糜棱岩；（5）紫褐、黄绿色碎裂石；（6）暗褐色构造交砾岩；（7）太古界石英片岩；▲ $\frac{TLA1-3}{(38.5\pm2.3)\text{ka}}$：热释光取样点 $\frac{样品编号}{测年值}$

图3.10　长白－观音阁断裂下满堂村北东探槽剖面

体倾向北西西，倾角近直立，长度超过20km，有观点认为十里河断裂属于金州断裂的北延段。断裂从南部的基岩区直接延伸到沈阳附近的第四系覆盖区，遥感影像较为清楚，两侧的第四系厚度存在差异。根据莫子山、于家洼子、十里河等观测剖面，断裂发育于太古宙混合花岗岩中，破碎带规模很小，仅0.2m左右，但延伸比较稳定。断裂带内发育挤压片理、断层泥和构造透镜体等。挤压片理比较密集，并发育小的挤压褶曲和少量挤压扁豆体，透镜体长轴与断裂带平行。薄层断层泥围于围岩接触面附近，两侧厚度分别为3~5cm和5~7cm，断层泥呈灰绿－黄褐色，松散，无胶结。断裂带与围岩界限比较清楚，围岩比较完整，未见围岩受断裂活动影响而破碎的迹象。十里河断裂在燕山运动时期有强烈的活动，错切了上元古界震旦系和太古宙混合花岗岩。在莫子山等地断层泥TL年龄为14.59~17.93万年，断裂上覆上更新统地层未被错动。断裂应属于中更新世断裂，晚更新世以来活动不明显，断裂规模较小，活动程度较弱。

3.5.17　砬子大山断裂

断裂形成于侏罗纪，沿断裂伴生有北西向扭性转换断层。断裂南起于蚊子沟，向北东方向经向阳、连二道岭、鸡冠砬子西延至二道岭东，长约25km。断裂主要发育在上侏罗统小岭组安山质角砾凝灰岩等地层中，并错断该套地层。砬子大山断裂展布方向为25°~40°，走向存在一定的变化。断裂带构造破碎特征清楚，挤压片理、扁豆体、糜棱岩发育，总体构造破碎程度较轻，断裂带附近可见共轭剪切破裂特征。断层面呈舒缓波状，断层面上擦痕等构造痕迹不很清楚，活动性质为倾滑兼有走滑。断裂带胶结致密坚硬，已成岩。断裂地貌标志较清楚，有直线状山脊出现。区内发育的晚更新世坡洪积扇群和一级阶地地貌面等连续平整，没有发现被断裂错切的迹象，沿断裂活动微地貌不发育，属于前第四纪断裂。

3.5.18　长岗岭断裂

长岗岭断裂大致形成于侏罗纪，南西向起于马架子北，向北东向经大镜沟、五里甸子、小马圈沟延至桦树甸子南附近。断裂带由近 10 条走向北东的分支断裂组成，各分支断裂展布大致平行，断层延伸呈舒缓波状，长度为几千米至约 20km。长岗岭断裂带总体上呈 50°方向舒缓波状延伸，走向较稳定，断层面主要倾向北西，倾角较陡。断裂错断了太古宙混合花岗岩，下元古界辽河群变质岩系，上元古界青白口系石英砂岩、页岩及寒武系灰岩、页岩，上侏罗统安山质角砾凝灰岩等地层，并控制了上述岩体的分布。沿断裂多处可见老地层逆冲于新地层之上。断裂附近岩层产状紊乱，岩石构造破碎特征清楚，见构造角砾岩、挤压片理及构造褶曲等发育，局部可见构造透镜体、扁豆体。断层面上也可见擦痕、阶步等，断裂运动性质为右旋走滑兼正倾滑。断裂破碎带略有胶结。断裂地貌标志明显，线性影像清楚，显示为沿断裂展布有长条状的中低山。剖面上可见断裂上覆下、中更新统残积碎石层未被断裂错切现象。经调查，没有发现断裂错切晚更新世坡洪积扇群和晚更新世一级阶地、中更新世二级阶地地貌面，沿断裂活动微地貌不发育，断裂至少在中更新世以来没有活动。

3.5.19　铁路子断裂

铁路子断裂属铁路子－二棚甸子构造带的主要组成部分，形成于侏罗纪。铁路子－二棚甸子构造带东至太平哨，西止铁路子一带，长近 50km，主要由北东向褶皱和断裂所组成。褶皱有被后期北东东向断裂错断的现象，使南东盘向北推移。铁路子断裂走向 45°左右，呈舒缓波状延伸，沿断裂伴生有北西向扭性转换断层，其北东起于大荒沟附近，向南西延到铁路子南，长度约为 40km。断裂带由一条主干断裂和与其大致平行的次级分支断裂组成。断裂倾向存在变化，总体倾向南东，倾角较陡，为 60°~ 80°。断裂错断了太古宙混合花岗岩，下元古界辽河群变质岩系，上元古界青白口系石英砂岩、页岩及寒武系灰岩、页岩和上侏罗统安山质角砾凝灰岩等地层。根据断裂对上述岩体的错切关系，显示铁路子断裂晚侏罗世以来的活动具有左旋走滑性质。断裂附近地层产状凌乱，构造挤压破碎强烈，附近围岩中有顺层滑动，局部地段形成挤压破碎带，并有煌斑岩脉侵入。断裂在不同地段的规模和发育程度不均匀，其宽度可达 8m 左右。断裂带内一般见有挤压片理、扁豆体、碎裂岩和破劈理等，局部见有断层泥。断层面上擦痕、阶步发育，指示断裂最新活动性质为右旋走滑兼正倾滑，该种断裂构造变形特征与新近纪以来至今大致稳定的构造应力场状态是吻合的。断裂破碎带比较疏松或略有胶结，但胶结程度总体较低。另外，在铁路子断裂的南西末端附近，断裂控制了宽甸中更新世玄武岩的分布，但断裂并没有错断该套玄武岩，也就是说，在中更新世玄武岩形成以后，断裂再没有新的活动。另外，带内挤压片理密集，构造破碎十分强烈，断裂带破碎物压碎特征虽然明显，但在断裂带中并没有发现发育良好的断层泥，泥化程度较差。断裂上覆薄层现代土壤层，未被断裂错动。铁路子断裂切断了东西向、北西向的构造体系，是一组活动时代较新的构造，断裂地貌标志较清楚，水系成直线状展布，两侧有直线状山脊出现。经调查，没有发现断裂错切晚更新世坡洪积扇群和晚更新世一级阶地、中更新世二级阶地地貌面的现象，断裂中更新世以来的活动迹象不明显。

3.6 地震构造的判别特征

研究区内主要有北东东－近东西向、北东－北北东向和北西向等多个体系的断裂构造发育，通过对比地震活动空间图像以及中强地震活动与不同构造体系之间的分布关系，可以确定具有共轭关系的北东－北北东向和北西向构造体系应具有较高的地震危险性，其他构造体系的地震危险性水平则较低。

我们已经知道，区内一系列的北东－北北东向断裂构造带（包括郯庐断裂带、金州断裂、鸭绿江断裂等）的形成历史较为久远，第四纪以来具有继承性活动特征，构造带规模较大、活动性较强。在研究区内，北东－北北东向构造体系是一组占据优势的活动构造，它们明显控制了与之相关的整体地震构造格局，地震活动也主要与北东－北北东向断裂相关，北东－北北东向断裂既是控震构造，也是主要的发震构造。而作为北东－北北东向断裂的共轭构造，研究区内的北西向断裂发育程度总体上较差、规模较小、活动性较弱，沿北西向断裂的地震活动水平并不是很高。与之形成对比的是，研究区以南的辽东半岛地区北西向构造带却十分发育，它们由一系列的北西向断裂组成，形成断裂束。由于是一组新生性的构造体系，发育历史短，这一地区的北西向构造带近地表地质地貌形迹一般不很明显，断裂断续展布，连续性较差，形成平行状或斜列状结构，同时北西向构造带在深部地球物理场上也具有一定的反映，其地震危险性与北东－北北东向断裂相当甚至更高，常常充当了中强地震的发震构造，如与金州断裂共轭的海城河北西向断裂（构造带）就是 1975 年海城 7.3 级地震的发震构造。地球动力学背景对地震分布及强度具有较强的控制作用。在现今构造应力场作用下，造就了北东－北北东向和北西向构造两组共轭剪切破裂面，但它们的发育具有明显的不均匀性，其中北东－北北东向断裂构造是对地震特别是中强地震活动最为有利的构造，北西向断裂则次之，而在两组断裂的共轭区域，地震活动往往表现得更为强烈。沿北东东向－近东西向断裂构造鲜有中强地震发生，这可能与现今构造应力场作用下北东东向－近东西向构造上地应力较不易于积累和释放有关。

应该看到的是，一方面，地震活动与断裂最新活动时代密切相关，根据相关研究成果，地震主要发生在第四纪晚更新世以来的活动断裂上，特别是 6 级以上的中强地震与晚更新世以来的活动断裂关系更为密切，由于研究区属于中国东部地震活动水平相对较低的地区，因此在处理地震活动与断裂最新活动时代关系时，对于中更新世以来的活动断裂予以特别的重视；另一方面，研究区地震活动还具有一定的地震构造背景分异性特点，表现在不同地震构造区的地震活动水平具有差异性。从地震活动的强度和频度上来看，下辽河－辽东湾地震构造区的地震强度较高、频度较大，松辽南部地震构造区次之，辽东地震构造区和张广才岭地震构造区的地震强度很小、频度也较低。根据已有研究成果，研究区的大部分处在华北地震区，区内 5 级以上的地震均存在较为明确的地质构造背景，常常与晚第四纪断裂及其活动段、第四纪断陷盆地等有关，地震活动强度明显受到了活动构造规模及其活动程度的控制；与之相对应的是，地震活动强度高、频度大的地震构造区内活动构造也较为发育，而且断裂活动方式、活动性质等与现今构造应力作用的对应性较好，断裂活动时代较新。

在对发震构造最大潜在地震进行判定时，主要依据地质构造发育和地震活动性两个方面的因素。首先，需要考虑发震断层对最大地震震级的控制作用，震级大小的判定主要依赖于断层类型（性质）、结构、活动性与最大震级的统计关系以及断裂（破裂）规模与震级的统计分析等；其次，需要考虑地震区（带）地震活动背景、局部地震构造带地震活动水平、地震构造最大地震事件和周期性规律等对于断裂发震能力的制约作用。

3.7 研究区主要地震构造综合评价

根据地震构造的判别特征，结合研究区地震活动性和地震构造背景条件认识，确定区内的主要地震构造包括下辽河平原断裂带（郯庐断裂带下辽河段）、依兰－伊通断裂辽宁段、金州断裂、太子河断裂、柳河断裂和鸭绿江断裂。

3.7.1 下辽河平原断裂带

下辽河平原断裂带属于郯庐断裂带穿过渤海后在下辽河平原的延伸段，由营口－佟二堡断裂、辽中断裂、台安断裂三条大致平行的主干断裂组成，形成两堑夹一垒的构造格局。下辽河平原断裂带为隐伏断裂，新近纪以来活动强烈，形成了下辽河断坳盆地 1500m 左右的沉积，其中第四系沉积厚度可达 400m 以上。断裂带与北西向柳河断裂相交会，并与营潍断裂带、依兰－伊通断裂和浑河断裂衔接。营口－佟二堡断裂全长 134km，位于辽东上升隆起区与下辽河－渤海沉降区的边界；辽中断裂全长 140km，是下辽河盆地中央隆起和东部凹陷的分界线；台安断裂全长 120km，是下辽河盆地中央隆起和西部凹陷的边界断裂。营口－佟二堡断裂、辽中断裂的最新活动时代为中更新世，台安断裂的最新活动时代为早更新世。

下辽河平原断裂带处在下辽河－辽东湾地震构造区内，在北东东向近水平挤压应力作用下，以正倾滑为主要运动性质。断裂处在新构造差异升降运动过渡带上，在重力场上表现为明显的线性异常带，磁场也有相似特征，沿异常带有串珠状的局部正异常分布。断裂切割较深，属于地壳断裂或岩石圈断裂，具有断裂交会和平行状结构，其走向和结构与营潍断裂带大致相同。现代有较多的弱震活动，曾发生 1599 年辽中 5 级地震、1859—1885 年营口的 $5\sim5\frac{1}{4}$ 级等 5 级以上地震，以中强地震活动为主要特征，近期微震活动较多。确定下辽河平原断裂带为能够发生 6 级左右地震的地震构造。

3.7.2 依兰－伊通断裂辽宁段

依兰－伊通断裂辽宁段属于郯庐断裂带北段的组成部分，总长度约 200km，是西部平原、缓丘与东部低山、丘陵的分界线。断裂在中－新生代时期活动显著，控制了下辽河盆地、开原盆地等第四纪盆地，第四系等厚线延伸方向与断裂走向基本一致。在研究区内，依兰－伊通断裂东、西两条主干分支断裂之间的狭长型槽地中堆积了巨厚的新生界陆相碎屑岩，自南西向北东方向沉积层由厚而薄，越靠近西支断裂沉积越厚，说明西支断裂的活动性更为强烈。断裂跨越了不同的地质构造单元，区域性的赤峰－开原断裂带与之交会并相互切割，形成了沿依兰－伊通断裂成条、沿赤峰－开原断裂成块的构造格局，断裂同时与北西向柳河断裂、北东东向浑河断裂等相交会。新近纪以来，断裂两侧差异升降运动显著，是东部隆起区和西部沉降区等不同新构造运动分区的边界。该断裂可进一步划分为沈阳－铁岭段、铁岭－开原北段和昌图－四平段三个不同的段落，其中沈阳－铁岭段、昌图－四平段中更新世活动，铁岭－开原北段晚更新世活动。

断裂南东侧属于辽东地震构造区和张广才岭地震构造区，北西侧主要为下辽河－辽东湾地震构造区和松辽南部地震构造区。断裂处在重、磁异常带上，切割较深，属于超岩石圈断裂，具有断裂交会和平行状结构。在北东东向近水平挤压应力作用下，断裂最新运动性质为右旋走滑兼正倾滑。沿断裂地震活动密集成带，在沈阳、铁岭、开原北等网络结点部位有多次破坏性地震发生。确定依兰－伊通断裂辽宁段的各个分段为能够发生 6～6.5 级地震的地震构造。

3.7.3　金州断裂

金州断裂是展布于辽东半岛西侧的北北东向区域性断裂构造，主要由 2～3 条近于平行或斜列状排列的主干分支断裂组成，全长约 280km。除了控制新构造运动格局以外，金州断裂还对区域岩浆活动、变质作用、混合岩化以及区域地层分布和北西向构造体系的演化和活动性产生重要影响。它贯通了辽东半岛地区的各条北西向构造带，并与北西向构造之间具有共轭结构特征。金州断裂控制了下辽河盆地、熊岳盆地、普兰店湾盆地、金州盆地等一系列第四纪盆地的形成和发展，对第四系分布具有明显的控制作用。金州断裂自南向北可划分为金州－普兰店段、普兰店－九寨段、九寨－盖州北段和盖州北－鞍山段四个段落，每个断裂段的规模不一，活动性存在一定差异。研究区主要涉及盖州北－鞍山段，其最新活动时代为晚更新世－全新世。

总之，金州断裂两侧表现为明显不同的地质单元和岩相带，断裂控制了辽东半岛地区的地震活动分布，沿断裂形成密集的地震条带，而在网络结点部位破坏性地震多发、强度较高。在北东东向近水平挤压应力作用下，断裂最新运动性质为右旋走滑兼倾滑，与其共轭的北西向断裂则以左旋走滑为主，形成北东－北北东向、北西向两组优势以平移走滑运动为主的共轭剪切破裂面并相互错切，构成具有共轭破裂特征的棋盘格式构造，海城 7.3 级地震中北西、北东－北北东向节面即是这一作用的结果。金州断裂盖州北－鞍山段东侧主要为辽东地震构造区，西侧为下辽河－辽东湾地震构造区，断裂段处在新构造差异升降运动的过渡带和重、磁异常带上，也处在上地幔隆起的边缘，沿断裂带在地壳内存在低速、高导层，孕震能力较强。断裂切割较深，属于岩石圈断裂。沿金州断裂盖州北－鞍山段地震活动强烈且密集，记录发生过 1940 年熊岳 5¾ 级地震，1975 年海城 7.3 级地震则发生在与其共轭的海城河断裂上。确定金州断裂盖州北－鞍山段为能够发生 7～7.5 级地震的地震构造。

3.7.4　太子河断裂

太子河断裂全长 120km，断裂走向自东向西由北东向转为北西向，形成由多条分支断裂组成的向南突出的弧形断裂带，其中北西走向的小岭－安平段与金州断裂之间具有共轭交会结构。断裂处于辽东地震构造区，控制了中生代盆地的发育，切割较深，属于岩石圈断裂，在局部表现为重磁异常带。太子河断裂小岭－安平段的规模虽然较小，但属于晚更新世活动段。沿断裂段发生过 1974 年葠窝水库 4.8 级地震，并可构成小震群活动，是一条中、小地震的活动构造带。确定太子河断裂小岭－安平段为能够发生 5.5 级左右地震的地震构造。

3.7.5　柳河断裂

柳河断裂是展布于赤峰 – 开原断裂带与郯庐断裂带之间的一条北西向隐伏断裂，大致平行于柳河、养息牧河展布，全长约 100km，沿断裂构成有第四纪槽地。断裂处在新构造差异升降运动的过渡带上，切割深度较浅，具有平行状、斜列状和断裂交会结构，最新活动期主要在早更新世。处在北东东向近水平挤压应力作用下，断裂倾滑活动明显。在断裂带及两端的交会区附近近些年来地震比较活跃，破坏性地震较多，如 1988 年彰武 4.8 级地震和 2013 年灯塔 5.1 级、甘旗卡 5.3 级地震等，显示地震应力处于集中释放的阶段。确定柳河断裂为能够发生 5.5 ~ 6 级地震的地震构造。

3.7.6　鸭绿江断裂

鸭绿江断裂是展布于辽东半岛东侧的一条重要地震构造，与金州断裂一样，对于辽东半岛地区的地震活动具有控制作用。断裂与北西向构造的共轭结构不如金州断裂鲜明，其中海城河北西向构造带的南东端与鸭绿江断裂在鸭绿江口交会，其间东港盆地、新义州盆地等发育。断裂属于不同新构造运动分区的边界，两侧地震构造环境有所不同，其北西侧的研究区范围属于辽东地震构造区，南东侧则为朝鲜半岛北部地震构造区。断裂切割较深，为岩石圈断裂。鸭绿江断裂具有一定的分段性，各段的最新活动时代介于早更新世 – 晚更新世，其中研究区所涉及的集安 – 水丰段活动性较弱，最新活动时代为早 – 中更新世。在北东东向近水平挤压应力作用下，鸭绿江断裂的最新运动性质为右旋走滑兼倾滑。沿断裂的地震活动主要分布在鸭绿江口附近，有较多的破坏性地震发生，并形成团簇状空间分布图像。确定鸭绿江断裂水丰以南段落具备发生 6.5 ~ 7.0 级地震的构造条件，而集安 – 水丰段地震活动水平较低，与中强地震的关系不大，判定为 5.0 ~ 5.5 级地震的地震构造。

第4章
高分辨率遥感信息处理与解译

4.1 基本认识

高分辨率遥感信息处理与解译针对密山－敦化断裂辽宁段（浑河断裂）的全部展布段落进行，并向东越过赤峰－开原断裂对密山－敦化断裂吉林段开展一定的研究。遥感解译包含两个方面（层次）的工作：一是对浑河断裂开展宏观的解释和分析，对与断裂构造演化、空间展布和活动等具有密切关系的区域性赤峰－开原断裂、依兰－伊通断裂等开展必要的研究；二是针对浑河断裂本身差异性发育的不同段落及其相关的地质构造开展详细的解释和分析，并辅以野外实际验证和调查。通过遥感分析，得到基于卫星遥感数据的断错地质地貌信息，初步确定断裂的位置、规模、结构等定量化数据，判定活动断裂特征，为进一步开展断裂活动性鉴定和活动性分段提供依据。

根据已有研究，浑河断裂南西端位于沈阳南的永乐，沿 50°~60° 方向延至抚顺西的李石寨、田屯一带。与抚顺以东相比，沈阳附近段落走向明显偏于北东。浑河断裂沈阳段由 2~3 条大致平行或斜列的分支组成，展布于现代浑河南岸，近平行于现代浑河河床。段内第四系发育，断裂全部处于隐伏状态，没有任何地表出露。在总体地势上，断裂南盘要高于北盘，沿断裂带可见线状、串珠状的沟谷、洼地等，还可见到小规模南高、北低的阶梯状地形变化，可能在一定程度上反映了断裂的存在。

由李石寨、田屯东和高湾向东延至章党附近，浑河断裂走向 70°~80°，一些地段近东西，这也是整条断裂走向最接近于东西向的段落。浑河断裂抚顺段展布于抚顺盆地内部及其南、北两侧，控制了盆地的地貌形态。抚顺盆地属于东西向的狭长状断陷盆地，呈向西开口的喇叭形，其西缘与下辽河盆地的东北缘相贯通，宽度较大，南侧李石寨、田屯至北侧高坎的盆地宽度可达 7km 左右，是抚顺盆地最宽的部位，而在东西长约 30km 的抚顺市区，盆地宽度一般为 3~5km，变化均匀；至章党附近，盆地收窄、闭合，并向北东向发生一定的转折。根据已有资料，抚顺盆地第四系虽有发育但厚度普遍较小且分布不均匀，由西侧李石寨、田屯附近的 20m 左右逐渐减小至大甲邦、章党附近的不足 10m，局部有基岩出露。抚顺段由 2~3 条主干断裂和其间多条次级断裂组成，受到浑河侵蚀、堆积作用，主干断裂基本上隐伏于现代浑河谷地中及其南、北两侧边缘，只在局部山前地带能够见到断裂出露。抚顺盆地地势总体平坦，略向西倾斜，南、北两侧基岩在地貌上形成平顶状、浑圆状丘陵，起伏较大，山前地带还广泛发育与断裂走向平行的陡坡和陡坎，显示断裂两侧的差异升降运动是明显的，断裂所围限的盆地处于下降态势。

由章党附近的大伙房水库大坝西向东延至南杂木盆地，断裂走向 70°~80°，主要由 3~4 条分支组成，规模均较大，连续性好，具有分支复合结构。在多数地段，浑河断裂展布于现代浑河河床北侧，南岸则很难见到断裂行迹。在地貌上，断裂对浑河河谷的控制不明显，而常常构成近直线状延伸的侵蚀、剥蚀平顶状、浑圆状丘陵与山前坡洪积扇群、坡积裙之间界限，此外，沿断裂还可形成条带状的负地形。沿断裂盆地构造不发育，第四系多呈条带状沉积在山前或现代浑河谷地中，厚度十分有限。尽管如此，近直线状延伸的第四系条带以及第四系沉积区和基岩区之间北东东向界限也间接反映了断裂对第四系分布的影响。

由南杂木盆地向东延至英额门东的长兴沟附近，断裂走向保持在 70°~80°，由 2~3 条主干和数条次级断裂构成，主干规模较大且连续性好、或分或合。这一地段的断裂构造地貌比较明显，沿断裂带形成串珠状的微型盆地，盆地形态远较沈阳和抚顺地区狭窄，最宽的（如清原盆地）亦仅有 2km 左右，形成浑河河谷中的微型平底状第四系沉积平原。该段第四系沉积一般呈条带状局限于河谷中，断裂多在山前地带形成明显的、较为连续的陡坡或陡坎，具有较为清晰的北东东向直线状影像，易于识别。在英额门东至草市南附近，据李衍久的研究和本次实际调查，浑河上游段（即英额河）实际上并不沿着浑河断裂发育，两者在展布位置和方向上存在较大偏差，浑河上游河段已不再如英额门以西那样受到浑河断裂控制，河谷已不是构造谷或断层谷，而属于单纯的侵蚀谷，河谷形态更加自由、奔放，走向变化较大。对浑河断裂来说，在英额门以东，其在平面展布上呈发散的条带状，与同样宽带状展布的赤峰-开原断裂带相互交错，通过交会区河谷地貌形态调查，没有发现水系、沟谷、山脊等穿过断层时发生同步扭曲的现象，说明浑河断裂的发育程度和活动性已明显趋弱。

穿过赤峰-开原断裂以后，密山-敦化断裂吉林段构造形迹明显清楚，断裂北东东向延伸平直、稳定，受到断裂控制，同向的辉发河谷平坦、开阔，单斜式断裂河谷地貌十分鲜明，尤其河谷北岸沿断裂发育清晰的山前基岩陡坎或陡坡，线性影像十分清楚。在这一地段，密山-敦化断裂由 2~4 条主干分支组成，断裂带宽阔，因断裂带内曾发生过强烈的裂隙式火山活动，在断裂带（辉发河谷）内可观测到第四纪火山岩堆积。

密山-敦化断裂沿线发育有一系列的构造盆地，而不同段落的盆地规模、形态差异巨大。沈阳段的构造活动由于受到了郯庐断裂带下辽河段和依兰-伊通断裂的构造牵引，使得下辽河盆地巨大、宽阔；抚顺盆地则属于典型的断陷盆地，盆地长度约 30km，宽度一般为 3~5km；南杂木盆地处在章党-南杂木段、南杂木-英额门东段的交接部位，又有北西-北北西向苏子河断裂与之交会，凹凸体特征明显，盆地形态比较复杂，但总体走向北东东，盆地长度约为 7km，宽度为 2~3km；清原盆地处在南杂木-英额门东段，由于浑河断裂以外的其他构造影响很小，因此比较完整地反映了浑河断裂的活动特征，盆地呈北东东向狭长橄榄状，长度约为 6km，宽度为 2km 左右，盆地与其南、北两侧侵蚀、剥蚀中低山、丘陵界限清楚，山前陡坡、陡坎发育。

在构造上，密山-敦化断裂辽宁段（浑河断裂）在沈阳西南与依兰-伊通断裂、郯庐断裂带下辽河段趋于交会，断裂东端又与赤峰-开原断裂相互交错，而跨过赤峰-开原断裂以后，密山-敦化断裂吉林段具有相对完整的、独立的活动特征，其发育形态和活动性虽与辽宁段（浑河断裂）具有一定差异，但也存在某种程度的联系。为了完整、准确地研究浑河断裂的活动性和分段特征，对于浑河断裂、赤峰-开原断裂交会区附近的密山-敦化断裂吉林段和赤峰-开原断裂也开展相应的遥感解译分析。此外，抚顺段、章党-南杂木段之间浑河断裂与下哈达断裂交会，下哈达断裂虽受到浑河断裂控制主要发育于浑河以北，但它控制了抚顺盆地的东端边界，章党－南杂木段、南杂木－英额门东段之间的南杂木盆地区处在浑河断裂与苏子河断裂束的交会部位，盆地东、西两侧浑河断裂遥感影像表现出一定差异，因此将下哈达断裂、苏子河断裂纳入遥感解译和活动性研究的目标断裂。

4.2　数据资料

为了尽可能地提高遥感解释的精度，本项研究主要选择参考了 LANDSAT－7 ETM＋和 Google earth 等数据资料。LANDSAT－7 ETM＋数据有 8 个波段（表4.1），其中波段 1～5 和 7（多光谱波段）的空间分辨率为 30m；第 6 波段为热红外波段，分辨率为 60m；第 8 波段为全色波段，分辨率达到 15m，全色波段可用于与多光谱波段进行数据融合，以提高多光谱数据的分辨率。ETM＋数据尽管图形分辨率相对较低，但其数据源为较早时期（1992—1995年）的卫星资料，因此受到沈阳市、抚顺市及所属城镇发展和交通设施建设所带来的地形地貌破坏影响较小，更能够保留相对原始的影像。由于要获取断层的信息，在选择卫星遥感数据时，需要尽量减少植被覆盖等的影响，在选择图像时主要考虑以下几方面的因素：成像时间应为植被不发育的季节如晚秋、冬季以及早春（10 月底至次年 4 月），无云雪覆盖。由于研究区范围较大，需要多景图像才能完全覆盖，因此各景时相要尽可能相似（色调一致或接近），以保证图像镶嵌的质量。

表4.1　**LANDSAT－7 ETM＋数据的有关参数**

波长区域	波段	光谱范围/μm	空间分辨率/m
可见光－ 近红外（VNIR）	1	0.45～0.52	30
	2	0.52～0.60	30
	3	0.63～0.69	30
	4	0.76～0.90	30
短波红外 （SWIR）	5	1.55～1.75	30
	7	2.08～2.35	30
热红外（TIR）	6	10.4～12.5	60
全色（PAN）	8	0.52～0.90	15

Google earth 所提供的地图数据是基于卫星照片并整合了航空照片和 GIS 系统的实时地球影像，该数据源获取时间较新（一般 1～3 年以来不断更新），基本采用可见光波段。卫星照片以 LANDSAT－7 为主，航空照片则以英国 BlueSky、美国 Sanborn、美国 IKONOS、法国 SPOT5 等所提供的为主。Google earth 地图数据分辨率一般可以达到 1～2.5m 的量级，最高可达 0.61m 甚至更高的亚米级精度。它所提供的地形地貌、海拔高度等数据均附着有精准的经纬度信息，因而具有良好的适用性。只是其海拔高度的精确度相对较低，一般只有 10～30m，在对比研究浑河断裂两侧的差异性变化时是不适用的。Google earth 在中国区域的地图数据分辨率普遍为 30m，而在重要的城市区域、重点建筑物等亦可提供分辨率为 1m 甚

至 0.5 ~ 0.61m 的高精度影像，这时的视角高度则分别约为 500m 和 350m，但从视角高度这一指标来看，能够达到如此分辨率的区域是十分有限的。对于浑河断裂展布段落及其附近地区，目前所能获得的地图数据精度可以达到 1 ~ 2.5m，其中在西段的沈阳市、抚顺市城市附近区域分辨率相对较高，能够达到米级水平。

基于 LANDSAT – 7 ETM + 和 Google earth 等数据资料，采用卫星影像数据融合和图像增强技术，结合现场地质地貌调查和验证，进行信息处理、判读，确定与断裂相关的线性影像，获取浑河断裂带沿线及南北两侧 1 ~ 2km 范围内的断错地质、地貌信息，同时为地震地质调查和编制 1:5 万地震构造图提供基础资料。

4.3　遥感影像处理原则和方法

在对不同精度遥感数据资料进行处理时，主要采取图像预处理、断层信息增强处理等方法，具体包括图像几何纠正、灰度均衡、镶嵌、滤波、纹理分析或其他增强处理、假彩色合成、不同分辨率波段配准等。在进行遥感数据合成和融合时，还要对不同波段、不同分辨率的图像数据进行精确的配准。

1）几何纠正

所获得的遥感影像数据产品是经过辐射校正和几何粗校正的二级产品，具有地理坐标，但尚需对影像进行几何精校正，保证与其他遥感和非遥感信息在统一的地理坐标系下进行空间匹配。影像精校正是基于 1:5 万地形图进行的，对于每一景图像大约选择 20 多个均匀分布的控制点，采用一次多项式作为变形拟合模型，图像重采样方法采用最邻近插值算法，这样既最大限度地保证了几何精度，又不损失太多的原始光谱信息，以满足断层解译精度的要求。

2）灰度均衡

不同时相的图像往往亮度及色彩不一致，在镶嵌前要进行灰度调整。灰度均衡一般采用直方图线性拉伸和直方图匹配方法进行处理。线性拉伸用来调整单景 ETM + 图像的灰度范围，使得相邻各景图像灰度范围大致相同，镶嵌就不会出现明显的明暗不同；直方图匹配法是最简单有效的灰度均衡方法，灰度直方图在一定程度上反映了图像区域地物类别的统计特性，成像条件不同会导致直方图的差异，如果考虑在地物不变时具有相同的统计特性，它们的直方图应该是一致的，因此通过匹配修改图像直方图可使成像条件不同造成的不利影响得以消除。

3）镶嵌

对于经过地理校正后的遥感影像数据，通过镶嵌将所有图像进行拼接。由于时相不同，图像之间可能存在一定的光谱差异，在灰度均衡处理后镶嵌图像仍可能表现出色调不同，在接边线附近，可采用羽化技术使图像接边区灰度趋于平滑和连续。

4）图像融合及波段选择

对于不同分辨率的图像进行图像融合处理，使遥感图像保持较好的空间分辨率，又具有多光谱特征，从而达到图像增强的目的。图像分辨率融合的关键是融合之前两幅图像的配准以及融合方法的选择，只有将不同分辨率的图像精确配准，才可能得到满意的融合效果。

5）定向滤波

这是高频增强的一种方法，主要是为了突出某一方向的纹理特征。由于浑河断裂在卫星图像上表现出较好的北东东向直线性特征，因此通过提取北东东向纹理信息即有助于进行断裂判读分析。

6）假彩色合成

这是常用的一种图像增强和信息提取方法，对于目视解译来说，合成方案的优劣将直接影响到最终的解译结果。本项研究分析比较了多种增强地质信息，尤其是断层信息的假彩色合成方案，最终确定采用三种合成方法：671 波段（分别为红、绿、蓝，下同）、432 波段、三个主成分（PC1－PC2－PC3）合成方法。由于第 6 波段是热红外波段，反映地表的温度和热惯量信息，第 7 波段为短波红外波段，可反映断层破碎产生的黏土化（黏土在该波段为强吸收），第 1 波段则反映水体信息；432 组合可有效反映地表不同地物差异（如植被与非植被）及地形信息。

7）波段比值－差值变换

比值－差值法是一种比较简单而有效的图像增强方法，适用于多波段或多时相图像的增强处理，可以扩大不同地物之间的微小亮度差异，消除或减弱地形等环境因素的影响，提取土壤含水量等专题信息，而且对地质信息尤为敏感。当差值运算应用于两个波段时，运算后的图像反映了同一地物在这两个波段的反射率之差。不同地物的反射率差值不同，在差值图像上，差值大的地物得到突出，从而易于被识别。在比值图像上，像元的亮度反映了两个波段光谱比值的差异。运算后的图像能扩大不同地物之间的微小亮度差异，有利于岩石、土壤等波谱差异不太明显的地物的区分，也可用于植被类型和分布的研究，这能消除或减弱地形等环境因素的影响，增强岩性如蚀变岩的信息，提取与地层有关的专题信息。

4.4　断裂构造的主要解译标志

我们知道，具有一定规模和活动性的断裂构造不仅能够对早期地层、岩石产生明显的错动，也可能对晚近时期沉积的新近系、第四系等产生可观测的错切，或者控制新近系、第四系分布以及新近纪、第四纪岩浆活动，进而形成沿断裂的各种构造地貌及其两侧的地貌差异、扭动变形与水系的同步转折和线状排列等，这些均会不同程度地在遥感影像上表现出形态特征信息和色调信息。在遥感影像上，一方面，断裂发育的明显标志是沿断裂走向出现具有一定宽度、明显区别于两侧正常地貌地质单元的线性色调异常带或两种不同色调区域的界线，色调异常线一般体现了断裂本身在地表的出露线，有时也会通过断裂两侧的岩性差异或者后期沿断裂侵入的岩脉或岩墙等反映出来，而色调异常条带宽度和连续性在一定程度上反映了断裂（带）的规模和活动特征；另一方面，由于断裂活动，常常会出现地层缺失、重复、横向错开以及两套岩层沿走向的斜交等现象，这也能够指示断层的存在，地层错开的幅度则反映了断裂的活动程度。很多断裂活动的标志是通过微地貌变化和地形线状异常等间接反映出来的，这一标志对于浑河断裂来说表现得较为清楚。断裂及其活动能够导致微地貌陡坡、陡坎的线状分布，沿断裂带侵入充填的岩墙、岩脉由于抗侵蚀能力较围岩为强，常常形成剥蚀脊垅，受到断陷作用或者较为松散的破碎带受到外力侵蚀，沿断裂带常常形成线状展布的峡谷、盆地、沼泽等负地形，浑河断裂带对此表现较为明显，而峡谷、盆地的形态、规模和第四系发育又指示了断裂的规模、结构、活动程度及其与其他构造体系的交互关系。当断裂构造不表现为对河流发育形态的控制时，可以通过山脊错断现象以及山间洼地、山前台地、山前冲积锥、山前冲（坡）洪积扇的串珠状线性排列来判定断裂的存在。一般地，断裂发育对水系具有明显的控制作用，对浑河断裂来说，其本身即控制了浑河河谷的发育，而作为主干河流，浑河在其南、北两岸又有着众多的支流汇入，因此在进行断裂遥感解译时，要密切关注水系的异常变化及其特殊地段，关注格状、角状、帚状等不同水系结构与断裂活动的关系，关注地下水溢出点或泉水呈直线状的分布等。另外，土壤、植被的线性差异变化有时也与断裂有关，这一点在抚顺以东的山地区表现不明显，但在抚顺盆地和下辽河盆地，浑河断裂展布于第四系平原区，断裂两盘的差异性运动却可能导致土壤色调的变化，因此也可以作为断裂解译的标志。另外，对于浑河断裂这样规模较大的断裂构造来说，其两侧的景观特征有时会表现不同，而景观标志鉴于其宏观性往往较其他标志更易于识别，因此也可作为断裂判断的参考标志。

总之，基于遥感影像的地质解译中，断裂线性构造的解译效果一般是较为理想的，不仅能够通过遥感方法得到断裂构造的宏观展布、规模、结构等基本特征，还能够获取断裂构造小尺度的断错地质地貌信息，并依据所切割的较新地层或地貌单元来判定断裂的活动性。概括起来，活动断裂解译标志可以归纳为垂直错动标志和水平错动标志，就现有的影像数据而言，水平错动要比垂直错动更易于识别和判断，而在浑河断裂遥感解译工作中，识别一定规模的色调异常所反映的近直线型、连续性较好地发育于盆地冲洪积平原、不同等级河流阶地、山前冲洪积扇、坡积裙上以及基岩山前的线状微地貌陡坡、陡坎等是判定断裂发育的主要标志。

4.4.1　垂直错动标志

活动断裂的垂直差异错动，在卫星图像中可以根据影像信息特征、形态特征等进行对比分析。

1）地层断错标志

地层断错的表现主要为两侧地层岩性、地质体厚度差异和地层拖曳现象等，在影像特征上表现为两侧色调（灰阶）差异、第四系和基岩之间的明显界线等。它们在影像上一般都较为明显和清晰，在浑河断裂展布区较突出地表现为两侧植被生长状况的明显不同，这是一个较易于区分的判读标志。

2）断层崖和断层三角面标志

断层崖与断层三角面是断裂垂直差异错动的结果，也是断裂垂直差异错动的重要识别标志。在遥感图像上，断层崖和断层三角面形态的典型影像特征一般表现为比较明显的偏暗色调阴影，有时存在相应的拉长和拖曳，因而是易于鉴别的。在断层崖和断层三角面规模较大、形态完整、影像清晰等条件下，在影像上甚至还可以大致测量出活动断裂垂直错动的高度。

3）水系展布特征变化标志

垂直错动较为显著的活动断裂两侧常常呈现出不同的水系格局，反映出活动断裂作为两种水系格局转折点的可能性。在这种情况下，断裂上升盘的水系一般呈深切的树枝状水系或格子状水系；在断裂下降盘，一般则形成浅切割的树枝状水系或平行状、羽状、扇形水系；此外，不对称的平行状、树枝状、帚状水系格局以及两侧不同的水系密度等也往往是由于断裂（带）的不均匀垂直差异活动所造成的，这一点在浑河断裂的南、北两盘是有所体现的，如断裂北盘的水系密度要高于南盘。由于水系特征在影像上最为清晰且形式典型，因而是判读断裂构造重要的标志之一。

4）冲（坡）洪积扇、坡积裾的标志

断裂两盘强烈的垂直差异错动往往会导致两盘地形、地貌形成较大的反差，其中强烈抬升的一盘隆起成为山地，强烈下降的一盘则在山前地带发育一系列的冲（坡）洪积扇和坡积裾。冲（坡）洪积扇和坡积裾等一般沿断裂构造呈现整齐的线状排列，扇顶明显受到活动断裂的控制。还有一种情况，就是同一条活动断裂所控制发育的扇体、坡积裾等可以划分为不同的期次，其间上下重叠，但线状排列特征依然清楚，这可以看作断裂经历了几次强烈垂直差异错动和相对稳定阶段的旋回过程，在影像上表现为多期次的扇体、坡积裾的旋回叠加。当断裂活动在不同阶段表现不均匀时，扇体、坡积裾等的形状表现出不规则。

5）地貌形态变化标志

研究区大的地貌形态是燕山运动奠定的，新近纪以来的构造活动对地貌形态又进一步塑造。在浑河断裂展布区内，地貌发育形态是内力构造活动以及浑河外力侵蚀、堆积作用的结果，利用地貌类型对比法，可以在影像上分析断裂构造垂直差异错动的状况。地貌形态变化在影像特征上主要表现为：断错地貌陡坎、陡坡，断裂两侧具有明显差异的地貌类型，夷平面、河流阶地等地貌面的垂向高度差异，以及各类（微）地貌形态的直线状、斜列状定向排列等。

6）断陷盆地和湖沼标志

断陷盆地以及线状湖沼的发育是断裂活动的重要佐证。一般情况下，当断裂控制断陷盆地和湖沼的边缘并且另一侧的断裂上升盘隆起时，即指示出两盘发生了垂直差异错动。还有一种情况，就是当多个断陷盆地和湖沼呈现出一定的直线状、斜列状线性展布时，也可能是受到了活动断裂的控制。在影像特征上，断裂两盘垂直差异错动所形成的线状排列断陷盆地和湖沼两侧色调因含水量的明显差异而表现不同，尤其是在盆地湖沼的边缘附近，其线状特征更为明显，也成为影像上比较容易鉴别和对比的断裂构造标志。

4.4.2　水平错动标志

与垂直错动比较，活动断裂的水平错动更易于识别，在实际工作中，主要是根据断裂所切割的地层或地貌单元形态差异等进行对比分析。

1）地层标志

断裂活动通常会引起两盘地层的牵引、拖曳、变形、褶曲与断错，在遥感影像上则表现为地层重复与缺失、岩层产状突变和地质体错开等，或表现为负地形、相对含水量较高、呈深色调的断裂破碎带对地层的穿切等。鉴于不同的地层（岩石）因岩性成分差异一般表现出不同的色彩，当有断裂构造发育并形成断错影响时，地层（岩石）的色调（灰阶）差异就能够在影像上清晰地表现出来。

2）不同地貌单元的形态变化标志

作为特异性标志，活动断裂的水平运动能够错切其通过地段的任何地质、地貌单元，因此可以通过地貌单元形态判读来确定断裂活动特征。一方面，断裂水平错断在宏观上可以表现为大型山脊、沟谷、条带状剥夷面等被错开，发生水平扭动变形，当存在一系列山脊、沟谷等的水平扭动时，还可以发生同步不对称现象，通过在影像上量测被错开地貌单元的错动方向和距离，即可以大致确定断裂的运动性质和活动特征；另一方面，通过小尺度的微地貌变化（如冲洪积扇、坡积裙、阶地等）受到断裂作用产生的水平方向偏扭变形，同时结合野外现场验证和量测可以定断裂运动性质和活动性、活动程度。另外，在断裂水平向运动过程中，跨断裂的沟谷常常发生同步旁蚀作用，进而造成沟谷两岸谷坡不对称，所造成的一系列相对陡峭的侵蚀岸坡即反映了所处断裂盘的运动方向。在遥感图像上，缓坡的色调一般较浅，第四系发育较好；陡坡的色调一般较深，第四系发育相对较差，并可见到侵蚀壁、侵蚀崖等地貌现象，形成较明显的阴影。

在遥感影像上，不论有无后期的第四系掩盖，只要地貌单元形态保持完整，则断裂水平运动都会在地貌形态变化上有所体现，这与断裂垂直运动所产生的地貌特别是微地貌变化是不同的；同时，通过地貌单元的形态识别还能够初步确定断裂运动性质和活动特征。因此，地貌也是断裂遥感解译中最为重要的识别标志，而越是新的、规模大的活动断裂在地貌上就越能留下清晰的活动证据。当然，遥感方法对活动断裂的解释也存在局限性，活动断裂并不一定都能够表现出线性影像，而线性影像也不完全是活动断层的反映，实际工作中还需要根据具体情况并结合实地调查验证予以准确判定。

3）断陷盆地和湖沼的扭动变形

受到活动断裂控制的盆地与湖沼，当断裂发生显著的平移错动时，它们的形态也往往发生相应的扭动变形，但这多适用于规模较大的活动断层，因为只有具有一定规模的断层才能在影像上表现出大范围的变化，才能在断陷盆地和湖沼的形态变化上有所体现。浑河断裂属于规模较大的断裂构造，同时控制了浑河河谷的发育，因此可能对河谷中断陷盆地和湖沼的扭变形产生影响，将之作为识别断裂活动的标志之一。

4）水系格局变化

断裂活动对水系格局的影响是十分明显的，这不仅表现在断裂两盘的水系格局可能不同，也表现在断裂能够对水系进行直接的切割。经验证明，当一系列河流穿过活动断裂并发生同步转折时，河流水系的这种同步变化实际上明确反映了断裂两盘的水平向错动，断裂左旋或右旋的走滑运动以及水平错距大小则可以通过断裂两盘同一水系的错动方向和错动幅值量测出来；当穿过断裂的水系发育有主干和支流等多个等级时，还可以根据不同等级水系的错动幅值差异来判断活动断裂在相应的不同时段所具有的活动性和活动程度。总之，水系格局变化属于相对宏观的识别标志，又兼具有微观的标志特征，在遥感影像上和野外实地验证中都易于区别，是确定断裂活动性的可靠标志。

4.5　遥感影像解译结果

4.5.1　宏观解译

根据断裂构造的解译标志，可以得到研究区主要断裂构造的宏观解译结果（图4.1）。

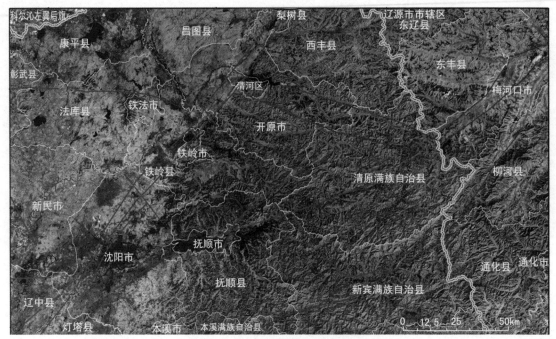

图 4.1　研究区断裂构造宏观解译

1）依兰－伊通断裂

该断裂走向北东－北北东，线性影像清楚，在穿过赤峰－开原断裂带后仍呈稳定的延伸。断裂两侧地势高差明显不同，宏观地貌形态和微地貌变化也存在明显差异；断裂两侧的土壤色调显示不一致，西盘盐碱化较为明显，东盘则没有显示。断裂控制了水系的发育，东盘山地区河曲较多，西盘平原地带河流延伸则相对平直、稳定。支流、主流水系之间显现垂直相交及局部河流急转弯等形态。与依兰－伊通断裂大致平行的次级断裂有所发育，断裂对区域地质构造发育具有一定的控制作用。

2）赤峰－开原断裂

该断裂走向北西－北西西至近东西，由多条大致平行的分支断裂组成。断裂线性特征清楚，多表现为色调异常界面，南、北两侧色调具有差异性。在依兰－伊通断裂以东，断裂表现为沟谷，局部为山脊，多条与之垂直或大角度斜交的小型水系在断裂带附近形成汇水点的连线；延至铁岭附近，断裂线性特征更为清楚，局部可见河流在断裂附近的急转弯现象。断裂对水系的控制作用显示其具有一定的活动性。穿过依兰－伊通断裂进入平原区或低丘陵区后，赤峰－开原断裂两盘色调表现出一定的差异性，断裂构造行迹总体清楚。

3）浑河断裂

该断裂走向北东－北东东至近东西，由发育在浑河南、北两侧的主干断裂及多条次级分支断裂组成。在抚顺以东尤其是大伙房水库以东的山地区，断裂两侧的宏观地貌形态不同，断裂还控制了山前坡洪积扇群、坡积裙和河流沟谷平原的边界，沿断裂形成十分清楚的线性影像，同时断裂两侧具有明显的色调差异；在抚顺市区，断裂影像也较清楚，主要表现为色调异常，至抚顺市区西部，山前地带的断裂线性影像比较清晰，同时还可见到较模糊的古河道影像；延至沈阳地区，断裂线性影像整体上较差，色调差异不断淡化。根据宏观遥感影像，浑河断裂在沈阳西南基本消失，显示其未切穿依兰－伊通断裂，而仅限于依兰－伊通断裂以东地区，似乎反映了依兰–伊通断裂的活动性和区域性控制作用较浑河断裂为强。在多处地段有北东向和近东西向断裂与浑河断裂相交会，它们控制了水系的发育；另外，浑河河床多沿山地一侧发育，显示浑河断裂两盘的差异性运动。在 1∶25 万图像（ETM671 合成）上，浑河断裂（F1A）两侧地表温度差异比较明显。

对于浑河断裂的遥感影像特征及其展布形态，杜建国等在"沈阳市（含抚顺）活断层探测与地震危险性评价"项目中曾开展抚顺段局部地段基于福卫（Format）–2 号卫星图像和 ENVISAT ASAR 影像的遥感解译。结果认为，断裂两侧的色调差异较大，表现出明显的线性异常，ASAR 图像揭示了断层的空间展布及其衔接关系（图 4.2）。

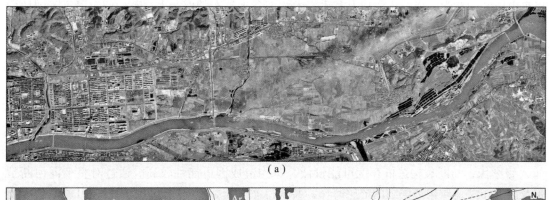

（a）

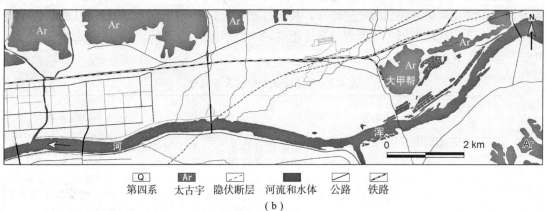

（b）

图 4.2　浑河断裂抚顺段（大甲邦附近）基于福卫–2 图像的遥感图像及其断层解译

（a）遥感图；（b）对应断层解译图

4）苏子河断裂

断裂整体呈弯曲状延伸，在浑河断裂附近走向北西，控制了苏子河发育并主要展布在河流的北东侧，向南东切过苏子河后则造成了河道的局部错移，在多处可见到河流水系沿断裂的线性发育以及河道急转弯等现象，并显示沿断裂可能发育有多条与之大致平行的小型断裂（或剪切带）。断裂线性影像主要表现为色调异常界面，与浑河断裂相似，大致控制了山前坡洪积扇群、坡积裾和河流沟谷平原的边界，沿断裂形成较为清楚的线性影像，只是清晰度较浑河断裂为差。根据影像特征，推断断裂在穿过大伙房水库和浑河河谷后，向北西方向仍可能具有一定的延伸。

5）郯庐断裂带下辽河段

断裂带由 3 条主干分支断裂组成，走向北东。台安断裂为大片农田所覆盖，影像特征不清楚；辽中断裂在其南西段（即八－水库－新台镇－西佛镇）大致表现为色调异常界面，其他段落则影像特征不清楚；牛居－油燕沟断裂位于辽河与浑河之间，穿过了第四系覆盖区并被大片改造后的农田所覆盖，在图像上大致表现为色调异常界面，另外，在 TM432 标准假彩色合成图像上，断裂北西侧主要表现为较明亮的灰白色调，南东侧主要表现为较暗的灰色调，断裂向南西向继续延伸后遥感指示特征趋于模糊。

4.5.2 浑河断裂条带的高精度解译

浑河断裂在卜辽河盆地（平原）区东北缘的沈阳段、抚顺盆地区的抚顺段、抚顺盆地以东山地区的章党－南杂木段以及基本沿着浑河谷地展布的南杂木－英额门东段等不同地段显示出不同的构造发育和影像特征。此外，在下哈达－章党、南杂木盆地和英额门东－草市等构造节点部位，浑河断裂分别与下哈达断裂和赤峰－开原断裂等相交会，这里的构造发育形态及其遥感影像又表现出不同的特点，在 Google earth 卫星图片上均有相应的具体表现。

为了更好地进行遥感影像判读，并确定与地质构造发育的相关性，以遥感线性影像清晰度和连续性为基础，参考线性影像与已知断裂构造的位置关系，将遥感解译线性影像划分为 A、B 两个不同的等级（表4.2）。一般地，A 级影像清晰、延伸稳定、连续性较好，与断裂构造依存度较高；B 级影像虽表现出线性特征但清晰度相对较差，延伸稳定性和连续性也不如 A 级影像，与断裂构造依存度可能较低，非构造成因可能性较高。通过对整个浑河断裂带及附近相关地质构造详细的遥感解译，共获得浑河断裂不同段落以及赤峰－开原断裂、苏子河断裂、下哈达断裂等主要断裂构造遥感解译线性影像约300条，其中 A 级影像约50条，B 级影像250多条。

表4.2　遥感解译影像的等级划分

影像等级划分	图面颜色	清晰度	连续性	与已知断裂构造关系
A（X 系列）	褐色	具有较为清晰的线性影像，两侧色调差异明显或显示为色调异常条带	影像连续性很好，延伸稳定，多具直线型或微弯曲状（近直线型）特征，比较完整，基本没有被其他影像所截断	多反映了浑河断裂及其相关构造的（微）地貌发育特征，图形数字化结果表明，在一些地段影像与已知断裂基本重合，对断裂的指向性比较明确
B（Y 系列）	红色	一般显示为较为清楚的线性影像，但也存在不同程度的变化，两侧一般具有一定的色调差异，一些地段差异性不十分明显，也可显示为色调异常条带	影像连续性一般较好，延伸较稳定或断续展布，线性影像在展布上也具有直线型或微弯曲状（近直线型）特征，在一些地段有被其他影像截断的现象	在一定程度上反映了浑河断裂及其相关构造的（微）地貌发育特征，但在一些地段经过野外验证并不是对断裂构造的反映，对断裂的指向性较 A 级影像为差

1. 浑河断裂沈阳段

在遥感影像上，浑河断裂在沈阳南部的永乐村附近至抚顺西部李石寨、田屯一带长约60km 的范围内表现为断续展布的线性特征。线性影像主要由 1 条至数条大致呈平行状或斜列状的短促状线条组成，尤其是在浑南区等现有建成区，由于城市建设改造，所判定的可能与断裂发育和活动相关的原始线性地貌就更加不明显，形成了较大的断裂遥感空区，类似这样的空区在浑南区内有 2~3 个，空区在北东－北东东方向上的延伸长度可达 5~10km；与之相对照，在沈阳市、抚顺市城区交界地带的张沙布－深井子－李石寨一线，由于城市建设相对滞后，原始地形地貌遭到的破坏较小，经遥感解译分析存在多条可初判为与断裂相关的线性影像。

　　浑河断裂沈阳段处在下辽河平原的东北部边缘，地形平坦、开阔。该段断裂展布于现代浑河的南岸，基本平行于浑河河床并呈隐伏状态。与辽东山地区的浑河断裂其他段落不同，浑河断裂沈阳段走向偏于北东。浑河从东部山地区向西进入平原区后，在山前地带（即沈阳市区）形成了范围广阔的山前倾斜平原和不同期次的新、老冲洪积扇，而根据已有研究成果，山前倾斜平原形成于晚更新世，地形微起伏，平坦、开阔；新、老冲洪积扇的形成时代均属于全新世，地形起伏舒缓，比较开阔。浑河的展布形态在下辽河平原区和辽东山地区具有明显不同的特点。山地区河流多被限制在狭长的浑河河谷内且呈直线状或近直线状延伸，走向变化自由度较低，基本上只发育 1 条主干河流，江心洲不发育；在平原区，河流走向自由度显著提高，展布蜿蜒，曲流发育，一些地段甚至趋向于辫流形态，江心洲特别是具有规模的江心洲发育。由于晚更新世－全新世时期的山前倾斜平原和新、老冲洪积扇的沉积覆盖，导致较早期存在构造活动的浑河断裂所产生的特异性（微）地貌变化保存得很少，因而在遥感解译分析时难以观测到较好的断裂线性影像。尽管如此，断裂早期活动还是对后期的地貌发育产生了一定的影响，尤其是当早期活动程度较高或者后期沉积覆盖较弱时，（微）地貌形态可能存在不同程度的体现，在遥感分析时可以解译出来。

　　这一地段可解译出与断裂构造相关的线性影像共有 41 条，均为 B 等级影像，其中在永乐、仕官、上深沟－后营城子、古城子－张官、养竹－深井子、抚顺李石寨开发区－田屯等地线性影像较为清楚，而在浑南、苏家屯、白塔堡等城区则难以解释出与浑河断裂相关的北东－北东东向线性影像，形成空区。

　　1）永乐、水萝卜一带

　　解译出 2 条呈左阶斜列状排列的直线状线性异常（Y29、Y30），延伸长度 0.7~1.3km，左阶错距 0.8km（表 4.3 和图 4.3），主要表现为较细的浅色调条带和两侧的色调差异。经野外验证调查，该影像在地貌上处在浑河新冲洪积扇，为不均匀发育的陡坎、小冲沟的反映（关于野外验证结果，详见表 4.3，下同），形成较平坦扇体表面的线状浅切沟谷，两侧地势呈不均匀的错落变化，幅度一般在 2~3m 以下，存在一定的人为改造。经综合比对分析，遥感影像的空间位置和展布方向与已知浑河断裂是接近的。

表 4.3　浑河断裂沈阳段遥感线性影像解译特征

影像编号	等级	走向	长度/m	参考地点	影像及其微地貌形态特征	综合地质地貌表现	断裂构造的指示性
Y1	B	北东东	210	沈阳东南古城子	近直线状线性影像比较清楚，与其他影像呈右阶斜列状排列结构，线性影像两侧色调差异不明显，地表可见小冲沟及两侧陡坡，但地势总体差异不大，存在一定程度人为改造	大的地貌形态上处在浑河新冲洪积扇上，地形起伏和缓，两侧地质、地貌特征差异不大，空间展布上与已知浑河断裂接近，可能反映了断裂构造局部结构对地表河流发育的影响，第四系分布没有变化	处在浑河断裂沈阳段，应为断裂指示，具有右阶斜列状结构

续表

影像编号	等级	走向	长度/m	参考地点	影像及其微地貌形态特征	综合地质地貌表现	断裂构造的指示性
Y2	B	北东东	220	沈阳东南古城子	近直线状线性影像比较清楚，呈右阶斜列状排列结构，线性影像两侧色调差异不明显，地表可见小冲沟及两侧陡坡，但地势总体差异不大，存在一定程度人为改造	处在浑河新冲洪积扇上，地形起伏和缓，两侧地质、地貌差异不大，与已知浑河断裂接近，可能反映了断裂局部结构对地表河流发育的影响，第四系分布基本上没有变化	处在沈阳段，应为断裂的指示，具有右阶斜列状结构
Y3	B	北东东	240	沈阳东南古城子	近直线状线性影像比较清楚，呈右阶斜列状排列，线性影像两侧色调差异不明显，地表可见小冲沟及两侧陡坡，但地势总体差异不大，存在一定程度人为改造	处在浑河新冲洪积扇上，地形起伏和缓，两侧地质、地貌差异不大，与已知浑河断裂接近，可能反映了断裂构造局部结构对地表河流发育的影响，第四系分布基本上没有变化	应为浑河断裂沈阳段的指示，具有右阶斜列状结构
Y4	B	北东	160	沈阳东南双树子	直线状线性影像比较清楚，规模很小，线性影像两侧色调差异不明显，地表可见小冲沟及两侧陡坡，但地势总体差异不大，存在一定程度人为改造	处在浑河新冲洪积扇上，地形起伏和缓，两侧地质、地貌差异不大，与已知浑河断裂接近，可能反映了断裂局部结构对地表河流发育的影响，第四系分布基本上没有变化	有所指示，但受到多因素影响，难以确定
Y5	B	北东东	540	沈阳东南养竹	近直线状线性影像比较清楚，与北东侧的影像共同构成右阶斜列状排列结构，线性影像两侧具有一定的色调差异，地表可见小冲沟及两侧的陡坡、陡坎，存在一定程度人为改造	处在浑河新冲洪积扇上，地形起伏和缓，两侧地质、地貌没有明显差异，与已知浑河断裂接近，可能反映了断裂局部结构对地表河流发育的影响，第四系分布基本上没有变化	应为断裂沈阳段的指示，具有右阶斜列状结构
Y6	B	北东	490	沈阳东南养竹	近直线状线性影像比较清楚，与相邻影像共同构成右阶斜列状排列，线性影像两侧具有一定的色调差异，地表可见小冲沟及两侧的陡坡、陡坎，存在明显的人为改造	处在浑河新冲洪积扇上，地形起伏和缓，两侧地质、地貌没有明显差异，与已知浑河断裂接近，可能反映了断裂局部结构对地表河流发育的影响，第四系分布基本上没有变化	应为断裂沈阳段的指示，具有右阶斜列状结构

影像编号	等级	走向	长度/m	参考地点	影像及其微地貌形态特征	综合地质地貌表现	断裂构造的指示性
Y7	B	北东东	710	沈阳东南大深井子	近直线状线性影像比较清楚，具有斜列状排列结构，线性影像两侧具有一定的色调差异，地表可见小冲沟及两侧的陡坡、陡坎，存在明显的人为改造	处在浑河新冲洪积扇上，地形起伏和缓，两侧地质、地貌没有明显差异，与已知浑河断裂接近，可能反映了断裂局部结构对地表河流发育的影响，第四系分布基本上没有变化	应为断裂沈阳段的指示，具有斜列状结构
Y8	B	北东东	300	沈阳东南养竹东	近直线状线性影像比较清楚，与相邻影像共同构成右阶斜列状排列结构，线性影像两侧色调大致相同，地表可见小冲沟及两侧的陡坡、陡坎，存在一定程度人为改造	处在浑河新冲洪积扇上，地形起伏和缓，两侧地质、地貌没有明显差异，与已知浑河断裂接近，可能反映了断裂局部结构对地表河流发育的影响，第四系分布基本上没有变化	应为断裂沈阳段的指示，具有右阶斜列状结构
Y9	B	北东东	2630	沈阳东南养竹北	直线状线性影像比较清楚、延伸稳定，两侧色调没有差异，地表发育有规模较小、高度在 0.5m 以下的长条形小隆岗，目前多形成为田间道路，向两侧地势逐渐降低，存在一定程度人为改造	处在浑河新冲洪积扇上，地形平坦、开阔，两侧地质、地貌差异不大，与已知浑河断裂接近，第四系分布没有变化	有所指示，但受到多因素影响，难以确定
Y10	B	北东东	710	沈阳东南大深井子北	直线状线性影像比较清楚、稳定，处在 Y9 的北东东向延长线上，两侧色调没有差异，地表发育有规模较小、高度在 0.5m 以下的长条形小隆岗，目前多形成为田间道路，向两侧地势逐渐降低，存在一定程度人为改造	处在浑河新冲洪积扇上，地形平坦、开阔，两侧地质、地貌差异不大，与已知浑河断裂接近，第四系分布没有变化	有所指示，但受到多因素影响，难以确定
Y11	B	北东东	1410	沈阳东南小深井子北	直线状线性影像清楚、稳定，处在 Y10 的北东东向延长线上，两侧色调没有差异，地	处在浑河新冲洪积扇上，地形平坦、开阔，两侧地质、地貌差异	有所指示，但受到多因素影响，难以确定

续表

影像编号	等级	走向	长度/m	参考地点	影像及其微地貌形态特征	综合地质地貌表现	断裂构造的指示性
Y11	B	北东东	1410	沈阳东南小深井子北	表发育有规模较小、高度在0.5m以下的长条形小隆岗，目前多形成为田间道路，向两侧地势逐渐降低，存在一定程度人为改造	不大，与已知浑河断裂接近，第四系分布没有变化	
Y12	B	北东	1480	望花西南小瓦	直线状线性影像比较清楚、延伸稳定，影像两侧色调具有一定差异，地表可见2~3级阶梯状的陡坡、陡坎，南东侧较高、北西侧较低，两侧总的高度差异可达3~5m，后期人为改造作用强烈	处在浑河新冲洪积扇上，地形起伏和缓，两侧地质、地貌差异不大，与已知浑河断裂接近，可能反映了断裂构造活动对地势变化的影响，但第四系分布上变化较小	具有断裂存在及活动相关指示，受多因素影响，难以确定
Y13	B	北东东	400	望花西南达山沟	近直线状－弯曲弧状线性影像清楚，与相邻影像形成左阶斜列状排列结构，影像两侧色调具有一定的差异，地表可见小冲沟及两侧规模较小的陡坡、陡坎，存在一定程度人为改造	处在浑河新冲洪积扇上，地形起伏和缓，两侧地质、地貌差异不大，与已知浑河断裂接近，可能反映了断裂局部结构对地表河流发育的影响，第四系分布基本上没有变化	应为断裂沈阳段的指示，具有左阶斜列状结构
Y14	B	北东	280	望花西南田屯北	近直线状－弯曲弧状线性影像清楚，与相邻影像右阶斜列状排列，错距十分有限，两侧色调差异不明显，地表见小冲沟及陡坡、陡坎，高度一般1~2m以下，具有局部的直线状延伸特征，存在一定程度人为改造	处在浑河新冲洪积扇上，地形起伏和缓，两侧地质、地貌差异不大，与已知浑河断裂接近，可能反映了断裂局部结构对地表河流发育的影响，第四系分布基本上没有变化	断裂沈阳段的指示性较高，具有右阶斜列状结构
Y15	B	北东	410	望花西南田屯北	近直线状－弯曲弧状线性影像清楚，与相邻影像右阶斜列，错距有限，两侧色调差异不明显，地表见小冲沟及陡坡、陡坎，	处在浑河新冲洪积扇上，地形起伏和缓，两侧地质、地貌差异不大，与已知浑河断裂接近，可能反映了断裂局部结构对地表	断裂沈阳段的指示性较高，具有右阶斜列状结构

续表

影像编号	等级	走向	长度/m	参考地点	影像及其微地貌形态特征	综合地质地貌表现	断裂构造的指示性
Y15	B	北东	410	望花西南田屯北	高度一般1~2m以下，陡坡、陡坎等具有局部的直线状延伸特征，存在一定程度人为改造	河流发育的影响，第四系分布基本上没有变化	
Y16	B	北东	240	沈阳双树子西	近直线状线性影像比较清楚，两侧色调差异不大，地势接近，沿影像有长条状田间道路，应属于道路反映	处在浑河新冲洪积扇上，地形平坦、开阔，两侧地质、地貌没有差异，第四系分布也较均匀	不是断裂构造的指示
Y17	B	北东	1930	沈阳东南后树	直线状线性影像比较清楚，两侧色调基本相同，地表发育有直线状冲沟及两侧陡坡，两侧地势没有差别，人为改造强烈，形成人工沟渠	处在浑河新冲洪积扇上，地形平坦、开阔，两侧地质、地貌完全相同，在与已知浑河断裂接近，第四系发育及分布上没有变化	不是断裂构造的指示
Y18	B	北东	430	望花西南康江	微弯曲状线性影像清楚，与相邻影像形成平行状排列结构，影像两侧色调没有明显差异，地表可见小冲沟及两侧连续性较差的陡坡、陡坎，两侧地势总体差异不大	处在浑河新冲洪积扇上，地形起伏和缓，两侧地质、地貌差异不大，与已知浑河断裂接近，可能反映了断裂局部结构对地表河流发育的影响，第四系分布基本上没有变化	具有一定的断裂指示性，具有平行状结构
Y19	B	北东东	750	望花西南刘红台	微弯曲状线性影像清楚，与相邻影像形成平行状排列结构，影像两侧色调没有明显差异，地表可见小冲沟及两侧连续性较差的陡坡、陡坎，两侧地势总体差异不大	处在浑河新冲洪积扇上，地形起伏和缓，两侧地质、地貌差异不大，与已知浑河断裂接近，可能反映了断裂局部结构对地表河流发育的影响，第四系分布没有变化	具有一定的断裂指示性，具有平行状结构
Y20	B	北东东	460	望花西南崔江台	微弯曲状线性影像清楚，与相邻影像形成平行状排列，两侧色调没有明显差异，地表可见小冲沟及两侧连续性较差的陡坡、陡坎，地势总体差异不大	处在浑河新冲洪积扇上，地形起伏和缓，两侧地质、地貌差异不大，第四系分布没有变化	具有较差的断裂指示性，显示平行状结构

续表

影像编号	等级	走向	长度/m	参考地点	影像及其微地貌形态特征	综合地质地貌表现	断裂构造的指示性
Y21	B	北东	320	望花西南达山沟南	近直线状－弯曲弧状线性影像清楚，与相邻影像形成左阶斜列状排列结构，影像两侧色调没有明显差异，后期人为改造作用强烈	处在浑河新冲洪积扇上，地形起伏和缓，两侧地质、地貌差异不大，与已知浑河断裂接近，可能反映了断裂局部结构对地表河流发育的影响，第四系分布基本上没有变化	可能为断裂指示，受到多因素影响，具有左阶斜列状结构
Y22	B	北东东	690	沈阳东南古城子北	近直线状线性影像比较清楚，具有右阶斜列状排列结构，线性影像两侧色调差异不明显，地表可见小冲沟及两侧明显的陡坡、陡坎，北西高、南东低，陡坎高度一般在2m以下，存在一定程度人为改造	处在浑河新冲洪积扇上，地形起伏和缓，两侧地质、地貌没有明显差异，与已知浑河断裂接近，可能反映了断裂局部结构对地表河流发育的影响，第四系分布基本上没有变化	应为断裂沈阳段的指示，具有右阶斜列状结构
Y23	B	北东东	2110	沈阳南麦子屯	直线状线性影像比较清楚，两侧色调基本相同，地表发育有直线状冲沟及两侧陡坡，两侧地势没有差别，人为改造强烈，形成人工沟渠	处在浑河新冲洪积扇上，地形平坦、开阔，两侧地质、地貌完全相同，在与已知浑河断裂接近，第四系发育及分布上没有变化	不是断裂构造的指示
Y24	B	北东东	840	沈阳南麦子屯西	近直线状线性影像比较清楚，两侧色调差异并不大，地表发育有规模较小、不均匀的小陡坎，两侧地势差异较小，存在一定程度人为改造	处在浑河新冲洪积扇上，地形平坦、开阔，两侧地质、地貌差异不大，与已知浑河断裂接近，对第四系分布没有影响	有所指示，但受到多因素影响，难以确定
Y25	B	北东东	350	沈阳南张沙布南	近直线状线性影像比较清楚，两侧色调差异不大，两侧地势没有明显差异，存在一定程度人为改造	处在浑河新冲洪积扇上，地形起伏和缓，两侧地质、地貌差异不大，与已知浑河断裂接近，对第四系分布没有影响	受到多因素影响，指示性较差

影像编号	等级	走向	长度/m	参考地点	影像及其微地貌形态特征	综合地质地貌表现	断裂构造的指示性
Y26	B	北东东	1030	沈阳南后桑林子北	近直线状线性影像比较清楚，两侧色调有所差异，地表发育有冲沟，可见延伸方向多变的陡坎发育，两侧地势呈不均匀的错落变化，幅度一般在2~3m以下，人为改造强烈	处在浑河新冲洪积扇上，地形起伏较大，两侧地质、地貌差异不大，但微地貌形态存在差异，是冲沟河流阶地、河床等不同地貌单元的界线，与已知浑河断裂接近，对第四系分布没有影响	不是断裂指示，为河流差异侵蚀、堆积作用所造成
Y27	B	北东	1320	沈阳南上深沟	近直线状线性影像比较清楚，两侧色调差异并不大，地表发育有冲沟，两侧地势没有明显差异，人为改造强烈	处在浑河新冲洪积扇上，地形起伏和缓，两侧地质、地貌差异不大，与已知浑河断裂接近，对第四系分布没有影响	受到多因素影响，指示性较差
Y28	B	北东	550	沈阳南上深沟西	近直线状线性影像比较清楚，两侧色调差异并不大，地表发育有冲沟，两侧地势存在差异，北西侧地势较低，幅度在2m以下，人为改造强烈	处在浑河新冲洪积扇上，地形起伏和缓，两侧地质、地貌差异不大，与已知浑河断裂接近，对第四系分布没有影响	有所指示，但受到多因素影响，难以确定
Y29	B	北东	1290	沈阳西南永乐	位于浑河断裂最西端，弯曲状线性影像清楚，色调差异不明显，地表断续陡坎和小冲沟两侧地势不均匀错落变化，幅度在3m以下，存在一定程度人为改造	处在浑河新冲洪积扇上，地形起伏和缓，两侧地质、地貌差异不大，与已知浑河断裂位置接近，对第四系分布没有影响	有所指示，但受到多因素影响，难以确定
Y30	B	北东	700	沈阳西南水萝卜	位于断裂西端，近直线状线性影像清楚，因植被两侧色调差异明显，地表小冲沟形成平坦扇体表面的线状浅切沟谷，存在一定程度人为改造	处在浑河新冲洪积扇上，地形起伏和缓，两侧地质、地貌差异不大，与已知浑河断裂接近，对第四系分布没有影响	一定断裂指示性，多因素影响，较难确定
Y31	B	北东东	580	沈阳南来胜堡东	展布于浑河断裂西端附近，近直线状线性影像比较清楚，两侧色调差异不明显，地	处在浑河新冲洪积扇上，地形起伏和缓，两侧地质、地貌差异不大，与已知浑河断	一定的指示性，受到多因素影响，较难确定

影像编号	等级	走向	长度/m	参考地点	影像及其微地貌形态特征	综合地质地貌表现	断裂构造的指示性
Y31	B	北东东	580	沈阳南来胜堡东	表可见小冲沟及两侧陡坡，两侧地势总体差异不大，存在一定程度人为改造	裂接近，对第四系分布没有影响	
Y32	B	北东东	1050	沈阳南白塔堡	近直线状线性影像比较清楚，两侧色调差异不明显，地表可见小冲沟，但未见陡坡、陡坎等微地貌形态变化，两侧地势没有差异，人为改造较强	处在浑河新冲洪积扇上，地形平坦，两侧地质、地貌差异不大，与已知浑河断裂接近，对第四系分布没有影响	不是断裂构造的指示
Y33	B	北东东	320	沈阳南仕官屯	近直线状线性影像，两侧色调差异不明显，地表未见陡坡、陡坎等微地貌形态变化，两侧地势没有差异，人为改造较强	处在浑河新冲洪积扇上，地形平坦，两侧地质、地貌差异不大，与已知浑河断裂接近，对第四系分布没有影响	不是断裂构造的指示
Y34	B	北东东	710	沈阳南仕官屯北	近直线状线性影像，两侧色调差异不明显，地表未见陡坡、陡坎等微地貌形态变化，两侧地势没有差异，人为改造较强	处在浑河新冲洪积扇上，地形平坦，两侧地质、地貌差异不大，与已知浑河断裂接近，对第四系分布没有影响	不是断裂构造的指示
Y35	B	北东东	440	沈阳东南张官北	近直线状线性影像比较清楚，两侧色调没有差异，地表发育有规模较小、不均匀的小陡坎，但两侧地势没有差异，存在一定程度人为改造	处在浑河新冲洪积扇上，地形平坦、开阔，两侧地质、地貌差异不大，空间展布上接近已知浑河断裂带，第四系分布没有变化	断裂构造指示性较差
Y36	B	北东东	1160	沈阳东南张官北	近直线状线性影像比较清楚，两侧色调没有差异，地表发育有规模较小、不均匀的小陡坎，但两侧地势没有差异，存在一定程度人为改造	处在浑河新冲洪积扇上，地形平坦、开阔，两侧地质、地貌差异不大，空间展布上接近已知浑河断裂带，第四系分布没有变化	断裂构造指示性较差

续表

影像编号	等级	走向	长度/m	参考地点	影像及其微地貌形态特征	综合地质地貌表现	断裂构造的指示性
Y37	B	北东	860	沈阳东南张官东	近直线状线性影像比较清楚，两侧色调没有差异，地表发育有规模较小、不均匀的小陡坎，但两侧地势没有差异，存在一定程度人为改造	处在浑河新冲洪积扇上，地形平坦、开阔，两侧地质、地貌差异不大，与已知浑河断裂接近，第四系分布没有变化	断裂构造指示性较差
Y38	B	北东	620	沈阳东南牛相屯	近直线状线性影像比较清楚，两侧色调没有差异，地表发育有规模较小、不均匀的小陡坎，但两侧地势没有差异，存在一定程度人为改造	处在浑河新冲洪积扇上，地形平坦、开阔，两侧地质、地貌差异不大，空间展布上在已知浑河断裂带内，第四系分布没有变化	断裂构造指示性较差
Y39	B	北东	780	沈阳东南兴农	近直线状线性影像比较清楚，两侧色调差异不大，两侧地势基本上没有差异，沿影像为田间两块田地的自然边界，其间具有一定的推挤，两侧具有小于0.5m、延伸较短的高度差，应不是人为作用导致	处在浑河新冲洪积扇上，地形较为平坦、开阔，两侧地质、地貌没有明显差异，与已知浑河断裂接近，第四系分布上差异不大	具有一定断裂指示性，推挤现象不能排除断裂的挤压活动
Y40	B	北东东	630	沈阳兴农南	近直线状线性影像比较清楚，两侧色调差异不大，两侧地势也没有明显差异，沿影像修筑有长条岗状的田间道路，应属于道路的反映	处在浑河新冲洪积扇上，地形平坦、开阔，两侧地质、地貌没有差异，第四系分布也较均匀	不是断裂构造的指示
Y41	B	近东西	1320	沈阳东南三家子	近直线状线性影像比较清楚，与相邻影像构成右阶斜列状排列结构，线性影像两侧具有一定的色调差异，地表可见小冲沟及两侧的陡坡、陡坎，存在明显的人为改造	处在浑河新冲洪积扇上，地形起伏和缓，两侧地质、地貌没有明显差异，与已知浑河断裂接近，可能反映了断裂局部结构对地表河流发育的影响，第四系分布基本上没有变化	具有一定的指示性，显示右阶斜列状结构

图4.3　浑河断裂沈阳段永乐村、水萝卜村附近卫星遥感解译图

2）来胜堡东

解译出 1 条直线状线性异常（Y31），延伸长度约 0.6km，主要表现为较细的深色调条带。该影像在地貌上处在浑河新冲洪积扇，空间位置和展布方向与已有浑河断裂认识接近。

3）仕官

新冲洪积扇上解译出 3 条直线状线性异常（Y32、Y33、Y34），近平行状排列，延伸长度为 0.3~1.1km，间距约 0.8km，主要表现为较细的深色调条带和两侧一定的色调差异。影像空间位置和展布方向与已知浑河断裂接近。

4）上深沟－后营城子

新冲洪积扇上解译出 4 条直线状线性异常（Y25、Y26、Y27、Y28），它们几乎展布在同一北东－北东东向的延伸线上，略呈斜列状，延伸长度为 0.3~1.3km，斜列间距仅 0.2km 左右，主要表现为深色调条带和两侧一定的色调差异。影像空间位置和展布方向与已知浑河断裂南支接近。

5）麦子屯－古城子

新冲洪积扇上解译出 2 条直线状线性异常（Y23、Y24），它们几乎展布在与上深沟－后营城子相同的北东－北东东向延伸线上，但其间存在一定的空区，空区间距约 1.8km。两条影像延伸长度为 0.8~2.1km，略呈右阶斜列状，斜列间距不足 0.2km，主要表现为较细的深色调条带和两侧轻微的色调差异。影像空间位置和展布方向与浑河断裂南支接近。

6）李相－古城子－牛相－张官

新冲洪积扇上解译出一系列走向北东－北东东的短促直线状或微弯曲状线性异常（Y1、Y2、Y3、Y4、Y16、Y22、Y35、Y36、Y37、Y38、Y39、Y40），主要表现为深、浅色调不同的条带和两侧一定的色调差异，影像延伸长度为 0.1~1.1km。它们与东、西

两侧的北东 – 北东东向影像之间存在 1.2 ~ 1.6km 的空区，同时该系列影像还可分为北西侧、南东侧两部分，其间存在 1.7km 的空区。线性影像呈明显的右阶斜列状，其中北西侧和南东侧影像内部的斜列间距分别为 0.2 ~ 0.9km、0.1 ~ 0.5km。根据已有研究，北西侧遥感影像与浑河断裂北支接近，南东侧影像与浑河断裂南支接近。

7）养竹 – 深井子

新冲洪积扇上解译出一系列走向北东 – 北东东的直线状或近直线状线性异常（Y5、Y6、Y7、Y8、Y9、Y10、Y11、Y17、Y41），主要表现为深、浅色调不同的条带和两侧一定的色调差异，延伸长度为 0.3 ~ 2.6km。它们与东、西两侧的影像之间存在 1.5 ~ 2.5km 的空区，并形成由北西 – 南东向近平行状排列的 3 条大的影像条带（图 4.4），间距为 0.9 ~ 1.5km，而斜列间距很小，南东侧影像的南侧已逐渐过渡为山前倾斜平原。根据已有研究，3 条遥感影像分别与浑河断裂的北、南支等主干分支断裂接近。

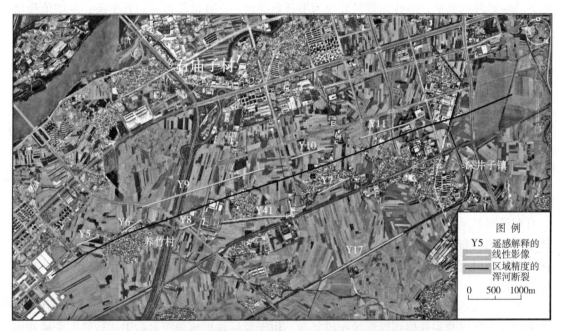

图 4.4　浑河断裂沈阳段养竹 – 深井子镇卫星遥感解译图

8）刘红台

新冲洪积扇上解译出 3 条近平行状排列的直线状线性异常（Y18、Y19、Y20），延伸长度为 0.4 ~ 0.8km，间距为 0.2 ~ 0.5km，主要表现为深色调条带和两侧一定的色调差异。经野外验证调查，影像为新冲洪积扇上的小冲沟及连续性较差的陡坡、陡坎，两侧虽有高度差异但幅度很小，高度差一般在 0.5m 以下，且存在后期人为改造的可能性。影像与已知浑河断裂南支大致相近。

9）李石寨开发区 – 田屯

解译出 5 条直线状线性异常（Y12、Y13、Y14、Y15、Y21），断续展布，与西侧影像之间存在 1.5km 的空区，与东侧浑河断裂抚顺段之间存在 5km 的空区。这些影像主要表现为浅色调条带或两侧一定的色调差异，它们近平行状排列，延伸长度为 0.3 ~ 1.5km，间距为 0.2 ~ 0.6km。该段影像与抚顺段之间呈明显的左阶斜列状，斜列间距可达 5km。经验证调查，影像为规律性起伏的平行状陡坡，南高北低，高度差数米不等，陡坡延伸方向为北东东。根据已有研究，遥感影像处在浑河断裂沈阳段东端附近。

浑河断裂沈阳段处在下辽河平原区，第四系十分发育，近地表地貌单元属于形成时代较新的晚更新世－全新世浑河新、老冲洪积扇和山前倾斜平原。由于断裂活动性、活动程度的局限性，浑河断裂的最新活动（包括黏滑、蠕滑）要么不能对其后形成的新、老冲洪积扇等地貌单元产生错动，即断裂属于早第四纪断裂；要么虽然断裂在晚更新世以来具有新活动性，但断裂活动水平较低或由于城市区人类改造使得断裂活动对于地表的错动难以在地貌形态上得到体现。不管怎样，浑河断裂沈阳段的构造活动在地貌、第四纪地质上的表现总体上是很差的，也导致了断裂遥感线性影像较弱。总之，浑河断裂沈阳段线性影像发育较差，主要表现为多个零散的间断排列的线性段落，其间存在多个跨度较大的遥感解译空区，具有连续性和规律性较差、形态特征不均匀、变化复杂的特点。例如，一些地段的色调较为清楚，而另一些地段则模糊；一些地段只表现为1条影像，另一些地段可见到若干条；一些地段呈平行状排列，另一些地段呈斜列状排列；一些地段左阶斜列状，另一些地段右阶斜列状；一些地段为北东－北东东向延伸的冲沟或洼地，另一些地段则为两侧具有明显高度差的陡坡或陡坎等。根据遥感影像特征，并结合已有浑河断裂沈阳段的研究成果，大致得到以下认识，遥感线性影像与浑河断裂的位置基本上是相同的，走向也是一致的，影像排列结构和两侧的高度变化与浑河断裂沈阳段的结构和活动特性基本吻合，虽然尚不能完全判定线性影像是由于断裂活动直接造成的，但遥感解译方法对于研究浑河断裂沈阳段的发育特征和活动性是有意义的。

2. 浑河断裂抚顺段

在浑河北岸的断裂遥感解译上，自抚顺盆地区西部的高湾－滴台附近经西葛布、高尔山一直东延至盆地区东部的前甸北山、关岭村一带，长约30km的范围内解译出连续性较好、呈弯曲弧状展布的线性影像特征，主要由1~3条斜列状排列的长线条组成；而在抚顺旧城区所处的浑河南岸，由于建、构筑物的覆盖，没有见到与断裂发育和活动相关的断裂线性影像，尽管在这一地段浑河断裂的南支主干是确实发育的，并且是由2条次级分支断裂所组成的（即已完成的城市活断层调查工作中确定的F1、F1A）。另外，在抚顺盆地东部的甲邦、大道地区，浑河断裂遥感线性影像比较复杂，由于原始地形地貌遭到的破坏较轻，依稀能够辨认出一系列的北东东向线性影像，它们可能与浑河断裂的发育和活动相关。

在空间展布上，处在抚顺盆地区的浑河断裂抚顺段已经摆脱了下辽河盆地的断坳作用影响，具有相对独立的构造活动性并对地貌发育发挥主导性作用。作为辽东山地区的断陷盆地，抚顺盆地内部地形比较平坦、开阔，其南、北两侧则受到断裂控制迅速过渡为侵蚀、剥蚀丘陵区。在山前地带，沿断裂带或在断裂破碎带基础上发育有连续性较好、弯曲弧状展布的陡坡和陡坎，这一现象在浑河北岸表现得尤为明显，而在浑河南岸，尽管断裂实际上也大致展布于山前地带，陡坡、陡坎也不同程度发育，但由于后期人类活动的改造，特别是东、西露天矿开采和钢厂、铝厂、石化企业建设以及铁路、公路建设等，使得原始地形地貌遭到了毁灭性的破坏，原有发育形态较好、指示性清楚的山前陡坡、陡坎带已不复存在，因此难以在遥感影像上表现出来，仅在东洲山前陡坡附近观测到断裂发育。

根据遥感解译，共得到与断裂构造相关的线性影像18条，包括A等级和B等级影像（表4.4），其中在浑河以北线性影像较为清楚，浑河以南则难以解释出与断裂相关的线性影像，形成了大范围的遥感解译空区。

表 4.4　浑河断裂抚顺段遥感线性影像解译特征

影像编号	等级	走向	长度/m	参考地点	影像及其微地貌形态特征	综合地质地貌表现	断裂构造的指示性
Y42	B	北东	300	抚顺大道	展布于抚顺盆地东端附近，直线状线性影像清楚，与相邻影像构成平行状排列，两侧色调差异不明显，地表小陡坎两侧地势存在较小差异，幅度0.5m以下，北高南低，向南侧河床缓倾斜，存在一定人为改造	处在抚顺盆地内部的浑河高河漫滩上，地形有起伏，较为舒缓，两侧地质、地貌差异不大，与已知浑河断裂接近，两侧第四系分布未见明显的差异性	可能是对浑河断裂抚顺段的指示，平行状排列结构
Y43	B	北东	360	抚顺大道	展布于抚顺盆地内部的东端附近，直线状线性影像比较清楚，与相邻影像构成平行状排列结构，两侧色调差异不明显，地表小陡坎幅度在0.5m以下，高低错落变化不规律，人为改造明显	处在抚顺盆地内部的浑河高河漫滩上，地形有起伏，较为舒缓，两侧地质、地貌差异不大，与已知浑河断裂接近，两侧第四系分布未见明显的差异性	不是断裂构造的指示
Y44	B	北东	290	抚顺前甸	展布于抚顺盆地东端附近，直线状线性影像比较清楚，与相邻影像构成平行状排列结构，两侧色调差异不明显，地形比较平坦、开阔，人为改造明显	处在抚顺盆地内高河漫滩上，地形起伏舒缓，两侧地质、地貌基本没有差异，与已知浑河断裂接近，两侧第四系分布未见明显差异性	不是断裂构造的指示
Y45	B	北东东	1110	抚顺大道西	展布于抚顺盆地东端附近，近直线状线性影像比较清楚，与相邻影像构成右阶斜列状排列，两侧色调差异则不明显，地表可见次级小冲沟及两侧的小陡坎，两侧地势存在较小的差异，幅度在0.5m左右，北高南低，并向南侧的浑河河床缓倾斜，存在一定程度人为改造	处在抚顺盆地内部的浑河高河漫滩上，地形有起伏，较为舒缓，两侧地质、地貌差异不大，与已知浑河断裂接近，可能反映了断裂局部结构对地表河流发育的影响，两侧第四系分布未见明显的差异性	可能是对断裂抚顺段的指示，但不能明确，右阶斜列状排列结构

影像编号	等级	走向	长度/m	参考地点	影像及其微地貌形态特征	综合地质地貌表现	断裂构造的指示性
Y46	B	北东东	480	抚顺前甸南	展布于抚顺盆地东端附近，直线状线性影像比较清楚，与相邻影像构成平行状排列结构，两侧色调差异明显，地表可见次级小冲沟及两侧小陡坎，但两侧地势差异不明显，人为改造强烈	处在抚顺盆地内部浑河高河漫滩上，地形起伏舒缓，两侧地质、地貌差异不大，与已知浑河断裂接近，可能反映了断裂局部结构对地表河流发育的影响，两侧第四系分布未见明显差异性	可能是对断裂抚顺段的指示，但不能明确，平行状结构
Y47	B	北东	650	抚顺前甸东	展布于抚顺盆地东端附近，直线状线性影像比较清楚，与相邻影像构成右阶斜列状及平行状排列结构，两侧色调差异明显，地表可见次级小冲沟及两侧小陡坎，但两侧地势差异不明显，人为改造强烈	处在抚顺盆地内部高河漫滩上，地形起伏舒缓，两侧地质、地貌差异不大，与已知浑河断裂接近，可能反映了断裂局部结构对地表河流发育的影响，两侧第四系分布未见明显的差异性	可能是抚顺段的指示，但不能明确，右阶斜列及平行状结构
Y48	B	北东东	610	抚顺大道东	展布于抚顺盆地东端附近，直线状线性影像比较清楚，与相邻影像构成平行状排列结构，两侧因植被不同而显示色调差异，地形比较平坦、开阔，人为改造明显	处在抚顺盆地内部高河漫滩上，地形起伏较舒缓，两侧地质、地貌没有差异，与已知浑河断裂接近，第四系分布未见明显的差异性	不是断裂构造的指示
Y49	B	北东东	1150	抚顺甲邦西	展布于抚顺盆地东端附近，直线状线性影像比较清楚，与相邻影像构成平行状排列结构，两侧因植被不同而显示色调差异，地形比较平坦、开阔，人为改造明显	处在抚顺盆地高河漫滩上，地形起伏较为舒缓，两侧地质、地貌没有差异，与已知浑河断裂接近，两侧第四系分布未见明显的差异性	不是断裂构造的指示
Y50	B	北东东	690	抚顺甲邦东	弯曲弧状线性影像十分清晰，延伸较稳定，影像两侧色调差异明显，南东侧为浑河河漫滩、一级堆积阶地，地形平坦、开阔，北西侧为山前基岩陡坎，陡坎最大高度可达30m以上，人为改造作用强烈	两侧地质、地貌差异明显，处在抚顺盆地内部相对独立丘陵南东缘，山前陡坡、陡坎发育，构成了太古宇混合岩与第四系的边界，空间展布上距1:20万地质图标注的浑河断裂较远，走向变化很大，河流和人工作用是地质、地貌差异性的主导因素	不是断裂构造的指示

影像编号	等级	走向	长度/m	参考地点	影像及其微地貌形态特征	综合地质地貌表现	断裂构造的指示性
Y51	B	北东东	1190	抚顺甲邦	近直线状线性影像清楚，延伸平直、稳定，两侧色调没有明显差异，处于混合岩侵蚀丘陵直线状冲沟，有断续基岩陡坡、陡坎发育，规模一般较小	两侧地质、地貌基本相同，地貌形态上为抚顺盆地内部的独立丘陵，丘陵走向为北东东，地形起伏明显、差异较大，与1：20万地质图标注的浑河断裂较远	一定的抚顺段分支构造相关指示
X1	A	北东东	2060	抚顺甲邦北	近直线状-弯曲状线性影像十分清晰，延伸较稳定、连续，影像两侧色调差异明显，一侧的浑河河漫滩、一级堆积阶地和山前坡积裾等地形较为平坦、开阔，另一侧山前基岩陡坡、陡坎发育，陡坎最大高度可达30m以上，但变化不均匀，影像即为陡坡、陡坎的反映，局部为人工土堤，人为改造作用强烈	两侧地质、地貌差异变化不均匀，处在抚顺盆地内部的相对独立丘陵，丘陵走向为北东东，地形起伏明显、差异巨大，大致构成了太古宇混合岩与第四系沉积等的边界，与1：20万地质图标注的浑河断裂接近，但具有0.3~0.5km的偏差，地质、地貌差异性不能忽略河流的作用	具有一定的浑河断裂抚顺段或其分支构造存在、活动的相关指示
Y52	B	北东	1480	抚顺后甸东	展布于抚顺盆地的东端，近直线状线性影像比较清楚，与相邻影像构成左阶斜列状排列结构，两侧色调差异则不明显，坡积裾上可见次级小冲沟及附近的小陡坎，小陡坎断续发育，两侧地势存在一定的差异，幅度在0.5~1m，总体地势由山前向北侧沟谷底部倾斜，存在一定程度人为改造	处在抚顺盆地内部的浑河次级沟谷，地形有起伏，两侧地质、地貌差异不大，是太古宇混合岩与古近系凝灰岩等的边界，与1：20万地质图标注的浑河断裂基本吻合，可能反映了断裂一定程度的活动，但冲沟河流的侧蚀作用也是重要的因素，两侧第四系分布未见明显的差异性	具有断裂抚顺段存在及活动的相关指示，左阶斜列状结构
Y53	B	北东	330	抚顺后甸东	展布于抚顺盆地东端，直线状线性影像比较清楚，与相邻影像构成左阶斜列状排列结构，两侧色调差异则不明显，地表可见次级小冲沟及两侧的小陡坎，但两侧地势差异不明显，人为改造强烈	处在山前倾斜平原上，地形平坦、开阔，两侧地质、地貌基本相同，与已知浑河断裂接近，可能反映了断裂局部结构对地表河流发育的影响，两侧第四系分布未见明显的差异性	可能是对断裂抚顺段的指示，但不能明确，左阶斜列状结构

续表

影像编号	等级	走向	长度/m	参考地点	影像及其微地貌形态特征	综合地质地貌表现	断裂构造的指示性
Y240	B	北东	5050	抚顺雷锋体育场北－北土门子	弯曲弧状线性影像清晰，延伸稳定、连续，影像两侧色调差异明显，南南东侧浑河河漫滩和一级阶地地形平坦、开阔，北北西侧三级基座阶地基岩陡坡、陡坎发育，陡坎高度可达5m以上，影像为陡坡、陡坎的反映，跨影像发育的山前坡洪积扇和坡积裙等形态较完整，存在一定程度人为改造	两侧地质、地貌差异明显，处在浑河冲洪积区与三级基座阶地、丘陵的边界，地形起伏剧烈，是太古宙斜长混合岩与第四系的边界，与已知浑河断裂接近，可能反映了断裂活动及新构造差异运动的特性，但河流作用也是重要因素，是抚顺盆地的北侧边界，控制了第四系地层分布	抚顺段存在及活动的相关指示，但1:20万地质图上未标注，可能隐伏于山前第四系区
Y241	B	近东西	5360	望花北兴隆店－西葛南社区	近直线状－弯曲弧状线性影像清晰，延伸稳定、连续，影像两侧色调差异明显，南侧浑河河床、河漫滩和一级阶地地形较为平坦，北侧山前基岩陡坡、陡坎发育，陡坎高度可达5m以上，受近南北向沟谷下切侵蚀强烈，但跨影像发育的山前坡洪积扇等形态较完整，存在一定程度人为改造	两侧地质、地貌存在明显差异，处在浑河冲洪积区与丘陵的边界，地形起伏明显、差异巨大，是太古宙斜长混合岩与第四系的边界，与已知浑河断裂接近，应是反映了断裂活动及新构造差异运动的特性，但浑河的河流作用也是重要的因素，是抚顺第四纪盆地的北侧边界，控制了第四系地层的分布	具有断裂抚顺段存在及活动的相关指示，但1:20万地质图上未标注，断层可能隐伏于山前第四系区
X47	B	近东西	5120	抚顺北詹家屯－前甸北山	近直线状线性影像十分清晰，延伸稳定、连续，影像两侧色调差异明显，南侧浑河阶地、山前倾斜平原等地形较为平坦、开阔，北侧三级基座阶地基岩陡坡、陡坎发育，陡坎高度可达5m以上，影像为陡坡、陡坎的反映，跨影像发育的山前坡洪积扇和坡积裙等形态较完整，存在一定程度人为改造	两侧地质、地貌存在明显差异，处在浑河冲洪积区与丘陵、三级基座阶地的边界，地形起伏明显、差异巨大，是太古宙斜长混合岩与第四系的边界，与已知浑河断裂接近，可能反映了断裂活动及新构造差异运动的特性，但浑河的河流作用也是重要的因素，是抚顺第四纪盆地的北侧边界，控制了第四系地层的分布	具有断裂抚顺段存在及活动的相关指示，但1:20万地质图上未标注，断层可能隐伏于山前第四系区

续表

影像编号	等级	走向	长度/m	参考地点	影像及其微地貌形态特征	综合地质地貌表现	断裂构造的指示性
Y242	B	近东西	960	抚顺东北关岭	直线状线性影像较清楚，但两侧色调没有明显差异，南侧浑河阶地、山前倾斜平原等地形较为平坦、开阔，北侧丘陵区基岩陡坡发育，山前有小陡坎，陡坎高度较小，且连续性差，存在一定程度人为改造	两侧地质、地貌存在差异，处在浑河冲洪积区与丘陵的边界，是太古宙斜长混合岩与古近系凝灰岩、第四系的边界，与1:20万地质图上标注的浑河断裂基本一致，反映了断裂活动及新构造差异运动特性，是抚顺盆地北边界，控制了第四系分布	初步确定为断裂抚顺段存在及活动的相关指示
Y243	B	近东西	1670	抚顺北施家沟	直线状线性影像清晰，延伸稳定，与东、西两侧的线性影像处在同一延伸线上，两侧色调差异明显，南侧浑河一级阶地地形平坦、开阔，北侧三级基座阶地山前基岩陡坡、陡坎发育，陡坎高度可达5m以上，影像为陡坡、陡坎的反映，跨影像发育的山前坡洪积扇和坡积裾等形态较完整，存在一定程度人为改造	两侧地质、地貌存在明显差异，处在浑河冲洪积区与三级基座阶地、侵蚀、剥蚀丘陵的边界，地形起伏明显、差异巨大，是太古宙斜长混合岩与第四系的边界，与已知浑河断裂接近，可能反映了断裂活动及新构造差异运动的特性，但浑河的河流作用也是重要的因素，是抚顺第四纪盆地的北侧边界，控制了第四系地层的分布	具有断裂抚顺段存在及活动的相关指示，但1:20万地质图上未标注，断层可能隐伏于山前第四系区

1）抚顺城区北部的滴台-西葛布-北土门子-前店北山-关岭一线

沿该线可解译出 5 条近一字排列的直线状或弯曲弧状线性异常（Y240、Y241、Y242、Y243 和 X47），影像延伸连续、完整，走向北东东，其间或存在一定的斜列排列，但阶区间距一般很小。各影像延伸长度为 1.0~5.3km，主要表现为两侧明显的色调差异。影像在地貌上处在侵蚀、剥蚀丘陵区与现代浑河河床的分界线上。北侧丘陵区地形起伏较大、植被较好、色调较深；南侧河床地形平坦、植被较差、色调较浅。结合已有研究，遥感影像空间位置和展布方向与浑河断裂北支基本一致，但在河流侧蚀作用下，北支主干可能总体偏于山前陡坎倾向方向，即在现代浑河沉积区之下发育，而陡坎处在不断向北后退的过程中。

2）大道-大甲邦-章党附近

沿该线解译出一系列走向北东或北东东的短促直线状线性异常（Y42、Y43、Y44、Y45、Y46、Y47、Y48、Y49、Y50、Y51、Y52、Y53 和 X1），它们与前述北东东向影像之间存在 0.5~1.0km 的空区。该系列影像单条延伸长度 0.3~2.0km（图 4.5），具有右阶斜列状或平行状排列结构，主要表现为深、浅色调不同条带和两侧色调差异。影像大致可划分为东、西两个部分，其间存在 0.6～1.3km 的空区。经野外验证调查，西部影像在地貌上处在浑河高河漫滩和一级阶地上，地形起伏舒缓，影像主要为高河漫滩、阶地面上小的陡坎、陡坡或次级小型支流、冲沟，其中小型支流、冲沟的色调相对较深；东部影像在地貌上处在侵蚀、剥蚀丘陵区或山前地带，地形起伏较大，影像主要为山前陡坎、陡坡或丘陵山体中近直线状山脊，更多地表现为两侧明显的色调差异。根据已有研究，影像空间位置和展布方向与浑河断裂是相近的。

图 4.5 浑河断裂抚顺段大甲邦附近卫星遥感解译图

总之，浑河断裂抚顺段处在下辽河平原区与辽东山地区过渡部位辽东山地区一侧，受到断裂活动控制第四纪断陷盆地发育，盆地内为浑河河床、河漫滩、一级阶地等地貌单元，第四系厚度较下辽河盆地要小得多，最大仅 20m 左右。以浑河断裂南、北主干分支为边界，向两侧迅速转变为侵蚀、剥蚀丘陵区，山前地带陡坎、陡坡发育，形成比较清晰的影像。与第四系覆盖较厚的沈阳段比较，浑河断裂抚顺段的新活动性被掩盖程度要轻得多，因而在地貌、第四纪地质上相对表现较好，可以解译出多条色调清楚、连续性较好、延伸稳定的断裂线性影像，但这类影像主要位于抚顺盆地北侧，南侧则由于人类活动和矿山开采等的强烈改造难以得到类似的解译。经过野外验证调查，遥感影像在（微）地貌上主要为北东东至近东西向具有明显高度差的陡坡或陡坎，盆地东端则为走向北东东、高度差较小的冲沟或洼地，也有一些地段属于河流一级阶地或高河漫滩前缘陡坎的反映。总的来说，抚顺段断裂线性影像较好，主要表现为数条延伸较长、近直线状或弯曲弧状的线性段落，其间解译空区规模较沈阳段明显为小，具有连续性和规律性较好、形态特征均匀、变化简单的特点。影像色调或两侧的色调差异一般也较沈阳段清楚，少数影像甚至可以达到 A 等级。另外，浑河北岸线性影像主要表现为左阶斜列状结构，至盆地东端略为复杂，可呈右阶斜列及平行状排列，这在某种程度上反映了浑河断裂抚顺段展布结构的复杂性。结合已有认知综合分析认为，浑河断裂北支的遥感线性影像较南支清楚，影像结构和两侧的高度变化与断裂是大致吻合，反映了浑河断裂的新构造运动特征，其中以北支主干断裂两侧的地势差异更为显著，而以浑河断裂为控制边界，抚顺盆地在第四纪期间是相对下降的。此外，浑河断裂抚顺段走向北东东至近东西，基本平行于浑河河床，断裂南支主要发育在浑河南岸，距离河床较远，断裂北支发育在浑河北岸并毗邻河床，现代浑河河床明显偏于河谷北侧，断裂南支主干主要隐伏于河流一级阶地或河漫滩、河床之下，因此浑河断裂抚顺段北支相对于南支可能具有较强的第四纪活动性。

3. 浑河断裂章党－南杂木段

在遥感影像上，浑河断裂在由大伙房水库经石门岭、营盘东延至南杂木长约 30km 的范围内显现出连续性好、走向稳定的清晰线性特征。影像主要由 2~4 条大致平行或斜列状排列的线条组成，此起彼伏、错落有致，其间不存在明显的影像空区，因此在这一段落可能发育较多与断裂发育和活动相关的线性地貌。

浑河断裂章党－南杂木段处在辽东山地区，地形起伏很大。与章党以西的抚顺段和南杂木以东的南杂木－英额门东段比较，该段断裂在（微）地貌发育和浑河河谷控制等方面表现明显不同。首先，断裂对于浑河河谷的控制程度减弱，该断裂段完全展布于浑河河谷北岸，虽然与河谷走向大致保持平行，但位置上与河谷并不重合，不像章党以西或南杂木以东那样分别展布于河谷南、北两侧并进而控制河谷的北东东向直线型形态。这段河谷在总体北东东走向的前提下局部存在较多的变化，使得断裂与河床之间距离由 1km 左右增至数千米不等。其次，断裂晚近时期构造活动在（微）地貌形态上又具有诸多的表现，这一地段多向变化的丘陵、沟谷在浑河断裂附近发生了北东东向的方向性（微）地貌形态变化，形成了诸如基岩山前与第四系沉积区之间的边界线、近直线状展布山前台地后缘连接线、沿断裂带近直线状展布沟谷等负地形，以及山前地带断续发育的陡坡和陡坎等，也就是说，与控制宏观浑河河谷发育等大的地貌形态相比，章党－南杂木段在微地貌上具有更为突出的表现。向东延至南杂木盆地附近，断裂段与浑河河谷趋于重合，断裂对河谷的控制作用开始显现出来，河谷平坦、开阔，河谷北侧在断裂控制下与侵蚀、剥蚀丘陵相接，沿断裂带在山前发育有直线状陡坡、陡坎带，山前地带还可观测到多级不连续的北东东向狭长条状河流阶地等，它们在遥感影像上均具有清晰的表现；在河谷南侧，没有见到北东东向断裂的痕迹，河谷冲洪积平原与丘陵之间渐变过渡，山前地带多坡洪积扇、坡积裾等，岸线形态多呈弯曲弧状，没有形态完整、清楚的陡坡、陡坎等直线状（微）地貌发育。在南杂木盆地及周围地区，北东东向浑河断裂与北西－北北西向苏子河断裂相交会，在两组构造带的共同相互作用下，形成了盆地周围以北东东向、北西－北北西向为主并具有一定牵引性、错切性的复杂陡坡、陡坎带，在遥感影像上形成间断发育并具有局部走向变化的北东东向和北西－北北西向线性影像特征，其中复杂多变的北东东向影像实际上多与浑河断裂或其分支构造相关。分析认为，浑河断裂章党－南杂木段主要展布在浑河北岸，走向稳定，这一段落的河谷变化较为复杂，断裂虽没有完全控制浑河河谷形态，但也在一定程度上控制了次级北东东向沟谷和第四系地层的发育。

根据遥感分析，可解译出与断裂构造相关的线性影像 31 条，包括 A 等级影像 7 条、B 等级影像 24 条（表 4.5）。上述影像均处在浑河河谷北侧，总体较为清楚，其间遥感解译空区较少。

表4.5　浑河断裂章党－南杂木段遥感线性影像解译特征

影像编号	等级	走向	长度/m	参考地点	影像及其微地貌形态特征	综合地质地貌表现	断裂构造的指示性
X2	A	北东	2200	章党水库街	直线状线性影像十分清晰，延伸平直、稳定、连续，两侧色调具有差异，一侧的章党河河漫滩、一级堆积阶地和山前坡积裙等地形较为平坦、开阔，另一侧山前基岩陡坡、陡坎发育，陡坎高度可达20m以上，影像即为陡坡、陡坎的反映	两侧地质、地貌存在明显差异，处在浑河、章党河冲洪积区与丘陵的边界，地形差异巨大，是太古宇混合岩与第四系等的边界，与1:20万地质图标注的浑河断裂接近，可能反映了断裂活动及新构造差异运动特性，但河流作用也是重要的因素，是抚顺盆地东缘边界，控制了第四系分布	具有浑河断裂章党－南杂木段存在及活动的相关指示
X3	A	北东东	2330	章党洪家沟	直线状线性影像十分清晰且平直、稳定、连续，色调差异明显，北西侧浑河支流沟谷南侧古近系凝灰岩侵蚀堆积台地呈缓倾斜，南东侧混合岩丘陵陡坡发育，两侧地形坡度明显不同，其间存在明显折线，形成影像，跨影像发育的山前坡洪积扇等形态较完整	两侧地质、地貌存在一定差异，处在浑河支流沟谷冲洪积区、山前坡洪积区与丘陵的边界，地形起伏明显，是太古宇混合岩与古近系凝灰岩、第四系的边界，与1:20万地质图标注的浑河断裂吻合，反映了断裂活动特性，控制了第四系分布	确定为断裂章党－南杂木段存在及活动的相关指示
X4	A	北东东	1610	章党河东	直线状线性影像十分清晰，延伸平直、稳定、连续，影像两侧色调具有差异，北西侧章党河一级堆积阶地地形平坦、开阔，南东侧山前基岩陡坡、陡坎发育，陡坎高度可达20m以上，影像即为陡坡、陡坎的反映，两侧微地貌形态迥异，其间没有过渡带	两侧地质、地貌存在明显差异，处在浑河、章党河冲洪积区与丘陵的边界，地形差异巨大，是古近系凝灰岩与第四系沉积等的边界，与1:20万地质图标注的浑河断裂接近，可能反映了断裂活动特性，是抚顺盆地东缘边界，控制了第四系分布	具有断裂章党－南杂木段存在及活动的相关指示

续表

影像编号	等级	走向	长度/m	参考地点	影像及其微地貌形态特征	综合地质地貌表现	断裂构造的指示性
Y54	B	北东	1250	抚顺东下南沟	北东向直线状线性影像清晰，延伸稳定，因植被差异影像两侧色调有所不同，北西侧主要为河流沉积区，沟谷呈"U"字形，地形比较平坦，山前地带有狭长条状的坡积裙，呈缓倾斜，南东侧为太古宙混合岩，山前可见基岩陡坡、陡坎	两侧大的地质、地貌具有一定差异，处在第四系沉积区与低山、丘陵边界，充当了太古宙混合岩与第四系冲洪积、坡洪积等地层的边界，与 1:20 万地质图的浑河断裂北支相近，反映了断裂活动特性，控制了第四系分布	初步确定为浑河断裂北支的相关指示
X5	A	北东东	2220	抚顺东东石门岭	直线状线性影像十分清晰，延伸平直、稳定，两侧影像色调虽有差别但不明显，影像所处主要为混合岩侵蚀丘陵陡坡带与山前侵蚀堆积台地的界线，其间存在差异不等的波折，跨影像垂向冲沟发育，山前坡洪积扇和坡积裙等形态较完整	两侧地质、地貌存在一定差别，地貌形态上为浑河断裂带外侧的条带状丘陵，走向北东东，也具有近南北向延伸趋势，地形差异较大，影像北侧第四系不发育，向南则逐渐增厚，与 1:20 万地质图标注的浑河断裂较近，且具有平行特征	具有一定的断裂章党-南杂木段分支构造的相关指示
Y55	B	北东	3360	抚顺东驿马-石灰窑子	近直线状-弯曲弧状线性影像较为清楚，延伸稳定、连续，两侧影像色调虽有差别但不明显，影像所处主要为混合岩侵蚀低丘陵与上元古界白云岩侵蚀低山、丘陵的界线，跨影像近南北向冲沟十分发育，山前坡洪积扇和坡积裙等形态较完整	两侧地质、地貌存在一定差别，为浑河断裂带外侧的条带状丘陵，丘陵形态、走向等多变，主要为北东东向、近南北向，地形差异较大，第四系主要分布于影像南侧，局部地段与 1:20 万地质图标注的浑河断裂吻合，但也存在不规律变化	应属于断裂章党-南杂木段存在及活动的相关指示
Y56	B	北东东	2530	抚顺东石门岭南山	直线状线性影像十分清晰，延伸平直、稳定、连续，两侧色调差异明显，北西侧浑河支流沟谷山前古近系凝灰岩侵蚀堆积台	两侧地质、地貌存在一定差异，处在浑河支流沟谷冲洪积区、山前坡洪积区与丘陵的边界，地形具有明显差异性，是太古宇	确定为断裂章党-南杂木段存在及活动的相关指示

续表

影像编号	等级	走向	长度/m	参考地点	影像及其微地貌形态特征	综合地质地貌表现	断裂构造的指示性
Y56	B	北东东	2530	抚顺东石门岭南山	地呈缓倾斜，南东侧太古宇混合岩丘陵陡坡发育，两侧地形坡度明显不同，在侵蚀堆积台地、丘陵陡坡之间存在明显折线，影像即为这一折线的反映，跨影像发育的山前坡洪积扇等形态较完整	混合岩与古近系凝灰岩、第四系的边界，与1:20万地质图标注的浑河断裂吻合，反映了断裂活动特性，控制了第四系分布	
Y57	B	北东东	3620	石门岭磨石沟－窑地	近直线状线性影像比较清楚，延伸平直、稳定，影像两侧色调大致相同，影像所处主要为混合岩、凝灰岩等侵蚀丘陵中的近直线状冲沟，冲沟内部有断续发育的基岩陡坡、陡坎，但陡坎规模一般较小	两侧地质、地貌基本没有差别，地貌形态上为浑河断裂带外侧的条带状丘陵，丘陵走向北东东，地形起伏明显、差异较大，与1:20万地质图标注的浑河断裂较近，且具有平行特征	具有一定的断裂章党－南杂木段分支构造的相关指示
Y58	B	北东东	2450	章党土口子东	近直线状线性影像比较清楚，延伸平直、稳定，影像两侧色调大致相同，影像所处主要为混合岩侵蚀丘陵中的直线状冲沟，冲沟内部有断续发育的基岩陡坡、陡坎，但陡坎规模一般较小	两侧的地质、地貌基本相同，地貌形态上为浑河断裂带外侧的条带状丘陵，丘陵走向为北东东，地形起伏明显、差异较大，与1:20万地质图标注的浑河断裂较近，且具有平行特征	具有一定的断裂章党－南杂木段分支构造的相关指示
Y59	B	北东东	2750	章党土口子东	弯曲状线性影像比较清楚，延伸稳定，影像两侧色调大致相同，影像所处主要为混合岩侵蚀丘陵中的直线状冲沟，冲沟内部有断续发育的基岩陡坡、陡坎，但陡坎规模一般较小	两侧的地质、地貌基本相同，地貌形态上为浑河断裂带外侧的条带状丘陵，丘陵走向为北东东，地形起伏明显、差异较大，与1:20万地质图标注的浑河断裂较近，且具有平行特征	具有一定的断裂章党－南杂木段分支构造的相关指示

影像编号	等级	走向	长度/m	参考地点	影像及其微地貌形态特征	综合地质地貌表现	断裂构造的指示性
Y60	B	北东东	670	抚顺东洪家沟南	近直线状线性影像比较清楚，延伸平直、短促，影像两侧色调大致相同，影像所处主要为混合岩侵蚀丘陵中的直线状冲沟，冲沟内部可见少量的基岩陡坎，但陡坎规模一般较小	两侧的地质、地貌基本相同，地貌形态上为浑河断裂带外侧的条带状丘陵，丘陵走向为北东东，地形起伏明显、差异较大，与1:20万地质图标注的浑河断裂较近，且具有平行特征	具有一定的断裂章党-南杂木段分支构造的相关指示
Y61	B	北东东	1330	抚顺东洪家沟北	直线状线性影像清楚，延伸稳定，两侧色调具有差异，但不明显，南东侧浑河支流沟谷北侧的山前侵蚀堆积台地地形呈缓倾斜，北西侧侵蚀丘陵陡坡发育，两侧地形坡度明显不同，在山前台地、丘陵陡坡之间存在明显的折线，影像即为这一折线的反映	两侧地质、地貌存在一定差异，处在浑河支流沟谷冲洪积区、山前坡洪积区与丘陵的边界，地形具有明显差异性，是太古宙斜长混合岩与第四系的边界，与1:5万地质图标注的浑河断裂吻合，反映了断裂活动特性，控制了第四系地层分布	确定为断裂章党-南杂木段存在及活动的相关指示
Y62	B	北东	1510	章党土口子南	近直线状线性影像比较清楚，延伸平直、稳定，影像两侧色调大致相同，影像所处主要为混合岩侵蚀丘陵中的直线状冲沟，冲沟内部有断续发育的基岩陡坡、陡坎，但陡坎规模一般较小	两侧的地质、地貌基本相同，地貌形态上为浑河断裂带外侧的条带状丘陵，丘陵走向为北东东，地形起伏明显、差异较大，与1:20万地质图标注的浑河断裂较近，且具有平行特征	具有一定的断裂章党-南杂木段分支构造的相关指示
Y63	B	北东东	1560	章党土口子西	弯曲弧状线性影像清楚，延伸稳定、连续，色调具有差异，南东侧浑河及支流河漫滩、山前坡积裙等平坦、开阔，北西侧浑河及支流河漫滩、山前基岩陡坡、陡坎高度达310m以上，地表发育规模较小、不均匀的小陡坎，两侧地形坡度明显不同，其间存在有明显折线，人为改造作用强烈	两侧地质、地貌存在差异，处在浑河及其支流冲洪积区与丘陵的边界，地形差异较大，是太古宇混合岩、古近系凝灰岩与第四系的边界，与1:20万、1:5万地质图浑河断裂接近，可能反映了断裂活动特性，控制了第四系地层的分布	具有断裂章党-南杂木段存在及活动的相关指示

续表

影像编号	等级	走向	长度/m	参考地点	影像及其微地貌形态特征	综合地质地貌表现	断裂构造的指示性
Y64	B	北东东	1090	抚顺东阿吉东	北东东向直线状线性影像清晰，延伸稳定，因植被差异影像两侧色调不同，北侧河流一级阶地、河漫滩平坦、开阔，山前狭长条状坡积裙呈缓倾斜，与阶地之间渐变过渡，南侧为太古宙混合岩，山前可见基岩陡坡、陡坎，人为改造作用强烈	两侧大的地质、地貌具有一定差异，处在第四系沉积区与低山、丘陵的边界，充当了太古宙混合岩与第四系冲洪积、坡洪积等地层的边界，与1:20万地质图的浑河断裂北支相近，反映了断裂活动及新构造运动特性，控制了第四系地层的分布	初步确定为浑河断裂北支的相关指示
Y65	B	北东东	1620	白金屯	直线状线性影像十分清晰，延伸平直、稳定，因植被不同两侧色调差异明显，南侧为古近系凝灰岩侵蚀、剥蚀残丘，北侧为山前条带状的坡积裙，第四系发育，两侧地形均呈缓倾斜，残丘的坡度相对较大，其间存在一定的地形折线，影像也为这一折线的反映，跨影像的山前坡洪积扇等形态较为完整	两侧地貌形态存在一定差异，处在坡积裙、坡洪积扇等第四系坡积、坡洪积区与残丘的边界，地形具有一定差异性，两侧的基岩地层则是相同的，与1:5万地质图标注的浑河断裂吻合，与1:20万地质图的浑河断裂相近，并呈平行状态，反映了断裂活动及新构造运动特性，控制了第四系地层的分布	确定为断裂章党－南杂木段存在及活动的相关指示
Y66	B	北东东	2010	高丽	近直线状线性影像十分清晰，延伸平直、稳定，因植被不同两侧色调差异明显，南侧为古近系凝灰岩侵蚀、剥蚀残丘，北侧为山前条带状的坡积裙，第四系发育，两侧地形均呈缓倾斜，残丘的坡度相对较大，其间存在一定的地形折线，影像也为这一折线的反映，跨影像的山前坡洪积扇等形态较为完整	两侧地貌形态存在一定差异，处在坡积裙、坡洪积扇等第四系坡积、坡洪积区与残丘的边界，地形具有一定差异性，两侧基岩地层相同，与1:5万地质图标注的浑河断裂完全吻合，与1:20万地质图的浑河断裂相近，并呈平行状态，反映了断裂活动及新构造运动特性，控制了第四系地层的分布	确定为断裂章党－南杂木段存在及活动的相关指示

影像编号	等级	走向	长度/m	参考地点	影像及其微地貌形态特征	综合地质地貌表现	断裂构造的指示性
Y67	B	北东东	1690	新屯	近直线状线性影像十分清晰、稳定、连续，两侧色调具有差异，南东侧浑河支流沟谷山前古近系凝灰岩侵蚀堆积台地呈南东向缓倾斜，北西侧太古宙斜长混合岩陡坡发育，其间存在地形折线，形成影像，跨影像发育的北西向冲沟及山前坡洪积扇等形态较完整	两侧地质、地貌存在一定差异，处在浑河支流沟谷冲洪积区、山前坡洪积区与丘陵的边界，地形具有一定差异性，是太古宙斜长混合岩与古近系凝灰岩、第四系的边界，与1:20万地质图标注的浑河断裂相近，并呈平行状态，可能是对断裂活动及新构造差异运动的反映，控制了第四系地层的分布	初步确定为断裂章党－南杂木段存在及活动的相关指示
Y68	B	北东东	2360	南杂木西西岭	直线状线性影像清晰，延伸平直、稳定、连续，两侧色调具有差异，南侧浑河一级、二级、三级阶地等地形平坦、开阔，显示阶梯状变化，北侧山前基岩陡坡、陡坎高度一般 2~5m，最大可达 10m 以上，两侧微地貌形态迥异，基岩陡坡、陡坎与河流阶地之间没有过渡带	两侧的地质、地貌差异明显，处在浑河冲洪积区与低山、丘陵的边界，地形差异巨大，是太古宙斜长混合岩与古近系凝灰岩、第四系的边界，与1:20万地质图浑河断裂局部吻合，反映了断裂活动特性，河流作用也是重要的因素，是浑河断陷区的北缘边界，控制了第四系地层的分布	确定为断裂章党－南杂木段存在及活动的相关指示
Y69	B	北东东	1220	辖制伙洛	近直线状线性影像较为清楚、稳定，色调大致相同，为太古宙斜长混合岩丘陵中具有一定方向性的断续陡坡或陡坎，规模一般较小，跨影像北西向冲沟十分发育，冲沟和山前坡洪积扇、坡积裾等形态完整	两侧地质、地貌没有明显差异，丘陵、沟谷走向以北西向为主，而影像为北东东向，两者近垂直，丘陵、沟谷延伸稳定，没有发生错切变化，与1:20万、1:5万地质图标注的浑河断裂均有一定距离	不属于断裂存在的相关指示
Y70	B	北东东	1000	南杂木西二伙洛五队北	近直线状线性影像较为清楚，延伸稳定，两侧影像色调大致相同，主要为太古宙斜	两侧地质、地貌没有明显差异，丘陵、河流沟谷走向以北西向等为主，而影像为北	初步确定为断裂章党－南杂木段存在及活动的相关指示

续表

影像编号	等级	走向	长度/m	参考地点	影像及其微地貌形态特征	综合地质地貌表现	断裂构造的指示性
Y70	B	北东东	1000	南杂木西二伙洛五队北	长混合岩等侵蚀丘陵中具有一定方向性的断续发育的基岩陡坡或陡坎，但陡坎规模一般较小，跨影像北西向冲沟、北北东向河流发育，河流一级阶地和山前坡洪积扇、坡积裙等形态完整	东东向，两者近垂直，丘陵、沟谷延伸稳定，一级阶地、山前坡洪积扇等没有发生错切变化，与1∶20万地质图浑河断裂相近并平行，与1∶5万地质图浑河断裂基本吻合	
Y71	B	北东东	1260	南杂木西二伙洛西	直线状线性影像清晰，延伸平直、稳定、连续，两侧色调具有差异，南侧浑河一级、二级阶地等，地形平坦、开阔，显示一定的阶梯状变化，北侧山前基岩陡坡、陡坎发育，陡坎高度一般2~5m，最大可达10m以上，影像即为陡坡、陡坎的反映，两侧微地貌形态迥异，基岩陡坡、陡坎与河流阶地之间没有过渡带	两侧地质、地貌存在明显差异，处在浑河冲洪积区与低山、丘陵的边界，地形差异巨大，是太古宙斜长混合岩与古近系凝灰岩、第四系的边界，与1∶5万、1∶20万地质图所标注的浑河断裂接近，应反映了断裂活动特性，是浑河断陷区北缘边界，控制了第四系分布	初步确定为断裂章党－南杂木段存在及活动的相关指示
X6	A	北东东	1690	南杂木西	近直线状线性影像十分清晰，延伸平直、稳定、连续，两侧色调具有差异，北侧浑河一级阶地、山前坡洪积扇群地形平坦、开阔，坡洪积扇群波状起伏，略倾向于一级阶地，南侧上侏罗统安山岩和太古宇混合岩构成低山、丘陵，陡坡、陡坎发育，高度在2~5m，影像即为陡坡、陡坎的反映，两侧微地貌形态迥异	两侧地质、地貌存在明显差异，处在第四系沉积区与低山、丘陵的边界，地形差异巨大，是上侏罗统安山岩、太古宇混合岩与第四系的边界，与1∶20万地质图浑河断裂基本吻合，反映了断裂活动以及新构造差异运动的特性，是南杂木盆地的南缘边界，控制了第四系分布	确定为断裂章党－南杂木段存在及活动的相关指示
X7	A	北东东	1870	南杂木西南	处在X6东延伸线上，弯曲状线性影像清晰、稳定、连续，色调具有差异，北侧一级阶	两侧地质、地貌存在明显差异，处在第四系沉积区与低山、丘陵的边界，地形起伏	可确定为断裂章党－南杂木段存在及活动的相关指示

影像编号	等级	走向	长度/m	参考地点	影像及其微地貌形态特征	综合地质地貌表现	断裂构造的指示性
X7	A	北东东	1870	南杂木西南	地、山前坡洪积扇群平坦、开阔，坡洪积扇群呈波状起伏，略倾向于一级阶地，南侧上侏罗统安山岩、太古宇混合岩山前基岩陡坡、陡坎发育，高度 2～5m，构成影像，近南北向垂直冲沟及山前冲洪积扇等形态完整，未被错切	剧烈，是上侏罗统安山岩、太古宇混合岩与第四系的边界，与 1:20 万地质图所标注的浑河断裂接近，应反映了断裂活动以及新构造差异运动的特性，是南杂木盆地的南缘边界，控制了第四系地层的分布	
Y72	B	北东东	1230	南杂木西二伙洛六队	弯曲状线性影像比较清楚，两侧色调变化不均匀，影像所处主要为太古宇混合岩等侵蚀丘陵中的近直线状陡坡或陡坎，陡坎高度差异巨大，在东侧可见高近百米的近直立陡坎沿断层面发育，向西则趋于尖灭	两侧地质、地貌具有一定差别，地貌形态差异较为明显，影像处在南杂木盆地内部的残丘体上，与 1:20 万地质图标注的浑河断裂相距约 1km，但两者具有平行特征	属于断裂章党－南杂木段分支构造的指示
Y73	B	北东东	570	北杂木南	近直线状线性影像十分清晰、稳定，两侧色调具有显著差异，南侧以一级阶地、河漫滩等为主，地形平坦、开阔，北侧为太古宇斜长混合岩，构成侵蚀、剥蚀低山、丘陵，山前基岩陡坡、陡坎发育，形态较好，陡坎高度在 3～8m，影像即为陡坡、陡坎的反映	两侧地质、地貌存在明显差异，处在第四系沉积区与低山、丘陵的边界，地形差异巨大，是太古宙斜长混合岩与第四系的边界，在 1:20 万地质图上没有标注断裂，但两侧地貌和新构造差异是确定的，是南杂木盆地北缘边界，控制了第四系分布	初步确定为断裂章党－南杂木段或其分支构造存在及活动的相关指示
X9	A	北东	940	南杂木沔阳西	近直线状线性影像十分清晰，延伸稳定、连续，影像两侧色调具有显著差异，南侧以一级阶地、高河漫滩等为主，地形平坦、开阔，山前发育有狭长的坡积裾，北侧为太古宙斜长混合岩，	两侧地质、地貌存在明显差异，处在第四系沉积区与低山、丘陵的边界，地形差异巨大，是太古宙斜长混合岩与第四系的边界，在 1:20 万地质图上没有标注有断裂，但两侧地貌和新构造	初步确定为断裂章党－南杂木段或其分支构造存在及活动的相关指示

续表

影像编号	等级	走向	长度/m	参考地点	影像及其微地貌形态特征	综合地质地貌表现	断裂构造的指示性
X9	A	北东	940	南杂木沔阳西	构成侵蚀、剥蚀低山、丘陵，山前基岩陡坡发育，影像即为陡坡的反映	差异明显，是南杂木盆地北缘边界，控制了第四系分布	
Y154	B	北北东	510	南杂木沔阳西	近直线状线性影像十分清晰，延伸稳定，影像两侧色调具有显著差异，南侧以一级阶地、河漫滩等为主，地形平坦、开阔，北侧为太古宙斜长混合岩，构成侵蚀、剥蚀低山、丘陵，山前基岩陡坡、陡坎发育，形态较好，陡坎高度在3~8m，影像即为陡坡、陡坎的反映	两侧地质、地貌存在明显差异，处在第四系沉积区与低山、丘陵的边界，地形差异巨大，是太古宙斜长混合岩与第四系的边界，在1:20万地质图上没有标注断裂，但两侧地貌和新构造差异是确定的，是南杂木盆地的北缘边界，控制了第四系地层的分布	初步确定为断裂章党－南杂木段或其分支构造存在及活动的相关指示
Y161	B	北东	580	南杂木后街北	处在Y160西侧延伸线上，近直线状线性影像十分清晰、稳定，两侧色调差异显著，北侧一级阶地、高河漫滩等平坦、开阔，南侧太古宙斜长混合岩构成三级基座阶地，阶地前缘基岩陡坡、陡坎发育，形态较好，陡坎高度一般为5~10m，最大可达20m以上，影像即为陡坡、陡坎的反映	两侧地质、地貌存在明显差异，处在一级堆积阶地和三级基座阶地的边界，两侧第四系发育特征具有明显差异，地形有起伏，也是太古宇混合岩出露区与第四系的边界，在1:20万地质图上没有标注断裂，但两侧地貌和新构造差异是确定的，处在南杂木盆地的内部，控制了第四系地层的分布	初步确定为断裂章党－南杂木段或其分支构造存在及活动的相关指示
Y244	B	近东西	1110	石门岭南	直线状线性影像十分清晰，延伸平直、稳定，色调差异明显，北侧浑河支流沟谷南侧古近系凝灰岩侵蚀堆积台地呈缓倾斜，南侧太古宇丘陵陡坡发育，在山前台地、丘陵陡坡之间存在明显坡折线，构成影像，跨影像发育的山前坡洪积扇等形态较完整	两侧地质、地貌存在一定差异，处在浑河支流沟谷冲洪积区、山前坡洪积区等与丘陵的边界，地形具有明显差异性，是太古宇混合岩与古近系凝灰岩、第四系的边界，与1:20万地质图浑河断裂吻合，反映了断裂活动特性，控制了第四系分布	确定为断裂章党－南杂木段存在及活动的相关指示

续表

影像编号	等级	走向	长度/m	参考地点	影像及其微地貌形态特征	综合地质地貌表现	断裂构造的指示性
Y248	B	北东东	2490	北杂木	弯曲状线性影像十分清晰，延伸稳定、连续两侧色调差异显著，南侧一级阶地、坡积裾等平坦、开阔，坡积裾呈狭长条状，北侧太古宇斜长角闪岩等构成侵蚀、剥蚀低山、丘陵，山前基岩陡坡、陡坎发育形态较好，但陡坎高度一般较小，在 2～5m，影像即为陡坡、陡坎的反映，垂直影像有近南北向冲沟发育，冲沟及山前冲洪积扇等形态完整，未被错切	两侧地质、地貌存在明显差异，处在第四系沉积区与低山、丘陵的边界，地形差异巨大，是太古宇斜长角闪岩等与第四系的边界，在1:20万地质图上没有标注有断裂，但两侧地貌和新构造差异是确定的，是南杂木盆地北缘边界，控制了第四系分布	初步确定为断裂章党－南杂木段或其分支构造存在及活动的相关指示

1）章党－洪家沟－万金屯－石门岭－驿马－营盘一带

在该带解译出 16 条走向北东－北东东、延伸连续稳定的一系列直线状或微弯曲状线性异常（Y54、Y55、Y56、Y57、Y58、Y59、Y60、Y61、Y62、Y63、Y64、Y244 和 X2、X3、X4、X5）（图 4.6 和图 4.7），它们与西侧相邻抚顺段的北东东向影像之间存在约 2.3km 的

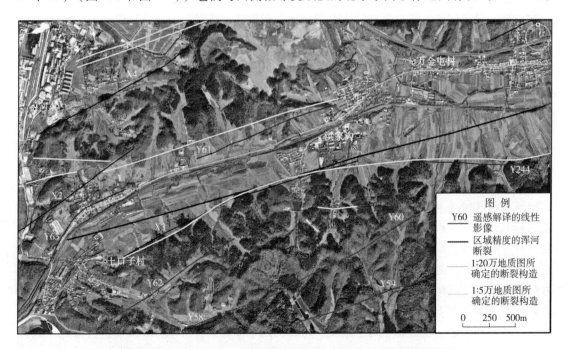

图 4.6　浑河断裂章党－南杂木段西端章党－万金屯卫星遥感解译图

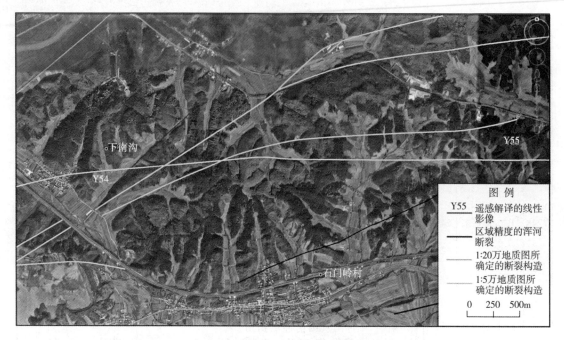

图 4.7　浑河断裂章党－南杂木段石门岭附近卫星遥感解译图

空区，影像连续性和走向稳定性均明显较抚顺段为好，清晰度也显著提高。Y54、X2 等线性影像主要表现为两侧深、浅不同的色调差异，各影像延伸长度为 1.1～3.8km，间距为 0.3～2.3km 不等，西密东疏，总体具有平行状展布特征，局部显示出一定的斜列状排列。经野外验证调查，影像在地貌上主要处在侵蚀、剥蚀丘陵与浑河支流沟谷和山前坡洪积扇的边界，地形起伏明显，两侧地形坡度和植被、岩性特征等一般显示出差异性，沟谷岸侧多见色调较浅、起伏和缓、断续发育的坡洪积台地。根据已有资料，一部分影像在空间位置和展布方向上分别与不同精度（1：20 万、1：5 万等）的浑河断裂研究结果基本一致或相近，分析认为，浑河断裂第四纪以来新活动及其新构造运动差异性对于地貌形态和第四系发育是具有影响的，并在遥感解译上得到了一定程度的体现。

　　2）大伙房水库北岸的新屯－高丽一线

　　在该线解译出 3 条直线状线性异常（Y65、Y66、Y67）（图 4.8），在空间展布上构成了南、北 2 支呈平行状延伸的北东东向线性影像，其中南支长约 4.0km，北支长约 1.7km，相距约 0.8km。该段影像与西侧断裂线性影像之间存在约 2.5km 的空区，与东侧线性影像之间存在约 3.0km 的空区，尽管这些线性影像在空间展布上是不连续的，但它们基本处在同一北东东向的延伸线上，并与已知浑河断裂带南、北主干分支之间具有较好的吻合关系。在影像识别上，主要表现为两侧深、浅不同的色调差异，其中南支色调差异十分清晰，北支略逊。经过野外验证调查，该段影像在地貌上处在浑河北侧支流沟谷侵蚀、剥蚀丘陵与山前冲洪积区、坡洪积区的边界，两侧地形坡度和植被、岩性特征等具有差异，同时，近沟谷一侧可见色调较浅、起伏和缓、断续发育的坡洪积台地发育。根据已有研究资料，南支影像在位置和展布方向上与 1：20 万区调精度的浑河断裂基本一致，据此初步判定浑河断裂的第四纪活动及其沿断裂的新构造运动对于地貌形态和第四系发育具有影响，并在遥感上得到一定程度的体现。

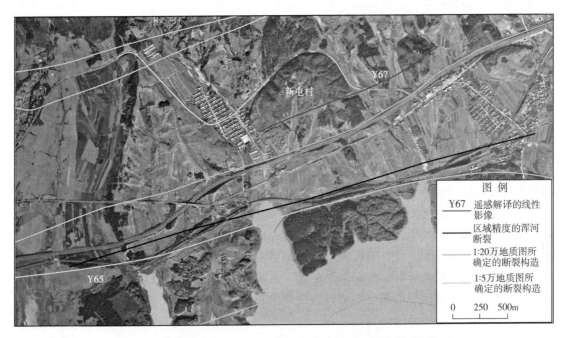

图 4.8　浑河断裂章党－南杂木段新屯－高丽附近卫星遥感解译图

3）洼子伙落－二伙落附近

在此解译出 4 条北东东向直线状或微弯曲状遥感线性影像（Y68、Y69、Y70、Y71），延伸连续、稳定，并大致构成南、北 2 个分支，南支长度约 3.7km，北支长度约 3.0km，间距约 0.6km。这一区段的断裂影像与西、东两侧的同向影像之间分别存在 3.0km、0.7km 的空区，但影像之间基本上处在同一延伸线上，而南支影像与已知浑河断裂主干之间具有较好的吻合关系。在识别特征上，遥感影像主要表现为两侧深、浅不同的色调差异，其中南支色调差异性更为清晰。通过野外验证调查，确定上述影像处在浑河沟谷北侧侵蚀、剥蚀丘陵与山前冲洪积区的边界，地形起伏较为强烈，两侧地形坡度和植被、岩性等具有明显差异，沿线性影像在山前地带可见连续性较好的陡坡、陡坎等（微）地貌形态。根据已有研究资料，南支影像与 1∶20 万区调精度的浑河断裂位置和展布方向基本一致，初步判定浑河断裂第四纪新活动以及断裂两侧的新构造运动差异性对（微）地貌形态发育和第四系沉积产生了明显影响，因而在遥感解译上得到了较好的表现。

4）南杂木及其周边地带

地质构造条件较为复杂，浑河断裂带与苏子河断裂带分支断裂均有发育并相互交错，在两条断裂带的活动作用下，形成了比较开阔的南杂木盆地。断裂活动在遥感影像上多有表现，主要为两侧深、浅不同的色调差异，南支色调差异清晰度相对较高。与构造背景条件相对应，这一地段的遥感影像复杂多变，主要划分为与断裂同向的北东东向、北西－北北西向两组，其中与浑河断裂分支构造密切相关的是北东东向影像。北东东向影像主要展布于南杂木盆地南、北两侧即盆地南、北边界，解译的北东东向线性异常多呈弯曲弧状，共有 9 条（Y72、Y73、Y154、Y161、Y248 和 X6、X7、X9）（图 4.9），它们与盆地之外西、东两侧的北东东向影像之间分别存在 0.7km 和 1.3～1.9km 的空区。影像在空间展布结构上主要构成南、北2支总体近平行状延伸的北东东向主干，其间夹有局部次级影像。受到北西－北北西向构造错切，南、北主干之间显示复杂的斜列状排列，但阶区宽度一般很小，最大仅1.1km左右。在南杂木盆地附近，浑河河谷明显加宽，由西侧的1.3~1.5km、东侧的0.5~1.2km增大为1.6~2.2km，最大可达3km左右，形成为山区中的浑河曲流，而河流下切和侧蚀作用也相对增强，使得岸坡陡峻并多呈弯曲弧状延伸。遥感解译显示，盆地南支线性影像长度可达4km以上，连续性较好，其被北西－北北西向构造错切的幅度很小；北支影像则由3个分段组成，长度1.3~2.6km，连续性相对较差，被北西－北北西向构造错切明显，最大错切幅度1.1km左右，而南、北分支相距2~3km，这也是南杂木盆地的宽度。该段影像与西、东两侧的北东东向影像并不完全处在同一延伸线上，而是在北西－北北西向构造两侧存在程度不同的错位，北支错距相对较大，南支错距较小。经野外验证调查，北东东向遥感影像在地貌上主要展布于盆地南、北两侧浑河第四纪冲洪积沟谷与侵蚀、剥蚀丘陵的边界，地形反差强烈，盆地内部地形平坦、宽阔，丘陵区则起伏较大。同时，影像两侧的植被、岩性等也具有明显差异，沿影像在山前地带可见连续性较好的陡坡、陡坎等（微）地貌发育。根据已有研究资料，南支影像在空间位置和展布方向上与1:20万区调精度的浑河断裂相近，初步判定断裂第四纪活动及其两侧的新构造运动差异性对（微）地貌形态发育和第四系沉积产生了明显的影响。

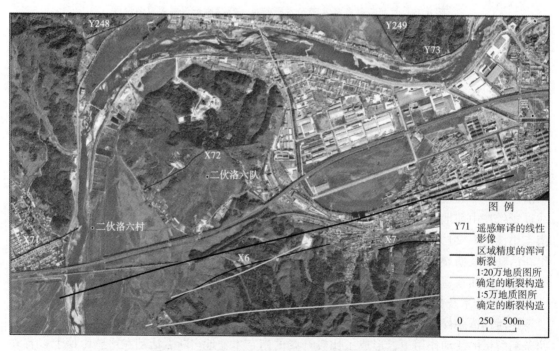

图4.9　浑河断裂南杂木盆地附近卫星遥感解译图

总之，浑河断裂章党－南杂木段展布于辽东山地区，其对现代浑河河谷的控制作用不明显，不发育该段东、西两侧抚顺段、南杂木－英额门东段所普遍存在的受到断裂控制的北东东向狭长直线型、条带状浑河谷地，沿断裂带难以划分出具有一定规模（厚度）和较大面积连续分布的第四系地层。断裂带沿线主要的地貌单元包括侵蚀、剥蚀丘陵、低山和山前坡洪积扇、坡积裾等，还可观测到北东东向线性洼地，在坡洪积扇、坡积裾上的第四系发育十分有限。遥感解译分析和野外验证调查结果表明，浑河断裂章党－南杂木段具有相对明显的活动特性，除少数地段沿断裂修建公路、铁路等交通设施受到一定影响以外，断裂段附近的居民区建设和矿山开采等影响较小，加之又有多条分支构造发育，因此能够解译出多条比较清晰的断裂线性影像。总的来看，章党－南杂木段的遥感线性影像大致可以划分出 2~4 条，它们多沿着丘陵、低山和山前坡洪积扇、坡积裾的边界延伸，形成平行状或斜列状排列结构，沿影像可观测到明显的山前陡坡和陡坎，具有连续性和规律性较好、形态特征均匀的特点。影像色调或两侧色调差异较之沈阳段、抚顺段更为清晰，有数条影像可以达到 A 等级。综合分析上述遥感影像特征，并结合已有浑河断裂认知，确定章党－南杂木段所得到的多条平行状或斜列状线性影像与断裂段及其分支构造吻合性较好，一些遥感影像位置与断裂位置基本相同，走向也是一致的。同时，线性排列的山前坡洪积扇、坡积裾以及陡坡、陡坎等（微）地貌形态的影像特征和两侧高度变化在一定程度上反映了断裂的第四纪活动性。

4. 浑河断裂南杂木－英额门东段

在遥感影像上，浑河断裂南杂木－英额门东段西起于南杂木，向北东东向经红透山、南口前、北三家、斗虎屯、清原县城、长山堡一直延至英额门以东的丁家街，全长约 75km。这是浑河断裂最为完整、走向稳定的段落，总体表现为数条较为连续的清晰线性影像，主要由 2~3 条平行状或斜列状排列的线条组成，延伸平直、聚集，其间存在少量的空区。在丁家街以东浑河断裂与赤峰－开原断裂交会部位，浑河断裂遥感影像的稳定性、连续性变差，明显趋于发散，展布不规律，走向变化较大，指向性减弱。遥感解译分析认为，在南杂木－英额门东地段，可能存在较多可初判与浑河断裂发育和活动相关的线性地貌现象。

浑河断裂南杂木－英额门东段处在辽东山地区，地形起伏较为强烈，其中受到浑河断裂控制发育的浑河河谷是这一地段形态最为清楚的北东东向负地形，除此之外，浑河支流水系也较为发育但规模迅速降低，这些次级沟谷多沿着浑河断裂的次级构造呈北东向、北西向和近南北向展布。与南杂木以西的浑河断裂章党－南杂木段和丁家街以东的浑河断裂、赤峰－开原断裂交会区相比，南杂木－英额门东段断裂对于浑河河谷的控制作用明显增强，该断裂段主要展布于现代浑河北岸，走向与浑河河床相同，在多处可见到断裂控制了河流北岸边界，使得河谷直接与侵蚀、剥蚀低山、丘陵相接，山前地带广泛发育直线状或微弯曲状陡坡、陡坎并形成清晰的线性影像；与之对比，河流以南岸线并不像北岸那样平直，多呈弯曲弧状自然延伸，山前坡洪积扇、坡积裾和河流阶地、剥蚀堆积台地等较为发育，河谷冲洪积区与侵蚀、剥蚀丘陵之间呈一定的渐变过渡状态，只是一些坡洪积扇、坡积裾、剥蚀堆积台地的后缘可构成近直线状的展布，在遥感解译中得到较清楚的可能与断裂相关的线性影像，在局部地段，亦能见到类似于河流北岸的山前陡坡、陡坎，显示出清晰的线性影像。受到断裂活动和浑河侵蚀、堆积作用影响，河谷内发育有一系列串珠状的小（微）型盆地，除了作为断裂段西端规模较大的南杂木盆地以外，由西向东还可以划分出苍石盆地、黑石木盆地、北三家盆地、斗虎屯盆地、清原盆地、英额门盆地等，这些盆地的规模普遍较小，长、短轴比值较高，长轴方向均平行于浑河断裂带，盆地中心地带河谷宽阔，向两端明显收窄；盆底地形十分平坦，第四系有所发育，盆地第四系沉积区与两侧基岩低山、丘陵区之间地貌反差显著，也是遥感线性影像最为清晰的地段。在浑河断裂、赤峰－开原断裂交会区即现代浑河的源头区域，老年期地貌演化特征明显，主要表现为侵蚀、剥蚀低丘陵，河流沟谷一般切割很浅，山前多缓坡发育，较少见到方向性明确的陡坡、陡坎等微地貌形态，山前和山间沟谷第四系沉积区与基岩区之间已没有明确边界，呈渐变过渡状态。尽管如此，从沟谷延伸的统计分析来看，它们具有两个优势的方向，即北东东向和北西－北西西向，比较两个方向的沟谷形态和规模，均具有宽浅沟谷的特征，而北西－北西西向沟谷延伸稳定性相对较好、规模略大，北东东向沟谷的稳定性和规模略逊，并在多处被北西－北西西向沟谷所切割。构造交会区内虽能见到北东东向遥感线性影像的延续，但多呈间断的、发散的、模糊的、不稳定的形态，其与北西－北西西向遥感线性影像之间相互交错，色调清晰度与英额门以西地段相比显著降低。

根据遥感分析，南杂木－英额门东段可解译出与断裂构造相关的线性影像共 99 条，包括 A 等级影像 19 条、B 等级影像 80 条（表 4.6），总体上看，浑河以北地段北东东向线性影像较为清楚、延伸稳定、连续，浑河以南地段同向影像的连续性、清晰度等明显为差，并具有较大范围的遥感解译空区。

表 4.6　浑河断裂南杂木－英额门东段遥感线性影像解译特征

影像编号	等级	走向	长度/m	参考地点	影像及其微地貌形态特征	综合地质地貌表现	断裂构造的指示性
X8	A	北东东	1480	南杂木东榔头沟	近直线状线性影像十分清晰，延伸平直、稳定、连续，两侧色调差异显著，北侧为北东东向沟谷岸侧的坡积裙，下伏太古宇混合岩，地形呈缓倾斜，南侧分布有白垩系砾岩丘陵，基岩陡坡、陡坎发育，高 5~10m	两侧地质、地貌存在明显差异，处在第四系区和白垩系砾岩丘陵边界，地形起伏明显，同时也是白垩系与太古宇、第四系沉积等的边界，与 1:20 万地质图所标注的浑河断裂完全吻合，反映了断裂活动以及新构造差异运动的特性	确定为断裂南杂木－英额门东段存在及活动的相关指示
Y74	B	北东	2160	乱道房	近直线状线性影像清楚，延伸稳定、连续，两侧色调差异明显，南东侧一级阶地平坦，近山前发育狭长缓倾斜坡积裙、坡洪积扇，北西侧太古宙混合岩构成侵蚀、剥蚀低山、丘陵，山前基岩陡坡、陡坎发育，影像即为陡坡的反映，跨影像坡洪积扇等形态完整	两侧大的地质、地貌差异明显，处在第四系区与低山、丘陵的边界，亦处在北东向狭长沟谷的北西侧，河流发育，地形起伏明显、差异巨大，是太古宙混合岩与第四系冲洪积、坡洪积地层的边界，已有认知这一地段没有断层发育，实际调查也没有发现断层迹象，河流作用是塑造地质、地貌的主要因素	难以确定为断裂存在的相关指示

影像编号	等级	走向	长度/m	参考地点	影像及其微地貌形态特征	综合地质地貌表现	断裂构造的指示性
X10	A	北东东	3360	南杂木东北滩州－门坎哨	直线状－弯曲弧状线性影像十分清晰，延伸稳定、连续，两侧色调具有差异，一侧的河漫滩、一级堆积阶地平坦、开阔，另一侧山前基岩陡坡、陡坎发育，高度可达20m以上，影像北东东段主要沿狭长沟谷延伸，两侧也具有微地貌差异，可见陡坡、陡坎，在南端陡坎部位见到断层面及断裂破碎带出露	两侧地质、地貌存在明显差异，处在浑河及其支流冲洪积区与丘陵的边界，地形起伏明显、差异巨大，是太古宇混合岩与第四系沉积等的边界，断裂活动对地质、地貌的差异性具有贡献，河流作用也是重要的因素，控制了第四系地层的分布	为浑河断裂南杂木－草市南或其分支构造存在及活动的相关指示
X11	A	北东	1270	乱道房东	弯曲状线性影像十分清晰，延伸稳定，影像两侧色调具有显著差异，北西侧一级阶地、河漫滩、坡积裙等平坦、开阔，近山前狭长坡积裙呈缓倾斜，南东侧太古宙混合岩构成低山、丘陵，山前基岩陡坡、陡坎发育，影像即为陡坡、陡坎的反映	两侧大的地质、地貌差异明显，处在第四系区与低山、丘陵的边界，亦处在北东向狭长沟谷的南东侧，河流发育，地形起伏明显、差异巨大，是太古宙混合岩与第四系冲洪积、坡洪积地层的边界，已有认知这一地段并没有断层发育，实际调查也没有发现断层迹象，河流作用是塑造地质、地貌的主要因素	难以确定为断裂存在的相关指示
X12	A	北北东	730	乱道房南	直线状线性影像十分清晰，延伸稳定，影像两侧色调具有显著差异，北西侧一级阶地、河漫滩、坡积裙等平坦、开阔，近山前狭长坡积裙呈缓倾斜，南东侧太古宙混合岩构成低山、丘陵，山前基岩陡坡、陡坎发育，影像即为陡坡、陡坎的反映	两侧大的地质、地貌差异明显，处在第四系区与低山、丘陵的边界，亦处在北东向狭长沟谷的南东侧，河流发育，地形起伏明显、差异巨大，是太古宙混合岩与第四系冲洪积、坡洪积地层的边界，已有认知这一地段并没有断层发育，实际调查也没有发现断层迹象，河流作用是塑造地质、地貌的主要因素	难以确定为断裂存在的相关指示

续表

影像编号	等级	走向	长度/m	参考地点	影像及其微地貌形态特征	综合地质地貌表现	断裂构造的指示性
Y75	B	北东东	1220	红透山西王家大沟	直线状线性影像十分清晰，延伸平直、稳定、连续，两侧色调具有差异，南侧为北东东向沟谷岸侧的坡积裙，下伏太古宇混合岩、白垩系砾岩等，呈缓倾斜，北侧有混合岩构成的低山、丘陵、陡坡、陡坎发育，高度一般5～10m，影像即为陡坡、陡坎的反映	两侧地质、地貌存在明显差异，处在第四系沉积区和太古宇混合岩基岩构成的侵蚀、剥蚀丘陵的边界，地形起伏明显，同时也是太古宇与第四系沉积等的边界，与1:20万地质图所标注的浑河断裂吻合，反映了断裂活动以及新构造差异运动的特性	确定为断裂南杂木–英额门东段存在及活动的相关指示
Y76	B	北东东	800	红透山西王家大沟东	直线状线性影像十分清晰，延伸平直、稳定、连续，因植被不同色调差异显著，南侧北东东向沟谷北岸带状坡积裙边界清晰、宽度均匀，下伏太古宇混合岩，呈缓倾斜，北侧混合岩丘陵基岩陡坡发育，高度一般3～5m，未见基岩陡坎	两侧地质、地貌存在一定差异，处在第四系沉积区和太古宇混合岩基岩构成的侵蚀、剥蚀丘陵的边界，地形有起伏，同时是太古宇与第四系沉积等的边界，与1:20万地质图所标注的浑河断裂吻合，反映了断裂活动以及新构造差异运动的特性	应为断裂南杂木–英额门东段存在及活动的相关指示
X13	A	近东西	2520	红透山西	弯曲状线性影像清晰，延伸稳定、连续，两侧色调差异显著，南侧一级阶地、河漫滩及山前坡积裙、坡洪积扇等总体平坦、开阔，坡积裙呈狭长条状，坡洪积扇呈扇状缓倾斜，北侧太古宙混合岩构成低山、丘陵，山前陡坡、陡坎发育，跨影像坡洪积扇等形态完整	两侧大的地质、地貌差异明显，处在第四系区与低山、丘陵的边界，亦处在近东西向浑河沟谷北侧，河流发育，地形起伏巨大，是太古宙混合岩与第四系冲洪积、坡积、坡洪积地层的边界，已有认知这一地段没有断层发育，实际调查也没有发现断层迹象，河流作用是塑造地质、地貌的主要因素	难以确定为断裂存在的相关指示

影像编号	等级	走向	长度/m	参考地点	影像及其微地貌形态特征	综合地质地貌表现	断裂构造的指示性
Y77	B	北东东	1820	苍石西	近直线状线性影像比较清楚、稳定，两侧色调变化不均匀，其所处为太古宇混合岩侵蚀丘陵中的线状冲沟，两侧山体形态存在一定差异，有断续发育的基岩陡坡、陡坎，规模一般较小，影像向东端穿过了浑河河床、一级阶地等，上述地貌单元形态均较为完整	两侧地质、地貌变化不均匀，存在一定差异，地貌形态上为浑河断裂带外侧的条带状丘陵，丘陵走向为北东东，地形起伏明显、差异较大，空间展布上距1∶20万地质图标注的浑河断裂约0.8km，两者具有平行特征	可能为断裂南杂木－英额门东段分支构造的相关指示
Y78	B	北东	1930	红透山崴子西	近直线状－弯曲状线性影像比较清楚，延伸稳定、连续，两侧色调变化不均匀，北侧太古宇混合岩构成侵蚀、剥蚀丘陵，南侧北东东向条带状坡积裙呈缓倾斜，断续基岩陡坡、陡坎规模一般较小，影像向东端穿过了一级阶地等，上述地貌单元形态未见断错微地貌变化	两侧地质、地貌变化不均匀，存在一定差异，地貌形态上为浑河断裂带外侧条带状丘陵，走向北东东，是第四系区和太古宇混合岩丘陵边界，地形起伏明显、差异较大，空间展布上距1∶20万地质图标注的浑河断裂约1.5km，两者具有平行特征	可能为断裂南杂木－英额门东段分支构造的相关指示
Y79	B	北东东	4920	南杂木东南－红透山	近直线状－弯曲状线性影像比较清楚，延伸平直、稳定、连续，两侧色调大致相同，所处为混合岩丘陵中的直线状冲沟或山脊，断续陡坡、陡坎规模一般较小，跨影像近垂直小冲沟发育，两侧坡积裙形态较为完整	两侧地质、地貌基本相同，地貌形态上为浑河断裂带外侧的片状丘陵，地形起伏明显、差异较大，与1∶5万地质图标注的浑河断裂基本一致	可能为断裂南杂木－英额门东段分支构造的相关指示
Y80	B	北东东	2570	苍石东北－山道哨	弯曲状线性影像比较清楚、稳定，两侧色调大致相同，其所处为太古宇混合花岗岩丘陵中的线状冲沟，	两侧地质、地貌基本没有差别，地貌形态上为浑河断裂带外侧的条带状丘陵，丘陵走向为北东东，地形	可能为断裂南杂木－英额门东段分支构造的相关指示

影像编号	等级	走向	长度/m	参考地点	影像及其微地貌形态特征	综合地质地貌表现	断裂构造的指示性
Y80	B	北东东	2570	苍石东北－山道哨	局部为山脊，断续基岩陡坡、陡坎坎规模一般较小，影像向两端穿过了浑河河床、一级阶地等，还穿过了浑河支流山前冲洪积扇，上述地貌单元形态均较为完整	起伏明显、差异较大，空间展布上距1:20万地质图标注的浑河断裂0.5～1km，但两者具有平行特征	
Y81	B	北东东	2110	红透山东	直线状线性影像十分清晰，延伸平直、稳定、连续，两侧色调差异显著，南侧北东东向线状沟谷北坡狭窄条带状坡积裾呈缓倾斜，北侧太古宇混合岩山前陡坡、陡坎发育，高度3～5m，局部陡坎部位见到断层面及断裂破碎带出露，人类活动具有一定的影响	两侧地质、地貌存在明显差异，处在第四系沉积区和太古宇混合岩基岩构成的侵蚀、剥蚀丘陵的边界，地形有起伏，同时也是太古宇与第四系的边界，与1:20万、1:5万地质图所标注的浑河断裂大致吻合或接近，该线状沟谷实际上就是由于浑河断裂发育及其活动所造成的，而与河流作用没有关系	属于断裂南杂木－英额门东段存在及活动的相关指示
Y82	B	北东东	390	红透山小西堡	处在Y80的南东延伸线上，直线状线性影像比较清楚，延伸稳定、短促，两侧色调有一定差异，沿影像太古宇混合岩两侧山体形态存在一定差异，基岩陡坡、陡坎规模一般较小，影像两端的一级阶地等形态完整	两侧地质、地貌基本存在一定差别，地貌上为浑河断裂带外侧条带状丘陵，走向北北西，地形起伏明显、差异较大，空间展布上距1:20万地质图标注的浑河断裂0.5～1km，两者具有平行特征	可能为断裂南杂木－英额门东段分支构造的相关指示
Y83	B	北东	500	红透山小西堡南	近直线状线性影像比较清楚，延伸稳定，影像两侧色调变化不均匀，存在一定差异，其所处主要为太古宇混合岩，沿影像为侵蚀丘陵中的线状冲沟，南侧坡积裾发育，有断续发育的基岩陡坡、	两侧地质、地貌变化不均匀，存在一定差异，地貌形态上为浑河断裂带外侧的条带状丘陵，丘陵走向为北东东，是第四系沉积区和太古宇混合岩基岩构成的侵蚀、剥蚀丘陵的边界，地形	可能为断裂南杂木－英额门东段分支构造的相关指示

影像编号	等级	走向	长度/m	参考地点	影像及其微地貌形态特征	综合地质地貌表现	断裂构造的指示性
Y83	B	北东	500	红透山小西堡南	陡坎，但陡坎规模一般较小，影像向东端穿过了浑河河床、一级阶地等，上述地貌单元形态未见断错微地貌变化	起伏明显、差异较大，空间展布上距1:20万地质图标注的浑河断裂约0.8km，两者具有平行特征	
Y84	B	北东	1120	红透山崴子西	直线状线性影像比较清楚，延伸平直、稳定、连续，两侧色调变化不均匀，存在明显差异，南侧为太古宇混合岩丘陵，北侧为北东东向条带状坡积裙，呈缓倾斜，断续基岩陡坡、陡坎规模一般较小，影像向东端穿过了一级阶地等，未见断错地貌变化	两侧地质、地貌变化不均匀，存在一定差异，地貌上为浑河断裂带南侧条带状丘陵，走向北东东，是第四系区和太古宇混合岩丘陵边界，地形起伏明显、差异较大，空间展布上距1:20万地质图标注的浑河断裂约1.5km，两者具有平行特征	可能为断裂南杂木－英额门东段分支构造的相关指示
Y85	B	北东东	520	苍石东	直线状线性影像清楚，延伸较稳定、平直，两侧色调差异较小，北侧浑河一级阶地、高河漫滩平坦、开阔，南侧二级基座阶地前缘陡坡、陡坎发育，影像向两端穿过了河床、一级阶地和山前冲洪积扇，形态均完整	两侧地质、地貌存在一定差异，处在浑河一级堆积阶地和二级基座阶地边界，地形起伏明显，影像指示了二级阶地前缘陡坡、陡坎，与断裂关系不大，在1:20万地质图等资料上也没有标注有断裂	不是断裂南杂木－英额门东段的相关指示
Y86	B	北东东	1020	苍石东山道哨	直线状线性影像十分清晰，延伸平直、稳定、连续，影像两侧色调差异显著，南侧为北东东向线状沟谷北坡狭窄条带状的坡积裙，地形呈缓倾斜，北侧则分布有太古宇混合岩构成的侵蚀、剥蚀低山、丘陵，山前基岩陡坡、陡坎发育，陡坎高度一般很小，为2～4m，人类活动具有一定的影响	两侧地质、地貌存在明显差异，处在第四系沉积区和太古宇混合岩基岩构成的侵蚀、剥蚀丘陵的边界，地形有起伏，同时也是太古宇与第四系的边界，与1:20万地质图所标注的浑河断裂大致吻合，与1:5万地质图标注断裂接近，该线状沟谷为浑河断裂发育及其活动所造成，与河流作用关系较差	属于断裂南杂木－英额门东段存在及活动的相关指示

影像编号	等级	走向	长度/m	参考地点	影像及其微地貌形态特征	综合地质地貌表现	断裂构造的指示性
Y87	B	北东	550	苍石东滩金岭	直线状线性影像比较清楚，延伸稳定、短促，两侧色调大致相同，处在太古宙混合花岗岩丘陵中的线状冲沟，局部为山脊，少量基岩陡坡、陡坎发规模较小，向两端穿过了坡积裙等，形态较为完整	两侧地质、地貌基本没有差别，地貌形态上为浑河断裂带外侧的条带状丘陵，丘陵规模很小，走向为北北东，地形起伏明显、差异较大，空间展布上距1:20万地质图标注的浑河断裂1~1.2km	不确定为断裂南杂木－英额门东段分支构造的相关指示
Y88	B	北东	1640	苍石东向阳	近直线状线性影像清楚，延伸较稳定、平直，两侧色调差异不均匀，北西侧一级阶地、高河漫滩平坦、开阔，山前条带状坡积裙微起伏，南东侧三级基座阶地前缘陡坡、陡坎规模较小，影像穿过的一级阶地、冲洪积扇等均保持完整，未发现断错微地貌陡坎	两侧地质、地貌存在差异，处在第四系沉积区和出露的混合花岗岩区的边界，地形起伏明显，影像走向偏北东，与浑河断裂不同，在1:20万地质图等资料上没有标注断裂	不是断裂南杂木－英额门东段的相关指示
Y89	B	北东东	1370	十八道岭东南	微弯曲状线性影像清楚，延伸稳定、连续，影像两侧色调差异显著，北侧为北东东向线状沟谷南坡的狭窄条带状坡积裙，地形呈缓倾斜，南侧则分布有上侏罗统安山岩构成的侵蚀、剥蚀低山、丘陵，山前基岩陡坡、陡坎发育，陡坎高度一般较小，为2~4m，人类活动影响强烈，但保留了大部分原有的微地貌形态	两侧地质、地貌存在明显差异，处在第四系沉积区和上侏罗统安山岩基岩构成的侵蚀、剥蚀丘陵的边界，地形有起伏，与1:20万地质图所标注的浑河断裂大致吻合或接近，该线状沟谷实际上就是由于浑河断裂发育及其活动所造成的，而与浑河河流作用没有关系	判断属于断裂南杂木－英额门东段存在及活动的相关指示

影像编号	等级	走向	长度/m	参考地点	影像及其微地貌形态特征	综合地质地貌表现	断裂构造的指示性
Y90	B	北东东	1600	十八道岭东	处在 Y89 的对岸，两者距离百米尺度，弯曲弧状线性影像清楚，延伸稳定、连续，两侧色调差异显著，南侧北东东向线状沟谷北坡狭窄条带状坡积裙呈缓倾斜，北侧太古宙混合岩低山、丘陵基岩陡坡、陡坎高度 2～4m，人类影响强烈，保留了大部分原有微地貌	两侧地质、地貌存在明显差异，处在第四系区和太古宙混合岩丘陵的边界，地形有起伏，与 1:20 万地质图浑河断裂大致吻合或接近，该线状沟谷实际上就是由于浑河断裂发育及其活动所造成的，而与浑河河流作用没有关系	判断属于断裂南杂木 - 英额门东段存在及活动的相关指示
Y91	B	北东	1730	北口前	弯曲状线性影像比较清楚、稳定，两侧色调变化不均匀，所处为太古宙混合花岗岩丘陵山脊，局部为小冲沟，北东向基岩陡坡、陡坎规模较大，可达 10～20m，穿过了的一级阶地等形态完整，人为改造活动较强	两侧地质、地貌有一定差别，地貌上为断裂带外侧条带状丘陵，走向为北北东，地形起伏明显，与 1:20 万地质图浑河断裂斜交，连续性较差，地貌差别主要是浑河及其支流的侵蚀作用、人类活动所造成	不是断裂南杂木 - 英额门东段分支构造的相关指示
X14	A	北东东	1400	西街头道岭	弯曲弧状线性影像十分清晰，延伸稳定、连续，影像两侧色调差异显著，南侧为北东东向线状沟谷北坡的狭窄条带状坡积裙，地形缓倾斜，北侧则为太古宙混合花岗岩构成的侵蚀、剥蚀低山、丘陵，山前基岩陡坡、陡坎发育，陡坎高度一般很小，为 3～5m，人类活动具有较大的影响，但仍保留较多的原始地貌形态	两侧地质、地貌存在明显差异，处在太古宙混合花岗岩的狭窄线状沟谷中，地形有起伏，同时也是局部的混合花岗岩与第四系的边界，与 1:20 万地质图所标注的浑河断裂完全吻合，其与浑河谷地间尚有一定的距离，该线状沟谷应为浑河断裂发育及其活动所造成，与浑河河流作用关系不大	属于断裂南杂木 - 英额门东段存在及活动的相关指示

续表

影像编号	等级	走向	长度/m	参考地点	影像及其微地貌形态特征	综合地质地貌表现	断裂构造的指示性
X15	A	北东东	1030	西街西	直线状线性影像十分清晰，延伸平直、稳定、连续，两侧色调差异显著，南侧浑河一级阶地、高河漫滩和山前坡积裙、坡洪积扇总体平坦、开阔，北侧太古宙混合花岗岩低山、丘陵基岩陡坡、陡坎高度一般3～5m左右，穿过该影像的坡洪积扇形态完整	两侧地质、地貌存在明显差异，处在相对下降的浑河谷地第四系区与相对抬升的低山、丘陵区边界，地形起伏明显，与1:20万地质图浑河断裂吻合，两侧地貌和新构造运动特征具有明显差异，控制了浑河陷谷地的形态以及第四系地层的分布	属于断裂南杂木－英额门东段存在及活动的相关指示
Y92	B	北东东	840	西街头道岭东南	直线状线性影像十分清晰，延伸稳定、连续，影像两侧色调具有显著差异，南侧为浑河一级阶地、高河漫滩等，山前发育有坡积裙、坡洪积扇，地形向浑河河床微倾斜，北侧为太古宙混合花岗岩，构成三级基座阶地，基座阶地前缘北东东向基岩陡坡、陡坎发育，穿过该影像的坡洪积扇形态完整	两侧地质、地貌存在明显差异，处在浑河一级堆积阶地、河漫滩第四系沉积区与浑河三级基座阶地的边界，地形起伏明显、差异巨大，三级基座阶地区太古宙混合花岗岩广泛出露，阶地前缘陡坎与1:5万地质图上标注的断裂位置接近，其两侧的地貌和新构造差异是确定的，控制了局部第四系分布	对断裂南杂木－英额门东段或其分支构造存在及活动具有一定的指示
Y93	B	近东西	1380	西街东	弯曲状线性影像十分清晰，延伸稳定、连续，两侧色调差异显著，北侧以浑河一级阶地、高河漫滩及山前坡积裙为主，影像延伸线局部的坡洪积扇地形开阔，呈微倾斜，南侧太古宙混合花岗岩构成三级基座阶地，近东西向基岩陡坡、陡坎发育，坡洪积扇形态完整，受到了人类活动一定的改造	两侧地质、地貌存在明显差异，处在相对下降的浑河谷地第四系区与相对抬升的混合花岗岩三级基座边界，地形差异明显，在1:20万、1:5地质图上没有标注有断裂，但该影像与1:20万、1:5地质图上标注的断裂平行，两侧地貌和新构造运动特征具有差异，控制了谷地形态及第四系分布	对断裂南杂木－英额门东段或其分支构造存在及活动具有一定的指示

续表

影像编号	等级	走向	长度/m	参考地点	影像及其微地貌形态特征	综合地质地貌表现	断裂构造的指示性
Y94	B	北东	1350	西街南	近直线状线性影像十分清晰，延伸稳定、连续，两侧色调差异显著，北西侧以一级阶地、高河漫滩及坡积裙为主，局部发育坡洪积扇，地形开阔，微倾斜，南东侧太古宙混合花岗岩三级基座阶地北东向基岩陡坡、陡坎发育，坡洪积扇形态完整，未被陡坡、陡坎延伸线错切，受到了人类活动明显改造	两侧地质、地貌存在明显差异，处在相对下降的浑河谷地第四系沉积区与相对抬升的混合花岗岩三级基座的边界，地形起伏巨大，在1:20万地质图上没有标注断裂，走向也存在差异，但两侧地貌和新构造运动特征是不同的，控制了第四系地层的分布	不认定为断裂南杂木 – 英额门东段存在及活动的相关指示
Y95	B	北东	970	西街头道岭东南	直线状线性影像十分清晰，延伸稳定、连续，两侧色调差异显著，北西侧为浑河河床、河漫滩等，山前发育断续、狭窄的坡积裙和坡洪积扇，南东侧太古宙混合花岗岩三级基座阶地前缘北东向陡坎发育，穿过陡坎影像的坡洪积扇形态完整	两侧地质、地貌存在明显差异，处在浑河第四系沉积区与出露的太古宙混合花岗岩的边界，三级基座阶地近地表的河流相沉积层已遭到剥蚀，两侧地形起伏明显、差异巨大，阶地前缘陡坎与1:5万地质图上标注的断裂位置接近，但走向差异较大	不认定为断裂南杂木 – 英额门东段存在及活动的相关指示
Y96	B	北东东	970	西街东北	北东东向弯曲弧状线性影像清楚、稳定，两侧色调差异明显，北侧浑河支流冲沟规模很小，南侧太古宙混合花岗岩低山、丘陵基岩陡坎发育较差，可见连续陡坡，影像向西可延至浑河断裂区，但其间影像连续性差，有突出基岩山嘴阻隔，冲沟主要是河流侵蚀作用造成	两侧大的地质、地貌具有差异，侵蚀沟谷呈狭长条状，地形差异较大，充当了太古宙混合花岗岩与局部第四系的边界，在微地貌表现上主要反映了河流侵蚀作用，与浑河断裂构造活动的关系并不大	不认定为断裂南杂木 – 英额门东段存在及活动的相关指示

续表

影像编号	等级	走向	长度/m	参考地点	影像及其微地貌形态特征	综合地质地貌表现	断裂构造的指示性
X16	A	北东东－北东	2520	北三家西	弯曲状线性影像十分清晰，延伸稳定、连续，两侧色调差异显著，南侧浑河一级阶地、高河漫滩和山前坡积裙、坡洪积扇总体平坦、开阔，北侧太古宙混合花岗岩低山、丘陵山前基岩陡坡、陡坎发育，高度3~5m，穿过影像的坡洪积扇形态完整	两侧地质、地貌存在明显差异，处在相对下降的浑河谷地第四系沉积区与相对抬升的侵蚀、剥蚀低山、丘陵区的边界，地形起伏明显、差异巨大，与1:20万地质图所标注的浑河断裂大致吻合，两侧地貌和新构造运动特征具有明显差异，控制了浑河断陷谷地的形态以及第四系地层的分布	属于断裂南杂木－英额门东段存在及活动的相关指示
Y97	B	近东西	900	北三家南	展布于断陷谷地中，影像呈清楚的弯曲状，方向性不定，两侧色调差异不明显，所处浑河一级阶地面平坦、开阔，沿影像可见小冲沟，断续发育，两侧地势差异，幅度在0.5m以内，向南侧河床微倾斜，存在人为改造	处在浑河一级堆积阶地内部，地形有起伏，但两侧地质、地貌基本相同，均属于第四系全新统地层分布区，影像走向多变，与1:20万地质图标注的浑河断裂相差较大，只是反映了一级阶地表面的小冲沟以及一定程度的人工活动	不是断裂南杂木－英额门东段存在及活动的相关指示
Y98	B	北东东	990	北三家北	直线状线性影像清楚，延伸平直、稳定、连续，影像两侧色调差异显著，南侧属于浑河一级阶地、高河漫滩等，山前发育有坡积裙，地形总体平坦、开阔，北侧则为太古宙混合花岗岩构成的侵蚀、剥蚀低山、丘陵，山前基岩陡坡、陡坎较发育，陡坎高度一般很小，为3~5m，影像即为陡坡、陡坎的反映	两侧地质、地貌存在明显差异，处在相对下降的浑河谷地第四系沉积区与相对抬升的侵蚀、剥蚀低山、丘陵区的边界，地形起伏明显、差异巨大，与1:20万地质图所标注的浑河断裂吻合，两侧地貌和新构造运动特征具有明显差异，控制了浑河断陷谷地的形态以及第四系地层的分布	属于断裂南杂木－英额门东段存在及活动的相关指示

续表

影像编号	等级	走向	长度/m	参考地点	影像及其微地貌形态特征	综合地质地貌表现	断裂构造的指示性
Y99	B	北东	2250	北三家东北	直线状线性影像清楚，延伸平直、稳定、连续，影像两侧色调差异显著，南侧属于浑河高河漫滩等，山前发育有坡积裾、坡洪积扇，地形微向河床倾斜，北侧为太古宙混合花岗岩构成的侵蚀、剥蚀低山、丘陵，山前基岩陡坡、陡坎较发育，陡坎高度一般很小，为3~5m，影像即为陡坡、陡坎的反映	两侧地质、地貌存在明显差异，处在下降的浑河谷地第四系沉积区与抬升的侵蚀、剥蚀低山、丘陵区的边界，地形起伏明显、差异巨大，与1:20万地质图所标注的浑河断裂大致吻合，两侧地貌和新构造运动特征具有明显差异，控制了浑河断陷谷地的形态以及第四系地层的分布	判定为断裂南杂木－英额门东段存在及活动的相关指示
Y100	B	北东	1430	北三家双河村西南	展布于断陷谷地内部，影像清楚，呈明显弯曲状，方向性极不稳定，两侧色调基本相同，所处浑河一级堆积阶地面平坦、开阔，沿影像可见宽约10m的地表浅冲沟，深度在0.5~1m，两侧小陡坎断续发育，冲沟穿过公路后保持较稳定，主要是阶地表面后期小水流作用造成，也存在一定人为改造	处在浑河一级堆积阶地内部，地形有起伏，但两侧地质、地貌基本相同，均属于第四系全新统地层分布区，影像方向性变化较大，与1:20万地质图标注的浑河断裂相差较大，只是反映了一级阶地表面的小冲沟以及一定程度的人工活动	不是断裂南杂木－英额门东段存在及活动的相关指示
Y101	B	北东东	750	北三家双河村东	弯曲弧状线性影像十分清晰，延伸稳定，两侧色调具有一定的差异，南侧主要为浑河河床、河漫滩，山前发育有断续、狭窄的坡积裾和较宽阔的坡洪积扇，地形向浑河河床倾斜，北侧为太古宙混合花岗岩构成的侵蚀、剥蚀低山、丘陵，山前基岩陡坡、陡坎十分发育，可见断层三角面，陡坎高度可达10m以上，但穿过断层三角面影像延伸线的邻侧坡洪积扇形态完整	两侧地质、地貌存在明显差异，处在浑河第四系沉积区与太古宙混合花岗岩的边界，两侧地形起伏明显、差异巨大，与1:20万、1:5万地质图所标注的浑河断裂大致吻合，两侧地貌和新构造运动特征具有明显差异，控制了浑河断陷谷地的形态以及第四系地层的分布	判定为断裂南杂木－英额门东段存在及活动的相关指示

续表

影像编号	等级	走向	长度/m	参考地点	影像及其微地貌形态特征	综合地质地貌表现	断裂构造的指示性
Y102	B	北东	3150	北三家东房身沟－下寨子	弯曲弧状线性影像十分清晰，延伸稳定、连续，两侧色调差异显著，北西侧主要为浑河河床、河漫滩和一级堆积阶地，山前发育有断续、狭窄的坡积裙和较宽阔的坡洪积扇，地形向浑河河床倾斜，南东侧为太古宙混合花岗岩构成的四级侵蚀阶地，阶地前缘北东向基岩陡坎、陡坡发育，穿过陡坎影像的坡洪积扇形态完整	两侧地质、地貌存在明显差异，处在浑河第四系沉积区与太古宙混合花岗岩的边界，两侧地形起伏明显、差异巨大，与1:20万地质图所标注的浑河断裂大致吻合，两侧地貌和新构造运动特征具有明显差异，控制了浑河断陷谷地的形态以及第四系地层的分布	判定为断裂南杂木－英额门东段存在及活动的相关指示
Y103	B	北东	730	北三家北沟	直线状线性影像清楚，延伸平直、稳定，影像两侧色调差异较明显，南侧属于浑河一级阶地、河漫滩等，山前发育有坡积裙，地形平坦、开阔，北侧则为太古宙混合岩构成的侵蚀、剥蚀低山、丘陵，山前基岩陡坡较发育，亦可见少量的陡坎，陡坎高度一般很小，为2~3m，影像即为陡坡、陡坎的反映	两侧地质、地貌存在差异，处在相对下降的浑河谷地第四系沉积区与相对抬升的侵蚀、剥蚀低山、丘陵区的边界，地形起伏明显、差异巨大，与1:5万地质图所标注的浑河断裂接近，两侧地貌和新构造运动特征具有明显差异，控制了浑河断陷谷地的形态以及第四系地层的分布	可能属于断裂南杂木－英额门东段存在及活动的相关指示
X17	B	北东东	1930	斗虎屯拴马树	直线状线性影像十分清晰，延伸平直、稳定、连续，两侧色调具有一定差异，大多数地段不明显，南侧河漫滩、一级阶地和坡积裙等平坦、开阔，北侧太古宙混合岩低山、丘陵见基岩陡坎、陡坎，发育较差，有北东东向浑河断裂或其分支构造出露	两侧地质、地貌存在一定的差异，处在浑河冲洪积区与低山、丘陵的边界，地形差异巨大，是太古宙混合岩与第四系的边界，与1:20万地质图浑河断裂接近，与1:5万地质图浑河断裂平行，可能反映了断裂或其分支构造的活动，控制了第四系分布	具有浑河断裂南杂木－英额门东段或其分支构造存在及活动的相关指示

影像编号	等级	走向	长度/m	参考地点	影像及其微地貌形态特征	综合地质地貌表现	断裂构造的指示性
Y104	B	北东东	1070	斗虎屯拴马树南	微弯曲状线性影像清楚，延伸稳定、连续，两侧色调差异显著，北侧属于浑河河床、高河漫滩，山前坡积裙沿基岩陡坎、陡坡底部展布，坡度相对较大，宽度很小且不均匀，南侧中元古界长城系白云岩低山、丘陵基岩陡坡、陡坎十分发育，高度可达10~20m，影像即为山前陡坡、陡坎的反映，人为改造作用强烈	两侧地质、地貌存在明显差异，处在下降的浑河谷地第四系沉积区与抬升的侵蚀、剥蚀低山、丘陵区的边界，地形起伏明显、差异巨大，与1:20万地质图所标注的浑河断裂相近，两侧地貌和新构造运动特征具有明显差异，控制了浑河断陷谷地的形态以及第四系地层的分布	可能属于断裂南杂木－英额门东段存在及活动的相关指示
X18	A	北东东	2340	斗虎屯东	微弯曲状线性影像十分清晰，延伸稳定、连续，两侧色调差异明显，北侧河流相第四系冲洪积、坡洪积地层十分发育，河流沟谷较窄，呈"U"字形，地形起伏明显，山前有断续狭长条状坡积裙发育，南侧上侏罗统页岩低山、丘陵基岩陡坎高3~5m，影像即为陡坎带的反映，向西可延至浑河断陷区	两侧地质、地貌存在明显差异，处在浑河支流冲洪积、坡洪积区与低山、丘陵的边界，地形起伏巨大，充当了上侏罗统页岩与第四系的边界，延出沟谷后与浑河断陷区北侧的构造影像可以衔接，与1:20万地质图浑河断裂完全吻合，与1:5万地质图标注的浑河断裂相近并呈平行状态，其反映了断裂构造的活动，总体上控制了第四系地层的分布	具有浑河断裂南杂木－英额门东段存在及活动的相关指示，具有平行排列结构
Y105	B	北东东	3110	斗虎屯北－清原西北	与X18平行排列，微弯曲状线性影像清楚，延伸稳定、连续，两侧色调差异明显，南侧河流相第四系冲洪积、坡洪积地层十分发育，河流沟谷呈较窄"U"字形，起伏明显，山前有狭长条状坡积裙，沿影像多个规模不一的坡洪积扇沿山前陡坡带形成	两侧地质、地貌存在明显差异，处在浑河支流冲洪积、坡洪积区与低山、丘陵的边界，地形起伏明显、差异巨大，充当了太古宙混合岩与第四系的边界，影像延出沟谷后与浑河断陷区北侧的构造影像可以衔接，与1:20万地质图标注的浑河断裂基本	具有浑河断裂南杂木－英额门东段存在及活动的相关指示，具有平行排列结构

影像编号	等级	走向	长度/m	参考地点	影像及其微地貌形态特征	综合地质地貌表现	断裂构造的指示性
Y105	B	北东东	3110	斗虎屯北－清原西北	串珠状，北侧太古宙混合岩低山、丘陵基岩陡坡发育，亦可见少量陡坎，陡坎高度为2~3m，向西延至浑河断陷区，影像通过地段的坡洪积扇形态均较完整，未发现错切现象	一致，与1∶5万地质图标注的浑河断裂相近并呈平行状态，可能反映了断裂构造的活动，总体上控制了第四系地层的分布	
X19	A	北东东	1750	斗虎屯东北	与X18、Y105具有平行状和斜列状结构，近直线状线性影像十分清晰，延伸平直、稳定、连续，两侧色调具有一定差异，北侧河流相第四系冲洪积、坡洪积地层发育，河流沟谷较窄，呈"U"字形，地形起伏明显，山前地带有断续的狭长条状的坡积裙发育，南侧则为上侏罗统页岩构成的侵蚀、剥蚀低山、丘陵，山前基岩陡坎较发育，陡坎高度一般很小，为2~4m，影像即为陡坎带的反映，向东可延至浑河断陷区	两侧地质、地貌存在明显差异，处在浑河支流冲洪积、坡洪积区与低山、丘陵的边界，地形起伏明显、差异巨大，充当了上侏罗统页岩与第四系的边界，影像向东延出沟谷后与浑河断陷区北侧的构造影像可以衔接，与1∶20万地质图标注的浑河断裂完全吻合，与1∶5万地质图标注的浑河断裂相近并呈平行状态，其反映了断裂构造的活动，总体上控制了第四系地层的分布	具有浑河断裂南杂木－英额门东段存在及活动的相关指示，具有平行状和斜列状结构
Y106	B	北东东	1700	斗虎屯马前寨西北	直线状线性影像清楚，延伸平直、稳定、连续，两侧色调差异明显，南侧一级阶地、河漫滩和山前坡积裙、冲洪积局平坦、开阔，略有起伏，北侧上侏罗统页岩低山、丘陵基岩陡坡较发育，可见少量陡坎，高3~5m，影像即为陡坡、陡坎的反映，受到一定程度人为改造	两侧地质、地貌存在差异，处在相对下降的浑河谷地第四系沉积区与相对抬升的侵蚀、剥蚀低山、丘陵区的边界，两侧地形起伏明显、差异巨大，与1∶20万地质图所标注的浑河断裂距离约0.6km并大致平行，两侧地貌和新构造运动特征具有明显差异，控制了浑河断陷谷地的形态以及第四系地层的分布	可能属于断裂南杂木－英额门东段分支断裂存在及活动的相关指示，具有斜列状特征

续表

影像编号	等级	走向	长度/m	参考地点	影像及其微地貌形态特征	综合地质地貌表现	断裂构造的指示性
Y107	B	北东东	390	斗虎屯马前寨北	直线状线性影像清楚，延伸平直、短促，与Y106具有斜列状特征，影像两侧色调差异较小，南侧主要为浑河河漫滩，北侧则为上侏罗统页岩构成的侵蚀、剥蚀低山、丘陵，山前基岩陡坡较发育，影像即为陡坡的反映，受到强烈的人为改造	两侧地质、地貌存在差异，处在相对下降的浑河谷地第四系沉积区与相对抬升的侵蚀、剥蚀低山、丘陵区的边界，两侧地形起伏明显、差异巨大，与1:20万地质图所标注的浑河断裂距离约1km并大致平行，两侧地貌和新构造运动特征具有明显差异，控制了浑河断陷谷地的形态以及第四系地层的分布	可能属于断裂南杂木－英额门东段分支断裂存在及活动的相关指示，具有斜列状特征
X20	A	近东西	760	清原西长脖沟	直线状线性影像十分清晰，处在Y106东延线上，平直、稳定、连续，两侧色调差异明显，南侧浑河一级阶地和断续坡积裙、冲洪积扇平坦、开阔，略有起伏，北侧上侏罗统页岩三级基座阶地基岩陡坎、陡坡发育，陡坎高2～4m，影像即为陡坡、陡坎的反映，冲洪积扇形态完整，未见明显错切	两侧地质、地貌存在差异，处在相对下降的浑河一级堆积阶地第四系沉积区与相对抬升的三级基座阶地的边界，两侧地形起伏明显、差异巨大，与1:20万地质图所标注的浑河断裂距离约0.7km并大致平行，两侧地貌和新构造运动特征具有明显差异，控制了浑河断陷谷地的形态以及第四系地层的分布	可能属于断裂南杂木－英额门东段分支断裂存在及活动的相关指示
X21	A	北东东	1170	清原西	微弯曲状线性影像清晰，与X20左阶斜列，与Y108平行，延伸稳定、连续，两侧色调具有差异，南侧为平坦、开阔的浑河一级堆积阶地和断续发育二级基座阶地，局部见坡积裙和冲洪积扇，北侧上侏罗统页岩三级基座阶地陡坎、陡坡发育，陡坎高5～8m，冲洪积扇形态完整，未见明显错切	两侧地质、地貌存在差异，处在浑河一级、二级阶地第四系发育区与三级基座阶地的边界，三级阶地遭到后期的剥蚀作用，两侧地形起伏明显、差异较大，与1:20万地质图所标注的浑河断裂距离约0.4km并大致平行，两侧地貌和新构造运动特征具有明显差异，大致控制了浑河断陷谷地的形态以及第四系地层的分布	可能属于断裂南杂木－英额门东段分支断裂存在及活动的相关指示，具有平行状结构

续表

影像编号	等级	走向	长度/m	参考地点	影像及其微地貌形态特征	综合地质地貌表现	断裂构造的指示性
Y108	B	北东东	2480	清原西	微弯曲状线性影像清楚，延伸稳定、连续，两侧色调具有一定差异，南侧山前侵蚀堆积台地相对浑河河床明显偏高，总体向南侧倾斜，台地与北侧太古宇斜长角闪岩低山、丘陵之间具有明显折线，基岩地形陡峭，多处可见数十米高的陡坡、陡坎	两侧地质、地貌存在差异，处在山前侵蚀堆积台地坡洪积区与低山、丘陵的边界，地形起伏明显、差异巨大，充当了太古宇斜长角闪岩与第四系的边界，与1:20万地质图标注的浑河断裂基本一致，与1:5万地质图标注的浑河断裂相近，可能反映了断裂构造的活动，总体控制了第四系地层分布	具有浑河断裂南杂木－英额门东段存在及活动的相关指示，具有平行状结构
Y109	B	近东西	1570	团山子	弯曲弧状线性影像清楚，延伸稳定、连续，影像两侧色调具有差异，北侧主要为浑河一级堆积阶地，山前发育有断续、狭窄的坡积裙，有近南北向冲沟穿过线性影像，形成宽阔、微起伏的坡洪积扇，南东侧为太古宙混合花岗岩、中元古界长城系白云岩构成的四级侵蚀阶地及其后缘的侵蚀、剥蚀低山、丘陵，阶地前缘基岩陡坎、陡坡发育，穿过影像的坡洪积扇形态完整	两侧地质、地貌存在明显差异，处在浑河第四系沉积区与太古宙混合花岗岩、中元古界白云岩的边界，两侧地形起伏明显、差异巨大，与1:20万地质图所标注的浑河断裂接近，但略有偏差，断裂构造实际上是位于混合花岗岩、白云岩两套地层的接触边界，影像两侧地貌和新构造运动特征具有明显差异，控制了浑河断陷谷地形态以及第四系分布	初步判定为断裂南杂木－英额门东段存在及活动的相关指示
Y110	B	北东	880	清原南大沙沟	直线状线性影像较为清楚，两侧色调具有一定差异，南侧浑河二级基座阶地呈近东西向条带状展布，宽0.2～0.3km，阶地河流相第四系地层厚度较小且变化不均匀，阶地前缘可见基岩陡坎、陡坡，出露岩性为上侏罗统页岩，陡坎、陡坡不连续且高度变化较大，一些地段不明显，影像以北一级阶地等平坦、开阔	两侧地质、地貌存在一定的差异，大的地貌形态上分别处于浑河谷地不同等级、不同成因类型的阶地以及河漫滩，第四系沉积也有所不同，1:20万地质图在该处未标注浑河断裂，1:5万地质图在该处附近虽标注有断裂，但走向偏差很大	不认定为浑河断裂南杂木－英额门东段存在及活动的相关指示

续表

影像编号	等级	走向	长度/m	参考地点	影像及其微地貌形态特征	综合地质地貌表现	断裂构造的指示性
Y111	B	北东	510	清原东古城子西	弯曲弧状线性影像清楚，两侧色调具有一定差异，北侧浑河二级基座阶地形成条带状的倾斜平台，河流相第四系厚度较小且变化不均匀，阶地前缘可见陡坎，阶地以北为浑河高河漫滩，局部可见一级堆积阶地，南侧上侏罗统页岩低山、丘陵基岩陡坡发育，但陡坎很少，影像北延线通的坡洪积扇形态完整，未有错切	两侧地质、地貌存在明显差异，处在相对下降的浑河谷地第四系沉积区与相对抬升的侵蚀、剥蚀低山、丘陵区的边界，地形起伏明显、差异巨大，1∶20万、1∶5万地质图在该处未标注浑河断裂	不认定为浑河断裂南杂木－英额门东段存在及活动的相关指示
Y112	B	北东	1590	清原东小山城	弯曲弧状线性影像清楚，延伸稳定、连续，两侧色调差异明显，北侧浑河一级阶地、高河漫滩平坦、开阔，山前地带有狭长条状的坡积裙，沿影像可见到规模不一的坡洪积扇沿山前陡坡带分布，南侧为上侏罗统页岩构成的侵蚀、剥蚀低山、丘陵，山前基岩陡坡较发育，但陡坎很少，影像为陡坡带的反映，影像通过地段的坡洪积扇形态均较完整，未发现错切现象	两侧地质、地貌存在明显差异，处在相对下降的浑河谷地第四系沉积区与相对抬升的侵蚀、剥蚀低山、丘陵区的边界，地形起伏明显、差异巨大，1∶20万地质图在该处未标注浑河断裂，但与1∶5万地质图标注的浑河断裂相近，并处于平行状态，两侧地貌和新构造运动特征具有明显差异，控制了浑河断陷谷地的形态以及第四系地层的分布	具有浑河断裂南杂木－英额门东段或其组成断裂存在及活动的相关指示
Y113	B	北东东	2500	清原北前进村	直线状线性影像清楚，延伸平直、稳定、连续，两侧色调具有一定差异，南侧属于浑河支流河谷或山前侵蚀堆积台地，第四系冲洪积、坡洪积地层发育，河流沟谷较窄，呈"V"字形，地形	两侧地质、地貌存在明显差异，处在浑河支流河谷或山前侵蚀堆积台地冲洪积、坡洪积区与低山、丘陵的边界，地形起伏明显、差异巨大，充当了太古宇变粒岩与第四系的边界，也是浑	具有浑河断裂南杂木－英额门东段存在及活动的相关指示

续表

影像编号	等级	走向	长度/m	参考地点	影像及其微地貌形态特征	综合地质地貌表现	断裂构造的指示性
Y113	B	北东东	2500	清原北前进村	起伏明显，山前台地地势相对浑河河床明显偏高，总体向南侧倾斜，台地与北侧太古宇变粒岩低山、丘陵之间有明显折线，基岩地形陡峭，多处可见数十米高的陡坡、陡坎	河断陷谷地的北边界，与1:20万地质图标注的浑河断裂基本一致，与1:5万地质图标注的浑河断裂相近，可能反映了断裂构造的活动，总体控制了第四系地层分布	
X22	A	北东东	2310	清原东五里庙	弯曲弧状线性影像十分清晰，延伸稳定、连续，两侧色调差异明显，南侧浑河一级阶地、高河漫滩平坦、开阔，山前地带有狭长条状坡积裙，沿影像可见到多个规模不一的坡洪积扇沿陡坡带分布，北侧上侏罗统页岩低山、丘陵基岩陡坡发育，但陡坎很少，影像通过地段的坡洪积扇形态均完整，未发现错切现象	两侧地质、地貌存在明显差异，处在相对下降的浑河谷地第四系沉积区与相对抬升的侵蚀、剥蚀低山、丘陵区的边界，地形起伏明显、差异巨大，与1:20万地质图所标注的浑河断裂相近并处于平行状态，两侧地貌和新构造运动特征具有明显差异，控制了浑河断陷谷地的形态以及第四系地层分布	具有南杂木－英额门东段或其组成断裂存在及活动的相关指示，具有平行状结构
Y114	B	北东东	3360	清原北张胡子沟－百子沟	与X22平行排列，近直线状线性影像清楚，延伸平直、稳定、连续，影像两侧色调具有一定的差异，北侧属于浑河支流河谷，第四系冲洪积、坡洪积地层十分发育，河流沟谷较窄，呈"V"字形，底部地形起伏明显，南侧为太古宇混合岩构成的侵蚀、剥蚀低山、丘陵，山前陡坡、陡坎发育，影像即为陡坡、陡坎的反映	两侧地质、地貌存在差异，处在浑河支流河谷冲洪积、坡洪积区与低山、丘陵的边界，地形起伏明显、差异巨大，充当了太古宙混合岩与第四系的边界，与1:20万、1:5万地质图标注的浑河断裂基本一致，反映了断裂构造的活动，总体上控制了第四系地层的分布	具有浑河断裂南杂木－英额门东段存在及活动的相关指示，具有平行状结构

影像编号	等级	走向	长度/m	参考地点	影像及其微地貌形态特征	综合地质地貌表现	断裂构造的指示性
Y115	B	北东	1560	清原镇东村	处在 X22 的东侧延伸线上，弯曲状线性影像清楚、延伸稳定、连续，影像两侧色调具有差异，南侧属于浑河一级阶地、高河漫滩等，地形平坦、开阔，山前地带有狭长条状的坡积裙，北侧为上侏罗统页岩构成的侵蚀、剥蚀低山、丘陵，山前基岩陡坡较发育，但陡坎很少，影像为陡坡带的反映	两侧地质、地貌存在明显差异，处在相对下降的浑河谷地第四系沉积区与相对抬升的侵蚀、剥蚀低山、丘陵区的边界，地形起伏明显、差异巨大，与 1:20 万地质图所标注的浑河断裂相近并处于平行状态，两侧地貌和新构造运动特征具有明显差异，控制了浑河断陷谷地的形态以及第四系地层分布	具有浑河断裂南杂木 – 英额门东段或其组成断裂存在及活动的相关指示
Y116	B	北东	1020	清原镇东村东	直线状线性影像清楚、延伸稳定、连续，两侧色调差异明显，北西侧浑河一级阶地、高河漫滩等平坦、开阔，山前地带有狭长条状的坡积裙，沿影像可见到规模不一的坡洪积扇沿山前陡坡带分布，南东侧为上侏罗统页岩构成的侵蚀、剥蚀低山、丘陵，山前基岩陡坡较发育，但陡坎很少，影像为陡坡带的反映，影像通过地段的坡洪积扇形态均较完整，未发现错切现象	两侧地质、地貌存在明显差异，处在相对下降的浑河谷地第四系沉积区与相对抬升的侵蚀、剥蚀低山、丘陵区的边界，地形起伏明显、差异巨大，1:20 万地质图在该处未标注浑河断裂，但与 1:5 万地质图标注的浑河断裂相近，并处于平行状态，两侧地貌和新构造运动特征具有明显差异，控制了浑河断陷谷地的形态以及第四系地层的分布	具有浑河断裂南杂木 – 英额门东段或其组成断裂存在及活动的相关指示
Y117	B	北东东	1540	清原东地子沟北	弯曲弧状线性影像清楚、延伸稳定、连续，两侧色调具有明显的差异，北侧属于浑河一级阶地、高河漫滩，地形平坦、开阔，山前坡积裙在影像东端附近发育较好，在影像西端附近缺失，南侧为上侏罗统页岩构成的侵蚀、剥蚀低山、丘陵，山前基岩陡坡发育，规模巨大，也可见到陡坎，影像为陡坡、陡坎带的反映	两侧地质、地貌存在明显差异，处在相对下降的浑河谷地第四系沉积区与相对抬升的侵蚀、剥蚀低山、丘陵区的边界，地形起伏明显、差异巨大，处在 1:20 万地质图所标注的浑河断裂东延线上，与 1:5 万地质图标注的浑河断裂大致相符，两侧地貌和新构造运动特征具有明显差异，控制了浑河断陷谷地的形态以及第四系地层的分布	具有浑河断裂南杂木 – 英额门东段存在及活动的相关指示

影像编号	等级	走向	长度/m	参考地点	影像及其微地貌形态特征	综合地质地貌表现	断裂构造的指示性
Y118	B	北东	810	清原东百子沟	直线状线性影像清楚，延伸稳定，两侧色调具有一定差异，南侧浑河一级阶地、高河漫滩等平坦、开阔，山前有狭长条状坡积裾，北侧正长斑岩脉低山、丘陵基岩陡坡发育，亦可见少量陡坎，高 2～4m，影像即为陡坡、陡坎的反映，向两侧延入浑河断陷区，其延伸线上的一级阶地形态完整，未发现错切现象	两侧地质、地貌存在明显差异，处在浑河冲积、冲洪积区与低山、丘陵的边界，地形起伏明显、差异巨大，沿影像有正长斑岩脉充填，与1:20万地质图标注的浑河断裂相近并呈平行状态，可能反映了断裂构造的活动，总体上控制了第四系地层的分布	具有南杂木－英额门东段或其组成断裂存在及活动的相关指示，具有左阶斜列状结构
Y119	B	北东	750	长山堡	近直线状线性影像清楚，延伸稳定，两侧色调具有一定差异，北西侧属于浑河一级阶地、高河漫滩及坡洪积扇等，山前地带有狭长条状的坡积裾，地形平坦、开阔，南东侧上侏罗统砾岩丘陵陡坡较发育，北东侧次级坡洪积扇形态完整，未发现错切现象	两侧地质、地貌存在差异，处在浑河及其支流沟谷冲积、冲洪积区与丘陵的边界，地形起伏明显，充当了上侏罗统砾岩与第四系的边界，与1:20万地质图标注的浑河断裂相近并呈平行状态，可能反映了断裂构造的活动，总体控制了第四系地层分布	具有浑河断裂南杂木－英额门东段或其组成断裂存在及活动的相关指示
Y120	B	北东	540	长山堡西	与Y118具有左阶斜列结构，直线状线性影像清楚，延伸稳定，两侧色调具有一定差异，南侧浑河一级阶地、高河漫滩等平坦、开阔，山前有狭长条状坡积裾，北侧太古宙混合岩低山、丘陵陡坡发育，亦可见少量陡坎，高 2～4m，向东侧延入浑河断陷区，其延伸线上的一级阶地形态完整，未发现错切现象	两侧地质、地貌存在差异，处在浑河冲积、冲洪积区与低山、丘陵的边界，地形起伏明显、差异巨大，充当了太古宙混合岩与第四系的边界，与1:20万地质图标注的浑河断裂基本一致，与1:5万地质图标注的浑河断裂相近，反映了断裂构造的活动，总体上控制了第四系地层的分布	具有浑河断裂南杂木－英额门东段存在及活动的相关指示，具有左阶斜列状结构

影像编号	等级	走向	长度/m	参考地点	影像及其微地貌形态特征	综合地质地貌表现	断裂构造的指示性
Y121	B	北东东	450	长山堡刘家岗	处在 Y120 东延线上，直线状线性影像清楚，延伸稳定，两侧色调具有一定差异，南侧浑河一级阶地、高河漫滩平坦、开阔，山前有狭长条状坡积裙，北侧太古宙混合岩低山、丘陵陡坡发育，亦可见少量陡坎，高 2~4m，向两侧延入浑河断陷区，其延伸线上的一级阶地形态完整，未发现错切现象	两侧地质、地貌存在差异，处在浑河冲积、冲洪积区与低山、丘陵的边界，地形起伏明显、差异巨大，充当了太古宙混合岩与第四系的边界，与 1:20 万地质图标注的浑河断裂基本一致，与 1:5 万地质图标注的浑河断裂相近，反映了断裂构造的活动，总体上控制了第四系地层的分布	具有浑河断裂南杂木–英额门东段存在及活动的相关指示
Y122	B	北东	300	长山堡小孤家子西	处在 Y121 的北东侧延伸线上，直线状线性影像清楚，延伸稳定，两侧色调具有一定差异，南侧一级阶地、高河漫滩平坦、开阔，山前有狭长条状坡积裙，北侧太古宙混合岩低山、丘陵陡坡发育，亦可见少量陡坎，高 2~4m，向两侧延入浑河断陷区，其延伸线上的一级阶地、河漫滩等形态完整，未发现错切现象	两侧地质、地貌存在差异，处在浑河冲积、冲洪积区与低山、丘陵的边界，地形起伏明显、差异巨大，充当了太古宙混合岩与第四系的边界，与 1:20 万地质图标注的浑河断裂相近，可能反映了断裂构造的活动，总体上控制了第四系地层的分布	具有浑河断裂南杂木–英额门东段存在及活动的相关指示，具有斜列状结构
Y123	B	北东	380	长山堡北	近直线状线性影像清楚，延伸稳定，两侧色调具有一定差异，南东侧属于浑河支流河漫滩及冲洪积扇等，地形总体平坦、开阔，北西侧为上侏罗统砾岩构成的侵蚀、剥蚀丘陵及山前坡积裙等，基岩陡坡、陡坎发育较差	两侧地质、地貌虽有差异但不明显，处在浑河支流沟谷冲积、冲洪积区与丘陵山前坡积、坡洪积区的接触边界，地形差异不明显，与 1:20 万地质图标注的浑河断裂相距较远，两侧均有第四系分布	不是浑河断裂南杂木–英额门东段存在及活动的相关指示

续表

影像编号	等级	走向	长度/m	参考地点	影像及其微地貌形态特征	综合地质地貌表现	断裂构造的指示性
Y124	B	北东	310	小孤家子东	与 Y122 呈斜列状排列，控制了浑河谷地发育，直线状线性影像清楚，延伸稳定，两侧色调具有一定的差异，北侧属于浑河河床、河漫滩等，南侧则为太古宇角闪质混合岩构成的侵蚀、剥蚀丘陵，山前基岩陡坡较发育，亦可见少量的陡坎，影像即为陡坡、陡坎的反映	两侧地质、地貌存在差异，处在浑河冲积、冲洪积区与丘陵的边界，地形起伏明显、差异巨大，充当了太古宇角闪质混合岩与第四系的边界，与1:20万地质图标注的浑河断裂相距较远，总体上控制了第四系地层的分布	不是浑河断裂南杂木–英额门东段存在及活动的相关指示
Y125	B	北东东	1860	小孤家子东北	与 Y122、Y124 呈斜列状，与 Y126、Y130 呈平行状，展布于现代浑河南岸，距现代浑河谷地 1~1.5km，两者大致平行，弯曲弧状线性影像比较清楚，延伸稳定、连续，两侧色调差异不明显，北侧浑河河床、河漫滩和一级阶地平坦、开阔，南侧太古宇混合岩丘陵起伏明显，受到河流侵蚀，山前基岩陡坡、陡坎发育	两侧地质、地貌还是具有差异的，大的地貌形态上主要处在浑河冲积、冲洪积区与丘陵的边界，地形起伏明显、差异较大，与1:20万、1:5万地质图标注的浑河断裂均相差很远，地质地貌上没有显示断裂构造的活动	不是浑河断裂南杂木–英额门东段存在及活动的相关指示
Y126	B	北东	1220	七间房	弯曲状线性影像清楚，延伸稳定、连续，两侧色调具有一定差异，南东侧冲洪积扇、坡积裙向河谷倾斜，北西侧上侏罗统砾岩、太古宇角闪质混合岩丘陵山前陡坡发育，亦可见少量陡坎，陡坎高 2~5m，垂直影像小冲沟及冲洪积扇形态完整，未发现错切现象	两侧地质、地貌存在差异，处在浑河支流沟谷冲洪积、坡积区与丘陵的边界，地形起伏明显，充当了上侏罗统砾岩、太古宇角闪质混合岩与第四系的边界，与1:20万地质图浑河断裂相近，北部局部吻合，可能反映了断裂构造活动，控制了第四系分布	具有浑河断裂南杂木–英额门东段存在及活动的相关指示

续表

影像编号	等级	走向	长度/m	参考地点	影像及其微地貌形态特征	综合地质地貌表现	断裂构造的指示性
Y127	B	北东东	1250	椴木沟	近直线状线性影像清楚，延伸稳定，两侧色调具有一定差异，北西侧冲洪积扇、坡积裾发育向河谷微倾斜，南东侧上侏罗统砾岩丘陵山前基岩陡坡较发育，但陡坎不发育，影像即为陡坡的反映，向影像两端有次级坡洪积扇发育，扇体形态完整，未发现错切现象	两侧地质、地貌存在差异，处在浑河支流沟谷冲洪积、坡积区与丘陵的边界，两侧地形起伏明显，充当了上侏罗统砾岩与第四系的边界，与 1:20 万地质图标注的浑河断裂相近并呈平行状态，可能反映了断裂构造的活动，总体控制了第四系地层分布	具有浑河断裂南杂木-英额门东段或其组成断裂存在及活动的相关指示
Y128	B	北东东	980	西岭南	处在 Y127 的北东延伸线上，直线状线性影像清楚，延伸平直、稳定、连续，两侧色调具有一定差异，北西侧冲洪积扇、坡积裾向河谷微倾斜，南东侧上侏罗统砾岩丘陵山前陡坡发育，陡坎不发育，西端冲洪积扇体形态完整，未发现错切，受到一定的人为改造的影响	两侧地质、地貌存在差异，处在浑河支流沟谷冲洪积、坡积区与丘陵的边界，两侧地形起伏明显，充当了上侏罗统砾岩与第四系的边界，与 1:20 万地质图标注的浑河断裂相近并呈平行状态，可能反映了断裂构造的活动，控制了第四系地层分布	具有浑河断裂南杂木-英额门东段或其组成断裂存在及活动的相关指示
Y129	B	北东东	420	大马路沟	处在 Y128 的北东延伸线上，直线状线性影像清楚，延伸平直、稳定，两侧色调具有一定差异，北西侧冲洪积扇、坡积裾向河谷微倾斜，南东侧上侏罗统砾岩丘陵山前陡坡发育，影像东端次级冲洪积扇体形态完整，未发现错切现象，受到一定的人为改造的影响	两侧地质、地貌存在差异，处在浑河支流沟谷冲积、冲洪积、坡积区与丘陵的边界，两侧地形起伏明显，充当了上侏罗统砾岩与第四系的边界，与 1:20 万地质图标注的浑河断裂相近并呈平行状态，可能反映了断裂构造的活动，总体上控制了第四系分布	具有浑河断裂南杂木-英额门东段或其组成断裂存在及活动的相关指示

影像编号	等级	走向	长度/m	参考地点	影像及其微地貌形态特征	综合地质地貌表现	断裂构造的指示性
Y130	B	北东东	860	西岭北	直线状线性影像清晰，延伸平直、稳定、连续，影像两侧色调具有显著的差异，南东侧属于浑河支流沟谷，冲洪积扇、坡积裙发育，地形向东侧河谷微倾斜，北西侧则为太古宇角闪质混合岩构成的三级基座阶地，山前基岩陡坡、陡坎发育，影像即为陡坡、陡坎带的反映，垂直于影像发育有小冲沟，其冲洪积扇形态完整，未发现错切现象	两侧地质、地貌存在明显差异，处在相对下降的浑河支流沟谷冲洪积、坡积区与相对抬升的三级基座阶地的边界，基座阶地存在一定的剥蚀，两侧地形起伏明显，充当了太古宇角闪质混合岩与第四系的边界，与1∶20万地质图标注的浑河断裂吻合，反映了断裂构造活动和两侧地貌及新构造运动特征的差异，控制了第四系地层的分布	具有浑河断裂南杂木－英额门东段存在及活动的相关指示
Y131	B	北东东	1250	英额门长春屯东	微弯曲状线性影像清楚，延伸稳定、连续，影像两侧色调具有一定的差异，北西侧属于浑河河床、河漫滩和一级堆积阶地，地形平坦、开阔，山前地带有狭长条状的坡积裙，南东侧为下白垩统砂岩构成的三级基座阶地，山前基岩陡坡较发育，但陡坎不发育，影像即为陡坡的反映，向影像东、西两端有浑河支流的次级冲洪积扇发育，扇体形态完整，未发现错切现象，受到一定人为改造影响	两侧地质、地貌存在差异，处在相对下降的浑河沟谷冲积、冲洪积、坡积区与相对抬升的三级基座阶地的边界，基座阶地存在一定的剥蚀，两侧地形起伏明显，充当了下白垩统砂岩与第四系的边界，与1∶20万地质图标注的浑河断裂分别位于浑河沟谷的南、北两侧并呈平行状态，而浑河沟谷属于"U"形谷，线性影像可能反映了断裂构造的活动，控制了第四系地层的分布	具有浑河断裂南杂木－英额门东段或其组成断裂存在及活动的相关指示
X23	A	北东－北东东	1920	英额门长春屯西	处在Y130的北东侧延伸线上，不规则弯曲状线性影像十分清晰，延伸稳定、连续，两侧色调具有显著差异，南东侧浑河河床、河漫滩和一级堆积阶地平坦、开阔，山前有	两侧地质、地貌存在明显差异，处在相对下降的浑河河谷冲积、冲洪积区与相对抬升的三级基座阶地边界，基座阶地存在一定剥蚀，地形起伏明显，充当了太古宇角闪质	具有浑河断裂南杂木－英额门东段存在及活动的相关指示

续表

影像编号	等级	走向	长度/m	参考地点	影像及其微地貌形态特征	综合地质地貌表现	断裂构造的指示性
X23	A	北东－北东东	1920	英额门长春屯西	狭长条状坡积裾，北西侧三级基座阶地基岩陡坡、陡坎发育，陡坎高 3～5m，垂直于影像发育有小冲沟，其冲洪积扇形态完整，未发现错切现象	混合岩与第四系的边界，与 1:20 万地质图浑河断裂吻合，反映了断裂构造活动和两侧地貌差异，控制了第四系地层分布	
Y132	B	近东西	500	英额门北	直线状线性影像清晰，延伸平直、稳定，影像两侧色调差异明显，南侧属于浑河河床、河漫滩和一级堆积阶地，地形平坦、开阔，山前地带有狭长条状的坡积裾，北侧为太古宇角闪质混合岩构成的侵蚀、剥蚀丘陵，山前基岩陡坡发育，影像即为陡坡带的反映	两侧地质、地貌存在明显差异，处在相对下降的浑河河谷冲积、冲洪积区与相对抬升的侵蚀、剥蚀丘陵区的边界，两侧地形起伏明显，充当了太古宇角闪质混合岩与第四系的边界，与 1:20 万地质图标注的浑河断裂相距较远，但与 1:5 万地质图标注的浑河断裂较近且近于平行，控制了第四系分布	可能指示了浑河断裂南杂木－英额门东段的存在
Y133	B	北东	490	英额门东	处在 Y131 的北东侧延伸线上，微弯曲状线性影像比较模糊，两侧色调差异不明显，北西侧浑河一级堆积阶地平坦、开阔，山前有狭长条状坡积裾，南东侧下白垩统砂岩构成的三级基座阶地基岩陡坡发育较差，跨影像有浑河支流的次级冲洪积扇发育，扇体形态完整，未发现错切现象，受到一定人为改造影响	两侧地质、地貌存在差异，处在相对下降的浑河沟谷冲积、冲洪积、坡积区与相对抬升的三级基座阶地的边界，基座阶地剥蚀较强，两侧地形起伏明显，大致充当了下白垩统砂岩与第四系的边界，与 1:20 万地质图标注的浑河断裂相距较远，基本控制了第四系地层的分布	不作为浑河断裂南杂木－英额门东段存在及活动的相关指示
Y134	B	北东	160	英额门东	与 Y133 右阶排列，与 Y135 左阶排列，直线状线性影像比较清楚，延伸平直、短促，影像两侧色调基本相同，其处在浑河支流沟谷	两侧地质、地貌没有差异，两侧地形也大致相同，浑河支流在河谷内的短距离左阶转折应属于差异侵蚀、	不作为南杂木－英额门东段存在及活动的相关指示

影像编号	等级	走向	长度/m	参考地点	影像及其微地貌形态特征	综合地质地貌表现	断裂构造的指示性
Y134	B	北东	160	英额门东	内，沿影像浑河支流产生左阶的转折，无明显的同向陡坡、陡坎发育	堆积作用造成，而与浑河断裂关系不大	
Y135	B	北东	510	英额门东	处在 Y133 的北东侧延伸线上，近直线状线性影像比较模糊，两侧色调差异不明显，北西侧浑河一级堆积阶地平坦、开阔，山前坡积裙及浑河支流冲洪积扇发育，地形呈微倾斜，南东侧为下白垩统砂岩构成的三级基座阶地，受到较强的剥蚀作用，山前基岩陡坡发育较差	两侧地质、地貌存在差异，处在相对下降的浑河及其支流沟谷冲积、冲洪积、坡积区与相对抬升的三级基座阶地的边界，两侧地形存在一定的起伏变化，大致充当了下白垩统砂岩与第四系的边界，与1:20万地质图标注的浑河断裂相距较远	不作为浑河断裂南杂木－英额门东段存在及活动的相关指示
Y136	B	北东东	570	英额门北	处在 X23 的北东延伸线上，与 Y132 呈斜列状排列，影像比较清楚，延伸平直、短促，两侧色调虽有差异，但不明显，展布于太古宇角闪质混合岩侵蚀、剥蚀丘陵中，地形起伏明显，两端分别为现代浑河谷地和丘陵山体中近南北向次级沟谷，沟谷两侧山前坡积裙发育，其形态清楚、完整，未有北东东向影像显示	两侧地质、地貌差异不明显，处在侵蚀、剥蚀丘陵区，第四系发育较差，与1:5万地质图标注的浑河断裂近于重合，也处在1:20万地质图标注的浑河断裂北支北东延伸线附近，在丘陵山体中形成了一定的线性特征，反映了断裂在太古宇角闪质混合岩中的构造活动及其对地质地貌的作用	应属于浑河断裂南杂木－英额门东段存在及活动的相关指示
Y137	B	北东	340	英额门欢喜岭西	处在 X23、Y136 的北东延伸线上，并略呈斜列状排列，展布于现代浑河谷地南岸，但此处的浑河与相邻段的浑河谷地产生了一定的曲流转折变化，即与主体段浑河具有北西向约1km的偏差，而展布方向保持稳定，	两侧地质、地貌具有明显差异，处在浑河冲积、冲洪积区与丘陵的边界，地形起伏较大，充当了太古宇角闪质混合岩与第四系的边界，控制了第四系分布，与1:5万地质图标注的浑河断裂近于重合，也处在	应属于浑河断裂南杂木－英额门东段存在及活动的相关指示

续表

影像编号	等级	走向	长度/m	参考地点	影像及其微地貌形态特征	综合地质地貌表现	断裂构造的指示性
Y137	B	北东	340	英额门欢喜岭西	仍为北东向，该段长度为1km左右，影像比较清楚，延伸平直、短促，两侧色调差异不明显，北侧浑河河床、河漫滩和一级阶地平坦，山前地带有狭长条状的坡积裙，南段则为太古宇角闪质混合岩构成的侵蚀、剥蚀丘陵，起伏明显，山前基岩陡坡、陡坎发育	1:20万地质图标注的浑河断裂北支北东延伸线上，应反映了断裂构造活动对地质地貌特征的作用，而现代浑河不再如断裂西段那样严格受到浑河断裂的制约现象也说明浑河断裂在其接近赤峰－开原断裂发育区的东端附近活动程度已明显减弱	
X24	A	北东	1160	石庙子北	弯曲弧状线性影像十分清晰，延伸稳定、连续，两侧色调具有显著差异，南东侧浑河河床、河漫滩和一级堆积阶地平坦、开阔，山前地带有狭长条状的坡积裙，北西侧为太古宇混合花岗岩构成的四级侵蚀阶地，山前基岩陡坡、陡坎发育，陡坎高度一般很小，为3～5m，影像即为陡坡、陡坎带的反映，垂直于影像发育有小冲沟，其冲洪积扇形态完整，未发现错切现象	两侧地质、地貌存在明显差异，处在相对下降的浑河河谷冲积、冲洪积区与相对抬升的四级侵蚀阶地边界，基座阶地存在一定剥蚀，两侧地形起伏明显，充当了太古宇混合花岗岩与第四系的边界，反映了两侧地貌及新构造运动特征的差异性，控制了北东东向浑河河谷和第四系地层的分布，但与1:20万、1:5万地质图标注的浑河断裂相距甚远	初步确定对浑河断裂南杂木－英额门东段的东延段具有指示意义，具有右阶斜列状结构
X25	A	北东东	630	孤山子西	与X24较近，略具右阶排列，微弯曲弧状线性影像十分清晰，延伸稳定、连续，两侧色调具有显著差异，南东侧浑河河床、河漫滩和一级堆积阶地平坦、开阔，山前有狭长条状坡积裙，北西侧太古宇混合花岗岩构成的四级侵蚀阶地山前基岩陡坡、陡	两侧地质、地貌存在明显差异，处在相对下降的浑河河谷冲积、冲洪积区与相对抬升的四级侵蚀阶地的边界，基座阶地存在一定的剥蚀，两侧地形起伏明显，充当了太古宇混合花岗岩与第四系的边界，反映了两侧地貌及新构造运动特征的差异性，控	初步确定对浑河断裂南杂木－英额门东段的东延段具有指示意义

续表

影像编号	等级	走向	长度/m	参考地点	影像及其微地貌形态特征	综合地质地貌表现	断裂构造的指示性
X25	A	北东东	630	孤山子西	坎发育，陡坎高3~5m，垂直于影像发育有小冲沟，其冲洪积扇形态完整，未发现错切现象	制了北东东向浑河河谷和第四系地层的分布，但与1:20万、1:5万地质图标注的浑河断裂相距甚远	
X26	A	北东	1790	孤山子北	与X25较近，略具右阶排列，近直线状线性影像十分清晰，延伸稳定、连续，两侧色调具有显著差异，南东侧浑河河床、河漫滩和一级堆积阶地平坦、开阔，山前地带有狭长条状的坡积裙，北西侧太古宙混合花岗岩构成的四级侵蚀阶地基岩陡坡、陡坎发育，陡坎高3~5m，垂直于影像发育有小冲沟，其冲洪积扇形态完整，未发现错切现象	两侧地质、地貌存在明显差异，处在相对下降的浑河河谷冲积、冲洪积区与相对抬升的四级侵蚀阶地的边界，基座阶地存在一定的剥蚀，两侧地形起伏明显，充当了太古宙混合花岗岩与第四系的边界，反映了两侧地貌及新构造运动特征的差异性，控制了北东东向浑河河谷和第四系地层的分布，但与1:20万、1:5万地质图标注的浑河断裂相距甚远	初步确定对浑河断裂南杂木－英额门东段的东延段具有指示意义，具有右阶斜列状、平行状结构
Y138	B	北东	630	英额门东北	弯曲弧状线性影像清楚，延伸稳定，两侧色调具有一定差异，北西侧为太古宙混合花岗岩丘陵，现代浑河谷地亦位于其北西侧，向南东侧过渡为混合花岗岩丘间低地，低地呈北东向的条带状发育，在丘陵与低地之间为山前坡积裙，影像的南东侧即为坡积裙、低地等的薄层第四系沉积区，丘陵山前基岩陡坡、陡坎发育较差	两侧地质、地貌虽有差异但不明显，处在太古宙混合花岗岩侵蚀、剥蚀丘陵中，地形差异不明显，与1:20万、1:5万地质图标注的浑河断裂相距较远，南东侧有第四系的少量分布	不作为浑河断裂南杂木－英额门东段存在及活动的相关指示
Y139	B	北东	2550	石庙子－孤山子东北	与X26平行展布，近直线状线性影像十分清晰，延伸平直、稳定、连续，两侧色调差异显著，北西侧浑	两侧地质、地貌存在明显差异，处在相对下降的浑河河谷冲积、冲洪积区与相对抬升的四级侵蚀阶地的边	初步确定对浑河断裂南杂木－英额门东段的东延段具有指示意义，

续表

影像编号	等级	走向	长度/m	参考地点	影像及其微地貌形态特征	综合地质地貌表现	断裂构造的指示性
Y139	B	北东	2550	石庙子 - 孤山子东北	河河床、河漫滩和一级堆积阶地平坦、开阔，山前地带有狭长条状的坡积裾，南东侧四级侵蚀阶地基岩陡坡发育，该处的浑河谷地大致呈"U"字形，垂直于影像小冲沟、冲洪积扇形态完整，未发现错切，人为活动改造较强	界，两侧地形起伏明显，充当了下白垩统砂岩与第四系的边界，反映了两侧地貌及新构造运动特征的差异性，控制了北东东向浑河河谷和第四系地层的分布，但与1:20万、1:5万地质图标注的浑河断裂相距甚远	具有平行状结构
Y140	B	北东东	830	丁家街南	处在 Y139 的北东东延伸线上，与 X26 近平行展布，近直线状线性影像十分清晰，延伸平直、稳定、连续，两侧色调具有一定差异，北西侧浑河河床、河漫滩和一级堆积阶地平坦、开阔，山前地带有狭长条状的坡积裾，南东侧为下白垩统砂岩构成的四级侵蚀阶地，山前基岩陡坡发育，影像即为陡坡带的反映，该处的浑河谷地大致呈"U"字形，垂直于影像发育有小冲沟，其冲洪积扇形态完整，未发现错切现象，人为活动改造较强	两侧地质、地貌存在明显差异，处在相对下降的浑河河谷冲积、冲洪积区与相对抬升的四级侵蚀阶地的边界，两侧地形起伏明显，充当了下白垩统砂岩与第四系的边界，反映了两侧地貌及新构造运动特征的差异性，控制了北东东向浑河河谷和第四系地层的分布，但与1:20万、1:5万地质图标注的浑河断裂相距甚远	对浑河断裂南杂木 - 英额门东段的指示意义较弱
Y141	B	北东	1200	丁家街西	处在 X26 的北东东延伸线上，近直线状线性影像清晰，延伸稳定、连续，影像两侧色调差异不明显，南东侧属于浑河支流沟谷，其中第四系冲洪积、坡洪积层发育，地形有起伏并呈微倾斜，北西侧为太古宙混合花岗岩构成的侵	两侧地质、地貌存在差异，处在太古宙混合花岗岩侵蚀、剥蚀丘陵中，受到河流作用和断裂活动的影响，形成北东向的直线状沟谷以及丘陵山前明确的北东向陡坎，处在混合花岗岩基岩与第四系的边界，控制了北东向浑河支流沟	初步确定对浑河断裂南杂木 - 英额门东段的东延段具有指示意义。

续表

影像编号	等级	走向	长度/m	参考地点	影像及其微地貌形态特征	综合地质地貌表现	断裂构造的指示性
Y141	B	北东	1200	丁家街西	蚀、剥蚀丘陵，山前基岩陡坡、陡坎发育，陡坎高度一般很小，为2~3m，陡坡、陡坎带控制了水系的发育，沿陡坎可见到断裂带出露	谷和第四系地层的分布，但在空间展布上1:20万、1:5万地质图在此地段中未标注有断裂构造发育	
Y142	B	北东	580	丁家街东南	处在Y140的北东东延伸线上，微弯曲状线性影像比较模糊，影像两侧色调差异并不明显，连续性也较差，展布于下白垩统砂岩侵蚀、剥蚀丘陵的山前坡积裙上，地形有一定的起伏，坡积裙形态总体完整	两侧地质、地貌差异不明显，处在坡积裙地貌单元上，第四系有所发育，与1:5万、1:20万地质图标注的浑河断裂均相距较远，断裂活动在地质地貌的表现不明显	不判定为浑河断裂南杂木－英额门东段的指示
Y143	B	北东	1110	粘泥岭东	处在Y141的北东东延伸线上，弯曲状线性影像相对清楚，延伸比较稳定、连续，两侧色调差异不明显，北西侧属于浑河支流沟谷的上游，其中第四系冲洪积、坡洪积层虽有发育但程度很差，沟谷地形起伏明显，但北东向沟谷趋于尖灭，南东侧为太古宙混合花岗岩构成的侵蚀、剥蚀丘陵，山前基岩陡坡发育，也可见到局部的陡坎，该陡坡、陡坎带大致上控制了水系的发育	两侧地质、地貌存在一定的差异，处在太古宙混合花岗岩侵蚀、剥蚀丘陵中，主要受到河流作用的影响，形成北东向的线状沟谷，处在混合花岗岩基岩与第四系的边界，大致控制了北东向浑河支流沟谷和第四系地层的分布，但在空间展布上1:20万、1:5万地质图在此地段并未标注有断裂构造发育，其向东开始延至赤峰－开原断裂带内	较难确定对浑河断裂南杂木－英额门东段的指示意义
Y145	B	北东	550	北山	与Y148、Y174呈斜列状排列，影像比较清楚，延伸较短，两侧色调虽有差异，但不明显，北西侧植被发育较好，色调较深，展布于太古宙混合花	两侧地质、地貌差异不明显，处在侵蚀、剥蚀丘陵区，第四系发育较差，空间展布上已延入赤峰－开原断裂带与浑河断裂带的交会部位附近，也	不判定为浑河断裂南杂木－英额门东段的指示

续表

影像编号	等级	走向	长度/m	参考地点	影像及其微地貌形态特征	综合地质地貌表现	断裂构造的指示性
Y145	B	北东	550	北山	岗岩侵蚀、剥蚀丘陵中，地形起伏明显，南东侧山前坡积裙发育，形态较清楚、完整	处在1:20万地质图标注的浑河断裂东端延伸线上，存在一定的北东东向构造显示，但不明显	
Y147	B	北北东	300	长兴沟南	处在Y143的北东东延伸线上，影像比较清楚，延伸短促，两侧色调差异不明显，北西侧森林植被发育较好，色调较深，南东侧植被发育较差，色调相对较浅，展布于太古宙混合花岗岩侵蚀、剥蚀丘陵中，地形起伏明显，南东侧山前坡积裙有所发育，其形态较清楚、完整	两侧地质、地貌差异不明显，处在侵蚀、剥蚀丘陵区，第四系发育较差，空间展布上已延入赤峰－开原断裂带与浑河断裂带的交会部位附近，空间展布上1:20万、1:5万地质图在此地段并未标注断裂构造发育，虽存在一定的北东东向构造显示，但不明显	不判定为浑河断裂南杂木－英额门东段的指示
Y148	B	北北东	1060	董家街	与Y145、Y174呈斜列状排列，但之间有北西向影像阻隔，近直线状影像不十分清楚，稳定性较差，色调差异不明显、断续存在，展布于太古宙混合花岗岩中，附近有下更新统玄武岩侵入，形成混合花岗岩、玄武岩相间分布格局，地貌上为丘陵区，地形有一定起伏，山前发育坡积裙、坡洪积扇等，第四系分布很不均匀，坡积裙、坡洪积扇等形态较完整，影像即大致为北西侧的山前坡积裙、坡洪积扇与南东侧的基岩丘陵的界线	两侧地质、地貌差异不明显，处在侵蚀、剥蚀丘陵区，第四系发育相对较差，空间展布上已延入赤峰－开原断裂带与浑河断裂带的交会部位附近，已有研究资料没有确定该地段附近有断裂构造发育，处在1:20万地质图标注的浑河断裂东端延伸线上，存在一定的构造影像显示，但不明显	不判定为浑河断裂南杂木－英额门东段的指示
Y150	B	北东	670	王家窑南	处在Y148东延线上，其间亦有北西向影像，影像清楚，延伸较短，两侧色调差异不明显，	两侧地质、地貌差异不明显，处在侵蚀、剥蚀丘陵区，第四系发育较差，空间展布	不判定为浑河断裂南杂木－英额门东段的指示

续表

影像编号	等级	走向	长度/m	参考地点	影像及其微地貌形态特征	综合地质地貌表现	断裂构造的指示性
Y150	B	北东东	670	王家窑南	北西侧植被发育较好，色调较深，展布于下更新统玄武岩丘陵中，地形起伏明显，南东侧山前坡积裙、坡洪积扇形态清楚、完整	上已延入赤峰－开原断裂、浑河断裂交会区，处在1:20万地质图浑河断裂东延线上，存在一定的北东东向构造显示	
Y151	B	北东东	700	关家街西	影像展布相对独立，附近构造影像较少，北东东向影像比较模糊，延伸平直，两侧色调差异不明显，南东侧森林植被发育较好，色调较深，北西侧植被发育较差，色调相对较浅，展布于下更新统玄武岩侵蚀、剥蚀丘陵中，地形有起伏，北西侧山前坡积裙发育，形态完整	两侧地质、地貌差异不明显，处在侵蚀、剥蚀丘陵区，第四系发育较差，空间展布上处在赤峰－开原断裂带与浑河断裂带的交会区内，已有研究资料没有确定该地段附近有断裂构造发育，虽存在一定的北东东向构造显示，但不明显	不判定为浑河断裂南杂木－英额门东段的指示
Y160	B	近东西	1230	南杂木北山北	近直线状线性影像十分清晰，延伸稳定，影像两侧色调具有显著差异，北侧以一级阶地、高河漫滩等为主，地形平坦、开阔，南侧则分布有太古宙斜长混合岩构成的侵蚀、剥蚀丘陵，基岩陡坡、陡坎发育，陡坎高度一般为5~10m，影像即为陡坡、陡坎的反映	两侧地质、地貌存在明显差异，处在第四系沉积区和混合岩基岩区的边界，地形有起伏，在1:20万地质图上没有标注有断裂，但两侧地貌和新构造差异是确定的，处在南杂木盆地的内部，控制了第四系地层的分布	初步确定为断裂章党－南杂木段或其分支构造存在及活动的相关指示
Y165	B	近东西	770	王家窑北	影像展布相对独立，附近构造影像较少，近东西向影像比较模糊，两侧色调差异不明显，主要由局部地貌形态不同及植被发育程度差异所导致，展布于下更新统玄武岩侵蚀、剥蚀丘陵中，地形有起伏，可见山前坡积裙、坡洪积扇等发育，形态完整	两侧地质、地貌差异不明显，处在侵蚀、剥蚀丘陵区，第四系发育较差，空间展布上处在赤峰－开原断裂带与浑河断裂带的交会区内，已有研究资料没有确定该地段附近有断裂构造发育，虽存在一定的近东西向构造显示，但不明显	不判定为浑河断裂南杂木－英额门东段的指示

续表

影像编号	等级	走向	长度/m	参考地点	影像及其微地貌形态特征	综合地质地貌表现	断裂构造的指示性
Y174	B	北东	1220	上沟	与Y145、Y148呈斜列状排列，影像比较清楚，延伸较稳定，两侧色调虽有差异，但不明显，北西侧森林植被发育较好，色调较深，南东侧植被发育较差，色调相对较浅，展布于太古宙混合花岗岩丘陵中，地形起伏明显，南东侧山前坡积裙发育，形态较清楚、完整	两侧地质、地貌差异不明显，处在侵蚀、剥蚀丘陵区，第四系发育较差，空间展布上已延入赤峰－开原断裂、浑河断裂交会区，处在1:20万地质图标注的浑河断裂东端延伸线上，虽存在一定的北东向构造显示，但不明显	不判定为浑河断裂南杂木－英额门东段的指示
Y190	B	北东东	700	草市南王家沟南	北东东向影像比较模糊，延伸平直，两侧色调虽有差异，但不明显，总体上看，北侧森林植被发育相对较好，色调相对较深，南侧森林植被较少，色调相对较浅，展布于太古宇石英片岩为主的侵蚀、剥蚀丘陵中，地形有起伏，南侧山前坡积裙发育，形态完整	两侧地质、地貌差异不明显，处在侵蚀、剥蚀丘陵区，第四系发育较差，空间展布上处在赤峰－开原断裂带内，也处在浑河断裂带的东延带附近，已有研究资料没有明确该地段附近有断裂构造发育，虽存在一定的北东东向构造显示，但不明显	不判定为浑河断裂南杂木－英额门东段的指示
Y194	B	北东东	1210	北口前虎林子东	弯曲弧状线性影像十分清晰，延伸稳定、连续，两侧色调差异显著差异，北侧浑河一级阶地、高河漫滩等平坦、开阔，山前发育坡积裙，南侧太古宙混合花岗岩低山、丘陵山前北东东向基岩陡坡、陡坎发育，受到人类活动一定程度改造	两侧地质、地貌存在明显差异，处在浑河断陷谷地第四系沉积区与低山、丘陵的边界，地形起伏明显、差异巨大，是太古宙混合花岗岩与第四系的边界，在1:20万地质图上没有标注有断裂，但两侧地貌和新构造差异是确定的，控制了第四系地层分布	初步确定为南杂木－英额门东段或其分支构造存在及活动的相关指示

影像编号	等级	走向	长度/m	参考地点	影像及其微地貌形态特征	综合地质地貌表现	断裂构造的指示性
X42	A	北东	2800	六家子	近直线状线性影像十分清晰，延伸稳定、连续，两侧色调具有显著差异，北西侧一级阶地、河漫滩、坡积裙平坦，近山前地带发育狭长缓倾斜坡积裙、坡洪积扇，南东侧太古宙混合岩低山、丘陵基岩陡坡、陡坎发育，影像即为陡坡的反映，跨影像坡洪积扇等形态完整	两侧大的地质、地貌差异明显，处在第四系区与低山、丘陵边界，亦处在北东向狭长沟谷的北西侧，河流发育，地形起伏巨大，已有认知这一地段没有断层发育，实际调查也没有发现断层迹象，河流作用是塑造地质、地貌的主要因素	难以确定为断裂存在的相关指示

1）南杂木－红透山（苍石）一带

在该带解译出一系列走向北东或北东东、连续稳定、清晰的直线状或弯曲弧状线性异常，其中 Y74 和 X10、X11、X12、X42 走向北东，Y75、Y76、Y77、Y78、Y79、Y83、Y84、Y160 和 X8、X13 走向北东东。北东向影像基本展布于浑河北岸，表现为两侧深、浅不同的色调差异，多条影像色调差异显著、清晰度较高，北东向影像延伸长度 0.7～3.3km，大致呈平行状排列，具有一定的不规则性，影像间距 0.4～0.7km；北东东向影像主要展布于浑河南岸，表现为两侧深、浅不同的色调差异以及较细的色调条带，清晰度也较高，各影像分布不均匀，长度 0.5～4.8km，平行状排列，影像间距 0.2～1.5km，该组影像可以划分为南、北两束，均分别具有很好的连续性、稳定性。北东向、北东东向影像之间属于浑河河谷，该段河谷在东出南杂木盆地之后比较蜿蜒，总体上并不发育方向性明确的可能与浑河断裂相关的线性影像，但南岸北东东向影像虽被北西－北北西向线性影像所围限，其与东、西两侧的北东东向影像之间空区较小，并处在相同的北东东向延伸线上，这在后续的地质地貌调查中是要关注的。解译分析认为，浑河北岸北东向线性影像十分清楚，延伸连续、完整，影像在地貌上处在浑河以北的支流沟谷，控制了沟谷的形态，在微地貌上处在侵蚀、剥蚀丘陵、低山与山前坡洪积扇、坡积裙的边界，沿影像可见连续性较好的陡坡、陡坎带，而沟谷内侧地形比较平坦，与起伏强烈的基岩山地区形成鲜明对比。至于浑河南岸的两条北东东向线性影像，其北支在地貌上处在浑河以南的小型支流沟谷中，该沟谷属于侵蚀、剥蚀丘陵、低山中被切割的直线状沟谷，其中水系不很发育，因此相对单纯的构造成因比较明显，在微地貌上沿影像见到连续性较好的陡坡、陡坎，两侧地貌、第四纪地质特征存在些微差异，一侧为基岩丘陵、低山，另一侧为第四系发育的山前坡洪积扇、坡积裙，地形坡度也不相同；南支在地貌上也见到小型支流沟谷发育，但沟谷规模更小，延伸更短，微形沟谷的长度只有 0.5～1.0km，向另一端即形成同向延伸的直线状山脊等，其构造因素是比较清楚的。参考已有研究资料，浑河北岸北东向线性影像可能为浑河断裂以北北东向次级断裂反映，浑河南岸北东东向线性影像在空间位置和展布方向上分别与 1：20 万区调精度的浑河断裂南、北分支相近，应属于浑河断裂的遥感解译反映。

2）苍石－河东附近

此处解译出 7 条直线状或弯曲弧状线性异常（Y80、Y81、Y82、Y85、Y86、Y87、Y88）。空间上构成 3 支大致平行状延伸的北东东向线性影像（图4.10），单条影像长度0.4～2.6km，而所构成的 3 支连接影像长度由北至南分别为 4.0km、4.3km 和 4.0km，其间相距0.4～0.9km 和0.3～0.7km。该段影像与西侧线性影像之间可以衔接，但被北西－北北西向影像分割；与东侧影像之间则存在约 1.0km 的空区。遥感影像主要表现为两侧深、浅不同的色调差异和较细、较浅的色调条带，以北支线性影像较为清晰。经野外验证调查，影像的中、南分支在地貌上分别处在浑河河谷南、北两侧的直线状支流沟谷中，控制了河谷形态；北支影像则处在浑河以北的小型直线状支流沟谷中，其属于侵蚀、剥蚀丘陵、低山中的切割沟谷，水系不很发育，因此趋向于构造成因解释，同时沿影像在微地貌上可见连续性较好的陡坡、陡坎，一侧为基岩丘陵、低山，另一侧为山前坡洪积扇、坡积裙等，基岩丘陵地形起伏较大，坡洪积扇、坡积裙等较为和缓。根据已有研究资料，影像在空间位置和展布方向上与1:20万区调精度的浑河断裂相近，可判定为浑河断裂的遥感解译影像。

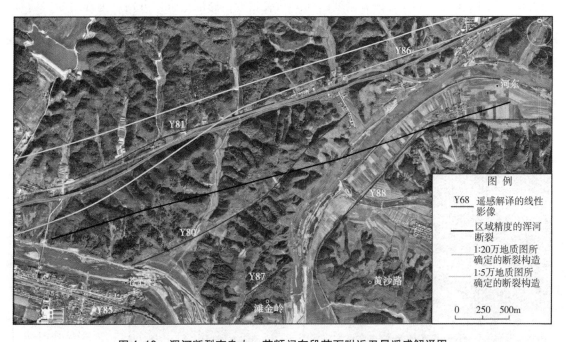

图4.10　浑河断裂南杂木－英额门东段苍石附近卫星遥感解译图

3）北口前－西街附近

该带解译出 8 条走向北东－北东东、连续稳定；清晰的弯曲弧状线性异常（Y89、Y90、Y91、Y92、Y95、Y194 和 X14、X15），主要表现为两侧深、浅不同的色调差异，空间展布上构成 2～3 条大致平行状延伸的线性影像，影像长度0.8～1.8km，相距0.1～1.0km，其与西侧影像之间存在约 1.0km 的空区，与东侧影像之间存在 0.8～1.3km 的空区。经野外验证调查，该段在地貌上主要处在浑河南、北两岸，总体上控制了河谷形态，部分影像位于浑河以北侵蚀、剥蚀丘陵、低山中的小型直线状切割沟谷中，与构造成因关系比较密切；在微地貌上，沿影像可见连续性较好的陡坡、陡坎，两侧分别为基岩丘陵、低山和山前坡洪积扇、坡积裾、河流基座阶地等，反差明显，基岩丘陵、低山地形起伏大，坡洪积扇、坡积裾、阶地等则较为和缓。根据已有研究资料，影像在空间位置和展布方向上与1:20万、1:5万区调精度的浑河断裂均较为接近，局部甚至重合，因此判定为浑河断裂的遥感影像。

4）西街－北三家－房身沟一带

该带解译出8条走向北东东、延伸连续稳定、清晰的弯曲弧状线性异常（Y93、Y94、Y96、Y97、Y98、Y99、Y100和X16），主要表现为两侧深、浅不同的色调差异。空间上构成2~3条大致平行状或斜列状延伸的线性影像（图4.11）。影像长度0.9~2.5km，相距0.2~0.6km，斜列阶区宽度0.2~0.7km。该段与西侧影像之间存在0.8~1.3km的空区，与东侧影像之间存在约0.5km的空区。经野外验证调查，解译影像分别处在河谷南、北两岸及河谷内侧，明显控制了河谷形态；在微地貌上，沿影像可见连续性较好的陡坡、陡坎等，一侧为基岩丘陵、低山，另一侧为第四系发育的山前坡洪积扇、坡积裾和河流基座阶地，其中基岩丘陵地形起伏较大，坡洪积扇、坡积裾、阶地等较为和缓。遥感影像在空间位置和展布方向上与1:20万、1:5万区调精度的浑河断裂相近，局部重合，可判定为浑河断裂的解译影像。

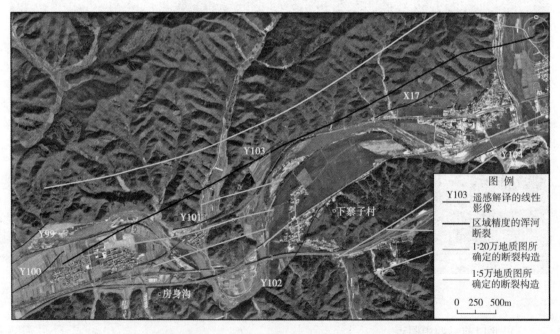

图4.11　浑河断裂南杂木－英额门东段北三家子东－斗虎屯卫星遥感解译图

5）高家力子－下寨子－斗虎屯一带

该带共解译出5条北东东向清晰的直线状或弯曲弧状线性异常（Y101、Y102、Y103、Y104和X17），表现为两侧深、浅不同的色调差异。它们延伸连续稳定，空间展布上构成了

2 条大致平行或斜列的线性条带，单条影像长度 0.7 ~ 3.0km，相距 0.6 ~ 1.1km，斜列阶区宽度 0.2 ~ 0.4km。该段影像与西侧线性影像之间存在约 0.5km 的空区；与东侧影像之间空区较小，但被近南北向沟谷隔断，其间形成宽度 0.4km 的右斜阶区。经过野外验证，影像条带分别处在浑河河谷的南、北两岸，明显控制了河谷形态；在微地貌上，沿影像观测到连续性较好的陡坡、陡坎带，两侧分别为基岩丘陵、低山和山前坡洪积扇、坡积裾、河流堆积阶地、河漫滩，其中基岩丘陵起伏较大，坡洪积扇、坡积裾等较为和缓，河谷内侧阶地、河漫滩等十分平坦。根据已有资料，在空间位置和展布方向上，解译影像与 1:20 万、1:5 万区调精度的浑河断裂接近，局部重合，因此判定为浑河断裂的反映。

6）斗虎屯 - 清原县城附近

沿浑河断裂带能够解译出十分清晰、连续、完整的北东东向遥感线性影像，主要表现为两侧深、浅不同的色调差异或色调较浅、较粗的条带。它们分别围绕河谷南、北两岸发育，其中北岸影像密集度明显偏高，由多条紧密的线性影像组成影像束，清晰度、连续性极好，南岸则影像清晰度、连续性略差，只能够解译出 1 条独立的影像。北岸共计得到 12 条直线状或弯曲弧状的线性异常（Y105、Y106、Y107、Y108、Y113、Y114、Y115 和 X18、X19、X20、X21、X22）（图 4.12），南岸则见到 5 条直线状或弯曲弧状的线性异常（Y109、Y110、Y111、Y112、Y116）。上述影像在空间上构成了 3 条大致平行状延伸的线性条带，单条影像长度 0.4 ~ 3.3km，而 3 条接合成的影像条带长度由北至南分别为 12.8km、11.8km 和 13.3km，其间相距 0.8km、1.0km 左右。该段影像与东、西侧的影像之间空区很小，主要由南北向沟谷的隔断或河谷走向的局部变化将之区别开来。经野外验证调查，中间及南侧的影像条带在地貌上分别处在浑河河谷南、北两岸，控制了河谷展布形态，其间形成平坦、开阔的清原盆地；在微地貌上，沿线可见连续性较好的陡坡、陡坎，分隔了两侧基岩丘陵、低山

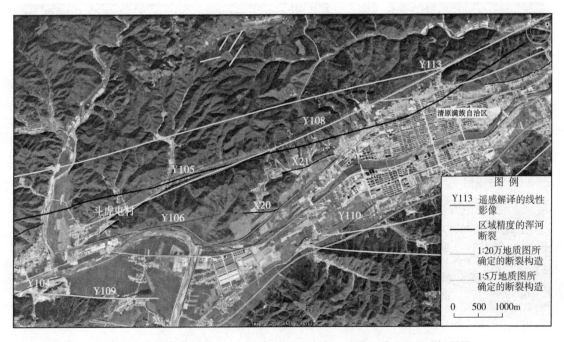

图 4.12　浑河断裂南杂木 - 英额门东段斗虎屯 - 清原县城卫星遥感解译图

区和山前坡洪积扇、坡积裙、坡洪积台地、河流基座阶地、堆积阶地、河漫滩等第四系沉积区，基岩丘陵、低山起伏剧烈，坡洪积扇、坡积裙、坡洪积台地和阶地、河漫滩等较为和缓。北侧影像处在浑河河谷以北的直线状支流沟谷中，这属于侵蚀、剥蚀丘陵、低山中较深的切割沟谷，水系发育，沟谷延伸十分平直，谷底地形相对舒缓。支流沟谷两侧山前地带发育形态完整、连续的微地貌陡坡、陡坎带，其形态特征十分鲜明，两侧地貌、第四纪沉积迥异，可能在一定程度上体现了构造错动的作用。根据已有研究，该段影像在空间位置和展布方向上与1：20万、1：5万区调精度的浑河断裂相近，尤其是北侧影像与1：20万区调精度的浑河断裂基本重合，可基本判定为浑河断裂的解译影像。

7）清原县城东－长山堡－西岭一带

该带解译出14条走向北东－北东东的直线状或微弯曲状线性异常（Y117、Y118、Y119、Y120、Y121、Y122、Y123、Y124、Y125、Y126、Y127、Y128、Y129和Y130），主要表现为两侧深、浅不同的色调差异，在空间上构成了3~4条大致平行状延伸的影像条带（图4.13），单条影像长度0.3~1.8km，影像条带长度由北至南分别为2.7km、3.4km、2.4km和7.3km，间距0.8km、0.4km和0.3km左右。上述条带中，北侧2支呈左阶排列，南侧2支斜列状特征不明显，基本处在同一直线上。该段影像与西侧影像之间空区较小，与东侧影像之间则存在约1.0km的空区，空区内总体北东东向的浑河流向发生了局部变化。经野外验证调查，影像在地貌上主要分列于浑河南、北两岸，控制了河谷形态；而在东侧的椴木沟－西岭局部地段，仅在浑河南岸见到3条影像条带，分别构成了河谷边界及浑河以南直线状支流沟谷的南、北两侧边坡，浑河干流却呈一定的曲流状蜿蜒于条带北侧；在微地貌上，沿影像观测到连续性较好的陡坡、陡坎带，两侧地貌、第四纪地质存在差异，一侧为地形起伏较大的基岩丘陵、低山，另一侧为和缓的山前坡

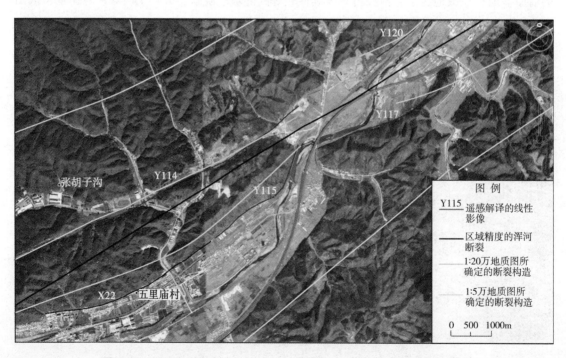

图4.13 浑河断裂南杂木－英额门东段清原县城东附近卫星遥感解译图

洪积扇、坡积裾和平坦的河流堆积阶地、河漫滩等。根据已有研究，该段遥感影像在空间位置和展布方向上与 1:20 万、1:5 万区调精度的浑河断裂相近，南侧位于支流沟谷中的影像甚至与 1:20 万精度的浑河断裂重合，可判定为浑河断裂的遥感解译反映。总的来看，作为浑河断裂的遥感解译结果，这一地段的线性影像对于浑河河谷的控制作用已有所减弱。

8) 长春屯 – 英额门 – 欢喜岭

此处共解译出 9 条走向北东 – 北东东的微弯曲状或直线状线性异常（Y131、Y132、Y133、Y134、Y135、Y136、Y137、Y138 和 X23），主要表现为两侧深、浅不同的色调差异。这些影像在空间展布上大致构成 2 条平行状的条带，单条影像长 0.2～1.9km，南、北条带长度分别为 3.9km、4.9km，间距 0.6～0.9km，条带内部存在一定的左阶排列。该段影像与西侧影像之间存在约 1.0km 的空区，与东侧影像之间存在约 0.8km 的空区，东侧空区两侧影像之间具有阶区宽 0.6km 左右的右阶排列，同时空区内浑河走向转为北西 – 北北西向。经过野外调查，影像基本处在浑河的南、北两岸，控制了河谷形态，而在河谷以南局部地段，也见到直线状支流沟谷边坡所形成的影像特征；在微地貌上，沿影像见到连续性较好的陡坡、陡坎带，其一侧表现为起伏较大的基岩丘陵、低山，另一侧为和缓的山前坡洪积扇、坡积裾和平坦的河流堆积阶地、河漫滩等。根据已有研究，该段遥感影像在空间位置和展布方向上与 1:20 万区调精度的浑河断裂相近，可能反映了浑河断裂的发育特征。

9) 石庙子 – 孤山子 – 丁家街一带

共解译出 8 条北东向的直线状或微弯曲状线性异常（Y139、Y140、Y141、Y142、Y143 和 X24、X25、X26），表现为两侧深、浅不同的色调差异或较浅的色调异常带，在空间展布上构成了 2 条平行状条带，其中单条影像长 0.6～2.5km，南、北条带长度分别为 4.7km、6.9km，间距 0.6～1.2km。影像条带与西侧影像之间存在约 0.8km 的空区，向东侧则进入赤峰 – 开原断裂带的北西向影像条带区内。经野外验证，该段影像实际上处在浑河支流南、北两岸，控制了支流河谷形态，而浑河主干已摆脱构造控制转向北北东并展布于支流河谷的北岸；在微地貌上，沿影像尚可见到形态完整、连续性较好的陡坡、陡坎带，两侧分别为起伏较大的基岩丘陵以及和缓的山前坡洪积扇、坡积裾和平坦的河流堆积阶地、河漫滩等。解译影像附近目前暂没有浑河断裂空间位置、展布等方面的相关研究。

10) 丁家街 – 长兴沟 – 北山 – 关家街 – 王家窑一带

该带解译出 8 条走向北东、北东东至近东西的直线状或微弯曲状线性异常（Y145、Y147、Y148、Y150、Y151、Y165、Y174 和 Y190），表现为两侧一定的深、浅色调差异或较浅的色调异常带，延伸长度 0.5～1.0km，在空间展布上大致构成 1～2 条平行状或左阶斜列状的条带。该地段已经属于浑河断裂的末端，并发育有赤峰 – 开原断裂带，两组构造及其遥感影像之间相互交错和制约，导致各自北东 – 北东东、北西向影像的完整性、连续性均较差。尽管如此，经过遥感解译分析和实际验证调查，这一地区是存在北东 – 北东东向和北西向两组优势线性地貌的。

调查分析表明，在赤峰 – 开原断裂带与浑河断裂带交会区域，侵蚀、剥蚀丘陵的相对高程和起伏程度明显较周边地区减弱，宏观地貌沟谷的切割深度一般很浅且支离破碎，具有典型宽浅沟谷的形态特征，具有老年期地貌的演化特征。在此基础上，北东 – 北东东向影像所指示的地貌沟谷较之北西向沟谷发育程度更低，显示北西向沟谷一般作为主干沟谷，延伸稳定性相对较好、规模较大，而北东－北东东向沟谷多作为次级沟谷，稳定性较差、规模较小，它们共同构成了区内的两组优势地貌线。沟谷内的第四系沉积宽泛但厚度普遍很小，第四系沉积区与基岩区之间界限比较模糊；在微地貌上，沿线性影像可见到规模较小、完整性较差、断续发育的北东－北东东向和北西向陡坡、陡坎带，与宏观地貌现象不同的是，北东－北东东向陡坡、陡坎带较之北西向陡坡、陡坎带形态相对清楚、坡度较大、连续性较好。综合分析认为，在交会区内赤峰－开原断裂和浑河断裂在遥感解译上均具有存在的合理性，其所反映的北西向、北东东向线性影像相互交错，但由于它们均属于成生历史较早的区域性断裂构造，且在第四纪时期发育程度和活动水平均十分薄弱，加之彼此的断裂活动相互制约并可能在地貌发育上存在一定程度的抵消，因此遥感解译效果总体上是较差的。比较而言，赤峰－开原断裂可能具有较大的规模和较强的宏观控制作用，而浑河断裂可能具有较强的第四纪活动性。

总之，浑河断裂南杂木－英额门东段处在辽东山地区，在构造活动作用下，浑河河谷呈明显的北东东向近直线状延伸，构成侵蚀、剥蚀低山、丘陵中形态特征典型的线状负地形。沿断裂段小（微）型第四纪断陷盆地较为发育，盆地中一级堆积阶地、河漫滩第四系发育良好，但沉积厚度普遍较小，一般在10m以下。以主要发育于河谷两侧的断裂构造为边界，平坦、开阔的河谷（断陷盆地）向南、北两侧迅速转变为起伏剧烈的侵蚀、剥蚀低山、丘陵，同时山前地带坡洪积扇、坡积裙发育广泛，局部可见呈狭长阶梯状的二级、三级基座阶地和四级、五级侵蚀阶地，在坡洪积扇、坡积裙附近或阶地前缘、后缘地带可见规模不一、连续性不同的陡坎、陡坡等微地貌形态。沿陡坎、陡坡可以解译出多条遥感线性影像，空区相对较少，总体具有色调清晰、连续性较好、延伸稳定、形态均匀、规律性较好的特点，是浑河断裂带各段中遥感线性影像最为清楚、对断裂表征最好的段落之一。比照已有的断裂构造认识，遥感影像基本上与浑河断裂带南、北主干分支走向一致、位置吻合，所表现出的结构特性及两侧高度变化与断裂段的总体结构和运动特性相同，较好地反映了断裂段的展布、活动性及其新构造运动规律。

4.5.3　赤峰－开原断裂条带高精度解译

研究区浑河断裂带以东的赤峰－开原断裂带大致可以解译出3～4条总体走向北西西的线性影像，在区域构造背景条件下，浑河断裂带以东的北西－北西西向线性影像不明显，河流、沟谷、山脊和陡坡、陡坎等一般不具有北西－北西西向优势发育特征，对于赤峰－开原断裂带的指示性很弱。具体来说，北支断裂在海龙水库北（西玉井）－东半截沟－荒营子－吴家堡－河北－北猴石一线长约30km的解译范围内表现为断续的线性影像，主要由1～4条斜列状或平行状的短促线条组成，其间存在北东东向完整山体所隔断的影像空区；中支的北西西线性影像在草市－柴家店－土口子－兴隆台一线长约25km的解译范围内延伸很远，表现为断续特征，主要由1条处在同一延伸线上长、短不同的线条组成，影像十分清晰，但空区较多，规模为1～2km，其距北支影像长5～7km；南支在北山－长兴沟－崔家街－大林子－拐磨沟－福民－太阳沟一线长约25km的解译范围内可见主干线性影像2条，分支复合，间距1～2.5km，每个条带分别由一系列短促线条组成，其间空区不发育，其距中支影像约6km。根据解译分析，赤峰－开原断裂带在这一地段存在较多的可判定为与断裂相关的线性地貌，尤其是中支影像表现得更为清楚，这应该与赤峰 – 开原断裂作为一级构造生成历史久远、规模较大等因素相关。

赤峰 – 开原断裂带展布在辽东山地区，区内山峦起伏、沟壑纵横。尽管如此，在浑河断裂以西地段，沿赤峰 – 开原断裂带的主干，河流沟谷明显具有北西西向的发育优势，特别是草市 – 柴家店 – 土口子 – 兴隆台一线，北西西向地貌沟谷十分完整、清楚，形成了山地区条带状的沟谷负地形。结合已有研究资料分析认为，赤峰 – 开原断裂在这一地段是明确发育的，并对北西西向沟谷具有明显的控制作用。实际调查显示，沟谷单侧或两侧一般能够见到形态完整、连续性较好的直线状、微弯曲状陡坎或陡坡，一些陡坎的规模十分巨大，形成显著的断层三角面，其遥感线性影像极为清晰。沟谷两侧地貌形态和第四纪地质特征迥异，陡坎、陡坡等常常充当了侵蚀、剥蚀低山、丘陵与第四系沉积区之间的界限；而在非断裂发育地段，沟谷两侧地形变化相对和缓，河谷冲洪积区与侵蚀、剥蚀丘陵之间具有一定的渐变过渡特征，陡坎不发育，山前地带可见坡洪积扇、坡积裾、河流阶地或剥蚀堆积台地等地貌单元，地貌边界线多呈自然的弯曲弧状，侵蚀、堆积作用占据优势。受到断裂活动和侵蚀、堆积作用的共同影响，沟谷局部地段发育狭长条状的小（微）型构造盆地，如中支断裂沿线的柴家店、土口子和兴隆台等地，盆地长轴方向为北西西向，长、短轴比值较浑河断裂更高。盆地的规模普遍较小，只在中央地段河谷较为宽阔，向两端有一定程度的收窄，构成半封闭状态，盆地底部平坦、开阔，第四系发育较好。

根据遥感分析，共解译出与赤峰 – 开原断裂相关的 3 条主干分支断裂的线性影像 54 条，包括 A 等级影像 14 条、B 等级影像 40 条（表 4.7）。总的来看，中支线性影像和南支线性影像较为清楚、密集、连续，北支线性影像相对混杂，连续性、稳定性较差。

表 4.7　赤峰 – 开原断裂遥感线性影像解译特征

影像编号	等级	走向	长度/m	参考地点	影像及其微地貌形态特征	综合地质地貌表现	断裂构造的指示性
Y144	B	北西	2550	北山北	与西侧浑河断裂南杂木 – 英额门东段构造线性影像大致垂直，近直线状影像并不十分清楚，稳定性较差，两侧色调差异不明显，断续存在，南西侧多森林植被，色调较深，北东侧植被较差，色调较浅，展布于太古宙混合花岗岩丘陵中，地形起伏明显，南东侧山前断续发育坡积裾、坡洪积扇等，形态均较完整，影像大致为山前坡积裾第四系区与太古宙基岩的界线	两侧地质、地貌差异不明显，处在侵蚀、剥蚀丘陵区，在山前地带坡积裾、坡洪积扇等发育，第四系发育较差，空间展布上已延入赤峰 – 开原断裂带与浑河断裂带的交会部位附近，已有研究资料没有确定该地段附近有断裂构造发育，虽存在一定的北西向构造显示，但不明显	不判定为赤峰 – 开原断裂的指示

续表

影像编号	等级	走向	长度/m	参考地点	影像及其微地貌形态特征	综合地质地貌表现	断裂构造的指示性
Y146	B	北西	1930	长兴沟	弯曲状影像清楚、稳定、连续，两侧色调存在差异，有北西向沟谷发育，呈单侧"U"字形，北东岸坡见断续陡坡、陡坎，形成影像，展布于下更新统玄武岩低丘陵中，地形起伏不强烈，沟谷两侧坡积裾、坡洪积扇等发育，形态较完整	两侧地质、地貌存在差异，大致处在下更新统玄武岩侵蚀、剥蚀丘陵区与山前第四系沉积区边界，空间展布上已延入赤峰－开原断裂带与浑河断裂带交会部位附近，已有研究资料虽没有确定该地段附近有断裂构造发育，但存在较明显的北西向构造显示	初步判定为赤峰－开原断裂的相关指示
Y149	B	北西	1140	关家街南	弯曲弧状影像清楚，稳定、连续，两侧色调存在差异，沿影像有北西向冲沟发育，呈单侧"U"字形，北东岸坡可见断续陡坡、陡坎，展布于下更新统玄武岩低丘陵中，地形起伏不强烈，河流沟谷两侧坡积裾、坡洪积扇等发育，形态较完整	两侧地质、地貌存在差异，大致处在下更新统玄武岩侵蚀、剥蚀丘陵区与山前第四系沉积区的边界，空间展布上已延入赤峰－开原断裂带与浑河断裂带交会部位附近，已有研究资料虽没有确定该地段附近有断裂构造发育，但存在一定的北西向构造显示	初步判定为赤峰－开原断裂的相关指示
Y164	B	北西	1390	长兴沟	直线状影像清楚，延伸稳定、连续，两侧色调存在差异，北西向沟谷呈近单侧"U"字形，北东岸坡可见断续陡坡、陡坎，现代河流偏于此侧，展布于下更新统玄武岩低丘陵中，地形起伏不强烈，河流沟谷两侧坡积裾、坡洪积扇发育，形态较完整	两侧地质、地貌存在差异，大致处在下更新统玄武岩侵蚀、剥蚀丘陵区与山前第四系沉积区的边界，空间展布上已延入赤峰－开原断裂带与浑河断裂带交会部位，已有研究资料虽没有确定该地段附近有断裂构造发育，但存在较明显的北西向构造显示	初步判定为赤峰－开原断裂的相关指示

影像编号	等级	走向	长度/m	参考地点	影像及其微地貌形态特征	综合地质地貌表现	断裂构造的指示性
Y166	B	北西	1730	草市南大窝棚	近直线状影像清楚，延伸稳定、连续，两侧色调存在差异，北西向沟谷呈单侧"U"字形，北东岸坡见较连续陡坡、陡坎，现代河流偏于此侧，展布于太古宇石英片岩丘陵中，影像附近有下更新统玄武岩出露，地形起伏不强烈，两侧坡积裙、坡洪积扇发育，形态完整	两侧地质、地貌存在差异，处在石英片岩丘陵区与山前第四系沉积区的边界及赤峰－开原断裂带东延线上，但受到下更新统玄武岩覆盖等因素的影响，已有研究资料并没有明确该地段附近有断裂构造发育，但存在较明显的北西向构造显示	初步判定为赤峰－开原断裂的相关指示
Y167	B	北西西	650	草市南大窝棚西	北西西向影像较模糊，但延伸平直，两侧色调差异不明显，因局部地貌形态不同及基于地貌第四系差异，森林植被发育程度也有所不同，导致影像色调差异，展布于太古宇石英片岩丘陵中，影像附近下更新统玄武岩出露，地形有起伏，偏北侧少量坡积裙形态完整	两侧地质、地貌差异不很明显，处在侵蚀、剥蚀丘陵区，第四系发育较差，空间展布上处在赤峰－开原断裂带的东侧延伸线上，但受到下更新统玄武岩覆盖等因素的影响，已有研究资料并没有明确该地段附近有断裂构造发育，北西西向构造显示不明显	不判定为赤峰－开原断裂的相关指示
Y168	B	北西西	800	草市南大窝棚东	北西西向影像比较模糊，延伸平直，两侧色调虽有差异，但不明显，主要是由于局部地貌形态的不同及基于地貌形态的森林等植被发育程度差异所导致的，展布于太古宇石英片岩为主的侵蚀、剥蚀丘陵中，影像附近还有下更新统玄武岩出露，地形有起伏，南侧有少量的山前坡积裙发育，形态完整	两侧地质、地貌差异不很明显，处在侵蚀、剥蚀丘陵区，第四系发育较差，空间展布上处在赤峰－开原断裂带的东侧延伸线上，但受到下更新统玄武岩覆盖等因素的影响，已有研究资料并没有明确该地段附近有断裂构造发育，虽存在一定的北西西向构造显示，但不明显	不判定为赤峰－开原断裂的相关指示

影像编号	等级	走向	长度/m	参考地点	影像及其微地貌形态特征	综合地质地貌表现	断裂构造的指示性
X27	A	北西西	2200	柳树泉眼	近直线状影像清楚、稳定、连续，两侧色调存在差异，北西向沟谷呈近单侧"U"字形，北东岸坡可见断续陡坡、陡坎，形成影像，展布于华力西晚期花岗闪长岩低丘陵中，地形起伏不强烈，沟谷两侧坡积裙、坡洪积扇发育，形态较完整	两侧地质、地貌存在差异，大致处在花岗闪长岩侵蚀、剥蚀丘陵区与山前第四系沉积区的边界，空间展布上处在赤峰－开原断裂带或其延伸带附近，存在较明显的北西向构造显示，但在1:20万地质图上未标注有北西向断裂	初步判定为赤峰－开原断裂的相关指示
X28	A	北西	1040	崔家街	与X27平行状结构，近直线状影像清楚、稳定、连续，两侧色调存在一定差异，但不明显，北西向小冲沟发育，沟谷呈"V"字形，两侧岸坡地形和缓，可见断续陡坡，陡坎发育较差，展布于华力西晚期花岗闪长岩低丘陵中，冲沟两侧坡积裙、坡洪积扇形态较完整	两侧地质、地貌差异不明显，处在花岗闪长岩丘陵区与山前第四系沉积区的边界，第四系发育较好，处在赤峰－开原断裂带或其延伸带上，存在一定北西向构造显示，但即使有断裂构造存在，亦处于隐伏状态，在1:20万地质图上未标注有北西向断裂	可能为赤峰－开原断裂的相关指示
X29	A	北西西	1800	任家街南	与Y172、Y173、X30、X31等大致处在同一延伸线上，且与草市－土口子、草市北的北西向构造近平行，弯曲状影像，稳定性较好，两侧色调很不均匀，深、浅色调互有变化，在南部地段大致控制了南西侧华力西晚期花岗闪长岩低丘陵与北东侧断续坡积裙、坡洪积扇的边界，沿影像为不明显、断续的陡坡带，而在北部地段变化正好相反，南、北之间影像在局部还表现为山脊。总的来看，地形具有一定起伏，影像大致代表了基岩岩与第四系区界线，坡积裙、坡洪积扇形态较为完整	两侧地质、地貌差异不明显，虽处在侵蚀、剥蚀丘陵区，但山前地带坡积裙、坡洪积扇等发育，空间展布上处在赤峰－开原断裂带分支构造附近，存在一定的北西向构造显示，已有研究资料没有确定该地段附近有断裂构造发育，在1:20万地质图上也未标注有北西向断裂，虽存在一定的北西向构造显示，但不明显	可能为赤峰－开原断裂的相关指示

影像编号	等级	走向	长度/m	参考地点	影像及其微地貌形态特征	综合地质地貌表现	断裂构造的指示性
X30	A	北西西	2030	拐磨沟南	处在 Y172、Y173、X29 等的北西向延伸线上,弯曲状影像十分清楚,连续且稳定性较好,两侧色调分布存在差异,深、浅色调互有变化,在南、北两端大致控制了太古宇混合质斜长角闪岩低丘陵与坡积裾、坡洪积扇的边界,影像明显,在中间局部还表现为山脊,沿影像有北西向冲沟发育,见到较好陡坡和少量陡坎,地形起伏明显,坡积裾、坡洪积扇等形态较完整	两侧地质、地貌存在差异,虽处在侵蚀、剥蚀丘陵区,但山前地带坡积裾、坡洪积扇等发育较好,第四系区与基岩区界线清楚,空间展布上处在赤峰-开原断裂带分支构造附近,存在一定的北西向构造显示,在1:20万地质图上未标注有北西向断裂	可能为赤峰-开原断裂的相关指示
X31	A	近东西	1130	拐磨沟西	处在 Y172、Y173、X29、X30 等 NW 向延伸线上,弯曲弧状影像十分清晰,延伸稳定、连续,两侧色调差异明显,沿影像有北西西向次级冲沟发育,山前可见陡坡、陡坎,展布于太古宇混合质斜长角闪岩低丘陵中,北侧第四系沟谷与南侧基岩低丘陵反差较强,两侧坡积裾、坡洪积扇发育,形态较完整	两侧地质、地貌存在差异,处在混合质斜长角闪岩侵蚀、剥蚀丘陵区与第四系沉积区的边界,空间展布上处在赤峰-开原断裂带或其延伸带附近,存在较明显的北西西向构造显示,但在1:20万地质图上未标注有北西向断裂	可能为赤峰-开原断裂的相关指示
X32	A	北西	4100	太阳沟东	处在 X29、X30、X31 等北西向延伸线上,弯曲状影像十分清楚,连续且稳定性较好,两侧色调存在差异,北侧色调较深而南侧较浅,处在太古宇混合质斜长角闪岩低丘陵中,基本表现为山脊,向两侧发育有陡坡,坡积裾、坡洪积扇等不发育	两侧地质、地貌基本相同,处在侵蚀、剥蚀丘陵区,为基岩山脊的延伸线,空间展布上处在赤峰-开原断裂带分支构造附近,存在一定的北西向构造显示,在1:20万地质图上未标注有北西向断裂	可能为赤峰-开原断裂的相关指示

影像编号	等级	走向	长度/m	参考地点	影像及其微地貌形态特征	综合地质地貌表现	断裂构造的指示性
X33	A	北西	2240	太阳沟南	近直线状影像十分清晰、稳定、连续，两侧色调存在显著差异，北西－北西西向冲沟狭窄、深切，形态呈明显"U"字形，可见到连续、平整陡坎，展布于华力西晚期花岗闪长岩低山、丘陵中，跨线性影像有垂向坡洪积扇等发育，形态十分完整，未被错切	两侧地质、地貌存在明显差异，处在花岗闪长岩侵蚀、剥蚀丘陵区内基岩山体与山前第四系沉积区的边界，与1:20万地质图上标注的赤峰－开原断裂带或其组成断裂相近，显示存在有北西向构造	可判定为赤峰－开原断裂的相关指示，具有左阶斜列状结构
X34	A	北西	4940	太阳沟－江小堡	与X33大致处在同一延伸线上，近直线状影像十分清晰、稳定、连续，两侧色调差异显著，北西向冲沟狭窄、深切，呈明显"U"字形，可见到连续陡坎、陡坡发育，展布于华力西晚期花岗闪长岩低山、丘陵中，起伏强烈，跨影像坡洪积扇形态十分完整，未被错切	两侧地质、地貌存在明显差异，处在花岗闪长岩侵蚀、剥蚀丘陵区内基岩山体与山前第四系沉积区的边界，与1:20万地质图上标注的赤峰－开原断裂带或其组成断裂相近，显示存在有北西向构造	可判定为赤峰－开原断裂的相关指示，具有平行状结构
Y169	B	北西	1850	太阳沟西北	与X34大致平行，直线状影像清楚、稳定、连续，两侧色调存在一定的差异，北西向冲沟狭窄，沿影像可见连续陡坡、陡坎发育，展布于华力西晚期花岗闪长岩低山、丘陵中，地形起伏强烈，跨影像坡洪积扇形态十分完整，未被错切	两侧地质、地貌存在差异，处在花岗闪长岩侵蚀、剥蚀丘陵区内基岩山体与山前第四系沉积区的边界，但第四系发育较差，与1:20万地质图上标注的赤峰－开原断裂带或其组成断裂相近，显示可能存在有北西向构造	可初步判定为赤峰－开原断裂的相关指示，具有平行状结构
X35	A	北西－北西西	4480	富民屯－崔庄子西	与X33具有左阶斜列状结构，弯曲状影像十分清晰、稳定、连续，两侧色调差异显著，沿影像北西－北	两侧地质、地貌存在明显差异，处在花岗闪长岩侵蚀、剥蚀丘陵区内基岩山体与山前第四系沉积区的边	可判定为赤峰－开原断裂的相关指示，具有左阶斜列状结构

续表

影像编号	等级	走向	长度/m	参考地点	影像及其微地貌形态特征	综合地质地貌表现	断裂构造的指示性
X35	A	北西 – 北西西	4480	富民屯 – 崔庄子西	西西向沟谷形态呈明显 "U" 字形，可见连续陡坡、陡坎，展布于华力西晚期花岗闪长岩低山、丘陵中，跨影像坡洪积扇等形态十分完整，未被错切	界，与 1:20 万地质图上标注的赤峰 – 开原断裂带或其组成断裂相近，显示存在有北西向构造	
X36	A	近东西	3160	崔庄子西 – 永安堡	与 X35 左阶斜列，与 Y170 处在同一延伸线上，弯曲状影像清晰、稳定、连续，色调差异显著，北西 – 北西西向沟谷开阔，呈明显 "U" 字形，可见连续陡坡、陡坎，展布于花岗闪长岩低山、丘陵中，坡洪积扇形态完整	两侧地质、地貌存在明显差异，处在花岗闪长岩侵蚀、剥蚀丘陵区内基岩山体与山前第四系沉积区的边界，与 1:20 万地质图上标注的赤峰 – 开原断裂带或其组成断裂大致吻合，显示存在有北西向构造	判定为赤峰 – 开原断裂的相关指示，具有左阶斜列状结构
Y170	B	北西	2240	大林子	与 X36 大致处在同一延伸线上，弯曲状影像清楚、稳定、连续，两侧色调存在差异，北西 – 北西西向冲沟发育，可见陡坡、陡坎，展布于华力西晚期花岗闪长岩低山、丘陵中，两侧坡积裙、坡洪积扇发育，形态较完整	两侧地质、地貌存在差异，大致处在花岗闪长岩侵蚀、剥蚀丘陵区与山前第四系沉积区的边界，与 1:20 万地质图上标注的赤峰 – 开原断裂带或其组成断裂相近，存在较明显的北西向构造显示	可判定为赤峰 – 开原断裂的相关指示
Y171	B	北西	1190	粘泥岭东北	与东侧浑河断裂南杂木 – 英额门东段的构造线性影像大致垂直，微弯曲状清楚，连续且稳定性较好，两侧色调差异不明显，展布于下更新统玄武岩丘陵冲沟底部，由东向西地势差异显著增大，西端近沟口地带沿影像可见陡坎，两侧为坡积裙，近对称，形态完整	两侧地质、地貌基本相同，处在侵蚀、剥蚀丘陵区，河流冲沟发育，坡积裙形态清楚、完整，第四系发育不均匀，接近赤峰 – 开原断裂带与浑河断裂带交会区，已有研究资料没有确定该地段附近有断裂构造发育，虽存在一定的北西向构造显示，但不明显	不判定为赤峰 – 开原断裂的指示

影像编号	等级	走向	长度/m	参考地点	影像及其微地貌形态特征	综合地质地貌表现	断裂构造的指示性
Y172	B	北西	1010	水帘洞北	与X37近平行，近直线状影像清楚，稳定、连续，两侧色调存在差异，有北西向河流冲沟发育，可见陡坡、陡坎，展布于华力西晚期花岗闪长岩低丘陵中，地形起伏不强烈，两侧坡积裾、坡洪积扇发育，形态完整	两侧地质、地貌存在差异，处在花岗闪长岩丘陵区与山前第四系沉积区边界及赤峰－开原断裂带或其延伸带附近，存在较明显的北西向构造显示，但在1:20万地质图上未标注有北西向断裂	初步判定为赤峰－开原断裂的相关指示，具有平行状结构
X37	A	北西	860	水帘洞北	与X27、X29均左阶斜列，近直线状影像清楚，稳定、连续，两侧色调存在差异，沿影像北西向沟谷发育，可见陡坡、陡坎，展布于华力西晚期花岗闪长岩低丘陵中，起伏不强烈，两侧坡积裾、坡洪积扇形态完整	两侧地质、地貌存在差异，处在花岗闪长岩丘陵区与山前第四系沉积区的边界及赤峰－开原断裂带或其延伸带附近，存在较明显的北西向构造显示，但在1:20万地质图上未标注有北西向断裂	初步判定为赤峰－开原断裂的相关指示，具有平行状结构
Y173	B	北西	840	崔家街西	处在Y172延伸线上，弯曲弧状影像清楚，稳定、连续，两侧色调存在差异，北西向沟谷呈近单侧"U"字形，北东侧岸坡可见断续陡坡、陡坎，展布于华力西晚期花岗闪长岩低丘陵中，两侧坡积裾、坡洪积扇形态完整	两侧地质、地貌存在差异，大致处在花岗闪长岩侵蚀、剥蚀丘陵区与山前第四系沉积区的边界，空间展布上处在赤峰－开原断裂带或其延伸带附近，存在较明显的北西向构造显示	初步判定为赤峰－开原断裂的相关指示
Y175	B	北西	650	北山北	近直线状影像清楚，延伸稳定，两侧色调差异不明显，北东侧森林植被发育较好，色调较深，南西侧植被发育较差，色调较浅，南东侧山前坡积裾形态较清楚、完整	两侧地质、地貌差异不明显，山前地带坡积裾发育，空间展布上延入赤峰－开原断裂带与浑河断裂带交会区，也处在1:20万地质图浑河断裂东端延伸线上，虽存在一定的北东东向构造显示，但不明显	不判定为赤峰－开原断裂的指示

续表

影像编号	等级	走向	长度/m	参考地点	影像及其微地貌形态特征	综合地质地貌表现	断裂构造的指示性
Y189	B	北西	680	草市南王家沟西南	近直线状影像清楚，稳定、连续，两侧色调存在差异，北西向沟谷呈单侧"U"字形，北东岸坡可见断续陡坡、陡坎，现代河流偏于此侧，展布于太古宇石英片岩丘陵中，影像附近有下更新统玄武岩出露，两侧坡积裾、坡洪积扇等发育，形态较完整	两侧地质、地貌存在差异，大致处在石英片岩丘陵区与山前第四系沉积区的边界和赤峰－开原断裂带东侧延伸线上，但受到下更新统玄武岩覆盖等因素的影响，已有研究资料并没有明确该地段附近有断裂构造发育，但存在较明显的北西向构造显示	初步判定为赤峰－开原断裂的相关指示
Y195	B	北西	3420	东沟－刘家街	近直线状影像比较清楚，稳定、连续，两侧色调分布很不均匀，深、浅色调互有变化，影像大致沿北西向的太古宇石英片岩丘陵线状沟谷发育，边坡地带断续发育坡积裾、坡洪积扇，可见到不明显、断续的陡坡、坡积裾、坡洪积扇等形态较完整，在与辉发河交会部位影像展布在宽阔的第四系平原区，辉发河河床、河漫滩和一级阶地形态总体上完整，但河床存在一定的右拐，体现了新构造运动特性	两侧地质、地貌差异不明显，处在赤峰－开原断裂带与密山－敦化断裂交会区，优势地貌如山脊、沟谷等展布与密山－敦化断裂大致同向，还具有一定北西向山脊、沟谷的地貌形态，可见山前地带局部发育的陡坡和陡坎，因此在地质、地貌上是存在一定的北西向构造显示的，尽管这样的构造显示并不明显，已有的研究资料没有确定该地段附近有断裂构造发育，在1:20万地质图上也未标注有北西向断裂	可能为赤峰－开原断裂的相关指示
Y196	B	北西	1030	福兴屯西	处在Y195的北西延伸线上，微弯曲状影像比较清楚，稳定、连续，两侧色调差异不大，影像展布于辉发河北岸第四系区，可见不明显、断续小陡坡，辉发河宽阔河床、河漫滩和一级阶地等形态完整	两侧地质、地貌差异完全相同，北西向构造显示也不明显，已有研究资料没有确定该地段附近有断裂构造发育，在1:20万地质图上也未标注有北西向断裂	不确定为赤峰－开原断裂的相关指示

影像编号	等级	走向	长度/m	参考地点	影像及其微地貌形态特征	综合地质地貌表现	断裂构造的指示性
Y209	B	北西	1300	草市北东半截沟	与Y196、Y212斜列，弯曲状影像清楚，稳定、连续，两侧色调存在一定差异，展布于北西向华力西晚期花岗闪长岩条状低丘陵中，北西向丘间沟谷发育，内部第四系发育，地形虽有起伏但不强烈，在北东侧丘陵和南西侧沟谷之间发育不连续陡坡，沟谷两侧坡积裙、坡洪积扇等发育，形态均完整	两侧地质、地貌差异不明显，处在花岗闪长岩丘陵区，沟谷第四系发育，在第四系沉积与花岗闪长岩基岩的接合地带可见陡坡，空间展布上处在已知赤峰－开原断裂带附近，存在一定的北西向构造显示，但在1:20万地质图上未标注有北西向断裂	可能为赤峰－开原断裂的相关指示，具有斜列状结构
Y210	B	近东西	1530	草市北东半截沟西	与Y211左阶斜列，弯曲弧状影像比较清楚，稳定、连续，两侧色调存在一定差异，展布于华力西晚期花岗闪长岩低丘陵中，起伏舒缓，沿影像在丘陵中发育断续陡坡，有少量人工陡坎、坡积裙、坡洪积扇等在两端少量发育，形态均完整	两侧地质、地貌总体差异不大，处在花岗闪长岩丘陵区，天然陡坡、陡坎发育较差，人工陡坎剖面上岩体较完整，没有断裂构造发育，空间展布上虽与已知赤峰－开原断裂带较近，但没有北西向的构造显示，在1:20万地质图上也未标注有断裂	有所指示，但受到多因素影响，难以确定
Y211	B	北西西	640	草市北新立屯	与Y210左阶斜列，微弯曲状影像比较模糊，稳定、连续，两侧色调差异很小，展布于北西西向的华力西晚期花岗闪长岩条状低丘陵沟谷中，第四系发育，影像处在沟谷底部，向两侧地势缓慢抬升，陡坎、陡坡基本不发育，两侧坡积裙、坡洪积扇等形态均较完整	两侧地质、地貌基本相同，处在花岗闪长岩侵蚀、剥蚀丘陵沟谷，空间展布上处在已知赤峰－开原断裂带相近，存在一定的北西向构造显示，但在1:20万地质图上未标注有北西向断裂	赤峰－开原断裂的指示性很弱

续表

影像编号	等级	走向	长度/m	参考地点	影像及其微地貌形态特征	综合地质地貌表现	断裂构造的指示性
Y212	B	北西西	570	草市北长兴屯北	与 Y209 左阶斜列，弯曲弧状影像清楚、稳定、连续，两侧色调存在一定差异，展布于北西向华力西晚期花岗闪长岩条状低丘陵中，北西向丘间沟谷发育，第四系发育，在南西侧丘陵和北东侧沟谷之间发育不连续陡坡，两侧坡积裙、坡洪积扇等形态均完整	两侧地质、地貌差异不明显，沟谷第四系发育，在第四系沉积与花岗闪长岩基岩的接合地带可见陡坡，空间展布上处在已知赤峰－开原断裂带附近，存在一定的北西向构造显示，但在 1:20 万地质图上未标注有北西向断裂	可能为赤峰－开原断裂的相关指示，具有左阶斜列状结构
Y213	B	北西西	2240	草市北吴家堡	与 Y216 左阶斜列，弯曲状影像比较清楚，稳定、连续，两侧色调差异不均匀，展布于华力西晚期花岗闪长岩低丘陵坡麓及沟谷地带，地形舒缓波状，沿影像在中北段发育断续陡坡、陡坎，也有少量人工陡坎，南段则完全位于沟谷中，局部控制了沟谷形态，山前坡积裙、坡洪积扇发育，形态均完整，未见错切变化	两侧地质、地貌具有差异但变化较大，处在花岗闪长岩侵蚀、剥蚀丘陵区向山前倾斜平原的过渡地带，与已知赤峰－开原断裂带较近，人工陡坎剖面上可见到同向的断裂构造发育，具有北西向的构造显示，但在 1:20 万地质图上也未标注有断裂	可能为赤峰－开原断裂的相关指示，具有左阶斜列状结构
Y214	B	北西西	1250	草市北王大	与 Y215 处在同一北西向延伸线上，近直线状影像模糊，但稳定、连续，两侧色调差异很小，展布于北西西向的华力西晚期花岗闪长岩条状低丘陵沟谷的南侧，地形和缓，陡坎、陡坡基本上不发育，两侧坡积裙、坡洪积扇等发育，形态均较完整	两侧地质、地貌基本相同，处在花岗闪长岩侵蚀、剥蚀丘陵沟谷附近，空间展布上处在已知赤峰－开原断裂带相近，存在一定的北西向构造显示，但在 1:20 万地质图上未标注有北西向断裂	赤峰－开原断裂的指示性很弱

续表

影像编号	等级	走向	长度/m	参考地点	影像及其微地貌形态特征	综合地质地貌表现	断裂构造的指示性
Y215	B	北西	610	草市北荒营子	弯曲弧状影像并不很清楚，延伸较差，两侧色调存在一定差异，展布于北西向华力西晚期花岗闪长岩条状低丘陵边缘，地形舒缓波状，在局部北东侧丘陵和边缘第四系区之间发育不连续陡坡，坡积裙等形态完整	两侧地质、地貌差异较小，在低矮的花岗闪长岩侵蚀、剥蚀丘陵边缘可见少量陡坡，北西向构造显示也不明显，与已知赤峰－开原断裂带尚有一定的距离，在1:20万地质图上未标注有北西向断裂	不确定为赤峰－开原断裂的相关指示
Y216	B	北西	1380	草市北吴家堡西	与Y213左阶斜列，弯曲状影像比较清楚，稳定、连续，两侧色调差异不明显、不均匀，北段相对清楚，中南段只表现为深色线性影像，展布于华力西晚期花岗闪长岩低丘陵坡麓及沟谷中，第四系厚度变化大，地形舒缓，河流两岸多见陡坡、陡坎发育，但直线状延伸很差，围绕河流沟谷展布，甚至在很小的尺度内也存在较大走向变化，坡积裙、坡洪积扇形态均较完整	两侧地质、地貌具有一定的差异，处在花岗闪长岩侵蚀、剥蚀丘陵区向山前倾斜平原的过渡地带，与已知赤峰－开原断裂带较近，具有一定的北西向构造显示，但在1:20万地质图上也未标注有断裂	不确定为赤峰－开原断裂的相关指示
Y217	B	北西西	860	草市北吴家堡西	与Y216右阶斜列，弯曲状影像比较清楚，较为稳定，两侧色调差异明显，南侧植被较好，色调较深，北侧多人工堆积，色调较浅，展布于华力西晚期花岗闪长岩低丘陵区，地形起伏明显，多见人工陡坡、陡坎，坡积裙、坡洪积扇等也受到了人为一定程度的改造	两侧地质、地貌具有一定的差异，处在花岗闪长岩侵蚀、剥蚀丘陵区近山峰地带，与已知赤峰－开原断裂带较近，而在1:20万地质图上未标注有断裂，虽有一定的北西向构造显示，但人工活动强烈，其已不具备指示意义	不确定为赤峰－开原断裂的相关指示
X39	A	北西西	1360	草市北治安堡	与Y220斜列，与Y219近平行，处在Y218的南东延伸线上，直线状影像十分	两侧地质、地貌存在差异，大致处在花岗闪长岩侵蚀、剥蚀丘陵区基岩山体与下部	可能为赤峰－开原断裂的相关指示，具有斜列状、平行状结构

影像编号	等级	走向	长度/m	参考地点	影像及其微地貌形态特征	综合地质地貌表现	断裂构造的指示性
X39	A	北西西	1360	草市北治安堡	清晰,色调差异明显,主要是两侧植被不同和人为因素所致,多道路、堤坝,沿影像还观测到形态清楚、断续的陡坡带,展布于华力西晚期北西向花岗闪长岩条状低丘陵内的沟谷南侧与第四系接合部位,陡坡规模一般很小,沟谷两侧坡积裙、坡洪积扇等发育,形态均较完整	沟谷第四系的边界附近,陡坡连续性较差,空间展布上处在已知赤峰-开原断裂带附近,存在一定的北西向构造显示,但在1:20万地质图上未标注有北西向断裂	
Y218	B	北西西	1080	治安堡西北	与X39处在同一北西向延伸线上,影像模糊,延伸平直,两侧色调差异不明显,主要是由于局部地貌不同及森林等植被发育程度差异所致,展布于华力西晚期北西向花岗闪长岩条状低丘陵山脊,地形起伏明显,无陡坡、陡坎,山前坡积裙、坡洪积扇也不发育	两侧地质、地貌完全相同,处在侵蚀、剥蚀丘陵区,第四系不发育,空间展布上处在已知赤峰-开原断裂带附近,在1:20万地质图上未标注有北西-北西西向断裂,虽存在一定的北西西向构造显示,但不明显	赤峰-开原断裂相关指示不明显
Y219	B	北西西	1550	草市北治安堡西北	与Y220处在同一南东向延伸线上,与X39等近于平行,近直线状影像清楚,两侧色调存在一定差异,具有不均匀变化,展布于华力西晚期北西向花岗闪长岩条状低丘陵中,坡麓地带沿影像观测到不连续陡坡发育,形态特征多变,在东端局部充当了冲沟岸坡、坡积裙、坡洪积扇发育,形态均较完整	两侧地质、地貌存在轻微差异,大致处在花岗闪长岩侵蚀、剥蚀丘陵区基岩山体与坡麓第四系的边界附近或沟谷底部的冲沟岸坡,形态、规模存在变化,陡坡的连续性较差,空间展布上处在已知赤峰-开原断裂带附近,具有北西向构造显示,但在1:20万地质图上未标注有北西向断裂	可能为赤峰-开原断裂的相关指示,具有斜列状、平行状结构

影像编号	等级	走向	长度/m	参考地点	影像及其微地貌形态特征	综合地质地貌表现	断裂构造的指示性
Y220	B	北西	800	草市北治安堡北	与X39、Y216等斜列状结构，处在Y219的南东延伸线上，近直线状影像清楚，色调差异不明显，主要是植被不同所致，展布于华力西晚期花岗闪长岩条状低丘陵内沟谷的北侧，与第四系之间发育不连续陡坡，规模很小，两侧坡积裙、坡洪积扇等形态完整	两侧地质、地貌存在差异，大致处在花岗闪长岩侵蚀、剥蚀丘陵区基岩山体与下部沟谷第四系的边界附近，陡坡连续性较差，空间展布上处在已知赤峰－开原断裂带附近，存在一定的北西向构造显示，但在1:20万地质图上未标注有北西向断裂	可能为赤峰－开原断裂的相关指示，具有斜列状结构
Y221	B	北西	1400	治安村东南	与Y218处在同一延伸线上，北西西向弯曲状影像模糊，两侧色调差异不明显，由局部地貌不同及森林植被差异导致，展布于华力西晚期北西向花岗闪长岩条状低丘陵山脊，山脊线呈北西向线性特征，但无陡坡、陡坎，山前坡积裙、坡洪积扇也不发育	两侧地质、地貌完全相同，处在侵蚀、剥蚀丘陵区，第四系不发育，空间展布上处在已知赤峰－开原断裂带附近，在1:20万地质图上未标注有北西－北西西向断裂，虽存在一定的北西向构造显示，但不明显	赤峰－开原断裂相关指示不明显
Y222	B	北西西	1610	治安村	与Y223、Y224、Y225成组发育，形成平行状结构，河流南岸沿冲沟近直线状影像清楚，色调因植被有所不同，连续性、稳定性较差，西端局部控制了河流走向，使之右阶转弯，展布于华力西晚期花岗闪长岩低山、丘陵坡麓，地形起伏明显，河谷两侧观测到不连续陡坡，西端局部主要充当了岸坡，山前坡积裙、坡洪积扇发育，形态均很完整，没有错动迹象	两侧地质、地貌差异很小，处在花岗闪长岩侵蚀、剥蚀丘陵区，空间展布上处在已知赤峰－开原断裂带附近，具有北西向构造显示，但在1:20万地质图上未标注有北西向断裂	可能为赤峰－开原断裂的相关指示，具有平行状结构

影像编号	等级	走向	长度/m	参考地点	影像及其微地貌形态特征	综合地质地貌表现	断裂构造的指示性
Y223	B	北西	1430	河北村东	与 Y222、Y223 等成组发育，平行状结构，沿河谷延伸的近直线状影像清楚，构成与北东向主干河流近垂直的梳状水系，两侧色调差异很小，变化对称、均匀，展布于花岗闪长岩低山、丘陵中，沿线观测到清楚、连续的构造三角面，影像所穿过的坡积裾、坡洪积扇形态均很完整，没有错动迹象	两侧地质、地貌基本相同，处在花岗闪长岩侵蚀、剥蚀丘陵区，空间展布上处在已知赤峰－开原断裂带附近，具有北西向构造显示，但在1:20万地质图上未标注有北西向断裂	可能为赤峰－开原断裂的相关指示，具有平行状结构
Y224	B	北西	2470	河北村	与 Y222、Y223、Y225 成组发育，平行状结构，沿山区沟谷近直线状影像十分清楚，构成梳状水系，两侧色调差异很小，变化对称、均匀，展布于花岗闪长岩低山、丘陵中，可观测到清楚、连续构造三角面，影像穿过的坡积裾、坡洪积扇形态完整，没有错动迹象	两侧地质、地貌基本相同，处在花岗闪长岩侵蚀、剥蚀丘陵区，空间展布上处在已知赤峰－开原断裂带附近，具有北西向构造显示，但在1:20万地质图上未标注有北西向断裂	可能为赤峰－开原断裂的相关指示，具有平行状结构
Y225	B	北西西	750	治安村南	与 Y222、Y223、Y224 成组发育，平行状结构，近直线状影像十分清楚，规模较小，仅展布于主干河流南岸，连续性、稳定性偏差，两侧色调差异很小，变化略不均匀，展布于花岗闪长岩低山、丘陵中，陡坡、陡坎发育较差，影像穿过的坡积裾、坡洪积扇形态完整	两侧地质、地貌差异很小，处在花岗闪长岩侵蚀、剥蚀丘陵区，空间展布上处在已知赤峰－开原断裂带附近，具有北西向构造显示，但在1:20万地质图上未标注有北西向断裂	赤峰－开原断裂的指示性较弱，具有平行状结构

续表

影像编号	等级	走向	长度/m	参考地点	影像及其微地貌形态特征	综合地质地貌表现	断裂构造的指示性
X40	A	北北西	1670	北猴石	与X41在北北西向沟谷两侧近对称分布，明显弯曲状影像清晰，色调差异显著，展布于山间沟谷中，东侧为陡峭花岗闪长岩山体，西侧为平坦、开阔的第四系河谷平原，山前陡坡、陡坎发育，沿线可观测到构造三角面，影像沿线狭窄条状坡积裙及冲洪积扇发育，坡积裙、坡洪积扇形态完整，没有错动迹象	两侧地质、地貌迥异，处在花岗闪长岩侵蚀、剥蚀丘陵与第四系河谷平原的边界，构造三角面发育，在地质、地貌上指示应有相关断裂构造发育，其在空间展布上虽与已知赤峰－开原断裂带接近，但走向差异很大，应属于次级断裂的显示	不作为为赤峰－开原断裂的相关指示
X41	A	北北西	2020	北猴石	与X40近对称分布，弯曲状影像十分清晰，色调差异显著，展布于花岗闪长岩山间沟谷中，地形起伏巨大，西侧为陡峭基岩山体，东侧为平坦、开阔河谷平原，山前陡坡、陡坎发育，沿线观测到构造三角面，沿线狭窄条状坡积裙及冲洪积扇发育，形态完整	两侧地质、地貌迥异，处在花岗闪长岩侵蚀、剥蚀丘陵与第四系河谷平原的边界，构造三角面发育，在地质、地貌上指示应有相关断裂构造发育，其在空间展布上虽与已知赤峰－开原断裂带接近，但走向差异很大，应属于次级断裂的显示	不作为为赤峰－开原断裂的相关指示
Y226	B	北西西	550	土口子镇西	直线状影像十分清晰，延伸稳定，两侧色调差异明显，南西侧的清河走向北西－北西西，两者基本平行，清河谷平坦、开阔，一级堆积阶地、河漫滩形成河谷平原，影像附近阶地不发育，但清河南岸二级基座阶地断续发育，河谷形态呈明显"U"字形，具断陷特征，第四系沉积连续、完整，厚度较大，沿影像陡坎发育，可见断层三角面，处在花岗闪长岩低山中，东端发育有近垂向河流及冲洪积扇发育，冲洪积扇形态完整	两侧地质、地貌差异显著，处在花岗闪长岩侵蚀、剥蚀低山与山前清河断陷谷地的交界地带附近，新构造差异升降运动明显，谷地内第四系冲积、冲洪积等地层发育，与1∶20万地质图上标注的赤峰－开原断裂带北支主干断裂的位置、走向基本一致，基岩剖面上可见到断裂破碎的痕迹，但主破碎带应偏于第四系以下，处于隐伏状态，断裂在地质、地貌上具有清楚的表现	确定为赤峰－开原断裂的相关指示

续表

影像编号	等级	走向	长度/m	参考地点	影像及其微地貌形态特征	综合地质地貌表现	断裂构造的指示性
Y227	B	北西西	700	土口子镇东	处在 Y226 的南东延伸线上，直线状影像十分清晰、稳定，色调差异明显，影像南西侧北西-北西西向清河谷平坦、开阔，一级堆积阶地、河漫滩构成河谷平原，附近阶地不发育，南岸二级基座阶地断续发育，河谷呈明显"U"字形，显示断陷特征，河谷第四系连续、完整，厚度较大，沿影像有陡坡、陡坎发育，可见断层三角面，山前狭长条状坡积裙发育，影像两端跨越坡洪积扇等，坡积裙、坡洪积扇形态完整，未被错切	两侧地质、地貌差异显著，处在花岗闪长岩侵蚀、剥蚀低山与山前清河断陷谷地的交界地带附近，新构造差异升降运动明显，谷地内第四系冲积、冲洪积、坡积、坡洪积等地层发育，与1:20万地质图上标注的赤峰-开原断裂带北支主干断裂的位置、走向基本一致，基岩剖面上可见到断裂破碎的痕迹，但主破碎带应偏于第四系以下，处于隐伏状态，断裂在地质、地貌上具有清楚的表现	确定为赤峰-开原断裂的相关指示
Y228	B	北西西	1850	草市西门脸村	处在 Y227 的南东延伸线上，近直线状影像十分清晰、稳定、连续，色调差异明显，沿影像北西-北西西向清河谷平坦、开阔，呈明显"U"字形，表现断陷特征，河谷第四系连续、完整，厚度较大，沿线连续陡坡、陡坎发育，可见断层三角面，山前有狭长条状坡积裙，跨影像发育近垂向次级冲沟，冲洪积扇、坡洪积扇等，坡积裙、冲洪积扇、坡洪积扇等形态均十分完整	两侧地质、地貌差异显著，处在太古宇斜长角闪岩侵蚀、剥蚀低山与山前清河断陷谷地的交界地带附近，新构造差异升降运动明显，谷地内第四系冲积、冲洪积、坡积、坡洪积等地层发育，与1:20万地质图上标注的赤峰-开原断裂带北支主干断裂的位置、走向基本一致，断裂在地质、地貌上具有清楚的表现	确定为赤峰-开原断裂的相关指示

影像编号	等级	走向	长度/m	参考地点	影像及其微地貌形态特征	综合地质地貌表现	断裂构造的指示性
Y229	B	近东西	2390	草市西柴家店－分水岭	处在 Y228 的南东延伸线上，左阶排列阶区很小，近直线状影像清晰、平直、稳定、连续，色调差异明显，沿影像北西－北西西向清河谷较平坦，略西倾，呈单侧"U"字形，沿影像见较连续陡坡、陡坎，断层三角面已不明显，山前狭长条状坡积裙发育，跨影像有近垂向次级冲沟、冲洪积扇、坡洪积扇等发育，形态均十分完整，未被错切，受到了人类活动一定的改造	两侧地质、地貌差异显著，处在花岗闪长岩侵蚀、剥蚀低山、丘陵与山前清河断陷谷地的交界地带附近，新构造差异升降运动明显，谷地内第四系冲积、冲洪积、坡积、坡洪积等地层发育，与1:20万地质图上标注的赤峰－开原断裂带北支主干断裂的位置、走向基本一致，断裂在地质、地貌上具有清楚的表现	确定为赤峰－开原断裂的相关指示
Y230	B	北西西	1550	草市西上店子	处在 Y229 的南东延伸线上，近直线状影像清楚、延伸平直、稳定、连续，色调差异并不明显，沿影像在沟谷底部有近直线状冲沟，沟谷起伏舒缓，不具有"U"形谷特征，沿影像无明显陡坡、陡坎，处在花岗闪长岩丘陵中，坡积裙、坡洪积扇形态完整，未被错切	两侧地质、地貌差异不大，处在花岗闪长岩丘陵中，已向东越过了清河源头分水岭，地质、地貌差异性减弱，谷地宽浅，第四系规模和完整性降低，与1:20万地质图上赤峰－开原断裂带主干位置、走向基本一致，断裂在地质、地貌上仍具有一定的表现	可确定为赤峰－开原断裂的相关指示
Y231	B	北西西	680	草市西窑地	处在 Y230 的南东延伸线上，近直线状影像清楚、平直、稳定、连续，色调基本没有差异，影像主要表现为近直线状冲沟，沟谷较为宽阔，起伏舒缓，第四系发育较好，沿影像无陡坡、陡坎，处在丘陵边缘，地形起伏较小，构造线开始由北西西偏于北西、北东共生，坡积裙、坡洪积扇发育，形态完整，未被错切	两侧地质、地貌没有差异，处在丘陵边缘并逐渐过渡到草市附近较为宽阔的山间倾斜平原中，与1:20万地质图上标注的赤峰－开原断裂带北支主干断裂的位置、走向基本一致，断裂在地质、地貌上仍具有一定的表现，但可能处在赤峰－开原断裂带的分段边界附近，构造地貌形态特征已有所转变	可确定为赤峰－开原断裂的相关指示

续表

影像编号	等级	走向	长度/m	参考地点	影像及其微地貌形态特征	综合地质地貌表现	断裂构造的指示性
Y232	B	北西	4100	兴隆台－杨家岗北	处在 Y226 的北西延伸线上，左阶排列，拉张阶区很小，直线状－弯曲弧状影像清晰、稳定、连续，色调差异明显，影像大致沿北西－北西西向清河北岸展布，控制了河流发育，河谷一级堆积阶地、河漫滩平坦、开阔，影像附近阶地不发育，南岸二级基座阶地断续发育，沟谷形态呈明显"U"字形，表现出断陷特征，河谷第四系沉积连续、完整、厚度较大，沿影像见到较连续陡坡、陡坎，可见断层三角面，山前有不连续狭长条状坡积裙，跨影像有近垂向次级冲沟和冲洪积扇、坡洪积扇，它们形态完整，未被错切，受到人类活动一定改造	两侧地质、地貌差异显著，处在花岗闪长岩侵蚀、剥蚀低山与山前清河断陷谷地的交界地带附近，新构造差异升降运动明显，谷地内第四系冲积、冲洪积、坡积、坡洪积等地层发育，与 1:20 万地质图上标注的赤峰－开原断裂带北支主干断裂的位置、走向基本一致，基岩剖面上可见到断裂破碎的痕迹，但主破碎带应偏于第四系以下，处于隐伏状态，断裂在地质、地貌上具有清楚的表现	确定为赤峰－开原断裂的相关指示

1）西玉井－东半截沟－荒营子－吴家堡－河北－北猴石一线

共解译出赤峰－开原断裂北支线性影像 22 条，形成北西－北西西向的直线状或微弯曲状线性异常（Y195、Y196、Y209、Y210、Y211、Y212、Y213、Y214、Y215、Y216、Y217、Y218、Y219、Y220、Y221、Y222、Y223、Y224、Y225 和 X39、X40、X41），主要表现为两侧深、浅不同的色调差异和较浅的色调条带。这些影像长短不一，一般由 1~4 条斜列状或平行状排列的短促线条组成，单条影像长 0.5~4.6km，总体构成解译范围内长约 30km 的束状条带。解译范围以西虽仍存在明显的北西西向线性影像，由于距离浑河断裂较远，没有开展进一步的研究工作。经野外验证调查，影像在地貌上表现为多条方向性的线状沟谷以及侵蚀、剥蚀丘陵和山前坡洪积扇、坡积裙、剥蚀堆积台地之间近直线状延伸的边界线；在微地貌上，沿影像断续发育陡坡、陡坎带。根据已有研究，上述遥感影像在空间位置和展布方向上与赤峰－开原断裂的主干分支断裂基本重合，可判定为赤峰－开原断裂的遥感解译影像。

2）草市－柴家店－土口子－兴隆台一线

赤峰－开原断裂共解译出北西西向直线状或近直线状线性异常 11 条（Y166、Y167、

Y168、Y189、Y226、Y227、Y228、Y229、Y230、Y231、Y232）（图4.14），主要表现为两侧深、浅明显不同的色调差异带。这些影像长短差异较大，长0.5～4.1km，但它们在空间展布上首尾相接，构成了解译范围内长约25km的1条近直线状条带。在解译范围以西同样存在明显的北西西向线性影像，并具有与北支影像相交会的趋势，但由于距离浑河断裂较远，没有对此开展进一步的工作。经野外验证调查，上述清晰的影像特征对于赤峰－开原断裂的反映十分显著，除了沿影像在地貌上表现为1条具有明确方向性且规模较大的深切线状沟谷以外，在沟谷北侧还发育有一系列形态完整、连续性较好、规模巨大的断层三角面，形成陡坡、陡坎带，在断层三角面上能够观测到断裂构造的痕迹。根据已有研究资料，遥感影像在空间位置和展布方向上与赤峰－开原断裂主干分支重合性较好，对于赤峰－开原断裂具有比较明确的揭示，并显示出一定的活动性。

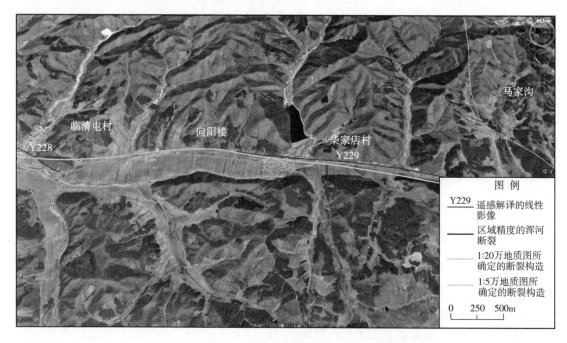

图4.14　赤峰－开原断裂柴家店附近卫星遥感解译图

3）北山－长兴沟－崔家街－大林子－拐磨沟－福民屯－太阳沟一线

对赤峰－开原断裂的遥感影像进行研究，其大致包含有南、北两个分支。北支共解译出北西西向直线状或微弯曲状线性异常15条（Y144、Y146、Y149、Y164、Y171、Y172、Y173、Y175和X27、X28、X29、X30、X31、X32、X37），表现为两侧深、浅不同的色调差异或粗细不同、深浅各异的色调异常带，影像清晰度较高，A等级占比明显提升；南支共解译出北西－北西西向直线状或弯曲状线性异常6条（Y169、Y170和X33、X34、X35、X36），表现为两侧深、浅不同的色调差异和较细的浅色调异常带，清晰度较高，多数属于A等级影像。北支影像单条长0.6～4.8km，连续性较好，空区较少，总体构成了1条北西西向近直线条带，而与浑河断裂交会区附近有所发散，转变为1～3条近平行状短促线条组成的束状条带。南支影像连续性更好，不存在所谓影像空区，单条长2.2～5.0km，在空间展布上构成了 1 条北西 - 北西西向的弯曲条带，但其向南东方向延伸被浑河断裂所阻断。经过野外验证调查，北支影像主要反映了方向性延伸的线状短沟谷或山脊，局部反映了侵蚀、剥蚀丘陵和山前坡洪积扇等地貌单元之间近直线状的边界线；在微地貌上，沿影像可见到断续发育的陡坡、陡坎带。根据已有研究，该支影像与赤峰 - 开原断裂主干分支的嵩山堡 - 王家小堡断裂相近，局部重合，应属于赤峰 - 开原断裂的反映，高清晰的影像及其（微）地貌变化可能指示断裂具有一定的活动性。南支影像展布在清河支流北岸，控制了支流河谷的形态，在影像通过地段河流具有转折现象；在微地貌上，沿影像可观测到形态清楚、连续性较好的陡坡、陡坎，局部陡坎甚至近直立或反倾斜，并能够观测到断裂构造的痕迹；另外，影像两侧的地貌、第四纪地质具有明显差异，一侧为起伏较大的基岩丘陵，另一侧为舒缓的河流堆积阶地、河漫滩，沟谷底部虽然较为平坦，发育有第四系沉积，但沟谷宽度普遍很小，构成了狭窄的深切沟谷。南支遥感影像接近于嵩山堡 - 王家小堡断裂，或可属于嵩山堡 - 王家小堡断裂次级断裂的反映，高清晰的影像和复杂地质地貌变化可能指示断裂具有一定的活动性。

总之，密山 - 敦化断裂辽宁段（浑河断裂）附近的赤峰 - 开原断裂展布在辽东山地区，断裂带由多条分支组成，在宏观地貌及微地貌上表现明显，具有清楚的遥感线性影像。在断裂活动作用下，清河等北西西向近直线状沟谷十分发育，在侵蚀、剥蚀低山、丘陵区形成了典型的线状负地形。在局部地段，沿断裂小（微）型第四纪断陷盆地发育，沉积了厚度较小、差异性的第四系地层。山前地带断层三角面等陡坎、陡坡形态清楚、连续性较好，以此为边界，地貌沟谷向两侧迅速转变为侵蚀、剥蚀低山、丘陵，形成鲜明的地貌反差。赤峰 - 开原断裂的遥感影像显示其沿南东向逐渐接近北东东向的浑河断裂带，开始呈现两组构造相互错切或影响的状况，但影响程度远较浑河断裂带内丁家街以西地段为弱，在（微）地貌上也没有相应的体现，地貌及遥感线性影像仍以北西 - 北西西向为主。

4.5.4 下哈达断裂条带高精度解译

在章党以北的阿吉村 - 哈达东沟和河清寨 - 小碾子沟 - 西岭下 - 白旗寨 - 北新屯 - 通州伙落一带长约 35km 的解译范围内，下哈达断裂在遥感影像上表现为 2 个段落断续展布的北东向线性特征，并分别由 2~3 条近直线状的长线段组成。2 个段落之间虽可见到北东向的色调差异带，但清晰度明显较差。下哈达断裂沿线的原始地貌形态保留较好，从遥感线性影像来看，断裂发育形态比较简单，次级构造发育不明显。断裂向南西方向与浑河断裂趋于交会，在浑河断裂控制作用下，浑河断裂以南的北东向影像特征已不清楚。

下哈达断裂南起于抚顺盆地东端，与章党河的下游河段均呈北东向展布，但在下哈达以北，章党河转向北北西，而下哈达断裂保持稳定。根据遥感影像特征，下哈达断裂向北可延至白旗寨、通州伙落以北，长度超过 50km，其间北东向近直线状宏观地貌沟谷十分清楚、走向稳定。一方面，沟谷宽度较窄，水系发育程度较差，谷底地形存在一定的起伏，显示出明显的构造谷特征；另一方面，沟谷两侧陡坡、陡坎等具有一定构造活动指示特征的微地貌形态总体上发育较差，沿岸坡局部虽可观测到断裂发育的痕迹，但它们的规模普遍较小、活动水平较低。

根据遥感分析，解译出与断裂相关的线性影像共有 5 条，包括 A 等级和 B 等级

（表4.8），其中白旗寨以北地段线性影像较为清楚，下哈达－章党附近影像清晰度略差，抚顺盆地东端与浑河断裂交会部位则受到浑河断裂影响难以解译出北东向的线性影像。

表4.8　下哈达断裂遥感线性影像解译特征

影像编号	等级	走向	长度/m	参考地点	影像及其微地貌形态特征	综合地质地貌表现	断裂构造的指示性
X45	A	北东	6080	北新屯－通州伙落	北东向近直线状影像十分清晰，平直、稳定、连续，色调因植被差异明显不同，东侧河流一级阶地、河漫滩宽阔，河谷呈"U"字形，山前断续坡积裙发育，一些地段一级阶地与西侧变粒岩低山、丘陵直接接触，山前陡坡、陡坎较多，可见断层面出露，垂直于影像的次级沟谷发育，影像通过的的坡洪积扇形态完整，未发现错切现象，人为活动改造作用强烈	两侧大的地质、地貌具有明显差异，处在第四系沉积区与低山、丘陵的边界，充当了太古宇变粒岩与第四系冲洪积、坡洪积等地层的边界，与1:20万地质图上标注的北东向断裂一致，反映了断裂活动及新构造差异运动的特性	确定为北东向断裂存在的相关指示
X46	A	北东	3910	红旗林场－腰寨子	北东向近直线状－弯曲状线性影像清晰，稳定、连续，色调因植被明显不同，西侧河流一级阶地、河漫滩平坦、宽阔，河谷呈"U"字形，山前坡积裙不连续，东侧变粒岩低山、丘陵山前陡坡、陡坎发育，垂直于影像的次级沟谷发育，影像通过的的坡洪积扇形态完整，未发现错切现象，人为活动改造作用强烈	两侧大的地质、地貌具有明显差异，处在第四系沉积区与低山、丘陵的边界，充当了太古宇变粒岩与第四系冲洪积、坡洪积等地层的边界，与1:20万地质图上标注的北东向断裂一致，反映了断裂活动及新构造差异运动的特性	确定为北东向断裂存在的相关指示
Y237	B	北东	6430	小碾子沟－白旗寨	北东向弯曲状线性影像清楚，稳定、连续，两侧色调因植被明显不同，东侧一级阶地、河漫滩平台、宽阔，河谷近"U"字形，	两侧大的地质、地貌具有明显差异，处在第四系沉积区与低山、丘陵的边界，充当了太古宙混合花岗岩与第四系冲洪积、坡洪	确定为北东向断裂存在的相关指示

续表

影像编号	等级	走向	长度/m	参考地点	影像及其微地貌形态特征	综合地质地貌表现	断裂构造的指示性
Y237	B	北东	6430	小碾子沟–白旗寨	山前坡积裙不连续，一些地段一级阶地、河漫滩与西侧混合花岗岩低山、丘陵直接接触，可见基岩陡坡、陡坎，其中有断层面及断裂破碎带出露，坡洪积扇、一级阶地完整，人为改造强烈	积等地层的边界，与1:20万地图上标注的北东向断裂一致，反映了断裂活动及新构造差异运动的特性	
Y238	B	北东	2150	下哈达南	弯曲状线性影像清晰，延伸稳定，影像两侧色调具有差异，北西侧一级阶地、河漫滩等平坦、开阔，山前狭长坡积裙呈缓倾斜，南东侧混合花岗岩构成低山、丘陵，陡坡、陡坎发育较差，影像即为陡坡、陡坎的反映	两侧大的地质、地貌差异明显，处在第四系沉积区与低山、丘陵的边界和北东向狭长沟谷南东侧，河流发育，地形差异巨大，是太古宙混合花岗岩与第四系地层边界，与1:20万地质图上标注的北东向断裂距离较远，河流作用是塑造地质、地貌主要因素	不确定为断裂存在的相关指示
Y239	B	北东	1700	哈达东沟	北东向近直线状线性影像清楚，延伸平直、稳定，影像主要沿侵蚀、剥蚀低山、丘陵内的线状沟谷一侧发育，沟谷狭窄，两侧色调没有明显差异，主要分布有太古宙混合花岗岩，沟谷有少量的河流沉积物，两侧陡坎发育程度相对较差，人为活动改造作用较为强烈	两侧大的地质、地貌基本相同，第四系发育较差，在1:20万地质图上也没有标注有断裂，确定为山区河流自然侵蚀作用所造成	不是断裂存在的相关指示

1）阿吉–哈达东沟

此处可解译出 2 条近直线状的北东向线性影像（Y238、Y239），表现为两侧较明显的色调差异，长度分别为 2.2km、1.7km，延伸较为连续、完整。遥感影像在地貌上处在北东向沟谷的岸坡地带，即侵蚀、剥蚀基岩丘陵区向山前坡洪积扇、坡积裙和河谷冲洪积区的过渡带上，丘陵区地形起伏较大、植被较好、色调较深，第四系沉积区地形舒缓、农作物较多、色调较浅。经野外验证调查，沿影像发育有方向性明确的浅切线状沟谷，沟谷一侧可见断续的陡坡、陡坎，但陡坡、陡坎的规模较小，追索调查没有发现断裂构造的痕迹。另外，根据已有研究资料，遥感影像的空间位置和展布方向与下哈达断裂基本一致。

2）河清寨－小碾子沟－西岭下－白旗寨－北新屯－通州伙落一线

该线解译出3条北东向近直线状或微弯曲状的线性影像（Y237和X45、X46），主要表现为两侧明显的色调差异。各条影像长3.8～6.4km，其间存在一定的左阶、右阶等不规律变化的斜列状排列，阶区宽度很小。3条影像的连续性较好、延伸较远，可形成连接长度16km以上的条带，在白旗寨附近并与苏子河断裂的北西－北北西向影像交会。在北东向、北西－北北西向两组影像所指示的断裂交互作用下，形成了局部宽阔、平坦而形态很不规则的类盆地式构造。与阿吉村－哈达东沟附近的遥感影像相同，该段线性影像也处在侵蚀、剥蚀基岩丘陵区与河谷第四系冲洪积区的过渡带上，只是影像清晰度相对较好，断裂迹象较为清楚。经过野外验证调查，沿影像形成有北东向线状沟谷，切割深度较阿吉村－哈达东沟附近为深，宽度有所拓展，可达0.5km左右。谷底地形和缓，多呈单斜状态，地势较低一侧一般有小型河流发育，丘陵可直接与谷底相接，可见形态清楚、完整的陡坡、陡坎，沿陡坡、陡坎带局部观测到断层滑动面或小型破碎带等小型北东向断裂构造的痕迹；在地势较高一侧，山前坡洪积扇、坡积裙等较为发育，其形态完整，没有发现断裂错动的迹象。

总之，下哈达断裂展布在辽东山地区，沿断裂发育有同向的地貌沟谷，显示出较为清楚的遥感线性影像。结合实际调查分析认为，下哈达断裂控制发育的北东向沟谷规模、连续性等较之浑河断裂地貌沟谷要差得多，侵蚀、剥蚀丘陵、低山与河流沟谷、线性洼地等地貌单元之间反差水平较低，山前地带坡洪积扇、坡积裙等的线性排列指示性较弱。同时，沟谷底部地形与浑河断裂不同，呈明显的起伏状态，在小碾子沟－西岭下附近沟谷甚至趋于尖灭而被北西向山脊切断，显示断裂对于线状地貌的控制作用显著降低，断裂活动性较弱。沿下哈达断裂在沟谷底部及坡洪积扇、坡积裙上第四系地层有所发育，呈北东向的条带状，但第四系分布和厚度十分局限，只在近浑河断裂的下哈达－章党附近以及白旗寨等地第四系发育较好，厚度较大，这显然受到了浑河断裂和苏子河断裂的影响。根据遥感解译分析和野外验证结果，推断下哈达断裂主要由1条主干断裂构成，分支构造发育较差，断裂规模较小，而断裂遥感影像所反映的陡坡、陡坎等微地貌发育水平较低，也指示下哈达断裂的发育程度和活动性较弱。

4.5.5 苏子河断裂高精度解译

在南杂木盆地附近，北西－北北西向的断裂带与浑河断裂带交会并相互切割，形成了复杂的遥感影像，而该组北西－北北西向断裂带属于区域上苏子河断裂的西段。苏子河断裂西段南起于永陵镇西，向北西穿过南杂木盆地一直延至白旗寨、榛子岭水库以北，长度约70km。沿断裂在辽东山地区内形成了近直线状或微弯曲状的地貌沟谷，局部地段表现为线状山脊，在遥感解译上显示出清晰的北西－北北西向线性影像。该段地貌沟谷连续性好，除浑河断裂带以外，几乎没有受到其他走向沟谷的切割，因此基本上没有间断，走向较为稳定。沟谷宽度一般较窄，河流水系发育较差，外力侵蚀和堆积作用较弱，但在沟谷岸坡地带陡坡、陡坎带等微地貌仍较发育。总的来看，苏子河断裂西段地貌沟谷在形态特征完整性、连续性和规模等方面要明显好于东段，具有一定的构造形沟谷特征，表明断裂西段可能具有较高的发育程度和活动性。

自南杂木以南的赵家堡子沿北西－北北西方向经南杂木、北杂木至白旗寨以北长约30km的范围内可解译出多条近平行状排列、间隔稀疏、断续展布的线性影像。与断裂复杂的发育形态相对应，以清晰度、连续性指标加以区别的遥感影像也大致划分为 1～2 条主干和多条的次级影像，具有分支复合特征。受到浑河断裂和下哈达断裂的影响，在构造交会地段遥感影像产生错动并趋于发散。

浑河断裂带南、北两侧附近的苏子河断裂不同段落共解译出与构造发育相关的北西 – 北北西向线性影像 23 条，包括 A 等级影像 2 条、B 等级影像 21 条（表 4.9）。上述影像中，在浑河断裂带、苏子河断裂带交会的南杂木盆地附近线性影像与浑河断裂影像之间相互交错，分布稀疏，连续性较差；在白旗寨则与下哈达断裂影像相互交错，亦表现稀疏，但受到的干扰较小，空间连续性较好；在南杂木盆地以南，北西 – 北北西向线性影像受到的影响很小，展布密集，连续性较好，方向性稳定，解译空区较少。

表 4.9　苏子河断裂遥感线性影像解译特征

影像编号	等级	走向	长度/m	参考地点	影像及其微地貌形态特征	综合地质地貌表现	断裂构造的指示性
Y152	B	北北西	2510	南杂木拉木桥	北北西向弯曲状线性影像清晰，延伸稳定、连续，两侧色调明显差异，西侧浑河支流一级阶地、河漫滩平坦、较窄，沟谷呈"U"字形，山前狭长条状坡积裙缓倾斜，东侧太古宙斜长混合岩构成北北西向条状低山、丘陵，山前可见少量陡坡、陡坎，影像向南延至南杂木盆地区，盆地内部浑河阶地形态较完整，未发现错切现象	两侧大的地质、地貌差异明显，处在第四系区与斜长混合岩低山、丘陵边界，该北北西向沟谷穿过南杂木盆地后向南与盆地以南附近的同向沟谷基本贯通，与盆地北侧沟谷具有平行状、斜列状结构，沟谷直线状特征明确，不能排除在南杂木盆地南北两侧及附近地区北西向至近南北向断裂束发育的可能性	具有北北西向断裂存在的相关指示
Y153	B	北北西	1310	南杂木栏木桥西	北北西向直线状影像清晰、平直、稳定，色调差异明显，东侧浑河支流沟谷较窄，呈"U"字形，山前有狭长条状缓倾斜坡积裙，一级阶地平坦、开阔，西侧太古宙斜长混合岩构成北北西向条状侵蚀、剥蚀低山、丘陵，山前基岩陡坡、陡坎，影像南延至南杂木盆地区，通过的坡洪积扇和浑河阶地形态完整，未发现错切现象，盆地区人为活动改造强烈	两侧地质、地貌差异明显，处在第四系区与斜长混合岩低山、丘陵边界，该北北西向沟谷穿过南杂木盆地后向南与盆地以南附近同向沟谷贯通，与盆地北侧沟谷具有平行状、斜列状结构，直线状特征明确，不能排除在南杂木盆地南北两侧及附近地区北西向至近南北向断裂束发育的可能性	具有北北西向断裂存在的相关指示

影像编号	等级	走向	长度/m	参考地点	影像及其微地貌形态特征	综合地质地貌表现	断裂构造的指示性
Y155	B	北北西	1100	南杂木南	北北西向直线状线性影像清楚，平直、稳定，两侧色调差异明显，东侧浑河支流冲沟规模很小，西侧太古宇混合岩低山、丘陵山前见少量基岩陡坡、陡坎，影像北延至南杂木盆地，浑河阶地、坡洪积扇等形态较完整，未发现错切现象，人为活动改造作用强烈	两侧地质、地貌具有差异，大的地貌形态为狭长条状侵蚀沟谷，充当了太古宇混合岩与局部第四系冲洪积、坡洪积地层的边界，与相近沟谷具有平行状、斜列状结构，直线状明显，不能排除在南杂木盆地南北两侧北西向至近南北向断裂束发育的可能性	具有北北西向断裂存在的相关指示
Y156	B	北西	1960	南杂木房身	北西向直线状－弯曲状线性影像清楚，平直、稳定，色调差异明显，西侧浑河支流一级阶地、河漫滩平坦、开阔，山前狭长条状坡积裙呈缓倾斜，与阶地之间渐变过渡，东侧上侏罗统安山岩低山、丘陵山前可见基岩陡坡、陡坎，人为活动改造作用强烈	两侧地质、地貌差异明显，处在第四系平原与低山、丘陵边界，亦处在北西向狭长条状支流沟谷岸坡地带，地形差异较大，充当了上侏罗统安山岩与第四系的边界，与附近影像平行状结构，直线状发育明显，影像清楚，不能排除断裂发育的可能性	具有北西向断裂存在的相关指示
Y157	B	北北西	790	南杂木东山东	北北西向直线状影像清楚，平直、稳定，色调差异明显，东侧浑河支流一级阶地平坦、开阔，山前狭长条状坡积裙缓倾斜，与阶地之间渐变过渡，西侧太古宇混合岩山前可见基岩陡坡、陡坎，影像北延至南杂木盆地，盆地内部阶地形态较完整，未发现错切现象，人为活动改造强烈	两侧地质、地貌差异明显，处在第四系平原与混合岩低山、丘陵边界，亦处在北北西向狭长条状的支流沟谷岸坡地带，地形起伏明显大，北西向至近南北向沟谷在南杂木盆地两侧较多且具有一定贯通性，平行状、斜列状结构，直线状明显，不能排除在南杂木盆地两侧北西向至近南北向断裂束发育的可能性	具有北北西向断裂存在的相关指示

续表

影像编号	等级	走向	长度/m	参考地点	影像及其微地貌形态特征	综合地质地貌表现	断裂构造的指示性
Y158	B	近南北	810	南杂木房身西	近南北向直线状影像清楚、平直、稳定、色调差异明显，东侧浑河支流一级阶地、河漫滩平坦、开阔，山前狭长条状坡积裙缓倾斜，与阶地之间渐变过渡，西侧上侏罗统安山岩山前可见基岩陡坡、陡坎，人为活动改造较为强烈	两侧地质、地貌差异明显，处在第四系沉积区与安山岩低山、丘陵边界，亦处在北北西向至近南北向狭长条状支流沟谷岸坡地带，地形起伏较大，与Y157左阶斜列，沟谷直线状明显，不能排除近南北向断裂发育的可能性	具有近南北向断裂存在的相关指示
Y159	B	北北西	690	南杂木胡茶馆北	北北西向直线状影像清楚，两侧色调具有一定的差异，西侧为山前坡洪积扇和浑河一级阶地、河漫滩等，地形微向西倾斜，东侧为太古宇混合岩，构成浑河南侧的三级基座阶地，阶地前缘受人为改造，影响基岩陡坡、陡坎已不明显	两侧地质、地貌具有一定差异，处在现代浑河平原与混合岩基座阶地边界，地形起伏明显，处于南杂木盆地两侧北西向至近南北向沟谷在盆地内的连接线上，斜列状结构，不能排除南杂木盆地附近北西向至近南北向断裂束发育的可能性	可能是北北西向断裂存在的相关指示
X43	A	北北西	5270	南杂木朝阳村	北北西向直线状影像十分清晰、平直、稳定、连续、色调差异明显，东侧浑河支流沟谷较窄，呈"U"字形，山前狭长条状坡积裙缓倾斜，西侧太古宇斜长混合岩，山前可见少量基岩陡坡、陡坎，影像南延至南杂木盆地区，通过的坡洪积扇和盆地内浑河阶地形态较完整，未发现错切现象，盆地区人为活动改造强烈	两侧地质、地貌差异明显，处在第四系区与斜长混合岩低山、丘陵边界，该北北西向沟谷穿过南杂木盆地后向南与盆地以南同向沟谷基本贯通，还与盆地北侧沟谷具有平行状、斜列状结构，直线状特征明确，不能排除在南杂木盆地南北两侧及附近地区北西向至近南北向断裂束发育的可能性	具有北北西向断裂存在的相关指示
Y233	B	北北西	2090	聂尔库	北北西向直线状影像清楚、平直、稳定、色调差异明显，西侧	两侧地质、地貌差异明显，处在第四系区与上侏罗统基岩低山、	具有断裂存在的相关指示

影像编号	等级	走向	长度/m	参考地点	影像及其微地貌形态特征	综合地质地貌表现	断裂构造的指示性
Y233	B	北北西	2090	聂尔库	浑河支流一级阶地、河漫滩平坦、开阔，山前狭长条状坡积裙缓倾斜，与阶地之间渐变过渡，东侧上侏罗统页岩、粉砂岩山前可见基岩陡坡、陡坎，人为活动改造作用较为强烈	丘陵边界，亦处在北西向至近南北呈条状的浑河支流沟谷岸坡地带，地形起伏明显，与附近影像具有斜列状结构，沟谷直线状发育明显，影像清楚，不能排除断裂发育的可能性	
Y234	B	北西	2110	腰寨子	北西向直线状影像清晰、稳定，两侧因植被色调明显不同，东侧河流一级阶地、河漫滩平坦、宽阔，河谷呈"U"字形，山前坡积裙宽缓，东侧太古宙混合岩山前陡坡、陡坎发育，未见断裂出露，影像通过的坡洪积扇、一级阶地等形态均较完整，未发现错切现象	两侧大的地质、地貌差异明显，处在第四系沉积区与低山、丘陵的边界，充当了太古宙混合岩与第四系冲洪积、坡洪积等地层的边界，在1:20万地质图上没有标注断裂	不具有北西向断裂存在的相关指示
X44	A	北西	5370	李长地沟－白旗寨	北西向弯曲状线性影像十分清晰、稳定、连续，两侧因植被差异色调明显不同，西侧河流一级阶地、河漫滩平坦、开阔，沟谷呈"U"字形，山前有狭长条状坡积裙，东侧混合岩山前陡坡、陡坎发育，影像通过的坡洪积扇、一级阶地等形态均较完整，未发现错切现象	两侧大的地质、地貌差异明显，处在第四系沉积区与低山、丘陵的边界，充当了太古宙混合岩与第四系冲洪积、坡洪积等地层的边界，影像与沟谷南东侧的另一条同向影像具有平行结构特征	初步确定为北西向断裂存在的相关指示
Y235	B	北西	4920	李长地沟－白旗寨	北西向近直线状影像十分清晰、平直、稳定、连续，色调差异明显，东侧河流一级阶地、河漫滩平坦、开阔，沟谷呈宽阔"U"字形，山前狭长	两侧大的地质、地貌差异明显，处在第四系沉积区与低山、丘陵的边界，充当了太古宙混合岩与第四系冲洪积、坡洪积等地层的边界，影像与沟	确定为北西向断裂存在的相关指示

续表

影像编号	等级	走向	长度/m	参考地点	影像及其微地貌形态特征	综合地质地貌表现	断裂构造的指示性
Y235	B	北西	4920	李长地沟 – 白旗寨	条状坡积裾缓倾斜，西侧混合岩山前可见陡坡、陡坎，断层面及破碎带出露，坡洪积扇、一级阶地等形态完整，未发现错切	谷北东侧的另一条同向影像具有平行结构特征	
Y236	B	北西	2240	白旗寨南	北北西向弯曲弧状线性影像清晰、稳定，因植被两侧色调不同，东侧沟谷较窄，山前狭长条状坡积裾缓倾斜，西侧太古宇变粒岩山前可见少量陡坡、陡坎，通过的坡洪积扇形态较完整，未发现错切现象	两侧大的地质、地貌具有一定差异，处在第四系沉积区与低山、丘陵的边界，充当了太古宇变粒岩与第四系冲洪积、坡洪积等地层的边界，在1:20万地质图上没有标注断裂	不具有北西向断裂存在的相关指示
Y245	B	北西	2050	道石沟里	直线状影像清楚、稳定，色调具有差异，变化不均匀，主要为上侏罗统页岩、粉砂岩丘陵山脊，局部为沟谷岸坡，有少量陡坡、陡坎发育，规模较小，影像向两端连续性较差，外延坡积裾、坡洪积扇形态较为完整	两侧地质、地貌基本没有差别，地貌形态上为浑河断裂带外侧的片状丘陵，丘陵规模较大，没有明显的优势走向，地形起伏明显、差异较大，空间展布上距1:20万地质图标注的浑河断裂约10km	不确定为断裂构造的相关指示
Y246	B	北西	2850	南杂木南金木沟 – 国道旁村	北西向近直线状影像清楚、平直、稳定，色调差异明显，西侧浑河支流一级阶地、河漫滩平坦、开阔，山前狭长条状坡积裾缓倾斜，与阶地之间渐变过渡，东侧上侏罗统页岩、粉砂岩山前可见陡坡、陡坎，人为活动改造较为强烈	两侧地质、地貌差异明显，处在第四系区与上侏罗统基岩低山、丘陵边界，亦处在北西向条状浑河支流沟谷岸坡地带，地形起伏明显，与附近影像具有平行状、斜列状结构，沟谷直线状发育明显，影像清楚，不能排除断裂发育的可能性	具有北西向断裂存在的相关指示

影像编号	等级	走向	长度/m	参考地点	影像及其微地貌形态特征	综合地质地貌表现	断裂构造的指示性
Y247	B	北西	620	南杂木南房身	直线状影像清楚，较稳定、平直，色调具有差异，不均匀，北东侧浑河支流一级阶地、河漫滩平坦、开阔，山前条带状坡积裙微起伏，南西侧上侏罗统粉砂质、页岩残丘没有明显陡坎，陡坡规模也较小，影像穿过的河床、一级阶地和次级冲洪积扇均较为完整	两侧地质、地貌存在差异，处在第四系沉积区和上侏罗统粉砂质页岩区的边界，地形有所起伏，与附近影像具有平行状结构，不能排除断裂发育的可能性	具有一定的北西向断裂存在的相关指示
Y249	B	北西	1100	南杂木北	直线状影像十分清晰，稳定、连续，色调显著差异，西侧一级阶地、坡积裙等平坦、开阔，坡积裙呈狭长条状，东侧混合岩等山前岩陡坡形态较好，影像即为陡坡的反映，该影像与Y248形成半闭锁区	两侧地质、地貌存在明显差异，处在第四系区与混合岩低山、丘陵边界，地形起伏强烈，在1∶20万地质图上没有标注断裂，但是南杂木盆地北缘边界，控制了第四系分布	初步确定为北西向构造存在及活动的相关指示
Y250	B	北北西	1370	北杂木北	北北西向弯曲弧状线性影像清晰、稳定，因植被两侧色调明显不同，东侧浑河支流一级阶地、河漫滩平坦，沟谷较窄，呈"U"字形，山前狭长条状坡积裙缓倾斜，西侧混合岩山前可见少量陡坡、陡坎，影像南延至南杂木盆地区的坡洪积扇和浑河阶地形态较完整，未发现错切现象，盆地区人为活动作用强烈	两侧地质、地貌差异明显，处在第四系沉积区与混合岩低山、丘陵边界，该北北西向沟谷穿过南杂木盆地后向南与盆地以南沟谷具有斜列状结构，与盆地北侧沟谷具有平行状结构，直线状特征明确，不能排除在南杂木盆地南北两侧及附近地区北西向至近南北向断裂束发育的可能性	具有北北西向断裂存在的相关指示
Y251	B	北北西	760	南杂木南沟	北北西向直线状影像清楚，延伸平直、稳定，色调差异明显，西侧浑河支流冲沟发	两侧地质、地貌具有差异，大的地貌形态上侵蚀沟谷呈狭长条状，地形起伏较大，	具有北北西向断裂存在的相关指示

影像编号	等级	走向	长度/m	参考地点	影像及其微地貌形态特征	综合地质地貌表现	断裂构造的指示性
Y251	B	北北西	760	南杂木南沟	育狭长条状坡积裾，东侧混合岩山前可见少量陡坡、陡坎，影像北延至南杂木盆地及附近的坡洪积扇等形态较完整，未发现错切现象，人为活动改造作用强烈	充当了太古宇混合岩与局部第四系冲洪积、坡洪积地层边界，与相近沟谷具有平行状、斜列状结构，不能排除属于南杂木盆地南北两侧北西向至近南北向断裂束的可能性	
Y252	B	北西	2730	林家街	北西向近直线状影像清楚，平直、稳定，沿低山、丘陵内的线状沟谷发育，两侧色调没有明显差异，主要分布有太古宙混合岩，沟谷有少量的河流沉积物，两侧陡坎发育程度相对较差	两侧大的地质、地貌基本相同，第四系发育较差，在1:20万地质图上也没有标注断裂，确定为山区河流自然侵蚀作用所造成	不是断裂存在的相关指示
Y253	B	北西	2200	南杂木北栏木桥	北西向弯曲状线性影像清晰，稳定、连续，因植被色调差异明显，东侧浑河支流沟谷较窄，呈"U"字形，山前狭长条状坡积裾缓倾斜，东侧混合岩构成北西向条状低山、丘陵，山前可见少量陡坡、陡坎，影像穿过了坡洪积扇，扇体形态完整，未发现错切现象	两侧地质、地貌差异明显，处在第四系区与混合岩低山、丘陵边界，该北西向沟谷与南杂木盆地北侧的沟谷具有平行状、斜列状结构特征，在低山、丘陵区中沟谷北西方向性展布特征明确，不能排除沿沟谷西侧断裂发育的可能性	具有北西向断裂存在的相关指示
Y162	B	北北西	1440	红透山崴子北	北北西向直线状影像清楚，平直、稳定、连续，色调具有差异，西侧浑河支流一级阶地、河漫滩平坦、开阔，东侧混合岩构成北北西向条状的三级基座阶地，可见基岩陡坡、陡坎，影像向北延至浑河一级阶地，阶地形态完整，未发现错切特征	两侧地质、地貌具有一定的差异，处在现代浑河及其支流第四系沉积区与混合岩基座阶地的边界，亦处在北北西向狭长的浑河支流东侧，地形起伏明显，已有认知和实际调查没有发现明确的断层迹象，河流作用是塑造地质、地貌的主要因素	不能确定为断裂存在的相关指示

续表

影像编号	等级	走向	长度/m	参考地点	影像及其微地貌形态特征	综合地质地貌表现	断裂构造的指示性
Y163	B	北北西	1060	红透山崴子	北北西向直线状影像清楚、平直、稳定，色调差异明显，西侧浑河支流一级阶地、河漫滩平坦、开阔，山前狭长条状坡积裾缓倾斜，与阶地之间渐变过渡，东侧混合岩山前可见少量基岩陡坡，在影像的两端陡坡带的走向发生明显的转折，与Y162具有左阶排列结构	两侧地质、地貌差异明显，处在第四系沉积区与混合岩丘陵的边界，亦处在北北西向狭长的浑河支流东侧凹岸地貌部位，地形起伏巨大，已有认知这一地段没有断层发育，实际调查也没有发现断层迹象，河流作用是塑造地质、地貌的主要因素	不能确定为断裂存在的相关指示

1）南杂木盆地内部及其南、北两侧

此处共解译出 9 条北北西向近直线状线性影像（Y152、Y153、Y155、Y157、Y159、Y249、Y250、Y251 和 X43），分布较为分散，走向稳定，主要表现为两侧清晰的色调差异，单条影像长 0.7～5.3km，间距 0.2～2.6km。影像在地貌上多沿北北西向近直线状沟谷的一侧展布，在侵蚀、剥蚀丘陵区内，沟谷两侧山前地带坡洪积扇发育较差，坡积裾宽度一般较窄，基岩陡坡可与沟谷底部相接，遥感影像清晰，其中山体地形起伏大、植被好、色调较深，沟谷地形和缓、色调较浅；沟口地带在盆地周边形成了一系列冲洪积扇，沉积有上更新统等地层，其上难以解译出明确的遥感线性影像。根据已有研究资料，北北西向遥感影像在空间位置和展布方向上与苏子河断裂西段是基本一致的，经过野外调查也核实，与苏子河断裂通常相对单一的 1～2 条主干断裂的构造结构不同，在与浑河断裂相互作用下，南杂木盆地附近的苏子河断裂分支构造十分发育，沿各条分支在地貌上分别形成了规模各异的深切直线状构造沟谷，并据此解译出多条长短不一但具有明确北北西方向性的清晰线性影像，只是北北西向沟谷的规模和完整性较北东东向的浑河断裂沟谷来说要小得多。另外，在南杂木盆地周边地区，基于遥感解译的地质地貌调查发现了大量北东东向浑河断裂的地质剖面等构造痕迹，与之相对照，沿北北西向线性影像指示的陡坡、陡坎带所开展的追索调查却没有发现苏子河断裂的痕迹，表明苏子河断裂的发育程度以及对区域地质构造格架的控制作用较之浑河断裂要弱得多。

2）白旗寨附近

此处可解译出 5 条北西－北北西向近直线状或弯曲状线性影像（Y234、Y235、Y236、Y252 和 X44），主要表现为两侧明显的色调差异。影像连续性较好、延伸稳定，单条长 2.3～5.3km，近平行状或右阶斜列状排列，阶区宽度约 1.5km。在空间展布上，影像可与南杂木盆地北北西向影像相接，判定属于苏子河断裂南杂木盆地以北段的反映。经过野外调查，沿该段北西－北北西向在地貌上形成线状沟谷，沟谷的切割深度较浅，宽度亦较小，谷底地形起伏较大。线状沟谷与两侧基岩丘陵之间界限清楚，有断续的小型坡洪积扇、坡积裾发育；

沿影像观测到少量的陡坡、陡坎，其规模和连续性总体上较差，只在白旗寨附近北西－北北西向陡坡、陡坎带表现连续，沿陡坡、陡坎带局部能够见到断层面、破碎带等断裂构造的痕迹，但没有发现断裂对坡洪积扇、坡积裾的错动。

3）南杂木盆地以南至赵家堡子一带

此处共解译出 6 条北西－北北西向近直线状的线性影像（Y156、Y158、Y233、Y245、Y246、Y247），表现为两侧清晰的色调差异。单条影像长 0.6～2.9km，走向存在局部变化。近南杂木盆地的断裂段北端，影像由 2 条近平行的线条组成，间距 0.4km，这也是同向断裂沟谷的宽度，表明沟谷两侧均能够解译出北西－北北西向的遥感影像。根据已有资料和实际验证调查，上述地段的苏子河断裂分支构造十分发育，在沟谷两侧岸坡均观测到形态清楚的陡坡、陡坎带，山前坡积裾、坡洪积扇等虽有发育但一般规模很小、宽度很窄，表面坡度则相对较大，形成基岩山体与第四系沉积沟谷之间狭窄条状的陡坡过渡带，因而解译出清晰的线性影像；南延至南杂木盆地以远，线性影像多沿北北西向沟谷的一侧展布，是对单斜式沟谷陡坡、陡坎带的反映，而影像区段内的苏子河断裂也明显收敛，主要表现为 1 条主干断裂，结构趋于简化。因此，该地段的遥感影像无论是在空间位置和展布方向上还是在结构特征上均与苏子河断裂高度吻合，两者具有良好的对应关系。沿断裂遥感影像在深切沟谷陡坡、陡坎带进行追索，能够发现断裂构造的痕迹，但它们对于坡积裾、坡洪积扇的断错不明显。

4）红透山崴子附近

此处解译出 2 条北北西向近直线状线性影像（Y162、Y163），表现为两侧明显的色调差异，影像长度约 1.0km、•1.4km，具有斜列结构特征，阶区宽度不足 0.2km。影像在地貌上处在同向沟谷东岸坡，为侵蚀、剥蚀丘陵和河床、河漫滩的边界，山前地带多基岩陡坡、陡坎，坡洪积扇、坡积裾不发育。影像以东的丘陵区地形起伏较大、植被较好、色调较深，河谷冲洪积区地形和缓、多农作物、色调较浅。影像沟谷向北可与浑河断裂沟谷交会，并在红透山附近形成宽阔、舒缓的河谷平原，第四系较为发育。在空间位置上，该遥感影像与已知苏子河断裂西段相距较远，延伸长度很小，沿影像在山前陡坎带仅发现有若干断层面等断裂构造的残留痕迹，断裂规模也很小。综合分析认为，该北北西向线性影像应不是苏子河断裂主干的反映，而是派生小规模断裂的体现。

总之，与浑河断裂带相交会的苏子河断裂西段发育在辽东山地区，沿断裂形成了北西－北北西向地貌沟谷，但其规模和连续性却逊于浑河断裂带。构造活动在一定程度上分割了侵蚀、剥蚀基岩丘陵、低山区和沟谷第四系沉积区，但沟谷地形较之浑河断裂沟谷起伏明显，第四系分布十分有限、厚度减薄。沿遥感线性影像观测到条带状的山前坡洪积扇、坡积裾等，在白旗寨附近还可观测到北西－北北西向的线性洼地。遥感解译分析表明，苏子河断裂西段主要由 1～2 条主干构成，同时派生少量的分支构造，沿断裂虽可解译出遥感线性影像，但规模相对较小、清晰降低，影像所反映的山前陡坡、陡坎和坡洪积扇、坡积裾等发育程度普遍较浑河断裂为差，规模、连续性和线性指示性减弱。结合已有认识综合分析认为，浑河断裂附近的苏子河断裂西段规模相对较小，第四纪活动性较弱。

4.5.6　密山－敦化断裂吉林段条带高精度解译

在遥感影像上，与浑河断裂（密山－敦化断裂辽宁段）毗邻的密山－敦化断裂吉林段在由海龙水库以北经双龙、山城镇、后黄家延至红梅附近长约 35km 的解译范围内总体表现出一定的线性特征，走向北东－北东东，但空间连续性差，空区较多。该段线性影像主要由南、北 2 条大致平行的主干分支组成，以北支影像线性特征相对清楚，构造指示性较好，南支影像则相对模糊，可能存在一定的多解性。另外，影像解译分析还显示，山城镇东、西两侧的遥感影像在清晰度、稳定性及其微地貌表现上存在较大差异，以西影像线性特征相对较差，清晰度较低，分布略显散乱，陡坡、陡坎等微地貌表现不明显，与断裂发育及其活动的相关性较低；以东地段特别是辉发河北岸的线性影像则形态完整，清晰度较高，分布较为集中，具有良好的直线性、稳定性和构造指示性。结合地质地貌背景条件分析认为，山城镇以西属于密山－敦化断裂与赤峰－开原断裂的交会区域，不发育起伏剧烈的地形地貌，丘陵规模普遍较小，构造对于河流的控制作用较弱，沟谷切割宽浅，山前地带多缓坡，一般难以见到规模的连续、完整的陡坡、陡坎带，线性地貌多表现为具有一定北东－北东东方向性的短促沟谷、山脊或单侧的坡度对比并不强烈的侵蚀、剥蚀丘陵与山前坡洪积扇、坡积裙的分界线，因此影像两侧的（微）地貌变化较小，第四纪沉积差异不大，有时甚至在第四系沉积区与基岩区之间难以划出准确的界线，反映出这一地段的断裂发育程度和第四纪活动性较弱。在山城镇以东，密山－敦化断裂吉林段的构造活动具有相对独立性，断裂对于辉发河的流向、河谷形态以及（微）地貌发育具有明确的控制作用，沿线可观测到比较连续、完整的微地貌陡坡、陡坎，特别是在辉发河北岸地段，陡坡、陡坎带的规模甚至超过了浑河断裂沿线的微地貌陡坡、陡坎，显示遥感线性影像与断裂发育和活动之间可能存在更高的相关性。

根据遥感分析，上升解译范围内可解译出与密山－敦化断裂吉林段相关的线性影像约 29 条，包括 A 等级影像 1 条、B 等级影像 28 条（表 4.10），其中辉发河北岸地带线性影像较为清楚、连续、方向性明确，遥感解译空区相对较少；南岸地带影像稀疏、清晰度较差、断续展布，存在较多的解译空区；而在山城镇以西，影像分布杂乱、方向性不明确，存在若干不规则的解译空区。

表 4.10 密山－敦化断裂吉林段遥感线性影像解译特征

影像编号	等级	走向	长度/m	参考地点	影像及其微地貌形态特征	综合地质地貌表现	断裂构造的指示性
Y176	B	北东	2140	红梅镇南	北东向影像独立，附近没有其他线性影像，大部分地段比较清楚，色调具有一定差异，展布于河流二级、三级基座阶地面上，受到后期侵蚀、剥蚀作用影响，地形存在一定起伏，沿影像可见不连续陡坡及侵蚀冲沟，小规模坡积裙发育但不连续，坡积裙形态完整	两侧地质、地貌差异较小，处在二级、三级基座阶地等大致相同的地貌单元，第四系发育，但分布不均匀，1:20 万地质图上未标注有北东东向断裂，但根据已有研究资料密山－敦化断裂带的南支应从此地段附近穿过	初步判定为密山－敦化断裂南支的指示

续表

影像编号	等级	走向	长度/m	参考地点	影像及其微地貌形态特征	综合地质地貌表现	断裂构造的指示性
Y177	B	北东	1360	洪家街	北东向影像独立布于第四系区，比较清楚，色调因植被存在一定差异，北西侧多属于一级堆积阶地，平坦、开阔，南东侧则多属于二级基座阶地，略有起伏，在两级阶地之间沿影像发育有陡坡，受到一定人为活动影响	两侧地质、地貌存在一定差异，河谷冲积、冲洪积区第四系范围广、厚度大，处在一级、二级阶地边界，两侧具有新构造运动差异性，空间展布上虽处在密山－敦化断裂带内，与已知断裂距离较远	不判定为密山－敦化断裂的指示
Y178	B	北东东	1190	刘家堡西	与Y179平行状，北东东向影像大部分地段比较清楚，色调具有一定差异，主要展布于太古宇变粒岩丘陵坡麓地带，南东侧多见陡坡，北西侧发育有坡积裙，坡积裙分布不很连续，垂直的北西向冲沟坡洪积扇发育，坡积裙、坡洪积扇等形态均完整	两侧地质、地貌差异明显，处在侵蚀、剥蚀丘陵或其坡麓地带，第四系发育很不均匀，空间展布上处在密山－敦化断裂带展布带附近，但已有研究资料并没有明确该地段附近有断裂构造发育	不判定为密山－敦化断裂的指示
Y179	B	北东东	1460	刘家堡西	与Y178平行状，影像大部分地段比较清楚，色调差异明显，展布于变粒岩丘陵坡麓地带，北西侧多见陡坡，南东侧发育较连续坡积裙，北西向冲沟坡洪积扇发育，坡积裙、坡洪积扇均完整，受到一定人为活动影响	两侧地质、地貌差异明显，主要处在侵蚀、剥蚀丘陵坡麓地带，第四系发育不均匀，空间展布上处在密山－敦化断裂带展布带附近，但已有研究资料并没有明确该地段附近有断裂构造发育	不判定为密山－敦化断裂的指示
Y180	B	北东	940	达利店西	影像相对独立、清楚，色调差异明显，展布于混合花岗岩丘陵坡麓，北西侧可见陡坡，南东侧发育较连续坡积裙，垂直于影像的北西向冲沟坡洪积扇发育，坡积裙、坡洪积扇等形态均完整，受到一定的人为活动影响	两侧地质、地貌差异明显，处在侵蚀、剥蚀丘陵坡麓地带，第四系发育不均匀，空间展布上处在密山－敦化断裂带展布带附近，但已有研究资料并没有明确该地段附近有断裂构造发育	不判定为密山－敦化断裂的指示

影像编号	等级	走向	长度/m	参考地点	影像及其微地貌形态特征	综合地质地貌表现	断裂构造的指示性
Y181	B	北东	640	大阳南	影像展布相对独立，比较模糊，色调差异不明显，展布于太古宙混合花岗岩丘陵中，可见陡坡，坡麓地带有坡积裙、坡洪积扇等发育，形态完整	两侧地质、地貌差异不明显，空间展布上处在密山－敦化断裂带附近，但北东向构造显示不明显，已有资料也没有断裂发育	不判定为密山－敦化断裂的指示
Y182	B	北东	1430	双龙西北	与两侧影像斜列状排列，北东向影像清楚，色调存在一定差异，在微地貌上控制了河流沟谷发育，形成比较宽阔的"V"形谷，展布于沟谷中，地形有起伏，两侧山前坡积裙、坡洪积扇形态完整	处在谷底部，两侧地质、地貌差异不明显，空间展布上处在密山－敦化断裂带的展布带内，受到第四系地层的覆盖，在1:20万地质图上并未标注有断裂构造发育，但北东向的线性影像比较清楚	初步判定为密山－敦化断裂的指示，具有左阶斜列状结构
Y183	B	北东	1370	西玉井东南	与Y182左阶斜列状排列，影像比较清楚，侧色调存在一定差异，在微地貌上控制了河流沟谷发育，形成比较宽阔的"V"形谷，展布于沟谷中，地形有起伏，沟谷两侧可见山前坡积裙、坡洪积扇发育，形态完整	处在沟谷底部，两侧地质、地貌差异不明显，空间展布上处在密山－敦化断裂带的展布带内，受到第四系地层的覆盖，在1:20万地质图上并未标注有断裂构造发育，但北东向的线性影像比较清楚	初步判定为密山－敦化断裂的指示，具有斜列状结构
Y184	B	北北东	2540	山城镇南古城西－许家	与Y197左阶斜列状排列，影像比较清楚，色调存在一定差异，在微地貌上控制了河流沟谷发育，并形成北东走向稳定、连续、宽阔的"V"形谷，展布沟谷两侧山前坡积裙、坡洪积扇发育，形态完整	处在沟谷底部，两侧地质、地貌差异不明显，空间展布上处在密山－敦化断裂带的展布带内，受到第四系地层的覆盖，在1:20万地质图上并未标注有断裂构造发育，但北东向的线性影像比较清楚	初步判定为密山－敦化断裂的指示，具有左阶斜列状结构

续表

影像编号	等级	走向	长度/m	参考地点	影像及其微地貌形态特征	综合地质地貌表现	断裂构造的指示性
Y185	B	北东	900	下窑	与 Y183 右阶斜列状排列，影像清楚，色调存在一定差异，在微地貌上控制了河流沟谷发育，形成宽阔的"V"形谷，展布于下更新统玄武岩丘陵中，地形有起伏，可见山前坡积裾、坡洪积扇发育，形态完整	处在沟谷底部，两侧地质、地貌差异不明显，空间展布上处在密山－敦化断裂带的展布带内，在 1:20 万地质图上确定有断裂构造发育，但受到下更新统玄武岩及第四系松散地层覆盖，断裂出露不连续	初步判定为密山－敦化断裂的指示，具有右阶斜列状结构
Y186	B	北东	970	上堡东	影像相对独立，比较模糊，两侧色调差异不明显，主要是局部地貌形态不同及植被差异所致，展布于太古宇石英片岩丘陵中，附近下更新统玄武岩出露，地形有起伏，可见山前坡积裾、坡洪积扇发育，形态完整	两侧地质、地貌差异不明显，丘陵区第四系发育较差，空间展布上处在密山－敦化断裂带展布带内，受到下更新统玄武岩覆盖影响，已有资料没有明确断裂构造发育，虽存在北东向构造显示，但不明显	不判定为密山－敦化断裂的指示
Y187	B	北东	840	西南沟北	北东向影像模糊，色调差异不明显，展布于河流三级基座阶地面上，地形存在一定的起伏，沿影像可见断续陡坡及侵蚀冲沟，小规模坡积裾及冲洪积扇发育，形态完整	两侧地质、地貌差异较小，处在三级基座阶地地貌单元上，第四系发育，分布很不均匀，1:20 万地质图上未标注有北东东向断裂，但根据已有研究资料密山－敦化断裂带的南支应从此地段附近穿过	初步判定为密山－敦化断裂南支指示，具有左阶斜列状结构
Y188	B	北东	700		与 Y187 左阶斜列状排列，线性影像清楚，色调具有差异，展布于三级基座阶地上，地形存在一定起伏，沿影像可见断续陡坡及侵蚀冲沟，小规模坡积裾发育但不连续，穿过影像的坡积裾、冲洪积扇等形态完整	两侧地质、地貌差异较小，处在三级基座阶地地貌单元上，第四系发育，分布很不均匀，1:20 万地质图上未标注有北东东向断裂，但根据已有研究资料密山－敦化断裂带的南支应从此地段附近穿过	初步判定为密山－敦化断裂南支指示，具有左阶斜列状结构

续表

影像编号	等级	走向	长度/m	参考地点	影像及其微地貌形态特征	综合地质地貌表现	断裂构造的指示性
Y191	B	北北东	920	下窑水库西	影像展布独立、清楚，色调差异不明显，主要是局部地貌形态不同及基于地貌形态的植被差异所导致，西侧森林区色调明显较东侧农作物植被区为深，展布于下更新统玄武岩丘陵中，山前地带陡坡发育，无陡坎，地形较舒缓，山前坡积裙、坡洪积扇形态完整	两侧地质、地貌差异明显，处在下更新统玄武岩侵蚀、剥蚀丘陵区，河谷地带第四系发育，空间展布上处在密山－敦化断裂带的展布带内，但在1∶20万地质图等已有研究资料并没有明确该地段附近有断裂构造发育	不判定为密山－敦化断裂的指示
Y192	B	北北东	910	下窑水库北	影像展布相对独立、清楚，与Y191大致处在同一北北东向延伸线上，色调差异不明显，在微地貌上控制了沟谷发育，形成了宽阔"V"形谷，展布于下更新统玄武岩丘陵中，陡坡发育，无陡坎，地形较舒缓，沿影像河漫滩、一级阶地、山前坡积裙、坡洪积扇形态完整	处在侵蚀、剥蚀丘陵沟谷底部，两侧地质、地貌差异不明显，河谷及两侧第四系发育，空间展布上处在已知密山－敦化断裂带北支附近，但在1∶20万地质图上并没有明确断裂构造，且影像走向与断裂的总体走向也存在一定的偏差	可能是密山－敦化断裂的指示
Y193	B	北东	1640	小湾	微弯曲状影像清楚，稳定、连续，色调存在明显差异，处在北东向宽阔"V"形冲沟北侧，以南地形开阔、波状起伏，第四系发育，以北为太古宇石英片岩丘陵，可见较连续陡坡，局部见陡坎，坡积裙、坡洪积扇等发育，形态较完整，未受到陡坡、陡坎的影响	两侧地质、地貌存在明显差异，处在太古宇石英片岩侵蚀、剥蚀丘陵区与山前第四系沉积区的边界，具有比较明显的北东向构造显示，空间展布上亦处在已知密山－敦化断裂带北支附近	初步判定为密山－敦化断裂的相关指示

续表

影像编号	等级	走向	长度/m	参考地点	影像及其微地貌形态特征	综合地质地貌表现	断裂构造的指示性
Y197	B	北东	970	大杨西	与两侧影像斜列状排列，影像清楚，色调存在一定差异，在微地貌上控制了沟谷发育，形成北东走向稳定、连续、宽阔的"V"形谷，影像沟谷两侧可见山前坡积裾、坡洪积扇发育，形态完整	处在沟谷底部，两侧地质、地貌差异不明显，空间展布上处在密山－敦化断裂带的展布带内，受到第四系地层的覆盖，在1:20万地质图上并未标注有断裂构造发育，但北东向的线性影像比较清楚	初步判定为密山－敦化断裂的指示，具有斜列状结构
X38	A	北东	1400	小湾东	与Y193右阶斜列状排列，弯曲弧状影像清晰，断续延伸，色调存在一定差异，处在北东向宽阔"V"形冲沟南东岸坡上，北西侧河漫滩、一级堆积阶地平坦、开阔，北西侧呈向沟床微倾斜，发育山前坡积裾、小型梳状坡洪积扇、冲洪积扇，在一级阶地后缘不连续陡坡规模很小，坡积裾、坡洪积扇等形态较完整，未受到陡坡明显影响，具有一定人为活动影响	两侧地质、地貌差异很小，处在第四系沉积区不同的地貌单元边界附近，北东向构造的显示并不十分明确，与已知密山－敦化断裂带相距较远，在1:20万地质图上也没有标注同向断裂	不是密山－敦化断裂的相关指示
Y198	B	北东东	310	小东沟东	大致处在X38的北东延伸线上，直线状影像清晰，延伸平直、短促，两侧色调因地貌及植被不同存在明显差异，北侧基岩森林区色调明显较南侧第四系农作物区为深，处在北东东向下更新统玄武岩丘陵边坡地带，陡坡、陡坎发育，以北丘陵地形起伏较大，以南山间倾斜平原平坦、开阔，具有一定人为活动影响	两侧地质、地貌差异明显，总体处在下更新统丘陵区内，因差异侵蚀、堆积作用造成了明显的微地貌差异，第四系有所发育，该北东向影像因其延伸很短，向两端出现了不规律的变化，所以难以界定对构造的显示，与已知密山－敦化断裂带相距较远，在1:20万地质图上也没有标注同向断裂	不是密山－敦化断裂的相关指示

影像编号	等级	走向	长度/m	参考地点	影像及其微地貌形态特征	综合地质地貌表现	断裂构造的指示性
Y199	B	北北东	200	小东沟东	大致处在Y198的延伸线上，走向发生一定变化，近直线状影像较清晰，平直、短促，两侧色调因地貌及植被不同存在明显差异，西侧基岩森林植被区色调明显较东侧第四系农作物区、居民区为深，处在玄武岩丘陵边坡，陡坡、陡坎规模一般在2m以下，丘陵起伏较大，山前倾斜平原平坦、开阔，具有人为活动影响	两侧地质、地貌差异明显，处在下更新统丘陵区向山前倾斜平原过渡地带，因差异侵蚀、堆积作用造成明显微地貌差异，第四系发育较好，该北东向影像延伸很短，向两端出现了不规律变化，难以界定对构造的显示，与已知密山－敦化断裂带相距较远，在1：20万地质图上也没有标注同向断裂	不是密山－敦化断裂的相关指示
Y200	B	北东	1310	山城镇南	近直线状影像清晰，平直、稳定、连续，色调差异较小，在微地貌上控制了辉发河展布，在局部左阶拐弯，沿辉发河及次级支流河床发育，两侧无明显陡坡、陡坎，所处辉发河平原平坦、开阔，具有人为活动影响	两侧均处在辉发河河谷冲积、冲洪积区，第四系十分发育，该北东向影像延伸稳定，并可能对辉发河河床形态产生了影响，可以与相邻影像衔接，显示构造指示意义，与已知断裂相近，受到第四系地层覆盖，在1：20万地质图上没有标注同向断裂	具有密山－敦化断裂北支存在及活动的相关指示
Y201	B	北东	360	山城镇南	处在Y200的北东延伸线上，近直线状影像清晰，平直、短促，两侧色调因基于地貌形态的植被不同而显示出差异，北西侧基岩森林植被区色调较深，处在玄武岩丘陵边坡地带，陡坡、陡坎发育，规模很小，一般在2m以下，丘陵起伏较大，山前倾斜平原平坦、开阔，具有人为活动影响	两侧地质、地貌差异明显，处在下更新统丘陵区向山前倾斜平原过渡地带，因差异侵蚀、堆积造成了明显微地貌差异，第四系发育较好，影像延伸很短但向两端仍具有继续延伸趋势，可以与相邻影像衔接，显示出构造指示意义，与已知密山－敦化断裂带相近，但在1：20万地质图上没有标注同向断裂	具有密山－敦化断裂北支存在及活动的相关指示

续表

影像编号	等级	走向	长度/m	参考地点	影像及其微地貌形态特征	综合地质地貌表现	断裂构造的指示性
Y202	B	北东东	1070	东山西北	直线状线性影像清楚、稳定、连续，两侧色调具有较明显差异，南东侧辉发河河床、河漫滩和一级堆积阶地平坦、开阔，北西侧华力西晚期花岗岩三级基座阶地陡坡、陡坎发育，一些陡坎的规模很大，可达8~10m，陡坎剖面上有断裂破碎带出露，影像沿线冲洪积扇形态完整，受到一定人为活动影响	处在辉发河河床与三级基座阶地边界，两侧地形起伏明显，大致充当了花岗岩与第四系边界，1∶20万地质图上未标注北东东向断裂，根据已有研究断裂北支从此穿过，实际调查也显示地质、地貌形态特征反映了断裂构造的活动和两侧新构造运动特征的差异，控制了第四系地层的分布	具有密山-敦化断裂北支存在及活动的相关指示
Y203	B	北东	1200	东山北	处在Y202的北东侧延伸线上，直线状影像清楚、稳定、连续，两侧色调具有明显差异，南东侧辉发河河床、河漫滩和一级堆积阶地平坦、开阔，北西侧花岗岩三级基座阶地陡坡、陡坎发育，陡坎高度可达8~10m，在基岩陡坎剖面上有断裂破碎带出露，影像沿线冲洪积扇形态完整，未发现错切微地貌陡坎等，受到一定人为活动影响	处在辉发河河床与三级基座阶地边界，两侧地形起伏明显，大致充当了华力西晚期花岗岩与第四系边界，1∶20万地质图上未标注北东东向断裂，但根据已有研究断裂北支从此穿过，实际调查也显示这里发育具有规模的断裂构造，地质、地貌形态特征反映了断裂构造的活动和两侧新构造运动特征的差异，控制了第四系地层的分布	具有密山-敦化断裂北支存在及活动的相关指示
Y204	B	北东	850	刘大窝棚西南	处在Y203的延伸线上，直线状影像清楚、稳定、连续，色调差异明显，南东侧辉发河河床、河漫滩和一级堆积阶地平坦、开阔，北西侧花岗岩三级基座阶地前缘陡坡、陡坎发育，高度可达8~10m，垂直于影像发育有冲沟，其冲洪积扇形态完整，未发现错切微地貌陡坎等，受到一定人为活动影响	处在辉发河河床与三级基座阶地边界，两侧地形起伏明显，大致充当了华力西晚期花岗岩与第四系边界，1∶20万地质图上未标注北东东向断裂，但根据已有研究断裂带北支从此穿过，地质、地貌形态特征反映了断裂构造的活动和两侧新构造运动特征的差异，控制了第四系地层的分布	具有密山-敦化断裂北支存在及活动的相关指示

影像编号	等级	走向	长度/m	参考地点	影像及其微地貌形态特征	综合地质地貌表现	断裂构造的指示性
Y205	B	北东东	780	刘大窝棚西	处在 Y204 的延伸线上，微弯曲状影像清楚、稳定、连续，色调差异明显，南东侧辉发河河床、河漫滩和一级堆积阶地平坦、开阔，北西侧花岗岩三级基座阶地陡坡、陡坎发育，高度可达 8～10m，垂直于影像发育有冲沟，其冲洪积扇形态完整，未发现错切微地貌陡坎等，受到一定人为活动影响	处在辉发河床与三级基座阶地边界，两侧地形起伏明显，大致充当了华力西晚期花岗岩与第四系的边界，1:20 万地质图上未标注北东东向断裂，但根据已有研究断裂带北支从此地段附近穿过，地质、地貌形态特征反映了断裂构造的活动和两侧新构造运动特征的差异，控制了第四系地层的分布	具有密山－敦化断裂北支存在及活动的相关指示
Y206	B	北东	690	刘大窝棚北	处在 Y205 的延伸线上，直线状影像清楚、稳定、连续，色调具有明显差异，南东侧辉发河河床、河漫滩和一级堆积阶地平坦、开阔，北西侧花岗岩构成的三级基座阶地陡坡、陡坎发育，高度可达 10～15m，基岩陡坎剖面上有断裂破碎带出露，垂直于影像发育有冲沟，其冲洪积扇形态完整，未发现错切微地貌陡坎等，受到人类活动强烈影响	处在辉发河床与三级基座阶地边界两侧地形起伏明显，大致充当了华力西晚期花岗岩与第四系的边界，1:20 万地质图上未标注北东东向断裂，但根据已有研究断裂带北支从此穿过，实际调查也显示这里发育有具有规模的断裂构造，地质、地貌形态特征反映了断裂构造的活动和两侧新构造运动特征的差异，控制了第四系地层的分布	具有密山－敦化断裂北支存在及活动的相关指示
Y207	B	北东	200	刘大窝棚西北	处在 Y206 的延伸线上，直线状影像清楚、短促，色调差异不明显，南东侧为辉发河河床、河漫滩、一级堆积阶地及山前坡积裾，北西侧花岗岩三级基座阶地前缘陡坡、陡坎发育，高度达 5～8m，沿影像冲洪积扇形态完整，未发现错切微地貌陡坎等	处在辉发河床与三级基座阶地边界，两侧地形起伏明显，大致充当了华力西晚期花岗岩与第四系边界，根据已有研究断裂带北支从此穿过，地质、地貌形态特征实际反映了断裂构造的活动和两侧新构造运动特征的差异，控制了第四系地层的分布	判定为密山－敦化断裂北支存在及活动的相关指示

续表

影像编号	等级	走向	长度/m	参考地点	影像及其微地貌形态特征	综合地质地貌表现	断裂构造的指示性
Y208	B	北东	570	红梅镇西北	处在 Y207 的延伸线上，直线状影像清楚、稳定，色调具有一定差异，南东侧辉发河河床、河漫滩、一级堆积阶地及山前坡积裾起伏较小，北西侧华力西晚期花岗岩三级基座阶地陡坡、陡坎发育，高度 5~8m，沿影像冲洪积扇形态完整，未发现错切微地貌陡坎等	处在辉发河床与三级基座阶地边界，基座阶地存在一定的剥蚀，两侧地形起伏明显，大致充当了华力西晚期花岗岩与第四系的边界，根据已有研究资料密山-敦化断裂带的北支从此地段附近穿过，地质、地貌形态特征实际反映了断裂构造的活动和两侧新构造运动特征的差异，控制了第四系地层的分布	判定为密山-敦化断裂北支存在及活动的相关指示

1）山城镇以西

此处共解译出 15 条走向北东-北东东的近直线状或微弯曲状线性异常（Y181、Y182、Y183、Y184、Y185、Y186、Y191、Y192、Y193、Y197、Y198、Y199、Y200、Y201 和 X38），主要表现为两侧深、浅不同的轻微色调差异和粗细不均、深浅不同的色调异常带，识别度总体较差。它们已穿切进入赤峰-开原断裂发育区，并与赤峰-开原断裂遥感线性影像相互交错。在北东-北东东向遥感影像的南东侧，反映赤峰-开原断裂构造发育和活动特征的北西-北西西向遥感影像发育较差，推断密山-敦化断裂吉林段可能在一定程度上控制了赤峰-开原断裂的空间展布。该段北东-北东东向线性影像与赤峰-开原断裂以西相邻的浑河断裂（密山-敦化断裂辽宁段）北东-北东东向解译影像之间存在约4km的空区，其间具有右阶斜列状特征，同时在解译空区内没有见到与赤峰-开原断裂相关的北西-北西西向影像。与相邻的浑河断裂带相同，该段密山-敦化断裂吉林段的北东-北东东向影像分布也比较杂乱，且长度变化较大，从 0.2~2.6km 不等，影像连续性、稳定性均表现较差，清晰度较低，多为 B 等级影像。在结构上，影像可大致划分为近平行展布的南、北两个条带，间距 2.3~2.9km，西密东疏，其向西延伸并有一定收敛和趋于尖灭的现象，与浑河断裂之间至少在近地表是不能够相连的，具有相对的独立性。经过野外验证调查，北东-北东东向线性影像在地表上充当了侵蚀、剥蚀低丘陵区向辉发河冲洪积区及山前坡洪积区过渡的界线，两侧地形差异相对较小；在微地貌上，沿影像较少见到具有一定规模且完整、连续的陡坡、陡坎带，局部断续发育的陡坡、陡坎一般规模很小，多受到了后期的侵蚀、剥蚀破坏，导致北东-北东东指向性有所减弱。根据已有研究资料，上述南、北遥感影像在空间位置和展布方向上与较低研究精度（1:50 万）的密山-敦化断裂吉林段南、北分支相近，初步推断属于断裂构造的反映，但其相关性较低。

2）山城镇以东的辉发河北岸

沿西安乐-安乐-张家街-戴家沟一线共解译出 7 条近一字排列的直线状或近直线状线

性异常（Y202、Y203、Y204、Y205、Y206、Y207、Y208），两侧色调差异明显。影像走向北东－北东东，断续展布，长度 0.2～1.2km。在地貌上，线性影像处在侵蚀、剥蚀低丘陵区（外缘多为北东－北东东向长条状不连续的二、三级基座阶地或四级以上侵蚀阶地）与辉发河一级堆积阶地、河漫滩的分界线上，陡坡、陡坎极为发育，规模（高度）可达十几米至几十米，但受到横切的北北西向河流破坏，该北东－北东东向陡坡、陡坎带连续性较差。影像北侧的基座阶地、侵蚀阶地在后期侵蚀、剥蚀作用下形成了缓起伏的低矮丘陵，乔木植被发育，色调较深；南侧辉发河谷地形平坦、开阔，色调较浅。根据已有研究资料，遥感影像的空间位置和展布方向与密山－敦化断裂吉林段基本一致或相近，沿陡坡、陡坎带或其临空面也多处见到北东－北东东向断裂构造发育，因此推断密山－敦化断裂吉林段的主干应沿着遥感影像所指示的陡坡、陡坎带发育，断裂带并可能扩展至陡坡、陡坎带前缘的辉发河沉积区之下。

3）山城镇以东的辉发河南岸

即大李店－刘家堡（小河套）－后黄家－常家沟一带，共解译出 7 条近平行或斜列状排列的近直线状线性异常（Y176、Y177、Y178、Y179、Y180、Y187、Y188），主要表现为较细、色调较浅的异常带及两侧深、浅不同的轻微色调差异，识别度明显较辉发河北岸为差。影像条带走向北东－北东东，断续展布，长 0.2～1.2km，其间存在大段的空区，空区幅度可达 3～7km，其与山城镇以西的遥感影像之间也存在约 4km 的空区。在地貌上，辉发河以南的河岸线并不像北岸那样平直、稳定，而是多呈弯曲弧状，河谷冲洪积平原与侵蚀、剥蚀丘陵（或基座阶地）之间过渡较为平缓。南岸的四级以上侵蚀阶地发育较差，二级、三级基座阶地在外力侵蚀、剥蚀作用下表面形成波状起伏的平台，其前缘则为平坦、开阔的辉发河谷。这一地段的遥感线性影像处在北侧辉发河一级堆积阶地、河漫滩与南侧二级、三级基座阶地以及山前坡洪积扇、坡积裙的分界线上，沿影像可见规模很小的陡坡、陡坎带。陡坡、陡坎一般延伸较短，断续发育，高度一般在 2～3m，局部地段略高。经观测调查，多数的陡坡、陡坎应属于基座阶地的前缘陡坎，与断裂活动关系不大，只有少数陡坡、陡坎呈较为明确的北东－北东东向直线性，需要考虑断裂活动的作用。根据已有研究资料，近直线状线性影像空间位置和展布方向与密山－敦化断裂吉林段南分支比较接近，可能为断裂构造的反映，但基于上述分析两者的相关性并不高。

总之，密山－敦化断裂吉林段发育在辽东－吉东山地区，一方面，其与密山－敦化断裂辽宁段（浑河断裂）之间被北西－北西西向的区域性赤峰－开原断裂带隔离，断裂活动具有相对独立性，形成了差异性的（微）地貌形态和遥感影像；另一方面，密山－敦化断裂吉林段所显示出的遥感影像在不同的地段也是存在很大差别的。在山城镇以西，低丘陵、沟谷等形态复杂，北东－北东东向、北西－北西西向的宽浅沟谷相互交错，以北东－北东东向沟谷的连续性、稳定性表现较好，显示出一定的优势影像。延至山城镇以东，断裂构造与辉发河谷趋于重合，沿断裂带形成了平坦、开阔的辉发河谷冲洪积平原，在河床、河漫滩和一级堆积阶地等地貌单元上沉积了较之浑河河谷明显增宽、增厚的第四系地层。通过遥感分析，在河谷内没有发现反映断裂构造存在的线性影像；同时，在辉发河谷南岸，二级、三级基座阶地和山前坡洪积扇、坡积裙等地貌单元发育形成宽泛的条带状，可解译出识别度较低的、断续发育的北东－北东东向轻微色调差异，它们是规模较小的微地貌陡坡、陡坎的反映，而多数的陡坡、陡坎实际上仅为二级或三级阶地的前缘，与断裂第四纪活动之间无必然联系，实际调查中也没有见到任何断裂构造的痕迹。与此形成对照的是，在河流北岸，河谷平原通常直接与基座阶地基础上形成的侵蚀、剥蚀丘陵相接，其间北东－北东东向直线状陡坡、陡坎带显示出清晰的线性影像，沿线能够观测到密山－敦化断裂北支发育。鉴于河谷两侧的断裂活动及其地貌形态表现出鲜明的不均匀性，判定辉发河谷应具有一定的掀斜特征，与浑河断裂带比较，密山－敦化断裂吉林段的南、北主干分支活动性差异较大，由此控制发育的海龙盆地属于单斜断陷盆地。综合研究辉发河谷两岸差异性的遥感影像，并结合已有的构造基础认识，可以初步判定认为，在山城镇以东，断裂遥感影像与辉发河谷走向一致，北岸影像在空间位置和展布方向上与密山－敦化断裂吉林段北支基本吻合，影像结构特性以及两侧的高度变化能够反映断裂的展布结构和活动特性，表明辉发河单斜盆地在第四纪期间相对下降，盆地与北侧相对上升的侵蚀、剥蚀基岩丘陵之间大致以断裂构造作为边界；辉发河南岸影像虽然在总体上表现为北东－北东东向，但影像连续性、稳定性较差，沿线直线型陡坡、陡坎等微地貌发育程度较低，不具有明确的断裂指向性，两侧新构造差异运动也不明显，因此不能简单地将遥感影像与断裂构造联系起来。在山城镇以西，辉发河谷走向复杂多变，干流流向已转为北西－北西西，这与赤峰－开原断裂的走向是大致平行的。与北西－北西西向的辉发河干流相交错，这一地区北东向的河流支流比较发育，一些支流走向稳定且延伸较远，可一直延至密山－敦化断裂吉林段西端点的海龙水库附近，支流沿线可解译出断续的遥感线性影像，其空间位置和展布方向与密山－敦化断裂吉林段一致。

第5章
地质地貌调查和第四系地层划分

5.1 地貌和第四纪地质基本认识

浑河断裂既是郯庐断裂带的主干分支断裂，也是辽东山地区最重要的区域性构造之一，它对区域地貌形态、第四纪地层分布以及地质构造格局、地震活动等均具有一定的控制作用。断裂严格控制了浑河河谷形态及其流向，控制了沿线一系列小微型构造盆地的发育，形成了辽东山地区沿浑河谷地比较集中的条带状第四系沉积。在新构造运动上，断裂西段的沈阳附近处在松辽－下辽河－渤海沉降区，第四纪以来持续下降接受沉积；章党以东段落处在辽东－张广才岭上升隆起区，第四纪以来继承性整体持续间歇性上升，由于断块差异运动，浑河河谷等地段发生局部凹陷，堆积了小规模的第四系地层；辽东山地区边缘与下辽河盆地之间的抚顺盆地区处在新构造运动过渡部位，这一地段第四系的分布面积虽然较大，但厚度普遍较小。

已有研究认为，燕山运动乃至新近纪以来的构造运动总体造就了浑河断裂沿线辽东山地区、下辽河平原区等具有差异性的地貌格局，也导致第四纪时期古气候、古生物群系、岩相等的差别。第四纪冰期、间冰期的周期性交替变化以及间歇性差异升降的新构造特点决定了辽东山地区和下辽河平原区基本的第四纪沉积特征。

在下辽河平原区，新构造运动继承了早期运动的特点，以整体下沉为主要运动方式，下辽河盆地持续接受沉积，除盆地周围山前地带发育第四系冰水沉积和冲洪积、坡洪积沉积之外，还形成了分布广泛、沉积巨厚的河湖相、滨海相松散堆积物，第四系层序比较齐全，成因类型复杂多变，厚度巨大，其中在东北边缘的沈阳附近第四系厚度为 20 ~ 120m，而中心地带则达到 400 ~ 450m。辽东山地区由于总体处在新构造上升状态，第四纪时期的剥蚀作用居于主导地位，大部分地段第四系残缺不全，第四系分布表现出局限性，厚度较小，一般在 20 ~ 30m 以下。由于沉积时间较长、沉积厚度较大，下辽河平原区第四系地层的系、统、段等层次界定以及相应的沉积成因、气候环境、岩性特征、岩相类型、规模和地貌部位划分存在复杂的特性。相比较而言，辽东山地区第四系发育较差，其层次界定和成因类型、规模、地貌部位划分相对简单。总之，根据第四系发育差异，可以将浑河断裂带附近的第四系划分为辽东山地区和下辽河平原区等两个沉积区。

纵观浑河断裂带第四系沉积和地貌发育特征可以发现，在浑河断裂带展布发育的沈阳、抚顺、章党－南杂木和南杂木－英额门东等不同地段及浑河断裂以东地段，断裂沿线的第四系发育大致可以划分为 4 ~ 5 个具有明显差异的沉积区段，相应地在地貌形态上也可划分为

4~5 个具有明显地势差异和地形变化的地貌阶梯。浑河断裂沈阳段处在下辽河平原区，该区地势最低，在约 60km 长的范围内海拔高度变化为 25~65m，地面坡降一般为 1:1500，地形平坦、开阔，略有起伏，区内第四系发育良好，沉积连续、层序完整、分布均匀、厚度很大，具有开阔的山前倾斜平原地貌、第四纪地质发育特征。抚顺段处在下辽河平原区、辽东山地区之间的过渡部位，构造上属于抚顺盆地区，浑河河谷平原地形较为开阔、平坦，呈波状起伏，河谷平原区地势较下辽河平原区略有抬高，在约 30km 长的范围内海拔高度变化为 65~100m，地面坡降为 1:850 左右，坡度已明显增大，第四系虽有发育但分布不均匀，沉积层序存在缺失、厚度较小，具有山地区开阔河谷平原的地貌、第四纪地质发育特征。章党 - 南杂木段、南杂木 - 英额门东段均处在辽东山地区，沿断裂形成了狭长条状的浑河河谷，其中章党 - 南杂木段与浑河河谷在大部分地段不重合，南杂木 - 英额门东段与河谷在大部分地段重合。章党 - 南杂木段地形起伏较大，第四系地层发育较差或不发育，多沿山前地带或浑河河谷呈带状分布，沉积不均匀、不连续、层序较混乱、厚度很小，具有山地沟谷的侵蚀堆积地貌、第四纪地质发育特征，沿断裂附近约 30km 长的范围内海拔高度一般为 110~140m，存在 30m 左右的不规则变化，地面坡降总体较抚顺段为小，为 1:1000 左右。另外，该段处在侵蚀、剥蚀低山、丘陵区，丘陵山体地势较高，一般在 150~500m，起伏较大。南杂木 - 英额门东段地形起伏明显增大，但变化相对均匀，第四系沉积较为连续但厚度较小，主要沿浑河河谷呈条带状分布，具有山地沟谷的侵蚀堆积地貌、第四纪地质发育特征，沿浑河河谷地在约 75km 长的范围内海拔高度变化为 135~315m，存在 180m 左右的高度差，该段地面坡降为 1:400 左右，是各段中地面坡降最大的地段，但地形变化规律性较好，呈现由西向东均匀抬升的状态，该段处在侵蚀、剥蚀低山、丘陵区，山体地势较高，一般在 300~700m，起伏很大。浑河断裂英额门以东的辽东山地区地势最高，平均 360~700m，地形虽有起伏但较为舒缓，平均地面坡降为 1:50~1:100，浑河等河流在区段内的规模减小，河谷形态和走向多变，第四系地层局限在宽浅沟谷及山前地带，沉积很薄，基岩出露广泛，总体具有老年期的侵蚀、剥蚀低丘陵地貌和第四纪地质特征。此外，在赤峰 - 开原断裂以东的密山 - 敦化断裂吉林段，地貌上已处于吉东山地区，受到密山 - 敦化断裂控制发育的辉发河河谷平原十分开阔，地形较为平坦，起伏舒缓，河谷内第四系发育良好，厚度较大。在西至赤峰 - 开原断裂带、东至梅河口约 30km 的范围内海拔高度变化为 330~410m，地面坡降 1:380 左右。在山城镇以西的密山 - 敦化断裂吉林段、赤峰 - 开原断裂交汇地段，地貌上属于山地区，地形起伏明显，总体坡降较大；从山城镇至梅河口西约 25km 的辉发河发育地段即海龙盆地区，受到河流侵蚀堆积作用，海拔高度变化为 330~360m，地面坡降为 1:830 左右，平均坡度显著降低，且与发育在抚顺盆地区的浑河断裂抚顺段极为接近，尽管如此，这一地段地势的总体变化与浑河断裂是相反的，即浑河断裂带的地貌形态倾向于西，而密山 - 敦化断裂吉林段的地貌形态则倾向于东。

5.2　第四系地层对比与划分

5.2.1　辽东山地区的第四系

辽东山地区地貌形态以低山、丘陵为主，地势由东向西逐渐降低，构成了鸭绿江水系与辽河水系的分水岭，而浑河水系属于辽河水系的组成部分。区内第四纪早期的早、中更新世沉积遭受到了剥蚀破坏，分布极为零星，除山体鞍部有少量残留外，一般很少出露；晚更新世、全新世地层虽然保存较好，但也主要分布于现代河流及山间沟谷两侧。第四纪早期，辽东山地区至少经历过3次冰川事件，形成了多层次的冰积地层。区内的冰碛、冰水堆积物等由北至南均有分布，保留了大量的冰蚀地貌和冰川痕迹。总的来看，受到地貌、地质构造等条件的限制，辽东山地区的第四纪地层发育不完整，更新统厚度一般较小，地表出露较少，只在山前地带、低丘陵或二级以上阶地表面有所出露；全新统分布具有良好的规律性，也是地表出露最好的第四系地层，它覆盖于更新统之上，主要沿河流呈条带状分布，范围较广但厚度有限。此外，辽东山地区的河流堆积物具有从上游至下游颗粒由粗渐细、厚度由薄渐厚的沉积韵律。

1）下更新统

辽东山地区称粘泥岭组，在沈阳、抚顺、清原一带均有分布，为冰碛和冰水堆积，岩性为一套棕黄－灰白色的粗砂夹砂、砾石层，并夹有灰白色黏土层，内含灰白色的冰缘黏土冻囊。孢粉组台反映属于松林－松林荒漠的植被类型，气候较凉爽，稍湿。

2）中更新统

下部以冰碛、冰水堆积为主，上部包含坡洪积、冲洪积及洞穴堆积等，地貌上可形成残留冰碛、冰水堆积台地。典型的冰碛为棕红色泥砾层，具棱角和压裂、擦痕、磨光面等现象，分选差，排列无规则，砾径3~20cm；冰水堆积物多为砂砾石、粉质黏土含碎石层、粗砂层、含黏土砾砂和棕红色角砾层等，含有化石。坡洪积、冲洪积层为灰绿色、灰褐色、黄褐色的砾砂、砂砾石、卵砾石和含黏性土砾砂等。

3）上更新统

早期有冲洪积、坡洪积等，晚期则有冲积、坡洪积、风积等，可见粗斜层理。坡洪积层在地貌上构成坡洪积扇群，岩性为棕黄色、黄褐色粉质黏土、砂砾石、中粗砂、细砂、卵砾石等，夹少量粉土、中细砂等，粒径相对较粗；冲积、冲洪积层主要分布在河流基座阶地上，以黄褐色粉质黏土、粉细砂、含砾中粗砂等为主，夹黏土、砾砂和砂砾石薄层，粒径较细。

4）全新统

其分布较为普遍，在河床、河漫滩和一级堆积阶地及浑河支流山间谷地的近地表地段都能够见到，可见水平层理、斜层理。成因类型为冲积、冲洪积、湖沼相堆积等，顶部为人工堆积。岩性特征主要为杂填土、耕土和黄褐色的粉土、含砾粉土、粉质黏土、砂及砂砾石层。

抚顺盆地是辽东山地区西侧的河谷断陷盆地，盆地第四系地层基本上沿近东西向的浑河断裂带呈条带状分布，外侧出露有：太古宇变质岩系、中生界白垩系砂页岩、安山岩和古近系玄武岩、凝灰岩、砂页岩等。盆地区第四系厚度一般较薄，多在5~10m，只在西部李石寨附近与下辽河盆地区的过渡部位可以达到20m以上。根据"沈阳市活断层探测与地震危险性评价"工作中布设在盆地西部李石寨的控制性钻孔和盆地中部榆林的辅助钻孔剖面，抚顺盆地区第四系剖面层序不完整，发育全新统、上更新统而缺失中－下更新统地层，成因类型由上至下依次划分为：全新统上部现代人工堆积、冲积，全新统上部冲积、冲洪积，全新统下部冲洪积和上更新统冲洪积、坡洪积。下伏基岩为：古近系玄武岩、凝灰岩、砂页岩，中生界白垩系砂页岩、安山岩和太古宇变质岩系。全新统分布于近地表，岩性成分主要为杂填土、粉质黏土等,厚 2～5m,在地貌上构成浑河河漫滩、一级堆积阶地;上更新统整合于全新统之下,主要为中粗砂、砾砂、圆砾和卵石等,底部见有残积层,厚 5～20m,构成坡洪积扇、坡积裙、二级基座阶地等。总之,抚顺盆地是一个由辽东山地区向下辽河平原区(山前倾斜平原)过渡的山间盆地,第四系发育比较单一,堆积物主要来源于浑河冲积、冲洪积及两侧山地的洪积、坡积作用,底部主河道附近堆积物较粗,以卵石、圆砾为主,向南、北两侧逐渐变细,以粉质黏土、中粗砂等为主(表 5.1)。区内全新统大致与下辽河地区的盘山组对应,上更新统与榆树组对应。第四系分布比较均匀,晚更新世以来的构造环境较为稳定,没有发生大的构造变动。

表 5.1　抚顺盆地区第四系地层划分

界	系	统	组	代号	厚度/m	年龄/ka	岩性描述
新生界	第四系	全新统	盘山组	Qh	2～4	≤12.0	杂填土,粉质黏土,中粗砂,黄褐色,杂色,热释光测年(9.85±0.5)ka
		上更新统	榆树组	Qp_3	4～16	≤120.0	灰黄色、黄褐色、中粗砂、砾砂、局部夹圆砾、卵石层,热释光测年(14.4±0.86)～(63.0±3.8)ka

在抚顺盆地以东,浑河及其支流(如章党河等)多呈条带状的河谷地貌形态,第四系地层一般局限于河谷中,两侧基岩广泛出露,第四系不发育。沿浑河断裂带发育有一系列构造盆地,如南杂木盆地、清原盆地等,它们在形成机制上与抚顺盆地相同,只是规模更小、第四系发育更差。调查分析认为,在南杂木盆地、清原盆地乃至整个浑河河谷内,第四系岩相特征、成因类型、沉积层序、结构、分布等均与抚顺盆地具有良好的可对比性,下 – 中更新统普遍缺失,分别在山前坡洪积扇、坡积裙和河床、河漫滩、低级阶地等地貌部位发育有上更新统、全新统地层,第四系的沉积范围和厚度较之抚顺盆地要小得多。

5.2.2　下辽河平原区的第四系

1. 下辽河平原区

下辽河平原区第四系沉积连续、层序齐全、厚度较大、成因复杂。下辽河平原区地势平坦,海拔高度低于 50m,由北东向南西缓倾向于辽东湾,沈阳附近是下辽河平原区海拔最高的地段之一。由于新近纪以来持续大幅度整体下沉,下辽河地区成为了研究区第四纪以来的沉积中心,而其两侧的辽西山地区和辽东山地区相对上升且幅度存在一定差异。辽西上升幅度较小,第四系堆积物层位稳定、分布范围广、颗粒较细;辽东上升幅度较大,第四系沉积不稳定、分布范围小、颗粒较粗。平原区周边的山前倾斜平原范围较广,第四系发育较好,沉积成因以洪积、坡洪积、冲积及局部的冰水堆积为主,地貌上形成舒缓的扇、裙、裾及冲积、冲洪积平原,向平原中心区逐渐转变为以冲积、冲洪积、冲湖积、冲海积等为主,地形平坦、开阔。

从第四系水平向分布规律来看,由山前倾斜平原向中部平原过渡,地层厚度趋于增厚,结构层次趋于复杂,岩相逐渐由砾卵石、砂砾、砾石为主的极粗颗粒相变为粗砂含砾、砂砾石并有黏性土的过渡相,最后变为细砂、中粗砂、粉细砂夹黏性土薄层的细颗粒相。从垂向规律来看,下辽河平原区第四系层序完整、沉积旋迴和变化规律清楚,地层由山前倾斜平原向中部平原过渡急剧加厚，如浑河西出辽东山地区的抚顺西部第四系厚度为20m左右，至沈阳附近由浑河新、老冲洪积扇构成的山前倾斜平原区为20~120m，而位于平原区中央的辽河口一带达到400~450m；在岩相和成因方面，除东北部边缘在剖面上见有洪积黄土状土夹砂砾石透镜体外，平原区第四系剖面上一般包含河流相、河湖相、海陆交互相的各套地层，如砂、砂砾石为主地层，粗砂、中砂、细砂含砾为主地层，细砂、细粉砂、粉砂、粉质黏土、淤泥为主地层等（表5.2）。总之，下辽河平原区是一个由山前倾斜平原、中部平原和滨海平原构成的第四系沉积区，各向地层接触关系复杂，相互交错；而受到基底构造控制，尽管平原表面地形平坦、开阔，但第四系底部地形倾斜、起伏变化较大，尤其是断裂通过地段及下辽河盆地边缘地带，基底坡降变化显著，第四系底界面存在明显的落差。

表5.2　下辽河平原区第四系地层划分（据辽宁省区域地质志，1989）

地层单位				成因类型	沉积韵律	区域沉积环境对比
统	组	段	代号			
全新统	盘山组	上	Qh	冲积、冲海积	细	冰后期，可与华北平原区内北京附近该层对比
		中				
		下				
上更新统	榆树组	上	Qp_3^3	冲洪积、冲积	粗	相当于大理冰期堆积
		中	Qp_3^2	冲积	细	相当于庐山－大理间冰期堆积
		下	Qp_3^1	冲洪积、冲积	粗	相当于庐山冰期堆积
中更新统	郑家店组	上	Qp_2^2	冲积	细	相当于大姑－庐山间冰期堆积
		下	Qp_2^1	冲洪积、冲积	粗	相当于大姑冰期堆积
下更新统	田庄台组	上	Qp_1^2	冰碛	细	相当于鄱阳－大姑间冰期堆积
		下	Qp_1^1	冰碛、冰水堆积	粗	鄱阳冰期

1）下更新统

顶界为布容正向期与松山反向期的分界，据古地磁结果，绝对年龄值0.73Ma，底界为松山反向期奥尔都维事件的底界，距今1.79 Ma，典型地层称为田庄台组。根据岩相特征和孢粉组合，将田庄台组划分为上、中、下三段，下段以洪积为主，中、上段以冲洪积、冲湖积为主。下段下部为含砾粗砂层，含少量粉质黏土薄层；中部为粉质黏土含砾、砂砾石混土、粉质黏土、砂土及粗砂含砾层；上部为中细砂、中粗砂含砾、砂砾石层，以粗碎屑物为主，层中夹有粉质黏土、砂土薄层，含有较大的菱铁矿砾和炭化植物。中段下部为粉细砂、中粗砂含砾层；上部为粉质黏土、砂土和细砂互层。上段为细砂、细粉砂夹粉质黏土薄层，层中含有炭化植物碎屑。

田庄台组地层基本反映了下辽河平原区南部滨海地段下更新统的沉积特征，而平原区中北部及山前倾斜平原又各有差异。中北部平原的下更新统顶板埋深一般为60~120m，由北往南加深，地层厚40~100m。下更新统主要分为上、下两层，下层主要为洪积的砂砾石混黏性土，分布普遍，层位比较稳定，层厚20~40m；上层以冲洪积为主，为粉质黏土、砂土含砾夹细砂层，层厚20~60m。在沈阳附近的东北部山前倾斜平原区，下更新统沿辽东山地区西侧呈条带状分布，埋藏较深，属洪积和冰碛、冰水堆积层，如浑河冲洪积扇底部冰碛层的上层为灰白色黏土夹白色薄层细砂，下层为黄褐色、灰黄色黏土含砾卵石，内含灰白色冰碛黏土冻囊，底部则与第三纪砾岩、泥岩直接接触。下更新统地层厚度存在变化，一般为20～30m，部分地段缺失。

2）中更新统

整合于下更新统之上，典型地层称为郑家店组。滨海平原区的郑家店组主要为稳定的河流相、河湖相沉积，上部夹有海陆交互相堆积，厚60～70m。该套地层可分为上、下两段，下段下部为粉质黏土含泥砾及砂土、粉细砂互层，上部为透镜体状粉细砂夹砂土、粉质黏土薄层，厚40～45m；上段下部为粉质黏土、中细砂层，上部为粉细砂夹砂土、粉质黏土薄层，厚20～25m。

由滨海平原向中北部平原、山前倾斜平原过渡，中更新统的结构、层次趋于单一，黏性土减少，砂、砂砾石增多，地层厚度渐薄。在柳河断裂附近的中北部平原，中更新统厚度可达50～70m，以冲积砂砾石、中粗砂混黏性土层夹细砂薄层为主，底部发育冰碛黏土、粉质黏土含砾卵石层。在东部山前倾斜平原，中更新统可分为上、下两段，下段为冲积、冲洪积和冰水堆积的细砂薄层、粉质黏土含砾石层等，顶板埋深40～70m，由东向西降低，底部或与花岗片麻岩、混合岩等接触，厚度25～40m；上段为冲积、冲洪积的粉质黏土含砾及砂、砂砾石混黏性土薄层等，厚10～25m。

3）上更新统

整合于中更新统之上，底界位于布容正向期"布拉克事件"中，年龄值0.1～0.11Ma。上更新统在滨海平原、中北部平原及山前倾斜平原的发育程度相近。滨海平原的榆树组典型剖面分为上、中、下三段，下段为河湖相沉积，下部岩性为粉质黏土、细砂互层，上部以细砂为主，夹砂土、粉质黏土透镜体，厚约30m；中段为河湖相和冲积、海积相，岩性为细粉砂夹粉质黏土及灰黑色粉质黏土含粉砂薄层，厚30～35m；上段为冲积的粉细砂及粉质黏土。

中北部平原的上更新统为冲积、冲洪积相的中粗砂含砾、细砂含砾及细粉砂综合层，顶部可见粉质黏土含砾和砂层夹粉质黏土薄层，厚度稳定在30～40m。在山前倾斜平原，上更新统由坡洪积、冲洪积相的粉质黏土、粉质黏土含砾、砂砾石、黄土状粉质黏土等组成，厚度约10m左右。山前倾斜平原区的上更新统亦可分为上、下两段，下段以粗粒的粉质黏土、细砂、中粗砂、砂砾石、卵砾石等为主，上段以细粒的粉质黏土为主，夹有砂砾石薄层。

4）全新统

覆于上更新统之上，其间整合接触面呈波浪状，起伏不平。在近地表分布广泛，成因类型复杂，岩性多变，厚度一般不大，平均为20～30m。平原区的全新统地层可分为上、中、下三段，下段为海陆交互相，时段相当于冰后期海侵的开始时期，岩性成分为细砂夹黏性土薄层和炭化植物；中段主要为海相层，相当于第三次海侵的兴盛时期，下部岩性为粉细砂夹粉质黏土薄层，上部则为粉质黏土夹粉砂薄层；上段以陆相冲积、冲洪积为主，这时的海侵已处于衰退时期，岩性为粉质黏土、粉细砂、砂土，有机质含量高，成层性好，结构松散。在山前倾斜平原，全新统大面积分布，构成了河流冲洪积扇以及河床、河漫滩和阶地沉积，水平层理、斜交层理清楚，岩性为杂填土、砂砾石、粉细砂、粉质黏土等，夹有中粗砂透镜体。

2. 沈阳地区

沈阳地区处在下辽河平原区的东北部边缘，这是一个由山前倾斜平原向中心沉积区过渡的早－中更新世盆地，中更新世以来的第四系沉积十分发育，底部的下更新统虽有发育但分布局限。第四系沉积物主要来源于浑河冲积、冲洪积及两侧山地的洪积、坡积作用。在浑河断裂附近的王宝石寨曾勘探过1个第四系标准钻孔，剖面上自下而上确定的第四系地层包括中更新统、上更新统和全新统，下更新统缺失（表5.3）。根据以前工作中布设在浑河南岸前竞赛村、浑河北岸万柳塘公园第四系控制性钻孔的地层编录、测年数据、孢粉分析结果，以及跨浑河断裂分别布设在红台村新大线路西、国公寨村西沈中线路南、中兴街与沈东四路交叉口西南、大瓦村旺力街西辅助孔的地层编录和测年数据，确定沈阳地区第四系发育总体连续、完整，具有比较清晰的层状构造。

表5.3 浑河断裂沈阳段附近王宝石寨标准钻孔综合地层剖面

地层			成因类型	符号	层厚/m	岩性描述
界	系	统				
新生界	第四系	全新统	人工堆积	Qh^s	1.0～6.7	杂填土：杂色，主要由杂土、碎石块等回填而成，结构松散
			冲积	Qh^{al}	0～13	粉砂：淡黄色，稍湿到湿、中密，成分为长石、石英、云母等
					4～23.6	砾砂：黄褐色，稍湿－湿－饱水，中密－密实，主要成分为长英岩质，局部砾石含量高，可定为圆砾
		上更新统	洪积	Qp_3^{pl}	7.2～14.5	粉质黏土：上部为黄褐色，下部为灰褐色或灰色，顶部含植物根系，中部含大量氧化铁，见有少量铁锰结核。水平层理明显，可塑状态，土体具塑性。测年结果为（2.29±0.18）万年
					0～6.0	粉土：灰黑色，含氧化铁，湿，稍密。水平层理
			冲洪积积	Qp_3^{al+pl}	23.5～29.1	粉质黏土：黄褐色，TL测年结果为（5.24±0.42）万年
					（圆砾）0～20±	圆砾：粒径40～60mm约占20%，20～40mm约占17%，10～20mm约占9%，2～10mm约占10%，1～2mm约占10%，0.5～1mm约占14%，小于0.05mm约占5%。最大粒径80～120mm。砾石磨圆较好，岩性成分以火成岩为主，中等风化。砾石分选较差，充填物以砂类土为主，局部混有少量黏性土或夹黏性土夹层。层理明显，中密－密实状态。TL测年结果为（7.57±0.62）万年
					（粉质黏土）0～20	粉质黏土：灰黄、灰褐色，柱状节理发育，在莫子山、泉水峪、营城子等地广泛分布，可见厚度约20m。TL测年结果为（10.62±0.84）万年
		中更新统	残冰积积	Qp_2^{gl+el}	（黏土）>10m（粉质黏土）0～3.2	黏土：上部相对颜色较红，下部暗红色，呈蒜瓣状，原岩结构比较清楚，厚度不详，可见厚度>10m。粉质黏土：黄褐色、黑色，含大量云母及砂，混少量砾石，砾石成分为花岗岩，粒径为10～20mm，具有一定的磨圆，可塑—硬塑。TL测年结果分别为（16.54±1.31）万年、（15.71±1.3）万年

续表

地层			成因类型	符号	层厚/m	岩性描述
界	系	统				
中生界	侏罗系	上统	—	J_3	—	上部为小岭组黄褐色、灰绿色安山岩，下部为小东沟组紫色砾岩、砂砾岩、凝灰质页岩、夹泥灰岩、砂岩及凝灰岩
古生界	寒武系	—	—	—	—	灰岩、页岩、砂质页岩等
上元古界	震旦系	—	—	Pt_3	—	钓鱼台组石英砂岩
太古宙	—	—	—	Y_1	>61.10	花岗岩：黄褐色、灰白色，中粗粒花岗变晶结构，块状构造。顶部为全风化，厚0.4~4.0m，组织结构不太清晰，局部尚可辨认，长石风化为土状，下部为强风化，可见岩石结构特征，长石及暗色矿物大部分风化成为高岭土，石英颗粒颜色发暗。岩体呈散体结构，用手可掰碎。部分岩芯见有煌斑岩脉体，风化后呈红褐色土状

1）下更新统

地表未有出露，岩性特征与辽东山地区相似，主要为冰积泥砾层，即棕黄–灰白色粗砂夹砂、砾石层夹有灰白色黏土层，内含灰白色冰碛黏土冻囊，由结晶岩组成，含卵石。砾石表面具磨光面，个别有压坑与压裂现象，风化极为强烈，饱水，密实，分选差，可见粗层理。下更新统在盆地东侧等地段有所缺失，地层厚度一般为0~30m，可占到剖面第四系厚度的四分之一弱。

2）中更新统

整合于下更新统之上，多为残积、冰积层，也有坡洪积层发育。下部岩性为蒜瓣状的紫红色、暗红色黏土或紫红色黏土、砂砾石混黏土层，砾石成分主要是花岗岩，表面具红色黏土薄膜；上部为砾质黏土、粉质黏土，夹有灰白色黏土透镜体，层次之间夹有铁质硬结薄层和细砂薄层。饱和，密实，分选差，具交错层理。地层厚度为10~30m，约占剖面第四系厚度的四分之一。

3）上更新统

整合于中更新统之上，山前地带可直接覆盖在太古宙混合花岗岩之上。地表有出露，由冲积层、冲洪积层和坡洪积层组成。岩性主要为粉质黏土、中粗砂、卵石、黏土、砾砂、含砾中粗砂等，夹少量粉土、中细砂和薄黏土夹层，含铁锰结核，砾石磨圆较好，成分以火成岩为主。饱和，密实，分选一般，具水平层理和斜层理。地层厚度为15~40m，约占剖面第四系厚度的三分之一。

4）全新统

整合于上更新统之上，广泛分布于浑河及其两侧近地表，主要为河床、河漫滩、一级阶地冲积层和新、老冲洪积扇地层，顶部有人工堆积层。岩性特征主要为杂填土、耕土和黄褐色粉土、含砾粉土、粉质黏土、淤泥质粉质黏土、细砂、中粗砂、砾砂等，砾石成分多为长英质岩石，磨圆较好。湿，稍密－松散，水平层理、斜层理清楚。地层厚 5~20m，约占剖面第四系厚度的五分之一至四分之一。

总的来看，沈阳地区属于早－中更新世的堆积盆地，堆积物主要来源于浑河西出辽东山地区后形成的冲积、冲洪积物及两侧山地的冲洪积、坡洪积等物质。河床附近第四系相对较粗，以砾、卵石、圆砾等为主，向南、北两侧逐渐变细，粉质黏土、中粗砂、砾砂等增多。全新统岩相可与下辽河地区的盘山组对应，上更新统与榆树组对应，中更新统与郑家店组对应，下更新统与粘泥岭组对应。第四系分布不均匀，具有自北东向南西增厚的趋势，而在莫子山、前营城子－后桑林子、罗官屯、施家寨等地局部形成基岩凸起带，第四系减薄至 0~20m。该区上更新统和中更新统地层都存在两个沉积旋回，表明沉积环境发生过一定的变化，从中更新统上部砾质黏土层的稳定分布来看，中更新世晚期以来沉积环境较为稳定，应没有发生大的构造变动。

5.2.3 第四纪古地理、古气候环境分析

新近纪中新世以后，研究区地貌构建基本完成。至早更新世早期，受到寒冷气候侵袭进入冰期，山谷、山麓地带冰川发育，辽东山地区形成以粘泥岭组为代表的冰川、冰水堆积层，并波及到下辽河平原区边缘，形成了第四系底部的冰碛堆积。随着冰川的到来，古气候发生了明显变化，早期热带－亚热带植物被温寒带植物所替代，茂密森林被疏林草原或荒漠植被替代。早更新世中期，气候由寒冷向温热发展，进入间冰期，下辽河地区出现了与山西泥河湾期相当的河湖相沉积。中更新世初，随着大西营子冰期的出现，海平面下降，地壳相对上升，剥蚀作用增强，形成了下、中更新统之间的剥蚀面，山谷和山麓冰川发育，但这次冰川的规模较小，并未波及下辽河地区。中更新世中期，研究区转为间冰期，气候温暖，水系发育，河流作用明显增强，下辽河周边的浑河、太子河等较大河流山前地带形成了大型的冲洪积扇，第四系沉积作用强烈，在下辽河中心地带甚至沉积了厚达 70~80m 的河湖相地层。随着间冰期的到来，辽河口附近出现了第四纪以来的第一次明显海侵即水源海侵，沉积有海相地层，而在碳酸盐岩地区多洞穴堆积，如金牛山、安平、山城子庙后山等地的洞穴沉积层就十分发育。晚更新世初期，研究区进入到最后一次冰期——排头营子冰期，这次冰期的规模很小，多发生在雪线以上，以冰斗冰川和山谷冰川为主。区内的浑河等主要河流二、三级阶地形成，河流山前出口地带形成冲洪积扇，山麓地带则有局部的坡洪积扇群形成。晚更新世中、后期，气候转暖，进入冰后期，在山前洼地及河谷平原河湖相沉积发育，辽东湾等沿海地带迎来第二次海侵即先峰海侵，下辽河平原区沉积作用显著，南部堆积了滨海相及滨海边缘相沉积，北部及辽东山地区的河谷地带沉积作用也比较明显，洞穴堆积仍在继续。全新世时期仍处于冰后期，辽东山地区因继承性新构造上升遭受剥蚀，沉积作用集中在河谷地带，河床、河漫滩相为砂砾石、砂和砂土等，一级堆积阶地则形成二元结构沉积；下辽河平原区继续下降接受沉积，形成了层序完整、连续的第四系地层，平原区南部则迎来了第三次海侵也是规模最大的盘山海侵，沉积了海陆交互相和浅海相沉积，海侵过程直至全新世晚期结束。

5.3　地貌发育特征

5.3.1　辽东山地区

辽东山地区属于长白山脉哈达岭的南延部分，其西侧为下辽河平原，总的地势是北东高、南西低，区内山体总体呈南窄、北宽的北东向条带状。太古宙－早元古代结晶基底和印支－燕山期侵入岩广泛出露且风化强烈，在侵蚀、剥蚀作用下，山势陡峭，切割深度可达 200~600m，沟谷多呈 "V" 形或 "U" 形。辽东山地区经历了多期不同强度的构造旋回，地质构造条件复杂。早期以拗褶作用为主的辽河运动形成了东西向的基础构造体系，隆起与沉降控制了整个地区，浑河断裂等北东－北东东断裂形成发育。古隆起一般由结晶基底组成，而古拗陷中则沉积有古生代、中生代乃至新生代地层。燕山运动使构造格局复杂化，产生了北东－北北东向隆坳相间的华夏系、新华夏系构造体系，同向断裂极为发育且规模巨大，同时伴随有广泛的岩浆侵入与喷出，辽东山地区西侧的金州断裂及东侧的鸭绿江断裂等北东－北北东向断裂即为这一时期活动强烈的断裂构造，断裂活动一直延续到现在，构成了整个区域的地震构造背景条件，也造就了总体的地貌形态特征。与之相对照，浑河断裂等北东－北东东向断裂发育较少且活动程度明显减弱，它们通常与山地区外围的区域性构造活动具有联动关系，缺乏活动的相对独立性，由于活动程度较低，因此北东－北东东向构造在地貌上表现较差。沿北东－北北东向和北东－北东东向部分断裂在局部地区还有玄武岩体分布。辽东山地区两侧的新构造差异升降运动显著并表现出一定的差异性，间歇性的差异上升运动形成了区内多级河流阶地以及夷平面，同时侵蚀、剥蚀作用十分强烈，导致第四系总体不发育。

区内地貌形态可划分为侵蚀、剥蚀地貌、侵蚀堆积地貌、堆积地貌等多种类型。侵蚀、剥蚀地貌按高度可划分为中低山区和丘陵区，中低山区海拔高程一般在 300m 以上，最大高程超过 1000m，相对高差大于 200m，基岩出露，山体走向受到构造控制以北东－北北东向为主，也存在北东－北东东、北西－北西西和近东西向的变化，山体形态多呈锥状；丘陵区主要分布于中低山区周围，高程在 300m 以下，高差一般在 200m 以下，丘顶多呈圆顶状，坡面比较和缓，侵蚀、剥蚀沟谷发育，谷底不均匀沉积有第四系松散物质。侵蚀堆积地貌主要发育于山前地带，在断裂控制的线状沟谷两侧呈不规则条带状分布，面积较小，主要类型为山前坡洪积扇、坡积裙等，一般围绕丘陵外围底部，地表坡度 3°~5°，局部略大，前缘为河谷堆积地形，后缘则直接超覆于基岩之上。堆积地貌主要分布于较大的河流沟谷内，由浑河、太子河及其支流水系在第四纪晚更新世－全新世时期的冲积、冲洪积作用下形成条带状或树枝状的冲积、冲洪积区，地貌形态类型包括河床、河漫滩、一级堆积阶地和小型山前倾斜平原等，其中山前倾斜平原仅分布于辽东山地区向下辽河平原的过渡地带以及具有山间盆地构造基础的沟谷平原中，后缘与侵蚀堆积地貌渐变过渡，地面总坡降 1:1000~1:2000，高程逐级降低，最低至沈阳附近的下辽河平原接合地带已在 40~50m。

早更新世时期，辽东山地区以侵蚀作用为主，沉积较弱，仅在河谷地带有零星沉积层分布，厚 10m 左右；中更新世时差异升降运动增强，山麓、山间盆地的冲洪积－坡洪积地层厚度可超过 20m；晚更新世时期沉积层发育，厚度可达 5~20m；全新世沉积较为广泛，但厚度一般不大。地质地貌调查表明，浑河河流阶地发育，形态完整，在整条的狭长浑河河谷中，可观测到清晰、多层次、多类型的河流阶地，并最多可划分出 5 级。浑河流域处在辽东山地区的北部，总体地势较南部的辽东半岛地区要高出很多，且越往河流上游地势越高，上、下游的总体地势高差可达 200m 左右。通过与区域夷平面等地貌面的对比分析，可以确定浑河 5 级阶地的高程已与辽东半岛最低的广宁寺夷平面大致相当或略低于该级夷平面，其形成时代要晚于广宁寺夷平面，两者在时间上是连贯的。

浑河断裂（密山－敦化断裂辽宁段）的地质地貌调查主要涉及浑河及两侧的地貌单元，这些地貌单元包括河流作用形成的河床、河漫滩、一级堆积阶地、二级基座阶地、三级基座阶地、四级侵蚀阶地、五级侵蚀阶地以及山前坡洪积扇、坡积裾，侵蚀、剥蚀堆积台地，侵蚀、剥蚀山地、丘陵，这实际上基本涵盖了辽东山地区所有的地貌类型。

1）浑河河床、低河漫滩

沿浑河河床及两侧连续分布，呈狭长的条带状，总体走向北东东，呈弯曲状延伸，一些地段呈近直线状。河床、低河漫滩宽度存在比较均匀的变化趋势，即由浑河上游至下游逐步拓宽，东端的英额门以东仅数十米，至沈阳附近已达千米级。从地形变化来看，由东向西地势逐渐降低，坡度也有总体趋缓的特征。低河漫滩不对称分布于河床两侧，一般高出河面 1~3m，河床及低河漫滩中分布有较多的小型江心洲和条块状沙垄，人为挖掘沙坑也较多，在大部分河段，低河漫滩外侧有高 5~8m、连续性很好的人工河堤。河床、低河漫滩的第四系地层主要为全新世后期乃至现代的冲积、冲洪积层，岩性为粉细砂、砂土、砂砾石、卵石等，下部地层中的中砂、卵石及粉质黏土逐渐增多。

2）浑河高河漫滩

分布于河床、低河漫滩外侧，呈狭长的条带状，总体走向北东东，分布连续，局部缺失，平面延展呈弯曲状。浑河的高河漫滩宽度变化较大，在不同河段具有明显的差别，如在南杂木以东至英额门附近一般为数十米至数百米，在抚顺城区最大宽度达 2~4km，而至下辽河平原沈阳以南的石庙、罗官屯及以西地段高河漫滩宽度迅速增大至 5km 以上，总体呈由西向东段落性收窄的趋势。高河漫滩地形起伏舒缓，第四系沉积与河床、低河漫滩相似，以全新世后期的冲积、冲洪积层为主，岩性为砂土、砂砾石、卵石等，表面覆盖有耕土或人工填土，向下逐渐过渡为较早期的卵石及黏土等。

3）一级堆积阶地

分布于高河漫滩外侧，沿浑河两岸发育普遍，局部地段缺失。一级阶地形态清楚，相对河床高度为 3~6m，阶地面平坦、开阔，在较宽阔的河谷地段阶地面上有细流发育。一级阶地分布连续性较好，在河流两岸具准对称性，但宽度各处不一。阶地面高程呈东高、西低的规律性，纵向变化比较均匀，横向上则微向河床倾斜。阶地前缘陡坡、陡坎易于辨识，但与高河漫滩间高差较小，一些地段渐变过渡；阶地后缘多陡坡、陡坎，与二级阶地、三级阶地之间界线清楚。一级阶地属于堆积阶地类型，剖面显示二元结构特征，第四系地层由全更新统冲积、冲洪积层构成，层序从上至下分别为粉质黏土、砂土、中粗砂、砂砾石、卵石等，向下逐渐过渡为黏土、砂土、砂砾石、卵石等上更新统地层。阶地第四系层次清楚，水平（或近水平）层理发育。一级阶地的形成时代为全新世。

4）二级基座阶地

浑河二级基座阶地分布十分局限，连续性很差，只在个别地段如清原西等能够见到，平面上呈平行于河床的狭窄条带状，阶地面平坦，微向河床倾斜。二级基座阶地相对河床高度

8 ~ 10m，上部沉积有砂、砂砾石、粉质黏土和次生黄土状土等，下部基岩出露，第四系地层中发育水平（或微斜）层理，属于典型的基座阶地。阶地前缘小型陡坡、陡坎发育，与一级堆积阶地之间虽然高差较小，但界线清楚。阶地后缘一般与基岩山体或三级阶地相接，多陡坡、陡坎，也见到山前坡洪积扇、坡积裾等与二级阶地之间相互交错，其间具有一定的渐变特征。二级阶地形成时代为晚更新世晚期。

5）三级基座阶地

三级基座阶地是浑河谷地内除一级堆积阶地外最为常见的地貌面（单元），平面分布上呈平行于河床的断续展布的长条块状，在浑河两岸呈对称或准对称形态，相对河床的高度为 25 ~ 40m。三级阶地面呈舒缓波状，总体向河床倾斜，具有一定的台地状地貌形态，但受到后期侵蚀、剥蚀影响，台地形态遭到一定程度破坏，可形成相对独立的平顶状残丘，尽管如此，在保留较好的阶地上部仍可见到第四系河流相沉积。阶地前缘微弯曲或近直线状陡坡、陡坎较为发育，与一级、二级阶地之间具有明显的高度差，地貌界线清晰；阶地后缘一般与基岩山体或四级、五级阶地相接，其间也发育有微弯曲状或近直线状陡坡、陡坎。在山前坡洪积扇发育地段，阶地、坡洪积扇之间相互交错，呈一定的渐变状态。在剖面上，阶地下部出露有较厚的基岩，上部发育中更新统上部河流相粉质黏土、粉细砂、中粗砂、砂砾石层和次生黄土状土层等，属于基座阶地类型。阶地第四系厚度一般较薄，可见近水平粗层理或斜层理。三级基座阶地的形成时代为中更新世晚期 - 晚更新世早期。

在大伙房水库大坝西的鹏格加油站，即抚顺盆地东部的浑河南岸地带，侵蚀、剥蚀丘陵山前零星保存有形态较完整的三级基座阶地（图 5.1）。该残留阶地面规模很小，形态不规则，长度、宽度仅数十米至百米左右。三级阶地面相对河床的高度为 30 ~ 40m，起伏舒缓，微向河床倾斜。剖面显示，其下部为太古宇鞍山群混合岩，上部沉积厚 4 ~ 5m 的多层次第四系地层。第四系底部砂砾石层磨圆很好，沉积均匀，密实，初步泥质胶结；下部近水平粗层理清楚，砾石等为圆形或扁圆形，其间粉细砂层等分布较为均匀，属于近河床平坦基底的沉积建造类型；上部第四系地层存在 7 ~ 10 个微型沉积旋回，每个旋回包含由细到粗的沉积韵律，厚度一般为 0.3 ~ 0.5m，表现不均匀，局部存在交叉现象，粗斜层理发育，层理面倾向北侧河床，倾角 5° ~ 10°，向剖面上部逐渐增大，粗颗粒砾石等多呈扁圆或次棱角状，具有一定混杂性，粉细砂、中粗砂层厚度较下部地层减小、分选性较差，应属于岸坡地带建造类型，其沉积时期的新构造上升运动较下部地层沉积时期应有所增强。采集剖面下部粉细砂样品 EH2 - 1，上部粉细砂、中粗砂样品 EH2 - 2 和底部砂砾石样品 EH2 - 3，经 ESR 测定年龄分别为 156.9ka、134.1ka、170.3ka，均属于中更新统上部地层。

在清原西堡的浑河北岸三级基座阶地上，受到后期侵蚀、剥蚀作用，近地表河流相沉积物保留很少，加之人工改造成为农田，原始河流相地层遭到了破坏（图 5.2），目前在近地表仅有残坡积地层发育（样品 QH2），ESR 年龄为（33.0 ± 3.3）万年，属中更新世。

6）四级侵蚀阶地

浑河四级侵蚀阶地总体发育较好，形态清楚，其主要在中上游河段断续展布，下游基本缺失。四级阶地的平面分布与三级阶地类似，呈平行于河床的条带状，相对高度为 65 ~ 80m，两岸均有所发育，北岸相对完整，具有一定的准对称性。调查显示，四级阶地面起伏舒缓，具有一定的台地状地貌特征，但受到后期侵蚀、剥蚀作用，台地形态遭到了破坏，原始平坦的阶地面趋于圆丘化，形成一些高度大致相当的平顶状缓丘并沿河流走向呈长条状延

图5.1　大伙房水库大坝西浑河南岸三级阶地　　　　图5.2　清原县城西北的残留阶地形态

伸。阶地前缘多发育微弯曲状、近直线状陡坡、陡坎，与三级阶地之间具有明显的高度差且界线清楚；与后缘外侧的侵蚀、剥蚀山地、丘陵或五级阶地、夷平面之间可见北东东向线状低地或山体鞍部，形态变化趋于复杂，辨识度明显较前缘地貌界线为低，也不具有清楚的直线状或近直线状特征。四级阶地基岩出露，属于侵蚀阶地类型，根据已有研究资料确定其形成时代为中更新世早－中期。

　　7）五级侵蚀阶地

　　五级阶地在浑河谷地内有所发育，地貌形态比较清楚，但阶地连续性、完整性较三级阶地、四级阶地要差得多。在平面分布上，五级阶地呈大致平行于河床的条块状，具有不对称性，阶地顶界面相对河床高度较大，为100～120m。地质地貌调查显示，在中下游河段五级阶地之上一般没有更高的基岩山体，中上游河段则同四级侵蚀阶地一样与外侧侵蚀、剥蚀山地、丘陵之间发育有北东东向的线状低地或山体鞍部。阶地前缘陡坡、陡坎遭到后期改造后只表现为与低级阶地之间具有可对比性和规律性的高度差，地貌界线变得模糊。受到强烈的侵蚀、剥蚀作用，五级阶地多表现为剥蚀丘陵地形，在地貌上形成相对独立的残丘，原始平坦的阶地面趋于圆丘化，台地状形态已不很明显。阶地上基本见不到第四系沉积层发育，基岩出露广泛，属于侵蚀阶地类型，形成时代为早更新世。

　　另外，通过对清原县城附近浑河两岸阶地发育的调查分析，一级堆积阶地分布广泛，地形平坦、开阔，是现今城市居民区、基本农田等的主要分布区；二级基座阶地受到后期河流侧向侵蚀破坏分布十分局限，多呈残留的狭窄条带；三级基座阶地保存较好，呈向河床缓倾斜的波状台地，前缘陡坎清楚，阶地多已开辟为农田，原始河流相地层保留较少，近地表土壤层和河流相地层之下为残坡积层；四级侵蚀阶地形态特征较清楚，也较为常见，呈大致等高的残留台地或侵蚀、剥蚀中低山前等高的浑圆状独立小山丘和条状垄岗，较难见到原始台地面，其上第四系残积层一般较薄，一些较平坦、起伏舒缓的垄岗已被开辟为农田，土壤层发育；五级侵蚀阶地发育很差，多表现为山前残留的小平台或近似等高的侵蚀、剥蚀残丘，阶地后缘则为连绵起伏、高度变化较大的侵蚀、剥蚀中低山。另据观察，浑河两岸的侵蚀、剥蚀中低山可表现为不完全连续的近似等高山体，顶部高程大致相同或相近，根据区域地貌面对比分析，这与平山期夷平面相当。在夷平面之上还可见到更高的侵蚀、剥蚀山体，其残留分布较平山期夷平面稀少得多。

8）山前坡洪积扇、坡积裙

广泛发育于浑河河谷两侧侵蚀、剥蚀山地、丘陵山前地带，平面形态上呈狭长的不规则条带状，具有准对称性。坡洪积扇多在与浑河交会的支流沟口部位构成独立的扇形地貌，单体坡洪积扇规模受到支流规模的制约，第四系沉积物来源于支流的搬运和堆积；坡积裙则属于发育在浑河两侧山前坡麓地带的地貌类型，大致呈平行于浑河的狭长条带状，第四系来源于山地、丘陵的侵蚀和堆积。坡洪积扇、坡积裙表面起伏不平，地形坡度较大，地表有小型冲沟发育。浑河两侧的一系列山前坡洪积扇能够形成北东东向的串珠状地貌形态，其与坡积裙相互融合，共同构成山前侵蚀堆积地貌单元。坡洪积扇、坡积裙的第四系地层主要由上更新统中下部坡洪积地层组成，岩性成分包括黏土、粉质黏土、中粗砂、砂砾石等。

9）侵蚀、剥蚀堆积台地

局部发育于侵蚀、剥蚀山地、丘陵与河流沟谷的过渡地带，多平行于沟谷呈北东东向的狭长条带状延伸。受到侵蚀切割作用，台地上小型冲沟十分发育，形成一系列北西 - 北北西向的梳状台地、冲沟相间排列的格局。台地表面起伏舒缓，略向沟谷缓倾斜，坡度一般在3°~5°以下，其与后缘山地、丘陵之间多存在明显的北东东向近直线状坡折线，外侧即为起伏强烈的山地、丘陵。根据相关研究，侵蚀、剥蚀堆积台地主要是在原有冰碛台地、残留玄武岩台地基础上形成发育的，高程变化在100~160m，冰碛台地由早 - 中更新世山麓冰川作用形成，见残留冰碛、冰水堆积物，上覆后期上更新统黏土、中粗砂、砂砾石等薄层坡洪积物。

10）侵蚀、剥蚀山地、丘陵

主要包括侵蚀、剥蚀中低山和侵蚀、剥蚀低山、丘陵等具有不同发育程度和分布的差异性地貌类型。侵蚀、剥蚀中低山主要发育于浑河上游河段；侵蚀、剥蚀低山、丘陵主要发育于中下游河段。它们由太古宙、元古宙以来不同时期的变质岩、沉积岩和侵入岩构成，风化强烈，山顶可呈浑圆状，地形起伏强烈，侵蚀沟谷发育。地质地貌调查表明，在浑河河谷内，通常以浑河断裂及其主干分支构造为边界，侵蚀剥蚀山地、丘陵能够与河谷第四系沉积区之间隔离开来，两者具有迥异的地质地貌和第四纪演化特征。

5.3.2　下辽河平原区（沈阳地区）

下辽河平原是由辽河及其支流太子河、浑河、柳河等所构成的大辽河水系冲积形成的滨海平原，其东部为长期上升、山势陡峻的辽东中低山、丘陵区，西部为辽西低山、丘陵区，北部为康法低丘陵区，呈北东向展布，地势由周围山地边缘向中心平原区缓倾斜，坡度不断减小，平均坡降1:2500~1:3000，海拔高程为0~50m，平坦、开阔。在大地构造上，下辽河平原属华北断坳下辽河断陷的沉降区，是沿郯庐断裂带北段所形成的中、新生代大陆裂谷型断陷 - 断坳盆地，东、西两侧山地区分属于胶辽台隆、燕山台褶带等隆起区。新近纪以前，下辽河平原即一直处于下降状态，早期以断陷为主，由北北东向及北北西向断裂组成了基底的多字形构造；新近纪以后整体下陷，表现出构造上的继承性和不均衡性，在长期下降过程中，堆积了巨厚的新近系 - 第四系地层。分析下辽河平原区第四系结构和分布特征，确定整个平原区基底继承了早期构造的模式，向南西方向总体倾斜，同时基底高低不平，存在北东向展布的条带状凸起、凹陷构造区，凹陷部位第四系厚度增大，凸起部位则相对减薄。第四系下伏基岩主要有震旦系、寒武系、奥陶系、石炭系、二叠系、侏罗 - 白垩系等，它们在平原区边缘山前地带有所出露，岩性为花岗岩、花岗片麻岩、混合岩、灰岩、白云岩、流纹岩及玄武岩等。由于新近纪以来下辽河平原始终处于下降状态，而周围丘陵、山地处于上升状态，因而除了中心区冲积平原、滨海冲积平原以外，还形成了十分宽阔的山前倾斜平原等不同类型的地貌单元。在下辽河平原区（沈阳地区）的浑河两岸，突出地表现为浑河新冲洪积扇、老冲洪积扇等两类主要的近地表地貌形态。

1）新冲洪积扇

浑河新冲洪积扇发育于浑河南、北两侧，沿浑河呈长条带状大面积分布，宽度为2~10km，受到后期高河漫滩明显的分割，平面上具有不连续性、不均匀性。扇体表面地形平坦、开阔，略有起伏，地面标高34~48m，微向西倾斜。近地表水系比较发育，分布牛轭湖及其他小型湖泊、湿地，下伏古河道。剖面上新冲洪积扇叠置于老冲洪积扇之上，辽东山前地带新冲洪积扇地貌形态比较明显。第四系沉积层中黏土、粉质黏土等细粒成分明显增多，但分选较差，磨圆不好，层序从上至下大致可以划分为粉质黏土和黏土、砂土、粉细砂、中粗砂、砂砾石含黏土、砂砾石和卵石等。根据相关研究成果，新冲洪积扇的形成时代为全新世早期。

2）老冲洪积扇

老冲洪积扇主要发育于浑河以北新冲洪积扇的外侧，亦呈长条带状大面积分布，宽度为2~10km，变化较大，平面连续性、均匀性较之新冲洪积扇为好，在后期高河漫滩分割下，局部见到残留的小块老冲洪积扇分布，新、老冲洪积扇在时间上具有连续性。老冲洪积扇呈现较明显的扇形，扇体表面比较平坦，略有起伏，微向西南倾斜，地面标高38~60m不等。第四系地层主要由上更新统冲洪积、坡洪积层构成，岩性成分为粉质黏土、砂土、砂及砂砾石等，向下过渡为早期的卵石含砂土、黏土等，前述北陵公园东窑村的上更新统地层即采自于老冲洪积扇。综合相关研究成果，确定老冲洪积扇的形成时代为晚更新世。

5.4　断裂构造综合地质地貌调查

以已有研究资料和高分辨率遥感解译为基础，开展地质地貌调查，对断裂构造的近地表展布形态及其断错地质、地貌现象进行调查、分析和研究，重视断层关键部位如阶区、结点、拐弯等的定位和观测，确定断裂空间位置及几何学、运动学特征。通过地质体、水系、地貌面和其他相关标志性位移的实地测量，确定不同时期以来由于断层活动所产生的断错地质地貌及其水平向或垂直向位移，划分断层崖、断层陡坎、断层槽地、断塞塘、挤压隆起、拖拽褶皱、拉分盆地等次级构造，通过调查和测量保留下来并可以观测的地震裂缝、地震鼓丘、地震陡坎、地震沟槽、同震水平向或垂直向位移等地震构造微地貌现象，分析强地震的地表破裂特征。系统采集断层切割地层和上覆地层的年代样品，采用科学、合理的方法综合测其沉积或形成年龄。

采用现代技术手段进行高精度测量与定位，确定断裂的准确位置，地质地貌调查的野外定位精度≤3~5m，精度误差主要受到观测点的卫星和网络信号强度等因素影响。调查断裂通过地段第四纪地质体（线）、地貌面（线）和其他重要标志，明确断层和地层要素，确定断裂活动特征。对浑河断裂重点地段开展条带状地质地貌调查和年代样品采集与测试，实测断错地貌单元及断裂构造的准确位置，在已有研究基础上，确定填图地质单元，选择第四系发育良好的地段建立第四纪地层标准剖面，确定填图区第四纪地层划分对比原则和标准，解决浑河断裂晚第四纪活动性、活动强度、活动性质和方式等问题。按现行的 1∶5 万活动断裂地震地质填图规范要求，以断裂主干位置为中心，外延两侧宽度不小于 1km 的条带为填图工作区，按 500m 的点、线距即横向每 500m 有一观测点、纵向每 500m 有一条观测路线开展野外调查工作，异常地段或重要构造部位适当加密。明确活动断层地表迹线，划分不同时期具有断代意义的地质体、地貌面（线）及古文化层等；测量被错断的地质体、构造线或地貌面（线）位移值，确定典型断错地貌特征；对断裂沿线一系列第四纪断陷构造盆地的形态、规模和展布等进行实际观测和调查；对山前穿过陡坡、陡坎带的坡洪积扇、坡积裙等的发育形态进行观测和调查，确定陡坡、陡坎对坡洪积扇、坡积裙的错切关系、规模和水平向、垂直向分布特征；采取穿越和追索相结合的方法，对于主要构造和地质体的边界开展调查，追索距离不小于 500m，以保证边界线连续、准确而不被遗漏，开展高精度定位和地质地貌剖面的记录描述，适时开展槽探工作。

前面已经讨论到，浑河断裂大致平行于浑河发育，不同的地段断裂所处构造部位及其大的地貌形态、第四纪地质发育等存在明显差异。在沈阳附近，断裂发育于下辽河平原区东北缘，地质基础是一个由郯庐断裂带下辽河段、依兰－伊通断裂、金州断裂等控制的北东向构造盆地，地形平坦、开阔，第四系发育很好，厚度较大。就浑河断裂来说，其延入下辽河平原后并没有对下辽河盆地的走向产生影响，大的宏观地貌形态也没有明显表现，只是导致断裂附近的第四系沉积产生了一定变化。在抚顺附近，浑河断裂发育于辽东山地区边缘与下辽河平原区的过渡地带，断裂对于地貌发育和第四纪沉积控制显著。抚顺段断裂主要划分为两条主干分支构造，在断裂活动作用下，其间发育近东西向的条状抚顺盆地，盆地地形起伏较为舒缓，浑河冲积、冲洪积作用较强，沉积了一定厚度的河流相第四系地层。与下辽河盆地相对完整的第四系相比，抚顺盆地第四系地层以上更新统、全新统为主，中更新统及以下地层基本缺失，这反映了抚顺盆地在中更新世之前的第四纪早期下降作用并不明显，而地震地质调查也表明，该段的浑河断裂带第四纪以前运动性质以逆倾滑为主。在抚顺以东的章党－南杂木地段，浑河断裂发育于辽东侵蚀、剥蚀低山、丘陵中，断裂对于宏观地貌发育和第四纪沉积控制作用不如沈阳段、抚顺段明显，但这一地段的断裂分支构造十分发育，可见 3～4 条走向相同或相近、规模和地质发育特征接近的断层。它们总体展布于丘陵沟谷和山前地带，总体地势南低、北高，起伏较大，沿断裂微地貌变化多见，陡坡、陡坎和坡面折线等较为发育，也常常表现为近直线状的负地形。断裂附近浑河及其支流冲积、冲洪积较弱，因而只存在局部小范围的第四系沉积变化，野外可观测到沿山前陡坡、陡坎带第四系沉积与基岩相接。在南杂木附近，浑河断裂发育形态相对复杂，这里有北西－北北西向的苏子河断裂与之交会，在两组构造相互作用下，围绕构造交会区形成了明显拓宽的山间盆地型河谷平原，地形平坦、开阔，第四系较为发育。由南杂木向东经清原至断裂东端的英额门以东，浑河断裂发育于辽东山侵蚀、剥蚀中低山、丘陵区，这一地段沿浑河断裂的地貌形态以及第四系发育与章党－南杂木段又表现出明显的不同，断裂严格控制了浑河展布，形成狭长条状、近直线延伸的浑河谷地，在局部河段如清原、北三家等处河谷有所拓宽，形成了小微型盆地或类盆地式构造，地形比较平坦、起伏舒缓，由河谷向南、北两侧迅速过渡为中低山、丘陵，其间多见微地貌陡坡、陡坎发育。在断裂控制的浑河河谷内沉积了近直线状分布的较为连续、完整的第四系条带，但第四系厚度一般较小且在横向上变化较大，向南、北两侧的山前陡坡、陡坎减小并尖灭。该段浑河断裂分支构造发育，主要表现为2～3条北东东向的近平行断层，其中浑河北岸断裂出露较好，对岸坡（微）地貌形态控制作用明显，在清原等局部地段沿断裂构造还发育有北东东向的直线状次级沟谷；浑河南岸的分支断裂规模相对较小、出露较差，断裂对岸坡发育影响较弱，直线状特征不明显，但山前地带坡洪积扇、坡积裙等较为发育，展布范围有所扩大。

沿密山－敦化断裂辽宁段（浑河断裂）的地质地貌调查，以已有的1∶20万区域地质调查资料、1∶20万区域水文地质调查资料和部分地段1∶5万地质、地貌调查资料等为基础，结合其他地质、地形地貌、第四纪地质研究成果和高分辨率遥感解释结果进行，对于断裂带内具有一定地质地貌和第四纪地质差异的沈阳段、抚顺段、章党－南杂木段、南杂木－英额门东段开展系统、详细的调查和研究，分析、对比和划分宏观地貌单元和微地貌形态，以获得断裂展布、结构、活动性和分段特征等新认识。作为比较研究，同时开展了研究区内密山－敦化断裂吉林段西端部分段落的地质地貌和第四纪地质调查，并对于在不同地段与浑河断裂相交会、具有分段标志性的下哈达断裂、苏子河断裂和赤峰－开原断裂等开展了详细的地质地貌和第四纪地质调查，综合确定浑河断裂的地质地貌发育和断裂活动性、分段特征。

5.4.1　浑河断裂沈阳段

浑河断裂沈阳段西起于沈阳市区南部的永乐，向北东东方向依次穿过了水萝卜、来胜堡、高铁沈阳南站、上深沟、后桑林子、后营城子、麦子屯、古城子、养竹、深井子、沈抚新城，一直延至抚顺西部的李石寨、田屯附近，长度约为60km。

浑河断裂所发育的沈阳市区南部地质构造条件极其复杂，这里处在郯庐断裂带下辽河段的北东端点附近，在向北东方向延伸、发展的过程中，郯庐断裂带发生了分裂，形成了两条主干分支即依兰－伊通断裂和浑河断裂（密山－敦化断裂）并分别沿北北东向和北东东向从沈阳市区西部和南部穿过，不仅如此，这里还处在北西向柳河断裂的南东延伸线和北北东向金州断裂的北北东延伸线上。研究认为，沈阳处在郯庐断裂带通过渤海、下辽河平原后产生分异的构造部位，郯庐断裂带由以南的多条同向构造发育形态转变为明显走向变化、差异性构造发育的两条主干断裂带分异形态，但依兰－伊通断裂和浑河断裂规模巨大，对于区域地质构造格局具有重要的影响。两条断裂具有相对独立的活动特征，浑河断裂的活动程度自古近纪以来已逐渐减弱，而依兰－伊通断裂在古近纪乃至第四纪仍保持较强活动，只是第四纪活动程度有所降低。就浑河断裂沈阳段来说，断裂处在下辽河断陷边缘地带，下辽河断陷中生代时活动强烈，形成了盆地凹陷区并接受沉积，古近纪时断陷发展为裂谷系，形成较厚的沉积层，但裂谷的范围较小，对于边缘的沈阳附近影响较小，基本上没有发现规模的古近系地层，只沉积了较薄的新近系地层。从新近系的分布来看，其在浑河断裂沈阳段的南、北两侧明显不均匀，表明断裂在新近纪时活动较强，控制了新近系的发育。第四纪时期，浑河断裂沈阳段继承性活动，在较稳定的下沉过程中，沉积了较厚的具有变化的第四系地层，但浑河断裂的控制作用并不明显，显示断裂的第四纪活动程度已显著减弱。专项地质地貌调查也认为，浑河断裂沈阳段的第四纪活动性较之依兰－伊通断裂明显减弱，断裂对于宏观地貌形态没有影响，对于所处的下辽河盆地构造形态和下辽河平原区东北缘的地貌发育和第四纪沉积虽然存在影响，但程度比较有限。

基于已有认知和经过初步验证的断裂遥感解译结果，开展浑河断裂沈阳段的实际地质地貌调查工作。分析和讨论典型的观测点、观测地段可能存在的与断裂构造相关的宏观地质地貌和第四纪地质差异变化，研究直线型陡坡、陡坎等微地貌形态变化特征，建立（微）地貌发育与构造活动之间的联系，分析第四系成因类型和厚度变化的原因，合理地给出浑河断裂带展布、规模、结构和活动性等各种参量的基础性判定。

1) 永乐东

已有认知为浑河断裂沈阳段通过地段，浑河冲洪积平原的平坦耕地上发育走向 45°~50° 的微弯曲状地表沟谷，长度为 1km 左右（图 5.3），深度为 2~3m。沟谷向两侧地势逐渐升高，实际形成宽达 100m 左右的凹槽（Y29 遥感影像，下同），至沟谷北端点明显转折。向北继续追索调查，相距近 1km 左右，地貌上表现为不连续的、倾向多变的陡坎（Y30），延伸方向 50°~60°，具有一定的稳定性；而 Y29 向南端又间断地与另一走向约 30° 的凹槽相接。经过实际观测，上述各凹槽（及陡

图 5.3　浑河舒缓冲洪积平原上的北东向小型沟谷

坎）两侧不存在明显高度差异，它们几乎处在同一高度面上，而由凹槽向外侧继续追索，在平坦的农田上不再有任何沟谷（凹槽、陡坎）等发育，地形变化趋于均匀。另外，在 Y30 陡坎东侧还发育有较多的水塘，平面展布上呈串珠状，进一步调查显示，观测点以东沿北东向沟谷或陡坎这样的串珠状水塘比较发育，水塘附近除了北东向冲沟、凹槽以外并没有具有规模的河流发育，也就是说，具有左阶排列结构的水塘串珠状分布及同向凹槽、陡坎展布不是地表河流侵蚀、堆积作用所造成，在某种程度上可能反映了北东向构造的存在，客观上不能排除这种地质地貌现象与浑河断裂的相关性。如果属于断裂反映，由于两侧地貌形态没有表现出差异，也不存在任何地势变化，因此断裂构造在近地表冲洪积扇体上更新统 – 全新统地层沉积以来其新活动性不明显。

2) 南来胜堡东的断裂通过地段

浑河冲洪积扇上发育有小型北东东向微地貌陡坎，高 0.5~1m，延伸数百米。陡坎及附近有条带状喜湿芦苇等生长，这在附近地段是很少见的，表明沿陡坎存在富水条带。目前沿上述陡坎已局部挖掘为人工沟渠，原始微地貌形态受到了破坏，而其所在的冲洪积扇地形平坦、开阔，呈缓倾斜或舒缓波状起伏。尽管如此，该北东东向（75°左右）微地貌陡坎两侧的高度差很小，尚不能判定微地貌陡坎与地质构造之间存在必然的联系。

3) 高铁沈阳南站北的光明中学至恒大名都一带

沿浑河断裂迹线进行地貌调查，北东东向人工堆土陡坎与构造之间没有任何关系。另在光明中学北侧附近，沿北东东向线性影像实地调查并无同向冲沟或陡坎等发育，影像两侧原始地形平坦，起伏很小。

4) 后桑林子 – 后营城子以北地段

遥感解译为清晰的、直线状延伸的深色调异常条带，与已知浑河断裂的展布位置、走向

基本吻合。实际调查表明，在新冲洪积扇上发育有北东东向冲沟，又有其他走向冲沟与之汇合，形成沟谷交错的展布格局，同时沟谷之间江心洲发育，走向北东东，形成这一地段北东东向的地貌形态分布。沿沟谷、江心洲追索观测，沟谷两侧地貌面平坦、开阔且大致处在同一高度上，只是江心洲高度变化不稳定、无规律性，高差在 1~2m 以下，地貌面倾斜变化较多。总的来说，这一地段（微）地貌形态变化和构造之间相关性不大，而主要归咎于河流差异侵蚀、堆积作用。分析认为，即使浑河断裂在此地段发育，其仅仅总体控制了北东东向沟谷的展布，并没有表现出明显的构造活动，至少在新冲洪积扇形成以来是稳定的。

5）上深沟西即沈本大街与白塔河二路交叉口附近

沿断裂迹线形成 2 条斜列状排列的遥感色调异常，有北东东向地表缓坡带发育，宽度可达 200~300m，缓坡带南侧较北侧高差为 3~4m。向缓坡带两端继续追索，西端缓坡带形态保持较好，两侧还保持着高度差异，但在东端附近，两侧高度差趋于消失，大致处在同一高度面上。该地段处在浑河新冲洪积扇上，扇体表面原始地貌存在一定起伏，基本规律由南向北缓倾斜，而观测地段距现代浑河河床仅 1km 左右，还可能受到了后期浑河冲洪积作用的影响。总的来看，地貌形态变化与河流作用之间关系可能更为密切，而与构造活动之间相关性不大。

6）麦子屯-古城子一带

沿断裂迹线具有清晰的、延伸十分平直的深色影像条带，发育有走向北东东的直线状沟渠，并有小型冲沟与其斜列状排列，但是它属于浑河南岸新冲洪扇上的一条人工改造沟渠，自后桑林子沿北东东向延伸至此可达近 10km。沿沟渠连续追索，在古城子东北各处，沟渠岸侧均可见明显陡坎，走向略弯曲，两岸地貌面高度相同，不存在落差。调查结果显示，陡坎是由于人工构筑及后期的河流侧岸侵蚀作用造成的，与构造之间没有直接联系。尽管如此，依据已有资料，浑河断裂南支主干从这一地段附近通过，走向北东东，展布位置与直线状沟渠大致吻合。

7）古城子附近

发现多条北东东向近平行或斜列状的直线状微地貌垄岗（图5.4），连续性略差，局部呈弯曲弧形，两侧几乎不存在高度差，宽度、高度均只有几十厘米，规模很小。经调查，它们具有明显的人为改造痕迹，应属于水田改旱田后的田埂残留，与地质构造之间没有关系。

8）张家-养竹-深井子一带

在浑河断裂北支通过地段的农田上观测到 2~3 条残留的直线状或弯曲状线性微地貌，遥感影像清晰。从构造活动性考虑，重点调查可能具有构造关联性的原始陡坎、沟渠及其结构关系，分析是否具有左阶或右阶排列规律性以

图5.4　古城子北显示挤压特征的微地貌垄岗

及两侧高度差与断裂活动的关系。以此为原则，在对这一地段的线性影像和地貌形态进行甄别时，即已排除了与断裂没有关联的线性影像，如 Y9、Y10、Y11、Y17、Y37、Y38 等，它们主要是人工沟渠、道路等的非构造性指示；与之形成对比的是，Y35、Y36 指示的线性微

地貌冲沟在张官村北具有一定的平行状排列，冲沟宽 5~8m、深 2~3m，冲沟所处的浑河南岸新冲洪积扇比较平坦，但冲沟以北地势较以南整体偏高 0.5m 左右（图 5.5）。由此向东延伸到养竹村–深井子一带，线性地貌更为清晰，平面展布上呈短线状的密集雁行右阶排列，冲沟规模有所增大，宽 10~20m、深 3~5m。上述冲沟走向均较为稳定，为 65° 左右，仅在阶区局部存在一定弯曲，走向转为 90°~100°。分析认为，地表径流侵蚀、堆积作用差

图 5.5　浑河南新冲洪积扇上的微地貌陡坎和冲沟

异性应是形成雁行沟谷地貌的主导因素，冲沟两侧尽管存在规律性的高度变化，尚难以指示地质构造的影响，因为按此推测，浑河断裂北盘上升、南盘下降，断裂被右阶错动，这与已有认知相左，还须开展进一步深入的调查研究才能得到可信的结论。

9）沈抚新城中兴路小瓦

构造上处在浑河断裂沈阳段东端附近，地形比较平坦、开阔，略有起伏。该地段大致发育 3 条走向北东东、延伸蜿蜒的阶梯状陡坎或陡坡带，倾向北北西。沿中兴路向南东追索约 2km，确定陡坡之间高度存在一定的变化，北侧陡坡高仅 1~2m，中部陡坡高达 6~8m 以上，南侧陡坡高达 5~6m 以上，而中部、南侧陡坡间距 300m 左右，中部、北侧陡坡间距 500m 左右，受到后期人为改造，原始陡坎坡度已大大放缓。从大的地貌背景上分析，它们处在浑河南岸新冲洪积扇边缘，应属于扇体边缘不均匀第四系沉积所导致的陡坎或陡坡，与构造之间并无必然联系。另据浅层人工地震探测结果，断裂虽在附近通过，但与陡坎、陡坡带之间存在一定偏差，且陡坎、陡坡走向不稳定，与断裂吻合性差，客观上更为符合扇体边缘地貌发育特点。

10）沈抚新城刘红台即浑河断裂沈阳段东端附近

遥感解译出 3 条清晰的斜列状线状影像。经过地质地貌调查，浑河老冲洪积扇呈波状起伏的准平台状，其上并不发育明显的陡坡或陡坎，3 条线性影像微地貌表现为：东段南侧走向北东–北东东的弯曲弧状浅宽沟谷深度 1m 左右（图 5.6），宽度为 10~20m，延伸数百米，两侧同一高度；西段缓倾斜陡坎总体走向北东东，呈弯曲弧状，两侧台地高差达 1~3m，延伸 200~300m，向两端尖区，陡坎北侧近百米处发育有与陡坎大致平行的微弯曲状地表冲沟；在西段陡坎的东延线上，东段北侧也间断发育类似的地貌陡坎，南高北低，幅度有所减

图 5.6　刘红台附近舒缓状平原上
北东东向延伸的浅宽沟谷

小直至过渡为北东东向河流，两岸高差消失。上述线性地貌特征与古城子沟谷发育形态是大致相同的。总之，虽然浑河断裂南支在此通过，但断裂在地貌上的表现是较差的。

11）抚顺田屯西

构造上处在浑河断裂沈阳段的最东端，人工地震显示浑河断裂通过，因此开展地质地貌调查。在浑河晚更新世－全新世冲洪积扇上，近直线状延伸的小陡坎走向60°左右，向两端有所转折，高度在1m以下，长度约为0.5km（Y14、Y15）。陡坎两侧为扇体上局部形成的小型堆积台地，小范围内台地表面十分平坦，两个台地之间沿陡坎延伸线还挖掘有人工沟渠。堆积台地应属于冲洪积扇上再生的地貌单元，形成时代较扇体为晚即全新世时期，所以上述陡坎若为断错陡坎的话，则表明浑河断裂全新世存在活动。调查表明，陡坎的形成受到了人为活动影响，属于人工堆积台地的边缘陡坎，与构造活动之间没有关系，不是浑河断裂现代活动的产物，而根据目前对浑河断裂活动性以及古地震、历史地震的研究，断裂尚难在全新世地貌单元上造成可观测的断错陡坎。

总之，沿断裂的地质地貌调查显示，浑河断裂沈阳段主要隐伏于浑河新冲洪积扇之下，局部涉及老冲洪积扇，断裂地质地貌表现不明显。沿断裂带发育的北东－北东东向小型微地貌陡坎、凹槽、冲沟、垄岗以及新、老冲洪积扇边缘地带的阶梯状陡坎、陡坡主要是由于浑河及其支流的侵蚀作用和差异堆积作用造成的，加之这一地段人类活动比较强烈，因此上述微地貌现象具有多成因性，但总体上与构造活动的相关性不大。

5.4.2 浑河断裂抚顺段

浑河断裂抚顺段可划分为南、北两条主干，长度约30km。北支主干走向近东西至北东东，由西端的高湾经滴台、西葛、北土门子、高乐山、将军堡、前甸后山、靠山村延至关岭村以东的大伙房水库大坝附近，断裂展布于山前地带，地貌形态清楚；南支走向北东东至近东西，由西端的李石寨东、西露天矿、东露天矿延至大甲邦、大道鲜、吴家堡、大伙房水库大坝附近，其又由两条分支主干（F1、F1A）构成，展布于抚顺主城区，两侧原始地貌差异较小且多被改造或掩盖，大部分地段难以观测到断裂行迹，只在大伙房水库西地貌差异明显。南、北主干断裂在大甲邦附近存在分支复合现象。

与浑河断裂沈阳段复杂的地质构造背景条件比较，抚顺段的构造条件相对简单，但浑河断裂抚顺段对于区域地貌和第四纪地质发育具有明显的控制作用。根据已有认识，抚顺盆地是一个西起于李石寨、高坎并沿北东东至近东西向延伸至大伙房水库大坝附近的一个条带状构造盆地，控盆断裂即为浑河断裂及其南、北分支构造。盆地区内部在地貌上表现平坦、开阔的第四系沉积区，南、北两侧为侵蚀、剥蚀丘陵，沉积平原区与丘陵区之间存在清楚的地质界限，在微地貌上形成较为发育的陡坡、陡坎带，它们分别与浑河断裂南、北分支相关；同时，盆地第四系沉积区处于隐伏状态的断裂分支主干或派生构造也比较发育，除F1、F1A等主干分支外，派生构造的规模和活动性较差。调查显示，抚顺盆地南、北两侧的主干分支规模十分巨大，在大伙房水库大坝附近的浑河以南即见到南支主干破碎带宽度可达百米左右，破碎带发育形态十分复杂，具有多期构造活动特征并在第四纪以来存在新的活动。由于处在与下哈达断裂等不同构造体系的交会部位，抚顺盆地东端构造地貌形态较为复杂，如在大坝西侧表现为开阔、平坦的浑河谷而东侧则为侵蚀、剥蚀低山、丘陵及其间狭窄的浑河谷地，而在辽宁发电厂一带，沿下哈达断裂发育的北东向章党河谷使得北东东向浑河谷平原向北东发生拐弯，导致这一地段的平原区更为开阔，呈向西开口的马蹄形半封闭状态。

1. 断裂段北支

北支断裂没有穿过抚顺主城区，而是位于现代浑河河床以北。专门的调查研究显示，它主要由 1 条主干构成，平面展布上呈弯曲状或近直线状，规模大、连续性好，地质地貌显示清楚。断裂控制了抚顺盆地北侧边界和第四系发育，沿断裂陡坡、陡坎较多，局部见到断裂破碎带出露。

1）滴台 – 西葛的抚顺盆地北侧

山前地带发育有延伸较远的近东西向直线状陡坡、陡坎条带，遥感色调差异十分清晰。线性条带北侧为侵蚀、剥蚀丘陵基岩区，南侧为平坦、开阔的浑河谷地。浑河北岸有多条近南北向支流穿过了陡坡、陡坎带而汇入浑河主河道，它们对近东西向陡坡、陡坎带的稳定性、连续性影响较小，陡坡、陡坎也没有对支流冲沟产生明显错切。沿陡坎、陡坡带易发生碎石崩落，因此在多处修筑有人工护坡，受此掩盖，沿上述陡坎、陡坡带并未发现具有规模的断裂破碎带。尽管如此，由于陡坡、陡坎带客观上充当了上升基岩山体和相对下降的河谷平原两大地貌单元的界限，因此参考已有研究资料认为，浑河断裂北支在此地段是发育的，展布位置即位于山前陡坎、陡坡带附近并应偏于河谷平原第四系沉积区一侧。

2）北土门子 – 高乐山 – 将军堡

抚顺盆地北侧山前发育有比较连续、稳定的微弯曲状陡坡、陡坎，总体走向近东西，形成清晰的线性色调异常带，贯穿的少量近南北向冲沟对陡坡、陡坎展布没有影响。陡坡、陡坎平整陡峭，南侧毗邻有近东西向狭窄条状的山前坡积裙，并逐渐过渡为浑河阶地、河漫滩。作为侵蚀、剥蚀地貌和堆积地貌的界限，陡坡、陡坎的微地貌形态和连续性、稳定性显示其可能与构造之间存在一定的联系。结合已有的基础地质资料，断裂北支主干在此地段附近通过，展布位置与陡坡、陡坎带具有良好的契合性，因此这一地貌发育形态可能体现了浑河断裂的影响和控制作用。进一步追索调查发现，沿陡坡、陡坎带在基岩区内残留有断裂破碎带，其主体应已剥蚀。

3）前甸后山西 – 靠山 – 木材交易市场 – 唯美品格小区

在北东东向抚顺盆地的北侧，一系列北北西向长条状垄岗的南端前缘可观测到临空三角面，总体产状为 165°~168°∠77°。在形态特征上三角面受到了后期侵蚀、剥蚀及人为破坏已不十分完整和清楚，但部分临空面上仍见有残留断错现象，追索调查显示这些临空三角面大致处在同一北东东向延伸线上，与已知断裂的位置和走向相同，因此判定属于构造错动所造成的临空面即断层三角面。断层三角面及其所指示的断层在遥感影像上具有清晰的直线性特征，地貌表现比较明显。断层北侧为侵蚀、剥蚀丘陵，北北西向冲沟发育，向南过渡为缓坡和山前冲洪积扇等。在总计约 7 条横穿浑河断裂的北北西向冲沟及山前冲洪积扇地貌单元上，均没有发现因断裂活动所导致的冲沟水平向和垂向错断以及扇体表面的北东东向微地貌陡坎，而根据区域地貌对比，山前冲洪积扇的形成时代一般为晚更新世，那么至少在晚更新世以来浑河断裂北支是不活动的。此外，在木材市场西侧的断裂北盘近断裂处，基岩平台高程相对浑河河床约 40m，应属于三级基座阶地面，这在变电站西侧也能见到。三级阶地面范围较小，宽度一般为 50~60m，阶地后缘与侵蚀、剥蚀丘陵之间有明显的坡折线，阶地面比较平坦，没有断错微地貌发育。在唯美品格西侧，断裂展布位置偏于南侧，显示一定的左阶排列结构。

4）大甲邦、大道鲜至大伙房水库西的浑河北岸

遥感解译为 3~5 条近平行或斜列状的线性条带，长度为 0.5~2km，单条影像均呈近直

线状延伸，走向北东东。通过实际地质地貌调查，可以从上述线性影像甄别出与断裂发育及活动相关的微地貌形态。在大道鲜，浑河高河漫滩平坦，略有起伏，其上细流发育并由侵蚀、剥蚀丘陵向南汇入浑河干流，在部分线性影像（Y45、Y46、Y47、Y48、Y53）地段，细流发生了一定的北东东向转折变化，显示受到了浑河干流的影响和控制，亦不能排除与构造发育之间一定程度的关联。另据调查，在细流规律性转折地段，细流两侧地形地貌变化不大，一般呈现由北侧丘陵边缘向南侧浑河的缓倾斜，两岸高差最大只在0.5m以下，不具有连续性、稳定性，因此即使断裂发育对高河漫滩细流产生了影响，但没有表现出新活动性，在高河漫滩形成（全新世）以来是没有活动的。

5）大甲邦东北

浑河四级侵蚀阶地高70m左右（图5.7），阶地南东侧面临浑河河床，边缘多形成剥蚀临空面，构成陡坎。在陡坎东延0.5~0.8km的范围内，可见北东东走向稳定的近直线状陡坎条带（遥感上为X1影像），尽管局部受到了冲沟侵蚀，但基本没有改变陡坎的连续性、稳定性。进一步调查表明，陡坎发育在太古宙混合岩构成的侵蚀阶地与高河漫滩的交界地带，地貌差异显著（图5.8）。高河漫滩地形平坦，略有起伏，池塘等水体广布；混合岩阶地受后期剥蚀呈残丘状，起伏较大，基岩出露。在山前陡坎表面多处见到断裂前第四纪活动的残留错动面，其上有明显的锈蚀现象，但不存在完整的构造破碎带，没有新活动迹象。在观测范围内，多个不连续的错动面大致处在同一舒缓平面上且产状为167°∠63°左右。该构造面两侧地貌差异显著，显示正倾滑运动特征。此外，在大甲邦村北的基岩丘陵中还可见到沿陡坎西延的直线状冲沟，其位置、走向和两岸地貌变化表明与构造发育之间可能具有相关性。

图5.7 大甲邦东北的浑河四级侵蚀阶地

图5.8 浑河断裂带早期活动残留的断层错动面

6）关岭南

遥感解译为北东东向线性异常（Y52）。经过调查，这一地段虽发育有北东东向小型河流、冲沟或断续陡坡、陡坎，但两侧地势高低参差，不具有可对比性。另外，冲沟延伸蜿蜒，陡坡、陡坎也属于坡面侵蚀或人工活动所造成，它们与地质构造之间没有关系。

7）大伙房水库大坝西北白龙山

地貌上形成高达40~50m的北东东向混合岩陡坎，产状为342°∠55°，形态完整、走向稳定（X2）；由此向南东距离约0.5km处，还发育一条走向偏于北北东的平直型山前陡坡

（Y63 南段）。连续追踪调查和比较分析表明，陡坎坡面具有常态的球面风化，未见任何构造影响痕迹，陡坡倾角较小，为 30°~40°，坡面多有小型冲沟发育，凹凸不平，没有发现与构造相关的地貌面。因此，由上述地貌现象不能确定该地段有断裂构造发育。

沿断裂的地质地貌调查表明，在断裂活动和河流作用下，沿浑河断裂带形成了近东西向的抚顺盆地及其地貌河谷，断裂带北侧基岩出露完整，构成了侵蚀、剥蚀残丘或高级河流阶地。在地貌上，抚顺段北支主要发育于盆地北侧山前地带，致使丘陵山体与沉积河谷之间具有清晰的界限，平面展布上连续性较好，走向上略有变化或斜列，微地貌上可见弯曲状至近直线状陡坡、陡坎或沟谷，局部见到断裂破碎带出露。总之，尽管这一地段人类改造较为强烈，但盆地北侧山前陡坡、陡坎带与断裂构造之间仍表现出很高的相关性，断裂在浑河以北是发育的。鉴于断裂对于大的地貌形态及微地貌变化均具有一定的影响和控制作用，断裂可能存在多期次活动，最新活动时代延至第四纪时期。同时，浑河断裂北支与浑河以南的南支 F1、F1A 是相对应的，它们的共同活动造就了北东东向的抚顺盆地。

2. 断裂段南支

浑河断裂抚顺段南支展布于抚顺主城区，又通过了西露天矿、东露天矿，因此对于断裂的了解相对较多。煤田地质等研究表明，南支断裂主要由 F1、F1A 等两条近平行的次级断裂组成，北侧的 F1A 规模较大、连续性好、构造形迹清楚，表现为逆冲断层；南侧的 F1 连续性差、规模较小、形迹不很清楚。据煤田资料，F1、F1A 具有以下特点：走向 70°，倾向北西，倾角 50°~67°，垂直断距 550~600m，水平断距 250~400m，具有左旋错动性质；断裂多次活动，切割了太古宇 – 第三系地层，控制了中生代 – 新生代盆地发育；断裂在燕山运动期以深部韧性剪切为主，新生代时表现为差异性断块运动，同时伴随强烈的玄武岩喷发；近南北向推覆构造活动使含煤地层倒转，产生了 F1、F1A 以及与之相配套的南北向张性断裂和北西向、北东向扭性断裂；F1、F1A 挤压破碎带宽度达 2.5~9.7m，构造透镜体、断层泥十分发育，断层泥蒙脱石含量高，物理化学活性强，断层面摩擦强度低。

南支断裂主体处于隐伏状态，为了弄清断裂发育和活动特性，在"沈阳市（含抚顺）活断层探测与地震危险性评价"工作中，基于煤田地质成果和浅层人工地震、钻孔等方法对于断裂位置的探测结果，沿断裂带对地貌、第四纪地质逐段进行调查和研究，本项研究引用了该项研究成果，并开展了进一步的调查、验证。

1）李石寨 – 古城子河地段

这一地段的 F1、F1A 位置基本明确，走向北东东。F1 断裂所通过的浑河南岸一级堆积阶地形态完整，地貌形态单一，地形十分平坦。没有与断裂同向的河流沟谷发育，近南北向沟渠延伸平直，无错动弯曲，阶地表面小溪发育形态自然，没有受到断裂等构造的影响，没有发现断错微地貌或地表构造裂缝等断裂新活动迹象。在李石寨东河边，河流阶地上有北西、北东向浑河支流发育，水量较大，宽阔的河漫滩地形略有起伏，未发现北东东向微地貌变化。

水泥一厂的浑河一级阶地十分平坦，地貌、第四纪地质比较均匀，没有断裂活动迹象。连续追索调查显示，水泥一厂 – 田屯东一带地形比较平坦，地势变化缓慢，南高北低。在同一阶地面上，前缘低于后缘的高度差很小，在 4.3km 的宽度内，高差仅 9~10m。据已有研究，水泥一厂 – 田屯一带为 F1、F1A 通过地段，这一地段均匀的地貌形态变化是阶地形成过程中的自然变化，而非 F1、F1A 断裂的构造作用形成。西露天矿西舍场西北观测点邻近

F1 断裂，但从浑河一级阶地的微地貌变化上看不出断裂的新活动痕迹。不仅如此，由商贸大厦－雷锋小学－石油三厂－钢厂－李石寨一带的一级阶地形态均比较单一，地形平坦，略有起伏，断裂在地貌、第四纪地质上基本上没有体现。

在石油三厂附近的古城子河边，浑河一级阶地地形平坦，起伏不大，北西向延伸的古城子河与 F1、F1A 断裂走向近直立，没有看出河流通过断裂时的流向变化，断裂在地貌上没有新活动表现。在石油三厂南，浑河三级侵蚀阶地面比较平坦，呈舒缓波状起伏。附近的二、三级阶地之间发育明显的陡坡，应属于三级阶地前缘。据实地调查，三级阶地前缘延伸方向并不稳定，没有发现沿 F1、F1A 的北东东向延伸趋势。受到北西向古城子河侵蚀作用，阶地被分割后较为分散，从三级阶地发育形态上看不出 F1、F1A 断裂的活动特征。

2）古城子河－抚顺市委东

这一地段的浑河河床、高河漫滩宽约 1km，地形比较平坦，起伏舒缓，第四系沉积有砂、砂砾石，厚度为 10~20m。作为抚顺断陷盆地中发育的河流，浑河河道走向北东东，与 F1、F1A 断裂一致，盆地的形成发育与 F1、F1A 断裂密切相关。

在真空设备厂，浑河河床以南与 F1A 断裂之间的丘陵北坡山体起伏大，有陡坡发育，调查表明陡坡属于侵蚀作用产物，与断裂活动无关。进一步调查显示，在 F1、F1A 通过的山体南坡，不发育与 F1、F1A 同向的陡坡或陡坎，断裂通过地段没有明显的地貌形态和第四系变化。在抚顺发电厂东北，南距 F1A 200~300m，浑河一级阶地十分平坦，（微）地貌变化均匀；在发电厂东南铁路边的断裂通过地段，一级阶地平坦，地貌变化均匀，看不出 F1、F1A 断裂对地貌、第四纪地质的影响。在实验小学南的丘陵坡麓，地形微倾向于浑河河床，没有北东东向的线状微地貌变化，看不出地貌、第四纪地质与断裂及活动的联系。抚顺海关的浑河一级阶地地形平坦，其北侧为浑河河床，南侧的 F1、F1A 基本处于隐伏状态，地形略有起伏。从实验小学－抚顺市委大楼一带的地貌形态上看，丘陵坡麓地形起伏和缓，地形等高线与 F1、F1A 走向近垂直，断裂迹象不明显。

在安泽街古城子河东岸，丘陵山体相对河床高 50~100m，山体岩性为古近系火山碎屑岩，局部粗层理产状变化较大，呈围绕山体中心的四向倾斜，推测为中心式或裂隙式喷发的产物。火山碎屑粒径差异非常大，由几毫米至数米不等，成分主要为页岩，之间夹有少量气孔状火山熔岩。碎屑存在一定胶结，但总体比较松散，只在局部熔岩较多处相对致密。较大（直径 1m 左右）的碎屑块体中可见球形烘烤现象，块体中央呈黑色，外围略呈红色。根据上述火山碎屑岩发育特征分析，该火山动力作用较强，能够将巨块型的页岩块体带至地表，而火山温度可能较低，熔岩很少，页岩原岩没有被熔化即直接带至地表。古城子河东岸的丘陵山体在地貌上多表现为独立残丘，北侧为浑河河床、河漫滩，南侧为浑河阶地。F1 从山体南侧通过，F1A 则穿过了山体，从已界定的 F1A 形变观测桩（桩距约 200m，排列方位140°左右）来看，F1A 断层的位置是明确的。对 F1A 两个观测桩之间的地质剖面进行分析，火山碎屑岩连续完整，局部有人工堆积层掩盖，剖面上没有发现 F1A 的明显错动，而形变观测数据显示 F1A 两侧至今仍存在一定的变化，表明断裂在古近系松散火山碎屑岩中的错动造成了重新堆积，一定程度地改变了碎屑岩的构造特征，但由于碎屑岩层理不清楚，堆积混杂，因而断层的错动在岩体中表现并不明显。另外，这一地段的古城子河走向北北西，与 F1、F1A 走向近垂直，河流流向未受到断裂影响，古城子河两岸第四系河流相地层未见被

F1、F1A 影响和改变。

3）抚顺市委东 – 大甲邦

在榆林东附近，宽阔、平坦的一级阶地第四系地层揭露为全新统冲洪积砂砾石、卵砾石混砂土堆积，砂砾石层斜层理倾角 10°~15°，地貌、第四纪地质特征均匀，没有断裂新活动显示。在 F1、F1A 通过的红砖厂设有跨断裂形变测量桩，场地地貌为浑河一级阶地，宽阔、平坦。F1 南侧 100~200m 处有小河流发育，流向有近东西向的趋势。在恩明合成材料厂，一级阶地宽阔、平坦，出露第四系地层为全新统冲洪积砂砾石、卵砾石混砂土堆积，从地貌、第四纪地质变化上看不出断裂迹象。浑河南河堤路沿线的浑河一级阶地面平坦，北侧河床略有起伏，河床中沉积有全新统冲洪积砂砾石、卵砾石混砂等。北西向的东洲河向北并入北东东向的浑河，而在这一地段北西向东洲河断裂亦与北东东向 F1 断裂交会，断裂结构在河流地貌上具有良好的表现。

在大甲邦附近的浑河以南，河床第四系地层主要为卵石、砂砾石混砂等，地形起伏不大。在大甲邦北，北岸一级阶地形态完整，地形平坦，以东有丘陵山体分布，经对山体连续剖面的调查，山体基岩完整，没有断裂构造发育，也看不出构造微地貌变化。山体坡麓第四系为坡洪积、残坡积碎石土、砂砾石等，下部太古宇混合岩风化强烈，风化层厚度可达数米，与上覆第四系之间渐变过渡。综合分析认为，F1、F1A 在大甲邦附近产生了分化，F1A 越过浑河河床与浑河断裂北支汇合，形成浑河北岸山前陡坡、陡坎和局部沟谷等负地形；F1 则继续东延至大伙房水库大坝南侧附近，在地貌上表现为浑河南岸不连续的山前陡坡带。在大甲邦东的太古宇斜长角闪片麻岩等地层中观测到产状为 330°∠90°、稳定、连续的节理面，该构造面与 F1A 断裂近于平行。

在石油二厂中转站的坡麓地带，地形起伏自然舒缓，已知通过该地段的 F1、F1A 在地貌上表现不明显。在章党西的丘陵坡麓，地形起伏较大，第四系坡洪积黄土状土层厚度不均匀，下伏有混合岩。追索调查显示，由中转站 – 章党为一长条状丘陵，走向北东 – 北东东，与断裂相同，而北侧地势较南侧为低。另外，F1A 在大甲邦附近的展布特征可能发生了一定的变化，浑河走向由以西的近东西向转为以东的北东向，河床均比较平直。在关岭村西南铁路边，已知 F1A 走向为 60°左右。从地貌上看，北东向河流至此发生了小的转折，拐向北东东，而探测断裂与转折后河流基本相符。在地貌形态变化上，断裂展布于两侧小山丘间的负地形，出露基岩分别为北盘太古宙斜长混合岩和南盘太古宇通什村组混合岩，上覆比较连续、完整的上更新统次生黄土状土层及其他坡洪积砂砾石混土层，第四系厚度虽有变化，但没有发现断裂对上更新统地层及其地貌面的错动。

可能受到北西向东洲河断裂和北东向下哈达断裂的影响，与之交会的浑河断裂带展布发育特征复杂化，分支复合多见，南、北主干趋于融合，而对盆地和第四系分布的控制作用趋于明显。在东洲河断裂以西，浑河断裂总体走向 70°~80°至近东西，稳定性较好，接近东洲河断裂，F1、F1A 产生了分化，F1A 走向偏北，为 50°~60°，F1 则转为近东西，近平行的 F1、F1A 至此呈逐渐张开的喇叭状，间距由数百米增大至 1~2km 以上。同时，东洲河断裂以西的 F1、F1A 发育在近东西向的抚顺盆地中，断裂基本上处于隐伏状态，而进入东洲河断裂与下哈达断裂发育区，F1、F1A 分别在浑河南、北两岸发育在丘陵山前陡坡带或在地貌上形成沟谷等负地形。调查结果还表明，在邻近下哈达断裂的浑河断裂抚顺段东端附近，浑河断裂的活动性有所增强。

5.4.3　浑河断裂章党－南杂木段

浑河断裂章党－南杂木段西起于章党东的大伙房水库大坝附近，向东延至南杂木盆地，走向为70°~80°，长度约30km。与抚顺段比较，章党－南杂木段的地质构造条件相对复杂，断裂段及其两端有多条北东向、北西向、北北西向至近南北向构造与之交会和切割，这些断裂的规模普遍较小，没有改变浑河断裂的总体展布形态。在构造相互作用下，章党－南杂木段的地质、地貌发育显示出与其他各段明显不同的特性。断裂段主要发育在侵蚀、剥蚀丘陵坡麓太古宇通仕村组混合岩、太古宙斜长混合岩及中－上元古界白云岩、石英砂岩和侏罗系梨树沟组页岩、小东沟组凝灰质砂砾岩的接触边界，控制了上述地层发育并切割了古近系凝灰质页岩。但是，断裂段对于第四系的控制则不明显，沿断裂带第四系地层发育较差，浑河河谷及其第四系沉积基本上位于断裂带南盘，而断裂与河谷之间北东东向山冈连绵，断裂两盘宏观地貌形态基本相同。尽管如此，通过详细的断裂带地质地貌调查，发现断裂在微地貌上有所体现，在多个观测点和观测线上能够见到断裂两侧局部的第四系成因类型和厚度的差异。

浑河断裂章党－南杂木段主要由3~4条总体走向北东东、呈微弯曲状或平行状的分支断裂组成，具有分支复合特征，它们均规模较大、连续性较好、构造形迹清楚。该断裂段由西端的大伙房水库大坝西经辽宁发电厂东、土口子、洪家沟、石门岭村、营盘、新屯村、高丽村、二伙洛村等地一直延至南杂木盆地。

1. 章党－南杂木一带

1）章党东暨辽宁发电厂南

断裂地质地貌发育特征与浑河断裂抚顺盆地段具有明显差别，沿断裂形成较明显的陡坡，遥感影像呈现出清晰的色调差异（X4），推断可能与浑河断裂发育和活动相关。陡坡南段高度3~5m，走向北东东，倾向北西，倾角约40°，倾向方向为十分平坦的浑河支流一级堆积阶地，阶地面未发现与断裂新活动相关的断错地貌陡坎、陡坡；陡坡南东为圆丘状侵蚀、剥蚀丘陵，地形坡度在30°以下，明显较前缘陡坡为缓。沿陡坡带继续向北东东追索调查，在延伸方向上的一级河流阶地没有发现任何断错微地貌发育，此外，所通过的山前坡洪积扇形态也较完整，没有发现明显构造活动痕迹。因此，即使浑河断裂在此一地段发育，它在一级阶地和坡洪积扇形成以后是没有活动的。浑河断裂在辽宁发电厂东侧有出露剖面，在沈阳活断层探测工作中对此曾作过专门研究。综合地质剖面分析和地质地貌调查，确定浑河断裂在该地段是发育的，断裂带大致包括3条主干分支（构造影像Y61、X2、X3），在地貌形态上表现为对剥蚀台地具有影响和控制作用，如X2及相关联的较高陡坡、陡坎即在一定程度上指示了断裂的存在。经分析判定，剥蚀台地大致相当于四级侵蚀阶地（形成于中更新世早期），那么断裂在中更新世时是可能存在活动的。尽管如此，断裂构造地貌均处在较老地貌面或地貌单元上，而在第四纪晚期以来的地貌单元上则表现不明显。

2）土口子至洪家沟、石门岭一带

多条北东东向遥感线性影像呈羽状排列，间距为0.3~0.5km，经过调查，一些影像如Y62、Y58和Y63的大部不属于构造地貌成因，沟谷、坡面等形态完整，为外力侵蚀、堆积作用导致。调查也表明，Y61、X3及Y63局部其线状延伸克服了侵蚀、堆积作用，显示可能与地质构造之间存在一定的联系。值得注意的是，洪家沟－土口子北在地貌上形成较宽阔的北东东向沟谷，宽0.5km左右，且在2~3km的范围内均匀、稳定，沟谷两侧山前有一系列北北西向的梳状剥蚀堆积台地发育，台地长度为 100~300m，宽度几十米至数百米不等，台地之间形成若干北西西向小冲沟，形成密集的台地、冲沟相间排列格局，台地表面呈向沟谷的缓倾斜，坡度在 5°以下，各台地与后缘丘陵之间存在明显的坡折线，它们共同连接成北东东向折线，分别对应了沟谷北侧 Y61 和南侧 X3 影像。地貌观测还显示，各台地之间高度并不均匀，基本排除属于侵蚀或基座阶地的可能性，而只能与新构造运动的间歇时段和差异侵蚀堆积作用相关，同时在宽谷内没有中大型河流发育，浑河主河道位于沟谷南侧约数千米处，沟谷发育具有单一性。综合上述分析，初步判定该北东东向宽阔沟谷及其南北两侧台地后缘的北东东向近直线性特征可能与北东东向构造之间存在成因联系，在某种程度上可能反映了这一地段北东东向浑河断裂的发育特征。沿沟谷追索调查，没有发现北东东向断错微地貌陡坎或构造地貌线，因此即使浑河断裂沿该沟谷发育，断裂的活动也应较老、较弱，不具有新活动特征。延至石门岭附近，北东东向沟谷进一步加宽，但线性构造却趋于淡化，只在南、北两侧边缘局部有所发育，尤其是南侧的 Y56 指示地段，表现为丘前台地和坡折线等。

3）石门岭北

多处可见到呈北东东向的陡坎、陡坡（如 X5，图 5.9）。陡坎、陡坡的北西侧多为侵蚀、剥蚀丘陵，南东侧由山前坡洪积扇逐渐过渡为北东东向的宽阔沟谷，其中沉积不均匀的第四系地层。从地形变化上看，丘陵山体起伏明显，坡度大，坡洪积扇体起伏十分和缓，在局部形成缓倾斜台地，使得北东东向陡坡、陡坎所构成的近直线状微地貌（影像）两侧具有明显的形态差异。另外，一些台地的南东侧外缘还局部保留有丘陵山体，形成沿线状微地貌发育的丘间倾斜台地（负地形台地），可能体现了构造破碎作用对地貌发育的影响。

在石门岭北观测点，由地表基岩陡坎向下延伸，坡洪积扇体下部坡洪积、残坡积地层覆盖在太古宙早期斜长混合岩之上，较难判定是沉积接触或断层接触关系（图 5.10）。基岩较为完整，显晶结构、块状构造，风化及构造破碎特征不明显。基岩前缘陡坎走向北东东，倾向南东，倾角约 55°，与地表陡坎保持一致。坡洪积扇体坡洪积、残坡积地层层理不清楚，松散。丘陵山体与坡洪积扇之间具有明显的地表坡折线，走向北东东，并处在已知浑河断裂的展布位置上，显然它对断裂构造面具有一定的指示意义。进一步观测分析发现，沿丘陵山体与坡洪积扇之间的基岩陡坎太古宙混合岩及第四系地层并没有产生明显的断错，这表明即使沿陡坎有断层发育，它在坡洪积扇形成以来也没有活动或活动程度很弱。

图 5.9　石门岭北基岩丘陵山体与
山前坡洪积扇的接触界线

图 5.10　石门岭北斜长混合岩与
第四系之间的沉积接触

4）营盘东－新屯－高丽一带

构造上处在浑河断裂通过地段。在丘陵山体北侧边缘有较连续的、形态相似的北东东向陡坡、陡坎呈近直线状分布，沿沈吉铁路线以南形成十分清晰的遥感色调差异，延伸长度约2km。丘陵地貌发育特征显示，其边缘一般呈弧形至近圆状围绕山体发育，本不具有方向性的直线状延伸，那么该段的直线状陡坡或陡坎应不单纯是自然侵蚀、剥蚀的结果，而应该与浑河断裂有关。在大的地貌形态上，陡坡带倾向方向上宽0.6~1km的条带状沟谷内并没有北东东向河流发育，但有较多的向南汇入浑河的北北西向支流，这些支流在通过宽谷时流速变缓，河谷得以拓宽，并显示一定的曲流特征。经对比，该段北东东向地貌宽谷的形态、规模与以西的石门岭附近相似，沿宽谷均没有北东东向河流发育，地貌线性变化与北北西向支流等地表径流走向截然不同，因此北东东向宽谷地貌应主要归于内力作用，即应为地质构造及其活动的结果。实际地质地貌调查还表明，与上述北东东向直线状陡坡、陡坎条带相对应，在铁路线以北的宽谷北侧岸坡也同时存在一条北东东向的线性陡坎、陡坡，但其连续性、稳定性较南侧为差。分析认为，与地貌发育形态相对应，该段的北东东向浑河断裂应主要包含南、北两条主干分支断裂，南支的规模、活动性相对较强。另外，根据已有的1:20万地质构造调查资料，南支断裂的位置与已知浑河断裂是吻合的。在沟谷内分布有较多的坡洪积扇等，其上上更新统坡洪积地层分布受到了断裂一定的控制，但在坡洪积扇上并未发现断错微地貌陡坎、陡坡，因此断裂晚更新世以来的活动是不明显的（图5.11）。

图5.11　营盘镇东北东东向直线状山前陡坡、陡坎带与平整的坡洪积扇、坡积裙

5）二伙落一带

构造上处在章党－南杂木段的东端，地貌上形成了狭长条状的北东东向沟谷，东侧过渡为开阔的南杂木盆地。通过野外调查，在沟谷北侧山前地带断续发育有明显的近直线状陡坡、陡坎，尽管受到北北西向冲沟的切割，它们仍处在同一直线上，长度可达3km左右，形成一条清晰的北东东向色调差别带。只在二伙洛五队附近，北东东向构造地貌线产生了左阶错动，而阶区水平错距很小，仅0.2km左右。构造线两侧地貌形态差异显著，北侧为太古宙混合花岗岩山丘或局限分布的台地，地形起伏明显；南侧为比较平坦的狭长条状浑河冲洪积河谷平原。由河床向北展开调查，确定该段浑河发育有低河漫滩、高河漫滩、一级堆积阶地和二级、三级基座阶地等，在三级阶地之上，还发现有局部形态不完整的准平台状地貌单元，可能属于四级侵蚀阶地。调查显示，北东东向陡坡、陡坎带北侧为丘陵及三级阶地，南侧分布有二级阶地，东端局部地势较低地段为一级阶地。根据已有地质构造资料，北东东向浑河断裂从该处附近通过，因此需要考虑陡坡、陡坎及其两侧地貌差异与浑河断裂的关系。鉴于各级地貌单元形态完整，地貌面上未发现断错微地貌陡坎，那么浑河断裂可能仅仅是充当了不同地貌单元如三级基座阶地的前缘，在三级阶地形成过程中，断裂活动应发挥了一定作用，而在晚更新世晚期的二级阶地形成以后，断裂是不活动的。

总之，浑河断裂章党－南杂木段在南杂木以西主要发育于侵蚀、剥蚀低山、丘陵区，在多个观测点能够见到断裂出露。断裂段在地貌上的突出表现是在低山、丘陵基岩区前缘地带常常发育一系列北北西向梳状堆积台地，台地与低山、丘陵之间坡折线呈北东东向展布；同时山前坡洪积扇、坡积裙较为发育，在剖面上可见第四系地层覆盖在基岩之上。在断裂通过的一级、二级阶地和山前坡洪积扇上没有发现断错微地貌发育，在局部地段断裂可能充当了三级基座阶地的前缘。

2. 南杂木盆地附近地质地貌特征

南杂木及周围地区在地质构造上形成南杂木盆地，北东东向的浑河断裂带和北西–北北西向的苏子河断裂带在盆地周边发育并控制了盆地宏观地貌形态和构造微地貌发育，它们具有清晰的遥感线性影像，多表现为微弯曲弧状的色调差异（如 X6、X7 等）。其中，北东东向浑河断裂主干从盆地南、北两侧通过，在浑河断裂的主导控制下，南杂木断陷盆地呈不规则的北东东向条状发育。南杂木盆地虽然规模较小，但盆底地形十分平坦，第四系发育，与周围起伏剧烈的侵蚀、剥蚀低山、丘陵区形成鲜明的对比。

经过地质地貌调查，南杂木盆地北东东向长轴最大长度 8～10km，短轴最大长度 2km 左右，在东、西两侧分别发育有 2～3 个凸出的独立山丘或台地，其中西侧、北侧属侵蚀、剥蚀低丘，东侧表现为二级或三级基座阶地。基岩山丘或台地前缘相对规整，大致呈近直线状，这与其他山丘的弯曲弧状边缘明显不同；而前缘延伸具有明显方向性，以北东东向为主，兼具北西–北北西向，显示盆地内部的独立残丘应受到了北东东向、北西–北北西向断裂的控制。观测调查发现，在盆地内部及其边缘多陡坡、陡坎发育，盆地边界清晰，此外，在山前地带还可见到延伸较长、分布较广的晚更新世坡积裙和少量坡洪积扇等微地貌单元，它们形态完整，地表坡度一般较小，变化均匀，未见到坡洪积扇、坡积裙上发育与断裂活动相关的断错微地貌陡坎或陡坡。在盆地内部的全新世一级堆积阶地和高、低河漫滩上，除了个别地段存在明显人为改造以外，没有发现北东东向、北西–北北西向的微地貌陡坎、陡坡。现代浑河总体呈北东东向由东向西流经南杂木盆地区，河谷开阔，河流相第四系发育，但与其他地段近直线状河床形态不同，盆地内河床呈明显的弧形曲流状，流向发生多次明显

变化和转折，呈近东西→近南北→近东西→近南北→近东西→近南北的规律性。在盆地内部及南、北两侧，还有多条北西–北北西向延伸较远的近直线状冲沟发育，冲沟的一侧或两侧可见陡坡、陡坎，与谷底之间坡折界线清楚，沟谷底部地形平坦，在横向上形成"U"形谷地（图 5.12），"U"形谷两侧岸坡多不对称，以单斜状态为主。经过地质地貌调查，在盆地及周围沿北西–北北西向断裂带出露的破碎带并不多见，更多地表现为比较完整的临空断层面，剥蚀强烈，在地貌上形成陡峭的陡坎。

图 5.12　南杂木盆地北侧
北西西向的"U"形谷地

南杂木盆地区是浑河断裂由抚顺盆地东延至草市南的整个地段内浑河河谷最为宽阔的地段，也是浑河狭长状断陷盆地明显向南、北两侧拓宽的构造部位，在由西侧二伙洛经南杂木

镇东延至滩州近10km的浑河谷地区，沟谷宽度由以西的1km左右、以东的0.5km左右加宽至2km以上，最宽处近3km，盆地形态清楚。在地质构造背景上，浑河断裂在盆地南、北两侧的2条主干分支之间距离明显增大，地质地貌调查即见到浑河断裂在盆地内部及南、北侧的构造痕迹，微地貌上多处见到盆地边缘的北东东向陡坎带和陡坡带，这些陡坡、陡坎实际上充当了盆地第四系沉积区与南、北两侧侵蚀、剥蚀低山、丘陵之间的界线，第四系厚度由山前地带至盆地内部具有较快增大的趋势。在盆地东、西两侧北西－北北西向陡坎、陡坡和同向近平行状沟谷发育，它们对于盆地的东、西边界起到了控制作用。

　　对比调查和分析表明，南杂木盆地北侧的浑河断裂同向分支构造较为发育，构造形迹清楚，地貌差异明显。与盆地南侧连续、稳定的浑河断裂主干（1∶20万区调资料）相比，盆地北侧的北东东向断裂并不只表现为1条主干，而是由多条走向相同或相近的分支所构成，其间连续性较差，被苏子河断裂带切割成若干小的段落，在盆地边缘即见到断裂被大致错为3个段落，各段长度1~2km，右阶最大错距可达1km，但这一错切幅度较之苏子河断裂被浑河断裂的错切幅度仍然明显为低。除了斜列状结构以外，浑河断裂还具有一定的平行状结构，间距0.5~1km。与盆地南侧北东东向构造线两侧鲜明的地貌形态差异相似（图5.13），盆地北侧断裂分隔了侵蚀、剥蚀丘陵和冲积、冲洪积区两大地貌单元，界线明确、清晰，一级堆积阶地发育，沟口地带有贝壳状坡洪积扇和宽度很窄的狭长条状坡积裙，坡洪积扇等形态完整，没有微地貌断错陡坎发育；盆地北侧的地貌形态与浑河河床偏于该侧存在一定关系，造成山前陡坎、陡坡坡度较大、延伸平直。尽管浑河断裂主导控制了盆地地貌形态和第四系沉积，但在山前坡洪积扇、坡积裙和一

图5.13　南杂木盆地南缘北东东向浑河断裂控制的山前陡坎

级堆积阶地上均没有发现断错微地貌陡坎等，也没有发现北西－北北西向山前冲沟的水平向错切，因此浑河断裂的晚第四纪活动不明显。

　　根据遥感影像、基础地质资料和实际地质地貌调查等综合分析认为，南杂木盆地是以浑河断裂为主要构造、苏子河断裂为次要构造所控制发育的断陷盆地。浑河断裂带主干从盆地南、北两侧边缘通过，在断裂通过地段形成清楚的陡坎、陡坡。盆地内部及东、西两侧的苏子河断裂带由多个大致平行的分支组成，构成北西－北北西向断裂束。苏子河断裂束的发育形态、规模等存在一定不均匀性，它们与浑河断裂带相互交错，总体具有左阶排列结构，错距很小，一般在1~2km，苏子河断裂与浑河断裂显示了共轭活动的构造特征。由于浑河断裂带规模较大、活动性较强，使得南杂木盆地呈现明的北东东向狭长条状延伸，而在北西－北北西向上的短轴长度要小得多。浑河断裂、苏子河断裂均穿过了一级阶地、坡洪积扇、坡积裙等地貌单元，它们没有受到断层活动影响，可以确定这两条断裂在全新世－晚更新世以来的活动不明显。

　　总之，从地貌发育形态上来看，共同控制南杂木盆地发育的浑河断裂、苏子河断裂具有明显不均匀的活动性。一方面，受到主导的浑河断裂带拉张断陷作用，狭长条状的盆地长轴

平行于浑河断裂，长度大致是短轴的 3 ~ 4 倍；
另一方面，由于苏子河断裂带各分支活动性的
明显差异，导致盆地形态及第四系分布很不规
则。在南杂木西，盆地内部发育一个较小的相
对孤立的侵蚀、剥蚀低丘，地势较盆地两侧丘
陵山体明显为低。低丘基岩剖面中可见近东西
向的浑河断裂带分支构造发育，断面平整，在
微地貌上形成高度数十米的陡坎（图 5.14）。
残丘东侧还见到小规模北北西向断裂，向东呈
缓坡状过渡至平坦、开阔的浑河谷地。残丘北
西 – 北北西流向浑河西岸发育有另一条规模较
大的北北西向断裂，在地貌上形成高耸、陡峭

图 5.14　南杂木盆地内部西侧丘陵
山体出露的北东东向断裂面

的直线状陡坎，控制了南杂木盆地的西缘，因此在构造上将上述低丘看作南杂木盆地凹凸体
的一部分。同样地，盆地东侧也发育有北北西向断裂构造，在地貌上形成跨浑河的贯通性北
北西向沟谷，沟谷以东为浑河三级基座阶地，由三级阶地向东过渡为平坦、开阔的河谷平
原，第四系发育。该阶地与西侧残丘具有东西方向上的准对称性，均属于浑河断裂与苏子河
断裂共轭活动的产物。此外，盆地北东侧还发育有一组北东向次级构造，在地貌上构成
"U" 形沟谷，两侧陡坎、陡坡发育。受到南杂木盆地附近多组构造的交会作用，形成了极
为复杂的宏观构造地貌形态，微地貌陡坎、陡坡亦相互交错。向东、西两侧，浑河河谷迅速
收窄至 0.5km 左右，构造格局趋于简单化，浑河断裂带稳定、连续。

　　比较分析浑河断裂带的展布、发育特征，南杂木盆地区是抚顺盆地以东地质构造格局最
为复杂的地段之一，而在其他地段，浑河断裂的构造主体性都是非常明确的，即使有断裂构
造发育甚至与其相交会，均没有对浑河断裂展布以及浑河断陷谷地整体发育产生明显的影
响，只在草市以南的浑河断裂东端附近，区域性的赤峰 – 开原断裂对于浑河断裂具有控制和
截断作用。在南杂木盆地区，浑河断裂与苏子河断裂共轭活动，导致南杂木盆地扭动拉张并
形成了小范围的拉张区，使得浑河断裂南、北主干间距增大，第四系发育且厚度增大，而盆
地之外的浑河谷地宽度一般较小，浑河断裂受到的扭动作用很小，断层运动性质为左旋走滑
为主兼有逆倾滑。受到苏子河断裂带及其活动影响，浑河断裂带延至南杂木附近时其展布结
构发生了一定变化，在共轭交汇部位，现代浑河流向显示规律性变化，沿着构造线发生明显
转折，形成了北东东向、北西 – 北北西向的盆地曲流水系格局。除了地质构造格局、地貌和
第四纪地质变化以外，南杂木盆地区还在地震活动、深部构造和地球物理场、新构造运动以
及障碍体发育、岩性分布、断层活动性差异等方面显示出较为明确的断裂段边界特性，可以
将南杂木盆地确定为浑河断裂章党东 – 南杂木段和南杂木 – 英额门东段的边界。

5.4.4　浑河断裂南杂木 – 英额门东段

　　浑河断裂南杂木 – 英额门东段西起于南杂木盆地，经沔阳、苍石、南口前、北三家子、
斗虎屯、西堡、清原县城、长山堡、长春屯、英额门延至丁家街以东，总体走向 60° ~ 75°，
断裂段长度约 75km。在地貌形态上，南杂木 – 英额门东段与抚顺段存在较高的相似性，均
发育有沿断裂的条带状浑河谷地，第四系沉积连续，只是抚顺段断陷盆地形态更为清楚、完

整，河谷更为平坦、开阔，第四系分布较为均匀、厚度较大；而南杂木－英额门东段河谷地形虽表现平坦，但宽度较小，大部分地段也不具有明显的断陷盆地特征，沿断裂带盆地较为零散且规模很小，第四系均匀性很差、厚度较小。南杂木－英额门东段地质构造条件比较简单，较少有其他构造体系与之交会、切割，除了两端的苏子河断裂和赤峰－开原断裂以外，只有零星的小规模北西向构造发育。

该断裂段两侧古老基底广泛出露，北盘多出露有太古宇混合岩，南盘多出露有太古宙斜长混合岩、混合花岗岩等。中生代时沿断裂即形成断陷带，其中发育条带状的侏罗－白垩系砂岩、砾岩，也可见到新近系砂砾岩沿断裂带的分布，带内侏罗－白垩系等分布范围和厚度较之抚顺盆地有所减弱，第四系也明显不足。

1. 南杂木－苍石地段

1）南杂木盆地东北

浑河主河道南侧发育有两段走向均为北东东的直线状陡坎、陡坡，遥感影像上构成线性色调差异。西段陡坎长约0.4km，高度变化在8～15m，上部为不同层级的准平台状基岩台地，相当于二级基座阶地和三级基座阶地，阶地受到了后期剥蚀和人类活动改造，出露岩性为太古宇混合岩；东段表现为3～4个小丘陵的北东东向线状排列，它们的北北西缘发育较规则陡坡，构成断续的近直线状陡坡带，丘间有北西－北北西向沟谷发育。西、东两段陡坎、陡坡在平面展布上呈右阶排列，错距约0.3km，在阶区附近北西－北北西向直线状沟谷或陡坡发育，也显示出清晰的直线状特征，表明阶区地段可能发育与北东东向浑河断裂共轭的北西－北北西向构造。西段陡坎两侧的地貌差异明显，与南侧基座阶地对应，北侧为低平、开阔的一级堆积阶地，呈狭长条状的北东东向展布并过渡为河漫滩。调查分析认为，西段陡坎除了受到河流侵蚀以外，其较完美的直线状微地貌形态虽不能直接作出构造成因的判断，但也不能完全排除构造的因素，它可能是基于断裂带并受到后期差异侵蚀作用形成的。沿陡坎追踪性连续调查没有发现较好的断裂破碎带、残留断层面或相对错动痕迹，在陡坎延伸方向的一级阶地上也没有发现微地貌断错，但沿此陡坎向南西方向继续延伸却可与观测到的北东东向断裂破碎带相接，它们大致处在同一延伸线上，只是此段的浑河展布于陡坎以北，而彼段的浑河展布于断裂带以南，浑河河床在盆地区内发生了明显转折。

2）榔头沟北

北东东向沟谷南坡在遥感上显示为清晰的近直线状线性色调异常（X8）。沿沟谷进行地质地貌调查，沟谷北侧丘陵、沟壑相间分布，坡度变化和缓，沟谷之间没有明显的地形转折性变化，属于自然侵蚀、堆积；而在南侧岸坡即遥感线性影像附近，丘陵边坡向沟谷底部过渡中地形发生了转折，坡面上部坡度较大，坡折线以下的坡麓地带地形明显变缓（图5.15），形成坡积区。鉴于其两侧显著的坡度差异和明确的近直线状延伸，不能排除该坡折线在某种程度上对相关构造的指示，通过背景地质构造资料研究，也说明浑河断裂的主干从该地段附

图5.15　榔头沟村北坡积裾、坡洪积扇与基岩丘陵之间的北东东向线状边界

近通过，尽管如此，沿线坡积裾、坡洪积扇形态均完整，没有见到明显的断错微地貌变化，其受到断裂晚更新世以来的新活动影响不明显。

3）南杂木盆地东缘的沔阳附近

遥感解译出清晰的近直线状北东东向（如X9）和近南北（或北北西）向线性异常，近南北（北北西）向影像对北东东向影像形成截断。实际调查表明，近南北（北北西）向沔阳沟谷两侧近直线陡坡、陡坎带明显，尤以西侧陡坎规模较大、连续性较好，陡坎、陡坡与沟谷河流一级堆积阶地、河漫滩之间可见明显的坡折线，河谷地形平坦、起伏和缓，呈狭长状小平原地貌形态。结合基础地质构造资料分析，上述近南北（北北西）向沟谷可能与苏子河断裂相关，断裂发育及其活动造成了这样的微地貌形态，其延伸平直，在沟口地带还可能对北东东向浑河断裂产生了一定的错切。

进一步追索调查发现，被北北西向沟谷及西侧陡坎、陡坡所截的北东东向陡坡、陡坎规模较大，北侧为侵蚀、剥蚀低山、丘陵，南侧为平坦、开阔的河谷平原，山前坡积裾发育并呈狭窄条状。根据已有研究资料，北东东向陡坡、陡坎带应是浑河断裂带组成断裂的反映，但沿出露地质、地貌剖面调查，未发现断层构造痕迹。

4）苍石-红透山一带

见到多条近东西向至北东东向线性沟谷近平行状成组排列，它们均位于红透山南北北西向沟谷的西侧，被北北西向沟谷所截断，在红透山以东仅观测到北东东向陡坎、陡坡有所发育。经过调查，苍石附近的浑河断裂带除了控制浑河谷地的主干断裂以外，南侧还发育有一系列与主干构造大致平行但延伸较短、发育程度较差的派生构造，在地貌上清楚显示为若干相互平行的同向沟谷，沟谷两侧条带状坡积裾和陡坡、局限陡坎发育，谷底较为平坦或略有起伏，沟谷形态为准"U"形谷（图5.16）。与之形成对照的是，北北西向沟谷规模要大得多，沟谷宽度可达0.3~0.5km，延伸长度可达数千米。尽管如此，北北西向沟谷地形呈向河床的缓倾斜，"U"形谷特征明显不充分，因此除了构造因素以外，河流在其中也发挥了重要作用，与北北西向沟谷相关的断裂活动程度可能较北东东向构造为弱。追索至苍石南浑河谷地外侧的三级基座阶地前缘，少量近北东东向

图5.16 苍石村西平行状排列的
北东东向直线性沟谷

陡坎向西延伸呈围绕山地、丘陵的自然弯曲状，方向性不稳定，判定其属于阶地前缘陡坎，与构造已没有必然联系。

在红透山南，浑河断裂的发育形态和构造组合关系复杂化，资料显示有近南北向、北东向构造与浑河断裂相交会。近南北向构造地貌形态十分清楚，形成完整、深切的沟谷，东侧岸坡陡坎、陡坡在延伸上具有很好的连续性和稳定性（图5.17），该向沟谷与北东东向浑河断裂沟谷交会，但两者在展布上均没有发生明显变化，这表明浑河断裂以及近南北向构造的走滑活动都是不明显的。经过面状调查，东岸陡坎沿河床呈微弯曲状延伸，在多个剖面上均未发现断裂构造，而在近南北向沟谷延伸至浑河南岸附近，见到北东东向断层产状为

155°∠40°左右，其反倾向于浑河谷（图5.18），沿断面形成剥离临空面，剖面上部残留有与断层面呈沉积接触关系的第四系坡洪积层及人工堆积层，断面上没有擦痕等错动迹象。该断层向上延伸的地貌面为平坦的三级基座阶地面，断错不发育，因此断裂至少在中更新世晚期－晚更新世早期以来不活动。另据相关研究，这一地段的浑河断裂带由2~3条近平行断裂组成，主干断裂在地貌上主要形成了浑河河谷，尽管如此，次级断裂的活动性对于佐证主干断裂仍是有意义的。

图5.17　苍石村西的近南北向
沟谷及其陡坎、陡坡

图5.18　苍石村西近南北向沟口
发育的北东东向断层

在红透山北，太古宙混合岩中北北西向断裂发育，同向沟谷延伸连续、稳定，在沟谷东侧沿断层面形成临空面，构成微地貌陡坡或陡坎带。值得注意的是，在穿过浑河断裂带及北东东向沟谷时北北西向构造地貌并没有发生明显转折，陡坎大致呈近直线状由浑河以南向北一直延至该处。经过观测，上述断裂产状为250°∠70°左右，主要表现为多个断层构造面，最宽的破碎带宽度在0.1~0.2m以下，破碎程度不强烈，后期沿断裂带（面）风化锈蚀较为明显，断面上已不见擦痕、阶步等保留。断层面十分平整，混合岩体也较为完整，破碎带内发育与断面斜交的糜棱岩化带，糜棱岩未受到明显的后期构造破坏，表明断层活动很弱。

继续向红透山西追索，浑河南岸沿2条北东东向遥感线性影像在地貌上表现为相对开阔的沟谷，坡积裙发育，地形起伏舒缓，未见到明显的北东东向坡折线，线性构造所穿过的坡积裙上没有见到陡坡等微地貌变化；浑河北岸的近河床附近，可见长度大于2km、延伸稳定弯曲的陡坎，太古宙斜长混合岩陡坎剖面上断错面发育，擦痕形态显示存在多期次错动。在近南北向沟口，观测到残留断裂破碎带，可见宽度约2m，走向近东西，断面倾向河谷，倾角85°，碎裂岩及破劈理等发育，显示张性特征（图5.19）。沿断裂带有薄层方解石脉充填，岩脉也发生一定构造破碎，表明浑河断裂形成时代久远，存在多期的构造活动，而碎裂岩带较为疏松，没有胶结，断裂在第四纪时期仍存在

图5.19　红透山镇西的近东西向断层

新的活动。另外，在剖面上还观测到与浑河断裂交会的近南北向构造，断裂宽度很窄，碎裂岩带仅几厘米，疏松，没有胶结，显示第四纪活动性。

在苍石东北的浑河北岸基岩陡坎上，出露断层产状为350°∠62°，断面上见有清晰的擦痕和阶步，擦痕倾角为65°左右，断层运动性质为逆倾滑兼左旋走滑，受风化作用断面具有明显的锈蚀（图5.20）。在微地貌上，沿断层形成了临空陡坎，断裂下盘太古宙早期斜长混合花岗岩较为完整。沿断裂走向追索至混合花岗岩低山、丘陵区，同向的、形态完整的"V"形沟谷发育，两岸近对称发育，岸坡未见明显陡坎及构造破碎带出露；沟谷山前冲洪积扇十分完整，形态均匀，没有见到断错微地貌现象，断裂在晚更新世以来的活动特征不明显。

图5.20 浑河北岸基岩陡坎上的断层面

综合分析认为，苍石－红透山地区发育的浑河断裂及其他断裂构造在第四纪时期均存在有活动，但它们在三级阶地及以晚的新地貌单元上均没有微地貌错动表现，因而在第四纪晚期以来的活动是不明显的。在上述构造的交会作用下，苍石西－红透山南地区形成了较为开阔的河谷平原（苍石盆地），盆地内亦沉积了较厚的第四系地层。尽管如此，苍石盆地四周的边界形态和微地貌变化很不均匀，如东侧、北侧多陡坎发育，西侧山前多形成舒缓的坡积裾和沟谷，南侧、北侧虽多沟谷但南侧沟谷的规模明显偏小。

2. 苍石－清原地段

1）南口前－苍石一带

3 条略呈弯曲弧状的北东－北东东向遥感线性影像清晰、连续性好，走向稳定。经过实际调查，该地带附近有多条北东－北东东向沟谷发育，沟谷形态多呈宽度不一的"V"形，陡坡虽有发育但规模普遍较小。最南侧沟谷为规模较大、宽达 0.3～0.5km 的浑河谷，两侧低山、丘陵基岩区起伏强烈，沟谷沿岸局部见有其他沟谷所不发育的河流侧向侵蚀陡坎，河床在局部（如苍石附近）存在北西向、近南北向的走向变化，表明除了北东－北东东向浑河断裂以外，沟谷形态还在某种程度上受到了北西向、近南北向构造的控制。结合已有研究资料，这一地段的浑河两岸确实发育有北西向、近南北向断裂构造，并在地貌上形成了同向沟谷，而与之对照的是，在北西向、近南北向构造空白地段，相应沟谷则不发育或发育较差，浑河河床在浑河断裂控制下呈现清楚的北东－北东东向直线状展布，转折和扭曲都很少。在浑河北岸，低山、丘陵区内的北东－北东东向直线状浅沟谷亦呈"V"形，切割了其他众多的北西－北北西向至近南北向浅沟谷，延伸十分稳定，显然，单纯依靠河流侵蚀作用是难以形成这种形态地貌沟谷的，况且北东－北东东向沟谷附近并没有稳定河流发育。根据已有研究资料，这一地段浑河断裂的分支构造较为发育，浑河断裂带的构造活动对于地貌沟谷发育具有决定性的作用。

2）北门坎哨－元家子

在 202 国道沿线 4～5km 范围内的浑河断裂开展地质地貌调查，侵蚀、剥蚀低山、丘陵与山前坡积裙、坡洪积扇和浑河冲洪积倾斜平原之间近直线状界线清楚，遥感解译为2~3条清晰的线性色调差异。实际调查显示，上述基岩区和第四系沉积区地貌差异显著，山体地势高、起伏大，第四系沉积区地势明显偏低并呈缓倾斜或波状起伏，两大地貌单元之间的山前地带发育近直线型连续陡坡和局部陡坎，陡坎或陡坡延伸通过的坡积裙、坡洪积扇形态完整，没有发现构造错动迹象。

3）北三家及以西

基于遥感解译出结果，线性色调差异在浑河以北延伸性较好，清晰、连续、稳定，浑河以南则断续发育，稳定性较差，同时在浑河谷地内部，也可见到少量断续、弯曲状延伸的色调影像。经过实际地质地貌调查，该段河谷宽度为0.6~1.2km，可北东东向稳定延伸至北三家以东，地形平坦，略有起伏，主要发育高、低河漫滩及一级堆积阶地、二级基座阶地，人为改造对二级阶地造成了一定破坏。谷内有少量基岩残丘，丘顶波状起伏，但大致处在同一高度上，应属于三级基座阶地，受到河流侵蚀切割，残留三级阶地呈北东东向长条状延伸（图5.21）。河谷两岸地貌发育形态具有差异，北岸侵蚀、剥蚀低山、丘陵直接与一级阶地相接，陡坎、陡坡十分发育，前缘多见太古宙混合花岗岩出露，岩体比较完整，未见到北东东向断裂构造，而据已有研究资料，浑河断裂发育于北岸山前陡坎、陡坡带附近，通过地质地貌调查分析认为，断裂在该地段应偏于陡坎、陡坡带南侧，主要隐伏于一级阶地之下，面状调查显示，一级阶地上未发现微地貌断错迹象，断裂全新世以来没有活动。另外，北岸陡坎、陡坡带以北尚可见到近平行的北东东向"V"形沟谷（图5.22），沟谷切割深度较大，但延伸连续性较差，沿此沟谷可能发育浑河断裂的次生构造。浑河北岸还可观测到北北西向冲沟发育，它们在浑河以北沿陡坎、陡坡带形成串珠状的小型冲洪积扇，扇体均比较完整，表面自然起伏舒缓，未见北东东向微地貌陡坎等发育，因此断裂在晚更新世以来活动不明显。

图5.21　北三家西的残留三级基座阶地和北东东向浑河谷

图5.22　北三家西浑河北岸与浑河平行的"V"形沟谷

在浑河南岸，低山、丘陵山前多呈缓坡状向河床过渡，条带状坡积裙发育，陡坎、陡坡较少且坡度、宽度较北岸明显降低。从构造地貌上看，浑河南岸的断裂构造发育较差，这与基础资料认知吻合。西延至头道岭以南，局部观测到北东-北东东向陡坎或陡坡，但其走向稳定性较差，应属于河流侧向侵蚀所造成。另外，在河谷中观测到断续的北东东向弯曲状陡坎，两侧存在一定的高度差，幅值几十厘米左右。调查研究认为，陡坎延伸稳定性很差，走向多变，高差变化也不均匀，向两端追索调查确认为一级阶地与高河漫滩之间的界线，后经改造沿一级阶地前缘挖掘有人工沟渠。

4）北三家–斗虎屯一带

据已有研究，有浑河断裂主干通过，在大的地貌形态上控制了河谷发育。经过野外实际调查，断裂展布的河谷南、北两侧山前地带观测到广泛的陡坡、陡坎，呈一定的平行状、斜列状排列，总体连续性较好，遥感线性影像清晰，而谷底地形平坦、开阔，宽度变化在 0.4～0.7km，与基岩山体之间地貌界限十分明晰。河谷内发育有高、低河漫滩，外侧不连续、不对称地发育有一级堆积阶地、二级基座阶地，零星见到三级基座阶地分布；河流两岸山地、丘陵大致处在相近的高度面上，根据高程分析，应属于五级侵蚀阶地。对断裂通过的山前地带开展地质地貌调查，在高家砬子北侧山前观测到 2～3 个明显平面状陡坡的断层三角面，其上并没有发现错动痕迹，应属于较早期的断层残留，并受到后期侵蚀、风化破坏。在极少的陡坎残留断层三角面上见有模糊、不连续的近水平向擦痕，擦痕磨蚀强烈，在一定程度上指示了断裂以走滑运动为主。除此之外，没有见到任何断错痕迹，在北北西向冲沟的山前小型冲洪积扇体上也没有观测到水平或垂直错断，因此，即使浑河断裂对河谷形态具有显著的控制作用，但断裂在晚更新世以来的活动特征并不明显。

3. 清原（盆地）及附近地段

1）清原县城西南

在浑河南岸的浑河断裂南支通过地段，侵蚀、剥蚀低山、丘陵坡麓发育长条状伸展的倾斜堆积台地，相对河床高度在 5m 以上，倾向河床的表面坡度为 1°～3°（图 5.23），宽度为 100～200m，形态完整，在遥感影像上见到走向稳定、断续的北东东向色调差异。台地前缘地质剖面上冲洪积、坡洪积碎石混土、砂砾石、中粗砂层等出露厚度大于 3m，其下未见基岩，砂砾石、碎石等磨圆较差，可见微斜粗层理（图 5.24）。通过岩相分析并与浑河阶地地貌进行对比，基本可以确定倾斜台地属于浑河二级基座阶地，阶地第四系冲洪积、坡洪积地层属于晚更新世晚期沉积层。进一步调查发

图 5.23　清原西南二级基座阶地后缘与丘陵间明显的北东东向坡折线

现，二级阶地后缘与山地、丘陵之间具有明显的坡折线，北东东向轨迹十分清楚，略呈弯曲状延伸，平面上具有一定的断续性和斜列状、平行状展布特征，连续性较之浑河北岸为差，比较已有研究资料，浑河断裂南支主干即大致沿此轨迹线附近呈北东东向发育。追索调查显示，在二级阶地面上无垂向断错微地貌发育，也未发现水平向的坡面冲沟错切现象。继续向西追索至马前寨、团山子一带，马前寨附近二级阶地呈缓坡状向河谷平原过渡，团山子附近基岩山丘已直接与一级阶地相近，二级阶地缺失（图 5.25），但一级阶地后缘走向北东东，展布位置和方向与已知断裂相同。根据对低山、丘陵前缘地带的微地貌调查，没有发现断层三角面等断层痕迹。分析认为，浑河断裂南支在山前地带是发育的，其活动期较早，它控制

了大的地貌形态及一级、二级阶地分布，但对阶地则是完全没有错动的。

图 5.24　清原西南二级基座阶
地上部的第四系沉积

图 5.25　马前寨基岩山丘与
一级阶地间的清晰界线

2）西堡：老虎屯一带

已有研究表明浑河断裂北支由 1 条主干和相关次级阶梯断裂组成，断裂对于大的地貌形态具有明显控制作用，北盘以侵蚀、剥蚀低山、丘陵为主，向南受到分支断裂切割，山体高度逐渐降低，形态显得破碎，至河谷地带只有残留低丘分布。西堡附近宽阔的浑河河床、河漫滩及一级堆积阶地总宽度可达 1km 以上，一级阶地北侧可见狭长条状的二级阶地。二级阶地宽度一般在 100m 以下，局部仅 10～20m，相对一级阶地高度为 2～3m，阶地表面比较平坦，略有起伏，与一级阶地之间前缘陡坡清楚。在二级阶地后缘，除了广泛发育的低丘陵以外，还可见到残留三级基座阶地参差发育，阶地面呈准平台状，相对二级阶地高度为 8～10m（图 5.26）。三级阶地基座岩性为侏罗系紫色页岩夹砂岩，表面强风化，上覆有碎石混土、中粗砂层等，具层理，阶地岩体比较完整，没有发现断裂构造及其错动迹象。调查显

图 5.26　西堡村的三级基座阶地面

示，二级、三级阶地后缘附近或低山、丘陵山前地带表现出北东东向的直线状地貌形态，形成 3～4 条清晰的色调异常条带，具有平行状和左阶斜列状展布特征，客观上指示了北东东向断裂构造发育。对已有资料进行深入研究，浑河断裂北支主干是发育在南盘侏罗系与北盘太古宇之间的断裂构造，其与南支主干断裂之间发育若干的阶梯状小型次生断裂，具有平行状、斜列状结构，但次生断裂规模、连续性较差，地貌表现程度相对主干较低。沿各个地貌界线和地貌进行面状调查，均没有发现断错微地貌现象及断裂新活动所造成的地貌、地质变化，断裂晚更新世以来的新活动不明显。

3）斗虎屯及以东

根据 1∶20 万区域地质资料，在长约 4km 的范围内，浑河断裂北支主干由 1～2 条分支组

成，走向稳定，连续性好。对这一地段开展遥感解译和详细的地质地貌调查，沿断裂带形成有清晰、完整、直线状的北东东向沟谷或明显的低山、丘陵前缘陡坎及与坡积裙之间的坡折线（图5.27），影像极为清晰，表明北支主干对地质地貌变化控制显著。与之相对应，其南侧的浑河河谷及其两侧还发现多条分支断裂发育，造就了清原城区的北东东向橄榄状断陷盆地，显示出浑河断裂带对地质地貌发育的控制，但在浑河谷地及两侧微地貌形态变化及第四纪沉积上，并没有发现断裂新活动的证据，这在某种程度上表明浑河断裂在第四纪特别是第四纪晚期以来的活动程度是较弱的。在斗虎屯东沿北支主干宽约200m的沟谷中，两侧发育有若干走向大致垂直于断裂走向的北西－北西西向小型冲沟，沟口地带可见串珠状分布的小型冲洪积扇发育（图5.28），它们覆盖了北北东向陡坎及坡积裙后缘坡折线，经过实际观测，扇体形态均保持完整，地表呈均匀的贝壳状缓倾斜，因此北支主干虽然穿过了冲洪积扇体，但并没有产生断错地貌陡坎等微地貌变化。采集洪积扇土层样品QH1，经ESR方法测定年龄为（10.8±1.1）万年，属晚更新世早期，而根据区域地貌单元对比，该类小型冲洪积扇形成于晚更新世，主要沉积有上更新统地层（图5.29），因此浑河断裂北支主干晚更新世以来是没有活动的。

图5.27　斗虎屯东浑河北侧浑河
断裂北支主干及其北东东向地貌沟谷

图5.28　浑河断裂北支主干通过地段
形态完整的洪积扇

图5.29　浑河断裂北支主干所通过的洪积扇第四系剖面

另外，在低山、丘陵与坡积裙的交接地带，野外调查中观测到了局部发育的坡积裙后缘小型陡坎，该地貌部位的第四系地层可能产生了小幅的错动，错距在 1m 以下（图 5.30），如果是这样，则说明断裂在坡积裙形成的晚更新世及之前时期可能存在明显的活动。为了弄清疑似微地貌断错陡坎与地质构造之间的关系，继续沿坡积裙后缘陡坎向两侧追索，仍然观测到几处相似的陡坎，但各陡坎在延伸上并不一定呈直线状排列，而是常常按照山体形态呈现围绕山体的弧形延伸（图 5.31），具有一定的人为改造特征，那么前述坡积裙后缘的局部近直线状陡坎即可能是由于人工梯田建设的结果，而与断裂活动之间没有必然联系。沿断裂沟谷北侧山前基岩陡坎可见太古宇斜长角闪岩，其属于北支北盘的地层，断裂则应偏于陡坎以南的沟谷内侧，同时，在斜长角闪岩基岩陡坎上也没有见到构造错动痕迹。

图 5.30　沿浑河断裂北支主干直线
状延伸的丘陵山前微地貌陡坎

图 5.31　浑河断裂北支主干的微地貌
陡坎局部的弧形（非直线状）延伸

以上所观测到的主要是浑河断裂沟谷北盘及其山前陡坎、陡坡的发育形态，而沿断裂走向在南盘追索调查，在山前地带亦可观测到多处基岩陡坎，岩性为侏罗系紫色页岩夹砂砾岩。陡坎断续分布，高度一般为数米至十几米，向上过渡为低山、丘陵前缘陡坡，陡坡上多见早期基岩剥蚀面。局部地段基岩上部有第四纪坡洪积砾石、中粗砂等沉积，一般厚 1～1.5m，具有粗层理和一定程度磨圆。沿沟谷南侧的陡坎、陡坡前缘还发育有宽度十数米的狭窄河床，形成了浅切冲沟，其对完整的断裂沟谷具有一定的切割作用，如切割了较早期沟口附近陡坎上部的坡洪积扇，使得后期冲洪积地层分布于陡坎下部。由于南盘侏罗系地层相对薄弱，加之风化剥蚀，在基岩陡坎上普遍没有发现断裂错切痕迹，基岩陡坎主要是河流侵蚀造成的，与断裂活动之间关系不大。

分析认为，这一地段的浑河断裂北支在浑河北岸总体连续，也具有一定的右阶斜列状、平行状结构。分支构造十分发育，它们不仅充当了不同岩性的界限，在地貌上还常常构成了河谷冲积、冲洪积平原和基岩低山、丘陵的边界；同时，在断裂带附近岩体中也可见到构造破碎痕迹，而不同破碎带在产状、运动性质等方面并不单一，显示出断裂活动的复杂性、多期性，断裂的最新活动时代可以延至第四纪。浑河以南，在清原、斗虎屯及以西的近河岸地带或遥感线性影像指示地段，实际调查并没有发现规模的断裂破碎带发育，而只是见到若干的北东东向断层面。总的来看，浑河断裂主构造带是发育在浑河以北的，这与基础地质构造资料的认知一致。

4）清原县城及以东

遥感解译出 2~3 条清晰、连续、稳定的近直线状或略弯曲状色调差异界线，具有平行状、斜列状结构。各线之间走向轻微变化而长度差异较大，其中县城正北的北东东向影像延伸达 10~13km，其间有 2~3 处间断，单段长度为 3~5km，与基础地质资料所提供的浑河断裂基本吻合。实际地质地貌调查表明，上述中间地貌线两侧的地貌差异最为显著，北侧为侵蚀、剥蚀低山，向南直接过渡为浑河冲洪积平原，其间存在明显的坡折界线即山前陡坡、陡坎（图 5.32），清晰地指明了断裂构造的发育；沿北侧北东东向地貌

图 5.32　清原盆地东北缘的北东东向山前陡坡带

条带可见一条明显的"V"形沟谷，两侧形态均匀，形成准对称状，该"V"形沟谷跨越了北西－北北西向及其他走向沟谷，表现出了明显的直线状，突出地表明了北东东向构造的优势；南侧北东东向地貌线两侧地貌形态差异与中间条带相似，只是地貌单元的排列方向相反、高差变化相对较小。在中间和南侧条带之间为现代浑河河谷平原，地形平坦、开阔，受到两侧的构造作用，之间构成了形态清晰、完整的断陷盆地（清原盆地），同时，在较强断裂作用下，该段河谷明显较东、西两侧开阔，形成橄榄状的断陷盆地，其北东东向长轴长 8~10km，北北西向短轴长约 2km。在盆地东、西两端河谷迅速收窄，与此同时，断裂构造及其线性地貌的连续性、完整性等也变差。

清原断陷盆地的地质构造基础与南杂木盆地是不同的，主要发育北东东向优势构造，其他走向构造则发育较差，这导致了清原盆地呈北东东向的橄榄状，在其他方向的伸展却很小。受到单一构造控制，清原盆地的规模要小于南杂木盆地，也不存在明显的凹凸体构造，构造发育条件相对简单。一方面，盆地东、西两侧浑河断裂的展布、结构、第四纪活动特征等差异很小，客观上在清原盆地不能对浑河断裂进行构造活动性分段；另一方面，清原盆地在地貌上表现为比较平坦的河谷平原，其发育过程中浑河冲积、冲洪积起到了重要作用，比较而言，浑河断裂等地质构造的第四纪活动所发挥的作用可能相对南杂木盆地为弱，基于此，清原盆地平原在地貌上严格围绕现代浑河的展布形态发育，即浑河河床大致位于盆地中部，河漫滩、一级堆积阶地等呈对称性分布，而从断裂地质地貌表现上来看，浑河断裂北支的发育形态更为清楚，活动性相对较强。

根据上述分析，清原断陷盆地在地质构造上不能成为浑河断裂构造发育和活动性的边界，盆地内部及东、西两侧的浑河断裂在空间展布、结构特征上是连续的、稳定的，断裂运动性质、活动方式和活动特征等方面也没有表现出明显差别，基本体现了同一断裂段的发育特征。

4. 清原－英额门东地段

在清原县城以东－长山堡－长春屯－英额门一带长约 12km 的范围内，遥感解译为 2~3 条清晰近直线状或弯曲状影像，由多个断续线段组成，平行状结构。通过调查，上述影像与断裂基本吻合，且浑河断裂北支在地貌上的表现及地质出露较南支明显为好，与清原盆地及

以西斗虎屯－北三家一带的地质地貌表现一致。

1）长山堡－长春屯一线

断裂带保持连续、稳定的北东东向展布，但现代浑河谷偏于浑河断裂带北侧。根据研究，这一地段的浑河断裂带由北、中、南三条主干分支构成，在大的地貌形态上，北、中支之间为北东东向条带状低山、丘陵，南、中支之间为北东东向沟谷，山体、沟谷相间排列，断裂上升盘构成了低山、丘陵，下降盘构成了沟谷等负地形，构造地貌线方向为北东东向。从地貌上来看，北支断裂发育特征清楚、活动性较强，两盘的相对运动形成了强烈的地貌反差，浑河谷位于下降盘一侧，沿断裂山前陡坡、陡坎规模大、连续性好，可观测到较好的断层面及构造破碎带。沿中支断裂陡坡、陡坎发育或在山前地带形成坡面折线，在下坡方向形成与清原盆地和南杂木以西相似的狭窄倾斜平台，但坡折线延伸稳定性及其平台规模较差，显示断裂活动程度已较清原、南杂木以西减弱，而断裂沟谷的发育程度存在不均匀性，沟谷底部地形具有一定的起伏，活动程度又可能较北支为弱。在南支附近，沿断裂也存在陡坡、陡坎等微地貌变化，但规模、连续性远较中、北支为差，在一些地段只是形成渐变缓坡，山体与沟谷之间也不发育明显的边坡坡折线；另外，南支山前地带有连续、完整的侏罗系出露，其前缘虽有陡坎、陡坡发育，但没有发现保存较好的构造破碎带，只观测到若干北东东向断层面，侏罗系基岩相对完整。分析认为，长山堡－长春屯地段的浑河断裂活动性较之南杂木以西乃至清原盆地有所降低，同时断裂带各分支的活动水平呈现出由北向南减弱的规律性。

2）英额门附近的浑河北岸

浑河断裂北支北东东向线性特征十分清楚，宏观上为北盘起伏低山、丘陵与南盘平坦高河漫滩、一级阶地之间的边界，两侧地貌形态差异明显（图5.33），微地貌上沿断裂带山前陡坡、陡坎发育且连续性、稳定性较好。沿此北东东向微弯曲状地貌边界进行追索，在其延伸方向上，还形成有山体鞍部等负地形，调查还显示，在河谷内平坦、开阔的阶地、漫滩上不存在陡坎、陡坡等北东东向展布的方向性微地貌变化。作为对比，在河谷南侧山前地带没有发现北东东向陡坡或陡坎等发育，也没有发现山前侵蚀堆积台地（或二级阶地）上北东

图5.33　英额门西基岩丘陵与
浑河高河漫滩之间的北东东向边界线

东向的坡折线（这一现象在清原及南杂木以西较为广泛），其间多呈缓坡状并渐变过渡为浑河沉积谷地；在遥感解译上，与浑河北岸可区分的北东东向线性影像相比，浑河以南已不能划出完整连续、走向稳定的清楚线性影像，而只表现为几条规模较小（长0.2～0.5km）、断续展布并交错排列的模糊影像特征，对断裂构造的指示性明显趋弱。分析认为，该地段的浑河断裂南支在浑河以南的发育形态不明显，即使存在，它在地貌差异变化上也没有清楚的表现，断裂活动程度是非常弱的。

从现代浑河河谷形态来分析，浑河已不仅仅被局限在断陷带内，它在走向上不断发生扭转，如出现北西向和近南北向的多处转弯，但河谷宽度却没有拓展，反而较清原、南杂木等

河段变窄，更没有形成类似于南杂木、清原等地的盆地式构造。至英额门镇东北，沿北西向或近南北向构造在地貌上多形成隆起的山岗，或形成若干相对封闭的微型构造盆地（或洼地），这破坏了沿浑河断裂带北东东向沟谷的完整性和连续性，客观上对浑河断裂产生了一定的分割，显示出一定的障碍作用，但这些障碍体的规模普遍很小，尺度只有 2～3km，尚不足以截断浑河断裂带，其东、西两侧的浑河断裂在发育特征、活动性和地质地貌形态上差异不大。尽管如此，这一地段浑河断裂的规模及活动性已经明显减弱，不再具有明显的控制性优势，北西向或近南北向构造的发育形态较好，在地质地貌上开始有所体现。另外，英额门以东跨过北西向或近南北向构造的浑河断裂延展形态趋于清楚，再次表现出对北东东向浑河河谷的控制作用，断陷河谷地貌形态明显，遥感表现为较清晰的线性影像，但沟谷规模减小，浑河断裂活动程度减弱。根据浑河断裂地质地貌表现，可以将上述构造障碍现象看作断裂连续性较差的阶区。当然，是否以此为边界划分浑河断裂的不同活动段落还需结合地震地质研究及深、浅部构造资料进行综合分析才能确定。

3）英额门东石庙子 - 孤山子 - 丁家街一带

穿过英额门东北垄岗之后的浑河谷地明显较以西段收窄，河床宽度仅十几米至二十几米，两侧河漫滩宽度减小且呈不对称发育，一级堆积阶地虽有发育但形态完整性降低、面积减小。尽管如此，这一地段的浑河谷地仍被控制在浑河断裂南、北两条分支构造所形成的断陷带内，而没有突出于断陷带外侧，断裂两侧具有一定的色调差异和较好的直线状特征，其中南支影像清晰度较差、断续分布，北支影像清晰度较好、较为连续。浑河延至丁家街即河流东端源头附近呈现出北西方向的转折，结合地质构造背景资料研究，该地段附近北西向构造的发育程度明显增高，已经实质进入赤峰 - 开原断裂带影响范围之内。

从地质地貌发育形态上来看，在这一长约 5km 的地段内，浑河北侧地貌差异更为明显，浑河断裂北支作为浑河五级侵蚀阶地与河谷冲洪积倾斜平原的边界，沿断裂多处可见陡坎、陡坡（图 5.34），由于活动性相对较强，河床也偏于此侧发育，受到河流下切侵蚀及差异沉积作用，整个河谷显现向北缓倾斜的不对称状态，地势最低处即为河床所在位置。至丁家街附近，河床展布于沟谷中间地带，北侧仍可见少量小规模陡坡、陡坎，南侧已无陡坡、陡坎发育，整个河谷起伏舒缓，侵蚀阶地与浑河冲积、冲洪积区之间已无明确边界，浑河断裂在地貌上表现为趋于尖灭。向浑河以北追索调查，在山前地带由多个近南北向冲沟形成近北东东向串珠状分布的小洪积扇，它们跨越了山前陡坎、陡坡带，洪积扇形态完整，扇体表面呈规则的贝壳状倾斜，没有发现任何断错微地貌现象（图 5.35）。但是，在局部地段见有突出于山前河谷内的洪积扇体上发育明显的微地貌陡坡或陡坎（图 5.36），对此开展的专门观测和研究结果表明，其大致有两种成因：一是由于人类活动沿山前至河谷一带修建道路形成的人工挖掘陡坎，展布连续且呈弯曲状，随着道路走向变化而变化；二是因洪积扇体前缘涌入浑河河床并堵塞河流，在后期浑河侧向侵蚀作用下形成了凸向山体的弯曲弧状陡坎，陡坎高度由扇体中部向两侧逐渐降低。上述两种微地貌陡坎均不属于构造成因，与断裂活动没有关系。因此，与英额门及以西地段类似，英额门以东地段的浑河断裂北支表现出比南支相对活跃的特性，但断裂北支对沿线的晚更新世洪积扇没有影响，那么，这一地段的浑河断裂北支在晚更新世以来是没有明显活动的，而断裂南支的活动性则更弱。

图5.34　英额门东基岩丘陵与
河谷之间发育的坡洪积扇、坡积裾

图5.35　英额门北完整的山前坡洪积扇

图5.36　英额门东洪积扇前缘非构造成因的微地貌陡坡

4）丁家街以东

　　处在赤峰－开原断裂等北西向构造发育区，而浑河断裂并未完全消失，仍可见到断裂比较清晰的北东东向线性影像，实际调查也显示，沿断裂带尤其是北支展布地带发育有较连续的山前陡坎或陡坡，两侧地貌形态具有一定差异。在丁家街水库北侧即可见到断裂破碎带出露，可见宽度约1.5m，主要发育碎裂岩、碎粉岩等（图5.37和图5.38）。总之，浑河断裂切实延入了赤峰－开原断裂带内，两者相互交错，但是浑河断裂在赤峰－开原断裂带内的发育程度较之赤峰－开原断裂带以外明显减弱，其展布连续性、完整性及对地形地貌的控制显著降低。研究认为，在浑河断裂与赤峰－开原断裂带及其分支构造的交汇区，构造格局趋于复杂化，赤峰－开原断裂的构造活动一定程度地弱化了浑河断裂的发育和活动特征，同时浑河断裂也对赤峰－开原断裂在北西向上的展布连续性及构造地貌发育产生了明显的制约。

图 5.37　丁家街东沿浑河断裂北支的微地貌陡坎　　　　图 5.38　丁家街东浑河断裂北支的地质剖面

　　总的来看，浑河断裂南杂木－英额门东段比较严格地控制了浑河河谷地貌形态，同时，河谷两侧的南、北分支断裂发育程度是不均匀的，断裂北支在地质地貌上的表现更为明显、活动性较强。该断裂段的（微）地貌特征主要表现为：沿断裂在侵蚀、剥蚀低山、丘陵山前地带北东东向陡坡、陡坎和条带状或串珠状坡洪积扇、坡积裾等比较发育，一些地段断裂直接展布在二级或以上阶地前缘附近，断裂两侧新构造差异升降幅度较大；除了形成比较宽阔的浑河深切沟谷以外，在浑河两侧特别是北岸地带与断裂同向的次级直线状沟谷较多，沟谷两侧山前地带可见到弯曲弧状至近直线状展布的陡坡、陡坎等发育；在浑河断裂与其他的北东向、北西向和近南北向断裂交会区域，也相应地发育北东向、北西向和近南北向地貌沟谷，沟谷发育形态和规模分别与各自控制断裂的规模和活动特征相关，体现出这一地段断裂构造活动与构造地貌演化之间的密切联系。

5.4.5　赤峰－开原断裂

　　浑河断裂附近的赤峰－开原断裂属于区域上赤峰－开原断裂的组成部分，称为赤峰－开原断裂东段延伸段。一般认为，赤峰－开原断裂东段延伸段主要包括嵩山堡－王家小堡断裂、清河断裂和得胜台断裂，它们还在铁岭－开原北地段与依兰－伊通断裂交会，并互为断裂分段的边界。延至密山－敦化断裂展布区域，两条断裂带相互交错、切割。首先，赤峰－开原断裂将密山－敦化断裂分隔为两个大的不同的活动段落即密山－敦化断裂吉林段和密山－敦化断裂辽宁段（浑河断裂），这两条断裂段在地质构造演化、地质地貌发育、地震活动特征等方面均存在差别；其次，密山－敦化断裂对赤峰－开原断裂的构造发育也具有明显的控制作用，根据已有研究资料和本次调查研究结果，赤峰－开原断裂及其东段延伸段基本上仅发育在密山－敦化断裂西北，在密山－敦化断裂东南地段，难以观测到赤峰－开原断裂的构造痕迹。因此，同为中国东部的超岩石圈构造，一方面赤峰－开原断裂对郯庐断裂带起到了分隔作用，两侧的郯庐断裂带（包括依兰－伊通断裂、密山－敦化断裂）表现出不同的地震地质特征；另一方面，郯庐断裂带对赤峰－开原断裂具有更为显著的控制作用，其西侧的赤峰－开原断裂发育形态良好，展布连续、稳定，而东侧的赤峰－开原断裂却明显发育较差，而在依兰－伊通断裂、密山－敦化断裂之间，赤峰－开原断裂东段延伸段则可能更多地受到了郯庐断裂带的影响，在某种程度上具有被动活动特征。

经过地质地貌调查，认为该段赤峰－开原断裂走向北西－北西西，包括三条主干分支断裂，由南至北分别为嵩山堡－王家小堡断裂、清河断裂和马家寨－郭家屯断裂，它们又具有各自不同的展布结构和发育特点。赤峰－开原断裂是一级地质构造单元中朝准地台和吉黑褶皱系的边界，对于区域地质构造演化和地质地貌、第四纪地质发育等具有显著的控制作用。为了更好地研究密山－敦化断裂辽宁段（浑河断裂）的演化特征和活动性，有必要对具有一定共轭活动特征的赤峰－开原断裂带东段延伸段开展调查和研究，解析浑河断裂、赤峰－开原断裂的相互作用特点，并作出浑河断裂展布、规模、结构、活动性和分段特征的科学评价。

1. 赤峰－开原断裂、密山－敦化断裂的交会区

赤峰－开原断裂与浑河断裂交会区域地质构造形态复杂多变，其所导致的地质地貌以及第四纪地质发育特征也极其复杂。根据地质地貌调查，两条断裂的交会区域北至山城镇西南、南至丁家街以东、西至丁家街以北、东至山城镇以南，其南北延伸长度约13km、东西延伸长度近20km。区内大的地貌差异性不明显，对于构造的指示性较弱，而外力侵蚀、剥蚀和堆积作用在地貌塑造过程中起到了一定主导作用，总体地貌形态表现近似于老年期的地貌演化阶段，沟谷切割较浅，山体高度、坡度相对较小，地形起伏舒缓，陡坡、陡坎等发育较差，大部分地段难以观测到明确的构造地貌行迹。

1）长兴沟－粘泥岭附近

处在浑河断裂东端或以东延长线上，构造上处在与赤峰－开原断裂的交会区。从遥感影像上来看，存在模糊的北东东向直线状色调差异带或色调界线，连续性较差，间断分布，而北西向线性色调差异较为清楚，延伸连续，表明北西向已逐步成为主导型的构造地貌走向。实际上，沿赤峰－开原断裂所形成的构造地貌及微地貌变化要比浑河断裂清楚得多，尤其在大的地貌发育上浑河断裂已不具优势，仅表现为局部的微地貌变化。如在长兴沟，地貌上为一走向北西的开阔状宽谷，切割较浅，地形高差较小，在沟谷北东单侧山前近直线状陡坡带清楚，延伸稳定、连续，长度达1~2km（图5.39），纵观沟谷形态，由沟口向上的谷底宽度变化均匀，一般在0.2~0.3km，显示可能受到了北西向构造的控制；而在长兴沟西北该北西向宽谷的北东－北北东向分支小沟谷，可见到走向北东－北北东的陡坡带，局部表现为小陡坎，该微地貌陡坡、陡坎具有一定的连续性，其中在宽谷北坡的最大延伸长度可达近0.5km，走向也较为稳定，但却很难跨过宽谷

图5.39　长兴沟村北西向主沟谷及两侧发育的北东－北北东向支沟谷

而延至南坡，显示北西向宽谷控制了北东－北北东向陡坡、陡坎的发育。在粘泥岭北浑河断裂东端附近，赤峰－开原断裂走向约300°，在大的地貌形态上形成起伏不平的山间宽谷，在沟谷北东侧可见坡面大致处在同一构造面上，由于遭受后期侵蚀、剥蚀作用，构造面上未发现断裂活动痕迹，同时沿沟谷及构造面追索调查未见到相应的微地貌变化以及第四系地层的规律性、控制性分布，因此即使存在断裂其形成时代也较早、第四纪活动程度较低。

综合分析认为，在长兴沟－粘泥岭附近的构造交会部位，赤峰－开原断裂属于对地貌发育具有控制作用的主导型构造，断裂形成、演化历史久远，构造地貌形态也经历了较为长期的演化过程。由北西向构造沟谷及两侧地貌差异来看，断层倾滑运动似乎并不明显；通过与之交会的浑河断裂展布来看，赤峰－开原断裂的走滑运动较为复杂，其可能经历了多期的不同性质变化，最新的走滑运动应为小幅度的左旋走滑，导致了浑河断裂（段）的小尺度左阶排列。对于浑河断裂来说，尽管其发育程度较差、展布不连续，但在微地貌上仍然形成了局部的陡坡、陡坎，断裂北西盘总体下降、南东盘总体上升，而浑河断裂发育和活动也具有复杂性，经历了多期的构造变化，最新运动性质应表现为右旋走滑，使得北西向沟谷产生一定的右旋错动，但错距十分有限，运动尺度与赤峰－开原断裂大致相当，所观测数值均在几十米左右。总之，在浑河断裂、赤峰－开原断裂交会区，两组构造相互交错，形态复杂，浑河断裂在地质地貌上的表现较以西地段要弱得多，相应地北西向赤峰－开原断裂的主导作用得到增强。这一区域的浑河断裂带由 3～4 条以上的分支组成，结构松散并形成较宽的断裂带，总宽度已由小于 1～2km 增大至 3km 以上，与之同步的则是断层活动性和活动程度进一步下降。

2）草市关家街

北西向、北东东向的遥感线性影像均较清楚，其中北西向影像连续、稳定，色调差异清楚；北东东向影像多呈短线状，连续性、稳定性较差，但色调差异仍比较清楚。结合已有地质构造资料，北西向影像属于赤峰－开原断裂带的反映，北东东向影像属于浑河断裂带的反映。在大的地貌形态上，沿赤峰－开原断裂多形成宽阔的浅切沟谷，这与长兴沟一带赤峰－开原断裂南分支的构造地貌特征完全相同，而沿着赤峰－开原断裂带的多个分支还形成多条北西向沟谷、山岗相间排列的主体地貌格局。但在微地貌上，赤峰－开原断裂沿线的陡坡、陡坎等普遍发育程度较差（图 5.40），甚至不如浑河断裂带在微地貌上的表现，尽管沿浑河断裂带的北东东向陡坡、陡坎带并不连续，发育程度已远较英额门、清原等降低。野外调查还观测到，北东东向陡坡带在近垂向通过北西向宽谷后规模往往迅速减小并趋于消失，这与非北西向构造发育区形成了鲜明差别；沿赤峰－开原断裂带发育的北西向宽谷地形高差较

图 5.40　关家街附近北西向沟谷及山前缓坡

小，两侧多为低矮山丘，起伏和缓并向沟谷缓倾斜，呈渐变过渡状态，已属于中老年期的地貌发育阶段，这与赤峰－开原断裂形成很早、晚近以来活动性偏弱具有一定关系。第四系的分布与地貌形态吻合较好，山前至沟谷地带第四系沉积均匀，没有发现明显的构造控制。调查同时发现，在北西向宽谷两侧可见到小型北东向次级冲沟，起伏和缓，切割很浅（图 5.41），沟口地带的山前坡洪积扇形态规则，扇体上没有任何形式的陡坎、陡坡等，表明北西向构造在晚更新世以来是没有活动的。

3）董家街南

处在构造交会区，北西向沟谷宽阔而切割较浅，延伸稳定，地形起伏和缓，北坡局部发

育有微地貌陡坡（图5.42）；北东东向沟谷则宽度较窄、切割相对较深，两侧地形起伏较大，沟谷西延过程中被北西向沟谷截断，沟谷形态基本消失，形成了马蹄形的地貌形态。

图5.41　关家街附近的北东向次级冲沟　　　　图5.42　董家街南起伏和缓的北西向沟谷

从地质构造的空间格局来看，在长兴沟－关家街及以南地区的赤峰－开原断裂带、浑河断裂带交会区域，浑河断裂主要由2条主干分支组成，少量派生构造发育，断续展布，具有较多的构造阶区，断裂被赤峰－开原断裂轻微错切，一般错距很小乃至不明显；赤峰－开原断裂主要由3~4条主干组成，展布比较连续，阶区较少、较小，断裂行迹相对清楚，一般具有较宽的构造破碎带和较陡倾角，断裂亦被浑河断裂所错切且幅度相对明显，错距可达0.2~0.4km，显示一定的左阶排列。分析认为，赤峰－开原断裂和浑河断裂在这一地区显示一定的共轭特征，断裂活动相互制约、相互影响，具有一定的相关性，从构造地貌表现上来看，北西向宽谷及其地貌线主导了这一地区的总体地貌格局，而北东－北东东向沟谷规模较小，在大的地貌上表现较差，而是更多地在小微地貌上有所表现，如北西向宽谷岸坡上多见北东－北东东向断续陡坡或陡坎等（图5.43），这种微地貌变化沿赤峰－开原断裂是少见的。总的来看，在北西向赤峰－开原断裂、北东东向浑河断裂共轭交会部位，前者规模较大，是具有主导作用的断裂构造，浑河断裂规模相对较小，仅具有对宏观地貌格局的辅助影

图5.43　北西向宽谷岸坡上断续发育的
北东－北东东向陡坡或陡坎

响；而在第四纪新活动方面，浑河断裂的表现相对突出，在微地貌上具有更多的表现，尽管如此，从地貌、地质发育特征上看，两组断裂的第四纪活动性均较弱。

2. 嵩山堡－王家小堡断裂

嵩山堡－王家小堡断裂大致由南、北两条主干分支组成，走向北西西至近东西，其中北支微地貌表现较好，南支宏观地貌形态更为显著，具有左阶斜列状结构。北支东起于北山，经长兴沟、崔家街、大林子、太阳沟延至姜小堡以西；南支东起于浑河断裂带附近，经侯家窝棚、枸乃甸、金家窝棚、夏家堡延至上肥地。沿断裂带可形成宽度不一、长度变化较大的

条带状河流沟谷，一些沟谷如沙河等地形较为平坦、第四系发育。断裂带及两侧古老基底广泛出露，沿断裂带有华力西期和印支－燕山期岩浆岩侵入，其中华力西期侵入岩主要分布在断裂带北侧。

1）草市大窝棚－泡子沿一带

沿北西向遥感线性影像发育有宽浅的地貌沟谷，其北坡与谷底之间可见不连续的微坡折界线，形态特征较之浑河断裂沿线要差得多；南坡地形呈渐变过渡，不发育坡折线等微地貌迹线。在与北坡交会的次级北东向沟口地带，太古宇角闪质混合岩剖面上揭示有断裂构造，显示糜棱岩化特征，线理走向北西，其中脆性破碎带走向320°~330°，断面近直立，可见宽度1~2m，主要发育挤压片理、碎裂岩等，断裂未错切上覆上更新统坡洪积地层，第四纪晚期以来没有活动。

2）草市南－长兴沟以西

北西－北西西向赤峰－开原断裂作为主导构造可解译出约3条色调差异明显的线性影像，具有很好的延伸连续性和走向稳定性。野外地质地貌调查表明，沿崔家街、柳树泉眼等地发育有2~3条走向北西、与遥感影像大致吻合的平行状近直线沟谷，长度达2~3km，宽度0.1~0.3km。沟谷切割较浅，地形高差较小，起伏和缓。在沟谷中多小型河流发育，岸坡可见形态良好但分布局限的北西向陡坡、陡坎，局部受到河流侵蚀作用而发生走向变化，受到北西向构造控制较弱，陡坎剖面上出露基岩完整，但没有明显的构造错动痕迹。分析认为，这一地段沟谷的北西向趋势性分布在一定程度上反映了赤峰－开原断裂的发育，但发育程度并不高，或者现有地貌形态处于赤峰－开原断裂长期活动后的中老年期地貌演化阶段，断裂晚近时期活动性较弱，对地貌形态控制能力降低，如在北西向冲沟岸侧的北东向冲沟山前小微型冲洪积扇上没有发现任何被北西向构造错动的痕迹（图5.44）。

3）大林子－崔庄子一带

2~3条北西－北西西向平直或微弧形弯曲状延伸的色调差异带清晰、连续性好。经过调查，沿遥感影像北西－北西西向沟谷十分发育，多呈"U"字形，切割深度较以东的长兴沟附近明显加深，两侧陡坎、陡坡发育，差异

图5.44 长兴沟西的北西向沟谷形态

升降运动幅度具有明显增大的趋势。在沟谷岸坡上可见高角度（70°~80°）的北西向断层面并形成临空面，临空面内侧残留厚度不足0.5m的破碎带，片理、构造角砾岩发育。分析认为，赤峰－开原断裂带在此地段发育较好，明显控制了同向沟谷的走向及其地貌形态，断裂两盘地貌差异显著，总体活动水平较之以东的浑河断裂交会区明显增强。在微地貌发育形态上，山前条带状坡积裙及串珠状冲洪积扇发育，其表面坡度较以东地段明显为大，局部坡积裙甚至表现出陡坡形态，但连续观测表明，坡积裙、冲洪积扇等形态均十分完整，其上未见断错陡坎，北西－北西西向断裂没有对坡积裙、冲洪积扇等产生明显错动，总的来看，脱离了构造交会区的赤峰－开原断裂活动性明显增强，在第四纪以来应是存在活动的（图5.45）。

4）富民屯－太阳沟一带

北西－北西西向的"U"形沟谷在富民屯东略拐向北西，仍表现为 2~3 条主干线性构造，其间存在一定的左阶斜列和少量右阶排列，但阶区宽度一般很小，最大仅为数百米量级。在太阳沟附近，沟谷深切特征更为清楚，两侧陡坎呈连续、陡峭甚至反倾的平直型，这一形态特征是河流侵蚀难以造成的，而更趋向断裂活动的产物。结合基础地质构造资料，赤峰－开原断裂的主干分支通过了此地段，因此断裂活动在宏观地貌及微地貌形态上均有一定的体现。沿太阳沟山前陡坎进一步追索调查，

图 5.45　大林子－富民屯东的
北西－北西西向"U"形沟谷

起伏剧烈的基岩山体与平坦河谷沉积平原直接相接，山前坡积裾不发育，而微地貌陡坎在多处被山前冲洪积扇所覆盖，扇体形态完整，表面没有发现断错陡坎，因此断裂至少在晚更新世以来是没有活动的（图 5.46 和图 5.47）。

图 5.46　太阳沟附近陡峭的平直型陡坎

图 5.47　太阳沟附近的平直型陡坎和
跨过陡坎的完整冲洪积扇

3. 清河断裂

赤峰－开原断裂带在草市－土口子－兴隆一线，还存在一条主干分支断裂，称为清河断裂。断裂东起于草市，经分水岭、柴家店、西堡、土口子、陈家沟延至兴隆、小荒沟以西，走向北西－北西西，主要由 1 条主干构成，次级断裂发育较差，断裂延伸平直，局部具有左阶斜列状结构。在地貌形态上，沿清河断裂可见宽度、长度变化不同的条带状河流沟谷，其中第四系发育，谷底地形也较平坦。沿断裂在遥感图像上形成有清晰的北西－北西西向色调差异带，延伸连续、稳定，特别是色调差异带发育的沟谷北东侧，具有完整的、近直线状的线性特征。断裂主要发育在古老基底中，沿断裂带有大范围华力西期花岗岩侵入并覆盖在基底之上，中生代以后断裂的继承性活动切割了华力西期花岗岩。

通过实际地质地貌调查，由兴隆－土口子向南东延伸至柴家店长约 10km 的范围内，构造地貌上表现为十分清楚的狭长条状"U"形谷，谷底宽 0.5~1.3km，平坦、开阔。受到

狭窄的北东－北北东向断裂沟谷切割，其平面展布呈香肠状，而在沟谷交会部位宽度有所增大。清河断裂沟谷两侧为侵蚀、剥蚀低山、丘陵，北东侧山体起伏较大，与沟谷之间界线更为明显，同时在山前地带断层三角面多见，但由于形成时代久远，三角面上的华力西期侵入花岗岩遭到强烈侵蚀、剥蚀（图5.48）。在山前地带观测到残留断层面或构造破碎带突出于陡坎上部，但多条残留构造面或破碎带已经胶结，构造面也未发现新的错动迹象，断裂没有第四纪新活动痕迹。通过调查，现代河床偏于沟谷南西一侧，两岸一级堆积阶地、山前洪积扇等发育，但由于北东侧山地、丘陵相对抬升幅度更为显著，使得北东侧的一级阶地、坡洪积扇宽度明显较南西侧为大，表面呈向河床的微倾斜，地形平整，未见微地貌断错陡坎发育。沟谷南西侧山地、丘陵高度和起伏状态明显较北东侧为低，也不存在构造三角面，但在该侧见到断续发育的台地，根据高程和剖面岩性特征，判断属于二级基座阶地，阶地前缘形态保留较好，可见沿河床延伸的若干前缘陡坡，呈现弯曲状的自然延伸，与构造活动之间应没有关系。东延至柴家店－草市一带，沟谷切割深度明显减小，宽度变窄，形态以"V"形谷为主，直线状延伸性趋于变差（图5.49）。尽管如此，沟谷北东侧仍可见到较好的北西向线状展布形态，应指示了清河断裂的存在及其活动。

图 5.48　清河断裂沿线宽阔的　　　　　图 5.49　清河断裂东端舒缓的
　北西－北西西向沟谷及断层三角面　　　　　北西－北西西向沟谷

　　总之，北西向赤峰－开原断裂在这一地区具有较为明显的地质地貌表现，在脱离了与浑河断裂的交会区域以及共轭活动的相互制约后，赤峰－开原断裂的独立活动性开始逐渐显现出来，活动性有所增强。根据构造地貌发育特征，虽然成生历史久远，规模较大，但第四纪活动程度并不强烈，晚更新世以来活动特征不明显，还存在一定的不均匀性。从兴隆－土口子－柴家店一带的断裂沟谷地貌形态和规模对比来看，其与清原县城附近的浑河谷地具有一定的相似性，据此大致判断清河断裂和浑河断裂南杂木－英额门东段在发育特征和活动性方面是较为接近的，两者的构造活动可能具有一定的相关性。

4. 马家寨－郭家屯断裂

　　马家寨－郭家屯断裂东起于山城镇西南的西玉井，经东沟、东半截沟、长兴屯、荒营子、吴家堡、治安堡、河北延至北猴石以西，断裂带走向北西－北西西，由1条主干构成，次级构造也较发育，空间展布上形成平行状或左阶斜列状结构。近浑河断裂附近，马家寨－郭家屯断裂在大的地貌形态上并不明显，第四系发育较差，至北猴石及以西，断裂地貌表现逐渐清楚，发育狭长条状的构造沟谷和第四系沉积。与清河断裂一样，沿马家寨－郭家屯断裂有大范围的华力西期岩浆岩侵入，中生代以后的断裂活动切割了华力西期侵入岩。

1）北猴石－河北－荒营子－盖家街一带

马家寨－郭家屯断裂在遥感影像上表现出非常清楚的色调差异，呈断续展布的微弯曲状，具有一定的平行状、斜列状结构。实际调查显示，沿断裂在地貌上形成若干局部发育并呈串珠状展布的北西－北西西向沟谷，各个沟谷地貌具有一定的半封闭状态。沿沟谷追索调查，沟谷与两侧侵蚀、剥蚀低山、丘陵之间具有明确的边界，谷底较平坦、开阔，岸坡可观测到断层三角面，它们大致处在同一平面上或呈一定的弯曲弧状延伸，山前洪积扇发育，扇体表面均较为平整，受到构造影响很小。在治安堡，北西－北西西向构造可见 4 条次级分支，均局部表现为直线状沟谷并在一侧发育三角面，它们穿过北东向沟谷后在两侧近对称分布，而北东向冲沟在北西向构造通过地段却发生了一定转折，表明北西向构造具有更新的活动性，但两者在晚更新世以来应是不活动的。另外，除了北西－北西西向的赤峰－开原断裂以外，这一地区还有另一组北东－北北东向构造发育并表现出一定的活动性，沿构造发育清楚、完整的直线状地貌沟谷。北西－北西西向沟谷在多处被北东－北北东向沟谷穿切，但错切特征不明显。

从构造地貌形态上分析，马家寨－郭家屯断裂与清河断裂、嵩山堡－王家小堡断裂之间在结构特征上是具有差异的，它更多地表现为断续性、平行状或斜列状，断裂发育程度也有所降低。根据基础地质资料，马家寨－郭家屯断裂及以北的赤峰－开原断裂带并不单单由 1 条主干断裂所组成，而是表现为 2~4 条的分支构造，沿线有众多的北西－北西西向构造带或构造面，但一般活动性较弱，地质地貌表现较差（图 5.50）。

图 5.50　马家寨－郭家屯断裂沿线宽阔的北西－北西西向沟谷及断层三角面

2）东丰吴家堡东－刘家堡一带

断裂行迹已不明显，宏观地貌形态主要呈现出北东－北北东向构造线，而不存在北西－北西西走向的地貌沟谷，同时北东－北北东向沟谷的发育也较为散乱，沟谷切割很浅，走向多变。分析认为，在该地段周围约 5km 的范围内，赤峰－开原断裂乃至北东－北北东向构造的痕迹均较差，构造发育程度较低，形成了所谓的构造"空区"，这种现象一直到刘家堡才有所改善，北西－北西西向构造地貌形态逐渐显现出来。地质地貌调查还显示，在刘家堡以东，赤峰－开原断裂带由 2~4 条主干分支组成，但构造连续性较差，方向性不很稳定，断裂具有平行状、斜列状结构，以左阶排列为主。与刘家堡以西不同，北西－北西西向构造逐渐控制了大的地貌发育，北西－北西西向宽浅沟谷构成了主体的地貌格架，谷底则呈明显的缓"V"形倾斜，没有形成开阔、平坦的条带状平原，山前多坡积裙发育，其上未见明显陡坡、陡坎。延至荒营子－东半截沟，北西－北西西向地貌连续性差，局部转为北东东－近东西走向，但沟谷形态保持开阔、和缓，丘陵相对高度进一步减小。及至与密山－敦化断裂带吉林段交会区附近，地貌上开始形成不规则的盆地状倾斜平原，断错微地貌现象不发育，而值得注意的是，与一般构造活动趋于复杂的共轭交会区域不同，在赤峰－开原断裂、密山－敦化断裂的交会区内两组断裂的活动是相互制约的，其独立活动性均受到了明显的限制，断裂活动程度实际上遭到了不同程度的减弱，构造活动性趋于稳定，在宏观地貌、微地貌上的表现急遽降低。另外，在野外地质剖面调查中，东半截沟以西观测到数百米的华力西二期侵入花岗岩出露，岩体十分完整，未见到任何构造面（带）。

5.4.6　下哈达断裂

下哈达断裂南西起于大伙房水库大坝西，主要由 2 条主干分支组成，次级构造发育，向北东延伸的过程中还产生了明显的分化，西支基底构造呈弧形向北西延伸至开原以东，而成生较晚、在地质地貌上显示新活动特征的东支则保持北东向直线状延伸，其活动性与浑河断裂的第四纪活动密切相关。东支断裂经章党、下哈达、上哈达、白旗寨、腰寨子、通州伙落可延至袁家庙附近，长度为 70~80km。断裂的地貌形态特征清楚，控制了章党河等河流沟谷发育，沿断裂形成有北东向的第四系沟谷。在白旗寨附近，下哈达断裂与北西向构造共轭交错，形成与南杂木盆地相似的不规则的盆地式沟谷。此外，沿东支断裂沟谷两侧常见断续发育的陡坡、陡坎等微地貌形态。

下哈达断裂在抚顺盆地东部与浑河断裂相交会，大致控制了抚顺盆地东缘边界，这一地段的断裂以东以侵蚀、剥蚀低山、丘陵为主，第四系发育很差，以西即抚顺盆地中第四系较为发育。北出抚顺盆地以后，下哈达断裂两侧均以侵蚀、剥蚀低山、丘陵为主，但形态特征仍表现出差异性，除了沿断裂带发育条带状第四系沉积以外，西侧山地高程一般在 200~400m，东侧则为 400~600m 以上，两侧新构造差异明显。同时，断裂带沿线河流沟谷展布一般只表现为两个方向：一是与下哈达断裂相平行的北东向；二是与之共轭的北西向。两组地貌沟谷均延伸平直，充分体现了地质构造在地貌发育过程中的重要作用。

1）章党哈达东沟及以南地段

下哈达断裂展布于抚顺盆地东部边缘，断裂充当了侵蚀、剥蚀低山、丘陵与章党河冲积、冲洪积平原的界线，两侧地貌形态迥异。章党河明显受到了断裂控制，呈平直的北东走向，基岩山体与河谷平原之间具有明确的近直线状或微弯曲状界线，山前地带可见连续性较好的陡坎或陡坡带，后期一级堆积阶地与山前陡坎、陡坡之间沉积接触。山前局部发育有坡积裙，表面缓倾斜于河谷。沿陡坎或陡坡带没有发现断裂出露，陡坎延伸线所通过的坡积裙和一级阶地形态完整，没有任何断错现象，断裂不具有晚更新世－全新世以来的新活动证据。

2）章党东－哈达－小碾子沟－白旗寨－北新屯－通州伙落一线

断裂延伸平直、规模较大，在哈达－白旗寨北解释到的北东向清晰线性构造影像，长度可达 20~30km，其间北东向近直线状沟谷形态清楚，宽度较大，谷底平坦、开阔，与两侧基岩山体差异显著。为了完整地调查和分析下哈达断裂发育特征及其构造地貌形态，由北端的通州伙落向南追索调查，在通州伙落附近，沟谷宽度一般为 0.3~0.5km，形态上属准"U"形谷，呈完全的直线状延伸，几乎不发生任何转折或弯曲，也没有其他走向的沟谷与之交会，连续南延约 5km 至腰寨子附近才见到北西向交会沟谷，单一的北东向沟谷地貌形态才发生改变；在通州伙落南约 1km 处沿沟谷北西侧陡坎有若干断层面发育，走向 40° 左右，倾向北西，近直立，太古宇鞍山群变质岩被断层错断，可能遭到剥离，没有发现断裂破碎带；由腰寨子南延至白旗寨，北东向沟谷变得宽阔，谷底地形平坦，略呈向沟谷北西侧的微倾斜，在"U"形谷两侧山前地带的北东向陡坎（或构造）通过地段有较多的洪积扇发育，各扇体形态均十分完整，没有受到北东向构造的任何改变（图5.51），因此即使陡坎属于下哈达断裂的构造指示，其至少在洪积扇形成的晚更新世以来是没有活动的；延至白旗寨附近，沿苏子河断裂发育的北西向直线状沟谷与之交会，两组地貌沟谷均具有清晰的线性

图5.51　白旗寨东跨过下哈达断裂的完整洪积扇

特征，而结合已有资料和地质地貌调查，北东、北西向构造都大致由2条分支组成，分别展布于沟谷平原与侵蚀、剥蚀丘陵交接的山前地带，使得北东、北西向沟谷底部平坦、开阔，且山前陡坡、陡坎较为发育，同时北东、北西向构造相互切割，北东向构造（及地貌沟谷）被北西向构造（地貌沟谷）右阶错动，北西向构造亦被北东向构造右阶错动，这样的话，北东、北西向构造均大致表现为右旋走滑的运动性质，形成了白旗寨的准盆地构造形态，第四纪盆地沉积区显得平坦、开阔，但由于北东、北西向构造规模相对较小、活动性较弱，白旗寨盆地的规模也很小，只有1～2km的尺度。需要说明的是，在白旗寨附近的北东、北西向陡坎上分别观测到了北东、北西向断裂的出露，表明陡坎与构造之间高度相关。

　　地质地貌调查显示，北东向下哈达断裂的直线状沟谷向南东可一直延伸至小碾子沟以北，在该处北东向沟谷的完整形态告一段落，在地貌上开始出现拦截北东向沟谷的北西向山地、丘陵，但跨过此一地段在上哈达附近北东向沟谷的形态再次清晰且开始向南西逐渐由准"U"形谷转变为"U"形谷，沟谷宽度和切割深度也不断增大。沟谷北西岸坡陡坡、陡坎等线性微地貌十分清楚、完整，延伸连续，南东岸坡则呈缓坡状由山体过渡至沟谷。沟谷内第四系地层不断发育，至章党附近，北东向沟谷已十分开阔并与抚顺盆地平原融为一体，第四系发育程度亦达到最大化。通过对下哈达断裂北东向沟谷地貌形态的分析，其与浑河断裂沟谷之间存在一定的差异，一方面，北东向沟谷切割较浅、较窄，陡坎、陡坡多偏于北西岸坡等单侧发育，谷底地形具有不同程度的起伏，"U"形谷形态不完善，沟谷发育水平明显偏低；另一方面，北东向沟谷在展布上多有左阶或右阶的扭动，受到了与之交会的北西向构造的显著影响。总的来看，沿下哈达断裂发育的北东向沟谷的成生历史较浑河断裂沟谷要年轻得多，发育程度也较弱，而就控制沟谷的北东向断裂构造来说，演化历史及活动程度也明显较浑河断裂微弱。

　　下哈达断裂在章党附近与浑河断裂交会，调查显示，尽管下哈达断裂的规模和活动性相对较差，在浑河断裂以南甚至难觅下哈达断裂的踪迹，几乎被浑河断裂所截断，但它却对浑河断裂的分段性及地质地貌、第四纪地质发育产生显著影响，并控制了抚顺盆地的东部形态，使得总体北东东向延伸的盆地河谷平原在下哈达断裂附近表现出了一定的北东向转折，北东向章党河谷平原与北东东向浑河谷平原融为一体，形成了辽宁发电厂－大伙房水库大坝以西十分开阔的抚顺盆地东部河谷冲积平原区，而在辽宁发电厂－水库大坝一线以东即北东向构造线的东侧则属于抬升明显的山地、丘陵区，其与冲积平原区之间具有鲜明的地貌、第

四纪地质边界。在章党东，浑河断裂和下哈达断裂相互切割控制，在构造上形成了小型凹凸体，客观上对于浑河断裂的展布、结构及地貌、第四纪地质发育等起到了一定的分割作用，充当了浑河断裂抚顺段和章党东－南杂木段的边界，在地貌上的突出表现是，以东的浑河断裂带不再形成河谷而表现为隆起的丘陵、山地。

　　在抚顺盆地区及其以南，下哈达断裂的地质地貌表现已不明显，连续追踪调查没有发现形态良好的北东向微地貌陡坎或陡坡，也没有明确的北东向沟谷发育，比较而言，却可观测到较多与浑河断裂相近的北东东向陡坡或陡坎发育，实际上在盆地东端的辽宁发电厂附近，河谷平原及其相关主要地貌线的走向就已基本呈北东东向。通过地质地貌调查并结合地质构造资料分析认为，浑河断裂对于下哈达断裂的控制作用是十分明确的，下哈达断裂在一定程度上可看作浑河断裂的次级构造。调查还显示，这一地段的浑河以南还发育有一组小规模的N北西向构造，形成了若干梳状排列的北北西向冲沟，但冲沟规模要远逊于浑河断陷谷地，也较浑河以北的北东向河流沟谷为弱。

5.4.7　苏子河断裂

　　苏子河断裂是辽东山地区除浑河断裂以外的另一条主要的区域性断裂构造。它北东起于吉林省柳河市东北，向南西经双合堡、六道沟、三源浦、新宾，并在永陵附近走向由北东转为北西－北北西，然后经木奇、上夹河、南杂木、白旗寨延至大甸子附近，全长约200km，其中北东走向段长度约130km、北西－北北西走向段长度约70km。断裂带由2~3条主干分支组成，次级构造十分发育，分支复合多见。断裂在地貌上显示清楚，很好地控制了苏子河等河流沟谷发育，形成北东向、北西－北北西向第四系沉积条带，尤以北西－北北西向沟谷规模为大，形态更为完整、连续。在南杂木，北西－北北西向苏子河断裂与浑河断裂共轭交错，形成宽阔的南杂木盆地；在白旗寨，苏子河断裂与北东向下哈达断裂交会并相互右旋错切，形成准盆地式构造。沿苏子河断裂沟谷两侧微地貌陡坡、陡坎发育，其中北西－北北西向段的陡坡、陡坎连续性、完整性较好，形态更为清楚。在宏观地貌形态上，苏子河断裂发育于侵蚀、剥蚀山地、丘陵区，其中木奇－南杂木段西侧的山体高程一般在300~500m，东侧高程则达到500~1000m，最大高程1019m，这虽与局部岩性差异存在一定的关系，但也反映了断裂两侧新构造运动的差异性。在新宾以西，断裂控制了苏子河的发育，形成清晰的构造地貌沟谷，新宾－柳河一线沿断裂则可见北东向条带状山脊、沟谷相间排列的现象，构造线性特征十分明显。

　　经过地质地貌调查，南杂木盆地北侧发育有5~6条北西－北北西向延伸平直的梳状深切沟谷，南侧发育4~5条的相似沟谷，沟谷切割深度一般为200~400m，在遥感影像上显示出十分清晰的线性色调差异条带。北西－北北西向沟谷两侧基岩山体陡峻，山前陡坎多见，走向平直，倾角很陡甚至近于直立，在侵蚀、剥蚀作用下基岩陡坎表面很少能够见到断裂构造痕迹。此外，在沟谷两侧的坡麓地带还可见到广泛发育的狭长条状坡积裙，其表面坡度较大，形成微地貌陡坡。近南杂木盆地的北西－北北西向沟谷延伸长度可达2~4km，走向稳定，但之外稳定性变差、走向多变。盆地附近的沟谷形态以"U"形谷居多，谷底宽度一般为100~500m，地形平坦、开阔，线状小型河流冲沟发育，冲沟多偏于沟谷一侧，河床切割深度2~3m。北西－北北西向深切沟谷与北东东向浑河断裂深切沟谷之间相互交错，既存在北东东向沟谷控制（错切）北西－北北西向沟谷的现象，也存在北西－北北西向沟谷控制（错切）北东东向沟谷的现象。北西－北北西向沟谷的控制（错切）作用主要见于南杂木盆地西、东两侧边缘，在这一地段它们具有很好的连续性，使得浑河主河道发生明显的由北东东向至北西－北北西向的转折；在盆地内部及南、北两侧，北东东向陡坡、陡坎的连续性和稳定性较好，浑河谷宽度可达2km，北西－北北西向沟谷在多处融入盆地中，但北东东向山前陡坡、陡坎带对于北西－北北西向陡坎、陡坡（沟谷）具有截断和控制作用。在北西－北北西向山前坡积裾和南杂木盆地四周所发育的坡洪积扇上均没有发现断错微地貌现象，因此即使沿侵蚀、剥蚀低山、丘陵和河谷平原两大地貌边界的山前地带发育有苏子河断裂，但在坡积裾、坡洪积扇形成的晚更新世以来是不存在明显活动的。

研究表明，在南杂木盆地附近，北西－北北西向沟谷地貌和微地貌陡坎、陡坡的发育形态均十分清楚，形成了特征鲜明、延伸平直的构造地貌线，但它们的分布范围较为有限，在盆地之外2~4km，上述线性地貌现象迅速减弱、稳定性趋差，沟谷形态由"U"形多转为"V"形，切割深度、宽度有所减小，谷底地形开始起伏。因此，在南杂木盆地与浑河断裂共轭交会区附近，苏子河断裂的构造地貌表现趋于显著，断裂活动性有所增强，而浑河断裂在交会区及其两侧虽然受到了苏子河断裂一定的制约，展布形态发生了一定变化，但构造地貌差异性不大，尚看不出断裂活动性的明显变化，尽管如此，苏子河断裂及南杂木盆地作为小型障碍构造客观上成为了浑河断裂的分段边界。

5.4.8　密山－敦化断裂吉林段

密山－敦化断裂吉林段西起于与赤峰－开原断裂相交会的山城镇西南，经陈大院、大李店、红梅延至梅河口以东，总体走向北东。在地貌形态上，与浑河断裂相邻的密山－敦化断裂吉林段发育有单斜的条带状辉发河谷，较之浑河谷要宽阔许多，河床延伸平直、稳定并偏于河谷北侧，河谷地势呈现向北缓倾斜的规律性。从微地貌形态来看，河谷北岸第四系沉积区与侵蚀、剥蚀低山、丘陵区之间界限清楚，陡坡、陡坎发育，南岸则呈渐变过渡状态，地形起伏舒缓，山前坡洪积扇、坡积裾及一级堆积阶地、二级和三级基座阶地宽度较大。因此，与浑河断裂不同，这一地段的密山－敦化断裂南、北分支活动性存在明显的差异，北支断裂的活动性要强得多。根据实际调查，辉发河谷的第四系发育程度较浑河谷为好，第四系分布范围大、厚度大、沉积比较连续、层序较为完整，尤以北岸的第四系地层表现为佳。受到密山－敦化断裂控制的辉发河谷发育有一系列的串珠状构造盆地，盆地规模较浑河断裂沿线的南杂木盆地、清原盆地等要大得多，如赤峰－开原断裂附近的山城镇－梅河口盆地北东向长轴长度为40km左右，北西向短轴也达到5~6km以上，盆地具有典型的单斜盆地构造特征。与相邻的浑河断裂带地质构造格局对比，密山－敦化断裂吉林段的地质构造条件进一步简化，只有赤峰－开原断裂带与其交会，而密山－敦化断裂吉林段的地质地貌发育形态和连续性、完整性较好，受到赤峰－开原断裂的影响较小，表明吉林段的密山－敦化断裂发育水平和活动性可能较之辽宁段乃至赤峰－开原断裂为强。

断裂带内的地层发育与两侧具有显著差别，根据1:20万区域地质调查资料，在山城镇－梅河口一带，断裂带中第四系地层十分发育，形成广阔的河谷平原，其向北东延入梅河口附近以后，辉发河谷与一统河谷交融，第四纪河谷平原更为宽阔，宽度可达30km以上。在山城镇以南及与赤峰－开原断裂交会区域，辉发河谷产生分叉，分别形成沿北支主干和南支主干发育的西河谷、杨树河谷，两条河谷宽度明显收窄，均为2~3km。这一地段的密山－敦化断裂吉林段除了在西河和杨树河谷沉积有第四系地层、形成平坦的条带状冲洪积平原以外，河谷之间还出露有太古宇三道沟组角闪斜长片麻岩、白垩系页岩、砾岩和古近系粉砂岩、泥岩等，沿断裂带充填有北东向条带状展布的下更新统玄武岩。太古宇、白垩系地层受到了断裂带控制和切割，下更新统虽然受到断裂控制并沿断裂带侵入，但切割现象不明显。上述地质地貌特征表明，密山－敦化断裂吉林段在中生代白垩纪以后具有明显活动，第四纪以来活动性相对较弱，断裂向北东方向延伸其第四纪时期活动性具有明显增强的趋势。

1）保民－双龙一带

北西向近直线状冲沟或缓坡发育，构成具有色调差异的线性影像，但没有见到明显的陡坎或陡坡带，冲沟形态宽缓，在局部地段存在北东－北北东向的近直线状转弯。调查研究认为，密山－敦化断裂在通过赤峰－开原断裂交会区附近大范围的早更新世火山岩侵入区时，微地貌特征不明显，规模及展布连续性降低，第四纪活动性减弱，地貌上多呈现出中老年期的演化形态。根据已有地质研究，在早更新世火山岩中并没有发现断裂的痕迹，密山－敦化断裂没有对早更新世火山岩产生错动，第四纪新活动性不明显。一直东延至小湾附近并基本摆脱了赤峰－开原断裂束缚以后，断裂的构造地貌形态开始变得清晰起来。在宏观地貌上，北东向沟谷广泛发育，形态宽阔但切割深度较英额门、清原以西地段的浑河谷明显为小，各个北东向沟谷在水平方向上显示出被北西向构造左阶或右阶错动的排列结构，错动幅度仅

0.5～1km，而北西向构造仍属于赤峰－开原断裂或其分支。在微地貌形态上，山前地带可见断续分布的北东向陡坡或陡坎，陡坡带以上为早更新世玄武岩台地，向下则为缓倾斜坡积裾及沟谷冲洪积区，台地相对高度一般为十几米至几十米，出露致密块状玄武岩，含有气孔，地层比较完整，层状构造清楚（图 5.52）。分析认为，下切早更新世玄武岩体的北东向沟谷是发育的，该沟谷具有明确的方向性，北东向遥感线性影像清晰，存在明显色调差异和陡坡、陡坎等微地貌变化，因此小湾附近的密山－郭化断裂对早更新世玄武岩是产生了错动的，其在第四纪期间存在活动。

图 5.52　小湾村附近的早更新世玄武岩台地

2）山城镇附近

与赤峰－开原断裂交会区不同，密山－敦化断裂的构造形迹逐渐清晰，遥感线性影像愈加明显，在构造地貌上也得到一定体现。山城镇南的北东－北东东向构造带主要划分为南、北两支，间距 1～2km，断裂控制了这一地区辉发河的发育，使得展布于山地、丘陵区的辉发河呈现明显的北东－北东东方向性，同时形成较为宽阔的河谷平原（断陷带），尽管一些地段呈现出辫状河流形态，但总体延伸保持北东－北东东向。断裂南、北支构造虽然充当了不同地质构造单元的边界，但北盘明显偏高、南盘偏低，北盘形成地势较高的丘陵、低山，南盘则形成河谷或山前坡积裾、山前倾斜平原，表明北支的活动程度和新构造差异运动幅度较强。除了宏观地貌差异外，在微地貌形态上也逐渐有所体现，北东－北东东向构造在控制辉发河北西岸侧边坡的同时，在山前沿构造发育有少量的基岩陡坎或陡坡。上述地质地貌现象说明，密山－敦化断裂吉林段的构造活动具有相对的独立性，但是北东－北东东向构造地

貌线并没有对河谷第四系沉积区可观测的河漫滩、低级阶地等地貌单元产生错动，山前坡积裙、坡洪积扇等较为完整，即使属于断裂的构造地貌显示，该北东－北东东断裂至少在第四纪晚期以来活动特征不明显。

3）工农街－中和一带

根据已有资料确定为密山－敦化断裂南支展布地段，但构造遥感线性影像不很清晰，只在局部见到北东向或北东东向色调差异带，断续分布。经过地质地貌调查，断裂的构造地貌表现较差，在所展布的辉发河南岸，沟谷外侧可见到面状台地即三级基座阶地，内侧还见到二级基座阶地及范围更广的一级堆积阶地和河床、河漫滩，阶地前缘陡坎、陡坡等在河谷内弯曲状延伸，北东－北东东方向性较差，因此即使这一地段密山－敦化断裂南支发育，但在三级基座阶地形成的中更新世晚期－晚更新世早期以来活动性不明显。在中和西南，北东东向地貌线为三级基座阶地侵蚀、剥蚀条形垄岗和山间小型沟槽，相间排列，线段延伸较短，仅1km左右，其间距离为0.2km左右。沿阶地外缘断续发育小陡坎或陡坡，但陡坎、陡坡的构造相关性较低，可能是受到坡面河流沿构造面或构造线的侵蚀作用结果。

4）山城镇北－保胜

地貌上位于辉发河谷北西岸与侵蚀、剥蚀残丘的边界，距辉发河床1.5～2km，具有北东东向稳定、断续的准直线状影像，与基础资料认定的密山－敦化断裂北支吻合。可能受到了两盘差异性运动影响，河谷与基岩丘陵之间断续发育有陡坡或陡坎，位置、走向与遥感影像及已知断裂一致。在北西－北北西向河流冲沟侵蚀作用下，北西上升盘被切割成一系列相对独立的平台状残丘，其原始地貌单元与二级基座阶地或三级基座阶地相当；南东下降盘则形成十分宽阔的微倾斜河谷平原，河漫滩、一级堆积阶地分布广泛，近河谷南岸二级、三级基座阶地也较为完整，但宽度较大且前、后缘自然弯曲。在保胜附近，二级基座阶地残丘陡坎相对一级阶地面高约10～15m（图5.53），剖面下部出露有华力西晚期侵入花岗岩，顶部残存不均匀的第四系河流相冲洪积和坡洪积地层，最厚达2m左右，水平层理清楚（图5.54），剖面上发育有规模较大的断裂构造。对第四系剖面进行分析，下部为磨圆很差的棱角状碎石层，向上过渡为砾石、中粗砂、中细砂层等，粒度趋势向上逐渐变细，局部存在一定的逆向变化。根据区域岩相特征和地貌单元对比，将该套第四系确定为上更新统地层。沿上述陡坎、陡坡带追索调查未发现北西－北北西向山前冲洪积扇、一级阶地面上发育断错微地貌现象，二级阶地陡坎属于新构造差异运动所造成，断裂在晚更新世－全新世以来应不存在活动。

图5.53　保胜村附近辉发河北岸的
二级基座阶地

图5.54　保胜村附近二级基座阶地
第四系和基岩剖面

　　5）张家街北

　　处在辉发河北岸一级堆积阶地与低山、丘陵边界地带，山前北东向陡坡、陡坎发育，一级阶地平坦、开阔而低山、丘陵起伏较大。山丘展布形态多呈北西－北西西向规模不等的条带状或参差状，但其在陡坡、陡坎带或其延伸线上均被切断，起伏不平的山丘普遍没有跨过陡坡、陡坎而延入河流平原区，显示出北东向陡坡、陡坎带应具有一定的构造基础。实际上，陡坡、陡坎带与基础资料认定的密山－敦化断裂位置是大致相同的，沿陡坎带也观测到北东向断裂出露，构造还在总体上控制了辉发河的流向。

　　6）张家街－保胜－西安乐一带

　　在长约 10km 的范围内，沿密山－敦化断裂的北东向直线型色调差异带清楚、走向稳定、断续展布，该色调差异带实际上标示了狭窄条状二级、三级基座阶地及低山、丘陵区与辉发河一级堆积阶地冲积平原区之间的界限，其间北东向断续的陡坡、陡坎发育。尽管宏观地貌差异比较鲜明，但连续调查在一级阶地和二级、三级阶地面上均没有发现与断裂活动相关的断错陡坎等微地貌变化，跨陡坡、陡坎的山前冲洪积扇体形态保持完整。因此，密山－敦化断裂吉林段虽然控制了大的地貌单元分布，两侧新构造差异运动明显，但断裂晚第四纪以来的活动特征并不明显。

　　地质地貌调查表明，密山－敦化断裂吉林段在宏观地貌形态上表现清楚，形成了较之浑河断裂沿线的浑河谷更为宽阔的辉发河谷，沉积了范围广、厚度大的第四系地层，河谷第四系发育还显示出一定的规律性，即近北岸地段的第四系厚度要明显大于近南岸地段，河谷在第四纪以来具有一定的掀斜特征。与浑河谷一样，辉发河谷内也发育有一系列的构造断陷盆地，但盆地规模普遍较大而密度有所降低，其中与浑河断裂带相邻的山城镇－梅河口盆地即远远大于南杂木盆地、清原盆地，而与下辽河盆地毗邻的抚顺盆地相当，且具有典型的单斜盆地特征。在微地貌上，沿断裂带南支基本不发育陡坎、陡坡带，而北支沿线多见陡坎、陡坡，但陡坎、陡坡的连续性要弱于浑河断裂带，而规模略有偏大，且多以阶地前缘的形式呈现，跨陡坎、陡坡带的山前冲洪积扇、一级阶地面上普遍没有发现断错微地貌变化，二级、三级基座阶地面也较为平整，不存在构造地貌错动。总的来看，一方面，密山－敦化断裂吉林段的发育和活动特征是很不均匀的，北支断裂明显更为清楚、活动性较强，南支断裂除了发育形态较差以外，断裂活动也较为孱弱，在地貌尤其是微地貌变化上几乎没有任何表现；另一方面，密山－敦化断裂吉林段的第四纪活动性较相邻的浑河断裂带（密山－敦化断裂辽宁段）可能有所增强，但断裂在第四纪晚期以来的新活动特征并不明显。

5.5　浑河两岸阶地对比和划分

5.5.1　阶地划分及其时代定义

　　浑河两岸河流阶地十分发育，地貌面的层次特征亦十分清楚。在北东东向狭长的浑河谷中，自西侧的抚顺盆地一直到东侧的英额门－丁家街即现代浑河东端源头附近，浑河两侧均可观测到比较清晰、多层次的河流阶地。浑河阶地在河流两岸呈不对称或准对称状态，不同地段的阶地发育程度及其完整性存在一定差别。总的来看，一级阶地在全流域均可观测到，是最为连续、保留最为完整的阶地貌单元；三级阶地的发育形态也较好，沿浑河两岸多处可以观测到；其他各级阶地的连续性、完整性、对称性较差，要么是原始规模就小，如二级阶地多呈狭窄条带状断续分布于一级阶地的外侧，要么是形成时代较早，受到后期侵蚀和风化剥蚀作用形态特征已不很清楚、完整，如四级以上的侵蚀阶地。

根据已有研究和本次观测调查，依据浑河阶地成因类型、形态特征以及结构、高度变化，沿浑河分布的阶地可以划分为 5 级，分别形成拔河高度 3 ~ 6m 至 100 ~ 120m 不等的平台或准平台状地形。一方面，浑河河流阶地类型比较齐全，包括堆积阶地、基座阶地、侵蚀阶地等多种类型；另一方面，浑河南、北两岸的河流阶地发育形态和规模很不均匀，在不同河段表现出不同的特点，反映了浑河断裂南、北两条主干断裂活动特征的不均匀性以及浑河侵蚀、堆积作用的差异特征。

研究认为，浑河一级阶地类型为堆积阶地，相对河床高度 3 ~ 6m，根据区域地貌单元和第四系地层对比等已有研究结果，确定一级堆积阶地形成于全新世；二级阶地类型为基座阶地，相对河床高度 8 ~ 10m，形成于晚更新世晚期；三级阶地为基座阶地，相对河床高度 25 ~ 40m，大致形成于中更新世晚期－晚更新世早期；四级阶地为侵蚀阶地，相对河床高度 65 ~ 80m，大致形成于中更新世早期；五级阶地为侵蚀阶地，相对河床高度 100 ~ 120m，大致形成于早更新世。另外，通过调查和研究，在浑河上游地段五级侵蚀阶地之上，除了形成于上新世－早更新世的广宁寺夷平面（高 120 ~ 200m）和中新世的平山夷平面（高 300 ~ 400m）以外，在海拔高度 800 ~ 1000m 还可见到一些残留的侵蚀、剥蚀山地顶部基本处在相近的高度面上，该高度面是可以划分出一级夷平面的。结合辽东－张广才岭山地区夷平面发育特征的综合分析，确定该级夷平面应属于长白山期夷平面。根据区域地质地貌调查和对比，长白山期夷平面与大兴安岭地区形成于古近纪的兴安期夷平面和下辽河盆地西侧燕辽山地区形成于古近纪末、新近纪初的高级夷平面相当，海拔高度均在 800 ~ 1000m，也与华北山地区形成于古近纪末的甸子梁期夷平面相近。综合上述相邻区域的夷平面分布特点，并与浑河上游五级侵蚀阶地海拔高度和相对河床高度变化进行比较分析，认为在浑河上游地段海拔高度 800 ~ 1000m 有所分布的长白山期夷平面其形成时代大致为古近纪。

5.5.2 浑河（断裂）两侧同级阶地的高度变化比较

浑河断裂带基本上展布于浑河谷底部或其南、北两侧，断裂控制了浑河谷的发育，与此同时，浑河两岸阶地较为发育、类型较多、形成时代比较明确，由此，可以通过各个相同等级阶地对比的方法来分析和判定浑河断裂的活动性。需要注意的是，浑河断裂带主要由 2 ~ 4 条主干分支断裂组成，其间构成了地堑式构造如形成一系列的构造盆地，因此，当通过阶地对比方法所得到的断裂带南、北两盘相对运动差值很小时，尚不能完全否定浑河断裂带的活动特性，因为这时仍可能存在不同主干分支的构造活动，只不过它们的倾滑运动方向相反、滑动量相近而已。但当断裂带南、北两盘的阶地对比判定出实质的相对运动差值时，则说明浑河断裂带存在差异性的倾滑运动，并可以根据反映出差异运动的最低阶地等级确定断裂的最新活动时代，计算出断裂滑动速率。

李衍久（1994）在《浑河断裂活动性与抚顺城市安全性研究》中曾较系统地测量了浑河中、上游共 10 条阶地横剖面，对自下游至上游的各阶地横剖面进行了介绍。本书在此基础上补充开展野外调查、观测和采样分析，进一步分析和确定了各等级阶地的类型、高程及形成时代，通过浑河谷两岸同级阶地的相对高程变化判定浑河断裂的活动性和活动程度。

1）辉山－尖山台横剖面

该段的浑河河谷宽阔，河漫滩由中砂、粗砂等组成，与一级阶地间过渡平缓。一级阶地两岸对称发育，由粉细砂、中粗砂、砂砾石等组成，阶地面平坦，高度（相对河床）6m；二级阶地在该河段缺失；三级阶地高度为 26～40m，两岸高度相等，阶地剖面可见砂砾石和次生黄土；四级阶地高度 80～81m，阶地面形态较完整，南、北两岸差异不大，北岸阶地上有砂砾石层被沿断裂喷溢或侵入的玄武岩所覆盖，采集烘烤层附近石英砂热释光测定结果为中更新世早期（考虑误差）；五级阶地高度为 120m，南、北两岸大致相同，北岸辉山上可见早更新世泥砾层分布（表5.4 和表5.5）。

表5.4　浑河河谷两岸阶地横剖面相对河床高度对照表

阶地剖面编号	阶地剖面名称	河床海拔高程/m	一级阶地相对高度/m	二级阶地相对高度/m	三级阶地相对高度/m	四级阶地相对高度/m	五级阶地相对高度/m	较高级剥夷面（山峰）高度/m
1	辉山－尖山台	60	6（北）		26～40（北）	81（北）	120（北）	
			6（南）		26～40（南）	80（南）	120（南）	
2	葛布－千台山	70	6（北）		30～40（北）	78（北）	100～110（北）	219（北）
			6（南）		35（南）	75（南）	110（南）	216（南）
3	下章党	90	6（北）		30～40（北）	70（北）	106（北）	196（北）
			6（南）		30～40（南）	70（南）	108（南）	198（南）
4	东洲	85	5～6（北）		25～33（北）	71～75（北）	108（北）	
			5～6（南）		25～35（南）	75（南）	108（南）	
5	南杂木	135			30（北）	65～75（北）	115（北）	
			5～6（南）		25～35（南）	65～75（南）	95～115（南）	
6	苍石	155	3（北）		34（北）	76（北）	102（北）	
			3（南）		36（南）	75（南）	105（南）	
7	北三家		3（北）		39（北）	63～73（北）	103（北）	
			3（南）		37～42（南）	63～73（南）	103（南）	
8	斗虎屯	210	2（北）	12（北）		60（北）		
			2（南）	12（南）		60（南）		
9	清原	236	4（北）		32（北）	66（北）		
			4（南）		32（南）	65（南）		
10	长山堡	266	2（北）	20（北）				
			2（南）	20（南）				

表5.5 浑河河谷北、南两岸阶地相对河床平均高度差

阶地横剖面编号	阶地横剖面（所属段落）	河床海拔高程/m	一级阶地高度差/m	二级阶地高度差/m	三级阶地高度差/m	四级阶地高度差/m	五级阶地高度差/m	较高级剥夷面（山峰）及阶地高度差/m
1	辉山–尖山台（沈阳）	60	0		0	1	0	
2	葛布–千台山（抚顺）	70	0		0	3	−5	3
3	下章党（抚顺）	90	0		0	0	−2	−2
4	东洲（抚顺）	85	0		−1	−2	0	
5	南杂木（南杂木–英额门东）	135			0	0	10	
6	苍石（南杂木–英额门东）	155	0		−2	1	−3	
7	北三家（南杂木–英额门东）		0		−0.5	0	0	
8	斗虎屯	210	0	0		0		
9	清原（南杂木–英额门东）	236	0		0	1		
10	长山堡（南杂木–英额门东）	266	0	0				

2）葛布–千台山横剖面

一级阶地由粉细砂、中粗砂、砂砾石等组成，北岸狭窄、南岸宽阔，南、北两岸高度均为6m；受到后期人为活动影响，调查中未发现二级阶地残留；三、四级阶地的阶地面形态较清楚，北岸高度分别为30~40m、78m，南岸高度分别为35m、75m；五级阶地仅小范围分布，在千台山上发育良好，阶地面平坦，北、南岸高度分别为100~110m、110m。抚顺石油一厂内发育的F1A为浑河断裂带的主干分支断裂，该断裂分割了太古宇混合岩和侏罗–白垩系砂页岩，但未错切上覆的一级阶地砂砾石层，因此在一级阶地形成以来F1A是没有活动的。

3）下章党横剖面

一级阶地两岸基本对称，高度均为6m；二级阶地缺失；三、四、五级阶地两岸也大致对称分布，相对高度分别为30~40m、70m和106~108m，阶地高度基本相同。

4）东洲横剖面

一级阶地面宽广，高度5~6m，两岸大致对称分布；二级阶地缺失；三、四、五级阶地两岸也大致对称分布，其中四、五级形成剥蚀丘陵地形，各级阶地两岸相对对称发育，高度分别为25~35m、71~75m和108m。

5）南杂木横剖面

在观测剖面上北岸一级阶地发育较差，阶地面较窄，南岸则一级阶地发育良好，阶地面

宽广，高度为 5~6m；二级阶地缺失；三、四、五级阶地两岸近对称发育，高度也大致相等，分别为 25~35m、65~75m 和 95~115m。

6）苍石横剖面

该段河谷比较狭窄，经观测一级阶地相对河床高度为 3m 左右，两岸大致对称；二级阶地缺失；三、四、五级阶地在河流两岸均有发育，但阶地面较窄，高度分别为 34~36m、75~76m、90~105m。

7）北三家横剖面

该段河谷狭窄，一级阶地为高度为 3m 左右；二级阶地缺失；三、四、五级阶地高度分别为 37~42m、63~73m 和 103m。各级阶地在河流两岸大致对称发育。

8）斗虎屯横剖面

该河段只发育有 3 级阶地，一级阶地两岸近对称发育，高度 2m 左右；二级阶地在河流两岸均有发育，但分布局限，高度为 12m；三级阶地缺失；四级阶地分布不很均匀，高度 60m。

9）清原横剖面

该处河段主要观测到 3 级阶地发育，即一级堆积阶地、三级基座阶地和四级侵蚀阶地，二级基座阶地受到后期人类活动影响在剖面线附近其形态特征已不明显；该河段一级阶地、三级阶地发育较好，形态完整，面积广阔，其中一级阶地面比较平坦，两岸近对称发育，三级阶地面明显向河床方向倾斜，在两岸的分布也不均匀，在西堡的阶地面残积层 ESR 年龄为中更新世中晚期。一级阶地下伏侏罗系砂页岩，高约 4m；三、四级阶地高度分别为 32m 和 65~66m。另外，在该段浑河南岸的海拔为 420m 左右、相对浑河河床高 190m 左右处，发现有古柳河的古河道，河道内见有红色砂砾石层，推测为新近纪－早更新世时期由于浑河谷地不断抬升而浑河强烈下切侵蚀，袭夺了古柳河河谷。

10）长山堡横剖面

该处河段处在浑河的最上游附近，只观测到 2 级河流阶地发育。一级阶地为堆积阶地，高度为 2m；二级阶地为基座阶地，高度近 20m。河谷两岸阶地近对称发育，阶地高度基本一致。

5.5.3　基于浑河（断裂）两侧阶地对比的断裂活动性判定分析

通过上述横切浑河 10 条阶地横剖面的观测分析，可以看出，浑河沿线的阶地发育总体上是不均匀的，整个河段普遍存在某一级或几级阶地缺失的现象，很难找到各级河流阶地均有所发育、剖面完整的河段。尽管如此，在明确了阶地的形态、类型、高度和形成时代的前提下，仍然可以通过存留的阶地剖面分析，根据其高度变化来分析和判定其形成以来浑河断裂活动性所产生的影响。根据辉山－尖山台、葛布－千台山和南杂木、清原等阶地横剖面的对比分析，河谷南、北两岸同级阶地的高度差变化很小，一、二级阶地北、南两岸相对河床的平均高度差基本上没有差别，其差值等于 0，三级阶地北、南两岸平均高度差在 –2~0m，四级阶地北、南两岸平均高度差在 –2~3m，五级阶地北、南两岸平均高度差在 –5~10m。从这些数据的分布来看，浑河（断裂）两岸的同级阶地高度差并不表现出良好的规律性，显得参差不齐，据此尚难以给出浑河断裂南、北两盘明显的相对运动变化，甚至说浑河断裂自五级阶地形成的早更新世以来，断裂带内主干分支大致等幅的相向运动可能掩盖了断裂带南、北两盘的差异运动，而只表现为处在断裂带内的浑河谷明显下降，沉积了一定厚度的第四系地层，而两侧的河流阶地和基岩山体则大致呈同步上升的运动状态且幅值差异不大。另外，根据沿浑河谷的阶地调查，还可以得到浑河南、北岸分别的同岸阶地位相特征。分析认为，浑河南、北两岸的阶地纵剖面线是基本平行一致的，其间距由下游向上游总体趋于减小，表明沿整体的浑河谷其第四纪以来的差异性表现为下游的升降幅度要大于上游，也就是说，浑河断裂在整个第四纪时期其西段的断裂活动水平较之断裂东段为强，这与实际调查中在浑河断裂最东端与赤峰－开原断裂交会区域难觅浑河断裂踪迹是吻合的，在两条区域性断裂的交会区域浑河断裂的活动性已十分微弱。另外，这种阶地位相差异由下游向上游的缓慢、平滑过渡还反映出切穿浑河（断裂）的其他走向断裂构造发育程度很差或者即使有所发育但断裂活动程度非常微弱。

5.6　跨浑河断裂抚顺段南支（F1、F1A）的大地形变测量

受到抚顺煤矿采掘影响，在抚顺永宁、安康、略阳和榆林等地区产生了严重的地面不均匀沉降，浑河断裂抚顺段南支（F1）的部分分支断裂充当了其中的沉降滑动面。为了对比分析，跨浑河断裂的大地形变测量剖面分别布设于采煤沉降影响区及非沉降影响区等不同的场地条件。

在采煤沉降影响区内共布设了 6 条跨断裂（F1、F1A）的短水准测线和一个环形测线网。西三测线环位于西露天矿北，由 2 个环构成水准测线网，全长 2km，平均站距为 45m，严格按一等水准精度进行观测。3 年多的测量结果表明，西三线水准网各点的变形特点是：整个网向南倾斜，西部沉降量大于东部，F1A 断层区是一个相对沉降带，其沉降速率为 18mm/a。永宁、安康、略阳和榆林测线布设于 1996 年，1999 年新增加了水沟测线。永宁测线自 3 年多观测到的最大下沉量为 986mm，下沉速率为 28mm/a；安康线在 F1A 处下沉量最大，达到 150mm 左右，下降速率为 44mm/a；略阳线在 F1A 及测线最南端下沉量达到 280～340mm，平均下降速率为 80～100mm/a；榆林线在 F1A 断裂附近的沉降量为 380mm，平均下沉速率为 110mm/a，测线南端下沉最为剧烈，沉降量达到 800mm，平均下沉速率为 234mm/a。水沟线最大下降幅度 160mm，在 F1A 处为 100mm。从形变观测数据来看，1990—1999 年的最大下沉速率达到了 320mm/a，各年度的下沉速率有所不同，同时，在跨过 F1A 等断裂地段附近都形成了相对的沉降区，显示断裂在这里充当了不均匀沉降的滑动面。另外，形变观测资料还显示，断裂附近的相对垂直运动方式一般为北盘下降、南盘上升。

在远离采煤沉陷区的古城子河和红砖厂等浑河断裂主干通过地段选建 2 个观测场地，在每个场地布设一个大小约为 100m×200m 边角同测的大地四边形，用测角精度约 1″、测距精度约 1mm 的全站仪连续 2 年进行观测，以辨跨浑河断裂是否存在 1mm/a 以上的构造运动。这 2 个观测剖面基本上可以排除由于采煤沉陷所导致的沿 F1A、F1 断裂发生非构造性地表裂缝对垂直、水平形变测量结果的影响，能够较充分地体现 F1A、F1 断裂两侧地质体沿断裂所产生的构造形变。在垂直形变方面，古城子河观测剖面在断层附近未发生明显的阶梯或凹凸形态的变化，看不出古城子河段 F1A 断层两侧存在明显的与现今构造活动有关的相对

垂直运动；红砖厂观测剖面在断层附近也未发生明显的阶梯或凹凸形态的变化，浑河断裂没有明显的与现今构造活动有关的跨断裂相对垂直运动。在水平位移方面，古城子河场地各点水平位移矢量变化均在灵敏度椭圆范围内（以灵敏度椭圆作为变形显著与否的标准），水平位移变化不明显，看不出 F1A 断层两侧存在明显的与现今构造活动有关的相对水平运动；红砖厂场地水平位移矢量变化也看不出浑河断裂存在明显的与现今构造活动有关的相对水平运动。

另外，布设于清原北大岭的测线跨断裂测段长 142m，复测周期为半个月。从 1981—1991 年的测量结果来看，最大年变化未超过 0.3mm，断裂两侧高度差没有明显改变，断裂新活动特征不明显。布设于清原地震台跨断裂的测线长 390m，20 年以来的观测结果也表明，沿测线高度差没有异常变化，浑河断裂不存在明显活动。

总之，通过形变观测资料的综合分析，排除抚顺煤田采煤不均匀沉降的影响，认为浑河断裂（含 F1A、F1）两侧 20 多年来不存在明显的形变活动，断裂的活动程度是很弱的。

5.7　基于地质地貌方法的浑河断裂第四纪活动性分析

作为辽东山地区主要的区域性构造以及郯庐断裂带的主干分支断裂，浑河断裂带控制了这一地区的地质构造格局及宏观地貌形态，控制了现代浑河发育，形成了地貌特征鲜明的北东东向狭长条状浑河谷地。浑河断裂次级构造有所发育但规模有限，同时在南杂木、辽宁发电厂和浑河断裂西、东两端等少数几个结点部位，还有与浑河断裂具有共轭结构的北西-北北西向或北西-北西西向断裂（组）发育，共轭构造对于浑河断裂的发育形态以及完整性、连续性产生了明显影响，在地质地貌上得到了充分体现，但由于规模相对较小，共轭构造的活动并不能够改变由浑河断裂主导的总体地质构造格局。

在高分辨率遥感解释和其他相关研究资料的基础上，对密山-敦化断裂辽宁段（浑河断裂）具有一定地质地貌差异特性的沈阳段、抚顺段、章党-南杂木段和南杂木-英额门东段开展了详细的地质地貌调查，根据断裂沿线地质地貌特征和微地貌形态变化及其对第四系地层的控制作用，可以得到上述浑河断裂各个不同的地质地貌发育段第四纪活动性的初步评价。

5.7.1　浑河断裂沈阳段

综合高分辨率遥感影像解译、地质地貌调查，结合相关的区域地质和浅层人工地震、钻孔探测等结果，认为浑河断裂沈阳段是存在的。断裂段大致由 2～3 条分支组成，形成平行状或斜列状展布结构。根据现有认识，浑河断裂带基本展布在沈阳市区南侧的浑河南岸，断裂带规模较大，走向北东-北东东，产状比较稳定。该段的浑河发育于下辽河平原东北部，延伸形态蜿蜒，河床与主干断裂带距离一般为 2～7km，两者近平行发育。

断裂主要隐伏于浑河新冲洪积扇和老冲洪积扇地貌单元之下，在冲洪积扇或其边缘地带发现有梯度变化很小、具有舒缓起伏特征的局部微地貌变化，表现为阶梯状的陡坎、陡坡。沿上述陡坎、陡坡进行追索调查，其延伸的连续性、稳定性、规律性较差，在一些地段还呈现出一定的弯曲状，陡坎、陡坡的规模在较小的空间范围内可能存在较大的差别，因此难以确定为具有构造相关性的微地貌陡坎或陡坡，应主要属于早期沉积基底的阶梯状陡坎、陡坡，也不能排除冲洪积扇形成以来现代浑河的差异性侵蚀堆积作用以及人类活动的影响，该陡坎、陡坡在冲洪积扇地貌单元形成以后没有发生新的变化。从大的地质地貌发育特征来分析，浑河断裂沈阳段表现出一定的倾滑活动特征，运动性质主要表现为北盘相对下降、南盘相对上升，现代浑河河床处在断裂的北盘（下降盘）上，其总体的下降态势还是比较明显的。断裂在一定程度上控制了第四系地层的分布，第四系等厚线在总体服从下辽河平原区北东向展布的同时在浑河断裂附近还具有一定的北东东向延伸的趋势。

研究分析认为，由于后期的构造活动及河流侵蚀堆积作用相对较弱，断裂附近大的地貌形态变化具有一定的继承性，主要是在早期地貌格架基础上所形成的，大的地貌形态在一定程度上反映了早期的总体地貌格局；而在微地貌方面，自近地表浑河新、老冲洪积扇形成以后，沿断裂构造延伸的陡坎、陡坡等反映浑河断裂地表断错特征的线性地貌变化基本上不发育或形态特征不明显。因此，浑河断裂沈阳段在第四纪期间是可能存在构造活动的，但在新、老冲洪积扇形成的晚更新世－全新世以来其活动特征是不明显的。

5.7.2　浑河断裂抚顺段

以遥感解译、相关区域地质、煤田地质和钻孔探测、浅层人工地震探测结果为基础，开展详细的地质地貌调查，认为浑河断裂抚顺段是存在的。它主要由南、北2条主干分支组成，各主干断裂又可划分出若干的次级分支，形成平行状或准平行状展布结构，并具有分支复合特征。断裂总体走向北东东至近东西，产状存在一定的变化。

浑河断裂控制了中生代－新生代抚顺盆地的发育，该断陷盆地的主要发育期为古近纪，新近纪时活动明显减弱，第四纪以来的沉降幅度十分有限。浑河断裂抚顺段主要发育于抚顺盆地南、北两侧侵蚀、剥蚀丘陵前缘与山前坡洪积扇、坡积裾、阶地等堆积地貌单元的交界地带，在浑河以南或盆地东端附近也隐伏于山前坡洪积扇、坡积裾及河流堆积阶地、河漫滩、河床之下。在山前地带可见弯曲状至近直线状展布的连续、稳定的陡坡和陡坎条带，也可观测到沿断裂延伸的沟谷等负地形，沿陡坡、陡坎带局部能够见到断裂破碎带的出露。浑河一级阶地地形平坦、形态完整，没有断错微地貌陡坡、陡坎发育。从上述微地貌变化的形态特征来看，陡坡、陡坎带等的发育与地质构造之间存在一定的关系，至少与浑河断裂两侧的差异性运动及其导致的大的地貌、第四纪地质差异是分不开的，但在一些地段也存在代浑河差异性侵蚀、堆积作用以及人类活动的影响。从大的地质地貌发育特征来分析，浑河断裂抚顺段南、北主干分支之间的抚顺盆地是相对下降的，沿浑河断裂形成近东西向的断陷带，其中沉积有第四系地层，断裂在总体上表现为张性特征，具有一定的倾滑兼走滑运动性质。断裂控制了第四系地层的分布，在盆地北侧的一些地段断裂甚至充当了第四系沉积的边界，第四系等厚线呈北东东至近东西向延伸。

总的分析认为，浑河断裂抚顺段在大的地貌形态上表现清楚，控制了抚顺第四纪断陷盆地的形态，断裂构造发育及其活动是明确的；在微地貌形态变化上，受到2条南、北分别主干断裂带两侧的差异性升降运动以及现代浑河侵蚀、堆积作用，沿断裂带可见陡坡、陡坎带，陡坡、陡坎带分隔了相对上升的侵蚀、剥蚀地形和相对下降的浑河沉积区，体现了长期以来断裂活动的结果，但在第四纪以来所形成的新的地貌单元如一级阶地上没有观测到微地貌陡坡、陡坎发育。浑河断裂抚顺段切割了太古宇－第三系地层，沿断裂有古近系火山碎屑岩分布且被断层错断，断裂具有多期活动特征，不同时期断裂的构造运动性质是不尽相同的。断裂在古近纪之前的活动程度相对较高，其后活动性显著减弱，在第四纪时期仍有新的活动，但活动水平很低，断裂段至少在全新世一级阶地形成以后是没有活动的。

5.7.3　浑河断裂章党 – 南杂木段

综合已有的相关区域地质研究、遥感解译结果，开展详细的、针对性的地质地貌调查，确定浑河断裂章党 – 南杂木段的展布形态和地质地貌发育特征是清楚的。它主要由 3～4 条北东东向的分支断裂组成，规模较大、连续性较好、构造形迹清楚，具有微弯曲状或平行状展布结构和分支复合特征。

断裂控制了太古宙 – 古近纪地层的发育，并切割了古近系地层。断裂发育于辽东山地区低山、丘陵中，多处在低山、丘陵前缘地带。在南杂木盆地附近断裂两侧地貌形态差异比较显著，控制了浑河谷地及第四系地层的发育。野外地质地貌调查显示，在侵蚀、剥蚀低山、丘陵前缘地带可见一系列北北西向延伸的小型剥蚀堆积台地、沟谷相间排列，平面形态上呈梳状。一方面，侵蚀、剥蚀低山、丘陵与小型台地、沟谷之间形成清楚的转折点，各转折点连接成转折线，总体上呈北东东向连续、稳定的弯曲状至近直线状延伸，转折线两侧的微地貌形态和第四系沉积特征具有明显的差别；另一方面，在侵蚀、剥蚀低山、丘陵前缘地带还较多地发育有山前坡洪积扇、坡积裙等地貌单元，其间界线也同样具有北东东向的延伸形态。调查分析结果表明，低山、丘陵区基岩出露广泛，地形坡度较大；台地、沟谷区和坡洪积扇、坡积裙区基岩出露较差，第四系厚度虽然较小但发育普遍，地形起伏较小，尤其在台地上地形比较平坦。上述地质地貌、第四系沉积差异在一定程度上指示了沿低山、丘陵区和前缘堆积台地区、坡洪积扇区之间的界线可能发育具有一定规模的北东东向断裂构造，而根据区域地质背景资料综合确定，上述地貌部位应为浑河断裂的展布地段。沿界线追索调查，没有发现新的近地表断错地貌面或微地貌陡坎，在断裂穿过的河流一级阶地面上也没有断错微地貌陡坡、陡坎发育。此外，局部地段可见丘陵基岩陡坎与坡洪积扇第四系之间直接以平整的基岩面接触，但两者之间并没有明显的断错特征，表明即使沿陡坎有断层面发育，但在坡洪积扇形成以后基本上没有活动或活动程度很弱。

从微地貌变化的形态特征来看，侵蚀、剥蚀低山、丘陵与台地、坡洪积扇、坡积裙之间的界线以及陡坡、陡坎带与地质构造之间应具有较密切的联系，它们指示了浑河断裂的发育形态及其两侧的新构造差异性运动。从大的地质地貌发育特征来分析，浑河断裂章党 – 南杂木段各分支断裂之间断陷盆地、谷地等的发育形态明显较相邻的抚顺段、南杂木 – 英额门东段为差，现代浑河甚至展布于浑河断裂带之外的南侧；同时，该断裂段第四系的总体发育程度也较差，与其他段落比较，区域上与断裂构造活动相关的指示特征相对较弱，只从微观角度来观测，局部地段断裂及其两侧的第四系发育特征还存在一定的差别，断裂对第四系地层的发育具有一定的控制作用。从上述地质地貌、第四纪发育特征来判断，浑河断裂章党 – 南杂木段的活动程度是相对较弱的，断裂在总体上表现为张性特征。

总的分析认为，浑河断裂章党 – 南杂木段在大的地貌形态上表现相对较差，但在微地貌形态变化上表现较为清楚，断裂对局部的第四系沉积具有控制作用，沿断裂带呈线状延伸的坡面折线和局部发育的陡坡、陡坎带分隔了相对上升的侵蚀、剥蚀低山、丘陵和相对下降的剥蚀堆积台地、地貌沟谷、山前坡洪积扇、坡积裙等，反映了断裂的第四纪活动特征。连续追索调查显示，在第四纪晚期以来所形成的新地貌单元如晚更新世坡洪积扇、坡积裙及全新世一级阶地上没有观测到微地貌陡坡、陡坎发育，表明浑河断裂章党 – 南杂木段在第四纪时期虽有新的活动，但活动水平很低，断裂在晚更新世－全新世以来的活动特征不明显或基本上没有活动。

5.7.4　浑河断裂南杂木－英额门东段

综合已有的相关区域地质研究、遥感解译结果和详细的、针对性的地质地貌调查，认为浑河断裂南杂木－英额门东段发育形态十分清楚。它主要由2～3条主干分支断裂组成，还有多条规模较小的同向派生构造发育。断裂带展布舒缓、总体走向稳定，为北东－北东东向，产状存在局部的变化，形成平行状或准平行状展布结构。

浑河断裂南杂木－英额门东段总体控制了现代浑河河谷的发育及沿线一系列小型断陷盆地的发育，使得第四系地层沿断裂带呈狭长的条带状分布。断裂在浑河河谷两侧的发育程度是不均匀的，其中在河流北岸的地质地貌形态特征比较清楚，连续性较好；在南岸则表现明显较差，断续展布。根据实际地质地貌调查，断裂主要发育于河谷断陷盆地两侧侵蚀、剥蚀低山、丘陵前缘与山前坡洪积扇、坡积裙、阶地等堆积地貌单元的交界地带，在浑河以北一些地段还发育于浑河河谷北侧的次级同向沟谷中，控制了次级北东东向沟谷的地貌形态和走向，在浑河以南一些地段则隐伏于河谷平原或山前坡洪积扇、坡积裙之下。另外，由于该段断裂的长度为75km，规模相对较大，因此其地质地貌形态变化也是多方面的，如在侵蚀、剥蚀低山、丘陵的前缘地带还可见到剥蚀堆积台地或浑河二级、三级基座阶地分布，两者之间以坡面转折线相接，转折线走向北东－北东东，两侧的地质地貌形态和第四系沉积特征具有差异。在河谷两侧山前地带可见连续或断续展布的弯曲弧状至近直线状展布的陡坡、陡坎，也可观测到沿断裂延伸的线状沟谷等负地形。受到北西－北北西向等断裂构造的作用，沿浑河断裂的陡坎、陡坡在平面展布上具有一定的斜列状结构特征，沿陡坡、陡坎带能够见到断裂破碎带的出露。浑河一级阶地地形起伏舒缓、形态完整、分布较广，其上没有观测到断错微地貌陡坡、陡坎发育，二级、三级阶地呈条带状分布，分布面积较小，尤其是二级阶地分布十分有限，在二级、三级阶地上没有观测到断错微地貌变化，对分布范围较大的山前坡洪积扇、坡积裙的地质地貌调查也没有发现地貌面断错的微地貌变化。

从大的地质地貌发育特征来分析，浑河断裂南杂木－英额门东段南、北主干断裂之间的浑河河谷盆地是明显下降的，形成北东－北东东向的断陷带，同时在浑河北岸的局部地段如清原以北沿主干断裂还形成次级的北东－北东东向沟谷，浑河断陷带和次级沟谷中均沉积有规模不等的第四系地层，断裂控制了第四系地层的分布。断裂段新生代以来的运动性质是存在变化的，新近纪以来总体上表现为张性特征，具有一定的倾滑兼走滑运动。

分析认为，浑河断裂南杂木－英额门东段大的地质地貌形态特征表现清楚，控制了浑河第四纪断陷谷地的形态，断裂构造发育及其活动是明确的；在微地貌形态变化上，受到断裂两侧的差异性升降运动作用，沿断裂带可见陡坡、陡坎发育，陡坡、陡坎带分隔了相对上升的侵蚀、剥蚀地形和相对下降的浑河及其他沟谷沉积区，体现了长期以来断裂活动的结果，但在第四纪以来所形成的新的地貌单元如全新世一级堆积阶地、晚更新世二级和三级基座阶地上没有观测到微地貌断错陡坡、陡坎发育，形成于晚更新世的坡洪积扇、坡积裙等形态也较完整。与总体地貌发育形态特征相似的浑河断裂抚顺段相比，浑河断裂南杂木－英额门东段缺失古近系地层而新近系地层有所发育，显示南杂木－英额门东段在新近纪时活动明显。断裂具有多期活动特征，新近纪以来断裂带以下降运动为主，但活动程度较弱，第四纪时期继承了新近纪以来的运动特点，仍保持较低的活动水平，断裂段晚更新世以来的活动性不明显。

第6章
地震地质调查和研究

6.1 地质构造基础环境

密山－敦化断裂属于是中国东部巨型断裂构造带——郯庐断裂带的一级主干分支构造，郯庐断裂带通过渤海、下辽河平原北延至沈阳西南产生分异后，即形成了两条规模巨大的分支断裂构造——依兰－伊通断裂和密山－敦化断裂。密山－敦化断裂在中国境内的延伸长度约1200km，向北东经乌苏里江、黑龙江交叉口附近继续延入俄罗斯境内并控制了黑龙江下游河段的地貌形态，断裂还可进一步延至鄂霍次克海以东，长度超过2000km。根据已有研究，密山－敦化断裂属于岩石圈深大断裂，自形成以来经历了复杂的构造演化变动。它与其他构造体系相互作用，可以划分为若干不同的段落，各段在地壳介质特性、地貌形态、结构、活动性及地震活动等方面存在明显的差异。浑河断裂是密山－敦化断裂的组成部分，是密山－敦化断裂与赤峰－开原断裂交会、切割后展布于辽宁省附近范围的段落，相邻的赤峰－开原断裂以北段落则称为密山－敦化断裂吉林段。

浑河断裂（密山－敦化断裂辽宁段）属于密山－敦化断裂的最西段，它西起于沈阳西南，经抚顺、章党、南杂木、清原、英额门延至草市以南，全长约200km。断裂在沈阳附近走向北东－北东东，在抚顺附近走向北东东，局部近东西，在抚顺以东的章党－南杂木附近延伸平直稳定，走向75°~80°，南杂木以东的北口前附近走向保持70°~80°，向东延伸则走向不断偏北，其中北口前－清原走向65°~70°，清原－英额门东（草市南）走向为北东－北东东。断裂穿过了下辽河平原区东北部、辽东山地区及其之间具有过渡特征的抚顺第四纪盆地等不同的地质地貌区，发育形态和构造活动具有差异性的特点。浑河断裂呈稳定的舒缓波状延伸，分支构造十分发育，形成较宽的断裂带。断裂带主要由2~4条以早期压扭性表现占据优势的分支断裂组成，而第四纪张性为主的活动性总体上较弱，基本上没有掩盖前第四纪活动的构造痕迹，因此，在一些地段可表现为由多条断裂构成的断陷带，如在抚顺地区主要为2~3条近平行断裂构成的断陷带，在章党至清原一带则由数条压扭性的断裂组成构造带，在清原－草市南为2条压扭性主干断裂构成断陷带。分支断裂之间一般为距离1~2km，最大可达10km，具有平行状、斜列状展布结构和分支复合特征。断裂倾角一般较陡，倾向不定，分支断裂的相对活动沿浑河构成长条形的地堑槽地（浑河断陷盆地）。

浑河断裂控制了太古宙－元古宙、中生代侏罗－白垩纪和新生代等不同时期地层的分布，并使这些地层遭到了不同程度的构造破坏。调查研究显示，浑河断裂北侧出露有大面积的太古宙斜长混合岩、混合花岗岩，南侧则主要分布有太古宇鞍山群混合岩等古老地层，它控制了这一时期侵入岩体的分布，表明浑河断裂在太古宙时期即已形成，至元古宙时形态特征趋于完整，是一条十分古老的断裂构造，沿断裂带或两侧附近还有较大面积的侏罗－白垩系、第三系和第四系地层发育。中元古界长城系白云岩、白云质灰岩在章党－南杂木间也有少量被断裂构造限制的条带状发育；侏罗－白垩系岩性以安山岩、玄武岩、砾岩等为主，多分布在章党以东浑河断裂的南侧，清原及以东地区则主要在断裂带内呈条带状展布，在浑河断裂以东的密山－敦化断裂吉林段沿断裂控制发育的辉发河谷内也可见到该套地层的分布；第三系古近系砂页岩及含煤地层的发育严格受到了断裂带的控制，基本上被局限在浑河断裂带北东东向长条形断陷盆地内，古近系地层在抚顺盆地内有较大面积的分布，在章党－南杂木和英额门附近的狭长条状断陷盆地内被断裂构造围限呈小范围的条带状分布，此外，该套地层在密山－敦化断裂吉林段控制的辉发河谷内也可见到；新近系岩性以砾岩、砂岩含煤为主，仅在英额门附近的断陷盆地内有所出露；在浑河断陷盆地中第四系地层发育、分布连续，其与南、北两侧广泛出露的基岩地层形成鲜明的对比，尽管如此，盆地中第四系的厚度普遍较薄、剖面层次很不完整，除了抚顺盆地、南杂木盆地等少数第四纪盆地以外，沿浑河断裂的第四系沉积厚度均很薄。研究还表明，古近系地层在断陷盆地内受到强烈挤压、逆冲甚至倒转变形，并被后期中新世－中更新世多达6期的玄武岩所穿插，反映出浑河断裂在古近纪始新世－第四纪中更新世时期发生过强烈而复杂的挤压和反扭性构造活动，同时伴随有多期次的火山活动。另外，根据煤田地质等资料，浑河断裂南、北两侧的中－上元古界岩相和厚度截然不同。断裂北侧为凡河型沉积建造，以碳酸盐岩为主，地层发育较齐全，长城系、蓟县系均较完整；断裂南侧属太子河型沉积建造，以碎屑岩为主，青白口系、震旦系相对较全。在沈阳附近地段，浑河断裂以南石炭系、二叠系煤系发育，说明断裂控制了中－晚元古宙及以后的地史演化，断裂并对中－新生代盆地尤其是第三纪煤系盆地的形成具有明显的控制作用。

　　浑河断裂经历过多次的构造运动，在不同的地质历史时期，断裂力学性质有明显改变。断裂早期表现为剪切性质，古生代时变为以挤压和剪切为主；大规模的平移和牵引构造产生于早古生代至中生代早期，表现为左旋走滑性质，在中侏罗世晚期－早白垩世时期存在大规模的左旋逆冲活动，其构造变形表明这一时期浑河断裂构造变动强烈，构造痕迹至今在石门岭、清原等地仍能够见到，表现为太古宇混合花岗岩等地层逆冲于下盘白垩系地层之上；新生代早期断裂转变为拉张性质，槽地显示差异性的不均匀沉降，导致第三纪煤系盆地的形成，在一些地段形成了宽1~2km的裂谷带，其中抚顺裂谷内最大沉积厚度达到2000m，但其活动性已远低于辽东湾－下辽河地区的郯庐裂谷；新生代晚期，断裂拉张不明显，第三系地层中产生了与中生界褶皱不相协调的开阔型褶皱构造，沿浑河断裂带基本缺失新近系沉积，这一时期的浑河裂谷带伴随着辽东山地区的抬升已整体隆起，活动性减弱；第四纪时期，受到下辽河拗陷的牵引，浑河断裂抚顺盆地以西的沈阳附近段落整体下沉，第四系厚度较大，可达100m以上，与之相比，抚顺盆地内虽然也有第四系发育，但沉积规模呈数量级的降低，最大厚度仅20m左右，在抚顺盆地以东第四系的发育程度更低，可见到断裂构造大范围的出露。总的来看，浑河断裂在侏罗－白垩纪时期的活动最为强烈，古近纪张性裂谷活动时期仍有明显活动，新近纪以后活动渐趋稳定，第四纪以来的活动程度明显较弱。自有记载以来，沿浑河断裂没有发生过$M \geqslant 4.7$的破坏性地震，现代仪器记录显示只有微震的零星分布。

　　浑河断裂的构造破碎带十分发育，规模较大，带宽可达50~60m，甚至百米。破碎带中断层泥、碎裂岩、挤压透镜体、片理化、挤压扁豆体等多种具有较新活动形态的构造破碎物均可以见到，也观测到沿断裂带发育的构造角砾岩等硅化岩带及绿泥片岩化劈理带等具有愈合破碎带特征的早期活动痕迹，表明成生历史古老的浑河断裂其演化特征的多期性和复杂性。在野外调查中，可以见到太古宇鞍山群混合岩系逆冲于第三系砂页岩之上，导致砂页岩产生小型挤压褶曲，断裂带遭到强烈压碎形成碎裂岩、碎粉岩等，还观测到沿断裂或裂隙早期充填的岩脉在断裂复活的背景下重新受到构造挤压、破碎。总的分析认为，浑河断裂压性特征表现是较为强烈的，同时又表现出一定的扭性，由于断裂形成时代很早，经历了复杂的成生过程和多期的构造运动，因此不同期次的构造活动痕迹在断裂带中难免有所残留。从浑河断裂的新活动性角度来说，则主要侧重于研究断裂晚近时期的活动特点即断裂燕山期复活以来特别是第四纪时期的活动性。根据浑河断裂带现今活动特征及在各地质时期的沉积建造、变质作用、岩浆活动等特点，确定浑河断裂带是在太古宙古老地台基底上演化形成的大陆型-陆内裂谷，断裂活动经历了拉张-挤压下降-上升等多次回返过程，与裂谷作用显示出一致性；结合新近纪以来相对稳定的构造应力场分析，现今浑河断裂的展布形态和力学性质表明其处在裂谷作用晚期的回返阶段，断裂活动程度较低。

浑河断裂及其构造活动控制了现代浑河的地貌发育形态，在辽东山地区形成了总体走向北东东至近东西向的直线状河流沟谷。研究表明，浑河断裂带展布区域内北东向断裂、北西向断裂和北东东向断裂等均较发育，但这些断裂构造的规模较浑河断裂明显为小，一些断裂还可看作浑河断裂带的组成部分，浑河断裂带在总体上对这一区域的构造格局具有控制作用。浑河断裂在其展布范围内的南杂木、章党等地分别与区域性的北西向苏子河断裂、北东向下哈达断裂相交会，在构造交会部位现代浑河地貌沟谷明显开阔，构成了形态特征清楚的小型第四纪构造盆地。受到北西向苏子河断裂、北东向下哈达断裂等分割的上述第四纪构造盆地东、西两侧的浑河断裂，在地貌发育形态、断裂精细结构、活动性、地震活动及第四系分布等方面表现出一定的差异性，这表明约200km长度的浑河断裂是可以进一步划分出不同断裂活动段的。

浑河断裂带涉及以下的三级地质构造单元：华北断坳的下辽河断陷，胶辽台隆的铁岭-靖宇台拱，而除了沈阳段的下辽河断陷以外，浑河断裂展布发育的铁岭-靖宇台拱还可以划分为若干的四级地质构造单元，包括李家台断凸、摩离红凸起、凡河凹陷、抚顺凸起和龙岗断凸。上述地质构造基础条件对于浑河断裂的生成、演化和构造活动等均具有重要的作用。

1）下辽河断陷

为沿郯庐断裂带北段形成的中、新生代大陆裂谷型断陷盆地，中生代前属稳定地块，南部平原区基底由太古宙混合花岗岩构成，北部法库地区由早元古代变质岩及混合岩构成，中生代后进入大陆边缘活动带阶段；早白垩世活动加强，基本上形成隆、坳相间的构造格局；白垩纪后，南、北两地显示不同特点，北部被断裂围限的法库断凸相对隆起，而南部辽河断凹则在早白垩世断陷发育的基础上，于古近纪时进入大陆裂谷发育时期，接受了厚达5000~7000m富含有机质的陆相碎屑沉积，并伴有多期玄武岩喷发；渐新世末期，区域构造应力的改变导致裂谷的夭亡，盆地经历了短期的准平原化；新近纪以后辽河断凹整体下沉坳陷，范围进一步扩大。下辽河断陷区内近代地震比较活跃。

2）铁岭-靖宇台拱

位于胶辽台隆北部，是太古宇结晶基底最发育的地区之一，伴随强烈的混合岩化作用，形成大面积的混合岩、混合花岗岩。区内构造形变表现十分强烈，具有多期叠加和塑性形变特点，太古宙早期浑河断裂将台拱分隔成南、北两个部分，早元古代时期存在火山－沉积建造的地槽型堆积，辽河运动结束地槽演化阶段，形成结晶基底。华力西期有基－中－酸性岩体侵入；中生代时处于活化阶段，断裂构造大量发育，沿断裂并形成断陷盆地和岩浆活动；新生代时差异性升降活动强烈，同时伴随有水平挤压和拉张作用，古近纪早期沿浑河断裂带有显著的玄武岩喷发，中、晚期沉积灰色复陆屑式含煤、油页岩建造。

李家台断凸位于铁岭－靖宇台拱的北部，是围限于赤峰－开原断裂带内由清河断裂、嵩山堡－王家小堡断裂等分支断裂所分隔的构造单元，其西侧以依兰－伊通断裂为界、与下辽河断陷法库断凸相邻，东侧则以浑河断裂为边界，呈北西西向至近东西向的狭长带状展布。李家台断凸内广泛分布着原岩为中酸性火山岩夹碳酸盐岩的早元古代浅变质岩系，属区域低温动力变质作用的低绿片岩相，缺失中元古代－古生代地层，新生代以隆起为主，遭受剥蚀；区内岩浆活动强烈，主要为晚古生代侵入岩和白垩纪侵入岩，岩性包括石英闪长岩、似斑状花岗岩等。

摩离红凸起位于铁岭－靖宇台拱北部，北以嵩山堡－王家小堡断裂为界、与李家台断凸相邻，西以下哈达断裂为界、与凡河凹陷相接，南以浑河断裂为界、与抚顺凸起、龙岗断凸相隔。区内广泛分布有太古宇鞍山群下部石硼子组、通什村组及强烈混合岩化作用形成的混合岩、混合花岗岩等，遭受了区域高温变质作用，变质程度达麻粒岩相，塑性褶皱普遍，片麻理方向多为北西向及北东向。

凡河凹陷位于浑河断裂以北，亦被断裂构造所围限，东侧以下哈达断裂为界、与摩离红凸起相接，北以嵩山堡－王家小堡断裂为界、与李家台断凸相邻，西以依兰－伊通断裂为界、与下辽河断陷相隔。凹陷基底岩系主要由太古宇的各类变粒岩、片岩、大理岩及混合花岗岩、混合岩构成，辽河运动后中－上元古界发生了强烈的坳陷，沉积了约7000m的中－上元古界地层，青白口纪后抬起，缺失古生界沉积；中生代时构造活动强烈，形成了局部的大甸子盆地、柴河盆地等，褶皱形式以中－上元古界的单斜和小型穹窿状构造为主，而中生界地层表现为较平缓的箱状褶皱或单斜层，断裂构造中弧形断裂发育。区内岩浆活动比较强烈，元古宙石英闪长岩、闪长岩等呈东西向脉状产出，燕山期存在基性－酸性的多次火山喷发和中酸性岩侵入活动，火山岩多分布于断陷盆地中，侵入岩则常见于断裂带中。

抚顺凸起位于浑河断裂带南侧，东侧以苏子河断裂为界、与龙岗断凸相接，南侧为太子河－浑江－利源台陷。凸起区广泛分布有太古宇鞍山群下部地层，并有大面积的混合岩、混合花岗岩出露，构成最古老的基底。混合岩化作用强烈而广泛，致使太古宇变质岩系多呈不规则状残留于混合岩或混合花岗岩中，而片麻理走向主要为北西向。区内缺失中元古界，上元古界青白口系仅零星出露于南侧。沿苏子河断裂、浑河断裂等中生代断陷盆地发育，下部为大陆中酸性火山岩建造，上部为复陆屑式建造（含煤），同时有燕山期酸性岩浆侵入。古近纪时沿浑河断裂有玄武岩喷发和复陆式含煤、油页岩建造沉积，新生代末期处于整体上升剥蚀阶段。

龙岗断凸位于铁岭－靖宁台拱的东南部，西以苏子河断裂为界、与抚顺凸起相隔，北以浑河断裂为界、与摩离红凸起分开，南侧为太子河－浑江－利源台陷。基底主要由大面积的太古宙混合岩、混合花岗岩构成，太古宇鞍山群下部变质岩系分布局限，片麻理方向主要为北东向。断凸区内缺失元古宙－古生代沉积，中生代时则沿北东向断裂有大小不等的断陷盆地分布，构成隆凹相间的构造格局，沿北东东向浑河断裂亦有中生代断陷盆地发育，盆地中堆积有火山－复陆屑式建造，苏子河断裂附近有花岗岩侵入。新生代时在北侧草市－英额门一带有古近系沉积，上新世时有大陆玄武岩流呈岩被产出。

6.2 断裂带沿线地层和岩浆岩分布

浑河断裂带附近的出露地层主要有太古宇、元古界、中生界侏罗－白垩系、第三系和第四系等，其中第四系地层集中分布于苏家屯－李石寨－抚顺一线的浑河谷两岸较为宽阔的地带，基岩多出露于抚顺以东的浑河谷外侧。太古宙岩浆岩以及晚侏罗世侵入岩、晚更新世侵入岩多集中在浑河南岸，与之形成对比的是，太古宇鞍山群多集中在浑河北岸。

6.2.1 岩性特征

1. 太古宇

区内出露的太古宇主要为鞍山群通什村组，包含红透山段和北大岭段，因遭受强烈混合岩和花岗岩化作用，呈混合岩和混合花岗岩出现。该套地层大面积分布在东洲河流域、抚南地区、红透山和清原地区，其他呈大小不等的零星残留体出现。红透山段为混合质含石榴黑云变粒岩，夹黑云角闪变粒岩、磁铁石英岩，上部出现各种片岩和蚀变岩，以含石榴石等标志矿物为特征，为红透山式铜矿的主要赋存层位。北大岭段主要为斜长角闪岩，夹黑云角闪变粒岩、浅粒岩、磁铁石英岩。

2. 元古宇

在营盘及辽宁发电厂一带零星分布有中元古界长城系地层，区内所见为高于庄组一段，岩性为白云岩、白云质灰岩、夹板岩及石英砂岩，下部为黄白色中细粒含铁石英砂岩，上部为浅灰白色中细粒白云岩。

3. 中生界

出露有上侏罗统聂尔库组、梨树沟组、小岭子组、小东沟组、孤山组、南康庄组、包大桥组、大沙滩组及下白垩统大石沟组和下白垩统黑崴子组。大石沟组上部为灰黄、灰黑色中粗－巨砾火山质混合质花岗质砾岩，下部为灰黄色中细粒石英岩质砾岩、砾质砂岩。黑崴子组为赤色、紫色、杂色的砾岩、砂岩、粉砂岩互层。小东沟组为砾岩、凝灰质页岩、砂岩、页岩。小岭子组为灰紫、灰绿色安山岩及玄武安山岩、玄武岩、夹熔岩凝灰岩。梨树沟组为灰绿色页岩、夹含砾砂岩、凝灰岩、粉砂页岩。聂尔库组上部为页岩、粉砂页岩、粉砂岩、长石石英砂岩夹煤线，下部含砾砂岩、砂岩、粉砂岩、页岩。孤山组为灰绿色气孔状安山岩。南康庄组为紫色页岩夹灰绿色页岩、砂岩及泥灰岩，在区内相变为紫色砂砾岩。包大桥组上部以灰绿色、黄绿色含凝灰质细砂岩、粉砂岩为主，常相变为酸性晶屑凝灰岩，下部以中酸性晶屑岩屑凝灰岩为主，相变较大。大沙滩组上部为灰绿色、灰白色薄层含砾砂岩、粉砂岩夹黑色页岩，下部灰白色厚层砾岩、青灰色薄层泥质粉砂岩。

4. 新生界

浑河断裂沿线新生界地层比较齐全，包括古近系古新统、始新统、渐新－始新统和新近系上－中新统，第四系地层则各统均有发育。新生界的分布很不均匀，除了第四系上部比较连续以外，其他地层的分布十分局限，并各自具有一定的特点，客观上与断裂不同段落的活动特征及河流侵蚀作用具有密切的关系。第三系古新统为玄武岩、夹砂岩、页岩、煤。始新统为页岩、凝灰岩、泥灰岩、油页岩、煤。渐新－始新统梅河群为砂岩、泥岩含煤。上－中新统英额门组上部为灰黄色、黄褐色粉砂岩，下部为黄褐色砾岩、砂岩夹煤层。下更新统属冰水堆积含金砂砾石。中更新统主要为砂砾、砂土，属冲积－洪积成因类型，厚度＞0.5m。上更新统为黏性土、黏质砂土。全新统包括粉质黏土、砂、砾石等。

5. 岩浆岩

太古宙侵入岩主要为斜长混合岩、斜长混合花岗岩，按其生成时代可分为早期斜长混合岩、斜长混合花岗岩及晚期被元古宙叠加的微斜混合岩、微斜混合花岗岩。晚侏罗世侵入岩岩石类型单一，主要为花岗岩，南口前岩体同位素样品（似斑状黑云母花岗岩）测定（钾长石）结果，年龄值为1.36亿年。早更新世早期白金玄武岩为黑色、灰黑色致密块状玄武岩，具气孔、杏仁构造。

6.2.2 地层、岩浆岩分布及其与地质构造的关系

根据地层、岩浆岩分布的分析，浑河北侧鞍山群中赋存有硫化物型 Cu－Zn 矿床，而浑河南侧则发育有阿尔果马型铁矿，早元古代含硼岩系囿于辽东地区，区内下元古界沉积类型与辽西等地区具有不同的特点。分析认为，浑河断裂作为地质构造自太古宙时即已出现，后又经历了多旋回的长期构造活动，浑河断裂带对于区域地质构造演化具有重要的控制作用。

1. 太古宇

通什村组在南杂木以东的浑河北岸集中出现，而在南杂木以西则零星出露于太古宙混合岩之中。红透山段主要在抚顺章党以东的土口子、营盘沟、曲柳村、栏木桥、红透山－王家堡一带、清原－白子沟一带大面积分布，集中于浑河北岸。该段地层在营盘附近呈北东东向展布，倾向为340°~360°及180°~230°，倾角为45°~70°；在曲柳树、栏木桥等地，总体上呈北东东向不规则带状零星分布，产状变化较大，倾向为340°~360°，倾角为40°~70°，岩性复杂，横向、纵向变化较大；苍石以东产状较乱，走向上呈环状。浑河断裂切割了红透山段地层，并控制了中生界地层的分布。北大岭段分布不如红透山段广泛，主要在葛布街、将军堡、后岗子、清原以西等分布，在南杂木零星残留于太古宙混合岩地层和红透山段地层之中，呈细长条带状；清原附近有较大面积的出露，呈北西向条带状分布。在鞍山运动之后，形成了浑河断裂东西构造的雏形，并伴随着区域变质作用、混合岩化和花岗岩化作用，形成了斜长混合岩及斜长混合花岗岩。

2. 中元古界

长城系高于庄组一段出露在营盘、下哈达地区，遭遇轻微的区域变质作用，呈北东东向细长条带状分布，其下部与中生界火山岩和太古宇混合花岗岩均呈断层接触关系。该段地层范围是从大伙房水库大坝西，经营盘至下窝棚南，浑河断裂在这段区域内由数条大致平行的分支断裂构成，这些断裂或分或合，高于庄组地层受到浑河断裂严格控制呈细长条带状分布，主干分支断裂构成了出露地层的边界。在浑河断裂南、北两侧，地层岩相和厚度有很大差异，即以北为凡河型沉积建造，断裂带内尚存有凡河型断块，以南则为太子河型沉积建造。

3. 中生界

区内中生界地层主要分布在大伙房水库上游的浑河两岸外侧。大石沟组仅在南杂木以东大石沟附近和榔头沟里－样子沟一带见到，为一套粗粒碎屑岩建造，与下伏聂尔库组、梨树沟组呈角度不整合关系。在南杂木－苍石，近东西向浑河断裂挤压破碎带宽达数十至数百米，见碳酸盐化，有两条北北西向断裂与浑河断裂斜交，切割了大石沟组地层和通什村组混合岩，控制了大石沟组发育，使其呈北北西向条带状、块状分布。黑崴子组沿大梨树沟、长春屯、英额门一线呈北东向断续分布，与下伏包大桥组呈假整合接触，该地段浑河断裂分为南、北两支，地层受到了浑河断裂明显控制，呈条带状分布，走向与断层一致，另有北西向断层错断了浑河断裂南支和周围的侏罗－白垩系地层，但未错断浑河断裂北支，说明此处北西向断裂的规模不大。小东沟组分布在营盘西北约2km附近，呈近东西向的断块产于斜长混合岩中，在下哈达地区呈北东向断续带状分布，产状较为凌乱。小岭组为陆相火山岩建造，平行不整合于小东沟组之上，主要分布在南杂木以南，邱家堡子地区发育也较好，受到北北西向构造控制呈北北西向块状分布，此外在抚顺矿区东南的张家甸子等地亦有出露。梨树沟组主要分布在营盘和梨树沟附近，两个地区的发育形态并不一致，在营盘－元帅陵一带，受浑河断裂控制大体上呈北东东向带状分布，较为断续和零散；在梨树沟附近主要受到北西向断层控制，呈北北西向带状分布，与上覆聂尔库组整合，同时平行不整合于小岭组之上。聂尔库组层位在梨树沟组之上，属于侏罗世晚期的湖沼相含煤碎屑建造，主要分布在南杂木东南，呈北北西向块状条带状分布，鉴于梨树沟组平行不整合于小岭组之上，聂尔库组和梨树沟组又是连续沉积，而聂尔库组之上被早白垩世大石沟组角度不整合覆盖，上述接触关系说明三个组地层沉积期间未经历大的构造变动。孤山组出露于老虎林子西侧，面积不大，受到浑河断裂控制呈北东东向条带状分布，平行不整合于南康庄组之上。南康庄组在斗虎屯－清原一带沿浑河河谷分布，受到浑河断裂的明显控制，呈北东向条带状和块状分布。包大桥组主要出露在清原以东的山子屯、长春屯和英额门一线，受浑河断裂控制明显，呈北东向细长条带状分布，浑河断裂和中生界地层在长春屯和大梨树沟附近被北西向断裂错断，但北西向断裂的规模较小，只错断浑河断裂南支，北支未受影响，与上覆黑崴子组呈角度不整合接触。大沙滩组主要出露于大梨树沟－长春屯一线和砬子前地区，浑河断裂控制了该套地层的分布，使其呈北东向块状和条带状分布，在砬子前地区，地层和浑河断裂被三条规模不大、近平行的近南北向断裂错断，使其呈断块出露于太古宇鞍山群中。

4. 新生界

古新统在抚顺南部呈不甚规则的近东西向带状分布，东至东洲一带，分布不连续、较为零散，不整合在鞍山群混合岩之上。始新统呈近东西向分布在抚顺南部，形态不规则，另在章党－营盘－元帅陵一线呈北东东向条带状分布，与上覆第四系呈角度不整合接触。渐新－始新统梅河群出露于河北屯附近，呈北东向细长条带状分布。古近系各套地层的产出状态显示它们受到了浑河断裂的控制。上－中新统英额门组出露于长春屯－英额门地区，在浑河断裂控制下呈北东向条带状分布，其角度不整合于黑崴子组之上。

第四系下更新统冰水堆积层主要出露于清原以东的水簾洞和砬门水库一带，在河北屯、长春屯和英额门等地零星出露。中更新统分布于浑河部分阶地上，出露局限，零星可见。上更新统主要分布在浑河断裂沿线及其以南地区，集中在古城子、深井子、李石寨和抚顺南等地，以角度不整合覆于中生代及以前地层上，至抚顺地区发生岩性相变。上述地段的浑河断裂主要包括2~3条大致平行的断裂并隐伏于上更新统地层之下，而跨断裂浅层人工地震和钻孔探测揭示断裂没有错断上覆的上更新统及以上地层。全新统地层多分布在浑河河谷地带，其中近代堆积沿河床两侧构成平缓阶地（或平原），现代堆积构成河床、河漫滩；在沈阳附近的下辽河盆地区，全新统主要集中在孤家子西南一侧和李石寨北部，出露面积较大，构成冲洪积扇，地势较为平缓，这一地段的浑河断裂2~3条分支断裂隐伏于全新统之下；进入抚顺盆地区，全新统主要分布在浑河两岸的阶地、漫滩上；在章党东－南杂木，全新统主要分布在浑河河谷及其北岸的狭长条带状沟谷中，沟谷两侧为侵蚀、剥蚀中低山，地形起伏较大，这里的浑河断裂表现为数条次级压扭性断裂，盆地形态不再明显。在南杂木以东地区，断裂又表现为由两条对冲型断裂构成的断陷带，形成的浑河河谷平坦开阔，沉积了条带状的全新统地层。

5. 岩浆岩

太古宙混合岩约占基岩总面积的三分之二，主要集中分布在浑河南岸。晚侏罗世花岗岩株侵入到前震旦纪混合岩、混合花岗岩中，与围岩呈蒙蔽式－急变式接触，岩体北部具明显的同化混染现象，属中－深剥蚀，相带不明显。岩体中岩脉不发育。下更新统白金玄武岩主要出露于砬门水库以东、草市以南的浑河断裂带、赤峰－开原断裂带交会区域，受到了两条断裂带的共同控制，条带状特征相对不明显，而呈较大面积的片状分布。

总之，浑河断裂自早元古代形成以来，在古生代、中生代和新生代等不同时期都有活动，尤其在中生代和新生代初期活动更为强烈，断裂活动具有一定的不均匀性，不同地段的活动性表现出明显的差异。断裂早期表现为深部韧性剪切性质，古生代时期转变为以挤压和剪切为主，大规模的平移和牵引构造活动则产生于早古生代－中生代早期，主要表现为左旋走滑运动性质；新生代早期断裂活动又转变为拉张性质，槽地中显示出差异性的不均匀沉降；新生代晚期，断裂又表现为挤压活动，如在石门岭、清原等地质剖面中均见到上盘太古宇地层逆冲于下盘白垩统地层之上的现象，反映出断裂在中侏罗世－早白垩世时期存在大规模的具有左旋扭动性质的逆冲运动，在这一作用下产生的显著构造变形表明浑河断裂这一时期有过强烈的构造变动。

新生代时期，断裂活动由早期深部韧性剪切作用为主转变为差异性断块活动，同时伴随有强烈的玄武岩喷发。断裂在发育过程中经历多次活动，切割了太古宇－第三系地层，并控制了中生代－新生代盆地的发育，尤其在新生代初期活动程度表现强烈。沿浑河断裂带所形成的一连串断陷盆地控制了中生界侏罗－白垩系和新生界古近纪煤系的沉积，如使抚顺地堑盆地沉积了厚达1400m的古近纪煤系；古近纪末，抚顺附近浑河断裂的逆冲活动将太古宙混合岩、混合花岗岩推覆于白垩系之上，同时又将白垩系推覆于古近系煤系之上，近南北向的推覆构造活动使含煤地层产生倒转，并形成了南、北两条主干分支断层以及与之相配套的南北向张性断裂和北西向、北东向扭性断裂等。

6.3 新构造运动

新构造运动以大地构造为基础，概括了新近纪以来的区域地壳升降、拗曲以及断裂活动、地震活动等，新构造运动特征同时反映出其对构造地貌发育以及区域第四系成因类型、物质来源和剥蚀区、堆积区改变等明显的控制作用。新近纪乃至第四纪时期，浑河断裂所发育的辽东山地区、下辽河平原区构造运动的剧烈程度是不尽相同的，各个时期的剥蚀、堆积作用存在一定差异，导致不同时期沉积物的分布范围和沉积厚度明显不同。就第四系发育来说，下辽河平原区的第四系地层不论在空间分布范围还是在沉积厚度上都远较辽东山地区为大，而处在新构造运动上升区内，辽东山地区的第四系地层主要受到浑河断裂带的构造活动和断陷作用分布于北东东向长条状的浑河谷中并在沿线的断陷盆地内有所集中。

　　浑河断裂带新近纪以来的构造活动继承了之前的某些运动特点，并具有多种的表现形式，而以垂直差异升降运动最为显著，抚顺盆地及其以东的辽东山地区为上升隆起区，沈阳及其以西的下辽河平原区为下降坳陷区。伴随着垂直差异升降运动，岩浆活动、河道变迁、断裂复活、夷平面和河流阶地等形成发育，温泉出露以及断陷盆地发育等多种形式的构造运动形态也相继出现。归纳起来，这一地区的新构造运动主要表现为以下几个特点：区域新构造运动大体上承继了中生代以来的构造运动趋势，垂直差异升降运动明显，辽东山地区总体持续地间歇性上升，地貌上表现为构造侵蚀、剥蚀中低山、丘陵；下辽河平原区下降，地貌上形成堆积作用为主的平原，总体的构造运动格局新近纪以来基本没有改变。断裂重新复活的现象比较普遍，并有新的断裂产生，与此同时有规模不等的新近纪、第四纪断陷盆地发育，其中规模最大的是下辽河盆地；辽东地区构造裂陷作用比较强烈，有一些小型的断陷盆地产生。新生代火山活动频繁，第三纪时期有较强烈的火山活动，以裂隙式和中心式岩浆喷发为主，一般以断裂为喷发通道，火山喷发具多期性，新近纪时期拉斑玄武岩喷发活动主要分布在下辽河平原，第四纪玄武岩则主要分布在沈阳东北和清原一带，第四纪时期的火山喷发活动已趋于减弱。温泉比较发育，但分布不均匀，辽东地区温泉较多，并以中温、高温温泉为主，受到了北东向断裂的控制。构造运动幅度在不同地区表现出差异性，辽东上升隆起区的上升运动先弱后强，下辽河沉降区的下降运动则是先期比较强烈，后期趋于平缓。对该地区的水系变迁和地壳形变等资料进行分析，现代构造运动仍继承了第四纪时期的运动方式，辽东山地区处于上升状态，下辽河平原区相对下降。研究还发现，作为浑河断裂的重点发育区，辽东山地区的新构造上升隆起表现出一定的差异性。一方面，受到下辽河平原区的沉降牵引作用，辽东上升隆起区的西部其上升运动幅度要明显弱于东部地区；另一方面，浑河断裂的构造活动也导致断裂南、北两侧的上升运动幅度具有一定的差异，总体特点断裂南盘相对北盘上升，地势上表现为南高、北低，尤其是在南杂木以西地区表现较为清楚，而在南杂木以东地区这样的差异性已有所减弱或趋于不明显。

　　与此同时，区内的新构造运动特征与第四系分布之间存在密切的关系。新近纪以来，建立在燕山运动基础上的早期构造继续演变，断裂活动和火山活动明显，升降运动表现得异常强烈。至新近纪前期，辽东上升隆起区与下辽河沉降区进一步分化，隆起区表现为长期上升，沉降区则由古近纪不均匀的裂陷作用演变为新近纪以来的整体坳陷。下辽河平原在全面接受第三系沉积的基础上，又连续、完整地沉积了巨厚的第四系松散堆积物；与之相对比，辽东山地区表现为短暂间歇性的整体上升为主，剥蚀作用强烈，形成有平山期夷平面。进入第四纪后，地壳运动由隆起和沉降转变为间歇式的差异升降，长期上升的辽东山地因上升作用强烈，剥蚀作用大于堆积作用，仅在局部地区接受了第四系沉积，而且由于后期的剥蚀作用，第四系堆积物又遭受到严重的破坏，即使是保留下来的地层也极为零散，这一时期形成的地貌面为广宁寺夷平面和略低的五级阶地。中更新世初，构造运动规模及剧烈程度较早更新世阶段性降低，上升幅度和速度有所减缓，但地壳抬升作用仍使得下更新统遭受严重破坏，下更新统地层一般仅见于盆地的边缘地带，并形成了下更新统与中更新统之间明显的剥蚀面，而中更新统地层有所发育。中更新世中期，间歇性抬升运动明显，河谷地区较高等级的四级阶地形成；辽东山地区内由于长期大幅度上升，河谷狭窄、坡降较大，侵蚀作用占据优势，虽然也接受了一定的沉积，但规模较小。中更新世晚期－晚更新世初期，新构造差异性抬升作用强烈，中更新统及残留的下更新统地层遭到了剧烈的切割、侵蚀，形成了晚更新世初期的剥蚀面，同时河流下切作用加剧，一些较大河流形成了二、三级阶地；下辽河平原则继续沉降，幅度加大，沉积了较厚的中－上更新统地层。晚更新世中－后期，新构造上升运动较之前缓和，沉积作用相对加强，山间谷地及山前平原继续接受沉积，使得上更新统地层较为发育，浑河等主干河流在下辽河平原周边形成了大型的冲洪积扇。全新世时期，差异上升运动显著，山地区侵蚀作用强烈，河流表现为明显的溯源侵蚀作用；平原区河流则下切作用极为微弱，在下辽河平原形成了河床高于地表的现象，下辽河盆地边缘及浑河等河流出山处在老冲洪积扇之上叠加了规模相对较小的新冲洪积扇；河流沟谷侧蚀作用强于下切侵蚀作用，形成宽阔的河谷，堆积了广泛的砂砾石、砂、砂土等全新统地层，地貌上构成了河漫滩及一级阶地。

根据新构造运动方式、运动幅度、地震活动、地貌和第四纪地质等因素，在研究区新构造运动分区划分基础上，将浑河断裂带附近进一步划分为 2 个新构造运动次级分区，即辽东差异上升隆起区和下辽河缓慢沉降区（图6.1）。

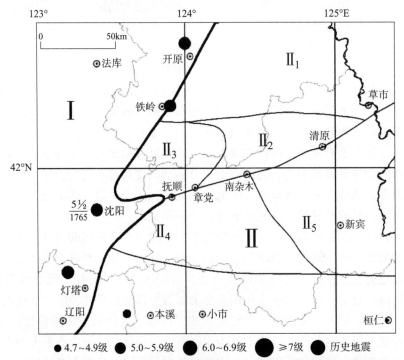

Ⅰ—下辽河缓慢沉降区；Ⅱ—辽东差异上升隆起区；Ⅱ₁—李家台分区；Ⅱ₂—摩离红分区；
Ⅱ₃—凡河分区；Ⅱ₄—抚顺分区；Ⅱ₅—龙岗分区

图6.1　浑河断裂带及附近地区新构造运动分区图

6.3.1　辽东差异上升隆起区

这是一个长期隆起区，太古宇及下元古界基底及上元古界盖层广泛出露，古生界出露面积不大，中－新生界仅在少数盆地分布。新近纪以来区域整体抬升，但运动幅度并不均衡的，东部上升较快，西部上升相对较慢，大多数地区缺失第三系沉积；第四纪时期由于断块差异运动，局部地区发生断陷，在山间河流沟谷和山前地带堆积了厚度不大的冲、洪积物。在地貌上属中低山、丘陵区，最高峰为 1200 左右，自燕山运动以来，北东向为主的构造体系对本区地貌的形成、发育起了控制作用。按地势高程、地貌形态可分为强烈上升区和缓慢上升区两个亚区，强烈上升区由中山、低山组成，海拔高度均在 500m 以上，辽东差异上升隆起区的东部、东南部等地即为强烈上升区，浑河断裂展布区内自南杂木以东至清原、草市一带处在强烈上升区内；缓慢上升区基本上由低山、丘陵和山间谷地、山前倾斜平原等组成，海拔高程一般在 500m 以下，浑河断裂区内章党、营盘、南杂木以西地段大部分属于缓慢上升区，抚顺及以西地段海拔高程甚至在 100～200m。水系的发育也反映了区域上升运动特征，受到断裂构造带的明显控制，河流水系具有明显的方向性特征，河流坡降较大，发育嵌入式蛇曲，以下切侵蚀为主。由于长期的间歇性上升，基本缺失新近系沉积，古近系地层亦主要沿断裂带呈条带状分布，第四系则广泛发育于规模较大的河流沟谷如浑河断陷谷地和山前地带，沉积厚度有限。河流阶地较为发育，一般可划分为 2～3 级，一些规模较大的主干河流可划分出 4～5 级河流阶地。阶地类型多种多样，即广泛发育有较低等级的一级堆积阶地，也能够观测到零星分布的高等级基座阶地、侵蚀阶地等。此外，该新构造运动分区还发育有规模不等的新生代和第四纪断陷盆地及玄武岩活动。总的看来，辽东差异上升隆起区的新构造运动特点是：长期处于间歇性的缓慢上升运动之中，上升速率呈现阶段性变化，总体上升速率逐渐加快，根据夷平面和河流阶地资料分析，第四纪以来的上升运动速率大致由早更新世的 0.05mm/a 加大到现在的 0.12mm/a，但区内上升速率和幅度存在一定差别，在上升过程中伴随有断裂一定程度的复活和第四纪玄武岩喷溢活动。辽东差异上升隆起区特别是浑河断裂地区地震活动十分微弱，地震分布零星，没有破坏性地震的记载。

根据辽东差异上升隆起区内浑河断裂两侧的地势高度变化还可以对浑河断裂带的新构造运动分区做进一步划分。基于辽东差异上升隆起区新近纪以来构造运动的继承性特点，以地质构造单元的划分为基础，对不同地质单元内的地质构造、地貌形态差异等能够表征新构造运动特征的因子进行分析和研究，进而分析不同区域的新构造运动差异性，为判定浑河断裂带的构造发育和活动性差异提供相关依据。

1）凡河分区（II$_3$）

沿浑河断裂位于抚顺盆地北侧，北为赤峰－开原断裂，西为依兰－伊通断裂，东为下哈达断裂，南为浑河断裂。地貌上为侵蚀、剥蚀低山、丘陵区，侵蚀、剥蚀作用强烈，河谷、冲沟发育。地势高度变化为 120～450m，最高可达 500m 左右，其中近浑河断裂附近一般为 120～350m，地势在区内由西向东呈逐渐抬升状态，南北方向上的地势变化规律则不明显，属于缓慢的弱上升区。

2）摩离红分区（II_2）

沿浑河断裂位于章党－南杂木－清原－英额门一线以北，其北侧为赤峰－开原断裂，西为下哈达断裂，南为浑河断裂。地貌上为侵蚀、剥蚀中低山区，地势高度变化一般为250～700m，最高可达900m左右，其中近浑河断裂附近为200～500m，地势在区内的变化总体比较稳定，呈较为均匀的抬升状态，属于强烈上升区。

3）抚顺分区（II_4）

沿浑河断裂位于抚顺－章党－南杂木一线以南，位于浑河断裂的南侧，东为苏子河断裂。地貌上为侵蚀、剥蚀中低山、丘陵区，侵蚀、剥蚀作用强烈，河谷、冲沟发育。地势高度变化一般为200～550m，最高可达600m左右，其中近浑河断裂附近为150～500m，地势在区内由西向东、由北向南呈逐渐抬升状态，属于缓慢上升区。

4）龙岗分区（II_5）

沿浑河断裂位于南杂木－清原－英额门一线以南，位于浑河断裂的南侧，西为苏子河断裂。地貌上为侵蚀、剥蚀中低山区，地势高度变化一般为300～600m，最高可达1200m左右，其中近浑河断裂附近为300～500m，地势在区内的变化总体比较稳定，呈较为均匀的抬升状态，属于强烈上升区。

6.3.2　下辽河缓慢沉降区

下辽河沉降区形成于中生代，新生代的裂陷作用导致地壳沿下辽河地区的郯庐断裂北带开裂和解体，下辽河平原形成为最大的裂谷，伴随有岩浆喷发活动。古近纪时大幅度断陷下沉，堆积了巨厚的河湖相碎屑岩，其底部为玄武岩；新近纪时期断陷活动转为整体坳陷为主，沉降中心在下辽河平原中部，速率有所减弱，沉积厚度只有1200m，沉降中心位于下辽河平原区的中部。第四纪以来，早更新世时期存在两个沉降中心，分别位于东、西两个坳陷内；中更新世时沉降中心仅限于东部坳陷；晚更新世沉降中心迁移到中部隆起附近，范围有所扩大；全新世沉积分布比较均匀，沉降中心不明显。下辽河沉降区第四纪地层变化的总趋势是：自北向南、由西向东沉积厚度有逐渐加厚的趋势，全新世以来的最大下降速率达到0.2～0.37mm/a。实际上，下辽河地区的沉降过程并不是连续的，而是具有升降相互交替的过程，在横跨下辽河地区的近东西向剖面上隐伏有三个阶梯和三个叠置的冲洪积扇就是最好的证明。因此，下辽河沉降区的新构造运动表现为一定的往复升降的沉降过程，不同地点的沉降幅度有所差异，自北向南表现出倾斜性下降的总体趋势。下辽河缓慢沉降区地震活动相对强烈，地震分布密集并形成条带状和团簇状，有多次破坏性地震的记录。

6.4 地球物理场、深部构造及其差异性

6.4.1 地球物理场特征

根据区域布格重力异常数据和航磁 ΔT 异常数据库航磁数据，分析讨论浑河断裂展布地段及研究区的地球物理场特征及其差异性，结合区域地质、地震资料，研究区域深部构造、地震构造环境及地震地质条件，进而推断浑河断裂的地震地质环境条件，分析断裂的活动性。

1. 重力场

根据前面的研究，在研究区所在区域范围内，重力场具有明显的分区性，大致以长春－铁岭－沈阳－营口一线的依兰－伊通断裂和郯庐断裂带东支为界，可划分为东部异常区和中部异常区、西部异常区，沿东部异常区、中部异常区的边界构成为串珠状的线性重力异常梯级带。研究区涉及东部异常区、中部异常区，浑河断裂则主要展布于东部异常区内。

东部异常区（即辽东－张广才岭异常区）重力场总的特点是：大片的负异常区且强度较大，局部异常多，形态复杂，方向多变，重力异常带以北东走向为主，具有北东方向成带、南北方向分区的特点。首先，以赤峰－开原断裂带为界，地球物理场异常的走向在边界两侧发生变化；其次，辽东山地区内异常背景比较复杂，大致以盖州－庄河一线为界，可划分为南、北两个次级分区，其重力场差别较大。浑河断裂所在的北区重力异常等值线相对密集，不过以负场为主，起伏较大，该异常变化特征在营口、海城地区表现十分明显，异常等值线发生严重的扭曲和畸变，形成了极为复杂的局部异常区，浑河断裂附近则异常变化显著平缓；南区重力场变化总体比较平静，以正场为主，负场较弱。重力异常的较大差异表明盖州－庄河一线是一条重力异常梯级带。

中部异常区（即松辽－下辽河－辽东湾异常区）区域重力场总的特点是重力值较高，而且比较平稳，异常等值线变化舒缓，异常强度较小，在总体正异常的背景下存在若干规模不等的局部负异常。重力场在纵向上性质单一、强度稳定且延伸较远，辽东湾东侧的北北东向重力梯级带宽约 20km，其展布范围大致与郯庐断裂带一致；在横向上，异常变化较大、正负交替，形成了三高二低的带状异常，包括东侧的沈阳重力高带、中部的下辽河－辽东湾重力高带和西侧的凌海－兴城－秦皇岛重力高带，这些重力高带由局部的正异常组成，成北北东向的串珠状排列。

具体分析浑河断裂及其附近的布格重力解译图可以看出，浑河断裂展布区重力场负值区域面积较大，只有处在下辽河区域的沈阳及其附近表现为重力正值（图 6.2），其中沈阳西部地区幅值为最高，以高值区为中心，沿浑河断裂向北东东向总体逐渐减低。从布格重力异常的梯度变化来看，大民屯（凹陷）边缘和刘二堡－新民屯一带等值线最为密集，梯度变化较大，而章党－南杂木和南杂木－英额门地带重力主要为负值，等值线稀疏，重力异常等值线走向具有沿浑河断裂呈北东东向延伸的趋势，这反映了浑河断裂的发育及其对地球物理场的影响。

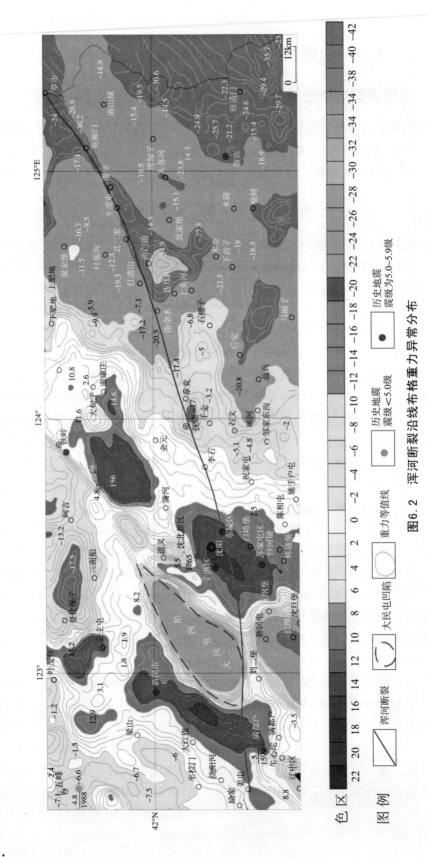

图6.2 浑河断裂沿线布格重力异常分布

从新民屯附近开始至沈阳、抚顺交界处，以沈阳西部的于洪为中心，形成一个大的正异常圈闭，区域中心正异常值最高可以达到 $(20\sim25)\times10^{-5}\mathrm{m/s^2}$。该正异常区域异常等值线呈北东向，异常值向周围逐渐递减，从中心的 $(16\sim20)\times10^{-5}\mathrm{m/s^2}$ 缩减至 $(6\sim8)\times10^{-5}\mathrm{m/s^2}$，异常区基本上反映了地下太古宇结晶基底的起伏形态。分析沈阳异常区与地质构造的关系，其北西侧等值线较为密集，南东侧等值线较为稀疏，表明主要受到了偏西部的北北东向断裂构造（即依兰－伊通断裂）影响，因而形成了北北东向的线状强梯度带，该异常梯度在于洪附近变化最大，显示沿梯度带地壳厚度和介质密度结构具有显著的横向变化。另外，该区的正异常范围沿着浑河断裂可一直延伸至抚顺李石寨附近，而在深井子－李石寨一带存在明显的正、负异常界限，该界限走向北北东，异常值变化为 $(0\sim6)\times10^{-5}\mathrm{m/s^2}$，异常界限可能反映了深部构造形态或地质构造发育的差异性。

从抚顺李石寨附近延至抚顺东的前甸、章党一带，为一个小范围的负异常梯级带，该带异常起伏变化较小，负异常值在 $(-12\sim-2)\times10^{-5}\mathrm{m/s^2}$。至抚顺市区东端附近，布格重力异常表现为一个中心值为 $-17\times10^{-5}\mathrm{m/s^2}$ 的小型圈闭，但该小型异常区的规模不大，异常值变化幅度也较小，普遍在 $(-11\sim-3)\times10^{-5}\mathrm{m/s^2}$。分析研究还发现，该带向北延伸至铁岭以南附近，经新台子直至沈北新区构成一重力异常梯级带，该梯级带重力场总的特点是：正异常强度较大，等值线密集，重力值多在 $(8\sim14)\times10^{-5}\mathrm{m/s^2}$，局部地段幅值可达 $18\times10^{-5}\mathrm{m/s^2}$，铁岭－沈北新区的异常区呈多个圈闭的正异常，形态极不规则，向南西方向正异常值趋于增大。该正异常梯度变化可能反映了深部赤峰－开原断裂带与依兰－伊通断裂的构造组合特征，而依兰－伊通断裂在这一地段的活动性和主导作用可能较强。

由章党附近向北东东延伸至南杂木地区的是一条北东东向的重力异常梯级带，其重力场主要显示为负异常场，其西端大致在抚顺东洲附近，向东重力异常值趋于减小，区内重力异常分布相对均匀、强度稳定、延伸较远。该重力异常梯级带的西北侧重力异常幅度从西到东、自北而南具有阶梯状下降的趋势，由 $-7\times10^{-5}\mathrm{m/s^2}$ 减小为 $-20\times10^{-5}\mathrm{m/s^2}$，平均变化速率为 0.5×10^{-5} $(\mathrm{m/s^2})/\mathrm{km}$，其中重力等值线密集区的变化速率可达 $(1.0\sim1.5)\times10^{-5}$ $(\mathrm{m/s^2})/\mathrm{km}$。该段重力异常梯级带的南、北两侧分别出现了若干个次级的重力梯级变化带，形成了多级梯状重力异常背景场。

从南杂木地区延至英额门附近，重力场表现为明显的负异常场。在南口前以南存在一个明显的负异常中心，形成一个大的圈闭，其中心异常值可达 $-35\times10^{-5}\mathrm{m/s^2}$ 左右，异常值向四周递减。该异常区的南西侧等值线较密集，北东侧等值线较稀疏，异常值在 $(-34\sim-22)\times10^{-5}\mathrm{m/s^2}$。自南杂木向北东东方向经红透山、南口前沿至清原附近，重力负异常场呈条带状分布，延伸方向与浑河断裂的走向保持一致，异常值在 $(-24\sim-13)\times10^{-5}\mathrm{m/s^2}$ 之间变化。该段重力异常梯级带的北侧为较平缓的负异常区，等值线稀疏，重力值多为 $(-20\sim-10)\times10^{-5}\mathrm{m/s^2}$；南侧则重力异常变化较大，出现一些线性梯级带、异常轴折断、等值线同向扭曲等畸变特征线，反映浑河断裂南侧地质构造条件比较复杂，发育有断裂构造或存在明显的岩性变化，这与浑河断裂南侧有苏子河断裂发育、断裂对区域地层分布具有控制作用的认识是一致的。从英额门附近继续向北东延伸，重力变化以负异常为主，其中浑河断裂北侧负异常变化较缓，南侧变化相对较大。此外，受到赤峰－开原断裂带发育及其活动作用，这一地段沿赤峰－开原断裂带的北西西向负异常变化较为明显，幅值在 $(-30\sim-22)\times10^{-5}\mathrm{m/s^2}$。

2. 磁场

研究区所在区域的磁场分布特征与重力场高度类似，也具有明显的分区性，分区界线与重力场大致相同。研究区主要涉及磁场分布的东部异常区和中部异常区，而浑河断裂主要展布于东部异常区内。

东部异常区磁场的强度总体不大，磁异常等值线多呈线状，梯度形态特征清楚，个别地段正、负异常交替出现。异常带总体走向为北东向，但在赤峰－开原断裂带附近异常带走向变化较大，表现为近东西向的延伸形态；同时，以赤峰－开原断裂带为界，南、北分区差异较大。在辽东山地区，以盖州－庄河一线为界，南、北两个次级分区的磁场各有特点，南区以负场为主，强度弱，变化平稳，起伏不大，基本上可认为是平静场；浑河断裂所在的北区磁场为明显的不规则正、负跳动，幅值忽大忽小，峰值钝、锐程度不一，地磁场很不规则，在复杂的背景中还夹有两条北东向的正磁异常带，磁性体的复杂变化表明这里是一个正、负磁场异常相互交替的多变场（图6.3）。

中部异常区即下辽河－松辽坳陷异常区磁场性质变化明显。浑河断裂附近的北部陆域以负场为主，场强不均，变化舒缓，区内存在3条正异常带，分布范围与重力场3条重力高带一致，东、西两侧的重力场场强高、起伏明显，似锯齿状，范围狭窄，中部异常带的场强弱，断续分布。

具体分析浑河断裂及其附近的航磁异常分布图可以看出，浑河断裂展布区磁场与重力场相似，整体背景场为负值，异常带总体走向北东。磁场区域划分虽然没有重力场明显，但沿浑河断裂也可以将其划分为与重力场相对应的几个区块，其中正异常区域在抚顺及以南地区有较大范围的分布，英额门西南和东北部的局部区域存在几处小范围的正异常分布；负异常在沈阳及周围地区分布较为明显，如在沈北地区和沈阳南部存在两个中心式的负异常区，幅值较低，而沿整条浑河断裂带其沿线周围一般存在较低幅值的负异常区域。

沈阳附近段落整体磁场属于负场，异常值范围为 $-236 \sim -50$ nT，异常等值线走向以北东向为主，只在深井子、沙岭地区有两个负异常中心。在大面积负磁场的背景下，这一地段还零星穿插着少量的正异常，等值线亦呈北东向延伸，异常值变化平稳、起伏不大。另外，在北部的新民、铁岭附近存在一个比较大的正异常区，穿插有少量的负异常，正异常区中心的异常值可达到近500nT，应为中二叠世二长花岗岩（中等磁性）、早白垩世花岗斑岩（中等磁性）等引起。

抚顺附近段落航磁 ΔT 异常可分为两个分区，大致以浑河断裂为界，以北为负异常区，异常变化范围为 $-100 \sim -400$ nT；以南以正异常为主，磁场异常变化范围为 $-200 \sim 400$ nT，变化较大，至本溪－大台沟地区异常值可达到600nT以上，向边缘逐渐变低，调查研究显示这种异常变化主要与附近赋存的鞍山式磁铁矿有关。在南、北分区磁场的分隔过程中，浑河断裂显示出重要的作用，明显较其东、西两侧的浑河断裂段为强。此外，该断裂段落附近的区域磁场变化整体上比较舒缓，等值线走向为北东向，与前述重力场的变化相一致。

在章党－南杂木地段，航磁 ΔT 整体表现为负场，形态分布较为规则，磁场强度一般为 $-200 \sim -100$ nT。该负场范围广、变化平稳、分布均匀、起伏不大，基本上可以认为是平静场，其与重力场的平稳变化基本上是对应的。舒缓的航磁异常等值线总体呈北东东走向，与浑河断裂的走向一致。另外，在该地段负磁平静场的南、北两侧局部穿插有少量的磁场正值区，但规模一般很小，对整体磁场形态影响不大。

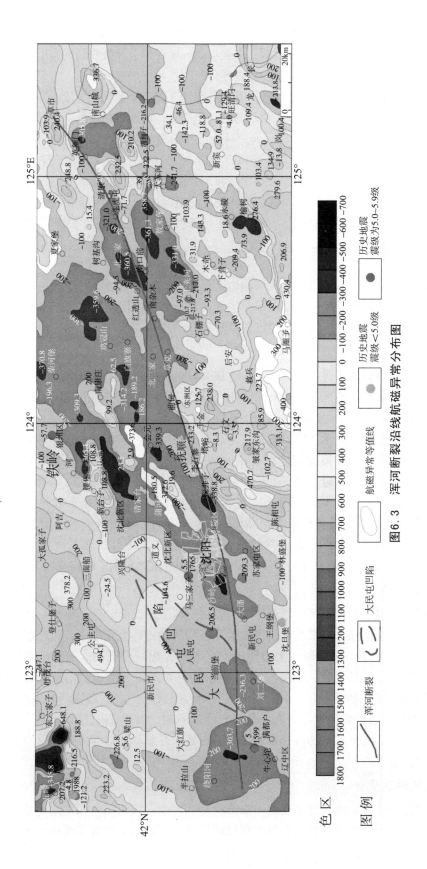

图 6.3　浑河断裂沿线航磁异常异常分布图

南杂木以东至清原、英额门东一线的区域磁场整体主要为负异常，等值线呈北东东走向，磁场特征与章党－南杂木地段有所相似又表现不同，航磁异常等值线的展布形态起伏略大，负异常的绝对幅值则明显增大，浑河断裂对磁场分布的控制作用有所增强。由英额门继续往东进入浑河断裂、赤峰－开原断裂的交会区，磁场形态特征趋于复杂化，等值线形态多变，方向性在以北东东向为主的基础上还具有北西西向的变化趋势；区域磁场逐渐由负异常场过渡到正异常场，磁场变化范围为－300～400nT，研究认为浑河断裂及其控制发育的弱磁性晚太古宙花岗质片麻岩可能对航磁负异常具有一定的影响。根据航磁异常分布，在英额门存在1个负异常中心，而它的南、北和东3个方向分别存在相应的3个正异常中心，这反映了北东东向浑河断裂所控制的中二叠世－中白垩世侵入岩和火山机构发育的格局；比较分析还确认，在清原南部附近存在有2个正异常约为200nT的圈闭区，这也可能与当地下元古界辽河群的鞍山式磁铁矿有关。

6.4.2 深部构造特征

研究区西部的下辽河平原区在深部构造上属于下辽河上地幔隆起区，东部的辽东山地区属于辽东上地幔凹陷区。位于下辽河平原区东北部边缘的浑河断裂沈阳段基本上处在下辽河上地幔隆起区内或其边缘地带，其他浑河断裂展布地段则主要处在辽东上地幔凹陷区内。

1. 深部重力场

由于布格重力异常包含了结晶基底、沉积岩及地壳中其他因素的综合影响，为了获得深部构造信息，就需要对不同的影响因素加以分离，消除浅部的影响，突出深部重力异常变化。在研究过程中先用多边形线性积分法计算由中、新生界地层引起的重力异常变化，在此基础上，将这部分重力异常从原始布格重力异常中清除。由于在剩余重力异常中仍包含地壳中由横向不均匀性和密度界面起伏所造成的异常影响。于是，对剩余重力异常进行解析延拓，通过对布格重力异常进行剥皮处理和解析延拓后，便得到了反映深部构造的重力异常。

研究结果表明，辽东地区深部重力异常带走向呈北东向或北北东方向，显示该地区规模较大的北东向构造控制着整体的深部构造形态。除了辽东山地区向下辽河平原的过渡区存在明显的重力异常梯度带以外，其他地区重力等值线的变化比较平缓，重力异常值多为$(-20\sim0)\times^{-5}\text{m/s}^2$。区域深部重力场显示了深部构造轮廓和主要的构造线方向。

2. 深部磁场

采用最大熵谱法对研究区及附近地区的航磁资料进行反演处理，能够取得地壳磁结构及磁性层界面的深部信息。结果显示，区内地壳由层状的磁性介质组成，磁性层大致可以划分为3个磁性层：0～3km的弱磁或无磁性层，在坳陷区相当于沉积盖层，在隆起区还包含了古老结晶基底之上的风化壳，该层与地震波速2.5～4.8km/s的表层一致；3～20km的磁性层，由不同地质年代的侵入岩、火山岩及其变质岩组成，构成上地壳，底界面呈波状起伏；20km以下的退磁层，岩性为花岗岩、角闪岩和麻粒岩，其P波速度大于6.2km/s。磁性层的顶、底面深度变化形成的梯级带可表现为串珠状、环状和梯形等特征，反映了磁性体边界和深部断裂的存在。

3. 地壳厚度变化

地壳厚度的变化能够大体上反映出深部构造的轮廓。重力场是深部地壳结构和深部物质状态差异的综合反映，利用重力资料进行反演计算，可以得到地壳厚度的分布。已有研究表明，浑河断裂发育地区（暨辽东地区）的地壳厚度具有自西向东、从南到北由薄变厚的趋势，变化范围一般为 31~36km，等厚线形态以北东向延伸为主，深部构造上属于上地幔坳陷区。受到活动断裂等深部地质构造的影响，地壳厚度等值线形态可发生相应的变化，如沿海城河北西向构造带在营口、海城一带等厚线的北西西转向及其辗转曲折，地壳厚度或出现局部的起伏变化，深部构造条件趋于复杂化。另外，沿依兰–伊通断裂带、金州断裂带附近在昌图–沈阳–本溪–海城–盖州一线地壳厚度形成突变带，该突变带在盖州附近沿北西向构造带转至鸭绿江口，这也成为辽东地区深部构造南、北分区的界线，其中北区地壳厚度较大，为 33~36km，南区地壳厚度较薄，为 31~33km。在南、北分区内部地壳厚度的变化总体比较平稳，特别是在北区的浑河断裂展布区及研究区范围内，地壳厚度等值线以北东向延伸为主。浑河断裂对等厚线形态的影响较依兰–伊通断裂、金州断裂及北西向构造带要弱得多，表明浑河断裂虽然成生历史久远、切割很深，但断裂的活动性总体较弱，在深部构造形态上表现较差。

下辽河平原区基本上被小于 32km 的地壳等厚线所围限，形成一个沿郯庐断裂带下辽河段展布的北东–北北东向上地幔隆起区，该隆起可一直延至浑河断裂沈阳段落附近一带，地壳厚度略有增大。在隆起区内部，局部的地壳厚度变化较大，呈一定的串珠状分布。下辽河隆起南延至渤中凹陷（郯庐断裂带营潍断裂段）附近表现更为明显，等厚线以突变方式大幅度向西递减，使渤中凹陷成为地幔隆起的最高部位，地壳厚度很浅，小于 29km。另外，深地震测深资料进一步证明，以下辽河–辽东湾为中脊，这一地区存在一个规模巨大的上地幔隆起带，隆起带两侧分别为上地幔凹陷。在隆起和凹陷内，莫霍面均存在局部的起伏，而且凹陷区内的起伏相对隆起区复杂，而下辽河西部凹陷区内的起伏又比下辽河以东（如处在下辽河东北边缘的沈阳地区）的凹陷区更为复杂。分析认为，浑河断裂发育地区在深部构造的变化上总体是比较简单的，浑河断裂的活动水平在下辽河及周围地区各主要的区域性断裂构造中也是相对较弱的。在下辽河上地幔隆起区与其东部的辽东上地幔坳陷区之间存在区域上的深部构造变异带，走向为北东–北北东，这里是依兰–伊通断裂、金州断裂等地震构造的发育地段。

同时，贾丽华等利用宽频带地震数据，认为辽东上地幔坳陷区（东部褶隆带）由于受到块体的挤压，地壳厚度较大，并在南北方向上存在一定的变化；下辽河平原区地壳厚度较薄，其周边山地和隆起地带地壳厚度均明显加厚。从板块构造角度以及 GPS 的观测结果来看，下辽河地区长期处于拉张状态，这种拉张作用导致该地区地壳厚度较薄；而辽东山地区地壳厚度南北方向上的变化则与北东东向浑河断裂中生代至新生代早期强烈的挤压作用及新近纪以来较弱的张扭性活动具有一定的关系。

总的来看，处在构造过渡区的浑河断裂西部沈阳、抚顺附近地壳厚度变化较大，自南向北、从东向西均有明显的变化，尤其是沈阳附近受到上地幔局部凸起带的影响地壳厚度变化更为明显，地壳厚度等值线形态复杂、间隔不等、急缓不一，其上地幔形态呈阶梯状的变化；在抚顺盆地以东，沿浑河断裂的地壳厚度变化趋于平缓，从西向东地壳厚度逐渐增大。

4. 岩石层厚度变化

根据相关研究，以地震波和大地电磁测深等方法为主获得的上地幔低速层和高导层底界（即岩石层）在研究区及附近地区的厚度变化为 50~140km。以渤海–下辽河为中心，存在一个上地幔软流层隆起区，该隆起区顶部位于辽东湾–渤海西侧，走向北东，埋深为 50~60km，其东、西两侧形成岩石层梯级带。在隆起区北部沿赤峰–开原断裂带为一狭窄的特征明显的上地幔软流层下凹区，岩石层厚度达140km。岩石层的厚度分布较好地反映了大地构造分区变化，如渤海-下辽河上地幔软流层隆起区与表层渤海-下辽河中-新生代盆地相对应，赤峰-开原断裂上地幔软流层下凹区则是中朝准地台与吉黑褶皱系的分界线。郯庐断裂带北段（浑河断裂沈阳段）处在岩石层厚度急剧变化的梯度带上，在下辽河以北地区沿依兰-伊通断裂的岩石层厚度变化较浑河断裂明显，表明依兰-伊通断裂的深部构造特征更为显著，其构造活动性也较浑河断裂为强。

6.4.3　浑河断裂地球物理场差异性分析和讨论

浑河断裂带太古宙-早元古代混合岩、混合花岗岩和太古宇变质岩系等结晶基底十分发育，断陷带及其附近地区还有较大范围的中生界、新生界等地层出露。断裂带南北两侧结晶基底及中-上元古界地层的岩相、厚度分布有所不同，如北侧的中-上元古界属凡河型沉积建造类型，以碳酸盐岩为主，中-上元古界发育较齐全，可见到长城系、蓟县系等出露；南侧的中-上元古界多属太子河型沉积建造类型，以碎屑岩为主，青白口系、震旦系地层发育较好。沿浑河断裂有一系列串珠状中-新生代地层和第三纪煤系地层的分布，表明浑河断裂对中-新生代盆地，尤其是第三纪煤盆地的形成具有明显的控制作用。在沈阳以南的苏家屯一带，在浑河断裂南侧还有石炭系和二叠系煤系等地层发育，显示该地段的地质构造演化应与抚顺以东的浑河断裂有所不同。具体来说，沈阳及以西地段太古界结晶基底分布广泛，第三系、第四系沉积也较发育；抚顺附近沿浑河断裂带可见到第三系地层，断裂以北主要为太古宇片麻状花岗岩、花岗质片麻岩和侏罗系砂泥岩，以南则主要为太古宇片麻状花岗岩；章党-南杂木一带断裂以北主要为太古宇片麻状花岗岩，以南为太古宇片麻岩、侏罗系火山角砾岩和古近系泥页岩、煤层；南杂木-英额门地段，断裂以北主要为太古宇片麻岩、太古宇花岗质片麻岩，以南主要为太古宇片麻岩、石英岩和少量侏罗系砂岩、花岗岩等；英额门及以东地区，断裂以北第四系有所发育，以南则为片麻岩、斜长角闪岩。

岩（矿）石的密度和磁性参数是分析区域重、磁异常场特征的基础。根据地层岩性密度参数、磁性参数的统计（表6.1~表6.3），浑河断裂沿线的地层由老至新（太古宇-新生界）其密度呈递减的规律。花岗质的结晶基底密度值一般为$(2.6~2.7)\times10^3kg/m^3$，磁化强度为$\pm400\times10^{-3}A/m$，太古宇-下元古界与上覆地层大致存在大于0.10 g/cm^3的密度差，火山岩盆地岩性密度值一般在$(2.44~2.5)\times10^3kg/m^3$。新生界和中生界地层之间有$0.22\times10^3kg/m^3$的密度差，中生界和古生界之间有$0.17\times10^3kg/m^3$的密度差，古生界与中-上元古界之间有$0.1\times10^3kg/m^3$的密度差。同一类型的侵入岩密度由老至新一般是减小的，不同类型的侵入岩密度则具有基性-中性-酸性-碱性的递减规律，平均密度值变化范围为$(2.96~2.57)g/cm^3$（图6.4）。鉴于此，结晶基底隆起区往往形成相对较高的重力异常，如浑河断裂沈阳段即表现为较高的重力正异常。

表6.1　地层岩石密度参数统计表

时	代		岩性	密度值（$\times10^3kg/m^3$）	
界	系	组		变化区间	平均值
新生界			火山角砾岩	1.64~2.44	2.05
			橄榄玄武岩	2.20~2.85	2.56

续表

时	代		岩性	密度值（×10³kg/m³）	
界	系	组		变化区间	平均值
中生界	白垩系		紫色粉砂岩	2.46~2.63	2.55
			凝灰岩	2.36~2.75	2.6
			安山质凝灰岩	2.40~2.72	2.57
			玄武质凝灰岩	2.48~2.71	2.62
			流纹岩	2.46~2.68	2.62
			砂岩	1.96~2.70	2.48
			砾岩	2.46~2.62	2.56
古生界	石炭系		砂岩	2.48~2.80	2.66
	二叠系		砂岩	2.61~2.80	2.7
	奥陶系		灰岩	2.61~2.79	2.71
	寒武系		灰岩	2.62~2.85	2.71
			砂岩	2.41~2.62	2.56
元古宇	上元古界	震旦系	砂岩	2.04~2.78	2.54
			泥灰岩	2.56~2.72	2.67
			灰岩	2.62~2.81	2.71
			板岩	2.27~2.72	2.57
		青白口系	泥灰岩	2.56~2.78	2.69
			石英砂岩	2.46~2.70	2.63
			砂岩	2.36~2.70	2.59
			中粒砂岩	2.66~2.78	2.71
			板岩	2.44~2.73	2.6
	下元古界	榆树砬子群	千枚岩	2.40~2.62	2.52
			变质砂岩	2.46~2.64	2.55
		辽河群 盖县组	片岩	2.56~2.92	2.72
		大石桥组	大理岩	2.54~2.88	2.76
			蛇纹石大理岩	2.57~3.04	2.79
		高家峪组	变质凝灰岩	2.56~2.66	2.62
			斜长变粒岩	2.36~2.83	2.57
		里尔峪组	浅粒岩	2.36~2.86	2.71
			电气石浅粒岩	2.44~2.34	2.78
			大理岩	2.50~2.82	2.67
			二长变粒岩	2.56~2.66	2.61
			斜长角闪岩	2.78~2.89	2.84
		浪子山组	浅粒岩	2.56~2.83	2.63
			变粒岩	2.66~2.84	2.79

时　　代			岩性	密度值（×10³ kg/m³）	
界	系	组		变化区间	平均值
太古宇	鞍山群		磁铁矿石		
			磁铁石英岩	2.67 ~ 3.77	3.18
			变粒岩	2.56 ~ 2.68	2.6
			黑云角闪斜长片麻岩	2.66 ~ 3.12	2.88
			黑云斜长片麻岩	2.56 ~ 2.67	2.6

表 6.2　地层岩石磁性参数统计表

时代		岩性	磁化率（10⁻⁵ SI）		剩余磁化强度（10⁻³ A/M）	
界	系		变化区间	常见值	变化区间	常见值
新生界		火山角砾岩	0 ~ 12.1	4.1	0 ~ 13.4	3.1
		橄榄玄武岩	2.83 ~ 5.950	204	21.2 ~ 1240	1240
中生界	白垩系	紫色粉砂岩	0	0	0	0
		凝灰岩	0 ~ 187.1	26	0 ~ 98.9	82.5
		安山质凝灰岩	30 ~ 2254.2	230.4	31.7 ~ 4215.3	829.4
		玄武质凝灰岩	0.832 ~ 459.3	846	200 ~ 3270	639.5
		流纹岩	120 ~ 1.500	0.138		0
古生界	石炭系	砂岩	0	0	0	0
	寒武系	灰岩	0	0	0	0
下元古界		千枚岩	弱磁	0	弱磁	0
		变质砂岩		0		0
		片岩	0 ~ 12.9	5	0 ~ 5.8	1.9
		大理岩	0 ~ 26.2	0.2	0 ~ 10.7	0.4
		蛇纹石大理岩	10 ~ 380	287.2	0 ~ 139	287.2
		斜长变粒岩	0 ~ 88.4	36.3	0 ~ 78.9	11.1
		浅粒岩	0 ~ 120	26	0 ~ 108	27
		磁铁矿	770.9 ~ 25710	2704.6	944.3 ~ 12180	1808.5
太古宇		磁铁石英岩	200 ~ 61000	147980.4	290 ~ 479000	83520.6
		变粒岩	38.3 ~ 62.5	53.9	7.3 ~ 10.1	9
		黑云角闪斜长片麻岩	100 ~ 660	300		0

表 6.3 侵入岩岩石磁性参数统计结果

侵入期次	岩性			磁化率 $K/(10^{-5}SI)$		剩余磁化强度 $J_r/(10^{-3}A/M)$	
	酸性	中性	基性-超基性	变化区间	常见值	变化区间	常见值
燕山期	花岗岩			0~98.7	3.2	0~70.4	28.9
	中细粒花岗岩				15.35		129.5
	黑云母花岗岩				11.47		495.4
	二长花岗岩				25.12		191.9
	花岗斑岩			0.3~3.9	0.77		0
	流纹斑岩			0~79.1	7	0~100	15
	石英二长岩			0~6.36	1.77	0~31.7	9.3
	花岗闪长岩			11~39	19	93.0~610	360
			辉绿岩	33.5~69.2	3.51	11.78~149.70	50.6
	中细粒花岗岩				6.18		40.4
	正长岩			0~67	4.2	0~27.55	10.3
	花岗闪长岩				10.34		186.9
		闪长岩		240~430	34	18.0~31.0	22
辽河运动	斜长花岗岩			0~38.6	1.98	0~20.4	7.8
		闪长岩		240~430	34	1.8	0
			辉长岩	70~180	14	11.0~38.0	25
			辉绿岩	2.3~764.7	10.2	0~320	37.5

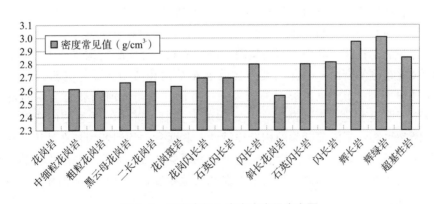

图 6.4 辽宁省侵入岩密度常见直方图

　　已有研究认为，海相、陆相地层岩石磁性一般很弱，火山沉积特别是中生代火山碎屑岩等磁性却强、弱极不均匀，多形成跳跃式磁异常场。研究区岩（矿）石磁性差异较大，由于太古宇结晶基底的磁化率一般较大，其分布区磁场具有较大的背景场，平均磁化强度 K 值可达 2910×10^{-5} SI，平均剩磁 J_r 达 1322×10^{-3} A/m（剔出磁性强的磁铁石英岩、磁铁矿等）；元古宇强磁性岩石主要属辽河群，其 K 值为（1000～4000）×10^{-5} SI；中－上元古界和古生界、中－新生界岩石中除个别含铁岩系外，一般都属弱磁性地层。另外，碳酸盐岩、碎屑岩等沉积建造地层多属弱磁或非磁性岩石，形成低缓的负磁场；火山岩建造的基性－中酸性火山岩－火山碎屑岩则磁性较强，且由于铁磁性物质的不均一变化导致磁性杂乱；侵入岩建造磁性变化较大，磁场类型随岩石不同而不同，一般地，（超）基性、中性、中酸性岩体因含铁镁质矿物较多，磁场多为正场或强正场，酸性、碱性岩体多形成低缓的负场，复式侵入杂岩体磁场变化则较为复杂。

沿浑河断裂带的重力场、磁场分布随着深、浅部岩性发育的差异而有所变化，但总体上说，因浑河断裂附近其他断裂构造发育较差，浑河断裂的主导作用比较显著，断裂对深、浅部岩性分布的控制作用明显，所以沿浑河断裂的重力场、磁场分布基本上反映了地质构造背景以及断裂的活动特征，两者对应状况良好。沿浑河断裂的重力场、磁场分布总体上比较均匀，北东东方向性稳定，变化比较平缓，但在断裂的端部重力场、磁场发生明显的变化，断裂段内部虽存在局部的变化，如在沈阳东部与抚顺盆地之间、抚顺盆地东端、南杂木等地重力场、磁场存在正负转换、梯度发生变化、断裂两侧场强发生变化等，但变化幅度远较断裂东、西两端为弱。

6.5　相关地质构造分析

根据已有研究，辽东山地区（不含辽东半岛）的地质构造发育程度总体上较差，断裂规模及其分布密度较辽东半岛、下辽河地区明显偏低，盆地数量、规模也存在明显差距，构造活动性处在较低水平；与之相对应，辽东山地区也是地震活动水平较低的地区，除西侧边缘与下辽河地区交接地带发生过破坏性地震以外，罕有中强地震破坏记载，现今小震记录也较少。作为郯庐断裂带的主干分支断裂，密山－敦化断裂辽宁段（浑河断裂）是辽东山地区最重要的断裂构造之一，此外，区域性的断裂构造还包括赤峰－开原断裂带和苏子河断裂。赤峰－开原断裂与浑河断裂相互交会和分隔，各自作为对象断裂的构造边界，并相互控制了构造发育和活动特性，其中浑河断裂南东侧的赤峰－开原断裂构造行迹已不明显，而赤峰－开原断裂北东侧的密山－敦化断裂吉林段展布结构和活动特征与南西侧的辽宁段（浑河断裂）也明显不同。苏子河断裂规模较大，一方面，其与浑河断裂交会后的发育形态和结构特征发生了明显变化，浑河断裂在一定程度上控制了苏子河断裂的构造发育；另一方面，苏子河断裂也影响了浑河断裂的构造连续性，其两侧的浑河断裂带在地质地貌发育和活动特征上显示出一定差别。除上述断裂构造外，在章党还发育有北东向的下哈达断裂，它控制了抚顺盆地的东部边界，两侧的浑河断裂在地质地貌发育、展布、结构和活动特征等方面存在明显的不同。

6.5.1　赤峰－开原断裂

赤峰－开原断裂带是浑河断裂展布区乃至研究区的一条主要断裂构造，对于该断裂的发育特征和活动性分段在地震构造背景条件一章已作过讨论，本章重点分析赤峰－开原断裂与浑河断裂交会段落的地震地质发育特征和活动性。与浑河断裂相交会的赤峰－开原断裂为其东段延伸段，综合分析认为，该段的赤峰－开原断裂带主要由嵩山堡－王家小堡断裂、清河断裂、马家寨－郭家屯断裂等 3~5 条近平行的分支断裂组成，构成宽度 30~40km 的构造带，而赤峰－开原断裂带东段延伸段的另一条主干分支得胜台断裂没有与浑河断裂交会。赤峰－开原断裂东段延伸段在近地表出露有规模巨大的构造破碎带，破碎带宽窄不一，发育形态复杂多变，破碎带受挤压发生强烈片理化，除构造角砾岩、透镜体、碎裂岩、碎粉岩、断层泥发育及可见糜棱岩化带以外，片理、片麻理等挤压构造也很发育，具有多期活动特征。这是一条规模巨大的深大断裂，在地球物理场和深部构造上反映十分明显，并成为一级构造单元——中朝准地台与吉黑褶皱系的分界线。赤峰－开原断裂走向北西西至近东西，北侧为古生界地槽型建造，南侧太古宇－下元古界结晶基底广泛发育，沿断裂有华力西期似斑状花岗岩、闪长岩及燕山期花岗岩分布，局部地段形成白垩系盆地。断裂演化历史久远，受到了后期其他断裂一定程度的改造。通过对断裂带内发育的断层泥等样品的测年分析，显示最新活动时代为早－中更新世，晚更新世以来没有活动，活动方式为黏滑兼蠕滑。沿断裂地震活动水平较低，没有强震活动。

此外，在清河断裂、嵩山堡－王家小堡断裂的中间地带即赤峰－开原断裂带内部，调查发现有多条北西向的小规模断裂构造发育，这提示赤峰－开原断裂带作为一条超级构造带除了包含有巨型的主干构造破碎带以外，其间岩体在构造应力条件下还产生了一系列与主干断裂同向的派生破裂，并形成小规模的断裂破碎带。如在清原转湘湖的观测剖面上，断层走向 310°~320°，倾向南东，倾角较陡，为 80°，断裂带宽 3~5m，片理化特征清楚，挤压片理比较稀疏，构造角砾岩、透镜体少量发育，显示断层破碎程度较弱。在断面上可见小角度斜向擦痕、阶步，指示断层运动性质为左旋走滑兼正倾滑，但断裂带已经胶结，没有第四纪新活动迹象。另外在清原王小堡南，发现赤峰－开原断裂带内的太古宙混合岩中近南北向断裂发育，断面近直立，带宽 3~4m，为片理化带夹有构造透镜体，片理较为稀疏，与透镜体长轴近于平行并与断裂产状一致。根据地质特征分析，断裂活动应以弱走滑运动为主，在微地貌上没有任何表现。

1. 嵩山堡－王家小堡断裂

赤峰－开原断裂带东段延伸段最南侧的主干分支断裂，走向北西西至近东西，长度约 90km。断裂带由 2~3 条近平行的次级分支组成，其间距离 1~5km，最宽可达 10km，分支复合，呈舒缓波状延伸。断裂西端以依兰－伊通断裂为界与赤峰－开原断裂东段相接，东端则大致被浑河断裂所截断。它明显受到了后期断裂活动改造，显示一定的左阶斜列状排列结构，但错动幅度很小，一般为几百米。断裂大体上控制了沙河谷地貌形态或沿断裂在丘陵、山地中形成北西西向的条带状浅切沟谷，地质地貌特征清楚。嵩山堡－王家小堡断裂是一条形成历史久远、多期活动且规模大、切割深的挤压型深断裂。断裂切割了太古宇鞍山群、下元古界辽河群，基本表现为两群地层的分界线。断裂以北辽河群广布，鞍山群较少，以南则主要分布鞍山群地层。沿断裂有广泛的印支－燕山期花岗岩、辉长岩、闪长岩类侵入，断裂后期活动又对上述侵入岩体产生了错动。断裂在局部控制了第四系地层发育，甚至可形成少量规模较小的狭长条状单斜式第四纪盆地，但断裂对盆地的控制较差，不仅不能等同于浑河断裂，即使与东段延伸段的另一条分支清河断裂相比，盆地及其中第四系沉积规模也要弱一些。

1）草市关家街南观测点

在北西向宽谷北侧岸坡与浑河断裂的交会地段观测到赤峰－开原断裂出露。断裂带发育在太古宇角闪质混合岩中，由多个破碎带组成，可见总宽度达 100 多米。沿剖面由北向南连续调查研究，分别有碎裂岩带和碎粉岩带等，也可见到构造角砾岩、构造透镜体等，局部还可见到糜棱岩化带，最为发育的碎裂岩带其单条宽度可达到10m以上，各破碎带发育形态虽具有相似性但并不规则。断裂活动特征较为复杂，破碎带发育形态体现出多期活动的特点（图6.5），总体上显示张性特征。断裂走向290°~300°，倾向存在一定变化，倾角50°至近直立。在局部可见到较完整断层面，擦痕、阶步等构造形态已被破坏，显示出一定的风化。碎裂岩、碎粉岩等略有胶结，但不致密，采碎裂岩、碎粉岩样1份FH31，经ESR法测定年龄为（426±85）ka，属中更新世早期。分析认为，断裂第四纪以来存在有活动但并不明显，第四纪活动程度较弱。

图6.5　赤峰－开原断裂东端关家街南剖面

2）老爷岭观测点

断裂穿切了太古宇混合岩，走向近东西，倾向南，倾角73°，破碎带宽约5m，由挤压片理、扁豆体及断层泥组成。断层泥的SEM年代为中更新世早、中期，活动方式为黏滑兼蠕滑，断层泥热释光年龄为（21.7±1.1）万年，为中更新世。综合确定断裂属于中更新世断裂。

3）枸乃甸东

断裂发育在太古宇鞍山群通什村组黑云变粒岩中，走向近东西，产状185°∠55°左右（图6.6）。剖面上可观测到的断裂带宽度10~15m，主要发育挤压片理、碎裂岩等，夹有构造透镜体。破碎带发育形态比较均匀，片理延伸较好，产状近平行于断层面。碎裂岩破碎程度较轻，疏松，没有胶结，断层在第四纪以来应具有一定的活动。断层面上擦痕发育，断裂张性活动较为清楚、简单。沿断裂在地貌上形成有近东西向的侵蚀沟谷，微地貌上沿断裂带形成剥蚀临空面，但断层没有错动上覆的第四系残坡积层，追索调查也没有发现与断裂第四纪新活动相关的断错陡坎等发育，因此断层第四纪以来的活动程度较弱。

4）枸乃甸西

断裂发育在太古宇黑云变粒岩中，走向280°左右，倾向北，倾角40°~45°。剖面可观测到的断裂带宽度约20m，发育有若干条宽度不一的挤压片理、碎裂岩等条带，条带最大宽度达3~5m，其间为比较完整的原岩。观测发现，破碎带是在原有糜棱岩基础上发育起来的，糜棱岩线理产状与断层相同。该糜棱岩带宽度并不是很大，在剖面西侧约100m处出露有相对完整的变粒岩，因此，断层脆性破裂带可看作早期糜棱岩带的继承和发展，是构造应力积

图6.6 嵩山堡－王家小堡断裂枸乃甸东剖面

累的结果。挤压片理带相对较宽，但片理稀疏、连续性较好，已胶结成岩；碎裂岩带规模较小，剖面连续性较差，相对疏松，胶结较弱。总的来看，断裂带前第四纪构造活动比较清楚，第四纪以来也表现出较弱的活动。在片理带附近断层面上可见近水平阶步，指示断层早期运动性质以左旋走滑为主，兼有逆倾滑。另外，在剖面上见有一近南北向高角度断层与主干断裂相互错切，南北向断裂宽度为 0.5~2m，亦发育挤压片理、碎裂岩等，应属于主干断裂的共轭构造，具有同期活动性。在地貌上，沿主干断裂形成了较宽、延伸较远的侵蚀沟谷，沿断裂追索调查未在微地貌上发现任何新活动表现。

5）蚂蚁岭南

断裂发育在太古宇通什村组变粒岩中，总体走向北西，倾向多变，倾角较陡（图6.7）。剖面断裂带宽5~8m，可大致划分为构造角砾岩、片理和破劈理等多个不同的破碎带，夹有大小不一的构造透镜体。带内角砾岩普遍，片理带则主要观测到 1 条，宽度约 1m，不密集，破碎程度不强，其中仍可见到较多的构造角砾，是在角砾岩基础上演化形成的；同时，片理带围绕构造透镜体展布，存在走向局部偏北的变化；透镜体发育形态较好，最大尺度可达1~2m 以上。沿断裂带有石英岩脉充填，其后又发生了构造破碎，充填带已经胶结，显示第四纪以前即存在多期的构造活动。破劈理带很窄，厚度一般在 0.1~0.2m 以下，不连续，其产出与后期沿断裂带侵入的薄层辉绿岩脉等软弱岩脉有关，另外，后侵入的石英岩脉在劈理带中穿插，未见构造破碎，表明破劈理带属于早期弱活动的产物。片理带边缘可见薄层的碎裂岩化特征，松散，胶结较差，应属于第四纪以来的新活动产物，但活动程度很弱。近碎裂岩的透镜体中见到产状与碎裂岩带大致平行的节理面发育，相对密集，是为新活动影响所致。总之，赤峰－开原断裂（南支）形成历史久远，形态多变，活动复杂，断层第四纪以来的新活动不明显，活动程度很弱。在地貌上，沿断裂带可形成北西向的沟谷，微地貌上沿断裂可见陡坡带及局部的负地形。

图 6.7 嵩山堡－王家小堡断裂蚂蚁岭南剖面

6）王小堡

断裂发育在太古宇通什村组二长浅粒岩中，走向 280°~290°，倾向北，倾角 70°~80°。断裂带总宽度约 100m，包含挤压片理等多个构造破碎带（图 6.8）。根据剖面观测，近南盘（下盘）的主破碎带宽约 10m，挤压片理清楚，破碎较强，其中可见石墨化、碎粉岩化等，亦见挤压柔皱等现象，夹有构造透镜体。碎粉岩条带宽度约 1m，松散，没有胶结，挤压片理之间胶结程度存在一定差异，包括已胶结和初步胶结等，上述碎粉岩、片理破碎特征显示断裂具有第四纪新活动性，挤压柔皱形态则指示了断裂活动性质为正倾滑。除主破碎带以

图 6.8 嵩山堡－王家小堡断裂王小堡剖面

外，断裂带内还可见到 2~3 条显著构造破碎的以挤压片理发育为主的次级破碎带，其片理密集度和胶结程度等与主破碎带相似，应属于同期次的活动产物。断裂带内其他部位虽不发育破碎强烈的构造带，但可见到密集的同向构造节理及断层面等，断层面多侵蚀风化，残留斜向擦痕指示断层性质为正倾滑兼右旋走滑。总之，嵩山堡－王家小堡断裂带规模较大，其形成时代较早、活动复杂，在第四纪早期仍表现出一定的新活动，带内应力分布虽不均匀但总体差异不大。

7）夏家堡东北

断裂组成部分发育在太古宙混合花岗岩中，走向北西－北西西，倾向北东，倾角 60°~80°，北盘（上盘）和南盘（下盘）岩性有所不同（图 6.9）。经观测，剖面上可见断裂带宽度近 20m，由 3 条规模较小但构造破碎十分清楚的分支断裂组成。位于中间的主破碎带宽 0.3~0.6m，产状为 10°∠70°，断面平整，错动特征清楚，两侧岩性具有差异性，带内碎裂岩、构造透镜体、挤压片理等发育，碎裂岩发育形态均匀，宽度稳定在 0.2~0.3m，破碎程度较强，具有一定的碎粉岩化特征，碎裂岩带疏松，完全没有胶结，确定属于第四纪构造活动的产物；南侧破碎带发育形态与中间主破碎带基本相似，规模减小为 0.2m 左右，产状变化为 45°∠80°左右，略显舒缓波状，断面上可见斜向擦痕和反阶步，指示断层运动性质为逆倾滑兼右旋走滑，碎裂岩带亦具有一定的碎粉岩化，颜色、形态均同于主破碎带，较为疏松，没有胶结，显示出第四纪活动性；位于北侧的断裂带破碎形态不很完全，无清楚的断层面，向两侧渐变过渡为原岩，宽度变化 0.2~0.4m，产状变化为 10°∠60°~65°，呈一定的波状延伸，带内可见碎裂岩、挤压片理等，破碎程度相对较弱。在宏观地貌上，断裂展布于北西－北西西向沟谷北侧，即侵蚀、剥蚀低山、丘陵的边缘地带，沿断裂可见断续的陡坡、陡坎，断裂对沟谷内第四系分布具有控制作用。断裂剖面上部没有第四系覆盖层发育，沿中间主破碎带追索调查未见断错微地貌陡坡、陡坎等。分析认为，断裂虽具有第四纪活动性，但断裂规模较小，总体活动程度较弱。

图 6.9 嵩山堡－王家小堡断裂组成断裂夏家堡镇东北剖面

综上所述，嵩山堡－王家小堡断裂的地质地貌表现并不十分明显，仅在局部控制了地貌形态及第四系构造盆地的发育。断裂演化历史久远，地震地质发育比较复杂，具有多期次不同性状的活动特征。断裂破碎带规模较大，发育有碎裂岩、碎粉岩、断层泥和挤压片理、扁豆体、构造角砾岩等，局部具有糜棱岩化特征。断裂最新活动时代确定为中更新世，活动程度相对较弱。断层面倾角一般较陡，最新活动性质显示张性兼扭性特征，活动方式为黏滑兼蠕滑。

2. 清河断裂

清河断裂的西端以依兰－伊通断裂为界与赤峰－开原断裂东段相接，东端则被浑河断裂所截断，长约100km。断裂带大致由1~2条主干或与主干小角度斜交的分支断裂组成，断面总体倾向北，倾角较陡。断裂波状弯曲及分支复合现象明显，但总体延伸比较平直，具平行状展布结构。断裂宏观地貌表现明显，控制了清河谷的地貌形态，使得近直线状延伸的清河谷与其两侧山地、丘陵之间存在明显的界线，山前地带断层三角面比较发育，而清河断裂沿清河谷或隐伏于第四系地层之下，或在山前局部有所出露。断裂挤压破裂带较宽，挤压片理、挤压扁豆体、断层泥和劈理等发育。断裂切割了辽河群变质岩及侏罗系地层等，控制了中－上侏罗统和清河谷第四系地层的发育，形成了一系列狭长条状、串珠状的第四纪断陷盆地，盆地类型一般为地堑式或单斜式，其中在土口子、兴隆台、大孤家、八棵树、清河等地的盆地形态、规模和第四系沉积基本等同于浑河断裂沿线的构造盆地。比较而言，沿清河断裂的第四纪盆地是赤峰－开原断裂带东段延伸段各条分支断裂中最为发育的。

1）虻牛岭、石家堡子观测点

在虻牛岭剖面，断裂上盘为侏罗纪安山岩，下盘为侏罗系砂页岩（图6.10），破碎带宽1.2m，挤压片理、断层泥发育。断层上覆0.5m厚的灰黑色粉质黏土层未被断层错动，粉质黏土层^{14}C年龄为（1.5±0.45）年，属晚更新世晚期，断层泥热释光年龄为（68±5.5）万年，说明断裂最新活动年代为中更新世早期。在石家堡子，断裂破碎带宽约1.2m，上覆5.5m厚的坡积土层未被断层错动，坡积土层热释光年龄为（1.4±0.07）万年，属上更新统地层。综合认为清河断裂的最新活动时代为中更新世。

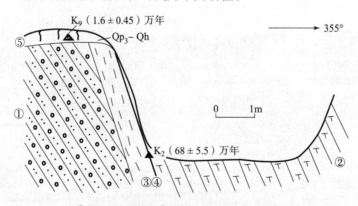

①侏罗系砂砾岩；②侏罗系安山岩；③破碎带；
④断层泥及采样点；⑤残坡积土；▲K₃取样点及编号

图6.10 清河断裂虻牛岭剖面

2）大孤家小荒沟北

断裂发育在华力西期似斑状花岗岩中，走向310°~320°，倾向北东，倾角70°~80°（图

6.11）。断裂带宽8~10m，带内可见挤压片理、扁豆体、构造透镜体及碎裂岩、碎粉岩等。具有新活动特征的碎裂岩、碎粉岩主要分布在近断层下盘附近，宽度很窄，仅0.1~0.3m，且破碎程度较轻，发育很不均匀；挤压片理、扁豆体带的规模则较大，几乎贯通了整个断裂带，其中夹有大小不一的透镜体，片理面和扁豆体长轴方向与断裂带相近。碎裂岩、碎粉岩基本上未胶结，较为疏松，片理、扁豆体等其他构造破碎物则胶结致密。在观测剖面向北追索约数十米的范围内仍可见到岩体构造破碎的痕迹，显示构造牵引的扰动，继续向北则岩体比较完整，属于完整的围岩。分析认为，该观测剖面与南侧清河断裂主干的断陷谷地间距较小，为0.3~0.5km，应属于清河断裂主干以北的分支组成部分，据此推测，清河断裂带的总宽度可能在0.3~0.5km以上，断裂带规模巨大。清河断裂具有多期活动性，主要的活动期在第四纪以前，以压性为主，断裂在第四纪以来也具有一定程度的衰减活动，运动性质已转变为张扭性。在宏观地貌上，沿断裂带在主体近南北走向的山体中形成了北西向的弯曲状侵蚀沟谷，具有一定的表现，但沿断裂的断错微地貌陡坡、陡坎等普遍不发育。

图6.11 清河断裂小荒沟北剖面

3）大孤家栾家街东

清河断裂主干发育在华力西期似斑状花岗岩中，走向310°~330°，倾向北东，倾角55°~75°（图6.12）。断裂带内可见多个构造面或构造条带，其间产状存在局部变化，但总体服从断裂带的北西走向。剖面上断裂带可见宽度近20m，发育形态复杂，构造破碎十分强烈，既可见到构造透镜体、片理化带，又广泛发育碎裂岩、碎粉岩等。碎裂岩、碎粉岩既穿插于透镜体之间，构成断裂带的二次破碎，又可单独成带，形成厚达1~2m的碎裂岩、碎松岩条带。前者多呈弯曲弧状延伸，发育程度较差，延伸不稳定，宽度较小且不连续；后者则产状、宽度比较稳定，发育较好，性状清楚，破碎强烈并具有一定的泥化特征。断裂碎裂岩、碎粉岩松散、新鲜，没有胶结，属于第四纪以来新活动的产物，同时，碎裂岩、碎粉岩在断裂带内条带状或零散状分布普遍且性状特征大致相同，表明断裂带第四纪以来的活动具有一定的整体性，而相对均匀发育并呈条带状的碎裂岩、碎粉岩的形成也显示断裂带内存在有明确的主滑动带，其构造活动对早期形成的破碎岩体的再次错动具有牵引作用。采断裂碎裂岩、碎粉岩样品1份，经ESR测定年龄为815.6ka，显示断裂最新活动时代为早更新世。在地貌上，沿断裂带形成了同向的侵蚀沟谷，但追索调查没有发现沿断裂的断错微地貌陡坎、陡坡等发育。另外，断裂剖面上部上更新统坡洪积扇表面比较平整、自然，没有断裂活动作用的痕迹。分析认为，清河断裂的形成时代很早，经历过多期次的构造活动，形成了相应的不同形态的构造破碎物。清河断裂在第四纪以来是存在较强构造活动的，运动性质主要表现为张扭性。

图6.12　清河断裂主干栾家街东剖面

4）草市分水岭西

清河断裂主干发育在华力西期似斑状花岗岩中，总体走向北西，产状为215°∠70°左右（图6.13）。剖面断裂带可见宽度为10～12m，以构造透镜体、碎裂岩发育为主要特征，挤压片理等亦有少量发育，不同构造破碎物各自成带但其间界限较为模糊，呈一定的渐变过渡。碎裂岩带宽度一般在1～2m以下，多围绕透镜体发育，产状、规模因而存在一定变化，破碎程度在不同部位也表现不同；透镜体规模较大，一般为数米量级，后期存在轻度的构造破坏；挤压片理较为稀疏，一般与碎裂岩带相伴产出，宽度较小且不均匀。在断裂带内见到数个代表断裂带产状、大致平行的断层面，它们的剖面连续性较差，断面已风化剥蚀，其上不见擦痕、阶步等构造痕迹；带内还发育规模很小的牵引褶曲，局部紧密，指示断层运动性质为张扭。碎裂岩、挤压片理等总体疏松，胶结程度较差，剖面断裂带风化剥蚀较强，形成了一定的负地形，也表示断裂带较为松散。碎裂岩破碎程度较轻，其中含有较多的粗颗粒成分。根据上述特征分析，断裂活动具有一定的多期性，在第四纪早期仍存在活动，程度较弱。在地貌上，沿断裂带形成清楚的北西向断陷沟谷，沟谷延伸平直、稳定。断层明显充当了第四系沉积沟谷和侵蚀、剥蚀低山、丘陵的界限，但沟谷内第四系沉积很薄，断裂第四纪活动很弱。在微地貌上，沿断裂发育相近产状的陡坡、陡坎带，它们分布局限、连续性差、规模较小。分析认为，剖面出露的只是清河断裂主干的一部分，在沟谷第四系沉积层以下应还有隐伏断裂的发育，断裂破碎带规模应在 10～12m 以上。清河断裂主干表现出第四纪新活动性，但活动程度并不高。

图 6.13　清河断裂主干分水岭西剖面

5）大孤家北

清河断裂次级断裂发育在华力西期似斑状花岗岩中，走向近东西，产状为 0°∠70° 左右。断裂带宽 2～3m，发育碎裂岩、挤压片理及构造透镜体等（图 6.14）。碎裂岩的分布很不均匀，连续性也较差，最大宽度约 0.3m，具初胶结特征；挤压片理多位于碎裂岩带外侧，宽度不一，比较稀疏，贯通性较差。剖面岩脉形态清晰，其中宽度较大的主要有两期：一期为颜色较浅的长英质脉，脉宽 0.2～0.4m，呈缓倾角侵入北盘（上盘），被断层逆倾滑错切，在南盘未见，岩脉在断裂带内仍可见到少量原岩成分，已构造破碎；另一期为颜色较深的煌斑岩脉，宽度为 0.1～0.4m，沿断裂带侵入，呈构造透镜体状产出，亦表现出一定的破碎，程度较轻，沿煌斑岩脉两侧具有明显的构造错动，形成碎裂岩及挤压片理，它们发育不均匀，局部破碎强烈，其中岩脉北侧（近上盘）碎裂岩成分主要为似斑状花岗岩围岩，岩脉南侧碎裂岩主要为煌斑岩，同时，煌斑岩脉在断裂带发生了一定扭曲，表明断裂还具有一定的扭动性质。综上所述，该清河断裂的次级构造存在多期的构造活动，最新活动时代可延入第四纪早期，活动程度很弱。另外，在北盘距断裂带约 30m 处还可见到另一条产状相近的断裂发育，宽 1m 左右，以挤压片理发育为主要特征，破碎程度较轻，对两盘围岩有错动但幅度很小，沿断裂有岩脉充填，岩脉表现破碎，通过岩脉的错切特征判断断层具有逆倾滑性质。在地貌上，断裂带出露在大孤山断陷盆地北侧的侵蚀、剥蚀低山、丘陵区，而大孤山盆地属于清河断裂主干和北北东向共轭断裂共同控制的构造盆地，长轴为近东西向，长度约为 10km，短轴为近南北向，长度为 3km，盆地地形平坦开阔，第四系发育，其与周围低山、丘陵之间界限清晰。

图6.14　清河断裂次级断裂大孤家北剖面

由该观测点继续向北追索0.4～0.5km处，见到另一条近东西向断裂构造发育，产状为180°∠75°左右，近直立。断裂带宽3～4m，碎裂岩、构造透镜体发育，碎裂岩带可以划分为2条，单条宽度0.3～0.5m，围绕透镜体展布，其中夹有窄条状（宽仅数厘米）的碎粉岩条带，破碎较强。碎裂岩、碎粉岩比较疏松，其本上未胶结，具有第四纪新活动性。断层具有张扭动运动，两侧围岩完整，受断裂活动影响较小。

6）开原李家台西北

根据展布位置和规模判定为清河断裂次级断裂，断裂发育在华力西期似斑状花岗岩中，走向近东西，倾向南，倾角近60°。断裂带宽约3m，以碎裂岩发育为基本特征，可见构造透镜体。碎裂岩破碎程度较轻，具有初步胶结特征，断裂在第四纪早期应有活动，活动程度较弱。此外，在北盘近断裂附近还可观测到另一条规模很小（宽度不足1m）的同向构造发育，亦以粗碎裂岩发育为主，与前述断层应属于同期构造。在地貌上，断裂展布在北西西向—近东西向沟谷北侧，沿断裂走向连续追索调查未发现微地貌陡坡、陡坎发育。

7）土口子西南

清河断裂次级断裂发育在华力西期似斑状花岗岩中，总体走向北西西至近东西，倾角较陡（图6.15）。断裂带宽7～8m，碎裂岩、构造透镜体、挤压片理发育，局部可见构造角砾岩的残留。剖面上可见完整性较差的断层面，产状为25°∠62°左右。断裂带大致可以划分为3～4个发育形态具有差异的构造带，其间界限不很明显，呈一定程度的渐变过渡状态，但总体来说，碎裂岩的发育形态还是比较清楚的，它们多围绕透镜体发育，也具有一定的独立性，形成碎裂岩条带，条带宽度一般在1m以下，存在一定的变化；比较而言，挤压片理的成带性更差，发育形态较不均匀。断裂碎裂岩破碎程度较轻，其中可见较大颗粒的构造角砾，该带颜色较为新鲜，呈灰绿色、灰黄色等，胶结程度较差，较为松散，应属于第四纪早期的构造产物；挤压片理分布稀疏，已经胶结成岩。根据地貌形态分析，沿清河断裂形成的北西西向至近东西向沟谷延伸平直、连续，沟谷地形较为平坦，与两侧侵蚀、剥蚀低山、丘陵之间界限清楚，尤其是沟谷北侧岸坡延伸十分平直，具有明显的构造地貌形态特征。分析认为，清河断裂具有多期的构造活动，至第四纪早期仍表现出一定的张性活动，但断裂活动程度较弱。

图 6.15　清河断裂次级断裂土口子西南剖面

8）土口子北

清河断裂派生北东东向构造发育在太古宇绢云石英片岩中，走向北东东，产状为 340°∠45°（图 6.16）。断裂与两侧围岩之间界限清楚，断面平直，产状稳定。断裂带宽 2.5m，

图 6.16　清河断裂派生构造土口子北剖面

仅发育碎裂岩，为碎裂岩带。碎裂岩破碎程度较轻，其中含有较多的粗粒径碎石，而胶结程度较差，显示出第四纪新活动性。两侧岩体受到断层作用具有一定的错动，指示断层运动性质为正逆滑，另外，上盘小型派生断裂的构造牵引也指示断层为正倾滑。分析认为，该派生构造发育在清河断裂北盘的侵蚀、剥蚀山地、丘陵区，沿断裂发育与清河断陷沟谷斜交的小型沟谷，活动程度较弱，断裂活动性与清河断裂主干相关。

清河断裂属于赤峰－开原断裂带东段延伸段的主干分支断裂，规模较大。断裂控制了清河谷地貌形态和第四系地层分布，沿断裂形成了狭长条状、串珠状的第四纪盆地，沉积了一定规模的第四系地层。断裂发育形态复杂，次生和派生构造发育，具有多期活动特征，各期构造形态及其构造产物均有所发现。断裂破裂带较宽，挤压片理、挤压扁豆体、劈理等早期具有挤压特征的构造破碎物较为多见，断层泥、碎裂岩等第四纪新活动产物也不同程度地发育。断层倾角一般较陡，最新活动总体显示张性兼扭性特征。清河断裂的最新活动时代可判定为中更新世，其活动程度相对于两侧的嵩山堡－王家小堡断裂和马家寨－郭家屯断裂表现为强，断裂的构造活动行迹也最为清楚。

3. 马家寨－郭家屯断裂

马家寨－郭家屯断裂是展布于嵩山堡－王家小堡断裂、清河断裂以北的赤峰－开原断裂带东段延伸段的组成部分，走向近东西至北西西，由1～3条大致平行的主干分支组成，间距一般为数百米，受到其他构造影响，显示一定的左阶斜列状排列，但错动幅度很小。断裂东端被浑河断裂所截断，西端延至北猴石以西后构造行迹不很明显，总长度约50km，延伸舒缓。断裂发育于山地、丘陵区，对河流沟谷的控制作用不明显，而断裂通过地段的河流沟谷走向多与断裂呈斜交或垂直状态，断裂在地质地貌上的表现较差，第四纪以来活动程度较弱。沿断裂仅在局部见有构造盆地发育，但盆地规模及第四系发育较差。断裂切割了华力西晚期花岗岩、花岗闪长岩等，构造破裂程度总体上较低，破碎带规模较小。

在东丰吴家堡东，断裂发育在华力西期二期侵入花岗岩中，走向305°，产状215°∠70°～80°，断面呈一定的舒缓波状（图6.17和图6.18）。断裂破碎带宽1～1.5m，主要发育挤压片理、构造角砾岩和透镜体，显示一定的压性特征。断层面上可见斜向擦痕、阶步，指示断层运动性质为逆倾滑兼左旋走滑，断层面存在一定的锈蚀现象，擦痕、阶步延伸性较差，发育密度也较低。断裂破碎带具初胶结特征，局部显示疏松，表明断裂在前第四纪至第四纪早期是存在活动的；另外，断裂剖面处在侵蚀、剥蚀丘陵山前地带，丘陵山体形态完整，没有被断裂错切，山前也不发育与构造活动相关的微地貌陡坎、陡坡等。即使断裂在第四纪以来存在活动，其活动程度也是很弱的。

总之，作为赤峰－开原断裂带东段延伸段的分支组成部分，马家寨－郭家屯断裂对地貌形态和第四系发育控制不明显，断裂发育形态相对简单，表现出多期活动性。规模较小的破裂带内挤压片理、构造角砾岩和透镜体等早期具有挤压特征的构造破碎物较为多见，而断层泥等新活动产物发育较差，破碎带已具有初步胶结特征。断层面一般较陡并存在锈蚀现象，运动性质主要表现为逆倾滑兼左旋走滑。马家寨－郭家屯断裂在第四纪以来可能存在一定程度的活动，但其活动性较之嵩山堡－王家小堡断裂、清河断裂要弱得多，断裂的构造活动行迹也不很清楚。

图6.17 马家寨－郭家屯断裂　　　图6.18 马家寨－郭家屯断裂
东丰吴家堡东剖面（1）　　　　东丰吴家堡东剖面（2）

4. 横道河断裂

横道河断裂位于马家寨－郭家屯断裂以北，亦属于赤峰－开原断裂带东段延伸段的组成部分，长度约60km。与马家寨－郭家屯断裂相似，横道河断裂的发育程度较差，展布形态不规则，产状变化较大。断裂走向北西－北西西，主要由1~2条大致平行的主干分支组成，间距一般为数百米。断裂东端被浑河断裂截断，西端延至凉泉以西又被北东－北北东向构造所阻隔。断裂发育于山地、丘陵区，控制了横道河谷发育及其第四系沉积，使得东段河谷延伸十分平直，地质地貌表现清楚，但中段的地质地貌表现较差，只观测到一系列北西－北西西向山脊或小型沟谷的方向性展布，第四系地层则不发育；延至凉泉及以西地段，北西－北西西向沟谷谷地貌形态逐渐清楚，在沟谷中第四系有所发育。总的来看，横道河断裂的空间展布和第四纪活动性方面具有明显的不均匀性，其西、东两端分别受到依兰－伊通断裂相关次级北东－北北东向构造和浑河断裂的影响，断裂构造行迹比较清楚，第四纪活动性相对较强。断裂切割了华力西期侵入花岗岩，控制了志留－泥盆系变质岩的分布，横道河断裂破裂带发育形态、规模不均匀，沿断裂在横道河谷等局部地段有条带状第四纪断陷盆地发育，但盆地的规模一般较小，第四系发育较差。

1）横道河增家沟

断裂主干发育在华力西期似斑状花岗岩中，走向为280°~300°，倾向多变，倾角为60°~70°（图6.19）。剖面断裂带出露宽度约30m，其中发育多条不同规模的破碎带，宽度在0.2~0.3m至1~2m不等，以挤压片理、扁豆体为主，含有透镜体，局部片理十分密集，近断层面附近具有一定的碎裂岩化特征，未见断层泥，断裂活动程度总体上并不强烈。剖面上断裂带延伸比较平整，断层面平直，单条破碎带的产状稳定，未见擦痕、阶步等构造痕迹，根据构造牵引特征推断北盘相对南盘下降。断裂带内不同性状的构造破碎物具有不同的胶结程度，片理、扁豆体等基本上完全胶结，薄层的碎裂岩、碎粉岩等胶结较差，比较松散，是属于第四纪以来的新活动产物，采碎裂岩、碎粉岩样品1份，经ESR测定年龄为404.9ka，显示断裂活动时代为中更新世，断裂未错切上覆第四系残坡积层。在地貌上，沿断裂带可形成大致同向的侵蚀沟谷，沟谷的规模（宽度、长度）及延伸连续性明显较赤峰－开原南支、中支为差，断裂发育程度和活动水平相对较弱。总之，作为赤峰－开原断裂带北支的横道河断裂，其成生历史比较久远，经历了多期的构造活动，形成了宽度较大、产状各异的破碎带，但带内岩体破碎程度并不强烈，总体活动水平较低，至第四纪以来断裂仍具有较弱的构造活动。

图6.19　横道河断裂主干横道河增家沟剖面

2）横道河西北

断裂发育在太古宇绢云石英片岩中，走向北西，产状为 $50°\angle 50°$ 左右，呈舒缓波状延伸。断裂带宽 6~10m（图6.20），主要发育碎裂岩、构造透镜体等。透镜体规模巨大，沿断裂长轴长度可达数米，具有一定的构造破碎；碎裂岩形态复杂，产状变化较大，即围绕透镜体分布，也形成相对平直的条带。一方面，碎裂岩条带形态不规则，宽度较窄且变化较大，一般在 0.3~1m 以下，在较强的构造作用下可形成灰白、灰绿、黄绿、黄褐和褐色等不同的条带，各颜色条带宽度一般为数厘米至十几厘米，相互叠加、并行或斜向排列；另一方面，主干碎裂岩条带两侧还可见到宽度很小（一般为数厘米至十几厘米）、长度也很小（一般为数米）的牵引状碎裂岩条带，发育形态与主条带基本相同，属于同期活动的产物，根据构造牵引推断断裂具有一定的右旋走滑，但幅度很小。碎裂岩破碎程度较强，物质颗粒较细而分布很不均匀，局部具有碎粉岩化甚至近泥化特征。碎裂岩条带两侧界面不十分明显，呈一定的渐变过渡，断裂活动总体显示张性。整个断裂带与两侧围岩之间的界面也不清晰，近断层围岩显示一定的构造扰动，断裂正倾滑活动较强。剖面上断裂破碎较强，沿破碎带形成了明显的岩体崩塌，在坡角堆积有崩积楔，沿断裂走向追索调查，可观测到局部发育的陡坎带，但断裂带上部没有第四系地层覆盖，也没有观测到近地表断错微地貌陡坎发育，断裂陡坎主要为松散破碎带的崩塌所形成。在宏观地貌上，沿断裂带发育北西向的狭窄条状沟谷，宽度为 0.7~1km，具有"U"形谷形态，底部地形十分平坦，已开垦为水稻田。经过比较分析，沿赤峰－开原断裂北支主干的断裂沟谷规模较中支、南支为小，连续性较差，这与北支主干的规模相对较小是相关的，尽管如此，赤峰－开原断裂北支与中支、南支一样在第四纪以来均存在一定程度的活动，而北支的活动性较中支、南支为弱。

图 6.20　横道河断裂主干横道河西北剖面

3）东丰轧鞍草沟

横道河断裂带南分支发育在太古宇绢云石英片岩中，走向北西，产状为 220°∠55° 左右。断裂带宽 3~5m，以碎裂岩发育为主要特征。碎裂岩发育不均匀、不平整，略有柔皱，局部可见较新鲜的土黄色、灰白色等破碎程度相对强烈的薄层条带。碎裂岩带与两侧围岩之间界面不很清晰，呈一定的渐变过渡状态，在围岩中局部发育牵引破裂，指示断层运动性质为正倾滑。碎裂岩带松散，完全没有胶结，在第四纪时是存在活动的。

4）横道河联盟教堂

横道河断裂带北分支观测点地质地貌发育与 CF9 点十分接近，它们实际上均处于赤峰 – 开原断裂带的北支主干上，其连线即为断层的展布。剖面断裂发育在太古宇绢云石英片岩中，走向北西，产状为 35°∠60° 左右。断裂带宽 10m 左右，舒缓状延伸，断层面不平整甚至没有明显的连续性较好的断层面发育。带内主要发育碎裂岩、构造透镜体等。透镜体受构造作用不很完整，显示一定的破碎和初步角砾岩化，但尚未发展为构造角砾岩。碎裂岩条带穿插于透镜体之间，宽度较小，呈新鲜的灰绿色、灰白色和土黄色等，局部碎粉岩化，松散，未胶结。在地貌上，断裂位于北西向断裂沟谷的北东侧岸坡，沿断裂形成了陡坡、陡坎带。综合分析认为，断裂在第四纪以来存在活动，性质主要表现为张性，剖面断裂带发育规模较大，具有一定的活动性。

5）横道河合力西

横道河断裂带北分支发育在太古宇绢云石英片岩中，走向北西西至近东西，断面总体倾向北，倾角较陡。观测点断裂带发育特征与 CF9、CF11 相似，属于同一断层（分支）的揭示，而至该观测点断裂带规模有所降低。剖面上碎裂岩带宽度已减小至数十厘米，大致可以形成较清楚的条带，同时带内构造透镜体发育比较完整，与两侧围岩之间界面清晰，破碎程度较弱。碎裂岩带保持松散，没有胶结，断裂在第四纪以来应具有张性的活动，活动程度较弱。

横道河断裂属于赤峰－开原断裂带东段延伸段的北侧分支，规模和地质地貌表现较马家寨－郭家屯断裂为强而较嵩山堡－王家小堡断裂、清河断裂为弱。断裂活动对地貌形态和第四系发育具有一定的控制作用但表现很不均匀。在山前地带局部可见断层三角面，而较为平坦、开阔的条带状断陷盆地中第四系沉积厚度十分有限。断裂发育形态相对简单，除了两端的依兰－伊通断裂带、浑河断裂带等区域性断裂以外，其他的交会断裂则不发育。断裂破碎带宽度为几米至几十米，显示多期活动特征，带内挤压片理、扁豆体、构造透镜体和碎裂岩、碎粉岩等不同性状的构造破碎物均有发育，碎粉岩具一定的泥化特征，而碎裂岩、碎粉岩带较为松散，没有胶结，表明断裂在第四纪以来是存在活动的。断裂最新运动性质为正倾滑兼左旋走滑。

5. 梅河断裂

根据现有研究，梅河断裂属于规模巨大的赤峰－开原断裂带东段延伸段的最北支，长度约70km，延伸舒缓。断裂走向北西西，倾向存在一定变化，倾角较陡。断裂东端被浑河断裂所截断，向西延至西丰附近后构造行迹不明显。断裂带由1~2条大致平行的主干分支组成，展布形态较不规则，分支间距为数百米至1km不等。梅河断裂发育于山地、丘陵区，它严格控制了梅河谷的地貌形态及其河谷第四系沉积，形成了断裂东段局部比较宽阔、平坦且延伸较远的小型梅河谷平原。实际调查显示，在河谷两侧小四平以东不均匀发育有微地貌基岩陡坡、陡坎带，这些陡坡、陡坎规模较大且延伸比较平直，在陡坡、陡坎附近能够发现断裂破碎带的痕迹，其中少部分破碎带保留较好，而大部分遭到了后期的剥蚀；在小四平以西，河谷平原显著收敛乃至尖灭，断裂在地貌上主要表现为狭窄的直线型冲沟，它们的规模很小、连续性很差，在冲沟两侧具有基岩陡坡、陡坎不发育，追索调查也没有发现断裂的痕迹。总的来看，梅河断裂在地质地貌上的表现是清楚的，沿断裂带形成了直线型、规模有差异的北西西向梅河谷平原及其以西的同向冲沟。断裂的第四纪活动性具有不均匀性，其中东端附近受到密山－敦化断裂吉林段的活动影响，第四纪活动特征可能更为明显。梅河断裂切割、控制了华力西期、燕山期侵入花岗岩等，破裂带宽度较小、发育程度相对较低。沿断裂带在东段局部有第四纪构造盆地发育，但盆地及其中第四系沉积规模不大。

1）西丰铁山东观测点

梅河断裂带北侧组成断裂发育在华力西期似斑状花岗岩中（图6.21），走向北西西，总体产状为190°~200°∠70°，断面略呈舒缓状延伸。断裂带宽3~5m，构造破碎程度很不均匀，可见碎裂岩、构造透镜体等，挤压片理不发育，破碎程度较轻。碎裂岩已初步胶结，略为松散，显示第四纪早期应存在有一定的活动。断面擦痕清楚，倾角较陡，指示断层以正倾滑为主，兼有左旋走滑。两侧围岩比较完整，其中见有多条早期方解面岩脉等充填，其受断裂活动影响较小。剖面分析认为，梅河断裂作为赤峰－开原断裂带的组成部分，断裂带规模较小，构造活动仅限于第四纪早期，活动程度较弱。在地貌上，沿断裂带形成有地貌沟谷，沟谷规模较主干断裂要小得多，连续性也较差，在侵蚀、剥蚀作用下，沿断裂在微地貌上可形成临空面，但没有断错特征。

图 6.21　梅河断裂西丰铁山东剖面

2）东丰叭哈碰子西

梅河断裂带主干发育在灰白色、灰红色华力西期侵入花岗岩中，走向为 290°～310°，局部近东西，倾向北，倾角为 60°～80°（图 6.22）。断裂发育形态复杂，含有多个构造面（带），产状多变。断裂带宽 6～8m，碎裂岩、构造透镜体等发育，亦可见较稀疏挤压片理穿插于透镜体中，导致透镜体完整性较差，显示一定的破碎。剖面上可见 6～7 条碎裂岩带，单条碎裂岩带宽度一般很窄，仅 0.1～0.3m，而碎裂岩化程度普遍较差，碎裂岩颗粒较粗，

图 6.22　梅河断裂主干叭哈碰子西剖面

只具初级碎裂岩化特征，断裂活动程度较弱。尽管如此，沿碎裂岩带能够形成延伸较远且平直的断裂带（面），错动清楚，显示明确的断错特征。碎裂岩带胶结程度较差，较为松散，表明断裂在第四纪早期是存在活动的。断层下盘近断裂附近可见牵引构造带，亦有碎裂岩发育，牵引特征指示赤峰－开原断裂为右旋走滑兼正倾滑性质。在地貌上，断裂展布于山脊地带，这与赤峰－开原断裂带北支东段以及中、南支的表现是不同的，它们主要控制了断裂沟谷的发育，多展布在沟谷两侧与侵蚀、剥蚀山地、丘陵的边缘地带，综合分析认为，梅河断裂的规模、发育程度和活动性较南侧的嵩山堡－王家小堡断裂、清河断裂要明显偏弱。

3）西丰双岭北

梅河断裂发育在华力西期似斑状花岗岩中，走向320°~330°，倾向南西，倾角较陡，为70°~75°（图6.23）。断裂带宽6~9m，构造透镜体、碎裂岩、挤压片理等发育。透镜体宽度较大，其中发育少量的片理面，使得透镜体的完整性遭到破坏；碎裂岩可划分为3~4个条带，单条宽度为0.1~0.5m，以近断裂下盘碎裂岩带构造形态最为清楚，破碎较为强烈，该带宽为0.2~0.5m，灰白色，颜色鲜艳，松散，没有胶结，属于第四纪新活动的产物，剖面上的其他碎裂岩条带多夹于透镜体或挤压片理中，具初胶结特征，粗颗粒碎石含量较多，活动性偏早、偏差；挤压片理带展布在近断裂上盘附近，片理并不密集，受构造作用略有牵引褶曲，且与透镜体中的片理褶曲方向一致，指示断层运动性质为正倾滑。断裂带与两侧围岩之间界面比较清楚，围岩显示一定的构造影响，完整性略差。在地貌上，断裂大致控制了同向沟谷的局部发育，但沟谷的规模较小、走向连续性较差；微地貌上，由于断裂带松散破碎，沿断裂可形成陡坎带，沿陡坎有碎石崩落，并已划为地质灾害多发地段。因此，断裂活动具有多期性，第四纪以来表现出新的张性活动，活动程度较弱。

图6.23　梅河断裂主干双岭村北剖面

作为赤峰－开原断裂带东段延伸段的最北分支，梅河断裂规模中等、发育形态良好，与横道河断裂具有一定的相似性。断裂对地貌形态和第四系发育控制作用较为明显，形成了长条状的第四纪断陷盆地及其梅河谷平原，沉积了一定的第四系地层。一方面，在山前地带局部可见陡坡、陡坎带，沿陡坡、陡坎带可观测到残留的断裂破碎带痕迹，大部分破碎带尤其是未胶结的第四纪破碎带多遭到剥蚀而得不到保留；另一方面，断裂发育形态相对简单，除了两端的区域性断裂以外，其他的交会断裂不发育。经过综合观测和对比分析，梅河断裂破裂程度较轻，破裂带规模较小，宽度一般为几米至十几米，具有多期活动性，带内构造透镜体和碎裂岩等较为普遍，挤压片理、扁豆体等发育较差，碎裂岩带表现出不同的胶结特性。因此，判定梅河断裂在第四纪以来是存在新活动的，但断裂活动程度较弱，其最新运动性质以正倾滑为主，兼有一定的走滑。

与马家寨 - 郭家屯断裂、横道河断裂等赤峰 - 开原断裂带东段延伸段的北侧分支断裂类似，梅河断裂的发育程度和贯通性也较差，没有像嵩山堡 - 王家小堡断裂、清河断裂等南侧主干分支那样错切了浑河断裂带和依兰 - 伊通断裂带之间几乎所有的地层和岩石，且断裂带西、东两端还能够与浑河断裂带、依兰 - 伊通断裂带交会并相互错切。从这一点上来分析，同样作为赤峰 - 开原断裂带东段延伸段的组成部分，马家寨 - 郭家屯断裂、横道河断裂和梅河断裂虽然在展布形态上与嵩山堡 - 王家小堡断裂、清河断裂基本相同，并且这 5 条分支断裂大致构成了平行状结构，但偏于北侧的马家寨 - 郭家屯断裂等 3 条分支断裂明显规模较小、活动性较弱。马家寨 - 郭家屯断裂、横道河断裂和梅河断裂仅仅发育于密山 - 敦化断裂带吉林段附近，而且均被密山 - 敦化断裂所截断，跨过密山 - 敦化断裂带以东很难找到断裂的地质地貌痕迹，同时，断裂西端与依兰 - 伊通断裂带之间还存在较远的构造空区，地质地貌表现明显较嵩山堡 - 王家小堡断裂、清河断裂为弱，沿断裂带的第四纪断陷盆地（谷地）规模较小，第四系沉积厚度较薄。

6.5.2　下哈达断裂

下哈达断裂也称为下章党断裂，是浑河断裂沿线规模较大的北东向断裂。断裂处在胶辽台隆铁岭 - 靖宇台拱上，充当了四级构造单元的分界线，以西为凡河凹陷，以东属魔离红凸起。调查研究发现，下哈达断裂东、西两侧均出露有大范围的太古宇结晶基底，地质层发育不存在明显差异，沿断裂带充填有条带状的中元古界白云岩、板岩和侏罗系页岩、砂砾岩等，显示在中元古代 - 中生代等不同时期，下哈达断裂分别形成断陷带并形成相应沉积。新生代特别是新近纪以来，断裂演化活动发生一定的变化，为了与主导型的区域性浑河断裂相协调，下哈达断裂也表现出相应活动特点，在地质地貌和第四纪发育形态上具有一定的表现。

在章党附近，下哈达断裂主要由 2 条北东向的压扭性断裂组成，在章党 - 下哈达 - 新农村一线形成了宽 1 ~ 2km、长 13 ~ 15km 的北东向条带状沟谷，该断裂在新农村附近结构上产生了分化，分别形成新农村 - 鸡冠山 - 大甸子北的北西凸出弧形构造和新农村 - 白旗寨 - 通州伙落一线呈北东向展布的直线性断裂，它们各自的延伸长度分别达到 65km 和 40km 左右。断裂带内挤压片理、挤压扁豆体和角砾岩很发育，局部可见断层泥，其中在弧形构造内还发育有挤压劈理等。分析认为，下章党断裂的构造活动与浑河断裂和依兰 - 伊通断裂的活动是分不开的，其西支弧形构造带与浑河断裂、依兰 - 伊通断裂等不均匀活动所产生的构造牵引密切相关，而东支北东向线性断裂则表征了下哈达断裂晚近时期的构造活动。根据已有研究，弧形构造带断续有侏罗 - 白垩系地层出露并遭到切割，断裂切割和控制了太古宙结晶基底与中元古界的分布，它发育于特定的构造应力作用条件，活动期较短，断裂形成于印支期，燕山构造旋回期活动较强，受到构造应力环境变化的影响，第四纪以来的活动较弱。北东向线性断裂在早期可能并不是主要的活动带，但在最新的应力条件下弧形构造活动显著趋弱，线性断裂则成为了下哈达断裂的主干破裂面，第四纪以来表现出相对明显的构造活动。下哈达断裂主要倾向北西，局部倾向南东，倾角65°左右，断裂北西盘总体上相对南东盘下降。断裂切割了不同时期的地层，严格控制了同向地貌沟谷的发育和局部第四系地层的分布，它在白旗寨、通州伙落等地分别与小规模的北西向断裂共轭交错，破碎带内碎裂岩、碎粉岩等发育，显示出第四纪活动特征；北东向的下哈达断裂空间连续性较好，地质地貌特征较为清楚，属于与浑河断裂相互作用的第四纪主干断裂。

1）白旗寨北

北东向断裂出露较好，断裂产状130°∠80°左右，宽度1.5～2m。断裂发育在太古宙混合岩中，两侧岩性表现出一定的差异（图6.24），断层两侧存在构造错动。断裂破碎带形态较为复杂，分别发育角砾岩带和碎裂岩、碎粉岩带，其中角砾岩带胶结较为致密，属于前第四纪的构造产物，碎裂岩、碎粉岩带则疏松，没有胶结，应属于第四纪以来构造活动的产物。碎粉岩等破碎程度不强烈，不具有泥化特征，表现出不十分强烈的活动程度。断裂出露在北西走向沟谷的南西侧山前陡坎上，陡坎上部地形比较平整，根据其高程判断属于三级基座阶地，观测显示三级基座阶地没有发生相对错动，据此判定该浑河断裂的北东向次级断裂至少在三级阶地形成（晚更新世）以来是不存在活动的，断裂的最新活动时代主要在第四纪早期。

图6.24　下哈达断裂白旗寨北剖面

2）上哈达

对章党东－哈达－白旗寨的断裂构造进行追索调查，见到断裂出露（图6.25），其发育在上元古界深灰色白云岩中，产状为320°∠65°，断裂带宽约5m，发育有碎裂岩、构造透镜体，夹有挤压片理。断裂两侧围岩中厚层状构造比较完整，没有受到断裂活动的明显破坏。断裂控制了河流冲沟流向及沟谷第四系地层的分布，碎裂岩带没有胶结，说明断裂在第四纪以来是存在活动的。

图 6.25　下哈达断裂上哈达村剖面

3）门进沟

断裂展布于抚顺盆地东北边缘外侧的晚更新世山前坡洪积扇上，东侧为北东向章党河谷，断裂走向北东，产状为 310°∠45°~68°，断面舒缓（图 6.26）。断裂发育在完整的太古宙二长石英片岩中，破碎带宽 8~15m，其中近北西盘的最新滑动面见 1cm 厚的黄褐色断层泥，向南东过渡为碎裂岩带（宽 3~8m）、构造角砾岩带（宽 5~8m）和挤压片理等，除断层泥外，破碎带总体胶结致密、坚硬。断层面上有近垂向擦痕，显示断层的压扭性活动特征。坡洪积扇形态完整，平整地覆盖在断裂上，没有断错迹象，断裂上覆的扇体黄褐色碎石土层及灰黑色粉质黏土层均平整，未见错动迹象，黄褐色碎石土层底部样品经热释光测定年龄为（78.0±4.7）ka，为晚更新世。综合判定断裂在晚更新世以来没有活动。

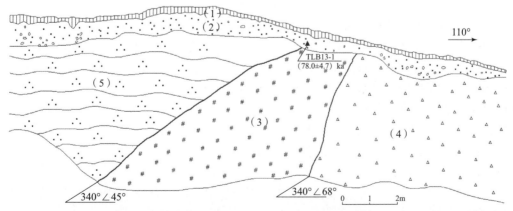

（1）灰黑色粉质黏土；（2）黄褐色碎石土；（3）构造碎裂石；（4）构造角砾岩；（5）太古界二长石英片岩；
▲ TLB13-1 / (78.0±4.7) ka　热释光取样点　样品编号 / 测年值

图 6.26　下哈达断裂门进沟剖面

4）白旗寨西岭下

下哈达断裂发育在太古宙混合岩中，走向为65°~75°，断层面近直立（图6.27）。断裂带宽1.5~3m，主要发育碎裂岩、挤压片理等，破碎程度并不强烈，其中碎裂岩破碎较轻，多粗颗粒成分，挤压片理也较稀疏，断层面剖面连续性较差，其上未见擦痕。通过带内片理与断层面夹角关系判断断层运动性质为右旋走滑，断裂带与围岩之间渐变过渡，断层还显示一定的张性特征。碎裂岩等疏松，没有胶结，断裂在第四纪以来应存在活动。采碎裂岩样1份，经ESR测定年龄为914.0ka，显示断裂活动时代为早更新世。沿走向追索调查，发现在地貌上发育有同向的沟谷或山体鞍部等负地形，但在微地貌上跨断裂带近地表地形平整，不发育断错陡坎、陡坡。

图6.27　下哈达断裂西岭下剖面

在上述观测点西侧约0.5km处，在混合岩中又见到1条下哈达断裂的分支断层。断裂走向为60°~65°，倾向北西，倾角约55°，延伸舒缓，产状存在一定变化。破碎带宽1~2m，发育形态与上述剖面基本相同，以碎裂岩、挤压片理为主，夹有构造透镜体，片理等指示断层为右旋走滑性质。断裂出露于侵蚀、剥蚀低山中，宏观地貌显示不明显，在微地貌上，山体边坡际线自然，没有受到断裂活动改变。断裂破碎带向围岩呈渐变过渡状态，其间无明确断层面发育，碎裂岩等没有胶结，疏松、破碎，不同类型构造破碎物较为混杂，成带性较差，表明断裂第四纪活动程度较低，兼具一定的张性。

5）白旗寨红石砬子

下哈达断裂带（构造体系）发育在太古宙混合岩中，走向为10°~15°，倾向北西，倾角为60°~65°（图6.28）。断裂与两盘围岩之间断面清楚，延伸平直，其上没有任何擦痕等发育，近断层两盘岩体性状有所差别，断层错动是清楚的。断裂带宽1~2m，发育碎裂岩、构造透镜体、挤压片理等，在断层与两盘围岩之间均夹有薄层（2~10cm）碎粉岩条带，呈紫色、灰绿色、黄褐色等较新鲜颜色，未有泥化特征。碎裂岩等已胶结，碎粉岩则疏松、破碎，完全没有胶结，属于第四纪新活动的产物。根据片理牵引等现象，断层具有一定的右旋走滑，而断裂新活动所形成的薄层碎粉岩条带表明断裂第四纪以来活动程度较弱。分析认为，下哈达断裂（及下哈达旋卷构造）在浑河断裂北盘以远由两部分组成，分别为向北、向北西延伸的旋卷构造和向北东展布的直线状构造。在现今构造应力作用下，第四纪新活动构造带应为北东向断裂，它是与浑河断裂相伴生和发育的；旋卷构造则属于较早时期形成的古老构造体系，规模较大，形态特征清楚，在第四纪以来虽仍具有一定的活动性，但程度很弱。

6）哈达西山西

下哈达断裂发育在中元古界高于庄组白云岩与上侏罗统紫色页岩夹砂岩边界（图6.29），由4~5条发育程度相近的破碎带组成，总宽度数十米至近百米，单条破碎带宽度一般为1~2m，碎裂岩、构造透镜体、挤压片理等发育。断裂走向40°~65°，倾向北西，倾角60°~85°。断裂总体破碎较轻，破碎带内白云岩原岩可辨，破碎带间白云岩则保持完整，受到断裂活动影响很小。碎裂岩初步胶结，但不致密，断裂在第四纪以来应存在一定的活动。断层面上未见擦痕、阶步等构造痕迹，断层运动主要显示为张性。

图6.28 下哈达构造体系红石砬子剖面　　　　图6.29 下哈达断裂西山西剖面

7）抚顺阿及北

下哈达断裂发育在高于庄组白云岩中，走向为15°~30°，倾向北西，倾角为50°~70°，呈一定的弯曲弧状。断裂带宽6~8m，构造角砾岩形态十分清楚，亦可见透镜体和挤压片理、扁豆体等，后期还存在一定程度的碎裂岩化（图6.30）。剖面上观测到1条北西向断裂与之相交会，北西向断裂走向为330°左右，断层面近直立。断裂交会构造关系显示下哈达断裂的早期运动性质主要为逆倾滑兼左旋走滑，其对北西向断裂的错动幅度较大，表明下哈达断裂早期活动程度比较强烈，并形成了较宽的构造角砾岩带。剖面断裂带地质构造特征显示，下哈达断裂后期的碎裂岩化作用较强，使得胶结坚硬的构造角砾岩发生二次破碎，结构松散，分析认为碎裂岩发育应属于第四纪以来的新活动表现。在上述两组北东向、北西向构造交汇处，沿构造破碎带可见黑色玄武质岩体侵入，侵入岩体主要受到下哈达断裂的控制，同时在下哈达断裂第四纪活动的切割作用下，侵入岩体多形成相互分离的块状，但每块岩体的内部比较完整，构造破碎特征不明显。上述特征表明，下哈达断裂是规模较大、活动性较强的主要断裂带，相比而言，北西向断裂带宽度仅为 1~2m，规模较小，可见平整断层面，产状稳定。下哈达断裂至少发生了 2 期比较清楚的构造活动，前第四纪活动规模较大，以压扭性为主，在断裂角砾岩带形成以后沿断裂发生了岩浆侵入活动，第四纪以来，断裂再次发生了新的活动，性质转变为以压扭性为主，形成了碎裂岩带，断裂第四纪活动虽然具有一定的强度，但较之早期活动活动程度要有所减弱。

图 6.30　下哈达断裂阿及北剖面

8) 抚顺长岭子西北

断裂发育在高于庄组白云岩中，走向为 30°~35°，倾向北西，倾角为 50°~65°。剖面上断裂带出露宽度为 1.5~2m，呈弯曲状延展，具有一定的褶曲，褶皱形态指示断层具有右旋走滑运动性质。断裂构造破碎物包括构造角砾岩、透镜体和碎裂岩、碎粉岩等。碎裂岩、碎粉岩可以单独成带，主要展布在断裂与上盘围岩接触面附近，平均宽度为 0.2~0.4m，规模很小，还存在一定的变化，碎裂岩、碎粉岩条带呈灰黄色、紫红色，比较鲜艳，结构松散，没有胶结，表现出一定的第四纪新活动性。除了形态完整的碎裂岩、碎粉岩条带以外，构造角砾岩等也具有一定的后期破碎特征，但破碎程度比较轻微，原有的胶结特征没有改变。断裂两侧围岩均十分完整，受到断裂活动扰动较小，表明断裂活动水平不高。在地貌上，断裂发育于侵蚀、剥蚀丘陵区，沿断裂带可见北东向的侵蚀沟谷发育，沿断裂在微地貌上未见断错陡坎、陡坡等发育。根据断裂剖面地质发育特征和沿断裂的地质地貌追索调查分析，断层至少表现为两期的构造活动，并且在第四纪以来存在明确的新活动性，运动性质为右旋走滑兼正倾滑，活动程度总体上较弱。

9) 抚顺东露天矿南新屯

下哈达断裂的浑河以南延伸段发育在太古宇鞍山群通什村组混合岩中，走向 50° 左右，倾向南东，倾角较陡，为 70°~80°。断层两盘虽均为混合岩，但颜色、构造、结构等存在细小差异。南东盘颜色较浅，片麻理较为清楚，优势产状为 255°∠30°，连续性、完整性较好（图 6.31）；北西盘颜色较深，片麻理连续性相对较差，优势产状为 25°∠30°，其间存在一定的扭动。近断裂破碎带附近，下盘（北西盘）构造扰动较强，呈一定的构造破坏和角砾岩化，但断层与围岩之间渐变过渡，断层面不明晰；上盘（南东盘）与断层之间界面清晰，断层面平整，其上残留近水平阶步，显示断层以走滑运动为主。破碎带宽 0.2~0.7m，发育碎裂岩、挤压片理，程度很差且不均匀、不连续，断裂活动程度很弱。碎裂岩总体疏松破碎，没有胶结，剖面上沿断裂带植被生长。剖面顶部侵蚀、剥蚀丘陵面平整，未被断层错切，显示断层在第四纪早期应存在轻微活动。采集碎裂岩样品 1 份，经筛选无有效的石英组分，ESR 方法没有给出测定结果。沿上述剖面点追索至南西约 2km 处的郎士，亦见到断裂出露，走向 35°，倾向南东，倾角为 70°~80°。断裂带规模很小，宽度仅 0.2~0.5m，发育特征与前者大致相同，为破碎程度很弱的碎裂岩带，具一定的片理化，破碎带没有胶结，对围岩没有影响。分析认为，下哈达断裂受浑河断裂控制明显，应主要发育在浑河断裂以北地区，在浑河断裂以南虽能观测到断裂的构造痕迹，但发育程度很差、规模很小并趋于尖灭。

图 6.31 下哈达断裂浑河以南延伸段南新屯剖面

10）东洲阿金路

断裂发育在太古宇鞍山群通什村组混合岩中，走向北东，产状为 120°∠60°左右（图 6.32）。断裂属于下哈达断裂带的组成部分，发育程度、活动强度均较低，两侧围岩完整，受到构造活动扰动较小。剖面上破碎带宽度小于 1m，形态不规则，宽度、产状均存在一定变化，以片理化带为主，夹有扁豆体。破碎带略显胶结，但不致密，在第四纪早期可能具有轻微活动，由于围岩完整而断裂带相对破碎，沿断层面易于人工剥离，形成人工陡坡。断面上可见近水平或缓倾角斜向擦痕，指示断层运动性质以右旋走滑为主，兼有逆倾滑。断裂出露于侵蚀、剥蚀丘陵边坡地带，追索未见断错微地貌陡坎。

图6.32　下哈达断裂浑河以南延伸段东洲阿金路剖面

　　此外，下哈达断裂沿线的北西向断裂也有所发育，在哈达关山东南，北西向断裂发育在上侏罗统紫色砂岩与太古宙混合花岗岩的边界，倾角较陡，产状不稳定。断裂带宽2～3m，发育构造透镜体、扁豆体、挤压片理和碎裂岩等，具有一定胶结，未见疏松、破碎的新鲜构造带（图6.33）。带内可见多个舒缓波状构造面，延伸连续性较差，其上未见擦痕等痕迹。断裂第四纪以来的新活动不明显，活动程度较弱。该北西向断裂与下哈达断裂是相关的，属于下哈达早期旋卷构造的组成部分，其生成时代很早。

图6.33　下哈达断裂附近北西向断裂关山东南剖面

分析认为，下哈达断裂规模较大，主要由 2 条主干分支断裂组成，分支复合现象清楚，总体呈弧形延伸，但在浑河断裂以北附近则北东走向十分稳定。断裂主要倾向北西，局部倾向南东，倾角较陡。断裂发育在太古宙混合岩和中 - 上元古界地层中，构造错动作用比较明显。在浑河断裂以南，下哈达断裂发育程度和展布、结构的连续性很差，只在局部地段能够见到呈发散状的构造痕迹，断裂的规模已大大降低，体现了浑河断裂明显的控制作用。总之，下哈达断裂形成时代较早，其构造活动与浑河断裂、依兰 - 伊通断裂具有密切的关系，与浑河断裂、依兰 - 伊通断裂一样，下哈达断裂也具有多期活动性。断裂控制了浑河断裂附近北东向条带状沟谷的地貌形态及第四系地层的发育，第四纪以来表现出相对明显的构造活动，其北东向线性构造可向北东一直延至通州伙落以东，这也是下哈达断裂最新发育的构造带。断裂破碎带发育形态复杂，挤压片理、扁豆体和角砾岩、挤压劈理较为常见，碎裂岩、碎粉岩、断层泥等也不同程度地发育，角砾岩带胶结较为致密，碎裂岩、碎粉岩、断层泥等则表现疏松、没有胶结。断层晚近时期运动性质主要显示为张性兼扭性特征。综合判定下哈达断裂的最新活动时代主要在第四纪早期，晚更新世以来没有活动。

6.5.3　苏子河断裂

苏子河断裂是与浑河断裂具有构造交切关系的重要的区域性断裂构造。断裂规模巨大，全长约 200km，其中永陵以西的北西向段长约 70km，永陵以东的北东向段约 130km。苏子河断裂处在胶辽台隆铁岭 - 靖宇台拱，在四级构造单元划分上，苏子河断裂在浑河断裂以南充当了西部抚顺凸起、东部龙岗断凸的边界。断裂切割了太古宙结晶基底，控制了中生界侏罗 - 白垩系的分布。断裂在中生代侏罗纪时期活动十分强烈，沿断裂并有大范围的裂隙式火山活动，不仅如此，在断裂带中充填有条带状的侏罗系安山岩、玄武岩和侏罗系凝灰质页岩、砂砾岩以及白垩系砾岩等，断裂控制了白垩系地层的边界。另外，在苏子河断裂带北东向延伸段局部存在第四纪早期火山活动，出露有丛状橄榄玄武岩。沿断裂带的侏罗 - 白垩系条带宽度一般在 5～10km，局部地段如在与浑河断裂交会的南杂木盆地以南可达 20km 以上，而在南杂木盆地以北侏罗 - 白垩系的分布却较少，显示出浑河断裂带在区域构造演化上具有一定的分异作用。

根据地震地质发育特征的差异性，可将苏子河断裂划分为以下 3 个不同的段落：南杂木盆地以北段、南杂木盆地 - 永陵段和永陵 - 柳河段。下面分别对各段的地震地质特征和活动性进行分析和讨论。

1. 苏子河断裂南杂木盆地以北段

该段断裂展布在浑河断裂以北，走向北西，长度约为 20km，是苏子河断裂各个段落中规模最小的。断裂地质地貌发育形态总体清楚，形成北西向的狭长状地貌沟谷，但沟谷切割较浅、规模较小、连续性较差。断裂地质发育特征是清楚的，但构造行迹不很明显，出露较少。它错断了太古宙混合岩体等，宽度一般在 2m 以下，具有挤压破碎特征。

1）栏木桥北观测点

断裂发育在太古宙斜长混合岩中，走向近南北，倾向西，倾角约 70°。断裂带宽 1～1.5m，以角砾岩发育为主要特征，夹有宽 0.1～0.3m、延伸平直、产状稳定的碎裂岩条带。角砾岩具有明确的胶结特征，而与角砾岩带不同，碎裂岩带较为疏松，没有胶结，破碎程度也相对较高，局部有一定的碎粉岩化特征。采集该断层碎裂岩样品，其 ESR 年龄为

406.5ka，属于中更新世。沿断裂可见条带状的方解石脉充填，方解石脉虽受到断裂破碎作用，但在局部较为完整，表明断裂活动并不强烈。剖面地质发育特征表明，苏子河断裂具有多期的活动，最新活动应延入第四纪中更新世时期，但断层活动程度较弱（图6.34）。

图6.34　苏子河断裂南杂木盆地以北段栏木桥北剖面

2）栏木桥上堡202省道旁

断裂发育在太古宙混合岩中，走向为310°，倾向北东，倾角为78°，断层面延伸平直稳定，产状总体变化不大。断裂带规模较小，宽度在0.5～1m以下，局部甚至小于0.3m。带内主要发育构造角砾岩，亦可见少量挤压片理，片理展布方向指示断层运动性质为逆倾滑。在近上盘围岩附近可见厚度仅3～5cm的碎裂岩，破碎程度较轻。另外，剖面上见到近东西向的小型断裂与该北西向断裂斜交，东西向断裂规模非常小，未穿过北西向断裂，在两条断裂的交汇部位形成稍具规模、宽度为2～3m的岩体破碎区域，呈碎石化状态，经观测其中没有断层泥等具有新的较强构造活动特征的破碎物。断裂上盘岩体十分完整，与上盘围岩之间形成良好的断层面，断面上无擦痕、阶步等错动痕迹，断裂活动程度较弱；断裂与下盘围岩之间则呈一定的渐变过渡。构造角砾岩胶结致密坚硬，已硅化成岩，薄层碎裂岩则没有胶结，判定断裂在第四纪以来可能存在微弱的活动（图6.35）。

3）南杂木北至铁岭公路西侧

沿北北西向遥感线性影像调查，即见到北西－北北西向构造破碎带出露，断裂产状为250°∠80°，带宽约1m，发育于太古宙斜长混合岩中（图6.36），为破劈理带，夹有角砾岩，充填有辉绿岩脉。破碎带总体比较疏松，没有胶结，显示出第四纪活动特征。研究认为，在南杂木盆地及附近，除了北东东向浑河断裂以外，北西－北北西向的苏子河断裂也是非常发育的，两组构造互相错切，具有共轭构造活动特征。受到构造发育及活动的影响，浑河在盆地及附近地段多处发生沿构造线的明显转折，从而形成这一山区河流在平面展布上的局部曲流状态，在河流的转折处均存在不同程度线状构造交汇的格局。

图 6.35　苏子河断裂南杂木盆地以北段上堡剖面

图 6.36　苏子河断裂南杂木盆地以北段南杂木北剖面

4）白旗寨南

断裂发育在太古宙混合岩中，产状为 15°∠75° 左右。断裂带宽约 1m，发育碎裂岩、挤压片理等，破碎程度不强烈。两侧围岩虽同为混合岩，但原岩成分及混合岩化程度存在差异，从风化程度上来看，南盘较北盘岩体完整，岩性差异表明断裂两侧是存在相对错动的。围岩受到了构造活动一定程度的影响，近断裂带处存在一定的构造破碎，向两侧则呈一定的渐变过渡。断层面发育完整性差，根据构造发育特征也难以判定断层的运动性质。断裂在地貌上处在山前陡坎上，上部无第四系地层沉积，剖面上部地形和缓，没有明显的垂向错动。断裂破碎带虽具胶结特征，但胶结程度很差，显示断裂在第四纪早期可能存在一定的活动。

分析认为，苏子河断裂南杂木盆地以北段属于苏子河断裂向北跨过浑河断裂后的继续延伸，受到浑河断裂切割控制及其活动的影响，该段断裂在空间展布、规模和构造形态上与浑河断裂以南的苏子河断裂具有一定的差别。该断裂段地质构造发育相对简单，具有多期活动特征，亦显示出第四纪以来的活动性，其最新活动时代至晚为第四纪早期，断裂各期的活动程度均较弱。

2. 苏子河断裂南杂木盆地－永陵段

苏子河断裂南杂木盆地－永陵段（也称为沙河断裂）是浑河断裂附近规模较大、活动特征较为明显的北西向构造。断裂地质地貌形态十分清楚，形成了北西向较宽阔的地貌沟谷，其中苏子河沟谷切割较深。断裂段由多条分支断裂组成，展布形态呈舒缓波状，走向变化较大，总体为310°~340°，多倾向南西，倾角为55°~65°，局部较陡。断裂南西盘显示向北东方向冲逆，具有逆倾滑运动性质。断裂切割了太古宇基底，控制了侏罗－白垩系地层和印支－燕山期侵入岩的分布，同时切割了古近系地层。断裂发育形态较好、规模较大，挤压破碎带宽度一般在3~5m，最大可达50m；破碎带内挤压片理、角砾岩、构造透镜体等发育，亦可见到薄层的碎裂岩、碎粉岩条带；破碎带内还充填有10余米宽的中生代细晶岩脉，岩脉受到挤压破碎。该段的苏子河断裂在南杂木附近与浑河断裂相交会，两组断裂构造共轭错动，形成了较为开阔的南杂木盆地。

1）上夹河南观测点

断裂发育在上侏罗统安山岩中，形态不规则。断裂走向变化很大，由北北西转为北北东，范围为340°~20°，倾向东，倾角为65°至近直立。断裂带宽度变化较大，其中具有较明显构造破碎特征的断裂带宽度为3~5m，向两侧不发育明显的贯通性较好的断层面，呈一定的渐变过渡状态；断裂带内构造发育也十分不均匀，即有相对完整、受到一定构造影响的岩体，也有破碎程度较强、原岩结构形态完全被破坏的构造破碎带。经观测，断裂带内主要发育挤压片理、构造角砾岩，局部构造破碎强烈部位具有一定的碎粉岩化特征，上述各构造破碎形态在剖面上的分布均不是连续的，基本上没有形成规模的条带，表明断裂带内应力分布十分不均匀，断裂活动程度总体不强烈。局部发育的断层面上存在一定的锈蚀现象，不见擦痕、阶步等痕迹，根据构造破碎形态推断断裂为压性。断裂带总体具有胶结特征，但碎粉岩化构造部位胶结并不强烈，显得较为疏松，因此断裂在第四纪时期是可能存在较弱的、不均匀的构造活动的，且第四纪以来的活动程度微弱。

2）新宾马尔墩

断裂发育在下白垩统砾岩中，走向为325°，倾向南西，倾角为50°~60°。断裂带在剖面上呈楔形，上宽下窄，发育构造角砾岩，夹有数厘米厚的薄层碎裂岩、碎粉岩条带，尚不具有泥化特征（图6.37）。断裂与下盘围岩之间断层面平整、产状稳定，断层面上无擦痕、阶步等发育，较为斑驳，构造挤压特征不明显。断裂与上盘围岩之间无明显的界限，呈渐变过渡状态。根据断层破碎带发育特征推断其运动性质主要表现为张性。除碎裂岩、碎粉岩条带外，断裂带内构造角砾岩具有较好的胶结特征，第四纪以来是明显不存在新活动的，但碎裂岩、碎粉岩等较为疏松、破碎，没有胶结，显示出第四纪以来一定的活动特征。由于构造角砾岩破碎程度较轻，碎裂岩、碎粉岩等的规模又很小，因此断裂在第四纪时期及之前的构造活动程度均是很弱的。

图 6.37　苏子河断裂马尔墩剖面

3）新宾东洼东

断裂发育在太古宇混合岩中，总体走向为 310°左右，倾向南西，倾角为 50°~60°，断层面呈一定的弯曲状。断裂带宽度 2~5m，构造形态不很规则，与两侧围岩之间没有清楚的界面，围岩受到了断层活动一定的扰动。断裂带内主要发育构造角砾岩，夹有碎裂岩、碎粉岩等，但碎裂岩、碎粉岩等在断裂带内的分布很不均匀，局部发育具有一定宽度（一般为数厘米至数十厘米）的展布条带，但这种条带的延伸连续性、稳定性很差，向西端较快地尖灭。在断裂带内可见若干断层面发育，各断层面走向较稳定，但产状变化很大，受到侵蚀风化作用，断层面已明显锈蚀，其上未见擦痕、阶步等构造痕迹。根据断裂带构造形态推断断层运动性质为走滑、倾滑兼而有之，并主要表现为张性。构造角砾岩已胶结成岩，属于早期活动的产物，碎裂岩、碎粉岩则虽有初步的胶结，但总体表现疏松、破碎，沿碎裂岩带在剖面上易于剥离，应属于第四纪较早时期的活动产物。

分析认为，苏子河断裂南杂木盆地－永陵段规模巨大，主要由 2~4 条以上的分支断裂组成，分支复合。断裂带走向北西，倾向南西，局部倾向北东，倾角较陡，呈舒缓波状延伸。断裂与浑河断裂共轭交错，对区域地质构造格局具有重要的影响。断裂控制了侏罗－白垩系地层和印支－燕山期侵入岩的分布，构造错动作用较强，其中古近系地层被明显错断。断裂段地质构造发育较为复杂，形成时代较早，与浑河断裂关系密切并具有一定的联动性，同时断裂活动又具有相对独立性和多期活动性，第四纪以来新活动表现清楚，但前第四纪的早期活动迹象更为明显且保留较好。断裂很好地控制了苏子河北西向条带状地貌沟谷及第四系地层的发育，沟谷形态宽阔、切割较深。断裂破碎带规模较大，发育形态复杂，挤压片理、角砾岩、构造透镜体及碎裂岩、碎粉岩等均可见到，只是第四纪以来形成的碎裂岩、碎粉岩规模较小，显示其第四纪活动程度相对较弱。构造角砾岩等已胶结成岩，断层面存在一定的锈蚀，碎裂岩、碎粉岩略有胶结，总体疏松、破碎。断层运动性质复杂多变，走滑、倾滑兼而有之，倾滑分量以逆倾滑为主。综合判定苏子河断裂南杂木盆地－永陵段的最新活动时代为第四纪早期，晚更新世以来没有活动，断裂在第四纪时期及之前的构造活动程度均较弱。

3. 苏子河断裂永陵－柳河段

苏子河断裂永陵－柳河段走向北东，这与走向北西的南杂木盆地－永陵段、南杂木盆地以北段是完全不同的。它与南杂木盆地－永陵段之间在永陵附近自然衔接，其间发育有若干走向近东西、具有一定弧形展布特征的断裂组，结构特征与太子河断裂极为相似。苏子河断裂永陵－柳河段规模巨大，断裂段长度超过 100km，主要由 2 条主干分支断裂及次级断裂组成，断裂倾向、倾角变化较大，但倾角总体较陡，断裂具有压扭性运动特征，右旋走滑占据一定的优势。断裂地质地貌发育形态十分清楚，形成北东向延伸稳定、较为宽阔的条带状地貌沟谷和山脊，但沟谷切割深度较南杂木盆地－永陵段为浅，连续性相对较差，也没有控制较大规模的河流发育，表明该断裂段活动程度可能较南杂木盆地－永陵段为弱。断裂切割了太古宙斜长混合花岗岩和太古宇鞍山群斜长角闪岩、片麻岩等结晶基底，控制了侏罗－白垩系地层的分布，沿断裂可见燕山早期辉长岩株以及第四纪早更新世玄武岩的分布，侏罗－白垩系地层的产状与断层相近，因此断裂具有近顺层发育的特性。断裂发育形态总体较好、规模较大，挤压破碎带宽度可达 20m；破碎带内挤压片理、扁豆体、构造透镜体等发育，亦可见到薄层的碎裂岩、碎粉岩条带。该段的苏子河断裂与密山－敦化断裂大致平行展布，其向北东方向延伸后与浑河断裂的距离逐渐接近，因此，从总体的构造格局来说，苏子河断裂在某种程度上可以看作密山－敦化断裂的次级构造。

1）永陵东南色家

断裂发育在太古宙斜长混合花岗岩与上侏罗统凝灰质粉砂质页岩的接触边界，在混合花岗岩中破碎带更为发育。剖面连续观测显示，断裂带总宽度为 20m 左右，走向为 50°~65°，断面倾角较陡，倾向可出现一定的变化（图 6.38 和图 6.39）。断裂带由多个宽度不一的破碎带组成，夹有相对完整的原岩，其中具有明显破碎特征的只有大致 3~4 个条带，各破碎条带的宽度一般在 1~3m，其发育形态总体差别不大，表现出一定的压性特征，兼具扭性。带内挤压片理、扁豆体等较为发育，夹有构造透镜体，其中在岩性边界还可见到发育形态较好的 0.1m 左右厚度的碎裂岩、碎粉岩条带。挤压片理一般围绕扁豆体等发育，在剖面上形成连续的不规则状的条带。断层面上擦痕、阶步等不发育，构造透镜体、扁豆体的发育及其排列虽具有一定的规模，但对断层运动性质的指示性多变，表明该高角度断裂可能具有一定的扭性特征。片理化条带的宽度一般不大，为 0.1~0.2m，胶结程度较差，总体表现疏松；与此比较，碎裂岩、碎粉岩则完全没有胶结，疏松、破碎，指示了断裂第四纪时期的活动。采碎裂岩、碎粉岩样品 1 份 CH35，经 ESR 法测定年龄为（140±14）ka，属中更新世晚期。断裂上覆薄层的第四系上更新统坡积、坡洪积砂砾石混土层未被断裂错动，因此尽管断裂在第四纪时期存在有活动，但晚更新世以来应没有新的活动。

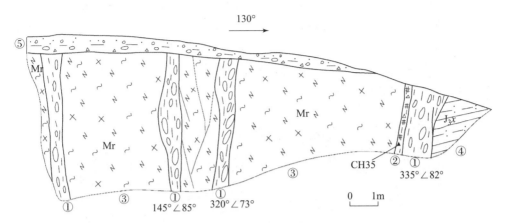

①挤压片理、扁豆体、透镜体带；②碎裂岩、碎粉岩带；③太古宙斜长混合花岗岩；④上侏罗统
凝灰质粉砂质页岩；⑤第四系上更新统坡积、坡洪积砂砾石混土层；▲CH35 采样点及编号

图 6.38　苏子河断裂色家剖面

图 6.39　苏子河断裂色家剖面

2）新宾热电厂

断裂发育在上侏罗统安山质火山碎屑岩中，走向北东，产状为 300°∠70°左右。剖面上断裂带宽约 3m（图 6.40），片理化作用比较强烈，近围岩断层面附近局部甚至碎粉岩化，夹有小型构造透镜体，破碎带发育形态总体比较均匀，活动特征相对简单。断裂与两盘围岩之间断层面比较清楚，呈微弯曲弧状，两侧断层面呈近平行展布，活动具有同期性。根据观测，断裂带内近下盘围岩附近可以见到早期侵入的方解石脉被断层错切，断层具有正倾滑运动性质，受到断层活动影响，两盘岩性性状和产状也存在一定的差异，其中下盘岩层产状为65°∠30°左右，延展平整，褶曲不明显，上盘岩层与下盘产状总体上差别不大，但在近断层附近发生明显褶曲，产状变化为 210°∠35°左右，岩层牵引褶曲形态也指示断层运动性质为正倾滑。在上盘地层中还可观测到多个小型构造破碎带（面）的发育，它们有的与主干断裂同向，有的走向偏于北西，显示派生破裂或与主干断裂具有一定共轭关系的破裂特征。在断裂破碎带内，大致沿断层走向形成有不同颜色的条带，其中近三分之一的白色条带应主要来源于上盘的浅色原岩，近三分之二的紫红色条带来源于下盘的深色岩体，各条带之间呈一

定的渐变过渡状态，错动幅度很小。从断裂带的胶结情况来看，苏子河断裂主破碎带除了宽度明显较大以外，破碎程度也最为松散，基本上没有胶结。沿断裂带在地貌上可形成北东向规模较大的条带状侵蚀沟谷，但沿断裂追索调查在微地貌上并未发现断错陡坡、陡坎等发育。综合分析上述断裂地质地貌特征认为，苏子河断裂在第四纪以来是存在明确活动的，活动方式以蠕滑为主，活动程度较弱。

图6.40　苏子河断裂新宾热电厂院内剖面

3）新宾蓝旗北

断裂发育在燕山期斑状花岗岩中，走向北东，产状为145°∠45°左右，断层面不平整，呈舒缓波状延伸，断层两侧岩性完全相同。剖面上断裂带宽度为1~2m，可见挤压片理、透镜体及不均匀分布的碎裂岩等，挤压片理稀疏，局部密集，碎裂岩则除连续性较差以外，碎裂岩化程度和胶结程度也较轻，断裂总体破碎程度并不强烈。出露的断层面受到侵蚀风化影响，擦痕、阶步等已不清楚，但在上盘岩体近断裂附近可见派生的小型破碎带及其构造面，其与主干断裂斜交并存在一定的牵引褶曲，指示苏子河断裂晚近时期的运动性质为正倾滑兼右旋走滑。断裂展布在侵蚀、剥蚀低山、丘陵基岩区（北西盘）与第四纪条带状河谷冲积倾斜平原区（南东盘）的边界上，北西盘相对南东盘倾滑上升特征清楚，使得两侧地势差异十分显著。由该观测点向西继续追索调查，苏子河断裂基本上展布在苏子河的岸侧，控制了较为宽阔的苏子河谷地貌形态。比较分析认为，苏子河断裂的地质地貌发育与浑河断裂带具有一定的相似性，但在微地貌发育上，沿苏子河断裂未能发现断错陡坎、陡坡等微地貌现象，只在基岩山前地带局部观测到近直线状延伸的介于基岩区和坡洪积扇、坡积裙等第四系沉积区之间较为明显的坡折线，两者的地形坡度显示出明显差别，这可能在一定程度上反映了苏子河断裂的存在及活动特征。根据断裂带地质发育特征以及苏子河断裂带对大的地貌形态和第四系沉积的控制作用，推断断裂在第四纪以来应有一定的活动，活动程度较弱。

4）新宾砬嘴南

断裂发育在上元古界石英砂岩中，近顺层发育，断层走向北东，呈舒缓波状延伸，起伏较小，产状为 $140°\angle70°$ 左右。断裂带宽度在剖面上不稳定，其由多条规模不一的破碎带组成，各条破碎带宽度从 1m 左右变化至数米不等，而观测到的破碎带最宽为 5~6m。断裂带内主要发育挤压片理、扁豆体及构造透镜体等，片理发育不均匀，局部较为密集，不具有泥化特征；透镜体的规模很大，长轴平行于断层面，长度可达 6~7m，短轴则为 3~4m。介于断裂带各条破碎带之间的石英砂岩比较完整，受到断裂活动扰动很小。在断层面上可见擦痕，指示断层运动性质为走滑兼倾滑。断裂破碎带具有一定的胶结特征，第四纪以来的新活动不明显。在地貌形态上，该断裂展布在苏子河断裂 2 条主干分支控制的沟谷之间，沿断裂表现为侵蚀、剥蚀基岩山体，山脊排列方向为北东，在微地貌形态上则没有任何表现。分析认为，苏子河断裂南、北 1~2 条主干分支断裂第四纪以来活动特征明显，在构造地貌上形成了沿断裂延伸的方向性十分明确的沟谷，其中苏子河等河流发育，河流沟谷中第四系地层发育，两侧则基岩出露，沿沟谷岸侧可形成北东向近直线状的陡坡、陡坎带或呈狭窄条带状发育的坡积裙、坡洪积扇，客观上指示了断裂等线状地质构造的存在。经过比较分析，沿苏子河断裂地貌沟谷的连续性和规模明显较浑河断裂为差，表明了苏子河断裂的发育程度较浑河断裂为低，断裂活动性和活动程度也相对较弱。

5）北四平东北

苏子河断裂主干发育上侏罗统泥灰岩中，近顺层滑动，走向 40°~65°，倾向北西，倾角可达 70° 以上。断裂带规模巨大，剖面可见宽度 40 多米，由多个发育形态相近的破碎带组成，单条破碎带宽度为 1m 左右至数米，其间夹有单层厚度较大（中厚层状构造）的较完整原岩沉积层（图 6.41）。经过量测，具有构造破碎特征的断裂带宽度可占全带宽度的约四分之三，完整原岩的分布并不很多，整个构造带还是表现出较强的破碎特征。观测分析认为，断裂带发育形态并不复杂，以较密集挤压片理、挤压扁豆体等为主，局部见有柔皱现象。挤压片理发育形态及其显现的运动性状较为均匀、简单，展布方向相近并大致平行于断裂带，扁豆体的排列也与断裂带相平行。带内柔皱形态相对复杂，在剖面上能够形成局部的条带，并与断裂带呈一定程度的斜交，指示断层具有正倾滑运动性质。同时，断层面上可见到发育程度较差的阶步、擦痕等滑动痕迹，也指示断层以右旋走滑为主，兼有正倾滑，而较完整原岩夹层在局部被断裂活动扰动形成了褶曲，褶曲形态指示断层具有正倾滑性质。断裂破碎带胶结程度较差，呈疏松状态，疏松程度在破碎带内各处基本类似，表明断层在第四纪早期可能存在活动，而构造应力在断裂带内分布也比较均匀，不存在强烈错动导致的具有明显破碎特征的构造带（面），带内未见到断层泥发育，而擦痕等发育较差和柔皱现象也表明苏子河断裂的活动程度较弱，且活动方式应以蠕滑为主。在地貌上，沿断裂带形成了明显的北东向沟谷，谷内地形较为平坦、起伏舒缓，与两侧起伏剧烈的侵蚀、剥蚀低山、丘陵之间形成鲜明差异；在微地貌上，沿断裂带追索未发现断错陡坎、陡坡等。该观测剖面位于山体鞍部，第四系上更新统坡洪积层完整地覆盖在断裂之上而没有被错动，显示断裂第四纪晚期以来没有活动。比较分析表明，沿苏子河断裂主干的地貌沟谷展布形态多呈微弯曲状，其直线状特征较浑河断裂带地貌沟谷为差。另外，苏子河沟谷常由一系列平行状或斜列状排列而长度、宽度均较小的次级沟谷所组成，连续性明显较浑河沟谷为差，第四系沉积规模也较低，这表明苏子河断裂带的规模较浑河断裂带为小、断裂活动性较浑河断裂为弱。

图6.41　苏子河断裂主干北四平乡东北剖面

6）柳河南五人班

断裂发育在上侏罗统包大桥组砂砾岩与下桦皮甸子组砾岩的接触带上，其中下盘为砂砾岩，上盘为砾岩，近顺层滑动（图6.42）。断裂走向为40°左右，倾向南东，倾角约60°，断面比较平直，延伸稳定。剖面上断裂可见宽度为6～7m，发育挤压褶曲带和片理、碎裂岩等，其中褶曲带的宽度较大，片理、碎裂岩的宽度较小，仅2～3m。断裂总体破碎程度不强烈，两侧围岩基本上没有受到构造活动的扰动，碎裂岩中的碎石破碎较轻、粒径较大。断层

图6.42　苏子河断裂南五人班剖面

面具有一定的锈蚀，其上残留有少量的小规模阶步，指示断层运动性质主要为右旋走滑兼正倾滑。片理、碎裂岩带呈土黄色、褐色，具有初步的胶结，但其中还夹有厘米级的碎粉岩条带，疏松、破碎，没有胶结，推断断层即使在第四纪以来存在活动，也仅限于第四纪早期，且活动程度微弱。在地貌上，沿断裂带形成了北东向的条带状沟谷，断陷形态是清楚的，在微地貌上，沿断层面可形成临空剥蚀面，岩体易于崩塌。

由此剖面继续沿南西方向追索至安口西，剖面断层的地质地貌发育与前者相同，断裂带产状也基本一致，断裂带宽度变化为 3～5m。破碎带中挤压褶曲发育，夹有片理、透镜体和碎裂岩等，断层面平直。类似的地质地貌发育特征表明，断裂在第四纪以来活动较弱。

7）柳河向阳样子沟

在上侏罗统不同层（组）砂岩、砂砾岩所组成的地层中，沿北东走向形成了较为紧密的背斜、向斜相间排列的褶皱系，由于应力分布不均匀及软弱夹层的发育，顺地层层面发育一组北东向的断裂构造，其沿褶皱的一翼延伸连续、稳定性较好，走向为 40°左右，总体变化较小；同时，不同的组成断裂之间由于受到背斜、向斜等背景构造的制约可存在倾向相反的现象，而这些顺层断裂的倾角一般较陡，在 60°～70°。根据断裂发育地段多个剖面的追踪调查，断裂带的破碎程度普遍较弱，顺层滑动的幅值很小，一般发育挤压片理、扁豆体、透镜体和挤压褶曲等，具有一定的胶结特征，也可见到少量宽度很窄、相对松散的碎裂岩、碎粉岩条带，表明断裂在第四纪以来的活动水平很低。分析认为，苏子河断裂带延至柳河附近段落是伴随侏罗系褶皱山系的发展而形成、发育的，因而沿断裂带在宏观地貌上形成了清楚的北东向沟谷，但沟谷的宽度一般很小，其中第四系沉积地层很薄，而河流侵蚀、堆积作用实际上在沟谷的发育过程中起到了重要的作用。鉴于苏子河断裂带柳河附近段落基于褶皱构造的伴生因素，构造应力沿断裂带的积累和释放受到局限，断裂切割深度较浅、脆性破裂水平可能较低，因此这一段落的苏子河断裂其地震危险性水平较低，不将其判定为地震构造。

8）辽宁、吉林交界的富裕东

苏子河断裂东支发育在太古宙混合花岗岩中，走向北东，产状为 305°∠70°左右。断裂带宽 2～3m，主要发育挤压片理、扁豆体等。片理发育不均匀，较为稀疏，局部密集，带内应力分布很不均衡。片理受到一定的构造牵引，指示断层运动性质为右旋走滑，倾滑运动不清楚。两盘虽均为混合花岗岩，但岩性组分存在些微差异，表明断裂对岩体产生了一定的错动，而断层面上擦痕等构造痕迹受到后期侵蚀等作用已无保留。断裂带既表现胶结特征，也存在局限的较为疏松、破碎的构造物，断层应至少存在 2 期的构造活动，主要的活动期应在第四纪以前，第四纪新活动则相对轻微。此外，在上盘围岩中可见到同产状的伴生断层，构造破碎形态相似而规模较小。

在上述观测点东侧约 300m 处的混合花岗岩中，与苏子河断裂具有共轭结构的北北西向断层走向 340°左右，倾向南西，倾角约 70°。断裂规模较小，带宽 0.5～1m，发育形态不均匀，可见挤压片理、扁豆体及碎粉岩、断层泥等（图 6.43），断层泥泥化程度很低，粗颗粒成分含量较多，但颜色呈较为鲜艳的灰白色、土黄色等，松散，没有胶结，为第四纪新活动的产物。采断层泥、碎粉岩样品 1 份，经 ESR 方法测定，年龄为 569.4ka，属于中更新世早期。断裂上盘可见牵引褶曲，指示断层运动性质为逆倾滑兼左旋走滑。断裂带上覆第四系残积层、坡积层，厚度跨断裂两盘存在差异，其中上盘为0.5～1.5m，下盘为2m左右，断裂活动对上覆第四系沉积产生了影响。进一步观测发现，断裂主要对第四系底部的残积层产生了明显的蠕滑扰动，但并没有产生明显错切，同时，残积层之上的坡积层厚度变化并不明显，表明断层新活动应主要发生于残积层形成的第四纪早期，活动方式仅以蠕滑为主。另外，在微地貌上，沿断裂没有发现与断裂活动相关的断错陡坡、陡坎等变化。综合分析认为，苏子河断裂及其共轭的北北西向断裂发育形态清楚，它们在第四纪早期存在有活动，活动程度较弱，沿断裂的黏滑活动不明显。

图6.43　苏子河断裂北北西向共轭断层富裕东剖面

9）新宾郝家北

苏子河断裂派生构造发育在白垩系泥灰岩中，走向北东，产状为135°∠60°左右。断裂带的规模较小，剖面上只见到2条宽度分别为1m和0.2m左右的破碎带，发育挤压片理、扁豆体等（图6.44）。破碎带在剖面上的延展并不均匀，向两端存在减小及尖灭的现象，构造破碎程度趋弱。挤压片理在局部较为密集，呈近泥化特征，松散未胶结，甚至可表现为较为新鲜的灰绿色，显示断裂在第四纪以来应存在新的活动。断裂带两侧围岩总体完整，除表现为一定的风化破碎以外，构造破碎已不明显。另外，近断裂带可见少量的围岩地层构造牵引褶曲，指示断层运动性质为右旋走滑，倾滑特征则不很清楚。作为完整性相对较差、较为脆弱的泥灰岩来说，其断裂构造作用导致的较弱破碎形态及近断裂带附近不明显的牵引破碎表明了这一地段的构造应力水平偏低、断裂活动程度微弱。断裂在宏观、微观地貌上表现均不明显，沿断裂走向追索调查没有发现断错陡坎、陡坡等。总之，从断裂发育部位及其对地貌发育的控制性来分析，该观测点的断裂应不是苏子河断裂的主干，而属于派生构造，尽管断裂的规模较小、活动程度较弱，但其活动性与苏子河断裂是相关的。

图 6.44　苏子河断裂派生构造郝家北剖面

10）新宾砬嘴

苏子河断裂派生构造发育在上元古界石英砂岩中，近顺层滑动，总体走向 50°左右，产状为 140°∠60°左右，呈一定的舒缓波状。断裂带宽 1.5~2m，由多个宽度很窄的挤压片理带组成，单条片理带的宽度仅 0.2~0.3m，但发育形态比较均匀，片理密集，破碎强烈，甚至具有一定的泥化特征，只是颗粒组成总体上较粗，泥质成分含量较低。经观测，破碎带（片理带）内还夹有较完整的同产状石英砂岩层，而通过剖面的连续观测调查，在约 200m 的出露宽度范围内石英砂岩是十分完整的，并没有发现其中夹有相对软弱的其他岩性地层，而是一套连续沉积的褶曲舒缓、厚度较大、形态均匀的中厚层石英砂岩，因此剖面上的顺层断层应属于局部应力积累和释放所造成的结果，而不是软弱夹层的破坏。该观测点位于已知的苏子河断裂带主干北西方向近 1km 处，沿断裂构造不发育苏子河断裂带沿线常见的北东向地貌沟谷，微地貌调查也没有发现任何断错陡坎、陡坡等发育，其应属于苏子河断裂构造活动中所派生的次级构造，尽管如此，派生断裂的活动性与苏子河断裂之间是可比的。根据断裂地质发育特征推断，断裂在第四纪以来是存在有活动的，断裂的活动程度总体上较弱。

11）北四平冯家东

苏子河断裂的共轭构造（北西向构造）发育在上侏罗统凝灰质砂岩中，走向 330°，倾向南西，倾角 75°~80°，断面平整，略有弯曲。断裂带宽 2~3m，挤压片理、扁豆体等发育（图 6.45），片理总体稀疏，只在与上盘之间的主滑动面附近数十厘米的宽度内较为密集，破碎程度略为强烈，但该密集片理带宽度分布不均匀，存在一定变化。断层面上擦痕、阶步较为发育，形态清楚，据此推断断层性质以左旋走滑为主，倾滑则不明显。断层面上存在一定的锈蚀现象，无新鲜滑动面特征。密集片理带呈疏松状态，胶结较差，显示断层在第四纪以来应存在一定程度的活动，但密集片理带的规模较小，断裂活动程度并不强烈。该观测点的北西向断裂只是苏子河断裂发育区一系列北西－北北西向断裂的组成部分，北西向断裂与苏子河断裂相互交错，具有共轭构造特征。在这一地区的宏观地貌发育形态上，沿苏子河断裂的北东向沟谷规模较大，第四系地层沿沟谷呈条带状分布，厚度达数米至十几米，而与之交错的北西－北北西向沟谷规模相对较小，甚至间或发育在北东向沟谷的两侧，连续性较差，第四系规模很小，只有沿富尔江等少数北西－北北西向断裂沟谷的规模接近北东向苏子河断裂，第四系地层也有所发育。区域地质构造分析认为，北西－北北西向断裂应属于苏子河断裂的共轭破裂面，其发育程度和规模较苏子河断裂为差，苏子河断裂属于这一地段的控制性构造。北西－北北西向断裂和苏子河断裂的活动性具有一定的可比性，北西－北北西向断裂在很多地段将苏子河断裂左旋错切，两组断裂共同控制了侏罗系地层和太古宇石英片岩等地层的分布，中生代以来活动特征清楚，但它们在第四纪以来的活动程度均较弱。

图6.45　苏子河断裂共轭构造冯家村东剖面

12）火石水库

与苏子河断裂共轭的北北西向断裂发育在上侏罗统泥灰岩夹页层地层中，走向为335°，倾向南西，倾角约80°。断裂带宽0.5～0.8m，以片理发育为基本特征（图6.46）。片理带较稀疏，局部密集，断裂破碎程度较弱，没有观测到形态清楚的断层面，根据地质发育推断为张性兼有扭性活动。断裂对两侧地层具有一定的构造错动，其南西盘地层产状为62°∠15°左右，北东盘产状为165°∠18°左右，地层平整，没有构造褶曲。断裂破碎带疏松，胶结程度较差，在第四纪以来应存在新的活动。该北北西向断裂应属于苏子河断裂的共轭构造，但其规模、破碎程度及地貌表现比苏子河断裂弱得多，但两者在活动性上是相关的。

总之，苏子河断裂永陵－柳河段的构造活动具有相对独立性，它对区域地质构造格局具有一定的影响，并总体塑造了断裂附近大的地质地貌形态。断裂段主要由2条主干分支断裂

图 6.46 苏子河断裂共轭构造火石水库剖面

组成，次级断裂及派生构造发育。断裂走向北东，倾角较陡，倾向存在变化，断层面呈舒缓波状延伸。一方面，断裂控制了侏罗–白垩系地层的分布，但侏罗–白垩系地层沿断裂带产出比较完整、连续，受到断裂构造的错动作用较小；另一方面，断裂的派生构造和共轭也很发育，派生构造的规模普遍很小，长度一般为数千米量级，走向近东西或近南北，这些派生构造对苏子河断裂和侏罗–白垩系地层等具有一定程度的错切，但错切幅值很小，一般为数百米至1km。共轭构造的规模一般也很小，但破碎带发育形态较好，可见碎粉岩、断层泥等，共轭断层的构造活动与苏子河断裂是相关的。

上述地质发育特征表明，苏子河断裂永陵–柳河段的活动水平是较弱的。断裂段地质构造发育特征较为复杂，其形成时代较早，构造演化历史与密山–敦化断裂具有一定的相似性，断裂段与密山–敦化断裂大致平行展布，距离为10～40km，两者具有密切的构造关系，由于密山–敦化断裂规模巨大而苏子河断裂相对较小，因此在某种程度上可以将苏子河断裂看作密山–敦化断裂的次级构造。沿苏子河断裂永陵–柳河段发育有良好的、延伸稳定的北东向条带状地貌沟谷，断裂段对不同时期的第四系地层具有一定的控制作用，与密山–敦化断裂（浑河断裂）及苏子河断裂南杂木盆地–永陵段比较，沟谷的形态较窄、切割较浅。断裂破碎带规模较大，发育形态复杂，挤压片理、扁豆体、构造透镜体及碎裂岩、碎粉岩等均可见到，但碎裂岩、碎粉岩的规模很小。碎裂岩、碎粉岩等基本没有胶结，疏松、破碎。断层运动性质复杂多变，以压性为主，兼具扭性，第四纪以来表现出一定的正倾滑。总之，苏子河断裂永陵–柳河段具有多期活动性，第四纪以来仍有一定的新活动特征，最新活动时代可界定为中更新世晚期，断裂前第四纪的早期活动迹象较为明显且保留较好，因此在第四纪以来的活动程度较弱。

6.5.4 密山–敦化断裂吉林段

密山–敦化断裂吉林段与辽宁段（浑河断裂）同属于密山–敦化断裂带的组成部分，

但受到赤峰－开原断裂带的分隔控制，两者在构造发育和活动性等方面显示出一定的差异性。断裂西南端始于吉林省山城镇以西，经梅河口、海龙、辉南敦化一直延入黑龙江省。与浑河断裂一样，与赤峰－开原断裂带交会区域的密山－敦化断裂吉林段构造行迹不很明显，脱离交会区以后，断裂展布舒缓，走向为45°~50°，较浑河断裂走向明显偏北。断裂控制了辉发河谷的地貌形态，形成了较为宽阔、连续并具有一定不均匀性的河谷平原，其与狭长条状的浑河谷具有显著的差别。断裂带一般由2~3条主干分支组成，北支规模、活动性相对较强，在山前地带可形成地貌陡坎或断层三角面，断裂出露剖面较多；南支规模、活动性相对较弱，地貌上表现不明显，沿线缓倾斜平原、坡洪积扇等较多，较难观测到断裂地表构造痕迹。由于南、北分支断裂活动性的差异，其所形成的断陷河谷地形并不十分平坦，在构造上形成向北缓倾斜的单斜式盆地，第四系厚度北厚、南浅，显示北支断裂的第四纪断错幅度相对较大。与处在中朝准地台的密山－敦化断裂辽宁段（浑河断裂）不同，密山－敦化断裂吉林段处在吉黑褶皱系内，断裂带及两侧古老基底出露，其中北盘主要为太古宇鞍山群三道沟组角闪斜长片麻岩等，南盘主要为太古宇鞍山群四道砬子河组角闪质混合岩、杨家店组含石榴石变粒岩及太古宙混合花岗岩等，在北盘还有大范围的华力西期侵入花岗岩分布。断裂切割了太古宇结晶基底、侏罗－白垩系地层和华力西期侵入岩、印支－燕山期侵入岩，控制了古近系和第四系分布，可见到太古宇逆冲于古近系之上的现象。断裂北支基本上沿上侏罗统长安组含煤地层与不同时代岩层或者岩体的界限展布，南支的连续性则相对较差，或表现为白垩系与燕山期花岗岩的界限，或成为白垩系与更古老地层之间的界限。密山－敦化断裂吉林段形成于古生代末期，较浑河断裂要晚得多，但相同的是，两段断裂均在中、新生代时期强烈活动，并造就了现有残留的构造破碎物及活动痕迹。断裂在中生代－古近纪时期以张性活动为主，后来转为压性活动，沿断裂带的中－新生代断陷盆地沉积厚度达3700m。除控制中、新生代构造盆地发育以外，沿断裂带还有大量的岩浆侵入和喷发活动，其中包括山城镇一带小规模的早更新世时期玄武岩喷发。在桦甸以东，断裂构造形迹不如山城镇、梅河口、海龙一带清楚，但沿断裂第四纪火山活动仍然表现强烈。根据已有研究资料，在辉南西北、桦甸四道沟、大肚川、清茶馆、马鹿沟一带均观测到断裂地震地质剖面，单纯从构造破碎物的热释光年龄来看，多数观测点的断裂最新活动年代为（18~20.7）万年，即中更新世，但马鹿沟剖面的断层泥年龄则偏新，为（10.7~11.1）万年，已属于中更新世晚期－晚更新世早期。

1）东山西北

在华力西晚期花岗岩中见到近东西断裂构造发育，倾向北，倾角约为45°（图6.47和图6.48）。剖面上破碎带宽8~10m，发育多样的构造破碎物，可见多个构造面，各构造面产状基本相同，体现了相对稳定的应力场条件。根据观测，在断裂与下盘围岩附近发育有宽约0.5m的断层泥、碎粉岩条带，呈灰绿色、黄褐色及粉红色，未胶结，较为松散；在断裂带内还可见到2~3条规模较小、发育程度较差的碎粉岩条带，夹有少量断层泥；此外，碎石状碎裂岩在带内分布较均匀，可见少量片理，碎裂岩带具有一定的胶结特征。分析认为，该断裂具有多期次的构造活动，最新活动时代应延入第四纪时期。断裂对上部的三级基座阶地面并没有产生明显的错动（图6.48（c）），近地表第四系残积碎石土层分布平整，据此判定断裂在第四纪晚期以来不存在新的活动。

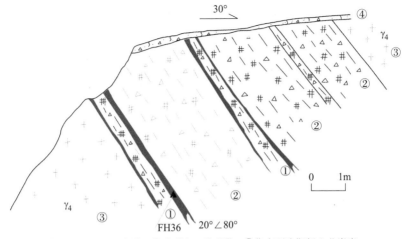

①断层泥、碎粉岩带；②碎裂岩、片理带；③华力西晚期侵入花岗岩；
④第四系残积碎石土层；▲FH36 采样点及编号

图6.47 密山－敦化断裂吉林段山城镇东北剖面

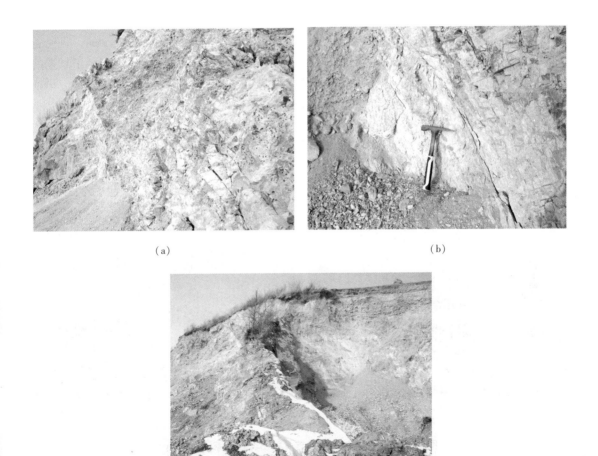

（a）　　　　　　　　　　　　　　　（b）

（c）

图6.48 密山－敦化断裂吉林段山城镇东北剖面

另外，由上述剖面向北东侧继续追索调查可见到走向北东－北东东断层面出露，受到后期侵蚀、剥蚀作用或人为破坏，剖面不很完整，残留断裂带宽度3~4m，主要发育挤压片理等，形态相对均匀、简单。断裂带内可见完整的断层面，产状为125°∠40°左右，沿此断层面局部形成有临空面，其倾向于河谷一侧，但走向与河谷边缘陡坡、陡坎延伸线之间有一定的斜交。剖面上北东－北东东向断裂对近东西向断裂具有一定的截断作用。密山－敦化断裂对上覆上更新统冲洪积、坡洪积碎石、粉细砂层等的错动特征不清晰，断层面上也不见发育形态较好的断层擦痕、阶步等构造形迹，断层面受到坡面侵蚀影响具有一定的磨蚀。分析认为，密山－敦化断裂规模巨大，分支构造发育，断裂产状存在局部的复杂变化，但断裂总体走向与地貌边界线之间是大致平行的，不同的分支构造及其差异性的发育形态、运动性质对应了断裂不同期次的构造活动特征。

由东山村西北向北东方向继续追索，在安乐南陡坡、陡坎带附近断裂出露，走向40°~45°，断面近直立。剖面上可见2个小的破碎带，间距4~5m，主要发育碎裂岩、碎粉岩等，压性特征不明显。碎粉岩等松散，没有胶结，断裂上部三级基座阶地面平整，未被断层错切。判定密山－敦化断裂在第四纪早期存在活动，但晚更新世活动不明显。

2）山城镇张家街北

该观测剖面的断裂走向为60°左右，产状为150°∠80°左右。断裂带宽约15km，可见若干呈斜列状的平整断层面并形成临空面，断面发育近垂向擦痕，虽有磨蚀，亦指示了早期的逆倾滑运动性质。断裂带内还发育有碎裂岩等，具初步胶结，但不致密，说明在第四纪早期可能存在活动。断裂发育在三级基座阶地上，阶地面十分平整，剖面上部第四系地层完整覆盖在断裂带上而没有发生任何断错。此外，一级堆积阶地等其他较新的地貌单元上均没有发现与断裂新活动相关的断错地貌陡坎等发育。断裂在第四纪晚期以来的新活动不明显（图6.49）。

（a）　　　　　　　　　　　　　　　（b）

图6.49　密山－敦化断裂吉林段山城镇张家街北剖面

3）梅河口南宝山

华力西晚期侵入花岗岩中可见多组构造破碎带，包括近南北向、近东西向和北东向等，各带的规模普遍很小，多在1m以内，只有北东向断裂破碎带的出露宽度可大于1m，构造破碎特征也相对清楚。在地貌上，沿辉发河北西岸除了形成北东走向的山前陡坡、陡坎以外，其他走向的宏观线性地貌普遍较差，微地貌上也没有表现，表明该区域起主导作用的是北东向构造体系，即密山 – 郭化断裂带。沿北东向山前陡坎追索调查，在局部可观测到不完整的断裂剖面，断裂破碎带明显遭到了河流侧向侵蚀的破坏。剖面上断裂走向为 50°~60°，呈舒缓波状延伸，局部产状具有一定的变化（图 6.50）。断裂发育形态复杂，其中碎裂岩等呈较新鲜的土黄色、浅灰色，显示出一定的第四纪活动性。根据基础地质资料和地质地貌调查结果，北东向密山 – 郭化断裂的主干在大部分地段应展布在山前地带的坡积层、坡洪积层之下，即处于隐伏状态，该观测点的基岩山体剖面所出露的仅是断裂次生构造或主干破碎带的一少部分，尽管如此，其对于判定断裂发育和第四纪活动性仍具有重要的参考意义。

图 6.50　密山 – 敦化断裂吉林段南宝山剖面

4）梅河口海龙东

断裂发育在燕山期侵入花岗岩与上侏罗统安山岩的接触边界附近，走向 70°左右，倾向南东，倾角为 50°~65°，舒缓波状延伸（图 6.51）。断裂破碎带宽 2~3m，发育挤压片理、扁豆体，夹有透镜体，近断层面附近具有碎裂岩化特征。断面上存在一定的锈蚀，其上擦痕等构造形迹不清楚，根据地质发育形态推断断层运动性质为张扭性。断裂在地貌上充当了侵蚀、剥蚀丘陵与辉发河谷冲洪积平原的边界，其倾向方向即为宽阔的河谷平原。断裂破碎带总体胶结程度偏弱，呈土黄色、灰紫色的新鲜色彩，显示断裂在第四纪以来应具有一定程度的活动。沿断层面可形成剥蚀临空面，但这不是断层错动所造成。剖面近地表覆盖厚 0.5~1m 的第四系坡洪积、冲洪积地层，具有粗斜层理，断裂活动没有错动该套第四系地层。所处地貌面比较平整，略呈微倾斜状态，相对河床高度 20~30m，相当于三级基座阶地面，根据相关研究，三级阶地形成于中更新世 – 晚更新世早期，而第四系坡洪积、冲洪积地层属于晚更新世地层，据此推断，断层在第四纪晚期以来没有活动。

图6.51　密山－敦化断裂吉林段海龙镇东剖面

　　地震地质调查结果表明，密山－敦化断裂吉林段规模巨大但延伸稳定。断裂南、北主干分支均主要倾向南东，局部倾向北西，倾角变化较大，40°左右至近直立不等，具有叠瓦状结构特征，其中北支断裂的构造错动作用比较明显。该断裂段形成时代虽晚于浑河断裂，也同样表现出多期活动性，是对于区域地质构造格局具有重要影响的断裂构造。断裂明显控制了北东向辉发河谷地貌形态及其第四系发育，河谷比较开阔，切割较深。在已有较厚中生代－古近纪沉积厚度的前提下，第四纪以来仍形成一定的沉积，表明断裂第四纪以来的新活动性是比较明显的，构造错动幅度较之浑河断裂明显增强。断裂破碎带规模较大，发育形态复杂，可见多种多样的构造破碎物和多个构造破裂面，带内碎裂岩、碎粉岩、断层泥和挤压片理、扁豆体、透镜体等均有所发育，断层泥、碎粉岩等还形成若干规模不等、发育程度不同的条带，碎裂岩表现出一定的胶结特征，而断层泥、碎粉岩条带多未胶结，较为松散。断层演化过程中的运动性质多变，由早期压性为主逐渐转变为新近纪以来的张性为主，其第四纪以来的运动性质判定为正倾滑兼走滑。断裂没有错动三级基座阶地面，也没有错动近地表的第四系地层，一级堆积阶地上更没有发现与断裂新活动相关的断错微地貌现象。综合判定密山－敦化断裂吉林段的最新活动时代为第四纪早期，晚更新世以来的新活动特征不明显。

　　沿密山－敦化断裂吉林段的地震活动较浑河断裂具有增多的趋势，尤其是桦甸附近的地震活动相对频繁。据不完全统计，该段断裂附近有20多次1.8~4.0级的地震发生，最大地震为1882年桦甸4¾级地震。

6.6　浑河断裂地震地质调查和研究

　　浑河断裂南西始于沈阳南的永乐附近，在这一地段浑河断裂分别与郯庐断裂带下辽河段、依兰－伊通断裂等相交会，形成极其复杂的格局。作为郯庐断裂带的两条主干分支断裂，北西侧的依兰－伊通断裂走向北北东，从沈阳市区以西穿过；密山－敦化断裂（浑河断裂）走向北东东，从沈阳市区以南穿过。根据布置于沈阳、抚顺两市之间跨依兰－伊通断裂、浑河断裂的北西向深地震探测剖面资料，浑河断裂在深部是交会到依兰－伊通断裂之上的面，两者在沈阳附近的深部实际归并为 1 条断裂构造。浑河断裂向东继续经李石寨、抚顺市区、章党、营盘、南杂木、苍石、北三家、清原，并一直延至英额门以东（草市南）附近与赤峰－开原断裂带相交会，全长约 200km。在浑河断裂、赤峰－开原断裂交会区，两条断裂带互相错切，形态结构十分散乱，断裂线性特征及其对地貌、第四纪沉积控制作用显著减弱，均表现出趋于尖灭的构造现象。研究表明，赤峰－开原断裂带南、北两侧的密山－敦化断裂具有明显不同的地震地质、地貌和第四纪地质发育特征，密山－敦化断裂吉林段较之辽宁段（浑河断裂）形态特征更为明显、规模更大、活动性更强，沿断裂的第四纪火山活动更为明显，地震活动频度、强度也更高。

浑河断裂在早元古代时期即已基本形成，断裂东段生成时间相对较晚，大致形成于古生代晚期。断裂在古生代、中生代和新生代时期存在多期的构造活动，其中中生代和新生代初期活动强烈，对中生代断陷盆地和第三纪煤盆地的形成及酸性和基性岩浆侵入－喷发活动具有明显的控制作用。根据相关研究成果，浑河断裂在不同地质时期的构造演化特征极其复杂，断裂力学性质发生过多次变化。断裂最早期主要表现为剪切性质，古生代时转变为以挤压和剪切为主，大规模的平移和牵引构造则产生于早古生代至中生代早期，表现为左旋走滑运动性质。断裂在中侏罗世－早白垩世时期发生过大规模的左旋走滑－逆冲作用，在这一作用下的构造变形说明浑河断裂在这一时期有过强烈的构造变动。燕山运动以后，断裂以深部韧性剪切作用为主，至白垩世晚－末期，断裂又发生右旋走滑－逆冲事件，其活动程度强烈，导致整个断裂带遭受到强烈改造，形成对冲式断裂系统，在大伙房水库以东的石门岭和清原等地，野外均见到太古宇地层逆冲于下盘白垩统地层之上的现象。新生代早期断裂具有拉张性质，槽地显示出差异性的不均匀沉降，形成了沿断裂带发育的一连串断陷盆地，同时控制了新生界古近系煤系的沉积，在抚顺地堑盆地即沉积了厚达 1400m 的古近系煤系地层，这一时期的断块运动特征趋于明显，断裂槽地表现为差异性的不均匀沉降，同时伴随有强烈的玄武岩喷发活动。古近纪末的逆冲活动将太古宙混合岩、混合花岗岩推覆于白垩系之上，白垩系地层又推覆于古近系煤系之上，近南北向的推覆构造活动导致含煤地层倒转，进而产生了南、北两条分支断层及与之相配套的南北向张性断裂及北西向、北东向扭性断裂等。至新生代晚期，断裂又再次表现为挤压活动，使第三系地层产生了与中生界褶皱不相协调的开阔型褶皱构造，并在玄武岩中产生了北东向的压性断裂。浑河断裂南、北两侧的中－上元古界岩相和厚度是截然不同的，断裂北侧中－上元古界属于凡河型沉积建造，以碳酸盐岩为主，地层发育较齐全，尤其是长城系、蓟县系比较发育；断裂南侧中－上元古界属于太子河型沉积建造，以碎屑岩为主，青白口系、震旦系发育较全，在沈阳以南的苏家屯一带，断裂南侧还有石炭系、二叠系煤系。上述特征表明，浑河断裂控制了中－晚元古宙及其后的地史演化。浑河断裂及其分支构造切割了太古宇－第三系的各套地层，但与早期活动相比，断裂晚期的构造活动程度已经有所减弱。在新构造运动上，浑河断裂处在辽东差异上升隆起区和下辽河缓慢沉降区内，断裂及其两侧新近纪以来是整体抬升或下降的，但也有研究认为，断裂南侧的抬升幅度要略高于北侧。浑河断裂整体处在辽东地震构造区内，在地貌上显示清楚，沿断裂形成断陷带，总体上控制了浑河谷地第四系地层的分布。在新近纪以来稳定的北东东向近水平挤压应力作用下，断裂早期以正倾滑运动为主，第四纪以来主要为走滑运动，倾滑活动有所减弱，一些地段甚至表现出受限于断层倾向变化的逆倾滑。与赤峰－开原断裂、依兰－伊通断裂、下辽河平原断裂等相交会并受到了控制，两侧重、磁异常变化与赤峰－开原断裂及依兰－伊通断裂比较相对不明显，断裂垂直断距为 1.2～2.0km。浑河断裂早－中更新世活动特征较清楚，局部段落晚更新世也可能存在微弱活动。断裂总体地震活动水平较低，一般只能发生 5.5～6 级地震。

浑河断裂主干构造破碎特征复杂，规模很大，破碎带一般可划分为多个条带，总宽度可达 50～60m，局部甚至超过 100m。断裂由多条主干分支组成，主干断裂带之间相距 1km 至 20km 不等，其中断裂西段间距较大，向东段趋于减小，构造上表现为由多条分支断裂构成的断陷带。此外，浑河断裂派生分支构造发育，尤其是在断裂北盘有若干走向北东的分支冲断裂以及走向北西的张性断裂束发育，它们均与浑河断裂主干斜交，但一般不越过主干断裂，对浑河断裂的总体展布格局影响较小，根据分支断裂运动性质及其与浑河断裂主干的交切关系，其指示浑河断裂主干的南东盘相对北西盘向南西方向错动，表明浑河断裂总体具有右旋走滑的运动特征。由于断裂早期活动程度较强而新近纪至第四纪以来的活动程度相对较弱，所以不同时期的破碎物均有不同程度的保留。断裂带内既可见到韧性剪切破裂的糜棱岩、千糜岩，也广泛发育以脆性破裂为主要特征的挤压片理、挤压扁豆体和构造透镜体、断层泥等。断裂破碎带断面形态清楚，其上可见斜冲擦痕，显示断裂晚近时期以压扭性为主要运动特征。现代地貌形态上，以新生代断裂活动形成的断陷盆地为基础，狭长条状的地貌沟谷形态十分清楚，具体来说，在沈阳东部下辽河盆地东北缘以东地段，浑河断裂在地质构造上逐渐居于主导地位，抚顺盆地、南杂木盆地、清原盆地等条状盆地发育，沿断陷带形成的地貌沟谷宽度一般为 1km 左右，最宽处如抚顺盆地西缘的李石寨、田屯－高坎一带宽度超过 7km，抚顺市区为 3～5km，南杂木、清原县城宽度均可达 2～3km。浑河断裂沟谷两侧为侵蚀、剥蚀中低山、丘陵，地形起伏较大，山前发育明显的陡坡、陡坎。浑河断陷带两侧太古宙－早元古代混合岩、混合花岗岩和太古宇变质岩系出露广泛，断陷带及附近地区则有较大范围的中生界、新生界等地层发育，浑河断裂控制了中生界、新生界等地层的分布。在大部分地段，中生界、新生界地层与太古宙、早元古代混合岩、混合花岗岩、太古宇变质岩系等为断层接触关系。通过对浑河断裂控制发育的浑河水系地形地貌资料研究、断裂卫星影像遥感解译分析以及对断裂一般地质发育特征的调查和研究，总的认识断裂在第四纪以来是存在活动的，但活动水平较低。

根据已有浑河断裂的研究成果，断裂自形成以来具有多期活动的构造特点。在抚顺西露天矿，浑河断裂抚顺段南支主干由 F1、F1A 组成，其中 F1A 走向近东西，倾向北，倾角为 70°～80°，断裂上盘为太古宇鞍山群斜长角闪片麻岩，下盘为白垩系砂岩、页岩，破碎带宽 10～30m，具逆冲性质；F1 走向为 80°左右，与 F1A 大体平行，倾向北，倾角为 52°～68°，破碎带内构造透镜体、角砾岩、断层泥和糜棱岩等发育。在抚顺东部冰窖，浑河断裂（F1A）上盘为太古宙混合花岗岩，下盘为下白垩统紫红色砂页岩，断裂走向为 60°，倾向南东，倾角为 62°，为左旋压扭性断层。在抚顺营盘采石场，断裂从震旦系白云质灰岩与白垩系页岩之间穿过，上盘为震旦系灰岩，下盘为白垩系砂页岩，断裂走向为 70°，倾向为北西，倾角为 60°，具左旋压扭性质，破碎带内有石英滑石片岩带。在清原斗虎屯，断裂分支构造十分发育,展布上构成断裂束。在石门岭煤矿坑道中,浑河断裂主干分支走向为 65°,倾向北西,倾角为 87°;断裂南盘为太古宙混合花岗岩,北盘为古近系紫红色页岩,夹有煤系地层;断裂面呈舒缓波状延伸,倾向变化较大,正倾滑运动性质。在石门岭-哈达背一带,浑河断裂出露完整,断裂北盘太古宇鞍山群混合片麻岩冲覆于南盘下白垩统地层之上,导致白垩系岩层产状变陡,而白垩系又冲覆于震旦系高于庄组灰岩之上,剖面往南又见太古宙混合岩逆冲于第三系页岩之上,构造形态复杂多变,总体显示为由北向南的左旋叠瓦式断裂带,破碎带宽度达 15~20m,挤压片理、构造透镜体发育。在清原苍石北山附近,断裂北支主干上盘太古宙混合花岗岩逆冲到下盘白垩系紫色砂页岩、砾岩之上,断裂走向为 75°,倾向北西,倾角为 62°,断裂具有左旋压扭性质,中生代时活动强烈。在北大岭,浑河断裂北支主干上盘为太古宇混合岩,下盘为白垩系紫红色砂页岩,断裂走向为 80°,倾向北西,倾角为 79°;在混合花岗岩中有 1 条平行小断裂发育,两条断裂性质相同,均为左旋压扭性质。在北大岭附近的另一个断层出露点,断裂走向 70°,倾向北西,倾角为 65°;断裂上盘太古宙混合岩逆冲到侏罗系紫色页岩之上,显示中生代时断裂的强烈活动。在清原斗虎屯,断裂走向为 85°,倾向北西,倾角为 75°;沿断裂中元古界长城系白云岩逆冲到侏罗系紫红色页岩之上,强烈的挤压逆冲作用使不整合面上的侏罗系底砾岩几乎全部破碎,砾石直立。在清原粘土矿,发现数条相互平行的逆冲断裂,规模较大的有 2 条;北侧断裂发育在上盘太古宙混合花岗岩与下盘黏土矿层之间,南侧断裂则发育在混合岩与白垩系砂页岩之间,剖面见到太古宙混合花岗岩与古近系页岩之间呈断层接触;在断面上清晰见到斜冲左旋擦痕及后期北西向的水平扭动面,表明断裂具有多期活动特征。根据已有研究成果,浑河断裂的地质发育特征大多反映了中侏罗世-早白垩世时期大规模的、强烈的左旋逆冲作用所形成的构造变形现象,体现了这一时期浑河断裂的活动程度,新生代乃至第四纪以来的构造活动与之前比较要差得多,其构造变形迹象总体上不明显。

　　根据前面的分析和研究,密山-敦化断裂辽宁段(浑河断裂)在不同的地段具有明显的空间发育不均匀性,其地质地貌发育形态及其对第四系地层的控制作用、遥感影像特征等均表现出明显不同的特点。基于此,对于浑河断裂带地震地质调查和研究也分别针对不同的段落开展工作,并着重于断裂发育和活动性差异、断裂分段特征、精细结构以及地质构造组合关系等方面的综合研究,以得到系统、完整、准确的浑河断裂发育及活动性研究结果。

　　调查研究表明,在浑河断裂带展布范围内,在多个构造部位存在其他走向构造体系与浑河断裂交会切割的现象,而交会部位两侧的浑河断裂带在展布结构、地质地貌发育和构造活动特征等方面显示出差异性。这样的构造交会部位由西向东主要有章党东地区、南杂木地区、苍石-红透山地区、草市南及附近地区,其中在章党东有北东向下哈达断裂,在南杂木有北西-北北西向苏子河断裂,在苍石-红透山有小规模北北西向构造,在草市南及附近为北西-北西西向赤峰-开原断裂带。这些断裂的构造发育及活动对浑河断裂带展布、发育和活动产生了重要的影响,客观上起到了分隔作用,在一定程度上充当了浑河断裂构造段落的边界,只在苍石-红透山地区,由于北北西向构造发育形态较为单一、规模较小、活动性很差,其两侧的浑河断裂发育特征并没有发生明显的变化,地质地貌形态亦没有明显区别,不存在所谓的“凹凸体”构造,因而不具备浑河断裂分段的地质构造条件。另外,一些区域性的深大断裂构造控制了浑河断裂的边界,对浑河断裂的构造演化和发育产生了深远的影响,如作为浑河断裂西边界的郯庐断裂带下辽河段和依兰-伊通断裂、作为浑河断裂东边界的赤峰－开原断裂等。根据浑河断裂地质构造基础、新构造运动、地球物理场和深部构造条件、地貌和第四纪地质以及断裂展布、结构、运动性质、活动方式和活动性等方面的差异性，并结合地震活动、地质构造组合关系及边界控制条件的系统分析，将密山－敦化断裂辽宁段（浑河断裂）划分为以下段落，即浑河断裂沈阳段、浑河断裂抚顺段、浑河断裂章党－南杂木段和浑河断裂南杂木－英额门东段。研究还表明，上述断裂不同段落的活动性常常与中、新生代构造盆地的形成和发展具有密切关系。

为了获得浑河断裂带及其相关构造的精细结构，利用高精度定位仪进行地质测量与定位，地震地质观测定位精度≤3~5m，从而确定断裂的准确位置及出露地表或通过探槽、钻探等方法揭露的断层展布和规模。同时，根据断裂出露和探槽剖面、排列式钻孔剖面等分析结果，确定断裂地震地质发育特征，分析断层地质发育与地貌、第四纪地质的关系。研究断裂破碎物的地质发育性状特征，分析断层错动特征，对比和划分与断裂活动相关的第四系层序，对断裂破碎物和标志性第四系地层年龄样品系统地逐层采集和测试，揭示断裂的活动时代、活动性质、活动强度、活动方式和错动序列，获取断裂两侧不同标志层位的错动量、滑动速率、古地震或历史地震事件序列、复发间隔、最新一次地震离逝时间和上断点埋深等定量参数。以上述地质学、地貌学、地层学和年代学等方法为基础，综合确定断裂的活动性。年代样品采集与测试以热释光（TL）、ESR 和 SEM 等的综合方法为主，系统确定断裂最新一期（次）活动时代，并满足各关键时段地层划分、对比和断代的需要。

6.6.1　浑河断裂沈阳段

浑河断裂沈阳段展布于下辽河盆地的东北部边缘，东接辽东山地区和抚顺盆地，走向北东－北东东，总体倾向北，局部存在一定的变化，倾角较陡。断裂段长度约 60km，规模较大、连续性较好。断裂带主要由 2~3 条主干分支构成，各个主干分支又可划分为 1~2 条的次级分支主干，具有平行状（局部斜列状）结构特征，主干分支之间距离一般为 1~4km，构成比较宽阔的、条带状的断陷带，而断裂段基本隐伏于第四系地层之下。

在大的地貌形态上，断裂处在浑河西出辽东山地区的山前地带，地貌单元主要为浑河新、老冲洪积扇，阶地虽有发育但连续性、完整性较差。断裂沿线地形起伏舒缓，浑河河谷平坦、开阔。沿断裂段的调查研究显示，现代浑河床位于断裂带北盘，河流蜿蜒但走向与断裂近平行。南盘地势总体上略高于北盘，呈现出向北微倾斜的倾斜平原形态，断裂北盘（上盘）较南盘（下盘）具有下降的趋势，断裂的最新运动性质表现为张性。在断裂段东端，浑河断裂沈阳段与抚顺段之间在展布结构和构造活动等方面表现出差异性，抚顺段走向偏于近东西，对抚顺盆地等宏观地貌形态控制作用明显，浑河断裂表现出明显的主导性；与之对比，沈阳附近地质构造条件极其复杂，断裂结构较为紧凑，而作为郯庐断裂带的一条主干分支，浑河断裂的第四纪活动性、活动程度要显著弱于另一条主干分支即依兰－伊通断裂和郯庐断裂下辽河段，对于地质地貌发育也不具有主导控制作用。尽管如此，与浑河断裂的其他段落比较，沿沈阳段的地震活动相对较多，曾记录到 1954 年 3.5 级地震、1979 年 3.0 级地震和 2003 年满堂 4.1 级地震，在依兰－伊通断裂和浑河断裂所围限的沈阳鼻状凸起上还发生过 1765 年 5½ 级地震，仪器记录地震资料显示，沿断裂段形成有北东东向稀疏的地震条带。

在构造基础上，浑河断裂沈阳段处在华北断坳东北侧边缘与胶辽台隆西侧边缘的交会地带，并偏于华北断坳一侧。断裂附近涉及的三级构造单元主要为下辽河断陷，东侧为铁岭－

靖宇台拱，南侧为太子河 - 浑江 - 利源台陷；在四级构造单元上，断裂段总体上处在辽河断凹，东南侧为抚顺凸起，东北侧为凡河凹陷。一方面，下辽河断陷是沿郯庐断裂带北段形成的中 - 新生代大陆裂谷型断陷盆地，基底为太古宙混合花岗岩和早元古代变质岩系，中 - 上元古界和古生界盖层发育，如钻孔剖面中可见到条带状的古生界地层分布，新近纪以后断陷范围扩大；另一方面，下辽河断陷为古近纪的裂谷系，有较厚的古近系沉积，新近纪和第四纪时期继续下沉，形成较厚的新近系和第四系沉积。辽河断凹在古近纪时为典型的大陆裂谷，其中的郯庐断裂带及其分支构造形成很早，并控制了区域地质构造演化。太古宙结晶基底及各期沉积盖层均有所发育，燕山期时断裂活动强烈，性质以逆冲和左旋走滑为主，古近纪以后则转为正倾滑和右旋走滑运动，新近纪以来构造活动较前期已趋于减弱。抚顺凸起长期隆起，太古宙 - 早元古代微斜混合岩、混合花岗岩和太古宇混合岩基底广泛出露。凡河凹陷除可见太古宙 - 早元古代结晶基底出露以外，中 - 上元古界沉积盖层的厚度很大，中生代以来构造盆地发育，形成了较厚的沉积。总体而言，浑河断裂沈阳段与依兰 - 伊通断裂一起共同控制了沈阳附近的区域地质构造格局，断裂活动与依兰 - 伊通断裂具有一定的共生和伴随特点而又具有相对的独立性。

在新构造运动上，浑河断裂沈阳段总体上处在下辽河缓慢沉降区，以东为辽东差异上升隆起区。新近纪以来的构造运动以整体缓慢下降为基调，但下降速率较小且分布很不均匀，断裂南、北两侧并不存在明显的差异升降运动。与此形成对比的是，作为新构造运动分区边界，依兰 - 伊通断裂的西、东两侧却具有显著的差异升降运动，东侧在地貌上形成辽东山地区，西侧则为下辽河平原，第四系等厚线大致呈北北东向而平行于依兰 - 伊通断裂。因此，同作为郯庐断裂带的主干分支构造，浑河断裂和依兰 - 伊通断裂的活动特征是显著不同的，后者的活动更具有主动性，而浑河断裂则受到了依兰 - 伊通断裂或郯庐断裂下辽河段一定程度的构造牵引，兼具相对独立性和被动性，因而断裂活动程度较低。

已有研究认为，郯庐断裂带的各个主干分支均主要表现为断陷带，它们控制了下辽河盆地及其他小型地堑盆地如大民屯盆地、沈北盆地等的构造发育，包括抚顺盆地在内，各盆地在古近纪时曾发生过强烈的下陷；同时，断裂活动还与规模宏大的下辽河断陷向北、向东扩张存在密切关系，浑河断裂就在一定程度上影响了下辽河盆地东北缘的地貌形态及第四系发育。与具有较厚古近系沉积而缺失新近系、第四系也很薄的抚顺盆地相比，下辽河盆地的新近系和第四系也很发育，使得第四系地层具有向西明显增厚的趋势，这表明浑河断裂的活动性自新近纪以来已开始减弱，而依兰 - 伊通断裂在古近纪、新近纪乃至第四纪以来均保持较强的活动，尽管其第四纪以来活动程度有所降低。根据钻孔等资料，浑河断裂沈阳段在上深沟 - 苏家屯穿切了太古宇、元古宇、古生界和中生界地层，表现为太古宇与其他地层的界限，在古城子 - 李石寨一带，断裂从太古宇中穿过，并对侏罗系的分布具有显著控制作用，但未见上白垩统分布，显示断裂在燕山期晚侏罗世 - 早白垩世的左旋运动时期存在明显活动，只是这一活动期至晚白垩世可能停止。此外，在 1∶5 万布格重力图上，浑河断裂沈阳段表现为一条北东向的重力异常梯级带，称为官立堡 - 苏家屯 - 东陵区委重力异常梯级带。

实际调查显示，浑河断裂沈阳段整体处于隐伏状态，在野外没有观测到任何断裂出露地质剖面，断裂的第四纪活动也没有形成近地表断错微地貌陡坎，而由浅层人工地震和排列式钻孔探测所揭示的断裂上断点普遍较深，难以施行探槽开挖工作，因此，对于沈阳段并没有直接的地震地质剖面可以确定断裂的活动特征。尽管如此，通过浅层人工地震和排列式钻孔探测工作，仍然可以获取断裂带的规模、产状、上断点埋深及其第四系错动特征等一系列定量化参数，据此能够间接判定断裂段的活动性。数据分析表明，浑河断裂沈阳段错动了下更新统和中更新统下部的第四系地层，而没有错动中更新统中－上部和上更新统地层，断裂破碎物的 ESR 年龄为早－中更新世（表6.4）。判定浑河断裂沈阳段的最新活动时代为早－中更新世，晚更新世以来没有活动。

表6.4 浑河断裂沈阳段（钻孔）年龄测定表

断层	取样地点	标的物	测试方式	年龄/万年	形成时代
浑河断裂	红台	上覆未错动第四系冲洪积层	TL	11.01±0.91	晚更新世早期
浑河断裂	红台	上覆未错动第四系冲洪积层	ESR	29.66	中更新世
浑河断裂	红台村	断裂破碎物	ESR	17.64	中更新世
浑河断裂	中兴街汇丰	上覆错动第四系冲洪积、冰积层	ESR	56.67	中更新世
浑河断裂	中兴街汇丰	断裂破碎物	ESR	52.76	中更新世
浑河断裂	大瓦	上覆未错动第四系冲洪积层	ESR	37.62	中更新世
浑河断裂	大瓦	上覆未错动第四系冲洪积层	TL	>12	中更新世
浑河断裂	大瓦	上覆错动第四系冰积层	ESR	52.62	中更新世早期
浑河断裂	大瓦	上覆错动第四系冰积层	ESR	93.78	早更新世
浑河断裂	大瓦	断裂破碎物	ESR	65.8	中更新世早期
浑河断裂	沈阳东南	断裂破碎物	ESR	148.54	早更新世

综合上述分析，确定浑河断裂沈阳段自形成以来存在多期次的构造活动，其中燕山期活动强烈，断裂穿切了之前的所有地层，且幅度较大，这一时期的运动性质以左旋走滑兼逆倾滑为主；古近纪时构造应力场即可能发生了一定的变化，沿断裂的构造活动以拉张为主，沿浑河断裂发生了明显的断陷，沉积了较厚的、条带状的古近系地层，表明这一时期断层运动性质发生了变化，断裂活动具有局限性，程度虽然较强但已弱于中生代时期；新近纪乃至第四纪以来，构造应力环境相对稳定，断裂继承了早期运动特点继续拉张，新近系和第四系发育，但浑河断裂和依兰－伊通断裂在沈阳附近的活动产生了一定程度的分化，依兰－伊通断裂继续保持较强活动性，浑河断裂沈阳段则虽然继续活动但活动程度已大大减弱。

6.6.2 浑河断裂抚顺段

1. 地震地质基本特征

浑河断裂抚顺段主要展布于抚顺盆地的南、北两侧，控制了抚顺盆地的发育，断裂带主要由南、北2条主干分支构成，一些地段亦可划分为3条主干分支，同时，次级断裂也比较发育，具有分支复合特征。断裂走向北东东至近东西，总体倾向北，基本存在变化，倾角较陡，为50°~70°，断裂段长度约30km。在抚顺盆地区，多条主干及其分支断裂近平行状展布并形成断裂束，构成了宽阔的断陷带，控制了浑河谷的地貌形态。在盆地西侧，南支主干断裂可以划分为 2 条间距很小（240～560m）的近平行分支构造（抚顺煤田地质研究中称为 F1、F1A），其中 F1A 规模大、连续性好、构造形迹清楚，F1 规模较小、连续性相对较差、形迹不清楚；F1、F1A 均向北倾斜，倾角为 50°～67°，断面比较平直，垂直断距为 550～600m，水平断距为 250～400m，具有逆倾滑兼左旋走滑运动性质，与 F1、F1A 平行的其他浑河断裂次级分支则错距较小。在盆地东侧，F1 断裂近东西走向稳定并继续向东延伸，控制了抚顺盆地的南边界，在山前地带该分支断裂有所出露；F1A 则在大甲邦、大道鲜附近穿过现代浑河河床向北与北支主干断裂靠拢，断裂走向发生局部的变化。根据抚顺西露天矿的地质研究成果，F1 和 F1A 在深部归并为 1 条断裂。抚顺段断裂穿过了古近系中上部煤系地层，控制了盆地内前新生界及第三系、第四系的分布。在抚顺盆地东端，北东向的下哈达断裂规模虽然不大，但它大致控制了盆地东边界。下哈达断裂受到浑河断裂切割控制主要发育于浑河北侧，但它对浑河断裂发育也具有明确影响，突出地表现在其东、西两侧的浑河断裂具有不同的展布结构和地质地貌特性。

浑河断裂抚顺段处在胶辽台隆铁岭 - 靖宇台拱的西侧边缘，在四级构造单元划分上，断裂带以南为抚顺凸起，以北为凡河凹陷。抚顺凸起是一个长期隆起区，太古宙斜长混合岩、混合花岗岩和太古宇混合岩基底广泛出露；凡河凹陷除可见太古宙结晶基底出露以外，中 - 上元古界沉积盖层的厚度很大，中生代以来断陷盆地发育，并形成较厚的沉积。在盆地及南、北两侧，浑河断裂带对于区域地质构造格局控制作用十分明显，断裂活动具有相对的独立性。前已述及，浑河断裂抚顺段形成久远，自形成以来存在多期次的构造活动，早期以深部韧性剪切作用为主，中生代燕山期时断块差异构造活动强烈，并形成具有规模的断陷带，这种强烈的构造活动可一直延至新生代古近纪时期，断裂活动程度并有所趋强，断块差异性运动使得具有地堑性质的抚顺盆地受到拉张作用强烈下陷，沉积了厚达 1400m 的古近系抚顺群煤系地层，同时伴随大陆碱性玄武岩喷发；古近纪末 - 新近纪时期断陷作用显著减弱，断层运动性质甚至发生了一定变化，兼有左旋走滑的逆冲活动将太古宙推覆于白垩系之上、白垩系推覆于古近系煤系之上，近南北向的推覆构造活动使得含煤地层倒转，盆地新近系地层缺失；第四纪以来，断裂的活动程度显著弱于第四纪以前，运动性质转化为以右旋走滑为主，其间的抚顺盆地处于相对下降状态但断陷作用已不明显，盆地内虽有第四系沉积但厚度很薄，一般只有 5～20m，在一定程度上受到了浑河侵蚀、堆积作用以及下辽河盆地不断向东扩张的断陷作用构造牵引的影响。浑河断裂自形成以来的持续活动虽然切割了太古宇 - 第三系的所有地层，但对第四系地层的切割则不明显。由于断裂多期次不同性质的构造活动，使得断裂破碎带发育形态较为复杂，具有差异性的构造破碎物和构造破裂面等均有发育。就抚顺盆地来说，其生成、演化实际上与下辽河断陷盆地的东向扩张密切相关，同时又表现出相对的独立性，如在古近纪时活动较强，新近纪时明显减弱且性质发生一定变化，第四纪以来断陷盆地虽有发育，但断裂活动进一步减弱，断陷幅度很低。

在新构造运动特征上，断裂处在辽东差异上升隆起区内，两侧虽有一定的差异升降运动但相差不大，南盘地势较北盘略高，断裂南盘总体相对北盘上升，但幅度十分有限。一般认为，浑河断裂对新构造运动分区的作用较依兰 - 伊通断裂要弱得多，也远不如赤峰 - 开原断裂带，其中赤峰 - 开原断裂带是东北新构造运动区与华北新构造运动区的边界，两侧的新构造运动演化特征迥异，而依兰 - 伊通断裂是辽东差异上升隆起区与下辽河（松辽）缓慢沉降区的边界，两侧表现出上升隆起和沉降的不同特点，具有清晰的地质地貌差异。

总的来看，浑河断裂抚顺段控制了抚顺断陷盆地的演化，控制了中生界白垩系和新生界古近系沉积。抚顺盆地内的F1、F1A等主干分支断裂一般具有较宽的挤压破碎带，宽度可达3~10m，带内构造透镜体和断层泥有所发育，断层泥蒙脱石含量高，物理化学活性强，但断层面摩擦强度偏低。

2. 地震地质剖面分析

对于浑河断裂抚顺段分别针对其浑河北侧的北支主干、浑河南侧的南支主干（含F1A、F1）等进行地震地质剖面的开挖、观测和研究，确定断裂破碎带地质发育以及断裂与两侧围岩和上覆第四系地层的牵引断错关系，合理采集断裂破碎物或第四系地层、地貌面样品进行分析鉴定，以获得断裂构造产状、规模、结构、运动性质、活动方式、最新活动时代及活动程度等定量化参数。除了断裂沿线比较完整的野外地震地质调查以外，还针对滴台火车站、葛布东、裕民物流中心北、腰站南、李其沟南、上章党南、古石沟北共7个典型观测点进行系统性剖面测量、取样、鉴定和分析，根据断裂剖面地质地貌连续性开展追索调查和研究，同时引用了抚顺煤田地质部门对于F1、F1A的地质研究成果，最终获得浑河断裂抚顺段地震地质发育和活动性的认识。下面逐一对各个观测剖面的断裂地质发育特征和活动性进行分析和讨论。

1）滴台火车站

浑河北岸的太古宙斜长混合岩在地貌上构成三级基座阶地，第四系遭受剥蚀而分布不连续。阶地前缘观测到高度10~15m的陡坎、陡坡，倾向于平坦、开阔的现代浑河第四系沉积河谷，两者的地貌形态和第四纪地质特征存在显著差异。在北西方向的地质剖面上，阶地陡坎北侧约10m处发育有断裂构造，走向为75°，倾向南，倾角为65°左右。断裂带宽0.2~0.3m，主要发育挤压片理、构造透镜体等。断层面上存在一定的锈蚀，擦痕、阶步等不发育。剖面由上到下构造破碎形态较为均匀，带内片理方向指示断裂为逆倾滑运动性质，但片理较为稀疏，断层活动程度很弱。断裂顶部三级阶地面平坦，两侧的阶地面高度稳定，不存在明显变化，混合岩围岩不存在明显的构造破碎现象。断层面与阶地前缘陡坎大致平行，差异很小，陡坎走向约80°，倾角为55°~60°。结合已有研究资料分析认为，该剖面出露的断裂并不是展布于浑河以北的浑河断裂北支主干，但两者的产状应基本相同，主干断裂应发育在地貌陡坎附近或偏南侧，即隐伏于浑河河床下部。主干断裂的形成时代较早，具有逆冲运动性质，断裂控制了浑河河谷地貌形态及第四系地层的发育。断裂在第四纪时期可能存在活动，但在三级阶地形成的晚更新世以来活动特征不明显，活动程度总体不强烈。

2）葛布东

断裂发育在太古宇鞍山群斜长角闪岩中，走向近东西，倾向南，倾角为65°~70°（图6.52）。断裂带总宽度约10m，发育有碎裂岩、挤压片理，夹有构造透镜体及角砾岩等，其中碎裂岩构造破碎最为强烈，断裂形态特征比较明显。经过观测，碎裂岩带位于近断裂上盘（南盘）附近，宽度2~3m，沿该带剥蚀强烈，形成微地貌凹槽，碎裂岩带没有胶结，比较疏松；挤压片理带位于断裂下盘（北盘）附近，片理稀疏但延伸十分平整、稳定，倾角略陡，为70°左右，其与围岩之间界限较清楚，构造破碎程度相对较弱。在断裂带倾向方向10~20m处发育有地貌陡坡，高度在50~60m，坡度为45°左右。陡坡带走向近东西，与断裂近平行，陡坡前即为平坦、开阔的浑河河谷。断裂出露地貌部位属四级侵蚀阶地，阶地表面沿断裂带形成有地貌凹槽、局部的缓坡等负地形，但没有发现被断裂直接错动的微地貌陡坎，可能与后期的侵蚀、风化作用有关。根据断裂地质发育特征，判定断裂在第四纪以来是存在活动的，其中可能包括四级阶地形成以来的构造活动（黏滑或蠕滑活动）。断裂作为浑河河谷第四系沉积区和阶地基岩区的边界，其南侧的抚顺盆地中沉积有一定厚度的上更新统－全新统地层，结合已有研究资料和区域上浑河断裂的发育特征分析，已经确定浑河断裂的北支主干应展布于基岩丘陵（侵蚀阶地）前缘与浑河河谷的边界地带，断裂主干应隐伏于第四系之下，主干断裂的规模较剖面出露的断裂带要大得多，剖面断裂实际上仅属于浑河断裂北支的一部分。

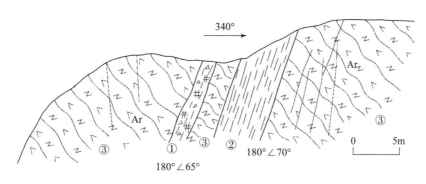

①碎裂岩带；②挤压片理带；③太古宇鞍山群斜长角闪岩
图 6.52　浑河断裂抚顺段北支葛布东剖面

另外，综合地震地质调查、地球物理探测和相关的煤田地质资料，浑河断裂在抚顺盆地区发育有南、北两条主干分支断裂，其南支主要由 F1、F1A 两条分支断裂组成，展布于盆地的南侧，沈阳市活断层项目中曾对此作过详细的专门研究，而北支主干则展布于盆地的北侧。浑河断裂南、北分支构造控制了抚顺盆地的发育，盆地形态呈现明显东西向展布的狭长条状。盆地中第四系沉积主要为上更新统－全新统地层，基本缺失下－中更新统，沉积规模一般不大，最大厚度在 20m 左右。从抚顺盆地的第四系沉积特征来分析，浑河断裂抚顺段的活动性总体上是不强的。

3）裕民物流中心北即北土门子南 202 国道以北

出露剖面上断裂带宽度约 2m，走向北东，产状为 320°∠68°左右，以碎粉岩、挤压片理发育为基本特征（图 6.53）。断裂带构造破碎十分强烈，挤压片理及包裹的小型透镜体等已经有所破坏，碎粉岩分布广泛，局部亦可见碎裂岩。断裂带与两侧的太古宙斜长混合岩围岩之间界面十分平整、清晰，围岩块状构造形态完整，没有受到断裂活动的影响。在断层面上没有发现擦痕等构造形迹，但根据断裂带发育特征仍可推判断层运动性质为压性。碎粉岩带等没有胶结，疏松破碎，表明断裂在第四纪以来应该存在有活动。采碎粉岩样品 1 份，经 ESR 测定年龄为 107.7ka，显示断裂活动时代为晚更新世早期。根据断裂带规模、发育特征及其对地貌形态的影响和控制作用，判断应该属于浑河断裂北支的主构造带之一。另外，在该剖面东南约 100m 处还可见到走向北东的残留断层面，但已被剥蚀为临空界面，断层面上存在一定的锈蚀现象，反映了第四纪以前的滑动特征。该断层面构成了北侧基岩残丘与南侧浑河谷地之间的界限，断层面上可见近水平向阶步及反阶步，指示断层具有左旋走滑的运动性质。上述剖面出露特征说明浑河断裂是存在多期活动的，由于浑河断裂活动的多期性及浑河河流侵蚀、堆积作用的影响，在该地段浑河断裂的下盘一侧形成了近东西走向的浑河沟谷，而断裂上盘（上升盘）一侧基岩则出露完整，构成了侵蚀、剥蚀残丘或较高级的河流阶地。

图 6.53　浑河断裂抚顺段裕民物流中心北剖面

4）抚顺北部的腰站南

浑河断裂抚顺段北支发育在太古宇斜长混合岩中，走向为 55°~65°，倾向北西，倾角为 65°~75°。断裂带破碎特征明显，剖面可见宽度为 2~3m，与围岩接触界线比较清楚。与围岩接触带附近有厚度不等的薄层断层泥发育，断层泥泥化不完全，其中夹有碎石，剖面上断层泥呈楔形，向剖面上端或围岩中显示尖灭现象。另外，断层泥中夹有混合岩透镜体，透镜体挤压破碎现象不明显，可以观察到原岩的结构、构造特征；透镜体呈狭长状，剖面可见厚度不足 1m，透镜体周围围绕着断层泥。除了薄层断层泥以外，断裂带中还发育有碎裂岩，并可见少量具有方向性延伸的挤压片理，片理产状大致与断层产状相同。从浑河断裂带的区域发育特征来分析，该地段附近的主断裂带应位于太古宇斜长混合岩和古近系始新统凝灰质砂岩、页岩的接触面附近，因此该出露剖面所揭示的只是浑河断裂破碎带的一部分，尽管如此，剖面断裂发育特征及活动性仍具有较好的代表性。

断裂两侧斜长混合岩呈中强风化状态，层状构造特征保留，地层产状为 290°∠85°。剖面上部覆盖有不连续分布的全新统砂砾石及土壤层等，但在断层上部覆盖层基本缺失。采断层泥样 1 份，经热释光方法（TL）测试，年龄为（9.26±0.46）万年，属晚更新世早期。

5）抚顺前甸后山西侧的李其沟南

由断层三角面附近的主断裂破碎带向北盘追索，可观测到抚顺盆地外缘山前地带太古宙斜长混合岩中断裂破碎带发育。剖面出露断裂带宽度为 60~80m，其南端山前沿破碎带剥蚀造成临空陡坎，陡坎高度为 5~8m。陡坎南侧属于浑河冲积、冲洪积区，地貌上主要为河流堆积阶地，地形平坦、开阔；陡坎北侧为侵蚀、剥蚀低丘陵区，低丘陵由三级基座阶地剥蚀形成。该地质剖面显示，断裂带由 5~7 条小型的挤压构造带组成，带内发育有碎粉岩、碎裂岩、挤压片理，夹有薄层断层泥；各单条构造破碎带规模一般较小，宽度一般为 0.2~1.5m，最宽可达 3m 左右（图 6.54 和图 6.55）。不同的断裂带构造破碎发育形态基本相同，差异不大。沿断裂破碎带观测，碎粉岩、断层泥带呈灰白色、黄绿色、黄褐色及红褐色等，颜色差异主要与局部岩体的岩性相关。采碎粉岩、断层泥样品1份，经筛选无有效的石英组分，ESR方法没有给出测定结果。断裂带总体走向近东西，倾向南，高倾角，断层面上可见斜向擦痕，指示断层最新运动性质以右旋走滑兼正倾滑为主。虽然剖面断裂破碎特征很清楚，但各破碎带之间非构造破碎的原岩范围更大，且原岩块状构造被破坏程度较轻，其中可见到原始构造面等，因此断裂活动程度是不强烈的。各构造破碎带胶结程度相似，较为疏松，基本上没有胶结，表明断裂在第四纪以来是存在活动的，而沿断层面至剖面顶部，三级阶地面比较平整，没有被断裂活动错动，因此断裂的第四纪活动仅限于晚更新世以前。另外，在主破碎带内还可见到另一组构造破碎带发育，发育形态也为碎裂岩、碎粉岩等，呈黄绿色、灰白色，但该带已具有胶结特征，是属于前第四纪活动的产物，其与未胶结的碎粉岩、碎裂岩、断层泥带之间呈一定程度的渐变过渡状态，两者之间并没有明显的界限。综合分析认为，断裂构造在第四纪时期及其之前存在多期的活动特征，而从断裂构造的展布位置、规模、构造地貌特征并结合已有地质构造研究资料，可以确定剖面出露的即为浑河断裂在浑河以北发育的主干断裂构造，断裂对抚顺盆地的发育具有明显的控制作用，但由于断裂活动程度并不高，导致抚顺盆地的规模较小，其中第四系沉积厚度也较小。

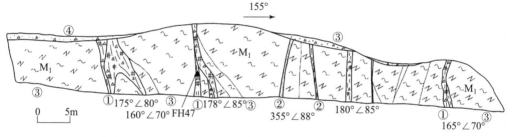

①碎裂岩、碎粉岩、断层泥带；②挤压片理带；③太古宙斜长混合岩；

④第四系残积碎石土层；▲FH47 采样点及编号

图6.54　浑河断裂抚顺段北支李其沟南剖面

6）抚顺上章党南

断裂发育在太古宙混合花岗岩中，走向85°左右，倾向北，倾角约35°。剖面上断裂带可见宽度1~3m，上宽下窄，构造破碎不均匀，以碎裂岩、碎粉岩发育为基本特征，夹有断层泥条带及较完整的原岩条带，断层泥带、原岩带均很窄，宽度为0.2~0.3m（图6.55和图6.56）。断层泥呈灰绿色，受到水浸较为黏稠，基本没有胶结，其泥化不彻底，可见碎粉岩颗粒。碎裂岩、碎粉岩带宽度较大，达1m以上，亦呈灰绿色，较为松散，其中夹有少量挤压扁豆体。断裂带与两侧围岩界面清楚、平直，围岩中节理发育，倾角较陡，具有一定的牵引褶曲，指示断层运动性质为右旋走滑兼逆倾滑。剖面近地表为人工挖掘基岩平面，对断裂活动性没有指示意义。根据断裂地质发育特征，在第四纪以来是存在明确构造活动的。沿断裂走向进行追索，并没有发现断错微地貌陡坡、陡坎等发育，断裂的总体活动程度并不强烈。采断层泥样品1份，经ESR法测定年龄为（144±22）ka，属中更新世晚期。

图 6.55　浑河断裂抚顺段北支李其沟南剖面（局部细节）

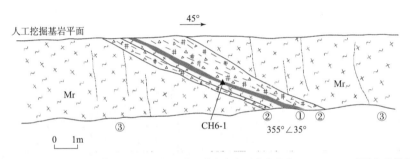

①断层泥、碎粉岩带；②碎裂岩、碎粉岩带；③太古宇混合花岗岩；▲CH6－1 采样点及编号

(a)

(b)

图 6.56　浑河断裂抚顺段东端北支上章党南剖面及实物图（1）

（a）剖面素描图；（b）实物图

位于北侧的构造破碎带规模很小，宽度仅数厘米，主要为碎粉岩，产状为 325°∠25°（图 6.56 和图 6.57）。该碎粉岩带发育特征比较均匀，延伸较平直。尽管规模很小，但断裂

对近地表第四系地层具有一定的错动作用。根据观测，断裂出露于侵蚀、剥蚀丘陵地貌部位，剖面顶部发育有厚 0.5~0.8m 的第四系地层，该套第四系地层层次分明，可以划分为 3 个不同的岩性层：下部残坡积碎石土层无分选、磨圆，呈楔形分布，最大厚度约 0.5m；中部坡洪积砂砾石混土层，其中砂砾石（少量为碎石）粒径明显变小，具有一定的磨圆和分选，可见微斜粗层理，层厚度为 0.2~0.5m；上部为坡洪积砂砾石、中粗砂层，表层为土壤

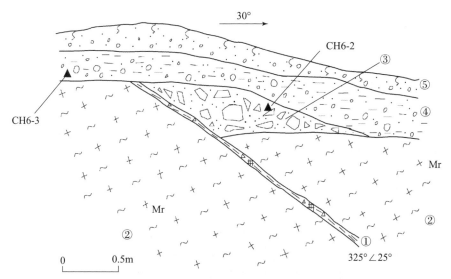

①碎粉岩条带；②太古宙混合花岗岩；③第四系碎石土层；④第四系坡洪积砂砾石混土层；
⑤第四系坡洪积砂砾石、中粗砂和土壤层；▲CH6-3 采样点及编号

（a）

（b）

图 6.57　浑河断裂抚顺段东端北支上章党南剖面及实物图（2）

（a）剖面素描图；（b）实物图

层，粒度较小，但分选性并不很好，层理不明显。观测发现，断裂两侧的第四系地层岩性、厚度不同，下部的碎石土层产生了错动，中部、上部的坡洪积层则保持完好。根据第四系岩相分析和区域地层对比，下部的残坡积地层已具初步泥质胶结特征，应属于下－中更新统地层，中部地层应属于上更新统地层，上部地层属于全新统地层。采残坡积碎石混土层样品、坡洪积砂砾石混土层样品各1份，经ESR法测定年龄值分别为（359±46）ka、（85±8.5）ka，属于中更新世和晚更新世。据此确定断裂在第四纪中更新世是存在活动的，但晚更新世以来应没有新的活动。断裂活动程度虽不十分强烈，但断裂破碎带非常松散，完全没有胶结，明确具有第四纪活动特征。根据牵引褶曲和第四系断错特征，判定该分支断裂的运动性质为走滑兼正倾滑，即具有一定的张性特征。断裂出露于抚顺盆地东缘与北部侵蚀、剥蚀丘陵交接地带的丘陵一侧，一般认为，主干断裂应偏于盆地一侧，因此剖面断裂可能并不是浑河断裂的主干。尽管如此，各断裂之间的活动性是相关的，与主干断裂具有活动的同期性。

7）抚顺大伙房水库大坝西古石沟北

断裂发育在太古宇鞍山群混合岩中，总体走向为85°~95°，近东西。断层倾向多变，即可观测到北倾面，也可见到南倾面，主破碎带内断层面总体倾向南，倾角很陡至近直立。经实际量测，断裂带宽度大于26m，以构造透镜体、挤压片理发育为主要特征，主破碎带内及附近亦可见到薄层的碎裂岩条带，但碎裂岩带的宽度一般很窄，仅有0.1~0.3m，其破碎程度不很强烈，具有微胶结特征。断裂带内除了多个产状多变的断层面发育以外，甚至可以见到走向北东或北西向的构造面，倾向也不尽相同，表明断裂的活动特征是复杂的和多期次的，但断裂的总体活动程度是偏弱的，断裂带内应力分布很不均匀。主破碎带内断层面上可见近水平擦痕，指示断层运动性质以右旋走滑为主，兼有倾滑，断裂北盘相对上升，南盘相对下降，这是断裂带内活动最新、活动程度最强的活动带。在地貌上，断裂剖面处于侵蚀、剥蚀低丘陵山前，地貌面形态完整，没有受到断裂活动的任何影响，断裂上部无第四系覆盖层。另外，在南盘近断裂带附近，可见到小型派生断裂发育，以碎裂岩发育为主，宽度为5~10cm，产状为15°∠70°，破碎带具初胶结特征但不致密，与主断裂破碎带中的碎裂岩带胶结程度相同，应属于较晚的同期构造产物。此外，向北继续追索调查，仍可以观测到间断出露的断裂破碎带，其应属于浑河断裂南支的组成部分，综合分析确定断裂带的总宽度实际上可达到百米左右，发育形态十分复杂，具有多期活动特征，最新活动时代可以延入第四纪早期（图6.58和图6.59）。

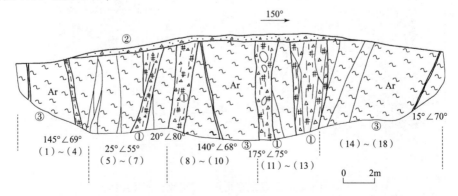

①碎裂岩及片理、构造透镜体带；②第四系残积碎石土层；③太古宇混合岩

图6.58 浑河断裂抚顺段南支东端古石沟北剖面

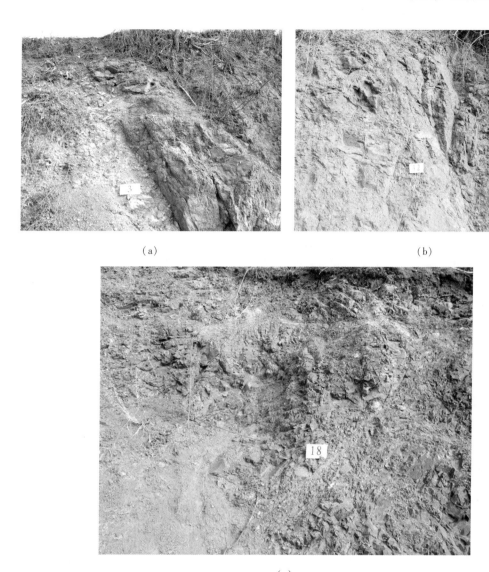

（a）　　　　　　　　　　　　　　　　　　（b）

（c）

图6.59　浑河断裂抚顺段东端南支古石沟北剖面

对剖面断裂构造发育形态和特征具体描述如下：

（1）位于剖面北端，走向北东东的断层发育，断面近直立。构造带破碎程度较轻，可见不紧密、微胶结的挤压片理，片理带宽0.2~0.3m，含有透镜体，两侧岩体具一定的角砾岩化。该带向上未对地貌面产生影响，已胶结，因此属于前第四纪的构造产物。

（2）为构造透镜体，具一定的角砾岩化，胶结致密坚硬，属第四纪以前的构造物，在第四纪以前至少存在2期的构造活动。

（3）碎裂岩带，出露产状145°∠69°，带宽0.3~0.5m，向北呈渐变过渡状态，与南侧岩体界面则较清楚。破碎程度较轻，略有胶结，总体显示张性特征。

（4）基本上为原岩，其中也可见到曲面状发育的挤压片理，但片理带的宽度很小，仅有数厘米量级，片理对原岩产生了一定的切割和破碎作用，但原岩的结构、构造无明显破坏。

（5）为构造透镜体，粒径达到 3m×1.3m 左右，形态完整，围绕透镜体具有同心状的构造破碎。

（6）构造破碎程度较弱，基本上为原岩，也可见到宽 1~2cm 的挤压片理，片理带产状为 190°∠81°。

（7）碎裂岩带，宽度变化较大，最宽处近 1m，两侧均为较完整原岩。产状为 25°∠55°左右，破碎程度较轻，形态不规则。破碎带具有张性特征，略有胶结。

（8）碎裂岩带，与（7）之间为宽度 1m 左右的原岩。该带宽度 1~1.2m，产状为 20°∠80°，其破碎、胶结程度亦同于（7），但内部可见曲面状的薄层片理带，对碎裂岩带具有一定的错切，应属于稍晚期但活动程度较轻的活动面（带）。

（9）两套岩体之间为断层接触，断裂带宽度为 3~5cm，产状为 140°∠68°，挤压片理发育，两侧的混合岩虽较完整，但颜色等岩相特征具有差异，显示受到了构造明显的错动。岩体中发育有次生错动面，指示断裂具有正倾滑运动性质，北盘相对上升，南盘相对下降。剖面上除了薄层的断裂错动带以外，混合岩体总体上比较完整，受到构造活动影响很小。破碎带已经胶结，致密坚硬，是属于第四纪以前早期构造活动的产物，因此，浑河断裂的早期活动具有北盘上升、南盘下降的构造活动特点。

（10）为宽度 3m 左右相对完整岩体，显示一定程度构造破碎，其中发育多条曲面状挤压片理带，片理带延展形态指示两侧具有一定的左旋走滑运动特征。

（11）、（12）、（13）为浑河断裂南支的主破碎带，其发育形态、运动性质和产状特征等代表了断裂的总体特征。该带宽 4~5m，构造破碎特征十分清楚，碎裂岩、挤压片理、构造透镜体等发育较好，见有少量扁豆体、构造角砾岩。碎裂岩多呈不规则的条带状，单条碎裂岩带的宽度并不大，一般为 0.1~0.5m，但延伸十分稳定，其中可见延伸较好的构造片理面，片理面对碎裂岩带存在一定的分隔。片理等在剖面上产状存在一定变化，但总体走向近东西，倾角较陡。碎裂岩、挤压片理等基本代表了断裂带的总体产状和最新活动特征。碎裂岩带外侧可见断层面，虽有锈蚀，但仍可观测到擦痕，据此判断断裂的最新运动性质为右旋走滑兼倾滑。与整条断裂的构造形态相似，主破碎带内的应力分布也是不均匀的，其中在南侧宽度 1~1.5m 的范围内断裂破碎程度更为强烈，片理更为密集，碎裂岩带的宽度也较大。

（14）、（15）、（16）、（17）、（18）为宽度为 6~7m、相对完整的岩体，受到构造活动影响，内有多条产状多变的薄层挤压片理带，对岩体产生了十分微弱的错动，与剖面北侧的明显错切区别明显。另外，在剖面南端发育延伸平直的碎裂岩带，宽度为 5~10cm，产状为 15°∠70°，岩体的构造破碎基本上被局限于该碎裂岩带的北侧，以南则为完整的岩体，因此，这实际上已经处在断裂带的南边界。

8）抚顺西露天矿

F1A 走向近东西，倾向北，倾角为 70°~80°，断裂上盘为太古宇鞍山群斜长角闪片麻岩，下盘为白垩系龙凤坎组砂岩及页岩，破碎带宽 10~30m，断裂具逆冲性质；F1 走向

80°，与 F1A 大体平行，倾向北，倾角为 52°~68°，断层上盘为白垩系龙凤坎组砂岩及页岩，下盘为古近系抚顺群煤系、油页岩以及玄武岩。观测剖面上沿主干断裂发育了较宽的挤压破碎带，构造透镜体和断层泥十分发育，可见到白垩系地层逆覆于古近系抚顺群地层之上。断层泥 ESR 测年结果为（25.3±5.06）万年，属中更新世晚期。另外，在抚顺市东部的冰窖有 F1A 的出露点，断裂上盘为太古宙混合花岗岩，下盘为下白垩统紫红色页岩，断裂走向为 70°，倾向北，倾角 60°，为逆冲断层。

9）抚顺东洲石油二厂北

浑河断裂南支次生断裂发育在太古宇鞍山群斜长角闪片麻岩中，走向为 70°~80°，倾向南，倾角较陡，为 75°~80°（图 6.60）。断裂带宽 2~3m，以碎裂岩发育为基本特征，夹有构造透镜体。碎裂岩发育均衡，颜色、粒径基本一致，疏松、破碎，没有胶结，属于第四纪以来同一期次构造活动的产物。断层面平整，以张性为主，其上没有形成擦痕、阶步等，与两侧围岩之间界限清楚，围岩保持完整，断裂活动程度较弱。另外，在断裂带内可见早期滑动构造面，表面已锈蚀，是属于第四纪以前的活动产物。剖面在地貌上处于丘陵边坡地带，沿断裂带自然剥蚀形成陡坎，陡坎形态不均匀，沿陡坎追索调查，近地表未见断错微地貌现象。

图 6.60　浑河断裂抚顺段南支次生断裂石油二厂北剖面

另外，在东洲区木兰街沟里，亦可见到该分支发育，由 2~3 条近东西向的平行状断裂组成，倾向南，倾角 70°左右（图 6.61）。断裂间距一般数十米，单条破碎带宽度 0.2~2m，以碎裂岩发育为基本特征，形态特征与石油二厂北剖面大致相同。断层面比较平整，与围岩之间界面清楚，围岩受到构造活动扰动较小，断裂活动程度较弱。碎裂岩胶结较差，沿破碎带可剥蚀成临空面，但断面上擦痕等构造痕迹总体不发育，以张性活动为主。剖面上部为平坦的剥蚀面，未见断错陡坎发育。

图6.61　浑河断裂抚顺段南支次生断裂木兰街沟里剖面

3. 基于地震地质的断裂活动性分析

通过抚顺附近浑河断裂详细的地震地质调查，综合分析认为，浑河断裂抚顺段规模巨大，断裂带可划分为南、北2条主干分支，其中南分支断裂在抚顺市区西部又可细划为2条主干分支构造（F1、F1A），F1A在抚顺市区东部至大伙房水库一带与F1产生分异，跨过浑河河床与北支主干会合，但未见断裂对浑河水系的错切，这样的话，抚顺市区东部的浑河断裂北支主干包含有2条分支，而南支主干则仅由1条分支断裂组成。除上述主干断裂以外，浑河断裂小规模的次级平行状构造也比较发育，它们伴随着主干断裂展布或隐伏于浑河断陷带中，形成断裂束，浑河断裂带抚顺段总体显示出复杂的分支复合结构。断裂段连续性较好，延伸比较稳定，展布形态舒缓。断裂南分支的F1、F1A断面比较平直，主要显示逆倾滑兼左旋走滑性质；北分支属于高倾角断层，在断裂段东端附近倾角有所变缓，断层面舒缓，倾向发生了一定的变化。在南、北分支共同的长期活动作用下，构成了地堑式的浑河断陷带和抚顺断陷盆地。

根据实际观测调查，浑河断裂带北支破碎带内挤压片理、构造透镜体及碎裂岩、碎粉岩、角砾岩等发育，局部可见薄层断层泥，方向性的挤压片理指示断裂具有逆倾滑运动性质，是属于早期构造运动的产物，断层活动程度不很强烈；碎粉岩、碎裂岩带一般没有胶结，比较疏松，应反映了断裂较新的活动特征。南支断裂构造透镜体、挤压片理比较发育，但大多已经胶结，致密坚硬，应属于第四纪以前的产物，这一时期的运动性质主要表现为左旋走滑兼逆倾滑；碎裂岩条带虽有发育，但宽度一般很窄，具有初步胶结特征，该带为断裂较新时期构造活动所形成，属于第四纪早期的构造破碎物，断裂新活动为右旋走滑兼正倾滑特征。断裂没有错动三级基座阶地面，在抚顺地区分布范围较广的一级堆积阶地和二级基座阶地上也没有发现与断裂新活动相关的断错微地貌陡坎，断裂段错切了第四系底部地层，但未错动第四系上部地层。对于浑河断裂抚顺段（含F1、F1A断裂）有较多的活动性测年数据，如对西露天矿、石油一厂、腰站南、抚顺东冰窖等地的断裂破碎物（主要是断层泥）分别采用了 ESR 测定法、石英碎砾电镜显微刻蚀形貌法（SEM）和热释光法（TL）进行了测试（表 6.5）。上述测定年龄值主要集中在中更新世时期，也有少数跨入晚更新世。考虑到测量误差并综合地质地貌、地震地质特征分析，浑河断裂抚顺段的最新活动时代应确定为中更新世晚期，晚更新世以来活动特征总体上不明显，断裂第四纪活动程度较弱。

表 6.5　浑河断裂抚顺段年龄测定表

序号	断层	取样地点	标的物	测试方式	年龄/万年	形成时代
1	F1	西露天矿	断层泥	ESR	25.3 ± 5.06	中更新世
2	F1A	西露天矿	断层泥、碎裂岩	TL	26.12	中更新世
3	浑河断裂	抚顺县	断层泥、碎裂岩	SEM		早更新世
4	F1A	抚顺市	断层泥、碎裂岩	SEM		中－晚更新世
5	断裂北支	抚顺腰站南	断层泥	TL	9.26 ± 0.46	晚更新世早期
6	F1A	西露天矿疏干平洞	断层泥	ESR	20.38 ± 4.07	中更新世
7	F1A	石油一厂钻孔	断层泥	TL	26.195 ± 2.665	中更新世
8	F1A	抚顺冰窖	断层泥	TL	69.30 ± 8.42	早－中更新世
9	F1A	断裂钻孔（ZK10）	断裂破碎物	ESR	47.0 ± 2.0	中更新世
10	F1A	断裂钻孔（ZK19）	断裂破碎物	ESR	86.0 ± 3.0	早更新世
11	F1	西露天矿采场	断裂破碎物	ESR	29.0 ± 2.0	中更新世
12	F1	西露天矿采场	断裂破碎物	ESR	18.0 ± 1.0	中更新世晚期
13	断裂北支	上章党南	上覆错动第四系残坡积层	ESR	35.9 ± 4.6	中更新世
14	断裂北支	上章党南	上覆未错动第四系坡洪积层	ESR	8.5 ± 0.85	晚更新世
15	断裂北支	上章党南	断层泥	ESR	14.4 ± 2.2	中更新世晚期
16	断裂北支	北土门子	碎粉岩	ESR	22.1	中更新世
17	断裂北支	李其沟南	碎粉岩、断层泥	ESR	无石英	
18	断裂北支	土门子	碎粉岩	ESR	10.77	晚更新世早期

注：表中 1～12 的年龄数据为前人研究成果；13～18 的年龄数据为本书研究成果。

沿浑河断裂抚顺段的地震活动较沈阳段具有明显减弱的趋势，在历史上的破坏性地震仅大致记录有 1496 年的东洲堡 5 级地震。该次地震的震中位置处在浑河断裂南侧，距离较远，震中附近构造条件较为复杂，主要发育有北西向东洲河断裂，与浑河断裂之间则不存在直接构造关系。另外，现今小震活动虽具有北东东向的展布趋势，与浑河断裂在位置上较为接近，但地震震级普遍较小，最大仅为 3.7 级，且这些地震多表现为矿震，构造地震很少。

6.6.3 浑河断裂章党－南杂木段

1. 地震地质基本特征

章党－南杂木段展布于抚顺盆地以东至南杂木盆地的侵蚀、剥蚀低山、丘陵坡麓地带，其西端为北东向下哈达断裂，东端为区域性的北西－北北西向苏子河断裂，断裂展布结构、地质地貌特征等与以西的抚顺段和以东的南杂木－英额门东段均明显不同，断裂基本展布在现代浑河谷北岸，对河谷地质地貌发育影响较小。

浑河断裂章党－南杂木段长度约30km，总体走向为70°~80°，一般倾向北，倾角较陡。断裂段由3~4条北东东向的微弯曲状或平行状主干分支组成，延伸舒缓，或分或合，形成宽阔的断裂带。断裂段两端及沿线北东向、北西向、北北西向至近南北向次级构造较为发育，它们与浑河断裂交会和切割，使得浑河断裂发育形态趋于复杂化，但次级断裂的规模一般很小，没有改变浑河断裂带的总体结构和活动特征。与浑河断裂其他段落不同，章党－南杂木段主干分支之间断陷带发育不明显，而是表现为一系列以压扭性断裂为主、由北向南的梯次逆冲－叠瓦式冲断带，受到断裂切割控制的太古宇、太古宙混合岩及上元古界、侏罗系、古近系等岩层依次超覆，断裂北盘逆冲至南盘之上，集中反映了中生代燕山期至古近纪强烈的构造活动。第四纪以来，断裂段继续活动，但由于构造应力环境发生了变化，因此断裂性质有所不同，活动程度也显著降低，这一点在该段出露较多的地质剖面上反映较多，第四纪新活动的断裂破碎带在原有规模较大、连续性较好的破碎带基础上宽度明显减小、连续性较差、断层泥泥化程度不完全，而断裂新活动主要表现为张扭性，以右旋走滑兼正倾滑为主。正是由于断裂段古近纪及之前的结构和活动特性与抚顺段、南杂木－英额门东段差异显著，并且在第四纪以来活动程度很弱，导致该断裂段的断陷盆地总体上不发育，第四系沉积很薄。实际上，沿章党－南杂木段的主干分支常常形成条带状的负地形，第四系地层除在坡麓地带有所发育以外，还沿条带形成第四系分布的比较优势。

断裂段切割了太古宇鞍山群通什村组混合岩和太古宙斜长混合岩、混合花岗岩以及上元古界高于庄组白云岩、石英砂岩和侏罗系小岭组安山岩、玄武岩等，控制了古近系凝灰质页岩等分布，一定程度上控制了第四系地层发育，地貌上在浑河以北形成与浑河谷近平行的北东东向次级沟谷。与浑河断裂带的总体发育特征一样，章党－南杂木段成生很早，一方面，中生代－古近纪的强烈活动切割了太古宇－第三系的所有地层，导致太古宙斜长混合岩、混合花岗岩和太古宇、上元古界、侏罗系、古近系等不同时期地层沿主干分支呈北东东向条带状分布，实际剖面观测还显示断裂对第四系地层具有一定的错切或扰动作用；另一方面，沿断裂段古近系发育良好但缺失新近系地层，这与抚顺段相似而与南杂木－英额门东段明显不同，指示章党－南杂木段和抚顺段在古近纪时的构造活动强度可能要高于新近纪。延至南杂木盆地附近，苏子河断裂与浑河断裂共轭交会，两组断裂互相错切，成为了各自断裂分段的边界。值得注意的是，在南杂木盆地以西，浑河断裂章党－南杂木段对浑河谷及两侧地质地貌发育的控制作用明显增强，河谷北侧断陷特征比较清楚，使得浑河谷平坦、开阔，断陷带内第四系分布规模扩大。

在构造背景上，浑河断裂章党－南杂木段处在胶辽台隆铁岭－靖宇台拱的北西侧，在四级单元划分上，断裂段以南为抚顺凸起，以北则为摩离红凸起。抚顺凸起和摩离红凸起均为长期的隆起区，断裂带及两侧古老基底出露广泛，其中北盘摩离红凸起多出露太古宙斜长混合岩、混合花岗岩，南盘抚顺凸起主要出露太古宇混合岩和侏罗系安山岩、玄武岩。摩离红凸起内北东向次级断裂及同向沟谷较为发育，抚顺凸起内主要发育北西向次级断裂，但规模很小，同向沟谷不发育。

断裂段整体处在辽东差异上升隆起区内，但两盘地势具有明显差别，近断裂带附近北盘较南盘总体高出百米左右，差异上升运动比较明显，而这一差异幅度也是浑河断裂各段落中最为显著的，表明章党－南杂木段在新近纪乃至第四纪以来可能具有相对较强的活动性。

总之，浑河断裂章党－南杂木段与现代浑河谷的吻合性较差，主要在河谷北岸表现为数条近平行的北东东向浅切沟谷。断裂段分支构造较为发育，形成断裂束和比较宽阔的断裂带。断裂切割并控制了古老结晶基底和中生界侏罗系、新生界古近系沉积，沿断裂带第四系发育较差，但在近地表剖面上却观测到断裂活动对于第四系的错切或扰动作用。断裂段主干构造破碎带宽度可达数十米至上百米，破碎特征复杂，糜棱岩、千糜岩及挤压片理、挤压扁豆体和碎裂岩、碎粉岩、断层泥等均有所发育，但新鲜的松散破碎带宽度普遍很窄；断层面形态清楚，可见斜冲擦痕，断层面摩擦强度较低。断裂在中生代燕山期和新生代初期活动强烈，形成了由北向南的逆冲－叠瓦式推覆构造；新近纪以来，随着应力环境变化，断层活动特征也发生相应转变，以张扭性为主。由于燕山期时断裂活动强烈而第四纪以来活动程度明显较弱，在实际观测中，燕山期所发生的逆冲构造痕迹常常得到较好的保留，其形成的破碎带规模很大，而第四纪新活动的构造破碎带则常常附存于早期破碎带中，形成狭窄的条带状。在地震活动方面，断裂附近没有相关记载，现代仪器记录地震活动也十分微弱。

2. 地震地质剖面分析

浑河断裂章党－南杂木段分支构造发育，而各分支的展布形态和规模总体差别不大，对于浑河断裂的地震地质发育和活动性均具有一定的代表性。沿上述各条断裂构造开展了广泛的野外调查，并进行地质剖面的开挖、观测和研究，确定断裂破碎带地震地质发育、断裂与基岩围岩和上覆第四系地层关系，并采集断裂破碎物或第四系覆盖层、地貌面样品进行鉴定，以获得断裂活动的定量化参数。在地质地貌调查基础上，沿裂开展系统、完整的地震地质调查，选取比较典型的辽宁发电厂东、驿马北、驿马南、营盘北、南杂木盆地西北边缘、南杂木西、南杂木镇西、北杂木、营盘东沈吉高速公路路基共 9 个实际观测点进行剖面测量、取样、鉴定以及追索调查和比较分析，同时也对该断裂段的次级分支构造或共轭构造进行了相关调查和研究。下面逐一对各个观测点的断裂剖面发育特征和活动性进行讨论。

1）辽宁发电厂东

处在浑河断裂章党－南杂木段北支的西端。在实测剖面上，观测到多条断裂破碎带（图 6.62）。其中浑河断裂发育有两条破碎带，分别为剖面北侧的断层泥、透镜体带和南侧的断层泥、碎裂岩带。两条破碎带产状存在差异，北侧破碎带断面比较平直，产状约为 325°∠85°，与腰站南实测剖面的浑河断裂抚顺段基本相同；南侧破碎带断面与围岩接触界面呈弯曲弧状，断面总体产状为 150°∠70°，显示与北侧断层面倾向相反。两条破碎带倾角均很大，总体体现了浑河断裂高倾角的展布特征。另外，南侧破碎带还将一走向北西的断层破碎带错切，剖面错距约 2m，显示浑河断裂具有正倾滑运动性质，但不排除兼有走滑运动特征。

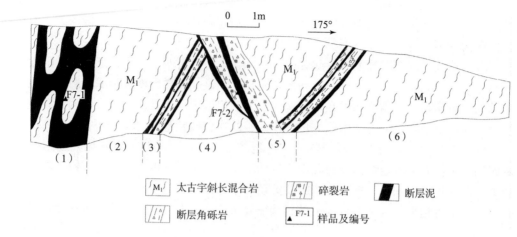

图6.62 浑河断裂辽宁发电厂东剖面

对该实测剖面进行细化分析，具体如下：

（1）断层泥、透镜体带。带宽约2.5m，断层与围岩接触界面比较平直，断层面产状稳定，为325°∠85°。断层泥发育不很彻底，夹有碎石。断层泥呈黄色，比较松散，夹有多个大型透镜体，透镜体长轴方向与断层面近平行。透镜体中发育有少量挤压片理，挤压片理产状为330°∠60°，与断层面斜交。从断裂带发育特征分析，断裂性质为张性。采断层泥样1份，经热释光方法（TL）测试，年龄为（3.99±0.2）万年，属晚更新世。

（2）太古宇下部斜长混合岩。黄白色，中等风化，片麻理产状为25°∠53°。

（3）断层泥、角砾岩带。宽度0.5~1m，由3条狭长条状的断层泥夹角砾岩带组成。断层泥条带的厚度仅数厘米，但延展性较好，连续、稳定。角砾岩粒径变化大，大者粒径可达10~20cm。该带断层面平直，与围岩接触面清晰，产状稳定，为65°∠57°，断层泥呈灰绿色，较为松散。

（4）太古宇下部斜长混合岩。呈黄白色，中等风化，片麻理产状为25°∠53°。北西向断裂两侧的太古宇地层完全相同，片麻理产状没有变化，显示该北西向断裂活动很弱。

（5）断层泥、碎裂岩带。断层与围岩接触界面不十分平整，但界面比较清楚，断层面产状为150°∠70°。断裂带宽度为1~2m，可以划分出几条断层泥带，单条断层泥带的宽度为10~20m，其间碎裂岩挤压破碎，断层泥及碎裂岩均较松散。断裂将两侧北西走向的次级断裂带错切，经分析，被错切的北西向断裂带两侧发育特征和产状均无明显变化，在错切点附近未见北西向断裂被浑河断裂构造活动牵引的现象，两条断裂带的接合面比较平直，表明浑河断裂对北西向断裂的错切变化比较稳定而不复杂，并显示浑河断裂性质应主要表现为张性。采浑河断裂断层泥样1份，经热释光方法（TL）测试，年龄为（7.89±0.39）万年，属晚更新世；北西向断裂断层泥样1份，经热释光方法（TL）测试，年龄为（12.1±0.6）万年，属中更新世晚期。

（6）太古宇下部斜长混合岩。呈黄白色，中等风化，片麻理产状30°∠81°。与北西向断裂两侧的太古宇地层相比较，浑河断裂两侧的太古宇地层片麻理产状产生了明显的变化，表明浑河断裂的活动性是明显的，而北西向断裂的活动则表现出一定的派生性。

在剖面上，断层带上部基岩出露，无第四系地层覆盖，在地貌上大致表现为一个剥蚀台面，经追索调查，无基岩微地貌陡坎发育。另外，在该剖面点北侧 50 ~ 60m 处尚发育另一条断裂，断裂中发育有断层泥、碎裂岩等，断裂产状为 330°∠65°，与主断裂西侧分支断裂带相近，其应属于浑河断裂的组成部分，这表明浑河断裂的总宽度应在 70 ~ 80m 以上，规模较大。对断裂剖面南侧约 100m 的范围追索调查，均可见到断裂构造活动影响的痕迹，如发育有规模较小（宽度一般在 1 ~ 2m 以内）的挤压片理或碎裂岩带，可见多条断层面等。断层面（片理或碎裂岩带）一般较为平直，走向近东西，其中优势断层面产状为 0°∠67°左右，局部亦可见到反倾断层面，倾角较陡。从挤压片理、碎裂岩的发育形态来看，断裂破碎带发育不十分明显，破碎也不强烈，但一般较为疏松，反映出第四纪以来明显的活动特征，其虽处在浑河断裂主干的南侧，但与主干断裂的活动是相关的，只是活动程度已显著减弱。综合上述分析认为，浑河断裂章党－南杂木段是一条晚更新世的活动断裂。

2）章党驿马北

该点处在营盘西观测点的正北侧，相距约 1km，两个观测剖面分别反映了浑河断裂章党－南杂木段不同的主干分支断裂发育情况，它们在 1:20 万区调图上均有示标。剖面显示，断裂发育在太古宙斜长混合岩与中元古界高于庄组白云岩的接触边界上，南盘为斜长混合岩。断裂总体走向近东西，产状为 355°∠82°左右，表现为若干条的构造带（面），其中发育程度良好、破碎强烈的主破碎带宽度为 2 ~ 3m，以碎裂岩发育为基本特征（图 6.63 和图6.64）。碎裂岩破碎程度相对均匀，无明显片理化方向性排列，显示出一定的张性特征，向南侧与斜长混合岩之间呈一定的渐变过渡，也就是说，这里的斜长混合岩显示出一定的构造破碎，与破碎带外侧的完整围岩体是具有明显差异的。毗邻碎裂岩带可见到延伸平直、易于识别、产状和宽度均较稳定的灰白－灰绿色碎粉岩条带，条带宽度 0.2 ~ 0.3m，向北与斜长混合岩围岩以断层接触，向南则过渡为碎裂岩。此外，可观测到的其他近东西向构造带（面）规模一般较小，对岩体虽也产生了一定的构造破碎甚至错动，但幅度均很小，破碎程度也较轻，但它们的产状、地质发育特征等与主破碎带基本相同，应属于同期的构造产物。碎裂岩、碎粉岩等均较疏松，未胶结，采碎粉岩样品 1 份，经 ESR 法测定年龄为（172 ±

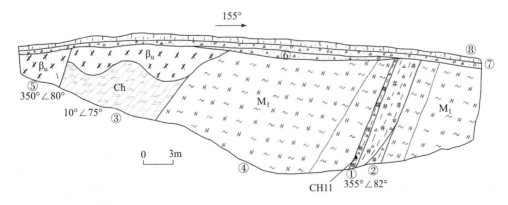

①碎粉岩带；②碎裂岩带；③中元古界长城系高于庄组白云岩；④太古宙斜长混合岩；
⑤早侏罗世侵入辉绿岩；⑥第四系残坡积碎石土层；⑦第四系坡洪积砂砾石混土层；
⑧第四系坡洪积次生黄土、土壤层；▲CH11 采样点及编号

图 6.63 浑河断裂章党－南杂木段驿马北剖面

图6.64　浑河断裂章党－南杂木段主干驿马北剖面

34）ka，断裂在中更新世时期有活动。另外，经过剖面研究，在断裂带附近的斜长混合岩与白云岩之间，可见早期浑河断裂生成、发育的痕迹，两套岩体之间可能存在具有相当规模的大型断裂构造，沿早期断裂在两套岩体之间可见大范围的辉绿岩脉充填，岩脉在局部地段还捕掳了混合岩体。在岩脉充填之后，沿古老构造带并未明显的断错活动，而第四纪以来的新断裂发育部位与早期断裂略有不同，但产状与早前的断裂产状是大致相同的。追索调查还表明，与上述浑河断裂相伴生的还有一组共轭破裂面，其产状为$260°\angle49°$，剖面上可见若干条构造带（面）发育，但规模普遍较小，一般只表现为延伸稳定的断层面或局部宽度在$0.1\sim0.2m$以下的小型破碎带，以挤压片理发育为主要特征。在共轭断层面上可见擦痕，产状为$180°\angle22°$，指示共轭断层的运动性质为左旋走滑兼正倾滑。该近南北向破裂面局部也较密集，但其间岩体均较完整，尚没有发展成为形态清楚的构造破碎带，断裂活动程度很弱。综合浑河断裂及其共轭构造的发育特征认为，浑河断裂在第四纪以来存在活动，但活动程度较弱。

在地貌上，断裂穿过了山前坡洪积扇群，近地表第四系地层发育。这一地段坡洪积扇群地貌单元的第四系发育特征是基本相同的，从上至下可划分为上、中、下三层，岩性分别为：坡洪积（次生）黄土层，坡洪积砂砾石混土层，残坡积碎石土层。剖面第四系厚度为$1\sim2m$。近断裂带附近断裂对上覆第四系的错动并不明显，经过连续观测调查，断裂南、北两盘的第四系地层厚度还是存在显著差别的，北盘（下降盘）的第四系厚度一般为2m左右，南盘（相对上升盘）的第四系厚度一般为1m左右，这表明，尽管断裂对第四系地层的直接错动并不明确，但两盘的第四系厚度变化标示着新构造运动特征，表明断裂在第四纪时期是存在活动的，运动方式应以蠕滑为主，而不表现为黏滑运动。

3）驿马南

断裂发育在太古宙斜长混合岩中，总体走向北东东。断裂带宽度为$3\sim5m$，构造形态复杂，观测到多个性状各异的破碎带及产状具有差异的构造面。规模最大的碎裂岩带位于剖面北侧，可见宽度大于2m，碎裂岩化程度不强烈，其中甚至可见较完整的混合岩块体。南侧破碎程度较强，根据发育特征又可划分出不同的破碎带，该带宽度近1m，走向为75°，微向南倾，倾角近90°，呈现出多颜色、易于区分的条带。根据破碎程度和性状差异分别划分为碎粉岩带、构造角砾岩带、断层泥带等，各带宽度相差不多，均约0.3m左右（图6.65

和图 6.66）。角砾岩带位于 3 个条带的中部，呈浅灰色，胶结致密坚硬，已经成岩；断层泥带处在整个断裂破碎带与南侧围岩的边界附近，为浅灰色，比较新鲜，没有胶结，但泥化程度不完全，其中夹有碎石颗粒；碎粉岩带呈黄褐色，疏松破碎，没有胶结。在不同部位的断层面上可见多组擦痕发育，包括垂向擦痕和斜向擦痕，斜向擦痕的倾角为 30° 左右，据擦痕推断断裂曾分别发生过正倾滑、右旋走滑兼正倾滑运动，在不同时期断层南盘均表现为下降。从地貌形态上来看，断裂南侧为河流沟谷，现已蓄积为大伙房水库，地势低洼，较为平坦、开阔；北侧为侵蚀、剥蚀低丘陵，基岩出露。与断裂同向可观测到条带状的地貌陡坎或陡坡，但断层上沿至地表并不发育断裂新活动所形成的微地貌断错陡坎，因此沿断裂发育的陡坡或陡坎及其两侧的地势落差主要是由于新构造运动或差异侵蚀、剥蚀作用所造成的。根据断裂地质发育特征，可以确定断裂存在多期的构造活动，其中包括第四纪以来的活动，由于表现疏松、破碎的碎粉岩带、断层泥带的规模很小，断裂在第四纪以来的活动程度是不很强烈的，采断层泥样 1 份，经 ESR 法测定年龄为（248 ± 44）ka，断裂在中更新世有活动。

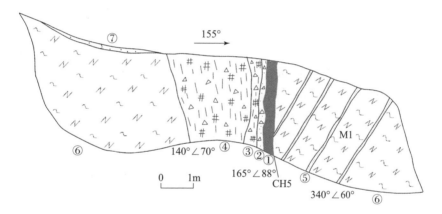

①断层泥带；②构造角砾岩带；③碎粉岩带；④碎裂岩带；⑤挤压片理、扁豆体带；
⑥太古宙斜长混合岩；⑦第四系现代土壤层；▲CH5 采样点及编号

图 6.65　浑河断裂章党 – 南杂木段驿马南剖面

图 6.66　浑河断裂章党 – 南杂木段驿马南剖面

根据已有研究资料和本次调查结果，该剖面上的断裂属于浑河断裂的主干分支，为这一地段4条主干分支偏南侧的第2条分支断裂，断裂两侧岩性基本相同，并没有充当不同岩性的边界，那么，在诸条分支断裂中，该断裂的活动程度应是相对较弱的。另外，在上述剖面南侧近陡坎处，可见3~4条宽度很小的挤压片理带，夹有小扁豆体。单条片理带的宽度为0.1~0.2m，间距1~2m，延伸较为平直、稳定，产状大致为340°∠60°。各片理带均发育较为稀疏的片理和挤压扁豆体，形态特征基本相同，呈灰黄色，较为疏松，应属于第四纪以来活动的产物，但活动程度很弱。

4）抚顺营盘北

断裂发育在侏罗系小东沟组凝灰质粉砂页岩与中元古界高于庄组白云岩的边界附近，走向近东西。断裂带宽20~30m，发育形态复杂，除了未见形态特征清楚的断层泥以外，剖面上碎裂岩、碎粉岩、挤压片埋、挤压扁豆体、角砾岩和构造透镜体等均可见到，碎裂岩和碎粉岩、挤压片理和扁豆体、角砾岩等还分别各自成带，反映了断裂较长的成生演化历史以及复杂多变的构造活动特征（图6.67）。根据剖面观测，角砾岩、构造透镜体带规模较大，宽度可达2~3m以上，一般胶结致密，已成岩；碎裂岩和碎粉岩条带、挤压片理带等的宽度一般较小，为0.1~0.5m，但数量众多，可形成数个条带，这2个构造带完全没有胶结，表现疏松、破碎。采集断层碎裂岩、碎粉岩样品，经ESR方法测定年龄为450.2ka，属于中更新世。剖面上不同的构造破碎带产状也存在明显的差异，甚至具有一定的反倾现象，如分别观测到355°∠70°和170°∠80°等产状的构造带。在个别的挤压片理带内，可见石墨化现象，这一现象在辽东半岛东侧强烈活动的鸭绿江断裂带内是广泛存在的，该石墨化挤压片理带结构疏松，没有胶结，反映了较早时期沿浑河断裂可能存在有较强的应力过程。在碎裂岩带附近的断层面上可见擦痕，指示断层以右旋走滑运动为主，兼有正倾滑。分析认为，浑河断裂规模很大，形成时代久远，经历了多期不同的构造运动，形成了迥异的多种构造破碎形态，

图6.67　浑河断裂章党－南杂木段营盘北剖面

即包含有第四纪以前活动程度较高的角砾岩过程，也包含有第四纪以来活动程度相对强烈的碎裂岩和碎粉岩、挤压片理和扁豆体等的形成过程，而断层第四纪以来的运动性质为右旋走滑兼正倾滑。断裂第四纪以来的活动水平较之前已有所降低，应力明显分散，导致碎裂岩、挤压片理带等宽度很窄但分布较多。剖面上断裂两侧围岩受到了构造活动明显的扰动，甚至显示轻微的破坏，近断裂带围岩层面已不明晰，层状构造不清楚。剖面顶部为一较平坦的地貌剥蚀台地，根据其高度判断其形成时代应与三级基座阶地相当，即为中更新世晚期 - 晚更新世早期，断裂破碎带或断层面通过剥蚀台地顶部并没有在地表产生明显错断，因此断裂在中更新世晚期 - 晚更新世早期以来的活动性并不显著。

实际上，根据 1：20 万地质资料，该段的浑河断裂带在营盘附近由 3 ~ 4 条分支断裂组成，其中南支主干活动水平相对较高，在地貌上形成有沟谷、山体鞍部、地貌陡坡带和地貌坡折线等，断裂位置与高速公路大致吻合。在修筑高速公路时挖掘有断裂出露剖面，剖面上断裂可见宽度大于 20m，断裂活动对于上覆第四系的下部地层产生了明显的扰动，显示出一定的第四纪新活动性。

5）南杂木盆地西北边缘

断裂发育在太古宇通什村组混合岩与太古宙斜长混合岩的接触边界，北盘为太古宇，南盘为太古宙。断裂带走向为 80° 左右，断面延伸呈舒缓波状至近平直，总体倾向北，倾角 81°（图 6.68 和图 6.69）。断裂带内主要发育密集挤压片理带、碎裂岩、构造角砾岩等，破碎岩各自成带，规模、胶结程度有所不同，显示属于多期的构造活动产物，而断裂在不同期次的构造活动也表现出不同的运动性质。碎裂岩、构造角砾岩等胶结较好，第四纪以来的新活动不明显；近北盘的密集挤压片理带较为稀疏，没有胶结，反映了第四纪时期的新活动特征。从断裂带规模来分析，前者的宽度分别为 0.5 ~ 0.8m 和 1m 左右，后者的宽度仅 0.2 ~ 0.4m，规模相对较小，因此断裂在第四纪以来的活动水平较之第四纪以前可能是较弱的。在断裂北盘附近约 5m 的范围内，混合岩围岩表现为明显的张性破碎，形成相对松散的块状碎石，表明断裂具有张性特征。在太古宇混合岩中发育 1 条碎裂岩带，走向近东西，宽度约 0.5m，展布舒缓，产状为 165° ∠85° 左右，局部近直立或有一定的反倾，该碎裂岩带松散、破碎，没有胶结。另外，在断裂带南盘斜长混合岩中还可见到一条规模较小的破劈理带发

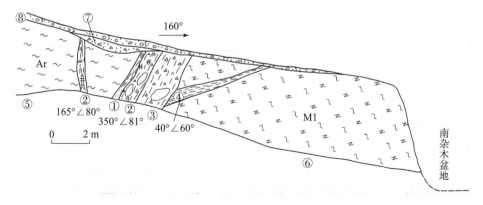

①挤压片理带；②碎裂岩、构造透镜体带；③角砾岩、构造透镜体带；④破劈理带；⑤太古宇混合岩；
⑥太古宙斜长混合岩；⑦第四系残积碎石土层；⑧第四系坡洪积砂砾石混土层及现代土壤层

图 6.68　浑河断裂章党 - 南杂木段东端南杂木盆地西北边缘剖面

育，产状大致为 $40°\angle 60°$ 左右，走向北西。该北西向破劈理带宽度最大为 0.5m 左右，破碎程度较弱，其向北延伸被浑河断裂所截断，没有延伸至浑河断裂的北盘。尽管如此，北西向破劈理带的活动对浑河断裂也产生了一定的影响，使得浑河断裂带与南盘斜长混合岩的界面不很清晰，呈一定的渐变过渡状态，但破劈理带毕竟属于较早期构造作用的产物，且活动水平较低。断裂上覆薄层第四系残积碎石土层和坡洪积砂砾石混土层，它在断裂两侧的厚度具有一定的差异，在断裂带上部厚度显示局部增厚，断裂活动可能对第四系的发育产生了一定的影响。在大地的地貌形态上，断裂发育在盆地西北外侧的侵蚀、剥蚀丘陵边缘，其南侧可见微地貌陡坎及陡坎倾向方向的平坦第四纪沉积盆地。分析认为，浑河断裂带控制了南杂木盆地的发育，断裂具有多期活动性，最新活动时代为第四纪时期，但断层活动程度不很强烈。

图 6.69　浑河断裂章党－南杂木段东端南杂木盆地西北边缘剖面

6）南杂木西

其构造上位于南杂木盆地的西部。断裂发育于太古宇鞍山群混合岩中，总体走向为 85°~95°，倾向多变，断面近直立。破碎带宽 12~15m，可见构造透镜体、碎裂岩、角砾岩等（图 6.70 和图 6.71），亦可见到厚度较小、一般为 0.1~0.2m 的多条碎粉岩条带，局部碎粉岩近泥化。断裂带中还夹有较完整的厚层原岩，岩体虽受到一定的构造影响，但总体表现完整。根据断裂带差异发育形态，可以将角砾岩、碎裂岩等分别划带，其中角砾岩带已胶结，致密，硅化成岩，属于第四纪以前的早期构造产物，其后又有轻微活动，内可见弧形不平整的断层面，无擦痕等构造痕迹。碎裂岩带虽略有胶结，但总体表现疏松破碎，体现了断裂第四纪早期的构造活动；碎裂岩破碎程度并不强烈，其中夹有许多较大粒径的碎石，表明这一时期断裂活动程度较弱。碎粉岩、断层泥条带虽然较窄，但破碎强烈，疏松，未胶结，延伸平直、稳定，没有受到其他构造的影响，还对剖面上规模很小的近南北向断层面产生了明显的错动。分析认为，碎粉岩、断层泥条带是浑河断裂最新的构造活动带，其活动特征是十分明确的，但因破碎带宽度很窄，并不具有较大的规模，因此断裂的活动程度也是有限的。根据浑河断裂新活动对近南北向断裂的错切特征，可以确定断层新活动具有右旋走滑运动性质，其对近南北向断裂的错切幅度为3~4m，而该近南北向断裂则对浑河断裂没有任何错切影响。断裂带上覆厚度为0.5m左右较薄的上更新统坡洪积砂砾石混土层，断裂对其错动不明显，断裂活动主要表现为第四纪早期。

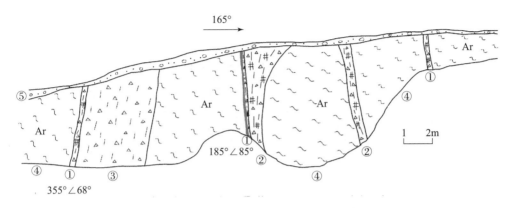

①碎粉岩、断层泥条带；②碎裂岩带；③构造角砾岩带；④太古宇混合岩；
⑤第四系上更新统坡洪积砂砾石混土层

图6.70 浑河断裂章党－南杂木段南杂木盆地附近剖面

图6.71 浑河断裂章党－南杂木段南杂木盆地西剖面

7）南杂木镇城区以西

其构造上位于南杂木盆地内部。断裂发育在太古宇通什村组混合岩中，走向为115°，倾向北，倾角为83°，断面近直立。断裂带宽1.5~3m，挤压片理、碎裂岩等发育，片理不密集，碎裂岩等破碎程度也不强烈。断层面延伸较平直（图6.72），两侧围岩总体完整，受到构造扰动较小，也表明断层活动程度不强烈。在围岩中可见派生节理面，指示断层运动性质以右旋走滑为主，兼有正倾滑。断裂带胶结程度较低，表现较为疏松，反映断裂在第四纪时期应该存在活动。在地貌上，断裂发育在侵蚀、剥蚀丘陵中，局部残留有四级侵蚀阶地面，阶地顶界面相对平整，未见断裂明显错动作用，由于四级阶地的形成时代为中更新世，那么断裂在第四纪中晚期以来的活动水平是很低的。

图 6.72　浑河断裂章党－南杂木段南杂木盆地内剖面

　　浑河断裂延伸至南杂木盆地内部后受到苏子河断裂的错切影响，浑河断裂的展布形态趋势于复杂化，分支构造较多，除了大致展布于盆地南北两侧控制盆地边界的主干断裂以外，在盆地内部还可以观测到多条规模相对较小、走向不稳定，但总体呈北东东向的次级断裂构造带，它们的活动特征具有一定的代表性，总体与浑河断裂带具有同期性，但活动程度相对较弱。

　　8）北杂木

　　其地质构造上处在南杂木盆地的北侧。地质地貌调查显示，沿近东西陡坎在太古宇混合质黑云变粒岩体中见有近东西向的断裂构造发育。断裂走向为 90°左右，断层面近直立，略倾向于南（图 6.73）。断裂带由多个近平行的小断裂破裂带组成，小断裂带的规模很小，宽度一般仅 0.1～0.2m，以破劈理、片理等发育为主要特征。断裂带疏松未胶结，断面上有擦痕、阶步发育，擦痕沿断层面呈近直立状，指示断层运动性质为正倾滑。从断裂带的出露位置来看，其位于侵蚀、剥蚀丘陵与山前坡积裙之间陡坎附近偏于基岩丘陵区一侧，根据已知的浑河断裂展布及断裂演化特征分析，该处出露的应不是浑河断裂北支的主干，而是偏于主干断裂北侧的次生断裂构造，尽管如此，由于次生断裂的活动与主干断裂具有高度的相关性和同期性，因此该地质剖面所确定的断层运动性质及活动特征是具有一定代表性的。另外，在南杂木镇东北即北杂木观测点所处断裂的右阶排列段，也可见到断裂出露，其与北杂木附近的断裂带产状、破碎带发育等特征基本相同。断裂发育在太古宇斜长混合岩中，由多个小型近平行的断裂带组成，单个断裂带宽度约几十厘米，走向近东西，断层面近直立，以片理发育为基本特征，片理带主要呈疏松状态，局部略有胶结（图6.74），第四纪以来应具有一定的活动性。同上一观测点一样，剖面上的小型断裂只是浑河断裂带偏于基岩丘陵区一侧的次生构造，而浑河断裂的主干应展布于山前坡积裾、坡洪积扇或丘陵山体与浑河冲积阶地的边界陡坎附近偏于第四系沉积区一侧，但通过基岩区出露的断裂构造发育特征也可以对浑河断裂带作出相应的判断，即浑河断裂走向近东西，倾角较陡，断裂在第四纪以来是存在活动的。

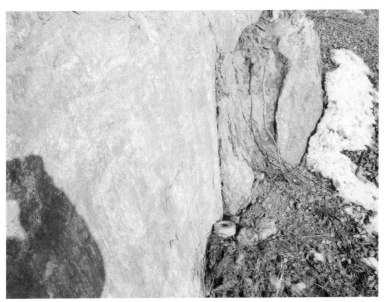

图6.73 浑河断裂章党－南杂木段北杂木剖面

图6.74 浑河断裂章党－南杂木段南杂木镇东北剖面

9）营盘东沈吉高速公路路基剖面

实测探槽剖面显示，浑河断裂章党－南杂木段发育于古近系始新统凝灰质砂页岩（南盘）与太古宙斜长混合岩（北盘）的边界，包含有南、北两个条带，总体走向近东西。断层面倾向多变，倾角较陡，南盘古近系相对太古宙岩体下降。断裂带形态复杂，可见多个产状较稳定、延伸平直的断层面或错动带，以碎裂岩、断层泥发育为主要特征（图6.75）。

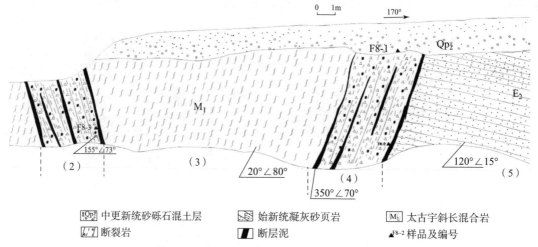

图6.75　浑河断裂营盘东高速公路路基剖面

对该剖面进行细化分析，结果如下：

（1）太古宇下部斜长混合岩。呈黄色，中强风化，岩体结构、构造特征尚可辨认。未见明显构造破碎，片麻理产状为20°∠80°，产状比较稳定。

（2）断层泥、碎裂岩带。发育于太古宇斜长混合岩中，与围岩接触界面清楚，断面平直。断裂带宽3～4m，走向为65°，倾向南，倾角约73°。断层面上阶步、擦痕等发育，指示断层性质为张扭性、右旋走滑。断裂带内发育多个断层泥条带，分别呈灰绿色、黄绿色，每个条带宽度仅为10～20cm，较为松散，碎裂岩也呈较为松散的状态，剖面上可见少量挤压片理发育。采断层泥样1份，经热释光方法（TL）测试，年龄为（14.07±0.7）万年，属中更新世晚期。

（3）太古宇下部斜长混合岩。呈黄色，中强风化状态，岩体结构、构造特征较清楚。岩体完整，没有构造破碎现象，混合岩中片麻理产状为20°∠80°，产状稳定。断层泥、碎裂岩带两侧的太古宇地层均完整，片麻理产状没有变化，表明斜长混合岩内发育的断裂活动程度很弱。

（4）断层泥、碎裂岩带。发育在太古宇斜长混合岩与古近系凝灰质砂页岩的接触带上，走向为80°，倾向北，倾角约70°。断裂带宽3～5m，由断层泥、碎裂岩等组成。断层面上阶步、擦痕等发育，指示断层性质为张扭性、右旋走滑，与前述断裂的运动性质相同。断层泥呈条带状，灰绿色、黄绿色，断层泥条带宽度20cm左右，较为松散，碎裂岩与断层泥相同也呈松散状态。根据区域地质构造资料，剖面出露的断裂属于浑河断裂的主干之一，其发育特征和活动性具有代表性。采断层泥样1份，经热释光方法（TL）测试，年龄为（8.05±0.4）万年，属晚更新世。

（5）古近系始新统凝灰质砂页岩。呈紫黑色，中等风化，岩层产状为120°∠15°，结构、构造稳定、完整，没有被断裂构造活动所扰动。岩层与断层接触界面清楚，接触界面附近的凝灰质砂页岩岩层结构、构造保持不变，没有断层活动扰动迹象，显示断裂活动程度较弱。

断裂上覆的第四系厚度为 1.2～1.7m，可以划分为 3 个不同的地层层次，由上至下分别为：坡洪积（次生）黄土层，已开辟为耕土，厚度超过总厚度的三分之一，内部含有腐殖质和少量磨圆较好的砾石，层理发育较差，局部可见一定的垂直节理发育；中层的坡洪积砂砾石混土层，砂砾石磨圆相对较好，可见粗斜层理，厚度较薄，不足剖面厚度的三分之一，其中黏性土含量不如上、下两套地层，黏度较差，具明显的颗粒感，是剖面上砂砾石含量最多的层次；下层的残坡积、坡洪积砂砾石、碎石混土层，厚度薄，不足剖面厚度的四分之一，磨圆、分选相对较差，含有一定的原岩风化成分，样品热释光年龄为（12.2±0.61）万年，属中更新统上部地层。根据剖面观测，断裂对第四系下部残坡积、坡洪积的砂砾石、碎石混土层产生了明显的扰动，扰动幅度观测为 0.2～0.3m，主要表现为断裂两盘的第四系厚度分布均匀，但在近断层附近存在明显差异，其间沿断裂带产生突变，第四系地层受到断裂活动作用产生阶梯状、断续排列的小幅度错切，显示蠕滑活动特征。在下层残坡积、坡洪积砂砾石、碎石混土层被全部扰动的同时，中层地层的底部也存在一定的扰动，断层两侧的第四系厚度显示出差异。上层全新统坡洪积（次生）黄土层则形态完整，没有扰动迹象。在剖面上，断层两侧的第四系地层基本上保持相同的层序，并没有出现某一地层缺失的状况，但两侧的第四系底界面产生了弧形弯曲，近断层两侧厚度具有差异。这表明断裂活动对上覆的第四系地层切实产生了明显的扰动，而不是错动，那么断裂在第四纪时期的活动应主要表现为蠕滑运动，而不是黏滑事件。根据第四系发育及其与断裂活动的关系，判定断裂在第四纪时期是具有明确活动性的。另据地貌调查研究，观测点处在大伙房水库以北山前坡洪积扇地貌部位，在形态上总体呈现近东西向的负地形，断裂对地貌发育具有一定程度的影响，而根据区域地貌单元对比，坡洪积扇属于晚更新世的地貌单元。另外，对于上述坡洪积扇体第四系地层的中层坡洪积砂砾石混土层和下层残坡积、坡洪积砂砾石、碎石混土层分别采集样品并进行 ESR 方法的年代测试，其年龄分别为（19.6±2.7）万年、（46.8±4.6）万年，表明坡洪积扇的中、下部地层属于中更新统地层，坡洪积扇地貌单元在中更新世时期已经形成。

从该剖面的断裂发育特征来看，断裂出露和发育特征与辽宁发电厂东的浑河断裂带极为相似，表明了该断裂段地质发育和活动特征的连续性。分析认为，浑河断裂章党－南杂木段由 3～4 条主干分支断裂组成，该段断裂对浑河河谷的控制作用与其他段落对比并不明显，整个断裂带大致展布于浑河的北岸。尽管如此，浑河断裂章党－南杂木段在地震地质发育和微地貌形态上表现出相对较新的活动性，综合判定断裂在中－晚更新世是存在活动的，但活动程度并不强烈。

10）南杂木西洼子伙落北

章党－南杂木段分支构造发育在太古宙斜长混合岩中，走向近东西，产状为 185°∠67°。剖面上主断裂带规模较小，出露宽度仅 0.8～1.2m。断裂发育形态比较均匀，以挤压片理、扁豆体为主，夹有少量构造透镜体，近下盘断层面附近还发育厚 0.1～0.2m 的碎粉岩及薄层断层泥。片理发育较为稀疏，但剖面连续性较好，可见 3～4 条贯通上下的片理面。在斜长混合岩围岩中有多条走向近南北、倾向西的石英岩脉，该脉体在断裂两侧不连续，难以对比，表明了断裂对脉体的错动。围岩总体比较完整，断裂活动的构造扰动较小，在断裂带中可见到局部存在的石英岩透镜体或石英岩脉残留，表明断裂活动程度并不强烈。根据扁豆体展布形态判定断裂的运动性质为正倾滑，近断裂围岩中石英岩脉存在构造牵引现象，亦揭示断层运动具有正倾滑特征，在下盘断层面上可见近垂向擦痕和阶步，指示断裂新活动以正倾滑为主，兼有右旋走滑。在下盘围岩附近，包含石英岩脉体等破碎带构造活动强烈，已接近碎粉岩化，甚至形成沿断层面发育的数厘米厚度不均匀变化的断层泥，与其他已硅化成岩的断裂带相比较，该碎粉岩、断层泥条带完全没有胶结，呈松散状态，表明断裂构造至少存在第四纪以前及第四纪时期的两期构造活动。采集松散碎粉岩、断层泥样品，其ESR年龄为742.8ka，显示断裂的第四纪活动应在早－中更新世。根据追索调查，在断裂下盘近断裂带约数十米的范围内，还可见到1～2条宽度小于1m的小型构造破碎带发育，断裂走向近东西，发育形态与上述破碎带相似，但破碎程度相对较弱，发育形态也相对简单（图6.76和图6.77）。

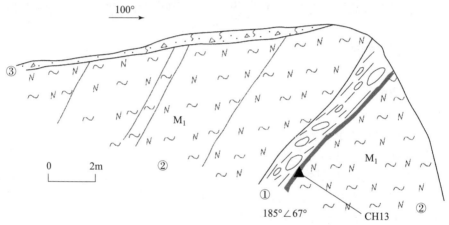

①断裂破碎带；②太古宙斜长混合岩；③第四系残坡积碎石土层；▲CH13 采样点及编号

图6.76　浑河断裂章党－南杂木段分支构造洼子伙落北剖面

图6.77　浑河断裂章党－南杂木段分支构造洼子伙落北剖面

11）驿马上沟

章党－南杂木段北支主干的次级分支断裂发育在太古宙斜长混合岩与上侏罗统小东沟组凝灰质粉砂岩的边界，北盘为斜长混合岩（图6.78）。断裂带宽2～3m，挤压片理、扁豆体发育，形态比较均匀，片理稀疏，断裂活动程度较低。带内未见平整、连续的断层面，与围岩之间虽易区分，但围岩亦受到了一定的构造破坏，表现为压性特征。断裂带初步胶结，但不致密，相对松散，推断在第四纪早期可能存在轻微的活动。沿断裂走向追索，在微地貌上也没有任何表现。

图6.78　浑河断裂章党－南杂木段北支分支驿马上沟剖面

12）阿及西北

章党－南杂木段的北支次级分支断裂发育在高于庄组白云岩中，走向北东东，高倾角，产状为10°~20°∠75°。断裂带宽1~2m，以构造角砾岩、碎裂岩发育为基本特征（图6.79），碎裂岩是在早期胶结致密的角砾岩基础上发展形成的，破碎程度较轻，松散未胶

图6.79　浑河断裂章党－南杂木段北支派生构造阿及西北剖面

结，形态分布不均匀，因而在碎裂岩带中仍可观测到构造角砾岩的初始形态。剖面分析表明，浑河断裂分支至少存在有两期的构造活动，即第四纪以前以压性为主的构造角砾岩发育期和第四纪以来以张性运动为主的碎裂岩发育期，前第四纪活动程度较高，第四纪以来活动程度则明显减弱。断裂带内没有发现明显的断层滑动面，两侧围岩与破碎带之间对比鲜明，围岩体十分完整。在断裂上盘发育 1 条北西向的断层面（带），产状为 210°∠50°，该构造面（带）被浑河断裂分支所切断，使得其向浑河断裂下盘延伸不能连续，下盘中观测不到北西向构造的痕迹。该北西向小型断裂破碎带胶结致密，已成岩，属于早期构造活动的产物，根据构造牵引特征，推测北东东向断裂在第四纪以前的运动表现出一定的左旋走滑。剖面上的北东东向断裂展布于下哈达断裂以东，构造上处在浑河断裂章党－南杂木段西端的北盘附近，应属于浑河断裂北支的派生分支构造，断裂在第四纪以来虽有活动，但活动程度比较微弱。

与浑河断裂的其他段落比较，章党－南杂木段的长度较小，该断裂段除了东、西两端的苏子河断裂和下哈达断裂以外，在断裂段内部还可见到北西－北北西向等断裂发育，其中共轭的北西－北北西向断裂主要展布在浑河断裂带南侧，走向为 310°~325° 左右，规模较小，活动程度较弱。北西向断裂破碎带内碎粉岩、断层泥等发育，也可见到构造角砾岩，具有多期活动性。

在抚顺石门岭北，观测到北西－北北西向断裂发育在太古宙斜长混合岩中，走向为 325°，倾向北东，倾角为 73°，断面比较平整，产状稳定（图 6.80）。破碎带宽 0.5~0.8m，具有以下的构造发育形态：近东盘附近为碎裂岩带，占据了断裂带宽度的近一半，较为疏松，略有胶结；中部偏西的角砾岩带，宽度近一半，胶结致密坚硬，已经成岩；近西盘附近的碎粉岩条带，宽度仅 5cm 左右，没有胶结，松散破碎；中部角砾岩、碎裂岩之间发育有断层泥条带，宽 1~2cm，剖面上延展连续稳定，该带呈灰白－灰绿色，比较新鲜，泥感明显，没有胶结。断裂带向剖面顶部延伸错动了第四系底部的残坡积地层，根据区域地层对比，该套残坡积层的形成时代为早－中更新世，因此断裂至少在早－中更新世是存在活动的。断裂两侧围岩较完整，近断裂附近受到了一定的构造牵引，指示断层运动性质主要为正

（a）　　　　　　　　　　　　　　　　　　（b）

图 6.80　北西向断裂石门岭北剖面

倾滑。在地貌上，断裂处在侵蚀、剥蚀丘陵坡麓地带，顶部形成相对平缓的剥蚀坡面，断裂未错动该坡面，无微地貌陡坎发育。

3. 基于地震地质的断裂活动性分析

与浑河断裂的其他段落不同，章党－南杂木段在总体上并没有控制浑河谷的发育，断裂主要展布于浑河以北的低山、丘陵区，具有较多的出露。章党－南杂木段由 3～4 条主干分支组成，连续性较好、延伸稳定舒缓，具有分支复合结构。除主干断裂以外，小规模次级同向构造也较发育，形成了比较宽阔的断裂带。断裂段走向为 70°～80°，高倾角，总体倾向于北，倾向多变，断层面呈舒缓波状。断裂带主干分支之间不存在相对沉降的断陷带，因而第四系发育较差。

作为浑河断裂带的组成部分，章党－南杂木段形成很早并经历了长期的构造演化，带内充填有不同期次、不同性质的岩脉，表现出多期活动性。比较分析表明，断裂早期亦以深部韧性剪切为主，燕山期时表现为断块差异运动，逆冲活动强烈，其推覆构造特征在各个段落中也是最为显著的。新近纪乃至第四纪以来，早期强烈的断层逆冲活动基本停止，而转变为右旋走滑兼正倾滑的运动性质，断裂活动程度则持续减弱，使早期构造痕迹及构造格架基本得以保留。与其他段落不同的是，章党－南杂木段的主干分支较多，叠瓦式的逆冲运动导致其间断陷作用不明显，在断裂带内没有形成明显的断陷地貌沟谷，而浑河谷实际上位于断裂带南侧，体现了断裂带北盘整体相对南盘上升的运动特点。与新近纪以来较弱的断裂活动水平相比，断裂段在中生代－古近纪时活动强烈，导致各个时期地层或岩石沿断裂主干形成北东东向的条带状分布。断裂的出露剖面相对较好，破碎带规模较大，在剖面上还能够观测到浑河断裂对北西向共轭断裂的错切，两组构造均显示出中－晚更新世活动特征。与保留较好且规模较大的新近纪以前活动痕迹比较，断裂第四纪以来的新活动产物虽有发育但规模要小得多，显示断裂的第四纪活动已经明显减弱。尽管如此，浑河断裂章党－南杂木段在第四纪以来是有明确活动的，其活动时代在浑河断裂各段中也是较新的。

实际调查显示，浑河断裂带主干分支破碎带宽度可达到百米以上，其构造破碎特征清楚，带内构造透镜体、碎裂岩、碎粉岩、角砾岩等发育形态较好，多见断层泥条带及石墨化现象，局部可见挤压片理、挤压扁豆体。碎裂岩带宽度较大，但碎裂岩化程度不高，其中可见较完整原岩块体，挤压片理一般较为稀疏，断层泥带宽度最大可达 2.5m 左右，但泥化程度较差，其中夹有较多原岩碎石或构造透镜体。在主断裂带附近还观测到次级挤压片理和同向断层面发育，它们也对岩体产生了构造破坏和错动，但幅度很小，破碎程度较轻。角砾岩带多已胶结成岩，属于前第四纪的活动产物；碎裂岩、碎粉岩、断层泥等较为疏松、破碎，没有胶结，应属于第四纪以来的活动结果。同时，在关联地质剖面追索调查中可观测到浑河断裂早期构造活动的痕迹，其具有相当大的规模，有大范围的辉绿岩脉或石英岩脉充填于断裂带中，岩脉中捕掳有混合岩体，但上述破碎带已经胶结成岩，没有发现第四纪新活动在早期构造带基础上的继承和发展，显示出断裂活动的多期性和复杂性。根据断裂带错切特征分析认为，章党－南杂木段前第四纪左旋走滑兼逆倾滑活动程度相对较高，第四纪以来转变为正倾滑兼右旋走滑后运动方式以蠕滑为主，黏滑运动不明显，活动程度显著减弱。此外，在个别剖面上见到的北西－北北西共轭破裂面规模普遍较小，以挤压片理为主，运动性质显示为左旋走滑兼正倾滑，与浑河断裂具有同期活动性，活动程度很弱。在南杂木盆地附近，浑河断裂对苏子河断裂产生了右旋错切，但幅度很小，剖面测量值仅 3～4m。断裂主干分支在局部地段控制了第四系发育，两侧的第四系地层厚度具有一定差别，断裂还在局部错切了第四系底部地层，显示出第四纪活动性。在地貌上，沿断裂可观测到条带状的地貌陡坎或陡坡，但在山前坡洪积扇等断层近地表通过地段并没有发现与断裂新活动直接相关的断错微地貌陡坎，断裂的新活动性总体上是较弱的。已有浑河断裂章党－南杂木段的活动性测年数据主要集中在辽宁发电厂东和营盘东沈吉高速公路在建时的开挖路基，本项研究对于断裂测年剖面又进行了一定的拓展。断裂破碎物（主要是断层泥）及上覆第四系地层的测年方法主要采用 ESR 和 TL（表 6.6）。分析上述各项测年结果，断层泥的 TL 年龄值主要集中在晚更新世时期，少数结果为中更新世晚期，断层泥及碎粉岩、碎裂岩的 ESR 年龄值多处在中更新世的不同时期；被错动的上覆第四系地层年龄值分别为中更新世和中－晚更新世，未被错动的上覆第四系地层年龄值则为中更新世晚期及以前地层。综合断裂地震地质发育和相关测年结果，判定浑河断裂章党－南杂木段的最新活动时代为中更新世晚期－晚更新世早期，晚更新世晚期－全新世以来没有活动，断裂第四纪以来的活动程度很弱。

表 6.6　浑河断裂章党－南杂木段年龄测定表

断层	取样地点	标的物	测试方式	年龄/万年	形成时代	资料来源
浑河断裂	辽宁发电厂东	断层泥	TL	3.99±0.2	晚更新世	辽宁省地震局，2001，2003，2018
浑河断裂	辽宁发电厂东	断层泥	TL	7.89±0.39	晚更新世	辽宁省地震局，2001，2003，2018
共轭断裂	辽宁发电厂东	断层泥	TL	12.1±0.6	中更新世晚期	辽宁省地震局，2001，2003，2018
浑河断裂	石门岭	断层泥	TL	8.053±1.611	晚更新世	李衍久，1994
浑河断裂	营盘西	断层泥	ESR	24.8±4.4	中更新世	本次工作
浑河断裂南支	营盘东	上覆错动第四系坡洪积层	ESR	19.6±2.7	中更新世晚期	本次工作
浑河断裂南支	营盘东	上覆错动第四系残坡积层	ESR	46.8±4.6	中更新世	本次工作
浑河断裂	营盘东路基	断层泥	TL	8.05±0.4	晚更新世	辽宁省地震局，2001，2003，2018
浑河断裂	营盘东路基	断层泥	TL	14.07±0.7	中更新世晚期	辽宁省地震局，2001，2003，2018
浑河断裂	营盘东路基	上覆错动第四系残坡积、坡洪积层	TL	12.2±0.61	中－晚更新世	辽宁省地震局
浑河断裂	驿马北	断层碎粉岩	ESR	17.2±3.4	中更新世晚期	本次工作
浑河断裂北支	营盘北	碎裂岩、碎粉岩	ESR	45.02	中更新世	本次工作
浑河断裂	洼子伙落北	碎粉岩、断层泥	ESR	74.28	早－中更新世	本次工作

从地震活动来看，沿章党－南杂木段的地震活动水平较弱，1970 年以来只记录有 1 次 3.0 级以上的地震，除南杂木盆地附近小震活动相对集中以外，其他地段的小震分布零星。总之，该断裂段的地震分布不存在明显的规律性，看不出这一地区的地震活动与浑河断裂之间的构造关系。

6.6.4 浑河断裂南杂木－英额门东段

1. 地震地质基本特征

南杂木－英额门东段展布于苏子河断裂以东至赤峰－开原断裂之间，总体走向为 60°~ 75°，长度约 75km，是浑河断裂 4 个段落中规模最大的。与抚顺段相似，南杂木－英额门东段的浑河断裂形态发育特征相对简单，主要表现为南、北 2 条近平行主干分支断裂构成的断陷带，但断陷带宽度明显小于抚顺段；同时，主干断裂及其次级分支在构造上可形成与章党－南杂木段类似的由北向南的逆冲－叠瓦式冲断带，但上冲幅度却要小得多，并在根本上没有改变浑河断裂的断陷带特征。南杂木－英额门东段的南、北分支断裂连续性和稳定性较好，它们或分或合，其中北支断裂在局部地段由 2~3 条次级分支组成，可形成小规模的次级断陷带；南支断裂发育形态相对单一，一般只表现为 1 条主干，仅在局部地段发育少量的次级平行状分支构造。沿断裂段条带状谷地地貌比较发育，谷底地形平坦，呈现出较为清楚、完整的盆地形态，构成一系列狭窄的串珠状第四纪断陷盆地，如南杂木盆地、苍石盆地、北三家盆地、清原盆地、英额门盆地等，盆地中沉积有第四系地层，但这些盆地的规模与抚顺盆地相比普遍较小，第四系分布也较为局限，层序不完整、厚度较薄。浑河断裂南杂木－英额门东段控制了太古宇鞍山群混合岩、太古宙混合花岗岩和中生界侏罗－白垩系的分布，控制了盆地内新近系、第四系地层的发育，在英额门一带沿断裂带可见碱性岩脉侵入，草市以南则有新近纪玄武岩发育，而在密山－敦化断裂、赤峰－开原断裂相交会的草市－英额门一带见有少量的古近系沉积。断裂切割了太古宇－第三系之间的所有地层，对于第四系的错切则不明显。分析认为，一方面，沿南杂木－英额门东段的断陷作用在中生代时即已完成，断陷盆地中发育有火山－复陆屑式建造，形成条带状的侏罗－白垩系砂岩、砾岩等，也可见到新近系砂砾岩沿断裂的分布，但该段断陷带内侏罗－白垩系盖层的分布规模较抚顺盆地区已有所减弱；另一方面，抚顺段古近系发育很好而缺失新近系地层，南杂木－英额门东段新近系发育而缺失古近系地层，表明两个段落的浑河断裂及其断陷带具有构造活动的不同步性，即抚顺段古近纪时活动较强，新近纪时明显减弱，南杂木－英额门东段则正好相反，新近纪时表现出强于古近纪的活动特征，这是在判定断裂第四纪活动性及进行断裂活动性分段时需要重视的因素。

在地质构造上，浑河断裂南杂木－英额门东段处在胶辽台隆的北侧边缘，三级构造单元属铁岭－靖宇台拱，而断裂段以南的四级构造单元为龙岗断凸，以北则为摩离红凸起。龙岗断凸和摩离红凸起均为长期的隆起区，北盘的摩离红凸起多出露太古宇混合岩，南盘的龙岗断凸多出露太古宙斜长混合岩、混合花岗岩，经历过强烈的混合岩化作用之后，岩体的变质程度均很深。龙岗断凸内北东向断裂及同向断陷盆地十分发育，构成了隆凹相间的地质构造格局，其中沿苏子河断裂还有后期花岗岩侵入；摩离红凸起内北东向、北西向断裂均有发育，但它们的规模一般较小，多属于浑河断裂的派生构造，对于基本地质构造格架没有产生影响。

在新构造运动上，南杂木－英额门东段位于华北新构造运动区与东北新构造运动区的交界地段，总体上处在华北新构造运动区辽东差异上升隆起区内。与同区的浑河断裂抚顺段、章党－南杂木段相比，南杂木－英额门东段的新构造上升运动幅度较大，地势最高。不仅如此，其地势高程甚至大于密山－敦化断裂吉林段所处的东北新构造运动区，显示出较强的新构造抬升作用。同时，该断裂段处于上游河段的浑河谷，地形起伏较大，总体地势向下游倾斜明显，河谷比较狭窄，显示出这一地段居于主导地位的较强上升运动和被动的河流下切侵蚀作用。此外，断裂两侧也具有一定的差异升降运动，南盘地势较北盘略高，但南盘相对北盘的上升幅度十分有限。

总之，浑河断裂南杂木－英额门东段控制了一系列小微型中－新生代断陷盆地的演化，沿浑河谷形成了比较稳定、连续的断陷带，控制了第四系地层的发育。断裂在中生代时逆冲活动强烈，形成了近南北向的推覆构造，新近纪以来随着构造应力环境的变化，断裂运动特征总体转变为张性，活动程度显著很弱。断裂带主干分支破碎带规模巨大，宽度可达数十米至上百米，构造破碎形态比较复杂，除了早期的挤压片理、角砾岩之外，碎裂岩、碎粉岩和断层泥等也有所发育，但它们所构成的新鲜松散破碎带宽度一般很窄，断层面摩擦强度较低。断裂附近没有地震活动的相关记载，现代仪器记录地震活动也十分微弱。

2. 地震地质剖面分析

浑河断裂南杂木－英额门东段规模较大，连续性较好，次级分支构造相对发育，其中以浑河谷以北的北支主干断裂发育形态最为清楚，出露地质剖面较多。地震地质调查和研究工作针对该断裂段开展广泛的野外调查，并进行地质剖面的开挖、观测和研究，分析断裂破碎带地质发育特征，确定断裂与围岩和上覆第四系地层的接触关系，采集断裂破碎物或第四系地层样品进行室内年代鉴定，以获得断裂产状、规模、结构、运动性质、活动方式、最新活动时代及活动程度等定量参数。南杂木－英额门东段的野外实际调查主要对于主干断裂的榔头沟、红透山东尾矿坝、苍石东北、头道岭西、高速公路北三家服务区西、北三家东北、北三家东、高家坎子北、斗虎屯西、西岭、西八家、小山城、椴木沟北、英额门东和石庙子南共 15 个有效地质观测点以及相关派生分支构造的若干地质观测点进行观测和研究。下面逐一对各个观测点的断裂剖面地震地质发育特征和活动性进行分析和讨论。

1）南杂木榔头沟

南杂木－英额门东段断裂发育在下白垩统混合质砾岩中，走向约 80°，倾向南，倾角53°。断裂带出露宽度大于 5m，向南侧受到后期侵蚀、剥蚀作用形成北东东向性延伸的不规则微地貌陡坡、陡坎，尚不能确定该陡坡、陡坎与构造之间存在必然联系。陡坎前缘为起伏不平的第四系沉积区，没有断裂出露，但向剖面南侧追索，则可见到不具有构造破碎特征的混合质砾岩原岩，岩体较为完整。根据区域地质构造调查资料，该地段的浑河断裂主干应发育在下白垩统混合质砾岩与太古宇混合岩的接触界线附近，因此，出露的应不是浑河断裂的主干。剖面显示，断裂带内主要发育挤压片理、构造角砾岩，夹有透镜体，局部构造破碎较为强烈，但大部分构造部位破碎程度较轻；有较清楚的断层面发育，断层面已锈蚀，已不见擦痕等构造痕迹，根据带内构造形态推断断裂具有压性特征。整个断裂带（包括构造破碎强烈的构造带）均具有一定的胶结特征，表明断裂在第四纪以来没有活动。

2）红透山东尾矿坝南

浑河断裂发育在太古宇鞍山群红透山组混合质黑云变粒岩中，总体走向近东西，产状为 $180°∠61°$ 至 $185°∠60°$。断裂带规模较大，宽约 60m，发育形态复杂。根据浑河断裂展布特征，确定剖面出露的是浑河断裂北支主干。经观测分析，断裂剖面北端为清楚、平整的断层面，近断层面附近发育厚度不均匀的碎粉岩、碎裂岩，这也是剖面上构造破碎最为明显的条带；断层面所倾向的南侧岩体表现出不同程度的构造破碎，呈一定的渐变过渡状态，破碎带与围岩之间没有十分明确的界限。详细划带分析认为，在近北盘围岩附近宽度约 25m 的范围内，为构造透镜体和碎裂岩、挤压片理带，构造透镜体巨大，挤压片理相对稀疏，显示断裂活动程度并不强烈。单条碎裂岩或挤压片理带的宽度一般不大，其中规模较大的近北盘碎裂岩带宽度为 1~2m，内部应力分布不均匀，破碎程度参差不齐，含有大小不一的透镜体。带内还可见到多条走向近东西、倾向或倾角却存在一定变化的次级构造面（或宽度较小的碎裂岩、片理带）（图 6.81 和图 6.82），每一条构造面均反映出不均匀的构造错动及其不均匀、程度不同的活动特征。断层面未发生锈蚀，虽经历后期坡面侵蚀作用，仍可见灰绿色、黄褐色等较新鲜的斜向擦痕、阶步，其新鲜程度较浑河断裂抚顺段为好，活动时代可能较新，据擦痕、阶步推断断裂的运动性质为右旋走滑兼正倾滑。碎裂岩比较松散，没有胶结，呈较鲜艳的灰绿色，表明断裂在第四纪以来是存在活动的。采近北盘碎裂岩样品 1 份，经 ESR 年龄测试为（552±104）ka，断裂活动时代为中更新世早期。剖面 25~55m 范围基本上可划属于完整原岩带，其中仍可见到若干条密度不一的构造面，局部岩体虽然显示破碎，但尚未发展成为碎裂岩带或片理带，构造面走向近东西，倾向、倾角多变。在 55~60m 范围内，碎裂岩带发育，断层面延伸稳定、平直，产状为 $180°∠48°$。该碎裂岩带的发育形态、胶结程度等与近北盘碎裂岩带基本相同，但规模与破碎程度略逊，应属于同期次的构造产物。该碎裂岩带经历了后期明显的侵蚀作用，形成了宽 30~50m、深 10~20m 的近东西向沟谷，沟谷北岸坡与断层面大致平行。沟谷中沉积有薄层第四系冲洪积卵砾石含砂层，具粗层理，该套地层覆盖于下部坡洪积砂砾石混土层；沟谷第四系地层沉积于断层面之上，其间为沉积接触关系。在剖面 95~100m 处，发现有另一条北北西向的构造破碎带发育，产状为 $255°∠65°$ 左右，断层面呈舒缓波状，破碎带宽度 3~5m，主要发育挤压片理，具有明显的挤压特征。断层面上可见近水平擦痕和阶步，指示断层运动性质为左旋走滑。同时，断层面较新鲜，断裂带也较为松散，略有胶结，与浑河断裂带发育形态具有一定的相似性，应属于同期构造运动的结果，两者显示一定的共轭构造关系，在活动性判定上也有一定的借鉴意义（图 6.82）。北北西向断裂带北侧 60~95m 处是十分完整的混合质黑云变粒岩岩体，岩体内不发育任何构造破裂面，分析认为，该完整岩体在构造上处在浑河断裂与北北西向断裂之间，属于非构造应力集中区或应力空区，构造作用微弱，但是该岩体的风化程度却较两侧的浑河断裂、北北西向断裂明显为强，局部甚至可以轻易剥离。总之，在可观测到的宽约 200m 的地质剖面上岩体均表现出程度不同的构造破碎或构造扰动，较紧密褶皱、节理、裂隙等多见，存在石英岩脉充填及后期的破碎，但没有破碎强烈、形态完整的碎粉岩、断层泥等发育，断裂活动程度相对较弱。

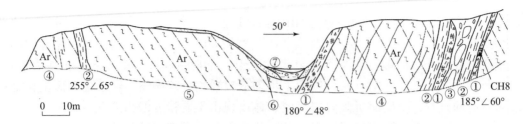

①碎裂岩带；②挤压片理带；③构造透镜体、片理带；④断裂带附近节理发育的太古宇混合质变粒岩；
⑤构造应力空区、十分完整的太古宇混合质变粒岩；⑥第四系坡洪积砂砾石混土层；
⑦第四系冲洪积卵砾石含砂层；▲CH8 采样点及编号

图 6.81　浑河断裂南杂木－英额门东（草市南）段北支红透山东尾矿坝剖面

图 6.82　浑河断裂南杂木－英额门东段北支主干红透山东尾矿坝剖面

　　分析认为，由于浑河断裂生成历史较早，带内充填有不同期次的岩脉，其后仍有构造活动，显示出多期活动性，但第四纪以来的活动程度总体不强。浑河断裂在红透山附近表现为南、北两条主干分支断裂，北支展布于浑河以北，南支展布于浑河以南，南、北两条分支断裂控制了浑河狭长状断陷盆地的发育及现代浑河的流向。尽管在红透山附近有北北西向断裂构造与浑河断裂相交会，但北北西向断裂活动并没有对浑河断裂的展布和活动特征等产生明显影响，北北西向断裂构造对于浑河断裂的活动性分段不具有构造意义。

　　3）苍石东北

　　南杂木－英额门东段北支主干发育在太古宙混合花岗岩中，走向为 75°左右，倾向南，倾角为 40°左右。断裂带可见宽度大于 8m，由多条近平行的挤压片理、碎裂岩带组成，各带宽度很不均匀，变化为 0.3~2m。断裂带内挤压片理较为稀疏，碎裂岩破碎程度较轻，其中可见粒径较大的碎石。各破碎带之间夹有近似等宽的条带状混合花岗岩原岩，岩体比较完整，受到构造活动破坏较小，表明断裂构造活动程度总体不强烈（图 6.83）。断层面上擦痕、阶步等构造痕迹受到后期坡面侵蚀、剥蚀作用已不清楚，从断裂总体构造形态分析，断裂应具有张性特征。片理、碎裂岩等均未胶结，保持疏松、破碎。破碎带各组成部分除规模差别较大以外，它们的破碎程度、胶结特征等均比较接近，判断浑河断裂在第四纪时期是存在活动的。从微地貌形态上来看，沿断裂带在山前形成坡面与断层面相近的陡坡带，其两侧的地势差异较为明显；而从大的地貌上来看，沿断裂在侵蚀、剥蚀丘陵区形成直线状的山谷或沿断裂形成直线状的陡坡、陡坎带，断裂下降盘有一定的第四系沉积，反映了断裂第四纪时期一定程度的活动性。

图 6.83　浑河断裂南杂木 – 英额门东段北支主干苍石东北剖面

4）清原头道岭西

断裂发育在太古宙混合花岗岩中，走向为 75°左右，近直立，在构造带内还可观测到几个产状存在一定变化的构造面，分别为 350°∠45°、345°∠80°和 165°∠73°等，不同的构造面在断裂带内相互交融，互相产生了错切，形成了错综复杂的交接关系。总的来说，350°∠45°和 345°∠80°的构造面在剖面上贯通性较好，基本上没有被其他的构造面所错断。主断裂带宽 2～5m，上窄下宽，沿上述各构造面分别可观测到不同的构造发育形态（图 6.84 和图 6.85）。根据地质发育特征依次可划分为：碎裂岩带，分布在剖面偏南侧，宽约 1～3m，夹有片理，破碎程度较轻，碎石状特征清楚，未胶结，相对松散；以北毗邻的碎粉岩、断层泥条带，呈较为新鲜的灰黄色、黄褐色，泥化程度相对较好，具黏滞感，呈弧形弯曲状延伸，宽度很小，为 0.1～0.2m，完全没有胶结，松散破碎；碎裂岩、构造透镜体带，分布在剖面北侧，宽度变化较大，产出很不均匀，向上尖灭，向下拓宽，底部宽度达 4m 左右，同时破碎程度也很不均匀，夹有巨型构造透镜体，显示出内部应力分配显著的差异性，该带也未胶结，相对松散。在剖面南侧还可观测到 1 条挤压片理、挤压扁豆体带，出露宽度在 1m 以下，向上尖灭，该带虽规模不大但挤压破碎程度较强，对两侧的混合花岗岩原岩具有构造扰动，该带已经胶结；沿挤压片理、扁豆体带还可观测到 1 条厚度较小（在 0.1m 以下）、亦呈弯曲弧状延伸的新鲜断裂条带，观测分析显示，其属于碎粉岩条带，具有一定的泥化特征，但泥化程度较弱，其中还可见到粗粒径的碎石，该带没有胶结，松散并有一定的黏滞感，发育形态和新鲜程度与北侧碎粉岩、断层泥条带基本相同，均确定为断裂最新活动的构造带。

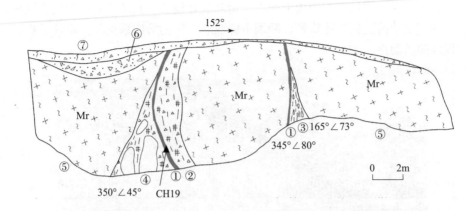

①碎粉岩、断层泥条带；②碎裂岩带；③挤压片理、扁豆体带；④碎裂岩、构造透镜体带；⑤太古宙混合花岗岩；⑥第四系残积碎石土层；⑦第四系坡积碎石、中粗砂层及土壤层；▲CH19 采样点及编号

图 6.84　浑河断裂南杂木－英额门东（草市南）段头道岭西剖面

图 6.85　浑河断裂带南杂木－英额门东段头道岭西剖面

在地貌形态上，沿断裂带在侵蚀、剥蚀丘陵中发育有北东东向的沟谷，直线状延伸特征清楚。在沟谷北侧的断裂带附近发育有微地貌陡坎、陡坡，两侧地形高度存在一定差异。剖面上部的第四系分布不均匀，断裂北盘近断裂带附近基本的第四系厚度可达 2m 左右，其他地段的第四系地层则薄，显示断裂的拉张活动对断裂带附近的第四系沉积产生了影响。综合分析认为，浑河断裂形成时代较早，具有多期活动特征，在第四纪以前主要表现为挤压型活动的构造形态，第四纪以来则主要为拉张型活动，形成碎裂岩、碎粉岩及断层泥等。剖面碎裂岩发育程度很差，碎粉岩、断层泥的规模也很小，带内还存在较完整的混合花岗岩原岩，表明断裂第四纪以来虽存在活动，但活动程度很弱。采碎粉岩、断层泥样 1 份，经 ESR 年龄测试为（71.8 ±11.2）万年，断裂活动时代为早更新世晚期。

5）高速公路北三家服务区西

断裂发育在太古宙混合花岗岩中，走向为 80°~100°，倾向南，倾角较陡，为 70°~85°，断层面呈一定的弯曲弧状，显示压性特征。断裂带可见宽度大于 15m，地质发育形态复杂（图 6.86），显示多期活动特征，带内可见挤压片理、碎裂岩等，大部分已具有胶结特征，属于第四纪以前的活动产物。在剖面西侧，可观测到 1 条碎裂岩、碎粉岩条带，带宽约 1m，表现破碎、疏松，没有胶结，该带指示了断裂在第四纪以来的新活动特征。采碎裂岩、碎粉岩样品 1 份，经 ESR 年龄测试为（35 ± 5.5）万年，断裂活动时代为中更新世。在碎裂岩、碎粉岩带附近的断层面上见到擦痕发育，倾角在 20°~30°，倾向西侧，据此推断断层最新运动性质为右旋走滑兼正倾滑，断裂带表现张性特征。

图 6.86　浑河断裂南杂木－英额门东段北三家服务区西剖面

6）北三家东北

断裂发育在太古宙混合花岗岩中，走向近东西，倾向南，倾角约 75°。一方面，断裂在地貌上控制了浑河河谷的发育，其南盘属第四纪河谷沉积盆地，地形平坦，较为开阔，北盘则为侵蚀、剥蚀中低山；另一方面，沿断裂带在微地貌上可观测到陡坎发育，陡坎的产状与断层产状大致相近。受到后期河流侵蚀及风化剥蚀作用影响，断裂带被一定程度的剥离，因此现有残留的断裂带出露较差，仅在局部可看到断裂的痕迹，断裂破碎带保留也不完整。剖面显示，断裂带出露宽度为 1~2m，挤压片理、扁豆体发育，片理密度相对较低，构造破碎特征清楚，与完整围岩之间易于区别。在断层面上残留有斜向擦痕，显示断层运动性质为左旋走滑兼逆倾滑，而断裂带已胶结硅化成岩，因此这一断层运动性质表征了断裂第四纪以前较早时期的活动特点，而具有较新活动性、未胶结的断裂破碎带已被剥离。

7）北三家东

南杂木－英额门东段南支断裂发育在太古宙混合花岗岩中，走向近东西，倾向南，倾角约 65°。断裂带宽 10~12m，大致由 3 个具有明显构造破碎特征的脆性破裂带组成，单个破碎带的宽度一般较小，多个在 1m 以内，以较密集的挤压片理发育为基本特征，其间原岩岩体可见发育程度不均匀的糜棱岩化现象，线理排列方向与断裂产状接近（图 6.87）。糜棱岩化混合岩总体完整，受到后期断裂脆性破裂影响较小。分析认为，该地段展布的近东西向断裂位于侵蚀、剥蚀中低山区，远离北侧的浑河河谷，因此出露的断裂构造并没有表现出对浑河第四纪断陷谷地的控制作用，而应属于浑河断裂南支主干以南的次级断裂，尽管如此，其发育特征和活动性与主干断裂是相关的。剖面显示，断裂的形成时代很早，是在早期糜棱岩带的基础上发展、演化的，受到第四纪以来构造应力作用，又发生了脆性破裂过程，但断裂的活动程度总体较弱，松散破碎的挤压片理带表明断裂在第四纪以来是存在活动的。

图6.87　浑河断裂南杂木－英额门东段南支次级断裂北三家东剖面

8）清原高家碇子北

断裂北支发育在太古宙混合花岗岩中，走向80°左右，断层面近直立。在浑河以北的近南北向沟谷中，在约0.5km的较连续地质剖面上可见到宽度达100m左右的断裂破碎带发育，断裂构造破碎程度总体较轻，以碎裂岩发育为基本特征，也可见到同向的构造节理面。断裂与围岩之间呈渐变过渡状态，断裂带中还夹有较大的原岩岩体，没有发现形态完整的断层滑动面，碎裂岩带具有局部构造破碎发育特点，可形成方向性延伸的条，断裂显示张性特征。追索调查显示，断裂带中存在宽度为8～10m的主破碎带，其构造破碎状态、构造岩发育性状虽与其他部位相同，但破碎程度明显增强，碎裂岩形态更为清楚。沿断裂带还观测到宽度为0.5～0.8m的煌斑岩脉充填其中，受到构造活动影响，煌斑岩脉也显示一定的破碎。断裂碎裂岩具有胶结特征，但不致密，未硅化，断裂第四纪以来的新活动性不明显。

分析认为，该断裂构造带位于浑河河谷以北的侵蚀、剥蚀中低山区，距离东西向的浑河河谷较远，是属于浑河断裂带北支的组成部分，而浑河断裂作为区域性的断裂构造，规模巨大，除主要发育控制浑河河谷地貌形态特征的南、北主干断裂以外，主干断裂还各自包含多条展布位置不同、规模和活动性具有差异的次级分支断裂，一些次级分支断裂的规模也可能十分巨大，这反映出浑河断裂成生演化历史久远、多期活动的基本特征。

9）斗虎屯西

实际调查表明，在断裂沟谷西延的线性影像附近，出露的太古宙混合岩中有断裂构造发育，该构造应属于浑河断裂北支的组成部分。观测剖面显示（图6.88），共有2条构造带出露，相距约70m。南侧主要表现为一个非常完整的弯曲弧状的断层面，走向北东东，倾向南东，高倾角，可见擦痕，指示断层具有走滑兼倾滑性质；断裂活动对两侧围岩具有构造破碎作用，而形成的断裂带宽度并不大，一般在1m以内。北侧断裂破碎带规模也不大，宽度最大可达1m，但构造破碎强烈，带内发育有构造角砾岩、挤压片理等；角砾岩处在断裂带的中部，有一定程度的胶结，两侧挤压片理发育形态不同，早期（近南盘）已胶结成岩，较晚时期（近北盘）则比较疏松，断裂显示多期活动特征；片理发育形态指示断裂具有正倾滑兼走滑运动性质，而断裂走向为 60°，倾向北西，高倾角，那么断裂北盘是相对南盘下降的。

图 6.88　浑河断裂南杂木－英额门东段斗虎屯西剖面

10）清原城西的西岭

断裂北支组成断裂发育在上侏罗统紫色页岩夹砂岩中，走向为 65°~75°，倾向北西，倾角为 70°~73°。破碎带宽度约 8m，以挤压片理发育为主要特征，夹有构造透镜体，未见碎裂岩、断层泥等构造形态。剖面上片理发育并不密集，主要表现为若干个条带，其间则为较完整原岩，因此断裂构造破碎程度总体上是较弱的。断裂带具有胶结特征，第四纪以来的新活动不明显。结合 1:20 万区域地质构造资料分析，浑河断裂北支主干应处在侏罗系、太古宇两套地层的边界，并控制了侏罗系地层的发育，因此该剖面出露的不是浑河断裂北支的主干，而只是北支断裂的组成部分。该断裂第四纪以来没有活动，以压性为主。

11）清原城南的西八家

南杂木－英额门东段南支主干发育在上侏罗统泥灰岩中（图 6.89 和图 6.90），断裂近顺层发育，走向为 85°左右，倾向北，倾角为 66°，断层面较为平整。在地貌上，断裂展布在浑河河谷的南侧，是河谷第四纪沉积区和基岩侵蚀、剥蚀中低山区的边界，断裂两侧大的地貌形态和第四纪地质特征迥异；而在微地貌上，沿断裂在山前形成有陡坡带，陡坡的走向、倾向均与断裂相同，但倾角相对较小，为 30°左右。该探槽剖面长约 8m，在坡角处地形已明显变缓至较平坦，但仍没有穿过断裂破碎带，因此浑河断裂南支主干的规模是很大的。断裂带内主要发育挤压片理、构造角砾岩及碎裂岩等，形态特征比较复杂，但片理、碎裂岩等发育程度并不强烈，破碎程度总体较弱，各不同性状的构造岩之间并无明确边界，呈一定的渐变过渡状态并有一定程度的混杂。从胶结程度来看，挤压片理、构造角砾岩为主的破碎带具有一定程度的胶结，而碎裂岩带则较为疏松、破碎，没有胶结。根据剖面地质发育特征分析，该断裂带发育特征较为复杂，第四纪以前应具有走滑兼逆倾滑的运动性质，这从局部挤压片理的牵引褶曲上也能够反映出来，碎裂岩带所代表的具有明显张性破裂的构造带则表明断裂在第四纪以来应主要表现为具有正倾滑分量的运动性质。另外，在构造破碎带中可以见到较多的气孔状玄武岩原岩块体，其沿断裂带侵入后又遭到了构造破碎。根据已有认识，气孔状玄武岩属于早更新世时期沿浑河断裂带的侵入岩体，据此确定在早更新世及以后时段浑河断裂南支是存在有新的构造活动的。从上述构造带复杂的发育状态及较弱的构造破碎程度综合分析来看，断裂第四纪以来的新活动程度是较弱的，而断裂带上盘虽然坡度较缓，但并没有规模的第四系地层沉积，因此断裂上盘较下盘的倾滑运动是十分有限的，断裂在第四纪以来的构造运动不强烈。采碎裂岩样 1 份，经 ESR 年龄测试为（49.6±9.4）万年，断裂活动时代为中更新世。

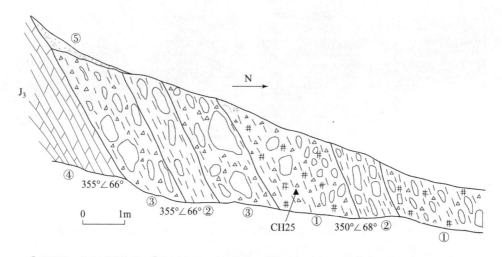

①碎裂岩、构造透镜体带；②挤压片理、透镜体带；③构造角砾岩、透镜体带；④上侏罗统泥灰岩；
⑤第四系坡积碎石、中粗砂层；▲CH25 采样点及编号

图 6.89 浑河断裂南杂木－英额门东段南支清原西八家剖面

图 6.90 浑河断裂南杂木－英额门东段南支主干清原西八家剖面

12）清原城东小山城

南杂木－英额门东段南支分支断裂发育在上侏罗统泥灰岩中，走向北东东，产状为 150°∠60°左右，断层面呈一定的舒缓波伏，与围岩之间界限清楚，围岩保持完整，没有受

到构造扰动（图 6.91）。断裂规模较小，宽度在 0.3m 以下，发育形态比较单一，主要见密集的挤压片理，断裂活动程度不很强烈。该断裂展布在浑河河谷以南的侵蚀、剥蚀中低山区，距离浑河河谷较远，应不是浑河断裂南支的主干，而是南支的分支构造，在活动性上具有一定的被动性。从断裂带发育特征分析，挤压片理带的局部初具泥化现象，表现疏松，没有胶结，因此该分支断裂虽然规模较小，但在第四纪以来是有活动的。

13）清原椴木沟北

处在浑河断裂南杂木 – 英额门东段主干通过地段。在太古宇鞍山群混合岩与下白垩统杂色砾岩的地层边界附近，可见多个方向性延伸的构造面及相关的构造破碎带，各构造面（带）的产状存在一定的变化，走向为 60°~90°，倾向南东，倾角为 50°~75°（图 6.92）。由此形成的构造带总宽度可达 15~20m，可见形态、宽度不等的碎裂岩、片理等组成的不规则条带。碎裂岩等与带内原岩和围岩之间呈一定的渐变过渡，带内原岩岩体破碎程度较轻，分布很不均匀，没有演化出性状特征清楚、形态良好、延伸稳定的断裂破碎带，且局部发育、形态不规则，显示出断裂总体具有张性活动特征。构造带岩体颜色、性状等变化较为复杂，与完整、均色的围岩具有显著区别，表现出一定的蚀变带特征，因此，作为形成时代久远、切割很深的断裂构造，沿浑河断裂可能存在一定的热液交代作用，并导致构造带岩性特征发生了相应的变化。

图 6.91　浑河断裂南杂木 – 英额门东段南支分
　　　　支断裂小山城剖面

图 6.92　浑河断裂南杂木 – 英额门东段
　　　　主干椴木沟北剖面

14）英额门东

断裂发育在太古宙混合花岗岩中，走向北东东，产状为 150°∠55° 左右。剖面上可观测到 2 个产状大致相同的构造破碎带，各带宽度均在 1~2m，主要发育有碎裂岩，亦可见挤压片理。断层面总体比较平整，沿断层面显示发生过一定程度的构造滑动，但断面上具有锈蚀现象，因此其上擦痕、阶步等构造痕迹不很清楚。两条破碎带之间为较完整的岩体，破碎带之外的围岩中也没有见到构造节理面等明显的构造破碎迹象，表明断裂的活动程度总体较弱。断裂带具有初步胶结特征，但胶结程度较弱，沿断裂在坡面上可侵蚀形成较浅的凹槽，分析判定断裂在第四纪早期可能存在轻微的活动，第四纪晚期以来的活动特征则不明显。

另外，在丁家街水库北侧，断裂发育在白垩系砾岩、砂岩地层中，走向为 65°，倾向北西，倾角为 48°，断裂带可见宽度约 1.5m，主要发育碎裂岩、碎粉岩等，显示张性特征。断裂带较为疏松、破碎，在第四纪时期可能存在一定程度活动。断层碎裂岩、碎粉岩样品的ESR年龄放为188.43万年，属于早更新世。

15）清原石庙子南

构造上处在浑河断裂南杂木－英额门东段东端附近。断裂发育在下白垩统泥灰岩与粉砂岩的边界附近，由多个发育形态各不相同的破碎带组成，走向为80°～110°，倾向北，倾角约60°。断裂带宽5～8m，分别可划分为挤压片理、构造透镜体等（图6.93）。挤压片理局部十分密集，呈碎片状，不具有泥化特征。断裂两侧围岩均十分平整，产状稳定，其中粉砂岩产状为295°∠60°，泥灰岩产状为235°∠40°。在上盘围岩中可见牵引褶曲，指示断层运动性质为正倾滑兼走滑。断裂破碎带总体松散，略有胶结，在剖面上受侵蚀作用形成有凹槽，断裂在第四纪以来是存在活动的，但活动程度很弱，而在第四纪晚期以来是确定没有新活动的。另外，在该浑河断裂出露点以东，浑河断裂与赤峰－开原断裂相交汇，浑河断裂的展布和发育形态趋于复杂化，如在交汇区域及其东侧（密山－敦化断裂吉林段），沿浑河断裂有北东东向的早更新世玄武岩沿断裂带侵入，根据已有的区域地质调查资料，在早更新世玄武岩体中没有发现断裂新活动错动玄武岩的痕迹，表明这一地段的浑河断裂第四纪以来的活动性很差。

图6.93　浑河断裂南杂木－英额门东段东端石庙子南剖面

调查研究表明，浑河断裂南杂木－英额门东段派生分支构造比较发育（如北三家断裂、北大岭断裂等），断裂的规模一般较小，长度为10～20km。它们多展布在主干断裂的北侧，走向30°～40°，略向北西凸出，形成稀疏的帚状构造组合，断裂性质多以逆冲运动为主。各分支断裂带内挤压片理、碎裂岩等发育，具糜棱岩化特征，局部可见节理、破劈理等，断裂活动亦形成构造角砾岩和透镜体。作为浑河断裂主干的派生分支构造，北东向断裂与浑河断裂斜交，但一般不越过主干断裂，浑河断裂显示出一定的控制性，两者所夹锐角均指向西，指示浑河断裂主干的南东盘相对向南西方向错动，浑河断裂表现出右旋走滑性质。从断裂展布及其地质发育特征来分析，分支断裂的活动与浑河断裂具有一定的同期性。

16）南杂木东北的沔阳北

南杂木 - 英额门东段的北东向派生断裂发育在太古宙斜长混合岩中，走向为 30°~ 35°，倾向南东，倾角为 65°左右，断层面较为平整，略呈舒缓波状。剖面上断裂带宽 0.3~1m，其中与上盘围岩之间断层面清楚，与下盘之间则呈一定的渐变过渡。断裂带以密集挤压片理带发育为基本特征，局部碎裂岩化，但未发展成断层泥。碎裂岩主要沿断层面呈北东向的条带状分布，宽度变化为 0.1~0.3m，呈灰绿色、土黄色（图 6.94），较为疏松，没有胶结或略有一定的土质胶结，显示在第四纪早期是存在活动的。在下盘围岩中可见牵引褶曲，指示断层以逆倾滑为主，同时，在断层面上观察到少量断续性延伸的阶步，指示断裂还具有一定的右旋走滑分量。断裂上盘围岩十分完整，基本未受到断裂活动影响，断裂两盘的相对错动幅值较小，断裂活动程度总体较弱。该北东向断裂向南西方向延伸后与浑河断裂相交会并被浑河断裂截断，属于浑河断裂的次生构造，但在活动性上两者具有一定的相关性。

图 6.94　浑河断裂南杂木 - 英额门东段派生北东向断裂沔阳北剖面

17）门坎哨附近

地貌陡坎发育地段见到太古宙斜长混合岩中有断裂破碎带发育，断层面产状稳定、构造错动特征清楚，其中在 202 国道南侧断层面走向为 35°，倾向北西，倾角为 85°左右，国道北侧与其间距约 0.5km 处断层面走向亦为 35°左右，但倾向南东，倾角很陡，近于直立。沿上述两个断层面均在断裂倾向方向形成临空面，构成山前陡坎，陡坎前缘则为第四系沉积区，两条断层之间的断陷区通过基岩山体处形成明显的负地形，该山体垭口现为 202 国道通过地段。研究断层面及残留的断裂破碎带发育特征可以了解到，断层面上的擦痕受到风化侵蚀后保留较少，断层面也较斑驳（图 6.95），存在一定的锈蚀现象，但仍可观测到断层以右旋走滑为主。在断层面倾向一侧保留不完整的破碎带中发育有挤压片理、扁豆体等，残留的断裂带已具有明显的胶结特征，反映出第四纪以来不活动，而对于胶结程度较差、已被剥离的断裂破碎带尚不能判定其发育特征和活动性。综合分析认为，该段浑河断裂应具有多期的活动，其中即包括第四纪以前的活动。另外，这一地段的浑河断裂次级构造发育，在控制浑河河谷的浑河断裂主干以北存在若干的北东向分支断裂构成断裂组，它们在地貌上也有较清楚的显示，形成了具有一定规模的北东向沟谷。断裂对这些沟谷内的第四系地层是具有控制作用的，尽管如此，调查也表明断裂并没有对第四纪地貌单元产生构造错动，山前坡积裙、坡洪积扇等晚更新世地貌体均保持形态完整，因此北东向断裂组至少在晚更新世以来是没有活动的，同时与主干断裂相似，沿北东向沟谷两侧也形成有临空的地貌陡坎，剖面上可见不完整的断裂破碎带发育。虽然也遭到后期的破坏，但残留的断裂破碎带较主干断裂要完整得多，其中观测到胶结程度较轻的构造破碎现象，显示断裂在第四纪以来是具有活动的，但活动性很弱，该组浑河断裂的北东向次级断裂也存在多期的活动。

图6.95　浑河断裂南杂木－英额门东段派生北东向断裂门坎哨剖面

18）斗虎屯东北清原驾校

南杂木－英额门东段北支的北东向派生断裂发育在太古宇混合岩中，走向为35°，倾向南东，倾角为60°左右。断裂向南西方向延伸可交会于浑河断裂北支，属于浑河断裂形成演化过程中所产生的小规模派生构造。该断裂带宽1m左右，以碎裂岩、碎粉岩发育为主要特征，具有一定的泥化。断裂破碎带疏松，没有胶结，显示出第四纪的新活动性。断裂两侧围岩较为完整，断裂活动没有对围岩产生影响，断层的活动程度较弱。该断裂出露位置距离浑河断裂北支主干很近，仅数百米左右，因此其活动性与浑河断裂北支具有较密切的相关性，并可能具有同期活动特征，只是该北东向断裂的活动具有一定的被动性，活动程度应弱于浑河断裂主干。

3. 基于地震地质的断裂活动性分析

通过对苏子河断裂以东至赤峰－开原断裂之间浑河断裂详细的地震地质调查和研究，确定浑河断裂南杂木－英额门东段延伸舒缓，长度达到75km，是浑河断裂各分段构造中最长的段落。与抚顺段相似，该断裂段主要划分为南、北2条主干分支，北支连续性较好、延伸稳定，在一些地段可由2~3条次级分支组成，平面展布上具有平行状和分支复合结构，断裂带地质地貌形态清楚，在清原等地还发育有与北东东向浑河谷近平行的次级直线型地貌沟谷；南支断裂的发育形态和出露状况较北支为差，在一些地段的地质地貌表现不很清楚，断裂连续性较差，平面展布上具有斜列状、平行状结构。南、北主干分支及其次级断裂在构造上可形成由北向南的逆冲－叠瓦式冲断带，断裂产状存在一定的变化，倾角一般较陡，局部较缓，断层面呈舒缓波状，野外实际观测表明，北支断裂在大部分地段倾向南，局部倾向北，南支断裂则优势倾向较不明显。南杂木－英额门东段的南、北分支共同构成了地堑式的浑河断陷带，但与抚顺段具有差异的是，该断陷带的发育形态并不均匀，宽度变化较大，局部地段闭锁，形成了一系列规模较小的串珠状盆地，如南杂木盆地、苍石盆地、北三家盆地、清原盆地、英额门盆地等，它们均较抚顺盆地要小得多，第四系发育较差。另外，断陷带虽较抚顺断陷带明显为窄，但切割深度较大，形成了狭窄而相对深切的地貌沟谷。

与浑河断裂其他段落一样，南杂木－英额门东段形成很早，经历了长期的构造演化过程，带内充填有不同期次、不同性质的岩脉，还存在有玄武岩侵入活动，而岩脉、玄武岩体等均被后期构造运动不同程度地破坏，表明断裂具有多期活动性。研究认为，断裂早期以深部韧性剪切为主，燕山期时表现为断块差异构造活动，逆冲强烈，形成了近南北向的推覆构造，其间的浑河谷相对下降，这一活动作用在中生代时基本完成。新近纪以来，在弱强度的北东东向主压应力作用下，断层性质总体表现为张性，逆冲活动停止，同时断裂活动程度也较燕山期时显著减弱。第四纪以来，断裂拉张性活动持续，而程度进一步减弱，这一时期的断陷作用已不明显，第四系地层发育较差。值得注意的是，与抚顺段古近纪至新近纪时期的断裂活动程度明显减弱不同，该段的浑河断裂在新近纪时表现出强于古近纪的活动性，这可能与断裂段毗邻赤峰－开原断裂有关。南杂木－英额门东段切割了太古宇结晶基底，控制了中生界侏罗－白垩系、新生界古近系－新近系的分布，控制了盆地中第四系地层的发育，但对第四系的错切作用不明显。比较分析认为，该段侏罗－白垩系的分布规模较抚顺段已有所减弱，与抚顺段古近系发育很好而缺失新近系不同，南杂木－英额门东段的新近系比较发育，古近系则发育较差甚或缺失。断裂在中生代时期强烈逆冲活动所形成的构造破碎痕迹至今在剖面上仍有所保留，但保留程度较抚顺段为弱，南杂木－英额门东段在新近纪以来（主要是新近纪时期）的构造活动相对于抚顺段是较强的，因而对于早期的构造痕迹破坏程度较深。尽管如此，浑河断裂南杂木－英额门东段在第四纪以来的活动程度在总体上是很弱的，毕竟断裂带南、北主干分支之间所形成的浑河断陷盆地规模很小，第四系沉积厚度很薄。

通过观测调查，浑河断裂南杂木－英额门东段的构造破碎带宽度较大，可达数十米至上百米。断裂带发育形态较为复杂，构造透镜体、挤压片理、挤压扁豆体、构造角砾岩及碎裂岩、碎粉岩等均有发育，局部还可见到薄层断层泥条带。一般地，碎裂岩、碎粉岩带的宽度较窄、破碎程度较轻，构造透镜体则粒径变化较大、分布不均匀，挤压片理、扁豆体等相对稀疏，因此断裂的活动程度在总体上是不强烈的。断层面未发生锈蚀现象，其新鲜程度较抚顺段为好，可见斜向擦痕、阶步，而碎裂岩、碎粉岩、断层泥及部分挤压片理、扁豆体等较为松散，没有胶结，破碎带表现出较为鲜艳的色泽，表明断层活动时代可能较新，第四纪以来应具有一定的活动。擦痕、阶步等指示断层第四纪以来的运动性质为右旋走滑兼正倾滑，而第四纪以前左旋走滑兼逆倾滑运动所产生的构造痕迹在局部有所保留。另外，个别剖面上可见到走向北西西的共轭断裂发育，破碎带内主要发育挤压片理，断面上近水平擦痕、阶步指示断层运动性质为左旋走滑，与浑河断裂活动具有同期性。在微地貌上，沿断裂在山前可形成陡坎、陡坡带和同向线状沟谷，断裂控制了局部第四系地层的发育，但在浑河谷一级堆积阶地和二级基座阶地上均没有发现与断裂新活动相关的断错微地貌现象，也没有发现断裂对第四系地层的错切。采用 ESR 和热释光法（TL）方法对于浑河断裂南杂木－英额门东段进行断裂活动性测年，结果表明，断裂破碎物年龄值主要集中在中更新世时期，也有少数跨入到晚更新世和早更新世晚期（表6.7）。根据断裂地震地质发育特征和测年学、地层学研究结果，综合判定浑河断裂南杂木－英额门东段的最新活动时代主要在第四纪中更新世，晚更新世以来可能存在一定程度的活动但总体上不明显，断裂第四纪以来活动程度较弱。

表6.7　浑河断裂南杂木－英额门东段年龄测定表

断层	取样地点	标的物	测试方式	年龄/万年	形成时代	资料来源
浑河断裂	清原北大岭	断层泥	TL	4.47±0.36	晚更新世	李衍久
断裂分支	清原北大岭	断层泥	TL	5.75±0.46	晚更新世	李衍久
浑河断裂	清原粘土矿	断层泥	TL	5.728±1.146	晚更新世	李衍久
地貌面	斗虎屯	完整坡洪积扇第四系地层	ESR	10.8±1.1	晚更新世早期	本次工作
断裂南支	北三家服务区西	断层碎裂岩、碎粉岩	ESR	35.0±5.5	中更新世	本次工作
断裂南支	西八家子	断层碎裂岩	ESR	49.6±9.4	中更新世	本次工作
断裂北支	头道岭西	碎粉岩、断层泥	ESR	71.8±11.2	早更新世晚期	本次工作
断裂北支	红透山东	断层碎裂岩	ESR	55.2±104	中更新世早期	本次工作
断裂东端	丁家街	碎裂岩、碎粉岩	ESR	188.43	早更新世	本次工作

一方面，沿浑河断裂南杂木－英额门东段的地震活动稀少，分布零星，只在与章党－南杂木段分段边界的南杂木盆地附近小震活动相对集中；另一方面，断裂附近地震强度也很低，没有3.0级以上的地震记录。总之，该断裂段的地震分布不存在明显的规律性，看不出这一地区的地震活动与浑河断裂之间的构造关系。

第7章

浑河断裂地球物理勘探及钻孔探测

浑河断裂控制了浑河河流的发育，也控制了浑河河谷及其两侧的地貌形态及第四纪沉积特征。根据已经完成的断裂高分辨率遥感信息处理与解释、地质地貌和地震地质调查，浑河断裂的沈阳段完全处于隐伏状态，抚顺段的大部分段落处于隐伏状态，南杂木－英额门东段在山前地带也有部分处于隐伏状态。为了获得浑河断裂上述段落的展布、结构和活动性分析结果，单纯依靠地质地貌和地震地质调查等研究方法是难以实现的，需要采用多种针对性的综合探测方法和技术手段。在前期工作，如2002年"沈阳2×200兆瓦低温核供热示范工程核供热站厂址地震调查与评价"、2007年"沈阳市（含抚顺）活断层探测与地震危险性评价"等研究中对于浑河断裂沈阳段、抚顺段曾经开展过相关的浅层人工地震等探测工作，抚顺段还开展过排列式钻孔探测，它们对于浑河断裂沈阳段、抚顺段的展布特征和活动性给出了基本的结论，提供了相关浑河断裂认识的基础，这是本项研究需要继承的重要研究成果。

7.1 浅层人工地震探测及其结果分析

7.1.1 已有的浑河断裂抚顺段浅层人工地震探测结果分析

"沈阳市（含抚顺）活断层探测与地震危险性评价"中主要对于浑河断裂抚顺段的南支（F1、F1A）进行了浅层人工地震探测，少部分探测内容涉及浑河断裂沈阳段东端的李石寨附近段落。浑河断裂抚顺段南支（F1、F1A）浅层人工地震探测实际包括初查、详查两个阶段的任务，其中初查阶段19条测线、详查阶段24条测线。总体上看，初查阶段的探测精度虽然弱于详查阶段，但测线相对较长，具有一定的控制性；详查阶段测线穿插于初查测线之间，精度较高，但测线长度相对较短。初查阶段、详查阶段探测工作之间具有互补性。

1. 浑河断裂抚顺段（含沈阳段东端）初查阶段的浅层人工地震探测

浑河断裂抚顺段初查阶段浅层人工地震测线大致跨F1、F1A较为均匀地布设，在经过系统试验后，选取合理的技术参数开展探测（表7.1）。19条测线探测剖面总长度共计13.454km，实际完成物理点数3081个，试验点数150个（表7.2）。结合本次浑河断裂的综合调查研究及其活动性分段的初步研究成果，确定在浑河断裂抚顺段初查阶段浅层人工地震探测剖面中，李石东、李石开发区2条测线应属于浑河断裂沈阳段的探测，为了保持资料的完整性和分析的系统性，在此节一并进行讨论。

表7.1 浑河断裂抚顺段（F1、F1A）反射横波勘探法各测线观测系统参数

序号	测线编号	测线位置	探测工作参数			
			道间距/m	偏移距/m	接收道数	覆盖次数
1	FSck－1	李石东	3	18	24	6
2	FSck－2S	古城子河	2	16	24	6
3	FSck－2N	古城子河	2	16	24	6
4	FSck－3N	略阳街	2	4	32	8
5	FSck－3SS	略阳街	2	0	36	9
6	FSck－3SN	略阳街	2	0	32	8
7	FSck－4	武工街	2	2	32	8
8	FSck－5ZS	市委东	2	2	32	8
9	FSck－5ZN	市委东	2	2	32	8
10	FSck－5S	市委东	2	2	32	8
11	FSck－5N	市委东	2	4	32	8
12	FSck－6	天湖桥头	2	10	24	6
13	FSck－7N	大甲邦	2	2	24	6
14	FSck－7S	大甲邦	2	2	28	7
15	FSck－8	抚顺钢厂	2	10	24	6
16	FSck－9	李石开发区	2	12	24	6
17	FSck－10S	榆林西	2	4	32	8
18	FSck－10N	榆林西	2	4	32	8
19	FSck－11	电机厂	2	2	32	8

表7.2 浑河断裂抚顺段（F1、F1A）浅层地震测线布置及完成情况

测线编号	参考位置	实测点数/个	长度/km	方向	勘探目标断层
FSck－1	李石东	225	1.44	南→北	断裂沈阳段
FSck－2S	古城子河	62	0.312	南→北	F1
FSck－2N	古城子河	244	1.04	北→南	F1A
FSck－3N	略阳街	201	0.872	南→北	F1A
FSck－3SS	略阳街	54	0.288	南→北	F1
FSck－3SN	略阳街	37	0.22	南→北	F1
FSck－4	武工街	337	1.414	北→南	F1、F1A
FSck－5ZS	市委东	121	0.55	南→北	F1A
FSck－5ZN	市委东	59	0.302	南→北	F1A

测线编号	参考位置	实测点数/个	长度/km	方向	勘探目标断层
FSck – 5S	市委东	332	1.394	南→北	F1
FSck – 5N	市委东	212	0.916	南→北	F1A
FSck – 6	天湖桥头	实测126，试验150	0.562	北→南	F1、F1A
FSck – 7N	大甲邦	153	0.662	北→南	F1A
FSck – 7S	大甲邦	167	0.726	北→南	F1
FSck – 8	抚顺钢厂	100	0.458	北→南	F1A
FSck – 9	李石开发区	227	0.968	南→北	断裂沈阳段
FSck – 10S	榆林西	125	0.568	南→北	F1A
FSck – 10N	榆林西	178	0.212	南→北	F1
FSck – 11	电机厂	121	0.55	南→北	F1
总计		3081	13.454		

在对获得的各条地震测线的反射波叠加时间剖面进行分析、对比和解释基础上，利用求取的地震波平均速度对反射时间剖面进行了时 – 深转换，从而得到了各条测线的地震反射时间剖面图和反射深度解释剖面。由于探测区第四系较薄，所以利用反射横波勘探方法比较有效，一般情况下可有效追踪150ms以上的目的层反射T1、T2以及TQ。但抚顺地区特有的煤层沉积分布（采矿区）以及第三系地层缺失从而使得第四系直接沉积于太古宇之上，造成第三系地层反射TN1、TN2中断或时有时无。从时间剖面上分析，在各测线上可连续或断续追踪的反射波一般有3组，分别称T1、T2、TQ，其中T1、T2较弱。经与钻孔剖面对比，T1、T2反射界面相当于第四系内部的界面反射，TQ反射界面相当于第四系底界；TN1反射界面为古近系界面，TN2反射界面为混合岩、混合花岗岩等较完整基岩的顶界面。

1）FSck – 1 测线

时间剖面上TQ和TN1反射能量较强、连续性好，可连续追踪；TN2在测线北段较连续，具有一定反射能量，在南段偶有出现并一段连续。解释异常点1个，向北倾，逆倾滑；在测线中段因信噪比受到影响，致使TN1、TN2不很清晰，可分辨出有2个异常点，分别在699m和871.5m附近，均为北倾，逆倾滑。整条测线地层显示出南深北浅的趋势。

2）FSck – 2N 测线

整个测段TQ反射能量强、连续性好，TN1反射也比较清楚。在351m、470m、822m处分别解释3个断层，称为F4~F6，断层处均出现明显的波组数改变、波组错断、能量减弱等现象，在F4、F5处伴有绕射、短小反射，说明断层附近基岩地层很可能有破碎。

3）FSck – 2S 测线

测段TQ、TN1连续性好，T1、T2弱些。在191m处解释断层1个，T1、T2、TQ、TN1波均出现能量周期改变，并且TN1错断。该断层向北倾，逆断层。

4）FSck – 3N 测线

TQ、TN1能量较强，T1、T2时断时续。解释断点7个，称为F8~F14，其中F10、F11、F13、F14倾向北，F8、F9、F12倾向南，F8、F9、F10为逆断层，F12、F13、F14为正断层。F9与F10、F11与F12组成凸起和断陷带。在各解释断点位置，均可见显著的TQ、TN1

同相轴中断、畸变或有周期改变、短小反射出现。F12 处沿断裂面 TQ、TN1 及上覆地层显著下沉与地表裂缝、垂直位移十分吻合，F13 附近也有地表下沉、裂缝发生，可能与该处地下的采矿巷道及采空有关。

5）FSck－3SN 测线

测段处于采空塌陷区，南段 T2、TQ、TN1 比较连续，能量强，说明地层稳定；往北能量减弱，层位混乱，在 66～103m 附近有一断陷带通过，主断裂倾向北、正倾滑。由于位于采空塌陷区上方，下部沉陷使得断层北盘沿断层面产生滑动，造成大面积不均匀下沉。

6）FSck－3SS 测线

时间剖面上 TQ 波能量强、连续性非常好、平缓，T1、T2 在测线中段减弱中断。断点位于桩号 34m 附近，向北倾，为逆断层，错断了第四系底界。

7）FSck－4 测线

TQ 可全线连续追踪，其他层位反射时断时续。解释断点 5 个，称为 F17～F21，其中 F17、F19、F20、F21 向南倾，F18 向北倾，F17、F18、F19、F21 为正断层，F20 为逆断层。断层以南所有反射波相位截然中断、消失、层位不清。测段处在西露天矿坑北缘，塌陷和房屋破坏严重，探测结果和实际情况极其吻合。

8）FSck－5N 测线

反射波 TQ、TN1、TN2 都较强，T1、T2 反射层位相对完整，整体上深度变化不大，形态较平缓。共解释断层 8 个，称为 F22～F28 等，除 F25 向南倾外，其他断层均为北倾，根据波组及界面深度变化，认为除 F27 为正断层外，其余均为逆断层。

9）FSck－5ZN 测线

测段地层完整，连续性好，T1、TQ、TN、TN2 可较好追踪，特别是 TQ 能量强，连续性非常好。未解释有断层。

10）FSck－5ZS 测线

测段地层上、下断错严重，能量最强的 TQ 反射也多处错断，且上覆的 T1、T2 受到明显影响。解释断层 9 个，称为 F29～F36 等，其中 F29、F30、F32、F33 为正断层，F31、F33b、F34、F35、F36 为逆断层，F29、F30、F32、F33、F33b、F36 向北倾，F31、F34、F35 向南倾。全测段地层受破坏较严重，层位混乱，437m 以北下陷严重，这和地表厂房、民房裂缝、塌落、倾斜现象相吻合，属于采空区较重灾区段。

11）FSck－5S 测线

可对比反射波主要是 TQ 和 TN1，测段两端浅、中间深，并被多组断层错断成数块，造成 TQ、TN1 的不完整及不连续。共解释断层 14 个，依次称为 F37～F50。根据各断点分布及性质可分为 4 组断裂带，F37、F38、F39、F40 为 1 组，其中 F37、F38、F40 向北倾，F39 向南倾，均为逆断层，测线南端 TQ、TN1 经由 F37、F38、F39 由南向北依次错断、下陷，直至 F40 断层处，北盘相对稳定，F39 和 F40 之间 TQ、TN1 已难以连续追踪，说明第三系、第四系及以浅地层可能破碎、松散严重，与该处经常发生的采空区塌陷、房屋裂缝、倾斜相符；F40、F41、F42、F43、F44、F45 组成第 2 个"凹"形断错沉陷带，以 F42 与 F43 之间为 TQ、TN1 最深，经 F44、F45 依次向上抬升，F40、F41、F42、F44、F45 向北倾，F43 向南倾，F41、F42、F44 为正断层，F44、F45 逆断层；F46、F47、F48 组成第 3 个断裂带，F46、F47 向北倾，F48 向南倾，F46 为正断层，F47、F48 为逆断层，该组断裂带规模较小，受到塌陷影响也较弱；F49、F50 组成第 4 个断裂带，TQ、TN 在 F40、F43 截然中断、同相轴消失。分析认为，F44 处附近断距明显增大，F40 应为较大规模断裂，F43、F44 应为主断裂，而 F39 可能为次级断层。

12）FSck - 6 测线

全线可连续追踪的反射波为 TQ，此外 T2 和 TN1、TN2 在测线北段连续性尚好，向南经断层错断后能量减弱甚至同相轴中断消失。共解释断点 4 个，称为 F51 ~ F54，F51、F52、F54 向北倾，F53 向南倾，F51、F52 为正断层，F53、F54 为逆断层。F52、F53 断裂规模较大，破碎带较宽，F54 表现为次级。

13）FSck - 7N 测线

TQ 反射能量强、连续性好，TN1、TN2 在南段连续较好，而在北段较弱。解释异常点 1 个，称 F55，南倾，逆倾滑。测段以 F55 为分界南北地层存在差异，F55 很可能是浑河断裂主干 F1A。

14）FSck - 7S 测线

测段 TQ 反射波能量强、连续性好，而 T1、TN1 层位时断时续。解释异常点 2 个，称为 F56、F57，均向南倾，为逆断层。整体北深南浅。

15）FSck - 8 测线

时间剖面上 TQ 反射能量强、连续性好，TN1、TN2 也比较连续。解释断点 3 个，称为 F58 ~ F60，均向北倾，为逆断层。以 F58 为界限，以北地层相对完整、连续，以南则从 TN2 到 TQ 发生错断或畸变，显然是 F1A 断裂通过地段。

16）FSck - 9 测线

TQ 反射能量非常强，稳定、连续。在 731m、815m 处发生 TQ 及 TN1、TN2 波组明显错断、相变，分别称为 F61、F62，均向北倾，F61 为逆断层，F62 为正断层。F61、F62 之间形成一个相对抬升的斜楔形地层组合。

17）FSck - 10N 测线

测段地层反射比较明显，可解释 3 组地层反射，分别为 T1、TQ 和 TN1，其中 T1、TQ 信噪比和分辨率较高，同相轴可连续追踪对比。解释 3 条断层，分别称为 F63 ~ F65，均向北倾，F64 为逆断层，F63、F65 为正断层，在断层附近，T1、TQ、TN1 都有较明显的错断、相变或能量变化。整条剖面被 3 条断层分成三段，北段由于采空区坍塌引起沿断裂面的滑动，在 F65 的 708m 处钻探有断层泥发育。

18）FSck - 10S 测线

测段 TQ 能量强、连续性好，T1、T2 时强时弱，而第三系地层由于采空区导致地层结构松散、连续性较差而反射较弱。共解释 5 个断层，分别为 F66 ~ F70，其中前 3 个为逆断层，后 2 个为正断层。受到采空区沉陷影响，沿断层出现波组中断、相变、能量变化等现象，在 F66、F67 解释断点经钻探有断层泥发育。

19）FSck - 11 测线

TQ 反射能量较强，可连续追踪，T1 时断时续，而 TN1、TN2 几乎追不到连续强相位，这可能与采空沉陷区下部地层十分松散且不连续，已不能形成良好的波阻抗反射界面有关。解释异常点 4 个，称为 F71 ~ F74，均向北倾，F71、F72、F74 为正断层，F73 为逆断层。沿上述断层异常点 T1 和 TQ 反射由南向北依次向下错动，与地表地裂缝、楼体及厂房倾斜下沉极其吻合。

根据上述浑河断裂抚顺段的浅层人工地震探测结果，分析认为，浑河断裂抚顺段（F1、F1A）展布区段内第四系厚度在 5~20m，第四系覆盖层厚度具有由西向东递减的变化规律，其与地貌、第四纪地质调查的结果吻合。在浅层地震反射时间剖面上，在第四系内部有两组地层反射 T1 和 T2，但反射能量相对较弱；第四系底界反射 TQ 在所有的地震反射剖面上都有着较强的反射能量，且在横向上能被可靠追踪和对比，是分析解释的标准反射层；第四系下部有的地震剖面能看到 TN1 和 TN2 的界面反射，而多数剖面上显示反射能量较弱的不连续反射。从获得的反射波叠加时间剖面来看，F1、F1A 在大部分反射剖面上特征比较清楚。除了主干断裂 F1、F1A 以外，次级分支断层也十分发育，断点在不同的时间剖面上显示出各自的特征，所错断的地质层位和断点深度各不相同（表7.3），同时一些断层的倾角较陡，而另一些断层的倾角则相对较缓。

表7.3　浑河断裂抚顺段浅层地震勘探断点参数一览表

测线编号	测线方向	断层位置/m	倾向	性质	断层可信级别	断层错动界面	断层编号	控制浑河断裂	上断点埋深/m	断距/m
FSck－1	南→北	300	北	逆	A⁻	TQ	F1		15	TQ:5，TN1:5
		699	北	逆	A	TQ	F2	沈阳段	5	
		871.5	北	逆	A	TQ	F3	沈阳段	3	
FSck－2N	北→南	357	南	正	B	TQ	F4		10	TQ:6
		470	北	正	B	TQ	F5		10	TQ:3，TN1:1
		822	北	逆	A	TQ	F6	F1A	15	TQ:1，TN1:1
FSck－2S	南→北	191	北	逆	A	TQ	F7	F1	12	TQ:2，TN1:2
FSck－3N	南→北	165－180	南	逆	A⁺	TQ	F8	F1A	8	TQ:2，TN1:2
		271	南	逆	B	TQ	F9		10	TQ:3.5，TN1:4
		308	北	逆	B	TQ	F10		10	TQ:3，TN1:1
		453－463	北	正	A⁻	TQ	F11		11	TQ:1，TN1:1
		598	南	正	A⁺	TQ	F12		11	TQ:1，TN1:1
		739	北	正	A⁺	TQ	F13		8	T2:1.5，TQ:3
		769	北	正	A⁺	T1	F14		3	T1:1，T2:1
FSck－3S 北	南→北	66	北	正	A	T0	F15	F1	2.5	T0:1，TQ:4
FSck－3SS	南→北	34	北	逆	A	TQ	F16		2	TQ:1.5
FSck－4	北→南	148	南	正	C⁺	TQ	F17		23	
		908	北	正	B⁺	TQ	F18		13	TQ:4，TN1:2
		944	南	正	A	TQ	F19		12	TQ:1
		1110－1114	北	正	A	T2	F20	F1A	7	TQ:4，TN1:4
		1264－1266	南	正	A⁺	T1	F21	F1	3	

续表

测线编号	测线方向	断层位置/m	倾向	性质	断层可信级别	断层错动界面	断层编号	控制浑河断裂	上断点埋深/m	断距/m
FSck－5N	南→北	103	北	逆	A	TQ	F22		8	TQ:1，TN1:3
		143	北	逆	A	TQ	F23		7	TQ:1，TN1:0.5
		295	北	逆	B	TQ	F24		8	TQ:0.5，TN1:0.5
		513	南	逆	C	TQ	F25		8	TQ:0.5，TN1:0.5
		553	北	逆	B⁻	TQ	F26		7	TQ:0.5，TN1:1
		656	南	正	B	T1	F26b		8	TN1:2
		725	北	正	A⁻	TQ	F27		5	TQ:1
		756	北	逆	A	TQ	F28		5	TQ:0.5，TN1:1
FSck－5Z 北	南→北	无								
FSck－5ZS	南→北	77	北	正	A⁻	T1	F29		3	T1:0.5，TQ:2
		124	北	正	A⁻	T1	F30		3	T1:3，TQ:4
		187	南	逆	A⁻	T1	F31		6	T1:1，TQ:1
		222	北	正	A⁻	T1	F32		5	T1:0.5，TQ:0.5
		292	北	正	A	T1	F33	F1A	4	T1:4，TQ:1
		359	北	逆	C	T1	F33b		8	T1:2，TQ:3
		436	南	逆	A⁻	T0	F34		4	TQ:4，TN1:3.5
		493	南	逆	A	TQ	F35		8	TQ:3.5
		528	北	逆	A	T1	F36		3	TQ:5
FSck－5S	南→北	136	北	逆	B⁺	TQ	F37		9	TQ:2，TN:1.5
		196	北	逆	A	TQ	F38		4	TQ:3，TN:3
		300－307	南	逆	B⁺	T 北	F39		10	TN1:1.5
		491	北	逆	A	TQ	F40		8	TN1:1
		604	北	正	B⁻	TN1	F41		13	TN1:7
		673	北	正	A	TQ	F42		7	TQ:7
		777	南	正	A	TQ	F43		13	TQ:1
		848	北	逆	A	TQ	F44	F1	10	TQ:3
		895	北	逆	B	T1－TQ	F45		3	TQ:1
		1021	北	正	C	TQ	F46		6.5	TQ:1.5
		1055	北	逆	C	TQ	F47		6	TQ:0.5
		1104	南	逆	C	TQ	F48		4	TQ:1
		1224	北	逆	B⁻	TQ	F49		4	TQ:1
		1293	南	逆	A	TQ	F50		3.5	TQ:6

测线编号	测线方向	断层位置/m	倾向	性质	断层可信级别	断层错动界面	断层编号	控制浑河断裂	上断点埋深/m	断距/m
FSck－6	北→南	198	北	正	B	TQ	F51	F1A	5	TQ:3，TN1:1
		294	北	正	A	TQ	F52	F1A	8	TQ:5，TN1:5
		434	南	逆	B⁻	TQ	F53	F1	7	TQ:0.5，TN1:0.5
		500	北	逆	B	TQ	F54		7	TQ:0.5，TN1:0.5
FSck－7北	北→南	247	南	逆	B	TQ	F55	F1A	13	TQ:1
FSck－7S	北→南	418	南	逆	C	TQ	F56		4	TQ:1
		449	南	逆	C	TQ	F57		6	TQ:2
FSck－8	北→南	239	北	逆	A	TQ	F58	F1A	11	TQ:1，TN1:1
		332	北	逆	C	TQ	F59		10	TQ:0.5
		412	北	逆	A	TQ	F60	F1	10	TQ:1
FSck－9	南→北	731	北	逆	B⁻	TQ	F61	沈阳段	18	TQ:2，TN1:2
		815	北	正	A	TQ	F62	沈阳段	19	TQ:2，TN1:3
FSck－10N	南→北	583	北	正	B⁺	T1－TQ	F63		7	TQ:0.5
		634	北	逆	B⁺	T1－TQ	F64		7	TQ:3
		708	北	正	A⁺	T1	F65	F1A	3	TQ:0.5，TN1:0.5
FSck－10S	南→北	108	南	逆	A⁺	TQ	F66	F1	9.5	TQ:0.5
		184	北	逆	A⁺	TQ	F67	F1	10	TQ:0.5
		245	北	逆	C	TQ	F68	F1A	9.5	TQ:0.5
		340－343	北	正	B⁺	TQ	F69	F1A	9.5	TQ:1
		469	南	正	B⁺	TQ	F70		9	TQ:1
FSck－11	南→北	136	北	正	A	T2	F71	F1	2	TQ:0.5
		168	北	正	A	T2	F72	F1	2	TQ:0.5，TQ:0.5
		259	北	逆	A	T2	F73		3	T2:0.5，TQ:0.5
		355	北	正	A	T2	F74		2	T2:0.5，TQ:0.5

针对浑河断裂抚顺段南支的浅层人工地震初步探测结果表明，断裂南支由 F1A 和 F1 两条主干分支断裂组成，它们近平行状展布于西露天矿、东露天矿和榆林采空区以北，走向稳定，其中 F1A 在大甲邦附近跨过浑河河床，它与 F1 产生分异而与浑河断裂抚顺段北支汇合。由于 F1、F1A 断裂毗邻抚顺采矿沉陷区，尽管 F1、F1A 本身并不属于构造活动断裂，且在非煤矿采空影响区也未见到断层断至第四系内部的情况，但在煤矿采空影响区特别是已经发生沉陷的地区，多数测线上反映出因下部地层塌陷所引起的近地表覆盖层（包括第四系地层）沿 F1A 和 F1 断层面或其他次级断层面产生的滑动，造成了严重的地表塌陷、裂缝

和房屋建筑沉陷、裂缝等地质灾害。在这种情况下，F1、F1A 及其次级断层作为滑动面所表现出的断错实际上是由近地表的不均匀沉降作用造成的，并不属于断层的构造新活动，也就是说，针对浑河断裂抚顺段南支的浅层人工地震探测揭示了断裂的展布和结构特征，而对断裂活动性的判定则总体上意义不大。

2. 浑河断裂抚顺段（含沈阳段东端）详查阶段的浅层人工地震探测

浑河断裂抚顺段详查阶段工作在初查阶段基础上进行，跨 F1、F1A 断裂在初查阶段测线之间加密布设测线 24 条，总长度 15.9km（表 7.4），控制测线间隔一般不超过 2km。探测方法采用反射横波法，测点间距 1~2m，覆盖次数 6~12 次，深度误差 ≤10%，检波器固有频率 ≤40Hz，有效探测深度范围为 8~50m。详查阶段的探测任务是要进一步地追踪、确定浑河断裂抚顺段（F1、F1A）的展布、结构、产状和上断点埋深等地震地质特征，分析 F1、F1A 断裂的活动性。详查阶段一些探测剖面也涉及浑河断裂沈阳段的探测（主要包括李石河、田屯西、田屯东、李石开发区等 4 条测线），为了保持资料的完整性和分析的系统性，在此节一并对探测技术参数、探测结果等进行讨论。

表 7.4 浑河断裂抚顺段（F1、F1A）详查阶段反射横波勘探法测线布置

序号	测线编号	长度/km	走向	参考位置	探测目标断层
1	FSxk-1	1.1	南→北	李石河	浑河断裂沈阳段
2	FSxk-2	0.4	南→北	田屯西	浑河断裂沈阳段
3	FSxk-3	0.5	北→南	田屯东	浑河断裂沈阳段
4	FSxk-4N	0.3	北→南	有机玻璃厂	F1、F1A
5	FSxk-4S	0.4	南→北	有机玻璃厂	F1A
6	FSxk-5N	0.2	北→南	特钢厂	F1A
7	FSxk-5S	0.5	北→南	特钢厂1	F1
8	FSxk-6	0.3	北→南	特钢厂2	F1A
9	FSxk-7	0.3	北→南	特钢厂3	F1A
10	FSxk-8	0.4	北→南	特钢厂4	F1A
11	FSxk-9	0.4	南→北	抚顺铝厂	F1、F1A
12	FSxk-10	0.7	南→北	西五街	F1、F1A
13	FSxk-11	0.7	北→南	中央大街	F1、F1A
14	FSxk-12	1.0	北→南	迎宾街	F1、F1A
15	FSxk-13	0.6	北→南	大甲邦北	F1A
16	FSxk-14N	0.6	南→北	玉山息园	浑河断裂抚顺段北支
17	FSxk-14S	0.3	北→南	玉山息园	浑河断裂抚顺段北支
18	FSxk-15N	0.7	南→北	天湖啤酒厂	浑河断裂抚顺段北支
19	FSxk-15S	0.3	北→南	天湖啤酒厂	浑河断裂抚顺段北支
20	FSxk-16	2.0	东→西	大甲邦-前甸	F1A

序号	测线编号	长度/km	走向	参考位置	探测目标断层
21	FSxk－17	1.2	南→北	大道－前甸	F1A
22	FSxk－18	1.1	东→西	大道村	F1A
23	FSxk－19	1.1	南东→北西	大道村西北	F1A
24	FSxk－20	0.8	北→南	李石开发区	浑河断裂沈阳段

1）FSxk－20 测线

在时间剖面图上，TQ 反射能量强，同相轴连续性好，几乎无 T1、T2 出现。第四系地层沉积简单，第四系底界面埋深 7～13m，基岩岩性为太古宇斜长角闪片麻岩、微斜混合岩。在 152m 处有断层异常显示，编号 F44，倾向北，正断层。

2）FSxk－1 测线

波组主要有 T1、T2、TQ，基岩面显示出南深、北浅的趋势，北段反射能量较强，成层较明显。解释异常点 3 个，编号 F1～F3，均向北倾，F2、F3 为逆断层，F1 为正断层。F1 处 TQ 同相轴明显错断、波能量变化，F2 处波能量、相位数等都有变化，且有弱绕射出现，F3 处基岩内部界面反射波同相轴中断。第四系底界面埋深 13～20m。

3）FSxk－2 测线

TQ 反射能量强、连续性好，基岩面南深、北浅。在 135m、234m 处发生 TQ 等波组的错断，解释断层 F4、F5，F4 向北倾、逆断层，F5 向南倾、逆断层，二者之间构成反地堑式的隆起带。第四系底界面埋深 15～24m。

4）FSxk－3 测线

TQ、T1 等连续性好。在 305m、178m 处 TQ 等出现能量周期改变、同相轴错断，解释断层 F6、F7，F6 北倾、逆断层，F7 南倾、逆断层。以 F7 为界，以南基岩岩性为白垩系砂页岩、安山岩等，以北则为太古宇混合岩，2 个断层之间构成了反地堑式的隆起带。测段第四系底界面埋深 9～21m，较 FSxk－2 测线略浅。

5）FSxk－4N 测线

可连续追踪对比的波组 TQ、T1 等能量较强，T2 能量很弱、不连续。该测段地层稳定、相位清楚，未发现断层异常反应。结合地质及钻孔资料分析，第四系底界面埋深 17～20m。

6）FSxk－4S 测线

TQ 能量强、连续性好，T2 次之。在 150m 处 TQ 明显错断，在 190m 附近 TQ 以下波组（如基岩 TB3）发生相变，显示断层存在，编号 F8、F9。F8 倾向北、正断层，结合煤田地质资料，F8（浑河断裂主干 F1）以南为白垩系砂页岩、安山岩，以北为太古宇混合岩，两者为断层接触；F9 倾向南、正断层。F8、F9 之间形成一断陷带。在 324m 附近发现有 TQ 等错断（浑河断裂主干 F1A），编号 F10，断层倾向南、逆倾滑。第四系底界面埋深 12～28m。

7）FSxk－5N 测线

时间剖面上 T1、T2、TQ 能量均较强、连续性好，地层稳定，无构造性、非构造性破坏，未发现断层异常反应。第四系底界面埋深 17～18m。

8）FSxk－5S 测线

TQ 能量强、连续性好，未发生错断现象，T1、T2 也可连续追踪。在 250m 附近 TQ 以下的基岩波组中断，解释断层异常点 F11，南倾。结合煤田地质资料，以 F11 为界，以南为白垩系砂页岩、安山岩，以北为太古宇混合岩，推断 F11 应为浑河断裂主干（F1）的反映。剖面第四系底界面埋深 11～22m。

9）FSxk－6 测线

TQ 及基岩波组能量较强，可连续追踪，T1、T2 在南段较连续，在北段较弱。解释断层异常点 2 个，编号 F12、F13。F12 向南倾、逆断层，F13 向北倾、逆断层。F12、F13 共同组成断层带，分析认为是浑河断裂主干（F1A）的异常反映。剖面第四系底界面埋深 9～16m。

10）FSxk－7 测线

T1、T2 可较好追踪，TQ 能量强、连续性好。未发现断层存在，第四系底界面埋深 10～12m。

11）FSxk－8 测线

T1、T2、TQ 可较好追踪，TQ 能量较强、连续性较好。TQ 在 102m、215m 附近有错断、能量减弱等变化，编号 F14、F14′。F14、F14′均向北倾，性质不易判定。依据相关资料推测 F14 是 F1A 的反映，第四系底界面埋深 10～17m。

12）FSxk－9 测线

TQ 反射能量强、连续性好，T1、T2 也可连续追踪。在 250m 附近 TQ 出现错断，断层异常点编号 F15，向北倾、逆断层，判断为 F1A 的反映。结合地质及钻孔资料分析，第四系底界面埋深 14～19m。

13）FSxk－10 测线

TQ 反射能量相对较强、连续性尚好，T1、T2 能量较弱些、可断续追踪。在 114m 附近 TQ 出现一处不太显著的中断和小段弱绕射，推测断层异常点 F16，向北倾、逆断层，可能是浑河断裂主干（F1）的异常反映，F16 以南 TQ 连续性较差、能量较弱，表明第四系底界在该测段已有所下沉。该测线南端为西露天矿坑北坡边沿，2005 年 8 月强降雨时北坡沿线曾出现严重的滑坡和地表裂缝迹象，结合初查、详查探测，认为浑河断裂主干（F1）及其次级断裂沿矿坑北边缘展布，沿断层面有雨水润滑造成地表裂缝，勘测结果和实际情况相符。另外，在 280～300m 处 TQ 出现中断、波组周期改变等异常反应，解释断层异常点 2 个即 F17、F18，其中 F17 向南倾、逆断层，F18 向北倾、逆断层。F17、F18 之间构成断陷带，破碎带较宽，有 20m 左右，应为 F1A 的反映。结合地质及钻孔资料，第四系底界面埋深 12～19m。

14）FSxk－11 测线

TQ 反射能量强，大部分测段连续性好，T1 能量较强，大部分连续性较好，T2 能量较弱。根据 TQ 及下部基岩波组同相轴错断和周期改变解释异常点 4 个 F19～F22，F19、F21 向北倾，F20、F22 向南倾，均为逆断层。根据位置、规模和性质分析，F19 应是主干 F1 次级断裂的反映，F20、F21 应是主干 F1 的反映，F22 应是主干 F1A 的反映。受到采矿塌陷和矿震影响，F22 上断点已错断至 T2 波组。第四系底界面埋深 9～19m，由南向北逐渐变浅。

15）FSxk－12 测线

TQ 反射能量较强，大部分测段连续性好，T1 能量较弱，连续性较差。根据 TQ 及下部基岩波组同相轴错断和周期改变解释异常点 4 个 F23～F26。F23、F25 向北倾，F24、F26 向南倾，均为逆断层。确定 F23、F24 应是主干断裂 F1 的反映，F25、F26 应是 F1A 的反映。结合地质及钻孔资料分析，第四系底界面埋深 1～31m，南深、北浅。

16）FSxk－13 测线

该测段 TQ 反射能量强、连续性好，T1 在北测段隐约可见，在南测段则中断。解释断点 3 个，称为 F27、F28、F29，F27 向北倾，为逆断层，F28 向南倾，为逆断层，F29 向北倾。F29 两侧显示出不同的波组特征，以北只有 TQ、T1，地层连续、平缓，基岩为太古宇斜长角闪片麻岩、微斜混合岩，第四系厚度大于以南 10m 左右，以南则表现出 TQ 以下的多相位，有基岩波组出现，地层起伏较明显，基岩中古近系玄武岩、凝灰岩等发育，风化层界面较清晰，因此 F29 属于地质界限。沿线第四系底界面埋深 4～19m，南浅、北深。

17）FSxk－14N 测线

TQ 反射能量较强，稳定且连续，T1、T2 只在南段出现。在 290m、330m 处发现 TQ 波组中断、能量变弱，解释两个断层异常点 F30、F31，均向北倾，逆断层。以 F30、F31 为界，以南第四系相对较厚，基岩为太古宇斜长角闪片麻岩，强风化层相对明显；以北第四系显著变浅或缺失，已被剥蚀。结合地质资料分析，剖面第四系底界面埋深 1～19m。

18）FSxk－14S 测线

TQ 反射能量强，稳定且连续，T1、T2 较弱。未发现断层异常。第四系底界面埋深 10～15m。

19）FSxk－15N 测线

TQ 反射能量较强。在 124m、554m 处出现异常点 F32、F33，F32 南倾，F33 北倾。根据地质资料，F32 以南为太古宙混合岩，以北为古近系玄武岩、砂页岩；F33 以南仍是古近系，以北则为震旦系白云岩、白云质灰岩，因此 F32、F33 应属于地质界限反映。剖面第四系底界面埋深 2～9m。

20）FSxk－15S 测线

TQ 反射能量强、连续性非常好，各层位稳定、平缓，基岩内强风化层、中风化层亦可分辨。未发现断层异常。基岩为太古宙混合岩，第四系底界面埋深 8～10m。

21）FSxk－16 测线

TQ 反射能量较强、连续性好。在 576m、566m、340m 附近 TQ 波组出现错断、周期及相位数改变，为 F34～F36。结合地质资料，判定为断层异常，F34、F35 为正断层，F36 为逆断层。在 F35、F36 之间基岩为古近系玄武岩、凝灰岩，两侧为太古宇斜长角闪片麻岩、微斜混合岩。另外，在 204m 附近 F37 未错断 TQ，在 500m 附近 F38 则错断了 TQ。该测段第四系底界面埋深 5～19m。

22）FSxk－17 测线

TQ 反射南段和北段能量强，中段较弱些，稳定且连续，T1 较弱。在 490m、658m、910m 附近发现断层异常 F39～F41，F39、F41 倾向北，F40 倾向南；F39、F40 均为正断层，其间形成地堑式构造。基岩为白垩系砂页岩、安山岩，第四系底界面埋深 5～17m。

23）FSxk－18 测线

TQ 反射能量较强、连续性好，T1 在东段能量突然减弱，可能是上更新统地层缺失所致。在 268m 处出现断层异常 F42，TQ 及基岩波组错断、反射能量减弱，断层偏向西倾，逆倾滑。基岩为白垩系砂页岩、安山岩，第四系底界面埋深 8～15m。

24）FSxk – 19 测线

TQ 和 T1 反射能量均较强，可连续追踪对比。960m 处南、北基岩地层不同，以南为白垩系砂页岩、安山岩，以北为太古宇斜长角闪片麻岩、微斜混合岩，因此在桩号 960m 处的异常应是岩性界线，倾向北。第四系底界面埋深 7～13m。

综合分析认为，在 F1、F1A 详查阶段浅层地震测线所控制的范围内，第四系覆盖层厚度大多在 3～20m，在东部地段第四系较薄，基岩面起伏较大。在各测线上可连续或断续追踪的反射波一般有 3～4 组，T1、T2 属第四系内部反射，一般为上更新统、全新统的粉质黏土与粗砂或圆砾、粗砂与圆砾之间界面的反射，T1 对应界面深度 1～10m，T2 对应界面深度 4～16m；TQ 属第四系底界面反射，深度 1～31m；太古宇混合岩、混合花岗岩等基岩的强风化壳底界也存在反射界面，深度 8～38m。从所获得的反射波叠加时间剖面来看，大部分断层反映特征比较清楚，在 24 条测线上共发现了 43 个异常点（表 7.5）。这些断点所错断的地质层位和断点深度各不相同，在所获得的地震反射剖面上，一些断层的倾角较陡，而另一些倾角则相对较缓。

表 7.5　浑河断裂抚顺段（含沈阳段）浅层地震详查异常点参数一览表

测线编号	测线方向	断层位置/m	倾向	断层性质	可信等级	断层错动界面	异常点编号	浑河断裂或地质、不整合接触	上断点埋深/m
FSxk – 1	南→北	70	北	正	A	TQ	F1	次级断裂	17
		230	北	逆	A	基岩	F2	断裂沈阳段	24
		824	北	逆	B	基岩	F3	断裂沈阳段	23
FSxk – 2	南→北	135	北	逆	A	TQ	F4	断裂沈阳段	19
		234	南	逆	A	TQ	F5	次级断裂	20
FSxk – 3	北→南	305	北	逆	A	TQ	F6	断裂沈阳段	14
		178	南	逆	A	TQ	F7	次级断裂	12
FSxk – 4S	南→北	150	北	正	A	TQ	F8	F1	22
		190	南	正	B	TQ	F9	F1	26
		324	南	逆	A	TQ	F10	F1A	22
FSxk – 5S	北→南	250	南	正	B	基岩	F11	次级断裂	26
FSxk – 6	北→南	100	南	逆	B	TQ	F12	F1A	11
		86	北	逆	B	TQ	F13	F1A	10
FSxk – 8	北→南	215	北	逆	B	TQ	F14	F1	16
		102	北	逆	B	TQ	F14′	F1A	18
FSxk – 9	南→北	290	北	逆	A	TQ	F15	F1A	20
FSxk – 10	南→北	114	北	逆	A	TQ	F16	F1	25
		280	南	逆	B	TQ	F17	F1A	18
		300	北	逆	B	TQ	F18	F1A	15

续表

测线编号	测线方向	断层位置/m	倾向	断层性质	可信等级	断层错动界面	异常点编号	浑河断裂或地质、不整合接触	上断点埋深/m
FSxk－11	北→南	628	北	逆	A	TQ	F19	F1	25
		414	南	逆	A	TQ	F20	F1A	17
		390	北	逆	A	TQ	F21	F1A	17
		60	南	逆	A	T2	F22	次级断裂	7
FSxk－12	北→南	686	南	逆	A	TQ	F23	F1	12
		636	南	逆	A	TQ	F24	F1	14
		344	南	逆	A	TQ	F25	F1A	6
		318	北	逆	A	基岩	F26	F1A	15
FSxk－13	北→南	488	北	逆	B	TQ	F27	F1、F1A 东延段	5
		440	南	逆	B	基岩	F28	F1、F1A 东延段	10
		340	北	正	A	TB3	F29	地质界限	10
FSxk－14N	南→北	290	北	逆	B	基岩	F30	抚顺段北支	13
		330	北	逆	A	基岩	F31	抚顺段北支	9
FSxk－15N	南→北	124	南	逆	A	基岩	F32	地质界限	10
		554	北	逆	A	基岩	F33	地质界限	6
FSxk－16b	东→西	576	西	正	A	基岩	F34	F1A 东延段	12
		566	东	正	A	基岩	F35	不整合接触	12
		340	西	逆	A	基岩	F36	地质界限	14
FSxk－16c	东→西	204	西	逆	B	基岩	F37	F1A 东延段	13
FSxk－16d	东→西	500	西	正	B	TQ	F38	F1A 东延段	18
FSxk－17	南→北	490	北	正	C	TQ	F39	F1A 东延段	10
		658	南	正	C	TQ	F40	F1A 东延段	10
		910	北	逆	A	基岩	F41	F1A 东延段	10
FSxk－18	东→西	268	西	正	A	TQ	F42	F1A 东延段	9
FSxk－19	南东→北西	960	北西	逆	A	TQ	F43	地质界限	7
FSxk－20	北→南	152	北	正	A	TQ	F44	断裂沈阳段	18

　　根据上述针对浑河断裂带 F1、F1A 初查、详查阶段的浅层地震剖面断层异常点特征，同时结合抚顺地区采矿沉陷区的实际调查情况，可以基本确定浑河断裂抚顺段南支（F1、F1A）的构造发育和展布结构。分析认为，在煤矿采空区特别是已经发生沉陷的地区，探测剖面能够反映出因下部地层塌陷所引起上部地层沿断层面（F1、F1A 或其次级断层）的滑

动，但在非采空区及其影响区内，并没有出现断层错动至第四系内部的情况，也就是说，采空区及其影响区内沿断层面的滑动是由重力作用造成，而不属于构造活动的结果。另外，勘查认为 F1A 在大甲邦附近与 F1 分离并延至浑河以北与抚顺段断裂北支汇合；同时，根据已有认识，受到局部北西向构造的分隔，探测区西侧的浑河断裂沈阳段在李石河以西可能表现为断续发育或位置有所南移，浑河断裂沈阳段在产状、结构和第四系发育等诸多方面与抚顺段表现有所不同。

7.1.2　已有的浑河断裂沈阳段浅层人工地震探测结果分析

"沈阳 2×200 兆瓦低温核供热示范工程核供热站厂址地震调查与评价"工作中曾对展布于浑南新区的浑河断裂沈阳段开展过浅层人工地震探测，工作地点位于罗官屯、王宝石寨、张沙布、下深沟、牛相屯、后营城子、后桑林子和麦子屯等地，探测地区第四系覆盖层厚度 20~90m 左右。该次工作针对浑河断裂沈阳段布设测线 6 条，探测采用反射横波勘探方法。在施工前对激发次数、激发强度和耦合板重量等进行测试，观测中探测环境和南、北支的差异分别采用了 6~12 次覆盖追逐观测系统，中点激发、两边接收，激发点距 10m，点距 2.5m，48 道接收，采样间隔 1ms，记录长度 1s，偏移距 1.25~2.5m，其中浑河断裂南支覆盖次数 12 次，偏移距 1.25m（表 7.6）。为了保证测试结果的准确性，还进行了钻孔探测和波速测试。

表 7.6　浑河断裂沈阳段浅层人工地震观测系统设计参数

测线号	道间距 /m	激发 点距/m	偏移距 /m	排列 长度/m	激发方向	数据点	测线长度 /m
S2	2.5	10	2.5	120	垂直排列中点	57	2000
S3	2.5	10	2.5	120	垂直排列中点	50	1000
S13	2.5	10	1.25	117.5	垂直排列中点	200	2000
S14	2.5	10	1.25	117.5	垂直排列中点	100	1000
S15	2.5	10	1.25	117.5	垂直排列中点	160	1600
S16	2.5	10	1.25	117.5	垂直排列中点	331	3300

从剪切波速的变化来看，在地下 10m 左右和 37m 左右深度上波速有明显的变化，反映该深度存在两个主要的速度界面。时间剖面上可连续追踪的反射波组有 3 组，分别是 T1、T2 和 T3 波组，其中 T1 波组连续性、稳定性很好，同相轴连续，相位清楚，振幅较大，反射能量强，埋深 5~24m，结合钻孔资料，认为该界面相当于第四系上部含水砂砾岩层的底界；T2 波组连续性、稳定性较好，同相轴基本连续，埋深 20~50m，结合钻孔资料，确定该界面可能对应于第四系底部的界面（TQ）；T3 波组连续性较差，同相轴有多处相交、错断以及反射强度变化，有时表现为单相位，有时为两个相位，埋深 20~90m，经与钻孔资料对比，除个别基岩凸起面在 40m 处附近发现有基岩外，其他钻孔剖面在 90~100m 以上深度均未见新鲜基岩面，应属于强风化层，100~110m 深处新鲜基岩面较稳定。所不同的是，S2测线可连续追踪的反射波组只有 T1，经与钻孔资料对比，T1 波组界面与第四系底界面相当（TQ）；S3 测线可追踪 T1、T2 波组，其中 T1 波组界面与第四系底界相对应（TQ），T2 波组界面深度 80m 左右，为基岩强风化层底界。

1）S2 测线

其布设于浑南新区下深沟，长 660m，方向近南北。有可追踪的目的层一个即 T1 波，表现为一强一弱两个相位，同相轴连续性较差。浑河断裂北支断点出现在 300m 处，断距较大，约 20m，破碎带宽度 50~60m，界面埋深 50~88m。断点指示了浑河断裂北支（F9）的发育，对第四系地层的错断不很明显。

2）S3 测线

其布设于浑南新区牛相屯以东，方向近南北，测线南端为起点。剖面有两组明显的反射波组，连续性较好。T1 波组界面深度在 30m 左右，T2 波组界面深度在 80m 左右。在测线 390m 处有一断点，断裂北支断距在 5m 左右，是浑河断裂北支的显示，断裂对第四系地层的错断不很明显。

3）S13 测线

其布设于罗官屯－王宝石寨西，方向北北西，北西端为起始点，长 2049m。时间剖面上三组波比较清晰，均可连续追踪。T1 波组出现在 0.06~0.18s，界面深度为 5~23m；T2 波组出现在 0.15~0.30s，界面埋深 20~50m；T3 波组出现在 0.16~0.43s，界面深度 20~80m。在测线 580m、680m、1170m 和 1790m 等 4 处可见 T3 波组发生同相轴错断、波形和相位改变、周期改变等异常。结合已有资料判断前 2 个异常点为断层点，指示了浑河断裂南支（F14、F15）的存在，其中 1170m 处断点较为明显，断距约 15m。总的来看，断裂主要发育在基岩中，对第四系地层的错断不很明显。

4）S14 测线

其布设于后营城子北，距 S13 测线约 1400m，方向北北西。测线长 1000m，起始点在北端。时间剖面上 T1、T2、T3 波组均可连续追踪，由于地面水渠和其他地物的影响，T2、T3 波组的波形变化均较大，其中 T1 波组出现在 0.11~0.18s，界面深度 8~20m；T2 波组出现在 0.22~0.28s，界面埋深 39~49m；T3 波组在 0.29~0.43s 有显示，界面深度 61~80m。该测线 T1、T2、T3 波组均连续、完整，未发现断错点。

5）S15 测线

其布设于南大甸子－后桑林子，方向北西。起始点在北西端，测线长 1600m。在时间剖面上，T1、T2 和 T3 波组均比较连续，只是在 1190~1370m 处因跨高速公路，信噪比降低，波组连续性产生中断。剖面上 T1 波组出现在 0.14~0.18s，界面深度 19~24m；T2 波组在 0.21~0.28s 显示，界面深度 35~42m；T3 波组出现在 0.34~0.40s，界面深度 80~90m。在 690m 处 T3 波组的能量、周期有所变化，出现异常，结合地质资料认为，这里应该属于地层的不整合界限即侏罗系地层与太古宇混合花岗岩的界限，而非断错点显示。

6）S16 测线

其布设于前桑林子南，方向近东西。起始点在测线东端，长度 3300m。在时间剖面上，T1、T2 和 T3 波组的连续性总体较好，T1 波组出现在 0.12~0.26s，界面埋深 12~40m；T2 波组出现在 0.21~0.30s，界面埋深 30~46m；T3 波组出现在 0.30~0.45s，界面深度为 60~90m。在 2213m 处 T3 波组同相轴中断、交错和波形变化，经与相关地质资料对照，属于震旦系、寒武系与太古宇混合岩之间的不整合面；在 2460m 处 T3 波组连续性中断，波形、周期明显变化，确定为浑河断裂南支 F15 的断层点，断距 10m，断裂还充当了不同基岩地层的界限，对上覆第四系地层的错切特征不十分明显。

对上述跨浑河断裂沈阳段的 6 条浅层人工地震时间剖面进行综合分析，共解释断点 5 个（表 7.7），其中 S2、S3 剖面各 1 个，S13 剖面 2 个，S16 剖面 1 个，S14、S15 剖面无断点解释，为不整合界限；解释断裂最小断距近 2m，最大断距约为 20m。根据解释断点的可靠性差异，仍与浑河断裂抚顺段相类比，同样将断点划分为 A、B 两个等级，即 A 级表示信噪比比较高、解释断点很可靠，B 级表示信噪比一般、解释断点可靠。同时，上述断层点的分析和判定还参考了同一剖面位置布设的电法、地质雷达等多种探测方法，它们的探测结果与浅层人工地震探测完全是吻合的。

表 7.7　已有浑河断裂沈阳段浅层人工地震解释断点特征

编号	断裂名称	控制长度/m	走向	倾向	异常断点出现部位	断距/m	可靠性
F9	浑河断裂沈阳段北支	10	65°	南东	S2 测线 300m 处；S3 测线 390m 处	20	A
F14	浑河断裂沈阳段南支	5.5	65°	南东	S13 测线 1170m 处	15	A
F15	浑河断裂沈阳段南支	7.5	65°	北西	S13 测线 1790m 处；S16 测线 2460m 处	10	A

7.1.3　浑河断裂沈阳段浅层人工地震探测

为了进一步查明浑河断裂沈阳段的位置、展布、产状、规模和活动特征，跨断裂带开展了浅层人工地震探测和研究工作。利用可控震源激发，采用横波二维地震勘查方法，跨浑河断裂沈阳段的南、北分支构造分别布设浅层人工地震探测剖面，以期在已有认识基础上，同时结合排列式钻孔探测、第四系地层对比和划分、地层速度结构、年代学鉴定等研究方法，综合确定浑河断裂的活动性。

1. 测线布设

本项浅层人工地震探测工作大致分为三个阶段进行，测线均沿着已经建成的硬质路面布设。第一阶段测线位于沈阳市东南部的沈抚新区，布设测线 7 条，编号为 SF1、SF2、SF3、SF4、SF5、SF6 和 SF7，测线总长度 19.367km，共完成物理点 2590 个（包括实际测量物理点 2576 个，试验物理点 14 个；表 7.8 和图 7.1），其中 SF5、SF6 测线为控制性测线，其他测线为一般性测线。布设于沈中路北段的 SF1 测线实际测试物理点 338 个，测线长度 2.657km；沈中线南段的 SF2 测线实际测试物理点 238 个，测线长度 1.733km；新大线的 SF3 测线实际测试物理点 154 个，测线长度 1.228km；金紫线的 SF4 测线实际测试物理点 275 个，测线长度 2.176km；旺力街的 SF5 测线实际测试物理点 592 个，测线长度 4.838km；中兴街的 SF6 测线实际测试物理点 1053 个，测线长度 4.075km；中兴二街的 SF7 测线实际测试物理点 336 个，测线长度为 2.660km。

表 7.8　跨浑河断裂沈阳段第一阶段浅层人工地震探测布设一览表

测线编号	记录总数	优良记录	合格记录	不合格记录	剖面长度/m	炮点距/m
SF1 线	338	269	69	0	2657	8
SF2 线	238	146	92	0	1733	8

续表

测线编号	记录总数	优良记录	合格记录	不合格记录	剖面长度/m	炮点距/m
SF3 线	154	121	33	0	1228	8
SF4 线	275	194	81	0	2176	8
SF5 线	592	344	248	0	4838	8
SF6 线	1053	268	785	0	4075	4
SF7 线	336	151	185	0	2660	8
合计	2986	1493	1493	0	19367	

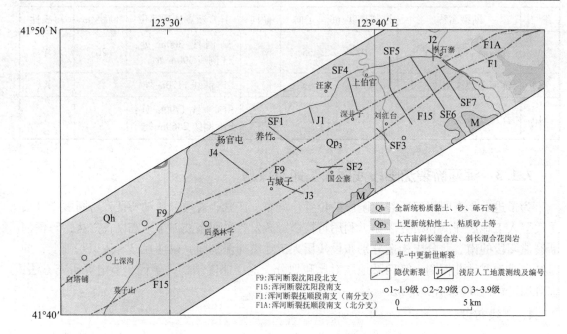

图7.1　浑河断裂沈阳段第一、二阶段浅层人工地震测线布设图

第二阶段跨浑河断裂布设浅层人工地震测线 4 条，编号为 J1、J2、J3 和 J4，针对 SF1～SF7 探测区进行适当加密和扩充。这一阶段的测线总长度为 6.113km，共完成物理点 759 个（表 7.9 和图 7.1）。布设于汪双线的 J1 测线实际测试物理点 128 个，测线长度 1.056km；顺大街的 J2 测线实际测试物理点 128 个，测线长度 1.056km；古城子村南沈祝线的 J3 测线实际测试物理点 201 个，测线长度 1.599km；古城子村北沈祝线的 J4 测线实际测试物理点 302 个，测线长度 2.402km。

表7.9　跨浑河断裂沈阳段第二阶段浅层人工地震探测布设一览表

测线编号	记录总数	优良记录	合格记录	不合格记录	剖面长度/m	炮点距/m
J1 线	128	107	21	0	1056	8
J2 线	128	109	19	0	1056	8
J3 线	201	166	35	0	1599	8
J4 线	302	245	57	0	2402	8
总计	759	627	132	0	6113	—

第三阶段测线位于沈阳市南部城建区的苏家屯地区,沿近南北向主干道路布设,它距离第一、二阶段的测线较远,空间位置上接近于浑河断裂带的西端。第三阶段的控制性探测工作的目的,一方面,主要用以解析浑河断裂沈阳段西延至下辽河盆地过程中的展布位置和精细结构变化,并分析断裂的活动性;另一方面,由于探测剖面较长,测线布置明显受到了道路和施工条件限制,其南端只能止于南四环路,北端则可以延至现代浑河河床附近,这样的话,第三阶段的探测工作能够较好地完成对浑河断裂带北支主干的探测任务,并大致了解浑河断裂带与现代浑河河床之间的断裂构造发育情况。与第一、二阶段探测工作比较,该测线环境人流车辆密集、交通繁忙,干扰因素较多,为了保证探测结果的可信性,只能采用夜间施工模式。该阶段测线编号 J5,长度 6.09km,完成物理点 779 个(含测量物理点 762 个,试验物理点 17 个;表 7.10 和图 7.2)。

表 7.10　跨浑河断裂沈阳段第三阶段浅层人工地震探测布设一览表

测线编号	记录总数	优良记录	合格记录	不合格记录	剖面长度/m	炮点距/m
J5 线	762	612	150	0	6090	8

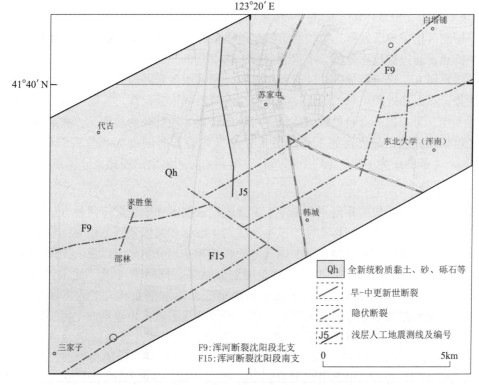

图 7.2　浑河断裂沈阳段第三阶段浅层人工地震测线布设图

2. 施工采集参数确定

由于探测区内建筑物分布较为密集,道路上各种行驶车辆和行人较多,测线附近的厂矿、车间和居民点等产生了多种多样的震动干扰,这给有效地震波的接收带来了非常大的影响。压制上述各种不同的环境干扰是获得良好探测效果需要考虑的首要问题,因此在探测施工中采用了横波勘探技术这一抗干扰能力强的地震探测手段；同时，为了提高地震资料的信噪比，根据实际环境条件，尽量避开车流的高峰时段进行施工，并使激发点的布设尽量均匀，优化炮间距，保证覆盖次数的均匀性。为了保证浅层人工地震探测方法的可靠性，提高采集数据的质量，在正式施工之前分别开展了震动次数试验、扫描频率试验、扫描时间长度试验和驱动电平试验等采集参数的综合试验，以了解探测区域地震地质条件以及有效波、干扰波的发育情况，确定最佳的激发参数、接收参数和仪器参数，以获得信噪比较高的目的层反射波。

鉴于上述因素，本次浅层人工地震施工采用可控震源地震横波反射波法、中点激发方式。经过现场试验及数据初步处理，探测区有效波信噪比和分辨率较高，因此在实际施工过程中测线激发点距主要为8m，个别测线为4m。根据试验结果并结合沈阳地区的地震地质情况，确定了浅层人工地震野外数据采集的具体施工参数。与布设于浑河断裂沈阳段东段的SF1～SF7、J1～J4等测线不同，J5测线布设于浑河断裂沈阳段西段，第四系厚度明显较大，可达到100m以上，加之环境噪声有所增强，因此对于施工参数作出相应调整。激发参数方面，震动台次4次，扫描频率10～80Hz，扫描长度5s（J5：6s），驱动电平40%；观测系统方面，激发方式为中点激发，接收道数96道，道间距2m，炮点距4m、8m，叠加次数12次、24次为主；接收参数方面，20Hz（J5：30Hz）横波检波器，428XL仪器，采样间隔1ms，记录长度2s，SEG－Y记录格式，前放增益0db，全频带接收。

基于探测区地震地质发育、地貌和第四纪地质条件、浅层结构特征以及野外探测采集方法和资料特点，通过静校正分析、干扰波分析、频率分析、能量分析、信噪比分析，对测试结果加以认真研究，确定最佳的处理流程和参数，并采用多套处理分析系统，充分发挥各套软件的优势，以提高处理成果的信噪比为前提，同时重视构造保真、振幅保真、频率保真等基本处理工作，努力提高资料处理的质量，力求比较真实地反映构造情况、满足构造解释的需要。经过数据处理，最终得到上述浅层人工地震的叠加时间剖面和叠后偏移时间剖面，CDP间隔1m，基准面为＋90m（J5：＋36m），得到的时间剖面信噪比及分辨率较高。

3. 波组划分

地震反射波地质层位的标定主要采用人工合成记录技术和速度标定两种方法，并利用了沿测线布设的第四系钻孔剖面标志性第四系地层测年数据和第四系划分结果，参考了探测区以往的工程地质钻孔剖面对岩体层剖面地质分析和第四系划分结果，以及人工地震探测方法所确定的第四系地层所对应的各个反射波组的划分结果，同时参考了"沈阳市（含抚顺）活断层探测与地震危险性评价"项目中沈阳地区第四系标准剖面和人工地震探测方法对于第四系地层波组的划分成果。根据速度标定法，探测区浅层人工地震剖面上可追踪对比的反射波组共有5个，TB波组属于基岩内部的反射波组，根据钻孔资料确定为基岩中风化层（较完整岩石基底）顶界面的反射波，TQ波组确定为第四系底界面的反射波，其与下部的基岩强风化层之间存在较为清楚的反射界面。此外，在第四系内部还可以划分出T1、T2和T3等波组界面，根据钻孔剖面第四系地层划分及其剪切波速测试数据，确定T1波组为全新统（Qh地层）底界面的反射波，T2波组为上更新统（Qp$_3$地层）底界面的反射波，T3波组为中更新统（Qp$_2$地层）底界面即Qp$_1$、Qp$_2$地层之间界面的反射波，因在沈抚新区大部分地段下更新统（Qp$_1$地层）缺失，仅在SF5线局部探测剖面上能够观测到T3波组的存在，而在其他探测剖面上T2波组界面之下即为TQ波组，即Qp$_2$地层底界面（T3波组界面）实际上就是第四系地层的底界面，这时的T3波组界面与TQ波组界面属于同一个波组界面，两者是重合的，因此在沈抚新区探测区的人工地震时间剖面上主要形成了 T1、T2、TQ（T3）、TB 波组的排列（图 7.3），只有旺力街等局部地段发育有下更新统地层，形成 T1、T2、T3、TQ、TB 波组的排列；而在苏家屯地区的 J5 探测剖面上，第四系层序完整，具有连续的 T1、T2、T3、TQ、TB 波组的排列，也形成了 T3、TQ 波组界面彼此独立的局面（图 7.4）。

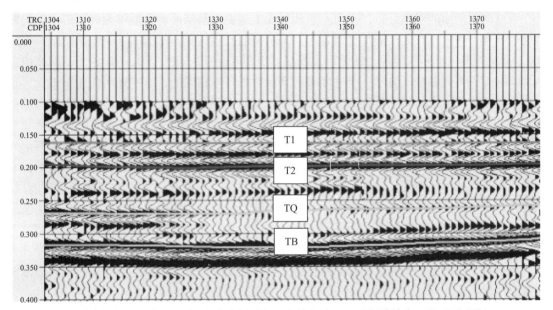

图 7.3　波组界面在浅层人工地震时间剖面上的反映（下更新统缺失，T3 即为 TQ）

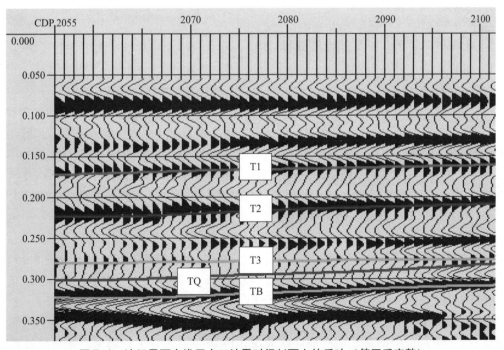

图 7.4　波组界面在浅层人工地震时间剖面上的反映（第四系完整）

根据时间剖面分析，T1、T2、T3、TQ 波组能量较弱、连续性较差，反映物性界面横向变化较大，且上、下地层物性之间差异相对较小，其波组频率在 30～40Hz；TB 波组则以双相位出现为主，能量较强、连续性好，反映物性界面横向变化较小，上、下地层物性之间差异较大，波组频率在 25～40Hz，反射波能量较强。

4. 地震探测剖面主干活动断层的筛选和确定

通过时间剖面的对比分析，在每一条浅层人工地震探测剖面上都能够解释出若干条的断裂构造异常，并可以在地质解释上判定每一条断裂的产状（倾向、倾角）、规模（断裂带宽度）、运动性质、上断点埋深、断距以及断层对上覆 T1、T2、T3、TQ、TB 各个不同波组的错切状况等一系列参数。显然，上述断裂活动参数是各不相同的，有些还可能差别很大，这表明不同断裂构造之间其发育程度也是不同的，它们是存在主次之分的，而从中甄别出哪一条（或几条）断层属于第四纪主干活动断裂、哪一条（或几条）断层属于次级派生断裂是浑河断裂研究中一项重要的工作内容。根据这一段落浑河断裂的已有认知，断裂在第四纪以来是存在新活动的，而在新近纪以来相对稳定的北东东向主压应力构造应力场作用下，北东－北东东向的浑河断裂其总体运动状态是属于张性的，即断层运动性质应表现为正断层，只有符合这一运动性质的断裂破碎带才可能充当新近纪乃至第四纪以来的主滑动带，逆断层等其他性质的破碎带则一般不作为浑河断裂的主干断裂。在此基础上，考虑到主干断裂应具有相对较大的规模和第四纪活动程度，在筛选主干活动断裂和次级派生断裂时，断裂带宽度、断层对上覆波组的错切状况和断距也势必占有较大的权重。根据已有认知，该段的浑河断裂总体上倾向北西－北北西，倾角较陡，第四系厚度变化上断裂北西盘要大于南东盘。另外，在筛选主干活动断裂时，还要将各条跨浑河断裂的浅层人工地震探测剖面结合起来进行系统性分析，尤其要重视较长的几条控制性剖面的探测结果，根据断裂沿走向变化的可对比性和连续性进行科学判定。

5. 地震时间剖面分析及其地质解释

1）SF1 测线

探测剖面全长 2657m，测线布设方向为 311°。SF1 测线的桩号 CDP1～186 段有效波信噪比较低、连续性较差，CDP186～1638 段则有效波信噪比高、连续性好。时间剖面对比分析结果显示，在 CDP75～78 处有一倾向南东的正断层（断点 SF1－1），倾角 77°，上断点埋深 30m，断层向上切断了 TB 波组，但没有错切 T3（TQ）波组，断距约 7.6m。CDP109～113 处有一倾向南东的正断层（SF1－2），倾角 70°，上断点埋深 26m，向上切断了 TB 波组，但没有错切 T3（TQ）波组，断距 5.5m 左右。上述两个断面之间共同构成断裂破碎带，宽度约 30m。CDP238～244 处有一倾向南东的正断层（SF1－3），倾角较陡，断裂带宽度约 3m，上断点埋深 31m，断层向上切断了 TB 波组，但没有错切 T3（TQ）波组，断距 3m 左右。CDP1449～1473 处有一倾向南东的逆断层（SF1－4），倾角较陡，断裂带宽度约 6m，上断点埋深 30m，断层向上切断了 TB 波组，但没有错切 T3（TQ）波组，断距 7m 左右。CDP1542～1566 处有一倾向北西的正断层（SF1－5），倾角 66°，断裂带宽度约 7m，上断点埋深 27m，断层向上切断了 TB 波组，但没有错切 T3（TQ）波组，断距 6m 左右。时间剖面同时显示，SF1 剖面中部基底顶界面埋藏较深，T4 波组界面缺失，向南、北两侧过渡基底顶界面埋藏逐渐变浅。剖面上各个波组界面均比较清楚，基岩波组界面存在被错切的现象，而第四系底界面及其内部的波组界面则比较完整，没有被错断（图 7.5、图 7.6 和表 7.11）。

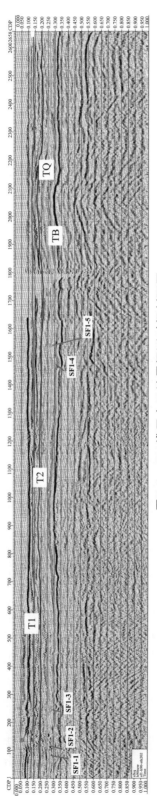

图7.5　SF1浅层人工地震探测时间剖面图

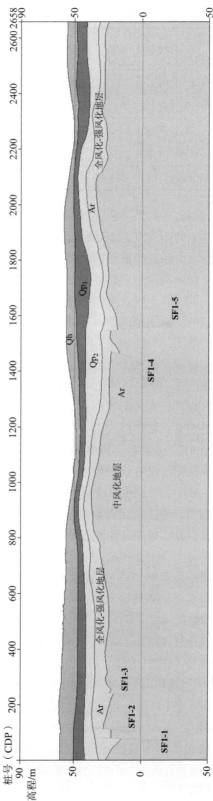

图7.6　SF1浅层人工地震探测剖面地质解释图

表 7.11　SF1 测线断层解释及其波组界面断错特征

断点编号	桩号位置（CDP）	倾向	倾角	性质	断裂带宽度/m	上断点埋深/m	断距/m	上切波组	未切波组	备注
SF1－1	75~78	南东	77°	正断层	30	30	7.6	TB	T3（TQ）	主干
SF1－2	109~113	南东	70°	正断层		26	5.5	TB	T3（TQ）	
SF1－3	238~244	南东	较陡	正断层	3	31	3	TB	T3（TQ）	次级
SF1－4	1449~1473	南东	较陡	逆断层	6	30	7	TB	T3（TQ）	次级
SF1－5	1542~1566	北西	66°	正断层	7	27	6	TB	T3（TQ）	主干

根据时间剖面的对比分析，SF1 浅层人工地震探测剖面上共解释出 5 个断点，其所揭示的断层面总体上倾向南东，个别断点倾向北西，倾角较陡，一般在 65°以上。在拉张性的构造变形场条件下，断层的最新运动性质主要表现为正倾滑，个别断点残留有早期构造变形的痕迹，表现为逆倾滑。上述断点剖面中，SF1－1、SF1－2 相距约 30m，断层产状接近，运动性质相同，同时两个断点之间的反射波同相轴变化较大，波组连续性较差，分辨率较低，与两侧较为清晰的地层相比，所反映的地层层序紊乱，判定属于断裂破碎带的反映。根据反射波变化带的范围，可将 SF1－1、SF1－2 两个断点之间的时间剖面划定为断裂破碎带并据此确定破碎带宽度，而 SF1－1、SF1－2 断点则作为断裂带与两侧围岩之间的断层面（断错界面）。在 SF1－1~SF1－5 共 5 个断点中，除了 SF1－1~SF1－2 具有大致 30m 的断裂破碎带宽度以外，规模较大的断层还包括 SF1－5 断点（表征破碎带宽度为 7m），不仅如此，这两条断裂还分别具有相对较浅的上断点埋深（26m、27m）和较为明显的断错幅度（断距分别为 7.6m、6m），它们的变形特征也与现今构造应力作用吻合，符合主干断裂的判定标准。结合浑河断裂沈阳段已有认知以及 SF1 测线东、西两侧相邻的其他探测剖面相关数据，综合判定 SF1－1~SF1－2 和 SF1－5 断点为浑河断裂沈阳段主干分支的反映，其他断点则属于断裂规模、第四纪活动性和活动程度等偏弱的次级分支断裂的反映。综合测线附近的钻孔资料、测年数据以及区域第四系地层划分结果，分析认为 SF1 探测剖面上浑河断裂沈阳段的各个主干和次级分支断裂普遍错切了太古宇基岩内部中风化地层的顶界面（TB），但没有错动第四系中更新统底界面（T3），而探测剖面上的下更新统缺失，因此判定断裂至少在中更新世以来是不存在明显活动的。

2）SF2 测线

探测剖面全长 1733m，测线布设方向为 CDP1~251 的 299°、CDP251~1734 的 265°。SF2 测线的桩号 CDP1~911、CDP1191~1734 等地段有效波信噪比高、连续性好，而在 CDP911~1191 等地段有效波信噪比较低、连续性较差。时间剖面对比分析结果显示，在桩号 CDP82~109 处解释出一条倾向北西的逆断层（SF2－1），断层倾角 27°，断裂带宽度约 3m，上断点埋深 64m，该断层向上切断了 TB 波组，断距 3m 左右。在桩号 CDP274~323 处解释出一倾向北西的正断层（SF2－2），倾角 47°，断裂带宽度约 21m，上断点埋深 32m，断层向上切断了 TB 波组，但没有错切 T3（TQ）波组，断距 16m 左右。CDP335~359 处有一倾向北西的正断层（SF2－3），倾角 87°，断裂带宽度约 4m，上断点埋深 32m，断层向上切断了 TB 波组，但没有错切 T3（TQ）波组，断距 6m 左右。CDP765~768 处有一倾向北西的逆断层（SF2-4），倾角 42°，断裂带宽度约 3m，上断点埋深 46m，断层向上切断了 TB 波组，但没有错切 T3（TQ）波组，断距 4m 左右。CDP842~866 处有一倾向南东的逆断层（SF2-5），倾角 43°，断裂带宽度约 3m，上断点埋深 46m，断层向上切断了 TB 波组，但没有错切 T3（TQ）波组，断距 8m 左右。CDP904~930 处有一倾向南东的逆断层（SF2-6），倾角 38°，上断点埋深 54m，断层向上切断了 TB 波组，但没有错切 T3 波组，断距 6m 左右。CDP948~963 处有一倾向北西的正断层（SF2-7），倾角 70°，上断点埋深 24m，断层向上切断了 TB、T3（TQ）波组，但没有错切 T2 波组，断距 7m 左右。CDP986~995 处有一倾向北西的正断层（SF2-8），倾角 70°，上断点埋深 28m，断层向上切断了 TB、T3（TQ）波组，但没有错切 T2 波组，断距 7m 左右；上述 3 个断面共同控制了 1 条规模巨大的断裂带，破碎带宽度可达 90m。CDP1113~1147 处有一倾向南东的逆断层（SF2-9），倾角 47°，断裂带宽度约 6m，上断点埋深 30m，断层向上切断了 TB 波组，但没有错切 T2 波组，断距 14m 左右。CDP1170~1177 处有一倾向南东的正断层（SF2-10），倾角 77°，断裂带宽度约 6m，上断点埋深 28m，断层向上切断了 TB、T3（TQ）波组，但没有错切 T2 波组，断距 25m 左右。浅层人工地震探测时间剖面同时显示，SF2 剖面上由西向东的基底顶界面埋藏具有逐渐变浅的变化趋势，剖面上各个波组界面总体上比较清楚，但在局部地段存在不同波组界面被断层错切的现象（图 7.7、图 7.8、表 7.12）。

　　SF2 探测剖面上共解释出 10 个断点，断层面主要倾向北西，部分倾向南东，倾角变化较大，一般较陡。断层最新运动性质主要表现为正倾滑，少数断点第四纪活动较弱，因而残留有早期逆倾滑构造变形的痕迹。诸多断点剖面中，SF2-6、SF2-7、SF2-8 相距约 90m，总体倾向北西，倾角较陡，断层产状接近，运动性质以正倾滑为主，同时 3 个断点之间的反射波同相轴变化较大，波组连续性差，分辨率较低，与两侧较完整地层比较，所反映的地层层序紊乱，判定属于断裂破碎带。根据反射波变化带的范围，可将上述 3 个断点之间的时间剖面划定为断裂破碎带并据此确定破碎带宽度，而 SF2-6、SF2-7、SF2-8 断点则作为断裂带与两侧围岩之间及断裂破碎带内部可识别的断层面。除了 SF2-6~SF2-8 之间具有大致 90m 的破碎带宽度以外，规模较大的断层还包括 SF2-2 断点（表征破碎带宽度为 21m）和 SF2-10 断点（表征破碎带宽度为 6m），这 3 条断裂还分别具有相对较浅的上断点埋深（24m、32m、28m）和较为明显的断错幅度（断距分别为 7m、16m、25m），变形特征也与现今构造应力作用吻合。结合浑河断裂沈阳段已有认知以及 SF2 测线东、西两侧相邻的其他探测数据资料，综合判定 SF2-2、SF2-6~SF2-8 和 SF2-10 断点为断裂主干的反映，其他断点属于次级分支的反映。SF2 探测剖面上浑河断裂沈阳段的各个主干和次级分支断裂普遍错切了太古宇基岩内部中风化地层的顶界面（TB），一些主干断裂还错切了第四系中更新统底界面（T3），但均没有错动上更新统底界面（T2），剖面缺失下更新统地层，综合判定断裂的最新活动时代为中更新世，晚更新世以来没有活动。

　　3）SF3 测线

　　探测剖面全长 1228m，测线布设方向为 317°。SF3 测线的 CDP1~631、CDP751~931 段有效波信噪比高、连续性好，CDP631~751、CDP931~1229 段有效波信噪比较低、连续性较差。时间剖面对比分析结果显示，在 CDP314~361 处有一倾向南东的逆断层（SF3-1），倾角 60°，断裂带宽度 3m，上断点埋深 38m，断层向上切断了 TB 波组，但没有错切 T3（TQ）波组，断距 4m 左右。CDP491~513 处有一倾向北西的正断层（SF3-2），倾角 72°，

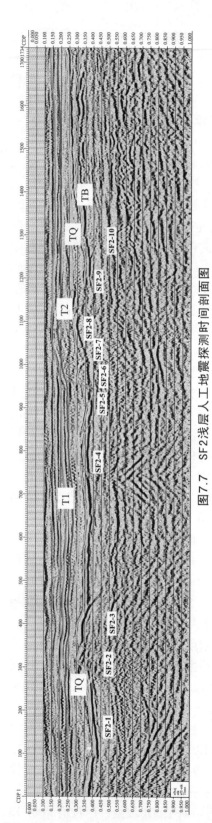

图7.7　SF2浅层人工地震探测时间剖面图

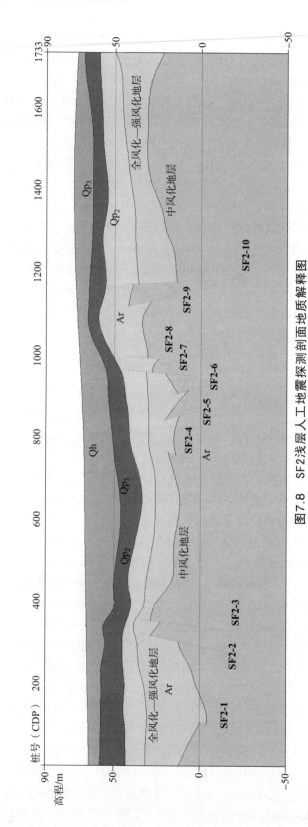

图7.8　SF2浅层人工地震探测剖面地质解释图

表 7.12　SF2 测线断层解释及其波组界面断错特征

断点编号	桩号位置（CDP）	倾向	倾角	性质	断裂带宽度/m	上断点埋深/m	断距/m	上切波组	未切波组	备注
SF2-1	82~109	北西	27°	逆断层	3	64	3	TB	T3（TQ）	次级
SF2-2	274~323	北西	47°	正断层	21	32	16	TB	T3（TQ）	主干
SF2-3	335~359	北西	87°	正断层	4	32	6	TB	T3（TQ）	次级
SF2-4	765~768	北西	42°	逆断层	3	46	4	TB	T3（TQ）	次级
SF2-5	842~866	南东	43°	逆断层	3	46	8	TB	T3（TQ）	次级
SF2-6	904~930	南东	38°	逆断层		54	6	TB	T3	
SF2-7	948~963	北西	70°	正断层	90	24	7	TB、T3（TQ）	T2	主干
SF2-8	986~995	北西	70°	正断层		28	7	TB、T3（TQ）	T2	
SF2-9	1113~1147	南东	47°	逆断层	6	30	14	TB	T2	次级
SF2-10	1170~1177	南东	77°	正断层	6	28	25	TB、T3（TQ）	T2	主干

断裂带宽度约 5m，上断点埋深 39m，断层向上切断了 TB 波组，但没有错切 T3（TQ）波组，断距 9m 左右。CDP631~655 处有一倾向南东的正断层（SF3-3），倾角 85°，断裂带宽度约 5m，上断点埋深 44m，断层向上切断了 TB 波组，但没有错切 T3（TQ）波组，断距 8m 左右。CDP716~735 处有一倾向北西的正断层（SF3-4），倾角 77°，断裂带宽度约 10m，上断点埋深 40m，断层向上切断了 TB 波组，但没有错切 T3（TQ）波组，断距 16m 左右。CDP886~960 处有一倾向北西的正断层（SF3-5），倾角 69°，断裂带宽度约 20m，上断点埋深 29m，断层向上切断了 TB 波组，但没有错切 T3（TQ）波组，断距 22.3m。时间剖面还显示，SF3 剖面由北向南的基底顶界面埋藏逐渐变浅，剖面上各个波组界面均比较清楚，基岩波组界面存在被错切的现象，而第四系底界面及其内部的波组界面则比较完整，没有被错断（图 7.9、图 7.10 和表 7.13）。

SF3 探测剖面上共解释出 5 个断点，断层面主要倾向北西，部分倾向南东，倾角较陡。断层最新运动性质主要表现为正倾滑，个别断点残留有早期逆倾滑构造变形的痕迹。上述断点剖面中，SF3-4、SF3-5 的规模较大（表征破碎带宽度分别为 10m、20m），具有相对较浅的上断点埋深（40m、29m）和明显的断错幅度（断距分别为 16m、22.3m），其变形特征与现今构造应力作用吻合。综合判定 SF3-4、SF3-5 断点为断裂主干的反映，其他属于次级分支的反映。SF3 探测剖面上浑河断裂沈阳段的各个主干和次级分支断裂普遍错切了太古宇基岩内部中风化地层的顶界面（TB），但没有错动第四系中更新统底界面（T3），而探测剖面上的下更新统缺失，因此判定断裂至少在中更新世以来是没有明显活动的。

4）SF4 测线

探测剖面全长 2176m，测线布设方向为 343°。SF4 测线的有效波信噪比高、连续性好。时间剖面对比分析结果显示，在 CDP970~974 处有一倾向南东的逆断层（SF4-1），倾角

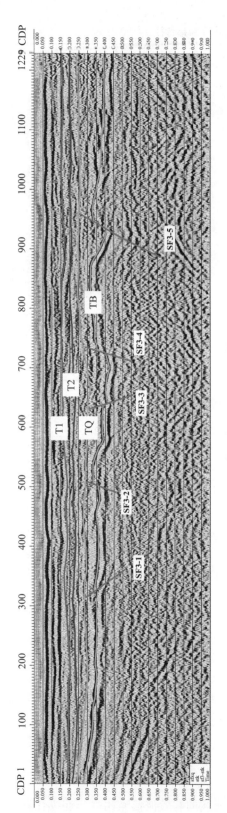

图7.9 浅层人工地震探测时间剖面图

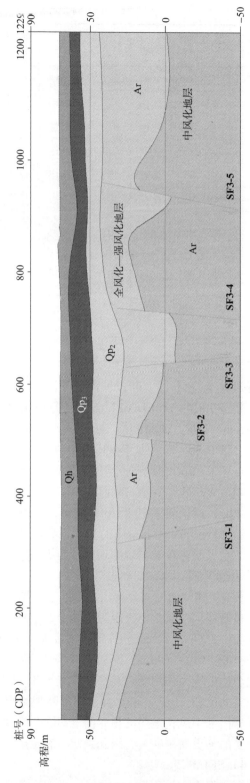

图7.10 SF3浅层人工地震探测剖面地质解释图

表 7.13　SF3 测线断层解释及其波组界面断错特征

断点编号	桩号位置（CDP）	倾向	倾角	性质	断裂带宽度/m	上断点埋深/m	断距/m	上切波组	未切波组	备注
SF3 - 1	314~361	南东	60°	逆断层	3	38	4	TB	T3（TQ）	次级
SF3 - 2	491~513	北西	72°	正断层	5	39	9	TB	T3（TQ）	次级
SF3 - 3	631~655	南东	85°	正断层	5	44	8	TB	T3（TQ）	次级
SF3 - 4	716~735	北西	77°	正断层	10	40	16	TB	T3（TQ）	主干
SF3 - 5	886~960	北西	69°	正断层	20	29	22.3	TB	T3（TQ）	主干

47°，断裂带宽度约 4m，上断点埋深 34m，断层向上切断了 TB 波组，但没有错切 T3（TQ）波组，断距 3m 左右。在 CDP1078~1108 处有一倾向北西的正断层（SF4 - 2），倾角 60°，断裂带宽度约 8m，上断点埋深 25m，断层向上切断了 TB、T3（TQ）波组，但没有错切 T2 波组，断距 4m 左右。在 CDP1948~1952 处有一倾向南东的逆断层（SF4 - 3），倾角 84°，断裂带宽度约 4m，上断点埋深 23m，断层向上切断了 TB 波组，但没有错切 T3（TQ）波组，断距 3m 左右。时间剖面同时显示，SF4 剖面中部由南向北的基底顶界面埋藏具有变浅的趋势。剖面上各个波组界面均比较清楚，但在局部地段第四系底界波组界面存在被错切的现象，而第四系内部的波组界面则比较完整，没有被错断（图 7.11、图 7.12、表 7.14）。

SF4 探测剖面上共解释出 3 个断点，断层面倾向北西或南东，倾角较陡，断层运动性质为正倾滑或逆倾滑。上述断点剖面中，只有 SF4 - 2 的规模较大（表征破碎带宽度为 8m），上断点埋深为 25，断距为 4m，且其变形特征与现今构造应力作用吻合，通过与相邻探测剖面上的浑河断裂带发育特征进行对比，判定 SF4 - 2 断点为断裂主干，其他属于次级断裂。SF4 探测剖面上的各个主干和次级分支断裂普遍错切了太古宇基岩内部中风化地层的顶界面（TB），主干断裂还错切了第四系中更新统底界面（T3），但没有错动上更新统底界面（T2），剖面缺失下更新统地层，判定断裂的最新活动时代为早 - 中更新世，晚更新世以来没有活动。

5）SF5 测线

探测剖面全长 4838m，测线布设方向为 CDP1~2597 的 325°、CDP2597~2805 的 347°、CDP2805~3621 的 85° 以及 CDP3621~4830 之间的微弯曲弧形段。SF5 测线的 CDP1~1231、CDP1351~2231、CDP2411~3231、3622~4830 段有效波信噪比高、连续性好，CDP1231~1351、CDP2231~2411、CDP3231~3621 段有效波信噪比较低、连续性较差。时间剖面对比分析结果显示，在 CDP247~252 处有一倾向南东的正断层（SF5 - 1），倾角 60°，断裂带宽度约 5m，上断点埋深 16m，断层向上切断了 TB 波组，但没有错切 T3（TQ）波组，断距 6m 左右。CDP362~375 处有一倾向南东的逆断层（SF5 - 2），倾角 67°，断裂带宽度约 2m，上断点埋深 27m，断层向上切断了 TB 波组，但没有错切 T3（TQ）波组，断距 7m 左右。CDP464~469 处有一倾向南东的正断层（SF5 - 3），倾角 70°，断裂带宽度约 5m，上断点埋深 23m，断层向上切断了 TB、T3（TQ）波组，但没有错切 T2 波组，断距 7m 左右。CDP637~647 处有一倾向南东的正断层（SF5 - 4），倾角 65°，断裂带宽度约 3m，上断点埋深 42m，断层向上切断了 TB 波组，但没有错切 T3（TQ）波组，断距 3m 左右。CDP790~

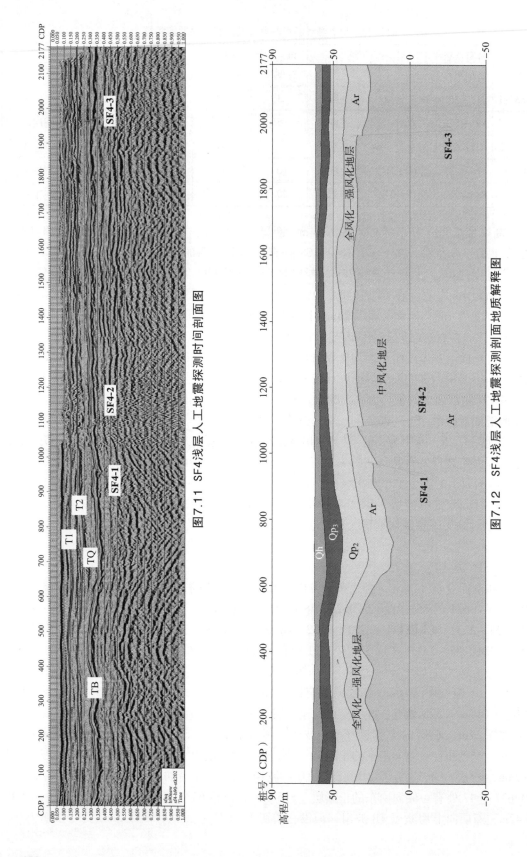

图7.11 SF4浅层人工地震探测时间剖面图

图7.12 SF4浅层人工地震探测剖面地质解释图

表 7.14 SF4 测线断层解释及其波组界面断错特征

断点编号	桩号位置（CDP）	倾向	倾角	性质	断裂带宽度/m	上断点埋深/m	断距/m	上切波组	未切波组	备注
SF4-1	970~974	南东	47°	逆断层	4	34	3	TB	T3（TQ）	次级
SF4-2	1078~1108	北西	60°	正断层	8	25	4	TB、T3（TQ）	T2	主干
SF4-3	1948~1952	南东	84°	逆断层	4	23	3	TB	T3（TQ）	次级

799 处有一倾向南东的正断层（SF5-5），倾角 75°，断裂带宽度约 3m，上断点埋深 41m，断层向上切断了 TB 波组，但没有错切 T3（TQ）波组，断距 7m 左右。CDP1487~1501 处有一倾向北西的正断层（SF5-6），倾角 73°，断裂带宽度约 10m，上断点埋深 21m，断层向上切断了 TB、T3（TQ）波组，但没有错切 T2 波组，断距 9m 左右。CDP2018~2047 处有一倾向北西的正断层（SF5-7），倾角 69°，断裂带宽度约 12m，上断点埋深 28m，断层向上切断了 TB、T4（TQ）、T3 波组，但没有错切 T2 波组，断距 9m 左右。CDP2419~2421 处有一倾向北西的正断层（SF5-8），倾角较陡，断裂带宽度约 3m，上断点埋深 37m，断层向上切断了 TB 波组，但没有错切 T3（TQ）波组，断距 6m 左右。CDP2460~2465 处有一倾向南东的正断层（SF5-9），倾角较陡，断裂带宽度约 3m，上断点埋深 40m，断层向上切断了 TB 波组，但没有错切 T3（TQ）波组，断距 8m 左右。CDP2823~2836 处有一倾向南东的正断层（SF5-10），倾角 74°，断裂带宽度约 4m，上断点埋深 25m，断层向上切断了 TB 波组，但没有错切 T3（TQ）波组，断距 4m 左右。CDP3372~3385 处有一倾向南东的正断层（SF5-11），倾角较陡，断裂带宽度约 6m，上断点埋深 10m，断层向上切断了 TB、T3（TQ）波组，但没有错切 T2 波组，断距 6m 左右。CDP3610~3624 处有一倾向南东的逆断层（SF5-12），倾角 68°，断裂带宽度约 4m，上断点埋深 10m，断层向上切断了 TB、T3（TQ）波组，但没有错切 T2 波组，断距 3m 左右。CDP3742~3780 处有一倾向北西的逆断层（SF5-13），倾角 47°，断裂带宽度约 4m，上断点埋深 12m，断层向上切断了 TB、T3（TQ）波组，但没有错切 T2 波组，断距 7m 左右。CDP3885~3902 处有一倾向北西的正断层（SF5-14），倾角 84°，上断点埋深 17m，断层向上切断了 TB、T3（TQ）波组，但没有错切 T2 波组，断距 5m 左右；CDP3911~3921 处有一倾向北西的正断层（SF5-15），倾角 83°，上断点埋深 24m，断层向上切断了 TB、T3（TQ）波组，但没有错切 T2 波组，断距 3m 左右。上述两个断面之间构成同一条断裂破碎带，宽度约 30m。CDP4743~4765 处有一倾向北西的逆断层（SF5-16），倾角 62°，断裂带宽度约 4m，上断点埋深 27m，断层向上切断了 TB 波组，但没有错切 T3（TQ）波组，断距 2m 左右。CDP4791~4820 处有一倾向南东的逆断层（SF5-17），倾角 68°，断裂带宽度约 4m，上断点埋深 25m，断层向上切断了 TB 波组，但没有错切 T3（TQ）波组，断距 2m 左右。时间剖面同时显示，SF5 剖面中部基底顶界面埋藏深度相对较大，向南、北两侧基底顶界面埋藏深度逐渐变浅，界面起伏相对较大。剖面上各个波组界面均比较清楚，但在一些地段存在不同波组界面被错切的现象，其中包括第四系底界面和中更新统底界面（图 7.13、图 7.14 和表 7.15）。

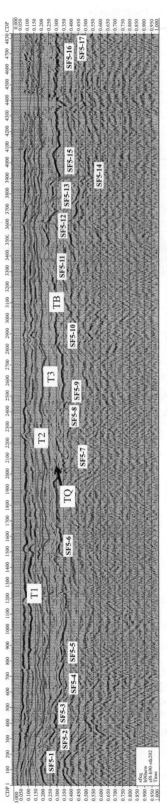

图7.13　SF5浅层人工地震探测时间剖面图

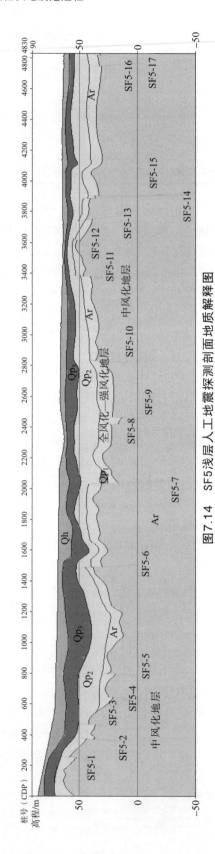

图7.14　SF5浅层人工地震探测剖面地质解释图

表 7.15　SF5 测线断层解释及其波组界面断错特征

断点编号	桩号位置（CDP）	倾向	倾角	性质	断裂带宽度/m	上断点埋深/m	断距/m	上切波组	未切波组	备注
SF5 - 1	247 ~ 252	南东	60°	正断层	5	16	6	TB	T3	次级
SF5 - 2	362 ~ 375	南东	67°	逆断层	2	27	7	TB	T3	次级
SF5 - 3	464 ~ 469	南东	70°	正断层	5	23	7	TB、T3（TQ）	T2	次级
SF5 - 4	637 ~ 647	南东	65°	正断层	3	42	3	TB	T3（TQ）	次级
SF5 - 5	790 ~ 799	南东	75°	正断层	3	41	7	TB	T3（TQ）	次级
SF5 - 6	1487 ~ 1501	北西	73°	正断层	10	21	9	TB、T3（TQ）	T2	主干
SF5 - 7	2018 ~ 2047	北西	69°	正断层	12	28	9	TB、T4（TQ）、T3	T2	主干
SF5 - 8	2419 ~ 2421	北西	较陡	正断层	3	37	6	TB	T3（TQ）	次级
SF5 - 9	2460 ~ 2465	南东	较陡	正断层	3	40	8	TB	T3（TQ）	次级
SF5 - 10	2823 ~ 2836	南东	74°	正断层	4	25	4	TB	T3（TQ）	次级
SF5 - 11	3372 ~ 3385	南东	较陡	正断层	6	10	6	TB、T3（TQ）	T2	次级
SF5 - 12	3610 ~ 3624	南东	68°	逆断层	4	10	3	TB、T3（TQ）	T2	次级
SF5 - 13	3742 ~ 3780	北西	47°	逆断层	4	12	7	TB、T3（TQ）	T2	次级
SF5 - 14	3885 ~ 3902	北西	84°	正断层	30	17	5	TB、T3（TQ）	T2	主干
SF5 - 15	3911 ~ 3921	北西	83°	正断层		24	3	TB、T3（TQ）	T2	
SF5 - 16	4743 ~ 4765	北西	62°	逆断层	4	27	2	TB	T3（TQ）	次级
SF5 - 17	4791 ~ 4820	南东	68°	逆断层	4	25	2	TB	T3（TQ）	次级

　　SF5 探测剖面上共解释出 17 个断点，断层面倾向北西或南东，倾角一般较陡。断层最新运动性质主要表现为正倾滑，少数断点第四纪活动较弱，残留有早期逆倾滑构造变形的痕迹。诸多断点剖面中，SF5 - 14、SF5 - 15 相距约 30m，倾向北西，倾角近直立，运动性质表现为正倾滑，这两个断点之间的反射波同相轴变化较大，波组连续性差，分辨率较低，与两侧较完整地层比较，所反映的地层层序紊乱，因此判定为断裂破碎带，断点则作为破碎带与两侧围岩之间可识别的断层面。根据时间剖面反射波变化带范围，确定 SF5 - 14、SF5 - 15 断点之间的断裂破碎带宽度为 30m，上断点埋深为 17m，断距为 5m，断裂变形特征也与现今构造应力作用吻合，符合主干断裂的判定标准。此外，SF5 探测剖面解析出的规模较大断层还包括 SF5 - 6 断点（表征破碎带宽度为 10m）和 SF5 - 7 断点（表征破碎带宽度为 12m），这两条断裂还分别具有相对较浅的上断点埋深（21m、28m）和较为明显的断错幅度（断距均为 9m），变形特征也与现今构造应力作用吻合。结合断裂段已有认知以及 SF5 测线附近的钻孔探测和第四纪地质研究等数据资料，综合判定 SF5 - 6、SF5 - 7 和 SF5 - 14 ~ SF5 - 15 断点为浑河断裂主干的反

映，其他断点则属于次级分支的反映。SF5 探测剖面上浑河断裂沈阳段的各个主干和次级分支断裂普遍错切了太古宇基岩内部中风化地层的顶界面（TB），所有主干断裂和少部分次级断裂还错切了第四系中更新统底界面（T3）和下更新统底界面（T4），但它们均没有错动上更新统底界面（T2），综合判定断裂的最新活动时代为早－中更新世，晚更新世以来没有活动。

6）SF6 测线

探测剖面全长 4075m，测线布设方向为 325°。SF6 测线的桩号 CDP1～61、CDP281～2216、CDP2325～4076 段有效波信噪比高、连续性好，CDP61～281、CDP2216～2325 段有效波信噪比较低、连续性较差。时间剖面对比分析结果显示，在 CDP57～63 处有一倾向南东的正断层（SF6－1），倾角 74°，断裂带宽度约 2m，上断点埋深 24m，断层向上切断了 TB 波组，但没有错切 T2 波组，断距 1m 左右。CDP138～147 处有一倾向南东的正断层（SF6－2），倾角 57°，断裂带宽度约 4m，上断点埋深 8m，断层向上切断了 TB 波组，但没有错切 T2 波组，断距 4m 左右。CDP193～204 处有一倾向北西的正断层（SF6－3），倾角 77°，断裂带宽度约 6m，上断点埋深 9m，断层向上切断了 TB 波组，但没有错切 T2 波组，断距 2m 左右。CDP254～267 处有一倾向北西的正断层（SF6－4），倾角 76°，断裂带宽度约 5m，上断点埋深 12m，断层向上切断了 TB、T3（TQ）波组，但没有错切 T2 波组，断距 3m 左右。CDP345～377 处有一倾向南东的正断层（SF6－5），倾角 72°，断裂带宽度约 10m，上断点埋深 12m，断层向上切断了 TB、T3（TQ）波组，但没有错切 T2 波组，断距 5m 左右。CDP508～530 处有一倾向南东的逆断层（SF6－6），倾角 35°，断裂带宽度约 4m，上断点埋深 27m，断层向上切断了 TB 波组，但没有错切 T3（TQ）波组，断距 3m 左右。CDP576～589 处有一倾向北西的正断层（SF6－7），倾角 67°，断裂带宽度约 10m，上断点埋深 27m，断层向上切断了 TB 波组，但没有错切 T3（TQ）波组，断距 5m 左右。CDP1457～1475 处有一倾向北西的正断层（SF6－8），倾角 64°，上断点埋深 8m，断层向上切断了 TB 波组，但没有错切 T2 波组，断距 7.3m；CDP1486～1514 处有一倾向北西的正断层（SF6－9），倾角 84°，上断点埋深 7m，断层向上切断了 TB 波组，但没有错切 T2 波组，断距 9m 左右；CDP1528～1532 处有一倾向北西的逆断层（SF6－10），倾角 45°，上断点埋深 27m，断层向上切断了 TB 波组，但没有错切 T3（TQ）波组，断距 4m 左右。上述 3 个断面之间波组反射界面不清晰，属于断裂破碎带的反映特征，破碎带宽度约 74m。CDP1798～1806 处有一倾向南东的正断层（SF6－11），倾角 75°，断裂带宽度约 3m，上断点埋深 17m，断层向上切断了 TB 波组，但没有错切 T3（TQ）波组，断距 3m 左右。CDP1946～1966 处有一倾向北西的正断层（SF6－12），倾角 83°，断裂带宽度约 3m，上断点埋深 14m，断层向上切断了 TB 波组，但没有错切 T3（TQ）波组，断距 3m 左右。CDP3730～3735 处有一倾向北西的正断层（SF6－13），倾角 77°，上断点埋深 12m，断层向上切断了 TB、T3（TQ）波组，但没有错切 T2 波组，断距 4m 左右；CDP3762～3771 处有一倾向北西的正断层（SF6－14），倾角 82°，上断点埋深 17m，断层向上切断了 TB、T3（TQ）波组，但没有错切 T2 波组，断距 8m 左右。上述 2 个断面之间构成断裂破碎带，宽度约 35m。CDP4012～4013 处有一倾向北西的逆断层（SF6－15），倾角 50°，断裂带宽度约 2m，上断点埋深 20m，断层向上切断了 TB 波组，但没有错切 T3（TQ）波组，断距 4m 左右。时间剖面还显示，SF6 剖面的基底顶界面埋藏深度向南、向北逐渐加大，且南部基底的起伏相对较大。剖面上各个波组界面均比较清楚，但在局部地段存在第四系波组界面被错切的现象（图 7.15、图 7.16 和表 7.16）。

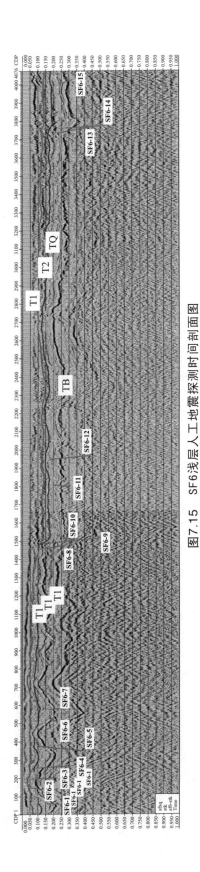

图7.15　SF6浅层人工地震探测时间剖面图

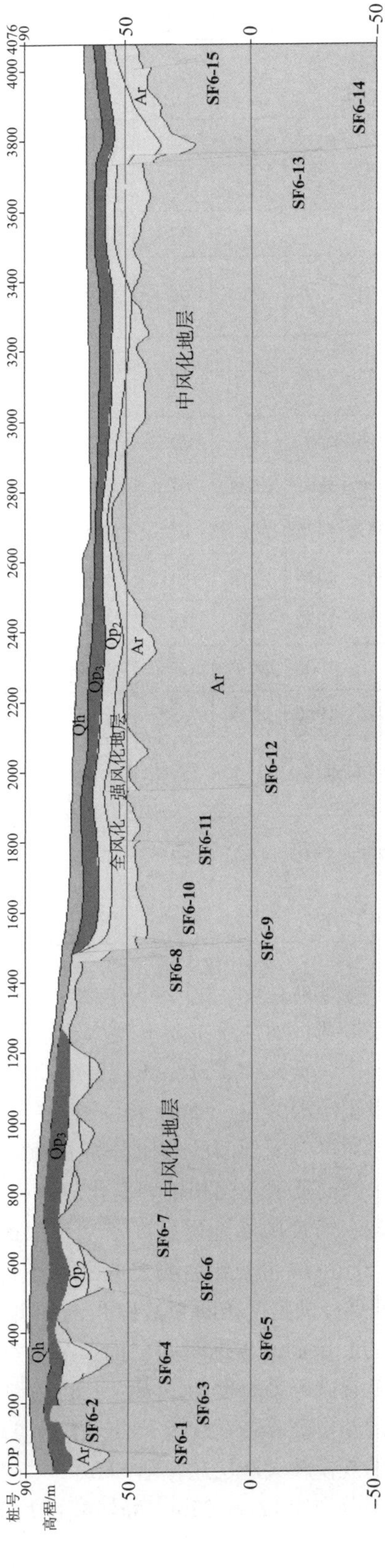

图7.16　SF6浅层人工地震探测剖面地质解释图

表 7.16　SF6 测线断层解释及其波组界面断错特征

断点编号	桩号位置（CDP）	倾向	倾角	性质	断裂带宽度/m	上断点埋深/m	断距/m	上切波组	未切波组	备注
SF6－1	57~63	南东	74°	正断层	2	24	1	TB	T2	次级
SF6－2	138~147	南东	57°	正断层	4	8	4	TB	T2	次级
SF6－3	193~204	北西	77°	正断层	6	9	2	TB	T2	次级
SF6－4	254~267	北西	76°	正断层	5	12	3	TB、T3（TQ）	T2	次级
SF6－5	345~377	南东	72°	正断层	10	12	5	TB、T3（TQ）	T2	主干
SF6－6	508~530	南东	35°	逆断层	4	27	3	TB	T3（TQ）	次级
SF6－7	576~589	北西	67°	正断层	10	27	5	TB	T3（TQ）	
SF6－8	1457~1475	北西	64°	正断层		8	7.3	TB	T2	
SF6－9	1486~1514	北西	84°	正断层	74	7	9	TB	T2	主干
SF6－10	1528~1532	北西	45°	逆断层		27	4	TB	T3（TQ）	
SF6－11	1798~1806	南东	75°	正断层	3	17	3	TB	T3（TQ）	次级
SF6－12	1946~1966	北西	83°	正断层	3	14	3	TB	T3（TQ）	次级
SF6－13	3730~3735	北西	77°	正断层		12	4	TB、T3（TQ）	T2	
SF6－14	3762~3771	北西	82°	正断层	35	17	8	TB、T3（TQ）	T2	主干
SF6－15	4012~4013	北西	50°	逆断层	2	20	4	TB	T3（TQ）	次级

　　SF6 探测剖面上共解释出 15 个断点，断层面主要倾向北西，少数倾向南东，倾角一般较陡。断层最新运动性质主要表现为正倾滑，个别断点残留有早期逆倾滑构造变形痕迹。诸多断点剖面中，SF6－8、SF6－9、SF6－10 之间最大距离为 74m，倾向北西，倾角 45°~84°，运动性质以正倾滑为主；SF6－13、SF6－14 相距 74m，均倾向北西，倾角较陡，运动性质为正倾滑。通过时间剖面的对比分析，SF6－8、SF6－9、SF6－10 和 SF6－13、SF6－14 等两组断点之间的反射波同相轴均变化较大，波组连续性差，分辨率较低，它们与两侧较完整的地层比较，所反映的地层层序紊乱，因此分别将 SF6－8、SF6－9、SF6－10 断点组合和 SF6－13、SF6－14 断点组合判定为断裂破碎带，其中，SF6－8、SF6－10 断点和 SF6－13、SF6－14 断点分别是两条断裂破碎带与两侧围岩之间可识别的断层面，SF6－9 断点则是破碎带内部的断层面。根据时间剖面反射波变化带范围，确定 SF6－8、SF6－9、SF6－10 断点之间的断裂破碎带宽度为 74m，上断点埋深达到 7~8m，断距为 9m；SF6－13、SF6－14 断点之间的断裂破碎带宽度为 35m，上断点埋深为 12m，最大断距为 8m。此外，SF6 探测剖面解析出的规模较大断层还包括 SF6－5 断点和 SF6－7 断点（表征破碎带宽度均为 10m），上断点埋深分别为 12m、27m，断错幅度均为 5m，具有与主干断裂相适应的变形特征。结

合断裂段已有认知以及 SF6 测线附近的钻孔探测和第四纪地质研究等数据资料，综合判定 SF6–5、SF6–7、SF6–8 ~ SF6–10 和 SF6–13 ~ SF6–14 断点为浑河断裂主干的反映，其他断点属于次级分支的反映。SF6 探测剖面上浑河断裂沈阳段的各个主干和次级分支断裂普遍错切了太古宇基岩内部中风化地层的顶界面（TB），部分主干断裂和个别次级断裂还错切了第四系中更新统底界面（T3），但它们均没有错动上更新统底界面（T2），剖面缺失下更新统地层，综合判定断裂的最新活动时代为早–中更新世，晚更新世以来没有活动。

7）SF7 测线

探测剖面全长 2660m，测线布设方向为 325°。SF7 测线的 CDP1 ~ 1799、CDP2211 ~ 2661 段有效波信噪比高、连续性好，CDP1799 ~ 2211 有效波信噪比较低、连续性较差。时间剖面对比分析结果显示，在 CDP422 ~ 450 处有一倾向南东的逆断层（SF7–1），倾角 53°，断裂带宽度约 4m，上断点埋深 15m，断层向上切断了 TB 波组，但没有错切 T3（TQ）波组，断距 7m 左右。CDP1033 ~ 1040 处有一倾向南东的正断层（SF7–2），倾角 74°，断裂带宽度约 3m，上断点埋深 35m，断层向上切断了 TB 波组，但没有错切 T3（TQ）波组，断距 3m 左右。CDP1146 ~ 1158 处有一倾向南东的正断层（SF7–3），倾角 72°，断裂带宽度约 4m，上断点埋深 33m，断层向上切断了 TB 波组，但没有错切 T3（TQ）波组，断距 9m 左右。CDP1311 ~ 1337 处有一倾向北西的正断层（SF7–4），倾角 84°，断裂带宽度约 6m，上断点埋深 14m，断层向上切断了 TB、T3（TQ）波组，但没有错切 T2 波组，断距 8m 左右。CDP1593 ~ 1609 处有一倾向北西的正断层（SF7–5），倾角 77°，断裂带宽度约 5m，上断点埋深 41m，断层向上切断了 TB 波组，但没有错切 T3（TQ）波组，断距 8m 左右。CDP1672 ~ 1686 处有一倾向北西的正断层（SF7–6），倾角 78°，断裂带宽度约 5m，上断点埋深 23m，断层向上切断了 TB 波组，但没有错切 T3（TQ）波组，断距 5m 左右。CDP1903 ~ 1926 处有一倾向北西的正断层（SF7–7），倾角 80°，断裂带宽度约 8m，上断点埋深 29m，断层向上切断了 TB 波组，但没有错切 T3（TQ）波组，断距 8m 左右。时间剖面同时显示，SF7 探测剖面向南、向北的基底顶界面埋藏深度总体呈逐渐加大的趋势。剖面上各个波组界面均比较清楚，但在局部地段第四系底界波组界面存在被错切的现象，而第四系内部的波组界面总体上比较完整，没有被断层错断（图 7.17、图 7.18 和表 7.17）。

SF7 探测剖面上共解释出 7 个断点，断层面倾向北西或南东，倾角较陡。断层最新运动性质主要表现为正倾滑，个别断点残留有早期逆倾滑构造变形的痕迹。上述断点剖面中，SF7–4、SF7–7 的规模相对较大（表征破碎带宽度分别为 6m、8m），具有相对较浅的上断点埋深（14m、29m）和一定的断错幅度（断距均为 8m），变形特征与现今构造应力作用吻合。通过相邻剖面上浑河断裂带的对比研究，判定 SF7–4、SF7–7 断点为断裂主干的反映，其他则属于次级分支的反映。SF7 探测剖面上浑河断裂带的各个主干和次级分支断裂普遍错切了太古宇基岩内部中风化地层的顶界面（TB），部分主干断裂错切了第四系中更新统底界面（T3），但均没有错动上更新统底界面（T2），剖面缺失下更新统地层，判定断裂的最新活动时代为早–中更新世，晚更新世以来没有活动。

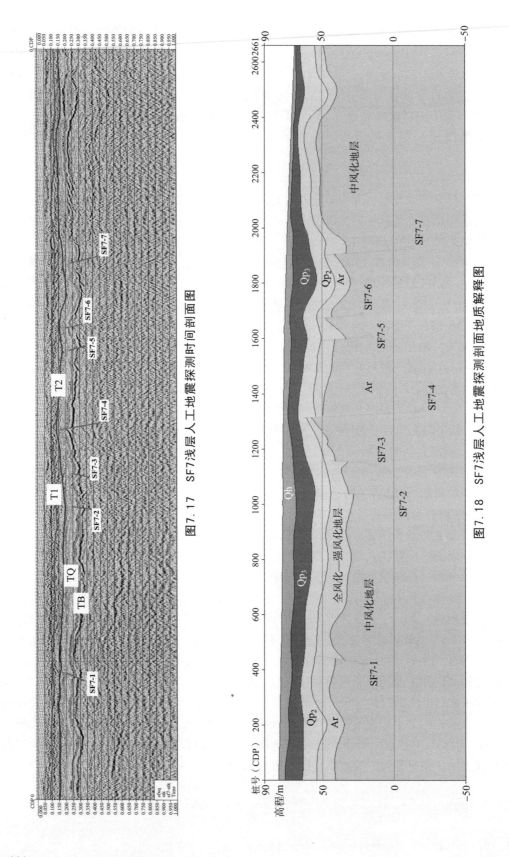

图7.17 SF7浅层人工地震探测时间剖面图

图7.18 SF7浅层人工地震探测剖面地质解释图

表 7.17　SF7 测线断层解释及其波组界面断错特征

断点编号	桩号位置（CDP）	倾向	倾角	性质	断裂带宽度/m	上断点埋深/m	断距/m	上切波组	未切波组	备注
SF7-1	422~450	南东	53°	逆断层	4	15	7	TB	T3（TQ）	次级
SF7-2	1033~1040	南东	74°	正断层	3	35	3	TB	T3（TQ）	次级
SF7-3	1146~1158	南东	72°	正断层	4	33	9	TB	T3（TQ）	次级
SF7-4	1311~1337	北西	84°	正断层	6	14	8	TB、T3（TQ）	T2	主干
SF7-5	1593~1609	北西	77°	正断层	5	41	8	TB	T3（TQ）	次级
SF7-6	1672~1686	北西	78°	正断层	5	23	5	TB	T3（TQ）	次级
SF7-7	1903~1926	北西	80°	正断层	8	29	8	TB	T3（TQ）	主干

8）J1 测线

探测剖面全长 1056m，测线布设方向为 2°。J1 测线的有效波信噪比高、连续性好。时间剖面对比分析结果显示，在 CDP492~507 处有一倾向南的逆断层（J1-1），倾角 28°，断裂带宽度约 4m，上断点埋深 30m，断层向上切断了 TB、T3（TQ）波组，但没有错切 T2 波组，断距 3m 左右。CDP629~647 处有一倾向北的正断层（J1-2），倾角 28°，断裂带宽度约 4m，上断点埋深 28m，断层向上切断了 TB、T3（TQ）波组，但没有错切 T2 波组，断距 5m 左右。时间剖面显示，J1 探测剖面向南、向北的基底顶界面埋藏深度总体变化平缓，剖面上各个波组界面均比较清楚，但在局部地段存在第四系底界波组界面被断层错切的现象，而第四系内部的波组界面则比较完整，没有被错断（图 7.19、图 7.20 和表 7.18）。

作为加密测线，J1 探测剖面上仅解释出 2 个断点，断层面分别倾向 N 和 S，倾角较缓，运动性质为正倾滑或逆倾滑。其中，J1-2 的破碎带宽度为 4m，上断点埋深 28m，断距为 5m，具有与现今构造应力作用相适应的变形特征。通过相邻剖面上浑河断裂带的发育特征和连续性对比，判定 J1-2 断点为断裂主干，J1-1 断点为次级分支。两条断层均错切了太古宇基岩内部中风化地层顶界面（TB）和第四系中更新统底界面（T3），但没有错动上更新统底界面（T2），剖面缺失下更新统地层，因此判定断裂最新活动时代为早-中更新世，晚更新世以来没有活动。

9）J2 测线

探测剖面全长 1056m，测线布设方向为 2°。总的来说，J2 测线剖面上的有效波信噪比较高、连续性好。时间剖面对比结果显示，在 CDP236~246 处存在一条倾向南的正断层（J2-1），倾角 54°，断裂带宽度约 5m，上断点埋深 6m，断层向上切断了 TB、T3（TQ）波组，但没有错切 T2 波组，断距 3m 左右。CDP828~842 处存在一条倾向北的正断层（J2-2），倾角 72°，断裂带宽度约 6m，上断点埋深 14m，断层向上切断了 TB、T3（TQ）波组，但没有错切 T2 波组，断距 9m 左右。CDP962~971 处有一倾向北的正断层（J2-3），倾角 68°，断裂带宽度约 4m，上断点埋深 12m，断层向上切断了 TB 波组，但没有错切 T3（TQ）波组，断距 2m 左右。时间剖面显示，J2 剖面向南、向北的基底顶界面埋藏深度总体变化平缓，北部基底相对较深，剖面上各个波组界面均比较清楚，在局部地段存在第四系底界波组界面被断层错切的现象，而第四系内部的波组界面则比较完整，没有被错断（图 7.21、图 7.22 和表 7.19）。

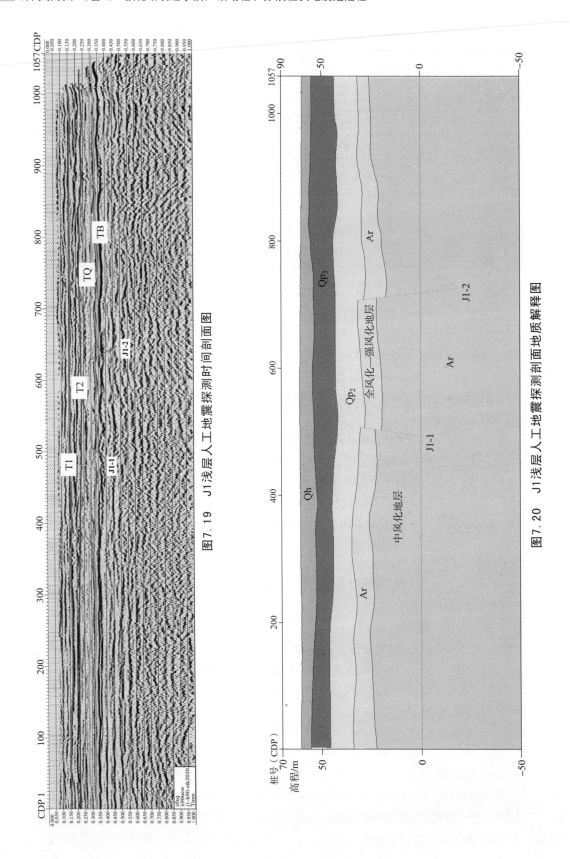

图7.19　J1浅层人工地震探测时间剖面图

图7.20　J1浅层人工地震探测剖面地质解释图

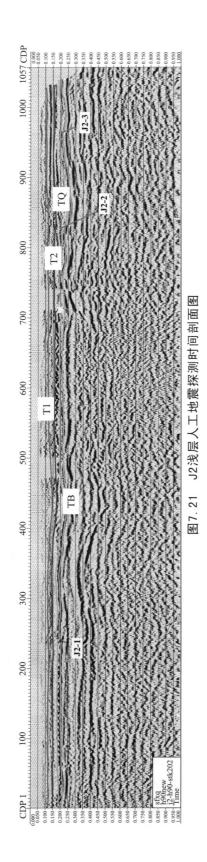

图7.21　J2浅层人工地震探测时间剖面图

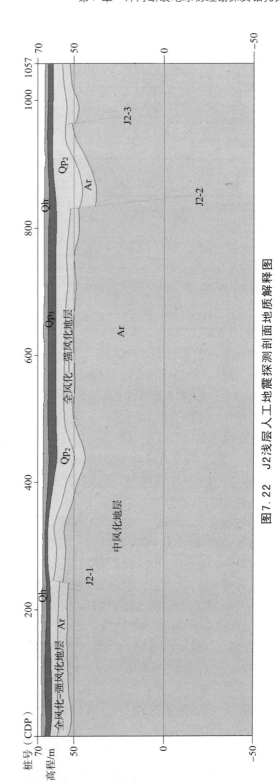

图7.22　J2浅层人工地震探测剖面地质解释图

表 7.18　J1 测线断层解释及其波组界面断错特征

断点编号	桩号位置（CDP）	倾向	倾角	性质	断裂带宽度/m	上断点埋深/m	断距/m	上切波组	未切波组	备注
J1－1	492～507	南	28°	逆断层	4	30	3	TB、T3（TQ）	T2	次级
J1－2	629～647	北	28°	正断层	4	28	5	TB、T3（TQ）	T2	主干

表 7.19　J2 测线断层解释及其波组界面断错特征

断点编号	桩号位置（CDP）	倾向	倾角	性质	断裂带宽度/m	上断点埋深/m	断距/m	上切波组	未切波组	备注
J2－1	236～246	南	54°	正断层	5	6	3	TB、T3（TQ）	T2	次级
J2－2	828～842	北	72°	正断层	6	14	9	TB、T3（TQ）	T2	主干
J2－3	962～971	北	68°	正断层	4	12	2	TB	T3（TQ）	次级

J2 探测剖面上解释出 3 个断点，断层面主要倾向 N，倾角较陡，最新运动性质为正倾滑。其中，J2－2 的破碎带宽度为 6m，上断点埋深 14m，断距为 9m，变形特征与现今构造应力作用吻合。通过相邻剖面上浑河断裂带的发育特征和连续性对比，判定 J2－2 断点为断裂主干，J2－1、J2－3 断点为次级分支。J2 剖面上浑河断裂带的主干和次级断裂普遍错切了太古宇基岩内部中风化地层的顶界面（TB），主干和部分次级断裂还错切了第四系中更新统底界面（T3），但没有错动上更新统底界面（T2），剖面缺失下更新统地层，判定断裂的最新活动时代为早－中更新世，晚更新世以来没有活动。

10）J3 测线

探测剖面全长 1599m，位于"沈祝线"公路北，测线布设方向为 291°。J3 测线的有效波信噪比高、连续性好。时间剖面对比分析结果显示，在 CDP328～345 处有一倾向南东的正断层（J3－1），倾角 63°，断裂带宽度约 4m，上断点埋深 26m，断层向上切断了 TB 波组，但没有错切 T3（TQ）波组，断距 4m 左右。CDP470～474 处有一倾向北西的正断层（J3－2），倾角 70°，上断点埋深 12m，断层向上切断了 TB、T3（TQ）波组，但没有错切 T2 波组，断距 10m 左右；CDP519～526 处有一倾向北西的正断层（J3－3），倾角 44°，上断点埋深 20m，断层向上切断了 TB、T3（TQ）波组，但没有错切 T2 波组，断距 5m 左右。上述 2 个断面之间构成断裂破碎带，宽度约 65m。CDP868～875 处有一倾向北西的正断层（J3－4），倾角 78°，断裂带宽度约 4m，上断点埋深 33m，断层向上切断了 TB 波组，但没有错切 T3（TQ）波组，断距 5m 左右。CDP1218～1239 处有一倾向北西的正断层（J3－5），倾角 78°，断裂带宽度约 3m，上断点埋深 43m，断层向上切断了 TB 波组，但没有错切 T3（TQ）波组，断距 5m 左右。CDP1289－1299 处有一倾向北西的正断层（J3－6），倾角 78°，断裂带宽度约 4m，上断点埋深 43m，断层向上切断了 TB 波组，但没有错切 T3（TQ）波组，断距 5m 左右。时间剖面同时显示，J3 剖面向南、向北的基底顶界面埋藏深度起伏较大，其中北部基底相对较深，剖面上各个波组界面均比较清楚，在局部地段存在第四系底界波组界面被断层错切的现象，而第四系内部的波组界面则比较完整，没有被错断（图 7.23、图 7.24 和表 7.20）。

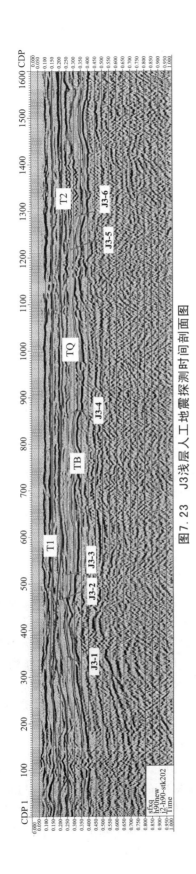

图7.23 J3浅层人工地震探测时间剖面图

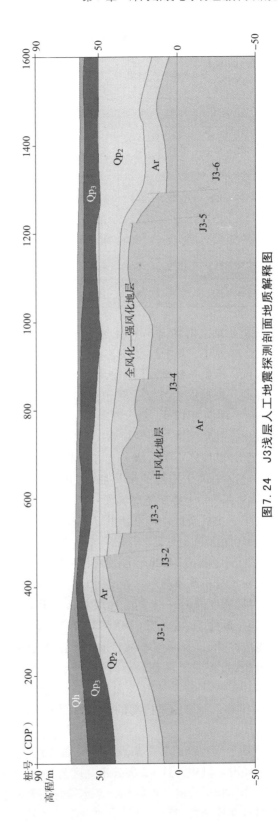

图7.24 J3浅层人工地震探测剖面地质解释图

表 7.20　J3 测线断层解释及其波组界面断错特征

断点编号	桩号位置（CDP）	倾向	倾角	性质	断裂带宽度/m	上断点埋深/m	断距/m	上切波组	未切波组	备注
J3－1	328~345	南东	63°	正断层	4	26	4	TB	T3（TQ）	次级
J3－2	470~474	北西	70°	正断层	65	12	10	TB、T3（TQ）	T2	主干
J3－3	519~526	北西	44°	正断层		20	5	TB、T3（TQ）	T2	
J3－4	868~875	北西	78°	正断层	4	33	5	TB	T3（TQ）	次级
J3－5	1218~1239	北西	78°	正断层	3	43	5	TB	T3（TQ）	次级
J3－6	1289－1299	北西	78°	正断层	4	43	5	TB	T3（TQ）	次级

　　J3 探测剖面上解释出 6 个断点，断层面主要倾向北西，倾角较陡，最新运动性质为正倾滑。各个断点中，J3－2、J3－3 相距 65m，其间反射波同相轴变化较大，波组连续性差，分辨率较低，所反映的地层层序紊乱，判定为断裂破碎带，两个断点则作为破碎带与围岩之间的断层面。根据反射波变化带范围，由 J3－2、J3－3 断点所围限的断裂破碎带宽度为 65m，上断点埋深为 12m，最大断距为 10m。通过浑河断裂带发育特征和连续性对比，并结合测线附近钻孔和第四系研究资料，判定 J3－2~J3－3 符合主干断裂的标准，确定为浑河断裂带主干，其他断点为次级分支。J3 剖面上浑河断裂带的主干和次级断裂普遍错切了太古宇基岩内部中风化地层的顶界面（TB），主干断裂同时错切了第四系中更新统底界面（T3），但没有错动上更新统底界面（T2），剖面缺失下更新统地层，因此判定断裂的最新活动时代为早－中更新世，晚更新世以来没有活动。

　　11）J4 测线

　　J4 探测剖面全长 2402m，测线布设方向为 312°。J4 测线的有效波信噪比高、连续性好。时间剖面对比分析结果显示，在 CDP1535~1571 处有一倾向南东的逆断层（J4－1），倾角 62°，断裂带宽度约 4m，上断点埋深 17m，断层向上切断了 TB、T3（TQ）波组，但没有错切 T2 波组，断距 5m 左右。CDP1693~1712 处有一倾向北西的正断层（J4－2），倾角 58°，断裂带宽度约 6m，上断点埋深 17m，断层向上切断了 TB、T3（TQ）波组，但没有错切 T2 波组，断距 6m 左右。J4 剖面上向南、向北的基底顶界面埋藏深度总体平缓，其中北部基底相对较浅，剖面上各个波组界面均比较清楚，在局部地段存在第四系底界波组界面被断层错切的现象，而第四系内部的波组界面则比较完整，没有被错断（图 7.25、图 7.26 和表 7.21）。

　　J4 剖面上仅解释出 2 个断点，断层面分别倾向南东和北西，倾角较陡，运动性质为正倾滑或逆倾滑。其中，J4－2 破碎带宽度为 6m，上断点埋深 17m，断距为 6m，具有与现今构造应力作用相适应的变形特征，基本符合主干断裂的判定标准。通过相邻剖面上浑河断裂带发育特征和连续性对比，并结合测线附近的钻孔和第四系研究资料，判定 J4－2 断点为断

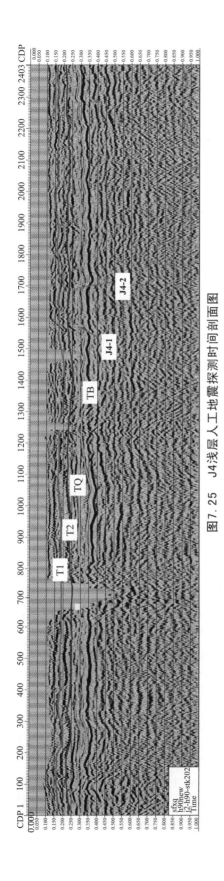

图7.25　J4浅层人工地震探测时间剖面图

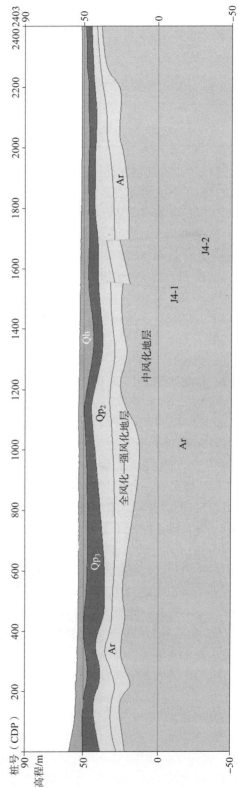

图7.26　J4浅层人工地震探测剖面地质解释图

表 7.21　J4 测线断层解释及其波组界面断错特征

断点编号	桩号位置（CDP）	倾向	倾角	性质	断裂带宽度/m	上断点埋深/m	断距/m	上切波组	未切波组	备注
J4－1	1535～1571	南东	62°	逆断层	4	17	5	TB、T3（TQ）	T2	次级
J4－2	1693～1712	北西	58°	正断层	6	17	6	TB、T3（TQ）	T2	主干

裂主干，J4－1 断点为次级分支。两条断层均错切了太古宇基岩内部中风化地层顶界面（TB）和第四系中更新统底界面（T3），但没有错动上更新统底界面（T2），剖面缺失下更新统地层，判定断裂最新活动时代为早－中更新世，晚更新世以来没有活动。

12）J5 测线

探测剖面全长 6090m，南端起于南四环路，沿苏家屯丁香街西侧向北布设，测线方向为近南北向。J5 测线的桩号 CDP1～380、500～1100、1280～6091 段有效波信噪比高、连续性好，CDP380～500、1100～1280 段有效波信噪比较低、连续性较差。时间剖面对比分析结果显示，CDP363～381 处有一倾向南南东的正断层（J5－1），倾角 74°，上断点埋深 77m，断层向上切断了 TB、TQ、T3 波组，但没有错切 T2 波组，断距 4.5m；CDP379～399 处有一倾向南南东的正断层（J5－2），倾角 75°，上断点埋深 78m，断层向上切断了 TB、TQ、T3 波组，但没有错切 T2 波组，断距 5.5m。上述两个断面共同控制了 1 条规模较大的断裂带，断裂带宽度可达 22m。CDP1723～1744 处有一倾向北北西的正断层（J5－3），倾角 58°，断裂带宽度 3m，上断点埋深 89m，断层向上切断了 TB、TQ 波组，但没有错切 T3 波组，断距 4m。CDP1876～1954 处有一倾向北北西的正断层（J5－4），倾角 43°，断裂带宽度 10m，上断点埋深 76m，断层向上切断了 TB、TQ、T3 波组，但没有错切 T2 波组，断距 9m。CDP2098～2146 处有一倾向北北西的正断层（J5－5），倾角 43°，断裂带宽度 8m，上断点埋深 92m，断层向上切断了 TB、TQ 波组，但没有错切 T3 波组，断距 8m。CDP2392～2413 处有一倾向北北西的正断层（J5－6），倾角 75°，上断点埋深 106m，断层向上切断了 TB 波组，但没有错切 TQ 波组，断距 7.5m；CDP2330～2497 处有一倾向北北西的正断层（J5－7），倾角 30°～43°，上断点埋深 73m，断层向上切断了 TB、TQ、T3 波组，但没有错切 T2 波组，断距 19m。上述两个断面共同控制了 1 条规模较大的断裂带，断裂带宽度可达 40m。CDP2602～2644 处有一倾向北北西的正断层（J5－8），倾角 49°，断裂带宽度 3.5m，上断点埋深 127m，断层向上切断了 TB 波组，但没有错切 TQ 波组，断距 4m。CDP3628～3688 处有一倾向北北西的正断层（J5－9），倾角 59°，断裂带宽度 8m，上断点埋深 120m，断层向上切断了 TB、TQ 波组，但没有错切 T3 波组，断距 10.5m。CDP3844～3880 处有一倾向北北西的正断层（J5－10），倾角 53°，断裂带宽度 3m，上断点埋深 149m，断层向上切断了 TB 波组，但没有错切 TQ 波组，断距 4m。CDP4424～4466 处有一倾向南西西的正断层（J5－11），倾角 63°，断裂带宽度 4m，上断点埋深 138m，断层向上切断了 TB 波组，但没有错切 TQ 波组，断距 7m。时间剖面同时显示，J5 剖面向南、向北的基底顶界面埋藏深度起伏较大，其中北部基底相对较深，剖面上各个波组界面均比较清楚，第四系底界波组界面被断层错切（图 7.27～图 7.30 和表 7.22）。

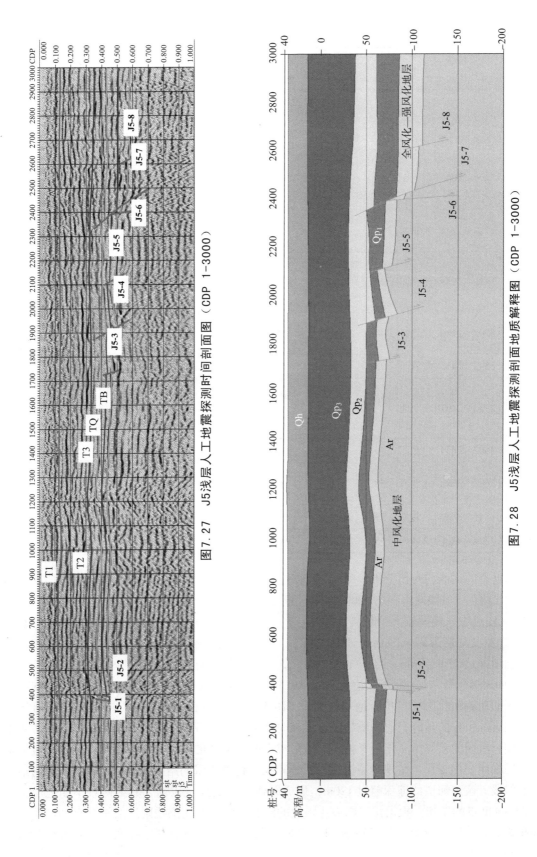

图7.27 J5浅层人工地震探测时间剖面图（CDP 1-3000）

图7.28 J5浅层人工地震探测剖面地质解释图（CDP 1-3000）

表 7.22　J5 测线断层解释及其波组界面断错特征

断点编号	桩号位置（CDP）	倾向	倾角	性质	断裂带宽度/m	上断点埋深/m	断距/m	上切波组	未切波组	备注
J5－1	363～381	南南东	74°	正断层	22	77	4.5	TB、T4（TQ）、T3	T2	主干
J5－2	379～399	南南东	75°	正断层		78	5.5	TB、T4（TQ）、T3	T2	主干
J5－3	1723～1744	北北西	58°	正断层	3	89	4	TB、T4（TQ）	T3	次级
J5－4	1876～1954	北北西	43°	正断层	10	76	9	TB、T4（TQ）、T3	T2	主干
J5－5	2098～2146	北北西	43°	正断层	8	92	8	TB、T4（TQ）	T3	次级
J5－6	2392～2413	北北西	75°	正断层	40	106	7.5	TB	TQ	主干
J5－7	2330～2497	北北西	30°～43°	正断层		73	19	TB、T4（TQ）、T3	T2	主干
J5－8	2602～2644	北北西	49°	正断层	3.5	127	4	TB	TQ	次级
J5－9	3628～3688	北北西	59°	正断层	8	120	10.5	TB、T4（TQ）	T3	主干
J5－10	3844～3880	北北西	53°	正断层	3	149	4	TB	TQ	次级
J5－11	4424～4466	南西西	63°	正断层	4	138	7	TB	TQ	次级

　　根据时间剖面的对比分析，J5 探测剖面上共解释出 11 个断点，其所揭示的断层面总体倾向北北西，少数倾向南南东，倾角较陡，断层最新运动性质均为正倾滑。在 J5－1～J5－11 的 11 个断点中，规模较大的断层包括 J5－1～J5－2、J5－4、J5－6～J5－7、J5－9 等断点（破碎带宽度分别为 22m、10m、40m、8m），不仅如此，前 3 条断层还分别具有相对较浅的上断点埋深（77m、76m、73m），J5－6～J5－7 断层具有较为显著的断错幅度（断距为 19m），J5－4、J5－9 的断距也达到 9m、10.5m。另外，根据人工地震探测经验数据和苏家屯地区的地貌演化历史，推断地震剖面上 CDP3300～3900 的 J5－9 断点附近存在古河道痕迹，河床沉积相的砂砾石、泥质地层互层在时间剖面上表现为充填反射状的顶平、底凹式单透镜体，后期的差异压实作用又使得河道形成下凹、上凸的眼球状反射结构，反映了古河道沉积层横向变化较快，呈现出亮振幅、断续和亚平行密集状的结构特点，并通常表现为地震短反射段。该古河道的埋深超过 120m，形成时代为中更新世以前，其第四系早期地层遭到了 J5－9 断点的错切。根据浑河断裂沈阳段的已有认知并对比测线附近的钻孔和第四系研究等相关数据，J5－1～J5－2、J5－6～J5－7 断点符合主干断裂的判定标准，具有比较明显的

主干断裂发育特征，因此判定为浑河断裂带主干的反映；J5 – 4、J5 – 9 断点所揭示的断裂带规模较小，J5 – 9 断点还可能受得了埋藏古河道的干扰，这两个断点不完全符合主干断裂的判定标准，但 J5 – 4、J5 – 9 的上切断点相对较浅，断距也比较明显，因此可将其作为参考的主干断点，在后续的断裂展布结构分析过程中进行辅助处理。值得注意的是，由于 J5 – 4、J5 – 9 断点的规模较小，所表征的断裂空间展布连续性、稳定性可能较差，特别是与 J5 – 1 ~ J5 – 2、J5 – 6 ~ J5 – 7 断点比较，它们所揭示的断裂发育程度相对较低，同时，J5 – 4 断点在空间上距离 J5 – 6 ~ J5 – 7 断点较近，断裂活动之间可能具有一定的相关性，J5 – 6 ~ J5 – 7 所表征的断裂活动客观上会对 J5 – 4 的断层活动产生影响，实际上导致了 J5 – 4 断点具有明显的断距。与上述断点比较，其他断点的规模一般较小，或者上断点较深、断距较小，与主干断裂的判定标准相差较远，判定属于次级分支的反映。

分析认为，J5 探测剖面上浑河断裂带沈阳段的各个主干和次级分支断裂普遍错切了太古宇基岩内部中风化地层顶界面（TB），多数错切了下更新统底界面（TQ），除 J5 – 9 以外，J5 – 1 ~ J5 – 2、J5 – 6 ~ J5 – 7 等主干断裂还大致错切了中更新统底界面（T3），但它们均没有错动上更新统底界面（T2），综合判定断裂在早 – 中更新世时期具有活动，晚更新世以来是稳定的。

6. 浑河断裂带空间展布、结构及与以往研究成果的对比分析

根据前述跨浑河断裂带的浅层人工地震探测结果，通过时间剖面上地震波速和反射波组的对比分析，并结合地质构造基础条件、区域第四系地层划分和对比、排列式钻孔探测等方面的已有认知，获得了浑河断裂沈阳段主干分支断裂及其次级分支断裂等在每一条浅层人工地震探测剖面上的地震地质发育特征。一方面，通过相邻测线上断裂产状（倾向、倾角）、运动性质（侧重于第四纪时期的最新倾滑性质，包含正倾滑、逆倾滑）、断裂规模（破碎带宽度）以及断裂活动程度（断裂对上覆第四系地层的错切特征）等多个相关参量的综合对比和分析，并对这些参量在空间变化上的连续性、稳定性和规律性予以科学、合理的考量，可以将不同测线上具有大致相同或相近特征的异常断点连接起来，从而得到现有探测精度条件下浑河断裂带总体的位置和展布形态，确定断裂带的结构特性。另一方面，根据浑河断裂带主干断裂筛选和确定的基本原则，以断裂具有第四纪活动性和北东东向挤压应力场作用下具有拉张性活动为前提，主干断裂应具有相对较大的规模以及更为强烈的活动程度（断裂应错动了更新的第四系地层且断错幅度相对较大），同时，主干断裂在空间展布上较之次级断裂应具有更好的可对比性、连续性和稳定性。基于上述技术思路，并在已有的浑河断裂带展布、结构认识基础上，能够基本确定浑河断裂带的展布、结构和地震地质发育特征。

对于浑河断裂带的空间展布和结构特征，在以往的调查研究工作中也取得了一定的研究成果，其主要认知为：浑河断裂带走向北东 – 北东东，总体倾向北，局部存在一定的倾向变化，倾角较陡。断裂带主要由南、北 2 条主干分支构成，一些地段亦可划分为 3 条主干分支，次级分支断裂有所发育，具有平行状（局部斜列状）的结构特性，各主干分支断裂之间距离一般为 1 ~ 4km 不等，总体上构成了北东 – 北东东向狭长条状的断陷带，具有一定的地堑式结构特征。断裂带规模较大，连续性、稳定性较好。

在沈阳地区所有发育的断裂构造序列中，浑河断裂带的编号分别为 F9、F14 和 F15，其中 F9 为北支主干断裂，延伸完整性较好，F14、F15 为南支主干断裂，其间存在一定的左阶排列。为了便于沈阳地区断裂构造的进一步研究，保持其系统性、完整性和延续性，本项浑河断裂带调查研究工作沿袭这一断裂编号规则，即将浅层人工地震探测所揭露的浑河断裂带主干仍然按照 F9、F14 和 F15 进行编号。总的来说，本项跨浑河断裂带的浅层人工地震测线布置较为密集，经过试验探测后采用了更为合理的系统观测参数，因而探测的精度总体上是较高的，所得到的结果较为精细，对于浑河断裂带的解析也是比较准确的。探测和分析结果显示，F9、F15 实际上均不是简单地由 1 条主干断裂组成，而是由 2 条左右次级主干断裂共同构成断裂带，将北支主干 F9 的次级主干断裂编号为 F9 - 1、F9 - 2，南支主干 F15 的次级主干断裂编号为 F15 - 1、F15 - 2，F14 断裂只发育有 1 条主干分支，保持其原有编号不变（表 7.23 和图 7.29）。

表 7.23　浑河断裂带展布位置及其主干分支断裂活动性参数

断层编号	测线编号	断点编号	倾向	倾角	性质	断裂带宽度/m	错切层面	未切层面	断距/m
F9 - 1	SF1	SF1 - 5	北西	66°	正断层	7	TB	T3（TQ）	6
	SF4	SF4 - 2	北西	60°	正断层	8	TB、T3（TQ）	T2	4
	SF5	SF5 - 14	北西	84°	正断层	30	TB、T3（TQ）	T2	5
		SF5 - 15	北西	83°	正断层		TB、T3（TQ）	T2	3
	SF6	SF6 - 13	北西	77°	正断层	35	TB、T3（TQ）	T2	4
		SF6 - 14	北西	82°	正断层		TB、T3（TQ）	T2	8
	J1	J1 - 2	北	28°	正断层	4	TB、T3（TQ）	T2	5
	J2	J2 - 2	北	72°	正断层		TB、T3（TQ）	T2	9
	J4	J4 - 2	北西	58°	正断层	6	TB、T3（TQ）	T2	6
	J5	J5 - 6	北北西	75°	正断层	6	TB	TQ	7.5
		J5 - 7	北北西	30°～43°	正断层	40	TB、T4（TQ）、T3	T2	19
F9 - 2	SF1	SF1 - 1	南东	77°	正断层	30	TB	T3（TQ）	7.6
		SF1 - 2	南东	70°	正断层		TB	T3（TQ）	5.5
	SF5	SF5 - 7	北西	69°	正断层	12	TB、T4（TQ）、T3	T2	9
	SF7	SF7 - 7	北西	80°	正断层	8	TB	T3（TQ）	8
	J5	J5 - 1	南南东	74°	正断层	22	TB、T4（TQ）、T3	T2	4.5
		J5 - 2	南南东	75°	正断层		TB、T4（TQ）、T3	T2	5.5

断层编号	测线编号	断点编号	倾向	倾角	性质	断裂带宽度/m	错切层面	未切层面	断距/m
F14	SF2	SF2 – 2	北西	47°	正断层	21	TB	T3（TQ）	16
	SF5	SF5 – 6	北西	73°	正断层	10	TB、T3（TQ）	T2	9
	SF6	SF6 – 8	北西	64°	正断层	74		TB	T2	7.3
		SF6 – 9	北西	84°	正断层		TB	T2	9
		SF6 – 10	北西	45°	逆断层		TB	T3（TQ）	4
	SF7	SF7 – 4	北西	84°	正断层	6	TB、T3（TQ）	T2	8
F15 – 1	SF2	SF2 – 6	南东	38°	逆断层	90	TB	T3	6
		SF2 – 7	北西	70°	正断层		TB、T3（TQ）	T2	7
		SF2 – 8	北西	70°	正断层		TB、T3（TQ）	T2	7
	SF3	SF3 – 4	北西	77°	正断层	10	TB	T3（TQ）	16
	SF6	SF6 – 7	北西	67°	正断层	10	TB	T3（TQ）	5
F15 – 2	SF2	SF2 – 10	南东	77°	正断层	6	TB、T3（TQ）	T2	25
	SF3	SF3 – 5	北西	69°	正断层	20	TB	T3（TQ）	22.3
	SF6	SF6 – 5	南东	72°	正断层	10	TB、T3（TQ）	T2	5
	J3	J3 – 2	北西	70°	正断层	65	TB、T3（TQ）	T2	10
		J3 – 3	北西	44°	正断层		TB、T3（TQ）	T2	5

基于上述浅层人工地震探测等研究的综合分析，得到了浑河断裂带沈阳段的空间位置、展布和结构特性。结果表明，这一断裂段实际上由 2~3 条主干分支断裂组成，各个主干分支又包含有 1~2 条次级主干及其间一系列的小型派生断层，它们近平行状或斜列状展布，间距各异，延伸舒缓，分支复合，共同构成了总体走向北东－北东东的浑河断裂带。根据断裂展布和结构关系，可将探测区的浑河断裂带划分为南支、北支和中支共 3 条主干断裂组，其间夹杂有若干断续发育的小型断裂。南支主干包含有 1~2 条规模较大、形态特征清楚、连续完整、构造活动明显的断裂破碎带即 F15 – 1、F15 – 2，但 F15 – 1、F15 – 2 两条断裂的间距很小，其北东端与浑河断裂抚顺段接合处的最大距离仅为 0.25km 左右，向南西延伸约 15km 的较短距离后 F15 – 1、F15 – 2 进一步汇合成 1 条主干断裂即 F15。F15 – 1、F15 – 2 虽然各自形成有相对独立发育的破碎强烈的断裂破碎带，但由于它们的间隔很小，因此也可以简单地把 F15 – 1、F15 – 2 看作同一条断裂带（F15）的共同组成部分，也就是说，南支主干断裂的 2 条分支实际上也可以直接归并为 1 条处理，只是这时的断裂带宽度在理解上得到了显著的增大，而具有清楚构造破碎形态的断裂破碎带内则夹杂了宽度较大（约 200m）、基本保持完整形态的基岩，尽管在基岩体内可能存在有同向小型断裂，它们在一定程度上破坏了基岩的完整性。北支主干大致包含 2 条规模较大、形态清楚、连续完整的破碎带即 F9 – 1、F9 – 2，这两条主干分支断裂的间距明显较 F15 – 1、F15 – 2 为大，同时它们之间也存在相对完整的基岩体及一系列同向次级断裂破碎带。F9 – 1、F9 – 2 在其北东端与浑河

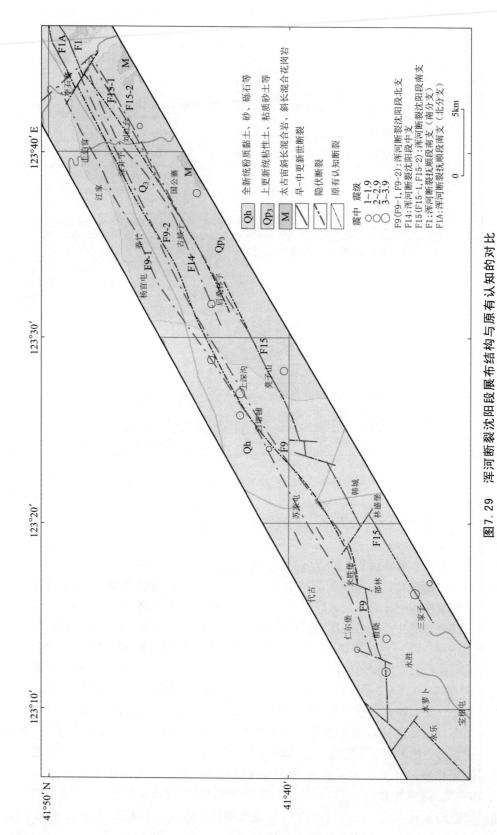

图7.29 浑河断裂沈阳段展布结构与原有认知的对比

断裂抚顺段接合部位的最大间距为 2km，向南西延伸约 32km 后，这 2 条主干分支断裂趋于靠拢但并没有汇合，随后 F9 - 1、F9 - 2 之间距离逐渐拉大，最大距离为 2km 左右，其中 F9 - 1 沿北东 - 北东东向延伸比较平直，F9 - 2 则展布舒缓且在位置上与原有认知的 F9 断层十分接近。F9 - 1、F9 - 2 均向南西延伸至苏家屯附近。与 F9、F15 不同，中支主干断裂 F14 只包含有 1 条断裂破碎带，在探测范围内该条断裂基本上独立展布，没有与北支、南支相汇合，与 F9、F15 之间的距离分别为 0.5 ~ 1.9km 和 0.4 ~ 1.5km，其间则属于相对完整的基岩体。F14 断裂的连续性、稳定性明显较 F9、F15 为差，断裂自与抚顺段接合处向南西方向的延伸长度较短，仅 22km 左右。因此，根据已有研究资料和本项专题调查，F9、F14 和 F15 的总体展布形态和结构特征与原有认知是大致相同的，只是随着研究的深入和探测精度的提高，对于各条断裂带的精细结构有了进一步的解析。

探测调查还表明，在浑河断裂带 F9、F14 和 F15 等主干分支断裂之间还发育有一系列与主干分支大致平行的北东 - 北东东向次级分支断裂，它们在断裂破碎带规模以及展布连续性、稳定性等方面较之 F9、F14 和 F15 明显为差，其中少部分断裂活动以压性为主，运动性质与现今构造应力场相抵触；次级分支断裂的活动性一般较弱，有些甚至对上覆第四系地层完全没有错动。分析认为，次级分支断裂属于浑河断裂带的组成部分，它们与南、北主干分支断裂一起共同构成了沈阳地区宽阔的、规模巨大的浑河断裂带，该断裂带走向北东 - 北东东，总体倾向北西，局部倾向南东，倾角较陡，断裂带的总宽度能够达到 2 ~ 4km。与主干分支断裂具有差异的是，次级分支要么属于断裂早期活动的产物，要么即使在第四纪时期存在活动而活动程度却很弱，属于伴随主干分支断裂活动的次级构造带。

总之，通过本次跨浑河断裂带的专项浅层人工地震探测和调查，并结合跨断裂带排列式钻孔探测和第四系地层年代学测试、对比及划分等相关认证，获得了第四系覆盖区处于隐伏状态的浑河断裂沈阳段在空间展布、规模、结构、运动性质和第四纪新活动性等诸多方面的认识，进一步确定了浑河断裂带的地震地质发育特征。对比分析表明，浑河断裂带的北支主干与原有研究成果所提供的浑河断裂带北支在展布位置、规模、运动性质和活动特征等方面比较接近，但断裂结构出现了新变化。原有已知的北支主干仅有 1 条断裂即 F9，而现在的认知是 F9 包含有 2 条主干分支断裂 F9 - 1、F9 - 2 并形成了最大宽度为 2km 左右的断裂带，原有的 F9 处在 F9 - 1、F9 - 2 之间或更为接近 F9 - 2，两者在局部地段重合。另外，原有认知的南支主干断裂连续性相对较差，可划分为东、西两段即 F14、F15，其间还具有一定的斜列状排列，形成了狭窄的阶区，而通过探测分析所得到的现有认知是，南支主干实际上包含有 2 条主干分支断裂并各自形成断裂带，分别将它们划分为南支主干分支 F15 和中支主干分支 F14，两者呈近平行状排列。与北支主干的展布结构类似，F15 断裂包含有 2 条主干分支 F15 - 1、F15 - 2，形成了最大宽度为 0.25km 的断裂带，该断裂带与原有的 F14、F15 断裂展布位置十分接近，局部地段甚至完全重合。由于 F15 - 1、F15 - 2 的间距很小，导致它们向南西延伸很短的距离后迅即靠拢合并成 1 条主干断裂即 F15，这时的断裂展布位置与原有的 F15 断裂是一致的，两者之间没有产生明显偏移。与之对照，中支的 F14 断裂与原有认知断裂之间虽然走向大致相同，但展布形态更为舒缓，在空间位置上与原有 F14 断裂之间存在一定的北向偏移，偏移距离为 0 ~ 1km，仅在北东局部地段有所重合。F14 向南西方向的延伸距离很小，断裂段长度与原有的 F14 断裂基本一致。根据探测调查和综合分析，浑河断裂沈阳段的各个主干分支断裂一般具有第四纪早期的活动特性，断裂运动性质以正倾滑为主。在浅层人工地震剖面上，主干断裂普遍错切了基岩中风化层顶界面（TB 波组），同时多数还错切了第四系底界面（TQ 波组），由于探测区内多数地段下更新统基本缺失而中更新统实际上充当了第四系的底部，因此主干断裂对于中更新统底界面（T3 波组）的错切是比较普遍的，但错切幅度一般较小，同时在所有的探测剖面上断裂构造又普遍没有错切上更新统地层的底界面（T2 波组），因此判定浑河断裂沈阳段在第四纪早－中更新世时期是具有活动的，而晚更新世以来没有新的活动，断裂的第四纪新活动程度较弱。这一断裂活动性分析结论与原有的"浑河断裂沈阳段属于第四纪早期活动断裂"的认知是一致的。

7. 基于浅层人工地震探测的浑河断裂带地震地质发育特征

我们已经知道，在浑河断裂沈阳段所布设的 12 条浅层人工地震探测剖面中，SF5、SF6 测线属于控制性剖面，它们的测线长度较大，基本上跨越了整个浑河断裂带，控制了浑河断裂带的南、北和中支主干断裂，对于主干分支及其间的小型次级分支断裂具有比较系统、完整的探测结果。SF1、SF2、SF3、SF4、SF7 和 J1、J2、J3、J4 共 9 条测线则属于一般性的探测剖面，它们按照探测区内现有的有限道路和观测条件进行布设，长度相对较小。J5 测线亦属于控制性剖面，跨越了浑河断裂带北支主干及其以北至现代浑河河床之间的大范围区域，按照现有道路和观测施工条件进行布设，测线长度较大，其南端起于沈阳市区的南四环路，向北延入现代浑河河床及南岸附近第四系沉积区，北端距离河床约 2～3km。该测线用以控制浑河断裂带北支主干 F9－1、F9－2，解析断裂规模、结构并判定 F9 断裂与现代浑河河床之间其他相关断裂的构造发育和活动特性。在所布设的探测剖面中，SF1、SF4、SF5、SF6、SF7 和 J1、J2、J4、J5 测线所探测的目标断裂为浑河断裂带北支主干，SF2、SF3、SF6 和 J3 测线所探测的目标断裂为南支主干，SF2、SF5、SF6、SF7 测线所探测的目标断裂为中支主干。这样的话，在本次开展的浅层人工地震探测工作中，对于浑河断裂带北支主干实际上有 9 条测线能够揭示，对于中支主干有 4 条测线能够揭示，对于南支主干有 4 条测线能够揭示。总的来说，通过上述浅层人工地震探测剖面的布设基本上能够实现对于浑河断裂带的探测目标，获取浑河断裂带展布、规模、结构和活动性等方面的认识。

经过统计，12 条浅层人工地震剖面上共解释出断点 85 个，包括：南、北支断裂控制性剖面 32 个断点，一般性剖面 42 个断点和北支断裂控制性剖面 11 个断点，其中揭示为主干分支断裂的断点有 33 个，揭示为小型次级分支断裂或其他断裂的断点有 52 个。根据各个断点在时间剖面上的波组界面反映特征及其所得到的相关断层地质解释，以断裂几何结构、规模、活动性和运动特征为基础，进行断层地震地质发育的相关性和规律性分析，并参考浑河断裂沈阳段已有的认知，可以将上述主干断裂的断点组合成北东－北东东向的断裂带共 3 条，其中包含 5 条主干分支断层，它们分别是：北支主干断裂 F9，包含 2 条主干分支断层 F9－1（11 个断点）、F9－2（6 个断点）；南支主干断裂 F15，包含 2 条主干分支断层 F15－1（5 个断点）、F15－2（5 个断点）；中支主干断裂 F14（6 个断点）（表 7.24）。

表 7.24　浑河断裂带各个主干分支断裂地震地质发育特征

断层编号	测线编号	断点编号	倾向	倾角	运动性质	断裂带宽度/m	错切地层	未切层面	断距/m	最新活动时代
F9-1	SF1	SF1-5	北西	66°	正断层	7	基底	中更新统	6	中更新世以前
	SF4	SF4-2	北西	60°	正断层	8	中更新统	上更新统	4	中更新世
	SF5	SF5-14	北西	84°	正断层	30	中更新统	上更新统	5	中更新世
		SF5-15	北西	83°	正断层		中更新统	上更新统	3	中更新世
	SF6	SF6-13	北西	77°	正断层	35	中更新统	上更新统	4	中更新世
		SF6-14	北西	82°	正断层		中更新统	上更新统	8	中更新世
	J1	J1-2	N	28°	正断层	4	中更新统	上更新统	5	中更新世
	J2	J2-2	N	72°	正断层	6	中更新统	上更新统	9	中更新世
	J4	J4-2	北西	58°	正断层	6	中更新统	上更新统	6	中更新世
	J5	J5-6	北北西	75°	正断层	40	基底	下更新统	7.5	早-中更新世
		J5-7	北北西	30°~43°	正断层		下-中更新统	上更新统	19	
F9-2	SF1	SF1-1	南东	77°	正断层	30	基底	中更新统	7.6	中更新世以前
		SF1-2	南东	70°	正断层		基底	中更新统	5.5	中更新世以前
	SF5	SF5-7	北西	69°	正断层	12	下-中更新统	上更新统	9	早-中更新世
	SF7	SF7-7	北西	80°	正断层	8	基底	中更新统	8	中更新世以前
	J5	J5-1	南南东	74°	正断层	22	下-中更新统	上更新统	4.5	早-中更新世
		J5-2	南南东	75°	正断层		下-中更新统	上更新统	5.5	
F14	SF2	SF2-2	北西	47°	正断层	21	基底	中更新统	16	中更新世以前
	SF5	SF5-6	北西	73°	正断层	10	中更新统	上更新统	9	中更新世
	SF6	SF6-8	北西	64°	正断层	74	基底	上更新统	7.3	晚更新世以前
		SF6-9	北西	84°	正断层		基底	上更新统	9	晚更新世以前
		SF6-10	北西	49°	正断层		基底	上更新统	4	中更新世以前
	SF7	SF7-4	北西	84°	正断层	6	中更新统	上更新统	8	中更新世
F15-1	SF2	SF2-6	南东	38°	逆断层	90	基底	中更新统	6	中更新世以前
		SF2-7	北西	70°	正断层		中更新统	上更新统	7	中更新世
		SF2-8	北西	70°	正断层		中更新统	上更新统	7	中更新世
	SF3	SF3-4	北西	77°	正断层	10	基底	中更新统	16	中更新世以前
	SF6	SF6-7	北西	67°	正断层	10	基底	中更新统	5	中更新世以前

续表

断层编号	测线编号	断点编号	倾向	倾角	运动性质	断裂带宽度/m	错切地层	未切层面	断距/m	最新活动时代
F15－2	SF2	SF2－10	南东	77°	正断层	6	中更新统	上更新统	25	中更新世
	SF3	SF3－5	北西	69°	正断层	20	基底	中更新统	22.3	中更新世以前
	SF6	SF6－5	南东	72°	正断层	10	中更新统	上更新统	5	中更新世
	J3	J3－2	北西	70°	正断层	65	中更新统	上更新统	10	中更新世
		J3－3	北西	44°	正断层		中更新统	上更新统	5	中更新世

8. 浑河断裂沈阳段北支主干断裂 F9（F9－1、F9－2）

1）F9－1 断层

根据浅层人工地震探测结果的综合分析，F9－1 在 SF1、SF4、SF5、SF6 和 J1、J2、J4、J5 探测剖面上有所揭示（图 7.30～图 7.32）。在近地表发育形态上，断裂走向 52°～62°，总

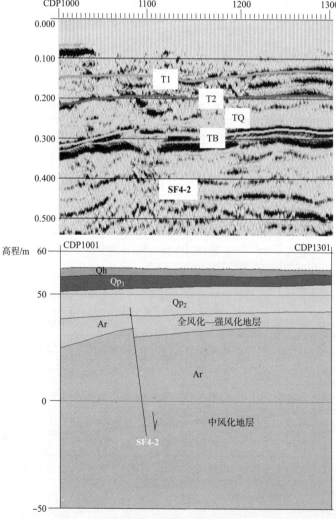

图 7.30　F9－1 断层在 SF4 测线上的时间剖面（上）和地质解释剖面（下）

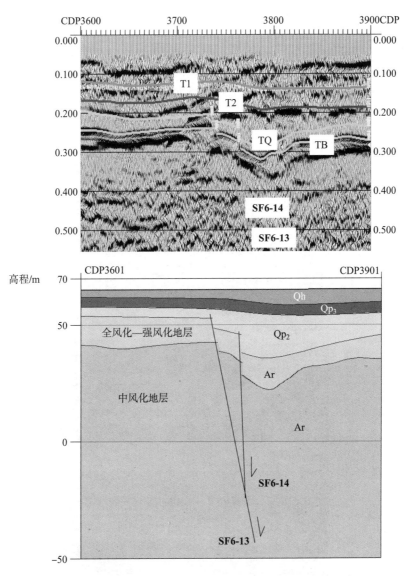

图 7.31　F9－1 断层在 SF6 测线上的时间剖面（上）和地质解释剖面（下）

体倾向北西－北北西，极个别地段倾向南东，倾角较陡，为 57°~82° 至近直立。断裂规模较大且具有很大的不均匀性，破碎带宽度变化范围 4~40m，带内可见多个断层错动面，具有铲状或阶梯状结构。断裂第四纪以来的最新运动性质主要表现为正倾滑，可能兼有一定的右旋走滑。根据浅层人工地震探测结果的统计分析，各测线剖面上的 F9－1 断层基本错断了基底中风化层（TB 波组）和第四系底界面（TQ 波组），除了位于断裂段西端的苏家屯探测剖面 J5 以外，其他布设于断裂段东端沈抚新区探测范围内的第四系地层仅包含有中－上更新统和全新统地层，而缺失下更新统地层，因此断裂的最上断错点实际上已经位于第四系底部的中更新统地层中，即断裂最上错断了中更新统底界面（T3 波组），而对于第四系中、上部的上更新统（底界波组 T2）和全新统（底界波组 T1）地层均没有产生影响，个别探测剖面上对于中更新统底界面（T3 波组）也没有产生明显影响；而在苏家屯的 J5 剖面上，第四系地层完整，下－中－上更新统和全新统断层均有发育，断层错断了基底中风化层（TB 波组）以及第四系底界面（TQ 波组）、中更新统底界面（T3 波组），对于上更新统（底界波组 T2）和全新统（底界波组 T1）地层则没有产生影响。F9－1 对基底中风化层和中更新统地层的断错幅度一般较小，断距值介于 3～19m，其中对于中更新统地层的最大断距为 19m。因此，判定 F9－1 断裂在第四纪早－中更新世时期存在活动，晚更新世以来活动特征不明显，断裂活动程度总体上不很强烈。

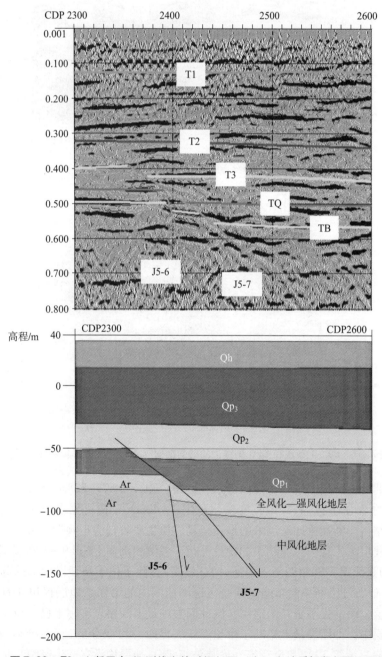

图 7.32　F9－1 断层在 J5 测线上的时间剖面（上）和地质解释剖面（下）

伴随着 F9 - 1 断层（乃至北支主干断裂带 F9）的构造活动，在其两侧产生了一系列次级的小型伴生断层，它们基本上平行于主干断裂展布，形成断裂束和铲状、阶梯状结构。次级断层倾向、倾角可能存在较大变化，个别断层甚至存在与主干断裂反倾的现象。断层运动性质也相对复杂多变，有少数断层表现为逆冲性质，而这与现今构造应力作用相违背，应属于较早时期构造活动的产物。统计分析表明，次级断层较之 F9 - 1 主干断裂规模小、连续性差，次级断层在浑河断裂沈阳段内一般不具有贯通性，断层长度多数在几千米至十几千米之间，向两端尖灭或归于主干断裂上。在构造牵引作用下，次级断层通常具有与主干断裂同步活动的特性，断层破碎带宽度也能够达到 2～8m 等数米的量级，发育形态与主干断裂相同或相近。在断裂活动特征方面，次级断层普遍错切了基岩内部的 TB 波组，基岩中风化层断距为 2～8m，而第四系内部的 T1、T2 波组完全没有受到断层的影响；一部分次级断层伴随着主干断层的活动还向上错切了 T3（TQ）波组，中更新统底界面的断距能够达到 3～7m，而另一部分则没有错切 T3（TQ）波组，仅属于基岩断层。一般地，与主干断裂邻近的次级断层受到主干断裂的影响较大，也具有表现出相对较强的活动性。总的来看，F9 - 1 的次级断层规模较主干断裂明显为小，断裂上断点位于基岩或第四系中更新统地层中，断距也明显小于主干断裂，基本上属于与 F9 - 1 主干断裂同期的伴生活动的产物。

2）F9 - 2 断层

F9 - 2 断层在 SF1、SF5、SF7 和 J5 测线上有所揭示。在近地表发育形态上，断裂总体走向 55°～60°，倾向变化较大，其南西段落多倾向南东，向北东延伸偏为倾向北西，断层倾角 69°～80°，十分陡峭。F9 - 2 断层规模较大且具有一定的不均匀性，破碎带宽 8～30m，带内可见多个断层错动面，具有铲状结构。断裂第四纪最新运动性质主要为正倾滑，兼有一定的右旋走滑。各测线剖面上的 F9 - 2 断层普遍错断了基底中风化层（TB 波组），部分探测剖面上的断层向上还错断了第四系下更新统底界面（TQ 波组）—中更新统底界面（T3 波组）。探测范围内的第四系地层层序相对完整，包含有下 - 中 - 上更新统和全新统地层，但下更新统地层的分布具有一定的局限性，除 J5 测线以外，其他测线下更新统波组界面在剖面上的连续性相对较差。总的来看，断裂的最上断错点实际上位于第四系下部的中更新统地层中，即断裂最上错断了中更新统底界面（T3 波组），而对于第四系中、上部的上更新统（底界波组 T2）和全新统（底界波组 T1）地层均没有产生影响，一些剖面上甚至对于中更新统底界面（T3 波组）也没有产生明显影响。断裂对基底中风化层和下 - 中更新统地层的断错幅度一般较小，断距值介于 5.5～9m，其中对于第四系下 - 中更新统地层的错切幅度最大可达到 9m，该断错幅值与 F9 断裂的另一条主干分支 F9 - 1 断层的最大断错幅值比较略逊，同时 F9 - 1 对于中更新统地层的断错表现得也更为普遍，这一现象说明 F9 - 1 断层的活动性较之 F9 - 2 明显为强，F9 - 1 是浑河断裂沈阳段主干中的主干断裂，其对于浑河断裂沈阳段的活动性和地震危险性应具有代表性。尽管如此，F9 - 2 断层与 F9 - 1 的活动特征在总体上是相似的，即均在第四纪早 - 中更新世时期存在活动，晚更新世以来的新活动特征不明显，断裂活动程度不很强烈（图 7.33 和图 7.34）。

与 F9 - 1 断层一样，伴随着主干断裂的构造活动，F9 - 2 两侧也产生了一系列次级的小型伴生断层，它们基本上平行于主干断裂展布，形成为断裂束，剖面上具有铲状、阶梯状结构。次级断层的倾向、倾角具有一定的变化，个别断层存在与 F9 - 2 反倾的现象，但断层运动性质比较稳定，均表现为正倾滑，属于与 F9 - 2 基本同期的现今构造应力场作用下的产

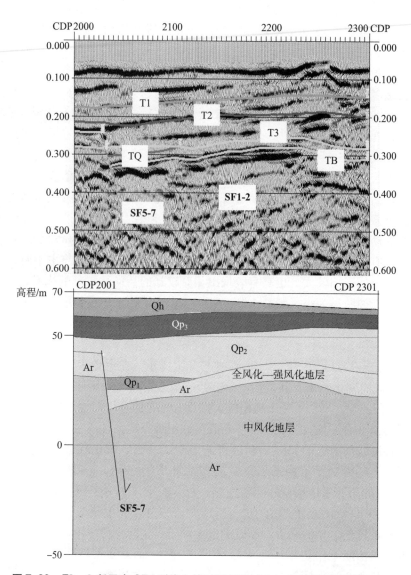

图 7.33　F9－2 断层在 SF5 测线上的时间剖面（上）和地质解释剖面（下）

物。经过统计分析，F9－2 的次级断层发育程度较之 F9－1 为弱，它们规模较小、连续性差，普遍不具有贯通性，断层长度多数在几千米至十几千米之间，向两端尖灭或归于主干断裂 F9－2 上。另一方面，在主干断裂构造活动牵引作用下，F9－2 两侧次级断层的伴生活动所产生的破碎带宽度能够达到 3～5m，其发育形态与主干断裂是相同或相近的。分析表明，次级断层一般仅错切了基岩内部的 TB 波组，基岩中风化层的断距可以达到 3～8m，而第四系内部的 T1、T2、T3 等各个层面波组一般没有受到次级断层的影响，因此 F9－2 两侧附近的次级断层基本上属于基岩断层，第四纪以来没有新的活动。

经过比较分析，F9－2 的次级断层相对于 F9－1 发育数量较少且活动性明显偏弱，考虑到次级断层与主干断裂之间构造活动的密切关系，这从另一个侧面反映了在浑河断裂沈阳段北支主干断裂 F9 的两条组成断裂中，偏北的 F9－1 断层具有比偏南的 F9－2 断层更大的断裂带规模和更为强烈的活动性，也更具有主干断裂的产出特性。

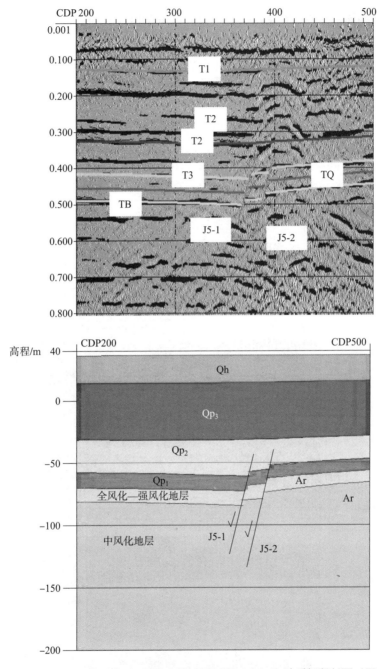

图 7.34　F9－2 断层在 J5 测线上的时间剖面（上）和地质解释剖面（下）

9. 浑河断裂沈阳段中支主干断裂 F14

断层在浅层人工地震测线 SF2、SF5、SF6、SF7 上有所揭示。结合已有认知分析认为，F14 的走向变化较大，为 50°~70°，断层倾向却十分稳定，倾向于北西，但倾角变化很大，为 45°~84°，上述几何参数反映了 F14 舒缓波状的断层面形态。根据时间剖面分析，各测线剖面上的 F14 规模很不均匀，破碎带宽度变化范围为 6~74m，带内见有多个断层错动面，形成阶梯状结构。断裂在第四纪以来表现出的最新运动性质为正倾滑，也可能兼有一定的右旋走滑。在各个剖面上，F14断层均错断了基底中风化层（TB波组），少数剖面上的F14断层还进一步向上错断了第四系底界的TQ波组。由于探测范围内的第四系地层仅包含有中－上更新统和全新统地层，因此断裂的最上断错点实际上位于第四系底部的中更新统地层中，即断裂最上错断了中更新统底界面（T3波组），而对于第四系中、上部的上更新统（底界波组T2）和全新统（底界波组T1）地层则没有产生影响。另外，断裂对于基底中风化层和中更新统地层的断错幅度呈现出变化的态势，断距值介于4~16m，其中对于中更新统地层的最大断距为9m，对于基底中风化层的断错比较明显，最大断距为16m。F14对于中更新统地层的断错幅值与F9－1、F9－2是大致相同的。因此，F14断裂在第四纪早－中更新世时期存在有活动，而晚更新世以来的新活动特征不明显，断裂活动程度总体上不强烈（图7.35和图7.36）。

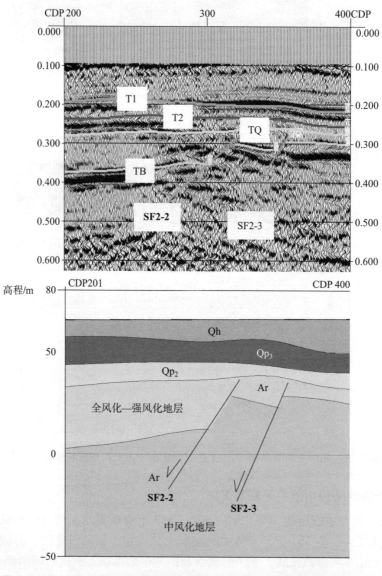

图7.35　F14断层在SF2测线上的时间剖面（上）和地质解释剖面（下）

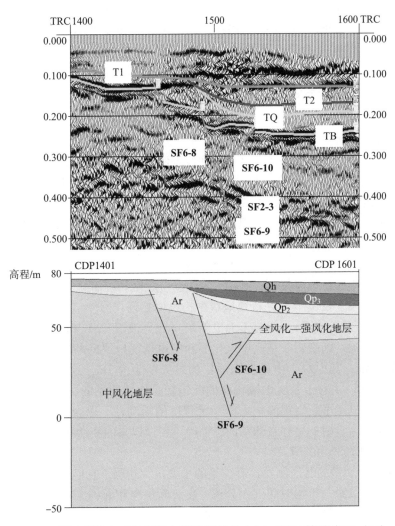

图 7.36　F14 断层在 SF6 测线上的时间剖面（上）和地质解释剖面（下）

　　与浑河断裂带北支主干的 F9 - 1、F9 - 2 相似，F14 断层两侧也产生了一系列次级的小型伴生断层，它们平行于主干断裂展布，形成断裂束以及铲状、阶梯状结构，但次级断层的倾向、倾角具有明显的变化，甚至存在与主干断裂反倾的现象，而次级断层的运动性质以正倾滑为主，少数表现为逆冲性质。统计分析表明，F14 的次级断层发育程度与 F9 - 2 相近而较 F9 - 1 为弱，它们一般规模较小、连续性较差，在空间展布上不具有贯通性，断层长度仅为数公里，向两端尖灭或归于主干断裂 F14 上。在主干断裂构造活动牵引下，F14 的次级断层伴生活动，破碎带宽度能够达到 3～5m，发育形态与主干断裂相同或相近。在断层活动性上，次级断层普遍错切了基岩内部的 TB 波组，基岩中风化层断距能够达到 3～9m，而 TB 波组之上、位于第四系内部的 T1、T2、T3 波组等大部分没有受到影响，次级断层多属于基岩断层；在个别探测剖面上，见到断层向上错切了 T3（TQ）波组，第四系底界面（即中更新统底界面）断距能够达到 7m，显示 F14 断层亦存在有第四纪早期活动的次级断层。总的来看，与 F14 主干断裂的发育程度和规模相对应，F14 的次级断层发育程度和规模明显较浑河断裂带的另外两条主干断裂即 F9、F15 为小，断裂的上断点多位于基岩中，断距与主干断裂 F14 相比略小，属于与主干断裂同期活动的产物；另外，与主干断裂 F14 邻近的次级断层可能受到主干断裂的影响较大，因而断距比较清楚、活动性相对较强。

10. 浑河断裂沈阳段南支主干断裂 F15（F15－1、F15－2）

1）F15－1 断层

该断层在浅层人工地震测线 SF2、SF3、SF6 上有所揭示。断裂走向基本稳定在 60°左右，但倾向变化与 F9－2 相似，即断裂的南西段多倾向南东，北东段则偏为倾向北西，断层倾角也同时存在一定变化，为 38°～77°。根据时间剖面的对比分析，F15－1 的规模很不均匀性，破碎带的宽度变化为 10～90m，带内发育多个断层错动面，形成铲状、阶梯状结构。断裂第四纪以来的最新运动性质主要表现为正倾滑，可能兼有一定的右旋走滑。另外，各测线剖面上的 F15－1 断层均错断了基底中风化层（TB 波组），大部分剖面对于中更新统底界面（T3 波组）并没有产生影响，只在少数剖面上见到断层向上错断了第四系底界的 TQ 波组。由于探测范围内的第四系地层仅包含有中－上更新统、全新统而缺失下更新统地层，因此断裂的最上断错点实际上仅位于中更新统地层中，也就是说，F15－1 断层最上错断了第四系中更新统的底界面（T3 波组），但对于上更新统（底界波组 T2）和全新统（底界波组 T1）地层则没有产生影响。断裂对于基底中风化层和中更新统地层的断错幅度呈现出变化态势，断距值介于 5～16m，其中对于中更新统地层的最大断距为 7m，这略小于 F9、F14 主干断裂。尽管如此，F15－1 对于基底中风化层的断错却是比较明显的，它与 F14 一样，最大的断距均达到 16m，显示了断裂第四纪之前一定程度的活动性。综合分析认为，F15－1 断层在第四纪早－中更新世时期是存在活动的，而晚更新世以来的新活动特征不明显，断层活动程度相对较弱（图 7.37 和图 7.38）。

F15－1 主干断裂带的北西侧发育有少量的小型次级断层，它们与 F15－1 平行展布，两者存在比较密切的关系。根据时间剖面分析，次级断层与相邻的 F15－1 共同构成断裂束并在剖面上具有铲状、阶梯状结构。次级断层的倾向、倾角存在一定变化，运动性质也不尽相同。统计分析表明，F15－1 的次级断层发育程度较 F15－2 为弱，断层规模较小、连续性较差，不具有贯通性，断层延伸数千米或十几千米后向两端逐渐尖灭或归于主干断裂 F15－1 上。由于 F15－1、F15－2 两条主干断裂距离较近并很快合并为 1 条主干断裂 F15，因此次级断层的生成和发育实际上与 F15－1、F15－2 均具有相关性。在主干断裂活动作用下，F15－1 的次级断层伴生活动，断层破碎带宽度能够达到 3～5m，发育形态与主干断裂基本相同。在断层活动性上，次级断层仅错切了基岩内部的 TB 波组，而对于第四系内部的 T1、T2、T3 等波组均没有造成影响，基岩中风化层的断距可以达到 3～8m，表明次级断层属于基岩断层，第四纪以来没有新的活动。

2）F15－2 断层

F15－2 断层在浅层人工地震测线 SF2、SF3、SF6 和 J3 上有所揭示。在空间展布上，F15－2 与 F15－1 十分接近，它们的走向均为 60°左右，但相对而言，F15－2 断层的倾向、倾角变化较大，即在一些地段倾向北西，而另一些地段倾向南东，倾角范围在 44°～77°，这反映了 F15－2 相对舒缓的展布形态。与 F15－1 一样，F15－2 规模较大且具有很大的不均匀性，破碎带宽度变化为 6～65m，带内可见多个断层错动面，具有铲状或阶梯状结构。F15－2

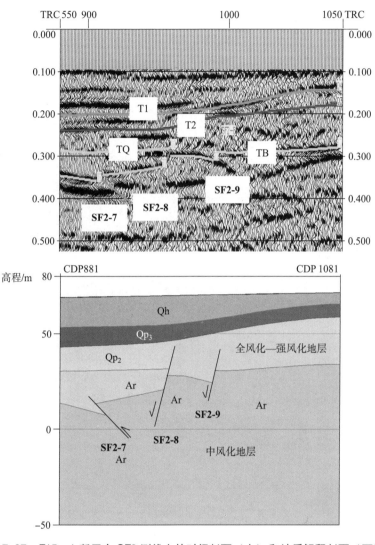

图 7.37　F15 -1 断层在 SF2 测线上的时间剖面（上）和地质解释剖面（下）

第四纪以来的最新运动性质主要表现为正倾滑，各测线剖面上的 F15 - 2 断层均错断了基底中风化层（TB 波组），多数剖面上断层还向上错断了第四系底界的 TQ 波组。由于探测范围内的第四系地层仅包含中 - 上更新统和全新统，因此断裂的最上断错点位于第四系底部的中更新统地层中，即断裂最上错断了中更新统底界面（T3 波组），而对于上更新统（底界波组 T2）和全新统（底界波组 T1）地层没有产生影响，而个别剖面上断层对于中更新统底界面（T3 波组）也没有产生影响。在断错幅度上，F15 - 2 对于基底中风化层和中更新统地层的断距值介于 5~25m，其中 2 个探测剖面上的断距值达到了 20m 以上，而对于中更新统地层的最大断距能够达到 25m。综合分析认为，F15 - 2 的最新活动时代为早 - 中更新世，晚更新世以来活动特征不明显，该主干分支断裂的活动程度较 F15 - 1 有所增强，而与北支主干 F9 - 1 接近，总体上不很强烈（图 7.39）。

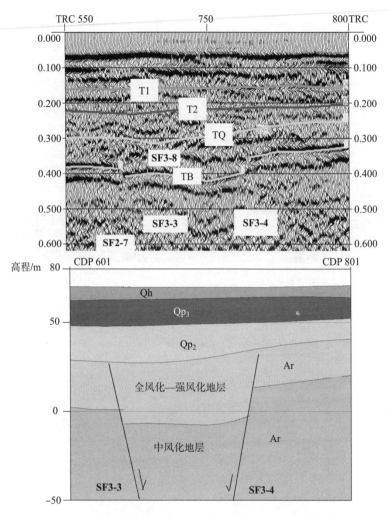

图 7.38　F15－1 断层在 SF3 测线上的时间剖面（上）和地质解释剖面（下）

　　与 F15－1 相对应，在 F15－2 的南东侧产生了一系列与之关系密切的小型次级伴生断层，它们大致平行于 F15－2 展布，与 F15－2 构成断裂束，在剖面上具有铲状、阶梯状结构。次级断层的倾向、倾角存在一定变化，而运动性质则比较稳定，均表现为正倾滑。统计表明，F15－2 的次级断层发育程度明显较 F15－1 为强，但次级断层的规模仍然较小、连续性较差，不具有贯通性，在延伸几千米至十几千米后分别向两端逐渐尖灭或归于主干断裂 F15－2 上。次级断层破碎带宽度一般达到 3～6m 等数米的量级，发育形态与主干断裂基本相同。次级断层普遍错切了基岩内部的 TB 波组，基岩中风化层断距达到 2～14m；大部分剖面上的第四系底界面 TQ（T3）波组和第四系内部的 T1、T2 波组完全没有受到断层影响，次级断层主要属于基岩断层；但在少部分探测剖面上，见到断层向上错切了 TQ（T3）波组，第四系底界面（即中更新统底界面）断距能够达到 3m 左右，次级断层表现出一定的第四纪活动性。一般地，与主干断裂邻近的次级断层可能受到主干断裂影响较大，因而活动性较强，较远的次级断层则受到主干断裂影响较小，活动性相对较弱。总的来看，F15－2 次

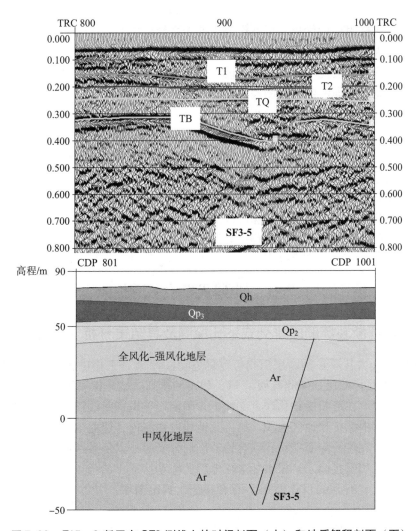

图 7.39　F15 –2 断层在 SF3 测线上的时间剖面（上）和地质解释剖面（下）

级断层的规模明显较主干断裂为小，断裂上断点主要位于基岩中，只有少部分可切入到第四系中更新统地层中，但断距较小、断层活动性较弱。

实际上，F15 - 2 断层的次级断层数量较之 F15 - 1 是明显增多的，断层活动性也有所增强。考虑到次级断层与主干断裂在成生与构造活动方面的密切关系，上述断层发育特征从侧面反映了浑河断裂沈阳段南支主干 F15 的两条组成断裂中，偏南的 F15 - 2 断层可能具有更大的主导性，也更具有主干断裂的特性。应该看到的是，由于 F15 - 1、F15 - 2 两条主干分支断裂相距很近并很快合并为 1 条主干断裂 F15，因此 F15 断裂两侧次级断层的成生、发育与 F15 - 1、F15 - 2 主干分支断裂之间均具有一定的关系，均表现出与主干断裂大致同步活动的特性。

纵观整条的浑河断裂带沈阳段，虽然可将其划分为北、中、南 3 条主干断裂，北支主干 F9 又进一步划分为 F9 - 1、F9 - 2，南支主干 F15 进一步划分为 F15 - 1、F15 - 2，但实际上，上述各条主干及其分支的发育程度和活动性是存在一定差异的。比较而言，展布于浑河断裂带最北侧的 F9－1 和最南侧的 F15－2 在断裂带规模、活动性以及空间展布连续性、稳定性等方面具有比较明显的优势，可看作两条处于主导地位的主干分支断裂，而其他的主干和次级分支断层则在不同程度上存在从属性活动特征。由 F9－1、F15－2 所围限的浑河断裂带基本上代表了浑河断裂沈阳段的总体规模，断裂构造发育和活动性也代表了浑河断裂沈阳段的基本特征。总之，浑河断裂沈阳段的断裂带宽度为 2～4km，由 3～5 条规模较大的主干分支断裂组成，其中夹有数条规模较小的次级分支断层，在空间上形成近平行状结构和分支复合特征，展布形态舒缓；断裂带内包含有多个大小不一的构造破碎带，单条破碎带的最大宽度可达约百米，不同的分支断裂之间在剖面上构成铲状或阶梯状结构；各个分支断层在发育程度和活动性等方面具有一定的不均匀性，断裂活动具有多期性，第四纪以来表现出新的活动；主干分支断层的第四纪运动性质以正倾滑为主，亦可能兼有一定的右旋走滑。根据浅层人工地震探测结果，认为浑河断裂沈阳段的最新活动时代为第四纪早－中更新世，晚更新世以来的活动特征不明显，断裂活动程度总体上并不强烈，较之第四纪以前有所减弱。

7.2 排列式钻孔探测

7.2.1 浑河断裂抚顺段排列式钻孔探测及其结果分析

在"沈阳市（含抚顺）活断层探测与地震危险性评价"工作中，浑河断裂抚顺段南支（F1、F1A）属于目标断层，因此开展了 F1、F1A 的排列式钻孔探测工作，对于 F1、F1A 的活动性作出了评价。在跨断层钻孔联合剖面上，确定用于识别断层的地层标志是判断目标断层活动性的基础。根据抚顺地区地貌、第四纪地质发育特征，建立第四纪地层标准剖面，确定了标志性地层；在进行跨断层钻孔联合地质剖面分析时，以每条断层的联合地质剖面为单位来划分地层直接和间接标志，根据标志性地层的错动特征，结合年代学分析结果，可以确定以倾滑活动为主要特征的目标断层上断点特征，判定断层产状、性质及活动时代、活动程度。

抚顺盆地区第四系地层发育不完整，地质地貌、第四纪地质调查和钻孔剖面分析确认这一地区主要发育全新统、上更新统地层，中－下更新统地层则多有缺失。结合钻孔剖面岩性分析和年龄测试结果，抚顺盆地区第四系地层划分如下：全新统分布于近地表，岩性成分主要为杂填土、粉质黏土、中砂等，湿－稍湿，松散，地层厚度一般小于 2m；上更新统分布于全新统之下，岩性成分主要为粉质黏土、中粗砂、圆砾、卵石、砾砂及少量残积土等，含少量黏性土，湿－饱和，稍密－密实，分选变化大，级配好，磨圆较好，呈亚圆形。地层厚度一般为 5～15m，是主要的第四系地层。

1. 浑河断裂抚顺段（F1A）的排列式钻孔

跨 F1A 的排列式钻孔剖面布设主要参考了附近浅层人工地震（FSck－10N）测线和沿断裂已经出现的地面张裂缝等，在断层异常点两侧分别布设两个钻孔，为 FSZ－1、FSZ－2、FSZ－3 和 FSZ－4。排钻剖面方向近南北，垂直于已知的浑河断裂抚顺段（F1A），排列顺序由南至北依次为 FSZ－3、FSZ－2、FSZ－1、FSZ－4，钻孔间距为 10.0m、15.0m、20.0m。排列式钻孔剖面各地层基本可以对比，其中 FSZ－1 钻孔地层编录由上到下为：杂填土，分布深度 0～1.0m；粉质黏土，深度 1.0～1.6m；中砂，深度 1.6～3.0m；砾砂，深度 3.0～

4.8m；圆砾（1），深度 4.8~5.8m；圆砾（2），深度 5.8~7.2m；卵石，深度 7.2~8.4m；混合花岗岩，深度 8.4~10.0m，在 9.0m 以下见有断层泥，为断层构造破碎带。

在跨 F1A 的排列式钻孔剖面中，对 FSZ-1 钻孔进行了系统的第四系和断层破碎物采样及年龄测试，测试结果列于下表（表7.25）。根据抚顺盆地区第四系地层划分和 FSZ-1 钻孔第四系地层年龄测试结果，在上述地层中，近地表 0~3.0m 的粉质黏土、中砂等地层属于全新统，3.0m 及以下的砾砂、圆砾等地层属于上更新统。

表 7.25　跨 F1A 断裂排列式钻孔 FSZ-1 地层样品采集与测试

序号	样品编号	采样深度/m	土层性状	测年方法	测试结果（×10³ 年）
1	FSZ1-1	1.0	粉质黏土	TL	6.3 ± 0.3
2	FSZ1-2	3.0	中砂	TL	9.01 ± 0.48
3	FSZ1-3	5.0	砾砂	TL	15.8 ± 0.8
4	FSZ1-4	9.5	断层泥	TL	479.5 ± 28.8

钻孔剖面深度范围内涉及的第四系主要有杂填土、粉质黏土、中砂、粗砂、砾砂、圆砾、卵石等，钻孔钻透了玄武岩、混合花岗岩等基岩。剖面上可以划分出的对比标志性地层包括：分布深度 1.1~3.0m 的中砂层，平均厚度 1~1.5m；深度 2.9~4.8m 的砾砂层，平均厚度 1~2m；为确定断层对第四系地层底界面的影响，将深度 8.1m 至钻探深度处的基岩层也作为一个参考地层进行对比，剖面上玄武岩、混合花岗岩等基岩层的平均揭露厚度为 1.2m 左右。

F1A 排列式钻孔剖面揭露了两种基岩岩性，FSZ-3、FSZ-2 是玄武岩，FSZ-1、FSZ-4 是混合花岗岩，前者是岩浆岩，后者属于变质岩类型，岩性差异明显，这说明断裂在地质历史上的构造活动是很活跃的。另外，FSZ-1 中发现的断层泥证明此处有断层发育。剖面上玄武岩、混合花岗岩等基岩埋藏较浅，由南至北的 FSZ-3、FSZ-2、FSZ-1、FSZ-4 基岩埋藏深度依次为 8.7m、8.1m、8.4m 和 8.6m，如果将孔口标高考虑进去，则基岩顶板标高分别为 -8.87m、-8.3m、-8.15m 和 -8.6m，基岩顶板标高仅相差 0.72m。在约 45m 长的钻孔剖面上，0.72m 的落差是非常小的，表明基岩顶板（第四系地层底界）没有遭到断裂的明显错动。

剖面上分布深 2.9~4.8m 的砾砂层比较连续，其上、下相邻地层主要为中砂层和圆砾层，圆砾层之下是卵石层，砾砂层与中砂层之间夹有粗砂透镜体。4 个钻孔剖面砾砂层性状基本相同，FSZ-3、FSZ-2、FSZ-1、FSZ-4 的砾砂标志层顶板埋藏依次为 3.0m、2.9m、3.0m、2.6m，考虑孔口标高的对应砾砂层顶板标高分别为 -3.17m、-3.1m、-2.75m 和 -2.6m，层厚度依次为 1.3m、1.1m、1.8m、0.9m，底板标高分别为 -4.47m、-4.2m、-4.55m、-3.5m。从剖面上砾砂层底板标高的变化来看，一方面标高的差值很小，另一方面标高的变化总体表现上缺乏规律性，应属于局部沉积环境差异所造成，断层构造错动的影响不明显。

中砂标志层分布深度为 1.1~3.0m，在 FSZ-4 孔的 1.8~2.0m 处有粉质黏土夹层。中砂标志层顶板埋深在 FSZ-3、FSZ-2、FSZ-1、FSZ-4 中依次为 1.6m、1.1m、1.6m 和 1.6m，对应层厚度依次为 1.4m、0.7m、1.4m、1.0m，顶板标高为 -1.77m、-1.3m、

−1.35m、−1.6m。从中砂层及上、下相邻地层的沉积变化趋势来看，环境对沉积的影响较大，导致剖面上有夹层分布或个别地层在钻孔剖面上的局部缺失。综合考虑剖面中砂标志层及上、下相邻地层的分布情况，认为地层的微起伏变化是由沉积环境的局部不均匀性造成的，该标志层没有受到断层影响。

分析认为，跨浑河断裂抚顺段（F1A）排列式钻孔剖面深度范围内的第四系地层没有受到断层影响，断层主要在基岩中发育，第四纪倾滑活动不明显，但断层早期的强烈活动导致两侧基岩岩性的明显差异。根据断层破碎物和上覆第四系地层的测年和划分结果，断裂没有错切上更新统地层，断层泥测年数据为47.9万年，属于中更新世，因此判定浑河断裂抚顺段（F1A）的活动时代为中更新世。

2. 浑河断裂抚顺段（F1）的排列式钻孔

跨 F1 的排列式钻孔剖面布设主要参考了浅层地震（FSck−10S）的探测结果和沿断裂已经出现的地面张裂缝等，在断层异常点两侧分别布设两个钻孔，为 FSZ−5、FSZ−6、FSZ−7 和 FSZ−8。排钻剖面方向近南北，垂直于 F1，排序由南至北依次为 FSZ−6、FSZ−5、FSZ−7、FSZ−8，间距10.5m、70.0m、10.0m。排列式钻孔剖面各地层基本可以对比，其中 FSZ−5 钻孔地层编录为：杂填土，分布深度 0.0~0.7m；细砂，深度 0.7~1.3m；中砂，深度 1.3~2.0m；圆砾（1），深度 2.0~5.5m；圆砾（2），深度 5.5~6.8m；卵石，深度6.8~10.0m；混合花岗岩，深度 10.0~11.0m，基岩中有断层泥发育。

在跨 F1 的排列式钻孔剖面中，对 FSZ−7 钻孔进行了系统的第四系和断层破碎物采样及年龄测试，对 FSZ−5 钻孔也进行了中砂等个别样品的年龄测试，FSZ−7 钻孔第四系地层和断层泥测试结果列于下表（表7.26）。根据抚顺盆地区第四系地层划分和 FSZ−5、FSZ−7 钻孔第四系地层年龄测试结果，在上述地层中，综合判定近地表 0~3.0m 的细砂、中砂、粉质黏土等地层属于全新统，3.0m 左右及以下的砾砂、圆砾等地层属于上更新统。

表 7.26 跨 F1 断裂排列式钻孔 FSZ−7 地层样品采集与测试

序号	样品编号	采样深度/m	土层性状	测年方法	测试结果（×10³年）
1	FSZ7−1	1.5	粉质黏土	TL	9.85 ± 0.5
2	FSZ7−2	3.0	中砂	TL	15.4 ± 0.8
3	FSZ7−3	5.5	砾砂	TL	22.6 ± 1.2
4	FSZ7−4	11.0	断层泥	TL	139.0 ± 12.5

F1 排列式钻孔剖面涉及的第四系主要有杂填土、粉质黏土、细砂、中砂、砾砂、圆砾、卵石等，第四系下部为混合花岗岩。剖面上可以划分出的对比标志性地层为分布深度 2.0~6.8m 的圆砾层，平均厚度 3.5m 左右。钻孔剖面揭露的基岩地层为深度 10.0~11.0m 的混合花岗岩，其顶板埋深在 FSZ−6、FSZ−5、FSZ−7、FSZ−8 上依次为 10.2m、10.0m、10.5m、10.7m。除 FSZ−6 外，其他 3 孔中均发现有断层泥，确认了断裂构造的存在，但由于断层泥连线倾角较小，因此它们应该属于不同的断层条带。各钻孔混合花岗岩顶板起伏平缓，埋深仅相差 0.7m，如果将孔口标高考虑进去，则对应于 FSZ−6、FSZ−5、FSZ−7、FSZ−8 的标高分别为 −10.5m、−10.47m、−10.09m、−10.35m，仅相差 0.41m，在约 90m 的钻孔剖面上，这样的落差是非常小的，可以认为混合花岗岩顶板（第四系底界面）

应没有遭到断裂错动。

分布深度 2.0～6.8m 的圆砾层厚度较大，在 FSZ－6、FSZ－5、FSZ－7、FSZ－8 中的厚度值依次为 4.5m、4.8m、2.9m 和 2.3m，与之对应的底板埋深为 6.7m、6.8m、6.0m、6.7m。在 4 个钻孔中圆砾层的底板基本水平，没有断层垂直错动的迹象。

分析认为，在跨浑河断裂抚顺段（F1）的排列式钻孔剖面上确实存在有断裂构造，断层主要在太古宇混合花岗岩等基岩中发育。断层没有垂直错切上覆的第四系地层，第四纪以来没有倾滑活动。根据上覆第四系地层划分结果，断裂没有错切上更新统地层，结合断层破碎物测年数据，断层泥年龄为 13.9 万年，属于中更新世，因此判定浑河断裂抚顺段（F1）的活动时代为中更新世。

7.2.2　浑河断裂沈阳段排列式钻孔探测

以跨浑河断裂沈阳段的浅层人工地震探测结果为基础，针对各个主干分支构造分别布设排列式钻孔联合地质剖面，以判定断裂地质发育及活动特征，同时实际验证浅层人工地震的探测结果。跨浑河断裂南、北主干分支共布设排列式钻孔剖面 5 条，分别围绕 SF2 线、SF3 线、SF5 线和 SF6 线共 4 条浅层人工地震测线进行。SF2 测线上布设 2 条排列式钻孔剖面，剖面位置分别位于国公寨村西沈中线路南、国公寨村东沈中线路南；SF3 测线上布设 1 条剖面，剖面位置位于红台村新大线路西；SF5 测线上布设 1 条剖面，剖面位置位于大瓦村旺力街西；SF6 测线上布设 1 条剖面，剖面位置位于中兴街与沈东四路交叉口西南。

确定用于识别断层的地层直接和间接标志是钻孔联合地质剖面探测中判断目标断层活动性的基础。根据沈阳附近的地貌、第四纪地质条件，充分利用已有的研究资料，建立第四系地层标准剖面，以此为基础，确定标志性地层。在进行跨断层排列式钻孔联合地质剖面分析时，以每条断层的联合地质剖面为单位来划分第四系地层的直接和间接标志，根据标志性地层的错动特征，结合年代学分析结果，确定以倾滑活动为主要性质的断层上断点特征，综合判定断层产状、性质及活动时代、活动程度。

根据前面地貌、第四纪地质条件的讨论，沈阳地区处在下辽河盆地的东北部边缘，第四系地层总体上服从于下辽河盆地的沉积相、沉积韵律和厚度分布规律。分析认为，浑河断裂沈阳段发育在早－中更新世堆积盆地中，第四系地层主要包括浑河冲积、冲洪积物及两侧山地的洪积、坡积物质，其中浑河河床附近多粗粒的砾、卵石、圆砾等，向南、北两侧变细，粉质黏土、中粗砂、砾砂等逐渐增多。总之，浑河断裂沈阳段附近第四系比较连续、完整，成层构造清楚，第四系剖面上的下、中、上更新统和全新统地层基本上连续，但在一些地段下更新统地层有所缺失。

1. 红台村新大线路西剖面

该排列式钻孔联合剖面是基于浅层人工地震 SF3 测线的地球物理探测结果及其地质解释进行布设的，剖面位于红台村新大线路西（图7.40）。在 SF3 探测剖面上，可以解释出多条大小不等的断裂构造，其中以 F15－2 的波组断错反射特征最为清楚、断裂带规模最大、断错特征最为明显。根据浅层人工地震探测结果的综合分析，F15－2 为正断层，走向北东东，倾向北北西，倾角近 70°，断裂两盘的断错比较明显，被认定为浑河断裂南支的主干断裂。横跨 F15－2 断层的排列式钻孔剖面方向近垂直于 F15－2 走向，总体上沿南东方向布设并大致处在一条直线上，包括有 XQZK01、XQZK02、XQZK03、XQZK04 共 4 个钻孔的探测，其中断裂上盘钻孔 3 个、下盘钻孔 1 个，由北西至南东的钻孔排列顺序为 XQZK03、XQZK02、XQZK01、XQZK04，其间距离分别为 16.22m、15.54m 和 35.26m。

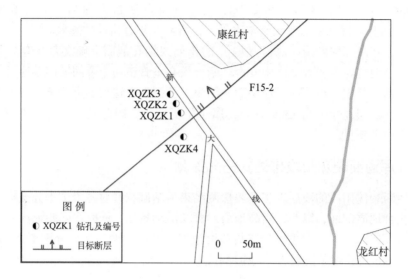

图 7.40　红台村新大线路西钻孔平面位置图

场地地貌类型属于浑河冲洪积扇，地表高程 70.41～70.51m，地形平坦开阔。根据各联合钻孔勘探深度内所揭露岩土层的岩性成分、成因类型、岩土物理力学性质指标、原位测试结果和地层年龄测试结果，确定钻孔剖面的第四系主要为全新统、上更新统和中更新统冲洪积地层，岩性成分以粉质黏土、粗砂等为主，下伏太古宇鞍山群混合岩（图 7.41）。

1）全新统冲洪积层（Qh^{al+pl}）

①耕土：黄褐色，稍湿，稍密，主要由黏性土构成，富含植物根系。该层在各钻孔均有揭露，一般厚度 0.40m，结构松散。

②$_1$ 粉质黏土：黄褐色，可塑，韧性中等，干强度中等，切面较光滑，含铁锰质结核，具铁质浸染。该层分布普遍，层厚 6.10～6.60m，层底埋深 6.50～7.00m，层底标高 63.41～64.04m。

②$_2$ 粉质黏土：灰褐色，可塑，韧性中等，干强度中等，切面较光滑，手捏有黏滞感。该层分布普遍，层厚 4.40～6.60m，层底埋深 11.30～13.10m，层底标高 57.41～59.15m。

2）上更新统冲洪积层（Qp_3^{al+pl}）

③粗砂：灰褐色，饱和，中密，分选差，级配一般，矿物成分以长石、石英为主，混少量砾石及黏性土，黏性土含量占 5%～10%。该层分布普遍，层厚 1.90～6.00m，层底埋深 15.00～17.40m，层底标高 53.14～55.51m。采集粗砂层样品 ZK1-1，经中国地质调查局青岛海洋地质研究所测试（钻孔样品由青岛海洋地质研究所测试，下同），其 ESR 年龄为 43.6ka，属于上更新统上部地层。

④粉质黏土：灰褐色，可塑，韧性中等，干强度中等，切面较光滑。各钻孔均有揭露，层厚 0.60～2.20m，层底埋深 16.50～19.10m，层底标高 51.44～53.95m。采集粉质黏土层样品 ZK1-2，经释光方法测试，年龄为（110.1±9.1）ka，属于上更新统的底部地层。

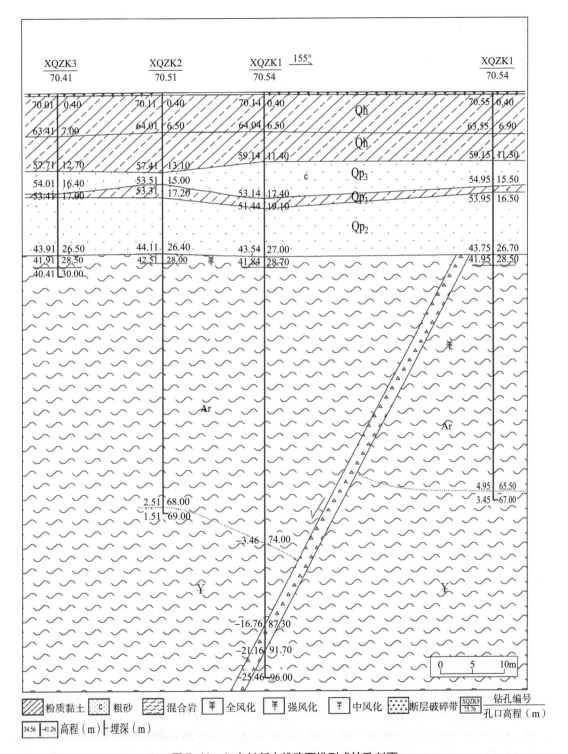

图 7.41　红台村新大线路西排列式钻孔剖面

3）中更新统冲洪积层（Qp_2^{al+pl}）

⑤粗砂：灰褐色、褐黄色，饱和，密实，分选差，细颗粒矿物成分以长石、石英为主。砾石含量占10%~15%，砾石磨圆一般，母岩以混合岩为主，可见最大砾径约40mm，混5%~10%黏性土。该层以透镜体形式存在，仅在XQZK01、XQZK02钻孔有揭露，层厚7.90~10.20m，层底埋深26.40~27.00m，层底高程43.54~44.11m。采集粗砂层样品ZK1-3，经ESR方法测试，年龄为296.6ka，属于中更新统地层。

4）太古宇鞍山群混合岩（Ar）

⑥₁ 全风化混合岩：黄褐色、褐红色，原岩结构构造已基本破坏，岩芯呈砂土状，砂砾状，手捏即散，干钻可钻进。该层分布普遍，层厚1.60~2.00m，层底埋深28.00~28.70m，层底高程41.84~42.51m。

⑥₂ 强风化混合岩：黄褐色、棕褐色，原岩结构构造大部分破坏，仅外观残留原岩基本特征，岩芯呈砂砾状、碎块状，手掰即散，残余矿物以长石、石英为主，干钻不宜钻进。该层分布普遍，在XQZK01、XQZK02及XQZK04钻孔均已揭穿，层厚37.0~45.30m，层底埋深65.50~74.00m，层底高程3.46~4.95m。

⑥₃ 中风化混合岩：青绿色、肉红色，变晶结构，块状构造，岩芯呈块状、短柱状，一般柱长5~12cm，最大柱长约15cm，锤击不易碎。节理裂隙发育，矿物成分以长石、石英及角闪石为主。该层分布普遍，埋藏较深，在钻孔XQZK01、XQZK02及XQZK04均有揭露，揭露最大厚度13.30m，层顶埋深65.50~74.00m。

5）断裂破碎带

⑦构造破碎带：褐绿色，原岩为混合岩，岩芯多呈碎块状、短柱状，手可掰碎，可见擦痕及摩擦面，原生矿物多已风化蚀变。该层仅在XQZK01钻孔中揭露，厚度4.40m，层顶标高-16.76m，层底标高-21.16m。采集该构造破碎物样品ZK1-4，经ESR方法测试，年龄为176.4ka，属于中更新世的活动产物。

总之，红台村新大线路西的排列式钻孔剖面是按照浅层人工地震SF3测线的探测结果布设的。在XQZK01钻孔87.30~91.70m之间揭露有断裂破碎带，宽度约4.40m，是为F15-2断裂破碎带的组成部分。对比分析显示，位于断裂上盘的XQZK01钻孔第四系地层底界面埋深27.00m，层底标高40.14m，太古宇混合岩全风化层、强风化层的底界面埋深分别为28.70m、74.00m，层底标高41.84m、-3.46m，中风化层未能揭穿；位于断裂下盘的XQZK04钻孔第四系地层底界面埋深26.70m，层底标高43.75m，太古宇混合岩全风化层、强风化层底界面埋深28.50m、65.50m，层底标高41.95m、4.95m，中风化层未能揭穿。XQZK01所代表的断裂上盘与XQZK04所代表的断裂下盘第四系地层底界面相对高差为0.30m，而XQZK01、XQZK04之间的水平距离为35.26m，排列式钻孔剖面上可对比的第四系地层总体上沉积连续、完整，不存在构造错动，太古宇混合岩全风化层底界面相对高差为0.20m，也不存在构造错动，强风化层底界面相对高差为8.50m，则显示两盘清楚的构造错动，这指示了断裂早期的活动特征。经ESR、释光等方法的年代学测试，剖面第四系地层属于中、上更新统和全新统，缺失下更新统。红台村新大线路西排列式钻孔探测结果表明，F15-2断层主要发育在太古宇混合岩等基岩地层中，钻孔剖面上可识别的上断点埋藏较深，约65.50m，断裂活动对上覆第四系地层的影响相对较小，第四纪以来的新活动并不明显，而断裂破碎物的ESR年龄为176.4ka，综合判定F15断层的最新活动时代应为中更新世，断裂活动程度很弱。

2. 国公寨村西沈中线路南剖面

该排列式钻孔联合剖面是基于浅层人工地震SF2测线的探测结果及其地质解释布设的，剖面位于国公寨村西沈中线路南（图7.42）。在SF2探测剖面上，可以解释出多条大小不等的断裂构造，其中以F15-1主干断层的波组断错反射特征表现清楚、断裂带规模较大。根据浅层人工地震探测结果的综合分析，F15-1断裂带同时包含有多个断错特征清楚的断层面，运动性质表现为正断层，走向北东东，倾向北北西或南南东，倾角一般较陡，多在70°以上至近直立，两盘落差能够达到6~7m。针对F15-1断裂带内的主要断层面布设跨断裂的排列式钻孔剖面，剖面方向为南东，近垂直于断层走向并在一条直线上。钻孔剖面包括XQZK05、XQZK06、XQZK07、XQZK08共4个钻孔，其中断裂上盘2个、下盘2个，由北西至南东的钻孔顺序为XQZK06、XQZK05、XQZK07、XQZK08，其间距离分别为9.94m、22.87m和15.15m。

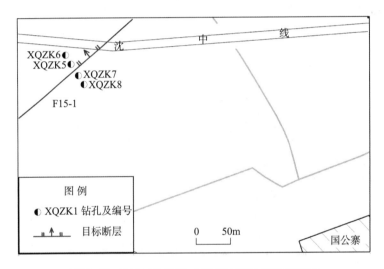

图7.42 国公寨村西沈中线路南钻孔平面位置图

场地地貌类型属于浑河冲洪积扇，地表高程64.39~64.63m。地形平坦开阔。根据各联合钻孔勘探深度内所揭露岩土层的岩性成分、成因类型、岩土物理力学性质指标、原位测试结果和地层年龄测试结果，确定钻孔剖面的第四系主要为全新统、上更新统冲洪积和中更新统冲洪积、冰积等地层，岩性成分以粉质黏土、粗砂、砾砂及圆砾等为主，下伏太古宇鞍山群混合岩（图7.43）。

1）全新统冲洪积层（Qh^{al+pl}）

①耕土：黄褐色，稍湿，松散，主要由粉质黏土组成，含植物根系。该层在各钻孔均有揭露，一般厚度0.40~0.70m。

②$_1$粉质黏土：黄褐色，可塑，韧性中等，干强度中等，切面较光滑，含铁锰质结核。该层分布普遍，层厚12.00~12.80m，层底埋深12.40~13.50m，层底标高51.13~52.06m。采集粉质黏土层样品ZK7-1，经ESR方法测试，年龄为11.9ka，属于全新统底部地层。

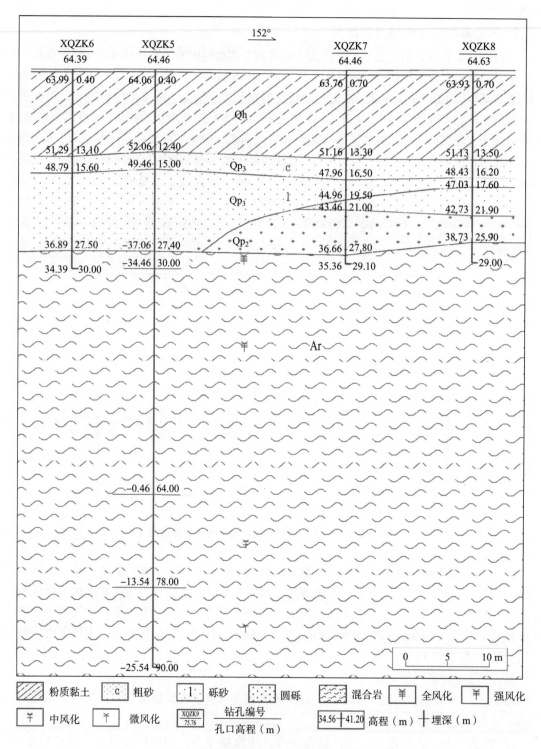

图7.43 国公寨村西沈中线路南排列式钻孔剖面

2）上更新统冲洪积层（Qp_3^{al+pl}）

②₂ 粗砂：黄褐色，饱和，密实，混粒结构，矿物成分以长石、石英为主，混少量砾石及黏性土，黏性土含量占 5% ~ 10%。该层分布普遍，层厚 2.50 ~ 3.20m，层底埋深 15.00 ~ 16.50m，层底标高 47.96 ~ 49.46m。采集粗砂层样品 ZK7 - 2，经 ESR 方法测试，年龄为 18.3ka，属于上更新统顶部地层。

②₃ 砾砂：黄褐色，饱和，密实，分选差，级配一般，砾石磨圆较好，呈亚圆形，一般砾径 2 ~ 5mm，最大可见 50mm，砾石含量占 30% ~ 35%，黏性土含量占 10% ~ 15%，余者为中粗砂。该层分布普遍，层厚 1.40 ~ 12.40m，层底埋深 17.60 ~ 27.50m，层底标高 36.89 ~ 47.03m。采集砾砂层样品 ZK7 - 3，经 ESR 方法测试，年龄为 106.4ka，属于上更新统底部地层。

3）中更新统冲洪积、冰积层（$Qp_2^{pal+gfl}$）

②₄ 粗砂：黄褐色，饱和，密实，长石、石英质，混粒结构，含砾石约 10%，混约 5% 黏性土。该层分布不均匀，以透镜体形式存在，仅在钻孔 XQZK7 及 XQZK8 中揭露，层厚 1.50 ~ 4.30m，层底埋深 21.00 ~ 21.90m，层底标高 42.73 ~ 43.46m。采集粗砂层样品 ZK7 - 4，经 ESR 方法测试，年龄为 314.5ka，属于中更新统地层。

②₅ 圆砾：黄褐色，饱和，密实，分选差，磨圆较好，呈亚圆形，一般砾径 2 ~ 20mm，含量占 50% ~ 55%，最大可见约 80mm，黏性土含量占 10% ~ 15%，中粗砂充填，砾石母岩以混合岩为主。该层分布不均匀，仅在钻孔 XQZK7 及 XQZK8 中揭露，层厚 4.00 ~ 6.80m，层底埋深 25.90 ~ 27.80m，层底标高 36.66 ~ 38.73m。采集圆砾层样品 ZK7 - 5，经 ESR 方法测试，年龄为 576.0ka，属于中更新统下部地层。

4）太古宇鞍山群混合岩（Ar）

③₁ 全风化混合岩：黄褐色、褐黄色，原岩结构构造已全部破坏，岩芯呈砂土状，手捏即散，无水干钻可钻进。该层分布普遍。揭露层厚 1.30 ~ 3.10m，层顶埋深 25.90 ~ 27.80m，层底埋深 29.00 ~ 30.00m，层底高程，34.39 ~ 35.63m。

③₂ 强风化混合岩：黄褐色、灰白色，原岩结构已基本破坏，仅外观保留原岩基本特征，岩芯呈砂土状、碎块状，手捏即碎，大部分矿物已风化，残余矿物多为长石、石英及云母片，干钻不宜钻进。该层仅 XQZK05 钻孔揭露，层厚 34.00m，层底埋深 64.00m，层底高程 0.46m。

③₃ 中风化混合岩：青灰色、灰白色，变晶结构，块状构造，岩芯呈柱状、短柱状，一般柱长 10 ~ 30cm，锤击不易碎，节理裂隙较发育，沿节理面有铁质析出，矿物成分以长石、石英为主。该层分布普遍，埋藏较深，仅钻孔 XQZK05 揭露，层厚 14.00m，层底埋深 78.00m，层底高程 -13.54m。

③₄ 微风化混合岩：青灰色夹灰白色，变晶结构，块状构造，岩芯呈长柱状，可见最大柱长 100cm，锤击不易碎，节理裂隙不发育，岩石坚硬。该层分布普遍，埋藏较深，仅钻孔 XQZK05 揭露，揭露层厚 12.00m，层顶埋深 78.00m，层底高程 -13.54m，层底高程 -25.54m。

国公寨村西沈中线路南的钻孔联合剖面是按照 SF2 测线的探测结果布设的。可能由于断层面过于陡峭，在该剖面上并没有直接揭露 F15 - 1 断裂破碎带，但鉴于 XQZK05、XQZK07 钻孔剖面的第四系发育差异明显，推测在两个钻孔之间可能发育有断裂构造。对比分析显示，位于断裂上盘的 XQZK05 钻孔第四系地层底界面埋深 27.40m，层底标高 37.06m，太古宇混合岩全风化岩层、强风化岩层和中风化岩层的底界面埋深分别为 30.00m、64.00m、

78.00m，层底标高分别为 34.46m、0.46m、－13.54m，剖面底部的第四系地层为②₃砾砂层，缺失②₄粗砂层、②₅圆砾层；位于断裂下盘的 XQZK07 钻孔第四系地层底界面埋深 27.80m，层底标高 36.66m，太古宇混合岩未能揭穿，剖面底部的第四系地层为分别为②₃砾砂层、②₄粗砂层和②₅圆砾层。XQZK05 所代表的断裂上盘与 XQZK07 所代表的断裂下盘第四系地层底界面相对高差为 0.40m，而 XQZK05、XQZK07 之间的水平距离为 22.87m，排列式钻孔剖面上可对比的第四系地层底界面总体连续、完整，不存在明显的倾滑型构造错动，但断裂上、下盘之间的第四系底部地层层序存在明显差异、不能对比，因此不能排除断裂走滑型活动可能对第四系底部砾砂层、粗砂层和圆砾层的错动作用。经 ESR 等方法的年代学测试，剖面第四系底部的粗砂层、圆砾层属于中更新统地层，第四系中部的砾砂层、粗砂层属于上更新统地层，第四系上部的粉质黏土层等属于全新统地层，剖面缺失下更新统地层。国公寨村西沈中线路南的排列式钻孔探测结果表明，通过该剖面的 F15－1 断层倾滑型活动并不明显，但不能排除断裂走滑活动对于上覆第四系地层的错动作用，导致第四系底部的中更新统粗砂层、圆砾层产生了一定的水平错动，并影响了上更新统底部砾砂层的沉积。初步判定 F15－1 断裂在中更新世时期存在有一定程度的走滑活动，而拉张性的倾滑活动则不明显。

3. 中兴街与沈东四路交叉口西南剖面

基于浅层人工地震 SF6 测线的探测结果及其地质解释布设排列式钻孔联合探测，剖面位于中兴街与沈东四路交叉口西南（图 7.44）。在 SF6 探测剖面上，可解释出多条大小不等的断裂构造，其中以 F14 断层的规模最大、断层错动特征最为明显。该区段附近的 F14 断层包含有多个断错特征清楚的断层面，运动性质均为正断层，走向北东东，倾向北北西，断面倾角变化较大，一般为 45°~85°至近直立，落差变化为 4~9m，被认定为浑河断裂带的中支主干。针对 F14 断裂带内的主断面开展跨断裂的排列式钻孔探测工作，在近垂直于断裂的南东方向进行 XQZK09、XQZK10、XQZK11、XQZK12 共 4 个钻孔的探测，其中断裂上盘 2 个、下盘 2 个，由北西至南东的钻孔顺序为 XQZK10、XQZK09、XQZK11、XQZK12，其间距离分别为 9.95m、29.13m 和 10.08m。

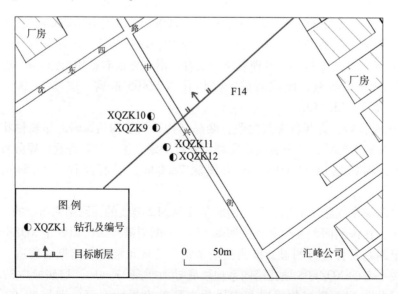

图 7.44 中兴街与沈东四路交叉口西南钻孔平面位置图

场地在地貌上处在坡洪积扇与剥蚀丘陵的交接地带，北侧为坡洪积扇，南侧为剥蚀丘陵，原始地貌形态经过了后期的人为改造，地表高程 75.52～76.19m，地形平坦开阔。根据各联合钻孔勘探深度内所揭露岩土层的岩性成分、成因类型、岩土物理力学性质指标、原位测试结果和地层年龄测试结果，确定钻孔剖面的第四系主要为全新统人工堆积层、全新统-上更新统冲洪积、坡洪积层和中更新统冲洪积、冰积等地层，岩性成分以人工填土和粉质黏土、中砂、粗砂含圆砾等为主，下伏太古宇鞍山群混合岩（图 7.45）。

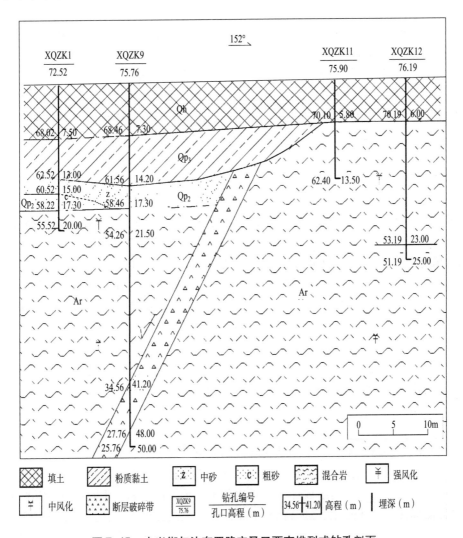

图 7.45　中兴街与沈东四路交叉口西南排列式钻孔剖面

1）全新统人工堆积层（Qh^s）

①填土：黄褐色，松散-稍密，稍湿，主要由风化岩、黏性土及砂土构成，上部 1.50m 多为全风化岩，下部为粉质黏土、中粗砂，XQZK11、XQZK12 钻孔底部混少量建筑垃圾。分布普遍，一般层厚 5.80～7.50m，层底高程 68.02～70.19m。

2）全新统-上更新统冲洪积、坡洪积层（Qp$_3$-Qh^{pal+dl}）

②$_1$粉质黏土：灰色、灰黑色，可塑，黏性较强，切面较光滑，无摇振反应，干强度中

等，韧性中等。该层分布不均匀，仅 XQZK09、XQZK10 揭露，层厚 5.50～6.90m，层底埋深 13.00～14.20m，层底标高 61.56～62.52m。该层根据颜色差异可以分为上、下两层，上层泥炭质成分含量较高。分别采集粉质黏土层上部、下部等不同颜色地层样品 ZK9-1、ZK9-2，上部地层经 ^{14}C 方法测试，年龄为（9140±100）a，属于全新统底部地层，下部地层经释光方法测试，年龄为（29.4±5.9）ka，属于上更新统上部地层。

3）中更新统冲洪积、冰积层（$Qp_2^{pal+gfl}$）

②₂ 中砂：灰色，饱和，中密－密实，主要矿物成分为石英、长石，含少量暗色矿物，粒径大于 0.25mm 的颗粒质量超过总质量的 50%。场地内分布不均匀，仅 XQZK09、XQZK10 揭露，层厚 2.00～3.10m，层底埋深 15.00～17.30m，层底标高 58.46～60.52m。采集中砂层样品 ZK9-3，经 ESR 方法测试，年龄为 566.7ka，属于中更新统下部地层。

②₂₋₁ 粗砂含圆砾：灰色，密实，饱和，分选差，级配一般，2～20mm 圆砾占 15%～20%，可见最大砾径约 40mm，混 5%～10% 黏性土。该层以透镜体形式存在，场 XQZK10 揭露，层厚 2.30m，层底埋深 17.30m，层底高程 60.52m。

4）太古宇鞍山群混合岩（Ar）

③₁ 强风化混合岩：棕黄色，原岩风化强烈，结构全部破坏，仅外观保留原岩的基本特征，岩芯风化呈砂土状夹碎块状，岩块手可捏碎。该层仅 XQZK09、XQZK12 钻孔揭穿，揭露最大厚度 17.00m，层顶埋深 5.80～17.30m，层顶高程 58.22～70.19m，层底高程 53.19～62.40m。

③₂ 中风化混合岩：灰白色夹灰绿色，变晶结构，片麻状构造，岩芯呈短柱状、块状，机械破碎，柱长 5～10cm，锤击不易碎，节理裂隙发育，矿物成分以长石、石英及角闪石为主。该层仅 XQZK09、XQZK12 钻孔揭露，揭露最大厚度 21.70m，层顶埋深 53.19～54.26m。

5）断裂破碎带

③₂₋₁ 构造破碎带：灰绿色、褐绿色，原岩为混合岩，岩芯呈碎块状，手可掰碎，矿物多已蚀变，受构造作用可见擦痕。仅 XQZK09 钻孔揭露，厚度 6.80m，层顶埋深 41.20m，层顶标高 34.56m，层底埋深 48.00m，层底标高 27.76m。采集构造破碎物样品 ZK9-4，经 ESR 方法测试，年龄为 527.6ka，属于中更新世早期的活动产物。

中兴街与沈东四路交叉口西南的钻孔联合剖面是按照 SF6 测线的探测结果布设的。通过近垂直的跨断裂排列式钻孔探测，在 XQZK09 钻孔 41.20～48.00m 之间揭露有断裂破碎带发育，宽度 6.80m，是为 F14 的组成部分。对比分析显示，位于断裂上盘的 XQZK09 钻孔第四系地层底界面埋深 17.30m，层底标高 58.46m，太古宇混合岩强风化层底界面埋深 21.50m，层底标高 54.26m，中风化层未能揭穿；位于断裂下盘的 XQZK11 钻孔第四系地层底界面埋深 5.80m，层底标高 70.10m，太古宇混合岩强风化层未能揭穿。XQZK09 所代表的断裂上盘与 XQZK11 所代表的断裂下盘第四系地层底界面相对高差为 11.50m，而 XQZK09、XQZK11 之间的水平距离为 29.13m。分析认为，排列式钻孔剖面上的全新统人工堆积层底界面较为平整，未显示错动，而受到拉张性断裂活动的差异运动影响，断裂两盘表现为不同的地貌单元，其下盘太古宇混合岩相对上升形成剥蚀丘陵区，导致两盘的全新统－上更新统粉质黏土层出现了一定的落差，下部的中更新统中砂层、粗砂含圆砾层则出现了明显的落差，而参照 SF6 测线所探测的断裂位置及其波组情况，中砂层是应该受到明确构造错动的。中兴街与沈东四路交叉口西南的排列式钻孔探测结果表明，F14 断层发育在太古宇混合岩基岩地层中，断层向上错动了第四系底界面以及中更新统中砂层，并在一定程度上影响了上覆的全新统 – 上更新统粉质黏土层的沉积，导致断层下盘的粉质黏土层缺失。剖面可识别的上断点埋藏较浅，为 13～14m，断层两盘第四系岩相特征和沉积厚度具有显著差别，根据 ESR、^{14}C、释光等方法的第四系地层年代学测试结果，中砂层属于中更新统下部地层，断裂破碎物的 ESR 年龄为中更新世早期，因此综合判定 F14 断裂的最新活动时代为中更新世早期。

4. 国公寨村东沈中线路南剖面

基于浅层人工地震 SF2 测线的地球物理探测结果及其地质解释，在浑河断裂带南支主干 F15 – 1、F15 – 2 的交汇点附近横跨 F15 – 2 开展排列式钻孔联合剖面探测工作，钻孔剖面布设于国公寨村东沈中线路南（图 7.46）。在 SF2 探测剖面上可解释出多条大小不等的断裂构造，包括 F14、F15 – 1 和 F15 – 2 等，其中以 F15 – 2 断层规模较大、断层错动特征比较清楚。F15 – 2 属于正断层，走向北东东，倾向南南东，倾角约 70°。在近垂直于 F15 – 2 走向的直线上布设了 XQZK13、XQZK14、XQZK15 共 3 个钻孔，其中断裂上盘 2 个、下盘 1 个，由北西至南东的钻孔顺序为 XQZK15、XQZK13、XQZK14，其间距离分别为 32.82m 和 9.89m。

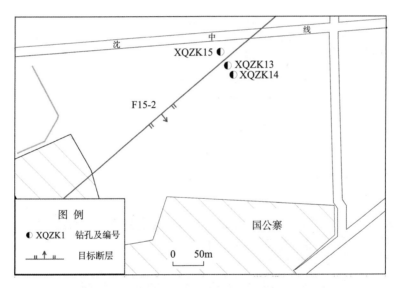

图 7.46　国公寨村东沈中线路南钻孔平面位置图

场地地貌类型属于剥蚀台地，地表高程 71.85～70.92m，地形有所起伏，南高、北低。根据各联合钻孔勘探深度内所揭露岩土层的岩性成分、成因类型、岩土物理力学性质指标、原位测试结果和地层年龄测试结果，确定钻孔剖面的第四系主要为上更新统坡洪积地层，岩性成分以粉质黏土为主，下伏太古宇鞍山群混合岩（图 7.47）。

1）上更新统坡洪积层（Qp_3^{dl+pl}）

①耕土：黄褐色，稍湿，松散，主要由粉质黏土组成，含植物根系。各钻孔均有揭露，一般厚度 0.70m。

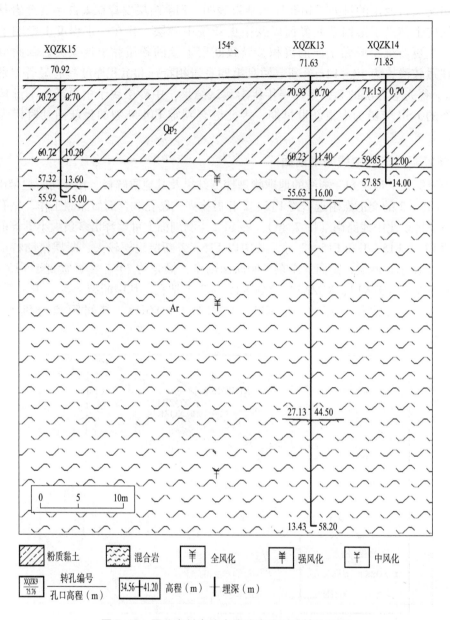

图 7.47　国公寨村东沈中线路南排列式钻孔剖面

②粉质黏土：黄褐色，可塑，黏性较强，无摇振反应，切面较光滑，稍有光泽，干强度中等，韧性中等，含少量铁锰质结核。该层分布普遍，层厚 9.50～11.30m，层底埋深 10.20～12.00m，层底标高 59.85～60.72m。

2）太古宇鞍山群混合岩（Ar）

③₁全风化混合岩：黄褐色，原岩结构构造已全部破坏，岩芯呈砂土状，手捏即散，无水干钻可钻进。该层分布普遍。揭露层厚 2.00～4.60m，层底埋深 13.60～16.00m，层底高程 55.63～57.85m。

③₂强风化混合岩：黄褐色、灰黄色，原岩结构已基本破坏，仅外观保留原岩基本特征，

岩芯呈砂砾状，局部呈碎块状，手捏即碎，大部分矿物已风化，残余矿物多为长石、石英及少量云母片，干钻不宜钻进。仅 XQZK13 钻孔揭穿，层厚 28.50m，层底埋深 44.50m，层底高程 27.13m。

③₃中风化混合岩：青灰色，变晶结构，块状构造，岩芯呈柱状、短柱状，一般柱长 6～15cm，锤击不易碎，节理裂隙较发育，沿节理面矿物已次生蚀变。该层埋藏较深，仅钻孔 XQZK13 揭露，揭露层厚 13.70m，层底埋深 58.20m，层底高程 13.43m。

国公寨村东沈中线路南的钻孔联合剖面是按照 SF2 测线的探测结果布设的。在该剖面上没有直接揭露出断裂破碎带，对比分析显示，位于断裂上盘的 XQZK13 钻孔第四系地层底界面埋深 11.40m，层底标高 60.23m，太古宇混合岩全风化岩层、强风化岩层的底界面埋深分别为 16.00m、44.50m，层底标高分别为 55.63m、27.13m，中风化岩层未能揭穿；位于断裂下盘的 XQZK15 钻孔第四系地层底界面埋深 10.20m，层底标高 60.72m，太古宇混合岩全风化岩层的底界面埋深为 13.60m，层底标高为 57.32m，强风化岩层和中风化岩层未能揭穿。XQZK13 所代表的断裂上盘与 XQZK15 所代表的断裂下盘第四系地层底界面相对高差为 1.20m，而 XQZK13、XQZK15 之间的水平距离为 32.82m，排列式钻孔剖面上可对比的第四系地层总体上沉积连续、完整，不存在明显的构造错动，经岩相特征分析和第四系地层对比，确定剖面第四系地层主要为上更新统，缺失中–下更新统。另外，太古宇混合岩全风化岩层和强风化岩层的层位稳定连续，断裂的错动作用也不明显。国公寨村东沈中线路南排列式钻孔探测结果表明，通过该剖面的 F15–2 断层发育程度总体较差，断裂第四纪活动性较弱。综合分析认为，F15–2 断裂活动对上覆第四系地层影响很小，而第四系地层以上更新统发育为主，断裂在晚更新世以来的新活动不明显。

5. 大瓦村旺力街西剖面

基于浅层人工地震 SF5 测线的地球物理探测结果及其地质解释，在大瓦村旺力街西南布设排列式钻孔剖面（图 7.48）。在 SF5 探测剖面上可解释出多条大小不等的断裂构造，其中

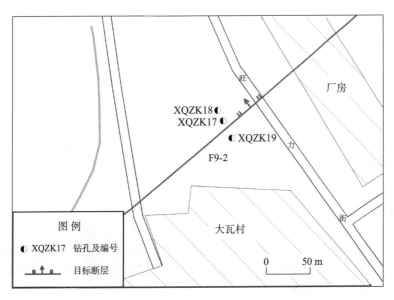

图 7.48　大瓦村旺力街西钻孔平面位置图

的主干断裂包括 F9－1 和 F9－2，而该区段附近的 F9－2 断层规模相对较大、错动特征比较清楚。综合分析表明，F9－2 走向北东东，倾向北北西，倾角约 70°，断层落差能够达到 9m，被认定为浑河断裂带的北支主干。在近垂直于 F9－2 走向的直线上布设了 XQZK17、XQZK18、XQZK19 共 3 个钻孔，其中断裂上盘 2 个、下盘 1 个，由北西至南东的钻孔顺序为 XQZK18、XQZK17、XQZK19，其间距离分别为 10.02m 和 24.16m。

场地地貌类型属于浑河冲洪积扇，地表高程 67.25~67.41m，地形平坦开阔。根据各联合钻孔勘探深度内所揭露岩土层的岩性成分、成因类型、岩土物理力学性质指标、原位测试结果和地层年龄测试结果，确定钻孔剖面的第四系主要为全新统耕土层、全新统冲洪积层、上更新统冲洪积层和中更新统冲洪积、冰积层，第四系底部有薄层下更新统冰积层发育，全新统冲洪积层岩性成分以粉质黏土、中砂为主，上更新统冲洪积层岩性成分以粗砂、砾砂、圆砾等为主，中更新统冲洪积、冰积层岩性成分以砾砂、粉质黏土、中砂等为主，下更新统冰积层岩性成分以砾砂为主，下伏太古宇鞍山群混合岩和中生代侵入辉绿岩（图 7.49）。

1）全新统耕土层（Qh^s）

①耕土：黄褐色，松散－稍密，稍湿，主要由粉质黏土构成，多含植物根系。分布普遍，一般层厚 0.40~0.70m，层底高程 66.05~67.01m。

2）全新统冲洪积层（Qh^{al+pl}）

②$_1$粉质黏土：黄褐色、灰褐色，可塑，切面较光滑，稍有光泽，无摇振反应，干强度中等，韧性中等，含少量铁锰质结核。该层分布普遍，层厚 7.10~8.40m，层底埋深 7.60~9.00m，层底标高 58.25~59.65m。

②$_2$中砂：黄褐色，稍密，湿，主要成分为石英、长石，分选好，含少量砾石及黏性土，黏性土占 5%~10%。该层分布普遍。层厚 0.80~2.40m，层底埋深 9.80~10.00m，层底标高 57.25~57.61m。

3）上更新统冲洪积层（Qp$_3^{al+pl}$）

②$_3$粗砂：黄褐色，密实，饱和，主要矿物成分为石英、长石，分选一般，含 10%~15% 砾石，最大砾径 30mm，混 10% 左右的黏性土。该层分布普遍，层厚 1.50~2.20m，层底埋深 11.50~12.00m，层底标高 55.25~55.91m。采集粗砂层样品 ZK17－1，经 ESR 方法测试，年龄为 20.0ka，属于上更新统顶部地层。

②$_4$砾砂：黄褐色，密实，饱和，分选差，级配一般，砾石磨圆较好，多呈亚圆形，砾石一般砾径 2~20mm，最大砾径 40mm，砾石含量占 30%~35%，中粗砂充填，含 5%~10% 左右的黏性土，细颗粒矿物成分多为长石、石英，砾石母岩成分以结晶岩为主。该层分布不均，下盘 XQZK19 钻孔缺失，层厚 3.00~3.50m，层底埋深 14.50~15.50m，层底标高 51.75~52.75m。采集砾砂层样品 ZK17－2，经 ESR 方法测试，年龄为 21.9ka。

②$_5$圆砾：黄褐色，密实，饱和，分选差，级配一般，砾石磨圆较好，多呈亚圆形，一般砾径 2~20mm，砾石含量占 40%~45%，最大砾径 70mm，卵石含量占 15%~20%，黏性土含量 5%~10%，余下为中粗砂，细颗粒矿物成分多为长石、石英，砾石母岩成分以结晶岩为主。该层分布普遍，层厚 4.50~7.00m，层底埋深 16.00~22.50m，层底标高 44.75~51.41m。采集圆砾层样品 ZK17－3，经 ESR 方法测试，年龄为 99.0ka，属于上更新统底部地层。

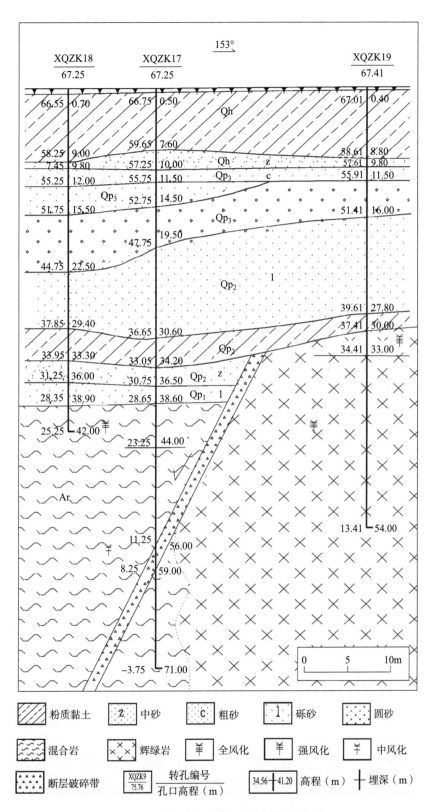

图 7.49　大瓦村旺力街西排列式钻孔剖面

4）中更新统冲洪积、冰积层（$Qp_2^{pal+gfl}$）

③₁砾砂：黄褐色，密实，饱和，分选差，级配一般，砾径 2~20mm 含量占 20%~25%，大于 20mm 含量占 10%~15%，可见最大砾径约 50mm，中粗砂充填，含约 10% 左右的黏性土，细颗粒矿物成分多为长石、石英，砾石母岩以结晶岩为主。该层分布普遍，层厚 6.90~11.80m，层底埋深 27.80~30.60m，层底标高 36.65~39.61m。采集砾砂层样品 ZK17－4，经 ESR 方法测试，年龄为 376.2ka，属于中更新统地层。

③₁₋₁粉质黏土：黄褐色，可塑－硬塑，切面较光滑，稍有光泽，无摇振反应，干强度中等，韧性中等，混有少量砾石。该层分布以透镜体形式存在，层厚 2.20~3.90m，层底埋深 30.00~34.20m，层底标高 33.05~37.41m。采集粉质黏土层样品 ZK17－5，经释光方法测试，年龄为 >120ka，应属于中更新统地层。

③₁₋₂中砂：黄褐色，密实，饱和，主要成分为石英、长石，分选好，含少量砾石，混 5%~10% 黏性土。该层分布不均匀，仅在上盘 XQZK18、XQZK17 钻孔中揭露，以透镜体形式存在，层厚 2.30~2.70m，层底埋深 36.00~36.50m，层底标高 30.75~31.25m。采集中砂层样品 ZK17－6，经 ESR 方法测试，年龄为 526.2ka，属于中更新统下部地层。

5）下更新统冰积层（Qp_1^{gfl}）

③₃砾砂：黄褐色，密实，饱和，主要成分为石英、长石，砾石母岩以结晶岩为主。分选差，级配一般，一般粒径 2~20mm，最大粒径 60mm 左右。砾石含量占 25%~30%，卵石含量占 5%~15%，黏性土含量占 10%~20%，其他主要为中粗砂。该层分布不均匀，仅在上盘 XQZK18、XQZK17 钻孔中揭露，以透镜体形式存在，层厚 1.30~2.90m，层底埋深 38.60~38.90m，层底标高 28.35~28.55m。采集砾砂层样品 ZK17－7，经 ESR 方法测试，年龄为 937.8ka，属于下更新统地层。

6）太古宇鞍山群混合岩（Ar）

④₂₋₁强风化混合岩：灰绿色，原岩风化强烈，结构构造尚可分辨，变晶结构，块状构造，岩芯呈砂土状或碎块状，手可掰碎，岩石较软。该层分布较普遍，上盘钻孔均已揭穿，其中 XQZK17 钻孔揭露最大厚度 5.40m，该层层顶埋深 38.60~38.90m，层顶高程 28.35~28.65m，层底高程 23.25~25.25m。

④₂中风化混合岩：灰绿色夹灰白色，变晶结构，块状构造，岩石节理裂隙较发育，沿节理面铁质析出，岩芯呈柱状及块状，最大柱状约 35cm，岩石锤击可碎。该层分布较普遍，上盘 XQZK17 钻孔揭露最大厚度 24.00m，层顶埋深 44.00m，层顶高程 23.25。

7）断裂破碎带

④₂₋₁构造破碎带：灰绿色，原岩为混合岩，结构构造尚可分辨，变晶结构，块状构造，岩芯呈短柱状、碎块状，手可掰碎，可见擦痕。该层仅 XQZK17 钻孔揭露，厚度 3.00m，层顶埋深 56.000m，层顶标高 11.25m，层底埋深 59.00m，层底标高 8.25m。采集构造破碎物样品 ZK17－8，经 ESR 方法测试，年龄为 658.0ka，属于中更新世早期的活动产物。

8）中生代侵入辉绿岩（Mz）

⑤₁全风化辉绿岩：灰绿色，原岩全部风化，结构构造无法分辨，岩芯呈黏性土状，无水干钻可钻进。该层仅下盘 XQZK19 钻孔揭露，层厚 3.00m，层底埋深 33.00m，层底高程 34.41m。

⑤₂强风化辉绿岩：灰绿色，原岩风化强烈，原岩结构，块状构造，岩芯呈短柱状、碎

块状，手掰易碎，受到一定构造影响，岩芯较软，见有擦痕。该层仅下盘 XQZK19 钻孔揭露，最大揭露层厚 21.00m，层顶埋深 33.00m，层底高程 34.41m。

大瓦村旺力街西南的排列式钻孔剖面是按照 SF5 测线的探测结果布设的。在 XQZK17 钻孔 56.00～59.00m 之间揭露有断裂破碎带发育，钻孔剖面破碎带宽度为 3.00m，是 F9-2 断层的揭示。对比分析显示，位于断裂上盘的 XQZK17 钻孔第四系地层底界面埋深 38.60m，层底标高 28.65m，太古宇混合岩强风化层底界面埋深 44.00m，层底标高 23.25m，混合岩中风化层未能揭穿；位于断裂下盘的 XQZK19 钻孔第四系地层底界面埋深 30.00m，层底标高 37.41m，基岩岩性为中生代辉绿岩，其强风化层底界面埋深 33.00m，层底标高 34.41m。XQZK17 所代表的断裂上盘与 XQZK19 所代表的断裂下盘第四系地层底界面相对高差为 8.60m，而 XQZK17、XQZK19 之间的水平距离为 24.16m，结合浅层人工地震和相邻的钻孔资料，确定排列式钻孔剖面上可对比的第四系地层底界面及第四系底部、下部的③₃砾砂、③₁₋₂中砂产生了明显的落差，上覆的③₁₋₁粉质黏土也产生了轻微的落差，其两盘厚度略有不同，③₁砾砂层的两盘厚度大致相同，但底界面也产生了轻微的落差。上述地层和岩石界面变化均指示断裂上盘相对下降、下盘相对上升，表明断裂存在明显的构造活动，向上已经错动了第四系的底部、下部地层。经 ESR、释光等方法的年代学测试，剖面第四系底部的砾砂层属于下更新统，下部的中砂、粉质黏土和上覆的砾砂层属于中更新统。大瓦村旺力街西南的排列式钻孔探测结果表明，F9-2 断层发育在太古宇混合岩和中生代侵入辉绿岩等基岩地层的边界地带，断层向上错动了第四系底部、下部的砾砂、中砂等地层，并影响了上覆的粉质黏土、砾砂等地层的沉积，剖面上可识别的上断点埋藏较浅，约 30m。根据第四系地层年代学测试结果，断裂活动对上覆第四系下更新统砾砂层和中更新统中砂层等产生了错动，但没有进一步错动上部的上更新统圆砾、砾砂、粗砂等地层，同时断裂破碎物的 ESR 年龄为 658.0ka，属于中更新世，因此综合判定 F9-2 断裂的最新活动时代为中更新世，晚更新世以来没有活动。

7.3　跨断裂地球化学观测分析

为了进一步研究浑河断裂带的发育特征和活动性，结合郯庐断裂带北段的土壤气构造地球化学研究专题，开展了浑河断裂带以及依兰-伊通断裂、金州断裂、海城河断裂、长白-观音阁断裂等 5 条断裂构造的跨断层土壤气浓度和通量观测分析，测量跨断层的土壤气 Rn、H_2 和 CO_2 浓度及通量。跨浑河断裂的观测剖面布设于浑河断裂章党-南杂木段的元帅林地区。

结果表明，浑河断裂元帅林观测点的土壤气 Rn、CO_2 和 H_2 浓度在断裂陡坎附近及近上盘位置相对较高（图 7.50），具有单峰式特征，尤其是土壤气 H_2 的浓度变化更为显著。而通过土壤气浓度变化曲线柱状图的对比可以发现，同为郯庐断裂带北段的组成部分，依兰-伊通断裂上的断层土壤气浓度较之浑河断裂（以及非主干的长白-观音阁断裂）浓度值明显偏高，且依兰-伊通断裂土壤气 Rn、H_2 浓度值在部分地段甚至要高于异常界限值，这表明依兰-伊通断裂具有明显较强的活动性。作为对比分析，展布于辽南地区的金州断裂、海城河断裂土壤气浓度要高于郯庐断裂带北段的依兰-伊通断裂和浑河断裂，这与近年来辽南地区中强地震活动偏多以及金州断裂、海城河断裂附近多震群分布是相关的，也反映了金州断裂、海城河断裂应具有较强的活动性。

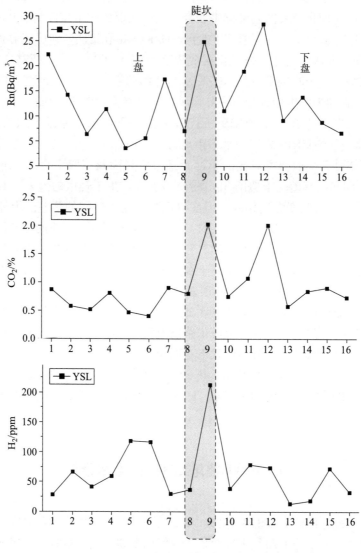

图 7.50　浑河断裂（YSL）断层土壤气浓度变化曲线

7.4　基于地球物理勘探和钻探的断裂活动性分析结果

7.4.1　基于浅层人工地震探测的断裂活动性分析结果

已有的浑河断裂抚顺段（F1、F1A）和浑河断裂沈阳段浅层人工地震探测分析结果显示，针对浑河断裂抚顺段和沈阳段东端的初查阶段 19 条测线、详查阶段 24 条测线，以及针对浑河断裂沈阳段、布设于沈阳浑南新区的 6 条测线剖面上多有断点显示，但断裂的发育形态和规模有所不同，可见到多条同向倾斜或反倾的断层。在上述探测剖面上，浑河断裂抚顺段的初查 13 条测线、详查 12 条测线剖面上具有 F1 或 F1A 的断点显示，浑河断裂沈阳段的初查 2 条测线、详查 4 条测线、浑南新区 4 条测线剖面上具有断裂（F9、F14 或 F15）的断点显示，而其他的探测剖面则没有断裂异常显示或只是探测到了其他的小规模次级断裂构造。综合分析认为，浑河断裂抚顺段、沈阳段的构造形迹清楚，它们是确实存在的，断裂带总体上规模巨大、延伸稳定。对于浑河断裂抚顺段（南支）来说，断裂带主要由 2 条主干分支即 F1、F1A 所组成，而浑河断裂沈阳段则包含 2~3 条主干分支断裂即 F9、F14 和 F15，它们均大致具有平行状、斜列状的展布结构，与此同时，抚顺段、沈阳段的浑河断裂带次级构造均十分发育。

根据第四纪地质研究和第四系地层划分结果，浑河断裂抚顺段南支（F1、F1A）展布区段的抚顺盆地区第四系地层主要包括上更新统和全新统，下-中更新统地层基本缺失，第四系厚度为 3~20m，厚度变化趋势由西向东递减，基岩面起伏较大。F1、F1A 在大甲邦以南产生了分化，南侧的 F1 继续保持北东东至近东西走向，控制了抚顺盆地的南部边界；北侧的 F1A 则跨过浑河床后呈北东向延伸并与浑河断裂抚顺段北支汇合，控制了抚顺盆地的北部边界。根据浅层人工地震探测结果，在已经发生采矿沉陷的采空区，受到下部地层塌陷影响，导致近地表第四系覆盖层沿 F1、F1A 断层面或其他次级断层面产生了显著滑动，但是这种断错实际上是由于不均匀沉降等重力作用造成的，并不属于断层构造活动的范畴，因而不能据此判定断裂的第四纪新活动性。在采空区影响范围之外，所有的探测剖面上均没有出现 F1、F1A 及其次级断层断错至第四系内部的情况，也就是说，F1、F1A 等均表现为基岩断层。鉴于探测区内的第四系地层主要属于上更新统和全新统，因此判定浑河断裂抚顺段南支（F1、F1A）至少在晚更新世以来是没有活动的。

研究表明，李石河以西的浑河断裂沈阳段在展布位置上与抚顺段之间具有不连续性，断裂带的规模、产状、结构等也有所不同。与浑河断裂抚顺段不同，沈阳段（F9、F14 和 F15）展布区段的第四系地层发育良好，可划分为中更新统、上更新统和全新统地层，下更新统地层在断裂段西部较为完整、连续，在东部地段则完整性、连续性较差而多有缺失。区内第四系厚度为 20~120m，呈现由西向东递减的变化趋势。断裂段走向总体变化不大，展布形态比较稳定。根据布设于浑南新区的浅层人工地震探测结果，浑河断裂带（F9、F14 和 F15）的断点显示比较清楚，以正断层为主，倾向多变，倾角较陡；断层对于基岩波组界面的错断十分明显，而对第四系地层的错动则不明显，至多扰动或错动了第四系中下部地层（即下-中更新统地层），表明断层在第四纪晚期以来没有活动，活动程度也较弱。通过本次布设于沈抚新区和苏家屯地区的专项浅层人工地震探测，进一步揭示出浑河断裂沈阳段（F9、F14 和 F15）具有较为复杂的结构。原有认知的北支主干 F9 实际上包含有 2 条主干分支 F9-1、F9-2 并形成最大宽度为 2km 的断裂带；原有南支主干的东、西两段即 F14、F15 虽仍具有一定的斜列状结构，但更多地表现为近平行状排列，可将 F14 确定为浑河断裂的中支主干，F15 确定为浑河断裂的南支主干；F15 断裂包含有 2 条主干分支 F15-1、F15-2，形成最大宽度仅 0.25km 的断裂带，两者很快合并成 1 条主干断裂即 F15；F14 的展布形态相对舒缓，而与原有认知相同的是，该断裂的延伸长度很小，连续性、稳定性较 F9、F15 为差。通过浅层人工地震探测，确定浑河断裂沈阳段的各个主干分支运动性质均以正倾滑为主，多数地段的断层面倾向北西，少数地段倾向南东，倾角较陡。探测结果表明，各个主干分支断裂普遍错切了基岩中风化层顶界面，同时对于第四系下部地层即中更新统底界面的错切也是比较普遍的，但错切幅度一般较小，具体来分析，F9－1对于中更新统地层的最大断距达到19m，F9－2、F14对于中更新统地层的最大断距均达到9m，F15－1对于中更新统地层的最大断距达到7m，F15－2对于中更新统地层的最大断距能够达到25m，据此推断，上述各个主干分支断层在中更新世时期的平均滑动速率为0.1～0.2mm/a左右。同时，在所有的探测剖面上，均没有发现浑河断裂带主干及其次级分支断裂错切至第四系上部上更新统地层的现象，显示上更新统地层是一套覆盖于浑河断裂带上的完整第四系地层。总之，浑河断裂沈阳段的第四纪活动特征是比较明显的，断裂带的各个主干分支在第四纪早－中更新世时期是具有明确新活动性的，而晚更新世以来的活动特征则不明显，断裂活动程度总体上不很强烈。

7.4.2 基于排列式钻探的断裂活动性分析结果

在目前已有的跨浑河断裂抚顺段（F1、F1A）排列式钻孔剖面上均没有揭示出断裂破碎带，而且联合剖面上的第四系地层也没有受到断层活动的影响，分布较为连续、平整，但根据断层两侧的基岩岩性差异对比，显示其间确实存在有断裂等地质构造，因此F1、F1A主要是在基岩地层中发育，属于基岩断层。比较分析结果显示，F1A断层的构造活动性可能较强，导致两侧的基岩岩性明显不同，相对来说，F1两侧的基岩总体上差异不大，主要为太古宇混合花岗岩，其构造错动作用不明显。在钻孔剖面上，F1A、F1上部及其两侧的第四系地层与基岩地层的沉积覆盖关系是清楚的，断裂活动完全没有错切上覆的第四系地层，因此，断层在上覆第四系地层沉积形成以来是不具有倾滑活动的。我们已经知道，抚顺盆地区的第四系层序很不完整，绝大部分地段的上更新统－全新统地层发育而下－中更新统地层缺失，另据盆地区多个钻孔剖面的地层岩相和标志层的年龄测试分析，能够确定浑河断裂抚顺段（F1A、F1）排列式钻孔剖面下部的第四系地层属于上更新统，上部地层则属于全新统。这样的话，F1A、F1的断层活动就没有影响到上更新统－全新统地层；同时，断层两侧的基岩顶板（第四系地层底界）面基本保持平整，几乎没有受到断裂倾滑活动的影响。在断裂破碎物测年数据上，F1A、F1的断层泥年龄为13.9～47.9万年，属于中更新世。综上所述，判定浑河断裂抚顺段（F1A、F1）的最新活动时代为中更新世，而晚更新世以来的新活动特征不明显。

浑河断裂沈阳段发育有多条主干分支构造，为了完整、准确地分析浑河断裂带的第四纪活动性，跨沈阳段的排列式钻孔联合剖面探测分别针对各个主干分支进行。根据第四纪地质调查和研究，沈阳段所在的下辽河盆地东北缘第四系地层发育良好、厚度大、层序比较完整，在断裂带展布范围内，第四系全新统和上－中－下更新统地层一般均能够见到，尤其是全新统和上－中更新统地层分布十分广泛，在各个钻孔剖面上基本上均能见到，而下更新统地层的分布相对有限，在钻孔剖面上多有缺失，只在西部地段的钻孔剖面上才能够有所揭露。

在F9－2排列式钻孔剖面上，第四系地层沉积连续、层序完整，上－中－下更新统和全新统均有所揭示。剖面上断裂倾滑活动明显，错动了第四系底部、下部的下更新统和中更新统下部地层，并影响了中更新统上部地层的沉积，断裂还充当了太古宇混合岩和中生代侵入辉绿岩的边界。布设于大瓦村旺力街西南的排列式钻孔剖面分析结果表明，F9－2断层在基岩中的发育形态清楚，断层倾角较陡，上断点埋藏较深；断裂活动向上错动了第四系底界面

以及下 – 中更新统地层，断距 4 ~ 5m，倾滑型活动特征清楚，平均滑动速率为 0.01mm/a 的数量级。另据断裂破碎物 ESR 年龄 658.0ka 的测年结果，综合判定 F9 – 2 断层的最新活动时代为中更新世早期，断裂发育程度较差，第四纪活动性较弱。

在 F14 排列式钻孔剖面上，第四系地层包含中 – 上更新统、全新统而缺失下更新统地层，由于断裂两盘分属于不同的地貌单元，导致第四系上部全新统 – 上更新统地层出现了一定的沉积落差，而下部中更新统地层落差明显，除了沉积差异以外还可能存在一定的构造因素。结合浅层人工地震探测所确定的断裂位置及其波组断错情况，判定中更新统地层是应该受到构造错动的。因此，布设于中兴街与沈东四路交叉口西南的排列式钻孔分析结果表明，F14 断层主要发育在太古宇混合岩等基岩中，断层的倾角较陡，上断点埋藏较浅。断裂活动向上可能错动了第四系界面以及中更新统地层，断距 3 ~ 4m，并在一定程度上影响了上覆的全新统 – 上更新统地层沉积，表现出一定的倾滑活动特征，平均滑动速率为 0.01mm/a 的数量级。另据断裂破碎物 ESR 年龄 527.6ka 的测年结果，综合判定 F14 断层的最新活动时代为中更新世，断裂发育程度较差，第四纪活动性较弱。

在 F15 – 1 排列式钻孔剖面上，第四系地层包含中 – 上更新统和全新统，缺失下更新统。剖面上可对比的第四系地层底界面连续、完整，不存在明显的倾滑型错动，但断裂两盘第四系底部地层层序差异明显、不能对比，因此不能排除断裂走滑型活动可能对第四系底部中更新统地层所产生的水平错动，并进而影响了上更新统底部地层的沉积。由于断层较陡，该剖面上没有揭示出断裂破碎带。布设于国公寨村西沈中线路南的排列式钻孔分析结果表明，F15 – 1 断层可能存在有一定的走滑活动，倾滑型活动则不明显。断裂对于上覆的中更新统地层可能产生了错动影响，判定其最新活动时代为中更新世，活动性较弱。

在 F15 – 2 排列式钻孔剖面上，红台村新大线路西场地可对比的第四系地层包含中 – 上更新统和全新统，缺失下更新统。剖面上第四系沉积连续、完整，不存在明显的倾滑错动，下伏的太古宇混合岩全风化层底界面也比较平整，但强风化层底界面构造错动明显，这指示了断裂第四纪以前的活动特征，而剖面上揭示有断裂破碎带。国公寨村东沈中线路南场地的第四系地层主要为全新统和上更新统，而缺失中 – 下更新统，第四系地层不存在明显的构造错动，同时断层对于太古宇混合岩全风化 – 强风化岩层的错动作用也不明显，可能由于断层面较陡，该剖面并没有揭示出断裂破碎带。分析认为，F15 – 2 断层主要发育在太古宇混合岩等基岩中，断层倾角较陡，上断点埋藏较深。断裂活动对于上覆第四系上更新统乃至中 – 上更新统地层的影响较小，倾滑型活动特征不明显。探测分析结果表明，F15 – 2 断裂的发育程度总体上较差，第四纪活动性较弱，至少在晚更新世以来没有新的活动，另据断裂破碎物 ESR 年龄 176.4ka 的测年结果，可以判定 F15 – 2 断层的最新活动时代为中更新世。

总之，浑河断裂沈阳段由多条主干分支构成，各个主干分支在排列式钻孔剖面上的表现具有一定的相似性。综合分析认为，浑河断裂沈阳段主要发育在太古宇混合岩等基岩中，对于基岩的断错比较明显，断层倾角较陡。断裂运动性质表现出一定的复杂性，在一些剖面上倾滑型活动特征比较明显，而在另一些剖面上则主要显示为走滑型活动。断裂在第四纪以来应具有一定的新活动性，最新活动时代可界定为早 – 中更新世。根据断层的第四系地层断距以及相应的测年数据和第四系划分结果，大致得到断层第四纪活动的平均滑动速率为 0.01mm/a 的数量级，断层活动性较弱。

第8章
断裂活动性鉴定及其活动性分段

8.1 浑河断裂发育和活动性的空间差异及活动段划分的可行性

通过浑河断裂带（密山－敦化断裂辽宁段）地震构造发育和活动性的综合分析，确定浑河断裂在空间展布、规模、结构和活动特征等方面存在明显的不均匀性，浑河断裂带可以划分出若干个不同的段落。分析认为，西起于沈阳南，穿过下辽河平原区东北部边缘和抚顺盆地河谷平原区，经章党、南杂木、北三家、清原、英额门一直向东延至草市南附近与赤峰－开原断裂相交会，长度约200km 的浑河断裂带可以划分为以下几个不同的段落：展布于下辽河平原区东北部边缘的沈阳段，抚顺盆地区较宽阔条状河谷平原的抚顺段，抚顺盆地与南杂木盆地之间展布于山地、丘陵区的章党－南杂木段，南杂木盆地以东至赤峰－开原断裂交会区、展布于狭窄浑河谷两侧的南杂木－英额门东段。下面分别从地质构造基础条件、地震活动、地貌和第四纪地质、地震地质发育等几个方面来分析和讨论浑河断裂不同活动段落的划分。

8.1.1 地质构造基础条件

1. 地质构造单元的划分

在地质构造上，浑河断裂带处在中朝准地台东北部边缘，涉及的二级地质构造单元为胶辽台隆、华北断坳，其中断裂的西段（沈阳段）总体上处在华北断坳，抚顺盆地及其以东段落处在胶辽台隆。在三级地质构造单元划分上，浑河断裂所展布的华北断坳只涉及下辽河断陷，沈阳段即处在下辽河断陷的东北部边缘地带；胶辽台隆亦只涉及铁岭－靖宇台拱，浑河断裂的抚顺盆地及其以东段落均处在铁岭－靖宇台拱上。在四级地质构造单元上，浑河断裂沈阳段只涉及辽河断凹，断裂段处在辽河断凹的东部边缘。比较而言，抚顺盆地及其以东段落则要复杂得多，首先，浑河断裂作为区域性的深大断裂构造，其南、北两侧的构造基础条件就表现出一定的差异性，断裂充当了四级构造单元划分的边界；此外，一些与浑河断裂具有交会特征的区域性断裂构造包括下哈达断裂、苏子河断裂等与浑河断裂相互作用，尽管它们的走向、规模、活动特征等不尽相同，也充当了四级构造单元的边界。在上述区域性断裂的切割控制下，抚顺盆地及其以东浑河断裂所处的铁岭－靖宇台拱可划分为摩离红凸起、凡河凹陷、抚顺凸起和龙岗断凸共 4 个四级地质构造单元，其中凡河凹陷、摩离红凸起位于浑河断裂的北侧，其间以下哈达断裂为界；抚顺凸起、龙岗断凸位于浑河断裂的南侧，其间以苏子河断裂为界。根据所处四级地质构造的差异性，可以将抚顺盆地及其以东的浑河断裂分别作如下划分: 下哈达断裂以西的抚顺盆地段 (抚顺段), 其北侧为凡河凹陷、南侧为抚顺凸起; 下哈达断裂与苏子河断裂之间的章党 – 南杂木段, 其北侧为摩离红凸起、南侧为抚顺凸起; 苏子河断裂以东的南杂木 – 英额门东段, 其北侧为摩离红凸起、南侧为龙岗断凸。此外, 受到赤峰 – 开原断裂的分隔, 密山 – 敦化断裂吉林段处在吉黑褶皱系张广才岭优地槽褶皱带内, 其地质构造基础条件与密山 – 敦化断裂辽宁段相比表现出显著的差别。

2. 新构造运动差异性

研究表明, 浑河断裂本身实际上就是一条新构造运动分区的边界, 一方面, 断裂南、北两侧的新构造运动显示出一定的差异性, 南盘总体上相对北盘上升, 这一构造运动特征在南杂木盆地以西地段尤为清楚, 至南杂木以东则趋于减弱; 另一方面, 浑河断裂沿线的新构造运动表现出更为明显的差异, 断裂的南、北两盘受到了浑河断裂空间活动差异以及与浑河断裂相交会的其他断裂构造切割又可以划分出若干次级的新构造运动分区, 显示出沿浑河断裂的地质构造活动具有不均匀性和分段特征。

根据新构造运动的研究, 研究区内东侧的辽东差异上升隆起区和西侧的下辽河下降坳陷区是分化特征比较明显的 2 个新构造运动分区。辽东差异上升隆起区新近纪以来长期上升并伴有短暂间歇, 以章党 – 南杂木地区的断裂带北盘较其东、西两侧上升幅度更为明显、地势较高, 同时南杂木以东地段也具有上升幅度较快、地势较高、河流坡降较大、下切侵蚀作用较强的特点, 而章党以西地段则上升幅度较缓、地势较低、河流坡降较小, 其中抚顺盆地区地势低平、河谷开阔、河流缓慢。受到间歇性上升运动作用, 浑河两岸的阶地十分发育, 抬升区内太古宇 – 下元古界结晶基底及上元古界、侏罗 – 白垩系等基岩地层广泛出露。下辽河下降坳陷区以整体的坳陷运动为主, 沉积了巨厚的第四系地层, 该区的沉降中心大致位于下辽河平原的中部, 下降幅度可以达到 400m 左右, 沈阳地区处在下辽河平原区的东北边缘, 其向沉降中心具有明显的倾斜性下降趋势, 第四纪以来的下降幅度为 20 ~ 120m, 较中心区差异明显。除上述运动特征迥异的辽东差异上升隆起区和下辽河下降坳陷区以外, 根据构造组合关系及其新构造运动的差异, 在辽东差异上升隆起区内还可以划分出若干次级的新构造运动分区。受到下哈达断裂的切割, 在浑河断裂的北侧可划分出凡河新构造运动分区和摩离红新构造运动分区, 两个分区的新构造上升特征具有一定的差异; 受到苏子河断裂的切割, 在浑河断裂的南侧可划分出抚顺新构造运动分区和龙岗新构造运动分区, 两个分区的新构造上升特征也具有一定的差异。

总的来说, 抚顺盆地及其以东的辽东山地区处在新构造上升隆起区内, 抚顺盆地以西的下辽河平原区东北缘 (沈阳地区) 处在下降坳陷区内, 介于上升隆起区和下降坳陷区过渡部位的抚顺盆地 (其西侧边界大致为浑河南岸的李石寨、田屯至浑河北岸的旧站一线, 东侧边界大致为下章党、大伙房水库大坝至吴家堡一线) 虽总体处于上升状态, 但上升幅度较下章党、大伙房水库大坝以东的山地区要弱得多, 浑河流经该段形成了较为宽阔的河谷平原, 在河谷平原中沉积了厚度远逊于沈阳地段 (属下辽河平原区) 的第四系地层。从显著的新构造运动差异性分析, 浑河断裂至少可以划分出沈阳、抚顺和章党以东等 3 个不同的段落, 而从次级的新构造运动分区及其构造活动差异性来看, 除了上述 3 个段落以外, 在章党以东段内, 南杂木盆地东、西侧的新构造运动表现有所不同, 以南杂木盆地为边界, 还能够对断裂段进一步地划分。

3. 岩性介质条件

浑河断裂两侧的第四系和基岩地层在不同的地段其空间分布是不同的。断裂沿线的第四系地层集中分布在沈阳地区和抚顺盆地区，章党以东的浑河谷地带也有小规模的不连续沉积，太古宇、元古宇和中生界侏罗－白垩系、第三系等基岩地层则主要出露于抚顺以东地段，研究表明，太古宙及晚侏罗世、晚更新世侵入岩集中在浑河南岸，而太古宇鞍山群地层主要分布在浑河北岸，浑河南、北两岸的地层、岩浆岩系列显示出明显的区别。

沈阳附近地段的第四系地层沉积连续、完整，厚度很大，一般为 20～120m，其中永乐、苏家屯西南地区第四系厚度可达 100m 以上。近地表全新统地层出露广阔，范围向东可延至孤家子以西和李石寨北部，上更新统主要分布在沈抚铁路沿线及其以南地区，集中在古城子、深井子、李石寨一线，该统以角度不整合关系覆于中生界及其以前的基岩地层之上，沉积相以坡积、坡洪积为主。这一地段出露的基岩地层如太古宙混合岩等零星分布在下辽河平原的东部边缘地带。

在浑河断裂抚顺段所展布的抚顺盆地区及其两侧，第四系和基岩地层的空间分布与沈阳段比较有明显差异，浑河断陷带控制了抚顺盆地的发育，同时也控制了盆地中第三系煤系地层的分布，使得抚顺地堑盆地沉积了厚达 1400m 的第三纪煤系，沿断裂并有玄武岩喷发。抚顺盆地内第四系发育具有相对独立性，总体上沉积比较均匀，厚度变化较小，一般在 10～20m，其由东向西递增的变化梯度较沈阳段要小得多。基岩地层主要分布在断陷盆地的南、北两侧，其中盆地北侧以块状的太古宙混合岩为主，太古宇鞍山群通什村组北大岭段地层零星分布，呈细长条带状；盆地南侧集中发育有第三系煤系地层，受到浑河断裂控制呈近东西走向。总的来看，抚顺段条带状第四系地层的分布依然广泛，范围明显缩窄，基本上囿于浑河断陷带内，断陷带以外第四系地层迅速减少，基岩地层的分布则明显增大，显示断裂带对第四系地层分布具有明显的控制作用。

在抚顺盆地以东的章党－南杂木地段，基岩地层分布广泛，其中太古宙混合岩占较大比例，第四系地层却呈小面积分布，多表现为宽度 1km 以内、沿河流、沟谷延伸的不连续的狭长条带状。由于浑河断裂沿线盆地形态特征不明显，因而也不发育具有规模的第四系地层，这是浑河断裂各个段落中第四系发育程度最差的断裂段。调查、研究表明，浑河断裂两盘的基岩地层存在一定的差异性，北盘以太古宙混合岩为主，南盘第三系始新统和中生界侏罗系地层较为发育，断裂带中还夹有震旦系高于庄组，断裂严格控制了不同地层的空间分布形态并充当了它们的边界，使得各套地层沿着浑河断裂多呈北东－北东东向的条带状分布。

南杂木－英额门东段依然以基岩地层分布为主，但第四系的发育较南杂木以西段明显为好，只是其分布形态较为狭长，其在浑河两岸的分布也很不均匀。该段的第四系地层集中于沿断裂的一系列小微型构造盆地中，形成北东东向串珠状的第四系沉积区，各个沉积区内第四系层序均很不完整，且厚度较薄，一般在 10m 以内。区内基岩主要分布有太古宙侵入岩及太古宇鞍山群地层，太古宙混合岩、混合花岗岩多集中在浑河南岸，而太古宇斜长角闪片麻岩等多集中在浑河北岸。中生界侏罗系地层沿断裂出露于第四系地层的外侧，分布面积一般不大，在清原等地比较常见，受到浑河断裂带的控制其分布呈北东－北东东向的条带状。另外，在南杂木以东的大石沟附近见有下白垩统分布，晚侏罗世侵入岩则出露于南口前以南地区，在拉门水库以东、草市以南地区还出露有下更新统白金玄武岩，在局部形成较大面积的分布。

4. 地球物理场和深部构造的差异

已有研究表明,作为深大断裂,浑河断裂带沿线及其两侧的地球物理场和深部构造环境存在一定的变化,而这种变化在浑河断裂的不同区段表现出一定的差异性。

在布格重力变化方面,处在松辽 - 下辽河 - 辽东湾异常区的沈阳地区属于重力正异常区,重力变化由沈阳西部的高值中心沿浑河断裂向北东东方向逐渐降低,正异常范围可一直延伸至李石寨附近,在深井子 - 李石寨一带存在明显的正、负异常界限。上述正异常区以东,即在李石寨 - 章党一带的抚顺盆地区,重力场表现为小范围的负异常梯级带,起伏变化较小,至抚顺盆地东端附近形成了一个小型的圈闭。由抚顺盆地东端的章党附近沿浑河断裂东延至南杂木盆地,为一条北东东向的负异常梯级带,场值由西向东趋于减小,分布相对均匀,强度比较稳定,延伸较远,需要指出的是,该负异常梯级带的南、北两侧分别出现了若干次级的重力梯级变化带,形成了多级梯状的背景场,显示浑河断裂两侧具有差异性的重力场分布特征。由南杂木盆地东延至英额门以东,这一区间的负异常场特征比较明显,其中浑河断裂北侧负异常场变化较缓,南侧负变化相对较大。继续东延至浑河断裂带、赤峰 - 开原断裂带交会区附近,负异常沿赤峰 - 开原断裂带发育的北西西向变化趋于明显,呈现出北东东向、北西西向相互交织的负异常格局。总之,处在辽东 - 张广才岭异常区的抚顺盆地区和章党 - 南杂木、南杂木 - 英额门东地区的重力场虽然均为负值,但仍表现出一定的差别,另外,章党 - 南杂木、南杂木 - 英额门东地区重力异常等值线沿浑河断裂带北东东向延伸的特征十分明显,反映了切割较深的浑河断裂对重力场的影响。

磁场的变化与重力场变化具有高度相似性。处在下辽河 - 松辽坳陷异常区的沈阳地区属于负场区,并在深井子、沙岭形成两个负异常中心,其中深井子负值中心即位于浑河断裂附近,这一区段的负磁场等值线总体沿浑河断裂呈北东 - 北东东向延伸,变化平稳、起伏不大。抚顺盆地区附近磁场变化特征比较鲜明,浑河断裂南、北两侧的磁场明显不同,断裂以北为负场区,以南则以正场为主,磁场起伏变化较大,其磁场变化特征明显与深井子 - 李石寨以西的沈阳段和章党以东段的浑河断裂沿线磁场变化不同。由章党附近东延至南杂木盆地,磁场表现为形态规则的平静负场,与重力场的平稳变化对应,舒缓的航磁异常等值线走向北东东,与浑河断裂的走向保持一致。在南杂木盆地以东,磁场整体表现为负异常场,等值线走向与浑河断裂一致,但与章党 - 南杂木段不同的是,该段的磁场起伏明显增大,负异常绝对值明显较高,浑河断裂对磁场分布的控制作用有所增强。至英额门以东的赤峰 - 开原断裂带附近,磁场的变化趋于复杂化,等值线形态多变,在以北东东向为主的基础上还叠加有北西西向的变化趋势,磁强亦逐渐由负场过渡到正场。

通过深部地球物理场的研究,抚顺盆地以东的辽东地区深部重力异常带虽然总体呈北东 - 北北东走向,但浑河断裂的控制作用较之布格重力异常有所降低。除了辽东山地区西缘的沈阳段和抚顺段之间存在明显的重力异常梯级带以外,浑河断裂其他段落的深部重力场变化均比较平缓。

在深部构造上,处在下辽河平原 - 渤海上地幔隆起区、辽东上地幔坳陷区过渡地带的浑河断裂沈阳段、抚顺段地壳厚度较薄且变化较大,尤其是处于幔隆区边缘的沈阳段存在较为剧烈的变化梯度带,等值线形态复杂,中地壳内还可能发育有低速 - 高导层,重力场、磁场表现为复杂的交变性。下辽河平原区是一个走向北北东、地壳厚度小于32km的幔隆区,其范围可一直延至沈阳段附近,只是地壳厚度略有增大,这一区段的莫霍面起伏变化比较复杂。抚顺盆地区较下辽河平原区（暨沈阳地区）地壳厚度进一步增大，东西方向上的梯度变化开始转为南北方向，莫霍面的起伏变化则趋于简单。在抚顺盆地以东地区，一方面，地壳厚度具有自西向东、从南到北逐渐增大的变化趋势，南北方向上的变化特征更为清楚，沿浑河断裂的深部构造变化比较简单；另一方面，与沈阳附近的依兰－伊通断裂、金州断裂等北东－北北东向构造对地壳分布的主导控制形态不同，在抚顺盆地以东地区，浑河断裂等北东东和近东西向构造对地壳等厚线形态的影响明显增强。在岩石层厚度变化上，下辽河平原区属于上地幔软流层隆起区，岩石层厚度较薄，其边缘的沈阳附近存在岩石层厚度急剧变化的梯度带。至抚顺盆地以东，岩石层厚度变化趋缓而厚度值逐渐增大，在英额门以东浑河断裂带与赤峰－开原断裂带的交会区附近岩石层厚度达到最大值即140km，此外，沿赤峰－开原断裂带还形成了狭窄条状的上地幔软流层下凹区，反映了赤峰－开原断裂的深大断裂特征。

8.1.2 地震活动的空间分布差异

浑河断裂及附近地区的地震活动总体上并不活跃，地震强度也不高。根据现有的地震记录资料，断裂附近最早的地震记录为1518年"辽东沈阳$4\frac{1}{2}$级地震"，其后在1552—1954年共400年的时间内共记录到$3\frac{1}{2}$~$5\frac{1}{2}$级地震3次，最大地震为1765年$5\frac{1}{2}$级。历史地震活动在空间分布上是十分不均匀的，上述记录到的地震均发生在沈阳附近，此外，只记录到1次1496年抚顺东洲堡5级地震，该次地震的大致位置在浑河断裂以南的抚顺盆地东部，定位精度不高。在1900—1970年时间段，沈阳附近地区共有5次地震记载，除了比较明确的1954年沈阳东陵3.5级地震以外，其他地震活动虽然有感，但普遍震级不大；与沈阳段相比，浑河断裂的其他段落在此时段内的历史地震记录资料很少，章党以东地段则基本上完全缺失。1970年以来，地震数据资料比较完整、准确，浑河断裂沿线的小震分布主要集中在沈阳段和抚顺段，最大地震为2003年沈阳满堂4.3级地震，小震活动可形成沿浑河断裂一定程度的条带状分布，而抚顺地区的地震活动以矿震活动为主，在空间分布上相对密集；与沈阳段、抚顺段相比，章党以东地段的地震活动很少，分布零星，只在南杂木盆地等处发生过最大为3.0级的小震活动。

综上所述，浑河断裂沿线的地震活动在空间分布上主要集中在沈阳附近，其他各个地段沿断裂的地震（特别是构造地震）分布是很少的，在强度分布上，沈阳段的地震活动也要比其他段落高得多。比较分析显示，浑河断裂沈阳段历史上记录有4次$3\frac{1}{2}$级以上地震，最大为$5\frac{1}{2}$级，1970年以来发生过1次4.3级地震，现今小震活动相对较多，并形成一定的准条带状分布，地震条带的展布大致与浑河断裂吻合。抚顺段的地震活动水平较沈阳段已经显著减弱，历史上只记录有1次5级地震，现今小震活动虽然较多，但以人工诱发的矿震为主，尽管如此，小震活动仍具有沿浑河断裂呈北东东向展布的趋势。章党以东地段地震活动的空间分布密度和强度进一步降低，其中章党－南杂木段1970年以来仅发生过1次3.0级以上地震，而南杂木－英额门东段则没有3.0级以上的地震发生，这一区段的地震活动分布零星，只在南杂木盆地附近有所集中，地震活动与浑河断裂之间的构造关系不明显。

8.1.3   地貌、第四纪地质特征的差异性

1. 遥感影像特征

基于 Google earth 和 LANDSAT – 7 ETM + 的遥感影像数据，开展对浑河断裂的遥感解译分析，结果表明，浑河断裂在不同的地段表现出差异性的影像特征。

在沈阳附近，遥感线性影像断续展布、连续性较差。影像主要由 1 条至数条相对零散的、大致呈平行状或斜列状延伸的短促状线条组成，左阶、右阶排列结构并存，连续性和规律性较差、形态特征不均匀、变化复杂且具有一定的多解性，存在较多的线性影像空区。该地段地貌形态为山前倾斜平原和浑河新、老冲洪积扇，第四系地层发育较好，晚更新世 – 全新世地层超覆于近地表，导致可初判为与断裂相关的线性影像较少、可信度较低，在解译出的与断裂构造相关的 41 条线性影像中，没有 A 等级影像，而均属于 B 等级。

延入抚顺盆地区后，浑河断裂遥感线性影像连续性较好、延伸稳定、影像清楚，其间基本不存在所谓的解译空区。线性影像主要由 1～3 条斜列状的长线条组成，规律性较好、形态特征均匀、变化简单，以左阶排列结构为主。影像两侧的色调和地貌形态差异十分明显，反映了浑河断裂比较明确的构造活动及其对盆地的控制作用。经过野外实际调查验证，沿线性影像在山前地带陡坡、陡坎发育，两侧的地貌景观迥异，一侧为浑河河床、河漫滩和一级阶地等第四系沉积区，另一侧则为侵蚀、剥蚀基岩区。尽管受到了城市建设等人类活动的改造，但抚顺段的线性影像较沈阳段明显发育较好且较为清晰，在解译出的与断裂构造相关的 18 条线性影像中，A 等级影像有 1 条，B 等级影像有 17 条。总的来看，在浑河断裂抚顺段，不管是盆地两侧的山前陡坡、陡坎带还是 F1A 主干分支穿过浑河河床的地段，断裂两侧的色调差异均较为明显，线性影像异常特征是清楚的，断裂展布在空间上具有良好的连续性和衔接关系。

在抚顺盆地以东至南杂木盆地区，遥感线性影像连续性好、延伸稳定，影像较为清晰，不存在明显的影像空区。影像主要由 2～4 条大致呈平行状或斜列状的线条组成，此起彼伏，错落有致。影像两侧色调和微地貌形态差异清楚，经野外实际调查验证，沿线性影像的同向小型直线状沟谷等发育，沟谷岸侧形成有一系列呈线性排列的小微型坡洪积扇、坡积裾，在山前地带多陡坡、陡坎并分隔了第四系沉积区和侵蚀、剥蚀基岩区，这在一定程度上反映了浑河断裂晚近时期的构造活动。该段可初判为与断裂相关的线性影像较多、可信度较高，在解译出的与断裂构造相关的 31 条线性影像中，A 等级影像有 7 条，B 等级影像 24 条。

在南杂木盆地以东段，遥感线性影像延伸连续、密集、平直、稳定，影像清晰，其中浑河谷北侧不存在明显的影像空区，空区的规模亦较小，而浑河南侧的空区范围相对较大。线性影像总体上由 2～3 条平行状或斜列状的线条组成，形态特征存在一定的变化。影像两侧的色调和微地貌差异清楚，通过野外实际调查，沿线性影像多在山前地带形成陡坡、陡坎带，尤其是浑河谷北侧陡坡、陡坎的规模常常较大，在地貌上浑河谷通过这些陡坡、陡坎直接与侵蚀、剥蚀低山、丘陵相接，形成十分清晰的影像特征。另外，一些地段如清原北等非浑河谷地段沿线性影像可发育有同向的小型直线状沟谷，沟谷岸侧一系列串珠状的小微型坡洪积扇、坡积裾等呈线性排列，同时在浑河谷南侧也存在相似的地貌发育形态，只是坡洪积扇、坡积裾的规模明显增大。根据遥感影像特征分析，这一地段可能存在较多的可初判为与断裂构造相关的线性影像，且可信度较高，在解译出的 99 条线性影像中，A 等级影像有 19

条，B 等级影像 80 条。总的来看，浑河断裂及其分支构造的活动对线性地貌的塑造作用相对较强。

2. 地形、地貌差异

浑河断裂（密山－敦化断裂辽宁段）是展布于辽宁中－东部地区的一条规模巨大的区域性断裂构造，跨越了不同类型的地貌单元，断裂沿线的地形、地貌表现出差异性的特点。

在大的地貌形态上，断裂西段（沈阳段）处在下辽河平原区的东北部边缘，地势较低，平均海拔高度为 25～65m，地形平坦、开阔，地面坡降一般为 1∶1500。区段内第四系地层发育，沉积连续、完整，厚度很大。根据已有的第四纪地质研究资料，浑河断裂所发育的沈阳附近其第四系厚度较之下辽河平原中心区已显著减薄，从 400m 以上降低为 20～120m。浑河断裂沈阳段展布于浑河的南岸，与现代浑河河床大致平行，地貌上处在浑河流出辽东山地区的山前地带，山前不同期次的大型冲洪积扇发育并相互叠加，形成沈阳地区平坦、开阔的山前倾斜平原。下辽河平原则是由郯庐断裂带下辽河段、依兰－伊通断裂、金州断裂等控制发育的北东－北北东向断坳平原，浑河断裂延入下辽河平原以后并没有对下辽河平原的总体地貌形态产生明显影响，与郯庐断裂带下辽河段、依兰－伊通断裂等对比，浑河断裂在大的地貌形态塑造方面只具有从属作用。

浑河断裂抚顺段展布于抚顺盆地区的南、北两侧，浑河断裂发育及其构造活动在大的地貌形态上表现清楚。这里处在下辽河平原区和辽东山地区之间的过渡地带，浑河断裂明显控制了浑河的发育及其地貌形态。一方面，北东东向的浑河谷地形较为开阔、平坦，起伏舒缓，地势较下辽河平原区有所增高，为 65～100m，地形坡度则明显增大，地面坡降为 1∶850 左右；另一方面，河谷南、北两侧在地貌上属于侵蚀、剥蚀低丘陵区，地势相对较高，平均海拔为 120～300m，地形起伏很大。该段第四系地层分布广泛但不均匀，沉积层序亦不完整，厚度较沈阳段显著减小，为 10～20m，而山前地带的第四系厚度仅为数米量级。总的来看，浑河断裂抚顺段具有较为典型的条带状断陷河谷平原的地貌形态特征。

章党－南杂木段的浑河断裂处在辽东山地区，地形起伏较大，断裂两侧的侵蚀、剥蚀低山、丘陵地势较抚顺段提高，至 150～500m。该段的浑河断裂及其分支构造在展布上与浑河谷并不重合，它们主要发育在低山、丘陵的山前地带，总体地势变化为南低、北高，地形起伏较大。断裂在总体上对浑河谷地貌的形态发育不具有控制作用，只在南杂木盆地以西地段浑河断裂带与浑河谷保持一致。尽管如此，沿断裂的各个分支主干仍可观测到若干与断裂同向、展布位置也大致重合的线状小型地貌沟谷，沿断裂带形成了近直线状延伸的条带状负地形。在断裂沟谷内沿断裂北东东走向的总体地面坡降为 1∶1000 左右，起伏较为舒缓，而与此垂直的横向剖面上地形的起伏变化则要剧烈得多。这一地段的第四系地层发育较差或基本上不发育，多呈条带状沿山前北东东向小型沟谷分布，局部沿浑河谷分布，第四系分布不均匀、不连续，沉积层序多缺失、局部混乱，第四系厚度很小，具有山地沟谷的侵蚀堆积地貌和第四纪地质发育特征。

南杂木以东至英额门东（草市南）段的浑河断裂处在辽东山地区，断裂基本上发育在浑河谷的南、北两侧，局部地段断裂的分支主干（主要是北分支）能够外移到浑河谷的北侧。断裂控制了浑河谷及其以北不同规模地貌沟谷的发育。与抚顺段比较，这一地段的浑河谷宽度较小而切割深度相对较大，形成狭长条状、北东东向近直线状延伸的深切沟谷。河谷南、北两侧均属于侵蚀、剥蚀低山、丘陵区，地势较高，平均海拔高度为 300～700m，地形起伏剧烈；夹于低山、丘陵中的北东东向浑河谷地形较为平坦，但起伏程度较浑河断裂抚顺段明显增大，河谷底部海拔高度测量值为 135～315m，地面坡降为 1∶400 左右。该段的第四系地层具有山地沟谷的沉积发育特征，由于具有相对稳定的侵蚀堆积环境，第四系地层沿浑河谷的条带状分布总体上连续性较好，并形成了若干的小微性盆地式沉积，但该段的第四系厚度普遍很小。

除了大的地貌形态差异以外，在微地貌发育上，浑河断裂的各个段落也表现出不同的形态特征，更为复杂、多变。浑河断裂沈阳段主要展布在浑河南岸的新冲洪积扇上，东端局部涉及老冲洪积扇地貌单元，断裂整体处于隐伏状态。新冲洪积扇迭置于老冲洪积扇之上，沿浑河呈长条带状分布，宽度为 2～10km，地面标高 34～48m，微向西倾斜；扇体表面古河道基础上形成的牛轭湖及小型湖泊、湿地等发育，其形成时代为全新世早期。老冲洪积扇亦沿浑河呈长条带状分布，宽度为 2～10km，微向西南倾斜，标高 38～60m，形成时代为晚更新世。受到老、新冲洪积扇的覆盖，浑河断裂的地质地貌发育形态总体上是不明显的。根据高分辨率遥感线性影像分析和实际地质地貌调查，沿浑河断裂沈阳段的 2～3 条主干分支在局部可见到与断裂位置大致相同、延伸稳定的北东－北东东向小型微地貌陡坎、凹槽、冲沟、垄岗和串珠状水塘等，断裂附近的微地貌形态复杂、多种多样，如永乐乡东具有左阶排列特征的串珠状水塘和宽度 100m 左右的凹槽和陡坎等，来胜堡东长度数百米、高度 0.5～1m 的陡坎和北东－北东东向线性湿地，古城子附近近平行状或斜列状展布、宽度和高度只有几十厘米的推挤型小型垄岗以及短线型曲流沟渠，刘红台附近深度 1m、宽度 10～20m、长度数百米的线性浅宽沟谷等；在冲洪积扇或其边缘地带还可见到阶梯状的陡坎、陡坡，如小瓦宽度 2km 范围内的 3 条高度为 1～2m 至 6～8m 的近平行状、阶梯状陡坎、陡坡。一方面，这些微地貌形态变化在平面分布上一般规模较小、倾向多变、连续性较差、形态特征不均匀，其间具有明显的短促斜列状展布结构，且分布比较零散，因而较难进行对比和相互联系；另一方面，沈阳附近地段人类活动相对较多，微地貌陡坎、凹槽、水塘等虽然在成因上可能与地质构造之间存在某种程度上的关系，但总的来说是多成因的，本质上与地质构造及其活动的相关性并不高。

与沈阳段相对比，浑河断裂抚顺段南、北两侧的微地貌差异要显著得多。断裂南、北主干分支之间处在浑河谷中的抚顺市城区地形开阔、平坦，断裂带外侧的侵蚀、剥蚀低丘陵区则地形起伏较大。由于断裂南、北分支主要展布在浑河谷和侵蚀、剥蚀低丘陵两大地貌单元之间或其附近，沿断裂常常发育有形态特征清楚、延伸稳定、规模较大的微地貌陡坎、陡坡带，同时在山前地带也发育有少量的坡积裾、坡洪积扇等微地貌单元，坡积裾、坡洪积扇在平面分布上沿断裂构成近平行状或斜列状的串珠，其与陡坎、陡坡带等可以线性相接。受到城市建设影响较小的北支断裂所展布的河谷北侧陡坎、陡坡带保留较好，形态、结构较为清楚，线性特征明显，南支断裂所展布的河谷南侧陡坎、陡坡带则多遭改造、破坏，形态、结构不清楚，线性特征相对较差。根据遥感影像分析和实际地质地貌调查，沿北支断裂在山前地带形成的微地貌陡坎、陡坡规模很大，野外可观测到的陡坎、陡坡高度一般在 3～5m，最高可大于 20m，单条陡坎、陡坡带的延伸长度可达数百米至 1～2km，各陡坎、陡坡在平面展布上呈微弯曲状或近直线状延伸，具有左阶斜列状结构，阶区宽度多为数百米量级，以挤压型为主。尽管后期的风化破坏作用较强，但在多处地貌部位仍可见到残留的断裂破碎带出露，显示山前陡坡、陡坎带与断裂构造之间高度的相关性。如在滴台－西葛一带，近直线状陡坎走向近东西，其形态完整、连续的单条陡坎长度约 2km，最大高度超过 20m，陡坎带以北为丘陵，以南为浑河谷，该微地貌陡坎同时显示出宏观地貌特征；在北土门子－高乐山－将军堡一带，连续、稳定的陡坡、陡坎呈微弯曲状延伸，单条陡坎的长度约 1.5km，最大高度超过 20m，亦具有宏观地貌特征；在大甲邦－大道鲜一带，高河漫滩地貌单元上有北东东向的浑河小型支流发育，呈近直线状延伸、走向稳定，该支流两侧显示出小于 0.5m 左右、比较均匀的高度差，但其成因类型比较复杂，人类活动应起着主导的作用，也不能完全排除断裂发育可能对微地貌变化产生的影响。由于抚顺西露天矿、东露天矿开采的破坏，浑河断裂抚顺段南支的西段除了在局部河道水系的规律性延伸和转折方面可能反映了 F1、F1A 断裂的存在以外，基本上没有见到与构造相关的微地貌陡坎、陡坡等发育，但在大伙房水库以西，可观测到与北支断裂相似的一系列微地貌陡坡、陡坎发育，如在吴家堡附近三级基座阶地的前缘陡坎北东东向延伸稳定、连续，陡坡、陡坎长度数百米，高 3～5m，在陡坡、陡坎附近见到了浑河断裂南支主干的出露，破碎带宽度达到 100m 左右，这一地段的微地貌陡坡、陡坎也具有宏观地貌特征，是不同地貌单元的分界线。

与浑河断裂的其他各个段落不同，章党－南杂木段是一条主要发育于侵蚀、剥蚀低山、丘陵区的断裂段，不具有对浑河谷地的控制作用，沿断裂带第四系地层发育也较差。尽管沿断裂没有发现类似于西侧的抚顺段和东侧的南杂木－英额门东段那样的大型山前陡坎、陡坡带，但在遥感分析上沿断裂的线性影像是十分清晰的，野外实际地质地貌调查也观测到了较多的与断裂位置重合或相近的微地貌陡坎、陡坡以及沿断裂发育的小型冲沟，同时在这一地段的多个观测点上能够见到断裂的出露。浑河断裂章党－南杂木段主要由 3～4 条主干分支断裂组成，是浑河断裂各段中主干分支最多的段落之一，断裂带规模大、连续性好，具有平行状展布和分支复合结构特征。观测分析表明，该段侵蚀、剥蚀低山、丘陵基岩区前缘地带的微地貌陡坎、陡坡或冲沟的规模普遍较小，坡度变化趋缓，陡坎、陡坡的高度一般在 1～3m，最大不超过 3～5m，冲沟延伸长度一般为几百米至 1～3km，宽度较窄，尽管如此，它们在北东东方向上的延伸很稳定，与单纯外力作用导致的地表侵蚀型冲沟等显著不同。另外，沿断裂带可见到多条近直线状陡坎、陡坡同时发育的现象，其间形成平行状、斜列状或阶梯状结构，其间可形成右阶或左阶排列的阶区，阶区多表现为挤压型，形成小型的鼓丘。沿山前地带或冲沟一侧通常有小微型坡洪积扇、坡积裙等发育，并形成北东东向串珠状分布的微地貌形态，连线走向与断裂走向基本一致。坡洪积扇、坡积裙等形态完整，地面坡度一般较小，多呈缓倾斜状且变化比较均匀。与其他各段不同的是，该段在微地貌上还表现为低山、丘陵基岩的前缘地带常常发育一系列北北西向呈梳状延伸的侵蚀、剥蚀堆积台地，台地与后缘基岩区之间存在较为清楚的边界，各台地后缘边界基本上处在同一条直线上，而该直线的走向为北东东向，如在土口子至洪家沟、石门岭一带，与断裂展布位置相近的北东东向沟谷形态清晰，长 2～3km，宽 0.5km 左右，延伸均匀、稳定，沟谷两侧丘前梳状台地发育，各台地在北西西向上的延伸长度为 100～300m、在北东东向的宽度为几十米至数百米不等，台地表面呈缓倾斜，坡度在 3°～5°以下，各台地与后缘基岩丘陵之间转折变化明显，形成了北东东向的转折连线。地质地貌调查、观测还表明，该段陡坎、陡坡或冲沟两侧大的地貌形态变化远不如其他段落明显，局部甚至存在地形变化的缓慢过渡。

与章党－南杂木段不同而与抚顺段相似，浑河断裂南杂木－英额门东段控制了浑河谷的发育，形成了沿断裂狭长的条带状河谷平原。该段断裂沿线的微地貌形态总体上比较清楚，形成了若干条清晰、稳定、连续的遥感线性影像。断裂段主要由 1～2 条主干分支组成，局部地段可分解为 3 条分支，大致呈平行状展布，局部具有分支复合特征，断裂带规模大、连续性好。经过野外地质地貌调查，沿断裂段在河谷两侧侵蚀、剥蚀低山、丘陵山前地带发育有数量众多而规模多变的微地貌陡坎、陡坡，由于人类活动影响较小，陡坎、陡坡等一般保持着原有形貌和结构，形态完整、清楚，延伸稳定、连续。经观测，陡坎、陡坡的高度一般在 2～5m，最高可达 20～30m，单条陡坎、陡坡带的延伸长度一般为 1～3km。在空间展布上，陡坎、陡坡带多呈北东东向微弯曲状或近直线状延伸，位置与浑河断裂南、北主干分支及其次级分支断裂的位置相同或相近。同时，浑河南、北两岸山前地带的坡洪积扇、坡积裙等也比较发育，其规模不一，总体上较抚顺段为大。坡洪积扇、坡积裙等在平面分布上多沿断裂呈平行状延伸，个别亦可呈斜列状，其间可存在间断，并能够与陡坎、陡坡带等线性相接，构成北东东向近直线状展布的串珠。在局部地段，基岩陡坡面十分平整、产状稳定，与附近实际观测到的断层面产状相同，具有断层三角面特征，但表面遭受到了较强的剥蚀。在清原以北等地段，断裂带北支主干与浑河谷的位置并不重合，河谷北侧沿断裂带发育有近直线状延伸的典型"U"形支冲沟，冲沟延伸长度可达 4～5km，沟口宽度可达约 300m，沟谷底部地形呈舒缓起伏，两侧发育有小规模的北东东向陡坡或陡坎，陡坡、陡坎的规模要小于浑河谷两侧的陡坡、陡坎，高度一般在 1～5m，延伸长度为数百米；小型冲沟两侧亦可观测到北东东向展布的一系列山前坡洪积扇、坡积裙发育，其规模与浑河两侧的坡洪积扇、坡积裙差异不大。总的来说，浑河谷及其沿线的陡坎、陡坡带和线性排列的坡洪积扇、坡积裙以及小型直线状冲沟等微地貌单元沿北东东方向与浑河断裂南、北分支主干的展布位置吻合性较好，尤其是在清原等地河谷以北的北支断裂附近，陡坎、陡坡、坡洪积扇、坡积裙和直线状冲沟的发育形态更为完整，线性特征更为清楚，连续性和稳定性更好，与已知断裂更为吻合，在一定程度上反映了浑河断裂北支可能具有更为强烈的活动特征。具体来说，在沔阳南沟口，北东东向陡坡、陡坎形态完整，北侧为侵蚀、剥蚀低山、丘陵，南侧为平坦、开阔的南杂木盆及浑河谷地，山前坡积裙呈狭窄条状，陡坡、陡坎和坡积裙延伸与已知断裂基本吻合，由于处在南杂木盆地东缘，可见到北东东向陡坎与近南北（北北西）向陡坡、陡坎的相互交错。在苍石西-红透山南，断裂及南侧附近多条近东西向至北东东向线性"U"形沟谷成组排列，亦有同向陡坎或陡坡发育，可能是浑河断裂主干和次级构造的反映。在南口前-苍石一带，浑河断裂控制了浑河谷的发育，可观测到山前陡坡、陡坎带，在陡坎上发现残留断层面，一些陡坡、陡坎还充当了三级基座阶地的前缘。这一地段还有小型北西向-近南北向的地貌沟谷发育，沿线能够见到北西向-近南北向断层痕迹，它们与北东东向浑河谷相互交错，共同形成了小微型盆地。在北三家子及以西地段，浑河北岸低山、丘陵直接与一级阶地相接，山前陡坡、陡坡十分发育，南岸山前坡积裙则多呈缓坡状，低山、丘陵向浑河河床渐变过渡，根据基础研究，该地段的浑河断裂主要表现为 1 条主干，展布位置即在北岸山前地带。在北三家子-斗虎屯一带，浑河南、北两侧广泛发育平行状、斜列状陡坡、陡坎，连续性较好，在高家砬子北侧山前还观测到断层三角面，在微地貌陡坡、陡坎带两侧，大的地貌形态差异明显，陡坡、陡坎与已知断裂的展布位置基本一致。在清原（盆地）附近，浑河南侧二级基座阶地后缘与山地、丘陵之间具有明显弯曲状、断续性延伸的北东东向坡折线，展布位置与浑河断裂南支相近；南侧山前地带还发育有陡坡、陡坎，其充当了宏观地貌的边界；沿南侧山前陡坎探槽挖掘出断裂破碎带，规模巨大，属于浑河断裂南支的主干；盆地北侧发育有北东东向的"U"形沟谷，这是由北侧分支切割控制所形成的，沟谷除规模小于浑河谷外，两者的形态特征相似。在清原－英额门东一带，浑河谷的切割深度已有所降低，河谷南、北两侧山前均发育近直线状或微弯曲状的陡坡、陡坎，但它们的规模相对清原以西偏小、连续性较差，间或有山前坡洪积扇、坡积裾发育。比较而言，浑河谷北侧的陡坡、陡坎形态相对清楚、连续性和稳定性较好、规模较大，沿线可观测到断层面及构造破碎带发育，南侧则坡洪积扇、坡积裾更为发育，小规模的陡坡、陡坎带附近也没有见到断裂的痕迹。总的来说，浑河断裂南杂木－英额门东段微地貌陡坎、陡坡、坡洪积扇、坡积裾及沿断裂发育的小型冲沟等在平面展布上以微弯曲状或近直线状延伸为主，其间主要表现为平行状排列结构，其斜列状结构较抚顺段、章党－南杂木段等为差。

3. 构造盆地的发育

从浑河断裂沿线的构造盆地来看，除了沈阳段的下辽河盆地浑河断裂不具有主导控制作用以外，抚顺段、章党－南杂木段和南杂木－英额门东段等各个段落地质构造盆地的发育都与浑河断裂的活动性密切相关。

整体包含了抚顺段的抚顺盆地断陷特征十分清楚，与南、北两侧以及东侧的基岩丘陵之间具有清晰的界限，受到该段浑河断裂的严格控制，盆地近东西向长轴长度约30km，近南北向短轴长度仅3~5km。抚顺盆地西端向下辽河盆地平稳过渡，东端则被下哈达断裂所阻隔，盆地长轴走向沿下哈达断裂略转向北东。

章党－南杂木段则是唯一构造盆地不发育的断裂段，断裂基本上发育在浑河北岸的基岩丘陵、山地中。在该断裂段的东端，南杂木盆地发育形态良好，盆地中还可见到2~3个规模较小、突兀于平坦第四纪盆地上相对独立的基岩山丘，地貌上显示凹凸体特征。

南杂木盆地处在区域性浑河断裂及其共轭的苏子河断裂的交会部位，受到两组构造的共同控制，在盆地内、外两侧均可观测到北东东向为主、北西－北北西向为辅的陡坡、陡坎发育，即表明了浑河断裂在盆地形成和发育中的主导性，也显示了苏子河断裂不可或缺的重要作用。陡坡、陡坎带分隔了基岩区和第四系沉积区，使得盆地边缘具有较为清晰的界限。总体北东东向延伸的南杂木盆地较抚顺盆地要小得多，其长轴最大长度为6~8km，短轴最大长度为2km左右。另外，与相对单一构造控制的抚顺盆地比较，南杂木盆地的形态很不规则，第四系沉积区与侵蚀、剥蚀丘陵区之间相互穿插，第四系地层分布的均匀性也较差。

南杂木－英额门东段沿断裂的构造盆地发育较多，如苍石盆地、黑石木盆地、北三家盆地、斗虎屯盆地、清原盆地和英额门盆地等。这些盆地的规模普遍较小，一般沿浑河断裂呈狭长的条状或橄榄状，盆地长轴方向显示为北东东，显示受到了浑河断裂的明显控制，而其他断裂构造的影响则可以忽略不计。清原盆地是这一地段一系列构造盆地中规模最大的第四系断陷盆地，其大小和南杂木盆地接近，但这一地段包括清原盆地在内的各个盆地其发育形态和构造控制均与抚顺盆地相似而与南杂木盆地有所不同。南杂木－英额门东段的一系列小微型盆地与南、北两侧的基岩山地、丘陵之间一般具有清楚的界限，地貌差异十分明显。

4. 第四系沉积的不同特点

与构造盆地的发育相匹配，浑河断裂各段的第四系发育程度也具有显著不同的特征。沈阳段处在下辽河盆地边缘，第四系发育总体上服从下辽河地区的沉积特征，厚度大、层序完整、均匀性较好，总体具有由东向西递增的变化规律，最大厚度可达100m以上。

抚顺段处在抚顺盆地区，第四系发育具有相对独立性，厚度较小但变化均匀，一般在10~20m，亦具有由东向西递增的变化规律，但变化梯度较沈阳段要小得多。与具有较完整沉积层序的沈阳段相比，浑河断裂抚顺段第四系层序很不完整，基本上缺失下－中更新统地层，向抚顺盆地南、北两侧扩展还存在上更新统或全新统地层缺失的现象。

章党－南杂木段不发育沉积良好和具有规模的第四系地层，是浑河断裂各个段落中第四系发育最差的地段。调查研究表明，沿该段只在近直线状条形沟谷及两侧的山前坡洪积扇群、坡积裙等地貌部位上观测到小规模的第四系沉积，它们的分布范围普遍很小，第四系较薄且分布很不均匀。这一地段的第四系层序完整性很差，除了缺失下－中更新统地层外，上更新统和全新统地层的沉积也不连续，一般以薄层上更新统地层发育为主，沟谷底部可见全新统发育，而全新统多直接覆盖在基岩地层之上。

南杂木－英额门东段第四系虽有所发育，但其分布很不均匀，第四系地层主要集中在沿断裂发育的一系列小微型构造盆地中，具有一定的中心式沉积特征，形成北东东向串珠状的第四系沉积特征。除浑河河床普遍发育较薄的第四系沉积以外，其他如山前坡洪积扇群、坡积裙等地貌部位的条带状第四系地层规模普遍很小且局限性明显，厚度变化很不规则且较薄，一般在10m以内。段内第四系层序十分不完整，除了基本缺失下－中更新统地层外，一些地段的上更新统和全新统地层也不连续。

8.1.4　地震地质特征分析

郯庐断裂带经过渤海、下辽河地区北延至沈阳西南附近发生了分异，分别形成了密山－敦化断裂和依兰－伊通断裂等主干分支。依兰－伊通断裂是下辽河平原、松嫩平原和辽东山地的边界断裂，两侧新构造差异升降运动显著，沿断裂地震活动密集，发生过多次破坏性地震；密山－敦化断裂两侧新构造差异升降运动却不明显，断裂活动性显著降低，沿断裂带只在辽东山地区形成了与依兰－伊通断裂大致平行的近直线狭长条状的第四纪断陷，沿断裂地震活动水平很低。

1. 地质构造组合关系

作为郯庐断裂带的组成部分和辽宁地区主要的区域性断裂构造，密山－敦化断裂辽宁段自形成以来经历了复杂的构造变动，它与这一地区其他的构造体系相互作用，形成了复杂的构造格局。研究表明，浑河断裂研究区的断裂构造主要可划分为近东西向至北东东向、北东－北北东向、北西－北西西向3组，以北东－北北东向断裂发育形态最为清楚，其他两组的构造产出水平则较弱。从区域地质构造的演化来看，近东西向至北东东向断裂形成最早，是伴随结晶基底的褶皱回返而产生的；北东－北北东向断裂延续性好，中生代时活动强烈，新生代以来继续活动，第四纪活动水平较高，对区域地震活动的控制作用较强；北西－北西西向断裂规模变化较大，活动性也多有不同，它们常常切割其他走向的构造，对中强地震具有控制作用。另外，研究区的区域性深大断裂如郯庐断裂带下辽河段、依兰－伊通断裂、赤峰－开原断裂等不仅控制了浑河断裂的边界，还对浑河断裂的构造演化和发育具有深远的影响。

依兰－伊通断裂和密山－敦化断裂在沈阳西南附近的构造交汇处形成有楔形地块，该地块大体上被依兰－伊通断裂、密山－敦化断裂所围限并呈北东向延伸，在沈阳附近也称为沈阳鼻状凸起。依兰－伊通断裂展布于鼻状凸起的西侧，走向北北东，切割了晚白垩世以前的地层和岩体，严格控制了第三纪沉积，亦对第四纪地层有一定的控制作用。依兰－伊通断裂属于新构造运动辽东差异上升隆起区与下辽河－松辽盆地下降坳陷区的边界断裂，是西部平原、缓丘与东部低山、丘陵等大地貌单元的分界线。断裂规模巨大，其辽宁段长度约200km，断裂带宽度可达20km左右。断裂在中、新生代时期活动强烈，第四纪以来继承性活动。浑河断裂带展布于鼻状凸起的南侧，断裂西段位于下辽河平原东北缘，主体构造则展布于辽东山地区，在辽宁、吉林两省交界附近与赤峰－开原断裂带相交会，而在赤峰－开原断裂带的两侧，密山－敦化断裂的地震地质发育和活动特征表现不同，赤峰－开原断裂客观上充当了浑河断裂带的东端边界断裂。实际上，赤峰－开原断裂与浑河断裂均属于深大断裂带，前者属于超岩石圈断裂，后者为地壳断裂，赤峰－开原断裂还是华北地震构造区和东北地震构造区的区域性边界断裂。

除了依兰－伊通断裂和赤峰－开原断裂控制了浑河断裂的西、东两端以外，在浑河断裂展布范围内，还有多条具有一定规模的断裂构造与之交会。在抚顺盆地东端的章党地区，北东向的下哈达断裂穿切了浑河断裂带；在南杂子盆地区，苏子河断裂呈现为一组复杂的北西－北北西向断裂束并穿切了浑河断裂带；此外，在苍石－红透山地区也发育有1条规模较小的北北西向构造。调查分析认为，苏子河断裂是发育于辽东山地区的一条主要的铲状断裂构造，规模巨大。在南杂木附近，北西－北北西向延伸的苏子河断裂带与北东东向浑河断裂带共轭交会并互相错切，形成了较为宽阔的南杂木盆地。在南杂木盆地四周，苏子河断裂与浑河断裂的展布形态、结构特征均发生了一定程度的变化，地质地貌发育和地震地质特征也显示出一定的差别。下哈达断裂的规模虽然不大，但它控制了抚顺盆地的东部边界，与浑河断裂之间也表现出一定的交切特征，其东、西两侧的浑河断裂在展布形态、结构特征和地质地貌发育、地震地质特点等方面存在明显的不同。上述与浑河断裂交会的构造体系与浑河断裂之间相互作用、相互影响，形成了复杂的构造格局，甚至在南杂木盆地区等局部地段形成了一定程度的共轭组合关系，它们的地质发育和活动特征对于浑河断裂的构造演化、岩性介质条件等具有重要意义，也对浑河断裂的展布形态、结构及活动特征等产生了深刻的影响。这些区域性的断裂构造在客观上对浑河断裂起到了一定的分隔作用，导致构造交会部位东、西两侧的浑河断裂具有不同的地震地质发育特征，而当交会断裂规模较大时，这种分隔作用就愈发显著。总之，在下哈达断裂、苏子河断裂等的交会、分隔作用下，浑河断裂是可以划分为若干不同断裂段的，各个段落的浑河断裂在展布形态、构造规模和结构、岩性介质条件、地质地貌发育、构造活动性以及地震活动等方面具有差异性的特征。

同时，研究区地震地质调查和分析结果还表明，在区域性的浑河断裂及其共轭交会断裂的控制下，第四纪构造盆地较为发育，盆地的生成和发展与控盆断裂的活动密切相关，第四纪盆地附近的地震活动明显活跃。在浑河断裂及下哈达断裂、苏子河断裂等的共同控制下，浑河断裂沿线断陷盆地较为发育，虽然这些构造盆地的规模差异较大，但总体上反映了控盆断裂特别是浑河断裂的发育特征、活动性及其不均匀性和分段特征。

2. 浑河断裂展布、规模、结构等几何特性

从密山－敦化断裂的区域性分段特征上来看，浑河断裂（密山－敦化断裂辽宁段）属于密山－敦化断裂的最西段，它西起于沈阳西南，经抚顺、章党、南杂木、清原、英额门延至草市以南，全长195km。

浑河断裂沈阳段展布于下辽河盆地东北部边缘的浑河南岸，这一地段的下辽河盆地在北西方向上的宽度由东端的 7~10km 迅速增大到西端的百公里以上，盆地长轴方向逐渐由北东向转为北北东向。在下辽河盆地，依兰－伊通断裂的活动性具有较好的体现，而浑河断裂的第四纪活动性则不明显，甚至具有一定程度的被动活动特征。该段的浑河断裂走向北东－北东东，总体倾向北，倾角较陡，长度约 60km。它主要由 2~3 条主干分支构成，每一条主干分支断裂又往往包含有 1~2 条次级分支断裂及一系列小规模的同向派生构造，共同组成为规模巨大的断裂束，平面展布上具有平行状（局部斜列状）结构，剖面上则具有铲状或阶梯状结构。断裂带的连续性较好，结构比较紧凑。主干分支断裂带之间距离仅 1~4km，次级分支断裂一般相隔数百米，构成狭长条状的断陷带，浅层人工地震和钻孔探测剖面所揭示的单一断裂破碎带宽度可以达到数米、数十米至近百米，钻孔岩芯中可见到碎粉岩、碎裂岩等构造破碎产物。沿断裂段的第四纪断陷幅度较大，第四系厚度可达 20~100m，并由东向西迅速加深，变化梯度明显。

抚顺段主要展布于抚顺盆地的南、北两侧，包含有南、北 2~3 条主干分支断层，在平面形态上形成向西开口的喇叭状，使得抚顺盆地西宽、东窄，在李石寨、田屯－高坎一带的盆地西缘宽度超过 7km，中部的抚顺市区 3~5km，盆地东缘的关岭、吴家堡、下章党一带仅 2~3km。断裂段长度约 30km，结构松散、变化复杂。断裂北支表现为 1 条主干，在北东东至近东西的走向上连续性较差、断续发育，构成左阶的斜列状；南支主干包含有 F1、F1A 等 2 条组成断裂，总体走向北东东，其中 F1A 规模大、连续性好、构造形迹清楚，F1 规模相对较小、连续性较差。在抚顺盆地东端，F1 近东西走向稳定并控制了抚顺盆地的南边界；与 F1 不同，F1A 的走向存在一定变化，如在抚顺盆地中西部，F1、F1A 近平行展布，间距很小（240~560m），至大甲邦、大道鲜附近，F1A 偏向北东并跨过浑河河床与北支主干靠拢，F1、F1A 间距拉大到 2~3km，形成断裂南、北支主干分支复合结构形态。根据深部探测资料，F1、F1A 在深部实际上交会归并为 1 条断裂。此外，在抚顺盆地内部，伴随主干断裂还发育有若干的小型次级分支，它们的规模普遍很小、连续性很差，多隐伏于浑河断陷带中，与主干之间近平行状展布并共同构成断裂束。浑河断裂抚顺段南支主干的 F1、F1A 倾向北，倾角较陡，为 50°~70°，断面比较平直，垂直断距 550~600m，水平断距 250~400m；北支主干属于高倾角断层，倾角变化为 65°~75°，只在近断裂段东端附近倾角变缓，断层面呈舒缓波状起伏，倾向多变，但总体上倾向南侧，与南支主干共同构成了地堑式的浑河断陷带。调查显示，F1、F1A 挤压破碎带宽度可达 3~10m，带内构造透镜体、断层泥等发育。与南支主干相比，北支断裂破碎带规模相对较小且变化较大，具有明显破碎特征的碎粉岩、碎裂岩、挤压片理、断层泥条带宽度一般在 3m 以下，最窄处不足 1m，也存在多条小型破碎带并存的现象，构成的总破碎带宽度可达 60~80m 以上。总之，抚顺段走向北东东至近东西，呈舒缓波状延伸，具有平行状、斜列状和分支复合结构特征。主干及其分支构造均十分发育，形成南、北主干及其间多条小型同向分支断裂构成的断陷带，并严格控制了抚顺盆地的发育。断裂构造破碎复杂，可划分为多个破碎特征各异、规模参差不齐的条带，总宽度达数十米至上百米。南支主干的规模相对较大，北支规模则明显减小。断裂水平向、垂直向断距均十分显著，第四纪以来断陷幅度较沈阳段有所降低，第四系沉积厚度为 10~20m，由东向西逐渐加深，变化梯度十分和缓。

章党－南杂木段展布于抚顺盆地以东的侵蚀、剥蚀山地、丘陵区，由 3~4 条北东东向微弯曲状或平行状的主干分支组成。与其他段落不同，该段分支断裂之间不发育断陷带，而是形成压扭性活动占据优势的由北向南的梯次逆冲－叠瓦式冲断带。断裂走向70°~80°，高倾角，在总体北倾的前提下倾向存在一定变化，断层面呈舒缓波状。各分支断裂连续性好，延伸稳定，分支复合结构清楚。断裂段西缘为北东向的下哈达断裂，东缘为北西－北西西向的苏子河断裂，受到下哈达断裂、苏子河断裂的错切，章党－南杂木段与以西的抚顺段和以东的南杂木－英额门东段在空间展布上是不连续的，在结构、规模等方面也明显不同。该断裂段与主干同向的小规模次级构造也较发育，形成了这一地段宽阔的断裂束；不仅如此，与断裂斜交的其他构造体系也较发育，如主要展布在断裂南盘的北西向、北西－北北西向断裂等，它们与浑河断裂具有一定的共轭关系，相互交会和切割，使得浑河断裂的发育形态更为复杂，由于这些断裂的规模与浑河断裂比较明显较小、活动性较差，因此在总体上没有改变浑河断裂带的结构。章党－南杂木段长度约30km，与抚顺段大致相当。断裂带断错破碎形态十分清楚，规模（宽度）较大，主干破碎带宽度可达数十米至上百米，破碎特征较为复杂，发育形态清楚、完整并具有规模的糜棱岩、千糜岩，而挤压片理、扁豆体、碎裂岩、碎粉岩和断层泥等也能够见到，其第四纪以来具有新活动特征的构造破碎带宽度明显变小。同时，相关的其他断裂构造破碎带内相对新鲜的碎粉岩、断层泥和早期构造角砾岩等有所发育，显示出与浑河断裂大致匹配的多期活动特征。总之，章党－南杂木段走向北东东，连续性较好，延伸稳定。断裂段主干分支较多，分支复合结构十分清楚，小规模同向次级构造也较发育，形成了宽阔的断裂束。断裂切割并控制了古老结晶基底和中生界、新生界地层，其多期活动形成了宽阔的断裂带，主干破碎带宽度可达数十米至上百米，构造破碎复杂。与相邻段落通常沿浑河断裂形成断陷带比较，章党－南杂木段各主干之间基岩出露广泛，第四纪断陷特征不明显，主要表现为由北向南的冲断带，而这可能属于早期构造活动的痕迹。

南杂木－英额门东段长约75km，这是浑河断裂各段中长度最大的断裂段。断裂连续性较好，呈舒缓波状延伸，其中在南杂木东－北口前走向在稳定70°~80°，向东延伸走向有所偏北，北口前－清原走向65°~70°，清原－英额门东走向北东－北东东。与章党－南杂木段迥异而与抚顺段相似，南杂木－英额门东段亦主要包含南、北2条主干分支，大致呈近平行状展布并沿浑河谷形成较宽阔的、条带状的地堑式断陷带，断陷带的发育很不均匀，宽度变化大，局部可形成闭锁。南、北主干分支的倾角一般较陡，倾向存在一定的变化，总体上北支主干倾向南，南支主干倾向北，断层面呈舒缓波状展布。与抚顺段只形成单一、完整的抚顺盆地形成对比，在南杂木－英额门东段，不发育这样大规模的盆地构造，而是在断裂控制下形成了一系列小微型的串珠状盆地，包括南杂木盆地、苍石盆地、北三家盆地、清原盆地、英额门盆地等，其中规模最大的清原盆地北东东向长度近10km，宽度达到2~3km。串珠状盆地之间为狭窄的浑河谷，局部表现为山体鞍部。这些小微型盆地的规模虽然很小，但盆地的形态比较清楚、完整，底部地形平坦，第四系发育但厚度一般不超过10m。与抚顺段相反的是，该段北分支的发育形态和连续性较好、延伸稳定，南分支较北分支则明显为差。在一些地段如北口前、北三家和清原、长春屯等地，北支断裂还可进一步划分为2~3条次级分支构造，平面展布上显示平行状、斜列状和分支复合的结构，并可形成小规模的次级断陷带，在地貌上形成次级条带状沟谷；南支主干的发育形态相对单一，一般多表现为1条主干断裂，只在局部地段发育有少量的规模很小、结构也十分松散的次级平行状分支。受到浑河断裂的作用，沿该断裂段北东向、北西向的派生分支构造也存在一定程度的发育，与章党－南杂木段相反，这些派生分支构造多位于浑河断裂带的北盘，规模一般较小，也没有对浑河断裂产生明显的错切，浑河断裂所主导的基本地质构造格局和地貌形态没有遭到破坏。南杂木 - 英额门东段的南、北主干分支断裂带破碎特征均十分清楚、完整，规模较大。北支主干破碎带宽度可达数米至数十米，破碎形态十分复杂，发育有碎裂岩、碎粉岩、断层泥和构造透镜体、挤压片理、扁豆体等不同的构造条带，但其中代表第四纪新活动的新鲜碎裂岩、碎粉岩和断层泥的宽度一般很小，仅数厘米至数十厘米量级；南支主干破碎带宽度一般为数米至十数米，破碎形态也较复杂，主要发育碎裂岩、挤压片理、构造角砾岩等构造条带，新鲜的碎粉岩、断层泥等发育较差；另外，与主干斜交的派生分支破碎带内也见有小规模的碎裂岩、碎粉岩和挤压片理、扁豆体等，具有一定的泥化特征，其多期活动性与浑河断裂基本上是匹配的。总之，浑河断裂南杂木 - 英额门东段总体走向北东东，在东端接近赤峰 - 开原断裂带附近偏向北东 - 北东东，断裂连续性较抚顺段为好而弱于章党 - 南杂木段，断裂呈舒缓波状延伸，具有平行状、斜列状和一定的分支复合结构。断裂段南、北 2 条主干分支均发育有一定规模的破碎带，带内构造破碎特征均比较复杂，显示多期活动特征。北支主干规模明显较大、活动性较强，在浑河地堑式断陷带的发育过程中居于主导地位，同时北支主干的派生分支构造较为发育，它们的规模虽然较小，但与主干断裂之间的活动是相关的。

3. 断层运动性质、活动方式及其差异性分析

作为郯庐断裂带的组成部分和区域性的近东西向断裂构造，浑河断裂形成时代十分久远，其在早元古代时期已基本形成，经历了极其复杂多变的构造演化阶段。根据目前的研究，断裂在古生代、中生代和新生代时期曾发生过多期的构造活动，尤其在中生代和新生代初期活动十分强烈，断裂对中生代断陷盆地和第三纪煤盆地的形成及酸性、基性岩浆侵入 - 喷发活动具有明显的控制作用。在不同的地质历史时期，伴随着构造应力环境的变化，断层的力学性质也在不断发生变化。断裂形成早期主要表现为剪切性质，至古生代时期挤压作用开始显现，断层性质以挤压和剪切为主；沿断裂带大规模的平移和牵引构造则产生于早古生代 - 中生代早期，这一时期的断层运动性质表现为左旋走滑；至中侏罗世晚期 - 早白垩世，构造应力场发生了明显的变化，断层运动性质在左旋走滑的基础上开始叠加强烈挤压性质的逆倾滑运动，断裂活动程度比较强烈，表现为大规模的左旋逆冲运动；燕山运动以后，断裂活动以深部韧性剪切为主，至白垩纪晚 - 末期，断裂又发生右旋逆冲活动，且活动程度十分强烈，导致整个断裂带遭受到强烈改造，形成了清楚的对冲式断裂系统，由于该期浑河断裂的构造运动发生时间较晚、持续时间较长特别是逆冲活动剧烈，因而其构造变形痕迹甚至不能被后期活动程度相对较弱的构造变形所完全覆盖，至今在浑河断裂的多数地质剖面上仍能够观测到沿断裂带的强烈逆冲活动如太古宇混合花岗岩等逆冲于下盘白垩系之上的现象；新生代早期，构造应力环境再次发生明显变化，断层运动性质开始转变为以拉张运动为主的特征，断块运动趋于明显，并伴随有强烈的玄武岩喷发活动，浑河断裂槽地出现了差异性的不均匀沉降，沿断裂形成了一系列的串珠状盆地，同时在一些地段形成了宽 1 ~ 2km 的裂谷带，断裂控制了古近系的沉积，这一构造变化在抚顺盆地表现尤为显著，盆地内形成了较厚的古近系煤系地层，抚顺裂谷内的最大沉积厚度可达 2000m，其中煤系地层的沉积厚度即达1400m；古近纪末，断裂活动由拉张转变为挤压且活动比较强烈、复杂，逆冲活动再次将太古宙等地古老层推覆于白垩系 - 古近系之上以及将白垩系地层推覆于古近系之上，近南北向的推覆构造活动使得断陷盆地内的含煤地层发生倒转，进而产生了浑河断裂带南、北两条主

干分支断层及其与之配套的南北向张性断裂和北西向、北东向扭性断裂等。新近纪以来，区域北东东向挤压构造应力场比较稳定，但应力水平明显降低，早期大范围的裂陷作用已经基本结束，断裂活动程度显著减弱。由于处在华北地震构造区和东北地震构造区的交界带附近，构造应力环境错综复杂并可能存在局部的应力变化，因此在断裂拉张性活动大幅度减弱的前提下，一些地段在某种程度上又表现出了一定的挤压活动，形成了在浑河断裂带总体拉张性活动背景下复杂多变的构造运动模式。由于沉降作用不明显，沿浑河断裂带基本缺失新近系沉积，但在第三系地层中产生了与中生界褶皱不相协调的开阔型褶皱构造，同时在玄武岩体中新产生了北东向的压扭性断裂；与此同时，郯庐断裂带的另外一条主干分支依兰－伊通断裂仍表现出较强的活动性，以依兰－伊通断裂、金州断裂等为构造边界，两侧的新构造运动表现出明显差异，而整体上处在辽东差异上升隆起区的浑河裂谷带在这一时期整体隆起，其中表现比较突出的是章党－南杂木段，该段的浑河谷已被推挤到断裂带的南盘，浑河断裂带的断陷作用已不能够控制住浑河谷的位置及其地貌发育。

第四纪以来，辽东上升隆起区和下辽河下降坳陷区的差异性升降运动延续了新近纪以来的构造特点，而受到下辽河盆地区整体沉降的拗陷作用，处在下辽河盆地东北部边缘的浑河断裂沈阳段伴随下沉，区段内第四系地层十分发育且厚度较大；与此同时，整体上处在辽东差异上升隆起区边缘与下辽河盆地相连的抚顺盆地在浑河断裂带的拉张作用下也有所下沉，盆地内沉积了一定的第四系地层，但与沈阳段比较，抚顺盆地内的第四系厚度差距较大；抚顺盆地以东不同段落的浑河断裂带在第四纪以来的构造活动均以张性为主，在断陷作用下形成了规模又逊于抚顺盆地区的第四系沉积，其中南杂木－英额门东段第四纪沉降作用很不均匀，沿断裂带发育有一系列的串珠状小微型构造盆地，第四系地层一般在小微型盆地内呈中心式分布，厚度较抚顺盆地更薄，而在章党－南杂木段已不发育形态特征清楚的构造盆地，第四系地层多沿小微型断裂沟谷呈条带状分布，厚度和分布范围更小。通过第四系沉积的分析，可以判断浑河断裂南杂木－英额门东段和章党－南杂木段在第四纪以来的断裂活动程度应较沈阳段、抚顺段进一步降低，

根据浑河断裂带现今活动特征及其在各个不同地质时期的沉积建造、变质作用和岩浆活动等特点，认为浑河断裂带属于太古宙古老地台基底上演化形成的大陆型－陆内裂谷型断裂构造，断裂形成很早并经历了复杂的成生过程和多期构造运动。受到构造应力环境变化的影响，在不同的地质时期断裂运动性质不断发生变化，既存在张性活动也存在压性活动，同时伴随一定的扭性活动，而总体上断裂的压性特征表现更为强烈。就晚近时期的断裂新活动性来说，在新近纪以来相对稳定的北东东向水平向挤压应力场作用下，浑河断裂的展布形态和力学性质表明其处在裂谷作用晚期的回返阶段，以拉张兼具扭性活动为主要运动性质，断裂活动程度较之前已大大减弱。

系统分析已有研究资料并结合本次专项调查、研究成果，目前所掌握的地质、地貌、第四纪地质和浅层人工地震等地球物理探测、跨断裂排列式钻孔探测等各类数据基本上支持浑河断裂带沈阳段（主干）总体倾向北且主要表现为北盘（上盘）相对南盘（下盘）下降的结论，断裂最新运动性质以正倾滑为主，兼有一定的右旋走滑。同时，根据发震构造的相关研究，浑河断裂沈阳段或其次级分支构造与1765年沈阳5½级地震具有一定的相关性，沿断裂带在2003年还发生过满堂4.3级地震，现今的小震活动条带展布位置和方向与浑河断裂基本相同，因此不能排除断裂具有黏滑的活动方式，只是沿断裂的地震活动释放强度较

低、密度较小，该断裂段即使存在黏滑活动，但滑动量应该很小，破裂水平较低。

浑河断裂抚顺段在新近纪之前分别经历了强烈的拉张断陷和逆冲活动，运动性质发生了多次复杂的变化，但在北东东向挤压应力作用相对稳定的新近纪以来，断层运动性质亦趋于稳定。综合分析认为，在新近纪乃至第四纪以来，断裂带北盘总体上相对南盘下降，这种趋势性变化与沈阳段是大致相同的，只是差异下降的幅度要明显弱于沈阳段。根据前面的研究，抚顺段南支主干相对北支规模较大、连续性较好，它主导了这一段落的断层运动，而南支主干断裂倾向北、倾角较陡，北支主干断裂则倾向多变、倾角较陡，该断裂段的运动性质主要表现为正倾滑，兼有一定的走滑。在拉张作用下，浑河断裂抚顺段的南、北主干分别控制了抚顺断陷盆地的南、北边界，其中沉积了比较均匀、比较薄的第四系地层，该段在第四纪以来的断陷幅度较沈阳段要弱得多。研究表明，抚顺盆地是在早期构造的基础上第四纪以来一定程度的继承性发展，在浑河断裂带的断陷作用下，抚顺盆地第四纪时期的发育并不明显，至少与新生代早期相比十分微弱，尽管如此，盆地的拉张性断陷活动是清楚的。浑河断裂抚顺段构造破碎形态复杂，具有多样性的构造破碎物和破裂面。早期构造活动产物显示断裂具有逆倾滑兼左旋走滑运动性质，第四纪以来运动性质发生了一定变化，破裂特征指示断层活动性质为右旋走滑兼正倾滑。另外，该断裂段在抚顺盆地东端与下哈达断裂相交错，错切特征指示浑河断裂南东盘相对北西盘向南西方向运动，这一构造交切关系显示浑河断裂具有右旋走滑运动性质。沿浑河断裂抚顺段没有相关破坏性地震的准确记录，现今小震活动也较沈阳段明显减弱，且以矿震为主，小震具有北东东向的空间分布趋势，位置与浑河断裂大致接近，因此沿抚顺段的地震应力释放过程应以微小地震活动的发生为主，总体缺失强度较大的地震事件。分析认为，抚顺段断裂活动方式应主要为表现为蠕滑，也可能存在少量的黏滑分量，但滑动量很小。

与抚顺段南、北主干分支的相向运动不同，章党－南杂木段各主干分支之间相向运动不明显，而主要表现为同向运动特征，其间不发育断陷带或断陷盆地。在实际调查观测中，断裂带的3~4条主干分支形成了以压扭运动为主、由北向南的梯次逆冲－叠瓦式冲断带，断裂带北盘相对南盘具有整体上升的新构造运动特点，这与抚顺段是截然相反的，尽管这可能主要属于中生代燕山期至古近纪时期断裂强烈活动的产物，而不是最新运动性质的体现。断裂带内各组成断裂的同向运动基本反映了该断裂段构造活动的一致性和均匀性，而由于断裂晚近时期的新活动强度较弱，新形成的构造带（或构造面）规模一般都很小，难以掩盖早期的逆冲活动痕迹。在实际观测、调查中，受到比较统一和相对稳定的北东东向挤压构造应力作用，浑河断裂章党－南杂木段在新近纪乃至第四纪以来的运动性质也主要表现为张性，兼具一定的扭性特征，这在较多的各主干分支断裂剖面调查中是得到比较充分验证的，破碎带地质发育及相关破裂面牵引均指示了断裂的新活动性质是以右旋走滑兼正倾滑为主。尽管断裂在第四纪以来具有新的活动，但新鲜的断裂破碎带普遍规模较小、连续性较差，断层泥的泥化水平和断层面摩擦强度较低，断裂活动强度很弱。由于断裂带第四纪以来的活动程度很低，因而沿断裂带的拉张性断陷很不明显，只形成了沿断裂带展布的规模很小的拉张性地貌沟谷，其中沉积了少量的条带状分布的第四系地层。沿浑河断裂章党－南杂木段的地震活动十分微弱，地震分布零星，强度很低；对断裂地质剖面实际观测还显示，断裂活动对上覆第四系沉积具有明显的扰动作用，断裂破碎带上部覆盖的第四系底界面受到断裂活动影响产生了弧形弯曲，而断层上、下两盘的第四系厚度具有明显的差异。上述地震地质特征表明章党－南杂木段在第四纪时期的活动方式主要表现为蠕滑，黏滑活动则不明显。

南杂木－英额门东段主要由浑河谷地南、北两侧的 2 条主干分支断裂组成，其间表现出一定的相向运动，这一段落的断层运动性质与抚顺段相同而与相邻的章党－南杂木段相反。与抚顺段比较，南杂木－英额门东段的拉张性活动程度相对较弱，所形成的断陷盆地规模也要小得多，盆地相对狭窄、闭塞，不具有下辽河盆地以及抚顺盆地那样开阔、平坦的构造地貌形态，只是沿浑河断裂带形成了北东东向展布的一系列小微型串珠状断陷盆地。与抚顺段的差异性还表现在，南杂木－英额门东段断裂北分支的发育程度明显较南分支为好，断裂活动性较强，局部地段的北支断裂还可以进一步地划分为活动水平相近的 2 条次级平行状断裂构造，其间具有相向的拉张性断层运动，形成较之浑河谷地狭窄的次级北东东向断陷沟谷，这一构造模式在清原附近表现得十分清楚。此外，与章党－南杂木段不同的是，该断裂段的北盘派生分支构造比较发育，它们走向多为北东，运动性质以逆冲为主，呈梳状与浑河断裂斜交，指示了浑河断裂南盘相对北盘向南西西方向错动，断裂具有右旋走滑性质；而断裂地质剖面观测、研究显示，断层面上发育有较新鲜的断层新活动所造成的斜向擦痕和阶步，也指示了断裂第四纪以来的运动性质为右旋走滑兼正倾滑。在新构造运动上，南杂木－英额门东段的南、北两盘均属于强烈上升区，上升幅度差异并不大，总体上南盘较北盘略有上升，这一运动特点与章党－南杂木段是明显不同的。总之，在新近纪乃至第四纪以来，断裂早期的大规模逆冲活动已经基本停止，断层运动性质已转换为右旋走滑兼正倾滑，断裂的活动水平较之前已显著减弱。

4. 断层活动性和活动程度

在浑河断裂沈阳段及附近地区，浑河断裂带与郯庐断裂带下辽河段、依兰－伊通断裂等共同控制了下辽河盆地的发育，下辽河盆地中沉积了巨厚的新近系和第四系地层。虽然浑河断裂沈阳段较之郯庐断裂带下辽河段、依兰－伊通断裂具有明显较弱的活动性，活动程度也差异较大，但在下辽河盆地新近纪乃至第四纪以来的断陷（坳陷）过程中，浑河断裂的活动也是不可或缺的，其仍然充当了十分重要的角色。研究表明，下辽河盆地等在古近纪时即已强烈断陷，新近纪及第四纪以来仍保持着比较强烈但不均衡的断陷（坳陷）活动。受到郯庐断裂带下辽河段和依兰－伊通断裂活动的构造牵引，浑河断裂沈阳段的活动性与郯庐断裂带下辽河段、依兰－伊通断裂的构造活动之间是密切相关、难以分割的，下辽河断陷向北、向东的扩张势必对浑河断裂的活动性产生重要的影响，同时浑河断裂带的新活动也在一定程度上影响了下辽河盆地东北缘的地貌形态及第四系地层的发育。与作为辽东差异上升隆起区、下辽河下降坳陷区等新构造分区边界的依兰－伊通断裂具有明显差异的是，浑河断裂的活动程度自新近纪以来即已逐渐减弱，断裂两侧的新构造运动几乎是不存在任何差别的，两盘基本上保持着大致同步的运动特征。尽管如此，浑河断裂沈阳段在第四纪以来仍然表现出相对较高的活动水平，特别是与浑河断裂的其他段落比较，沿沈阳段的第四系沉积厚度明显较大，地震活动也明显活跃、强度较高。通过浅层人工地震和排列式钻孔的综合探测，该段断裂向上最新错断了中更新统地层，断距一般为数米至十数米，最大可达 25m。综合分析来看，浑河断裂沈阳段具有多期次的构造活动，在燕山期时活动十分强烈，古近纪时则断陷活动明显，但断裂活动程度、活动范围较之前的燕山期减弱。新近纪乃至第四纪以来，断裂继承了早期活动的特点，但在北东东向挤压应力场形成并稳定以后，断裂活动性和活动程度较古近纪时期有所减弱，断陷（或坳陷）幅度降低。由于郯庐断裂带下辽河段和依兰－伊通断裂在第四纪以来的活动水平明显较浑河断裂为强，这一时期浑河断裂的新活动相对于郯庐断裂带下辽河段和依兰－伊通断裂具有一定的从属性质。尽管如此，浑河断裂沈阳段在浑河断裂各个段落中其第四纪活动特征是最为明显的，活动程度也是最高的。

抚顺段展布的抚顺盆地毗邻下辽河盆地区，因而下辽河盆地的强烈下陷活动会对抚顺盆地的构造发育产生一定程度的影响。与郯庐断裂带下辽河段、依兰－伊通断裂和浑河断裂沈阳段等共同控制了下辽河盆地不同的是，浑河断裂抚顺段相对独立地控制了抚顺盆地的发育，抚顺盆地、下辽河盆地在构造发育上又具有相对的独立性，使得抚顺盆地的构造演化历史特别是第四纪以来的运动特征与下辽河盆地比较有所不同。正是由于浑河断裂抚顺段的活动性较沈阳段明显偏弱，因此抚顺盆地的断陷规模较下辽河盆地要小得多，特别是第四纪以来，两条断裂段的活动水平差距更为显著，与沈阳段分布广泛的、较厚的第四系相比，在抚顺盆地中只沉积了较薄的狭长盆地型第四系地层。地震地质调查显示，抚顺段破碎带内既有早期强烈逆冲活动所残留的处于胶结状态的挤压片理、构造透镜体、角砾岩等构造破碎物，又见到具有第四纪新活动性的碎裂岩、碎粉岩和薄层断层泥等松散破碎物；剖面观测还显示，早期逆冲型构造破碎带的规模一般较大，形态特征比较清楚、完整，而第四纪新构造破碎带的规模则明显较小，性质以张性兼扭性活动为主。上述地质特征表明，一方面，浑河断裂抚顺段在第四纪以来是存在新活动的，但活动程度已远较第四纪以前为弱，这与抚顺段断裂在古近纪时活动较强，而新近纪至第四纪时期活动程度已逐步明显减弱的认识是吻合的；另一方面，抚顺段虽然控制了第四系地层的发育，但第四纪时期断陷沉积的地层厚度较薄，也表明这一时期断裂的活动性较弱、活动程度较低，其与沈阳段之间具有明显的差距。

章党－南杂木段在燕山期和古近纪时逆冲活动十分剧烈，其推覆构造在浑河断裂各段中表现最为显著，新近纪以后，断裂活动性质转为张扭性，活动程度有所减弱，第四纪以来虽仍保持新近纪的张性活动特征但活动程度进一步显著减弱。根据地质地貌调查，沿断裂带仅沉积有不连续的很薄的第四系地层，没有形成形态特征清楚的断陷盆地，同时断裂活动所造成的微地貌陡坡、陡坎等较其他各段发育程度较低、规模较小、连续性较差，章党－南杂木段可以看作浑河断裂各段中活动程度最为孱弱的段落。在剖面调查中，断裂早期活动所形成的破碎带规模很大，单条破碎带的宽度即可达到百米以上，构造破碎形态完整、清楚；断裂第四纪的新活动主要穿插于早期具有胶结特征的构造破碎物中，断层运动性质较之前的强烈挤压发生了根本性的变化，其新活动所形成的具有张性特征的碎裂岩、碎粉岩和断层泥等构造破碎带规模一般很小、发育程度也较低，表明断裂第四纪以来的活动程度很弱。尽管如此，在断裂剖面上可以观测到断裂对上覆第四系中－上更新统地层的扰动现象，这在整个浑河断裂带较为完整、连续的调查中是极为少见的。上述断裂活动迹象显示，章党－南杂木段的活动程度虽然很弱，但它的最新活动时代可能较其他各段为晚。

南杂木－英额门东段的浑河断裂在燕山期时逆冲活动强烈，古近纪时活动程度有所减弱，至新近纪时期，断裂的活动程度较古近纪时增强，但运动性质转变为张扭性，这一断层活动强度随时间的变化规律与以西的浑河断裂各段均表现不同，可能与邻近的赤峰－开原断裂以及密山－敦化断裂吉林段的活动性相关。与章党－南杂木段不同，南杂木－英额门东段对浑河谷的控制作用相对明显，沿断裂形成了一系列的小微型第四纪断陷盆地，但盆地规模较抚顺段要小得多，断陷盆地中第四系沉积普遍较薄且具有明显的局限性分布特征。在实际调查中，没有发现明显的断裂错切或扰动上覆第四系地层的现象，断裂在第四纪以来的活动程度总体上是很弱的。一方面，该段的浑河断裂挤压破碎带规模较大，宽度可达数十米至上百米，破碎带多呈胶结状态，是属于早期构造破碎的产物；另一方面，在剖面上还可以观测到第四纪新活动产物穿插于早期的构造破碎带中，包括比较松散、未胶结的碎裂岩、碎粉岩和薄层断层泥等新鲜破碎物，第四纪新活动产物的规模一般很小，破碎带宽度很窄，断层面基本未发生锈蚀，新鲜程度较抚顺段相对为好，但断层面上的新构造滑动痕迹很弱，以致断裂早期强烈逆冲活动所产生的构造运动痕迹仍然能够有所保留，只是其保留程度不如抚顺段而已。综合分析认为，浑河断裂南杂木－英额门东段在第四纪以来是具有明确活动的，但断裂段的最新活动时代可能较章党－南杂木段为老；与浑河断裂带的总体活动特征一样，南杂木－英额门东段的活动程度也是很弱的，大概介于抚顺段和章党－南杂木段之间而逊于浑河断裂沈阳段。

8.1.5 浑河断裂活动段落的划分

1. 沈阳段

浑河断裂沈阳段由2~3条大致平行或斜列的主干分支断裂组成，每条主干分支又包含有1~2条次级主干断裂及数条同向发育的小型次级派生构造，具有近平行状结构和分支复合特征。断裂带位于现代浑河河床的南侧，大致平行于河床展布。断裂段西起于沈阳西南的永乐，沿北东－北东东方向经仕官、上深沟、后营城子、古城子、养竹、深井子延至抚顺西部的李石寨、田屯东附近，长度约60km（图8.1）。

与其他的3个段落不同，浑河断裂沈阳段处在华北断坳下辽河断陷，新构造运动上处在下辽河－辽东湾下降坳陷区。在地球物理场表现上，其所处的松辽－下辽河－辽东湾异常区为重力正异常区；磁场则为下辽河－松辽坳陷异常区的负场区；深部构造上处在下辽河北北东向上地幔隆起区的边缘，地壳厚度较薄，梯度变化较为剧烈，同时存在岩石层厚度急剧变化的梯度带，表明了沈阳段比较清楚的过渡带特征。与其他各段比较，沈阳段的地震活动水平明显较高，记载有1765年5½级地震等多次较强地震，小震活动形成了一定的条带状或团簇状等规律性分布。在地貌形态上，沈阳段处在下辽河平原区的东北部边缘，地势较低，坡降很小，地形平坦、开阔，断裂南盘的地势总体上要高于北盘。由于处在下辽河盆地区，断裂带及其两侧的第四系发育因而很好，沉积了连续、完整的第四系地层，这一段落的第四系规模较其他段落显著为大，最大厚度可达到100m以上，并具有由东向西较快递增的变化规律；断裂段展布在河床南侧形成于第四纪晚期的浑河新、老冲洪积扇上，整体处于隐伏状态，在微地貌形态上没有显示。

沈阳段是郯庐断裂带在沈阳西南附近发生分异后所形成的密山－敦化断裂辽宁段的第一个分段，断裂段的西端分别为依兰－伊通断裂和郯庐断裂带下辽河段，东端则与浑河断裂抚顺段相接。沈阳段和抚顺段之间存在一定的构造阶区，断裂展布结构有所不同。沈阳段断裂走向北东－北东东，整体向北倾斜，倾角较陡。2~3条主干分支断裂带之间结构比较紧凑，间距仅1~4km，构成狭长条状的阶梯状断陷带。同时，断裂段所在的下辽河盆地规模巨大，盆地宽度达到7~10km至百公里以上。伴随着下辽河盆地的整体拗陷，浑河断裂沈阳段第四纪以来的活动性比较明显，断裂错断了中更新统地层且幅度较大，因此将断裂段的最新活动时代判定为中更新世，断裂的活动程度虽然较弱但总体上较其他段落明显强烈。沈阳段结构形态略显复杂，断裂带规模较大、断点较多，除了错动第四系地层的新活动断点以外，带

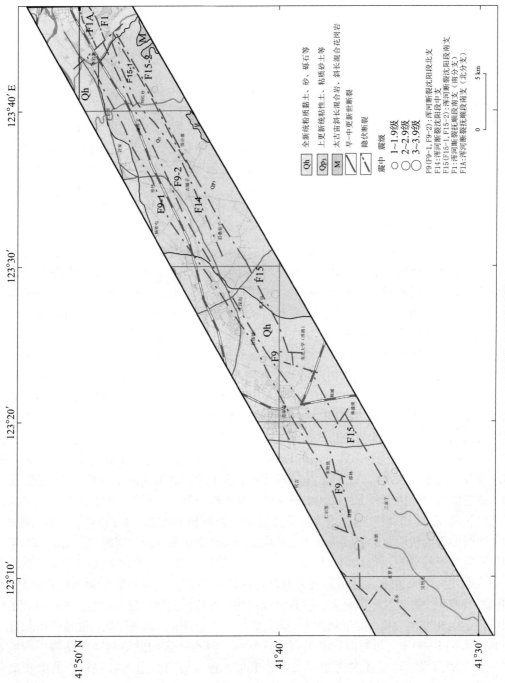

图8.1 浑河断裂沈阳段精细结构和地震构造图

内还残留有少量的早期逆倾滑活动构造面，但总的来看，断裂的第四纪运动性质是以正倾滑为主的。在活动方式上，虽然不能排除断裂黏滑活动分量，只是其黏滑运动量可能很小、破裂水平较低。由于与依兰－伊通断裂和下辽河平原断裂相毗邻，浑河断裂沈阳段的构造活动与这两条区域性的较强活动断裂是难以分割的，沈阳段第四纪以来的断裂活动程度较之其他段落保持着相对较高的水平与依兰－伊通断裂、下辽河平原断裂的构造活动牵引是不无关系的。总的来说，浑河断裂沈阳段具有多期次的构造活动，燕山期时活动十分强烈，古近纪时断陷活动表现明显，新近纪乃至第四纪以来继承了早期活动的特点，但活动程度已进一步减弱。同样作为郯庐断裂带的组成部分，相对于郯庐断裂带下辽河段和依兰－伊通断裂来说，相毗邻的浑河断裂沈阳段其第四纪活动性具有一定程度的从属性、被动性。

2. 抚顺段

浑河断裂抚顺段由 2~3 条分别展布于抚顺盆地南、北两侧的主干断裂和其间多条次级分支断裂组成。南支主干大致能够与沈阳段相衔接，其西起于李石寨、田屯东附近，经西露天矿北、新生桥、东露天矿北、台南桥、海新河、东洲河口、吴家堡延至大伙房水库以西；北支主干位于盆地的北侧，西起于抚顺高湾，经滴台、西葛布、高尔山、前甸北山、关岭延至章党附近。浑河断裂抚顺段呈近东西向至北东东向延伸，长度约 30km（图 8.2）。

抚顺段处在胶辽台隆铁岭－靖宇台拱，在四级构造单元划分上，其北侧为凡河凹陷，南侧为抚顺凸起。断裂带两侧均为新构造运动辽东差异上升隆起区，但它们的上升运动特征有所不同，南盘的抚顺新构造运动分区相对北盘的凡河新构造运动分区上升幅度明显偏大，在该断裂段，受到断裂控制发育的抚顺断陷盆地其新构造运动方式是相对下降的，但下降幅度十分有限，较以西的下辽河－辽东湾下降坳陷区要弱得多。在地球物理场上，处在辽东－张广才岭异常区的抚顺段存在范围、起伏变化均较小的重力负异常梯级带，至抚顺盆地东端附近形成一个小型圈闭；磁场变化较其他段落明显不同，断裂带以北属于负场区，以南则以正场为主，变化较大；在深部地球物理场上，抚顺段和沈阳段之间存在明显的重力异常梯级带，除此之外，其他部位的重力变化均比较平缓；深部构造上处在下辽河平原－渤海上地幔隆起区与辽东上地幔坳陷区的过渡地带，地壳厚度较薄但变化较大，其变化幅度较沈阳段为弱，岩石层的厚度变化较沈阳段总体趋缓，厚度逐渐增大。地震活动水平较沈阳段减弱，只记载有 1 次精度较低的 5 级地震，小震活动虽然较多但以矿震为主，地震分布具有一定的沿浑河断裂分布的条带状规律，总体的地震活动水平介于浑河断裂沈阳段和章党以东的断裂段之间。断裂段南、北主干分支之间的抚顺盆地区地形较为开阔、平坦，起伏舒缓，地势较沈阳段阶梯状增高而地形坡度明显增大，总体呈略向西倾斜的形态；东西向狭长的抚顺盆地南、北两侧均为起伏明显的侵蚀、剥蚀低丘陵区，山体多呈平顶状、浑圆状；盆地内部第四系地层发育广泛但分布不很均匀，层序也不完整，第四系厚度具有由东向西缓慢增加的趋势，最大厚度为 20m 左右，显示出较为典型的断陷河谷平原地貌形态和第四纪地质特征。抚顺段的微地貌发育较沈阳段显著，沿断裂观测到形态特征清楚、延伸稳定、规模较大的微地貌陡坎、陡坡带，一般高度变化在 3~5m，最高可大于 20m，单条陡坎、陡坡带的长度一般为数百米至 1~2km，呈弯曲状或近直线状延伸，具有一定的左阶斜列状结构，阶区宽度多为数百米量级，以挤压型为主。在山前地带，还发育有少量的坡积裾、坡洪积扇等微地貌单元，其沿断裂构成近平行状或斜列状的串珠，并能够与陡坎、陡坡带等线性相接。

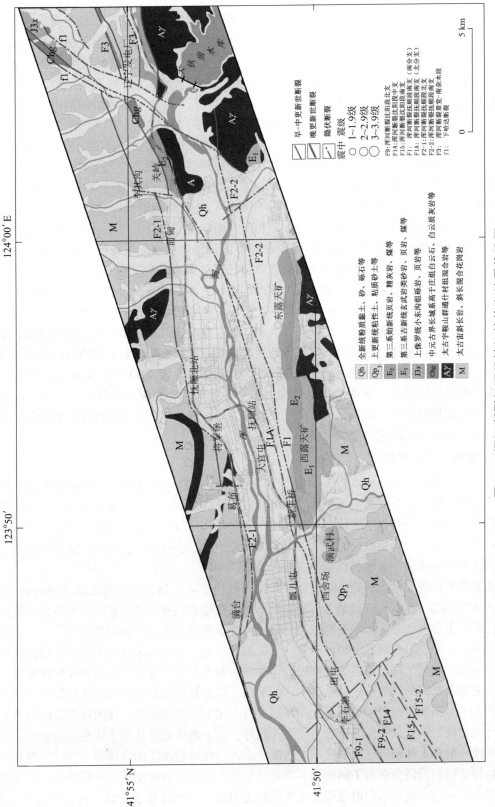

图8.2　浑河断裂抚顺段精细结构和地震构造图

在浑河断裂抚顺段以西，抚顺盆地的西端呈喇叭口状与下辽河盆地相衔接，东端则被北东向的下哈达断裂所控制。抚顺段与西侧的沈阳段和东侧的章党－南杂木段之间均存在一定的构造阶区，阶区形态以左阶为主，其中东侧阶区在下哈达断裂的作用下呈明显的北东方向变化，西侧阶区却呈现出一定的北西方向变化，似呈受到了北西向构造的影响。浑河断裂抚顺段延伸舒缓，断裂南、北支主干总体上相向倾斜，倾角较陡，主干及其间小型次级断裂结构松散、变化复杂，具有平行状、斜列状和分支复合特征。一方面，断裂间距由数百米至数公里变化不等，构成了西宽、东窄的狭长条状地堑式断陷带，第四纪以来的断陷幅度较沈阳段显著降低；另一方面，抚顺盆地内部由东向西的断陷幅度变化十分和缓，至两段交界附近梯度变化才开始明显增大，这种变化特征与沈阳段也是显著不同的。实际调查结果表明，抚顺段断裂的主干分支破碎带宽度可达 60~80m 甚至超过 100m，其中集中破碎特征明显的南、北主干断裂带宽度分别达到 3~10m 和 2~3m 以下，带内早期形成的挤压片理、构造透镜体、角砾岩和第四纪以来形成的碎裂岩、碎粉岩、断层泥等均有发育。由于毗邻下辽河盆地区，抚顺盆地（浑河断裂抚顺段）的构造发育不可避免地受到了下辽河盆地活动一定程度的影响，尽管如此，浑河断裂抚顺段的构造活动特别是第四纪以来的新活动仍然具有相对的独立性。分析认为，断裂段第四纪以来的运动性质以右旋走滑兼正倾滑为主，断裂带北盘相对下降，其拉张性断陷活动程度要明显弱于沈阳段。断裂活动方式主要表现为蠕滑，黏滑的分量很小，断裂脆性破裂水平较沈阳段进一步降低。该断裂段具有多期次的构造活动，燕山期时断裂逆冲活动强烈，古近纪时则整体转变为拉张，沿断裂带发生了强烈的断陷活动且幅度巨大，古近纪末的断裂拉张活动减弱并转变为比较强烈、复杂的挤压活动，新近纪以来，北东东向的挤压构造应力场逐渐稳定但应力水平明显降低，断裂活动性质又开始以拉张为主，第四纪时期继承性的断裂构造活动主要表现为张扭性，但断裂活动程度较第四纪以前已显著减弱，相较于沈阳段也要弱得多。

3. 章党－南杂木段

浑河断裂章党－南杂木段由 3~4 条主干断裂组成，是浑河断裂各个分段中主干分支最多的断裂段，其主干分支断裂规模大、连续性好，总体具有近平行状展布和分支复合结构特征。章党－南杂木段西起于大伙房水库大坝西北，与抚顺段之间衔接较差并产生了错断，存在一定的左阶阶区。断裂段向北东东方向延伸，经土口子、石门岭、驿马、营盘、新屯、高力、二伙洛延至南杂木盆地，长度约 30km（图 8.3）。

断裂段处在胶辽台隆铁岭－靖宇台拱，在四级构造单元划分上，其北侧为摩离红凸起，南侧为抚顺凸起。在新构造运动上，断裂段整体处在辽东差异上升隆起区，大致以浑河断裂为界，断裂南盘可划分为抚顺新构造运动分区，北盘划分为摩离红新构造运动分区，北盘相对南盘总体上升，但差异升降幅度不大。该段的重力场、磁场均表现为平静的负场，地球物理场分布相对均匀、强度稳定、延伸较远，沿浑河断裂形成有北东东向的负异常梯级带，重力场、磁场在断裂的两侧可以显示出一定的不同，但差异性较章党以西的抚顺段和南杂木以东的南杂木－英额门东段明显为弱；在深部重力变化上，与沈阳段、抚顺段明显的重力异常梯级变化比较，章党以东段已经趋于平缓，此外，由于整体处在辽东上地幔坳陷区内，与下辽河平原－渤海上地幔隆起区、辽东上地幔坳陷区边缘过渡地带的沈阳段、抚顺段等具有急剧变化特征的岩石层分布所不同的是，章党以东段的岩石层梯度变化已不很明显，厚度则已逐渐增大。章党－南杂木段的地震活动水平较沈阳段、抚顺段显著降低，只记录过 1 次 3.0

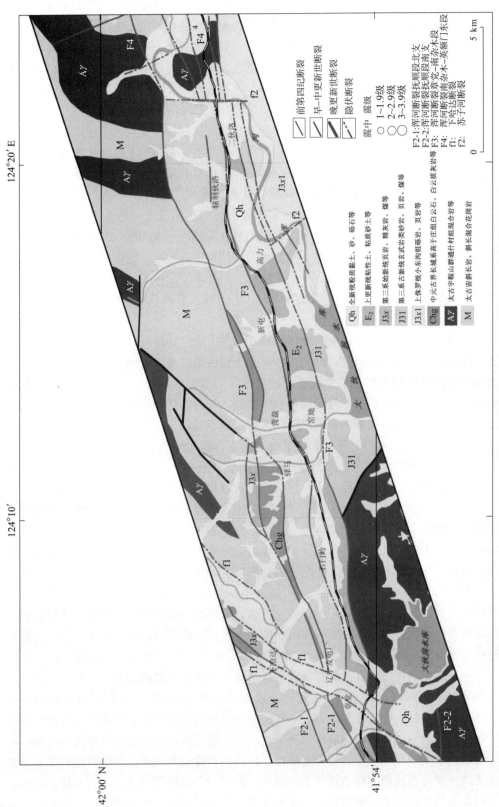

图8.3　浑河断裂章党-南杂木段精细结构和地震构造图

级以上地震，除南杂木盆地附近微震活动相对较多以外，其他部位的地震分布很少。断裂段主要展布在侵蚀、剥蚀低山、丘陵区，与西、东两侧相邻的抚顺段、南杂木－英额门东段比较，该段断裂基本上没有控制浑河谷地貌的发育，只是沿各个主干分支与断裂同向的小型线状地貌沟谷发育较为普遍，沟谷两侧山前地带微地貌陡坎、陡坡和小微型坡洪积扇群、坡积裙等分布较多；另外，具有明显不同特征的是，该段低山、丘陵区的前缘常常见到一系列北北西向呈梳状延伸的侵蚀、剥蚀堆积台地发育，而台地后缘的边界连线一般呈北东东向的近直线状延伸，其展布位置与浑河断裂的主干分支相近。比较分析显示，上述陡坎、陡坡和坡洪积扇群、坡积裙等线状微地貌与相邻的抚顺段、南杂木－英额门东段相比规模较小、连续性较差，形态特征辨识度亦相对较低，但总体上看，仍具有近直线状、平行状和斜列状的展布特征，并形成挤压型的阶区。微地貌陡坎、陡坡的高度一般在 $1 \sim 3m$，最大不超过 $5m$，单条陡坎、陡坡带及所处的线状冲沟在北东东方向上的延伸长度一般为几百米至 $1 \sim 3km$，宽度则一般较窄。此外，呈串珠状分布的小微型坡洪积扇群、坡积裙以及台地的后缘能够沿北东东方向即浑河断裂的走向与陡坎、陡坡带等线性相接，这在一定程度上指示了浑河断裂的存在，也大致指示了断裂发育的程度。沿章党－南杂木段延伸的线状沟谷中，第四系的发育总体上较差甚至不发育，沉积层分布不均匀、不连续，第四系层序较为混乱，厚度很小，具有山地沟谷型侵蚀堆积特征。

这一断裂段展布于抚顺盆地与南杂木盆地之间的山地、丘陵区，沿断裂带梯次的逆冲－叠瓦式冲断带特征表现比较清楚，断陷带特征却不很明显，段内盆地构造基本上不发育，即使是局部的小微型断陷盆地也很少能够见到。该断裂段的西端被北东向的下哈达断裂所截断，东端则被北西－北北西向的苏子河断裂所控制，与西侧抚顺段的交界部位存在左阶的构造阶区，与东侧南杂木－英额门东段之间阶区形态则不明显，南杂木盆地客观上充当了两个断裂段之间的障碍体。章党－南杂木段走向北东东，展布形态舒展，连续性较好，结构紧密，分支复合特征清楚。断裂段的 $3 \sim 4$ 条微弯曲状或近平行状主干分支倾向多变，但总体上向北倾斜，高倾角，此外，段内小规模的同向次级构造以及北西向、北西－北北西向共轭构造也较发育，形成了宽度较大的断裂束。通过剖面观测，章党－南杂木段断裂带破碎特征较之抚顺段、南杂木－英额门东段清楚、完整，而形态特征较为复杂。一方面，断裂主干破碎带宽度可达数十米至上百米，带内早期形成的糜棱岩、千糜岩及挤压片理、扁豆体等各型构造物和第四纪相对新鲜的碎裂岩、碎粉岩、断层泥等均有发育，第四纪的新构造破碎带多穿插于早期的构造破碎带中，宽度已经明显减小，发育程度显著较低，运动性质也有所变化，其构造破碎物形态因而显现不同；另一方面，共轭断裂破碎带内碎粉岩、断层泥和早期构造角砾岩等也有发育，显示具有与浑河断裂带大致匹配的活动特性。总之，与浑河断裂其他各段相比，章党－南杂木段的构造活动具有相对的独立性，该断裂段距离赤峰－开原断裂、依兰－伊通断裂等区域性活动构造较远，其受到的影响和制约程度也较低，因此在这一断裂（段）展布区域内，浑河断裂表现出了较为充分的主导作用，体现了现今构造应力场作用下断裂所本具的发育特征和活动性。浑河断裂章党－南杂木段在燕山期至古近纪时期活动十分剧烈，自北向南的推覆构造作用十分显著，新近纪以后，随着应力环境的变化，断裂的运动性质由早期的压性活动转变为张扭性，而活动程度有所减弱，至第四纪时期，断裂的活动水平进一步显著减弱，构造作用十分微弱，断裂对早期构造痕迹的弥合和掩盖程度几乎是浑河断裂各段中最低的，断裂活动程度也几乎是浑河断裂各段中最弱的，尽管如此，地质剖面上仍能够清楚地观测到断裂对上覆第四系地层明显的扰动作用，章党－南杂木段断裂在第四纪时期是存在明确新活动的。该断裂段的活动性质以右旋走滑兼正倾滑为主，断裂带北盘相对上升，南盘相对下降。断裂活动方式主要表现为蠕滑，黏滑活动则不明显。

4. 南杂木－英额门东段

浑河断裂南杂木－英额门东段由 1～3 条近平行的主干分支断裂组成，具有一定的分支复合结构特征，断裂规模较大且连续性好，次级断裂较为发育。断裂段西起于南杂木盆地，向北东东方向经红透山、南口前、北三家、斗虎屯、清原县城、长山堡、英额门、丁家街延至草市南的长兴沟附近，并与赤峰－开原断裂带相交会，断裂段长度约 75km（图 8.4 和图 8.5）。

断裂段处在胶辽台隆的铁岭－靖宇台拱，在四级构造单元划分上，其北侧为摩离红凸起，南侧为龙岗断凸，整体处在新构造运动辽东差异上升隆起区，浑河断裂两侧的新构造运动存在一定的差异，可进一步地划分为南盘的龙岗新构造运动分区和北盘的摩离红新构造运动分区。重力场、磁场均表现为负异常场，异常等值线沿浑河断裂呈北东东向延伸，断裂北侧的负重力场变化较缓，南侧则相对变化较大，磁场的绝对值和起伏变化较章党－南杂木段明显增大，浑河断裂对地球物理场的控制作用有所增强；深部构造上处在辽东上地幔坳陷区内，地壳、岩石层厚度均具有自西向东、从南到北逐渐增大的变化趋势，与其他各段相比，浑河断裂对地壳等厚线形态的影响明显增强，而岩石层的厚度也明显增大，至断裂段的东端及与赤峰－开原断裂带交会处附近达到了浑河断裂沿线的最大值 140km 左右。南杂木－英额门东段是浑河断裂地震活动水平最低的断裂段，没有 3.0 级以上的地震记录，地震分布零星。在地貌上，沿断裂带发育有浑河深切沟谷及一系列北东东向的小微型串珠状盆地，平面形态多呈橄榄状或狭长条状，长轴方向与浑河断裂的走向完全一致；这些盆地的规模虽然很小，但盆地内部地形相对开阔、平坦，起伏舒缓，并沉积有不均匀分布的、层序很不完整的薄层第四系地层，第四系厚度一般在 10m 以内，具有一定的中心式沉积特征。被断裂带所围限的浑河谷外侧为起伏剧烈的侵蚀、剥蚀山地、丘陵区，山体多呈平顶状、浑圆状，边坡地带地形陡峭。该断裂段近直线状的遥感线性影像清晰，沿断裂带特别是北支主干发育有数量众多、形态完整清楚、延伸稳定连续、规模变化较大的微地貌陡坎、陡坡带，陡坎、陡坡的高度小则 1～5m，最高大于 30m，单条陡坎、陡坡带的长度一般为 1～3km，平面上呈微弯曲状或近直线状延伸，具有平行状排列结构特征。此外，浑河南、北两岸山前地带还广泛发育有一系列小型的坡积裙、坡洪积扇等微地貌单元，其与侵蚀、剥蚀山地、丘陵之间具有较明确的界限并沿断裂呈近直线状、平行状展布，北东东向线性排列的坡积裙、坡洪积扇条带能够与山前陡坎、陡坡带相接，其位置、走向与浑河断裂带一致。

南杂木－英额门东段展布于南杂木盆地与赤峰－开原断裂带之间的山地、丘陵区，该断裂段的地质地貌发育形态与章党－南杂木段不同而与抚顺段具有一定的相似性，其南、北主干分支控制了浑河地堑式断陷带的发育，但与抚顺段略有不同的是，在断裂带内没有形成抚顺盆地那样具有整体断陷特征的贯通性构造盆地，而是形成了一系列串珠状的具有中心式沉积特征的小微型闭锁盆地，盆地的规模较抚顺盆地要小得多。通过调查、研究，断裂段西、东两端分别被北西向的苏子河断裂和北西西向的赤峰－开原断裂所分隔，与密山－敦化断裂吉林段之间存在较大规模的构造阶区，断裂活动具有相对的独立性。断裂段总体走向北东东，

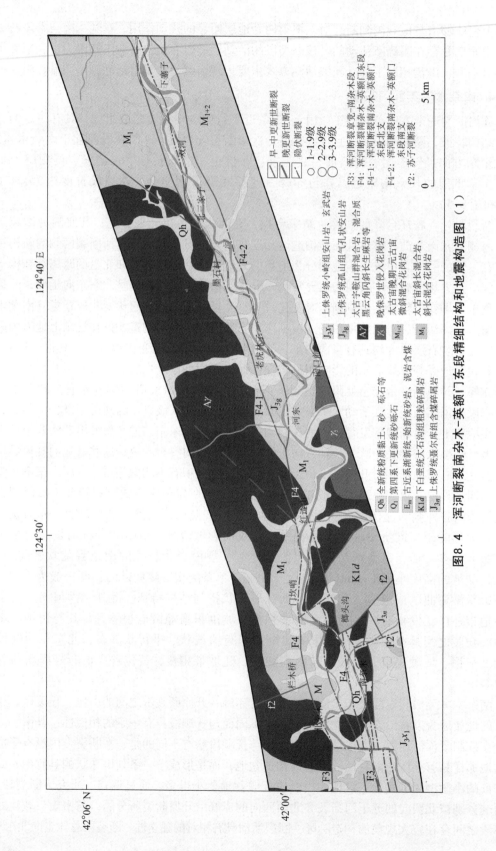

图8.4 浑河断裂南杂木－英额门东段精细结构和地震构造图（1）

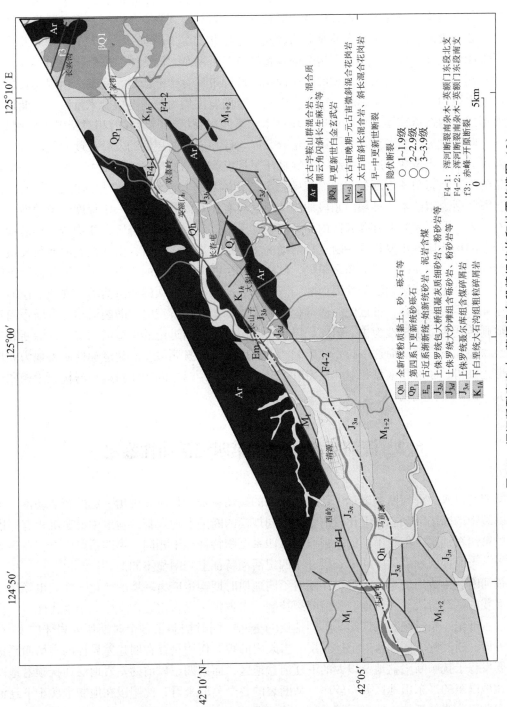

图8.5　浑河断裂南杂木-英额门东段精细结构和地震构造图（2）

在东端附近偏向北东－北东东，其空间连续性较抚顺段为好而弱于章党－南杂木段，南、北主干分支呈舒缓波状延伸，结构较为紧密。与抚顺段相反，南杂木－英额门东段的北支主干发育较好，一些地段可进一步划分为 2~3 条次级分支断裂，平面展布上具有平行状、交叉状和分支复合结构；南支主干发育程度相对较低，一般只表现为 1 条断裂，次级断裂总体上不发育。断裂段南、北主干分支的倾角均较陡，总体北支主干倾向南、南支主干倾向北。另外，断裂段派生分支构造以及共轭构造的发育较章党－南杂木段为差，它们多展布于浑河断裂带的北侧。浑河断裂南杂木－英额门东段构造破碎带发育十分清楚、完整，但规模较之章党－南杂木段和抚顺段为小，北、南支主干破碎带的宽度均为数米至数十米量级，早期构造活动所形成的构造透镜体、挤压片理、扁豆体和第四纪新活动所形成的相对新鲜的碎裂岩、碎粉岩、断层泥等均有发育，其中第四纪碎裂岩、碎粉岩和断层泥的发育程度明显较低，宽度一般仅为数厘米至数十厘米量级，并穿插于早期已经胶结的构造破碎带中。派生分支构造破碎带的发育形态与主干断裂相似而规模更小，总体具有与浑河断裂带相匹配的活动特征。总之，浑河断裂南杂木－英额门东段的构造活动具有相对的独立性和一定程度的被动性，由于处在辽东－张广才岭上升隆起区内而远离松辽－下辽河－渤海沉降区，新构造差异活动及由西向东的构造运动传递是这一断裂段活动的主要动力来源，同时，由于地处浑河断裂最东端并受到末端化的赤峰－开原断裂阻隔，其所受到由西向东传递的应力水平已较其他段落降低并趋于松散化，断裂的活动性因而减弱。该断裂段具有多期次的构造活动，强烈的逆冲主要发生在中生代燕山期，古近纪时活动程度明显减弱，至新近纪时，断裂活动有所增强而运动性质则转变为以张扭性为主。第四纪以来，断裂继承了新近纪的构造活动特点，沿断裂带拉张性盆地比较发育，而这一拉张性断陷活动程度要弱于抚顺段，断裂运动性质表现为右旋走滑兼正倾滑，断裂带南盘相对北盘略有上升，南、北两盘之间的相对运动与抚顺段相同而与章党－南杂木段相反。

8.2　浑河断裂（段）第四纪活动性鉴定

第四纪以来，浑河断裂继承了新近纪以来的运动特征，仍然表现出一定的新活动性。沿浑河断裂带的断陷活动总体上比较清楚，不同规模的断陷盆地发育，盆地中普遍沉积有厚度较薄的第四系地层，但在不同的断裂段其第四系沉积特征很不相同，第四系厚度也存在显著的差异，表明浑河断裂的不同断裂段在第四纪活动特征上是明显不同的。

浑河断裂生成历史十分久远，伴随着不同地质时期构造应力环境的变化，断裂也经历了复杂多变的活动阶段。一方面，浑河断裂控制了太古宙－元古宙、古生代、中生代侏罗－白垩纪、古近纪、新近纪和第四纪等不同地层的分布，同时控制了各个时期侵入岩体的发育；另一方面，断裂的不同段落对上述地层、岩浆岩的控制作用是存在明显差异性的。第四系地层主要发育于抚顺断陷盆地及以西的下辽河盆地区，而第四纪以前的基岩地层在抚顺盆地两侧及盆地以东的辽东山地区分布较广。从断裂的各个分段来看，沈阳段在地貌上属于下辽河平原东北部边缘的延伸，地形平坦开阔，第四系发育良好，呈大范围的面状分布，厚度一般为 20~120m，梯度变化明显，在近地表地段没有见到断裂出露及其活动的迹象，但在第四系地层以下断裂带却控制了太古宇、古生界、中生界和第三系地层的条带状发育，断裂对第四系下部地层产生了一定的错动。抚顺段沿断裂带形成了长轴为近东西向的断陷盆地，断陷盆地与两侧基岩山地地貌形态差异显著，断裂控制了盆地内第三系煤系地层、第四系地层的分布和玄武岩的喷发，也控制了盆地两侧基岩地层的分布，段内第四系地层局限于盆地内部，呈东西向较长、南北向较短的条带状分布，厚度一般在 $10\sim20m$，梯度变化明显降低。在章党－南杂木段，地貌表现为山地、丘陵区，断陷盆地不发育，基岩地层分布广泛，第四系发育较差，断裂带北盘的古老太古宙混合岩系与南盘的第三系、中生界侏罗－白垩系等较新地层形成鲜明的对比，断裂带由北向南的超覆构造活动十分清楚，同时断裂带的不同分支还分别切割控制了太古宙混合岩、中元古界侏罗－白垩系、第三系等不同的基岩地层，该段第四系地层仅在沿断裂带的一些小型线状沟谷中呈小面积、不连续的沉积。在南杂木－英额门东段，沿断裂带发育有一系列的串珠状断陷盆地，盆地的规模、连续性较抚顺盆地要弱得多，这些盆地在第四纪时期相对下沉，第四系沉积沿断裂带呈东西向狭长的串珠状分布，形成一系列小微型盆地的中心式沉积，第四系厚度一般在 10m 以内，盆地外侧的基岩地层以断裂带（断陷沟谷）南盘的太古宙侵入岩和北盘的太古宇鞍山群为主，中生界侏罗－白垩系和新近系分布较少，在草市以南附近出露有面积较大的下更新统白金玄武岩。

作为区域性的断裂构造，浑河断裂构造破碎带规模巨大，破碎带宽度可达 $50\sim60m$ 以上甚至百米左右，破碎带中能够观测到断层泥、碎裂岩、构造透镜体、挤压片理、扁豆体等多种以脆性破裂为主要特征、具有较新活动形态的构造破碎物，同时也见到具有韧性剪切破裂特征的糜棱岩、千糜岩以及沿断裂带发育的构造角砾岩等硅化岩带、绿泥片岩化劈理带等具有愈合破碎带特征的早期构造活动痕迹，体现了浑河断裂演化特征的多期性和复杂性。通过研究中发现，由于浑河断裂带不同时期、不同段落以及不同分支构造的发育形态和发育程度具有显著的差异性，断裂在第四纪以前的活动性相对较强，其燕山构造旋回时期的剧烈逆冲活动和古近纪时期的强烈活动所形成的构造破碎物和构造活动痕迹在不同的断裂段得到了不同程度的保留，甚至掩盖了其后新近纪乃至第四纪以来活动程度明显较弱的构造活动形态。不仅如此，研究中还发现，抚顺段南支的活动强度要明显高于北支，破碎带中断层泥的发育形态较为清楚、泥化程度较高、宽度较大，而南杂木－英额门东段南、北支的发育特点与抚顺段则恰恰相反。

断裂活动性鉴定的总体技术途径是：采用科学、合理的方法测试相关第四纪标志性地层和地貌体、地貌面的年龄，根据目标断层所错切的最年轻第四纪地层或微地貌体、地貌面的年龄以及未错切的上覆最老地层或微地貌体、地貌面的年龄等数据来确定断层的最新活动时代；分析、研究断裂带剖面的地震地质发育特征，判定断裂不同活动期次所形成的滑动带或滑动面，区别不同形态的断裂破碎物，根据断层泥、碎粉岩等具有较强破碎程度构造物的新鲜程度和胶结状态，结合断裂破碎物的年龄测定数据确定断层的最新活动时代。根据晚第四纪地质地貌单元的断距（位移）与相关沉积物的年龄等数据确定目标断层的平均滑动速率，或参考区域及跨断层的大地形变测量结果。依据目标断层出露或埋藏条件的不同，分别采用地震地质、地质地貌调查以及浅层人工地震等地球物理探测手段和钻孔联合剖面探测等方法对断裂的活动性和活动程度进行分析和判定。

针对浑河断裂的第四纪活动性鉴定问题，本项课题分别采用多种适应性的方法开展专门的调查和研究工作，划分了多个相关的研究专题，主要包括：地震构造背景条件研究、地震活动性研究、高分辨率遥感信息处理与解释、地貌和第四纪地质调查、地震地质调查、地球物理探测及钻孔剖面分析等，在实际的研究工作中，结合年代学测定和区域地质地貌对比分析方法，综合确定与断裂活动性相关的地貌面、地质体（微地貌体）、第四系覆盖层和断层泥等构造破碎物的年龄。根据断裂破碎带地质发育特征和新、老构造破碎物的年龄测定数据，通过分析断裂活动与相关地貌面、地质体和第四系地层的控制和错动关系，综合判定浑河断裂（段）的地震地质发育特征和第四纪活动性。

8.2.1 浑河断裂沈阳段

沈阳段展布在现代浑河下游的南岸，近地表地貌单元属于时代较新的晚更新世－全新世浑河新、老冲洪积扇及山前倾斜平原，断裂隐伏于上述地貌单元之下。断裂大致控制了浑河的走向，但在流出辽东山地区并进入下辽河平原区后，浑河展布形态相对蜿蜒，直线状特征较差，断裂对河谷（河床）的控制作用减弱。尽管如此，沿这一断裂段第四纪断陷幅度明显较其他段落为大，第四系地层发育很好、层序完整，厚度变化具有由东向西迅速增加的规律性，在这一趋势的背景下，断裂段北盘（下降盘）的第四系厚度较南盘（上升盘）略大。在近地表地段，上更新统－全新统地层围绕现代浑河河床分布广泛、连续，断裂带及其南、北两盘的上更新统－全新统发育没有表现出任何差异，上更新统－全新统地层没有受到断裂发育及其活动的影响。通过遥感解译，沿断裂可见少量色调不一、断续展布、规律性较差的线性影像，经微地貌连续追索调查，上述线性特征大致反映了断裂附近具有一定高度差的陡坡、陡坎或呈线性延伸的冲沟、洼地等的分布，它们的形态特征复杂且很不均匀，具有一定的多解性，尚不能明确其与构造活动之间的必然联系。通过对新、老冲洪积扇上沿断裂延伸的陡坎、陡坡等微地貌变化及外扩更大范围的地貌、第四纪地质调查，在新、老冲洪积扇或其边缘地段所见到的少量的梯度变化很小、起伏舒缓的陡坡、陡坎及线性冲沟、洼地等微地貌变化，应主要属于上述地貌单元及其边缘地带较早期沉积基底的阶梯状陡坎、陡坡，也不能排除新、老冲洪积扇形成以后现代浑河（及扇体表面次级河流）的差异性侵蚀堆积作用以及人类活动的影响，也就是说，它们与构造活动之间总体上关系不大。由于浑河断裂沈阳段的活动性和活动程度总体上表现不强烈，因此断裂的新活动（包括黏滑或蠕滑活动）尚不能对晚更新世－全新世形成的新、老冲洪积扇等地貌单元以及所沉积的第四系上更新统－全新统地层产生明显的错动。

根据浅层人工地震探测结果，时间剖面上可追踪对比的反射波组最多可达到 5 个，其中第四系地层与下部基岩强风化层之间存在较为清楚的反射界面（TQ 波组），能够反映第四系底界面的形态特征，同时基岩内部中风化层（较完整岩石基底）的顶界面反射波（TB 波组）也较为清楚。在第四系地层内部，根据本次针对浑河断裂沈阳段的专项探测研究，最多还可以划分出 T1、T2 和 T3 等波组界面，但它们在不同地段的反映是不同的，结合沈阳地区第四系划分和本次钻孔剖面的第四系地层年代测定和划分结果，确定 T1 波组为全新统（Qh）底界面的反射波，T2 波组为上更新统（Qp_3）底界面的反射波，T3 波组为中更新统（Qp_2地层）底界面即 Qp_1、Qp_2 地层之间界面的反射波。在浅层人工地震探测剖面上，浑河断裂沈阳段发育形态良好，断裂带由 2~3 条主干断裂组成，各个主干又包含有 1~2 条次级主干断裂及其间一系列的小型派生断层，主干分支断裂的规模较大、倾角较陡，以张性活动为主要运动性质。探测结果表明，一方面，浑河断裂带主干断裂普遍错切了基岩中风化层顶界面（TB 波组），多数还错切了第四系底界面（TQ 波组）和中更新统地层（Qp_2）（TQ 波组），主干断裂对于 T3 波组（Qp_2 地层）的错切具有一定的普遍性，据此确定浑河断裂沈阳段在中更新世（Qp_2）以来存在有新的活动；另一方面，各条测线上的断裂构造均没有错切 T2 波组（Qp_3 地层），这表明断裂在晚更新世（Qp_3）以来是没有新活动的。在错切幅度上，主干断裂对于上覆第四系地层的错动是比较明显的，经过简单统计，浑河断裂沈阳段错动中更新统地层的断距值范围为 $3\sim25m$，一般为 $5\sim10m$，以此为依据，计算得到的断层第四纪（Qp_2 以来）平均滑动速率值仅为 $0.1\sim0.2mm/a$，显然，这一断层活动水平是很低的，将此与相邻的依兰 – 伊通断裂和金州断裂进行比较，断层的平均滑动速率至少要低 1 个数量级。

根据跨断裂的排列式钻孔探测结果，浑河断裂沈阳段（及其分支构造）主要发育在基岩地层中，其不同分支在活动特征上存在一定的差异性。钻孔剖面揭示到，断裂的倾滑活动错断了上覆的第四系下部砾砂（泥砾）、中砂、粉质黏土、砂砾等地层，上断点埋深变化范围 $13\sim14m$ 至 $65.50m$ 左右，错动幅度达到 $8\sim12m$，但一般没有错断第四系中、上部的砾砂、圆砾、粗砂、粉质黏土等地层。根据 ESR、释光和 ^{14}C 测年数据及区域第四系地层划分结果，沈阳段钻孔剖面第四系地层中，其下部的砾砂（泥砾）属于下更新统地层，中砂、粉质黏土、粗砂和圆砾等属于中更新统地层，中、上部的砾砂、圆砾、粗砂、粉质黏土等属于上更新统 – 全新统地层。因此，浑河断裂沈阳段（及其分支构造）对第四系底界面及其下部的下 – 中更新统地层是具有一定错动作用的，而上覆的上更新统 – 全新统沉积总体上连续、完整，受到断裂活动影响很小。另外，个别分支断裂还可能表现出一定的走滑活动，导致中更新统粗砂、圆砾等地层在断裂两侧不能够对比，而其上覆的上更新统地层和下伏的太古宇混合岩顶界面却总体上保持平整、连续，表明断裂在走滑活动的同时并不存在明显的倾滑活动。此外，对于钻孔剖面断裂破碎带内的构造破碎物，采用 ESR 方法进行年龄测试，结果分别为：176.4ka、527.6ka、658.0ka 和 1485.4ka，它们均处在早 – 中更新世时间段。根据断裂对上覆第四系地层的错切特征，以错切地层、未错切地层的年龄测试和断层断距为基础，经过计算分析，得到断裂对于中更新统地层的平均错动速率值属于 $0.01mm/a$ 数量级，这一结果与浅层地震探测的分析结果基本一致。

综合上述分析认为，浑河断裂沈阳段在第四纪早 – 中更新世是存在明确活动的，但断裂活动程度并不十分强烈，晚更新世以来浑河断裂的新活动性不明显。

沿沈阳段的破坏性地震活动是浑河断裂各段中最为活跃的，其发生过 1765 年沈阳 $5\frac{1}{2}$ 级地震和其他 4 次 $4.3\sim4\frac{3}{4}$ 级的地震，其中 1765 年 $5\frac{1}{2}$ 级地震的离逝时间已超过 250a，最近 1 次的较强地震活动是 2003 年的沈阳满堂 4.3 级地震。此外，现今的仪器小震活动也明显较其他段落为多，并形成一定的条带状或团簇状分布特点，地震条带的延伸位置和方向大致与浑河断裂沈阳段相同。分析认为，上述中、小强度的地震活动与断裂（段）的构造活动之间可能存在一定的相关性。

总之，浑河断裂沈阳段在第四纪早 – 中更新世时期存在比较充分的活动证据，而晚更新世 – 全新世以来的新活动特征则不明显。该断裂段虽然不是浑河断裂各个段落中活动时代最新的，但却可能是活动程度最为强烈的，沿断裂段第四纪盆地巨大，第四系沉积幅度很大，并具有相对较强的地震危险性。浑河断裂沈阳段毗邻依兰 – 伊通断裂和郯庐断裂带下辽河段，各断裂之间相互交会，构造格局极其复杂多变。作为郯庐断裂带的组成部分，浑河断裂的活动性较依兰 – 伊通断裂和郯庐断裂带下辽河段已经明显减弱，其对区域地质、地貌和第四纪地质的控制作用也显著降低。研究认为，依兰 – 伊通断裂具有较强的活动性，控制了第四系地层的分布，断裂在中–晚更新世以来具有新的活动，且活动程度强烈，沿断裂带曾发生过多次中强地震活动；郯庐断裂带下辽河段则具有早–中更新世的活动性，沿断裂带第四系沉积巨厚，活动程度也较强。在浑河断裂沈阳段及其附近区域，依兰–伊通断裂和郯庐断裂带下辽河段总体上主导了整体的地震地质环境，受到依兰–伊通断裂、郯庐断裂带下辽河段第四纪新活动的影响和制约，浑河断裂沈阳段也相应地表现出较强的第四纪新活动性。

8.2.2　浑河断裂抚顺段

抚顺段处在下辽河平原区与辽东山地区的过渡地带，沿断裂带第四纪断陷盆地发育。研究表明，抚顺断陷盆地的主要发育期为古近纪，新近纪时活动水平明显减弱，第四纪以来沉降幅度十分有限。该段浑河断裂带的南、北主干分支分别展布在现代浑河谷的南、北两侧，控制了盆地地貌形态以及河谷第四系地层的沉积，沿断裂段浑河直线状延伸特征十分明显。盆地内近地表地貌单元属于晚更新世–全新世的浑河低级阶地、河漫滩和山前倾斜平原等，在浑河以南或盆地东端地段断裂或隐伏于上述地貌单元之下，但在河流低级阶地、河漫滩和山前倾斜平原上普遍没有观测到断错微地貌陡坡、陡坎等发育。在盆地南、北两侧的山前地带，沿断裂观测到弯曲状至近直线状的微地貌陡坎、陡坡带，也可见到沿断裂延伸的沟谷等负地形，形成数量较多色调清楚、连续性较好、延伸稳定的断裂遥感线性影像，这一现象在受到人类活动影响较小的北侧更为明显，同时沿陡坡、陡坎带局部还能够见到断裂破碎带的出露。上述线性陡坎、陡坡带的发育客观上反映了断裂两侧的差异性新构造运动特征，显示出断裂构造一定的新活动性。沿抚顺段的第四纪断陷幅度介于下辽河平原区（沈阳段）和以东的辽东山地区（抚顺盆地以东段）之间，区段内第四系层序不完整，基本上缺失中更新统及以下地层。第四系地层主要分布在断裂带南、北两盘之间的断陷盆地中，厚度一般在20m以下，显著小于沈阳段的第四系地层，并具有由东向西趋势性增加的规律性。根据调查，在盆地内部，处于隐伏状态的断裂两侧第四系沉积没有变化，断裂对上覆的上更新统–全新统发育没有产生影响。总的来看，浑河断裂抚顺段的活动性较弱，断裂的新活动（包括黏滑或蠕滑活动）没有错切上更新统–全新统地层，也没有在晚更新世–全新世形成的河流一级阶地以及山前坡洪积扇、坡积裾等地貌单元上形成可观测到的断错陡坡、陡坎等微地貌变化，断裂没有错动区段内所观测调查的中更新世晚期–晚更新世早期三级基座阶地面，在少量分布的晚更新世晚期二级基座阶地上也没有发现与断裂新活动相关的断错微地貌陡坎。

根据跨断裂的浅层人工地震探测和相关的调查、研究资料，在非采煤沉陷区影响范围内，排除了煤矿采掘等人类活动所导致的近地表地层不均匀沉陷或塌陷影响，浑河断裂抚顺段在断陷盆地内的第四系覆盖区（含F1A、F1）对基岩地层的错动特征是清楚的，但断裂普遍没有错动上覆的第四系底部地层，即至少没有错断上覆的第四系上更新统地层。依据浅层人工地震探测结果，断裂在晚更新世以来应是不活动的。另外，在跨浑河断裂抚顺段（F1A、F1）的排列式钻孔剖面上，岩芯揭示断裂构造是发育的，但F1A、F1均属于基岩断层，排列式剖面上第四系地层与基岩地层之间的沉积覆盖关系清楚，断裂活动没有错切上覆的第四系地层，结合断层破碎物和上覆第四系地层的测年数据，浑河断裂抚顺段（F1A、F1）的最新活动时代为中更新世，晚更新世以来的活动特征不明显。

由于浑河断裂具有多期次不同性质的构造活动而第四纪以来断裂的活动性相对较弱，因此断裂破碎带具有多期性、差异性的构造发育形态，同时第四纪以前的构造破碎物和构造破裂面等往往能够得到保留。根据调查，断裂北支破碎带内既可见到早期的挤压片理、构造透镜体、角砾岩，也可见到疏松、未胶结的碎裂岩、碎粉岩和局部的薄层断层泥等；南支破碎带内早期的构造透镜体、挤压片理等比较发育，晚近时期形成的碎裂岩岩带则具有初步胶结特征。结合浑河断裂抚顺段（含 F1、F1A）的活动性测年数据分析，断裂破碎物（主要是断层泥）ESR 测定法、石英碎砾电镜显微刻蚀形貌法（SEM）和热释光法（TL）的测年结果主要集中在中更新世时期，也有个别结果跨入晚更新世，断裂上覆被错动的第四系地层测年结果多为中更新世，未错动的第四系地层为晚更新世。考虑到可能存在的测量误差并综合断裂地质地貌、地震地质特征的分析，判定断裂段的最新活动时代应为第四纪中更新世晚期，晚更新世以来的活动特征总体上不明显，断裂第四纪以来的活动程度很弱。

沿该段断裂的地震活动明显较沈阳段为弱，仅大致记录有 1496 年东洲堡 5 级地震，此外再无破坏性地震记载。断裂附近的现今小震活动也较沈阳段减弱，且以矿震为主，但小震的空间分布总体上具有北东东向的延伸趋势，位置上与浑河断裂带比较接近，表明矿震活动与浑河断裂抚顺段是相关的。

总之，浑河断裂抚顺段具有多期的活动特征，在古近纪之前活动性较强，其后显著减弱，断裂在第四纪时期虽表现出一定的新活动性，但活动水平已经大大降低。综合研究、分析认为，浑河断裂抚顺段在第四纪中更新世时期是活动的，而晚更新世－全新世以来的新活动特征不明显，该断裂段的断裂活动性和活动程度介于浑河断裂沈阳段以及抚顺盆地以东的各个段落之间，沿断裂具有规律性的第四系沉积，断裂段的地震危险性水平总体上较低。

8.2.3　浑河断裂章党－南杂木段

章党－南杂木段处在辽东山地区，地貌形态以侵蚀、剥蚀低山、丘陵为主，沿断裂带第四纪断陷盆地总体上不发育，断裂对现代浑河谷展布形态没有影响，在宏观地貌发育上断裂的表现较差。但是，该段断裂分支构造十分发育，各分支断裂在微地貌形态变化上常常表现得较为清楚，表现为沿各主干分支断裂可形成北东东向延伸稳定、连续、形态均匀的地貌沟谷或线性洼地，沟谷、洼地两侧侵蚀、剥蚀低山、丘陵和山前北东东向条带状坡洪积扇、坡积裾之间的边界地带北东东向陡坡、陡坎等微地貌特征清楚，并具有连续性和稳定性较好、形态特征均匀、变化简单的特点，形成一系列规律性分布的北东东向陡坡、陡坎带，陡坡、陡坎带的长度可达数百米至 1～2km 以上。此外，在低山、丘陵前缘地带还可见到一系列走向北北西为主、呈梳状延伸的小型剥蚀堆积台地，各个台地的后缘大致处在北东东向延伸的连接线上，形成了清晰的弯曲状至近直线状的北东东向遥感线性影像，其两侧的地形坡度变化巨大，形成了明显的坡面折线和地形反差。沿上述陡坡、陡坎带追索调查局部能够见到断裂破碎带的出露，也可见到基岩陡坎与坡洪积扇上部第四系上更新统－全新统地层之间呈一定的沉积接触关系，而没有发生明显的断错。实际调查还显示，沿断裂带发育的沟谷、洼地和坡洪积扇、坡积裾、剥蚀堆积台地上沉积有北东东向条带状的薄层第四系地层，断裂对局部的第四系沉积具有明显的控制作用。尽管第四系的规模很小，但其沿北东东向线性沟谷、洼地的发育较为普遍，同时在分布上也具有明显的不均匀性。沿断裂的沟谷、洼地相对于两侧基岩丘陵、低山来说在第四纪时期显示下降，这在一定程度上反映了该段断裂的第四纪活动性，同时，沿断裂带呈北东东向线状延伸的坡面折线和山前陡坎、陡坡带的发育也显示出断裂两侧的差异性运动特征。区域地貌对比和地貌面测年数据显示，近地表的山前坡洪积扇、坡积裾、剥蚀堆积台地和沟谷、洼地等一般属于晚更新世－全新世的地貌单元，断裂沿沟谷、洼地的展布在一些地段可能隐伏于上述地貌单元之下，但连续调查并没有观测到明显的断错微地貌陡坡、陡坎等的发育。沿该断裂段的第四系层序很不完整，一般缺失中更新统下部和下更新统地层，断裂虽然对近地表中更新统上部－全新统地层的分布总体上影响不大，但在一些剖面上能够观测到断裂蠕滑对第四系中－上更新统地层的错切或扰动作用，而对上更新统上部－全新统地层的影响不明显，也没有形成地表断错陡坎。分析认为，浑河断裂章党－南杂木段的活动程度是很弱的，即使断裂在中－晚更新世时期存在新的活动（以蠕滑活动为主），但在晚更新世－全新世以来所形成的线状沟谷、洼地和山前坡洪积扇、坡积裾、剥蚀堆积台地等地貌面上均没有形成可观测的断错陡坡、陡坎。

章党－南杂木段断裂具有多期次不同性质的构造活动，断裂带内充填有不同期次、不同性质的岩脉并被后期的构造运动不同程度地破坏，由于早期活动剧烈而新近纪乃至第四纪以来的活动性显著减弱，第四纪以前具有压扭性的逆冲－叠瓦式构造活动所形成的构造破碎物、构造痕迹及构造格架等基本上得到了很好的保留且规模相对较大，其与第四纪时期规模相对较小的断裂新活动产物共同赋存于断裂破碎带中。断裂第四纪新活动既可在早期破碎带基础上继承和发展，也可单独形成。在断裂破碎带中，可以见到构造透镜体、角砾岩和碎裂岩、碎粉岩等，多见断层泥条带及石墨化现象，局部挤压片理、挤压扁豆体等发育。实际观测显示，碎裂岩带的宽度较大，但碎裂岩化程度不强烈，挤压片理一般较为稀疏，断层泥带的宽度则变化较大，最大可达 2.5m 左右，而泥化程度普遍较低。破碎带内构造透镜体、角砾岩等多已胶结成岩，属于第四纪以前的活动产物，碎裂岩、碎粉岩、断层泥等较为疏松、破碎且色泽较为鲜艳，没有胶结，应属于第四纪新活动的结果。根据断裂活动性测年数据，断裂破碎物（含断层泥、碎粉岩）的 ESR 测定法、热释光法（TL）测年结果集中在中更新世晚期－晚更新世早期，断裂上覆被错动的第四系地层测年结果亦为中－晚更新世，而未错动的第四系地层显示其形成时代为中更新世晚期。考虑到测量误差并综合地质地貌、地震地质特征的分析，综合判定浑河断裂章党－南杂木段的最新活动时代为第四纪中更新世晚期－晚更新世早期，断裂在晚更新世晚期－全新世以来没有活动，断裂第四纪以来的活动程度很弱。

与沈阳段、抚顺段比较，沿章党－南杂木段的地震活动强度、频度均很低，1970 年以来只记录有 1 次 $M_L3.0$ 以上地震，小震活动分布零星，这一地震活动水平与南杂木－英额门东段相当。由于地震活动微弱，该断裂段的地震分布规律性较差，看不出地震活动与浑河断裂之间的构造关系。

浑河断裂章党－南杂木段具有多期活动性，新近纪以来活动水平趋于减弱，第四纪时期继承了新近纪的运动特点，仍表现出新的活动，但活动水平进一步降低。综合分析认为，浑河断裂章党－南杂木段在中更新世晚期－晚更新世早期具有活动，晚更新世晚期－全新世以来没有活动，断裂（段）的活动时代是浑河断裂各段中最新的。尽管如此，断裂在地貌上没有控制现代浑河谷的形态，也没有形成沿断裂带发育的断陷盆地和具有规模的第四系地层，其活动方式以蠕滑为主，断裂第四纪活动程度与其他各段尤其是沈阳段、抚顺段相比明显偏弱。因此，即使断裂的活动时代较新，但断裂（段）地震危险性水平总体上是很低的。

8.2.4　浑河断裂南杂木 - 英额门东段

南杂木 - 英额门东段亦处在辽东山地区，但与章党 - 南杂木段不同的是，这一断裂段总体控制了现代浑河谷的近直线状展布及其沿线一系列小（微）型第四纪断陷盆地的发育。断裂带南、北主干分支主要展布在浑河谷的南、北两侧，控制了河谷（断陷盆地）的地貌形态及河谷第四系地层的沉积。河谷近地表地貌单元一般属于晚更新世 - 全新世的浑河低级阶地、河漫滩，两侧山前地带晚更新世 - 全新世的条带状坡洪积扇、坡积裙等也较发育。在河谷内的一些地段，断裂隐伏于上述地貌单元之下，其上没有观测到断错微地貌陡坡、陡坎等发育。在河谷两侧的断裂展布地带，平坦、开阔的河谷（断陷盆地）向南、北方向突变为地形起伏剧烈的侵蚀、剥蚀低山、丘陵，沿断裂带可见到规模不一、连续性不同的弯曲弧状至近直线状微地貌陡坎、陡坡带发育，也观测到次级的同向断裂沟谷等负地形，形成较多数量的色调清晰、连续性较好、延伸稳定、形态均匀、规律性较好的断裂遥感线性影像，沿陡坡、陡坎带局部还能够见到断裂破碎带的出露。这些上述线性陡坎、陡坡带的发育客观上反映了断裂两侧明显的差异性新构造运动特征，显示出断裂构造一定的活动性。经过调查、分析，一方面，沿断裂段的第四纪断陷幅度普遍较小且分布很不均匀，小（微）型盆地中的第四系层序均不完整，基本上缺失中更新统及以下的第四系地层；另一方面，第四系主要集中于断陷盆地中，具有中心式的沉积特征，尽管厚度很小，仍总体表现出一定的同心圆（椭圆）状分布特征，相对而言，北东东向线性趋势性沉积规律表现则相对较差。断裂活动对上覆上更新统 - 全新统地层的发育没有明显影响。由于断裂段活动性很弱，断裂的新活动（包括黏滑或蠕滑活动）没有在晚更新世 - 全新世以来形成的河流一级阶地以及山前坡洪积扇、坡积裙等地貌面上形成可观测的断错陡坡、陡坎，同时，在局部发育的晚更新世晚期形成的二级基座阶地面、中更新世 - 晚更新世早期形成的三级基座阶地面上也没有发现断错微地貌陡坡、陡坎等构造痕迹。

与浑河断裂其他段落一样，南杂木 - 英额门东段同样具有多期次不同性质的构造活动，断裂破碎带内充填了不同期次、不同性质的岩脉并被后期的构造运动不同程度地破坏。尽管这一段落在第四纪以前的断裂活动性总体上不如其以西的其他各段，但由于断裂第四纪以来的活动性仍然很弱，使得断裂带内中生代时期强烈逆冲活动所形成的构造破碎物和构造破裂面等还是得到了保留，但保留程度较抚顺段、章党 - 南杂木段为弱。通过观测，在断裂破碎带内即可见到早期宽度较大的构造透镜体、挤压片理、挤压扁豆体、构造角砾岩，也可见到疏松、未胶结的且色泽较为鲜艳的较薄碎裂岩、碎粉岩，局部发育有薄层断层泥及部分新生的挤压片理，同时，断层面上擦痕、阶步等发育且其新鲜程度较抚顺段、章党 - 南杂木段为好，但擦痕、阶步等规模普遍较小、连续性较差，断裂带第四纪时期的构造破碎程度总体上是很弱的。根据断裂段活动性测年数据，断裂破碎物（含断层泥、碎裂岩、碎粉岩）的ESR 测定法、热释光法（TL）测年结果主要集中在中更新世时期，也有极个别结果跨入晚更新世和早更新世晚期。考虑到测量误差并综合断裂地质地貌、地震地质特征的分析，判定浑河断裂南杂木 - 英额门东段的最新活动时代应为第四纪中更新世，晚更新世时虽然不能排除可能存在有一定的活动，但构造迹象总体上并不明显，断裂第四纪以来的活动程度很弱。

与沈阳段、抚顺段比较，沿南杂木 - 英额门东段的地震活动强度、频度很低，除在南杂木盆地附近存在小震活动的相对集中以外，其他地区的地震活动基本缺失，总体上看不出地震活动与浑河断裂之间的构造关系。

总之，浑河断裂南杂木－英额门东段具有多期活动性，与抚顺段不同，该段断裂古近纪及以前的构造活动较弱，新近纪时期的活动相对明显，新近纪以后断裂活动性趋于减弱。第四纪时期，断裂继承了新近纪以来的运动特点，存在有新的活动，但活动水平显著降低，控制浑河谷发育的断裂南、北分支之间的断陷作用已不明显。综合分析认为，浑河断裂南杂木－英额门东段在第四纪中更新世时期是具有明确活动的，至晚更新世时期虽然可能存在一定的活动，但活动程度已十分微弱，该断裂（段）在全新世以来没有活动。与浑河断裂章党－南杂木段相似，南杂木－英额门东段的最新活动时代较沈阳段、抚顺段为新，但活动程度却明显偏弱，沿断裂第四系沉积规模和规律性较差，断裂（段）的地震危险性水平很低。

第9章
浑河断裂带地震危险性评价

9.1 研究目标

分析浑河断裂带所处的区域地震构造环境和地震构造活动特点，根据已知的古地震、历史地震和现今仪器记录地震活动与浑河断裂带之间以及与其他主要断裂构造之间的关系，分析浑河断裂带及其他主要断裂构造在现今地壳应力条件下的地震活动特点及其在地震强度分布中所处的位置，判定浑河断裂带的地震构造特点和发生中强地震的可能性。解析浑河断裂带及其各个不同的活动段具有差异的构造活动性所制约的地震活动强度、频度等分布规律，确定活动断裂（段）的规模、结构、运动性质、活动方式、最新活动时代和活动程度等参量与地震特别是中强地震活动之间的关系，鉴定发震断层（段）及其地震活动习性，对未来一定时段（50～100a）内可能发生的地震活动及其强度进行一定的预测。利用浑河断裂带活动性鉴定、活动段落划分等分析过程中所确定的各种定性和定量化数据，针对性地提出浑河断裂带及其各个不同的活动段作为发震构造发生中强地震活动的危险性，判定其最大潜在地震震级。

9.2 发震断层地震危险性判定条件的分析和讨论

9.2.1 断裂所处构造应力环境

研究认为，地震活动终究是构造应力在地壳中不断积累和突发性释放的结果。一般地，在一定的地质时期内地壳构造应力场是相对稳定的，那么在相对稳定的构造应力作用下，作为地壳介质中体现应力作用结果的破裂面，活动断层常常充当了地震发生的场所。根据震源机制的研究，浑河断裂带及其研究区所处的华北地震区现今处在以北东东向水平主压应力场、北北西向水平主张应力场为代表的构造应力场环境条件下，区内发生的所有强烈地震活动均属于这一构造应力场作用下、遵循相应的断层破裂规律所导致的地应力释放事件，如记录到的海城 7.3 地震主压应力轴方向为 66°，渤海 7.4 地震为主压应力轴方向 246°（或 66°），唐山 7.8 地震为 75°，滦县 7.1 级地震为 62° 等等。在研究区附近，通过震源机制解和小震综合断层面解方法得到的构造应力主压应力方向处在 62°～91° 间，而对强地震活动通过地震地面变形方法反演得到的主压应力优势方向结果中，海城地震区为 74°，渤海北部地区为 70°～75°，整个华北地震区所反演得到的主压应力优势方向基本上为北东东，其变化不很明显。另外，在由套芯法所测得的主压应力方向结果中，辽南地区为82°，辽西地区为77°~109°，该结果偏于近东西向。在研究区北部所涉及的东北地震区内，多种方法计算分析得到的现今构造应力结果也表明，其大致处在北东东向水平主压应力场、北北西向水平主张应力场作用下，这与华北地震区的构造应力环境基本上是一致的。

在地壳应力强度方面，当发生地震事件时，所积累的地应力值较高并大于岩石的破裂强度，在震中处产生破裂；当处于地震平静期或非地震地区，地应力场则处于缓慢变化中，地应力值处于相对稳定的状态。一般的应力解除法（套芯法）和水力压裂法测量的地应力值往往是这种状态下的地应力值。根据水力压裂法测得的地应力值与深度值资料，证明了最大主应力和最小主应力及垂直应力与深度变化之间均存在线性关系，有限元数值模拟给出的2.5km深处沈阳西部下辽河盆地的地应力平均值为－53.2MPa，而沈阳地区属于低地应力区，其值仅为其西部均值的50%左右。同时，辽宁地区三维构造变化应力的有限元数值模拟结果表明，沈阳、抚顺地壳各层位（0~34km深度分为近地表、上地壳、中地壳和下地壳等四层）的最大主应力变化都是相对高值区，由于各层位均为高值，认为其孕震环境不是十分良好。从水平应力、垂直应力的变化来看，海城地震震后形变的复测结果为：水平形变值最大值为380mm，垂直形变最大值为143mm，前者远大于后者；地裂缝也表明最大水平位移达55cm，最大垂直位移只有30cm，且小裂缝均呈雁列。这表明海城地震地应力场以水平作用为主。从区域资料来看，地震平均错距绝大多数都是走向错距远大于倾向错距，如唐山地震走向平均错距为4.59m，倾向错距为0.50m（马宗晋等，1982）。因此，浑河断裂带及附近地区的应力作用以水平作用为主，水平应力要大于垂直应力。

9.2.2　断裂现今构造变形条件

研究区及附近地区现今的近水平向构造应力作用决定了这一地区活动断层的最新运动特征，也就是说，研究区及附近地区的活动断层应以走滑型的断层活动为主导。根据断层面解方法所得到的结果，在现今构造应力场作用下，地壳破裂节面的优势方向以北东－北北东向、北西－北西西向为主，仅含有少量的北东东向破裂节面，这表明在现今构造应力场环境下，北东－北北东走向和北西－北西西走向的断层是最易于发生构造破裂的断层面，破裂的类型以走滑型运动为主，其中北东－北北东向断层易于发生右旋走滑运动，北西－北西西向断层易于发生左旋走滑运动，而北东东向断层可发生一定的正倾滑活动。其他走向的断层包括近南北向、近东西向以及北东东向、北北西向等则较难发生构造破裂，即使存在有近南北向、近东西向等的断裂构造甚至它们的规模还可能很大，但它们主要是属于较早地质时期所形成的断裂构造，并且在那一时期具有适宜断层活动的相应的构造应力场，而在当前阶段，构造应力环境已经发生了根本性的变化，近南北向、近东西向等走向的断层在现今构造应力场作用下一般处于稳定状态，断层的活动性较北东－北北东向、北西－北西西向断层显著减弱。在此认知基础上，可以根据研究区断层的最新运动性质进行地震构造危险性的一般归类，即只有符合上述现今构造应力条件的活动断层才可以确定为具有一定的地震危险性并能够发生相应危险等级地震活动的地震构造，反之，不管断裂的规模有多大，也只能确定为活动性较弱的一般断层，其地震危险性水平则相应降低。

已有研究表明，中强地震活动通常是发生在那些与现今构造应力场具有明显对应性的活动断层上的，同时活动断层还表现出相应的现代变形特征。我们知道，地震活动是地壳相对运动产生错动破裂进而释放地应变能量的结果，而地壳的相对运动源于构造应力场的作用，因此，在现今构造应力场的作用下，只有与构造应力作用具有相应构造变形条件的活动断层才能充当地壳中两个相对运动的不同块体之间的破裂面，才是易于发生破裂错动并释放地壳应力的场所，反之，与现今构造应力作用具有相背变形活动特征的断裂构造不能够指示其两侧块体之间的相对运动，或者说具有相背变形活动的断裂构造并不是在现今构造应力场作用下产生错动破裂的主要场所，沿这样的断裂构造较难积累和释放地壳应力，也不会发生具有一定强度的地震活动。

9.2.3　断裂晚第四纪活动性及活动程度

活动断层是指晚第四纪以来具有新活动性的断裂构造，其能够通过地震地质、地貌、第四纪地质和地球物理等方法确定在晚第四纪以来活动的地质证据，活动断层是在与现今构造应力场条件合理配置下，强调断裂构造现今仍然持续的破裂过程，因此，只有判定为活动断层才具备发生相应地震活动的基础条件，而地震强度的大小、频度的高低则还要取决于发震断层的活动程度。一般地，根据断裂构造活动性的差异，将断层划分为前第四纪断层、第四纪早期的早－中更新世断层和第四纪晚期的晚更新世断层、全新世断层，而按照断层错动幅度、错动速率的差异性还对活动断层的活动程度进行了一定的划分。对于活动断层的定义存在多种意见，每一种意见均有其局限性，不能完整概括断层活动性对地震特别是中强地震的贡献，实际上，由于目前对所谓断层活动性的分析和鉴定工作仍然处于发展阶段，许多方面还不尽完善，比如晚更新世以前的一些第四纪早期断层甚至是前第四纪断层如果其展布特征与现代构造应力场条件的配置并不是很差，断层又达到了一定的规模，同样也不能完全排除其发生地震的可能性，只是地震的强度和频度应该较弱，作为发震断层的危险性会大大降低。蒋溥的研究也认为，从断裂构造的活动时代判定来看，第四纪、第三纪、新生代三个不同时代判定断层的地震危险性比例大致为7:2:1。尽管如此，最新的统计结果表明，地震活动与断裂的活动性关系十分密切，80%以上的破坏性地震通常发生在晚更新世以来的活动断层上，而强地震活动（$M \geqslant 6.0$）与晚更新世以来的活动断层具有更密切的联系，大约有一半以上的强震活动与所谓的晚更新世活动断层有关，而且所判定的断层活动时代越新，则活动断层上发生地震的危险性也越高，发生强震的危险性也越高，其中全新世活动断层上发生地震特别是强震的危险性往往要大大高于晚更新世断层，同样地，晚更新世活动断层发生强震的危险性也要明显高于早－中更新世断层，实际上，不同活动性的断裂构造在某种程度上体现了现今构造应力场作用下与构造应力具有良好配置关系的断层破裂面上地应力积累和释放的水平。另外，一些正在生成的断裂构造，如研究区暨华北地震区、东北地震区的一些北西向构造，它们与早已形成的断裂构造包括数量最多的北东－北北东向断裂的重复性活动不同，断裂属于新生性断层，发育程度普遍很低，规模很小，构造破裂痕迹不很清楚，空间展布连续性较差，尚缺乏足够的断层活动性相关数据，以目前的断层活动性鉴定手段来说，有些北西向构造还不能给出完整、明确的断层最新活动时代结果，而这一组北西向构造恰恰是具有很高地震危险性的，这说明了单纯依靠断层活动性数据来鉴定活动断层的地震危险性在客观上是存在一定不足的，还需要其他的一些活动断层地震危险性指标进一步佐证。同时，对于断层活动性的划分应该着眼于从地震危险性的角度出发，强调其受到现代构造应力作用发生黏滑型地震错动的可能性以及重复发生这种黏滑错动的频度，从而体现以现有研究理论为指导所得到的断层活动性结果与地震活动特别是中强地震活动之间密切的正相关关系。总的来看，根据中强地震发生的地质构造条件，断裂的活动性特别是晚第四纪以来的活动特点对于确定发震构造并进而判定发震构造的地震危险性是具有极其重要意义和指标价值的。

调查研究显示，在研究区及附近地区，北东东－近东西向、北东－北北东向、近南北向和北西－北西西向等多个体系的断裂构造均有发育。在上述构造体系中，北东东－近东西向断裂形成最早，是伴随结晶基底的褶皱回返过程而产生的，该组断裂规模较大，一般具有宽大的断裂带，分支构造发育，断裂切割很深，可划分不同的地震区和地震构造区，如赤峰－开原断裂带就是华北地震区和东北地震区的边界断裂，断裂带两侧的地震活动水平具有明显的差异；北东东－近东西向断裂早期的活动水平可能较高，只是由于新近纪以来构造应力环境的变化使得断裂的活动性大降低，同时，受到后期其他走向断裂的错切或岩浆岩的充填，断裂延展的完整性遭到了一定程度的破坏；在目前的构造环境下，研究区及附近的北东东－近东西向断裂很少作为发震构造，但在与其他构造体系的交会部位地震活动强度、频度具有一定增强的变化趋势，表明在与其他构造体系的共同作用下，北东东－近东西向断裂也显示出一定的构造活动性，具备发生地震的构造条件。北东－北北东向断裂是区域上最为发育的一组断裂构造，多由古老断裂构造的整体或部分段落的重新复活而表现出较强的活动性，具有规模大、连续、完整的特点；从生成历史上来分析，北东－北北东向断裂大多形成于早古生代，对早期沉积盖层的分布具有一定的控制作用，中生代时期沿断裂带存在火山喷发活动，断陷盆地进一步形成，中生代晚期遭受到强烈的挤压和扭动作用，形成了较宽的挤压破裂带，运动性质多表现为扭性、压扭性，新近纪乃至第四纪以来断裂继续活动，其中以中更新世、晚更新世的活动断裂（段）较多，个别断裂（段）具有全新世活动的迹象；由于形成较早、规模大、活动性强，该组断裂构造对区域地质构造格局具有显著的控制作用。与北东东－近东西向断裂相似，近南北向断裂的形成时代也较早，它们可能是褶皱回返过程中所伴生的追踪断裂；断裂在中生代时期表现为张裂性，新生代以来的断裂活动总体上不明显。北西－北西西向断裂在区域内也有一定程度的发育，这组断裂多数规模不大、连续性差，多呈雁行状、斜列状排列，尽管如此，北西－北西西向构造的活动性总体上较强，特别是在第四纪时期，断裂表现出了鲜明的活动特征，在研究区及附近存在有多条中更新世、晚更新世甚至全新世的活动断裂（段）发育；北西－北西西向断裂常常小幅度切割其他走向的构造或与北东－北北东向断裂共轭交错，地震地质资料显示，沿该组断裂多中强地震发生。总之，一方面，研究区及附近的北东东－近东西向断裂和近南北向断裂活动性明显较弱，沿这两组构造体系鲜有地震发生，这与现今构造应力场作用下沿这两组断裂构造地应力不易于积累和释放有关；另一方面，区内的地震活动特别是中强地震活动往往具有沿北东－北北东向和北西－北西西向构造分布的形态，北东向的郯庐断裂下辽河段和北东－北北东向的金州断裂、依兰－伊通断裂第四纪以来的活动性均很强，都是区域上主要的地震构造，在现今构造应力场作用下，北东－北北东向和北西－北西西向构造是具有共轭关系的两组剪切破裂面，它们充当了地应力积累和释放的场所，因而具有较高的地震危险性，并在总体上控制了研究区的地震活动格局。

研究还表明，地震构造的活动程度对地震活动也具有重要的影响，活动性相近的发震断层因其活动程度的差异可导致断层地震危险性水平具有显著的不同。将中国东部与西部的活动断层进行对照分析，西部地区除了全新世、晚更新世活动断层广泛发育以外，即使同为全新世或者晚更新世活动断层，在西部地区活动断层的差异运动幅度、运动速率以及沿断层发生的地震强度、频度等也要远远高于东部地区。这是由于中国西部地区处在印度洋板块俯冲欧亚板块的边缘地带附近和青藏高原及外缘，构造地应力强度和应力降水平很高，作为地壳应力积累和释放的场所，这一地区的断裂构造具有很强的活动性并普遍具有相对较高的活动程度。相对而言，研究区处于太平洋板块俯冲欧亚板块的板内地质构造环境，构造地应力强度以及沿活动构造的积累速度较日本岛弧等板缘环境明显偏低，导致区内的活动断层虽然在构造应力作用下第四纪以来具有活动性，但沿断层面的地应力强度及应力降水平普遍偏低，活动断层的活动程度一般并不是很高。鉴于此，对于研究区所在的中国东部地区来说，除了要加强分析、研究全新世和晚更新世等晚第四纪活动断层以外，也要重视具有中更新世活动性的断层（段），同时开展中更新世断层、晚更新世断层和全新世断层活动程度的研究。

9.2.4　有利于黏滑运动的结构条件及断裂构造组合关系

地壳应变能的释放主要包括两种方式，即黏滑和蠕滑。蠕滑运动体现了地壳应变能的缓慢释放过程，由于地壳应力作用使得断裂两盘岩体通过断层面的蠕滑运动发生缓慢、低速率的小规模错动变形，地壳应变能得以通过持续不断的小规模错动变形进行释放，这样一来地壳应力作用就很难在相对完整的两个块体（断裂两盘岩体）之间的断层面附近积累起足够的地应变，也就不能够形成有效的应力释放；与之相对应的是，地震事件恰恰是由于断裂两盘岩体之间的蠕滑运动不充分，在地壳应力作用下断层两盘的不同块体沿着断裂破碎带发生了具有黏滑性质的弹性位错，断层两盘之间产生了较大规模的错动变形，同时瞬间释放一定的地应变能，进而形成地壳的震动。

分析地震断层的运动方式或者确定有利于断层黏滑活动的结构条件是开展地震危险性研究的一项不可或缺的内容。在实际进行蠕滑运动方式和黏滑运动方式的活动断层鉴别时，一般是通过跨断层形变测量、断层岩显微构造、地震活动性、地表破裂调查等资料的综合分析，研究活动断层蠕动作用的非持久性与阶段性，从而确定活动断层上的黏滑事件。

研究表明，较大的地震一般都发生在一些特殊的结构部位，只有具备相应的结构条件才能够使断层趋以黏滑运动作为自己的断层运动方式进而产生地震破裂（环文林等，1995）。通过调查、分析认为，研究区（涉及华北地震区东北部、东北地震区南部）具有特殊的有利于断层黏滑运动的断面结构主要包括以下三种类型。

1）未完全贯通的斜列状走滑断层

由于尚未形成完整、光滑的断层面，在地应力作用下，沿断层面的蠕滑运动受到了阻滞，应变势能（亦称为应变能、弹性应变能或变形能）得以在断裂带上积累，且其分布具有不均匀和复杂化的特点。当应变能积累到一定程度并突破岩体介质的弹性限度阈值（或屈服点）时，则应变能通过断层的脆性破裂瞬间释放，断裂带两侧岩体产生位移，断裂带也得到了进一步的贯通。这一断层结构及其黏滑运动和地震活动关系在辽东半岛地区的北西向构造带是表现比较充分的，北西向构造带恰恰属于未完全贯通的斜列状断层，具有左旋走滑为主的运动性质，其中的海城河断裂即发生过 1975 年 7.3 级地震。

2）断层交叉（尤其是共轭交叉）结构

在地应力的力偶作用下，断层的形成和发育并不是孤立的，作为共轭剪切破裂的"X"形构造面，它们往往构成断裂组而成对出现，形成具有交叉结构的共轭断层。由于地壳应力作用的差异，共轭断层的发育程度通常是不均匀的，表现为一组断裂的连续性较好、规模较大、地质地貌形态较为清楚，而另一组断裂的连续性一般较差、规模较小、地质地貌形态表现较弱等。这一共轭断层发育特征在研究区及附近是较为多见的，如金州断裂带是辽东半岛西侧主要的北北东向区域性断裂构造，断裂两侧具有不同性质的新构造差异运动，地貌、第四纪地质条件迥异，与其共轭的北西向构造带则规模明显较小，具有断续性的展布形态，地质地貌表现也不明显；浑河断裂带是展布于辽东地区主要的北东东向区域性断裂构造，断裂穿过了不同的新构造运动分区，沿线地质地貌条件差异较大，断裂走向稳定、延伸连续性很好，而与其共轭的北西－北北西向断层总体上发育较差，断裂规模很小，具有断续性的展布形态，地质地貌表现不明显。对比而言，浑河断裂带的活动性和活动程度是要远远弱于金州断裂带的，但沿金州断裂带的地震活动多发于金州断裂与北西向构造带的共轭交叉地带；浑河断裂沿线的地震活动水平虽然较弱，但记录到的地震基本上发生于浑河断裂西端与依兰－伊通断裂的交会处以及南杂木盆地附近与苏子河断裂的共轭交叉地带。

3）大型断裂带的末端部位

断裂构造带是地应力作用于岩体介质并产生脆性破裂的结果，在持续不断的应力作用下，断裂带的破裂长度、宽度等规模参数在理论上具有不断扩张的趋势，只有在受到坚定的阻碍条件下，这种扩张才能够终止。研究表明，起到阻碍破裂持续扩张的障碍因素比较复杂，既有介质条件差异明显的不同岩体的边界带，也有规模较大的横截断层，或者是足够阻碍破裂通过的凹凸体（障碍体）。在任何一种条件下，大型断裂带的末端部位都属于脆性破裂不能够顺利通过而导致应变能产生不断积累的构造区域，那么在足够强的应力作用和足够长的地质时期内，应变势能将能够克服阻碍从而突破岩体介质的弹性限度。浑河断裂带西端处在胶辽台隆和华北断坳两大地质构造单元的边界地带，岩体介质条件差异显著，两侧的地球物理场和地壳厚度也不相同，断裂带西端被北东－北北东向的郯庐断裂带下辽河段和依兰－伊通断裂所截断，下辽河盆地中还沉积了巨厚的新近系和第四系地层。根据已有地震资料，在浑河断裂带的西端附近，地震活动的强度、频度要显著高于浑河断裂的其他地段。

在断裂构造组合及其第四纪新活动方面，赤峰－开原断裂以南的华北地震区较为多见密集发育的北东－北北东向构造与北西－北西西向、北东东－近东西向构造相互交错的组合特征，在构造交会部位应力环境的空间变化相对明显，广泛存在第四纪断陷盆地的继承性发育。研究表明，研究区及附近的中、新生代等不同时期形成的断陷盆地具有不同的特点，侏罗纪时主要为继承性盆地，白垩纪时则为上叠式盆地，古近纪为裂谷式盆地。盆地群受到断裂构造的控制，隆凹相间的构造格局比较突出，盆缘一侧常发育走滑断层、逆冲断层和推覆体构造等。同时，第四纪盆地的生成和发展与控盆断裂的活动特征密切相关，主要受到了金州断裂、依兰－伊通断裂等北东－北北东向构造及其共轭的北西－北西西向构造等的共同控制，盆地的发育不仅仅局限于居于主导地位的北东－北北东向断裂，还常常与北西－北西西向构造的新活动有关。在盆地及其周围地区，地震活动的频度较高、强度较大，一些5级以上的地震多沿这些盆地的边缘分布。在研究区及附近的第四纪盆地中，下辽河盆地的规模最大，其第四系沉积厚度能够达到400m以上，处在其他断裂构造交会部位的第四纪盆地规模一般都很小，如开原盆地、抚顺盆地等，这些盆地一般具有明显的方向性展布，长、短轴的展布方向基本上指示了控盆断裂的走向，长轴方向还多与区域构造线的方向一致，而盆地的周边是地震活动的多发区。在赤峰－开原断裂以北的东北地震区，受到巨型北东东－近东西向断裂和北东－北北东向断裂构造的控制，第四纪盆地的发育程度相对较低，断陷幅度有限，第四系沉积厚度较薄但范围十分广阔。由于东北地震区断裂构造发育和组合特征较为简单，地震构造在第四纪以来的活动性相对较差，因此这一地区中强地震的活动水平总体上较低。

根据现有的调查研究，在研究区的各个地质构造体系中，一般不具备辽东半岛地区北西向构造带明显的未完全贯通的斜列状结构，其他展布形态断层的斜列状结构总体上也不十分明显。就浑河断裂带来说，在其西、东两端浑河断裂分别与依兰－伊通断裂、郯庐断裂带下辽河段以及赤峰－开原断裂带相交会，在抚顺盆地东缘和南杂木盆地还与下哈达断裂具有交会结构、与苏子河断裂具有共轭交错特征，除此之外，在断裂展布范围内很少能够见到与浑河断裂具有交会或者共轭交会结构的断裂构造。总的来看，浑河断裂的形成时间很早，断裂带发育比较充分，断裂破碎带规模巨大，断裂分支构造虽然比较发育，但延伸比较舒展，贯通性很好，基本上不存在明显的有利于地应变能长期积累的障碍构造。断裂的活动方式以蠕滑运动为主，局部地段兼有一定的黏滑分量。

9.2.5 断裂规模条件

活动断层上发生地震的强度大小与发震断层的规模条件密切相关，具有破坏性的中强地震活动客观上要求发震断层必要达到一定的规模，如此才能产生足够的破裂尺度。一般地，断层的规模愈大，则破裂尺度愈大，可能发生地震的震级也愈大，反之亦然。考察断层的规模条件主要涉及断层独立破裂段长度、断裂破碎带总长度、断层切割深度以及断层破裂面积等多项具体指标。根据已有的统计研究（环文林等，1995），在华北地震区范围内，达到20~40km 长度的独立的发震断层破裂段能够发生的地震最大震级为6~6.9 级，40~70km 长度的断层破裂段能够发生的地震最大震级为7~7.4 级，70~120km 长度的断层破裂段地震最大震级为7.5~7.9 级，120~200km 长度的断层破裂段地震最大震级为8~8.5 级，而8.5级以上的强烈地震需要200km 以上的独立发震断层破裂段，这一统计规律揭示了发震断层的破裂段长度与地震强度之间具有密切的正相关性。此外，统计结果还显示，断裂破碎带的总长度也对发震断层的地震最大震级具有重要的影响。断裂破碎带总长度一般是由若干个具有相对独立破裂特征的断层段综合而成，如果包含破裂段之间的障碍体在内，断裂带总长度通常要大于各个独立破裂断层段的长度之和。研究表明，地震的发生往往习惯于沿着相对固定的断裂破碎带进行周期性的重复活动，这与一个地区相对稳定的构造应力作用是相互关联的，只有在某种特定的条件下，地震应力能够积累到相当的程度从而突破障碍体的阻隔实现多个原本相对独立断层破裂段的一次性完整、连续的破裂，这时产生的地震活动强度要比单个断层段独立破裂所产生的地震强度高出一个数量级，而当一次地震破裂事件完全贯通一整条断裂破碎带的所有破裂断层段时，将会发生沿该断裂破碎带所能产生的最大强度的地震，但受到地震应力积累水平和地壳介质弹性系数、抗剪切能力等因素的制约，一条断裂破碎带所能发生的地震活动强度具有一个上限，超过此上限的地震是不会发生的。正是由于断裂带总长度只是标示出了该断裂带理论上的最大地震震级，而在实际当中产生完整、连续的断裂带贯通性破裂的大地震案例十分少见，因此断裂破碎带总长度与地震强度之间虽然具有一定的正相关性，但相关系数较之发震断层破裂段长度显著为低，得到的断裂带总长度与最大地震震级的对比经验值（或关系式）较发震断层破裂段长度与最大地震震级的对比经验值

（或关系式）其数学稳定性较差，参考价值较低。

发震断层规模条件除了采用破裂段长度、断裂破碎带总长度等在近地表观测中易于获得的断层规模条件参量作为表征指标以外，断裂切割深度也是对发震断层地震强度具有重要影响的因素。根据断裂切割深度的大小，一般将断裂构造分别划分为超岩石圈断裂、岩石圈断裂、地壳断裂、基底断裂和盖层断裂等，超岩石圈断裂、岩石圈断裂和地壳断裂通常在地球物理场上有所体现，断裂两侧能够表现出具有明显差异性的深、浅部构造特点，相对而言，切割深度为基底以浅的断裂构造在地球物理场上的表现不很明显甚至没有表现，断裂带的深、浅部构造特征可能较为简单。从地壳应力积累能力及沿断层面的破裂传递过程来分析，切割深度较深的断裂构造理论上具有比切割深度较浅的断裂更为强大的地应力积累和释放的能力，其当然具有发生较强地震的危险性，而基底断裂和盖层断裂等由于地应力的积累和释放水平相对较低，断裂的发震水平也明显偏低，客观上较难发生破坏性较强的中强以上地震活动。

断层破裂面积是指发震断层由震源到地表在地震事件中所产生的沿断层总体错动范围，从数学意义上来说，是破裂函数沿破裂断层段的积分。实际调查结果表明，震中附近的破裂尺度一般较大，向两端破裂尺度迅速衰减，距震中越远则尺度越小直至尖灭，显示出破裂函数具有空间分布的不均匀性。经过经验统计分析，破裂尺度函数具有较好的正态分布特征，也就是说，地震事件中所产生的断层破裂面积实际上是正态的破裂函数沿破裂断层段的积分，断层破裂面积与地震强度之间具有非常好的正相关性。尽管如此，由于破裂函数受到发震断层活动性质、产状变化、介质不均匀性等多重因素的影响，其规模变化具有明显的空间差异性和一定的不可比性，所以一般不作为断裂规模条件的表征指标。

9.2.6 深部构造环境条件

深部构造和地球物理场条件反映了一个地区整体的地震构造环境，活动断层或活动盆地等地震构造只有具备了良好的深部构造环境条件，才能够获得构造应力场作用的支撑，在活动断层等地震构造上积累起充分的应变能。活动断层深部构造环境条件的分析与断裂的切割深度是密切相关的，但断裂切割深度只体现了单一性的指标，而深部构造环境条件则是对活动断层在深部总体的地震构造环境综合性的讨论，在研究资料充足的情况下，还能够揭示活动断层、活动盆地等由近地表向深部的变化规律及其构造关系，并进一步判定地应力在地壳内部易于积累、释放的构造部位和应变水平，判定潜在的震源位置和地震活动等级。

区域重力场的变化以及局部的重力变化能够反映地壳厚度、上地幔密度变化以及壳体内部密度界面的起伏和密度的横向变化，从其对地震活动的贡献角度来说，它体现了地壳、上地幔的运动特征及运动强度，而中上地壳层尤其是脆韧性转换带是绝大多数地震的孕震区，在一个地区（或地带）是否存在适应性的深部构造环境条件和良好的差异性地壳、上地幔结构环境，总体上决定了地区（或地带）内能否发育有适合于地壳活动的现今构造应力场以及地应力易于积累和释放的条件，这是能不能判定一个地区（或地带）发生地震特别是中强地震的关键性因素。此外，重力场、磁场等地球物理场的梯度带和正、负异常交界带也常常能够反映地壳、上地幔和深部强、弱重磁性体基底的交界带或基底隆起、断陷的过渡带等，也是深部地应力易于集中的构造部位，因而也是强震孕育和发生的部位，差异变化梯度体现了地应力集中和孕震水平。研究表明，地震应力降 $\Delta\sigma$ 是建立在地壳介质力学特征和地壳应力场变化基础上的参数，$\Delta\sigma$ 的大小即反映了一个地区（或地带）与其他地区（或地带）地壳孕震水平的差异。$\Delta\sigma$ 愈大，弹性摩擦系数也愈大，则在一定的地震地质条件下，地壳应力积累的潜力愈大、可持续的时间愈长。应力降 $\Delta\sigma$ 与介质的剪切模量 μ、地震重复时间间隔 T 和地震震级 M_S 均成正相关。

在研究区及附近，一些地震构造两侧显示出深部构造环境和地球物理场特征的明显差异，有些还充当了新构造运动分区的边界，如营潍断裂带下辽河段、依兰－伊通断裂、金州断裂等，沿这些断裂构造均形成了具有差异性的重力场、磁场梯度带，地壳厚度、上地幔特征等也出现了明显变化。同时，通过深部构造探测了解到，郯庐断裂带通过渤海、下辽河平原并北延至沈阳西南后发生分异，形成了两条规模巨大的分支构造即依兰－伊通断裂和密山－敦化断裂（即浑河断裂），沈阳附近地区主要处在北东向沿依兰－伊通断裂发育的重力异常梯级带和磁异常带的边缘地带，深部构造上处在辽东上地幔坳陷区与下辽河上地幔隆起区的过渡带上并偏于上地幔隆起区一侧。浑河断裂在深度 10～12km 可归并到依兰－伊通断裂上，两条断裂带尽管在地表具有明显不同的地震地质和地貌、第四纪地质特征，但它们在深部是合二而一的；而在 5～6km 深度，又有多条次级的断裂构造呈铲形归并到浑河断裂上，形成了断裂构造在深部的复合交叉格局，这构成了 1765 年沈阳 5½ 级地震的深部构造背景条件，该次地震的震源深度即为 5～6km。此外，通过对比分析，1999 年、2000 年的海城－岫岩 5.6 级、5.1 级地震震源深度为 10km、14km，海城河断裂上除 7.3 级地震以外，分布在 4～7km 的震源深度范围内还多次发生过 4.7 级左右地震，1974 年葠窝水库 4.8 级地震的震源深度为 6km，因此，5～6km 深度由于受到地应力和地壳介质弹性条件的影响，地应力的积累和释放水平受到了一定程度的限制，一般只能够产生 5 级左右中等强度的地震，而难以产生更大的地震。1975 年海城 7.3 级地震发生在 14～22km 深度范围内低速、高导层发育的脆韧性转换带内，震源深度为 16km，该深度范围也称为多震层，是研究区附近大多数地震及几乎所有中强地震的震源区域，而在普兰店地区的多震层内，也存在与海城地震区相似的低速层，这里曾经发生过 1861 年 6 级地震，这两次中强地震是目前已知的辽宁省陆域范围内仅有的 6 级以上地震，它们在深部多震层深度范围内均有低速层的发育，显示出一定的可对比性。总之，上述地震事例表明，随着深度的增加，应力环境和介质条件将不断改善，发震强度也会随之提高，显示了活动断层发震强度与震源深度之间在一定深度范围内的正相关性。

9.2.7　地震活动性的影响

涉及活动断层地震危险性分析的地震活动性研究理论上需要相对完整的、能够至少跨越一个地震周期的地震数据资料库。由于地震特别是强地震活动属于长周期的地质事件，通常大大超过了人的生命周期，而人类历史文献资料一般也难以完整、准确地记录地震事件及其相关要素，因此在进行地震危险性分析时，基于活动断层地震危险性分析的客观需要，地震数据资料库需要重点关注以下三个方面的关键问题：一是数据库中的地震记录应考量其不同的获得途径，使得各个地震要素尽量达到相应的精确度，保证地震记录具有一定的准确性；二是地震数据应该具有足够长的记录时间，尽量达到相应的可信时段；三是地震强度的记录数据应该具有相对的完整性，能够比较充分地表达地震构造的特征地震及其最大地震震级。其后，在掌握相对完整、可信的数据资料前提下，开展地震活动性及其强度分布的研究，建立起地震活动与地震构造之间的规律性联系，确定与地震构造活动性相关的仪器记录小震活动条带状、团簇状分布特点以及不同途径获得的所有中强地震活动沿地震构造的空间分布、迁移和考虑时间因素的周期性特点，并能够对未来相关地震构造上发生相同或相近中强地震的强度和发震位置作出初步的预测。

在地震资料完整性方面，根据前面的分析我们了解到，就华北地震区的绝大部分地区来说，$M \geq 4\frac{3}{4}$ 的破坏性地震在 1484 年以后基本上是完整的。对于研究区，由于历史文化发展程度、地域限制等诸多原因，这一时间以后仍然存在地震的遗漏。在地震活动性分析章节中已经讨论过，直到 1900 年研究区 5 级以上的地震记录才基本上是完整的，所以研究区 5 级以上地震的完整记录时段实际上只有 120 年。1970 年以后，辽宁省及附近省份的地震台网开始组建并逐步完善，此后不仅完整记录了研究区发生的所有破坏性地震，同时对区域上 $M_L \geq 2.0$ 的地震也开始建立起可靠的数据资料库。另外，由于地震特别是中强地震孕育需要较长的时间用于地应力的积累，其地震活动周期动辄几百年至上千年甚至几千年，那么目前所掌握的 100 多年的地震资料显然是远远不够的，因为可信地震资料时段要大大短于一个完整的地震活动周期。为了解决这一问题，近几十年来在历史地震的研究方面开展了大量有益的工作，对研究区及所在地震区（带）的一些重要的破坏性地震进行了历史地震的考证，如 1548 年渤海 7 级地震、1765 年沈阳 5½ 级地震、1861 年普兰店东 6 级地震、1940 年熊岳 5¾ 级地震、1944 年鸭绿江口 6¾ 级地震等，确定了历史地震的发震时间、位置和地震强度等重要参数。同时，随着地震科技的进步，古地震研究已经广泛开展起来。针对地表破裂型古地震事件，结合高精度遥感解译，对地震构造晚近活动以及周期性重复活动造成的断错地质地貌进行剖析，利用年代学、地层学、地貌学方法确定标志物、标志地层和标志面的形成时代，判定发震断层上古地震事件的发震时间、断错位移量及其叠加、特征地震的周期性规律等，获取相关的地震活动性参数，延长中强地震记录时段，提高地震资料的完整性。

我们知道，地震活动在时间轴上的分布具有起伏性和准周期性的鲜明特点，在一定的区域内（如地震区、地震带或地震构造区等），地震活跃时段和平静时段常常交替出现，在平静期内地震活动的频度、强度较低，活跃期内地震活动的频度、强度相对较高。分析认为，在同一地壳构造应力场作用下，由于应力作用方式和矢量水平可能存在些微差异，在一个地区的地壳介质（弹塑性特性）保持恒定的条件下，地震活动平静期以应力积累为主，活跃期则属于地应力积累到一定水平后克服地壳介质弹塑性限制的释放过程。之所以将地震活动平静期、活跃期的循环往复称为准周期性，这是由于从严格的意义上来说，构造应力场在总体稳定的前提下仍存在不可预期的变化，地壳介质也存在横向、纵向等的各向不均匀性和复杂性，受到应力场和介质条件的制约，地震的发生就不会存在严格的周期性，而只具有相对意义。另外，地震活动周期的长短是有明显差别的，在大的周期内又包含了若干小的地震周期。当一次大的地震事件结束以后，客观上已经把之前相当长时间内所积累的应变能进行了较为彻底的释放，那么也只有在经历一个类似长度的地震平静期之后，才可能再次发生相同或相近强度的大地震，但是，这并不排除在大的地震周期内会发生若干的次级强度的地震活动，大的地震周期还可能包含若干小的由次级地震复发时段构成的地震活动周期。

地震活动的周期性还表现在不同区域（地震区、地震带或地震构造区等）的地震活动周期具有一定的差异，而根据古地震、历史地震和现今记录地震等比较完整的研究资料，区域性的地震活动水平及其周期性规律甚至差异显著。通过全球范围内以及日本、美国西海岸、土耳其、中国南北地震带等的地震活动研究，已经确定地震活动尤其是中强地震活动是具有明确周期性规律的，同时，不同强度等级的地震其活动周期还往往具有数量级的差异。总的来看，地震活动及其周期性与其所在的构造应力环境紧密关联，如我国南北地震带大约30~50年就能够发生1次7级左右的地震，而据冉勇康研究团队的研究，汶川地震所处的龙门山断裂带曾在距今约3000年和6000年分别有2次8级左右古地震的地质记录，那么沿龙门山断裂带8级地震的活动周期即为3000年左右；比较而言，整个华北地震区7级左右量级地震的复发周期要达到300~330年，而对于处在华北地震区东北部边缘的研究区来说，7级地震的活动周期则可能要在千年以上，也有观点认为甚至达到3000a左右的尺度。在研究区及附近，地震活动的周期性还突出地表现在中强地震活动大致沿地震构造的特定部位具有准时间间隔重复发生或规律性迁移的特征，如开原、营口、铁岭等地的历史地震资料均反映了5级左右地震具有原地重复发生的规律，沿金州断裂和海城河断裂还存在中强地震沿发震构造迁移的现象，地震震中位置基本上处在构造交会、断裂段边界和第四纪断陷盆地发育的部位。

作为与构造活动相关的地震事件，地震尤其是中强地震在处于中国东部的研究区及附近地区其发震周期是相当长的，在这种情况下，要完整、准确地了解中强地震活动及其周期性规律，现有的历史和仪器记录资料就显得十分有限，而需要古地震研究的补充。通过近些年来海城河断裂、依兰-伊通断裂和金州断裂的地震地表破裂、地裂缝带、断错微地貌调查以及高分辨率卫星、航空遥感的综合分析，认为在研究区及附近一些具有较高危险性的地震构造上还是存在古地震事件的，如沿海城河断裂在海城南营城子村北、兴隆屯东北的北西-北西西向断错微地貌陡坎最大高度达到2m左右，沿金州断裂盖州北-鞍山段在鞍山于家沟村西南、海城后他山村-前邓家村、盖州虹溪谷北、海城兴隆屯东北和董家沟村北的北东-北北东向断错陡坎最大高度达到2~3m，沿依兰-伊通断裂在铁岭北的北东-北北东向断错陡坎最大高度近2m，探槽剖面揭露的地层错距也在2m左右。上述沿着发震构造的断错微地貌现象均指示了在地质时期内发生过相当规模的古地震事件，而根据断错幅度可以确定古地震强度能够达到7级左右，发震时间依据其所断错的地质地貌单元形成时代确定为晚更新世-全新世时期，其中由^{14}C鉴定的最晚地震事件也在数千年以前，属于研究区内的人类历史记载时段之前。因此，古地震调查和研究是对仪器记录地震和历史地震研究的重要补充，随着经济发展和地震科技的进步，古地震研究也将更为广泛地开展起来。基于地震构造古地震事件的发震时间、断错位移量及其叠加、特征地震复发间隔等方面的认识，再结合历史地震和仪器记录地震资料，才能够完整、准确地总结出发震断层的地震危险性及其周期性的活动规律。

9.3 地震构造发震强度的分析和预测

地震构造发震强度（最大潜在地震）的分析和预测是断层地震危险性评价需要回答的问题，也是当前地震研究中的难点问题之一。由于地震成因及其机制具有极其复杂的特性，单纯依靠发震断层条件的统计分析来确定最大潜在地震存在一定的不确定性，因此在判定发震断层可能发生的最大潜在地震时，还必须要根据综合性的原则，以地质构造研究和地震活动分析为基础，综合地判定地震构造的最大潜在地震震级。地质构造研究方面，主要考虑断层类型和断层破裂规模对地震震级的控制作用，最大潜在地震的判定主要依靠对断层类型（性质）、断层规模等与震级关系的统计分析，断层结构条件、断层活动性及其强弱程度等也对最大潜在地震产生一定的影响和制约。地震活动分析方面，主要考虑从大的地震活动背景、局部活动构造带的地震活动水平、历史地震（古地震）活动规律等角度出发来评价目标活动断层的发震能力。在最终判定发震构造的最大潜在地震震级时，需要同时综合考量上述两种方法的分析结果进行判定，同时强调数据资料的完整性和可靠性，如当地震记录时段较短、已知的最大地震震级较低并且不能与地震构造的规模、结构以及活动性、活动程度相匹配时，就应该结合必要的构造类比分析。

研究表明，地震区（带）的地震活动水平、地震构造带的地震活动水平、发震断层上已经发生的最强地震及其地震发生频率等对于确定地震构造的最大潜在地震具有意义，而在缺少较完整古地震研究资料的情况下，在足够长的时段内发震断层上记录到的最大地震（含历史地震）则是确定最大潜在地震的重要依据之一。根据已有的研究成果，利用历史地震资料确定发震断层最大潜在地震时，需要详细分析所在地区的历史文化发展和地震记载情况，在历史地震资料比较完整时，如果沿地震构造记录有中强以上地震，或存在现今小震活动的密集条带状带分布，则可依据地震活动资料大致判断出发震断层，如果地震记载的时间段超过了 2 个的地震活动周期，则发震断层上曾经发生的最大地震震级即可作为该地震构造的最大潜在地震。对于历史地震资料不完整的地区，可以与历史地震资料比较完整、地震构造环境也比较类似地区的同类型发震断层进行地质构造类比，最后确定地震构造的最大潜在地震震级。当历史地震资料不完整、地震活动较少且又难以与资料比较完整地区的地震构造进行构造类比时，一般作做法是以已知的历史地震最大震级为基础，考虑到地震资料可信时段及其可能带来的漏记风险，将历史地震最大震级加上 0.5 级或 1.0 级作为地震构造的最大潜在地震震级，可信时段较长、漏记风险较低时加上 0.5，可信时段较短、漏记风险较高时加上 1.0，也可根据资料情况进行一定程度的内插处理。

在对活动断层进行地震危险性评价时，采用面波震级 M_S 作为表征预测地震大小的标度，采用 M_{max} 表示潜在的最大地震震级，考虑到多种因素所带来的预测震级估值的不确定性，以不大于 0.5 个震级单位的变化区间来划档预测地震的强度等级。根据研究区及浑河断裂带的地震构造发育特点，基于活动断层晚第四纪与现今活动习性、几何结构、历史与古地震破裂延伸、现今地震活动分布、深浅构造关系等地震构造指标，综合确定目标断层的地震危险性，并采用多种方法对目标断层潜在地震的最大震级进行评估。

1）地震构造类比及其经验关系

根据发震构造所处地质构造环境、涉及的地震构造区与邻近的相同或相似地震构造环境条件下规模、结构类似并且具有相同或相近的第四纪活动性、运动性质、活动方式等同类发震断层上已知的地震最大震级进行对比，推断目标断层的潜在最大震级。采用样本量相对充足、经过统计分析得到的华北地震区震级－地表破裂（发震断层）长度经验关系式，或震级－地表同震位错经验关系中同震位错最小或趋于最小值时对应的震级范围，估计发震断层的潜在最大地震震级。

2）地震活动性研究方法

根据研究区及附近的古地震、历史地震及现今地震活动数据的震级－频度关系进行外推。

由于浑河断裂带的活动性很弱，浑河断裂展布区属于弱活动地震区，已知在历史上没有发生过具有同震地表破裂的较强地震活动，因此在确定目标断层的最大潜在地震震级 M_{max} 时，主要利用一些目前能够得到的数据指标来实现工作目标，包括：断裂构造规模（含总长度和分段长度），几何结构条件、运动性质和活动方式，第四纪活动性，深浅部构造关系和孕震环境，断裂带及断层活动段上的历史地震和仪器地震记录数据，地震发生频率以及与具备较完整地震资料地区的类似构造比较等。

9.3.1 地震构造的研究方法

鉴于浑河断裂带以及研究区主要处在华北地震区，为了得到较为充足的统计样本量，以得到较好的分析结果，在对研究区地震构造暨浑河断裂带进行地震构造危险性分析时，主要采用了华北地震区地震活动断层的统计结果，也借鉴了地震活动强度、频度较高的西南地区、四川地区和东南沿海地区的统计资料。总的来看，华北地震区的地震活动断层条件从构造成因的角度分析，着重对于地震事件统计样本在构造应力条件、断层变形条件、结构条件和断层规模条件等四个方面对发震断层的条件进行系统分析（表9.1）。由于上述抽取的各个地震活动区的地震事件样本量总体上相对充足，且经过综合系统的研究之后，各个事件样本所获得的地震活动断层条件比较完整、准确，因此这一统计分析结果对于研究区的地震构造暨浑河断裂带的地震危险性判定具有重要的参考意义。

表9.1 华北地震区地震活动断层条件统计表（环文林等，1990）

地震活动断层条件			分震级段统计数				
			≥6 共84次	8.5~8 共5次	7.9~7.5 共7次	7.4~7.0 共10次	6.9~6.0 共62次
			次数 %	次数 %	次数 %	次数 %	次数 %
发震构造应力条件	北东东-南西西向水平压应力 北北西-南南东向水平张应力						
	断层面解节面	北北东右旋走滑断层	15 94%		1 6%	4 25%	10 63%
		北西西左旋走滑断层	1 6%			1 6%	
	（据震源机制结果统计）						
发震构造变形条件	北北东向主体走滑段		49 58%		5 72%	6 60%	33 53%
	北西西向主体走滑段		8 10%	5 100%	1 14%	2 20%	5 8%
	北东东向走滑端部正断层		20 24%		1 14%	2 20%	18 29%
	构造形变不清楚		7 8%				6 10%
发震构造结构条件	走滑断层的斜列状结构		58 64%	5 100%	6 86%	8 80%	39 63%
	断层交叉（共轭交叉）		39 46%	3 60%	5 71%	8 80%	23 37%
	大断裂带末端		16 19%	2 40%	2 28%	2 20%	10 16%
	地震活动断层结构不清楚		18 21%		1 14%		17 27%
发震构造规模条件	地震活动断层长度/km			120以上	70~120	40~70	20~40
	地震活动断层深度			深断裂	深断裂 大断裂		

　　回顾这些年来有关发震构造条件与最大潜在地震关系的对比研究，大致可归纳为两种类型的研究方法，一是特征地震法，二是经验关系算法。特征地震法认为，大的事件地震往往固定于特定的活动断裂段原地重复发生，这取决于活动断裂段的惯性破裂习性，沿特定断裂段重复发生的地震事件其震级应非常接近，变化值一般为 0.5 级左右，变化区间一般不超过 0.5～1.0 级的范围。根据发震构造的这一地震破裂习性，可以利用活动断裂段上已发生的最大地震来估计未来同一断裂段上可能发生的最大地震。特征地震法主要适用于具有相对完整的包含历史地震和古地震记录资料的较强地震构造，当断裂活动性较弱、地震记录时段不能涵盖一个完整的地震活动周期时，由此得到的估计结果就可能存在一定的偏差。经验关系算法则与特征地震法不同，它不局限于特定的活动断裂段及其上发生的地震事件，而是利用了能够得到的所有地震记录资料（考虑到地震构造背景条件与地震活动性的差异，为了减少样本的离散性，一般限定选取一个地震带或一个地震区的地震），比较分析地震强度分布与发震构造之间的关系，建立适应的地震震级－构造破裂的数学模型，进而通过发震构造相关破裂参数的研究，推断可能发生的最大地震震级。

　　总之，根据发震断层判别条件的统计分析结果可以看出，发震断层所处构造应力环境以及由此导致的相应的活动断层现今变形特征，断层活动性及其强弱程度，断层结构和活动方式，发震断层（段）规模条件及破裂特征等，是对于判定发震断层最大潜在地震震级具有明显影响的因素。

1. 发震断层现今构造变形特征（运动性质）对最大潜在地震的控制作用

　　断层现今构造变形条件（运动性质）可以根据近地表地震地质调查以及现今构造应力场的分析来确定，震源机制研究是构造应力场分析的重要手段，它直接反映了现代发生地震时发震断层的应力状况。根据地震事件强度特征与发震断层现今构造变形条件（运动性质）的对比分析，可以对具有差异性构造变形条件的各种运动性质的活动断层可发生的地震最大震级进行统计。

　　环文林（1992）对我国各地区发表的震源机制研究结果进行了统计分析，结果表明，走滑型断层发生地震的比例最大，最高震级达到 8.6 级，逆倾滑断层上发生地震的最大震级为 7.3 级，正倾滑断层上发生的地震一般都在 7 级以下，只有个别能够达到 7 级以上，如唐山大地震的余震可以达到 7.1 级。由此可见，断层的现今运动性质（构造变形条件）对其上发生地震的最大震级具有明显的控制作用，并在各个不同的地震区域具有相对普遍性的规律（表 9.2）。另外，中国地震局"八五"重点研究项目对中国及邻区的震源机制作了进一步的研究，环文林、汪素云等（1994）将这些震源机制结果进行了统计分析，进一步证实了以上结果的可靠性（表 9.3）。汪素云、许忠淮等（1997）综合利用大量震源机制解的研究资料进行了统计分析，结果显示，正倾滑断层、正倾滑兼走滑断层和走滑断层中的走滑兼正倾滑断层上发生地震的最大震级较其他两型断层偏小，地震震级都小于 7 级，逆倾滑断层和逆倾滑兼走滑断层上发生地震的最大震级可达 7.5 级，地震强度处于中间水平，走滑断层和走滑兼逆倾滑断层上发生地震的最大震级最大，可达到 8.6 级。上述断层变形类型划分（性质）与最大地震震级关系的统计结果列于表 9.4。

表 9.2　由震源机制解得到的发震断层类型与最大震级关系统计

地区	走滑型断层		逆倾滑断层		正倾滑断层		资料来源
	占百分比	M_{max}	占百分比	M_{max}	占百分比	M_{max}	
中国及邻区	52	8.5	4	7.25	4	6.9	鄢家全等，1979
华北地区	70	7.8	7	4.5	3	7.1	李钦祖等，1980
西南地区	86	7.8	8	6.8	6	6.8	阚荣举等，1977
四川地区	84	7.9	11	7.2	5	6.8	成尔林等，1981
东南沿海	68	7.5	13	3.4	19	4.6	林纪曾等，1980

表 9.3　中国及邻区震源机制解发震断层类型与最大震级关系统计（环文林等，1994）

中国及邻区 （$M \geqslant 5$，309 次地震）	走滑型断层		逆倾滑断层		正倾滑断层	
	所占比例	M_{max}	所占比例	M_{max}	所占比例	M_{max}
	55%	8.3	34%	8	11%	7.1

表 9.4　断层滑动角统计断层性质与最大震级的关系（汪素云等，1997）

断层性质	正倾滑断层		走滑型断层				逆倾滑断层	
	正	正兼走滑	走滑兼正	走滑		走滑兼逆	逆兼走滑	逆冲
最大震级	7		7	8.6			7.5	

从研究区所在华北地震区 84 次 6 级以上强震发生的现代构造变形条件统计结果（环文林等，1995）来看，华北地震区的强震活动主要与走滑型的活动断层有关，其中 68% 的 6 级以上地震和 100% 的 7½ 级以上大地震发生在以水平变形为主的走滑断层上，24% 的 6 级以上地震发生在走滑断层两端以垂直变形为主的正断层区域，它们的震级一般在 7 级以下。统计分析认为，华北地震区 7½ 级以上地震的发震构造及其潜在震源区均应归属于以现代水平变形为主的走滑断层，而且其中绝大多数为北北东走向的右旋走滑断层，少部分为北西西向的左旋走滑断层，在走滑断层端部的拉分正断层区域发生的地震一般都在 7 级以下。在研究区附近，金州断裂、依兰－伊通断裂等均属于典型的北东－北北东向右旋水平走滑运动为主的活动断层，而金州断裂、依兰－伊通断裂同时还具有较明显的正倾滑运动性质，海城河北西向构造带（海城河断裂）、熊岳－庄河北西向构造带和普兰店－长海北西向构造带等均属于比较典型的北西－北西西向左旋水平走滑运动为主的断层，而在金州断裂、依兰－伊通断裂等区域性断裂构造不同断裂段的阶区、结点部位常常伴生有北西－北西西走向为主的共轭断裂，在构造交会部位通常发育具有正断层拉分性质的第四纪断陷盆地。研究区及附近的断层变形条件以及第四纪拉分盆地等伴生构造总体上服从于华北地震区的强震活动统计规律。

从以上统计结果可以看出，发震断层的现代运动性质对发震断层上发生地震的最大震级是具有明显控制作用的，这一结果对研究区的正倾滑断层、逆倾滑断层、走滑断层、正倾滑兼走滑断层、逆倾滑兼走滑断层以及走滑兼正倾滑断层、走滑兼逆倾滑断层等各种不同类型断层的地震危险性和最大震级判定具有重要的参考价值。值得注意的是，由于区内的北东－

北北东向断层绝大多数形成于元古宙、古生代时期，其后经历了长期的地质演化过程，在燕山期－喜马拉雅期又重新复活，断裂构造的规模一般很大，具有多期次活动、地质发育形态多变、结构复杂等特点；北西－北西西向断层多数形成时代较晚，具有一定的新生性特征，经历的地质演化过程相对简单，断裂构造的规模一般较小，断裂活动期次相对单一、构造发育程度较浅、形态特征相对模糊、结构复杂性相对较低。应该看到的是，断层在各个不同的地质时期由于板块运动和构造应力环境的不同，它们的构造变形条件也不是固定不变的，而是随着构造应力作用的变化而不断变化。在判定、分析发震断层的现代活动性质时，除了要进行详细的地震地质、地貌和第四纪地质等实际调查以外，震源机制的研究也是不可缺少的，客观上要求通过详细地震地质、地貌和第四纪地质调查所得到的断层第四纪以来的新活动性质，与震源机制解应力分析得到的断层现代活动性质应具有高度的一致性，而对于通过地震地质、地貌和第四纪地质调查途径难以确定现代活动性质的发震断层，震源机制资料和应力场分析是确定断层现今变形条件的重要方法。

2. 断层活动性及其强弱程度对最大潜在地震的制约

断层的活动性及其强弱程度是描述断层活动特征的指标，它从根本上体现了与现今构造应力场作用相配置的断面滑动及其滑动速率的大小。断层活动与否反映了断层存在状态是否能够与构造应力作用形成配置，而断层活动程度具体反映了这种配置所能达到的水平。配置条件越好则越有利于断层面的滑动，断层活动程度也就越高，反之，配置条件越差则越不利于断层面的滑动，断层的活动程度就越低。就发震断层来说，地震事件属于断层活动破裂的结果，其与两盘岩体沿断层面的滑动是密切相关的。当断层不活动，属于非活动断层时，沿该断层一般不会产生地震特别是较强的地震活动；当断层属于活动断层但活动程度较弱时，沿断层能够产生地震，但地震活动强度一般不会很高；当断层属于活动断层且活动程度达到一定的水平时，沿断层不仅易于产生地震活动，地震活动强度也可能较高。

一般认为，晚更新世以来的活动断层通常是发生地震特别是较强地震活动的根源，因此在分析和判定发震构造时，特别要关注具有晚更新世活动证据的活动断层，而对于研究区所在的中国东部地区来说，断层活动程度要远远弱于中西部地区，所获得的断层晚更新世乃至全新世活动证据明显不足，这一地区的中更新世活动断层地震危险性却表现出较高的水平。研究表明，我国陆内的晚更新世断层多数属于以黏滑运动为主的活动断层，因而具有较高的发震潜势，而对于东部地区来说，中更新世具有黏滑特征的活动断层占比相对较高，因而具有较强的地震危险性和发震潜势。尽管如此，浑河断裂带的各个段落虽然最新活动时代略有不同，但普遍活动程度很弱，并以蠕滑运动为其主要运动方式，因此与研究区及附近地区其他具有相近规模和演化特征的区域性断裂构造比较，浑河断裂带的地震危险性明显偏低、发震潜势较差。

3. 断层结构和活动方式对确定最大潜在地震的指导意义

统计分析表明，在未完全贯通的斜列状走滑断层、断层交叉（尤其是共轭交叉）结构、大型断裂带的末端部位等三种有利于断层黏滑运动的断面结构类型中，研究区所在的华北地震区发生过较大地震的活动断层一般均具有上述一种或两种以上的结构类型，因此是否具有相应的结构类型和黏滑运动方式不仅成为活动断层地震危险性的条件，也是判定区内发震断层最大潜在地震震级的辅助性指标，具有重要的指导意义。

断层结构条件与断层活动方式关系十分密切。在相同的构造应力环境和地壳介质条件下，断层面上所发生的黏滑或蠕滑运动实际上与断裂两盘岩体相互错动受到的阻滞作用相关，而能否产生这种阻滞作用以及作用力的大小则取决于断层的结构条件。汪良谋等对于华北地震区的中强地震发震条件研究后得到结论，即 $M \geqslant 7\frac{3}{4}$ 的地震多发生于深大断裂带的活动段或深大断裂与其他活动断裂的交汇部位，7.0~7.5 级的地震多发生于共轭活动断裂的交汇部位，而 6.0~6.9 级地震则多与活动断层的拐点和端点等有关。目前对于浑河断裂带的地震地质研究显示，5 级以上的地震能够发生于浑河断裂西端部位以及浑河断裂、依兰-伊通断裂等深大断裂带的交汇处附近，在深部构造上也存在断层的交叉结构特征；在浑河断裂与苏子河断裂共轭交汇部位，地震活动相对较多，但由于两条断裂的活动性和活动程度均较弱，最大也仅记录有 3 级地震；沿浑河断裂带的其他地段，断裂构造的贯通性、连续性均很好，共轭交叉结构总体上不发育，因此地震活动很少，且分布零星。同时，在有利的断层结构条件下，具有黏滑方式的活动断层一般具有继承性的运动习性，活动断层上的黏滑运动归属于持续的循环往复过程，伴随着断层黏滑运动及地震事件的不断发生，还将沿断层面产生黏滑运动新的破裂，而破裂幅值及地震强度的大小通常遵循断层面上固有的惯性破裂规律，即大小等级相差不大的特征地震会沿断层面重复性地发生。在非特定条件下，特征地震可以作为地震构造发震强度（最大潜在地震）的表征。对于以蠕滑运动为主的断层来说，虽然处在相对不利的断层结构条件下，即使可能伴随有一定的黏滑分量，但总的来说这种类型的活动断层缺少了必要的构造阻滞作用，地壳应力经历不断的小规模释放后较难积累到一定的程度，地震特别是中强地震事件总体上是很少的。

4. 发震断层（段）长度与最大潜在地震震级之间的密切关系

在经验关系算法中，发震断层（段）长度是通过地震地质调查等研究方法最容易掌握同时也是最为精确、最为直接地反映发震断层（段）规模的构造参数，因此在分析发震构造与地震强度（震级）之间的经验关系时，发震断层（段）长度指标通常作为确定发震断层（段）最大潜在地震的重要依据。大量的震例资料表明，发震断层（段）长度与其能够发生的最大地震震级之间存在一定的数学关系，目前国内外已提出了为数众多的经验关系式。这些关系式主要从微观和宏观两方面进行研究，微观方面是从地震记录图上求得震源尺度资料，宏观方面最早是用大地震时形成的地震断层资料来统计断层长度与震级之间的关系。地质和地震调查研究也发现，一次地震的震源破裂过程通常并不表现为整条断裂带全部的贯通性破裂，而仅仅显示为断裂带中某一段落的相对独立的破裂活动，这一发震断层（段）的规模指标与地震强度（震级）之间具有较之整条断裂带更为密切的关系，因此可以利用发震断层的活动性分段数据，统计活动断层分段长度与所发生的最大地震震级之间的数学关系式。为了更好地利用和完善发震断层（段）长度与震级的关系来估计最大潜在地震，中国地震局地球物理研究所、分析预报中心、地质研究所及国家电力公司规划设计院、华东电力设计院等单位的有关人员组成专题研究组（2000 年）对数十条已经明确证实并已发表研究成果的断层长度-震级关系作了专门的整理分析，选取了一些能较好地反映出一次地震震源破裂长度与地震震级的关系式作为基础关系式，对于基础关系式离散化的各对数据重新拟合，得到了一个综合的适用于中国大陆发震断层（段）长度与地震震级的关系式，见式（9-1），以及中国大陆发震断层（段）长度与地震震级的对应经验值（表 9.5 和表 9.6）。该关系式及对应经验值显然适用于研究区及浑河断裂带。

$$M = 3.539 + 2.012\lg L \quad N = 74 \quad \sigma_M = 0.180 \quad r = 0.980 \quad （中国大陆）$$
$$\lg L = -1.673 + 0.485M \quad N = 74 \quad \sigma_{\lg L} = 0.087 \quad r = 0.980 \quad （M：5.0～8.5）$$

$$(9-1)$$

表9.5　中国大陆各震级对应的发震断层（段）长度

	震级	5.0	5.5	6.0	6.5
断层长度/km	均值	6	10	17	30
	范围（加减1倍标准差）	4～7	8～13	13～22	23～39
	震级	7.0	7.5	8.0	8.5
断层长度/km	均值	53	92	161	280
	范围（加减1倍标准差）	40～69	70～121	122～212	213～370

表9.6　中国大陆不同发震断层（段）长度对应的震级值

	发震断层长度/km	5	10	15	20	25	30	35
震级	均值	4.9	5.6	5.9	6.2	6.4	6.5	6.6
	范围（加减1倍标准差）	4.7～5.2	5.3～5.8	5.7～6.1	5.9～6.4	6.1～6.6	6.3～6.7	6.4～6.9
	发震断层长度/km	40	50	80	100	150	250	300
震级	均值	6.8	7.0	7.4	7.6	7.9	8.4	8.5
	范围（加减1倍标准差）	6.5～7.0	6.7～7.2	7.1～7.6	7.3～7.8	7.7～8.1	8.1～8.6	8.3～8.7

式（9-1）综合了我国众多研究者在发震断层长度与震级关系研究方面的成果，所得关系式标示了发震断层（段）长度（L）与该发震断层（段）上发生地震的最大震级（M_{max}）之间的数学关系（式中，σ_M为数据拟合得到的震级的标准差，$\sigma_{\lg}$为$\lg L$的标准差，r为相关系数，N为统计样本数）。由于该关系式统计样本较多，震级覆盖范围较广（5.0～8.5级），物理含义清楚，式中的L是依据不同方面反映一次地震时震源破裂尺度数据综合的平均结果，因此它能较好地反映一次地震事件中的震源破裂长度即发震断层（段）的长度，是对发震断层规模条件与断层发震能力的良好表述。

5. 地震构造带总长度与最大地震震级的关系

基于发震断层（段）长度等破裂数据与最大潜在地震震级之间的经验关系式所得到的地震估计其准确性总体上是比较高的，一般可以用来判定发震断层（段）上可能发生的地震强度。但在实际工作当中，受到构造交会和阶区、障碍体划分及其他地质、地貌、深部构造环境等影响断裂活动性分段诸多因素不确定性的制约，通过观测、调查所得到的特定发震断层上具有相对独立和惯性破裂特征的活动性分段近地表破裂数据可能存在一定的误差，在这种情况下，还可以根据地震构造带的总长度与该带上可能发生的最大地震震级经验关系式来估计一个地震构造带上可能发生的最大潜在地震。总的来说，发震断层（段）长度（规模）和地震构造带总长度（规模）与最大潜在地震震级之间的经验关系是可以相互借鉴和参考，是相辅相成的。

　　有关地震构造带总长度与最大地震震级经验关系的研究资料相对较多，环文林（1994）等的研究认为，地震构造带总长度的最小值（L）与该构造带上所发生地震的最大震级（M_{max}）之间存在如下的对数线性关系

$$M = 0.63 + 2.60 \lg L \qquad (9-2)$$

　　根据式（9-2），可以得到各级地震所要求的地震构造带总长度的最小值（表9.7）。从表中可以看出，地震构造带的总长度越长，则在构造带上可能发生地震的震级就越大，这样的话，在不考虑具有独立破裂习性的断层活动性分段的情况下，地震构造带总长度的大小在宏观上控制着该地震构造带上所能够孕育发生的地震最大震级。同时，需要指出的是，上述经验关系式只是用来在宏观上控制某一地震构造带上所发生地震的震级上限，并不是指该地震构造带的各处都可能发生这样大的地震。实际上，最大地震只能发生在地震构造带上应力最易于积累和释放的某些特殊结构部位，客观上还可能要求多个断层活动性分段贯通性破裂的支撑。

表 9.7　各级地震要求的最小地震构造带总长度（据环文林，1994）

地震震级	8.5	8	7.5	7	6.5	6
地震构造带总长度的最小值/km	1000	700	450	300	200	125

6. 其他的最大地震估计经验关系算法

　　作为产生地震的根源，发震断裂的几何参数、运动特征等深刻影响着地震活动及其规律性，无论从理论角度剖析还是从地震实例现象分析，都明确指示出这样一条清晰的规律，即发震断裂在地震时产生的破裂规模越大，所释放的地震能量就越大，相应的地震震级也越大，断裂破裂规模与地震震级（强度）之间存在一种正相关的关系，基于此，可通过发震断裂的破裂规模来估计可能发生的最大地震震级。由于大多数断裂并不能造成可见的地表破裂，因此在估计断裂的破裂规模时，不同的研究者分别使用了不同的破裂参数来表征，包括破裂长度、破裂面积、最大位错量、地震矩、滑动速率、余震区长轴长度、Ⅷ度区等震线长轴长度等，而不同的参数具有不同的使用条件。由于破裂所处的深度以及平均位错并不容易准确估计，因此破裂面积和地震矩只有在能够得到比较准确的估计时才可以使用，否则会产生较大的偏差；使用滑动速率时，它暗含着一种假定，即断裂滑动速率越低，其发震能力就越小，但已有的震例已经说明该假定并不一定成立；余震区和Ⅷ度区等震线长轴长度并不能很准确地反映震源尺度，在使用上具有一定的局限性；破裂长度及最大位错量从获取的难易度以及准确性上都要优于其他参数方法，这也是研究者们更多使用上面两个参数特别是破裂长度来估计最大地震震级的原因。

　　一直以来，国内外的许多学者在回归计算可用于估计地震强度的震级 – 破裂规模的经验

关系方面做了大量相关工作，在国内熟知并应用比较广泛的当属 Wells 和 Coppersmith（1994）所发表的成果。他们收集了 1847～1993 年期间震源深度不超过地表以下 40km 的 421 个地震的震源参数，从中去掉了 177 个发生在俯冲带和大洋板块的地震，将余下的 1857—1993 年 244 个地震的震源参数分别按照正倾滑断层（N）、逆倾滑断层（R）、走滑型断层（SS）等各种不同类型的断层，分别统计分析了矩震级（M_W）与地表破裂长度（SRL）、地下破裂长度（RLD）、下倾破裂宽度（RW）和破裂面积（RA）之间的相互转换关系，并得到了它们之间的经验关系式（表9.8）。

表9.8 矩震级与破裂长度、破裂宽度和破裂面积的经验关系

表达式	滑动类型	震例数	数值和标准误差	标准差	相关系数	震级范围	长度或宽度范围/km
$M = a + b\lg(SRL)$	SS	43	5.16（0.13）	1.12	0.28	0.91	5.6～8.1	1.3～432
	R	19	5.00（0.22）	1.22	0.28	0.88	5.4～7.4	3.3～85
	N	15	4.86（0.34）	1.32	0.34	0.81	5.2～7.3	2.5～41
	All	77	5.08（0.10）	1.16	0.28	0.89	5.2～8.1	1.3～432
$\lg(SRL) = a + bM$	SS	43	−3.55（0.37）	0.74	0.23	0.91	5.6～8.1	1.3～432
	R	19	−2.86（0.55）	0.63	0.20	0.88	5.47.4	3.3～85
	N	15	−2.01（0.65）	0.50	0.21	0.81	5.2～7.3	2.5～41
	All	77	−3.22（0.27）	0.69	0.22	0.89	5.2～8.1	1.3～432
$M = a + b\lg(RLD)$	SS	93	4.33（0.06）	1.49	0.24	0.96	4.8～8.1	1.5～350
	R	50	4.49（0.11）	1.49	0.26	0.93	4.8～7.6	1.1～80
	N	24	4.34（0.23）	1.54	0.31	0.88	5.2～7.3	3.8～63
	All	167	4.38（0.06）	1.49	0.26	0.94	4.8～8.1	1.1～350
$\lg(RLD) = a + bM$	SS	93	−2.57（0.12）	0.62	0.15	0.96	4.8～8.1	1.5～350
	R	50	−2.42（0.21）	0.58	0.16	0.93	4.8～7.6	1.1～80
	N	24	−1.88（0.37）	0.50	0.17	0.88	5.2～7.3	3.8～63
	All	167	−2.44（0.11）	0.59	0.16	0.94	4.8～8.1	1.1～350
$M = a + b\log(RW)$	SS	87	3.80（0.17）	2.59	0.45	0.84	4.8～8.1	1.5～350
	R	43	4.37（0.16）	1.95	0.32	0.90	4.8～76	1.1～80
	N	23	4.04（0.29）	2.11	0.31	0.86	5.2～7.3	3.8～63
	All	153	4.06（0.11）	2.25	0.41	0.84	4.8～8.1	1.1～350
$\lg(RW) = a + bM$	SS	87	−0.76（0.12）	0.27	0.14	0.84	4.8～8.1	1.5～350
	R	43	−1.61（0.20）	0.41	0.15	0.90	4.8～7.6	1.1～80
	N	23	−1.14（0.28）	0.35	0.12	0.86	5.2～7.3	3.8～63
	All	153	−1.01（0.10）	0.32	0.15	0.84	4.8～8.1	1.1～350

续表

表达式	滑动类型	震例数	数值和标准误差	标准差	相关系数	震级范围	长度或宽度范围/km
$M = a + b\log(RA)$	SS	83	3.98 (0.07)	1.02	0.23	0.96	4.8 ~ 7.9	3 ~ 5184
	R	43	4.33 (0.12)	0.90	0.25	0.94	4.8 ~ 7.6	2.2 ~ 2400
	N	22	3.93 (0.23)	1.02	0.25	0.92	5.2 ~ 7.3	19 ~ 900
	All	148	4.07 (0.06)	0.98	0.24	0.95	4.8 ~ 7.9	2.2 ~ 5184
$\lg(RA) = a + bM$	SS	83	−3.42 (0.18)	0.90	0.22	0.96	4.8 ~ 7.9	3 ~ 5184
	R	43	−3.99 (0.36)	0.98	0.26	0.94	4.8 ~ 7.6	2.2 ~ 2400
	N	22	−2.87 (0.50)	0.82	0.22	0.92	5.2 ~ 7.3	19 ~ 900
	All	148	−3.49 (0.16)	0.91	0.24	0.95	4.8 ~ 7.9	2.2 ~ 5184

注：SRL 为地表破裂长度（km）；RLD 为地下破裂长度（km）；RW 为下倾破裂宽度（m）；RA 为破裂面积（km²）；SS 为走滑断层；R 为逆断层；N 为正断层。

Wells 和 Coppersmith（1994）关系式尽管被应用得很多，但其所用数据分布并不很理想，比如逆断层的数据结果在统计上就不十分显著。Mark Leonard（2010）重新删选了 Wells 和 Coppersmith（1994）所采用的数据资料，同时补充了 Henry 和 Das（2001）、Hanks 和 Bakun（2002）、Romanowicz 和 Ruff（2002）和 Manighetti 等（2007）所采用的相关数据，统计分析了全球不同断层类型下矩震级与断裂几何参数的经验关系。

$$M_W = a \lg A + b \quad （DS、SS、SCR 下，a = 1，b = 4、3.99、4.19） \quad (9-3)$$

$$M_W = a \lg L + b \quad （DS、SS、SCR 下，a = 1.67，b = 4.24、4.17、4.32） \quad (9-4)$$

$$M_W = a \lg SRL + b \quad （DS、SS、SCR 下，a = 1.52、1.52、1.67，b = 4.4、4.33、4.32）$$
$$(9-5)$$

在式（9-3）~式（9-5）中，L 为断层破裂长度（单位为 km），A 为断层面积（矩形）（单位为 km²），SRL 为地表破裂长度（单位为 km）。

国内学者龙峰等（2006）收集整理了华北地区（其中的一小部分数据涉及辽宁地区）1965 ~ 2003 年间 34 次地震的震源破裂长度数据，以及其中 20 次地震的破裂面积数据。震源机制解显示，这些地震破裂以走滑型占绝大多数，以此为基础，利用最小二乘法，建立了华北地区面波震级 M_S 分别与破裂长度、破裂面积的经验关系（表9.9）。

表9.9 华北地区面波震级与破裂长度、破裂面积的经验关系

地震震级 - 震源破裂长度关系回归							
资料来源	样本数	按 $M_S = a + b\lg L$ 回归			按 $\lg L = c + dM_S$ 回归			相关系数
		a 值	b 值	剩余标准差	c 值	d 值	剩余标准差	
全部	34	3.821	1.860	0.317	−1.832	0.498	0.164	0.962
波谱分析	18	3.869	1.828	0.372	−1.919	0.510	0.197	0.966
余震长轴	20	3.367	2.259	0.266	−1.209	0.397	0.111	0.947

地震震级－震源破裂面积关系回归							
资料来源	样本数	按 $M_S = a + b\lg A$ 回归			按 $\lg A = c + dM_S$ 回归			相关系数
		a 值	b 值	剩余标准差	c 值	d 值	剩余标准差	
全部	20	4.134	0.954	0.306	−4.063	0.999	0.313	0.976

9.3.2 地震活动的研究方法

1. 地震活动性分析

根据历史地震研究资料，研究区的地震活动水平较低，1494 年以来记录的最大地震仅为 5½ 级，它们基本上沿郯庐断裂带分布，其中依兰－伊通断裂附近 4¾ 级以上地震有 5 次，5½ 级地震 2 次，依兰－伊通断裂、浑河断裂交会处附近 4¾ 级地震 1 次，5½ 级地震 1 次。

分析认为，研究区地震活动的空间分布是不均匀的，但在基本格局确定之后，又具有相对的稳定性，这种稳定性一方面表现为地震在某些特定构造部位和地震带内分布，另一方面表现为这种分布状况在相当长的时期内能够保持不变，如研究区 4¾ 级以上地震主要形成了辽东湾－开原北沿郯庐断裂带的北北东向条带，而在沈阳、铁岭和开原等地又多次重复发生。沿浑河断裂带并没有形成这样的地震条带，只是在与北北东向依兰－伊通断裂的交会部位地震较多。从更大的范围来看，地震活动有沿北东、北西两个方向定向排列、等间隔分布、相互交叉呈网络状分布的现象，网络结点有发生 7 级地震的可能性，而次级网络结点有发生 6 级地震的可能性。

研究区（暨浑河断裂带）的地震活动在时间分布上具有不均匀性，表现在随时间具有平静期和活跃期相互交替的似周期性。从时序特征来分析，研究区所在的华北地震区自公元 1000 年以来经历了三个地震活动期，活动周期约为 300～330a。研究区和郯庐地震带北段自 1494 年以来经历了与华北地震区相对应的地震活动期，而自 1815 年进入第三活动期以来，至今已有 200 多年，其已经历了应变大释放阶段，今后 50～100a 的时间段内将进入剩余应变释放和应变积累阶段，地震活动水平不会很高。熵谱分析和周期图分析表明，研究区和郯庐带北段均存在 300a 左右的活动周期，今后几十年将进入活动期后期，未来地震活动强度和频度会比应变大释放阶段的高潮期有所降低。采用 1494 年至今 4¾ 级以上地震目录，利用 b 值外推和极值方法来估计未来百年地震活动趋势，结果显示，研究区和郯庐带北段未来百年内发生 7 级以上地震的可能性不大，但具有发生 5 级和 6 级左右地震的危险性。

2. 基于最大历史地震的发震断层潜在地震估计

地震区（带）内地震活动水平评价和地震构造带地震活动水平评价提供了估计发震断层最大潜在地震的背景条件，而对于具体的发震断层来说，其上发生的最大地震以及地震发生的频率和周期性规律对于判定发震断层的最大潜在地震则更具有针对性。经验表明，依据地震事件及其活动周期来确定发震断层的地震危险性客观上要求足够长的地震记录时间以及详尽的地震事件数据，这样才能把握跨越地震活动周期的地震记录，也能够从中筛选出最大的地震震级和离逝时间。但是，由于地震活动属于长周期事件，尤其对于强地震活动来说，其活动周期会更长，动辄数百年甚至数千年，这就给地震资料的完整性和活动周期分析带来了很大的难度。就地震资料的获取来说，除了 1970 年以来的仪器记录以外，1494 年以来华北地震区 4¾级以上的历史地震事件基本上均有记录，但由于研究区处在华北地震区东北部的边缘地带，历史地震难免存在遗漏的情况，因此资料的完整性略差。另外，古地震槽探方法在揭示发震断层上存在地震地表破裂特征的强地震活动方面具有独到性，这也是目前判定发震断层及其特征地震活动的主要方法。但是，由于研究区地震活动水平总体上不高，特别是对于活动性较弱的浑河断裂带来说，野外调查过程中难以找到地震地表破裂导致的断错地貌现象，使得通过古地震方法确定发震断层的地震危险性不能够实现，这样的话，只能根据发震断层上所记录的最大历史地震来间接判定发震断层的最大潜在地震。

已有研究成果认为，在利用历史地震资料确定发震断层最大潜在地震时，需要根据资料的翔实度分别采取不同的策略。对于历史地震资料比较完整的地区，若已知的构造带上曾发生过中强以上地震，或有小震密集成带分布，则可依据地震活动资料判定发震断层，当地震记载的可信时间段大于两个以上的地震活动周期时，则断层上所发生的地震最大震级即可作为发震断层最大潜在地震。对于历史地震资料不完整的地区，在总体地震构造背景条件相同或相似的前提下，可以通过与历史地震资料完整地区的发震断层条件进行构造类比，从而确定发震断层的最大地震震级。但对于历史地震资料不完整的地区，并且地震构造背景条件又存在一定的差异，不能够很好地与资料完整地区的发震断层条件进行构造类比，就要考虑通过经验方法来确定最大地震震级。发震断层最大潜在地震判定的经验方法一般是在最大历史地震震级的基础上加上 0.5 级或 1.0 级，对此大致需要区别两种情况，一是历史地震记载相对完整，文献资料对地震破坏的描述比较丰富，经过考证可以判定历史地震的大小，可信时间段不小于一个地震活动周期，这时可将最大历史地震震级加上 0.5 级作为发震断层的最大潜在地震；二是人文历史较短，相关地震记载很不完整，文献资料对地震破坏的描述相对匮乏，不能够准确地判定历史地震震级，这时可将最大历史地震震级加上 1.0 级作为发震断层最大潜在地震。

9.3.3　研究区及附近几次主要中强地震的构造条件分析

研究区范围内的中强地震活动并不是很多，抚顺以东地区几乎没有中强地震的记载。为了更好地判定浑河断裂带及研究区断裂构造的地震危险性，这里对研究区及附近地区可类比的几次较强的地震活动及其地震构造背景条件进行分析和讨论。一般说来，在强震活动区 6 级以下地震的构造标志有时是不明显的，但已有研究表明，在研究区所涉及的华北地震区和东北地震区，5 级以上的地震一般都受到了构造的控制，而达到 5½级及以上的中强地震活动普遍存在较为明确的地震构造标志。

1. 1765 年沈阳 5½级地震的地质构造背景条件

1765 年沈阳 5½级地震是浑河断裂沈阳段附近发生的一次较强的地震活动，其震中经考证位于沈阳老城区，震中烈度为Ⅶ度。此外，根据相关资料，1552 年在沈阳南还发生过一次规模较小的地震活动，震级定为 4¾级，烈度为Ⅵ度；1496 年在抚顺段、章党－南杂木段交接的东洲堡附近发生过 1 次 5 级左右地震，但精度较低，不能确定地震的准确位置；2003 年在沈阳东的满堂发生过 4.1 级地震。上述地震活动是有地震资料记录以来浑河断裂带附近的主要地震事件，但由于历史资料的局限性，记录到的历史地震主要处在人文活动和经济相对发达的沈阳附近，即浑河断裂西端的沈阳段，而在历史上人迹罕至的抚顺以东至南杂木、清原等地则没有相关地震记载。

在大的地质构造背景上，沈阳地区处在胶辽台隆与华北断坳的分界线上，亦是三级构造单元铁岭－靖宇台拱与下辽河断陷的界限；从新构造运动来看，则处在辽东差异上升隆起区与下辽河沉降区的交接带上；地球物理场和深部构造探测结果表明，处在北东向重力异常梯级带和磁异常带的边缘，即位于辽东上地幔坳陷区与下辽河上地幔隆起区的过渡带上，而且偏向上地幔隆起区一侧。因此，地质构造背景条件客观上决定了沈阳地区是一个地壳应力易于积累和释放的场所。从局部的地质构造条件来分析，1765 年 5½ 级地震的震中区位于郯庐断裂带北段的两条主干分支断裂依兰－伊通断裂和浑河断裂所围限的沈阳鼻状凸起上，其中依兰－伊通断裂从沈阳城区的西侧穿过，浑河断裂则展布于沈阳城区南侧。研究表明，依兰－伊通断裂沈阳段和浑河断裂沈阳段均属于早－中更新世断裂，但依兰－伊通断裂的活动程度却要比浑河断裂强得多，两侧的第四系厚度差异显著，地貌形态也明显不同，依兰－伊通断裂对于总体构造格局的控制作用要明显强于浑河断裂。在依兰－伊通断裂、浑河断裂的活动作用下，鼻状凸起上一系列次级的北东向断裂比较发育，其中规模较大的包括长白－观音阁断层（F6）和太吉屯－蒲河断层（F5）等。F5、F6 断裂主要展布于鼻状凸起的北西侧翼和南东侧翼上，F5 与依兰－伊通断裂接近，走向偏于北北东，F6 的南西段与浑河断裂接近，走向偏于北东，北东段的展布位置则接近于凸起轴部，走向偏于北东－北北东，而 5½ 级地震的震中位置即处在 F6 断裂上，并有局部的北西向断裂与之交会。研究认为，沈阳鼻状凸起是一个比较古老的长期隆起区，自晚中生代晚期至古近纪－第四纪时期一直在隆起抬升，它是伴随着依兰－伊通断裂、浑河断裂多期次的构造活动而形成发育的，总体运动态势为褶皱拱升，缺失元古界、古生界、中生界和古近系地层，在太古宇基底上只有厚度不大的新近系和第四系地层发育。鼻状凸起的两翼大致对称，其中在依兰－伊通断裂、浑河断裂的分异处附近构造产出的位置较低、宽度较窄，向北东方向延伸则趋高、趋宽。依兰－伊通断裂在隆起西侧由两条主干分支断裂构成断陷带，断陷带以西的下辽河断陷属于新生代沉降区，新近纪和第四纪沉积层厚度达到 400～500m 和 100 多米，以东的隆起区则以抬升为主，第四系发育相对较差。浑河断裂在构造上也形成断陷带，断陷带两侧虽存在一定的差异性升降运动，但幅度较依兰－伊通断裂要弱得多。

总的来看，郯庐断裂带北段的地震活动较多，是研究区乃至附近的华北地震区、东北地震区最主要的地震活动带，沿该带在研究区内发生过多次 5 级以上的地震，1765 年 5½ 级地震总体上受到了该构造带的控制，沈阳地区具备发生中等强度地震的地质构造条件。同时，通过深地震探测能够了解到，长白－观音阁断裂（F6）等一系列次级北东向正断层呈铲状、缓倾斜状分别交会到依兰－伊通断裂、浑河断裂上，其中 F6 断裂在 5～6km 交会到浑河断裂上，而浑河断裂在约 11km 深度归并到依兰－伊通断裂上。根据已有研究，5～6km 左右深度与 5 级左右地震是能够匹配的。另外，已有调查和分析表明，F5、F6 等次级断裂具有一定的第四纪活动性，判定 F6 断裂可能是 1765 年沈阳 5½ 级地震的发震构造，而依兰－伊通断裂、浑河断裂实际上控制了地震的孕育和发生。

2. 1775 年铁岭 5½ 级、1596 年开原北 5½ 级地震的地质构造背景条件

这些地震均处在依兰－伊通断裂带铁岭－开原段上，又有近东西向的赤峰－开原断裂带与依兰－伊通断裂带相交汇，形成了复杂的构造格局。在地质构造上，两次地震的震中位置处在胶辽台隆与华北断坳的分界线上，三级构造单元为铁岭－靖宇台拱与下辽河断陷的界

限，新构造运动上则处在辽东上升隆起区与下辽河沉降区、康平 – 法库缓慢上升隆起区的交接带上。在大的地貌单元和第四系形态变化上，依兰 – 伊通断裂带铁岭 – 开原段划分了不同的地貌单元和第四系沉积区，其东侧为相对抬升的辽东低山、丘陵，大面积出露有太古宙混合岩和下元古界辽河群等结晶基底，第四系总体上不发育；断裂以西则属于开原盆地沉降平原，第四系发育较好，盆地周围出露有侏罗 – 白垩系等地层。跨断裂带的差异升降运动在这一段落表现得比较明显，沿断裂带形成了显著的线状负地形，第四系等厚线延伸方向以北北东向为主，以北西西向为辅，大致与依兰 – 伊通断裂、赤峰 – 开原断裂的走向一致，显示断裂对第四系分布具有控制作用。依兰 – 伊通断裂铁岭 – 开原段由塔子沟 – 靠山屯断裂、小白庙 – 老虎洞断裂和铁岭 – 平顶堡断裂等三条呈斜列状的北北东向断裂构成，依兰 – 伊通断裂带又与赤峰 – 开原断裂带相互交错，客观上具有地应力易于积累和释放的结构条件。依兰 – 伊通断裂铁岭 – 开原段具有晚更新世活动的地质证据，这也是研究区附近依兰 – 伊通断裂上为数不多的晚更新世活动段，断裂活动性较强；赤峰 – 开原断裂带的分支断裂包括清河断裂、嵩山堡 – 王家小堡断裂和得胜台断裂则具有早 – 中更新世活动的地质地貌特征。另外，依兰 – 伊通断裂带铁岭 – 开原段、赤峰 – 开原断裂带还具有深刻的地球物理场和深部构造背景，沿依兰 – 伊通断裂带的北北东向重力异常、磁异常梯度变化受到近东西向赤峰 – 开原断裂带影响十分显著，深部构造的梯度变化也存在相似特征，反映了深部构造条件的复杂性。在地震资料方面，沿依兰 – 伊通断裂铁岭 – 开原段在历史上除了记载有 5 级左右的地震以外，现今的小震活动也较为频繁。

3. 1975 年海城 7.3 级地震的地质构造背景条件

海城地震区并不在研究区范围内，其位于研究区以南边缘附近。鉴于海城 7.3 级地震属于强地震活动，又与研究区同处在郯庐地震带北段上，地震构造背景条件具有可比性，因此有必要对于海城 7.3 级地震及海城地震区的地质构造背景条件进行分析和讨论。海城地震区位于北西向海城河断裂与北东 – 北北东向金州断裂带盖州北 – 鞍山段的共轭交会区，地质构造条件复杂。在地震区附近，金州断裂大致划分了胶辽台隆与华北断坳，断裂东、西两侧的三级构造单元分属于营口 – 宽甸台拱和下辽河断陷，新构造运动则分属于辽东上升隆起区与下辽河沉降区。与金州断裂比较，新生性的海城河断裂两侧地质构造单元划分和新构造运动差异则不明显，但海城地震区的新构造运动比较活跃，新断裂、新褶皱、拱曲带和强上升区等现象均有所表现。在大的地貌单元和第四系形态变化上，金州断裂划分了不同的地貌单元和第四系沉积区，其东侧为辽东山地、丘陵，太古宇斜长角闪片麻岩、混合岩和下元古界辽河群片岩、大理岩等结晶基底广泛出露，第四系发育很差，西侧则属于广阔的下辽河盆地平原，第四系沉积巨厚。北西向海城河断裂及 7.3 级地震震中位于辽东上升隆起区内，基岩广泛出露，第四系地层分布较少，但沿海城河断裂发育有一系列串珠状的小微型断陷盆地发育，盆地中沉积有一定的第四系地层，沿断裂具有狭长条状或中心式沉积特征。在断裂结构上，这一地区除了金州断裂带与海城河断裂的共轭交会特征以外，金州断裂带还由 2~3 条大致平行的次级断裂组成，海城河断裂则具有断续性、斜列状、平行状的展布形态，它们均具有地应力易于积累和释放的结构条件。海城河断裂是 7.3 级地震以后提出的，它是 1975 年海城 7.3 级地震的发震断层，震源深度为 16km，海城河断裂被定义为新生的、正在活动的地震构造带，因此属于全新世断裂，而对于与海城河断裂共轭的金州断裂带盖州北 – 鞍山段来说，根据最新的调查研究结论，认为其具有晚更新世 – 全新世活动的地质地貌证据，两条断裂（段）的活动性均很强。在地球物理场和深部构造变化上，沿金州断裂带形成了清楚的北东－北北东向重力异常、磁异常和地壳厚度梯级带，梯度变化较为明显，沿海城河断裂虽未形成明显的梯度变化，但也存在一定的方向性变化，体现了海城河断裂的深部构造边界。而从深部构造形态上来看，已经了解到在海城地震区沿海城河断裂附近，在 14～22km的深度范围内存在有低速高导层，这是一个比较明确的地应力积累和释放的场所，大量的地震活动常常发生于低速高导层内，从而形成多震层。根据地震记录资料，沿海城河断裂现今地震活动极为频繁，形成了密集的北西向地震条带，同时沿金州断裂也形成北东－北北东向的地震条带，但条带密度较前者为弱。除了 1975 年海城 7.3 级地震以外，1999—2000 年在海城、岫岩交界地段还分别发生过 5.4 级和 5.1 级地震，震源深度分别为 10km 和 14km，这两次地震的发震构造也确定为海城河断裂。

9.3.4　研究区及附近发震断层条件的综合分析和确定

根据前面发震断层条件的分析结果，以华北地震区的地震实例为主，并引入国内其他地区具有明确发震构造判定的一些典型性震例（特别是 7 级以上的大地震），对不同强度地震的发震断层条件进行基本的统计分析。显然，这一分析结果对于确定研究区及浑河断裂带不同震级档的发震断层条件具有重要的参考价值。

1) 8～8½级左右地震的发震断层条件

属于现今构造应力场 P 轴近水平和 T 轴近水平为代表的区域，应力作用强大，在该地应力场作用下发震断层易于发生以走滑为主的运动。断裂变形特征与所处应力环境配置一致，具有晚更新世－全新世的新活动性，断层活动程度极其强烈，发生过明显的构造变形。在华北地震区，发震构造多为北东－北北东向的右旋走滑为主活动断裂带，该体系的活动断裂带更加有利于积累巨量的应变能进而产生高强度的释放。

活动断裂带多具有斜列状结构，发震断层由两条以上的系列走滑位错断面斜列组合而成，倾角较陡。具有大规模狭长拉分盆地或挤压隆起型的斜列状走滑结构特征，障碍构造规模大、抑制力强，断层黏滑运动方式占据绝对主导地位。多位于总长度 700km 以上的深大断裂带上，断裂带展布稳定、连续，受到的切割破坏较少，主干发震构造与次级断层的规模差异大，独立的发震断层段长度一般大于 120km。岩性介质条件均匀性总体较好，属于深大断裂带，切割深度为岩石圈或地壳，地壳深部结构复杂性较强，具有地应力保持长期高水平积累的客观条件，发震断层孕震能力极强。

处在规模巨大、活动性强的地震带上，发震断层上发生过 7.6 级以上地震，7 级左右地震多发，沿发震断层地震活动强度大、频度高，分布密集。

2) 7½级左右地震的发震断层条件

属于现今构造应力场 P 轴近水平和 T 轴近水平为代表的区域，应力作用强大，在该地应力场作用下发震断层易于发生以走滑为主的运动。断裂变形特征与所处应力环境配置一致，至少具有晚更新世的新活动性，断层活动程度强烈，发生过明显的构造变形。在华北地震区，发震构造为北东－北北东向右旋走滑为主活动断裂带或与其共轭的北西向左旋走滑为主的活动断裂，这两组构造体系是在现今构造应力场力偶作用下易于产生破裂的构造面，有利于积累相当的应变能并产生较高强度的释放。

至少具有下列类型之一的结构特征：断裂具有斜列状或平行状结构，存在一条主干的走滑型位错面及其同向的次级滑动面，不同方向的断裂带组成共轭交叉结构，断裂具有高倾角。具有较长的拉分盆地或挤压隆起型的斜列状走滑结构，或在共轭构造交会部位沿主干断裂的长条形断陷盆地发育，差异幅度很大。障碍构造规模大、抑制力强，断层黏滑运动方式占据主导地位。多位于总长度 450 km 以上的深大断裂带上，断裂带展布稳定，连续性较好，独立的发震断层段长度一般为 70~120km。岩性介质条件均匀性较好，发震断层的切割深度为地壳断裂或岩石圈断裂，地壳结构较为复杂，中地壳至中上地壳脆韧性转换带内可见有低速层，具有地应力长期较高水平积累的客观条件，孕震能力较强。

处在规模大、活动性强的地震带上，发震断层上曾发生过 $7.0 < M \leqslant 7\frac{1}{2}$ 地震，6 级左右地震多发，地震活动强度、频度均较高，分布密集。

3）7 级左右地震的发震断层条件

属于现今构造应力场 P 轴近水平和 T 轴近水平为代表的区域，或以 P 轴近于直立、T 轴近水平为代表的局部垂直构造应力场区域。在该应力场作用下发震断层易于发生走滑为主或兼具正倾滑的活动。断裂变形特征与所处应力环境配置相同，具有晚更新世活动性，断层活动程度较强，显示出一定的构造变形。在华北地震区，发震构造多为北东－北北东向右旋走滑为主活动断裂带或与其共轭的北西向左旋走滑为主的活动断裂，在现今构造应力场力偶作用下，北东－北北东向和北西向断层均易于产生破裂并具有相应的构造变形特征，沿断层面可积累足够的应变能并产生较高强度的释放。

至少具有下列类型之一的结构特征：断裂具有斜列状或平行状结构，不同方向断裂带所组成的共轭交叉构造部位，其中一组断裂带（一般是北东－北北东向构造）发育程度相对较高，往往居于主导控制地位，断裂具有高倾角。沿走滑断层形成拉分盆地区或沿正断层形成阶梯状断陷盆地，差异幅度较大。断层运动方式以黏滑为主。多位于总长度 300km 以上断裂带控制的构造带上，断裂带展布总体上稳定、连续，独立的发震断层段长度一般为40~70km。发震断层切割深度为地壳断裂、岩石圈断裂，地壳结构较为复杂，中上地壳脆韧性转换带内可见有低速层，具有地应力较长时期积累的客观条件，孕震能力较强。

处在具有一定规模和活动强度的地震带上，发震断层上曾发生过 $6\frac{1}{2} < M \leqslant 7$ 级地震，$5 \leqslant M < 6$ 级地震多发，地震活动强度、频度均较高，分布较为密集。

4）6~6½级左右地震的发震断层条件

属于现今构造应力场 P 轴近水平和 T 轴近水平为代表的区域，或以 P 轴近于直立、T 轴近水平为代表的局部垂直构造应力场区域。在该应力场作用下发震断层易于发生走滑为主或兼具正倾滑的活动。断裂变形特征与所处应力环境配置大致相同，多具有晚更新世活动性。在华北地震区，发震构造多为北东－北北东向右旋走滑为主活动断裂带或与其共轭的北西向左旋走滑为主的活动断裂，在现今构造应力场力偶作用下，沿断层面可积累相应的应变能并产生释放。

至少具有下列类型之一的结构特征：断裂具有斜列状或平行状结构，不同方向断裂带所组成的交叉或共轭交叉构造部位，阶梯状的正断层系列，其他结构部位。沿走滑断层可形成小型拉分阶区或挤压隆起，沿正断层可形成阶梯状断陷盆地，盆地规模和差异运动幅度显著降低。断层运动方式以黏滑为主。位于总长度 120 km 以上断裂带控制的构造带上，独立的发震断层段长度一般为 15~40 km。发震断层切割深度为地壳断裂、岩石圈断裂。

发震断层上曾发生过 $5\frac{1}{2} \leqslant M < 6\frac{1}{2}$ 级地震，地震活动密度显著降低，但中小地震活动可

形成一定的条带。

5）5.0～5.9级地震的发震断层条件

属于现今构造应力场P轴近水平和T轴近水平为代表的区域，或以P轴近于直立、T轴近水平为代表的局部垂直构造应力场区域。断裂变形特征与所处应力环境配置相同或相近，属于第四纪早期有过活动或者具有晚更新世活动性的各种性质的断层带，断层活动程度一般较低，构造变形特征不明显。除了北东－北北东向和北西向活动断裂以外，也可见到其他走向的发震断层，如北东东向至近东西向等。

断层的各种类型结构部位都有可能发生这一震级档的地震，断层运动方式常常以黏滑为主，兼有蠕滑。位于总长度50km以上的断裂带上，独立的发震断层段破裂长度一般为5～15km。发震断层的最小切割深度为基底断裂，其中包括规模较大的浅层断裂带。

发震断层上曾发生过$4 < M \leq 5\frac{1}{2}$级地震，目前仍有小震活动，但地震活动密度较低，条带状特征并不明显。

以上讨论了确定发震断层最大潜在地震M_{max}的各种地质依据和地震活动性依据，考虑到地震成因及机制的复杂性，加之统计样本量的相对不足，上述各震级档地震发生的发震断层条件统计结果存在一定的不确定性，因此在判定发震断层最大潜在地震时，不宜仅仅抽取其中的一两个条件作为判别的依据，而应该根据发震断层所处的应力环境及断层最新活动状况、断层结构特征以及断裂规模等多方面因素，综合判定发震断层的最大潜在地震震级。

9.4　浑河断裂带地震危险性分析

9.4.1　浑河断裂带地震危险性判定条件的分析和讨论

1. 现今构造应力场条件

根据研究区震源机制解、有限元数值模拟、小震P波极性数据反演结果，浑河断裂带展布区的主压应力轴优势方向为北东东向，主张应力轴优势方向为北北西向，主压应力轴、主张应力轴均近于水平，而中间轴倾角较大，断裂主要受到水平方向的作用力，运动类型应以走滑型为主导。而断层面解方法得到的节面优势方向分别为北东－北北东向、北西－北西西向和少量的北东东向，其中北东－北北东或北西－北西西走向的断层最易于发生走滑运动，北东－北北东向断层易于发生右旋走滑，北西－北西西向断层易于发生左旋走滑，北东东向断层可发生正倾滑活动。此外，由研究区之外的地震地面变形反演得到的主压应力优势方向中，海城地震区为74°，渤海北部为70°～75°，华北地震区反演的结果总体上为北东东，均属于近水平应力场。

总的来看，浑河断裂带展布区及附近地区主压应力优势方向为北东东向，其在平面上有所变化，但不甚明显，这一构造应力场自新近纪以来基本保持不变。最大主应力绝对值以及垂直应力绝对值随深度增加均呈线性关系变化，平面上则呈西高、东低的变化，等值线形态呈北东向分布。沿浑河断裂带的地应力水平总体上较低，断裂孕震能力较差。

2. 区域大地构造环境演化及断层现今构造变形条件

前面已经讨论到，太古宙和早元古代的变质岩系共同构成了研究区所在的中朝准地台的结晶基底，辽河运动后，基底固结。中元古代－中三叠世盖层发育期，中朝准地台构造运动相对稳定。至中、新生代大陆边缘活动阶段，在太平洋板块俯冲作用下，相对稳定的古亚洲大陆再次活跃起来，形成了北东－北北东向的滨太平洋构造系，新近纪以来，印度板块的碰撞也通过青藏高原传递到了华北地震区。由于各个时期太平洋板块运动方向以及边界条件的变化，加之新生代后期印度板块的叠加影响，致使华北地震区中、新生代以来经历了四个重要的演化阶段，即早－中侏罗世挤压构造阶段、中侏罗世晚期－早白垩世左旋平移运动阶段、古近纪张性构造阶段和新近纪－第四纪北东－北北东向右旋剪切构造阶段。

早－中侏罗世挤压构造阶段北西向挤压应力场主要造成了强烈的褶皱和断裂活动，出现了一系列北东向大型隆起和拗陷带。中侏罗世晚期－早白垩世，郯庐断裂带以北东－北北东向依兰－伊通断裂的压性兼左旋平移运动为主体滑动面，而密山－敦化断裂的左旋平移距离仅次于依兰－伊通断裂，逆冲运动表现强烈。古近纪时期，在拉张式构造应力场作用下，郯庐断裂带裂谷发育，依兰－伊通断裂张性活动显著，浑河断裂也发生张裂，但宽度和规模远小于郯庐断裂（依兰－伊通断裂）。新近纪以来，在北东东向近水平的构造挤压作用下，依兰－伊通断裂等北东－北北东向构造由张性改变为右旋剪切、北西－北西西向构造改变为左旋剪切，且这种变形性质一直延续至今，但依兰－伊通断裂的活动性较之前逐渐减弱，这一时期浑河断裂的右旋剪切性质总体上并不明显，断裂主要保持张性变形特征，但由于张性变形也不明显，因此，断裂展布区域伴随其所在的辽东上升隆起区整体上处于抬升状态。

纵观已经划分的浑河断裂带各个不同的断裂段，一方面，在新近纪以来北东东向挤压构造应力场固定以后，各个断裂段的构造变形特征（运动性质）较之前已经发生了巨大的变化，而断裂段之间也存在一定的差别；另一方面，除了沈阳段走向偏于北东为北东－北东东向以外，浑河断裂带的总体走向为北东东向，这与现今构造应力场主压应力轴的优势方向是大致相同的，那么，在这样的构造应力作用下，最为有利的断层变形状态应为拉张型，沈阳段还可能表现出一定的右旋扭动，其他任何的变形特征都不是与构造应力条件配置良好并有利于地应力积累过程的。根据前面的研究，沈阳段新近纪及第四纪以来的最新运动性质以正倾滑为主，兼有右旋走滑；抚顺段新近纪之前不断转换的强烈拉张断陷和逆冲活动已经终止，运动性质趋于稳定，最新主要表现为右旋走滑与正倾滑兼而有之；章党－南杂木段古近纪及之前的逆冲活动强烈，但新近纪乃至第四纪以来的运动性质也已转变为张性，兼具一定的扭性，断裂新活动性质以右旋走滑兼正倾滑为主；南杂木－英额门东段早期的大规模逆冲活动已经基本停止，新近纪及第四纪以来的断层运动性质已转换为右旋走滑兼正倾滑。

3. 断裂活动性及活动程度

浑河断裂带的不同段落各自具有不同的产出状态。实际来看，展布在下辽河平原区东北边缘的沈阳段整体上属于隐伏断裂，而控制了抚顺盆地的抚顺段即存在盆地内部的隐伏断裂，也存在盆地南、北两侧的基岩出露断裂，章党－南杂木段和南杂木－英额门东段均展布于辽东山地区中，其中南杂木－英额门东段大致控制了浑河断陷河谷的发育，章党－南杂木段则距离河谷较远，从出露情况来看，章党－南杂木段要更好一些。针对浑河断裂带不同段落的产出状态，分别采取相适应的地震地质、地质地貌、地球物理探测、大地形变观测以及第四纪地层学和年代学方法，根据断裂带地震地质、地质地貌发育以及断裂构造破碎物、相关第四系地层、地貌面、地质体的年龄测定数据，通过分析断裂活动数据与相关地貌面、地质体和第四系地层的控制和错动关系，确定断层所切错的第四系地层位移量（断距），综合判定断裂段的活动性及其活动程度。

通过实际调查、探测以及相关的观测和测试数据，结果表明，浑河断裂沈阳段的最新活动时代为第四纪早－中更新世，晚更新世－全新世活动特征不明显，沿断裂段第四系沉积幅度很大，断裂活动程度较强。综合分析同时认为，沈阳段虽然不是浑河断裂各个段落中活动时代最新的，但其活动程度可能是最强的，该断裂段集中了已经明确的浑河断裂几乎所有的较强地震活动，现今小震也沿断裂段形成条带，因而具有相对较强的地震危险性。浑河断裂抚顺段第四纪活动性较之前显著降低，其最新活动时代为中更新世，晚更新世－全新世以来的新活动不明显，沿断裂段第四系沉积幅度很小但分布均匀，地震活动水平较沈阳段已明显减弱，该断裂段的第四纪活动性和活动程度大致介于沈阳段和章党－南杂木段、南杂木－英额门东段之间，地震危险性水平总体较低。章党－南杂木段的最新活动时代为中更新世晚期－晚更新世早期，晚更新世晚期－全新世以来没有活动。根据所获得的观测数据和资料，章党－南杂木段的活动时代是浑河断裂各段中最新的，但对于以张性活动为主的章党－南杂木段来说，沿断裂段的第四系沉积发育很差甚至于不发育，没有像其他各段那样形成并控制第四纪断陷盆地，地震活动的强度、频度也很低，因此，该段的第四纪活动程度较之沈阳段、抚顺段等明显偏弱，即使断裂活动时代较新，但地震危险性水平总体上很低。南杂木－英额门东段的最新活动时代为中更新世，晚更新世时可能存在十分微弱的活动，全新世以来没有活动。断裂控制了浑河断陷河谷的发育，其中沉积了较薄的不均匀的第四系地层，其第四纪活动程度较沈阳段、抚顺段偏弱，断裂段的地震危险性水平很低。

4. 断层黏滑结构条件

较大的地震事件一般都发生在一些特殊的结构部位，如对浑河断裂带所在的华北地震区来说，未完全贯通的斜列状走滑断层、断层交叉（含共轭交叉）以及位于大断裂带的末端是断层易于发生黏滑进而产生地震的结构类型，研究还显示，华北地震区大的地震事件其发震断层常常具有一种或两种以上的特征结构，以利于断层的黏滑活动。

浑河断裂沈阳段次级分支构造发育，具有一定的斜列状、平行状展布形态，还与依兰－伊通断裂、下辽河断裂等具有断层交叉结构，并处在浑河断裂带的最西端，断裂段附近发生过 1765 年 5½ 级的历史地震和 2003 年 4.3 级仪器记录地震，现今小震沿浑河断裂呈一定的条带状分布，该断裂段应存在有黏滑活动分量，但滑动量很小，破裂水平较低。抚顺段次级构造发育，近平行状展布形态清楚，断裂延伸稳定、连续，只在段落东端与北东向的下哈达断裂具有一定的断层交叉结构，沿断裂段没有破坏性地震准确记录，构造地震活动不明显，地应力释放过程应以微小地震活动为主，该断裂段活动方式主要表现为蠕滑，也可能存在少量的黏滑分量，但滑动量很小。章党－南杂木段和南杂木－英额门东段次级构造也很发育，展布形态多呈近平行状，斜列状特征则不明显，断裂延伸稳定、连续，两个断裂段在其接合部位与苏子河断裂具有共轭交叉结构，沿断裂段地震活动稀少，分布零星，它们在第四纪时期的活动方式主要表现为蠕滑，黏滑活动不明显。

5. 断裂规模

浑河断裂带（密山－敦化断裂辽宁段）属于郯庐断裂带的组成部分，也是密山－敦化断裂的最西段，断裂带的总长度为 195km。在跨越了作为华北地震区（华北地震构造区）、东北地震区（东北地震构造区）之间构造边界的超岩石圈赤峰－开原断裂带以后，密山－敦化断裂在吉林、黑龙江的延展长度可以达到 900~1000km，断裂带并仍然向俄罗斯境内延伸达 1000km 以上，规模极其巨大。尽管如此，受到赤峰 – 开原断裂带的分隔控制，密山 – 敦化断裂辽宁段与其以东的吉林段、黑龙江段等分别处于华北地震区（华北地震构造区）和东北地震区（东北地震构造区），地应力环境存在一定的差异，其间具有不同的地质构造演化历史及其活动特点，地震活动性也基本不同，因此在客观上不存在跨越赤峰 – 开原断裂带而产生贯通性破裂的地震地质条件，浑河断裂带（密山 – 敦化断裂辽宁段）与吉林段、黑龙江段之间大致具有独立的地应力积累和构造破裂过程。

在浑河断裂带（密山 – 敦化断裂辽宁段）内部，根据断裂在空间展布、规模、结构和活动特征等方面的差异性，将浑河断裂带划分为沈阳段、抚顺段、章党 – 南杂木段和南杂木 – 英额门东段，其中沈阳段长度约为 60km，抚顺段长度约为 30km，章党 – 南杂木段长度约为 30km，南杂木 – 英额门东段长度约为 75km，上述各个不同的断裂段在构造活动性、活动程度以及地震活动的强度、频度等方面是存在差异的。分析认为，沈阳段、抚顺段、章党 – 南杂木段和南杂木 – 英额门东段之间一般具有相对独立的破裂习性，沿断裂的地应力积累水平很低，除沈阳段以外，其他各段的地震活动均很少、很弱。通过断裂段边界构造交会结构条件及其间构造盆地发育形态的调查、分析，并结合各段在断裂活动性、地震活动性等方面的基本认识，总的看法是，受到边界条件的限制，鲜有发生的构造破裂通常仅仅囿于各个断裂段之内，它们很少能够突破断裂段的边界（障碍体）进而产生贯通性的破裂，浑河断裂带及其各个不同的断裂段地震危险性是很低的。

6. 深部构造环境条件

在深部构造上，浑河断裂沈阳段大致处在下辽河北北东向上地幔隆起区的边缘，地壳厚度较薄，其他各段均处在辽东北东向上地幔坳陷区内，地壳厚度较大，整个浑河断裂带展布区内地壳厚度自西向东、从南到北逐渐由薄变厚，变化范围一般为 31～36km。岩石层厚度与地壳厚度具有基本同步的变化规律，即由西向东、从南到北逐渐增厚，但沿浑河断裂带的东西向梯度变化不如沿依兰 – 伊通断裂的南北向梯度变化明显，厚度值可由沈阳附近的 80km 左右增至赤峰 – 开原断裂带上地幔软流层下凹区的 140km，岩石层厚度变化并与大地构造分区存在较好的对应关系。在壳幔结构特征上，沈阳段及以西的研究区附近地壳具有明显的层状结构，可以划分为上层地壳、中层地壳和下层地壳，地震活动也具有相应的层状分布特点，海城地震区在位于中上层地壳的多震层内还揭示有低速层，低速层深度为 14～22km。在沈阳、抚顺之间跨浑河断裂带、依兰 – 伊通断裂带的北西向深地震反射剖面地下结构图像清楚地显示，在 18km 以浅的地壳深度范围内，依兰 – 伊通断裂作为主干断裂规模最大、切割最深，同样作为主干的浑河断裂在深部约 10.6km 交会到依兰 – 伊通断裂上。在地壳深度为 18～25km 之间有岩浆侵入地带，莫霍面及下地壳内部存在上地幔物质上涌、岩浆侵入的通道，同时地壳和上地幔之间的壳幔过渡带厚度为 4～5km。总的来看，浑河断裂发育地区的深部构造变化较之沈阳以西的下辽河地区和依兰 – 伊通断裂发育区要简单得多，地壳存在分层结构但已有所减弱，壳幔之间存在明显的过渡带，这可能导致了沿浑河断裂带的地应力积累速率较低，浑河断裂的活动性与下辽河附近地区的断裂构造以及依兰 – 伊通断裂相比明显较弱。

7. 地震活动性指标

通过地震活动性分析我们了解到，沿浑河断裂带的地震分布是很不均匀的，沈阳段与抚顺段及章党－南杂木段、南杂木－英额门东段之间在历史地震时间分布、地震活动强度和现今小震分布密度等方面均存在较大的差别。

　　总体而言，浑河断裂沈阳段的历史地震时间比较久远，自 1518 年开始有相关的地震记载以来，至 1915 年有 12 次 $3\frac{1}{2} \sim 4\frac{1}{4}$ 级的有感地震，最大地震为 1765 年 $5\frac{1}{2}$ 级。1970 年以后，仪器记录小震活动相对较多，并沿浑河断裂形成了一定的条带状或团簇状分布，震源深度 5～15km 的地震数目约占总数的 70%，这一期间的最大地震为 2003 年满堂 4.1 级。抚顺段在历史上并未明确发生过 5.0 级以上的破坏性地震，只是推断 1496 年的东洲堡地震震级为 5 级左右，该次地震与浑河断裂带的关系也不很密切。自 1968 年抚顺地震台建立到 1975 年期间很少记录到地震，但自 1978 年 5 月至今，矿震活动（而非构造地震）日益频繁，特别是 1994 年以来，3.0 级以上矿震明显增多，最大震级为 $M_L3.7$。与沈阳段、抚顺段形成鲜明对照的是，章党－南杂木段和南杂木－英额门东段不论是构造地震还是诱发地震都十分稀少，除了在这两个断裂段的接合部位即浑河断裂与苏子河断裂共轭交会部位的南杂木盆地曾经发生过 1 次 $M_L3.0$ 地震以外，地震活动基本上是平静的。

9.4.2　浑河断裂（段）地震危险性分析和判定

　　浑河断裂带自西端的与郯庐断裂带下辽河段、依兰－伊通断裂交会处延至东端与赤峰－开原断裂带交会处的这一长度近 200km 的范围内，断裂的构造演化特点、地质构造组合关系及其第四纪活动性、活动程度和地震活动性等各个方面均存在一定的差异，因此将浑河断裂自西向东共划分出 4 个不同的断裂段即沈阳段、抚顺段、章党－南杂木段和南杂木－英额门东段。对于浑河断裂带的地震危险性分析和判定也分别针对上述已经完成划分的 4 个断裂段来进行。

　　鉴于浑河断裂带及研究区的地震资料并不十分完备，更缺乏具有同震地表破裂的强地震活动相关数据，因此在判定断裂（段）地震危险性和确定发震构造最大潜在地震时，主要的技术途径是根据构造应力环境、断层变形条件、断层活动性和活动程度、断层运动性质和活动方式、结构特征、断裂构造规模、断层活动段最大历史地震以及断裂（段）地震发生的强度－频率关系等进行综合分析并予以确定，同时还要适当地与地震资料较完整地区（如华北地震区）或已知中强地震活动的相关地质构造条件进行一定的类比分析。

1. 浑河断裂沈阳段

　　根据断裂构造地震危险性的判定原则以及浑河断裂沈阳段所具备的构造发育条件，对沈阳段的地震危险性进行系统分析和判定，并给出断裂（段）的最大潜在地震震级。

　　1）断裂所处构造应力条件

　　沈阳段处于最大主压应力轴（P 轴）方位为北东东向、倾角近于水平，最小主压应力轴（T 轴）方位为北北西向、倾角亦近于水平，中间轴（B 轴）近于垂直的现今构造应力场，应力水平较以西的下辽河地区为低、较以东的辽东地区为高。这一应力场属于走滑型应力场，北东－北东东走向的沈阳段最易于发生的构造活动应为正倾滑兼右旋走滑。

　　2）断裂现今构造变形特征

　　调查、研究表明，沈阳段第四纪以来的最新运动性质以正倾滑为主，兼有右旋走滑，主断层面总体倾向北西，局部倾向南东，倾角较陡。断裂活动与构造应力条件配置良好，有利于地应力的积累，只是由于地应力水平较低，因此断裂的孕震能力总体上并不高。

3）断裂晚第四纪活动性及活动程度

断裂发育于巨型下辽河盆地的东北部边缘，第四系沉积范围及其幅度是浑河断裂带各段中最大的，同时，该断裂段毗邻活动性较强的依兰－伊通断裂和郯庐断裂带下辽河段，因而表现出相对较强的第四纪新活动性。浑河断裂沈阳段处在不同地质构造单元和新构造运动分区的交界地带，沿断裂带走向（而非倾向）差异升降运动幅度较大，第四系地层较厚且变化梯度十分明显，跨断裂两侧的第四系厚度虽有差异但不明显。主干破碎带宽度可达百米以上。断裂段的最新活动时代为第四纪中更新世，晚更新世－全新世活动特征不明显，断裂活动程度相对较强。

4）断裂黏滑结构条件及断裂构造组合关系

断裂段由 2~3 条大致平行或斜列的主干分支组成，同向小规模次级断裂也很发育，构成北西向倾斜的狭长条状、阶梯状地堑式结构。断裂段西端与依兰－伊通断裂、郯庐断裂带下辽河段等相交叉，东端与抚顺段之间存在一定的构造阶区。断裂段应存在有黏滑活动分量，但滑动量较小，破裂水平较低。

5）断裂规模

沈阳段长度约 60km，主干断裂间距为 1~4km。断裂段所在的下辽河盆地规模巨大，沿断裂的盆地宽度为 7~10km 至百千米以上。

6）深部构造和地球物理场特征

沈阳段对区域构造格局、重磁特征和地壳厚度等存在一定的控制作用，但总体表现较弱。重力场、磁场变化平稳，两侧差异不大，由于处在下辽河北北东向上地幔隆起区边缘，地壳、岩石层厚度较薄且沿断裂走向的梯度变化较为剧烈，地壳的层状结构相对清楚，壳幔之间存在明显的过渡带。断裂属于岩石圈断裂。

7）地震活动特征

浑河断裂各段中，沈阳段的地震活动水平明显偏高。根据现有记载，1518 年以来沈阳段附近发生过 10 多次 3½ 级以上地震，其中最大为 1765 年 5½ 级，最近为 2003 年 $M_L4.1$，现今小震活动也较多，但该段没有 6 级以上地震的记录。可以将浑河断裂沈阳段确定为具有中强地震活动特征的断裂段。

总之，浑河断裂沈阳段处在易于发生走滑运动的应力场环境，断裂正倾滑兼右旋走滑的最新运动性质与应力作用具有良好的对应性，有利于地应力的积累并进而沿断层产生破裂错动，因此沈阳段应该具有一定的地震危险性，但由于地应力水平相对较低，断裂段的地震危险性明显受到了限制。沈阳段属于第四纪中更新世的活动断层，晚第四纪活动性不明显，作为中国东部地区的区域性断裂来说，断裂段毗邻依兰－伊通断裂和郯庐断裂带下辽河段，活动程度相对较强，具有发生中强地震活动（$M \geqslant 6.0$）的能力，但总体的危险性并不高。断裂段具有一定的斜列状结构，还与依兰－伊通断裂、郯庐断裂带下辽河段等具有交叉结构，并处在整条浑河断裂带的西部末端部位，断裂黏滑结构条件较好，具有发生中强地震的能力，只是由于黏滑活动分量较小，地震活动的强度和频度受到了制约。沈阳段长度约 60km，而相对独立破裂的单条断层雁行段长度要小于这一规模，依据发震断层段长度、构造带总长度与最大地震震级的经验性关系进行综合计算和分析，确定浑河断裂沈阳段大致具有发生 6.5 级左右最大潜在地震的规模条件。浑河断裂生成历史久远，切割较深，全段均属于岩石圈断裂。沈阳段在重力场、磁场和地壳、岩石层厚度上存在一定的梯度变化，壳幔结构上的地壳层状特征比较清楚，壳幔之间存在 4~5km 的过渡带，但在中上层地壳的多震层内未揭示有低速层，因此孕震环境总体上较差。断裂段在 10~12km 深度归并到依兰－伊通断裂上，形成深部交叉结构，这与 1765 年 5½ 级地震的 5~6km 震源深度相比，理论上能够积累更多的地应变能，进而发生 6~6.5 级左右的地震。

根据地震活动性分析结果，浑河断裂带所在的研究区存在 300 年左右的地震活动周期，今后 50~100 年的时间段内将进入剩余应变释放和应变积累阶段，地震活动水平不会很高，而未来百年内发生 7 级以上地震的可能性不大，只具有发生 5~6 级左右地震的危险性。沈阳段 1518 年即有历史地震记载，最大为 1765 年 5½ 级地震，文献资料相对完整，可信时间段不小于一个地震活动周期，因此可将最大历史地震震级加上 0.5 级作为发震断层的最大潜在地震，据此判定浑河断裂沈阳段的最大潜在地震震级为 6.0 级。

除了浑河断裂沈阳段附近发生过 5½ 级地震以外，其邻近的依兰－伊通断裂铁岭－开原段还分别发生过 1775 年铁岭 5½ 级、1596 年开原北 5½ 级地震，郯庐断裂带下辽河段发生过 1599 年辽中 5 级地震，这些地震的地震地质条件具有相似性，而 1975 年海城 7.3 级地震不论是构造变形程度、断裂活动性、黏滑结构条件、断裂规模，还是地震活动水平都要比浑河断裂沈阳段强得多，而且在震源深度附近还存在低速－高导层，孕震能力极强。通过构造类比分析，判定浑河断裂沈阳段主要能够发生 5.5~6.0 级的地震，而发生 6.5~7.0 级以上地震的可能性很小。

综上所述，浑河断裂沈阳段具有一定的地震危险性，其相对其他各段较强，断裂段未来一定时段（50~100 年）内可能发生的最大潜在地震 M_{max} 为 6.0 级左右（表 9.10）。

表 9.10 浑河断裂带（密山－敦化断裂辽宁段）分段特征及其地震危险性判定

断裂分段	规模（长度/km）		应力条件和断层最新变形特征	展布结构和活动方式	活动特征	地震活动水平	地震危险性判定
	总长度	分段长度					
沈阳段	195	60	正倾滑－走滑型应力场，断裂正倾滑兼右旋走滑性质与应力作用对应良好，应力水平较低	由 2~3 条大致平行或斜列主干组成，同向次级断层发育，构成狭长条状、阶梯状地堑，连续性较好，具有交叉结构并处在浑河断裂带西端，存在黏滑分量，但滑动量较小	属于中更新世断裂，晚更新世－全新世活动不明显，受到依兰－伊通断裂等影响，活动程度相对较强	明显偏高，1518 年以来记载过 1 次 5½ 级地震和 10 多次 3½ 级以上地震，现今小震较多且具有一定强度	具有相对较强的地震危险性，最大潜在地震震级为 6.0 级左右

续表

断裂分段	规模（长度/km）		应力条件和断层最新变形特征	展布结构和活动方式	活动特征	地震活动水平	地震危险性判定
	总长度	分段长度					
抚顺段	195	30	正倾滑型应力场，断裂右旋走滑和正倾滑性质与应力配置较好，应力水平较沈阳段降低	2~3 条弯曲状或近直线状主干及其间多条分支组成，结构松散，平行状、斜列状和分支复合结构，构成狭长条状地堑式，具有断裂交叉结构，以蠕滑运动为主	中更新世断裂，晚更新世-全新世活动不明显，第四纪破碎带规模较小，活动程度较弱	明显弱于沈阳段，1496 年记载过 1 次 5 级左右地震，现今矿震较多	具有一定的地震危险性，较沈阳段明显减弱，但最大潜在地震震级可达到 6.0 级左右
章党-南杂木段	195	30	正倾滑型应力场，断裂右旋走滑兼正倾滑性质配置一般，应力水平较抚顺段降低	3~4 条主干组成，形态舒展，连续性较好，结构紧密，微弯曲状、近平行状和分支复合，斜列状、拉张式结构很不明显，具有断裂交叉和共轭交叉结构，以蠕滑为主，黏滑分量很小	中更新世晚期-晚更新世早期断裂，晚更新世晚期-全新世以来没有活动，第四纪破碎带规模较抚顺段明显减小，发育程度显著降低，活动程度很弱	地震活动水平较之沈阳段、抚顺段显著减弱，没有破坏性地震记录，现今小震分布稀少	地震危险性很弱，不会发生 $M \geqslant 6.0$ 的强震，最大潜在地震震级为 5.5 级左右
南杂木-英额门东段	195	75	正倾滑型应力场，断裂右旋走滑兼正倾滑性质配置一般，应力水平与章党-南杂木段相近	1~3 条主干组成，次级断裂发育，舒缓波状延伸，连续性好，结构紧密，近平行状、交叉状和分支复合结构，斜列状结构不明显，可形成狭长条状地堑，具有共轭交叉结构，蠕滑运动为主，黏滑分量很小	中更新世断裂，晚更新世时可能存在微弱活动，全新世以来没有活动，第四纪破碎带规模很小，发育程度很低，活动程度很弱	地震活动水平与章党-南杂木段相当，没有破坏性地震记录，现今小震分布稀少	地震危险性很弱，不会发生 $M \geqslant 6.0$ 的强震，最大潜在地震震级为 5.5 级左右

2. 浑河断裂抚顺段

根据断裂构造地震危险性的判定原则以及浑河断裂抚顺段所具备的构造发育条件，对抚顺段的地震危险性进行系统分析和判定，并给出断裂（段）的最大潜在地震震级。

1）断裂所处构造应力条件

抚顺段处于最大主压应力轴（P 轴）方位为北东东向、倾角近于水平，最小主压应力轴（T 轴）方位为北北西向、倾角亦近于水平，中间轴（B 轴）近于垂直的现今构造应力场，应力水平较沈阳段降低。这一应力场属于走滑型应力场，北东东向至近东西向的抚顺段最易于发生正倾滑活动。

2）断裂现今构造变形特征

抚顺段第四纪以来的最新运动性质兼有右旋走滑和正倾滑，断裂南、北主干相向倾斜，倾角较陡，其间构成地堑盆地。断裂活动与构造应力条件的配置总体较好，基本上有利于地应力的积累，只是由于地应力的水平较低，因此断裂的孕震能力较差。

3）断裂晚第四纪活动性及活动程度

断裂段发育于辽东山地区与下辽河盆地区的过渡地带，控制了第四纪断陷盆地的发育，但盆地内部第四系厚度较薄。抚顺段划分了次级地质构造单元和次级新构造运动分区，断裂带两侧的差异升降运动幅度并不强烈。主干破碎带宽度为 60～80m 甚至超过 100m，其中南、北主干密集破碎带宽度分别为 3～10m 和 3m 以下，第四纪以来形成的碎裂岩、碎粉岩和断层泥等均有发育但厚度较小。断裂段的最新活动时代为第四纪中更新世，晚更新世－全新世以来的新活动不明显，断裂活动程度较弱。

4）断裂黏滑结构条件及断裂构造组合关系

断裂段由 2～3 条抚顺盆地南、北两侧的弯曲状或近直线状主干断裂及其间多条次级分支组成，结构松散、变化复杂，具有平行状、斜列状和分支复合展布特征，南、北主干之间构成相向倾斜的西宽、东窄的狭长条状地堑式结构。断裂段两端与沈阳段、章党－南杂木段之间均存在左阶构造阶区，断裂段内部也断续存在一定的左阶排列，东端还与北东向下哈达断裂之间具有交叉结构。该断裂段活动方式主要表现为蠕滑，黏滑分量很小，断裂脆性破裂水平较沈阳段进一步降低。

5）断裂规模

抚顺段长度约为 30km，主干断裂间距为数百米至数千米不等。断裂控制的抚顺盆地宽度为数百米至 7～10km。

6）深部构造和地球物理场特征

抚顺段对区域构造格局、重磁特征和地壳厚度等存在一定的控制作用，但总体表现很弱。段内重力场起伏变化较小，与沈阳段之间存在深部北北东向梯级带，磁场则跨浑河断裂带正、负交替。处在幔隆、幔坳过渡带上，地壳较薄但变化较大，岩石层厚度变化趋缓，厚度由西向东逐渐增大，壳幔之间存在明显的过渡带。断裂属于岩石圈断裂。

7）地震活动特征

根据现有资料，抚顺段只有 1 次精度不高的 5 级左右地震记载，而未发生过更大强度的破坏性地震。该段矿震活动较多，最大震级为 $M_L3.7$。抚顺段的地震活动水平要明显弱于沈阳段，其发生中强地震活动的可能性相对较低。

浑河断裂抚顺段处在易于发生正倾滑运动的应力场环境，断裂右旋走滑和正倾滑的最新运动性质与应力作用的配置总体较好，基本上有利于地应力的积累，因此，抚顺段应具有一定的地震危险性，但由于地应力水平较沈阳段进一步降低，其地震危险性水平也相对减弱。抚顺段属于第四纪中更新世的活动断层，晚更新世 - 全新世活动性不明显，与沈阳段比较，抚顺段具有相对独立的活动特性，活动程度较弱，即使具有发生强震活动（$M \geqslant 6.0$）的能力，断裂段发震的地震危险性也较沈阳段降低。抚顺段具有一定的斜列状结构，与下哈达断裂还具有交叉结构，但断裂的黏滑结构条件总体上较差，而以蠕滑运动为主，因此断裂段发生中强地震的能力是较弱的。抚顺段长度约 30km，依据发震断层段长度、构造带总长度与最大地震震级的经验性关系进行综合计算和分析，大致具有发生 6.0 ~ 6.5 级最大潜在地震的规模条件。断裂段属于岩石圈断裂，沿断裂重力场、磁场的变化均较为平缓，地壳厚度具有一定的梯度变化，而岩石层变化趋缓，壳幔之间存在明显的过渡带，总体的孕震环境较差。

根据地震活动性分析结果，浑河断裂带所在研究区存在 300a 左右的地震活动周期，今后约 50 ~ 100 年的时间段内将进入剩余应变释放和应变积累阶段，地震活动水平不会很高，预计未来百年内发生 7 级以上地震的可能性不大，只具有发生 5 ~ 6 级地震的危险性。抚顺段 1496 年即有 1 次 5 级左右的历史地震记载，但由于文献资料的完整性较差，该次地震的精度很低。鉴于此，将最大历史地震震级加上 1.0 级作为发震断层的最大潜在地震，那么，浑河断裂抚顺段的最大潜在地震震级可确定为 6.0 级。通过构造类比分析，浑河断裂抚顺段上主要能够发生 5.5 ~ 6.0 级的地震，而发生 6.5 ~ 7.0 级以上地震的可能性很小。

综上所述，浑河断裂抚顺段具有一定的地震危险性，其相对沈阳段明显减弱。判定断裂段在未来一定时段（50 ~ 100 年）内可能发生的最大潜在地震 M_{max} 为 6.0 左右（表 9.10）。

3. 浑河断裂章党 - 南杂木段

根据断裂构造地震危险性判定原则以及浑河断裂章党 - 南杂木段所具备的构造发育条件，对章党 - 南杂木段的地震危险性进行系统分析和判定，并给出断裂（段）的最大潜在地震震级。

1）断裂所处构造应力条件

章党 - 南杂木段处于最大主压应力轴（P 轴）方位为北东东向、倾角近于水平，最小主压应力轴（T 轴）方位为北北西向、倾角亦近于水平，中间轴（B 轴）近于垂直的现今构造应力场，应力水平较抚顺段进一步降低。这一应力场属于走滑型应力场，北东东向的章党 - 南杂木段最易于发生正倾滑活动。

2）断裂现今构造变形特征

章党 - 南杂木段第四纪以来的最新运动性质为右旋走滑兼正倾滑，断层面总体上向北倾斜，高倾角。断裂活动与构造应力条件的配置一般，沿断裂可进行地应力的积累过程，只是由于地应力的水平很低，因此断裂的孕震能力很差。

3）断裂晚第四纪活动性及活动程度

断裂段发育于辽东山地区，沿断裂第四纪断陷盆地不发育，但可见到条带状的断裂沟谷，其中沉积了很薄的第四系地层。章党 - 南杂木段大致划分了次级地质构造单元和次级新构造运动分区，断裂带两侧的差异升降运动幅度不大。主干破碎带宽度达数十米至上百米，带内早期糜棱岩、千糜岩和挤压片理、扁豆体及第四纪碎裂岩、碎粉岩、断层泥等均有发育，第四纪新破碎带多穿插于早期构造带中，宽度明显减小，发育程度显著较低。断裂段的最新活动时代为中更新世晚期－晚更新世早期，晚更新世晚期－全新世以来没有活动，断裂活动程度很弱。

4）断裂黏滑结构条件及断裂构造组合关系

断裂段由3~4条主干组成，形态舒展，连续性较好，结构紧密，具有微弯曲状、近平行状和分支复合等特征。各个主干之间构成狭长条状的类地垒式结构，拉张式结构很不明显。断裂段两端分别与抚顺段、南杂木－英额门东段之间形成左阶构造阶区，西端与北东向下哈达断裂具有交叉结构，东端与北西－北北西向苏子河断裂具有共轭交叉结构，共轭交会部位的南杂木盆地充当了与南杂木－英额门东段之间的障碍体。该断裂段活动方式主要表现为蠕滑，黏滑活动不明显，断裂脆性破裂水平很低。

5）断裂规模

章党－南杂木段长度约30km，主干断裂间距一般为数十米至数百米，形成断裂束。断裂沿线构造盆地发育不明显。

6）深部构造和地球物理场特征

断裂段对区域构造格局、重磁特征和地壳厚度等存在一定的控制作用，但总体表现很弱。段内重力场及磁场平静、分布相对均匀、强度稳定，断裂两侧的差异性较小，深部变化趋于平缓。处在上地幔坳陷区内，地壳、岩石层梯度变化不很明显，厚度由西向东逐渐增大，壳幔之间存在明显的过渡带。断裂属于岩石圈断裂。

7）地震活动特征

章党－南杂木段在历史上没有破坏性地震记载，现今只记录过1次南杂木盆地附近的3.0级以上地震，沿断裂段地震稀少。该段的地震活动水平要显著弱于抚顺段、沈阳段，基本上不可能发生强震活动。

浑河断裂章党－南杂木段处在易于发生正倾滑运动的应力场环境，但断裂右旋走滑兼正倾滑的最新运动性质与应力作用的配置一般，沿断裂虽然存在有地应力的积累，应力水平较沈阳段、抚顺段降低，因此该段的地震危险性水平是很弱的，不具备发生强震活动（$M \geq$ 6.0）的能力。断裂段虽然具有中更新世晚期－晚更新世早期的活动证据，但在晚更新世晚期－全新世以来没有活动，断裂活动程度很弱。章党－南杂木段斜列状结构不明显，其西端与下哈达断裂具有交叉结构，东端与苏子河断裂具有共轭交叉结构，断裂活动方式以蠕滑为主，黏滑运动分量占比很小，断裂脆性破裂水平很低。章党－南杂木段长度约为30km，应具有相对独立的活动特性，依据发震断层段长度、构造带总长度与最大地震震级的经验性关系进行综合计算和分析，大致具有发生6.0~6.5级最大潜在地震的规模条件。断裂段属于岩石圈深断裂，沿断裂重力场、磁场的变化均较为平静，地壳、岩石层的厚度由西向东逐渐增大，梯度变化不很明显，壳幔之间存在明显的过渡带，总体的孕震环境很差。

根据地震活动性分析结果，其存在300a左右的地震活动周期，今后约50~100年的时间段内将进入剩余应变释放和应变积累阶段，地震活动水平不会很高，预计未来百年内发生7级以上地震的可能性不大，只具有发生5.0~6.0级地震的危险性。章党－南杂木段没有任何历史地震记载，而且现今小震活动强度低、分布稀少。通过构造类比分析，断裂段上可能发生5.5~6.0级以下的地震，而发生6.0~6.5级以上地震的可能性很小。

综上所述，浑河断裂章党－南杂木段的地震危险性总体上很弱，其相对于沈阳段乃至抚顺段表现为差。判定断裂段在未来一定时段（50～100a）内不会发生 $M \geqslant 6.0$ 的强震活动，最大潜在地震 M_{max} 应为 5.5 左右（表 9.10）。

4. 浑河断裂南杂木－英额门东段

根据断裂构造地震危险性判定原则以及南杂木－英额门东段所具备的构造发育条件，对南杂木－英额门东段的地震危险性进行系统分析和判定，并给出断裂（段）的最大潜在地震震级。

1）断裂所处构造应力条件

南杂木－英额门东段处于最大主压应力轴（P 轴）方位为北东东向、倾角近于水平，最小主压应力轴（T 轴）方位为北北西向、倾角亦近于水平，中间轴（B 轴）近于垂直的现今构造应力场，应力水平与章党－南杂木段相近，孕震能力很差。这一应力场属于走滑型应力场，总体北东东走向的南杂木－英额门东段最易于发生正倾滑活动。

2）断裂现今构造变形特征

南杂木－英额门东段第四纪以来的最新运动性质为右旋走滑兼正倾滑，南、北主干断层面相向倾斜，倾角较陡。断裂活动与构造应力条件的配置总体较好，基本上有利于地应力的积累，只是由于地应力的水平很低，因此断裂的孕震能力很差。

3）断裂晚第四纪活动性及活动程度

断裂段发育于辽东山地区，沿断裂发育深切沟谷及一系列小微型串珠状盆地，其中沉积了较薄的第四系地层。该断裂段毗邻活动性较弱的赤峰－开原断裂带，第四纪新活动性也表现较弱。南杂木－英额门东段大致划分了次级地质构造单元和次级新构造运动分区，断裂带两侧的差异升降运动幅度不大。主干破碎带宽度为数米至数十米，早期的构造透镜体、挤压片理、扁豆体和第四纪碎裂岩、碎粉岩、断层泥等均有发育，第四纪新破碎带穿插于早期构造带中，宽度仅数厘米至数十厘米，发育程度很低。断裂段的最新活动时代为中更新世，晚更新世时可能存在十分微弱的活动，全新世以来没有活动，断裂活动程度很弱。

4）断裂黏滑结构条件及断裂构造组合关系

断裂段由 1～3 条主干组成，次级断裂较为发育，呈舒缓波状延伸，连续性好，结构较为紧密，具有近平行状、交叉状和分支复合结构。主干断裂之间可形成狭长条状的地堑式结构，地堑的规模很小、贯通性较差，虽较章党－南杂木段表现出清楚的拉张式结构，但拉张特性较抚顺段、沈阳段要弱得多。断裂段西端与北西－北北西向苏子河断裂具有共轭交叉结构，共轭交会部位的南杂木盆地充当了构造障碍体；断裂段东端则被赤峰－开原断裂所分隔，其与密山－敦化断裂吉林段之间存在较大规模的构造阶区，两者的活动具有相对独立性。断裂段活动方式主要表现为蠕滑，黏滑活动不明显，断裂脆性破裂水平很低。

5）断裂规模

南杂木－英额门东段长度约 75km，主干断裂间距为数百米至数千米不等。断裂控制的一系列盆地宽度为数百米至 2km。

6）深部构造和地球物理场特征

断裂段对区域构造格局、重磁特征和地壳厚度等存在一定的控制作用，但总体表现较弱。重力场及磁场变化较章党－南杂木段有所增强，异常等值线沿浑河断裂呈北东东向延伸。处在上地幔坳陷区内，地壳、岩石层厚度由西向东、从南到北逐渐增大，壳幔之间存在明显的过渡带。断裂属于岩石圈断裂。

7）地震活动特征

南杂木－英额门东段在历史上没有破坏性地震记载，现今也只记录过 1 次南杂木盆地附近的 3.0 级以上地震，沿断裂段地震稀少。该段的地震活动水平与章党－南杂木段相当，而要显著弱于抚顺段、沈阳段，基本上不会发生强震活动。

浑河断裂南杂木－英额门东段处在易于发生正倾滑运动的应力场环境中，但断裂右旋走滑兼正倾滑的最新运动性质与应力作用的配置一般，沿断裂虽然存在有一定程度的地应力积累，应力水平较沈阳段、抚顺段降低而与章党－南杂木段相近，该段的地震危险性水平同样是很弱的，不具备发生强震活动（$M \geqslant 6.0$）的能力。断裂段属于第四纪中更新世的活动断层，晚更新世时可能存在十分微弱的活动，全新世以来没有活动，断裂带第四纪新活动所形成的破碎带规模甚至较章党－南杂木段减小，断裂活动程度也进一步减弱。南杂木－英额门东段斜列状结构不明显，其西端与苏子河断裂具有共轭交叉结构，东端则被赤峰－开原断裂分隔，断裂活动方式以蠕滑为主，黏滑运动分量占比很小，断裂脆性破裂水平很低。该断裂段长度约 75km，而具有相对独立破裂特征的单条断层段长度要小于这一规模，依据发震断层段长度、构造带总长度与最大地震震级的经验性关系进行综合计算和分析，大致具有发生 6.0~6.5 级最大潜在地震的规模条件。断裂段属于岩石圈深断裂，沿断裂重力场、磁场的变化较小，地壳、岩石层的厚度变化也比较平稳，梯度变化不明显，壳幔之间存在明显的过渡带，总体的孕震环境很差。

根据地震活动性分析结果，其存在 300a 左右的地震活动周期，今后约 50~100 年的时间段内将进入剩余应变释放和应变积累阶段，地震活动水平不会很高，预计未来百年内发生 7 级以上地震的可能性不大，只具有发生 5.0~6.0 级地震的危险性。南杂木－英额门东段没有任何历史地震记载，而且现今小震活动强度低、分布稀少。通过构造类比分析，断裂段上可能发生 5.5~6.0 级以下的地震，而发生 6.0~6.5 级以上地震的可能性很小。

综上所述，浑河断裂南杂木－英额门东段的地震危险性很弱，其与章党－南杂木段大致相当，而相对于沈阳段乃至抚顺段表现为差。判定断裂段在未来一定时段（50~100 年）内不会发生 $M \geqslant 6.0$ 的强震活动，最大潜在地震 M_{max} 应为 5.5 左右（表 9.10）。

参考文献

[1] 邓起东，闻学泽. 活动构造研究——历史、进展与建议 [J]. 地震地质，2008，30（1）.

[2] 邓起东，张培震，冉勇康，等. 中国活动构造与地震活动 [J]. 地学前缘，2003，10（特刊）.

[3] 丁国瑜，田勤俭，孔凡臣等. 活断层分段——原则、方法及应用 [M]. 北京：地震出版社，1993.

[4] 丁国瑜. 活断层的分段模型 [J]. 地学前缘，1995，2（2）.

[5] 方颖，张晶. 张家口-渤海断裂带分段活动性研究 [J]. 地震，2009，29（3）.

[6] 高常波，钟以章. 东北输油管道场址断层活动性与地震危险性研究 [M]. 北京：地震出版社，1998.

[7] 高孟潭. GB18306—2015《中国地震动参数区划图》宣贯教材 [M]. 北京：中国标准出版社，中国质检出版社，2015.

[8] 高维明，郑朗荪. 郯庐断裂带的活断层分段与潜在震源区的划分 [J]. 中国地震，1991，7（4）.

[9] 国家地震局分析预报中心. 中国东部地震目录 [M]. 北京：地震出版社，1980.

[10] 国家地震局科技发展司. 中国近代地震目录（$M_S \geq 4\frac{3}{4}$，公元 1912—1990 年）[M]. 北京：中国科学技术出版社，1999.

[11] 国家地震局震害防御司. 中国历史强震目录（公元 23 世纪至公元 1911 年）[M]. 北京：地震出版社，1995.

[12] 国家质量监督检验检疫总局，国家标准化管理委员会. GB/T36072—2018《活动断层探测》[M]. 北京：标准出版社，2018.

[13] 何宏林，方仲景. 断块运动与活断层分段 [J]. 地震地质，1995，17（1）.

[14] 何宏林，周本刚. 地震活动断层分段与最大潜在地震 [J]. 地震地质，1993，15（4）.

[15] 侯治华，钟南才，侯逾昆，等. 辽宁浑河断裂带及其邻近地区水系格局构造节理与构造应力场的研究 [J]. 防灾科技学院学报，2006，8（4）.

[16] 胡耀峰，赵连福，牛雪，等. 利用航磁资料判定东北南部地区几条主干断裂 [J]. 东北地震研究，1992，8（4）.

[17] 环文林，张晓东，宋昭仪. 中国大陆内部走滑型发震构造的构造变形场特征 [J]. 地震学报，1995，17（2）.

[18] 环文林，张晓东，宋昭仪. 中国大陆内部走滑型发震构造黏滑运动的结构特征 [J].

地震学报，1997，19（3）.

[19] 环文林，汪素云，宋昭仪. 中国大陆内部走滑型发震构造的构造应力场特征［J］. 地震学报，1994，16（4）.

[20] 吉林省地矿局. 吉林省区域地质志［M］. 北京：地质出版社，1993.

[21] 贾丽华，李秀丽，李君，等. 利用宽频带地震数据资料研究辽宁地区的地壳结构［J］. 华北地震科学，2013，31（3）.

[22] 江娃利. 辽宁海城北西向构造全新世活动特征及古地震研究［J］. 地壳构造与地壳应力文集，北京：地震出版社，1999.

[23] 李衍久. 浑河断裂活动性与抚顺城市安全性［M］. 北京：地震出版社，1994.

[24] 李家灵，晁洪太. 郯庐活断层的分段及其大震危险性分析［J］. 地震地质，1994，16（2）.

[25] 李煜航，王庆良，崔笃信，等. 大同盆地口泉断裂的活动性及分段特征的数值模拟［J］. 大地测量与地球动力学，2013，33（4）.

[26] 辽宁省地矿局，吉林省地矿局. 区域地质调查报告（沈阳幅、营盘幅、开原幅、海龙幅）［M］. 1：20 万，内部资料，1975 － 1979.

[27] 辽宁省地矿局，吉林省地矿局. 区域水文地质普查报告（沈阳幅、营盘幅、开原幅、海龙幅）［M］. 1：20 万，内部资料，1975 － 1979.

[28] 辽宁省地矿局. 1989. 辽宁省区域地质志［M］. 北京：地质出版社.

[29] 辽宁省地质勘查院. 中国区域地质志（辽宁志）［M］. 北京：地质出版社，2017.

[30] 辽宁省地质局水文地质大队. 辽宁第四纪［R］. 内部资料，1983.

[31] 辽宁省地震研究所，中国地震局地球物理研究所. 2×200 兆瓦低温核供热示范工程核供热站厂址地震调查与评价报告［R］. 内部资料，2002.

[32] 辽宁省地震研究所. 沈阳市浑南新区地震小区划报告［R］. 内部资料，2001.

[33] 辽宁省地震局. 辽宁省地震构造环境与强震风险评估［R］. 内部资料，2013.

[34] 辽宁省地震局. 辽宁省主要地震构造精细探测与强震高危区判定［R］. 内部资料，2016.

[35] 辽宁省地震局. 密山 － 敦化断裂辽宁段（浑河断裂）活动性鉴定［R］. 内部资料，2018.

[36] 辽宁省地震局. 辽宁省地震目录［M］. 沈阳：辽宁大学出版社，1995.

[37] 刘茂强. 伊通 － 舒兰地堑地质构造特征及其演化［M］. 北京：地质出版社，1993.

[38] 卢造勋. 内蒙古东乌珠穆沁旗至辽宁东沟地学断面［J］. 地球物理学报，1993，36（6）.

[39] 卢造勋，姜德禄，白云，等. 东北地区地壳上地幔结构的探测与研究［J］. 东北地震研究，2005，21（1）.

[40] 卢造勋，蒋秀琴，潘科，等. 中朝地台东北缘地区的地震层析成像［J］. 地球物理学报，2002，45（5）.

[41] 卢良玉，高常波，李天成，等. 浑河断裂现今活动性及抚顺城区段的活动特点研究［J］. 东北地震研究，2001，17（2）.

[42] 马杏垣. 中国岩石圈动力学图和中国岩石圈动力学纲要［M］. 北京：地图出版

社，1987.

[43] 马保起，杨发. 大青山河谷地貌特征及新构造意义 [J]. 地理学报，1999，54（4）.

[44] 马保起，苏刚，侯治华，等. 利用岷江阶地的变形估算龙门山断裂带中段晚第四纪滑动速率 [J]. 地震地质，2005，27（2）.

[45] 闵伟，焦德成，周本刚，等. 依兰–伊通断裂全新世活动的新发现及其意义 [J]. 地震地质，2011，33（1）.

[46] 孙晓猛，张旭庆，何松，等. 敦密断裂带白垩纪两期重要的变形事件 [J]. 岩石学报，2016，32（4）.

[47] 孙晓猛，王书琴，王英德，等. 郯庐断裂带北段构造特征及构造演化序列 [J]. 岩石学报，2010，26（1）.

[48] 万波，廖旭. 沈阳市（含抚顺）活断层探测与地震危险性评价 [M]. 北京：地震出版社，2008.

[49] 万波，钟以章. 东北地区的新构造运动特征分析及新构造运动分区 [J]. 东北地震研究，1997，13（4）.

[50] 万波，赵晓辉，侯建军. 1765 年沈阳 5½ 级地震发震构造判定 [J]. 北京大学学报（自然科学版），2010，46（4）.

[51] 万波，石彦文，赵连升，等. 沈阳市城区第四纪地层的划分 [J]. 东北地震研究，2001，17（2）.

[52] 王书琴，孙晓猛，杜继宇，等. 郯庐断裂带北段构造样式解析 [J]. 地质论评，2012，58（3）.

[53] 王岩，张博，曹凤娟，等. 辽宁地区 2008 年以来 $M_L \geq 3.0$ 地震震源机制解分析 [J]. 防灾减灾学报，2016，32（3）.

[54] 闻学泽，徐锡伟，龙锋，等. 中国大陆东部中–弱活动断层潜在地震最大震级评估的震级–频度关系模型 [J]. 地震地质，2007，29（2）.

[55] 闻学泽，C. R. Allen，罗灼礼，等. 鲜水河全新世断裂带的分段性、几何特征及其地震构造意义 [J]. 地震学报，1989，11（4）.

[56] 吴戈，房贺岩，李志田，等. 东北地震史料辑览 [M]. 北京：地震出版社，1992.

[57] 谢广林. 中国活动断裂遥感信息分析 [M]. 北京：地震出版社，2000.

[58] 谢新生，王维襄. 地震共轭破裂及极限主应力随地壳深度的变化——以 1975 年海城 7.3 级地震为例 [J]. 中国地震，2002，18（2）.

[59] 徐锡伟，孙鑫喆，谭锡斌，等. 富蕴断裂：低应变速率条件下断层滑动习性 [J]. 地震地质，2012，34（4）.

[60] 徐杰，牛嘉玉，吕悦军，等. 营口–潍坊断裂带的新构造和新构造活动 [J]. 石油学报，2009，30（4）.

[61] 许建东，周本刚，魏海泉，等. 火山岩地区断层活动时代鉴定中的问题及其讨论 [J]. 地震地质，2008，30（2）.

[62] 杨晓平，冯希杰，戈天勇，等. 龙门山断裂带北段第四纪活动的地质地貌证据 [J]. 地震地质，2008，30（3）.

[63] 袁道阳，刘百篪. 北祁连山东段活动断裂带的分段性研究 [J]. 西北地震学报，1998，

20（4）.

［64］ 张正曙，蒋秀琴. 辽河油田及其邻区地震地质与地震活动性研究［M］. 北京：地震出版社，1989.

［65］ 张培震，常向东. 重大工程地震安全性评价中活动断裂分段的准则［J］. 地震地质，1998，20（4）.

［66］ 张世民，任俊杰，罗明辉，等. 忻定盆地周缘山地的层状地貌与第四纪阶段性隆升［J］. 中国地震，2008，30（1）.

［67］ 张世民，聂高众，刘旭东，等. 荥经－马边－盐津逆冲构造带断裂运动组合及地震分段特征［J］. 地震地质，2005，27（2）.

［68］ 张世民，王丹丹，刘旭东，等. 北京南口－孙河断裂带北段晚第四纪活动的层序地层学研究［J］. 地震地质，2007，29（4）.

［69］ 张鹏，王良书，钟锴，等. 郯庐断裂带的分段性研究［J］. 地质论评，2007，53（5）.

［70］ 张萍，蒋秀琴. 辽宁地区震源机制解及应力场特征的研究［J］. 东北地震研究，2000，16（3）.

［71］ 赵广信，常耀广，赵曦. 基于 GPS 数据的浑河断裂带抚顺市区段现今活动性定量分析［J］. 中国地质灾害与防治学报，2008，19（4）.

［72］ 钟以章. 辽宁活动断层的初步研究［J］. 中国地震（英文版），1988，1（4）.

［73］ 周本刚，冉勇康，环文林. 山东海阳断裂东石兰沟段晚更新世以来地表断错特征与最大潜在地震估计［J］. 地震地质，2002，24（2）.

［74］ 朱凤鸣. 一九七五年海城地震［M］. 北京：地震出版社，1980.